NOTEBOOKS ON MEDIEVAL TOPOGRAPHY
(*Documentary and Field Research*)
Edited by Stefano Del Lungo
No 5

Archeologia del sottosuolo

Lettura e studio delle cavità artificiali

a cura di

Gianluca Padovan

BAR International Series 1416
2005

Published in 2017 by
BAR Publishing, Oxford

BAR International Series 1416

Notebooks on Medieval Topography (Documentary and field research), No. 5
Series Editor: Stefano del Lungo

Archeologia del sottosuolo

Volume Editor: John W Hedges

ISBN 9781841717166 paperback
ISBN 9781407328577 e-format
DOI https://doi.org/10.30861/9781841717166
A catalogue record for this book is available from the British Library

BAR Publishing is the trading name of British Archaeological Reports (Oxford) Ltd. British Archaeological Reports was first incorporated in 1974 to publish the BAR Series, International and British. In 1992 Hadrian Books Ltd became part of the BAR group. This volume was originally published by John and Erica Hedges Ltd. in conjunction with British Archaeological Reports (Oxford) Ltd / Hadrian Books Ltd, the Series principal publisher, in 2005. This present volume is published by BAR Publishing, 2017.

BAR
PUBLISHING

BAR titles are available from:

BAR Publishing
122 Banbury Rd, Oxford, OX2 7BP, UK
EMAIL info@barpublishing.com
PHONE +44 (0)1865 310431
FAX +44 (0)1865 316916
www.barpublishing.com

NOTEBOOKS ON MEDIEVAL TOPOGRAPHY

Questo quinto volume vuole costituire un riferimento nella definizione delle proposte d'impostazione da dare alle ricerche aventi per oggetto lo studio delle cavità artificiali. L'Italia è uno scrigno di testimonianze storiche, architettoniche ed archeologiche, ed esiste un mondo sotterraneo, frutto di attività economiche e sociali, di vita quotidiana e di cultura, che generazioni di cavatori e muratori hanno lasciato a testimonianza della propria esistenza. Come ha costruito in superficie, così nel corso del tempo l'Uomo ha perforato il sottosuolo creando 'spazi' e lasciando architetture sostanzialmente integre, leggibili e pertanto studiabili, recuperabili e talora fruibili. La pericolosità talora insita nell'indagine effettuata nel sottosuolo, in condizioni spesso difficili, impone una rigorosa preparazione e la piena coscienza dei rischi a cui si può andare incontro. Il volume, con il quale prosegue la collana dei NOTEBOOKS ON MEDIEVAL TOPOGRAPHY (*Documentary and field research*), compresa nella più ampia produzione dei *British Archaeological Reports*, intende offrire un utile strumento di consultazione, propedeutico alla preparazione tecnica (speleologica e archeologica) che la ricerca su questo genere di testimonianze materiali richiede.

L'edizione di questo volume è curata da Stefano Del Lungo e Paola Carità. Sia il marchio sia il titolo sono stati creati appositamente da Stefano Del Lungo, l'editore di questa serie (e-mail: sdellungo@yahoo.com; c/o BAR Publishing, 122 Banbury Road, Oxford OX2 7BP, UK (Tel: +44 (0) 1865 310431; Email: info@barpublishing.com) e sono utilizzabili solo in rapporto a questo prodotto.

Lo scopo di tali 'blocchetti per appunti' è la costituzione di una sede nella quale possano trovare rapida divulgazione i lavori di ricerca (in Italiano, Inglese, Tedesco, Francese e Spagnolo) maggiormente meritevoli sul piano scientifico (siano essi monografie, opere di autori vari e resoconti di convegni), mettendo a punto una serie di strumenti di agevole consultazione ed utilizzo per lo sviluppo degli studi topografici.

La Topografia è una disciplina archeologica, che, rispetto allo scavo, si pone in funzione propedeutica, integrando il recupero, la lettura e l'analisi dei documenti d'archivio (pergamene, mappe, note, disegni) alla verifica sul campo dei dati ottenuti. Le sono pertanto complementari la cartografia storica, la toponomastica, l'archeologia del paesaggio nelle sue diverse sfaccettature, la fotointerpretazione e qualunque altro ambito del Sapere aiuti a comprendere i diversi segni ed oggetti lasciatici da uomini e culture del passato. La ricognizione di superficie costituisce un primo strumento di verifica nella realtà di quanto raccolto altrove, con tutti i cambiamenti che il territorio oggetto dell'indagine possa avere conosciuto nel tempo.

The aim of this fifth volume is to constitute a reference point in connection with the statement about researches on artificial caves. Italy is full of historical, architectural and archaeological evidences and its subterranean environment is the fruit of economical and social activities, of everyday life and culture, left by generations of masons and miners as an evidence of their passage. As Man has been built on the surface, as over the years, he has been bored the underground creating spaces and leaving rooms which are still entire, legible thus easy to study, to rescue and even to use again.
The volume pursues the series of NOTEBOOKS ON MEDIEVAL TOPOGRAPHY (*Documentary and field research*), whitin the larger production of *British Archaeological Reports*. Its purpose is to give a usable instrument of consultation, introductory to a technical training, (speleological and archaeological), required to these kind of researches.

This volume is edited by Stefano Del Lungo and Paola Carità. Stefano Del Lungo (e-mail: sdellungo@yahoo.com) is to be series editor and enquiries about publishing other books in the NOTEBOOKS ON MEDIEVAL TOPOGRAPHY series (in Italian, English, German, French and Spanish). This one can be addressed c/o BAR Publishing, 122 Banbury Road, Oxford OX2 7BP, UK (Tel: +44 (0) 1865 310431; Email: info@barpublishing.com).

Topography is an invaluable precursor, indeed sometimes initiator, to archaeological research whereby information about sites is obtained using documentary analysis, historical cartography, toponymy, remote sensing & etc. The intention is that this series will be a route of publication (and quick publication) for research in topographical studies whether eg monographs or conference proceedings.

Per Zeus, dissi, ci siamo assunti una briga non piccola! Pure, non bisogna aver paura; per quanto almeno ci se ne presti la forza.

(Platone, *La Repubblica*, II, 854)

A tutti gli Uomini che hanno realizzato le architetture nel sottosuolo e a tutti quelli che ne seguono le tracce.

INDICE GENERALE

INTRODUZIONE*

L'Italia è uno scrigno di testimonianze storiche, architettoniche, archeologiche ed esiste un mondo sotterraneo, frutto di attività economiche e sociali, di vita quotidiana e di cultura, che generazioni di maestranze di cavatori e muratori hanno lasciato a testimonianza del proprio passaggio. Come ha costruito in superficie, così nel corso del tempo l'Uomo ha perforato il sottosuolo creando 'spazi' e lasciando architetture sostanzialmente integre, leggibili e pertanto studiabili, recuperabili e talora fruibili.

Le tipologie dei nostri ipogei, e la varietà di forme create, risultano tra le più varie che in Europa si possa rinvenire. Basti pensare ad alcune delle antiche civiltà che si sono avvicendate e influenzate nel nostro territorio: veneta, illirica, ligure, nuragica, sicula, etrusca, osco-umbra, picena, celtica, greca, romana, etc. Per non dimenticare l'influsso culturale, e conseguentemente architettonico, pervenuto dalle varie altre civiltà presenti sia nel Mediterraneo che nel continente europeo. Ma sia prima che dopo sono state prodotte opere sotterranee, ancora in corso d'evoluzione, per rispondere alle più differenti esigenze. Se diamo uno sguardo al di fuori dell'Italia ci rendiamo poi conto che in ogni angolo del Mondo l'uomo ha lasciato e lascia le proprie impronte sotterranee nelle sue molteplici manifestazioni: le forme possono anche mutare, ma non la sostanza.

L'impennata tecnologica del Ventesimo secolo si è lasciata alle spalle antichi saperi di scalpellini, ha perso la cognizione dello scavo manuale e la cultura dell'acqua, che un giorno potrebbe tornare utile e già da oggi migliorerebbe le condizioni di vita in tante aree, anche italiane. Tali 'saperi' vanno quindi ricercati, studiati e recuperati. Non sempre di facile percorrenza, gli ambienti sotterranei richiedono l'applicazione di un procedimento d'indagine che ne permetta lo studio, la comprensione e la catalogazione.

Ecco perché si è pensato di realizzare uno strumento di consultazione atto a fornire una panoramica sia sulle cavità artificiali, sia sulle indagini che si possono condurre. Soprattutto si è inteso fornire delle indicazioni sul modo di svolgere le operazioni esplorative e quindi di studio, presentando altresì l'aspetto giuridico, l'aspetto naturalistico e considerando adeguatamente i rischi. Lungi dall'essere esaustivo, questo manuale desidera semplicemente mettere a disposizione di quanti intendano occuparsi di cavità artificiali l'esperienza di alcuni ricercatori e in particolare le difficoltà e il modo in cui le si è affrontate, e a volte risolte. Si sottolinea che attraverso il confronto con esperti di altre discipline è stato possibile ottenere le migliori soluzioni.

Per una migliore consultazione il volume è stato virtualmente suddiviso in otto parti, di cui tener conto per comprendere la ragione del raggruppamento dei capitoli, nell'ordine esposto nell'indice generale. La prima parte (capitoli I-IV) spiega cosa siano le cavità artificiali e quali siano le opere da considerare e catalogare come tali; la seconda (capitoli V-VIII) propone alcuni approfondimenti tematici, in primo luogo per lo studio delle opere minerarie, da cui verosimilmente l'Uomo acquisisce la cognizione dello scavo nel sottosuolo da applicare in qualsiasi altra situazione. La terza (capitoli IX-XVI) presenta gli 'strumenti' utili allo studio e alla documentazione delle opere ipogee; la quarta (capitoli XVII-XX) illustra quali siano le attrezzature individuali e di gruppo utilizzate in ambito speleologico; la quinta (capitoli XXI-XXIII) presenta quali possano essere i rischi, propri delle opere sotterranee e quelli che l'attività comporta; la sesta (capitolo XXIV) è dedicata alla biospeleologia, ovvero allo studio delle forme di vita presenti nelle cavità artificiali. Infine, la settima (capitolo XXV) è riservata alla giurisprudenza e spiega innanzitutto che cosa s'intenda per "proprietà del sottosuolo"; e l'ottava (capitoli XXVI-XXVIII) tratta della catalogazione e della gestione dei dati acquisiti, compiendo una rapida panoramica dell'attività sulle cavità artificiali, iniziata nel 1981 ed incrementata nel tempo sino alla nascita della Federazione Nazionale Cavità Artificiali.

Gianluca Padovan
(Federazione Nazionale Cavità Artificiali)

* Desidero ringraziare i miei collaboratori per il lavoro svolto, non solo nell'ambito di questo volume, ma anche per la ricerca condotta sul campo. Ringrazio inoltre tutti coloro i quali negli anni hanno svolto le indagini, i cui risultati sono serviti all'acquisizione e allo sviluppo delle conoscenze nell'ambito delle cavità artificiali, consentendo la composizione di questo manuale. Un ringraziamento particolare va, infine, a Stefano Del Lungo, Paola Carità, Roberto Basilico, Sara Bianchi, Claudio Carnello, Matteo Grimoldi, Gianluca Luongo, Claudia Ninni, Davide Padovan e Aldo Scoglio.

CAPITOLO I

LA COMPRENSIONE DEL REALE

Gianluca Padovan

I.1 - *Definizione di cavità artificiale*

Si definisce cavità artificiale quel manufatto ottenuto attraverso l'asportazione, nel suolo e nel sottosuolo, di terreno o di roccia con l'intento di realizzare un ambiente sotterraneo avente almeno due pareti, una volta e un piano di calpestìo, e destinato a una specifica funzione. Le cavità artificiali possono autosostenersi se scavate nella roccia, oppure essere dotate di strutture interne di contenimento, o portanti, e rivestite d'intonaco, d'argilla, o con paramenti murari per fattori contingenti, comunque nell'intento di renderle consone alle caratteristiche richieste.

Basti pensare ai cunicoli di captazione privi di rivestimento, a talune tombe scavate nel tufo, oppure a opere di percorrenza semplicemente ricavate nella roccia viva. Altri esempi sono dati dagli acquedotti resi impermeabili per preservare il liquido, da opere militari armate con robusti rivestimenti per contenere le spinte del terreno e gli effetti delle bombe, oppure dalle numerose miniere con strutture di sostegno sia in pietra che in legno, onde evitare dei cedimenti strutturali anche all'incontro con materiali incoerenti.

La funzione assolta da un manufatto così realizzato ne determina l'appartenenza a una specifica tipologia. Occorre considerare che l'opera non è sempre il frutto di un intervento unico e, al momento della nostra indagine, può risultare articolata in più fasi distribuite lungo un variabile arco temporale. In linea di massima l'opera ipogea può essere stata soggetta anche a interventi che ne hanno mutato sia la struttura che l'originaria funzione. Ma non è tutto: come si potrà vedere successivamente alcuni manufatti, pur non essendo propriamente sotterranei, rientrano nella categoria delle cavità artificiali.

I.2 - *Perché l'uomo realizza cavità artificiali*

Soggiacendo alla forza di gravità l'acqua s'infiltra e scorre nel sottosuolo creando le proprie vie sotterranee dando luogo a gallerie, meandri, saloni ricchi di concrezioni e pozzi anche di notevoli dimensioni. Si vengono così a generare le grotte, ovvero le cavità naturali.

L'essere umano, da parte sua, rispondendo o 'soggiacendo' alle richieste continue e pressanti del vivere comunitario, imposte da una *societas* in costante 'sviluppo', ha realizzato innumerevoli opere nel tentativo, reale o illusorio, di sfruttare a proprio vantaggio ciò che la Terra gli offriva più o meno velatamente; anche ricavandole 'all'interno'.

Considerando le cavità artificiali nella loro globalità, occorrerà pertanto intuire cosa ha effettivamente condotto l'Uomo a scavare il sottosuolo e come determinate esigenze legate alla sopravvivenza, nonché al miglioramento delle proprie condizioni di vita, gli abbiano consentito di sviluppare architetture ipogee, a tutt'oggi in corso di evoluzione. Si conceda di pensare che la naturale debolezza dell'uomo, come mammifero, sia stata anche in questo caso il suo punto di forza nell'emergere, in modo assolutamente innovativo, all'interno del regno animale.

In via suppositiva si può immaginare che il vivere nella natura lo abbia portato ad osservare anche i comportamenti e le abitudini di alcuni animali, traendone insegnamento, se non anche lo spunto. I motivi di applicazione non gli sono venuti poi a mancare. Ma tralasciando ogni dissertazione filosofica, si possono solo avanzare ipotesi circa i motivi che hanno suggerito o spinto l'uomo, agli albori della civiltà, a sfruttare il sottosuolo anche per ricavarne spazi. In generale, si possono verosimilmente proporre le seguenti motivazioni:
- necessità di un luogo protetto;
- culto anche dei morti;
- sfruttamento delle risorse del sottosuolo;
- necessità di ambienti adatti alla conservazione di derrate alimentari;
- necessità di ambienti adatti alla conservazione dell'acqua;
- smaltimento dei rifiuti in senso generale;
- necessità di aumentare l'approvvigionamento idrico.

I.2.1 - *Riparo e sicurezza*

Fin dalla preistoria i ripari sotto roccia e le grotte hanno costituito un luogo di rifugio, di temporanea abitazione, di riunione e di culto: «Dalla storia dell'architettura, la caverna è vista come elemento propulsore negli sforzi condotti dall'uomo alla ricerca di una strutturalità, se non il primo punto di partenza» (Rossi-Osmida 1974, pp. 15-19).

Ma la cavità naturale ha unito agli indiscussi vantaggi anche fattori quali umidità, stillicidio, frequentazione da parte di animali e ubicazione non sempre vicina alle esigenze dei loro possibili fruitori. Si suppone che in origine l'essere umano abbia adattato a sé alcune cavità naturali, ma che da esse abbia tratto spunto per realizzarne di proprie, artificiali, secondo acquisiti intendimenti.

I.2.2 - *Inumazioni*

Il culto dei defunti è stato sentito in ogni epoca e civiltà. A seconda delle credenze e dello stato culturale del momento, l'uomo ha concepito anche opere sotterranee per l'inumazione ricavandole in ogni matrice. Fin dall'età preistorica e protostorica abbiamo fosse scavate nel terreno, anche protette da lastre di pietra, oppure pozzetti, per la sepoltura dei cremati.

Non mancano i vani scavati nel fianco di pareti o balze rocciose, come si può riscontrare a Pantalica, nella valle dell'Anapo in Sicilia, dove si contano circa cinquemila tombe scavate a partire dal XII secolo a. C. Tra gli esempi sotterranei si possono ricordare le cosiddette catacombe.

I.2.3 - *Ricerca ed estrazione dei materiali*

La ricerca di materiali per la fabbricazione degli utensili può aver indotto prima a raccogliere quanto vi era sul terreno e in seguito a cavare pietre, come la selce, direttamente dai punti di affioramento, sia a giorno che in cavità naturali. Seguendo gli strati di rocce da utilizzare, come ad esempio la selce, l'Uomo non ha fatto altro che approfondire gli scavi, creando ambienti sotterranei. Ma quando l'Uomo scoprì che alcune particolari rocce celavano all'interno i minerali e questi potevano fornire, adeguatamente trattati, i metalli (sostanze duttili, malleabili e resistenti), le attività di ricerca e di estrazione si svilupparono quasi ovunque nel mondo.

Lavorando i metalli l'Uomo riuscì a cambiare le condizioni di vita, rendendo più efficienti gli strumenti di lavoro e di guerra, che fino a quel momento erano fatti di pietra, legno, osso. Entrando nell'Età dei Metalli si ebbe una vera e propria rivoluzione pari a quella della scoperta dell'agricoltura avvenuta nel Neolitico (Giardino 1998, p. 4).

I.2.4 - *Conservazione dell'acqua e delle derrate alimentari*

Il bisogno primario dell'uomo è l'acqua e non tutte le acque sono potabili. Si può digiunare per un lungo periodo, ma senz'acqua non si sopravvive. Conseguentemente, si sono sviluppati ingegnosi, ma non sempre efficaci, sistemi per la raccolta e la conserva dell'acqua a fini potabili, per l'abbeveramento degli animali e l'irrigazione.

Dal praticare una semplice fossa nel terreno o una perforazione nella roccia, al realizzare una conserva che evitasse il più a lungo possibile l'imputridimento dell'acqua, non dev'essere stato un passaggio facile e immediato. Una considerazione analoga vale ugualmente per la conserva delle derrate alimentari.

I.2.5 - *Eduzione delle acque*

Si è detto che con la nascita e lo sviluppo della metallurgia l'attività di lavorazione mineraria si sviluppa nelle aree ricche di giacimenti metalliferi. Uno dei maggiori inconvenienti che hanno afflitto le maestranze minerarie durante le attività di estrazione è stata la necessità di eliminare le acque sotterranee, che spesso impedivano il proseguire degli scavi. Il sistema più rapido era quello d'incanalare le acque filtranti in una galleria, o in un cunicolo, avente leggera pendenza e conducente all'esterno.

Se questo non era possibile, a causa di fattori contingenti, si provvedeva a installare impianti di sollevamento di vario tipo per la risalita dell'acqua fino alla superficie. Probabilmente proprio per trovare una soluzione a tale fattore, si sono poste le basi per lo sviluppo dell'ingegneria idraulica finalizzata alla presa e al trasporto delle acque.

Domergue asserisce come sia errato pensare che i Romani abbiano impiegato tecniche e macchinari nuovi nelle coltivazioni minerarie (Domergue 1993, p. 344); questo induce a riflettere sulla nascita e sullo sviluppo delle opere cunicolari nel mondo antico. Secondo Forbes la graduale applicazione di metodi per la ricerca delle acque fu data dall'osservazione della natura unita all'esperienza acquisita nelle ricerche minerarie con lo scavo di gallerie (Forbes 1993, p. 674 e p. 689).

I.2.6 - *Approvvigionamento idrico*

Non si può escludere che l'osservazione di un corso d'acqua uscente da una grotta, o da una semplice fenditura del terreno, abbia suggerito di andare a scavare la roccia laddove necessitava una fonte di approvvigionamento idrico. Come precedentemente enunciato, la consuetudine di vivere nella natura, osservandola e sviluppando particolari 'sensibilità', ha condotto a individuare con buona approssimazione i luoghi utili allo scavo: l'uomo di un tempo era senz'altro meno sprovveduto di quello che noi oggi possiamo ritenere, o essere, nell'azionare un trapano a batterie o ruotare semplicemente il rubinetto.

Per condurre l'acqua al luogo di fruizione possono essere stati inizialmente realizzate semplici canalette, oppure condutture in legno. Col tempo si è andati ad applicare sistemi più complessi anche nel sottosuolo, qualora ve ne fosse la necessità, la perizia, o semplicemente la disponibilità economica. Si ritiene che la circolazione dell'acqua nei Colli Euganei, in Veneto, in età romana avvenisse prevalentemente entro tubature in pietra; ad esempio a Padova nel 1933 si sono rinvenuti sette elementi di tubatura in trachite per una lunghezza di 6.04 m (Zanovello 1997, p. 54 e p. 109).

Il medesimo 'mistero' dell'acqua contenuta nella roccia ha senza dubbio indotto, più o meno volutamente, a praticare perforazioni nel terreno per andarla a ricercare. Si vengono così a creare i primi pozzi, che nella loro essenzialità strutturale ancora oggi, anche con immutati sistemi, vengono praticati manualmente in alcune regioni della Terra.

I.2.7 - *Agricoltura e relative opere idrauliche*

L'importanza dell'agricoltura non è da sottovalutare. Produttività e incremento della popolazione vanno attentamente considerati, nel nostro caso in funzione di acquisizione, applicazione e miglioramento delle tecniche d'adattamento del suolo, d'irrigazione e di bonifica. Drower asserisce che: «L'irrigazione, ossia la somministrazione artificiale di acqua ai seminati là dove le piogge sono insufficienti, è inseparabile dal prosciugamento, ossia la rimozione dell'acqua superflua dal terreno» (Drower 1933, p. 528). Forbes sottolinea invece come «Il risparmio dell'acqua fu il principio ispiratore della tecnica classica della coltivazione» (Forbes 1993, p. 689). Mentre per Casorìa le potenzialità di un territorio possono divenire una «realtà produttiva» grazie a una consona organizzazione della comunità operante (Casorìa 1988, p. 45). Anche in questo caso, seppure non ancora enunciata la legge dei gravi, era certo noto che l'acqua avesse la tendenza a fluire verso il basso o portata al ristagno laddove il terreno formava delle conche. Praticare un semplice solco nella cotica erbosa per determinare o facilitare un flusso o un deflusso del liquido non dev'essere stata cosa complessa.

I.2.8 - *I fattori determinanti*

Si può pertanto asserire che singoli fattori, o il loro concorso, abbiano favorito lo sviluppo delle tecniche di scavo, dando luogo a cavità artificiali con differenti destinazioni. Come afferma Kant: «Ma sebbene ogni nostra conoscenza cominci con l'esperienza, non perciò essa deriva tutta dalla esperienza. Infatti potrebbe esser benissimo che la nostra stessa conoscenza empirica fosse un composto di ciò che noi riceviamo dalle impressioni e di ciò che la nostra propria facoltà di conoscere vi si aggiunge da sé» (Kant 1977, p. 40).

Inoltre: «Così di uno che ha scavato le fondamenta della sua casa, si dice che avrebbe potuto sapere a priori che questa sarebbe caduta: cioè egli non avrebbe dovuto aspettare l'esperienza che crollasse di fatto. Se non che, egli non avrebbe potuto saperlo interamente a priori; perché, che i corpi siano pesanti, e quindi cadano se si sottrae loro il sostegno, doveva pure essergli noto già per esperienza» (Kant 1977, p. 41).

Concludendo, dall'adattamento di grotte e dallo scavo di abitazioni rupestri, protrattisi fin quasi ai nostri giorni, sono venuti a svilupparsi agglomerati urbani anche di rimarchevole estensione. Dalle coltivazioni minerarie è assai probabile che si sia compresa, o comunque specializzata, la tecnica di operare scavi e condottare le acque sia a scopo di drenaggio, che per la ricerca di falde freatiche indispensabili all'approvvigionamento idrico degli insediamenti in via d'espansione. Considerando che il culto dei morti è ovunque diffuso, e che in sua funzione si sono realizzate cavità artificiali di varie forme e sviluppo, si può affermare che apprese le tecniche di scavo l'essere umano le abbia applicate ogni qual volta lo ritenesse necessario.

I.3 - *Quali opere considerare come cavità artificiali?*

Fornendo inizialmente la definizione di 'cavità artificiale' si sono inquadrati i manufatti dotati di volta, piano di calpestìo e almeno due pareti, ottenuti nel suolo o nel sottosuolo mediante l'asportazione di materiale; in taluni casi si riscontra l'apporto di materiale destinato al sostegno, all'impermeabilizzazione, o al 'semplice' assolvimento della funzione.

Con queste caratteristiche possiamo immediatamente immaginare un traforo, o tunnel, in quanto presenta esclusivamente due pareti, una volta e un piano; oppure un ambiente articolato come una cantina scavata nel tufo, con lunga e profonda rampa d'accesso e numerose stanze in cui trovano posto botti e rastrelliere per le bottiglie. Ci si è tuttavia resi conto che circoscrivere le ricerche agli ambienti aventi queste sole, ma ben delineate caratteristiche, poteva essere riduttivo, se non fuorviante.

Si pensi semplicemente a una 'fossa' praticata nel terreno: «Con il coltello, scavò nel suolo arido una buca grande tre palmi e profonda mezzo braccio, il cui fondo fu subito coperto d'acqua. Quel pozzo gli sarebbe bastato per sopravvivere» (Thériault 1994, p. 7). La differenza tra questa 'buca' e un pozzo artesiano profondo 80 m sta essenzialmente nelle dimensioni: non sempre si avrà la necessità di studiare e censire una 'buca', mentre un pozzo sarà sempre oggetto d'indagine. In ogni caso i pozzi non sono comunemente dotati di volta di copertura e il loro fondo non è assimilabile a un piano di calpestìo. Lo stesso dicasi di particolari cisterne, costituite da una semplice perforazione del terreno di forma cilindrica o subcilindrica.

Valga come esempio il tracciato di un acquedotto dove s'incontrano tratti scavati nella roccia, altri su sostruzioni a ridosso di balze rocciose, fino a percorrere parti rimaste celate al di sotto di edifici d'età successiva e in origine affatto ipogei. Oppure opere erette fuori terra, come talune fortificazioni: a seguito di demolizioni possono 'scomparire' in superficie, pur conservando ambienti percorribili al di sotto del nuovo piano di campagna. Non è raro osservare come in qualche costruzione militare siano stati ricavati a posteriori cunicoli di mina per la demolizione, oppure di contromina per potenziarne la capacità difensiva: angusti e bui, sono tranquillamente oggetto d'indagine.

Acquedotti, fognature, cunicoli e gallerie di contromina, opere di percorrenza, possono essere stati realizzati in trincea e poi ricoperti con terra o materiale di riporto. Oppure taluni canali e rogge, o fossati posti a protezione di cinte murarie, a seguito di mutate esigenze ed espansioni del tessuto urbano vengono generalmente dotate di volta di copertura e relegate nel sottosuolo, divenendo ambienti ipogei a tutti gli effetti. Le casematte delle opere bastionate possono richiedere l'utilizzo di tecniche speleologiche per accedervi e talvolta non presentano sostanziali differenze rispetto una qualsiasi opera ipogea propriamente detta.

Nel campo delle cavità naturali si osserva come varie grotte siano state interessate da attività estrattive. Studiando le cave e le miniere non si può non considerare ogni genere di coltivazione, dunque includendo quelle operate in grotta e senza quantificare l'entità dell'intervento. Non si terrà quindi in considerazione il sistema di catalogazione speleologico in base al quale solo le cavità naturali aventi le superfici interne modificate manualmente in misura superiore al 50% sono da considerarsi artificiali. Anche poche tracce possono risultare sufficienti a fornire dati, indizi, i quali rimangono sempre e comunque informazioni valide soprattutto se inserite in contesti più ampi.

Quasi per estensione, tutte le grotte che rechino tracce di lavoro umano possono essere catalogate tra le cavità artificiali. S'includerebbero così anche le sepolture: si lascia chiaramente al senso pratico e soprattutto alle competenze di chi indaga l'operare una consona selezione. Una semplice deposizione non fa della grotta necessariamente una 'cavità artificiale'; di contro, interventi di scavo finalizzato all'estrazione di minerali, o l'erezione di murature per la costruzione di un sacello, danno luogo ad una catalogazione in tale senso.

Le stesse "vie cave" (strade in trincea) possono costituire motivo di studio, soprattutto in considerazione del fatto che lungo tali percorsi si aprono sovente delle cavità artificiali. Alla luce dei lavori condotti, si può constatare come le operazioni di ricerca e di studio siano state svolte anche in ambienti non propriamente ipogei. L'analisi e la distinzione per la formulazione di una casistica sono quindi risultate complesse ed inutili, tanto da considerare che gli innumerevoli ambienti censibili come 'cavità artificiali'

potessero avere in comune i soli fattori:
- scarsezza o assenza di luce;
- percorribilità non sempre agevole.

I.4 - *Una caratteristica dei manufatti 'sotterranei'*

Se le costruzioni in alzato sono soggette a rifacimenti, ampliamenti, distruzioni e drastiche riedificazioni, si può considerare che le opere ipogee - e quante divenute tali nel tempo - si siano meglio conservate appunto per la peculiarità di essere sotterranee. E un manufatto sostanzialmente integro è più facilmente studiabile ed eventualmente recuperabile.

Di contro, eventuali riutilizzi e conseguenti cambi di funzione lasciano più difficile la ricostruzione delle forme primitive: ci si trova innanzi a unità stratigrafiche negative che per la loro stessa natura 'tagliano' e cancellano le fasi precedenti. In ogni caso si parlerà sempre di un ambiente 'leggibile'.

I.4.1 - *Unità Stratigrafiche Positive e Unità Stratigrafiche Negative*

Particolari fenomeni e azioni producono un asporto e un apporto di materiale nell'ambiente in cui viviamo. Un'alluvione può determinare delle frane, con asporto di materiale e deposizione dello stesso in altro luogo. Il semplice fluire di un corso d'acqua incide il suolo approfondendo l'alveo e a valle deposita il prodotto dell'erosione. L'uomo cava materiale dal suolo e costruisce edifici. Oppure scava canali e innalza le loro sponde con terrapieni. Si vengono così a creare nel tempo delle unità stratigrafiche, sia negative sia positive.

Tali unità stratigrafiche hanno dei rapporti fisici tra di loro: una Unità Stratigrafica può coprirne un'altra: il crollo di un muro può coprire il crollo del tetto dell'adiacente edificio. Oppure si può appoggiare a un'altra: un pavimento in terra battuta si appoggia ai muri di un ambiente. La può anche tagliare: lo scavo di un pozzo taglia un piano di calpestìo. In sintesi, le relazioni fisiche tra le Unità Stratigrafiche sono le seguenti: copre / è coperto da; gli si appoggia / si appoggia a; è tagliato da / taglia; si lega a / è uguale.

Questi rapporti fisici determinano una sequenza temporale relativa delle Unità Stratigrafiche, cioè ci permettono di capire quale viene prima e quale viene dopo: «La minuziosa dissezione di un sito e la registrazione accurata di tutti i fenomeni in esso osservabili sono semplicemente il preludio a un tentativo di dare un significato all'evidenza: stabilire come si sono formati gli strati; riconoscere e interpretare sulle superfici scavate tracciati che rivelano la presenza anteriore di costruzioni, steccati, fossati, bastioni, campi e tutte le altre tracce che l'occupazione umana lascia nel terreno; spiegare, per quanto possibile, la sequenza completa degli eventi sul sito» (Barker 1977, p. 236).

Se l'US 1 copre l'US 2 vuol dire che US 1 è più recente di US 2, così come se l'US 3 taglia l'US 4, US 4 è più antica di US 3. Se l'US 5 si lega a US 6 vuol dire che queste US sono contemporanee. In generale si può dire che tutte le forme di stratificazione siano esse dovute a fattori naturali o artificiali siano il risultato di erosione / distruzione; movimento / trasporto; deposito / accumulo: «Il concetto di unità stratigrafica mira dunque a ridurre le diverse azioni e i loro rapporti nello spazio allo stesso grado di astrazione dei rapporti stratigrafici, cioè a dire della cronologia relativa. Il che equivale a ridurre un muro o una fogna allo stesso livello di semplicità di un prima e di un poi. Per fare ciò occorre passare dall'identificazione topografica di un'azione alla sua identificazione numerica.

Il muro diventa il numero 1003 e la fogna il numero 1027, per poter arrivare a pensare e a dire con facilità che 1027 taglia 1003 ed è quindi posteriore» (Carandini 1996, p. 75). Le cavità artificiali si possono anche definire delle "unità stratigrafiche negative". Se una cisterna è tagliata da una cava di calcare, la cisterna sarà precedente; così come una cisterna che reca al suo interno i resti di un cunicolo sarà successiva al cunicolo stesso. Identico concetto lo si può applicare allo studio delle miniere considerando che una Unità Mineraria taglia (asporta) un'altra, o copre/è coperta, etc.

I.4.2 - *Recupero delle fonti*

Se nulla esclude che il ricordo d'arcaiche tecniche per la ricerca e la conserva dell'acqua possano un giorno ritornare utili, oggi costituiscono almeno una valida base per lo studio di specifiche opere del passato, le quali sono generalmente poco considerate. Ad esempio, è un dato di fatto che i pozzi siano studiati in misura minore rispetto agli acquedotti. Oppure che le antiche tecniche di scavo manuale delle opere idrauliche ci siano quasi sconosciute, per quanto le si possa 'ricostruire' o 'dedurre'.

L'Associazione Subacquea "Orsa Minore" ha intrapreso la ricerca e la documentazione dei pozzi e delle cisterne di Perugia negli anni Settanta, dimostrando in quale misura tali opere architettoniche 'minori' interessassero il complesso e stratificato sito urbano: «All'inizio delle nostre ricerche eravamo convinti - e oggi la nostra convinzione si è ulteriormente rafforzata, alla luce dei primi risultati concreti del nostro lavoro - che pozzi e cisterne, proprio per avere avuto maggiore attinenza con la vita quotidiana degli uomini vissuti nei secoli passati, fossero fonti importantissime di informazioni sulla storia della città: dagli Statuti, dalle Riformanze medievali del Comune di Perugia e da altri documenti d'archivio, risulta infatti che nel corso dei secoli essi sono stati spesso oggetto di specifici provvedimenti legislativi e che sono stati in più di un'occasione assunti come punti di riferimento per indicare il tracciato delle strade, o come indicazione di confine tra diverse giurisdizioni civili o ecclesiastiche» (Associazione Subacquea 1981, pp. 11-12).

I.5 - *Indagare il sottosuolo*

Le cavità artificiali sono presenti non solamente presso i luoghi abitati, seppure - in buona misura - si possa convenire che siano solitamente ad essi connessi. Se il divenire di un insediamento è sostanziato di distruzioni, riedificazioni e ampliamenti, è ovvio che questi processi vadano talvolta a coinvolgere preesistenti sotterranei, che possono quindi rimanere di volta in volta inglobati in nuove cavità, riutilizzati con diversa funzione, oppure interrati o semplicemente obliterati.

Data la varietà e talora lo sviluppo planimetrico delle opere sotterranee, la ricerca in ambito urbano riveste senza dubbio carattere di forte interesse, specie se, come spesso accade, le vengono affiancate indagini di superficie con l'obiettivo di comprendere l'evoluzione di un sito nel tempo. Inversamente, lo studio del medesimo sviluppo può condurre a indagare il sottosuolo per rintracciare particolari ambienti sotterranei che completino il quadro delle acquisizioni.

Meglio ancora se la complessità e la cronologia del sito stesso possono essere valutati anche tramite uno scavo archeologico. Bisogna sempre considerare le città come 'organismi' in perenne movimento e che la loro comprensione non può rimanere limitata alle volumetrie emergenti. Pertanto, lo studio degli impianti urbani deve tenere conto delle realtà sotterranee.

I.5.1 - *Il patrimonio sotterraneo*

È necessario sottolineare anche un altro aspetto della materia: il suo potenziale spaziale, anche 'risultante' di una particolare situazione geologica e morfologica. Banalizzando il concetto, si potrebbe essere portati a supporre che in Italia esistano più cavità artificiali che naturali e che il loro sviluppo planimetrico lo sia altrettanto. Tra il 1888 e il 1938 la sola Montecatini (De Michele, Ostromann 1987, p. 4) ha gestito trentatré aree minerarie, cave escluse, alle quali vanno ad aggiungersi tutte le coltivazioni che dal Neolitico (come la miniera della Defensola) hanno accompagnato la nostra storia fino ad oggi. In complesso abbiamo migliaia di chilometri di miniere.

Pozzi e cisterne sono presenti quasi ovunque; nel territorio del comune di Tarquinia (Viterbo) sono state censite più di sessanta cisterne, oltre ai pozzi veri e propri. Tra i vari acquedotti ipogei si ricordi quello romano di Bologna, lungo quasi venti chilometri e quelli di Napoli, senza contare le decine di chilometri ancora percorribili degli acquedotti che servivano l'antica Roma e studiati e documentati nel loro tracciato dalla perizia e dalla costanza di Ashby, coadiuvato da Ducci, ai primi del XX secolo (Ashby 1991).

La rupe su cui sorge Orvieto conserva una grande varietà di cavità artificiali, soprattutto destinate all'approvvigionamento idrico, che da sole danno la dimensione di come il 'fenomeno ipogeo' possa svilupparsi in un centro urbano: «Nel particolare contesto della città di Orvieto esiste tuttavia l'occasione di effettuare una lettura molto interessante della città potendo capovolgere fisicamente non l'oggetto dello studio, ma il punto di osservazione, avendo a disposizione circa 1200 cavità artificiali» (Bizzarri 1998, p. 4). Nella sola Roma (entro il VI miglio) sono state catalogate quasi una cinquantina di catacombe principali (Barbini 1997, p. 102-243), il cui sviluppo complessivo è senza dubbio notevole.

La Grande Guerra ha lasciato centinaia di chilometri di trincee e un numero non calcolabile di opere sotterranee, lungo il fronte che correva dalla Lombardia al Carso della Venezia Giulia e della Slovenia. E senza contare i forti e le così dette "grotte di guerra". A questo proposito nel libro "2000 Grotte" (Bertarelli, Boegan 1926) sono riportati «appunti e impressioni» per fornire un quadro generale sulle grotte del Carso che ospitarono postazioni per armi da fuoco, posti di medicazione, ma soprattutto ricoveri. Nella Grotta di Novello vi erano cuccette per mille uomini, disposte su più piani, oltre ai vari servizi; la Caverna presso Valle di Brestovizza era dotata di un lavatoio allacciato all'acquedotto del Carso, costruito durante il conflitto (Gariboldi 1926, pp. 129-152).

I.5.2 - *Città e sottosuolo*

Di Milano, e in particolare del sistema dei canali oggi coperti e dell'impianto fognario, si è detto: «Esattamente come gli aruspici, che nelle viscere leggevano la realtà e il suo evolversi, nelle viscere di Milano è possibile cogliere le tappe più significative del suo sviluppo» (Gentile, Brown, Spadoni 1990, p. 11). Roma è per eccellenza una città stratificata. I suoi edifici fondano, o per meglio dire affondano, le proprie radici in un terreno geologico composto da depositi vulcanici (tufi e pozzolane), fluviali e lacustri (argille, limi, ghiaie e sabbie) e marini (argille e sabbie).

Di facile escavazione, questo sottosuolo ha indubbiamente favorito lo sviluppo di opere ipogee, sia dettate da specifiche esigenze urbanistiche come cave, pozzi, cisterne, acquedotti sotterranei, fognature, cunicoli di drenaggio, che da influssi culturali e religiosi. In clima di Controriforma gli studiosi Cattolici ricercarono e indagarono i monumenti più antichi della cristianità, con rilevante attenzione per le cosiddette catacombe.

Tornando alla 'stratificazione' dell'Urbe, per comprenderne l'entità occorre tener conto che la popolazione raggiunse il milione e mezzo nel II secolo d. C., declinando a quindicimila unità nell'XI secolo, per segnare un lento ma deciso incremento fino al termine del Diciannovesimo. Nel grafico di Pediconi, riportato da Pace (Pace 1986, p. 139), vi è una evidente corrispondenza tra la costruzione degli acquedotti e la densità numerica degli abitanti, con un netto incremento nel XVI secolo corrispondente alla costruzione dell'acquedotto Felice, proposta sotto il pontificato di Gregorio XIII e promossa da Sisto V.

Le calamità naturali dovute a terremoti e soprattutto a inondazioni, hanno depositato spessi strati di macerie e di limo, senza contare quanto andato in rovina a seguito di guerre e invasioni. Il concorso di questi fattori ha comportato l'abbandono, con la conseguente distruzione e successiva riedificazione, di migliaia tra abitazioni private ed edifici pubblici. L'accumulo di macerie e di terra riportata ha determinato la creazione di rilievi artificiali: Monte Savello è sorto sul Teatro di Marcello, Monte dei Cenci sul Teatro Balbo e Monte Citorio sul sepolcro degli Antonini (Luciani 1984, p. 9).

Dal quadro risulta evidente come la *Cloaca Maxima*, canale drenante a cielo aperto realizzato attorno al VI secolo a. C. dai Tarquini a Roma, sia stata successivamente dotata di volta e destinata anche a condotto fognario, sottostando a mutate esigenze urbanistiche. O come resti della *Domus Aurea*, citando uno dei più eclatanti esempi, siano oggi degli ipogei incorporati nelle fondamenta delle terme fatte costruire da Traiano agli inizi del II secolo d. C.

Anche nell'ambito dell'Archeologia Industriale lo studio delle cavità artificiali permette di comprendere il sistema di produzione. Nel caso di Follonica (Grosseto), in una delle più interessanti aree siderurgiche moderne (XVI-XIX sec.), lo studio delle strutture fusorie non ha potuto prescindere dall'analisi del sistema dei magli, dei mulini e degli impianti di ventilazione azionati dall'energia idraulica attraverso un complesso sistema di gore sotterranee (Casini, Padovan, Saragosa 2002, pp. 201-216). Le città sono 'organismi' in perenne movimento e la loro comprensione non può rimanere limitata alle volumetrie emergenti.

I.6 - *L'insieme delle opere*

Si possono considerare e censire come cavità artificiali le opere sotto elencate, considerandole senza operare altra distinzione se non quella che le classifica in una ben precisa tipologia, e nella relativa sottotipologia, come esposto al capitolo III.

- A. Opere realizzate dall'Uomo che s'inoltrino nel suolo e nel sottosuolo.

- B. Opere costruite all'interno di trincee e coperte a lavoro ultimato come, ad esempio, taluni acquedotti oppure alcune opere difensive.

- C. Opere realizzate a cielo aperto e successivamente dotate di copertura come, ad esempio, i corsi d'acqua e i canali artificiali dotati di volta, sia essa coeva o posteriore all'impianto idraulico stesso.

- D. Opere costruite fuori terra e successivamente ricoperte sia artificialmente che a seguito di eventi naturali come, ad esempio, talune opere militari e civili.

- E. Particolari ambienti come, ad esempio, casematte ed opere di mina e contromina, realizzati generalmente in costruzioni militari all'interno degli alzati, sia in fase con il manufatto che ricavati successivamente mediante uno scavo.

- F. Cavità naturali interessate da attività estrattiva.

- G. Cavità naturali antropizzate, ovvero quelle grotte che rechino tracce di ampliamento o semplice adattamento per mano dell'Uomo, oppure costruzioni a carattere difensivo, insediativo, cultuale, etc.

CAPITOLO II

L'INDAGINE

Gianluca Padovan

II.1 - *Osservazione e deduzione*

Come ogni altro manufatto le opere sotterranee sono frutto di una intenzione supportata dall'applicazione della volontà alle proprie risorse, sia materiali che intellettive. Posti innanzi a svariati esempi, possiamo dire che tutti dimostrino una volontà (sia espressa liberamente che tramite coercizione). Non sempre siamo in grado di stabilire l'intenzione, ovvero che cosa si sia voluto realizzare con lo scavo. Questo perché sovente ci troviamo innanzi a opere solo parzialmente percorribili: interri, crolli, edificazioni o coltivazioni posteriori ne limitano la visione. Non è da escludere la possibilità d'incontrarne incompiute.

Per operare una prima 'selezione d'ipotesi' occorrerà considerare il terreno geologico, inquadrarne geograficamente i manufatti, stendere il rilievo, capire il metodo di abbattimento e la successione delle fasi di scavo, calcolare le quote e rapportarle con quelle a giorno. Si può asserire che come primo passo occorrerà individuare le opere sotterranee intraprendendone il censimento. Seppure tale affermazione si possa ritenere restrittiva, in realtà rimane il punto d'inizio della ricerca.

Rilievo, foto e osservazioni costituiscono la piattaforma di partenza di un intervento conoscitivo che richiede il concorso di più discipline, ma nulla come un corretto rilievo planimetrico è di ausilio alla comprensione del significato di una cavità artificiale. Come già detto, lo studio delle opere ipogee esistenti in un territorio richiede di considerare almeno nella loro globalità le intenzioni dei costruttori e le tecniche di scavo che potevano adottare, in quanto applicazioni che sono andate a determinare e a caratterizzare gli stessi ipogei. La loro datazione può essere tutt'altro che semplice, soprattutto se vengono a mancare le fonti scritte, particolari risoluzioni architettoniche, le associazioni con materiale datante, oppure la contestualizzazione archeologica. Più facilmente si rinvengono elementi che ne attestano un momento di frequentazione, di riutilizzo, di abbandono o di definitiva obliterazione; non quella di prima escavazione.

II.2 - *Documentare il sottosuolo*

La ricerca e lo studio delle cavità artificiali non sono più un momento episodico, un'attività 'collaterale' alle indagini di superficie o allo scavo stratigrafico. Come la Speleologia classica, anche la Speleologia in Cavità Artificiali ha sviluppato una propria metodologia d'indagine. Oggi, a buon diritto, può chiamarsi Archeologia del Sottosuolo. Senza perdersi in astrattismi o particolarismi fini a loro stessi, occorrerà comprendere che si tratta anche di archeologia, perché l'oggetto dello studio sono comunque le opere realizzate dall'Uomo.

Ma l'aspetto della raccolta dei dati, della restituzione grafica, della documentazione, dell'analisi e della sintesi è differente. La Speleologia in Cavità Artificiali o, meglio, l'Archeologia del Sottosuolo, è il risultato di una attività che nello specifico si ottiene mediante lo sviluppo di criteri originali dove convergono più aspetti di altre discipline. Si può pertanto parlare di multidisciplina: è la risultante data dalla capacità di permanere nel sottosuolo all'interno di un manufatto e dalla capacità di raccoglervi dati, finalizzati alla sua analisi, per procedere all'interpretazione e alla comprensione della sua funzione. Intraprendere tali ricerche significa quindi scendere all'interno dei manufatti per svolgervi il lavoro d'indagine e correlarlo alle evidenze di superficie. In ambito urbano si raccoglieranno innanzitutto informazioni sulla condizione statica degli ipogei. Riprendendo in parte i concetti, rimane evidente come non sia possibile fermarsi alla semplice raccolta dei dati e il successivo momento importante divenga quello dell'elaborazione. A questo punto altri aspetti della ricerca quali la documentazione storica, l'architettura, la geologia, la geomorfologia, etc., sono parte integrante della comprensione e dello studio di quanto indagato.

II.2.1 - *Metodo d'indagine*

Condurre le operazioni nelle cavità artificiali significa quindi 'documentare il sottosuolo', ovvero esplorare e acquisire una messe di dati quanto più completa possibile, compatibilmente ai fattori contingenti. I seguenti punti ci permettono innanzitutto di avere dei solidi dati di base su cui impostare il lavoro di conoscenza diretta dell'ipogeo:

- lavoro sistematico per l'individuazione degli accessi;
- inquadramento geologico,
- inquadramento geografico e topografico,
- contesto storico, architettonico, archeologico.

I principali lavori da svolgere in una cavità artificiale sono:

- esplorazione,
- rilievo in pianta e in sezione,
- documentazione fotografica,
- documentazione video (qualora possibile),
- raccolta di ogni dato inerente l'ipogeo.

Quanto acquisito richiede la conoscenza dell'ambito in cui si opera: osservazioni, comparazioni, ricerche d'archivio e a carattere toponomastico diverranno elementi necessari alla completezza del lavoro, finalizzato alla comprensione del manufatto e alla ricostruzione del suo percorso storico. Seppure non sempre possibile o fattibile, l'indagine stratigrafica rimane uno strumento valido. Ogni cavità può inoltre costituire una nicchia ecologica, la cui indagine dal punto di vista biospeleologico fornisce solitamente dati d'indubbio interesse sulla fauna che vi transita o vi dimora. Occorrerà altresì essere a conoscenza, almeno nelle linee generali, dei vincoli a cui sono soggette le opere ipogee, interessandosi della relativa legislazione.

II.2.2 - *Cavità artificiali e metodologia speleologica*

Dal momento che la raccolta di dati, la restituzione grafica e la documentazione possono avvenire in ambienti 'difficoltosi' è auspicabile la conoscenza della metodologia speleologica e la consapevolezza degli eventuali rischi che l'attività comporta. Rimane chiaro come la predisposizione e l'allenamento alla permanenza in un ambiente non usuale permetta di operare con tranquillità e sicurezza, a tutto vantaggio del lavoro da svolgere.

In vari casi la difficoltà di progressione, la pericolosità di alcune situazioni e la consapevolezza di dovere operare sempre in sicurezza, determinano la necessità di applicare una metodologia rigorosa e una strategia d'indagine tali da poter ottenere il massimo risultato con il minimo rischio. Si consideri infine come l'attrezzatura speleologica possa talvolta essere utile anche in opere non propriamente sotterranee.

II.3 - *Ricerca ed elaborazione*

Come per ogni lavoro, alle parole devono seguire i fatti. Riassumendo i concetti precedentemente espressi, è possibile elencare alcuni punti fissi per lo svolgimento dell'indagine presso un manufatto ipogeo:

- Ricerca sistematica e individuazione.
- Capacità di accesso e di permanenza nel sottosuolo.
- Inquadramento geologico, geografico e topografico.
- Realizzazione del rilievo planimetrico.
- Documentazione del contesto.
- Analisi delle evidenze materiali.
- Documentazione fotografica e cinetelevisiva.
- Ricerche a carattere storico, architettonico, archeologico, toponomastico, biospeleologico, giurisprudenziale, etc.
- Restituzione, elaborazione e sintesi dei dati raccolti.
- Pubblicazione.

CAPITOLO III

LA CLASSIFICAZIONE PER TIPOLOGIA DELLE CAVITÁ ARTIFICIALI

Gianluca Padovan

III.1 - *Suddivisione tipologica in base alla funzione*

Nella prima metà del XX secolo Del Pelo Pardi è tra i primi a cercare di classificare le cavità artificiali, descrivendole in linea generale, e fornendo una propria interpretazione riguardo alcune opere cunicolari destinate alla bonifica e all'emunzione: «È stato possibile identificare undici diverse specie di tali lavori, dei quali do una nota seguendo una suddivisione per categoria.
1°) Cunicoli scavati nel tufo litoide impermeabile. Costituiscono la bonifica, e sono perciò i veri cunicoli di drenaggio. Questa denominazione è stata data ad altri cunicoli, creando confusione.
2°) Cunicoli scavati nel tufo granulare ed in altri terreni permeabili per captazione e raccolta di acque filtranti.
3°) Emissari e diviazioni di corsi d'acqua.
4°) Cunicoli e gallerie di derivazione di acque sorgenti, specchi di acquedotti, ecc.
5°) Conserve d'acqua, serbatoi e cisterne.
6°) Fogne (*cuniculus deductorius*).
7°) Cunicoli per scopi militari e gallerie stradali.
8°) Gallerie per passaggi, ripostigli, luoghi di culto ed altro.
9°) Grotte per ricovero di animali.
10°) Cave di materiali.
11°) Catacombe».
(Del Pelo Pardi 1943).

A buon diritto si potrebbero ascrivere gli studi di Del Pelo Pardi nella "Protostoria della Speleologia in Cavità Artificiali". Successivamente, sia in ambito speleologico che archeologico, le cavità artificiali vengono suddivise, ma senza pervenire a una precisa classificazione. Nel 1994, al XVII Congresso Nazionale di Speleologia, si presenta la prima "Bibliografia delle Cavità Artificiali Italiane" (Floris, Padovan 1997, pp. 79-174), in cui le cavità artificiali sono suddivise per tipologie in base alla funzione. Lo sviluppo delle indagini, supportato soprattutto dalla metodologia speleologica, ha portato a riconoscere e a catalogare una vasta gamma di ambienti, di cui si propone un "elenco delle tipologie" comprendente varie cavità artificiali. Un primo schema si è presentato al "Convegno Internazionale di Studi su Metodologie per lo studio della scienza idraulica antica" (Padovan 2002 d, pp. 327-352) e al "V Convegno sulle Cavità Artificiali", tenutosi ad Osoppo (Udine) nel 2002; è stato inoltre pubblicato nel lavoro "Civita di Tarquinia: indagini Speleologiche" (Padovan 2002 a) La prosecuzione dei lavori e lo sviluppo della disciplina porterà auspicabilmente ad ampliare questo elenco, il quale desidera essere una semplice, ma solida, base di partenza.

1. OPERE DI ESTRAZIONE
cava, miniera.

2. OPERE IDRAULICHE

2 a. PRESA E TRASPORTO DELLE ACQUE
acquedotto, canale artificiale sotterraneo, canale artificiale voltato, condotto di drenaggio, corso d'acqua naturale voltato, emissario sotterraneo, galleria filtrante, pozzo di collegamento.

2 b. PERFORAZIONI AD ASSE VERTICALE DI PRESA
pozzo artesiano, pozzo ordinario, pozzo ordinario a raggiera.

2 c. CONSERVA
cisterna, ghiacciaia, neviera.

2 d. SMALTIMENTO
fognatura, pozzo chiarificatore (o biologico), pozzo di drenaggio, pozzo nero, pozzo perdente.

3. SPAZI AD USO DI CULTO
cripta, eremo rupestre, eremo sotterraneo, favissa, luogo di culto rupestre, luogo di culto sotterraneo, mitreo.

4. SPAZI AD USO FUNERARIO
catacomba, cimitero, colombario, domus de janas, foiba, morgue, necropoli, ossario, tomba.

5. OPERE DI USO CIVILE
abitazione rupestre, abitazione sotterranea, apiario rupestre, butto, cantina, carcere, camera dello scirocco, colombaia, cripta, criptoportico, frantoio ipogeo, fungaia, galleria ferroviaria, galleria pedonale, galleria stradale, granaio a fossa, insediamento rupestre, insediamento sotterraneo, magazzino, ninfeo, palmento ipogeo, polveriera, sotterraneo, strada in trincea.

6. OPERE DI USO MILITARE
bastione, capponiera, casamatta, cofano, contromina, cunicolo di demolizione, cupola, forte, galleria, galleria di controscarpa, galleria di demolizione, galleria stradale, grotta di guerra, grotta fortificata, mina, opera in caverna, polveriera, pusterla, ridotta, ridotto, rifugio, riservetta, rivellino, sotterraneo, tamburo difensivo, traditore.

7. OPERE NON IDENTIFICATE
opere o strutture di cui s'ignora l'esatta funzione.

III.1.1 - *Note riguardo l'assegnazione tipologica*

Presa visione di quali siano le sette tipologie identificate si andranno a suddividere, distribuire e classificare una vasta gamma di opere sia nate sotterranee, sia divenute tali, sia considerate come tali, riunendole a seconda della funzione a cui erano originariamente destinate. Questo non sarà sempre possibile e in fase di catalogazione occorrerà tenere presente i seguenti punti:

- se per talune cavità artificiali non è possibile stabilirne l'originaria funzione e il loro eventuale riutilizzo non è palese, le si assegna sempre e comunque alla tipologia n. 7;
- se l'originaria funzione non è palese, ma lo è invece il riutilizzo, la cavità artificiale andrà assegnata alla tipologia d'appartenenza di quest'ultimo, pur indicando nella scheda catastale che l'originaria funzione è sconosciuta;

- una catacomba, chiaramente derivata dalla coltivazione di una cava sotterranea, che va semplicemente ad adattare i vuoti ricavati dalla coltivazione, andrà catalogata come "opera di estrazione", ovvero appartenente alla tipologia n. 1 e nella scheda catastale si dovrà poi indicare il successivo riutilizzo, come tipologia n. 4;
- una catacomba scavata *ex novo* partendo da una coltivazione sotterranea, o da un acquedotto, apparterrà alla tipologia n. 4;
- una tomba rupestre (chiaramente identificabile come tale) riutilizzata come stalla, apparterrà alla tipologia n. 4;
- qualora non si abbiano elementi sufficienti per determinare l'uso funerario di un ipogeo, ma all'atto pratico risulti destinato a stalla, deve essere classificato nella tipologia n. 5;
- un pozzo artesiano potrà essere collocato tanto nella piazza di un paese quanto all'interno di un castello, ma andrà sempre catalogato come opera idraulica, quindi appartenente alla tipologia n. 2 b;
- un 'cunicolo di percorrenza' rinvenuto in città rientrerà nella tipologia n. 5, ma se interno a un eremo rupestre nella n. 3 (fermo restando che non si tratti del riutilizzo di un ramo d'acquedotto, nel qual caso rientrerà nella tipologia n. 2 a).

In buona sostanza, non sempre è comprensibile la destinazione di un ipogeo e non sempre lo si rinviene in uno specifico contesto, oppure può mancare il supporto di documenti storici o d'archivio che ne chiariscano con certezza il momento di scavo e la funzione: per l'assegnazione tipologica occorrerà attenersi alla documentazione raccolta. In linea di principio tutti gli elementi costituenti una data opera andranno catalogati nella tipologia a cui l'opera stessa appartiene.

Ad esempio, il pozzo che s'innesta sul cervello di volta di un cunicolo sotterraneo d'acquedotto è parte integrante dell'acquedotto stesso. Una galleria sotterranea che collega due casematte scavate nella roccia è un'opera militare (tipologia n. 6) e non una galleria pedonale (tipologia n. 5). All'interno della necropoli di Cerveteri si possono notare alcuni cunicoli scavati nel tufo, uno di questi è ubicato accanto alle tombe tarde a camera. Si tratta di sistemi di drenaggio, che servivano al deflusso delle acque meteoriche e pur situati in un'area cimiteriale sono opere idrauliche destinate al trasporto delle acque (tipologia n. 2 a). Nelle linee generali si esamineranno ora sia le definizioni delle tipologie sia le opere ad esse appartenenti.

III.2 - *Tipologia n. 1: opere di estrazione*

Nella scienza mineraria, risultati di operazioni volte alla ricerca e alla coltivazione del minerale o della roccia utili.

La scienza mineraria è rivolta a individuare e a sfruttare i giacimenti utili all'attività umana, esistenti alla superficie e nel sottosuolo della Terra, applicando la gran parte delle scienze nel conseguimento del risultato. È stata anche chiamata "arte mineraria" perché «richiede dal tecnico, oltre che una profonda conoscenza delle scienze esatte, anche una speciale attitudine, un'arte particolare che gli permetta di risolvere giornalmente problemi complessi, non sempre esprimibili in formule, e di superare difficoltà improvvise che mutano continuamente da punto a punto, anche nella stessa miniera» (Gerbella 1947, I, p. 1). In senso lato, l'arte viene definita come capacità di azione e di produzione basata su regole, cognizioni tecniche ed esperienze.

Si distinguono due tipi di opere estrattive: cava e miniera. Con il primo termine s'indicano le coltivazioni di rocce incoerenti e coerenti, con il secondo quello di minerali utili. Nel tempo si riscontra l'evoluzione dei sistemi di ricerca, di abbattimento e di trasporto della roccia e del minerale, unitamente ai sistemi d'illuminazione, di eduzione delle acque, di ventilazione (vedere utilmente "Alcuni spunti per le indagini: note di archeologia mineraria", cap. V). Occorre sottolineare che, allo stato attuale delle ricerche, dalle coltivazioni neolitiche dei filoni selciferi a tutto il periodo medievale, i sistemi di estrazione non vedano (in linea generale) grandi evoluzioni; vi è più uno sviluppo del materiale che costituisce gli attrezzi per l'abbattimento e il trasporto che l'organizzazione razionale del lavoro. Nell'arco di pochi secoli abbiamo poi l'impiego, in rapida successione e costantemente in evoluzione, di una strumentaria efficace, della polvere da sparo, dell'energia elettrica, delle macchine perforatrici a vapore, della nitroglicerina, della dinamite e dei motori a scoppio. In particolare, l'introduzione di materiali esplodenti (largamente utilizzati sia in cave che in miniere) determina la radicale modifica dei sistemi di avanzamento. La prima notizia riguardante l'impiego di materiale esplodente (polvere nera) in una coltivazione mineraria europea risale alla seconda metà del Cinquecento (Pierre 1993, pp. 413-423). La prima volata, ovvero lo scoppio di una o più mine praticate nel fronte di avanzamento, avviene in Italia in una miniera di Schio (Vicenza) nel 1574 (Tasser 1993, p. 9).

In ogni caso occorre tenere conto che in ambito minerario l'impiego di mine può essere stato applicato anche in precedenza e non solamente nel continente europeo, ma non ne è rimasta menzione o tale menzione deve ancora 'sorgere' dagli archivi. Di contro, dopo la prima documentata "volata" passeranno ancora alcuni decenni prima che il sistema venga applicato su larga scala. Come argomenta Vergani: «Le prime utilizzazioni civili della polvere da sparo delle quali si abbia menzione certa riguardano sostanzialmente dei lavori di demolizione: siamo ancora vicini, in questo caso, alle tecniche di mina militare che richiedono, di norma, l'impiego di notevoli quantità di polvere nera» (Vergani, c.s.); e siamo nella seconda metà del XV secolo. Gli ultimi decenni del XX secolo vedono una ancor più rapida evoluzione, con l'introduzione di moderni macchinari automatici: il martello perforatore ad aria compressa diventa un oggetto da museo. Questo è vero nella gran parte dei casi, ma non in tutti. Si tenga presente che in talune miniere ancora in attività nella seconda metà del XX sec. si adoperavano (e si adoperano) prevalentemente (o esclusivamente) strumenti manuali per l'abbattimento e il trasporto a causa delle ristrette condizioni economiche. Oggi in Europa la gran parte delle miniere è chiusa, preferendo importare le materie prime da altri continenti. Soluzione dettata dagli alti costi della manodopera e del mantenimento degli impianti, più che dall'esaurimento dei giacimenti.

Le coltivazioni possono avvenire sia a cielo aperto sia nel sottosuolo, anche utilizzando contemporaneamente entrambi i sistemi. Non di rado vi sono cave e miniere a giorno che evolvono in sotterraneo; in tempi recenti le scelte sono dettate anche dall'impatto ambientale che altrimenti si causa. La natura e la giacitura di ciò che s'intende estrarre, la sua dislocazione, l'organizzazione dei cantieri e il sistema con cui si procede all'estrazione, determina il metodo di coltivazione. Le "coltivazioni a giorno" si distinguono a seconda della loro collocazione. Tralasciando le coltivazioni in falda abbiamo "coltivazioni di pianura" e "coltivazioni di monte" (pedemontane, a mezza costa, culminali), suddivise tra "coltivazioni di materiali incoerenti" e "coltivazioni di materiali coerenti", quest'ultima a sua volta suddivisa a seconda che si voglia una forma regolare o irregolare del prodotto (Gerbella 1947, II; Frare 1996).

A seconda di cosa e di come si estrae, avremo quindi vari tipi di coltivazione, tenendo presente che uno o più tipi possono essere adottati in un medesimo impianto. In linea di massima avremo:

- ***coltivazione a uno o più gradini***: per materiali sciolti o poco coerenti, come ghiaia e sabbia, e in cave d'argilla;
- ***coltivazioni a gradini***: applicabile, generalmente, in ammassi affioranti o poco profondi;
- ***coltivazione ad anfiteatro***: generalmente per cave di lapidei, tenute a gradini e a forma d'anfiteatro;
- ***coltivazione a gradone unico o a fronte unico***: si adottano in presenza di strati affioranti (o scarsamente coperti) sub-orizzontali o sub-paralleli all'assetto topografico locale;
- ***coltivazione a gradini o a gradoni multipli***: per rocce coerenti, dove l'altezza e la pedata di ciascun gradino sono dimensionate in relazione alla natura del materiale, ai mezzi impiegati, alla sicurezza, alla redditività e attualmente al progetto di ripristino (Frare 1996, p. 34);
- ***coltivazione a fossa***: per giacimenti di materiali sciolti o poco coerenti e per materiali lapidei coerenti;
- ***coltivazione a gradini con trasporti sotterranei***: qualora l'orografia della zona si presti, in una coltivazione a fossa il materiale può essere evacuato tramite gallerie che si aprono a livello dei gradini, oppure rovesciato in un fornello e poi trasportato a giorno sempre mediante una galleria, la quale può servire anche per lo scolo delle acque meteoriche;
- ***coltivazione a imbuti***: applicabile in rocce coerenti, alla base di una fossa imbutiforme coltivata a gradini si apre un fornello comunicante con una sottostante galleria, da cui viene evacuato il materiale sbancato all'interno dell'imbuto per condurlo direttamente a giorno oppure per sollevandolo mediante un pozzo d'estrazione;
- ***coltivazione a pozzo***: generalmente impiegata per la coltivazione di lapidei ornamentali;
- ***coltivazione in depressione***: si colloca in corrispondenza di avvallamenti e incisioni;
- ***coltivazione per platee orizzontali***: generalmente applicato in pianura, per materiali incoerenti;
- ***coltivazione per trance discendenti***: per l'abbattimento del materiale dall'alto verso il basso;
- ***coltivazione per pannelli***: per l'estrazione di blocchetti o conci, suddivisa in platee orizzontali di piccolo spessore.

Per semplicità d'esposizione si può dire che le "coltivazioni in sotterraneo" siano generalmente costituite da cavità con le seguenti funzioni: accesso, circolazione, cantiere. L'accesso avviene attraverso pozzi verticali, pozzi inclinati, discenderie, gallerie a mezza costa; da queste si diramano le gallerie di carreggio principali dalle quali si staccano le gallerie di carreggio secondarie conducenti ai cantieri di coltivazione. I metodi di coltivazione in sotterraneo sono molteplici e la loro articolazione è spesso complessa, soprattutto nelle miniere di età industriale. Possono distinguersi in "coltivazione per vuoti", "coltivazione per frana", "coltivazione con ripiena". «I metodi di coltivazione per vuoti sono più semplici rispetto a quelli per frana o con ripiena e rappresentano i primi passi che ha fatto l'arte mineraria nel campo delle coltivazioni sotterranee. Oggi questi metodi tendono a scomparire, sostituiti da metodi più perfezionati e l'impiego di essi è ancora giustificato in casi particolarissimi" (Gerbella 1947, II, p. 80). Le parole dell'ingegnere minerario lasciano intuire come alla metà del XX sec. vari metodi e tecniche lascino il posto a sistemi in rapida e costante evoluzione.

Coltivare per vuoti vuol dire estrarre quanto più minerale possibile dal filone, senza incorrere nel rischio di crolli. La **coltivazione per vuoti** si può suddividere in:

- ***coltivazione senza sostegni a camere isolate***: asportando il materiale utile, compreso tra materiali non utili, si creano camere sotterranee il cui tetto si autosostiene;
- ***coltivazione senza sostegni a strozzi***: scendendo a seguire il filone si lasciano pilastri, anche trasversali, a sostegno o a contenimento, in corrispondenza di parti poco o affatto mineralizzate;
- ***coltivazione a pilastri abbandonati con soli pilastri***: asportando parte del minerale utile si lascia il restante in posto, a forma di pilastri, per il sostegno delle volte;
- ***coltivazione a camere e pilastri con platee di ribasso***: analogo al precedente, attacca anche la massa mineralizzata del pavimento, approfondendo in verticale l'estrazione;
- ***coltivazione a pilastri abbandonati con pilastri artificiali***: volendo evitare sprofondamenti e non potendo ripienare totalmente, si realizzano ulteriori pilastri in pietrame e malta;
- ***coltivazione a pilastri abbandonati con pilastri e volte***: in coltivazioni a pilastri abbandonati, dove il tetto è franoso, per non restringere troppo le gallerie si lasciano in posto volte di minerale tra un pilastro e l'altro e talvolta anche solette;
- ***coltivazione a diaframmi abbandonati con soli diaframmi***: adottata in caso di tetto assai franoso per ottenere gallerie tra loro parallele e separate da diaframmi di minerale;
- ***coltivazione a diaframmi abbandonati con camere e diaframmi***: consiste nell'aprire entro il giacimento delle camere, separate da diaframmi lasciati a sostegno del tetto dei cantieri;
- ***coltivazione a diaframmi abbandonati con magazzini***: aprendo nel giacimento una serie di camere, si riempiono di minerale utile abbattuto togliendo dal basso il materiale in esubero, mediante tramogge e fornelli.

Coltivare con frana (o per franamenti) vuol dire consentire alla roccia incassante di franare, con il duplice vantaggio di una maggiore percentuale di minerale recuperato, rispetto alle coltivazioni a pilastri abbandonati, e di evitare le spese relative alla messa in opera delle ripiene. Di contro, tale sistema crea sovente fenomeni di subsidenza. I metodi di coltivazione per franamento sono diversi e prevedono varianti per ogni singolo metodo. All'interno di un giacimento, su uno o più livelli (in tal caso dotati di gallerie o di pozzi di collegamento), si scavano delle gallerie (gallerie di tracciamento) fino al raggiungimento del suo limite, ottenendo una sorta di coltivazione a diaframmi abbandonati. Oppure, le gallerie di un medesimo livello possono essere collegate tra loro da gallerie ortogonali, in questo caso ottenendo una sorta di coltivazione a pilastri abbandonati. In entrambi i casi, sia i diaframmi sia i pilastri occupano superfici maggiori. Al termine di questa prima fase si procede allo spoglio graduale dei diaframmi o dei pilastri (spoglio in ritirata oppure in direzione), controllando adeguatamente il franamento del tetto.

I metodi di **coltivazione con frana** si possono suddividere in:
- ***franamento del tetto tenuto distante dalle fronti di abbattimento***: dove i minatori sono protetti da armature che regolano l'avanzata della frana;
- ***franamento del tetto tenuto a contatto delle fronti di abbattimento***: generalmente impiegato in banchi potenti e negli incassamenti mineralizzati, inclinati e resistenti, compresi entro rocce facilmente franabili;
- ***franamento del minerale utile (coltivazione per subissamento)***: impiegato in zone montane, consente un buon rendimento, ma producendo grandi blocchi e causando il franamento progressivo del fianco montuoso sotto cui s'interviene.

Le coltivazioni con ripiena si adattano a quasi tutti i tipi di giacimenti e prevedono il riempimento dei vuoti che si formano a seguito dell'abbattimento dei minerali utili. Con tale metodo è possibile asportare completamente (o quasi) il giacimento, eliminando eventuali sostanze ossidabili o combustibili che possono dare luogo a riscaldamenti e incendi spontanei. Inoltre, non vi è il trasporto all'esterno del materiale sterile e si limitano o si evitano i fenomeni di subsidenza in superficie. Rispetto alle coltivazioni per franamento consentono una migliore condizione di stabilità del sotterraneo e una diminuzione dei rischi dovuti a distacchi accidentali di roccia. Oltre allo sterile lasciato sul posto occorre prevedere un adeguato sistema per completare i lavori di riempimento: la ripiena può essere introdotta attraverso le gallerie, i pozzi o appositi fornelli. Vi sono inoltre specifici macchinari per eseguire tali lavori. Ad esempio, la ripiena idraulica si effettua introducendo il materiale da ripiena unitamente ad acqua in pressione mediante apposite tubazioni. In taluni casi si adotta il sistema della ripiena incompleta, per evitare l'introduzione di materiale da ripiena dall'esterno. Sono svariati i metodi di coltivazione con ripiena e la scelta è determinata dalla natura del giacimento e dalla sua ubicazione.

I metodi di **coltivazione con ripiena**, in uso almeno fino alla prima metà del XX sec., si possono suddividere in:
- ***coltivazione che procede secondo la direzione e distinta a lunghe fronti, a trance montanti, a gradini diritti e rovesci, a Stossbau***: i metodi si prestano alla meccanizzazione con la concentrazione del lavoro di abbattimento e ottengono una considerevole produzione giornaliera;
- ***coltivazione che procede secondo la pendenza e distinta in fronti montanti e trance montanti***: si effettua negli strati inclinati e la coltivazione procede dal basso verso l'alto;
- ***coltivazione che procede secondo inclinazioni intermedie***: è applicata negli strati molto inclinati;
- ***coltivazione di giacimenti suddivisi in fette e distinta in orizzontali montanti, inclinate, verticali***: adottata in varie condizioni, permette uno sfruttamento accettabile del giacimento.

Oltre a quanto descritto, vi sono altri particolari metodi per lo sfruttamento di giacimenti di sale (introducendo acqua), di zolfo, di carbone, di petrolio, di gas naturali e di forze endogene.

III.2.1 - *Cava*

Complesso di cantieri, gallerie, pozzi, discenderie, etc., finalizzato alla estrazione e al trasporto di rocce, oggetto di coltivazione.
Con il termine di cava s'indica lo scavo del materiale utile per le costruzioni civili e per estensione il luogo di lavoro, che può essere sia a cielo aperto sia nel sottosuolo. Abbiamo cave di materiali incoerenti (ghiaie, sabbie, pozzolane, etc.) e di rocce di origine magmatica (graniti, dioriti, porfidi, basalti, etc.), sedimentaria (conglomerati, arenarie, calcari, tufi, etc.) e metamorfica (gneiss, marmi, scisti, skarn, etc.). Si distinguono in ***cave a cielo aperto***, a loro volta suddivise a seconda del metodo consentito dal tipo di roccia e dalla sua giacitura, e ***cave in sotterraneo***. Le cave di alabastro della zona di Volterra (Toscana), coltivate già dagli etruschi, hanno fornito il materiale per la fabbricazione di pregevoli urne cinerarie tra il IV e il I sec. a. C.

Con il termine di ***latomìa*** nell'antichità si indicavano le cave di pietra; sono note quelle di Siracusa, citate da Tucidide, per essere state utilizzate come prigioni dai Siracusani (Latomìa dei Cappuccini) nel corso della guerra tra Sparta e Atene, nel V sec. a. C.: «Tutti quegli Ateniesi e alleati che avevano catturato furono gettati nelle latomìe» (Tucidide, VII, 86,2). Nel sottosuolo di Palermo vi sono le cosiddette ***muchate*** (termine dialettale di derivazione araba), ovvero cave di pietra la cui coltivazione è a pilastri abbandonati, anche su due livelli. Si hanno inoltre esempi di ***cava a forma d'imbuto*** (rovesciato), da cui si estraevano blocchi di calcarenite «chiamati durante il medioevo *petra rustica* o *salvagia*, venduta a carrozzate, e *petra fracta* o *rupta* venduta a salma» (Todaro 1988, p. 52).

Nel Centro e nel Sud Italia l'estrazione riguarda materiali pozzolanici, apprezzati fin dall'antichità per le caratteristiche fisiche e meccaniche, la cui geometria di estrazione, detta "a camere e pilastri" o "a pilastri abbandonati", è rimasta in uso fino al Ventesimo secolo (Lombardi, Polcari 1984, pp. 26-27; Cherubini, Sgobba 1997, p. 55). Le gallerie sono ad impianto geometrico tendenzialmente regolare, le cui direttrici di scavo sono tra loro ortogonali in modo da congiungersi, formando virtualmente una scacchiera di pilastri isolati (fig. III.1). Ciò garantisce non solo la stabilità dell'intera cava, ma anche il permanere di attività agricole e pastorali nel soprasuolo (Cherubini, Geminario 1991, p. 102).

I pozzi comunicanti con la superficie permettono l'aerazione e l'evacuazione. Ad esempio, se l'espansione del tessuto urbano di Napoli si è estesa al di sopra delle antiche cave è pur vero che, causa la penuria e il costo dei mezzi di trasporto, i materiali da costruzione si sono anche estratti direttamente nella città, se non addirittura sotto la stessa area da edificare. Varie cavità, così create, successivamente si trasformano in cisterne ad uso del soprastante edificio (alcune alimentate con allacciamenti ad acquedotti ipogei), o sono destinate a depositi oppure a discariche e nel XX sec. riutilizzate come rifugi antibombardamento. Analoga situazione è presente in altre città italiane.

Le cave costituiscono un innegabile e dannoso impatto ambientale, senza contare quanti siano i casi in cui hanno intercettato o cancellato cavità naturali e artificiali, o demolito parzialmente o totalmente insediamenti o edifici d'interesse archeologico, storico e architettonico. La cava aperta alla metà degli anni cinquanta del XX sec. nel comune di Verrua Savoia (Torino) ha quasi interamente cancellato le bastionature seicentesche della Fortezza di Verrua, unitamente all'impianto sotterraneo di cui rimangono solo brevi tronconi; si rileva inoltre la perdita di precedenti insediamenti risalenti fino ad età protostorica (Padovan D, Padovan G., Bordignon, Ottino 1997, pp. 193-195; Padovan 2005).

Le problematiche non sono legate solamente al depauperamento del patrimonio naturalistico e storico, ma anche alla stabilità delle aree di cava abbandonate, che possono presentare evidenti rischi a causa del collassamento dei vuoti sotterranei e delle frane in superficie, come si è ad esempio riscontrato nel corso del rilevamento e dello studio delle cave di gesso a Vezzano sul Crostolo (Reggio Emilia): «La particolare situazione geologico-strutturale delle zone, la morfologia carsica che ne deriva, ed i vuoti di coltivazione in sotterraneo, rendono particolarmente pericolose le zone in questione, con crolli improvvisi delle pareti e sprofondamenti dei pavimenti, anche all'aperto» (Frignani, Sassi, Frignani, Casini, Padovan 1997, p. 270).

Non ultimo è il rischio derivato allo stesso personale impiegato nelle cave, a cui si aggiungono fattori di produttività della coltivazione stessa ed evidenti difficoltà nell'eventuale ripristino ambientale dell'area di cava: «Quello che abbiamo trovato come ASL quattro anni fa, anche in collaborazione con i tecnici del Comune di Carrara, è stata una situazione effettivamente molto pesante, perché fino a quel punto c'era stata un'escavazione non molto controllata. Il singolo titolare, andando dietro al filone estrattivo, non si preoccupava della gestione reale di tutto l'ambito di cava, non solo come sicurezza, ma anche come suo concetto di produttività. Questo li ha portati alla situazione drammatica da noi evidenziata quattro anni fa: l'attività di cava era bloccata, anzi auto-bloccata. I cantieri erano all'interno di pareti strapiombanti, mai controllate, gestite in maniera pessima e bisognava ricominciare tutto da capo. Quello che abbiamo trovato è stata anche una scarsa e cattiva cultura da parte dei tecnici che seguivano i vari piani di coltivazione e le varie modalità di escavazione. L'unica cosa che interessava era l'estrazione nel senso di asportare i blocchi e portarli giù. Abbiamo cominciato, anche assieme all'associazione industriali, a realizzare uno studio di dettaglio di quella che è la stabilità dei fronti collegata alla stabilità complessiva dei versanti. Si sono verificati molti distacchi spontanei tutti prevedibili ed evitabili, tanto da chiedersi come situazioni così evidenti non fossero arginate pur essendo chiaramente sotto gli occhi di chi ci lavorava» (Pellegri 2002, pp. 80).

Pur non trattandosi di cave intese nella comune accezione del termine, in questa tipologia si possono inserire le cavità naturali che sono state oggetto di estrazione del ghiaccio in esse contenuto. Non possono essere inserite nella "Tipologia n. 2 b" (paragrafo III.6.2), in quanto non si tratta di manufatti in cui il ghiaccio (o la neve) vi è introdotto e conservato, ma bensì vi si forma naturalmente.

Nel Massiccio delle Grigne (Lecco), situata oltre il Passo del Cainallo, in prossimità del sentiero che conduce al Rifugio Bogani, vi è la grotta denominata "Ghiacciaia del Moncodeno". Utilizzata per l'estrazione di blocchi di ghiaccio fino a tempi a noi prossimi, ancora nel 1982 si potevano vedere i resti delle scale a pioli in legno che scendevano all'interno, utilizzate dai cavatori (Buzio, Casini, Padovan 2000, p. 142).

Nel 1671 Niccolò Stenone ne esegue la topografia e in una lettera a Cosimo III Granduca di toscana la descrive, esponendo interessanti considerazioni riguardo la formazione del ghiaccio interno in connessione alla circolazione d'aria: «vi si trova il ghiaccio parte nel mezzo della grotta in forma di colonne, e ciò in luoghi dove cascano continue gocciole d'acqua; parte lungo il masso nel lato opposto alla bocca, in tanta varietà di figure quanto sono varie sorti d'incrostamenti, e ciò in luoghi del masso sempre bagnati; parte nel fondo della grotta intorno alle colonne» (Casella, Cotturi 1986).

III.2.2 - *Miniera*

Complesso di cantieri, gallerie, pozzi, discenderie, etc., finalizzato alla estrazione e al trasporto del materiale oggetto di coltivazione.

La miniera è il complesso costituito da un giacimento di minerali d'interesse industriale e dall'insieme delle opere e delle attrezzature necessarie al suo sfruttamento. Il giacimento è classificato come "metallifero" o "non metallifero" a seconda se da esso si estraggano metalli o non metalli. I minerali sono sostanze naturali solide, formatesi per processi inorganici; come eccezione abbiamo il mercurio, considerato minerale per quanto in natura compaia allo stato liquido.

Sono inoltre caratterizzati da proprietà fisiche omogenee, da una composizione chimica particolare e da un'impalcatura di atomi caratteristica per ciascun minerale (Mottana, Crespi, Liborio 1993, p. 8). Per i minerali utilizzati prevalentemente nelle costruzioni stradali, edilizie e idrauliche, il complesso è generalmente indicato con il termine di cava.

Per quanto riguarda l'organizzazione, ai lavori nel sottosuolo si accede da gallerie scavate a mezza costa o attraverso pozzi verticali, oppure da discenderie o pozzi inclinati. Da questi si diramano «le gallerie principali di carreggio, le quali costituiscono l'ossatura delle miniere. Alle gallerie di carreggio si innestano gallerie secondarie ed a queste i cantieri di coltivazione che si rinnovano continuamente fino ad interessare tutto il giacimento e ad esaurirlo» (Gerbella 1948, II, p. 64).

La ***galleria di carreggio*** è utilizzata per il passaggio di carriole, vagonetti spinti a mano o, in quelle più recenti, di vagoncini (berline) su rotaie (ferrovia Decauville). Come si è già detto (par. III.2), la disposizione dei cantieri e il modo con il quale si procede all'abbattimento del minerale utile differenziano i vari metodi di coltivazione.

Tra le opere ad andamento orizzontale o suborizzontale possiamo avere:

- ***galleria d'accesso*** o ***galleria di carreggio principale***: scavata per accedere agli impianti sotterranei;
- ***galleria di carreggio secondaria***: collega la galleria di carreggio principale con il cantiere;
- ***cunicolo o galleria "a seguire il filone"***: scavata asportando il minerale e seguendo l'andamento della vena;
- ***galleria in banco***: scavata all'interno del giacimento per la sua coltivazione;
- ***galleria di tracciamento***: scavata all'interno del giacimento per valutarne la potenza;
- ***galleria traverso-banco***: scavata all'interno della roccia fino al raggiungimento del giacimento;
- ***galleria di rimonta***: inclinata e scavata dal basso verso l'alto, mette in comunicazione due distinti livelli per il transito o la ventilazione, oppure per raggiungere il giacimento, o l'esterno se scavata dall'alto verso il basso prende il nome di ***discenderia***;
- ***galleria di ribasso***: nel momento in cui lo scavo si è approfondito, consente di raggiungere più rapidamente un livello inferiore della coltivazione.

Tra le opere a sviluppo verticale possiamo avere:

- ***pozzo esterno***: che mette genericamente in comunicazione con l'esterno;
- ***pozzo maestro***: pozzo esterno che mette in comunicazione i vari servizi della miniera, per l'eduzione, la ventilazione, etc.;
- ***pozzo interno o secondario***: che non sbocca all'esterno della miniera, ma che collega due o più gallerie per il trasporto del minerale, delle persone o dei materiali;
- ***pozzo d'estrazione***: usato per l'estrazione, in vari casi serve anche alla ventilazione (***pozzo di ventilazione***) oppure per il pompaggio dell'acqua; in alcuni casi il pozzo non è verticale e si denomina ***pozzo inclinato***;
- ***pozzo di riflusso***: per il deflusso dell'aria viziata all'esterno;
- ***pozzo di circolazione***: per il movimento del personale.

Particolare scavo a pozzo, verticale o inclinato (che supera i 45°), è il ***fornello*** e serve al passaggio o alla ventilazione; il ***fornello di getto*** serve al carico del minerale o dello sterile e la sua parte inferiore è la tramoggia, congegnata per il carico su vagoncini. Si chiama fornello anche il foro da mina caricato con l'esplosivo. L'abbattimento è l'operazione di frantumazione della roccia e l'avanzamento è la progressione del lavoro di coltivazione attraverso l'abbattimento. Gli strumenti utilizzati sono quanto mai vari e in particolare abbiamo picconi, piccarocca, mazzuoli, cunei, mazze, scalpelli, punteruoli, etc. Il fioretto (o pistolétto) è un'asta d'acciaio con un'estremità a uno o più orli taglienti, adoperata manualmente o innestata su una macchina perforatrice, per forare la roccia nella preparazione dei fori da mina. In tempi recenti vi è il progressivo utilizzo di mezzi meccanici come tagliatrici, macchine per l'abbattimento continuo, etc.

La miniera racchiude in sé il 'sudore' e l'ingegno dell'uomo, ma anche la sua 'necessità di materie prime e l''avidità', pagate a caro prezzo da colui che vi lavorava e vi lavora: il minatore. A sottolineare la pericolosità del lavoro, aumentata con l'uso dell'esplosivo, Simonin intitola così il capitolo VIII della sua opera inerente le miniere di carbone nel XIX sec.: "Il campo di battaglia". E ci dice: «Les quatre éléments des anciens, le feu, l'air, la terre, l'eau, sont conjurés contre lui. Le feu le menace dans les coups de mine, les incendies du charbon, les explosions du grisou; l'air, en se raréfiant ou mêlant à des substances méphitiques, détonantes; la terre, dans les éboulements; l'eau, dand les inondations. Le houilleur oppose à tous ces ennemis, souvent invisibles, ce calme stoïque, ce courage à toute épreuve, cette science pratique qui font les vaillants et habiles mineurs» (Simonin 1867, pp. 156-157). Era il campo di battaglia dove la povera gente combatteva contro la miseria. In Italia le miniere sono del patrimonio pubblico indisponibile dello stato o delle regioni; lo sfruttamento può essere affidato a privati tramite concessioni amministrative. Le cave e le torbiere possono essere invece lasciate alla libera disponibilità del proprietario del fondo, con la condizione che vengano sfruttate in osservanza delle leggi vigenti (vedere cap. XXV). Per definizione giuridica è considerato "miniera" anche il giacimento di acque termali e minerali.

III.3 - *Tipologia n. 2: opere idrauliche*

Opere finalizzate alla presa e al trasporto delle acque, alla loro conserva, nonché allo smaltimento di quelle reflue.

L'acqua è indispensabile alla vita. Concetto ovvio, che occorre debitamente considerare nello studio e nella comprensione degli insediamenti e più in generale della vita dell'uomo, in ogni sua manifestazione. Le modalità di utilizzo dell'acqua, sia essa in forma di vapore acqueo, di liquido o di solido come il ghiaccio, sono molteplici e si può affermare che siano determinate da:

- situazioni prospettate dalla natura del luogo;
- tipo d'insediamento da servire;
- conoscenze applicate (in funzione o in subordine delle varianti);
- disponibilità economica per la realizzazione;
- successive evoluzioni, adattamenti o 'involuzioni' dell'applicato.

Basti pensare, ad esempio, come un insediamento montano, non di altipiano, ben difficilmente raggiunga l'estensione di un insediamento di pianura e ben diversamente si articoli un insediamento in area pianeggiante arida: per ogni peculiarità, a parità di disponibilità economica e di tecnologia applicata, si otterranno differenti e differenziate realizzazioni per approvvigionarsi della materia primaria, ovvero dell'acqua. Pur considerando le varianti che gli esemplari offrono, e senza rimanere legati ad esempi e concetti che non devono divenire formule, si sono suddivise le opere idrauliche in quattro sottogruppi:

- presa e trasporto delle acque;- perforazioni ad asse verticale di presa;
- conserva;
- smaltimento.

III.4 - *Tipologia n. 2 a: presa e trasporto delle acque*

Azioni e impianti per il movimento di masse d'acqua finalizzati al trasporto di acqua potabile e non potabile, nonché alla realizzazione di opere d'ingegneria idraulica.
Un solco scavato nella terra permette di derivare acqua da una sorgente, da un torrente o da un fiume. Un tronco d'albero tagliato longitudinalmente a metà e scavato all'interno assolve la medesima funzione.

Una semplice azione di scavo può quindi costituire il primo passo (o uno dei primi passi) per lo sviluppo delle opere idrauliche di presa e di trasporto delle acque. Il solco, approfondito e ricoperto con lastre di pietra diviene idealmente un canale sotterraneo e un tronco d'albero scavato all'interno assume la forma di una conduttura che se interrata è anch'essa sotterranea. Tali concetti, seppure minimizzati, rendono l'idea di come possano avere avuto luogo un'azione e le sue molteplici applicazioni indirizzate alla formazione della tecnica idraulica destinata al trasporto dell'acqua.

Con lo sviluppo dei nuclei abitativi e dell'agricoltura si prospetta la necessità di non dipendere esclusivamente dall'acqua messa a disposizione dalla natura, in quantità variabile e soggetta a eccessi e a carenze. Un sistema relativamente semplice ma funzionale è quello di creare grandi bacini in muratura o scavati nel suolo roccioso, che vengono riempiti nel corso delle precipitazioni annuali.

In previsione di periodi siccitosi si realizzano sistemi per lo stoccaggio anche nel sottosuolo, nonché per il sollevamento e la distribuzione: «I cinque problemi principali legati al moderno approvvigionamento idrico, cioè il prelievo, il sollevamento, il trasporto, l'immagazzinamento e la distribuzione, erano già stati studiati e risolti millenni fa» (Motta 1981, p. 11).

In linea generale l'acqua serviva e serve a molteplici funzioni:
- uso potabile;
- uso agricolo;
- uso industriale;
- funzionamento dell'impianto fognario;
- difesa;
- viabilità.

Non si deve dimenticare che un apporto continuo di acqua, come ad esempio quello innescato dalla captazione di sorgenti perenni, comportava e comporta la risoluzione di un secondo fattore, lo smaltimento: «Ma le acque, dopo il loro uso, non possono più essere abbandonate a sé stesse senza discriminazione alcuna e pertanto si va sempre più affermando che un acquedotto, che è un sistema di approvvigionamento, è indissolubilmente legato al sistema di smaltimento e cioè alle fognature, che riprendono le acque dove queste vengono abbandonate dall'utente» (Frega 1984, p. 49).

III.4.1 - *Acquedotto*

Complesso delle opere idrauliche destinate alla presa e alla conduzione di acque dal luogo di origine a quello di consumo.
Con il termine di acquedotto si va a definire un sistema, semplice o complesso, che consente di 'portare' l'acqua dal punto di presa a quello di fruizione. E la prima distinzione avviene tra acqua potabile e acqua non potabile, difatti: «L'analisi economica applicata alla progettazione idraulica mostra come i benefici conseguibili mediante l'impiego di una qualsiasi risorsa devono trovare espressione in grandezze di carattere economico (valore aggiunto alle produzioni, livelli di occupazione, rendimento marginale conseguibile, ecc.), ma l'uso potabile dell'acqua proprio degli acquedotti si stacca dal resto delle utilizzazioni idriche poiché, essendo relativo ad un bisogno primario generale e insopprimibile, si sottrae ad un calcolo di opportunità meramente economico per inquadrarsi in una problematica che implica un giudizio di convenienza politico-sociale più ampio» (Frega 1984, p. 14).

Inoltre: «l'acquedotto, come strumento di trasporto di grandi quantitativi d'acqua diviene effettivamente necessario allorchè la comunità supera una certa soglia numerica'; infatti costruzione di un acquedotto e andamento demografico vanno di pari passo e possono giustificarsi a vicenda» (Pisani Sartorio 1986, p. 28).

Le principali opere per la costruzione di un acquedotto sono le seguenti:
- ***opere di presa***: per captare l'acqua nel luogo dove essa è naturalmente disponibile;
- ***condotta adduttrice (o condotto adduttore)***: necessaria a portare l'acqua dal luogo di captazione a quello di fruizione, dove per "condotta" s'intende la tubazione generalmente cilindrica e per "condotto" il canale chiuso, o lo speco (*specus*), dove l'acqua scorre a pelo libero; vi sono casi in cui nello speco è alloggiata una condotta in cotto, eternit (composto di fibre di amianto e di cemento Portland), o altro materiale, in cui l'acqua viene fatta scorrere per preservarne le qualità e comunque evitarne l'inquinamento;
- ***serbatoio od opere di accumulazione***: serve all'immagazzinamento dell'acqua nei periodi in cui il consumo è inferiore alla portata dell'adduttrice e a erogarla quando si verifichi la condizione opposta;
- ***rete di distribuzione (condotte a rete)***: complesso di piccoli canali o di tubature che porta l'acqua nei punti in cui deve essere utilizzata;
- ***impianti privati***: sistema di piccoli canali o più sovente di tubature che allacciato alla rete di distribuzione rifornisce direttamente gli utenti privati.

Abbiamo inoltre:
- ***impianto di sollevamento meccanico***: per supplire alla deficienza di dislivelli naturali affinché l'acqua possa defluire nelle condotte con la portata adeguata;
- ***impianto di potabilizzazione***: per conferire all'acqua le proprietà chimiche e batteriologiche indispensabili per l'alimentazione umana (presente negli impianti moderni e generalmente a partire dal XIX-XX secolo). Le acque da captare possono essere sorgenti, lacustri, fluviali, sotterranee,

di bacino artificiale (E.I. 1970, p. 84); a seconda della loro natura si avrà un consono *impianto di captazione*.

Captazione di acque sorgive: richiede lo studio idrogeologico dell'origine della sorgente e dei terreni attraverso i quali essa sgorga. Secondo la 'vecchia' classifica di Gortani (Frega 1984, pp. 26-27) le sorgenti sono distinte in cinque gruppi:

1. sorgenti di deflusso semplice o di impregnazione;
2. sorgenti di emergenza o di valle;
3. sorgenti di versamento;
4. sorgenti di trabocco o sfioramento;
5. sorgenti artesiane.

In rocce stratificate la captazione si effettua rimuovendo lo strato di terra e di detriti che ricopre la roccia; se la scaturigine è unica (o se ve ne sono numerose vicine) si costruisce una camera di presa impermeabile per racchiuderla. Se le vene da allacciare sono parecchie e tra loro distanziate, per ognuna va costruita una presa. Se le scaturigini sono distribuite in lunghezza attraverso fessure della roccia, l'opera di presa si articola anch'essa nel senso della lunghezza e può assumere la forma di una galleria addossata alla parete rocciosa.

Per le sorgenti da detriti di falda, se le acque provengono dalla roccia si opera come sopra detto, se invece scorrono nella massa dei detriti la captazione può essere realizzata con traverse impermeabili affondate fino al substrato roccioso, ovvero con cunicoli drenanti che emungono la massa e conducono in un collettore. Nei terreni alluvionali le sorgenti scaturiscono generalmente lungo gli affioramenti di strati impermeabili di argilla (o argilla e sabbia) e talora l'acqua effluisce dal basso all'alto entro pozze o laghetti; in questo caso la captazione si fa con un'opera che include la polla, con le pareti spinte a profondità bastante a impedire l'infiltrazione di acque superficiali. Se le sorgenti si trovano alla base di rilievi collinari o montuosi, spesso esse vengono a giorno attraverso masse di detriti che generalmente vanno asportati per eseguire l'opera di captazione (E. I. 1970, I, p. 84).

Captazione di acque lacustri: la presa è fatta in profondità e lontano dalle sponde, mediante tubazioni adagiate sul fondo, mentre in antichità avveniva creando appositi bacini lungo la sponda stessa. In taluni casi la captazione avviene mediante gallerie perforate nei fianchi della vallata.

Captazione di acque fluviali: la presa è fatta con chiaviche in sponda qualora il livello si mantenga abbastanza elevato, altrimenti si provvede ad innalzarlo mediante traverse, o si ricorre alla costruzione di gallerie filtranti scavate sotto il letto del fiume.

Captazione di acque di bacino artificiale: la presa avviene generalmente attraverso la diga di sbarramento, a profondità conveniente per non rimuovere il limo del fondo.

Captazione di acque sotterranee: per la presa occorre distinguere se si tratti di:
- acque della falda superficiale o freatica, provenienti dalle acque meteoriche o correnti;
- acque delle falde profonde, separate da quelle superficiali da strati di terreni impermeabili.

La captazione della falda superficiale si può fare scavando nei terreni che la contengono una trincea o fossa, oppure pozzi percorribili dal cui fondo si possono anche spingere, orizzontalmente e dentro la falda, una serie di cunicoli o di tubi drenanti che versano nel pozzo. L'acqua può essere sollevata meccanicamente dal pozzo e convogliata, oppure dallo stesso pozzo si può realizzare, nel sottosuolo e con leggera pendenza, una galleria o cunicolo d'acquedotto. La captazione della falda profonda avviene mediante pozzi scavati manualmente e in tempi recenti con pozzi autoaffondanti o pozzi trivellati. Talvolta uno strato profondo tende a fare risalire le sue acque, anche in superficie, qualora sia raggiunto da una perforazione, e il pozzo che ne risulta si chiama artesiano. Anche in questo caso, se l'acqua non giunge in superficie, si possono utilizzare impianti di sollevamento o condotti sotterranei.

Allo stato attuale delle conoscenze vediamo che già in epoca arcaica e in epoca classica esistono acquedotti dotati d'impianto di captazione, trasporto e distribuzione dell'acqua potabile. E certamente ne sono realizzati in precedenza, così come dopo la caduta dell'impero romano essi continuano ad essere costruiti. I cinque fattori legati all'attuale approvvigionamento idrico, ovvero il prelievo, il trasporto, il sollevamento, l'immagazzinamento e la distribuzione, erano già stati risolti almeno duemila e cinquecento anni fa. Si rinverranno quindi pozzi (più raramente discenderie) che servivano alle seguenti funzioni:
- raggiungere la quota prefissata per la realizzazione del condotto sotterraneo;
- evacuare il materiale scavato e ventilare l'ambiente;
- sollevare il liquido a giorno a lavoro ultimato;
- manutenzionare l'acquedotto.

Prima dell'avvento della pompa a motore, delle tubature in ferro e in ghisa, che trasformeranno il sistema di approvvigionamento idrico a scorrimento naturale per gravità in quello a pressione (Capacci 1918, p. 30), la costruzione degli acquedotti ha ricalcato sempre i medesimi principi, pur con molteplici varianti. In dati momenti storici, e per specifici utilizzi, gli acquedotti sono realizzati così come siamo 'abituati' a immaginarli o a vederli, ovvero composti da chilometrici cunicoli sotterranei e spettacolari teorie d'arcate.

Ma un'infinità di opere analoghe erano costituite da tubature in legno, in cotto e in pietra, oppure da semplici cunicoli scavati nella roccia e privi di qualsiasi rivestimento. Basti pensare che nel XIX secolo a Mergozzo (Verbania) si costruisce un acquedotto utilizzando tubature di legno, che la lapide posta in una piazza così ricorda: «A perenne onoranza di / Degiuli Domenico detto Capitano / ingegnoso falegname / che in tempi di siccità straordinaria / primo intuiva e progettava la tubazione / in legno per la condotta dell'acqua potabile / da Rubianco al Sasso / e coll'ajuto efficace del fratello Giuseppe / e colla cooperazione dei terrieri del Sasso / nel 1845 / impiantava la fontana pubblica / a lato di questa chiesa / il Consiglio Comunale / addì 29 giugno 1890 questa lapide / decretava / ed il 2 luglio 1893 / solennemente Pose».

Nel centro Italia vi è un rilevante sviluppo di opere cunicolari, prevalentemente scavate nella roccia tufacea, destinate al trasporto dell'acqua. Del Pelo Pardi ci dice che, secondo i suoi studi (vedere utilmente par. III.1), sono da distinguerne due principali tipi: quelli scavati nel tufo litoide e destinati al drenaggio; quelli scavati nel tufo granulare e destinati all'approvvigionamento idrico.

Si rileva che la distinzione non è così netta e occorre esaminare con attenzione ogni singolo caso per determinarne (e non sempre è possibile) la destinazione. Occorrerà quindi debitamente considerare che per ogni acquedotto costruito dall'antichità a tutto il XIX secolo, con impianto di captazione, trasporto e distribuzione così come si è esemplificato, e avente un certo sviluppo spaziale, ve ne sono molteplici 'minori', ma non per questo di minore importanza ai fini conoscitivi, e realizzati con le più disparate tecniche; ancor'oggi in vari paesi se ne realizzano o semplicemente si mantengono in funzione le opere del passato.

Il trattatista Marco Vitruvio Pollione, nel suo *De Architectura*, ci parla con chiarezza dell'acqua e del suo reperimento: «L'acqua è infatti di fondamentale importanza per la vita umana, dati i vantaggi che ne derivano dall'uso quotidiano. Ovviamente la si può reperire con maggiore facilità qualora esistano fonti all'aperto. Ma se essa non sgorga in superficie bisognerà cercarne le sorgenti sotterranee e convogliarle» (Vitruvio, VIII, I, 1). Trovata o scelta l'acqua, si passava dalla fase di progettazione al tracciamento dell'opera in superficie. Generalmente si ricorreva al sistema dell'allineamento esterno e della coltellazione, che almeno presso i romani avveniva con gli strumenti utilizzati nella tecnica agrimensoria, e ancora Vitruvio ci dice: «Ora parlerò del sistema più opportuno per far arrivare l'acqua in casa e nei centri urbani. Per prima cosa bisogna stabilire il livello servendosi delle diottre, delle livelle e delle corobate» (Vitruvio, VIII, V, 1). Nel caso si presentassero situazioni di difficile superamento con un percorso rettilineo, si potevano utilizzare altri sistemi. Compiute tali operazioni, si procedeva alla realizzazione dell'opera. Altresì, occorreva calcolare le pendenze delle tratte, per non rischiare di realizzare un condotto senza pendenza dove l'acqua sarebbe ristagnata, o con eccessiva dove la forza dell'acqua l'avrebbe eroso fino a demolirlo. Nel caso di dover coprire percorsi relativamente brevi, ma superando decisi dislivelli, esistevano alcuni espedienti come, ad esempio, la realizzazione di 'salti' alla cui base venivano poste lastre di pietra compatta, che l'acqua consumava a fatica.

La presa era fatta con pozzi, discenderie o cunicoli che si addentravano nel sottosuolo o nei fianchi dei rilievi, per raggiungere l'acquifero o la falda in pressione, mediante serbatoi che includevano le polle, oppure captando l'acqua da fiumi, torrenti, bacini naturali o artificiali, così come precedentemente riportato. All'inizio della condotta (o del condotto) si inserivano generalmente i bacini di decantazione (*piscinae limariae*) e il condotto (*specus*) era scavato nella roccia, costruito in muratura all'interno di una trincea (Botturi, Parecini 1991, pp. 20-21), su sostruzioni in muratura, su arcate qualora dovesse superare forti dislivelli senza perdere di quota repentinamente. Per quanto riguarda il tracciato dello scavo sotterraneo questo generalmente principiava dalla base di pozzi (più raramente da cunicoli, discenderie, scalinate o finestrature) che, portati alla quota a cui doveva scorrere l'acqua, davano luogo allo scavo di due gallerie procedenti in direzioni opposte. Ogni ramo doveva poi incontrarsi con quello che procedeva dal pozzo adiacente: collegando tra loro ogni pozzo si mantenevano il livello e la direzione, realizzando il condotto.

Greci e Romani conoscevano la tecnica delle condotte in pressione (forzate), ma le risorse costruttive permettevano loro di adottarle per tratti brevi e in situazioni particolari. Generalmente l'opera si articolava mediante un condotto (*specus* sotterraneo o in superficie) che giungeva in una vasca di scarico posta ai limiti della depressione (valle) da superare, da cui si sviluppava la condotta discendente che oltrepassava il limite inferiore su arcate o sostruzioni, per poi risalire fino alla vasca di carico (vasca di oscillazione), riprendendo il percorso in un successivo *specus*. Intorno al 400 a. C. a Olinto, città della Calcidica, Erone fa costruire un acquedotto dotato di condotta forzata con tubature fittili «Dalla presa di sorgente, distante circa 12 chilometri dalla città, Erone tracciò un acquedotto attraverso un pianoro e di lì sull'altura settentrionale di Olinto, per rifornire d'acqua le zone mediane e più basse con una galleria sotto la strada principale» (Tölle-Kastenbein 1990, p. 90).

Il fondo e i piedritti delle opere idrauliche erano generalmente rivestiti in malta idraulica (*opus signinum*, calcestruzzo), seppure non manchino esempi di condotti privi di rivestimento, laddove la compattezza della matrice rocciosa lo consentiva. Talvolta i cunicoli e le gallerie erano parzialmente o interamente rivestiti mediante conci o laterizi (mattoni o embrici), ad esempio all'incontro con cavità naturali o sacche di materiale incoerente, oppure a seguito di rifacimenti dovuti a cedimenti strutturali. Gli acquedotti erano ispezionabili e necessitavano di una continua manutenzione, così come Frontino ci riporta: «Ordinariamente soffrono per l'azione del tempo e degli elementi atmosferici quelle parti delle condutture che sono portate su archi o che sono applicate ai fianchi dei monti, e, nelle parti su archi, quelle che attraversano i fiumi. Pertanto certi lavori devono essere eseguiti con particolare cura. Minor danno soffrono le parti sotterranee non esposte al ghiaccio e al calore. Ci sono poi inconvenienti cui si può ovviare senza arrestare il flusso dell'acqua, ed altri che si possono riparare solo bloccando l'erogazione, per esempio quelli che si devono eseguire proprio nel canale. Questi ultimi si verificano per due motivi: o l'accumulo del deposito a volte forma una crosta che riduce il flusso dell'acqua (croste calcaree, dette anche 'marmo d'acquedotto'; n.d.a.), oppure si degradano i rivestimenti interni: questo provoca dispersioni che di necessità danneggiano le pareti del condotto o i muri di sostegno; a volte i pilastri costruiti in tufo cedono sotto troppo carico» (Frontino, 121-122).

Al termine del condotto, dopo aver attraversato uno o più bacini di sedimentazione, l'acqua affluiva al *castellum*, serbatoio a livello costante nelle cui pareti erano inseriti i *calices*, tubi di bronzo calibrati, sotto battente fisso, che derivavano le portate spettanti ai diversi beneficiari, le quali poi passavano in condotti di piombo o fittili (*fistulae*) (E. I.

1970, vol. I, p. 83). Gli acquedotti, e in genere quelli maggiori, erano dotati non solo di *castella* per la distribuzione, ma anche di serbatoi terminali: «A Roma, ad esempio, l'*Aqua Antoniniana* (derivazione dell'*Aqua Marcia*) si immette in un enorme serbatoio sull'area di oltre 100.000 m^2 delle terme di Caracalla: le numerose camere, situate lungo le due navate parallele e su due piani sovrapposti, potevano contenere più di 80.000 m^3 d'acqua» (Tölle-Kastenbein 1993, p. 153). Si è potuto esaminare un particolare tipo di opera in località Cavone nei pressi dell'odierna Tarquinia (Viterbo). Profondo 8 m circa, ha la perforazione ad asse verticale che s'innestata sul tratto ipogeo del settecentesco Acquedotto delle Arcatelle. È provvisto di parapetto circolare in pietrame e conci e la prima parte ha sezione rettangolare, diventando circolare verso il fondo; a pochi metri sotto l'accesso vi sono i due tratti di speco contrapposti, occlusi da sedimento. Non si tratta quindi di un pozzo propriamente detto, ma è una sorta di piscina limaria, restando da stabilire se in quest'area si sia voluta assolvere la necessità di un punto di presa, o si sia andato semplicemente a sfruttare un preesistente pozzo cilindrico, da cui far partire i due tronconi (Padovan 2002 b, p. 368).

In linea generale, soprattutto gli acquedotti romani non disattendevano a queste normative e lungo il loro percorso mostravano varie risoluzioni e con percorsi sia sopra terra che nel sottosuolo, come ben esemplifica dell'acquedotto di Gier, il quale con un complessivo tracciato di 86 km giungeva alla città di *Lugdunum*, in Francia (Burdy 1996). Di contro, l'acquedotto Vergine aveva un percorso quasi interamente sotterraneo: «Ha una lunghezza di 14.105 passi, di cui 12.865 in canale sotterraneo, 1.240 in superficie, 540 su muri di sostegno in diversi luoghi; 700 passi su archi. I canali sotterranei delle captazioni secondarie misurano 1.405 passi» (Frontino, 10). Interamente sotterraneo è l'acquedotto romano del Setta, che dalla Val di Setta capta le acque dell'omonimo fiume per condurle al di sotto di *Bononia*, l'odierna Bologna, con un percorso di 19.735 m (Giorgetti 1985, p. 47).

Un interessante esempio di acquedotto moderno costruito secondo i canoni antichi è dato dall'acquedotto di Campiglia Marittima (Livorno), oggi in disuso. Realizzato negli anni Venti del XX sec., l'acquedotto captava modeste sorgenti mediante piccole camere scavate nella roccia, convogliando l'acqua con tubature in eternit nel serbatoio in muratura posto fuori terra. Da questo ancor'oggi si stacca il condotto adduttore che si sviluppa su sostruzioni, nel sottosuolo e su due serie di arcate in mattoni (non più integre), per giungere ad un secondo serbatoio. Una pompa a motore trasportava poi il liquido fino al serbatoio di carico, situato accanto al mastio del Castello di Campiglia, per la distribuzione all'abitato sottostante nuovamente per caduta libera. Si può considerare che gli unici elementi che differenziano questo acquedotto da quelli antichi siano l'utilizzo dell'eternit, l'impianto di potabilizzazione e la pompa a motore in sostituzione di norie o coclee in batteria. Nell'antichità il calcolo della portata (volume d'acqua che passa attraverso una determinata sezione nell'unità di tempo) era conosciuto e Frontino disserta ampiamente sull'argomento, fornendo preziose e circostanziate informazioni, anche sulle caratteristiche dei venticinque calibri allora noti e di cui solo quindici erano in uso. «I calibri di distribuzione sono stati stabiliti secondo le unità di misura in pollici o in once [...]. Un calibro poi che non trae origine né dall'oncia né da alcuno dei due pollici, e introdotto si pensa da Agrippa, secondo altri da fabbricanti di tubi su richiesta dell'architetto Vitruvio, è venuto in uso a Roma per esclusione dei precedenti, e si chiama quinaria» (Frontino, *Aqu.*, 24-25).

Una quinaria dovrebbe avere una capacità di erogazione di circa 40 m^3 giornalieri. E della portata dell'acquedotto Claudio così viene scritto: «L'aqua Claudia scorre più abbondante degli altri acquedotti ed è particolarmente esposta a sottrazioni. Nei registri è accreditato per sole 2.855 quinarie, mentre alla presa ne ho trovate 4.607, 1,752 in più di quelle registrate» (Frontino, *Aqu.*, 72).

L'acqua era necessaria al funzionamento non solamente delle fontane pubbliche, ma anche di quelle private, come è stato documentato presso l'antica Ostia (Ricciardi 1996, II, pp. 14-185), delle lavanderie, d'impianti termali e opifici. Tra il XII e il XIII secolo Siena registra un incremento demografico ed è in piena espansione politica ed economica; le preoccupazioni per chi la governa sono indirizzate alla ristrutturazione e al potenziamento dell'acquedotto sotterraneo: «non è, infatti, nemmeno casuale che si cerchi, fra le altre, di privilegiare e di aumentare la portata di acqua della fonte di Fontebranda, che serve la zona delle manifatture dei cuoiai, dei pellai e soprattutto dei lanaioli» (Balestracci 1987, p. 29).

Non tutti gli acquedotti erogavano acqua potabile, come ben testimonia Frontino: «Non riesco a capire quale motivo abbia indotto Augusto, un imperatore tanto sagace, a costruire l'acquedotto Alsietina che è detto Augusta: la sua vena d'acqua non è affatto raccomandabile, anzi è nociva e per questo non viene distribuita in alcuna zona per il consumo pubblico» (Frontino, *Aqu.*, 11). Realizzato nel 2 a. C., traeva l'acqua dal lago di Martignano (*Alsietinus*), riversandola nel bacino per la naumachia, scavato ai piedi del Gianicolo; il superfluo era utilizzato per l'irrigazione dei giardini (Panimolle 1984, pp. 175-176).

III.4.2 - *Canale artificiale sotterraneo*

Sede di scorrimento d'acqua realizzata nel sottosuolo o attraversante un rilievo.

Il canale sotterraneo è l'opera scavata generalmente nella matrice rocciosa e comunque direttamente nel sottosuolo. Prevalentemente a scopi idroelettrici e industriali si sono realizzati canali sia scavandoli nel sottosuolo sia in trincea e poi ricoperti (canali artificiali voltati). Un esempio interessante lo si trova presso la centrale idroelettrica di Trezzo sull'Adda (Milano), costruita ai primi del XX secolo su progetto dell'architetto Gaetano Moretti. La pronunciata e rocciosa sponda occidentale dell'ansa fluviale dell'Adda è attraversata da una galleria che conduce le acque del bacino idroelettrico nuovamente nel fiume, più a valle.

La ***condotta forzata*** per forza motrice può essere talvolta scavata nella roccia oppure alloggiare la tubatura in galleria. Nell'isola di Madeira sono utilizzati complessi sistemi d'irrigazione, detti ***levadas***, prevalentemente scavati a partire dal XV sec.: «Ancora oggi sono in funzione oltre 2.000 chilometri di canali, 40 dei quali in galleria, per un totale di circa 200 levadas» (Bodini 2002, p. 72).

Per la ***deviazione di un corso d'acqua*** si realizzò presso Veio (Roma) il cosiddetto Ponte Sodo: trattasi di una galleria scavata con ogni probabilità dagli Etruschi, presumibilmente attorno al VI secolo a. C., per incanalare e deviare le acque di un torrente. Un'opera analoga si riscontra nel territorio di Cerveteri (Roma), nota con il nome di Ponte Vivo; è una galleria scavata nel tufo (cappellaccio) lunga 19 m, larga 4 m, alta al massimo 5 m e con il fondo ingombro di detriti, in cui sono incanalate le acque di un torrente dopo averne deviato artificialmente il corso (Rizzo 1988, p. 107). A Petra (Giordania) vi è una galleria scavata dai Nabatei nell'arenaria per deviare le acque di un torrente.

III.4.3 - *Canale artificiale voltato*

Sede artificiale di scorrimento d'acqua dotata di volta di copertura sia in fase con la realizzazione del canale sia successivamente.

Il canale, nello specifico creato artificialmente, può essere realizzato con lo scavo in superficie e lasciato con sponde e fondo naturali, oppure rivestito in muratura; in qualche caso il canale può essere costituito da grosse condutture, superficiali o sotterranee. Nel corso del tempo un canale può essere dotato di volta di copertura, seppure in vari esempi questa venga realizzata già in fase con il canale stesso.

Abbiamo i seguenti tipi di canale:
- ***canale navigabile***, in quanto percorribile dai natanti;
- ***canale di collegamento***, che può unire tra loro due o più fiumi;
- ***canale laterale***, che viene scavato parallelamente ad un fiume nei suoi tratti non navigabili;
- ***canale d'irrigazione***, per il trasporto e la ripartizione delle acque attraverso i terreni destinati alle colture;
- ***canale di drenaggio o di scolo o colatore***, per la raccolta delle acque in eccesso nei campi irrigati;
- ***canale di bonifica***, per raccogliere le acque che defluiscono dai terreni bonificati o convogliare altrove le acque tendenti al ristagno;
- ***canale di prosciugamento o di drenaggio***, per convogliare le acque stagnanti di un terreno basso, umido o paludoso per prosciugarlo e renderlo adeguato alla coltivazione.
- ***canale di alimentazione o di scarico*** destinato a usi industriali negli impianti idroelettrici, nelle cartiere, negli stabilimenti siderurgici, chimici, etc.

I canali scavati attorno ai castelli o alle fortificazioni bastionate, nonché attorno a città cinte da mura, garantivano una buona difesa perché impedivano l'immediato approccio al perimetro difensivo soprattutto da parte delle macchine ossidionali e rendevano problematico lo scavo delle mine. «Strano che sembri, fra i copiosi scritti sulle fortificazioni apparsi negli ultimi decenni in Italia, mai alcuno è stato espressamente dedicato all'acqua; ma nemmeno sui libri generali di castellologia è stata attribuita all'acqua l'importanza che essa in effetti possedette, in senso ossidionale» (Perogalli 1996, p. 199). Sovente il canale nasce privo della copertura e solo successivamente viene voltato per motivi generalmente legati a fattori igienici, di viabilità, o semplicemente perché non è più necessario e s'intende sfruttarlo come condotto fognante. Se in varie città sono presenti canali artificiali destinati prevalentemente alla difesa e in subordine allo smaltimento dei rifiuti organici e alla viabilità, con l'espansione del tessuto urbano essi vengono 'relegati' nel sottosuolo in quanto perduta la funzione difensiva limitano il traffico urbano e rimangono pericolosi veicoli d'infezione perché non sempre adeguatamente manutenzionati e ripuliti dai fanghi.

Un esempio sono i Navigli di Milano, una rete idroviaria e difensiva che cingeva e percorreva la città, in massima parte chiusi con volte in mattoni tra il XIX e il XX secolo. Dell'antico impianto dei canali urbani sopravvivono visibili e in funzione solo il Naviglio Grande, il Naviglio Pavese e la Darsena di Porta Ticinese (un tempo Darsena di Sant'Eustorgio), mentre nel sottosuolo rimangono svariati chilometri di canali, per quanto la presenza di ratti e il ristagno di gas d'esalazione ne sconsiglino la percorrenza (Padovan 2002 c, p. 408).

Altro esempio è dato dalla Roggia Castello, situata a Milano tra Parco Sempione e Piazza Lega Lombarda. Si tratta di un canale artificiale che nel tempo ha subìto vari interventi, tra cui la copertura, e il cui tracciato originario è mutato, almeno nel corso della sistemazione ottocentesca. In alcune planimetrie si vede che dalla Roggia Castello si staccava un piccolo canale, denominato Cunicolo delle Conchiglie, che sottopassando la cinta esterna del Castello di Porta Giovia (cinta della Ghirlanda) andava ad alimentare il fossato del Castello ancora visibile. Attualmente percorribile per 100 m, presenta un tracciato non rettilineo, con volte a tutto sesto, sesto ribassato e ad ogiva in mattoni; il pavimento è in mattoni. I piedritti sono in conci di arenaria, nella prima parte, mentre sono in mattoni, sempre a vista, nella seconda. A circa metà del tracciato s'innesta un condotto in mattoni di ridotte dimensioni e in due punti vi sono cornici in serizzo che dovevano alloggiare inferriate; due chiusini in pietra rimangono incastrati nella volta dell'opera e dovevano dare accesso ad ambienti a oggi non rinvenuti (Padovan 1996, p. 84-87; Padovan D. e G. 2002, p. 279-280).

A Pistoia, nel corso di esplorazioni condotte nelle gore, oggi sotterranee, dal Gruppo Speleologico Pistoiese - Sezione Cavità Artificiali, nel 1993 si sono individuate, nel probabile alveo dell'antico torrente Bana e precisamente in corrispondenza di una biforcazione, strutture di epoca e di funzione varia, tra cui un pilastro in pietra con un'iscrizione scolpita: «La struttura che si trova alla biforcazione dei due condotti è assai complessa ed è il frutto di numerosi interventi successivi (...). Su una delle pietre del paramento murario del pilone, parzialmente nascosta da un pilastro in mattoni, più tardo, abbiamo un'iscrizione in latino, in caratteri capitali, che si legge *NE AQUE ELEVENTUR* (...). Se riteniamo che il manufatto su cui si trova l'iscrizione sia ad essa anteriore o contemporaneo, comunque datiamo l'iscrizione tra i termini estremi di seconda metà IV e VI sec. d. C., essa ci permette di far risalire la struttura almeno all'età tardoantica, se non prima» (Corretti 1999, p. 377). Sempre a Pistoia, durante alcuni lavori stradali condotti nel centro storico, nel 1998 è venuto alla luce il canale dell'Ombroncello: «La prima menzione di questo canale si ha in un documento del 726, citato quale fossato antemurale della (prima) cerchia muraria» (Ginetti 1999, p. 41). L'opera è stata documentata, unitamente ad altre gore oggi sotterranee, e presentata alla mostra "Pistoia Sotterranea", allestita dal Gruppo Speleologico Pistoiese nel 1999 nel Palazzo Pretorio di Pistoia.

Un ***cunicolo di deflusso*** (o ***galleria di deflusso***) si può osservare presso il Forte di Demonte in Valle Stura (Cuneo). Si tratta di un'opera settecentesca in mattoni deputata al deflusso delle acque piovane e di fusione, che altrimenti sarebbero ristagnate nel fossato che cinge il Bastione di Sant'Ignazio. Ancora percorribile per 23.1 m, conduce a una camera circolare dotata di tre piccole condotte per l'evacuazione (figg. III.2, III.3 e III.4). A metà circa del percorso vi è l'alloggiamento in pietra per la saracinesca, azionabile da un soprastante sistema di contromina (Padovan 2003, pp. 33-37).

III.4.4 - *Condotto di drenaggio*

Complesso di lavori e opere, nel nostro caso cunicolari, per prosciugare e risanare, a fini produttivi e igienici, terreni soggetti all'invasione di acque che tendono al ristagno.
Varie opere cunicolari, soprattutto nell'Italia centrale, sono state scavate allo scopo di drenare terreni in cui le acque tendevano al ristagno. Non sempre di facile comprensione, tali impianti si compongono di uno o più pozzi aventi lo scopo di accogliere le acque da evacuare, e sono connessi a sottostanti cunicoli che assolvono alla funzione di trasportare altrove il liquido. Presso Lalibela, in Etiopia, le gallerie sotterranee scavate nella roccia collegano tra loro i fossati che circondano le chiese monolitice per garantire il deflusso delle acque meteoriche.

III.4.5 - *Corso d'acqua naturale voltato*

Sede di scorrimento d'acqua naturale, dotata successivamente di sponde in muratura e volta di copertura.
Un corso d'acqua, sia esso fiume o torrente, nel corso del tempo può mutare aspetto e divenire sotterraneo per l'azione dell'uomo e generalmente nel caso in cui attorno alle rive si sviluppi un agglomerato urbano. Un tratto del suo alveo naturale può essere sostituito da un canale artificiale o le sue sponde possono essere rinforzate in muratura e poi essere dotate di volta di copertura rispondendo a molteplici esigenze.

Nel tempo diverrà sotterraneo a tutti gli effetti. Un esempio è dato da due corsi d'acqua, il Seveso e il Lura, sfruttati dalla città di Milano per il traffico idroviario e il sistema difensivo e poi coperti: «Dalli colli comensi scendevano naturalmente alla bassa pianura i due fiumicelli Seveso e Lura, l'ultimo de' quali prendeva nel suo corso il nome di Lirone, ed anche di Nirone. Il primo, attraversata l'originaria sede della città di Milano, con corso serpeggiante portavasi a sboccare nel Lambro presso Melegnano. L'altro, approssimatosi alla città, e scorrendo in quel letto incassato, che posteriormente chiamossi Lambretto o Lambro Meridionale, dopo aver toccata l'unghia de' colli di S. Colombano, portava la sua foce in Po» (Lombardini 1872, p. 3).

III.4.6 - *Emissario sotterraneo*

Canale o condotto che scarica le acque di un bacino idrico o incanala quelle di un fiume, oppure collega due bacini.
Tra le opere di controllo e regimazione idraulica del territorio vi sono gli emissari artificiali sotterranei dei bacini naturali. In centro Italia, e in particolare nell'area laziale dei Colli Albani, rimane una forte concentrazione di opere cunicolari e la presenza documentata di almeno due emissari, la cui paternità spetta con ogni probabilità alle genti etrusche e latine. Il vulcano poligenico dei Colli Albani fa parte della "provincia magmatica romana" e il suo ultimo ciclo eruttivo dà luogo a caratteristici edifici conici con pendici appena accennate, spesso riempiti da piccoli bacini lacustri attivi, come il lago di Nemi e il lago di Albano, o fossili come Prata Porci, Pantano Secco, Valle Marciana, Giuturna e Ariccia (Società Geologica Italiana 1993, pp. 94-98).

Il lago di Nemi è servito da un emissario scavato manualmente nella roccia, su due fronti opposti, della lunghezza di 1.650 m: «a nostra conoscenza la prima esplorazione seguita da un rilievo dell'opera risale al 1928, quando il cunicolo fu riattato per il deflusso delle acque pompate dal lago in occasione del famoso recupero delle navi romane» (Castellani, Dragoni 1991, p. 54). L'opera immetteva nel cratere di Ariccia.

L'emissario del Lago di Albano fu esplorato e rilevato nel 1955 dal Circolo Speleologico Romano e il lavoro venne ripetuto nel 1970 dal Gruppo Speleologico URRI di Roma. L'opera, scavata manualmente nella roccia, ha uno sviluppo di circa 1.400 m, un'altezza massima di 2 m e una pendenza media del 2.25%; nel tratto centrale vi sono consistenti concrezioni calcaree e in prossimità dello sbocco in località Le Mole il cunicolo ha una sezione trapezoidale (Dolci 1958, pp. 17-19; Chimenti, Consolini 1958, p. 20; Cardinale, Castellani, Vignati 1978, p. 20-24). «In tutto il cunicolo si incontrano due pozzi, il primo (profondo 3 m) a circa 80 m dallo sbocco, ed il secondo (profondo 34 m) a circa 400 m sempre dallo sbocco di valle» (Castellani, Dragoni 1991, p. 48).

In Umbria abbiamo l'emissario del lago Trasimeno che sarebbe stato scavato, o semplicemente disostruito e rimesso in funzione, da Braccio Fortebraccio da Montone nel 1420. Lungo complessivamente 1.057 m, di cui un breve tratto a cielo aperto (Castellani, Dragoni 1981, p. 38), la sua funzione era di regolare le acque del bacino. Fu successivamente oggetto di manutenzione e attualmente non è più percorribile.

«Nel 1895 fu progettato per il Trasimeno un nuovo emissario che fu completato nel 1898. Esso, parallelo all'emissario medioevale, ha una lunghezza complessiva di 7.314 m di cui 896 in galleria; una diga in muratura fra l'incile e il percorso sotterraneo costituì il sistema di regolazione del livello» (Castellani, Dragoni 1981, p. 38-39). Dal 41 al 52 d. C. si realizza la prima delle opere sotterranee destinate a regimentare (o a svuotare) il lago del Fucino in Abruzzo, ma senza duraturo risultato. Nel 1854 il banchiere Alessandro Torlonia dà inizio ai lavori di svuotamento del bacino tramite una galleria. Attualmente è in funzione una seconda e più recente galleria e l'emissario Claudio-Torlonia è stato reso parzialmente visitabile (Burri 1987, pp. 33-34). Un ulteriore esempio è dato dalla cosiddetta Tagliata di Ansedonia (Grosseto) presso il *Portus Cosanus*.

Nell'entroterra il lago di Burano, un tempo utilizzato per allevamento ittico e posto a est dei resti del porto, ha l'emissario artificiale a giorno (denominato Tagliata Etrusca) che scarica le acque in una piccola insenatura posta a ovest della sopraddetta cala. L'ultimo tratto supera un pronunciato sperone roccioso mediante uno scavo verticale della roccia le cui pareti arrivano a 21 m di altezza, seguito da una galleria di cui oggi manca un tratto di volta. È da notare che un pozzo è ricavato nella matrice rocciosa della volta e presenta una sezione rettangolare con i lati minori arcuati; di un secondo rimane solo la traccia. La galleria lascia alla destra un cunicolo che descrive un percorso curvilineo e all'altezza dello sbocco a mare vi è sul fondo una polla d'acqua dolce. L'emissario evitava lo scarico del limo trascinato dall'acqua direttamente nel porto e l'occlusione del canale per insabbiamento.

Numerose zone umide della Toscana sono state oggetto d'interventi di bonifica per guadagnare terreno agricolo e ridurre il fenomeno malarico, mediante colmata, per drenaggio e più raramente scavando canali sotterranei. Pian del Lago, in provincia di Siena, è una depressione tettonico-carsica (polje) che prima della bonifica, iniziata nel 1766 mediante lo scavo di un ***canale scolmatore sotterraneo***, «trovava il suo parziale sfogo naturale attraverso tre inghiottitoi naturali posti nell'estremo meridionale della conca. (...). La galleria si presenta con volta a botte in mattoni, con rivestimenti laterali e lastricatura del pavimento in pietra. Si presenta ancora in ottimo stato di conservazione e perfettamente percorribile (salvo in presenza di piogge intense). All'imbocco mostra una larghezza di 2.25 metri e un'altezza di 2.85 metri. Tali dimensioni si riducono leggermente nel tratto intermedio. La quota dell'imbocco è di 252 metri s.l.m., quella dell'uscita 247. Si ha pertanto un dislivello di circa 5 metri in 2312 di lunghezza con una pendenza dello 0.2%» (Cioli, De Sio, Micheli, Ottanelli, Tognetti 1999, p. 51-53).

L'esatta funzione degli emissari artificiali realizzati nell'antichità è discussa e alcuni ritengono che sia servita per svuotare i bacini lacustri, altri per regolare o semplicemente limitare le oscillazioni del loro livello in occasione delle precipitazioni atmosferiche: trattandosi di bacini privi di emissari naturali le inondazioni all'interno delle conche non dovevano essere infrequenti. Date le opere idrauliche ad oggi note non si esclude che taluni siano stati intenzionalmente prosciugati, ma si ritiene che siano solo casi che vanno a confermare come gli antichi fossero assai più attenti all'assetto ecologico del territorio di quanto lo siamo noi oggi.

Occorre considerare che un bacino era innanzitutto una fonte d'acqua immediatamente disponibile e la risorsa alimentare data dalla pesca non era da sottovalutare. Pertanto, uno specchio anche piccolo poteva essere preservato in quest'ottica e non prosciugato, ma semplicemente e facilmente regimentato con uno sfioratore. Rappresentava altresì un'ottima fonte d'acqua a cui attingere per l'irrigazione dei coltivi posti al di là dei bordi delimitanti lo specchio: cunicoli e gallerie potevano quindi essere pensati a fini irrigui e non già, o non solo, per la regimazione dei livelli. Di contro, l'insorgere o il persistere di fenomeni malarici, o l'impellenza di terre da coltivare, poteva condurre al prosciugamento. Un bacino esteso era invece difficilmente regolabile e ancor più difficilmente prosciugabile, almeno mediante lo scavo di opere cunicolari, seppure in epoca romana si sia forse tentato con il Fucino. Il moderno emissario (o, meglio, galleria di deflusso o di bonifica) ha determinato un drastico impatto ambientale e la piana del Fucino risente della carenza d'acqua; tale inconveniente era prevedibile e non doveva essere ignoto agli antichi. Si deve quindi considerare ogni emissario come un caso a sé stante, per non incorrere in errori di valutazione.

III.4.7 - *Galleria filtrante*

Opera idraulica per la raccolta e la condotta di acque filtranti.

Opera muraria a forma di galleria, disposta per lo più in pianure alluvionali in corrispondenza di depressioni ove convergono filetti liquidi sotterranei, e il cui rivestimento è munito sui fianchi di feritoie, allo scopo di captare l'acqua da falde freatiche anche modeste. Può essere utilizzata sia per il drenaggio vero e proprio, sia in aree con scarse risorse idriche per l'approvvigionamento d'acqua.

Un particolare tipo è il Traversante del Trebbia, una ***galleria drenante di subalveo*** costruita nel 1865 in laterizio e situata in località Mirafiori di Rivergaro (Piacenza), che doveva servire a garantire l'irrigazione nella stagione estiva. Con un percorso rettilineo di circa trecento metri attraversa il fiume Trebbia e presenta 82 bocche drenanti costituite da finestre di differenti dimensioni posizionate allo stesso livello nella parete a monte della galleria ed eseguite in opera (Chiesi 2001, pp. 15-28).

III.4.8 - *Pozzo di collegamento*

Opera a sviluppo verticale per il passaggio dell'acqua.

Per quanto in passato si sia evitato di fare scorrere consistenti masse d'acqua attraverso pozzi in muratura o scavati nella roccia, così come in condotte fortemente inclinate del medesimo materiale, talvolta simili risoluzioni si possono riscontrare in talune opere idrauliche. Un esempio è visibile presso la rupe di San Cosimato sul fiume Aniene (Roma) e si tratta del collegamento tra l'*aqua Claudia* e l'*aqua Marcia*, due acquedotti che servivano l'antica Roma (Basilico, Lampugnani, Padovan c.s.).

I continui franamenti, a cui la rupe era ed è tuttora soggetta, hanno costretto in passato a continui interventi manutentivi, tanto che in vari tratti entrambi gli acquedotti sono stati arretrati all'interno, creando dei by-pass (Ashby 1991, pp. 123-126 e pp. 222-229). Un paio di metri oltre un by-pass dell'acquedotto Claudio vi è un pozzo a sezione trapezoidale, la cui prima parte è in mattoni e la sottostante è scavata nella roccia: cade esattamente sul sottostante primitivo condotto dell'acquedotto Marcio. L'esatta datazione dei mattoni e delle concrezioni che parzialmente ricoprono la parte in roccia potranno collocare l'opera in un orizzonte cronologico. In ogni caso l'impianto verticale serviva a riversare l'acqua del Claudio in quello del Marcio, sia in caso di interruzione a valle del primo, sia d'interruzione a monte del secondo e verosimilmente in occasione di manutenzioni. Analoghi impianti si riscontrano, ad esempio, presso alcuni mulini e talune opere che sfruttano l'energia idraulica per il funzionamento dei magli.

III.5 - *Tipologia n. 2 b: perforazioni ad asse verticale di presa*

Risultato di azioni e d'impianti finalizzati al raggiungimento di falde acquifere, a sviluppo verticale.
Con il termine di pozzo s'intende generalmente una perforazione artificiale ad asse verticale del terreno. Per estensione si parla di pozzi anche in cavità naturali, con l'approfondimento verticale dei vacui. Nel capitolo "Provvedimenti per evitare che gli assediati patiscano la penuria d'acqua" Vegezio dice: «È un grande vantaggio per la città quando la cinta muraria comprende fonti perenni. Perché se la natura non è favorevole, si devono scavare pozzi di qualsiasi profondità e si deve trarre alla superficie l'acqua necessaria con le funi» (Vegezio, IV, 10).

La destinazione di un pozzo varia a seconda del terreno geologico in cui è stato scavato, del tipo di architettura impiegata nel rivestimento, e soprattutto a cosa può essere connesso. A prima vista ogni 'pozzo' parrebbe essere destinato alla presa dell'acqua di falda, ma non di rado, dopo la debita esplorazione, si 'scopre' che in realtà conduce ad un acquedotto ipogeo o si tratta di una cisterna, oppure è un manufatto che per essere compreso necessita di ben altre ed ulteriori indagini. In uso fin dall'antichità, il pozzo mantiene la tecnica dello scavo manuale almeno fino agli inizi del nostro secolo, nonostante l'introduzione di macchinari per la trivellazione. Se lo scavo è finalizzato al raggiungimento di una falda acquifera da utilizzarsi a fini potabili o irrigui, avremo:
- ***pozzi ordinari***;
- ***pozzi artesiani***.

Le precipitazioni atmosferiche filtranti attraverso terreni permeabili costituiscono e alimentano la falda freatica, che impregna un acquifero permeabile generalmente poggiante su di uno strato impermeabile. Vitruvio ci dice che se non vi sono fonti da cui condottare l'acqua, occorrerà scavare dei pozzi (Vitruvio, VIII, 7I). Spiegando che il suolo può naturalmente rilasciare esalazioni gassose, consiglia di calare nella perforazione una lucerna accesa: se questa si spegnerà occorrerà scavare altri due pozzi a lato, per liberare il terreno dal gas. Arrivati all'acqua, raccomanda di incamiciare la perforazione per evitare l'occlusione della vena. Il geografo yemenita Hasan Ibn Ahmad al Hamdani (X sec.) nella sua opera "al Iklil" tratta anche delle costruzioni pubbliche dello Yemen e in un passo dice: «Egli perciò pose le fondamenta di Ghumdan e scavò il pozzo chiamato Karamah, che ancora dà acqua. La sua acqua però è salata» (Mandel 1976, pp. 41-42). Per estensione viene denominato pozzo l'elemento che ne circonda la bocca, più appropriatamente indicato come sponda o parapetto, oppure puteale o vera. In alzato, il pozzo si compone di un piedistallo, su cui poggia il puteale. Talvolta in pietra e di forma elegante, poteva essere chiuso con un coperchio (o serranda) e avere elementi di sostegno a una copertura, oppure a un architrave, a cui era fissata la carrucola con la corda o la catena agganciate ad una secchia. Elementi metallici sagomati ad arco assolvevano la medesima funzione di sostegno. Tutti questi elementi potevano coronare l'accesso indifferentemente sia a pozzi che a cisterne. La parte che si allarga al di sotto del piedistallo, dando inizio al pozzo vero e proprio, è chiamata gola. Talvolta, in prossimità della bocca, si riscontrano strutture portanti a mensola o ad arco, atte a sostenere il puteale oltre che la volta. Nel Pozzo Sorbello, a Perugia, sono invece due puntoni obliqui in pietra, inseriti nel rivestimento, ad assolvere il compito di sostenere l'apparecchiatura della volta (Stopponi 1991, pp. 237-240).

I pozzi possono essere incamiciati con pietrame, ciottoli, conci, mattoni, o apposite forme curve in cotto legate tra loro con grappe o strisce di piombo. Forbes ci dà notizia di pozzi micenei e cretesi in cui i mattoni erano sostituiti da tubi fittili, mentre presso i Romani venivano impiegate armature lignee o barili in posti di dimora temporanea (Forbes 1993, p. 674). Nel 1938, nella zona del Quirinale a Roma, sono stati scoperti dei pozzi rivestiti con lastre curve in tufo, provviste di pedarole (Pisani Sartorio 1984, p. 41). Presso Happisburg, nel Norfolk, si è rinvenuto un pozzo medievale rivestito in legno con assi poste ad incastro, a sezione quadrata e profondo circa 7 m (Forbes 1993, p. 674). In prossimità della Cascina Torretta di Sesto San Giovanni (Milano) si è ispezionato un pozzo quadrato rivestito in mattoni per i primi metri, che verso il fondo, probabilmente in corrispondenza dell'acquifero, lasciano il posto a resti di assi di legno inchiodate; l'opera non è datata.

Se lo scavo è praticato in un terreno incoerente è necessario provvedere a un rivestimento, come ad esempio nei pozzi di Milano (Castoldi 1996, pp. 113-122) o in quelli dell'antica Ostia, dove in alcuni casi, al di sotto della vera sono stati messi in opera bocche di dolio in cotto e di orcio (Ricciardi 1996, I, pp. 25-88). Ma possono essere provvisti di rivestimento anche se lo scavo viene praticato nella roccia. Si è potuto vedere un pozzo quattrocentesco, dato per progettato dall'ingegnere Vercellino, in una villa a Trezzo sull'Adda (Milano): scavato in un conglomerato ben coeso (Ceppo d'Adda), è interamente incamiciato in mattoni. La sua forma perfettamente cilindrica si sviluppa per poco più di 40 m e verso il fondo il rivestimento ha ceduto in corrispondenza di vacui di modeste dimensioni, contenenti sabbia e, in misura minore, argilla. Talvolta sono anche intonacati internamente a calce.

Un elemento caratterizzante sono le cosiddette pedarole. Trattasi di incavi praticati nella parete della perforazione per consentire, o per facilitare, la discesa e la risalita nel corso delle operazioni che scandivano la nascita e la vita del pozzo. Le troviamo generalmente scavate con cura nelle pareti rocciose e poste a distanze regolari, lungo direttrici vicine o contrapposte. Meno spesso sono irregolari e disposte senza un apparente ordine. Questi elementi li ritroviamo anche in alcuni tipi d'incamiciatura, come in pozzi greci e romani (Pisani Sartorio 1986, p. 37-40). Sono ugualmente presenti in opere ampie, tali da non consentire i movimenti in opposizione, magari associate ad incavi più grandi, alcuni dei quali scanalati verso l'alto, fatti appositamente per alloggiare travature che fungessero da scala. In alcuni pozzi di Milano, d'incerta collocazione cronologica, i corsi di mattoni presentano dei vuoti a intervalli regolari, interpretabili come pedarole. Potevano altresì alloggiare impalcature lignee, durante la messa in opera dell'incamiciatura.

Lo svuotamento di alcuni pozzi, come a Marzabotto e a Populonia (Minto 1943, p. 26), ha evidenziato un incavo terminale ricavato nella roccia. La risoluzione si attuava (presumibilmente) per raccoglierví il sedimento. A Milano sono stati rinvenuti alcuni pozzi dotati di sistema di filtraggio e dati per romani, ma per i quali la sola analisi della tecnica costruttiva non ha offerto elementi per l'esatto inquadramento cronologico: «Ben tre pozzi, in via Speronari, via Unione e ancora una volta nella zona di San Giovanni in Conca, hanno restituito, proprio sul fondo, un ceppo di legno con infissi due tubi cilindrici di piombo. Questo elemento è stato interpretato come un dispositivo di filtraggio incastrato nella base del pozzo che, in questo caso, al posto del solito anello, doveva presentare una platea di legno corrispondente al diametro esterno del manufatto; la platea avrebbe avuto funzione di isolare il pozzo dalla falda freatica ed i tubi avrebbero permesso il passaggio dell'acqua che, libera dai residui sabbiosi della falda, sarebbe confluita limpida sul fondo del pozzo» (Castoldi 1996, p. 116).

Seppure abitualmente circolare, la sezione può essere quanto mai varia, con risoluzioni ellittiche, quadrangolari, poligonali o miste. Si è potuto osservare un pozzo ellittico nei pressi della Villa Pusterla di Limbiate (Milano): profondo 42 m, quattro risultavano sommersi e le dimensioni dei due assi misuravano 80x60 cm; l'interno era intonacato a calce. In uno degli ambienti semi sotterranei dei Chiostri della Chiesa di Sant'Eustorgio, a Milano, la canna di un pozzo è composta da un primo tratto a sezione quadrata che s'innesta su una circolare. Non si può non menzionare il Pozzo di San Patrizio a Orvieto: costruito agli inizi del XVI secolo su progetto di Antonio da Sangallo il Giovane, è particolare in quanto attorno alla canna cilindrica, di 62 m, si sviluppano due scale a cordonata che prendono luce da finestre praticate sull'interno del pozzo. Pertanto, sezioni e dimensioni differenti possono essere state adottate nella medesima opera, non solamente a seguito di rifacimenti.

La profondità è invece soggetta alla quota dell'acquifero da captare, e generalmente non si spinge oltre i 60 m (figg. III.5 e III.6), seppure le eccezioni siano varie e possano anche giungere ai 100 m, come nel pozzo seicentesco scavato nella fortezza di Verrua (Torino), che captava (prima dell'improvvida obliterazione avvenuta ad opera della Cementi Victoria alla fine degli anni Cinquanta del XX sec.) l'acqua di subalveo del fiume Po. Altro esempio è dato dal Pozzo di San Pancrazio a Cagliari, scavato nel calcare e profondo 81 m, di cui 11 sommersi dall'acqua di falda e rivestito in conci di pietra calcarea disposti in corsi regolari al di sotto dei 51 m di profondità; ha sezione rettangolare e la prima parte (a forma leggermente tronco-piramidale) misura 6x4.8 m a 41 m di profondità, dove la sezione si stringe e lo scavo si disassa leggermente andando a misurare 3.8 x 2.5 m (Gaviano 1998, pp. 13-18).

L'acqua si attingeva per mezzo di un cilindro o altra struttura, su cui era fissata la corda con il secchio, e girato da una manovella. Oppure si faceva scorrere la corda nella gola di una rotella (o carrucola) agganciata a una sovrastruttura che poteva essere anche di eleganti forme.

Un altro sistema era quello di tenere imperniata una lunga stanga, recante a un'estremità la secchia e all'altra un contrappeso. Questo semplice e discontinuo metodo d'innalzamento dell'acqua (shaduf) è tuttora praticato in alcune zone del Nordafrica e dell'Oriente; antiche raffigurazioni ci vengono da un sigillo cilindrico del periodo accadico (terzo millennio a. C. circa) e da alcune tombe a Tebe (1500 e 1300 a. C. circa) (Drower 1993, p. 528-533; Forbes 1993, p. 686).

Nonostante il possibile utilizzo di sistemi abbastanza elementari, corde o catene venivano fatte scorrere anche direttamente sul puteale. L'acqua si poteva trarre in superficie adottando ruote a cassetti, norie, coclee, pompe a stantuffo. Non conoscendo esattamente le modalità di scavo dei pozzi nell'antichità, possiamo farcene un'idea seguendo i trattati d'ingegneria mineraria. Oppure recuperandone la memoria storica, dal momento che ne sono stati scavati manualmente fino ai primi del Novecento. Drower dice che il sistema usato anticamente non doveva discostarsi da quello impiegato dai Beduini nomadi dell'Arabia.

Il Gruppo Speleologico Neretino (Orlando, Tempesta 1991, pp. 163-171) ha effettuato le indagini presso alcuni pozzi di Nardò, in Puglia, raccogliendo informazioni sulle tecniche di scavo in uso a cavallo tra il XIX e il XX sec., e sulle loro peculiari caratteristiche. Il territorio di Nardò fa parte del bacino idrografico del Canale dell'Asso, nella cui area vi sono terreni sia permeabili che impermeabili. I pozzi scavati nella città neretina e nelle immediate vicinanze non sono profondi e si arrestano in corrispondenza di modesti acquiferi. Gli altri, denominati trozze (con tale nome s'indica la carrucola, generalmente in legno e, per estensione, anche il pozzo), si trovano al di fuori dei centri abitati, nelle masserie, presso terreni coltivati e lungo i tracciati di antiche vie.

La loro particolarità è di non arrestarsi alla prima falda, ma di attingere l'acqua direttamente dall'acquifero principale, profondo una sessantina di metri rispetto alla quota di campagna, e di essere scavate in ogni tipo di terreno. La sezione dei pozzi è generalmente rettangolare e circolare, di rado ellittica o quadrata: dopo 15-20 m lo scavo da rettangolare si restringe a circolare, raramente superando il metro di diametro. Sembra che il cambio di sezione permettesse, nel corso del lavoro, di chiudere la luce con delle tavole, lasciando lo spazio solo per il passaggio del secchio. L'espediente doveva servire a proteggere gli scavatori da eventuali frane o dalla caduta di materiale dall'imboccatura.

All'incontro con sacche d'argilla, di sabbia o di roccia poco coesa, venivano posti in opera dei rivestimenti in pietra locale. Lo scavo poteva intercettare anche cavità naturali o piccoli acquiferi: se la roccia era tenera e porosa come la calcarenite, lungo le pareti si praticavano degli incavi per facilitare il deflusso dell'acqua. In molte trozze si rilevano le classiche pedarole, utilizzate per facilitare la discesa e la risalita, anche nel corso delle periodiche ispezioni per la manutenzione. Tra il XVII e il XVIII secolo alcune trozze furono dotate di puteali di pregevole fattura, come quello di Villa Scrasceta, in stile barocco.

I Trozzari costituivano una maestranza specializzata nello scavo e nella manutenzione e gli attrezzi usati erano picconi, zappe larghe, mazze e punte di ferro. Lo "sciamarro" era un piccone pesante, quasi privo di curvatura, con una estremità a punta e una a taglio e costituiva l'unico strumento specializzato. I secchi per l'evacuazione del materiale erano agganciati a una corda e tratti in superficie mediante un argano.

Forbes fa notare che si può fare confusione tra 'sorgente naturale' e 'pozzo artificile', in quanto molti cosiddetti 'pozzi sacri' erano sorgenti racchiuse e sovente approfondite con il progressivo estinguersi della vena. Tölle-Kastenbein considera 'pozzi' a tutti gli effetti i cosiddetti ***pozzi a fontana*** e le sorgenti raccolte in bacini, diversamente dai ***pozzi a gradoni*** dove l'acqua posta in profondità era raggiungibile mediante una scalinata.

Pozzi particolari in quanto probabilmente aventi anche una funzione sacra sono quelli nuragici: l'aspetto architettonico e i reperti in essi rinvenuti farebbero propendere per questa ipotesi (Contu 1985, pp. 124-128). Uno dei migliori esempi è il «Tempio a pozzo di Santa Cristina di Paulilatino (Oristano)» (Lilliu 1980, pp. 108), che attraverso una lunga scalinata conduce alla polla sorgiva.

I pozzi vengono praticati, come afferma anche la Tölle-Kastenbein, nel momento in cui l'uomo sceglie di assumere dimora, di costituire un insediamento stabile, ma vanno associati anche alla necessità d'irrigare i coltivi (Tölle-Kastenbein 1990, p. 32). Così ci dice Frontino dell'approvvigionamento idrico nell'antica Roma, prima della costruzione del primo acquedotto, l'*aqua Appia*, avvenuto nel 312 a. C.: «Per quattrocento anni dalla fondazione della loro città, i Romani si contentarono dell'acqua che attingevano dal Tevere, dai pozzi o dalle fonti. Il ricordo di queste ultime è ancora vivo e si conserva con venerazione: si crede guariscano gli infermi, come le fonti delle Camene, di Apollo e di Giuturna» (Frontino, 4).

Da una acquisita conoscenza, sia del territorio che del terreno, è senza dubbio possibile che l'uomo abbia cominciato a praticare perforazioni nel suolo allo scopo di ricercarvi l'acqua. Si potrebbe inoltre ipotizzare che dopo le inumazioni e le abitazioni ad uso privato, i pozzi siano le opere architettoniche realizzate in maggior numero, unitamente alle cisterne. Generalmente situati presso i centri abitati, internamente alle case, nei cortili, anche in prossimità di cisterne e ghiacciaie, oppure connessi a opere pubbliche, presso edifici templari, o nelle piazze, i pozzi si trovano quasi ovunque.

Non mancano nei campi, con fini irrigui, o per l'abbeveraggio degli armenti; oppure in pieno deserto, lungo le vie carovaniere, o fiancheggianti le strade di grande percorrenza.

III.5.1 - *Pozzo artesiano*

Scavo ad asse verticale del terreno, a sezione circolare, quadrata, poligonale, ellittica, etc., finalizzato a captare una falda acquifera sotterranea che scorre in pressione.
Se l'acqua è contenuta in strati permeabili sottostanti ad uno impermeabile, nella perforazione che la raggiunge può presentarsi con pressione tale da risalire e talvolta zampillare liberamente fino alla quota della superficie piezometrica della falda, che prende il nome di artesiana. Il nome deriva da "artésien", ovvero "dell'Artois", regione della Francia dove tale tipo di pozzo, detto appunto artesiano, è in uso da lungo tempo.

III.5.2 - *Pozzo ordinario*

Scavo ad asse verticale del terreno, a sezione circolare, quadrata, poligonale, ellittica, etc., finalizzato a raggiungere un sottostante acquifero (pozzo filtrante o freatico).
Quando un pozzo ordinario giunge a una falda freatica l'acqua di questa non sale mai al di sopra del piano di campagna, a meno che il pozzo si trovi in prossimità della zona di scarico della falda. Secondo Vitruvio, per individuare le fonti sotterranee è sufficiente stendersi col mento a terra ed osservare in quale zona si levasse dal terreno un'esile e fugace refolo di vapore: quello è il punto dove effettuare lo scavo (Vitruvio, VIII, I).

Un esempio è dato dal pozzo del Castello di Pavarolo (Torino), situato all'interno di una costruzione, addossata alla parte interna della superstite ala dell'edificio medievale. Scavato nelle arenarie fossilifere di età miocenica, è profondo 64.48 m e sommerso per 6.26 m; l'accesso misura 1.38 m di diametro, mentre a -56.64 ha un diametro di 3.08 m e mantenendo la sezione quasi costante fino al fondo. Per 14.6 m presenta un paramento murario in mattoni, al di sotto dei quali la roccia è a vista; con ogni probabilità è stato scavato in due momenti distinti e in un primo non doveva essere più profondo di una ventina di metri (Bianchi, Basilico, Ninni, Padovan 2003, pp. 284-289).

Nel capitolo "Elogio di Milano per la sua posizione" Bonvesin da la Riva, nel XIII sec., ci parla della bontà dell'acqua dei pozzi così esordiendo: «Dentro la città non vi sono cisterne né condutture di acque che vengano da lontano, ma acque vive, naturali, mirabilmente adatte a essere bevute dall'uomo, limpide, salubri, a portata di mano, mai scarseggianti anche se il tempo è asciutto, e tanto abbondanti che in ogni casa appena decorosa vi è quasi sempre una fonte di acqua viva, che viene chiamata pozzo» (Bonvesin da la Riva, I, III).

III.5.3 - *Pozzo ordinario a raggiera*

Scavo ad asse verticale del terreno dotato sul fondo, o in prossimità di esso, di uno o più cunicoli (bracci).
Se il pozzo è poco profondo o comunque praticato in un terreno scarso d'acqua, talvolta si possono praticare uno o più bracci per aumentare la sua capacità di raccolta. Possiamo avere anche pozzi a raggiera aventi alla base dello scavo, o in prossimità, uno o più bracci che vanno a cercare la falda o semplicemente a emungere un acquifero anche modesto.

III.6 - *Tipologia n. 2 c: conserva*

Opera costruita per la raccolta e il deposito dell'acqua e con modalità differenti dell'olio, del vino, del ghiaccio e della neve.
La necessità di conservare l'acqua soprattutto a fini potabili ha lasciato una vasta gamma di opere di conserva, gran parte delle quali oggi cadute in disuso, o destinate ad usi prevalentemente irrigui, con la realizzazione dei moderni acquedotti per l'acqua potabile. Le cisterne destinate allo stoccaggio dell'acqua derivata da un acquedotto non sono comprese in questa tipologia. Sotto forma solida l'acqua è stata anche raccolta e contenuta in appositi locali (ghiacciaie e neviere) per facilitare la conserva dei cibi. Possono esservi anche cisterne per lo stoccaggio dell'olio e per la lavorazione e l'immagazzinamento del vino.

III.6.1 - *Cisterna*

Costruzione generalmente seminterrata o sotterranea, nella quale si raccoglie e si conserva l'acqua piovana caduta su una superficie collettrice.
La cisterna può essere descritta come un grande recipiente di solito sotterraneo, per quanto non manchino esempi semisotterranei o costruiti in alzato. Realizzata in qualsiasi tipo di terreno e nelle forme più svariate, è destinata alla conserva dell'acqua piovana, generalmente raccolta dai tetti delle abitazioni oppure su apposite superfici.

Per quanto concerne la raccolta e lo stoccaggio delle acque meteoriche, all'interno delle abitazioni in epoca romana, così ci istruisce Adam: «Gli architetti, sempre attenti nel disporre i piani dei tetti inclinati verso l'interno delle case, applicavano il principio del compluvium. L'acqua colava sulla sponda, sia su tutta la lunghezza della grondaia sia attraverso i tubi di scarico, e veniva raccolta al suolo nel bacino posto nell'atrium o impluvium, o ancora (nei peristili, nei giardini o nelle palestre) dentro un canaletto di pietra o in muratura.

L'impluvium, oltre ad avere una funzione ornamentale, serviva alla decantazione delle acque, che abbandonavano sul fondo di questo bacino le polveri che avevano potuto raccogliere sui tetti. Un'apertura, di preferenza situata poco al di sotto del fondo, conduceva alla cisterna scavata sotto l'atrium. Nel peristilio, il canaletto, dotato di una pendenza, conduceva in seguito l'acqua in una cassetta o vaschetta che serviva da bacino di decantazione, nella quale, sempre più in basso del fondo, si apriva il condotto della cisterna. La raccolta dell'acqua dalla cisterna avveniva attraverso una sorta di pozzo di presa aperto nell'atrium o talvolta nel peristilio, raramente nella cucina, la cui vera, detta puteal, era un cilindro di marmo o di terracotta spesso decorato» (Adam 1988, p. 258).

La 'camera di stoccaggio' veniva usata quando non si poteva avere acqua in altro modo e rappresentava comunque un sistema semplice ed efficace, a patto che venisse periodicamente manutenzionata. Vegezio commenta: «in tutti i pubblici edifici e in molti di quelli privati, devono costruirsi cisterne con massima diligenza, affinché offrano ricettacolo alle acque piovane che scorrono dai tetti» (Vegezio, IV, X). Avendo il compito di contenere e preservare, doveva preferibilmente essere a tenuta stagna. Le forme delle cisterne sono quanto mai varie e ciò dipende da molteplici fattori quali, ad esempio, il materiale adoperabile, la disponibilità economica, la tecnologia a disposizione, la funzione (considerando soprattutto la potabilità) e non ultimi il terreno geologico e il contesto in cui sono realizzate. Si prospetta un elenco dei tipi meglio noti di cisterne sotterranee.

Cisterna a fossa: il semplice scavo di una fossa nel terreno o nella roccia consentiva di raccogliere l'acqua meteorica senza implicare particolari oneri. Talvolta le cosiddette 'marmitte dei giganti' sono state utilizzate per la raccolta e la conserva dell'acqua, come si può osservare in un esempio presso la località Belvedere a Chiavenna (Sondrio), internamente ai resti del castello medievale.

Cisterna scoperta: Laureano parla di **cisterna a cielo aperto** nel descrivere, ad esempio, i sistemi di raccolta dell'acqua utilizzati a Qana (Yemen) costituiti da vasche e forniti di dispositivi di filtraggio e decantazione: «L'acqua è quella atmosferica, ma più che dalle rare e sporadiche piogge l'alimentazione è data dalla condensazione dei vapori marini carichi d'umidità nella grande conca che funziona come una sorgente aerea» (Laureano 2001, p. 88). Nicoletti, invece, ci dice: «Un cenno particolare meritano le cisterne scoperte, dette maj'il, tra le quali vi sono, senza dubbio, alcune delle più affascinanti architetture dello Yemen. Alimentati da wadi o da acqua piovana filtrata dai terrazzamenti agricoli o convogliata dalle coperture degli edifici, questi manufatti consistono in una grande vasca interrata, rivestita di murature sigillate con malte robuste, il cui fondo si apre talvolta verso i bacini minori dove si raccolgono i sedimenti di deposito» (Nicoletti 1985, p. 276).

Cisterna a camera singola: è il tipo più frequente e senza dubbio più noto, comprendente una vasta gamma di risoluzioni architettoniche. Nelle forme più semplici si hanno cisterne cilindriche, troncoconiche, a bottiglia, a damigiana, a tholos, o con forma irregolare, con molteplici varianti. Un tipo è chiamato "cisterna a bagnarola": è rettangolare con il lati minori arrotondati ed è stata documentata presso l'insediamento di Tharros, in Sardegna (Acquaro, Francisi, Mezzolani 2002, pp. 61). Identica forma la si riscontra in cisterne presenti nell'antica città di Cosa (Grosseto). Maggiori sono quelle a parallelepipedo, più o meno regolare, non foss'altro perché sono gli esempi che in maggior numero sono giunti fino a noi.

Cisterna pluricamerale: meno usuale, in genere si tratta della giunzione di due o più cisterne. Talvolta può essere ricavata da ambienti destinati solo successivamente alla conserva del liquido e di cui si è persa l'originaria funzione.

Cisterna a doppia camera: è costituita da due vani concentrici, a sezione quadrangolare o circolare, di cui l'interno è la camera di conserva e l'esterno quella di filtraggio, che comunica attraverso bocchette di travaso; un esempio è dato dalla cisterna di Palazzo Veracchi-Crispolti a Perugia (Associazione Subacquea "Orsa Minore" 1981, pp. 91-104).

Cisterna a cunicoli: generalmente è costituita da un impianto di cunicoli tra loro comunicanti, nelle cui forme più complesse l'aspetto è assimilabile a una coltivazione a camere e pilastri. In vari casi, come argomenta Riera, si tratta però di opere di captazione propriamente dette (Riera 1994 b, pp. 313-321).

Cisterna filtrante: buone garanzie di potabilità erano offerte dalle cosiddette cisterne filtranti, il tipo più noto delle quali è dato dalla **cisterna alla veneziana**. Consiste in uno scavo di forma tronco conica della profondità di almeno 3 m, con le pareti e il fondo rivestiti di uno strato di argilla e sabbia compresse. Dal centro del fondo s'innalza un pozzo cilindrico il cui interno è in comunicazione con la parte inferiore dello scavo tronco conico; lo spazio compreso tra il pozzo e la parete è riempito con sabbia silicea ben lavata. L'acqua piovana raccolta viene convogliata da un canale e penetra nella massa di sabbia e quindi nel pozzo, dal quale è prelevata (Riera 1993, p. 29). In periodi di siccità non era infrequente riempirle con acqua trasportata in botti o altri recipienti.

Un'ulteriore distinzione si può operare nel caso in cui la cisterna sia stata ricavata, ad esempio, da una cava (nel qual caso verrà indicata come cava riutilizzata per lo stoccaggio dell'acqua). A Cagliari, il Cisternone Vittorio Emanuele II è una cava data per punica e riutilizzata in epoca romana come serbatoio. Nel vicino anfiteatro l'acqua meteorica veniva raccolta in appositi canali scavati nella roccia e tramite un condotto sotterraneo provvisto di piscina limaria versata nella cava anch'essa sotterranea, impermeabilizzata in cocciopesto (Floris 1988, pp. 22-29 e p. 120). Si può pertanto ribadire che da semplici incavi, praticati nel terreno e nella roccia, la forma si approfondisce in opere sotterranee che vanno ad assumere le forme più svariate. Incamiciate interamente, o solo nel primo tratto in corrispondenza del terreno incoerente, in generale queste forme elementari potevano essere impermeabilizzate con argilla spalmata sulle pareti, o in cocciopesto o altro materiale che garantisse la tenuta.

Fino agli anni Sessanta del XX secolo, nelle zone di Alberobello, Cisternino, Martina Franca e Locorotondo in Puglia, si scavava il suolo per una profondità di 50-70 cm per raccogliere un'argilla rossiccia e pastosa chiamata 'vuolo', con cui impermeabilizzare internamente le cisterne destinate alla raccolta dell'acqua piovana. Scavate nella roccia, le cisterne erano a forma di damigiana, di fiasca, o di pera. Periodicamente, ogni uno o due anni, venivano scrostate, ripulite, talvolta disinfettate con la calce, e si riapplicava uno strato d'argilla spesso circa 5-10 cm.

Trattando la circolazione delle acque nelle grotte, Leonardo da Vinci parla di come l'argilla sia impermeabile, ricordando: «potrebbesi ben dire in tali fossi la densità della creta ovviare e proibire la penetrazione dell'acqua sotto di sé, come si vede nelle citerne fatte nell'acque salse, le quali sono attorniate, fori dalla lor muraglia e rena, di questa terra, di che si lavora li vasi, finissima, e mai la potenzia dell'acqua salsa nolla può penetrare, e così l'acqua si conserva dolce nelle (caver) citerne» (da Vinci, Cod. Leicester, F.3 - r.).

L'archeologo Pietro Romanelli ci parla invece di alcune cisterne rinvenute presso la Civita di Tarquinia e svuotate dall'interro che le colmava. Nello scavo effettuato presso l'Edificio B, nel rettangolo perimetrale rinviene un vano a pianta circolare: «Lo svuotamento, pressoché completo, fino al fondo rivelò che esso, allargandosi in basso, assumeva quasi la forma di una tholos: il suo diametro è di circa 5 m, mentre la massima profondità al centro tocca i 6.45 m». L'interno era impermeabilizzato con argilla: «Approfondendo lo sterro si riscontrò che ad un certo punto lo scarico si interrompeva per dar luogo ad uno strato di argilla; più in basso, intorno alla parete del vano, correva un anello cilindrico di formato di un muro di pietrame a secco: questo muro terminava in basso qualche centimetro sopra il fondo. Nello spazio fra il muro a pietrame e la parete del vano era un riempimento di argilla, e un nuovo strato di argilla era in basso anche all'interno del muro in pietrame, dopo un altro strato piuttosto alto di materiale di scarico. La presenza dell'argilla, evidentemente portata, ci prova che il vano fu scavato ed usato per cisterna» (Romanelli 1948, pp. 193-280).

Varie cisterne sono quindi sia prive di rivestimento, sia incamiciate con pietrame, mattoni, conci e impermeabilizzate mediante argilla o malta idraulica; in esempi più recenti o a seguito di riutilizzi, s'impiega cemento o ancora calcestruzzo. Le volte di copertura possono essere aggettanti, a tutto sesto, a sesto ribassato, a sesto acuto, a catino, oppure sorrette da colonne. Presso il convento di San Cosimato (Roma) si può osservare una cisterna, a pianta rettangolare, scavata nella roccia in cui si sono ricavati a risparmio due pilastri. Le camere possono altresì presentare forme o elementi architettonici particolari, come la cisterna sotto la torre campanaria del Duomo di Chiusi: a pianta circolare, ha una colonna centrale a sorreggere con due arcate la volta, provvista di quattro fori circolari d'accesso. Rivestita in conci e intonacata, oblitera un cunicolo sul fondo, di cui s'ignora la funzione. Sempre a Chiusi, i Gruppi Speleologici che si sono avvicendati nelle ricerche degli ipogei hanno rilevato sotto Piazza S. Francesco una cisterna probabilmente medievale (Fabrizi 1987, pp. 300-301; E.A.A., secondo suppl. 1971-1994, vol. II, pp. 123-124): composta da una camera ovoidale profonda 8 m e con un diametro massimo di 6 m, è completamente in mattoni. Attorno corre un cunicolo d'ispezione, non visibile dalla camera, e due contrapposte cisternette rettangolari per la decantazione, che attraverso tubature fittili alimentavano l'opera principale per tracimazione. Cilindrica, ma di epoca anteriore, è la Cisterna di Via Caporali a Perugia: è caratterizzata da quattro puntoni in pietra, ammorsati nella parete, a sostegno delle travature di copertura della volta (Feruglio 1991, pp. 225-232). Altre, più di rado, erano dotate di lunga scalinata d'accesso, come in un bell'esempio rinvenuto a Bolsena.

Generalmente l'acqua meteorica raccolta per l'uso potabile era decantata e filtrata. Un sistema poteva essere quello di dotare la cisterna di un piccolo locale adiacente e suddiviso in due scomparti: il primo è sostanzialmente un bacino di decantazione, da cui l'acqua passa nel successivo per tracimazione; il secondo serve al filtraggio e contiene strati di ghiaia, sabbia e carbone di legna, che il liquido attraversava prima di giungere alla camera di stoccaggio attraverso una o più tubature. Nel corso delle indagini non è sempre possibile capire se una cisterna fosse o meno provvista di questi elementi.

Buona parte delle camere di conserva all'interno presenta ancora doccioni o bocchette d'adduzione fittili, ma non sempre si riesce a stabilire se provengano o meno da impianti di decantazione e filtraggio, a patto d'avere la possibilità di eseguire scavi in tutta l'area circostante. Inoltre, come ad esempio nella cisterna a doppia camera e in quella alla veneziana, il sistema decantazione-filtraggio può avvenire adottando varie e differenti soluzioni costruttive.

Nella Rocca di Manerba del Garda (Brescia) vi sono i resti di una piccola camera di conserva, dal cui fondo s'innalza un pozzo cilindrico in mattoni, da cui veniva attinta l'acqua che vi s'immetteva attraverso un foro posto a qualche decina di centimetri dal fondo. La soluzione consentiva di ottenere acqua potabile decantata. Nella cisterna di Piazza Mercato delle Scarpe, a Bergamo (già presente nel XVI sec.) abbiamo la camera attraversata da un pozzo, esternamente quadrangolare e internamente circolare, provvisto di bocchette di comunicazione sul fondo; inoltre un corridoio corre lungo tre lati della cisterna ed era destinato a locale di filtraggio (fig. III.7), prima dell'allacciamento all'acquedotto pubblico (Gambini 2001, pp. 103-107; Gambini, Padovan 2000, pp. 190-196). Analogamente, la quattrocentesca Cisterna di Palazzo Vitelleschi a Tarquinia è composta da un pozzo che s'inserisce nella quadrangolare camera di conserva, con cui comunica solo attraverso tubature fittili. Lateralmente alla camera si sviluppa una stanza, parzialmente riempita con sabbia, ghiaia e carboni di legna (Padovan 2000, pp. 70-78), mentre sul fianco opposto ve n'è una seconda (non ispezionata). All'interno di Castel Gavone, presso Finale Ligure, c'è una camera sotterranea in cui l'acqua, prima di giungere sul fondo, passava attraverso due vaschette, poste una sotto l'altra: la prima doveva servire a decantare, mentre la seconda, colma di sabbia e tracce di carboni, a filtrare.

Tre cisterne cinquecentesche del Campigliese, di cui una situata nel centro storico di Campiglia Marittima (Livorno) accanto a Palazzo Pretorio, sono di forma cilindrica. Il diametro interno non supera i 5 m, hanno volta a cupola e l'accesso protetto da una costruzione a pianta quadrata, dotata di una finestrella rettangolare per il sollevamento delle secchie. L'apparecchiatura muraria non è leggibile in quanto ricoperta da malta idraulica. In due è invece visibile il pozzetto centrale. In particolare, in quella di Villa Lanzi, nell'area mineraria della Rocca di San Silvestro, è ancora presente una piccola camera di decantazione e di filtraggio, posta al di sotto del piano di calpestio. Da due angoli del cortile giungono in questa le tubature in cotto che, attraverso canalette realizzate con tegole, versano l'acqua raccolta dai tetti nella prima metà. Per tracimazione passa nella seconda metà colma di sabbia e carbone di legna, per riversarsi nella cisterna attraverso due distinte bocchette (Basilico, Casini, Padovan 2002, pp. 41-68).

Il pozzo trecentesco e la cisterna rettangolare, del secolo successivo, presso il Monastero di Sant'Agnese a Perugia sono dotate di pozzetto di raccolta (cutino o catino); in particolare, dal rilievo planimetrico di quest'ultima, nella sezione si vede molto bene che il pavimento è inclinato proprio nella direzione della conca circolare (Associazione Subacquea 1981, pp. 43-51 e pp. 105-111). Lo stesso dicasi per il pozzo prospiciente la Porta della Civita di Tarquinia, svuotato da Romanelli (Pozzo E), che nella relazione di scavo riporta come nel piano di fondo sia visibile una concavità larga 20 cm e profonda 10 cm (Romanelli 1948, p. 227).

In vari esempi le cisterne le troviamo provviste di sfioratore, ma soprattutto in opere di grandi dimensioni è facile che vi sia un sistema di condotte, oppure un semplice cunicolo, per il loro svuotamento. Presso il seicentesco Forte di Fuentes (Lecco) vi è una cisterna (13.01x5.12x12.93x4.34 m) il cui fondo è leggermente pendente verso il lato minore in cui si apre, a livello del pavimento, un condotto che serviva a fare defluire le acque qualora la si dovesse manutenzionare (Padovan 1997, pp. 296-297).

Tornando a forme semplici, esistenti presso gli insediamenti rupestri sia dei Sassi di Matera sia in quelli minori dislocati lungo i margini delle gravine, si riscontrano cisterne anche interne alle abitazioni, descritte come a forma di pera o di campana, e scavate nella viva roccia. Laureano riporta un particolare tipo chiamato ***cisterna a tetto*** e presente sull'altopiano delle Murge per abbeverare il bestiame (Laureano 1993, p. 140): l'acqua viene raccolta per microinfiltrazione direttamente nella camera rettangolare scavata nella roccia. Coperta da un tetto a doppio spiovente, al centro è provvista di un foro per il prelievo; l'acqua è poi versata in una canaletta che dal tetto confluisce negli abbeveratoi.

Sempre Laureano ci parla della ***camera di condensazione***, la cui alimentazione è costituita dalla condensa che si forma sulla copertura delle perforazioni; parlando dei sistemi di approvvigionamento yemeniti ci dice: «Una celebre iscrizione dedicatoria in cui si chiede al dio di portare "la pioggia di autunno e la pioggia di inverno" non ha senso nel regime climatico già arido al tempo dei Sabei. Traducendo invece il termine pioggia con rugiada si scopre quali fossero le preoccupazioni e le attenzioni di questo popolo. Si comprendono allora anche i mahfid: dispositivi per la raccolta dell'acqua che utilizzano la doppia camicia muraria come camera di condensazione» (Laureano 1995, p. 96).

Un altro particolare tipo di camera di raccolta e di stoccaggio è rappresentato dalle cisterne di Conversano, in Puglia (Palmisano, Fanizzi 1992, pp. 35-53). All'interno e ai margini di vari laghi, spesso stagionali, sono state costruite delle camere sotterranee di raccolta delle acque, utilizzate e restaurate fin quasi ai giorni nostri. Si tratta di opere a forma di *tholos* o di campana, rivestite in pietrame o conci, della profondità compresa tra i 4 m e i 12 m. Le sezioni orizzontali possono essere sia circolari che ellittiche. Il fondo delle opere non è visibile a causa dell'accumulo del limo, o per interro.

Nel lavoro di Palmisano e Fanizzi viene riportata la sezione di un'opera esaminata nel 1887, in cui si vede chiaramente che il fondo è a conca, privo di rivestimento e con un pozzetto centrale (sezione schematica di un pozzo di Lago Iavorra, da Simone S. in *Norba e Ad Veneris*, relazione inviata all'Accademia dei Lincei, 1887, tratta da Palmisano, Fanizzi 1992, p. 49). Servivano ad assicurare una riserva idrica quando i laghi si asciugavano o comunque riducevano il bacino ad uno specchio melmoso. Inoltre, nell'area del Gargano, le opere di presa e di conserva sono associate a solchi vallivi fossili, doline e depressioni naturali del terreno e vengono localmente indicate con i nomi di piscina, cutino o pozzo.

Sono interessanti le osservazioni di Laureano in merito a uno dei vari sistemi di conserva dell'acqua utilizzati nello Yucatan dai Maya: «Per ottenere scorte di acqua bevibile venivano scavate nella pietra cisterne a forma di campana, chiamate *chultun*. Nel periodo classico a partire dal III secolo d. C. lo sviluppo di città importanti fu organizzato intorno a depressioni naturali, chiamete *aguada*. Qui confluivano le acque raccolte da dighe e cisterne lungo i pendii. Le superfici dell'*aguada* erano pavimentate con pietre piatte, le cui connessioni erano impermeabilizzate di argilla rossa e marrone. Nel fondo erano scavati pozzi e *chultun* che mantenevano l'acqua quando l'aguada era secca. Il sistema è del tutto simile alla tecnica dei cisternali delle aree carsiche della regione delle Puglie nel sud dell'Italia» (Laureano 2001, pp. 225-228 e p. 359).

È utile ricordare l'epidemia, probabilmente di peste, che colpisce anche Atene nel 430 a. C., come concorso di vari fattori. Oltre a descriverne i sintomi e gli effetti, Tucidide ci parla dell'approvvigionamento idrico del Pireo, privo di *krenai* (sorgenti, fontane) e del fatto che il "morbo" investe quasi unicamente i centri più popolati, in cui affluiscono i profughi di guerra contribuendo a rendere precaria la situazione igienica: «Improvvisamente piombò su Atene e in primo luogo contagiò la gente del Pireo, così che fu detto che i Peloponnesi avevano gettato veleni nelle cisterne d'acqua piovana, dal momento che in quella località non esistevano ancora fontane» (Tucidide, II, 47, 1-54, 5).

Altro sistema per immagazzinare l'acqua, utilizzato ad esempio anche nello Yemen del Nord, è la costruzione d'una diga di sbarramento per chiudere il corso di un wadi: il bacino così formato ha carattere alluvionale e il suo riempimento dipende unicamente dall'incostante portata del wadi, che alterna periodi di secca ad altri di piena a seconda delle precipitazioni (Nicoletti 1985, p. 267). La più imponente era la diga di Ma'rib, che chiudendo il corso del Wadi Adhana si sviluppava per circa 600 m e con un'altezza di 15 m; era dotata di tre chiuse con le quali si regolava il flusso d'acqua necessario all'irrigazione dei sottostanti coltivi. Il Corano riporta il crollo della diga, avvenuto attorno alla metà del VI sec., così dicendo: «Scatenammo contro di essi acqua straripante dalle dighe, cambiammo i due gannat (giardini) con altri due orticelli ricchi di piante amare, come i tamerici e le piante di loto» (Peirone, XXXIV, 16). Come i pozzi, le cisterne sono opere che accompagnano la vita dell'uomo. Non mancano esempi di camere di conserva per l'olio e per il vino.

III.6.2 - *Ghiacciaia*

Costruzione generalmente seminterrata o sotterranea, destinata a contenere ghiaccio per la conserva degli alimenti.

Locale destinato al mantenimento del ghiaccio sia raccolto durante l'inverno, sia cavato e trasportato da cavità naturali o da ghiacciai montani. La ghiacciaia poteva essere costruita o ricavata in vari modi:

- ***ghiacciaia fuori terra***;
- ***ghiacciaia semisotterranea***;
- ***ghiacciaia costruita nel sottosuolo***;
- ***ghiacciaia scavata nel sottosuolo o in una parete rocciosa***;
- ***ghiacciaia ricavata sfruttando una cavità naturale***.

Le ghiacciaie più comuni sono costituite da un ambiente sotterraneo, semisotterraneo o anche sopraterra, con mura spesse e il cui isolamento termico è rinforzato con intercapedini sia piene che vuote; termicamente isolati debbono essere anche il pavimento e la copertura. Talvolta le strutture solo parzialmente interrate potevano essere ricoperte di terra, fino a formare una sorta di tumulo, per ottenere una maggiore coibentazione. Il locale, generalmente a pianta circolare, viene reso impermeabile a infiltrazioni esterne, ha una ventilazione che consente di eliminare o limitare la formazione di condensa sulle pareti e un sistema di smaltimento dell'acqua di fusione. Il ghiaccio era accumulato attraverso il corridoio d'accesso, oppure da appositi condotti inclinati che dall'esterno giungevano direttamente nella camera. Il ghiaccio poteva essere conservato per essere venduto nei mesi caldi, oppure servire in loco alla conservazione di cibi come carne, pesce, burro, etc.

Presso l'ex Monastero Olivetano di S. Maria a Baggio (oggi quartiere di Milano), meglio conosciuto come Cascina Monastero, ancora ai primi del XX sec. in inverno si usava allagare appositamente alcuni campi in modo che l'acqua potesse stagnare e gelare. Le sottili lastre di ghiaccio venivano tagliate, sovrapposte e lasciate nuovamente gelare, per essere poi raccolte e depositate nella grande ghiacciaia semisotterranea. Il ghiaccio, conservato a strati tra segatura e pula di riso era poi venduto a Milano nei mesi estivi (Rognoni 1983, p. 25). La Giazera di Comabbio (Varese) è un una costruzione in mattoni a pianta circolare, di una decina di metri di diametro, altrettanto profonda e di poco emergente dal terreno. Per accedervi vi è un'anticamera a corridoio provvista di tre porte. Probabilmente costruita alla fine del XVIII sec., serviva ai pescatori locali per la conserva del pesce (Caramella 1999, pp. 64-65).

La Ghiacciaia di Piantelli, nel comune di Cairo Montenotte (Savona), è un esempio realizzato alla fine dell'Ottocento di ghiacciaia semisotterranea. È composta da quattro camere di conserva monumentali, con una capacità complessiva di stoccaggio di oltre 6.000 m^3 e di un tratto di galleria dove giungeva un troncone ferroviario per il carico; oggi è in totale abbandono e una camera è completamente allagata. «Il ghiaccio prodotto a S. Giuseppe di Cairo venne trasportato e utilizzato per alcuni decenni nei grandi ospedali genovesi e nei mercati rivieraschi del pesce. Poi l'inizio del nuovo secolo portò una rivoluzione straordinaria: l'invenzione del freddo artificiale (...). La lotta fu presto impari e al termine delle ristrettezze economiche della prima guerra mondiale, la produzione industriale di ghiaccio cessò del tutto» (Verrini 2002, pp. 44).

Presso il monte Brunino, in Valsassina (Lecco), vi sono varie cavità, sia naturali che ricavate allargando artificialmente alcune fratture della roccia calcarea, un tempo adibite a ghiacciaie. Seppure in alcune vi venissero depositati sia ghiaccio che neve, la temperatura interna era mantenuta bassa e costante dall'aria che ancor'oggi 'soffia' fuori dalle fessure e da piccole e impraticabili condotte freatiche. La ghiacciaia è chiamata anche neviera, oppure, ad esempio, "diacciaia", "giassera", "cunsèrt" in forme dialettali lombarde.

III.6.3 - *Neviera*

Ambiente seminterrato o sotterraneo, anche a forma di pozzo, destinato a contenere neve per la conserva degli alimenti.
Grotta, cantina o locale apposito, destinato in passato a deposito della neve, per il raffreddamento di cibi e bevande, anche utilizzata per la conserva di alimenti facilmente deperibili. Non di rado con il termine di neviera viene indicata la ghiacciaia. Invece di prelevare lastre di ghiaccio si accumulava la neve nel locale e la si pressava. All'interno del Forte di Fuentes (Lecco), nel terrapieno del bastione situato a ridosso del Palazzo del Governatore, vi è un pozzo cilindrico non regolare provvisto di un corridoio di accesso in muratura e un tempo dotato di volta di copertura, di cui rimangono brevi tratti aggettanti. Il paramento murario è costituito da pietrame locale, con una parte, verso il fondo, poggiante alla roccia; è impermeabilizzato con malta. Profondo 4.4 m all'interro e con un diametro massimo di 3.3 m, è identificabile come neviera o ghiacciaia (Padovan 1997, p. 297).

III.7 - *Tipologia n. 2 d: smaltimento*

Insieme di opere e impianti finalizzati alla eliminazione tramite trasporto, e/o dispersione, e/o stoccaggio, di sostanze organiche, e/o liquide, e/o solide.
Il sistema di smaltimento si rende necessario quando l'Uomo, presa coscienza di sé, si organizza in comunità. Con la formazione degli aggregati urbani i sistemi di smaltimento delle acque bianche e delle acque nere diviene indispensabile. Si tratta quindi di smaltire i rifiuti organici, le acque reflue degli opifici, le acque meteoriche, occupandosi inoltre dei corsi d'acqua naturali divenuti vere e proprie fogne a cielo aperto. Ad esempio, a Firenze, con lo sviluppo urbanistico vennero costruiti gli impianti fognari, seppure «restava il principio che gli adduttori cloacali a cielo aperto fossero i numerosi torrenti, fossi e canali che perimetravano o intersecavano per linee interne la città, scaricando in Arno o nei suoi affluenti i liquami» (Ottati 1988, p. 42). Bologna, nel XIX sec., dovette affrontare con una certa urgenza due fattori: lo smaltimento e l'approvvigionamento idrico.

Il sistema di fognature e canali era da risanare e adeguare: «La rete delle chiaviche era stata costruita in epoche e per usi diversi; la maggior parte era permeabile e disperdeva materie organiche nel terreno. Nelle medesime condizioni erano gli impianti di smaltimento domestici, con le latrine facilmente soggette a ostruzioni e trapelamenti. La vicinanza dei condotti fognanti con i pozzi e la dispersione di materie organiche nel sottosuolo portavano ad un inquinamento generalizzato della falda freatica cittadina. Le analisi chimiche dell'acqua provenienti dai pozzi bolognesi portavano concordi alla conclusione che tutti quelli posti all'interno del centro abitato fornivano acqua non potabile» (Marcolin 1985, II, p. 141).

Nei centri urbani uno smaltimento inadeguato all'espansione creava quindi seri inconvenienti sia alla salute pubblica, con il manifestarsi d'infezioni ed epidemie, sia in caso di forti precipitazioni perché, nel qual caso, i sistemi non erano in grado di fare adeguatamente defluire i carichi, dando luogo a straripamenti e con le immaginabili conseguenze.

III.7.1 - *Fognatura*

Insieme delle canalizzazioni e delle varie opere che servono ad allontanare da una data area le acque sia meteoriche, sia di rifiuto.
La fogna è il canale sotterraneo per la raccolta e l'eliminazione delle acque reflue. Con il termine di cloaca o di chiavica si indica il condotto sotterraneo che raccoglie e convoglia altrove le acque piovane e i liquidi di rifiuto. Le fognature possono classificarsi in statiche e dinamiche (Rizzoli Larousse 2003, 8, p. 580):
- ***fognatura statica***, realizza la raccolta, la depurazione e l'eliminazione delle acque reflue mediante fosse biologiche o settiche, oppure con pozzi neri;
- ***fognatura dinamica***, raccoglie e allontana continuamente le acque reflue mediante una rete di canalizzazioni, generalmente dopo averle depurate in appositi impianti.

Una distinzione tra i sistemi di fognatura è stabilita in base alla natura delle acque in essi convogliate:
- acque bianche, sono essenzialmente le acque meteoriche le quali in genere contengono quantità poco rilevanti di impurità;
- acque nere o luride, sono le acque dei rifiuto dei centri urbani, così dette perché contengono anche le deiezioni umane e animali.

Una seconda distinzione avviene in base al sistema:
- ***fognatura a sistema unitario (a canalizzazione unica***, o ***fognatura mista***, oppure ***a sistema romano)***: se le acque bianche e nere vengono convogliate nelle stesse canalizzazioni;
- ***fognatura a sistema separatore (a canalizzazioni separate)***: se le acque bianche e nere vengono avviate in canalizzazioni distinte;
- ***fognatura a separatore misto***: se ammette nella rete delle acque nere una parte delle acque meteoriche, generalmente quelle che cadono sulle strade e quindi cariche d'impurità.

A seconda dell'adozione più o meno completa del sistema separatore e del modo come è promosso il moto delle acque luride nei rispettivi canali si hanno vari sistemi di fognatura. Le acque di rifiuto di un agglomerato urbano, che costituiscono l'effluente nero, provengono dalle abitazioni, dagli edifici pubblici, dagli stabilimenti dell'industria, dall'innaffiamento e dalla lavatura delle aree pubbliche. Esse trasportano deiezioni solide e altri residui organici e inorganici, che debbono essere allontanati il più rapidamente possibile perché possono contenere germi patogeni e sono, in ogni caso, facilmente putrescibili. Il volume delle acque di rifiuto di una città (effluente urbano) è strettamente legato a quello dell'acqua consumata, e eguaglia, in genere, i 4/5 di questo. La proporzione di acque industriali, le quali possono contenere particolari inquinamenti (macelli, concerie, industrie chimiche), dipende dalle condizioni locali.

Le acque meteoriche formano l'effluente bianco e la loro portata può essere dedotta dallo studio della pluviometria della regione, al fine di prevedere le massime portate che si possono verificare e predisporre conseguentemente il sistema di raccolta e di smaltimento. La rete di canalizzazioni destinata all'allontanamento delle acque di rifiuto deve essere impermeabile, per impedire l'infiltrazione di acque nocive nel sottosuolo urbano, e isolata dall'atmosfera della città perché a questa non possano pervenire i gas che si sviluppano dai liquami.

Il Manuale dell'Ingegnere della prima metà del XX sec., nel capitolo dedicato al sistema separatore, così ci indica: «La rete nera viene calcolata in base al massimo consumo d'acqua potabile, ed a quella parte delle acque industriali che hanno bisogno di depurazione. le fogne sono costituite da tubi (canali praticabili solo per i collettori massimi). La rete bianca si calcola in base alla portata massima di piena come per il sistema unitario. Canali tracciati di regola secondo il sistema perpendicolare e tenuti a piccola profondità, traendo profitto di eventuali antichi canali esistenti» (Colombo 1933, p. 343). Corsi d'acqua e canali artificiali successivamente dotati di copertura non di rado possono assumere la funzione di fogna.

I ***fognoli*** costituiscono le ramificazioni estreme della rete di fognatura e sono costruiti al piede delle colonne di scarico dei tetti e delle latrine. Essi convogliano le acque di scolo in ***canali maggiori*** che sono situati generalmente sotto le strade; questi a loro volta confluiscono nei ***collettori fognari*** i quali sboccano nel ***canale emissario fognario***. Negli impianti di fognatura l'***emissario di evacuazione*** è il collettore generale, scorrente in galleria o anche, in lontananza dall'abitato, a cielo aperto, che congiunge direttamente l'agglomerato urbano alla stazione di bonifica o al luogo dove le acque vengono gettate nello scarico naturale. La disposizione della rete fognante è stabilita in relazione alla natura del sottosuolo, alla giacitura di eventuali corsi d'acqua, alla conformazione della rete stradale, all'ubicazione degli scarichi.

Le soluzioni più frequenti si possono riassumere nei seguenti caratteristici tipi (Colombo 1933, pp. 332-346):
Tipo perpendicolare: i collettori di ogni singola zona scolante raggiungono, ciascuno indipendentemente dagli altri, il corso d'acqua recipiente, con andamento sensibilmente perpendicolare a questo. Considerato antiquato, attualmente lo si può adottare per le acque bianche nel sistema separatore, nel caso di abitati attraversati appunto da un corso d'acqua, oppure in riva del mare o di un lago.

Tipo ad intercettazione: conduce lo scarico finale dei collettori principali lontano dall'agglomerato urbano, mediante un ***canale intercettatore***, in un recipiente o su campi di depurazione.

Tipo longitudinale: è formato da collettori paralleli o inclinati all'asse del recipiente (fiume o spiaggia), che sfociano negli emissari e dividono il centro urbano in zone a gradini a differenti livelli.

Tipo a ventaglio: le zone urbane vengono divise con i propri collettori che convogliano le acque in un solo punto di raccolta.

Tipo a terrazzi: nell'agglomerato urbano i collettori sono specifici per le parti basse e le parti alte e la suddivisione si rende necessaria quando nelle prime si devono sollevare le acque cloacali ed eventualmente anche quelle pluviali; i collettori possono essere tra loro riuniti con canali sussidiari.

Tipo radiale: l'agglomerato urbano è suddiviso in zone, ognuna con reti proprie e propri collettori radiali che, in genere, possono avere una diversa destinazione; è il tipo più adottato per le città in piano.

Per quanto riguarda lo studio delle città antiche fornite d'impianto fognario si riscontra che le canalizzazioni seguono i tracciati delle strade: questo consente oggi di rinvenirne gli assi viari. «Una città come Timgad (*Thamugadi*), creata nel 100 su precisi assi ortogonali, fu dotata fin dall'origine di una rete di fognature (che conserva) sistemata sotto l'asse di ogni strada; le fognature si presentano come gallerie larghe m 0,40 e alte m 0,80-1,00, che è possibile visitare attraverso alcuni pozzetti, e si riversavano tutte nel collettore principale del *cardo*» (Adam 1988, p. 287).

Dopo la presa e la parziale distruzione di Roma da parte dei Galli (Celti) nel V sec. a. C., Livio ci parla dell'arringa tenuta da Camillo a seguito della quale i romani decidono di ricostruire la propria città: «La fretta impedì che ci si preoccupasse di allineare le vie, giacchè, messa da parte ogni distinzione fra terreno proprio ed altrui, ognuno costruiva su quello ch'era libero. Questo è il motivo per cui le vecchie cloache, che dapprima erano state fatte passare per il suolo pubblico, ora rientrano qua e là sotto le case dei privati, e la pianta dell'Urbe assomiglia più a quella di una città caotica che ripartita secondo un tracciato regolare» (Livio, V, 55). A Mohenjo-Daro, in Pakistan, le abitazioni databili al secondo millennio avanti sono fornite di condotto di scarico e canaletti di scolo collegati a collettori secondari confluenti nei collettori principali.

Le fognature dell'antica Roma in genere si distinguono cronologicamente in base alla forma e ai materiali impiegati per la costruzione: «Le prime cloache vennero realizzate in opera quadrata in tufo e con copertura a volta; spesso, come nella Cloaca Massima, anche successivi interventi in conglomerato cementizio hanno mantenuto analoga sagoma. Con l'avvento dei materiali fittili (tegole e mattoni) le fognature pur variando di dimensioni avevano generalmente la copertura costituita da due mattoni posti a tetto, da qui il nome di "cappuccina". Generalmente si utilizzavano bipedali o sesquipedali sani per la "copertura" e per la pavimentazione e quindi la larghezza dei condotti era generalmente di cm. 45 (un sesquipedale), cm. 60 (un bipedale), cm. 120 (due bipedali)» (Moccheggiani Carpano 1985, pp. 177-178).

Fognature più recenti sono costruite in mattoni, con volta a tutto sesto o ad arco ribassato, con fondo concavo o a cunetta sempre in mattoni, dotate o meno di banchine laterali. Si sviluppano ancora successivamente condotti la cui sezione è ovoidale, con la curvatura minore rivolta verso il basso. A

Milano, al di sotto di piazza Bonomelli, rimane un importante nodo idraulico della rete fognaria, che occupa una superficie di 2.250 m^2 e giunge a una profondità di 9 m: «La costruzione, iniziata nel 1900, fu ultimata nel 1927. I canali che la costituiscono sono in calcestruzzo con rivestimento delle pareti in intonaco di cemento, mentre il rivestimento del fondo è costituito da masselli di granito e mattoni posti di coltello. Le strutture delle scale di accesso, i passaggi d'ispezione da un canale all'altro ed i locali di comando delle paratoie d'intercettazione sono in armatura di mattoni con gli interstizi stilati con puro cemento lisciato a ferro. I gradini delle scale e le banchine dei canali sono invece in lastre di beola» (Gentile, Brown, Spadoni 1990, pp. 136-139).

III.7.2 - *Pozzo chiarificatore (o biologico)*

In opere fognarie, tipo di fossa settica.
L'opera si può comporre di due camere, di cui quella superiore di chiarificazione e l'inferiore per il deposito dei fanghi. A forma di 'pozzo' o di 'cisterna', nelle aree rurali la fossa settica è uno dei sistemi tra i più diffusi per il trattamento dei liquami domestici, che all'interno dell'impianto vengono fatti parzialmente sedimentare. Attraverso uno sfioratore o un sifone le acque passano in fosse sotterranee, non stagne e contenenti pietrisco, da cui poi percolano nel suolo dove vengono ossidate aerobicamente. Il materiale sedimentato rimane invece nella fossa, dov'è decomposto anaerobicamente e poi rimosso.

III.7.3 - *Pozzo di drenaggio*

Opera avente lo scopo di facilitare il deflusso delle acque attraverso terreni poco permeabili e impiegata sia per la raccolta che per la bonifica.
Nella tecnica idraulica i pozzi di drenaggio sono praticati in terreni poco permeabili e finalizzati a facilitare il deflusso delle acque. Si costruisco anche opere atte al contenimento delle acque in eccesso, fornite di apposito sfioratore, per assolvere contemporaneamente alle funzioni di conservare e di smaltire. La tecnica di costruzione non differisce da quella dei pozzi ordinari, salvo nel caso serva alla sola dispersione delle acque e pertanto avrà nella camicia appositi fori per l'esfiltrazione del liquido. Con il termine di ***smaltitoio*** s'indica lo scavo a forma di trincea o di pozzo realizzato nei terreni a sottosuolo permeabile, per drenare laddove risulti difficoltoso lo smaltimento delle acque superficiali; può essere rivestito con muratura a secco o provvista di fori passanti, o semplicemente essere riempito di fascine o di pietrame.

III.7.4 - *Pozzo nero*

Pozzo per il temporaneo accumulo di materiale di rifiuto.
Perforazione del terreno incamiciata e resa impermeabile, in cui vengono temporaneamente accumulate le materie di rifiuto degli scarichi, per essere poi rimosse periodicamente (Frega 1984, pp. 404-405).

III.7.5 - *Pozzo perdente (assorbente)*

Perforazione del terreno incamiciata con muratura a secco, o in mattoni o calcestruzzo e dotata di fori e variamente articolata, per consentire il filtraggio e la dispersione nel terreno circostante delle acque di scarico.
Impianto che raccoglie il liquame generalmente proveniente da un impianto di chiarificazione in una perforazione generalmente cilindrica, in muratura di pietrame, di mattoni o di calcestruzzo, privo di platea e con il fondo in pietrisco. «Uno strato di pietrisco è sistemato, pure, ad anello esternamente alla parte di parete, sfenestrata, che attraversa il terreno impermeabile (spessore 0.5 m). In prossimità delle feritoie ed alla base dello strato di pietrisco, il pietrame è in genere di dimensioni più grandi del rimanente materiale sovrastante. La capacità del pozzo dipende dalle caratteristiche del suolo e dal livello di falda; si hanno così indicazioni riguardo alla profondità del pozzo, mentre il diametro viene fissato con criteri empirici» (Frega 1984, p. 410-412). Tale sistema è inadatto in terreni argillosi compatti o in rocce calcaree assorbenti con sottostante falda suscettibile d'utilizzazione.

III.8 - *Tipologia n. 3: spazi ad uso di culto*

Opere realizzate per scopi religiosi e ritenute di carattere sacro, oppure utilizzanti cavità naturali per i medesimi fini.
«Da una parte si considera la necessità dell'uomo di fissare la mimica rituale e il proprio credo in luoghi di convegno o di culto; da un'altra si è più inclini a supporre che in tal modo il cacciatore soddisfacesse una esigenza di magia propiziatoria o scaramantica "visualizzando" sulle pareti e sulle volte delle caverne l'animale che intendeva catturare» (Rossi-Osmida 1974, p. 16). Sia che talune grotte siano state effettivamente elette a luogo di culto, sia che lo siano diventate solo successivamente ad una frequentazione, noi oggi possiamo osservare come tanti luoghi ritenuti sacri e appartenenti a differenti credo religiosi sono stati ricavati all'interno delle cavità naturali.

Così recita Milarepa, una delle più importanti figure religiose del Tibet, vissuto nell'XI sec.: «Le quattro grandi caverne universalmente famose sono: La-Grotta-Stomaco-di Nyanang, Sconfitta-dei-Demoni-di-Chi, Lingua-dello-Yack-di-Chin, Grotta-delle-Apparizioni-del-monte-Kaïlas. Le quattro grotte senza fama: La-Grotta-del-Piede-che-prende-Radice, Luce-di-Ron, Mantello-di-Seta-del-Monte-delle-Capre, Grotta-di-Kuthang-e-di-Ron. Se andate a meditare in questi luoghi vi troverete tutti i vantaggi del deserto. Affinché la trasmissione della mia dottrina sia benedetta, andate dunque a meditare» (Milarepa, p. 191).

Mutuando o meno il concetto o la semplice idea di grotta, oppure approfittando di talune situazioni quando non subendone semplicemente gli effetti, o in quanto spinti dal particolare carattere del culto, vari manufatti vengono ricavati lungo fianchi rocciosi e balze, anche sfruttando anfratti naturali, o direttamente nel sottosuolo. In quest'ultimo caso abbiamo opere che tendenzialmente si sviluppano solo nel sottosuolo e altre che ricavano nella matrice rocciosa del suolo l'intero edificio o addirittura interi complessi cultuali.

III.8.1 - *Cripta*

Complesso dei sotterranei di un edificio pubblico, per lo più di carattere sacro o cimiteriale; nell'architettura religiosa è

il singolo ambiente o il complesso di ambienti che si sviluppa nella zona sotterranea della chiesa.
In architettura la cripta era originariamente un passaggio coperto da volta non necessariamente sotterraneo. Nelle basiliche cristiane il termine fu poi applicato al vano posto al di sotto del presbiterio, dove vi può essere collocata la tomba di un martire. Limitata nei primi esempi del periodo preromano, con l'architettura romana la cripta assume un carattere particolare anche divenendo un locale vero e proprio. In periodi successivi, pur sviluppandosi in estensione, le cripte assumono prevalentemente la funzione di sepoltura e ossario.

III.8.2 - *Eremo rupestre*

Luogo solitario dove una o più persone si ritirano a condurre vita religiosa, ricavato generalmente nel ridosso di un fianco roccioso.
Nel nostro caso, ambiente ricavato in cavità naturale o riadattando un precedente ipogeo. Nelle tradizioni di molteplici religioni la grotta è il luogo dove di preferenza si ritira l'uomo che diviene eremita «Questa grotta rocciosa nella vallata deserta / E la mia sincera devozione / Presagiscono la realizzazione di tutti i miei desideri» (Milarepa, p. 166). In genere, successivamente alla frequentazione da parte di un personaggio ritenuto "santo" o "illuminato", l'ipogeo diviene luogo di culto e in esso si possono edificare particolari strutture, o divenire parte di un complesso architettonico variamente articolato anche esternamente alla cavità stessa.

Presso il convento di San Cosimato (Roma) numerose strutture rupestri sono tradizionalmente considerate eremi; in larga misura si tratta di tombe rupestri e di cavità naturali adattate sia a luoghi di culto sia ad unità abitative. Il sito è ricordato per la frequentazione di Benedetto da Norcia, agli inizi del VI sec., il quale assume la direzione del cenobio e riesce a non farsi avvelenare dai monaci che, dopo un certo periodo di tempo, non intendevano più obbedire alle sue regole monastiche. Oggi l'Eremo di San Benedetto è indicato in una serie di tre strutture rupestri composte da due piccole unità abitative affiancate lungo una scalinata che conduce all'ultimo ambiente, probabilmente ricavato da una tomba, e noto come Cappella di San Benedetto (Basilico, Lampugnani 2002, pp. 82-86).

III.8.3 - *Eremo sotterraneo*

Luogo isolato dove una o più persone si ritirano a condurre vita religiosa, ricavato generalmente nel sottosuolo.
Analogamente all'eremo rupestre, seppure meno frequente, l'eremo sotterraneo assolve alle medesime funzioni e può essere ricavato tanto in una cavità naturale quanto scavato nel sottosuolo anche adattando una preesistente opera.

Ad esempio, nel pavimento della chiesetta romanica del *castrum* tardo antico di S. Antonio di Perti, a Finale Ligure (Savona), vi è l'accesso a una cavità naturale che conduce, dopo due brevi pozzetti, a una piccola saletta parzialmente concrezionata; sul lato destro del fondo una colata di calcare con microvaschette risulta artificialmente consunta, tanto da essere quasi liscia nella parte centrale e una piccola vasca per la raccolta dell'acqua di stillicidio è rozzamente ricavata nel 'dorso' calcareo: ancora agli inizi degli anni ottanta del XX sec. si diceva che un tempo vi dormisse un eremita.

III.8.4 - *Favissa*

Luogo di deposito di oggetti votivi, solitamente a forma di pozzo, fuori del santuario, ma all'interno del recinto sacro.
Forse di origine etrusca, con il termine latino di favissa veniva indicata la cavità, generalmente a forma di pozzo, nella quale si riponevano gli oggetti votivi quando il loro numero era divenuto eccessivo, le suppellettili in disuso e così pure le immagini degli dei decaduti.

III.8.5 - *Luogo di culto rupestre*

Ambiente dedicato al culto ricavato in una parete rocciosa o all'interno di una cavità carsica.
Ricavati in una parete rocciosa mediante lo scavo, oppure sfruttanti cavità naturali e artificiali ad andamento generalmente orizzontale o suborizzontale, si sono realizzati nel tempo innumerevoli luoghi di culto, a testimonianza di molteplici concezioni religiose.

Le cosiddette Grotte di Ajanta (Maharastra, India) sono in realtà un complesso monasteriale buddista scavato in un anfiteatro roccioso naturale: «Lungo i fianchi della gola, in origine consacrata a un Naga o Re-serpente, una comunità di monaci buddisti iniziò lo scavo di *chaityas* (santuari) e di *viharas* (monasteri), nel II sec. a. C.» (Rowland 1963, p. 5-6). Si contano in tutto 29 cavità (cinque templi e ventiquattro monasteri); nella "Grotta X", ritenuta la più antica, vi sono pitture parietali che risalirebbero ad un periodo compreso tra il I sec. a. C. e il I sec. d. C. «Il piano generale dei *chaityas* è una camera con un'alta volta, una abside circolare in fondo, dove si trova un altare ricavato nel vivo masso. I *viharas* sono per lo più delle aule quadrate centrali, con delle celle pei monaci praticate sopra tre lati, e una galleria a colonne sulla facciata, mentre i più piccoli sono dei semplici porticati con delle celle che vi si aprono direttamente» (Sergeant 1914, pp. 248-251).

La chiesa, edificio dedicato al culto cristiano, talvolta è scavata in un fianco roccioso, o ricavata adattando una grotta, oppure è costruita all'interno di essa, andando in ogni caso a definirsi come ***chiesa rupestre***. Nel territorio di Mottola, in Puglia, si contano una trentina di chiese rupestri, scavate secondo un preciso schema liturgico con l'abside rivolto verso oriente; molte conservano interessanti affreschi. Anche nella zona di Matera si contano varie chiese scavate nei fianchi delle gravine.

La chiesa di San Pietro in Princibus si trova al di sotto del villaggio trincerato di Murgia Timone ed è interamente scavata nella roccia calcarea; in un ambiente con volta a botte vi sono alcuni graffiti, tra cui un cavallo (Belmonte 2001, pp. 64-66). Ricavata all'interno di una grotta è invece la chiesa del SS. Salvatore a Serino (Salerno), dove si può vedere un grande volto abbozzato a scalpello in una colata calcarea (D'Alessio 1993, pp. 57-69). La Grotta dei Frasassi, nel comune di Genga (Ancona), è in parte occupata da una piccola cappella e da una chiesa fatta erigere nel 1828 da

Leone XII. Occorre ricordare che molte grotte, dedicate o meno al santo, erano state sede di culti precristiani, successivamente 'demonizzati' dal cristianesimo. Varie cavità sono state dedicate a San Michele Arcangelo, il cui culto nasce in oriente ai primi tempi del cristianesimo e si diffonde in Occidente ad opera dei Bizantini; i Longobardi lo elessero a protettore delle loro milizie. Il culto del santo è legato a zone montuose e a numerose grotte, a ricordo della leggenda che vede Michele sconfiggere Lucifero relegandolo in una grotta (Lucrezi Berti 1973, pp. 185-194).

La chiesa rupestre detta di San Savino, rivelatasi poi essere dedicata al culto di Santa Restituta (Del Lungo, Casocavallo 1999, pp. 8-9), è stata ricavata sfruttando una preesistente cavità artificiale, forse destinata a cisterna alimentata con acqua d'acquedotto ipogeo. È situata nel fianco sud della rupe del Pian della Regina, facente parte dell'area su cui sorgeva la Civita di Tarquinia (Viterbo): «ha la pianta prossima ad un rettangolo (m 12,8 x 7,5; lunghezza calcolata sull'asse maggiore) ed è quasi perfettamente orientata E-O (lato dell'avancorpo). Sulla parete di fondo sono state aperte un abside centrale quadrangolare (m 2,4 x 3,3) e due nicchie semicircolari ai lati, entrambe intonacate e dipinte» (Del Lungo, Casocavallo 1999, p. 9).

Nella regione della Cappadocia, in Turchia, la particolare conformazione geomorfologica ha consentito lo sviluppo di architetture rupestri e sotterranee; nella zona compresa tra Gulsehir, Kayseri e Nigde si conservano i resti di centinaia di chiese rupestri, per lo più di origine bizantina.

III.8.6 - *Luogo di culto sotterraneo*

Ambiente destinato al culto ricavato nel sottosuolo.
Vari culti venivano officiati in ambienti preferibilmente ipogei; oppure, in via del tutto eccezionale, taluni potevano trovare nel sottosuolo un luogo adatto e sicuro, per vari fattori contingenti. Non sempre è possibile sapere cosa nello specifico si officiasse, comprendendone tuttavia il carattere particolare.

A Roma, nel 1917, è venuto alla luce un ipogeo oggi conosciuto con il nome di Basilica Neopitagorica, per quanto non sia ancora ben chiara la sua funzione. Il monumento è del I sec. d. C. e si compone di un lungo *dromos* sotterraneo che dà accesso a un impianto basilicale a tre navate e abside di fondo: «lo schema basilicale, evidentemente già fiorente in Roma in quel periodo, divenne prevalente nell'architettura sacra cristiana dal IV secolo in poi» (Pavia 1999, p. 114). Il pavimento è decorato con mosaico a tessere bianche e nere, mentre le pareti e le volte sono intonacate e recanti numerosi riquadri con stucchi che rappresentano scene mitologiche.

Sempre a Roma si ha il *Dolocenum*, il luogo di culto dedicato a Giove Dolicheno e situato sul colle Aventino. Fu 'importato' nel 'mondo romano' da legionari e mercanti provenienti da Doliche nella Commagene, in Asia Minore. In origine aperto, e probabilmente privo della volta di copertura, viene in seguito modificato, per rimanere interrato a seguito delle trasformazioni urbanistiche della città, analogamente ad altri edifici sia pubblici che privati, coinvolti nella monumentalizzazione cristiana del colle.

Talvolta i luoghi di culto cristiani possono trovare spazio anche nel sottosuolo, come ad esempio la chiesa ipogea di Sotterra di Paola, in Calabria. Inquadrabile attorno al IX-X secolo, la chiesa si presenta con pronao, navata con due nicchie laterali, iconostasi, presbiterio e abside, nel quale è raffigurato Cristo con gli Apostoli. Vi si accede dalla soprastante Chiesa del Carmine (Verducci 1991).

Al di sotto della chiesa di San Domenico a Narni (Terni), costruita attorno al XII sec. ed oggi ospitante la Biblioteca comunale, si conserva una chiesa ad unica navata con abside semicircolare che ha riutilizzato strutture romane. Il locale presenta vari cicli d'affreschi, realizzati da mani diverse e in differenti periodi storici (Nini 1997, pp. 345-347).

Non si può non ricordare la chiesa sotterranea di Vielitcha, in Polonia, scavata all'interno delle miniere di sale: «Une des curiosités de ces immenses èscavations, qui réfléchissent de tous côtés comme le cristal la clarté des lampes et des torches, est la chapelle Saint-Antoine, située au premier étage: cette chapelle est creusée dans la mine même et ne se compose que de sel; l'autel, les statues, les colonnes, le chaire, les ornements, tout est en sel» (Badin 1876, p. 160).

Un'antica fonte, che la tradizione vuole possedesse qualità taumaturgiche, è stata per lungo tempo oggetto di devozione, tanto che la risorgiva viene racchiusa in un'edicola, che il cardinale Federico Borromeo fa includere in una chiesa consacrata nel 1623. Nel 1960 Calderini ce ne lascia una descrizione: «occorre calarsi in un chiusino, che nel centro del cortile raccoglie l'acqua piovana e, sprofondandosi sotto terra un paio di metri, raggiunge un antico condotto che ci guida quasi carponi in direzione della facciata e ci fa scorgere un bacino di poco più di due metri quadrati, che corrisponde ad una cavità, difesa da una volta, cavità situata circa il luogo dove è la lapide nella facciata. Il pavimento della cavità è lastricato di pietra e le pareti sono di mattoni non antichissimi» (Calderini 1960, p. 43). In un sopralluogo effettuato da David nel 1998 risulta oramai che «Della chiesa borromaica sembra conservato il solo pozzetto da cui zampillava l'acqua e forse un brano della pavimentazione a lastre di beola. Evidentemente alla demolizione della chiesa è seguita la tombinatura delle acque che è consistita nella canalizzazione sia del piccolo fontanile sia della vicina roggia maggiore confluenti in un ampio canale sotterraneo (ora murato) diretto a sud verso via Sambuco» (David 1998, p. 77).

Sono considerabili come luoghi di culto sotterranei anche gli edifici ricavati nel sottosuolo tagliando e scolpendo la roccia; un esempio eclatante sono le chiese monolitiche etiopi di Lalibela. Nicoletti suddivide questi edifici cultuali, che chiama "monoliti", nelle seguenti categorie: monoliti, monoliti in grotta, monoliti semirupestri, spazi ipogei e rupestri, costruzioni dentro caverne (Nicoletti 1980, pp. 331-332).

Tra gli ambienti sotterranei legati al culto si potrebbe ascrivere anche quello esistente all'interno della Sfinge di El-Giza, in Egitto. Seppure l'originaria funzione non sia chiara, con ogni probabilità rivestiva un carattere sacro, dato dal monumento che la conteneva.

III.8.7 - *Mitreo*

Luogo generalmente sotterraneo, dove si officiava il culto dedicato al dio iranico Mithra.
In latino viene denominato *spelaeum* (grotta) poiché Mithra nasce in una grotta e il culto originario doveva essere officiato in una cavità naturale. In ambito urbano, o in assenza di cavità naturali, la grotta è sostituita da un ambiente sotterraneo o semisotterraneo, privo di finestre o dotato di piccoli lucernari.

Generalmente di forma rettangolare allungata, con ingresso anche sfalsato rispetto all'asse longitudinale, lungo le due pareti ha le panchine su cui prendevano posto gli iniziati. Sul fondo è collocato un piccolo altare a forma di edicola, di ara o a scalini, con l'immagine del dio Mithra solitamente rappresentata da un giovane con berretto frigio nell'atto di uccidere un toro (tauroctonìa) con il pugnale, come visibile nel mitreo di San Clemente a Roma (Della Portella 1999, p. 20 e p. 43). L'animale è imolato per la salvazione cosmica e individuale. Possono essere presenti altri elementi quali sculture, bassorilievi, nicchie con affreschi e mosaici, come nel Mitreo delle Sette Porte a Ostia dove le simbologie musive si riferiscono a riti iniziatici. Un esempio di mitreo in grotta si trova a Duino (Trieste).

III.9 - *Tipologia n. 4: spazi ad uso funerario*

Strutture o complessi architettonici in cui vengono deposti i resti mortali (cadaveri, ossa, ceneri) di una o più persone.
La necessità di seppellire i morti si è sentita in ogni epoca e presso ogni civiltà. Ognuna ha poi espresso, a seconda del proprio credo, un "sistema d'inumazione", andando a creare prevalentemente delle opere sotterranee destinate ad accogliere le spoglie mortali. Sono la tipologia di cavità artificiale più diffusa per numero e si può affermare che quasi non esista località con tracce di antropizzazione priva d'inumazioni o di edifici funebri.

Si hanno dalle semplici fosse rivestite in lastre di pietra agli edifici monumentali come possono essere, ad esempio, la Piramide di Giza in Egitto e la Piramide delle Iscrizioni a Palenque in Messico, o le tombe megalitiche presenti in varie aree della Terra. Le architetture sono molteplici e talvolta complesse. Ognuna rispecchia quindi un credo, un desiderio, una tradizione, una disponibilità economica, la necessità di lasciare un 'segno', una tecnologia acquisita, l'osservanza di una legge.

Nella Valle dell'Anapo, in Sicilia, sono state individuate circa cinquemila "tombe a grotticella" scavate nelle balze rocciose, suddivise in cinque necropoli, la cui più antica è inquadrabile tra il XII-XI sec. a. C. Situata nel territorio dell'odierna Giordania, tra il Mar Morto e il Mar Rosso, la città di Petra, chiamata dagli arabi Wadi Musa (valle di Mosé) è comunemente nota soprattutto per le tombe monumentali, le cui facciate sono scolpite nelle pareti di arenaria con colorazioni che vanno dal rosso all'ocra e caratterizzanti l'intero complesso. La zona fu abitata sin dal Paleolitico e acquisì importanza in seguito all'installazione dei Nabatei, attorno al IV sec. a. C. Tra i vari tipi tombe l'esempio di rilievo è la tomba a tempio con la facciata divisa in due piani; all'interno della parete rocciosa sono poi ricavate le camere sepolcrali, variamente articolate.

III.9.1 - *Catacomba*

Complesso di gallerie e ambienti sotterranei, talvolta a piani sovrapposti, usate principalmente dagli antichi cristiani come cimiteri e successivamente anche come luogo di culto funerario.
La terminologia archeologica indica con la parola "catacomba" il cimitero cristiano sotterraneo caratterizzato da un articolato sistema di cunicoli, gallerie e cubicoli, anche dislocato su più livelli, e utilizzato per la sepoltura. Le sepolture sono solitamente ricavate nelle pareti delle stesse opere di percorrenza. Il termine potrebbe derivare da un toponimo del IV secolo riferito a una depressione del terreno, con ampie cavità, creata da una cava di materiale lapideo situata al III miglio della via Appia. Solo nel corso del medioevo (IX- X secolo circa) i cimiteri paleocristiani vengono chiamati catacombe, perché in origine s'indicavano col generico nome di *cryptae*.

«La prassi di creare ambienti ipogei da adibire ad uso funerario non fu certo invenzione delle prime comunità cristiane di Roma: essa era ben diffusa, come è noto, in varie civiltà e culture del mondo antico, specialmente laddove la natura del sottosuolo consentiva una agevole escavazione e una 'tenuta' affidabile delle strutture sotterranee. Per restare nell'ambito geografico romano o laziale, sepolcri ipogei più o meno ampi furono creati dagli Etruschi, dai Sabini e dagli stessi Romani. In questa area geografica la sepoltura sotterranea era straordinariamente facilitata dall'ottimo tufo locale, facile a lavorarsi e piuttosto affidabile staticamente» (Fiocchi Nicolai 1998, p. 15).

In origine le aree cimiteriali "collettive" in ipogeo erano utilizzate da chiunque, cristiani compresi. Solo successivamente, e con buone probabilità sia a seguito della migliorata organizzazione dei cristiani, sia per l'incremento demografico e la conseguente richiesta di spazi ad uso cimiteriale, si vengono a creare aree di sepoltura per i soli seguaci del culto di San Paolo e recante il nome del Cristo. L'esistenza di cimiteri ipogei della comunità cristiana di Roma è fatta risalire tra la fine del II e gli inizi del III secolo (Fiocchi Nicolai 1998, p. 16; Pergola 1997, p. 21). Le sepolture dei cosiddetti martiri, dei vescovi, dei papi e successivamente di coloro i quali sono dichiarati "santi", contribuiscono ad aumentare l'importanza delle catacombe, che vengono fatte oggetto di devozione e beneficiano di rilevanti interventi monumentali.

Principalmente nella prima metà del IV secolo si assiste all'incremento delle inumazioni sotterranee che va a creare ambienti vasti, con planimetrie varie, attrezzati con rampe di scale di collegamento, pozzi di ventilazione, nonché abbelliti con affreschi e iscrizioni. In superficie si costruiscono basiliche, centri di accoglienza per i devoti e non si può certo negare come l'indotto così creato dal pellegrinaggio contribuisca allo sviluppo globale dei complessi cimiteriali. L'uso di seppellire nelle catacombe cessa nel V sec. e in questo, nonché nel successivo VI sec., le catacombe sono frequentate soprattutto a scopo devozionale. «Per quanto riguarda la planimetria degli ipogei, si possono distinguere due grandi categorie e, ovviamente, tipi intermedi: gli ipogei "chiusi", con un numero predeterminato di sepolture e per i quali non vengono previsti possibili ampliamenti al momento dell'impianto, e gli ipogei "aperti" che nascono con diverse decine di tombe e la possibilità di proseguire lo scavo delle prime gallerie o di crearne di nuove lungo gli assi principali » (Pergola 1997, p. 60). In una certa misura lo scavo delle catacombe principia da cave sotterranee e da impianti idraulici in disuso come cisterne e acquedotti.

Gli elementi che caratterizzano le catacombe rimangono legati a schemi fissi, pur con variazioni e risoluzioni architettoniche diverse nel tempo. La creazione di un ipogeo prevede una rampa d'accesso e generalmente si tratta di una scalinata ricavata nella matrice rocciosa oppure realizzata in muratura. L'elemento preminente è la galleria, più o meno rettilinea e con bracci laterali. Sovente reca nelle pareti i loculi disposti uno sopra l'altro e uno accanto all'altro, andando anche ad occuparne interamente le superfici. Il ***loculo*** può accogliere un solo defunto, (loculo monosomo), oppure due (bisomo) o tre (trisomo), etc., ed essere chiuso con lastre di marmo, mattoni, o semplici embrici.

Si hanno inoltre i ***cubicula*** che, riprendendo il nome della camera da letto romana, hanno piante quadrangolari e possono essere anche riccamente affrescati. Nei cubicoli s'incontra spesso l'***arcosolio***, una tomba a fossa incassata in una parete e sormontata da una nicchia, per lo più semicircolare. I lucernari sono i pozzi attraverso cui avviene il ricambio dell'aria e può filtrare un po' di luce; inizialmente dovevano anche servire per l'evacuazione del materiale scavato.

A Cava d'Ispica (Ragusa) nelle catacombe della Larderia (IV-V sec.) si possono osservare sia i loculi ricavati nelle pareti, sia le tombe accostate l'una all'altra e scavate nel pavimento della stessa galleria di percorrenza (Ardito 2003, pp. 220-223).

Si deve ad Antonio Bosio (1575-1629) lo studio sistematico delle catacombe e con esso la nascita dell'Archeologia Cristiana Romana. «L'opera del Bosio coincise con la volontà dell'ortodossia cattolica di affermare, di fronte al protestantesimo dilagante, il monopolio delle uniche radici concrete della fede cristiana, materializzate nei corpi dei martiri sepolti nelle catacombe romane» (Pergola 1997, p. 37). La ricerca e lo studio anche delle catacombe serviva ai cattolici per controbattere la voce dei protestanti i quali asserivano che la chiesa romana non aderiva e non si conformava alla disciplina della Chiesa primitiva, accettando l'assioma teologico *falsum quod posterius immissum* (Bovini 1952, p. 7).

La catacomba di Santa Cristina a Bolsena (VT) dovrebbe risalire al IV secolo d. C. ed è stata sempre accessibile, come luogo di culto, fin dal medioevo. Dalla chiesa dedicata a Santa Cristina si accede a una piccola basilica sotterranea in cui si apre la scalinata che conduce alla parte principale del cimitero. Il sistema ipogeo è scavato nel tufo e pare abbia inizio con lo sfruttamento di un tratto di acquedotto in disuso. Ortogonalmente ad esso oggi abbiamo una galleria alta circa 6 m (al di sotto vi sono, interrati, altri 4 m circa) e lunga una quarantina, da cui si staccano normalmente sette bracci. Superiormente a tale impianto, ma sempre all'interno del rilievo collinare, si sono ricavati nel tempo vari ambienti, tra cui la menzionata basilichetta, che assieme a un vestibolo è conosciuta con il nome di "Grotta di Santa Cristina". Vi sono inoltre una cappella dedicata a San Michele e un ampio vano con tombe scavate nel pavimento e convenzionalmente chiamato "Sepolcreto Longobardo" (Carletti, Fiocchi Nicolai 1989, pp. 15-24).

III.9.2 - *Sepolcreto cristiano*

Luogo destinato alla sepoltura dei morti, sia per inumazione sia per tumulazione.
Generalmente costituito da fosse scavate nel terreno e chiuse con lastre di pietra o semplici tumuli di terra, il cimitero può essere anche organizzato con cappelle e monumenti, al di sotto delle quali vi può essere la camera contenente le salme chiuse in teli, in casse di legno o in sarcofagi. Si usa di preferenza il termine cimitero per le sepolture legate al culto cristiano. In particolare, il sarcofago è l'aggettivo con cui s'indicava la pietra calcarea che consumava rapidamente i cadaveri (Istituto della E.I. 1994, IV, p. 59), poi indicante l'urna sepolcrale di pietra, legno, terracotta o metallo, per lo più monumentale.

III.9.3 - *Colombario*

Tipo di sepoltura per salme cremate.
Dal latino *columbarium* (colombaia, sepolcreto), con il termine viene indicato un tipo di sepoltura per i cremati, caratterizzato da pareti in cui sono ricavate delle nicchie in più file sovrapposte, dando l'aspetto di una colombaia. Le nicchie sono semicircolari o quadrangolari e vi venivano murate le urne cinerarie; se ne attesta l'uso dal I sec. a. C. al II sec. d. C. Nei cimiteri moderni il colombario è il complesso di loculi in muratura, disposti su vari piani, destinato a sepolture private sia temporanee sia permanenti.

III.9.4 - *Domus de janas*

Tipo d'inumazione sarda, scavata nella roccia e solitamente a forma di camera.
Un interessante esempio di tomba è dato da un antico tipo presente in Sardegna e chiamato *domus de janas*, (casa delle fate). Sviluppatisi a partire dal Neolitico Medio (circa V millennio a. C.), fino almeno alla Prima Età del Bronzo, questi ipogei venivano scavati in ogni tipo di roccia. Con esteso sviluppo planimetrico nel calcare e nell'arenaria, sono ampi anche nel tufo trachitico, ma con dimensioni più contenute nel granito e nel basalto (Atzeni 1985, pp. 33-41; Moravetti, Tozzi 1995, p. 19; Lo Schiavo 1996, p. 190). Isolate o più usualmente raggruppate, le tombe sono costituite da una o più celle comunicanti, dove le salme erano disposte in posizione rannicchiata e attorniate dal corredo funebre. Se ne conservano poco più di un migliaio.

III.9.5 - *Foiba*

Tipo di dolina utilizzata per gettarvi persone vive o cadaveri.
La foiba è una dolina tipica del carso istriano, sul cui fondo si

apre un inghiottitoio. Seppure non si tratti propriamente di un tipo di sepoltura, la foiba è legata agli eccidi di civili e militari avvenuti in Istria, e in misura minore nel carso triestino, dopo l'8 settembre 1943 e fino o poco oltre il termine della Seconda Guerra Mondiale. Numerose foibe contengono tutt'oggi i resti delle salme. La foiba di Basovizza, situata nei pressi di Trieste, non è una cavità naturale, ma si tratta di un pozzo di ricerca mineraria, utilizzato dopo la Prima Guerra Mondiale per gettarvi materiale bellico e al termine della Seconda Guerra Mondiale per trucidare civili e militari. Chiusa con una grande lapide, è oggi monumento nazionale.

III.9.6 - *Morgue*

Particolare opera d'inumazione collettiva interna ad opere di fortificazione.
All'interno di una fortezza assediata occorre pensare all'eliminazione dei cadaveri perché la presenza di corpi insepolti, specie durante i mesi estivi, può causare pestilenze o comunque diffondere malattie tra la guarnigione ancora operativa e impegnata in combattimento. In talune fortificazioni sabaude d'epoca settecentesca si sono realizzati appositi locali sotterranei, detti appunto morgue (termine equivalente all'italiano obitorio), aventi lo scopo di accogliere le spoglie dei caduti e si tratta generalmente di pozzi dotati di appositi scivoli per facilitare l'introduzione dei corpi. Tali grandi 'camere mortuarie' sono provviste di sfiatatoi che favoriscono la fuoriuscita dei gas dovuti alla decomposizione. Vere e proprie ***camere mortuarie*** dotate di appositi loculi sono presenti nei forti corazzati austriaci costruiti ai primi del Novecento in Veneto, in Trentino - Alto Adige e in Friuli.

III.9.7 - *Necropoli*

Insieme di sepolture di epoche precedenti al cristianesimo.
Col termine necropoli s'indicava propriamente i sepolcri sotterranei di Alessandria d'Egitto (Istituto della E.I. 1994, III, p. 378). In archeologia richiama l'aggruppamento di sepolture appartenenti a epoche precedenti l'avvento del cristianesimo e comunque non appartenenti a tale culto, che vengono invece indicati con il termine di ***cimitero***. «Le necropoli etrusche sono tra le più estese del mondo antico. Come in Grecia e in altre zone d'Italia, le sepolture sono fuori dall'area dell'abitato, ma in prossimità di esso e situate sui vicini pendii o nelle pianure adiacenti» (Prayon 2000, p. 335).

III.9.8 - *Ossario*

Ambiente nel quale si raccolgono e si conservano i resti delle spoglie dei defunti esumati dalla loro sepoltura.
Ambiente o edificio, anche sotterraneo o semisotterraneo, in cui si raccolgono e si conservano i resti delle spoglie dei defunti esumati dalla loro sepoltura o i resti recuperati nel terreno a seguito di eventi bellici o naturali. La struttura può fare parte di un cimitero oppure essere autonoma e anche monumentale.

Il ***sacrario*** è la struttura, a forma di cappella o di edificio monumentale, in cui si conservano i resti e i ricordi materiali di persone generalmente cadute in guerra. Il sacrario militare di Timau (Udine) è la ricostruzione del 1937 del Santuario del Crocefisso, eretto nel 1284 lungo l'antica strada di Monte Croce Carnico. Il progetto è dell'architetto Giovanni Greppi e dello scultore Giannino Castiglioni. «Nel Sacrario sono stati raccolti i resti di 1.644 Caduti, di cui n. 232 rimasti ignoti, nelle campagne 1915-'16-'17, provenienti dai vari cimiteri di guerra dell'alto But. I loculi sono stati ricavati negli archi delle pareti del Tempio sia all'interno che all'esterno sotto il porticato, con i nominativi riportati su lastre di bronzo» (Ministero della Difesa 1977, p. 31).

III.9.9 - *Tomba*

Qualsiasi forma o tipo di sepoltura o conservazione di resti mortali.
Termine generico con cui s'indica qualsiasi tipo di sepoltura, in cui vengono deposti i resti mortali (ceneri, ossa o cadavere), specificato con precise determinazioni: tomba rupestre, ipogea, a pozzo, a galleria, a fossa, a camera, a loculi (colombari), a dado, a edicola, a capanna, a casa, a terra, a circolo, sopraelevata, etc. In varie civiltà le sepolture possono essere orientate per lo più secondo i punti cardinali, generalmente seguendo le credenze popolari anche in corrispondenza all'idea relativa all'ubicazione dell'aldilà. I tipi di tombe, come si è detto, sono assai vari e tra questi possiamo menzionare:

- ***tomba a camera con accesso a caditoia***: con pozzo d'accesso e camera sotterranea;
- ***tomba a camera con dromos***: con corridoio d'accesso scoperto che dà accesso alla camera ipogea;
- ***tomba a corridoio con loculo sepolcrale***: con accesso ricavato nel lato di un corridoio incassato e conducente al loculo;
- ***tomba a loculo tipo Narce***: con accesso a pozzo e loculo sepolcrale;
- ***tomba a doppio loculo tipo Montarano***: con pozzo d'accesso e due loculi sepolcrali;
- ***tomba a* thólos**: tipo di tomba a corridoio caratterizzata da un passaggio scavato nel terreno denominato *dròmos*, ha una camera sepolcrale con la volta a cupola in lastre o conci aggettanti e talvolta con un pilastro centrale.

La ***tomba a tumulo***, detta anche sepoltura a tumulo, è un tipo in uso presso alcune popolazioni antiche. Può essere costituita da un corridoio e una camera in lastre di pietra talvolta di grandi dimensioni e ricoperta di terra o di pietrisco; può avere pianta circolare con forma conica o a calotta, raggiungendo talvolta dimensioni monumentali come, ad esempio, i tumuli di Newgrange e di Knowth nella contea del Meath in Irlanda (Eogan 1986, pp. 11-29) (fig. III.8). Esempi di tomba a tumulo sono dati da numerose sepolture etrusche, sia erette fuori terra che scavate nella roccia con un accumulo sovrastante di terra (figg. III.9 e III.10); tra i più interessanti vi sono quelli della Necropoli della Banditaccia di Cerveteri (VT), la cui prima fase risale al VII sec. a. C. (Cristofani 1991, pp. 45-72).

Varie tombe di Tarquinia, scavate nella roccia carbonatica (Macco Tarquiniese), conservano pitture: «Della grande pittura del mondo antico solo quella etrusca ed italica è giunta sino a noi in tanta abbondanza nelle sue testimonianze originali. Ciò è dovuto al fatto che la pittura nel mondo italico e in modo particolare a Tarquinia, oltre che a templi, edifici pubblici e privati, venne anche destinata ad ornare le camere sepolcrali e ciò al fine di ricreare attorno ai morti - sia pure simbolicamente - aspetti di cerimonie funebri o di scene rievocatrici della vita nei suoi momenti più significativi» (Moretti 1974, p. 9). «Le tombe erano anche luoghi per riti funebri e per il culto dei morti e, in tal senso, certi tumuli dell'Etruria settentrionale avevano delle sporgenze usate come piattaforme o terrazze la cui funzione cultuale (la *próthesis* del defunto?) non è ben chiara. Altri monumenti potevano essere accessibili attraverso rampe nel caso dei tumuli o scale in sepolture "a dado" o "con sottofacciata"» (Prayon 2000, p. 343).

Il mausoleo è un sepolcro monumentale e un esempio è il ***mausoleo a camera sotterranea***. La ***mastaba*** è una costruzione funeraria dell'antico Egitto, destinata a funzionari e ministri, che nelle forme più semplici si presenta come un edificio a forma di piramide troncoconica a base rettangolare. Dotata di una falsa porta, reca alla sommità l'accesso a un pozzo che l'attraversa verticalmente conducendo a una camera sotterranea, posta anche a 15-20 m di profondità.

III.10 - *Tipologia n. 5: opere di uso civile*

Strutture o ambienti con varie destinazioni d'uso, strettamente connessi alla vita quotidiana, economica e sociale di comunità umane.

Dall'acquisita conoscenza di sé l'uomo ha cominciato ad apportare modifiche all'ambiente in cui vive costruendo ripari sotto roccia, capanne, case, palazzi, opifici e viabilità, talvolta realizzando ardite architetture. Il tutto volto a ricercare una stabilità strutturale e culturale. Nell'edilizia pubblica si vede variamente sfruttato il sottosuolo con la realizzazione di opere sia sotterranee che semisotterranee applicando criteri sempre validi che ancora oggi noi utilizziamo, pur su larga scala e con materiali e macchinari differenti rispetto ai tempi passati. Tali opere sono servite, e servono innanzitutto, al vivere quotidiano per sviluppare nel sottosuolo la risposta a un vivere comunitario che richiede anche la risoluzione a questioni di viabilità.

I documenti d'archivio possono indicare, ad esempio, l'esistenza di spazi sotterranei presso singole abitazioni e centri urbani. L'indagine condotta a Cattolica (Rimini) per conoscere e censire tali opere ha fatto emergere dalle fonti archivistiche del XIV e XV sec. informazioni riguardanti alcuni centri limitrofi: «in vari casi non riferiti a Cattolica, menzionano in modo esplicito la presenza di strutture sotterranee. Un esempio risale addirittura all'VIII secolo, ed emerge tramite la confinazione di una casa ubicata presso il Foro di Rimini, avente sul quarto lato: *cryptas et orto quem tenet Theodorus* (Codice Bavaro, registrazione n. 71, anni 748-769). Alcuni rogiti del Quattrocento segnalano la presenza di grotte nel territorio riminese, usando le espressioni: *tana*, *volta*, *caverna*, *spelunca*: (...) all'esterno del castello di Montescudo, quel medesimo anno 1498, nella divisione di un edificio compare *quadam speluncha, tana seu volta* (Archivio di Stato Rimini, nott. Matteo e Pompeo Cagnoli 1495/1499, c. 5)» (Bebi, Delucca 1997, pp. 31-32).

Con la nascita e lo sviluppo delle prime comunità organizzate si può verosimilmente ipotizzare una parallela ricerca di spazi anche all'interno di balze rocciose o direttamente nel sottosuolo. Nicoletti sottolinea come «l'architettura delle caverne impone connotazioni linguistiche alla natura; formazioni geologiche e accidentalità del terreno sono scelte in quanto già architettura e divengono parte di un progetto» (Nicoletti 1980, p. 63). Dettate dalla praticità, dall'impossibilità di ottenere soluzioni migliori per il livello tecnologico del momento, o per avere invece raggiunto un eccellente sistema integrato con l'ecosistema circostante, l'uomo realizza una vasta gamma di 'architetture in negativo', ottenendole innanzitutto con l'asportazione di materiale. Tale architettura non richiede necessariamente l'impiego di legname, l'estrazione di conci o la fabbricazione di mattoni; se interpretata come architettura 'povera' è altresì vero che con lo stesso mattone si possono realizzare capolavori d'architettura e suburbi squallidi. In vari esempi ha toccato vertici di organizzazione nel senso più ampio del termine, difficilmente concepibili per il nostro attuale momento storico, che hanno richiesto ritmi, consapevolezza ed educazione differenti, per non dire superiori. Anche in questa tipologia sono comprese le opere civili costruite fuori terra e attualmente rimanenti sotto i livello di calpestìo.

Nicoletti mette in evidenza anche il rapporto che si deve necessariamente creare tra luce e sottosuolo: «La roccia non è la sola materia dell'architettura delle caverne. Nel suo involucro interno, infatti, prendiamo coscienza della materialità della luce. Spezzandone l'oscurità questa penetra nella caverna, sostanziata come un tessuto prezioso, impossibile da manipolare e fruire nell'indifferenza. La caverna, in genere, deve confrontarsi con una difficoltà: la luce può penetrarvi da un solo lato (...). La luce condiziona la scelta del sito dove operare lo scavo e il suo orientamento» (Nicoletti 1980, p. 71).

III.10.1 - *Abitazione rupestre*

Luogo scavato in un fianco roccioso, o adattato in grotta (ad andamento orizzontale o sub orizzontale) o in un riparo sotto roccia come ricovero stabile o temporaneo, per un individuo e il suo gruppo familiare.

Con l'appellativo di rupestre si indica l'unità abitativa, ad andamento orizzontale o suborizzontale, ricavata lungo balze rocciose, anche sfruttando tetti di roccia, nicchioni o vere e proprie grotte. Scavata in rocce tenere, come taluni tufi, rocce carbonatiche o arenacee, può essere composta da uno o più vani, talvolta disposti su due livelli, e avere vari elementi scalpellati e modellati direttamente nella matrice, come sedili o armadi a muro; può altresì essere provvista, internamente o esternamente, di cisterne per la raccolta dell'acqua piovana, o di stillicidio, oppure di pozzi per la captazione dell'acqua di falda. In vari esempi di abitazioni rupestri si comprende quale attenzione sia stata posta nello scavo considerando orientamento e aperture per accogliere la luce solare e farla giungere il più possibile all'interno, questo sovente disposto in tale funzione. Numerose località della Toscana e del Lazio vedono l'adattamento di preesistenti tombe rupestri, in genere etrusche, e in alcuni casi la loro concentrazione dà luogo ad articolati abitati, che prendono il nome di "insediamenti rupestri".

Nel medio corso del fiume Fiora, in area laziale, abbiamo un paesaggio caratterizzato da altipiani tufacei incisi dai corsi d'acqua, alla cui confluenza si forma talvolta un promontorio roccioso «un fossato tagliato artificialmente separa lo sperone dal sistema dei pianori retrostanti e lo trasforma in una rupe completamente isolata in tutto il suo perimetro. È questo un modello abitativo che si ripete costantemente nel territorio e che informa di sé gli attuali centri, sulla sommità dei quali sono generalmente situate la Rocca e la Chiesa; i pianori più alti ospitano le case, mentre sulle parti scoscese vengono scavate nella roccia grotte artificiali usate come cantine, come ripari per animali da cortile e per maiali, come ripostigli per attrezzi e, attualmente, come garages per automobili e trattori (...). Le caratteristiche sopra delineate si ritrovano quasi integralmente nell'insediamento di Sorgenti della Nova, che qui retrodata alla fine del secondo millennio a. un modello di abitato che finora si pensava nascesse in epoca etrusca e medievale, con la differenza che qui non esistono ancora, ovviamente, le case in muratura, ma anche per le abitazioni vengono usate, accanto alle capanne di legno e paglia, le grotte artificialmente scavate nel tufo» (Negroni Cotacchio 1981, p. 159).

La ***grotta tamponata*** non è altro che un ambiente sotterraneo avente un lato realizzato in muratura che dà all'esterno e in cui è spesso ricavata la sola porta d'accesso. Si ottiene con il tamponamento di una cavità naturale (anche adattata), di un pronunciato riparo sotto roccia o semplicemente con lo scavo di una cavità artificiale ad uso abitativo propriamente detta (Laureano 1993, p. 111-114 e p. 142).

III.10.2 - *Abitazione sotterranea*

Luogo scavato nel sottosuolo, come ricovero stabile o temporaneo, per un individuo e il suo gruppo familiare.
Con il termine di abitazione sotterranea si indica il ricovero stabile o temporaneo scavato al di sotto della circostante quota di campagna. Lo scavo nel sottosuolo di ambienti destinati alla vita quotidiana può assumere varie forme e articolazioni, dettate innanzitutto dalla compattezza e dalla durezza della matrice rocciosa.

A Massafra (Taranto), in un momento ancora da definire, si è sviluppato in tipo di abitazione sotterraneo realizzato fino a tempi relativamente recenti e chiamato **vicinanza**. Scavata nel suolo una rampa discendente, generalmente dotata di gradini, e raggiunta la profondità di 4-6 m, si allarga orizzontalmente lo scavo fino ad ottenere una sorta di cortile quadrangolare denominato ***zoccata*** (o anche cava, tufara) nelle cui pareti verticali (facciate di zoccata) si aprono gli accessi alle abitazioni sotterranee, dotate di uno o due locali.

Nel cortile vi è generalmente una cisterna alimentata da acqua piovana, una vasca per lavare la biancheria (pila) e un condotto di scarico. Il complesso così ottenuto è la vicinanza. Nell'entroterra di Bari si vedono variamente applicati questi tipi di unità abitative, a criptoportico, a *dromos* o a corridoio (galleria) ai cui lati si aprono vari ambienti, alcuni adibiti ad attività lavorative, con nomi propri ad indicarne l'uso specifico.

In Tunisia si ha invece il **matmata**, che si compone di una rampa in galleria che conduce alla base di una sorta di largo pozzo, variamente articolato, lungo le cui pareti vi sono gli accessi a uno o più piani di abitazioni sotterranee, anche dotate di impianti idraulici, frantoi e granai. Analogamente, nello Shanxi, in Cina, si hanno esempi di abitazioni con corte a pozzo e in galleria, ancora in uso.

III.10.3 - *Apiario rupestre*

Luogo dove sono alloggiati gli alveari delle api.
Con il nome di apiario rupestre si indica il luogo dove sono alloggiati gli alveari e l'insieme degli alveari riuniti in una medesima cavità. La cavità è generalmente costituita da un riparo sotto roccia, o dallo scavo praticato in un fianco roccioso, entrambi provvisti di tamponatura per la creazione di un ambiente rupestre adatto all'allevamento delle api. La tamponatura presenta un accesso e aperture che comunicano con retrostanti ripiani in cui sono disposti tubi in terracotta per il contenimento dei favi. «Il lato aperto del cilindro (bocca posteriore dell'arnia) era rivolto verso il vano interno (camera di servizio). Veniva chiuso con un tappo di legno e sigillato con propoli (dalle api) e cera (dall'uomo). La tavoletta coprifavo (tappo) veniva tolta in occasione della raccolta del miele. L'arnia così concepita poteva anche essere prolungata. Le operazioni tecniche (ispezioni, fumigazione, raccolta del miele) avvenivano nella camera di servizio con tutto agio da parte dell'apicoltore» (Bixio 2002, pp. 22-23).

III.10.4 - *Butto*

Discarica di rifiuti, solitamente a cielo aperto, oppure all'interno di cavità naturali o artificiali.
In particolare, scavo a forma di fossa o di pozzo più o meno profondo, per contenere rifiuti solidi inorganici. Il butto può essere scavato nella roccia e lasciato privo di rivestimento interno, o sfruttare preesistenti cavità come pozzi e cisterne in disuso, oppure naturali fessurazioni della roccia, anche opportunamente allargate e adattate. Generalmente i butti si rivelano preziosi contenitori d'informazioni e possono restituire interessanti manufatti.

A Montelupo (Firenze) in un pozzo e in un locale sotterraneo, utilizzati da fabbriche di ceramiche come butti per scarti di produzione, si è recuperata una vasta gamma di ceramiche del XIV-XVI sec., che oggi costituisce la parte più significativa del locale Museo archeologico e della ceramica.

III.10.5 - *Cantina*

Locale adibito generalmente alla conservazione del vino, parzialmente o completamente sotterraneo.
La cantina deve avere come requisito una temperatura fresca e costante. Lo scopo si ottiene scavandola completamente o parzialmente nella roccia, oppure costruendo in muratura un locale sotterraneo o semisotterraneo, con muri e copertura spessi per un buon isolamento termico. Avrà una sufficiente aerazione tramite finestrelle opportunamente collocate, anche

a 'gola di lupo', e potrà essere preservata da infiltrazioni e umidità con strati di materiale impermeabilizzante e vespai (E.I. 1970, II, pp. 722-723).

Il locale è adibito alla conservazione del vino, della birra, di distillati, ma per estensione viene indicato con tale nome anche lo scantinato di un edificio, ovvero il suo piano più basso posto parzialmente o completamente sotto il livello del terreno, destinato a magazzino oppure a deposito per derrate alimentari. In alcune cantine può esservi un pozzo ordinario, e in corrispondenza della sua bocca un'apertura ricavata nel soffitto per poter attingere direttamente dal piano soprastante. È inoltre possibile che vi sia un butto, oppure un pozzo perdente o un impianto fognario per lo scarico anche di acque utilizzate per la manutenzione del locale o delle attrezzature o dei macchinari in esso ospitati. In quasi tutte le cantine delle case sette-ottocentesche della frazione di Moleto (Asti) vi è almeno un pozzo scavato nelle marne calcaree per l'approvvigionamento d'acqua potabile.

III.10.6 - *Carcere*

Luogo in cui vengono rinchiuse le persone private della libertà personale.

Edificio, ambiente, o serie d'ambienti, destinati ad accogliere persone in attesa di giudizio, o che devono scontare una pena. Il luogo può essere anche sotterraneo, o ricavato nei piani inferiori di opere aventi altre destinazioni. A Narni (Terni) si fraziona, in un momento ancora da stabilire, il grande locale situato sotto l'abside della chiesa di San Domenico, trasformandola in luogo di detenzione; tra i vari graffiti presenti nella cella vi sono anche due date: 1759, inciso al di sotto di un monogramma, e 1809 (Nini 1997, pp. 347-348). Nel linguaggio comune è più utilizzato il termine prigione.

III.10.7 - *Camera dello scirocco*

Cavità artificiale diffusa in Sicilia, destinata a soggiorno nel corso delle ore calde della giornata.

«Se si dovessero sintetizzare le caratteristiche necessarie per definire una camera dello scirocco basterebbero solo due parole: grotta e sorgiva» (Todaro 1988, p. 55). Si tratta di un ambiente sotterraneo, generalmente monocamerale e a pianta quadrangolare, il cui scavo può andare a intercettare un acquifero, oppure essere servito da un condotto idraulico. È dotato di rampa d'accesso, con un pozzetto d'aerazione praticato sulla volta, da cui giunge anche la luce, e sedili ricavati nella matrice rocciosa. A Palermo la camera dello scirocco ha una discreta diffusione a partire dal XVI sec. e pare venisse utilizzata nel corso di giornate particolarmente calde o anche per la conserva di alimenti.

III.10.8 - *Colombaia*

Costruzione destinata all'allevamento dei colombi, talora ricavata in fianchi rocciosi e più raramente in sotterraneo.

Detta anche colombara o colombaio, la costruzione destinata all'allevamento dei colombi è generalmente costituita da un insieme di piccoli vani anche ricavati nello spessore dei muri, e ciascuno dei quali contenente un nido. Si possono avere esempi ricavati in fianchi rocciosi, in ambienti sotterranei, anche riutilizzando preesistenti ipogei, come nel caso dell'Ipogeo di Torre Pinta, nei pressi di Otranto. A Tarquinia la Grotta dei Banditi è un colombario rupestre riutilizzato per l'allevamento dei piccioni e la raccolta del guano per concimare; nella parete esterna della camera è stata ricavata un'ampia finestratura per dare luce, aerare e consentire l'accesso ai volatili.

III.10.9 - *"Cripta"*

In origine, passaggio dotato di volta, anche sotterraneo o semisotterraneo.

In senso generico la cripta è il complesso dei sotterranei di un edificio pubblico, per lo più a carattere sacro o cimiteriale, ma anche civile, in cui l'accesso e l'utilizzo è comunque in relazione alla destinazione dell'edificio stesso.

III.10.10 - *Criptoportico*

Portico coperto, con volta in muratura, di solito illuminato con feritoie nel fianco della volta, in uso nell'architettura romana.

Il criptoportico è un elemento architettonico a sviluppo longitudinale, sotterraneo o semisotterraneo, che prende luce da finestre a 'gola di lupo'. È destinato a passaggio coperto per congiungere le differenti parti di un edificio o di collegamento tra due. Presente in edifici sia pubblici che privati, viene realizzato in età tardo-repubblicana fino al termine del periodo imperiale. «Un'importante "curiosità" funzionale dei criptoportici fu quella di presentare ingressi nascosti, all'incrocio tra due bracci, con scale di entrata ridotte nel numero e nelle dimensioni. Questo accorgimento serviva a mantenere costante e fresca la temperatura all'interno» (Luciani 1985, pp. 148-149). Tra i criptoportici si ricordano quello della Villa Adriana di Tivoli, i criptoportici di Aosta e di Vicenza. Il criptoportico di Arles, in Francia, è databile tra la fine del I sec. a. C. e gli inizi del I sec. d. C., mentre il criptoportico forense di Smirne è attestato cronologicamente al II sec. d. C.

A Roma il criptoportico del Palatino univa la *Domus Aurea* ai palazzi di Augusto, di Caligola e di Tiberio. È costituito da tre elementi che formano una spezzata: «Il tratto principale, il meglio conservato, lungo 109.1 m, con larghezza costante di 4.1 m e con altezza della volta che varia tra un primo tratto dove è 3.05 m all'imposta e di 4.4 m al sommo, e un tratto successivo dove le misure si trasformano rispettivamente in 2.75 m e 4.1 m (...). Strutturalmente è realizzato in opera laterizia con spesso intonaco, è coperto con volta a botte e possiede aperture soltanto sulla parete che guarda l'area della *fontana dei platani* e del *ninfeo de li spechi*. Le aperture a "gola di lupo" sono diciotto, quattro chiuse (di cui una tra due pilastri aggettanti) e quattordici aperte; hanno un'apertura di 1.4 m e distano rispettivamente circa 3 m» (Luciani 1985, pp. 150).

III.10.11 - *Frantoio ipogeo*

Tipo d'impianto sotterraneo per la lavorazione delle olive.

In alcuni casi i frantoi per le olive sono ricavati nel sottosuolo, sia scavando i locali nella roccia, sia sfruttando opere preesistenti o cavità naturali. Il fatto di essere sotterraneo non richiede costi per il materiale da costruzione e consente di riscaldare facilmente l'ambiente, mantenerlo secco e a temperatura costante; difatti l'olio tende a solidificarsi attorno ai 6° e per la spremitura necessita di un ambiente tiepido e non umido. Non mancano esempi semisotterranei.

Nel sud Italia, dov'è particolarmente diffuso, prende il nome di ***trappeto*** (trappitu). Genericamente il trappeto è lo strumento o l'apparecchiatura per la frantumazione di materiali solidi; in particolare per la lavorazione delle olive e, per estensione, viene così chiamato anche il locale dove si compie la loro spremitura. L'ipogeo poteva essere variamente articolato e avere vasche, ripostigli, cisterne. Il torchio utilizzato poteva essere "alla calabrese" oppure "alla genovese" e la raccolta della sansa poteva avvenire in una cisterna, anch'essa scavata nella roccia, chiamata inferno (nfiernu).

III.10.12 - *Fungaia*

Ambiente destinato alla coltivazione di funghi mangerecci, solitamente sistemato in grotta o in galleria.
Ipogeo, grotta o locale interrato dove si coltivano i funghi per uso commerciale; sovente si tratta di cavità naturali o artificiali come miniere o cave in cui è cessata l'attività estrattiva, adattate a tale scopo. La coltivazione dei funghi mangerecci viene effettuata su letti di letame in cui s'inoculano miceli del fungo ottenuti da colture pure. È necessario il controllo della temperatura, dell'umidità e dell'aerazione.

Alla base dello sperone di arenaria che sovrasta Tortona (Alessandria), sul quale giacciono i resti del Forte di San Vittorio, vi è un rifugio antibombardamento composto da due gallerie, un pozzo d'aerazione e alcuni ambienti; una galleria è stata utilizzato come fungaia. L'impianto è suddiviso in grandi celle isolate termicamente con amianto (non rimosso).

III.10.13 - *Galleria ferroviaria*

Scavo a sezione costante mediante il quale si assicura la continuità di una strada ferrata.
Lo scavo di una galleria ferroviaria consente di superare crinali o rilievi montuosi senza dover operare onerosi e spesso difficoltosi aggiramenti degli stessi. Può essere rettilineo o in curva e avere come caratteristiche il tracciato a debole pendenza e l'ampio raggio di curvatura. Generalmente si evita lo scavo di lunghi tratti orizzontali per eliminare il ristagno delle acque; il tracciato si presenta almeno in lieve pendenza.

Si possono avere i seguenti tipi di galleria:
- ***galleria di rampa***, quando gli accessi si trovano a differenti quote;
- ***galleria elicoidale***, come la precedente, ma applicata in zone montuose per superare significative pendenze;
- ***galleria di colmo***, quando gli accessi si trovano all'incirca alla stessa quota e si scava in leggera salita dai due fronti fino al punto d'incontro, in modo da avere una facilità di deflusso delle acque in entrambi i tronconi (Enciclopedia Italiana 1970).

Come per ogni tipo di galleria, la prima operazione da compiere è il tracciamento dell'asse sul terreno, con apposite strumentazioni (tracciamento esterno). Conosciute l'esatta posizione e la quota altimetrica degli imbocchi, si avanza su entrambi i fronti eseguendo il tracciamento interno, per correggere eventuali errori di direzione e di pendenza. Prima dell'introduzione dei moderni macchinari si provvedeva allo scavo del ***cunicolo d'avanzata***, armandolo con strutture provvisorie, e poi allo scavo della galleria vera e propria.

A sezione costante, lo scavo della galleria viene rivestito in muratura e in tempi recenti in cemento armato, anche in centine prefabbricate. In origine la ferrovia era denominata strada ferrata, ovvero provvista di binario: elemento determinante per la sua concezione e il suo futuro sviluppo. Si può affermare che l'idea sia nata in miniera.

Già nel "De re metallica" dell'Agricola appare un vagoncino le cui ruote anteriori sono più piccole e avanti ad esse è fissato verticalmente un perno metallico, alto all'incirca quanto le ruote posteriori (fig. III.11). Il mezzo di trasporto veniva spinto su binari costituiti da tavole di legno e il perno serviva da guida (Agricola 1621, VI, p. 113).

Più di un secolo dopo dalla prima edizione del trattato si pubblica "Pratica minerale" del Della Fratta, in cui appare un identico vagoncino ed anche la raffigurazione del suo utilizzo (fig. III.12): due tavole parallele, una delle quali evidentemente ancorata al terreno tramite una struttura, entrano nella galleria di carreggio della miniera e sopra vi corre il vagoncino (Della Fratta 1678, p. 19). «Si cinge d'ogni intorno di lame di ferro (il vagonetto; n.d.a.), e con buone spranghe inchiodate, nel cui fondo sono collocate due caucchie di ferro, intorno alle testate delle quali si pongono le ruote di legno, assicurate così, che non eschino; & alla parte d'auanti le più picciole, in mezzo le quali si pone un ferro tondo; il quale nel condurre, o spingere la sudetta Cariola per mezzo quel canaletto, ò vacuo, che resti fra le tauole nel piano della Caua, di cui ho parlato di sopra, e lo tien netto da terra, e da adito all'acqua di scorrerui, & in fine tien diritta la Cariola» (Della Fratta 1678, p. 19).

La galleria ferroviaria del Fréjus (detta anche Galleria del Moncenisio), fu costruita tra il 1857 e il 1870; nel 1871 fu aperta al traffico. Si tratta di una galleria a sezione unica e a doppio binario, lunga 13.636 m: «I lavori per il tunnel del Moncenisio furono assai complessi e richiesero studi accurati da parte dei migliori tecnici dell'epoca. Ad esempio, per evitare di estrarre acqua, si diede alle due gallerie in corso di scavo dalla parte piemontese e dalla parte francese una leggera pendenza verso l'imbocco. Ma furono soprattutto le macchine perforatrici, inventate dagli ingegneri Germano Sommeiller, Sebastiano Grandis e Severino Grattoni, a consentire di ultimare senza difficoltà la grande impresa: tali macchine utilizzavano l'energia idrica per comprimere aria e trasmettere il movimento di perforazione con il quale si praticavano i fori da mina in galleria; fu così possibile bucare la montagna senza i soliti pozzi verticali di aerazione» (Maggi 2003, p. 58).

Tra il 1916 e il 1925 si costruisce la ferrovia a scartamento ridotto Modena-Pavullo, ma ad opera ultimata non fanno seguito i dovuti lavori di armamento ed elettrificazione della linea. Tra il 1991 e il 1992 il Gruppo Speleologico Emiliano C.A.I. e il Comitato Scientifico "F. Malvolti" «hanno ravvisato nel tracciato della ferrovia incompiuta Modena-Pavullo la possibilità di identificare percorsi naturalistici, con interessi speleologici rappresentati dalle gallerie (...). Le gallerie citate nei verbali di consegna della linea, risalenti al 1937, sono 3, mentre nelle relazioni di avanzamento dei lavori, anteriori al 1925 risultano 4. In base alle ricerche effettuate dal G.S.E. sono invece 5» (Bertolani 1998, pp. 5-6). Abbiamo quindi i seguenti tratti sotterranei esplorati e rilevati: Galleria del Poggio (206 m), Galleria del Monte Tagliato (57 m), Galleria di Sottopasso della via Giardini a Casa Bortolacelli (24 m), Galleria Serramazzoni (292 m) riutilizzata per un certo periodo come fungaia, Galleria dell'Acquabona (54 m) (Bertolani 1998, pp. 6-8).

Le "ferrovie speciali" comprendono le **ferrovie a dentiera**, le **ferrovie funicolari**, le **ferrovie decauville** (a scartamento ridotto), le **metropolitane**, etc. Tutte queste opere possono correre anche nel sottosuolo, ovvero in galleria.

III.10.14 - *Galleria pedonale*

Opera a sezione sia costante che variabile, mediante la quale si assicura la continuità di un percorso.
Vie di transito pedonali possono talvolta presentare tratti scavati nella roccia o costruiti in trincea e ricoperti; se l'opera è di ridotte dimensioni si può utilizzare il termine di ***cunicolo di percorrenza***. Possono trovarsi sia all'interno degli insediamenti urbani, ad uso pubblico o privato, in quest'ultimo caso per collegare due abitazioni o, come in un caso presente a Milano, consentire il transito al coperto tra il palazzo dell'Arcivescovado e il Duomo. Un passaggio, probabilmente d'epoca viscontea, collega l'Ospedale Maggiore alla Rotonda della Besana.

Sempre a Milano, un troncone di galleria pedonale è stato rinvenuto presso un'ala del secondo chiostro di Sant'Eustorgio: dai locali riutilizzati come cantina si accede a un modesto vano, dotato di sedili in pietra posti lateralmente, che comunica con una galleria dalla volta a botte in mattoni; dopo pochi metri risulta ostruita da materiale di risulta rovesciato all'interno da uno sfondamento della volta.

Presso la Civita di Tarquinia (Viterbo) si sono rilevate due opere cunicolari interpretabili come opere di percorrenza (Cunicolo del Cavo Elettrico CA 01102 LA VT e Cunicolo del Fico CA 01109 LA VT), e sbucanti sui fianchi del piccolo altopiano calcareo; allo stato attuale delle ricerche non si esclude, tuttavia, che una terza (Cunicolo del Rospo CA 01104 LA VT) possa essere definibile come pusterla e quindi connessa all'impianto difensivo della città (Padovan 2002, pp. 92-101).

Un particolare tipo di galleria pedonale, ma ad uso venatorio, si è riscontrato presso una villa abbandonata situata nei pressi di Rota Imagna (Bergamo): all'esterno dell'edificio si apre l'accesso a una galleria provvista di alcune diramazioni che conducono a piccole postazioni per il tiro ai volatili. L'opera è scavata in depositi alluvionali ed è priva di rivestimento.

III.10.15 - *Galleria stradale*

Scavo a sezione generalmente costante, talvolta rivestito in muratura, mediante il quale si assicura la continuità di una strada.
Per deduzione logica si presuppone che, anche in questo caso, dalle coltivazioni minerarie si sia avuta l'idea di ricavare la viabilità nel sottosuolo, applicando le acquisite tecniche di scavo. Come per gli acquedotti, occorreva innanzitutto operare il tracciamento dell'asse sul terreno e poi lo scavo, talvolta anche dotandolo di pozzi, discenderie o finestrature, finalizzate al raggiungimento della quota di percorrenza, all'evacuazione del materiale abbattuto e per la ventilazione.

Nella *Crypta Neapolitana* a Piedigrotta (Napoli) vi sono due pozzi inclinati (discenderie); la Grotta di Cocceio, sempre in area napoletana, è servita da pozzi, due dei quali inclinati, e da un cunicolo (Busana, Basso 1997, pp.136-139). Altri esempi di gallerie stradali sono la Grotta di Seiano a Posillipo (Napoli), la Galleria di Santa Maria a Ponza (Latina) e la Galleria del Furlo (*Petra pertusa* o *Forulus*) a Fermignano (Pesaro), fatta aprire da Vespasiano nel 77 d. C., dove passa la via Flaminia tutt'oggi utilizzata per il transito delle autovetture.

Per quanto riguarda le dimensioni delle gallerie stradali romane Busana e Basso osservano che dipendono dal tipo di strada, se ad alta o bassa percorrenza, dalla staticità del terreno attraversato e dalle condizioni in cui sono giunte fino ai nostri giorni: «Purtroppo, a meno che le pareti non conservino i rivestimenti antichi, non si può esser certi che le larghezze attuali dei tunnel corrispondano a quelle originarie; in alcuni casi, anzi, si hanno precise notizie o riscontri archeologici di alterazioni subite dalle gallerie che hanno avuto una continuità di utilizzo, al fine di adeguarle a nuove esigenze di transito: nella *Crypta Neapolitana*, ad esempio, pesantemente trasformata in epoca vicereale (sec. XVI) e rimasta in uso fino al 1885, sui m 700 dell'intero percorso, solamente un tratto di m 78, in cui permane la foderatura delle pareti in *opus reticulatum*, conserva l'originaria larghezza di m 4.60 (per il resto, il tunnel fu ampliato fino a m 12). Ancora più problematico risulta valutare i dati relativi all'altezza delle gallerie, dal momento che esse sono state spesso interessate da interventi di approfondimento del piano stradale, per lo più allo scopo di ridurre la pendenza del percorso (causando talora gravi dissesti statici), o, viceversa, da interramenti, casuali o intenzionali» (Busana, Basso 1997, p. 158).

Il Buco di Viso, denominato anche "Galleria del Sale" o "Pertus d'la Traversetta", è il ***traforo*** che sottopassa la Punta Traversette del Gruppo del Monviso, alla quota di 2.882 m s.l.m. Collega l'Alta valle del Po, un tempo facente parte del Marchesato di Saluzzo, con la valle delfinale del Guil in territorio francese, posta al di là dello spartiacque. Lo scavo comincia nel 1479 e termina l'anno seguente, con un percorso interamente scavato nella roccia, di poco superiore all'ottantina di metri, largo circa tre e alto due. Serviva soprattutto al transito del sale dalla Francia al Marchesato, evitando l'esposto e pericoloso valico delle Traversette. Nel corso del tempo è stato soggetto a intenzionali obliterazioni a causa dei vari conflitti e a seguito di frane, che ne hanno asportato parte del tracciato. Nel 1907 si celebrò l'ennesima riapertura, seguita nel 1973 dal nuovo sgombero dei detriti che ostruivano gli accessi (Valbusa 1907; Amoretti, Gallo-Orsi 1973, pp. 227-260).

Una particolare galleria stradale è la Grotta di Domusnovas (Cagliari): si tratta di una cavità naturale resa carrozzabile «caso raro al mondo che la associa soltanto alla grotta Mas d'Azil in Francia ed alla Jenoval Cave in Australia» (Floris 1995, pp. 63-71). I due ingressi presentano tracce di antiche murature, segno che erano difesi.

III.10.16 - *Granaio a fossa*

Spazio sotterraneo per il contenimento, in genere, del grano.
Il granaio a fossa è generalmente costituito da uno scavo a forma anche emisferica nella roccia e intonacato; se scavato nel terreno, questo dev'essere asciutto e rivestito di muratura intonacata. L'apertura è chiusa ermeticamente e, non essendovi ventilazione, si crea un'atmosfera di anidride carbonica sviluppata dal cereale che risulta protettiva. Ad esempio, nei pressi di Pitigliano e nella stessa Tarquinia si possono vedere esempi di fosse ovoidali, talune anche ampie, che per la loro collocazione e per l'assenza di canalette d'adduzione sono interpretabili come granaio, talvolta chiamato anche ***fossa frumentaria***.

Nel sottosuolo si potevano scavare depositi per lo stoccaggio delle derrate alimentari, seguendo i medesimi criteri di isolamento; nel sottosuolo di Sirolo si conservano le cosiddette "fosse da grano" o silos sotterranei. «In Romagna tali silos vengono denominati "granili" e, come nel caso di Sirolo, hanno una struttura a tronco di cono scavata direttamente nell'arenaria, nella marna, o costruita in mattoni; comunicano con l'esterno mediante camini chiusi da botole (...). Le fosse da grano di Sirolo e i granili di Santarcangelo di Romagna concorderebbero anche con le misure rilevate in metri 6 di profondità e 3 di larghezza. Gli Statuti di Sirolo menzionano le fosse da grano entro il Castello già fin dal 1465, ordinando di tenerle nette ai rispettivi proprietari» (Recanatini 1997, p. 180).

Fino alla prima metà del secolo scorso in alcune regioni italiane si usava conservare le mele nella paglia in fosse praticate nel terreno, talvolta rivestendo d'argilla le perforazioni.

III.10.17 - *Insediamento rupestre*

Centro abitato, con unità abitative parzialmente o completamente ricavate in un fianco roccioso.
Un insediamento accentrato ricavato lungo balze rocciose, alla base o a mezza costa di crinali o di rilievi montuosi, in cui si riconosce una struttura edilizia, un'organizzazione degli spazi, dei servizi, dei luoghi di lavoro e di produzione, della viabilità e un controllo del territorio circostante, s'identifica come insediamento rupestre. «L'insediamento rupestre costituisce, come è noto, uno dei modelli abitativi più diffusi in tarda antichità ed in età moderna in numerose regioni mediterranee, almeno dove le caratteristiche geologiche lo hanno consentito» (Brogiolo 1996, p. 243). Inoltre: «In Italia settentrionale, l'insediamento rupestre, a differenza di altre regioni mediterranee dove divenne il modo di abitare di intere comunità, sembra dunque generalmente contraddistinguere scelte marginali o eccezionali rispetto ai modelli insediativi predominanti (...). Le caratteristiche litologiche, nelle montagne del nord, sono inoltre poco adatte all'escavazione di abitazioni ipogee; ci si limitò pertanto ad utilizzare grotte naturali, chiudendone le aperture con muri, o addossare pareti di legno o in muratura a ripari sotto roccia» (Brogiolo 1996, p. 243).

Esempi eclatanti sono riscontrabili nelle gravine, valli di erosione caratteristiche delle Murge pugliesi e lucane, che incidono profondamente gli altopiani calcarei caratterizzati da fenomeni carsici quali doline, inghiottitoi e grotte. L'ecosistema si sviluppa dall'adattamento di grotte o di semplici nicchioni, per andare ad assumere, come ad esempio a Matera, una disposizione a gradoni, a piani sovrapposti, dove il tetto di un ipogeo diviene la strada o il giardino pensile, antistante ad altri ipogei (Laureano 1993, pp. 109-121). In Tunisia, sia a Guermessa che a Chenini, l'insediamento rupestre è inserito nella morfologia terrazzata dei rilievi montuosi e composto da locali scavati nella roccia con un'antistante parte in muratura, sovente solo in forma di 'recinto' per lo più a pianta rettangolare.

Gli odierni studi hanno ampiamente riabilitato quanto, soprattutto negli anni sessanta del XX secolo, era stato bollato come trogloditico, andando a riconoscere un livello di civilizzazione e di cultura non riscontrabile negli insediamenti definiti 'moderni'. Nicoletti coglie un interessante risvolto, parlando di tali tipi d'insediamenti: «la caverna è stata anche assunta dal mondo civilizzato a sua antitesi allegorica, a immagine di arretratezza, di non-progresso, di non-razionalità. È anche per questo che l'architettura delle caverne è oggi sentita come uno dei possibili sentieri di scampo, o di fuga, dalla stagnazione del presente linguaggio» (Nicoletti 1980, p. 15). Gli insediamenti rupestri generalmente possiedono vari tipi di ambienti, non solamente destinati ad uso abitativo, che vanno ad interessare una vasta gamma di tipologie.

Un interessante complesso rupestre è costituito dai resti dell'insediamento medievale di Vitozza (Grosseto), le cui innumerevoli unità abitative sono in buona parte ricavate nei resti di una necropoli ipogea etrusca. In Turchia, nella regione della Cappadocia, vi sono numerosi esempi d'insediamenti rupestri, tra cui vi è quello di Göreme, ricavati scavando all'interno dei coni di pietra creati dall'erosione degli agenti naturali.

III.10.18 - *Insediamento sotterraneo*

Centro abitato ricavato nel sottosuolo.
L'insediamento sotterraneo è generalmente più accentrato dell'insediamento rupestre, in quanto interamente racchiuso nel sottosuolo e dotato di aperture, in genere protette, che lo connettono alla superficie. La peculiarità è di vedere

accomunate centinaia o migliaia di persone in una sorta di 'alveare' dove la gestione del quotidiano è ancor più attenta e rigorosa che in qualsiasi altro genere d'insediamento. La vita doveva essere basata su una decisa organizzazione e una attenta disciplina; se così non fosse, la permanenza stessa, e quindi la vita dell'intera comunità, non sarebbe potuta sussistere.

Anche in questo caso si avranno all'interno degli insediamenti tutte le strutture che necessitano al quotidiano, come gli impianti per l'approvvigionamento idrico costituiti da pozzi e cisterne, sistemi di smaltimento, ambienti pubblici e privati, luoghi di culto e opifici. Sono inoltre importanti gli impianti di ventilazione, generalmente a pozzo.

In linea di massima la struttura organizzativa degli insediamenti sotterranei non è dettata soltanto da ragioni difensive o di economia per la difficoltà di reperire o importare materiali costruttivi, ma anche dall'adattamento climatico, per ottenere una coibentazione termica quasi impossibile con altri mezzi. Le motivazioni e le applicazioni variano indubbiamente da regione a regione, ma rispecchiano principi comuni.

La difficoltà dello studio e della comprensione di molte strutture è data dalla natura stessa del territorio in cui sono ricavate e dallo stato di abbandono in cui versano. L'abbandono può essere stato 'spontaneo', ad esempio a seguito di carestie, di fattori legati all'approvvigionamento idrico, oppure come conseguenza di epidemie, contrasti interni, fattori politici o eventi bellici.

La non manutenzione ha quindi determinato obliterazioni dovute a naturali e progressivi interramenti e a cedimenti strutturali. Anche in questo caso gli impianti sotterranei possono avere visto l'occupazione in momenti temporali differenti e distinti, nel qual caso si sarà potuto intervenire su strutture preesistenti, anche ampliando o riducendo gli spazi d'uso. Tutto ciò comporta una stratificazione di non facile lettura per la piena comprensione del complesso manufatto.

In Turchia esistono vaste città sotterranee come Ani in Armenia, o Sivasa, Kaymakli e Derinkuyu in Cappadocia: «La diffusione sul territorio degli antichi ipogei è davvero sorprendente. Martin Urban, studioso tedesco, nelle sue ricerche condotte dal 1967 al 1973, assieme a Ömer Demir, curatore della parte turistica della città sotterranea di Derinkuyu, localizzò 39 insediamenti nel sottosuolo. Ma a quanto dicono gli abitanti del luogo, ad ogni villaggio cappadoce corrisponderebbe una struttura scavata nei depositi vulcanici. Lo Yörükoglu (1988), archeologo di Kayseri, ci fornisce un elenco di 121 insediamenti sotterranei suddiviso per provincie: 4 in Yozgat, 5 in Kirsheir, 23 in Kayseri, 26 in Nevsheir e 64 in Nigde (da questa è stata recentemente scorporata la nuova provincia di Aksaray). Tuttavia ritiene che il numero di tali siti sia valutabile attorno a 400. (…) Urban fa rilevare che il termine "città sotterranea" è inadeguato, in quanto soltanto le strutture più grandi possono essere interpretate come insediamenti urbani in senso stretto; le altre non corrispondono a funzioni di insediamenti permanenti» (Bixio 1995, p. 25).

La città sotterranea di Derinkuyu è stata disostruita ed esplorata fino all'ottavo livello, ma gli studiosi ritengono che ve ne siano altri e le strutture si possano spingere fino a 80 m di profondità. Provvista di vari servizi, collega gli ambienti tramite corridoi, scalinate e discenderie; gli accessi sono internamente protetti con il sistema delle porte-macina, costituite da ruote di pietra alloggiate in appositi locali di manovra che venivano fatte ruotare fino a bloccare completamente il vano d'accesso.

Tale sistema è diffuso in Cappadocia, con riscontri anche in altre regioni. Per quanto riguarda la datazione degli insediamenti sotterranei dell'Anatolia vi sono tesi contrastanti e c'è chi ritiene che il "fenomeno" possa avere avuto luogo già in età preistorica, oppure nasca nel periodo Ittita e si protragga nel corso dei secoli.

Senofonte, descrivendo la marcia compiuta dai diecimila opliti greci dopo la battaglia di Cunassa (401 a. C.) dice che nella zona dove sono presenti alcune fonti calde ("Le fonti calde sono abbastanza comuni in quasi tutta l'Anatolia. Quelle citate da Senofonte si troverebbero alla base del Tendürek, 3.542 m, una quindicina di chilometri a sud-est di Diyadin"; n.d.c., p. 193), vi è un villaggio sotterraneo: «Le case sono scavate sottoterra e hanno una imboccatura come quella di un pozzo ma sotto sono abbastanza ampie e hanno pure dei passaggi scavati per ricoverare gli animali mentre gli uomini scendono con delle scale. In queste abitazioni ci sono pecore, capre, buoi, galline coi loro piccoli e tutte queste bestie vengono governate con il fieno che è stivato all'interno. (…) Dopo essersi salutati a vicenda con grande cordialità, Senofonte e Chirisofo chiedono al capo, tramite un interprete che parla persiano, che terra è quella. "L'Armenia" risponde» (Senofonte, *Anab.*, IV, 5, 25-26 e 34).

III.10.19 - *Magazzino*

Locale o complesso di locali adibito al deposito di materiali o prodotti vari.

Nel nostro caso il magazzino può essere sotterraneo, semisotterraneo o rupestre, anche frutto del riutilizzo o dell'adattamento di una preesistente cavità. Composto da un solo vano, o variamente articolato, il magazzino, può servire come deposito di materiali e prodotti vari; il termine è derivato dall'arabo *makhazin.*

A Brescia i vani sotterranei del tempio romano, riutilizzati nella costruzione del Mastio, della parte viscontea del Castello, sono adibiti a magazzini e provvisti di contenitori cilindrici in pietra per la conserva dell'olio e di derrate alimentari secche (Breda 1986, p. 48).

Il ***magazzino di deposito*** è il «complesso di locali adibiti negli impianti industriali al deposito di materie prime e di prodotti manifatturati, nelle installazioni commerciali alla conservazione delle mercanzie» (Istituto della Enciclopedia Italiana 1989, III, p. 19).

Con il nome di ***horreum*** (*horrea*, sostantivo neutro plurale) presso gli antichi Romani si indicava il magazzino, sia quello ad uso privato sia quello pubblico.

III.10.20 - *Ninfeo*

Edificio con particolari risoluzioni architettoniche, contenente una fontana.
In origine è il santuario delle ninfe; «in epoca ellenistica e romana costruzione di forma rettangolare o circolare o ellittica, spesso absidata, con nicchie e prospetto architettonico a colonne, contenente una fontana» (Istituto della Enciclopedia Italiana 1989, III, p. 414).

In età rinascimentale e barocca, generalmente nei giardini delle ville, si costruiscono ninfei anche in locali semisotterranei o sotterranei dotati di fontane, talvolta riproducenti l'interno di una grotta.

III.10.21 - *Palmento ipogeo*

Vasca larga e poco profonda, usata per la pigiatura dell'uva e la fermentazione dei mosti; per estensione è indicato l'ambiente sotterraneo in cui era ricavata.
Il palmento è una vasca in muratura che negli ambienti sotterranei è generalmente scavata nella roccia e resa impermeabile. Alcuni esempi di palmento ipogeo si sono rinvenuti in località Montalè (Sassari) e si tratta di opere scavate *ex novo* o riutilizzando sia *domus de janas* sia piccole chiese rupestri. Tali impianti hanno caratteristiche omogenee «con un impianto costituito dalle vasche per la pigiatura dell'uva con relativa vaschetta di raccolta ricavata nel piano del pavimento, e dall'alloggiamento per una o più presse a vite, anch'esse con vaschetta di raccolta. Le vasche per la pigiatura, da 1 a 3 per ogni ipogeo, sono scavate nella roccia per un diametro di circa 2 metri ed un'altezza media di m 1,2; sono rivestite internamente con una sorta di cocciopesto» (Rovina 1997, p. 254). Generalmente sono dotati di una scalinata d'accesso e una cisterna per la raccolta dell'acqua piovana.

III.10.22 - *Polveriera*

Locale, o complesso di locali, in cui sono conservtei polveri da sparo, artifici ed esplosivi in genere.
Non solo in ambito militare, ma anche in quello civile, vi è la necessità di realizzare locali destinati allo stoccaggio di materiale esplodente. La collocazione, la costruzione e la ripartizione in essi di munizioni ed esplosivi sono regolamentati da norme rigorose che suddividono gli esplosivi in gruppi, in base al loro modo di comportarsi in caso di combustione o di esplosione. La polveriera può essere sotterranea, semisotterranea oppure, per particolari esplosivi, costituita da piccoli e leggeri baraccamenti distanziati tra loro e separati da traverse di terra.

All'interno degli impianti minerari vi è un locale adibito allo stoccaggio del materiale per il caricamento delle mine. In vari casi tale locale sotterraneo è accessibile attraverso un unico corridoio non rettilineo, ma avente una o due curve ad angolo retto la cui funzione è quella di smorzare l'effetto di una eventuale accidentale deflagrazione, attraverso la galleria stessa. Gli esplosivi possono altresì essere contenuti in piccoli magazzini all'aperto, racchiusi entro una struttura metallica a griglia che funziona come una "gabbia di Faraday".
Identico accorgimento è adottato in polveriere militari del XIX e XX sec.

III.10.23 - *"Sotterraneo"*

Locale o complesso di locali costruito sotto del livello del terreno circostante, nello specifico destinato ad uso civile.
Vari sono i sotterranei ad uso civile, espressamente costruiti o ricavati da preesistenti cavità. Ogni opificio ha probabilmente una propria versione rupestre o sotterranea e numerose strutture pubbliche e private antiche ne hanno di pertinenti. Per tale motivo si è preferito catalogare sotto un solo nome una certa gamma di opere ipogee che possono emergere dalle ricerche.

Un tipo diffuso soprattutto in questi ultimi decenni è il ***posteggio sotterraneo*** per veicoli a motore; talvolta i ricoveri per le imbarcazioni di piccolo cabotaggio possono essere ricavati scavando le sponde rocciose o sfruttando nicchioni o grotte marine, lacustri, fluviali. La ***laveria*** fa parte dell'impianto minerario e consta di vari reparti per la frantumazione e per l'arricchimento dei minerali, che viene ottenuto mediante la flottazione o il trattamento all'idrovaglio.

Generalmente posta in superficie può presentare parti sotterranee. Ad esempio, due laverie esistenti nell'ex bacino minerario di Gavorrano, in Toscana, sono costruite su ampi gradoni artificiali che al loro interno presentano gallerie e fornelli di getto; in particolare, la laveria maggiore ha un ***fornello di getto*** composto da un pozzo verticale a sezione quadrangolare e profondo circa 15 m, in cui s'inserrisce un condotto inclinato sempre a sezione quadrangolare, a pochi metri sotto l'imbocco.

L'***ipocausto*** è l'impianto adottato in epoca romana per il riscaldamento d'ambienti sia ad uso pubblico (come le terme) che privato. Da un forno viene fatta circolare aria calda sotto il pavimento e nelle pareti degli ambienti da riscaldare; la temperatura era regolata aumentando o diminuendo il volume di fuoco all'interno del forno. In particolare, il pavimento viene rialzato con pilastrini in muratura o in mattoni (*suspensurae*) in modo da creare una camera d'aria.

III.10.24 - *Strada in trincea*

Scavo operato nel terreno per predisporre una piattaforma stradale a quota più bassa del piano di campagna.
Il taglio del terreno o della roccia per consentire un'agevole viabilità attraverso ostacoli orografici, permettendo quindi l'accesso a terreni circostanti e la comunicazione tra essi, è variamente impiegato tanto nell'antichità quanto ai giorni nostri. È limitato lateralmente da scarpate le cui pendenze dipendono dalla natura dei terreni attraversati e dalla loro stratigrafia. Nelle costruzioni stradali in tempi anteriori all'epoca moderna la strada in trincea è un'opera destinata al transito pedonale, animale e in quelle più ampie consentiva il passaggio a slitte e carri. Sul fondo e, più raramente, lungo le pareti, possono esservi canalette per la raccolta e lo scarico delle acque meteoriche o per quelle d'infiltrazione. Talvolta gli scavi della roccia hanno uno sviluppo notevole, anche di

qualche centinaio di metri, e una profondità che giunge e, in alcuni, casi supera i 15-20 m. Nell'Italia centro-occidentale vi è una singolare concentrazione di queste opere, chiamate "vie cave": «Insigni maestri di questo particolare settore dell'"ingegneria stradale" furono le popolazioni di area etrusca, in particolare gli Etruschi e i Falisci, di cui sopravvivono numerose vie in trincea realizzate sin dal VII-VI sec. a. C., come documentano tombe arcaiche scavate nelle pareti di alcune strade nel territorio di *Caere*, attuale Cerveteri: chiamate genericamente "tagliate" o, negli studi più recenti "vie cave", esse costituiscono ancora oggi una delle più evidenti e suggestive caratteristiche del territorio dell'antica Etruria meridionale» (Busana 1997, p. 88).

Aprire viabilità all'interno di macchie intricate, su terreni dissestati o attraverso crinali non è lavoro semplice, ma questo non basta a spiegare l'esistenza di decine di chilometri di strade ricavate tagliando verticalmente la roccia. Vi possono senz'altro essere anche altre motivazioni, oramai perse nello scorrere dei secoli, che hanno condotto gli abitanti dell'Italia centro-occidentale a tagliare le "vie cave". Generalmente scavate nel tufo, hanno una rilevante concentrazione nelle aree di Pitigliano, Morronaccio e Poggio Buco; sono numerose quelle a servizio di aree ritenute sacre e di necropoli.

Due varianti alla strada in trincea sono la tagliata e la tagliata con piattaforme (Coralini 1997, p. 294). La ***tagliata*** è costituita da un solo taglio verticale del fianco della parete rocciosa e da un taglio orizzontale che costituisce il piano stradale; lo scavo 'a elle' consentiva l'agevole superamento di speroni rocciosi senza dover realizzare una trincea o una galleria. La ***tagliata con piattaforme*** è costituita dal taglio non sempre verticale della parete e da un piano stradale parziale, completato da ponteggi lignei aggettanti.

III.11 - *Tipologia n. 6: opere di uso militare*

Strutture o ambienti con varie destinazioni d'uso, strettamente connesse agli aspetti bellici di difesa e di offesa. Se prima dell'avvento delle armi da fuoco le opere sia sotterranee che ricavate all'interno delle mura perimetrali non sono strettamente indispensabili alla difesa, dopo risultano essere l'elemento portante della difesa stessa di una fortificazione. Occorre inoltre premettere che gli elementi in alzato delle strutture militari possono venire a trovarsi, col trascorrere del tempo, al di sotto del circostante piano di campagna a seguito di parziali distruzioni e seppellimenti, anche in ragione di successive sistemazioni delle aree urbane. Valga ad esempio ricordare la quattrocentesca cortina muraria della Ghirlanda, che proteggeva il Castello di Milano lungo il lato che 'guardava la campagna': parzialmente demolita alla fine del XIX sec., nel sottosuolo mantiene integri vari ambienti interni al muro di scarpa e al primo piano di cortina, come gallerie, corridoi e casematte.

Nel corso della ristrutturazione urbanistica di Genova, della prima metà dell'Ottocento, si ridisegna l'area dove sorge il cinquecentesco Bastione dell'Acquasola con l'erezione di muraglioni di contenimento e la sistemazione a parco pubblico dell'area: la struttura militare non viene quindi demolita, ma semplicemente seppellita, consentendone oggi la lettura dell'interno (Bixio, Saj 1991, pp. 5-7).

Col periodo neolitico e la formazione di abitati sorgono le prime cinte murarie di pietre a secco, che si perfezionano nell'impianto anche con l'impiego di altri materiali da costruzione e con l'aggiunta di contrafforti, torri, fossati e avancorpi. Lento, ma costante, il mutamento delle soluzioni difensive fu in un certo senso la risultante dell'applicazione di nuove tecnologie, subordinate all'impegno economico e al tempo a disposizione per la realizzazione. Le innovazioni furono dettate anche dall'evoluzione delle tecniche belliche, i cui risultati conseguiti andavano a rendere inefficace il tipo di fortificazione in corso d'adozione.

Va comunque ricordato che nella costruzione delle opere militari non ovunque e non allo stesso modo si applicano gli ammodernamenti o si apprende degli insuccessi. Se così fosse stato, l'Uomo avrebbe abbandonato la cosiddetta "arte della guerra" da molto tempo, a beneficio di una cultura basata sulla pace. Machiavelli constata come «È suta consuetudine de' principi, per potere tenere più securamente lo stato loro, edificare fortezze, che sieno la briglia et il freno di quelli che disegnassino fare loro contro, et avere uno refugio securo da uno subito impeto»; ma concludendo afferma che «io lauderò chi farà le fortezze e chi non le farà, e biasimerò qualunque, fidandosi delle fortezze, stimerà poco essere odiato da' populi» (Machiavelli, XIX, pp. 106-108).

Con il diffuso impiego delle armi da fuoco (XV sec.) si modificano le torri e le mura di cortina (tratti di una cinta muraria compresi fra le torri o fra i bastioni) abbassandoli, si rinforzano sistematicamente i fossati con muri di controscarpa e opere addizionali. Si pongono così le basi per lo sviluppo della "fortificazione a fronte bastionata", di origine italiana, con le bocche da fuoco disposte nei torrioni, sugli spalti, nelle casematte lungo le cortine, che vedono ulteriormente ridotta la loro altezza a beneficio dello spessore.

Antonio Averlino, detto Filarete, nella seconda metà del XV secolo presenta nella "Sforzinda" la descrizione di una città fortificata a pianta stellare formata dall'intersezione di due quadrati ruotati di 45°. Fino a tutto il XVI secolo l'ingegneria militare europea è sviluppata da personaggi famosi tra i quali si ricordano Francesco di Giorgio Martini, Giuliano da Sangallo, Leonardo da Vinci, Niccolò Macchiavelli, Michelangelo Buonarroti, Antonio da Sangallo il Giovane, Giulio Savorgnano, Nicolò Tartaglia; tra questi spicca anche l'ingegno di uno straniero: Albrecht Dürer (Fara 1989, pp. 153-156). «La prima architettura fortificata *alla moderna* si manifesta quando l'artiglieria ha già conseguito un certo grado di sviluppo, in ritardo rispetto al Brunelleschi, nonostante una comune cultura di base» (Fara 1989, p. 81).

Lo sviluppo delle fortificazioni bastionate "alla moderna" (XVI-XVII sec.) conduce alla costruzione di razionali opere a pianta stellare basate sull'applicazione di teorie matematiche, tenendo conto della gittata dei cannoni e della necessità di eliminare gli "angoli morti", ovvero i punti dove i proiettili non arrivano: «L'architettura militare dell'età moderna nasce, indipendentemente dalla preesistenza di circuiti antichi, in riferimento a un sistema geometrico, in cui, come in un campo magnetico, ogni variazione indotta si ripercuote sul sistema; e questo sistema si rapporta a quello prospettico» (Fara 1988, p. 94). Si costruiscono strade coperte lungo il perimetro esterno marcato dalla sistemazione degli spalti e dalle controscarpe dei fossati, in cui sempre più frequentemente vengono ricavate gallerie dotate di feritoie per tenere sotto controllo il fossato stesso, opere sotterranee di collegamento e gallerie di contromina, per intercettare le opere di mina avversarie.

In questi secoli la Serenissima Repubblica di Venezia si preoccupa di fortificare i propri possedimenti e dà luogo a una serie di opere costruite ex novo, come la cinta di Bergamo Alta, oppure a inglobare preesistenze medievali come al Castello di Brescia; in entrambi i casi rimangono oggi visitabili le gallerie di sortita e le cesamatte che alloggiavano le artiglierie. Altri esempi si ritrovano a Verona, Orzinuovi (fortificata dall'architetto Sanmicheli e di cui rimane la traccia di un baluardo), Peschiera del Garda e nella famosa Palma la Nuova (Palmanova).

Dalla costruzione della cinta medievale, più estesa della precedente altomedievale e romana, fino al XIX sec. Genova si preoccupa di fortificare in continuazione, e in modo quasi spasmodico e ossessivo, il proprio territorio, spingendo sempre più all'esterno le postazioni difensive. Casematte, fucilerie, ridotte, opere a tenaglia e forti modellano anche nel sottosuolo le sommità dei rilievi montuosi che fanno da corona al porto e alla città stessa.

Con il perfezionarsi delle artiglierie e l'impiego sistematico di mortai che lanciano anche proiettili esplosivi (XVII-XVIII sec.), si sviluppano sempre più le opere esterne (rivellini, controguardie, opere a corno, opere a corona, capponiere, lunette, etc.) allargando il perimetro difensivo nell'intento di tenere il più lontano possibile le batterie avversarie dalla fortificazione principale, nonché per frangere l'impeto delle fanterie, i cui fucili divengono più precisi e di veloce caricamento. Un ottimo e quasi completamente integro esempio di fortificazione a pianta stellare, mantenuto in efficienza fino ai primi anni del XIX sec. con ampliamenti e migliorìe, è la Cittadella di Alessandria, progettata da Giuseppe Francesco Ignazio Bertola nel 1727. Sébastian Le Prestre, marchese di Vauban (1633-1707), maresciallo di Francia e ufficiale del genio, nel suo tempo si rivela maestro nell'architettura militare e nella condotta degli assedi; i suoi trattati divengono famosi. Si ricordano inoltre Bernard Forest de Bélidor (1697-1761), Bengt Wilhelm Carlsberg (1696-1778), Marc-René de Montalembert (1714-1800) e Carlo Andrea Rana (1714-1815).

L'applicazione della canna rigata e il caricamento posteriore, l'impiego di granate ogivali con cariche di lancio più efficaci, fanno sì che nella seconda metà dell'Ottocento le artiglierie aumentino la loro gittata e divengano più precise e devastanti. Questo comporta una rapida modifica non solo del concetto di 'fortificazione', ma l'applicazione di nuovi sistemi difensivi, dotati di opere semisotterranee e sotterranee per proteggere le artiglierie, i soldati di guarnigione e i servizi logistici. La difesa si struttura con la costruzione di "cinture" di forti al cui centro rimane la piazzaforte principale o "corpo di piazza". Si fa uso sempre maggiore di casematte corazzate, torrette e cupole girevoli in acciaio (anche a scomparsa), nonché lo sviluppo di "opere in caverna", ovvero scavate nella roccia.

In Italia, oltre alle fortificazioni erette sul confine francese, dal 1862 si pensa alla costruzione di una linea difensiva che presidi il confine italo-elvetico, ma solo nel 1911 si pone mano al progetto e tra Piemonte e Lombardia si erige la Linea Cadorna. Trincee, casematte, opere in caverna, gallerie sotterranee, depositi e ricoveri vengono costruiti lungo la dorsale che dalla Val d'Ossola riprende al di là del Lago Maggiore a Luino e Montegrino (Varese), fortificando il Ceresio fino al Lago di Como. Si fortifica inoltre il confine con l'Austria.

All'inizio della Prima Guerra Mondiale la fortificazione è costituita da ridotte, forti, sbarramenti stradali, piazzeforti, con qualche zona organizzata a campo trincerato, altre a fronte bastionato, ma i risultati ottenuti con le "fortificazioni permanenti" sono inferiori al previsto e le moderne artiglierie in grado di demolirle. Assume invece importanza la fortificazione campale, perché più efficace ed 'elastica'. In un primo tempo essa consiste in una linea di centri di resistenza collegati da trincee protette da reticolati di filo di ferro spinato. Negli anni 1917-18 la fortificazione si orienta verso l'organizzazione di posti di vedetta e di ascolto distribuiti lungo il fronte e collegati con la retrostante linea di resistenza priva di ricoveri; dietro ad essa si costruiscono varie linee di trincee profonde, con ricoveri a prova di bomba e posti di comando anche in casamatta. Lungo il fronte montano si fa largo uso di ricoveri e postazioni scavate nella roccia, sfruttando anche le cavità naturali.

L'esperienza della Prima Guerra Mondiale, lo sviluppo balistico delle artiglierie pesanti, l'affermarsi dell'aviazione come arma offensiva e l'impiego dei mezzi cingolati, determinano successivamente la quasi totale assenza di ogni architettura elevata e chiaramente individuabile al di sopra del terreno: le opere di difesa sono ricavate nel sottosuolo e le parti emergenti interrate e protette esternamente da ostacoli anticarro (fossati e 'denti' di cemento), campi minati e difese leggere per le fanterie. Si vengono così a sviluppare campi trincerati, forti corazzati, ma soprattutto "linee difensive" con opere avanzate di primo arresto (posti di osservazione, reticolati, ostacoli anticarro) e opere arretrate di resistenza a oltranza (artiglierie, mitragliatrici e armi controcarro), anche appoggiate da sistemi di casematte, variamente articolate nel sottosuolo.

Tra le due guerre mondiali in Italia si appronta il Vallo Alpino del Littorio, che con varie opere prevalentemente leggere e medio-leggere (mitragliatrici e cannoni da 47 e 75 mm) abbraccia tutto l'arco montuoso delle Alpi: da Ventimiglia fino a Fiume, tralasciando la parte lungo il confine elvetico già protetta dalla Linea Cadorna. Molte si trovano oggi in territorio francese e sloveno. Anche le altre nazioni europee ed extraeuropee si dotano di opere permanenti, la cui più nota è la Linea Maginot in Francia. La Seconda Guerra Mondiale vede ancora una volta la scarsa efficacia delle nuove fortificazioni permanenti e l'impiego massiccio delle forze aeree ne limita ulteriormente la potenza teorica (fig. III.13).

La fortificazione d'arresto più nota è il Vallo Atlantico, la cui parte principale è costruita lungo il tratto di costa francese più prossimo alle coste inglesi. Si vengono inoltre a sviluppare una vasta serie di opere corazzate sotterranee soprattutto a protezione degli apparati di produzione bellica e trovano largo ed efficace impiego le opere scavate nei rilievi montuosi, che ben proteggono uomini e mezzi.

Rommel così descrive il sistema difensivo della città di Tobruk (Libia), tenuto da truppe del Commonwealth nel 1942: «Sotto Balbo gli Italiani l'avevano sistemata in modo eccellente, tenendo conto in larghissima misura dei mezzi bellici moderni oggi a disposizione per la lotta contro le piazzeforti. Le numerose opere che formavano una cintura intorno a Tobruk erano così interrate che l'attaccante poteva riconoscerle con sicurezza solo dall'alto. Consisteva in un sistema di camminamenti sotterranei che sboccavano in postazioni di pezzi anticarro e di mitragliatrici. Queste venivano liberate dai loro camuffamenti solo nei momenti di grave pericolo e rovesciavano un fuoco micidiale sugli assalitori, le cui artiglierie non potevano far nulla in tiro diretto. Ogni singola opera era stata circondata da un fosso anticarro e da ostacoli piani in filo spinato. Inoltre un profondo fossato correva tutto intorno al terreno fortificato. Dietro il sistema di posizioni della cintura esterna, formata per lo più di varie linee, si trovavano forti masse di artiglieria, posizioni campali e fortini. La maggior parte delle opere erano difese da larghi campi minati» (Rommel 1952, p. 154).

I successivi avvenimenti confermano il permanere dell'interesse nei confronti delle fortificazioni campali e dei semplici ricoveri sotterranei. Si realizzano inoltre rifugi, fortificazioni sotterranee e impianti missilistici in silos sotterranei in funzione antinucleare, oltre che antichimica e antibatterica. In Italia, nel dopoguerra, si riconsiderano alcune fortificazioni poste sul confine austriaco, anche facenti parte del Vallo Alpino, e se ne costruiscono di nuove, a sbarramento di una ipotetica invasione sovietica. In Friuli-Venezia Giulia viene approntata una linea difensiva lungo il corso del fiume Tagliamento fino al mare, seguita da una seconda a ridosso del confine con quella che era la Jugoslavia, e lungo il corso del fiume Isonzo (Padovan 2003 b, p. 61). Si hanno fortificazioni sotterranee e semisotterranee, postazioni in calcestruzzo con semicalotta d'acciaio e blindamenti per le bocche da fuoco, opere per armi leggere e posti d'osservazione. Per accelerare la costituzione delle difese si fa ricorso anche a «scafi di carro Sherman annegati in vasche di cemento e a cupole corazzate di risulta» (Cappellano 2003, p. 5) nonché a torrette di carro armato enucleate private dell'armamento principale e utilizzate per un'arma automatica. Quasi tutte le opere sono oggi in disuso. Un recente progetto prevedere lo stoccaggio di scorie radioattive all'interno di alcune opere sotterranee.

È utile ricordare che con il nuovo millennio in Italia si approva la legge per la "Tutela del patrimonio storico della Prima Guerra Mondiale", in cui si riconosce il valore storico e culturale delle vestigia della "Grande Guerra". In sintesi si vuole promuovere la ricognizione, la catalogazione, la manutenzione etc. di fortificazioni campali e permanenti, forti, trincee, gallerie, strade e sentieri militari, residuati bellici, reperti e archivi. Visto l'interesse per le opere militari costruite successivamente (e sempre meglio documentate sui vari siti internet), non si esclude che entro pochi anni la tutela possa essere estesa anche a tutte le opere costruite fino al 1945.

III.11.1 - *Bastione*

Opera fortificata costituita da un terrapieno contenuto entro un perimetro poligonale di spesse muraglie di sostegno, detto anche baluardo.

Nel sistema difensivo il bastione si costruisce a difesa e a rinforzo delle cortine, in corrispondenza degli angoli, oppure a rinforzo di tratti rettilinei, come nelle mura di Lucca. Usualmente a forma pentagonale, presenta quattro lati esterni: due facce a saliente e due fianchi che lo collegano alle cortine. Il mezzo bastione ha invece un solo fianco, una faccia e un secondo fianco sulla linea capitale, come presso la cinta veneziana del Castello di Brescia.

Il profilo della parete esterna è costituito da due parti, l'inferiore a scarpata e la superiore verticale, separate da un grosso toro (o cordonatura) orizzontale. L'apparato difensivo del bastione è completato dalle strutture di riparo alla sommità delle mura, dette merloni, attraverso cui i cannoni possono sparare. I suoi fianchi sono di solito rientranti, con angoli arrotondati (orecchioni o musoni a seconda della loro forma), in cui vengono alloggiate le artiglierie per il controllo degli spazi antistanti le cortine. Tali batterie possono essere disposte su più piani, sovrapposte, a scalare e alloggiate in casamatta, in barbetta, assumendo differenti denominazioni a seconda della collocazione.

I primi esempi di bastione appaiono in Italia alla fine del XV secolo, ma l'impiego diviene sistematico nel successivo, rimanendo efficace e in uso fino a tutto il XVIII secolo, seppure con accorgimenti e modifiche intese a migliorarne la capacità difensiva. Con l'avvento di armi da fuoco più potenti, entrate in uso nel XIX secolo, viene gradatamente sostituito da sistemi diversi. Vari ambienti trovano spazio all'interno o inferiormente ai bastioni. Si possono avere corridoi di collegamento e di servizio alle postazioni d'artiglieria, come in quelli presenti nelle bastionature di Grosseto o nella cittadella eretta sul colle Astagno di Ancona, i cui lavori sono diretti fino al 1534 da Antonio da Sangallo il Giovane; oppure soluzioni difensive quali, ad esempio, cunicoli o piccole gallerie che danno accesso all'interno del fossato, denominate ***sortite***, come nella cinta veneziana di Bergamo Alta. Non mancano esempi di bastioni da cui si accede a sistemi di contromina.

III.11.2 - *Capponiera*

Opera addizionale di fortificazione caratteristica delle opere bastionate, destinata al fiancheggiamento dei fossati; può avere posizioni diverse rispetto alla scarpa del fosso e assumere le forme più svariate.

Solitamente si tratta di una postazione a cielo aperto protetta (detta anche capannato), ma che in vari casi, e soprattutto con l'evolversi dei sistemi offensivi e difensivi, diviene una vera e propria casamatta, generalmente per soli fucilieri, destinata a battere con il fuoco d'infilata il piano del fossato oppure a difendere il muro di cortina anche in assenza del fosso; può essere collegata ad altre opere tramite gallerie sotterranee.

Nel corso dell'esplorazione del sistema di contromina della Cittadella di Torino, nel 1958 Amoretti e Volante scoprono il Pastiss, imponente ***casamatta di controscarpa*** (meglio definibile come capponiera) della seconda metà del XVI sec., posta a protezione del bastione di San Lazzaro. L'opera rimasta 'sepolta' al di sotto del tessuto urbano è oggetto di recupero con imponenti lavori di disostruzione.

Amoretti sottolinea come per la comprensione di tale impianto sia utile la pianta del 1601 di Gabrio Busca, presente nel trattato "Della Architettura Militare", al cui capitolo LXVIII dice delle casematte: «se ne può vedere una a Turino, ad uno de' belouardi della Cittadella. Con tanti intricamenti, e rivolgimenti, e sopra, e sotto, e di fosse, e di muri, e pozzi; che più tosto ad un labirinto, che ad altra cosa si rassomiglia» (Amoretti, Menietti 2000, p. 36).

Agli inizi del XIX secolo i Prussiani mettono a punto una serie di opere dove le capponiere rivestono un ruolo particolare nella difesa di forti e di piazzeforti. Nel forte della città di Poznan (Polonia), iniziato a costruire nel 1828 secondo il "sistema prussiano", gli alloggiamenti e i magazzini sono sistemati in casematte protette da uno spesso strato di terra e la controscarpa del fossato è dotata di una galleria da cui si diramano le opere sotterranee di contromina, collegata inoltre alle capponiere da passaggi sempre sotterranei (Hogg 1982, pp. 139-142).

III.11.3 - *Casamatta*

Opera difensiva fissa, costruita inizialmente alla base della scarpa esterna per la difesa del fossato, poi all'interno della bastionata per contenere le bocche da fuoco; il termine viene esteso a indicare qualsiasi fortificazione ospitante all'interno le armi da fuoco. In epoca moderna è l'alloggiamento, in genere corazzato, di un cannone: casematte a cupole metalliche girevoli costituiscono la base dei forti moderni.

Uno dei requisiti che una fortificazione deve possedere è la capacità di permettere alla guarnigione di combattere il più possibile protetta e, in particolare, le artiglierie vanno salvaguardate dal fuoco di controbatteria avversario.

Durante il XVII e XVIII secolo l'utilizzo dei mortai, artiglierie caratterizzate da un tiro particolarmente curvo, e delle nuove tecniche di bombardamento "a richochet" (a rimbalzo), sperimentate per la prima volta dal Vauban nell'assedio della città di Ath in Belgio (XVIII sec.), fanno sentire ancor più la necessità di dotare le opere difensive di locali a prova di bomba, ossia impenetrabili ai colpi dell'artiglieria assediante. Dietro i muri di cortina e in alcuni casi sopra i baluardi (come visibile presso la Cittadella di Alessandria) si realizzano vasti ambienti muniti di aperture che consento il tiro verso l'esterno e in grado di ospitare i cannoni e i serventi. Successivamente si definisce casamatta qualsiasi opera costruita a prova di bomba, anche con sole feritoie per armi leggere, o destinata ad alloggio o magazzino.

Blocco: è il termine adottato nel 1929 (a cui corrisponde il temine italiano malloppo) per indicare, nelle opere francesi Maginot, una casamatta isolata oppure più casematte raggruppate in un unico edificio fortificato (Gariglio, Minola 1994, p. 276).

Blockhaus: è il termine tedesco che indica casa, costruzione di tronchi. Per estensione, viene dato a un'opera difensiva, originariamente di tronchi d'albero, circondata da un modesto fossato o da difese accessorie, destinate a riparare un piccolo presidio: i primi esempi risalgono alla guerra d'indipendenza americana (1778). Dall'Ottocento si utilizza per indicare un ***corpo di guardia***, oppure una generica opera casamattata.

Bunker: è un altro termine tedesco ad indicare una casamatta di cemento armato. Si tratta in generale di un rifugio corazzato completamente sotterraneo, con una o almeno due accessi comunicanti con l'esterno o con opere adiacenti. È anche sinonimo di fortino in cemento armato, generalmente semisotterraneo, o con locali sottostanti alla parte fuori terra, che si può presentare a pianta circolare con volta arrotondata o piatta e munito di feritoie orizzontali per armi da fuoco.

Malloppo: è generalmente la parte a vista dotata di feritoia di una fortificazione in caverna o casamattata (o più elementi dotati di feritoie e collegati tra loro da gallerie sotterranee), d'epoca moderna, successiva alla Grande Guerra. Vari sono gli esempi presenti nel Vallo Alpino, opera difensiva costruita nell'arco temporale tra le due guerre mondiali.

III.11.4 - *Cofano*

Opera militare di difesa costruita nei fossati e munita di feritoie per armi di vario tipo.

Nelle fortificazioni del XIX e XX secolo è un'opera casamattata sporgente trasversalmente nel fossato e dotata di postazioni per fucili, o anche mitragliatrici e cannoni a tiro rapido. Serve alla protezione (fiancheggiamento) del fianco del forte o dell'opera fortificata in generale, sviluppando un fuoco radente a spazzare il fossato. A seconda della posizione assume una denominazione specifica:

Cofano di gola: serve alla protezione della parte retrostante di un'opera fortificata (gola) rivolto verso l'interno della piazza fortificata, oppure esterno ed opposto alla supposta direttrice d'attacco avversaria (fronte di gola).

Cofano di controscarpa: è destinato alla difesa del fossato, anche ricavato nei salienti del muro di controscarpa; è collegato con camminamenti protetti o coperti alla galleria di controscarpa.

III.11.5 - *Contromina*

Galleria o cunicolo destinati ad intercettare e distruggere la mina avversaria, in alcuni casi utilizzati contro postazioni d'assedio o truppe avversarie.

Sin dall'antichità è la principale contromisura alla mina. Si tratta di una galleria o di un semplice cunicolo scavato in direzione dell'analogo scavo avversario, allo scopo di intercettarlo, occuparlo e quindi distruggerlo, generalmente incendiandone la struttura lignea di sostegno. Vitruvio scrive che l'architetto Tifone di Alessandria, durante l'assedio di Apollonia, fece scavare dall'interno delle mura della città varie gallerie che «avanzassero fin fuori le mura, per un tratto all'incirca pari a un tiro d'arco», nel riuscito intento d'intercettare la galleria con la quale gli assedianti intendevano superare le difese e conquistare la città (Vitruvio, X, 10). Tra il 1564 e il 1570 Galeazzo Alessi sottolinea l'importanza delle contromine nel suo "Libro di Fortificatione in modo di Compendio": «Il Castriotto uuole che le contramine p[er] la importanza loro, si faccino ne luoghi asciutti, a tutti i corpi de Baloardi, Cau[alie]ri e Piatteforme: et il Maggi approua tanto q[esta] opinione che dice essere necessarie ancora ne luoghi di acqua, p[er]chè dice ancor quelli potersi minare se ben hoggi li moderni, come il Cau[alie]re Paciotto no[n] le usa più solo p[er] fuggire la spesa et p[er] il tempo, che mi corre nel farla» (Coppa 1999, p. 76). L'assedio della fortezza di Famagosta (Cipro), conclusosi con la resa ai Turchi del presidio veneziano (1571), è caratterizzato da un'intensa applicazione di mine e di contromine. Dopo tale episodio, alle forze militari europee appare quindi chiaro come occorra munire le proprie opere difensive di gallerie di contromina, per non dovervi provvedere nell'eventuale corso di un assedio.

Tra la fine del XVI e il XVIII secolo si dotano le fortificazioni di gallerie sotterranee con una certa sistematicità, ricavandole solitamente al di sotto del perimetro difensivo principale. In caso di assedio, il loro scopo è individuare e intercettare qualsiasi lavoro di scavo avversario e interrompere la loro progressione tramite combattimento sotterraneo o distruzione del cunicolo di attacco per mezzo di una esplosione.

Durante il XVIII secolo l'esperienza bellica fa si che si consideri necessaria, per una vantaggiosa e durevole difesa di una fortificazione, la presenza - al di sotto e soprattutto attorno a questa - di un sistema permanente di gallerie di contromina che diviene un efficiente, sebbene costoso, strumento bellico. Le gallerie sono costruite in trincea e poi ricoperte, oppure scavate direttamente nel sottosuolo; vengono generalmente rivestite con un paramento murario e dotate di una volta di copertura in modo da proteggerle da infiltrazioni e umidità, condizione necessaria per poter utilizzare la polvere nera (fig. III.14).

La base della maggior parte dei sistemi di contromina è una galleria alta circa 1.80 m e larga circa un metro, definita ***galleria magistrale*** o ***galleria di controscarpa***. Essa si snoda attorno alla fortezza, ricalcandone la pianta al di sotto della cinta magistrale del corpo di piazza, oppure immediatamente al di là del muro di controscarpa del fossato principale (soluzione poi largamente adottata). Dal piano del fossato è quindi possibile accedere in questo sistema sotterraneo, proseguendo nelle ***gallerie capitali***, opere perpendicolari al perimetro delle fortificazioni che si sviluppano oltre lo stesso.

Talvolta dal corpo di piazza vi sono gallerie che, passando al di sotto del fossato, si connettono all'impianto sotterraneo esterno. Dalle gallerie capitali si staccano i cunicoli di mina o rami di mina, alti mediamente 1.2 - 1.7 m e larghi 0.7 - 1 m, caratterizzati da tracciati ad angolo retto, che hanno lo scopo di contenere le onde d'urto provocate dall'esplosione della mina; tali opere si concludono nei fornelli di mina, piccole camere dove viene collocato l'esplosivo (mina). La disposizione di queste difese sotterranee intende anticipare il più possibile eventuali approcci avversari alle difese esterne e al corpo di piazza.

Le misure delle gallerie capitali, magistrali e dei cunicoli di mina sono simili in tutta Europa, per quanto ne siano realizzati anche di più piccoli, come presso la fortezza di Verrua Savoia, in Piemonte (Padovan D., Padovan G. Bordignon, Ottino 1997, pp. 187-208). Tale uniformità è da ricercare nella circolazione di esperienze belliche e dalla fruizione di trattati sulla guerra sotterranea negli ambienti militari (Amoretti 1965, pp. 39-52; Duffy 1996, pp. 82-83).

Gli impianti sono ricavati a una profondità di circa 3-4 m, ma in taluni casi possono scendere anche a 10-15 m, e avere uno sviluppo di svariati chilometri. Sono generalmente dotati di pozzi di ventilazione o di tubature per assicurare la ventilazione. Qualora i sistemi non garantiscano un sufficiente ricambio d'aria si ricorre al metodo di insufflare aria tramite tubi di latta o di legno azionando mantici da fucina.

I pozzi possono servire anche per il rifornimento dei presidi in superficie e come collegamento verbale per coordinare l'azione delle mine con quanto avviene nel campo dell'assediante. All'interno dei cunicoli esistono anche pozzi di drenaggio per la raccolta delle possibili infiltrazioni d'acqua. (Amoretti 1965, pp. 57-102). La mina sotterranea è chiamata nel gergo dei minatori "camouflet".

Il ***fornello di mina*** è utilizzato per molteplici scopi:
- eliminare la mina avversaria provocando il crollo della stessa tramite l'esplosione di una carica sotterranea;
- distruggere le opere d'assedio avversarie provocando una deflagrazione che, fatta sfogare verso l'alto grazie all'intasamento del cunicolo di accesso con masse di terra, apre un cratere sulla superficie;
- distruggere le opere della propria fortezza assediata, oramai definitivamente occupate dall'avversario (cunicolo o galleria di demolizione).

Per individuare l'obiettivo da raggiungere si ascoltano le vibrazioni create dalle detonazioni delle artiglierie assedianti oppure i rumori di scavo prodotti dai colpi degli strumenti di coloro che scavano la mina. Un sistema empirico, ma efficace, per collocare esattamente sotto una batteria di cannoni un fornello di mina, consiste nel sistemare nelle gallerie un tamburo con sopra legumi secchi. I colpi d'artiglieria in partenza fanno sobbalzare i legumi a destra o a sinistra a seconda della posizione dei pezzi. Quando infine si riesce a collocare il tamburo in una posizione dove i legumi schizzano verticalmente verso l'alto, questo indica ai minatori che l'obiettivo è esattamente sopra di loro (Gariglio 1997, p. 290, nota 20).

Una volta approntato il cunicolo sotto alla batteria da ridurre al silenzio, si riempie il fornello di mina con la polvere nera contenuta in sacchi di tela o cuoio oppure in scatole o barilotti di legno. Si predispone la salsiccia (lungo cilindro di stoffa riempito di polvere nera e protetto da una scatola lignea detta “trogolo”), si occlude (intasa) il ramo di mina con sacchi di terra o altro materiale di riporto, e si accende la miccia che, tramite la salsiccia ad essa collegata, innesca le polveri provocando la deflagrazione. Per compiere con efficacia queste operazioni è necessario disporre di personale specializzato, reclutato spesso tra minatori, o sterratori impiegati in cave.

Talvolta, come già accennato, si preferisce penetrare direttamente all’interno dei cunicoli dell’assediante: il conseguente combattimento ha come scopo l’occupazione delle postazioni avversarie, l’eliminazione dei minatori e la distruzione delle opere sotterranee d’assedio.

Anche gli assedianti, spesso per ragioni tattiche, scelgono di penetrare all’interno della rete di gallerie di contromina per neutralizzarle e avanzare più facilmente al di sotto delle difese di superficie. Nel corso dell’assedio francese del 1706 il sistema di contromina della cittadella di Torino è articolato in “gallerie basse” poste a circa 14 m di profondità e “gallerie alte”, a circa 6 m di profondità:
- dall’interno della Cittadella e più precisamente dal centro dei tre bastioni rivolti verso l’esterno della città e dalle due cortine - tra questi comprese - si staccano per ognuna, verso l’esterno, le “gallerie capitali basse”, le quali si spingono fin’oltre le difese più esterne e sono dotate di vari rami di mina;
- a ridosso del primo spalto che segue il profilo del muro di controscarpa si sviluppa la “galleria magistrale”, da cui si staccano numerosissimi rami di mina;
- all’incontro dei due sistemi vi sono cinque scale di comunicazione, una di queste fatta saltare dal minatore Pietro Micca (chiamato “Passapertutt”) per bloccare un’irruzione di soldati francesi, introdottisi nell’accesso della capitale alta della Mezzaluna (Amoretti 1996).

III.11.6 - *Cunicolo di demolizione*

Opera sotterranea o ricavata all’interno delle difese nel momento in cui risultino indifendibili.
Nelle fortificazioni bastionate il cunicolo di demolizione si ricava al disotto di opere accessorie, come tenaglie, controguarie e rivellini, e può fare parte di un sistema costituito da una galleria principale che consente il rapido accesso ai cunicoli di demolizione dotati di fornelli. Come già detto, la sua funzione è di rendere inservibile quanto divenuto indifendibile. Tra le difese sotterranee vi è anche la **fogata**: del tutto simile alla contromina, si distingue per la ridotta profondità. Viene posta al di sotto dello spalto in traverse e lunette, a non più di 4 m di profondità dal piano di campagna; è concepita per brillare davanti alla fanteria avversaria avanzante. In opere del XIX e XX sec. può fare parte di sistemi destinati alla demolizione di viabilità.

III.11.7 - *Cupola*

Specie di casamatta corazzata ruotante sul proprio asse, generalmente a forma emisferica.
Detta anche ***torretta***, costituisce l’elemento attivo principale dei forti moderni. La cupola è generalmente armata con una bocca da fuoco, che può essere di obice o cannone, oppure ospitare mitragliatrici, osservatori o fotoelettriche. La forma più comune è quella semisferica, seppure ve ne siano di svariate, a seconda della destinazione. In alcuni casi l’elemento è ‘a scomparsa’, ovvero è dotato di sistemi atti a ritirarlo all’interno della casamatta, evitandone l’esposizione all’avvistamento e al tiro avversario.

III.11.8 - *Forte*

Opera difensiva, di limitate dimensioni, racchiudente nel suo interno solo costruzioni militari.
In epoca moderna è per lo più una costruzione in mattoni, pietra, piastre corazzate e nei modelli più recenti in calcestruzzo e poi in cemento armato, generalmente interrata e dove le artiglierie sono poste sotto cupole corazzate che possono anche essere a scomparsa o più comunemente girevoli. È detto anche **batteria corazzata** oppure **opera**.

Può essere isolato, adibito alla sorveglianza e difesa di una località o di un passaggio obbligato, oppure fare parte di un campo trincerato o di una regione fortificata. Spesso, cessata la necessità di una funzione difensiva, l’opera può essere destinata ad altri usi, come ad esempio deposito, polveriera o luogo di detenzione. La prima guerra mondiale vede un largo impiego di batterie corazzate.

Tra il 1833 e il 1838 gli austriaci costruiscono una gigantesca fortificazione posta all’incontro della Val Pusteria con la valle dell’Isarco (Bolzano). Si compone di una parte bassa detta Talwerk (Opera Valliva) e una sul fianco destro della Valle Isarco chiamata Hohenwerk (Opera Alta); è dotata di varie opere sotterranee e semisotterranee, più di cento postazioni d’artiglieria, ricoveri, casematte, cisterne e prevede una guarnigione di un migliaio di uomini.

Non sparerà mai nemmeno un colpo di fucile e l’evoluzione delle artiglierie la rendono ben presto obsoleta. Per tale motivo si fa uso sempre maggiore di casematte corazzate, torrette e cupole girevoli in acciaio (anche a scomparsa), nonché di “opere in caverna”, ovvero ambienti scavati nella roccia, laddove i rilievi montani lo consentano, per alloggiare uomini e artiglierie.

Tra la fine del XIX sec. e gli inizi del successivo numerose opere di fortificazione vengono costruite sul confine italo-austriaco ed entrambe le nazioni adottano la batteria corazzata come fulcro del sistema difensivo, pur con differenti soluzioni. Per quanto riguarda i forti italiani: «Il forte, sempre casamattato, era costituito da un ristretto banco di calcestruzzo a prova di bomba, a pianta rettangolare, di 10-15 m di larghezza e 60-80 di lunghezza. Il complesso, solitamente articolato su due livelli, si appoggiava se possibile ad un banco roccioso precedentemente scavato. Sulla copertura, perfettamente defilata e livellata rispetto al terreno adiacente, emergevano solo le cupole metalliche coprenti le installazioni a pozzo. L’armamento era solitamente costituito da 4 o da 6 cannoni di medio calibro disposti su un’unica linea parallela all’asse maggiore della batteria. Le armi erano installate su affusti girevoli, con copertura a cupola in acciaio in grado di ruotare di 360° solidamente all’affusto stesso» (Girotto 2002, pp. 127-128).

Le opere sono dotate di postazioni per le mitragliatrici

e circondate da fossati e reticolati.

L'unica batteria corazzata italiana rimasta integra e completa dell'armamento pesante è il Forte di Montecchio (Lecco). Fa parte della Linea Cadorna e i lavori per il suo apprestamento cominciano nel 1911; nel 1916 vengono apportate alcune migliorìe. È armata con quattro cannoni da 149 mm posti sotto cupole girevoli (installazione "S", Schneider) (Flocchini 1994, p. 48); è provvista di depositi sotterranei per le munizioni e cisterne per la conserva dell'acqua. Tutti gli altri forti sono stati o distrutti nel corso dell'evento bellico, come l'austriaco Forte Tre Sassi, posto a controllo della Val Parola (Alto Adige), oppure demoliti per il recupero del metallo o semplicemente privati delle artiglierie.

Nel settore compreso tra la Val d'Adige e la Val Sugana rimangono visibili numerose fortezze sia austriache sia italiane costruite tra la fine dell'Ottocento e i primi del successivo, tra cui Forte Campomolon, Forte Casa Ratti (tagliata stradale oramai ridotta a un cumulo di rovine), Forte di Punta Corbin, Forte Campolongo (che opera contro il forte austriaco di Luserna), Forte di Cima Verena (eccellente punto di osservazione soprattutto sulla Val d'Assa), l'ottocentesco Forte Interrotto, Forte Lisser (fatto saltare dalla guarnigione in ritirata nel 1916), Forte Pozzacchio, Forte Serrada (opera allora moderna e ben articolata, oggi parzialmente demolita), Forte Cherle (quasi interamente demolito per il recupero del metallo), Forte Belvedere di Lavarone (oggi restaurato e sede di un museo sulla Grande Guerra), Forte Luserna, Forte Pizzo di Vezzena (costruito dagli Austriaci e chiamato "occhio dell'Altipiano").

Il Forte Maso, costruito alla fine dell'Ottocento e ristrutturato ai primi del successivo, oggi ospita una trattoria con esposizione di cimeli. Il Forte Busa di Verle, costruito ai primi del Novecento sull'altopiano di Vezzena (Veneto), era dotato di "traditor". Presso la punta sud del Colle di Osoppo (Udine) si realizza il forte corazzato italiano Batteria Sud armato con quattro cannoni da 149 mm, in un sito che già ospita varie strutture militari, anche sotterranee, di periodi precedenti. In alcuni locali del colle, recentemente restaurati, vi è oggi la sede dell'A.R.C.A.: "Associazione Regionale Cavità Artificiali".

In questo arco temporale si realizzano opere analoghe anche nelle Alpi Occidentali: Forte Chaberton (dal 1947 in territorio francese) sopra Cesana e Forte Pramand a nord di Oulx, entrambi in Val di Susa; presso la conca del Moncenisio si hanno due batterie corazzate: Batteria Paradiso (quasi cancellata da una cava a cielo aperto) e Batteria La Court ancora leggibile.

Tra il 1932 e il 1935 si costruisce in Belgio il forte di Eben-Emael, a nord di Liegi e in prossimità della frontiera olandese: «Il forte controllava il Canale Alberto, il fiume Mosa, le strade che da Maastricht portavano a occidente, e soprattutto i ponti vitali che attraversavano il canale stesso» (Hogg 1982, p. 214). Considerato inespugnabile, anche per via del Canale Alberto che funge da gigantesco fossato, è dotato di batterie in casamatta e in cupole d'acciaio tra cui due a scomparsa, difese antiaeree, un anello difensivo di fortini e casematte, nonché cupole finte per ingannare gli avversari; inoltre sono installati sistemi anti-gas. È conquistato in poche ore il 10 maggio 1940, da paracadutisti tedeschi del gruppo d'assalto Granito, giunti all'interno del forte con alianti del tipo DFS 230 (Setti 2004, pp. 96-129).

Il **fortino** è una piccola opera difensiva armata di solito con armi automatiche e artiglierie di piccolo calibro. Con il termine di **tagliata**, o di **sbarramento stradale**, si indica un'opera d'interdizione anche fortificata che controlla una rotabile, generalmente di fondovalle, o comunque un passaggio obbligato. La Tagliata del Tombion viene costruita nel 1885 ed è uno sbarramento stradale a controllo della rotabile che dalla Valsugana, attraverso Cismon, conduce a Bassano del Grappa. «La tagliata consisteva di due batterie in casamatta poste perpendicolarmente alla strada, ambedue ad un solo piano; di un edificio a casamatta adibito ad alloggio a due piani fra le prime due e di un edificio a due piani defilato e parallelo al percorso stradale. Quest'ultimo era dotato di parafulmine (gabbia di Faraday) in quanto adibito a magazzino delle polveri oltreché a zona uffici-abitazione-armeria (...). L'approvvigionamento idrico era garantito da una fontana perenne interna all'opera (lato meridionale del cortile sud), ma esisteva anche una cisterna di grandi dimensioni in grado di contenere sino a 80 metri cubi d'acqua, tra l'altro munita di doppio sistema di filtraggio delle acque piovane provenienti dalle superfici orizzontali delle coperture del complesso» (Girotto 2002, pp. 88-89).

III.11.9 - *Galleria*

Nelle fortificazioni, è in genere il passaggio ricavato nello spessore delle murature o nel sottosuolo e rivestito.

La galleria è un collegamento sotterraneo che si sviluppa nel sottosuolo o all'interno di cortine murarie, in grado di garantire lo spostamento, da un settore ad un altro del perimetro difensivo, al coperto da osservazioni o tiri di artiglieria avversaria (sia questa neurobalistica che a polvere da sparo). Può essere destinata a molteplici scopi e costruita in funzione di differenti apprestamenti.

Talvolta un'opera di collegamento può essere dotata di feritoie e chiamata ***galleria dei fucilieri***, anche in combinazione con un cofano. Nella Piazzaforte di Fenestrelle (Piemonte), colossale opera di sbarramento costruita e ampliata in più momenti (XVII-XIX sec.), vi è la "scala coperta" ricavata all'interno di una galleria in muratura con feritoie per armi leggere, la cui funzione è di collegare con un percorso di circa 1.500 m i due forti principali e le opere minori dell'intero complesso (Contino 1993, pp. 57-59).

In particolari situazioni possiamo avere gallerie scavate nella roccia per raggiungere **opere in caverna**, o postazioni staccate dal corpo di piazza principale, oppure di semplice collegamento con l'esterno che, sbucanti in posizione defilata, permettono di effettuare sortite o far giungere rinforzi e vettovagliamenti all'interno della fortificazione. Nel corso della Prima Guerra Mondiale, soprattutto sul fronte italo-austriaco, si scavano gallerie di collegamento all'interno dei ghiacciai. In Marmolada (Veneto) gli Austriaci attrezzano la "Città di Ghiaccio" con ricoveri, depositi per munizioni e legname, osservatori e collegamenti con opere in caverna (Bartoli, Fornaro, Rotasso 1993).

III.11.10 - *Galleria di controscarpa*

Opera che si sviluppa internamente e parallelamente al muro di controscarpa del fossato.
Generalmente dotata di feritoie, la galleria di controscarpa permette ai difensori schierati entro tale passaggio di colpire eventuali attaccanti discesi nel fossato con un "fuoco a rovescio" (il termine "a rovescio" sta proprio ad indicare che il tiro non è rivolto dal Corpo di Piazza verso l'esterno, ma dal muro di controscarpa verso l'interno). Può essere anche dotata di avancorpi, come casematte e capponiere.

Un esempio è la galleria di controscarpa del Castello di Milano, denominata da Leonardo da Vinci "strada segreta di dentro" (da Vinci, manoscritto B - folio 36 verso); completamente in laterizi, con volta a botte, la galleria è dotata di un centinaio di finestrelle a doppia strombatura, ampie finestrature agli angoli, vani di comunicazione con i rivellini eretti nel fossato e numerose gallerie che conducono alla cortina esterna denominata Ghirlanda (Padovan 1996, pp. 64-75). Nel Forte di Demonte (Cuneo) il Bastione di Sant'Ignazio era difeso da un fossato asciutto con galleria di controscarpa, di cui si è rilevato un tratto rimasto integro di 11.36 m di lunghezza, in cui si notano tre profonde feritoie che controllavano il fossato e la sortita (interrata) per accedere allo stesso. In un tratto scoperchiato della medesima galleria, realizzata in pietrame e internamente rivestita in mattoni, si nota ancora una feritoia e un ramo di contromina, al di sotto del quale vi è un condotto idraulico per il deflusso dell'acqua dal fossato (Padovan 2003 a, pp. 320-333).

III.11.11 - *Galleria di demolizione*

Opera di demolizione interna a strutture difensive, o posta al di sotto di viabilità.
A completamento di un sistema di fortificazioni si realizzano, soprattutto nel XIX e XX sec., delle opere sotterranee di demolizione per l'interruzione della viabilità. Gallerie di demolizione e cunicoli di demolizione potevano completare le difese delle fortificazioni di sbarramento e delle tagliate stradali; opere analoghe venivano predisposte anche all'interno di gallerie ferroviarie e stradali.

La galleria di demolizione poteva fare parte della struttura stessa di un bastione, per la difesa e la demolizione parziale dello stesso, al fine di consentire la creazione di un secondo fronte bastionato arretrato. Tipologia del tutto particolare e rara, si tratta di una galleria, solitamente ampia (può avere sino a 6 m di altezza per 6 m di larghezza), che segue internamente il profilo delle due facce esterne del bastione; è dotata di pozzetti ricavati nella volta e cunicoli di mina che si diramano verso l'esterno. Qualora il bastione venga parzialmente demolito dal fuoco di batteria o dall'esplosione di mine, si provvede a fare brillare i fornelli di mina per 'rovesciare' le due facce esterne del bastione nel fossato, creando così un saliente (angolo che una difesa dispone verso l'avversario) e ottenendo un nuovo fossato (la galleria stessa, scoperchiata), con muro di controscarpa (piedritto esterno) e muro di scarpa integro (piedritto interno). Ha inoltre lo scopo di servire da postazione a prova di bomba e come passaggio da un fianco all'altro del bastione.

III.11.12 - *Galleria stradale*

Rotabile sotterranea o particolare destinata, nel caso specifico, al collegamento con opere militari.
Generalmente in zone montuose si sono scavate gallerie stradali al solo scopo di servire opere militari, sia fisse che campali. Nel corso della Prima Guerra Mondiale sorge la necessità di rifornire le prime linee che si snodano sui rilievi montuosi.

Tra le più note vi è la "Strada delle 52 Gallerie", costruita dai soldati italiani nel 1916 per rifornire le postazioni sul Pasubio (versante veneto); dalla Bocchetta Campiglia sale fino alle Porte del Pasubio con un tracciato di 6.330 m circa, 2.300 m dei quali in galleria (Pieropan 1978, p. 23). In alcuni punti vi sono finestrature per le artiglierie e presso la diciottesima galleria cinque pozzetti conducenti a fornelli di mina, per l'eventuale interruzione del tracciato (Gattera 1995, p. 30). In altri sistemi non mancano gallerie costruite in trincea e poi ricoperte, come, ad esempio, in taluni depositi militari.

III.11.13 - *Grotta di guerra*

Termine ad indicare cavità naturali utilizzate e adattate come ricovero, magazzino, etc., nel corso della prima guerra mondiale.
Prevalentemente sul Carso, nel corso della Grande Guerra gli Austriaci e gli Italiani hanno fatto uso di grotte, con andamento sia orizzontale che verticale, costruendovi depositi e alloggiamenti per la truppa, anche su più piani e con impianti di ventilazione, acqua potabile e accessi adeguatamente protetti. Altre hanno invece alloggiato, con opportune sistemazioni, armi leggere e batterie. Tali apprestamenti hanno assunto la denominazione di "grotte di guerra" (Gariboldi 1926, pp. 129-152). Riprendendo le passate 'esperienze' si sono ipotizzati utilizzi delle cavità naturali anche in previsione di conflitti atomici: «essendo però spesse volte indispensabile procedere sin dal tempo di pace a preventivi adattamenti specie per quanto si riferisce alla accessibilità, alla moltiplicazione degli ingressi, alla ventilazione ed alla sistemazione del fondo, converrà mascherare detti lavori con scopi turistici od altro» (Franzosini 1949).

III.11.14 - *Grotta fortificata*

Termine ad indicare cavità naturali in cui almeno l'ingresso è protetto da un'opera difensiva.
Le cavità naturali, soprattutto se aventi ingressi ampi e con andamento orizzontale, nel corso del tempo sono state variamente dotate di opere di fortificazione. Possono avere un semplice muro di chiusura, oppure articolate strutture difensive nell'androne. Il Buco del Piombo è una grotta fortificata, da cui esce un corso d'acqua, che si apre nel complesso carsico dell'Alpe Turati a nord di Erba (Como), nel calcare Maiolica; l'ingresso «misura 45 metri di altezza per 38 di larghezza ed è occupato per circa un quarto della sua cubatura da una coltre di detriti residui dell'antico riempimento e dei rimaneggiamenti antropici iniziati già in epoche storiche» (Merazzi, Bomman, Zagaglia 1998, p. 157). All'interno rimangono resti di mura e di edifici in conci e

pietrame, che Vandelli, nella sua opera del 1763 "Saggio d'istoria naturale del Lago di Como", così descrive: «Il spazioso ingresso della caverna era anticamente diffeso da quattro ordini di mura con piccoli archi a foggia di porticati; ora soltanto vestigij rimangono. A Ponente scaturisce acqua» (Vandelli 1998, p. 19). All'interno sono stati rinvenuti anche manufatti litici attribuiti al Paleolitico Medio, vasellame dell'Eneolitico e depositi osteologici di *Ursus spelaeus*: «Nei rami nuovi, durante le esplorazioni del 1979, il ritrovamento di un teschio e di altri frammenti, probabilmente appartenenti ad un solo individuo, testimonierebbe la massima penetrazione dei plantigradi nella cavità» (Merazzi 1993, p. 61).

Con i nomi di **corona** e di **covalo** (o covelo) si indicano i castelli costruiti in caverna o in ampi ripari sottoroccia (Gorfer 1985, pp. 178-179), come Castel San Gottardo a Mezzocorona (Trento). Nel carso istriano si costruiscono i **tabor**, poco dispendiosi ma efficaci apprestamenti difensivi in grotta, che tra il XV e il XVI sec. servivano a proteggere i beni, nonché le persone, dalle cosiddette incursioni turchesche (Radacich 1993, pp. 11-20).

III.11.15 - *Mina*

Cunicolo sotterraneo scavato per penetrare all'interno di un'opera fortificata. S'intende, più comunemente, l'opera sia difensiva che offensiva alla cui testa viene ricavato un fornello da mina, posto sotto sia difese fisse che opere campali allo scopo di demolirle.

L'obiettivo di un assedio è la caduta della fortezza o della città cinta da mura, che può avvenire tramite la resa degli occupanti oppure a seguito di un assalto diretto. Nel secondo caso si può superare il perimetro difensivo scalandolo oppure praticandovi un varco (breccia) con macchine da assedio oppure tramite uno scavo alla sua base, scalzandone a poco a poco le murature di sostegno. Uno dei sistemi più efficaci e sbrigativi è portare lo scavo di un cunicolo al di sotto delle fondamenta e di ricavarvi una camera la cui volta viene puntellata e sostenuta da armature lignee, destinate ad essere successivamente incendiate. Così privato di sostegno, il tratto di mura crolla.

Al capitolo intitolato "Le mine", Vegezio scrive: «Un'altra specie di assedio sotterraneo e nascosto è chiamato *cuniculus*, dai conigli che scavano tane nella terra e vi si celano. Riunita una moltitudine di uomini, con una tecnica similare a quella dei popoli Bessi alla ricerca di filoni d'oro e d'argento si scava nella terra a tutta forza e, creata una caverna, si cerca una strada sotterranea per espugnare la città. Questo inganno si attua con un doppio scopo. Infatti gli assedianti entrano nella città durante la notte senza che gli abitanti se ne avvedano, escono fuori dalla mina (cunicolo) e, aperte le porte, fanno entrare il proprio esercito e i nemici sorpresi muoiono nelle loro case; oppure, giunti con sicurezza alle fondamenta delle mura, le scavano per un grandissimo tratto e, collocatovi sotto in maniera posticcia un sostegno provvisorio di legno secco, fanno ritardare il crollo del muro; oltre a ciò aggiungono strame o altro materiale infiammabile ed allora, preparato l'esercito, si accende il fuoco e, bruciate le travi e le tavole, le mura subito rovinano e viene aperta la strada per l'irruzione dei nemici» (Vegezio, V, 24).

Altro sistema è quello di prolungare il cunicolo all'interno del perimetro difeso fino a farlo sbucare a giorno, per farvi passare gli armati e tentare un'azione di sorpresa. Queste particolari tecniche ossidionali sono conosciute e applicate sin dall'antichità. Livio ce ne parla nel raccontare la presa di Veio da parte dei Romani, dopo che essi provvedono a stringere d'assedio la città con opere campali: «Il più importante e il più faticoso di tutti questi lavori fu una galleria che si cominciò a scavare verso la rocca dei nemici. Perché quest'opera non rimanesse mai interrotta, e per evitare d'altra parte che il continuo lavoro sotto terra logorasse sempre gli stessi uomini, egli divise in sei squadre il gruppo degli zappatori; ad ognuna fu assegnato un turno di lavoro di sei ore, e non si smise né di giorno né di notte prima che si fosse aperta la via verso la rocca» (Livio, V, 19). Approntata la galleria, i legionari attaccano in più punti le mura della città, per attirare l'attenzione dei difensori verso il perimetro difensivo, consentendo così la riuscita della sortita dal cunicolo: «La galleria, che in quel momento era piena di soldati scelti, riversò all'improvviso un nugolo d'armati nel tempio di Giunone, che si trovava sulla rocca di Veio: una parte piomba sulle mura prendendo i nemici alle spalle, un'altra sconficca i catenacci dalle porte, un'altra ancora, poiché le donne e i servi lanciavano pietre e tegole dai tetti, va appiccando il fuoco» (Livio, V, 21). Nel III secolo d. C. la città di Dura Europos (Siria), tenuta dai romani, viene espugnata da un esercito persiano: le indagini archeologiche condotte presso quanto rimane della fortezza hanno restituito l'immagine di un vero e proprio campo di battaglia sotterraneo, costituito da cunicoli di mina e di contromina (Bonetto 1997, pp. 337-398; Bishop, Coulston 1993, pp. 34-35).

A partire dal XII-XIII secolo le mura di cinta sono caratterizzate da cortine dotate di un basamento scarpato, in grado di assorbire al meglio un "attacco di mina". Leonardo da Vinci, nella lettera con cui offre il proprio ingegno a Ludovico il Moro, afferma di essere in grado di far "ruinare" ogni rocca o altra fortezza senza l'ausilio delle bombarde, a meno che «non fusse fondata in su el saxo» (da Vinci, C.A., 391 r.a.), ovvero non fosse costruita su roccia dura e compatta: in tal caso un'opera di mina sotterranea sarebbe stata ben difficilmente realizzabile, almeno in tempi brevi. Nei secoli successivi il compito di aprire un varco è destinato all'artiglieria, disposta in apposite 'batterie da breccia'. Abbastanza di frequente il sistema si rivela costoso in termini di mezzi e di uomini, nonché prolungato nel tempo. In assenza di risultati apprezzabili, si fa ricorso alle mine, seguendo due differenti procedimenti:

- ***Attacco di mina***: l'avvicinamento al tratto di cortina da minare avviene a cielo aperto. Una volta scalzato il paramento esterno del muro è scavato nel suo spessore un piccolo vano definito fornello o camera di mina, che viene stipato di esplosivo. Il brillamento di due o tre di questi fornelli di mina, a patto che siano sufficientemente potenti e ben collocati, provocano gravi danni. L'approccio a cielo aperto rende il metodo rapido, ma espone il personale di scavo a gravi rischi, che possono pregiudicare la buona riuscita dell'azione.
- ***Mina in profondità***: l'approccio alla muratura da minare avviene in questo caso dal sottosuolo, perforando il terreno con un cunicolo armato da una struttura lignea (anche

prefabbricata) e caratterizzato talvolta da una serie continua di angoli retti in modo tale che l'onda d'urto dell'esplosione non abbia possibilità di sfogarsi lungo il condotto stesso. Al di sotto della cortina destinata alla distruzione si procede allo scavo di uno o più fornelli di mina. Collocato l'esplosivo, il cunicolo è colmato di terra in modo tale che l'esplosione si sfoghi verso l'alto, provocando distruzioni assai più serie dell'attacco di mina.

Destinate ad operare alle mine erano le Compagnie dei Minatori, speciali reparti dell'artiglieria formati da personale reclutato tra civili impiegati in miniere o in cave. Solitamente lavorano in squadre di quattro o più persone: il primo taglia il terreno con il proprio "picco", il secondo raccoglie lo smosso, il terzo lo trasporta tramite contenitori all'ingresso, il quarto provvede all'occultamento del terriccio, poiché la sua vista mette in allarme i difensori, consentendo di provvedere allo scavo di una contromina. I carpentieri si occupano invece di sistemare le intelaiature e le assi necessarie ad armare il cunicolo. Una squadra di minatori ben affiatata è in grado di scavare in ventiquattro ore una sezione di galleria lunga 4-5 m, anche al di sotto di un fossato colmo d'acqua. In assenza di efficaci sistemi di ventilazione la penetrazione massima consigliata si aggirava attorno ai 90 m, mentre in profondità si preferiva non abbassarsi al di sotto dei 7 m.

La quantità di esplosivo da introdurre nei fornelli di mina viene sottoposta a particolari indagini da parte degli ingegneri militari. Il calcolo base per la posa delle mine, maturato tramite esperienze empiriche, è che «0.56 kg di polvere sollevano 0.056 m cubi di terra» (Chandler 1997, p. 257). Agli inizi del Settecento l'ingegnere militare Sébastien Le Prestre marchese di Vauban ritiene che oltre un certo peso la carica della mina scagli semplicemente in aria il terreno ad una distanza maggiore, piuttosto che creare un cratere più ampio e "spettacolare" (Le Preste 1829). Pertanto giunge all'errato concetto che per quanto grande sia la carica immessa, il cratere più ampio possibile che si può ottenere da una esplosione abbia un diametro equivalente al doppio della lunghezza della "linea di resistenza minima" (la distanza dal centro della carica alla superficie del terreno o della fortificazione).

La dottrina è considerata sino al 1753, quando l'ingegnere francese Bernard Forest de Belidor formula una nuova teoria, proponendo anche un nuovo sistema fortificato (Forest de Belidor 1729; Fara 1989, p. 229). Difatti comprende che l'effetto distruttivo di una mina continua ad aumentare in proporzione della carica, sino a quando il cratere raggiunge un diametro di circa sei volte la lunghezza della "linea di resistenza minima". L'effetto di questa 'supermina' si propaga nel terreno demolendo le opere sotterranee e le fondamenta degli edifici. A causa dei dirompenti effetti dell'onda d'urto la mina di Belidor è chiamata "Globo di Compressione".

Ancora nel XIX secolo gli ingegneri militari adottano incondizionatamente la pratica regola di Belidor, che prevede come il peso (in libbre) della polvere da sparo necessaria ad armare un Globo di Compressione si ottenga moltiplicando la lunghezza (espressa in piedi) della Linea di Resistenza Minima per 300. Una mina posta a dieci piedi di profondità in un terreno moderatamente compatto richiede pertanto 3000 libbre di polvere, l'equivalente di 90.000 cartucce da fucile e più di 600 cariche per cannone (Gillot 1805).

La natura sotterranea e la relativa profondità rendono questo attacco di mina particolarmente efficace, difficile da contrastare e da individuare. Solo con l'improvviso sviluppo delle artiglierie e in particolare di quelle di grosso calibro (metà del XIX sec.), la tecnica di mina viene momentaneamente abbandonata. Una breve parentesi si registra nel corso della guerra russo-giapponese (1904), quando il generale Kiten Maresuke Nogi assedia la piazzaforte russa di Port Arthur in Manciuria (Cina). Dopo disastrosi assalti frontali, in attesa di ricevere adeguate artiglierie, il generale Nogi ricorre ai tradizionali sistemi di assedio: trincee d'avvicinamento e mine.

Nel corso della Prima Guerra Mondiale l'impiego di mine e contromine cerca di spezzare la staticità del fronte, basato sul trinomio difensivo reticolato-trincea-mitragliatrice, trovando un largo e tragico impiego soprattutto sul fronte montano italo-austriaco. Presso il Lagazuoi Piccolo, in Dolomiti, gli Italiani riescono ad attestarsi nella cosiddetta Cengia Martini e da lì ha inizio, tra entrambi i contendenti, una serrata guerra sotterranea.

Nelle immediate vicinanze, sul fianco della Tofana di Rozes, gli italiani perforano la dura dolomia e ricavano una galleria che giunge sotto le postazioni austriache del Castelletto e si risolvono a scavare una sola camera di mina: «Tissi aveva inizialmente progettato due camere. Malvezzi si sentì pressato nei tempi a causa della presunta contromina e si accontentò di una. Essa misurava 5,00x5,50 metri di superficie ed era alta al centro 2,30 metri, con una cubatura così di 63 metri cubi, giusta per accogliere i 35.000 kg di esplosivi che finalmente erano in arrivo» (Striffler 1994, p. 270).

Così si è scritto della situazione sul Col di Lana nel 1916: «Cominciò allora un periodo tremendo per le truppe austriache del Col di Lana. Il ronzio della perforazione e il fragore degli scoppi delle mine si facevano sempre più vicini, cupi e monotoni. Come un morbo subdolo, il rumore sinistro che veniva dall'interno della montagna, penetrò i nervi di quegli uomini che mai avevano perso il loro sangue freddo, nei momenti più gravi della lotta all'aperto» (Langes 1981, pp. 55-56).

Si riportano alcuni dati tecnici del sotto tenente Caetani, che dirige i lavori: «La galleria di avanzamento, chiamata galleria S. Andrea, fu iniziata il 13 gennaio 1916 e dapprima penetrava nella montagna per 52 m con una pendenza di 15 gradi circa ed una luce di 1,20 x 1,90 m all'interno dell'armatura. In seguito la galleria fu prolungata con una pendenza di 32 gradi (...). Nella galleria venivano fatti saltare da 1 a 4 metri nelle 24 ore e per accelerare il lavoro venivano pagati ai minatori e ai portatori premi da 50 a 100 lire secondo il progresso del lavoro. Vi lavoravano quattro turni di otto ore ciascuno. Nella roccia tenera si preparavano fori da mina con una trivella a elica (simile a quelle da legno) che, premuta contro la parete con una leva, veniva fatta girare a mano da due minatori. Nella roccia dura e negli strati trasversali si lavorava con mazzetta e pistoletto. In generale per un'esplosione bastavano fori lunghi 80 cm» (Schemfil 1987, pp. 221-222).

III.11.16 - *Opera in caverna*

Termine ad indicare opere militari scavate nel sottosulo, ma generalmente in fianchi montani o salienti rocciosi principalmente per alloggiarvi le artiglierie; da qui il termine di "batteria incavernata".
Fin dall'antichità si cominciano a utilizzare scavi nel sottosuolo a fini difensivi e in casi particolari tali strutture sono ricavate nel fianco di pareti rocciose, anche a completamento delle opere in alzato. Soprattutto nella prima metà del Ventesimo secolo si fa largo uso di opere scavate nei fianchi dei rilievi per alloggiarvi postazioni per armi leggere e pesanti, osservatori e servizi logistici. Valga ad esempio ricordare la cosiddetta "fortezza in caverna di Cima Grappa" (Veneto), completata nel corso della Prima Guerra Mondiale dagli Italiani. Era costituita da una galleria principale di circa 1.500 m, con varie diramazioni che davano accesso a 23 pezzi d'artiglieria, mitragliatrici e osservatori (fig. III.15). Servita con generatori elettrici, magazzini, depositi di munizioni e serbatoio per l'acqua potabile, era dotata d'impianto di ventilazione con appositi filtri anti-gas e sistema di compartimentazione interna e tendine anti-gas per chiudere le aperture (Giardino 1929, pp. 124-129). In vari casi le fotoelettriche potevano essere montate su ruote o rotaie e alloggiate in tratti di galleria da dove potevano essere fatte uscire con facilità e rapidamente fatte rientrare in caso di fuoco di batteria avversario.

La ***batteria in caverna***, o incavernata, talvolta chiamata ***galleria cannoniera*** per la sua articolazione, è costituita da una o più postazioni di artiglieria scavate generalmente all'interno di una parete rocciosa, staccate o collegate tra loro da una galleria, che a sua volta può essere dotata di opere accessorie. Recentemente è stato documentato un impianto sotterraneo, definito "galleria cannoniera", costruito tra il 1916 e il 1917 presso la quota 223 a nord di San Michele del Carso. Si tratta di una galleria ad angolo ottuso da cui si aprono lungo lo stesso fianco sei casematte per altrettanti pezzi d'artiglieria; Da una casamatta si stacca un cunicolo, probabilmente conducente a un posto d'osservazione. Sul lato opposto vi sono le due gallerie d'accesso che un tempo conducevano a giorno e una terza collegante la galleria principale con una di accesso (Stocker 1999, pp. 252-256). Gli interni sono rinforzati in muratura e calcestruzzo.

III.11.17 - *Polveriera*

Locale, o complesso di locali, in cui sono conservate polveri da sparo e munizioni.
Data la pericolosità intrinseca del materiale depositato e degli effetti distruttivi che una esplosione accidentale avrebbe sugli edifici circostanti, la polveriera è costruita secondo precise caratteristiche. In alcune fortificazioni o complessi militari le polveriere sono scavate nel sottosuolo, o sul fianco o dentro il fianco di un'altura; hanno generalmente pavimenti in legno, intercapedini d'aria per l'isolamento termico e contro l'umidità o le percolazioni della roccia e possono essere dotate di un piccolo corpo di guardia. Alcuni esempi del XIX e XX sec. sono dotati di "gabbia di Faraday".

III.11.18 - *Pusterla*

Detta anche positerla o pustierla, è una piccola porta aperta in luogo nascosto, defilato, e distante dalla porta principale, da utilizzarsi in particolari circostanze.
Nell'opera bastionata indica la porta generalmente aperta nel tratto di bastione coperto dall'orecchione, detta anche falsa porta, porta del soccorso o sortita, il cui uso è intuibile. Per estensione, va ad indicare tutta la galleria, sia sotterranea che ricavata nello spessore delle mura, che consente il passaggio attraverso tale porta.

Nel Castello di Eurialo, a Siracusa, si conserva un ben articolato esempio di 'difesa dinamica' adottando opere sotterranee. Fatto costruire tra il 402 e il 397 a. da Dioniso, è posto al vertice delle grandi mura che chiudono la terrazza dell'Epipole, controllando la strada che metteva in comunicazione Siracusa con i luoghi interni dell'isola. Dotato di opere a tenaglia e fossati, è concepito per essere adatto alle sortite e ai contrattacchi grazie ad una serie di gallerie e di pusterle che permettono di prendere ai fianchi e alle spalle gli avversari in fase avanzata d'attacco. Eretto lungo un asse ovest-est, reca all'apice ovest (il punto più vulnerabile) una serie di tre fossati, di cui quello mediano assai largo (Mauceri 1939; Cassi Ramelli 1964, pp. 41-46). Una galleria collegata con l'avancorpo del mastio si sviluppa parallelamente al fossato arretrato, in cui sbuca con numerose sortite. In prossimità del muro di sbarramento di questo fossato una galleria costeggia internamente l'opera avanzata, andando a raccordarsi col forte posto a protezione della porta (alloggiata nella tenaglia) e con due pusterle di fronte questa, mascherate da muri trasversali. Al di sotto delle mura settentrionali corre un altro tratto in galleria provvisto di pusterle.

III.11.19 - *Ridotta*

Piccola opera fortificata, sia isolata che inserita in un sistema difensivo.
Opera militare di modesta importanza, la ridotta è sia isolata sia facente parte di un sistema difensivo più ampio. Gariglio e Minola ne indicano tre tipi:
- piccolo bastione, detto anche lunetta, posto generalmente al piede dello spalto;
- piccolo forte a pianta generalmente quadrangolare o irregolare, per il rinforzo di trincee o di campi trincerati;
- piccolo forte posto a protezione di un ponte, di una chiusa, etc., che può essere in muratura e/o casamattato (Gariglio, Minola 1994, I, p. 276).

Se costruita in muratura, la ridotta può essere casamattata ed è talora indicata con il nome di corpo di guardia o fortino. Talvolta questo termine è utilizzato per indicare una "linea difensiva fortificata". Anticamente poteva anche costituire l'ultima estrema difesa all'interno di una fortezza. La Ridotta Maria Teresa è un corpo di guardia situato sulla sinistra orografica dell'Arc, a sudest di Avrieux in Francia, destinata a sbarrare la strada del Moncenisio. La sua costruzione, ad opera del Regno di Piemonte e Sardegna, ha inizio nel 1819 per concludersi nel 1825; fa parte della Piazza dell'Esseillon. A forma di ferro di cavallo, è una fortezza a struttura perpendicolare "alla Montalembert", disposta su tre piani e dotata di galleria di controscarpa: «A sinistra del ponte dormiente, appoggiata all'alta muratura di controscarpa, una scalinata di pietra consente di accedere al fossato. Nella parete è stata ricavata una galleria difensiva, munita di feritoie verticali per battere d'infilata il fosso. Una di queste, sul lato nord, è suddivisa in tre fessure ravvicinate con orientamento differenziato per coprire con il tiro punti diversi. La galleria è collegata con le ali occidentale ed orientale della Ridotta da due traverse in muratura munite di feritoie. Una diramazione del cunicolo a sinistra, collega con sessanta metri di percorso sotterraneo la Ridotta Maria Teresa ad un corpo di guardia recentemente restaurato, situato sul lato interno della strada nazionale» (Gariglio, Minola 1994, I, p. 219).

III.11.20 - *Ridotto*

Piccola opera fortificata, sia isolata che inserita in un sistema difensivo.
Opera militare di modesta importanza la ridotta è sia isolata sia facente parte di un sistema difensivo più ampio, analogamente alla ***ridotta***. Gariglio e Minola ne indicano tre tipi:
- piccolo rivellino o mezzaluna costruito internamente ad uno maggiore;
- opera permanente o temporanea, dove si ritirano i combattenti dopo una prima difesa;
- nelle città fortificate è una piccola cittadella contrapposta alla cittadella vera e propria; generalmente è un bastione fortificato in gola (Gariglio, Minola 1994, I, p. 276).

III.11.21 - *Rifugio*

Riparo, costruito e attrezzato per proteggere persone e materiali, per lo più sotterraneo; chiamato meno comunemente ricovero.
Può essere costruito con materiale di recupero, oppure sfruttando strutture già esistenti, come nel caso di un seminterrato o di una cantina. Oppure progettato e costruito con specifici scopi, come rifugio antibombardamento generico oppure antiatomico. In alcune opere del XVII-XX sec. abbiamo locali o impianti esterni o anche seminterrati "alla prova", ovvero 'a prova di bomba'.

Tra i vari tipi di rifugio abbiamo anche il ***riparo sotto traversa***, locale ricavato entro il terrapieno di una traversa posta tra due piazzole o alveoli d'artiglieria. È utilizzato come riservetta munizioni e magazzino d'artiglieria.

Tra le due guerre mondiali si costruiscono ***rifugi antibombardamento*** o ***rifugi antiaerei*** anche per i civili, soprattutto al di sotto di edifici pubblici e delle fabbriche; sono dotati di muri paraschegge e antisoffio, porte blindate, impianti di ventilazione, etc. Vari rifugi, o ***ricoveri***, vengono approntati nelle cantine e nei seminterrati, destinati principalmente a resistere non tanto allo scoppio di una bomba d'aereo, quanto al crollo del soprastante edificio: sovente si tratta di semplici locali dotati di strutture di rinforzo quali putrelle o travi in legno.

III.11.22 - *Riservetta*

Nelle opere di fortificazioni campali o permanenti è un piccolo locale in cui si conservano le munizioni.
È un locale di modeste dimensioni a prova di bomba, posto in prossimità della linea difensiva, anche tra le piazzole e talvolta con funzione di traversa. È destinato ad alimentare l'azione di fuoco dei reparti di linea.

III.11.23 *Rivellino*

Costruzione staccata dalla cinta muraria, eretta all'interno di un castello o di un'opera fortificata.
Prevalentemente in età medievale il rivellino serve a proteggere una porta; nella fortificazione bastionata è un'opera anteposta alla cortina, costituita da due facce, talvolta da due facce e due fianchi. Al suo interno poteva ospitare locali casamattati e gallerie di collegamento. Presso il Castello di Porta Giovia, a Milano, nel Rivellino di Porta Comasina sono stati individuati un locale sotterraneo e una scalinata (oggi interrata) che conduceva nella galleria di controscarpa (Padovan 1996, pp. 132-133).

III.11.24 - *"Sotterraneo"*

Locale o complesso di locali costruito sotto il livello del terreno circostante, nello specifico destinato ad uso militare.
Le opere militari possono essere dotate di vari ambienti sotterranei, adibiti agli usi più svariati, che nel corso del tempo possono mutare in funzione di nuove esigenze logistiche o difensive. I sotterranei possono essere adibiti a deposito per legna, carbone, armi, materiale di casermaggio; oppure essere utilizzati come alloggiamento o accantonamento in caso di necessità. Nel seicentesco Forte di Fuentes (Lecco), al di sotto degli edifici che fiancheggiano la piazza d'armi, vi sono alcuni locali sotterranei un tempo adibiti a scuderie, a depositi e cantine.

III.11.25 - *Tamburo Difensivo*

Opera difensiva a prova di bomba, con finalità tattiche simili al cofano.
Si tratta di una casamatta a forma cilindrica (da cui il nome), inserita nelle mura magistrali di un'opera fortificata, dalla quale è possibile sviluppare un fuoco di fucileria a protezione dei fossati e dello spalto. Può anche essere collocata, staccata, a difesa del fronte di gola di un'opera.

III.11.26 - *Traditore*

Batteria posta in posizione defilata, o anche costruzione casamattata accessoria di una fortificazione.
Con il termine di *traditore* è indicata la batteria posta in barbetta (a cielo aperto) o in casamatta, nascosta dall'orecchione e posta nel fianco rientrante del bastione. Aveva il compito di fiancheggiare la cortina e la faccia del bastione attiguo, controllando anche lo spazio antistante del fossato.

Nelle fortificazioni moderne si tratta di una casamatta staccata dal corpo principale di una fortificazione, generalmente armata con mitragliatrici e cannoni a tiro rapido, defilata al tiro avversario. Poteva essere alloggiata nella gola o avere la funzione di controllare un settore particolarmente delicato, circostante il forte. Il Forte Busa di Verle, costruito dagli austriaci ai primi del Novecento sull'altopiano di Vezzena (Veneto), era dotato di un "traditor" armato con due cannoni da 80 mm mod. 9 in feritoie (Gorfer 1987, p. 620).

III.12 - *Tipologia n. 7: opere non identificate*

Opere o strutture di cui s'ignora l'esatta funzione.
Si possono incontrare opere ipogee che non svelano la loro funzione e, generalmente per ricerche insufficienti o comunque limitate, rimangono ascritte all'albo delle cose non identificate, 'strane' o, peggio, 'misteriose'. Altre, nonostante indagini approfondite, possono lasciare aperti vari interrogativi, sia per la loro articolazione, anche frutto di continui interventi e adattamenti, sia per la totale assenza d'elementi interni ed esterni, o per la mancanza di documentazione scritta.

Alle porte di Tarquinia (VT) vi sono due tumuli definiti orientalizzanti e nel tamburo del maggiore si apre l'accesso a un cunicolo che con discreta inclinazione scende al di sotto del monumento funebre per condurre a un pozzetto quadrangolare, profondo poco meno di 2 m. Oltre prosegue per qualche metro ancora, descrivendo una curva. Parte del tamburo è stato restaurato in tempi relativamente recenti rifacendo in mattoni anche l'accesso al cunicolo, togliendo così la possibilità di capire se l'opera sia o meno in fase con il monumento. Solo la completa rimozione dell'interro, unitamente allo scavo di tipo stratigrafico (almeno dello spazio antistante l'accesso), fornirebbero elementi per la comprensione dell'insieme. In ogni caso, allo stato attuale, il cunicolo rimane classificato come "opera non identificata".

A Cattolica (Rimini) la Grotta Paparoni è articolata in modo particolare: «Si accede alla galleria voltata a botte tramite una ripida scala, cui segue un portale che dà su una rampa in discesa orientata parallelamente a v. Cattaneo, a metà della quale è posto un incrocio con volta a vela (su cui è identificabile un disegno a forma cruciforme dei laterizi) da cui si dipartono due brevi bracci con terminazione a pianta semicircolare e copertura a semicatino; il percorso prosegue in discesa fino ad un innesto a T posto a quota -5,00 (rif. soglia ingresso v. Cattaneo) con incrocio con volta a crociera, da cui rami si aprono -formando nei punti d'incrocio delle volte a vela- sei brevi bracci identici a quelli sopra indicati, con esclusione di quello posto a sinistra della rampa il quale continua con un percorso che attraverso una piegatura del percorso con volta anulare, sfocia in una sala a pianta ottagonale con pilastro centrale -orientata secondo gli assi cardinali- dalle cui facce si dipartono le costolature delle arcate a tutto sesto, che determinano nel loro interspazio volte a vela su base triangolare; sui lati dell'ottagono si aprono sette brevi bracci identici a quelli sopra descritti, con arcate a tutto sesto. Lungo il percorso della galleria si aprono 8 piccole nicchie con arco a tutto sesto; due prese d'aria a sezione semicircolare si aprono nella sala ottagonale sopra il braccio in direzione Nord, ed alla estremità lato Mare del braccio a T (ora murata, originariamente affacciata ad un pozzo)» (Castelvetro 1997, pp. 53-54). Le conclusioni sono che forse si tratti di un ambiente legato a riti iniziatici. In ogni caso, pur riutilizzato come cantina, la sua originaria destinazione rimane al momento sconosciuta.

La Grotta Paparoni non è un esempio isolato: in altri centri quali Gradara, Trebbio Antico, Santarcangelo di Romagna, Sirolo, Osimo, Camerano, nonché in altri ancora e compresi in questa estesa fascia di territorio, abbiamo opere analoghe. Sono dotate di scalinate, e in alcuni casi di discenderie, che s'inoltrano nel sottosuolo per poi proseguire in piano con un impianto principale generalmente costituito da:
- unica galleria rettilinea da cui ortogonalmente si staccano brevi bracci;
- unica galleria che si sviluppa con angoli generalmente retti od ottusi, da cui ortogonalmente si staccano brevi bracci;
- due gallerie rettilinee, più raramente tre, da cui ortogonalmente si staccano brevi bracci, collegate tra loro.

Molte presentano una stanza terminale a pianta circolare o quadrangolare, più raramente poligonale o dal perimetro irregolare. Le stanze più grandi hanno la volta sorretta da colonne. Molti sotterranei sono rivestiti in mattoni e hanno la volta a botte, con varie risoluzioni architettoniche negli incroci e nelle sale. Non tutte sono interamente percorribili, presentando talvolta tamponamenti o interri.

Nove impianti, dotati di rami da cui si staccano ortogonalmente coppie di brevi bracci contrapposti, sono stati rinvenuti nel centro storico di Gradara (Bischi, Cucchiarini 1996, pp. 52-54). A Santarcangelo di Romagna numerose cavità sono prive di rivestimento e lasciano la matrice a vista e le più articolate parrebbero la giunzione a posteriori di ambienti distinti. La Grotta Felici ha l'accesso da un ampio vano destinato a cantina, ma che si sovrappone a un ambiente preesistente, come testimonierebbe anche la lunga rampa che conduce ad un ampio sotterraneo a pianta rettangolare diviso in tre navate da colonne: «Alle due estremità i pilastri sono assai sovradimensionati. La copertura è costituita da volte a botte realizzate nel sabbione e i pilastri invece, come nella maggioranza dei casi, sono rinforzati da una pelle in muratura di mattoni» (Tomasini Pietramellara, Giuccioli Menghi 1994, p. 43). Un breve corridoio conduce infine ad una sala a pianta circolare, con sei colonne a pianta trapezoidale e cinque nicchie che si aprono lungo il perimetro ad una quota superiore rispetto al pavimento.

Tra i più articolati abbiamo i sotterranei esistenti nel centro storico di Camerano e di Osimo, dei quali Recanatini così commenta a proposito della correlazione tra rete sotterranea e sviluppo urbano di superficie: «Una corrispondenza che si potrebbe definire temporale per il parallelismo cronologico rilevabile da alcuni particolari ed una corrispondenza funzionale evidenziata dalle esigenze per le quali gli ipogei sembrano essere stati realizzati o ampliati nel corso dei secoli. L'esempio più eclatante, a mio avviso, di tale correlazione è dato dalla sovrapposizione planimetrica di chiese di superficie rispetto ad ambienti rituali ipogei» (Recanatini 2000, p. 169).

È utile ricordare che nei sotterranei di Palazzo Campana, a Osimo, vi sono altorilievi e bassorilievi scolpiti sia nelle pareti che nelle volte; rappresentano persone, animali, nonché figure di difficile interpretazione e collocazione cronologica (Recanatini, Forlani 1998, pp. 38-46).

È probabile che il proseguimento delle indagini faccia emergere non solo impianti analoghi anche in centri al di fuori di quest'area, probabilmente anche documentati ma non confrontati con quelli romagnoli e marchigiani. Ricerche d'archivio e indagini scientifiche possono contribuire alla loro comprensione e all'inquadramento in un orizzonte cronologico. Queste cavità artificiali non sono ovviamente le sole a lasciare aperta l'interpretazione.

Fig. III.1. *Cava di Viggiù (Varese). Si tratta di una vasta cava sotterranea coltivata "a pilastri abbandonati" (foto G. Padovan).*

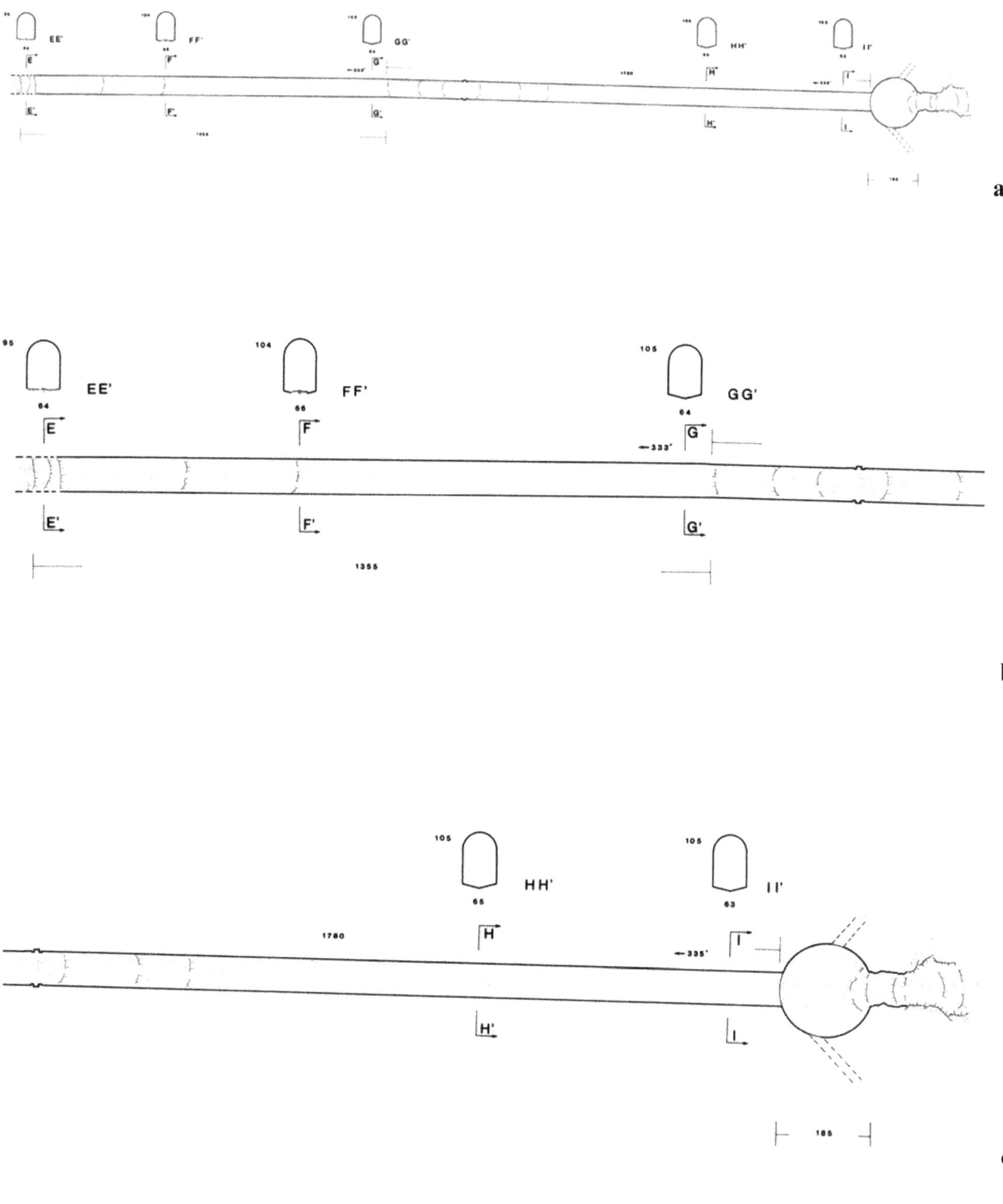

Fig. III.2. *Pianta del Cunicolo di Deflusso del Fossato del Bastione di Sant'Ignazio (CA 00003 PI CN). L'opera è situata presso il Forte di Demonte in Valle Stura (Cuneo), ed è del XVIII sec. In alto (a) la pianta generale; al centro (b) ed in basso (c) due suoi dettagli (rilievo Associazione S.C.A.M.).*

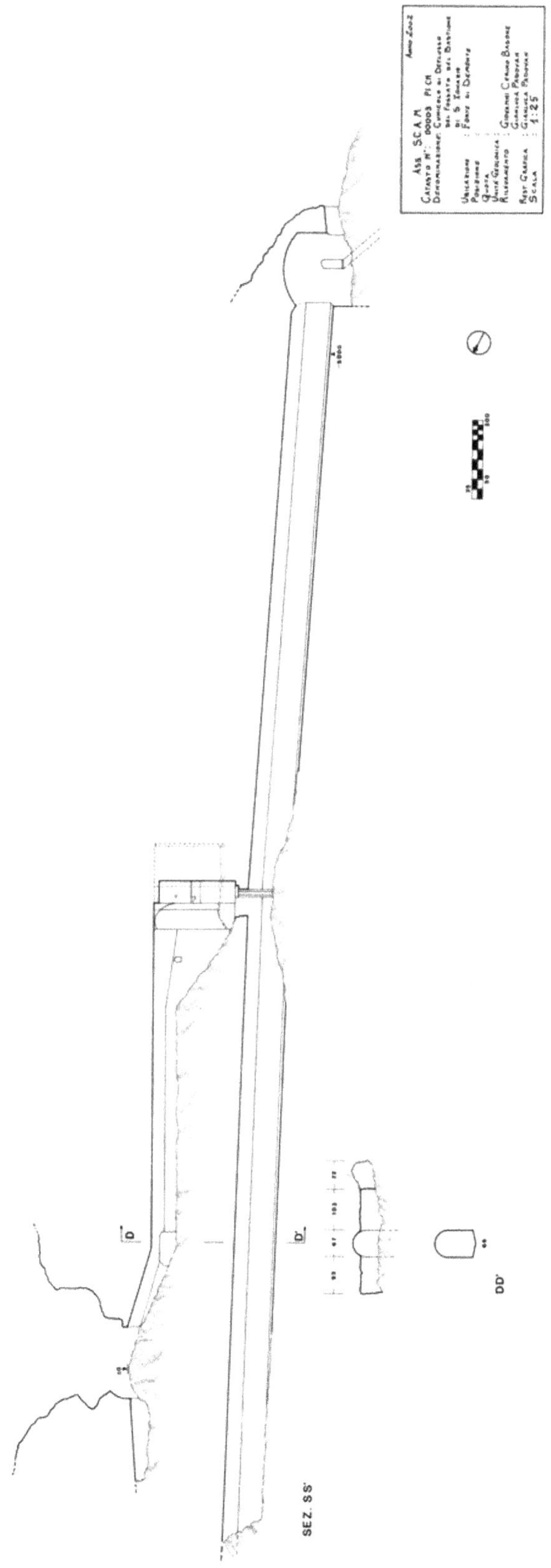

Fig. III.3. *Forte di Demonte in Valle Stura (Cuneo): la Galleria di Controscarpa scoperchiata dall'intervento di demolizione, con la feritoia che guarda a sinistra il fossato riempito dalle macerie. Alla destra si apre la Galleria di Contromina della Controscarpa del Bastione di Sant'Ignazio (CA 0002 PI CN) da cui si accede al sottostante Cunicolo di Deflusso del Fossato del Bastione di Sant'Ignazio (CA 00003 PI CN), attraverso uno sfondamento praticato in corrispondenza dell'alloggiamento della saracinesca (rilievo Associazione S.C.A.M.).*

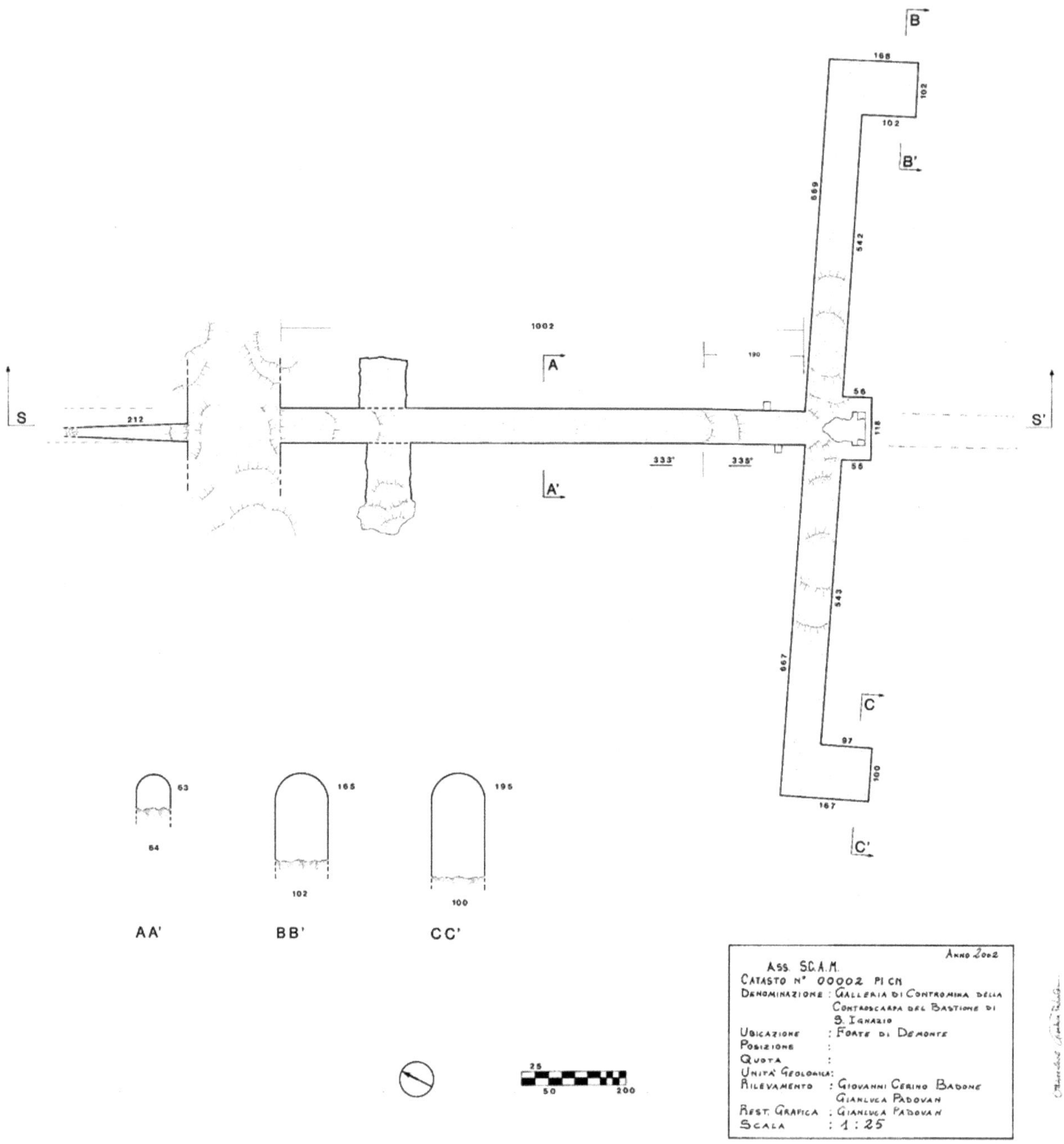

Fig. III.4. *Forte di Demonte in Valle Stura (Cuneo): pianta della Galleria di Contromina della controscarpa del Bastione di Sant'Ignazio (CA 0002 PI CN). Dal basso verso l'alto abbiamo la feritoia che guarda il fossato, la galleria di controscarpa, la galleria che alla testa alloggiava la saracinesca per chiudere il sottostante Cunicolo di Deflusso (CA 00003 PI CN), lasciando all'inizio e su entrambi i lati i fornelli di demolizione non utilizzati. I bracci laterali del cunicolo recano alle estrremità i fornelli da mina (rilievo Associazione S.C.A.M.).*

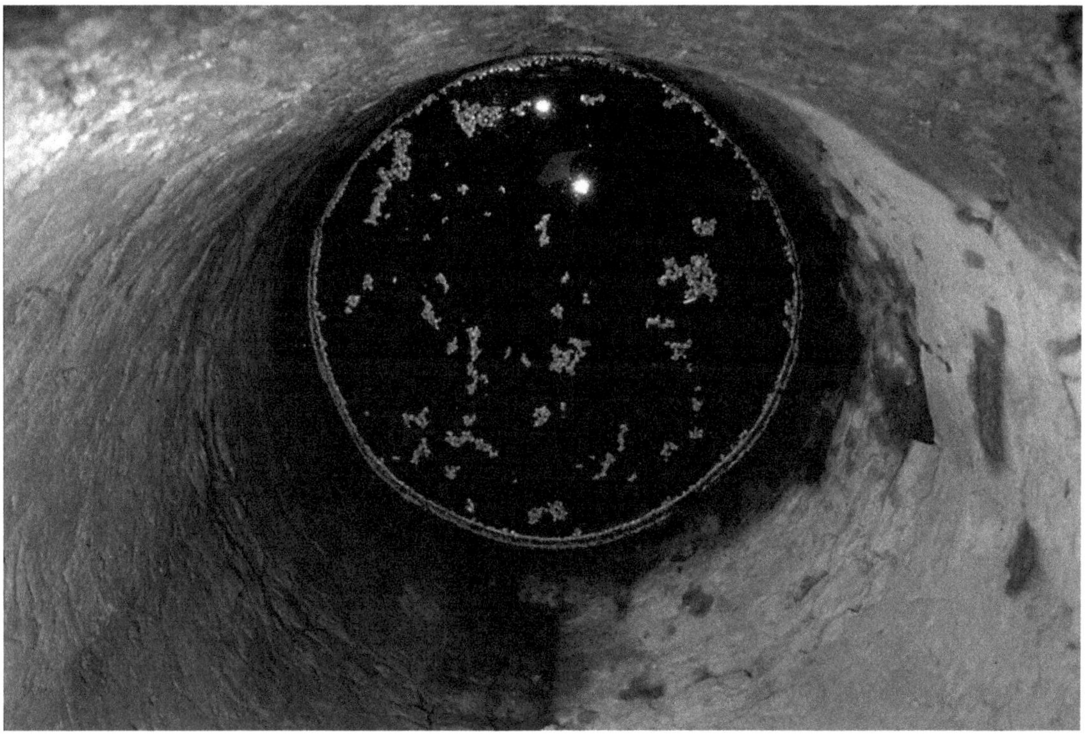

Fig. III.5. *Interno del Pozzo Bianco, a Bergamo Alta (CA 00010 LO BG) (foto G. Padovan).*

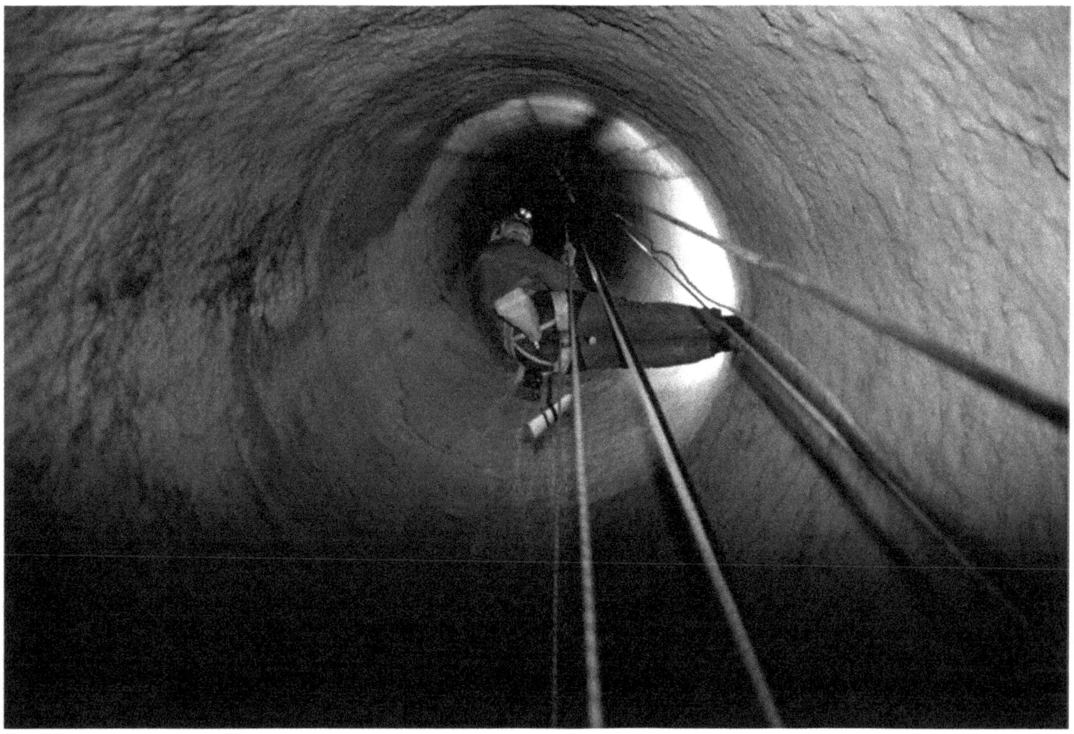

Fig. III.6. *Speleologo all'interno del Pozzo del Castello di Pavarolo (Torino); CA 00030 PI TO. La perforazione, profonda 64.48 m, pesca in falda; per 14.6 m al di sotto della gola presenta un paramento in mattoni, oltre cui la roccia è a vista e nel primo tratto ricoperta da uno strato di concrezioni calcaree (foto G. Padovan).*

Fig. III.7. *Camera di Filtraggio della Cisterna Piazza Mercato delle Scarpe (CA 00001 LO BG) a Bergamo Alta; a sinistra il piedritto segue la curvatura della volta dell'attigua camera di conserva (foto G. Padovan).*

Fig. III.8. *Incisione presente nel corridoio principale del Tumulo di Dowt nella contea di Meath, in Irlanda (foto G. Padovan).*

Fig. III.9. *Necropoli della Banditaccia a Cerveteri: tomba dei Leoni Dipinti (seconda metà del VII sec. a. C.) (foto G. Padovan).*

Fig. III.10. *Necropoli della Banditaccia a Cerveteri: tomba degli Scudi e delle Sedie (VI sec. a. C.) (foto G. Padovan).*

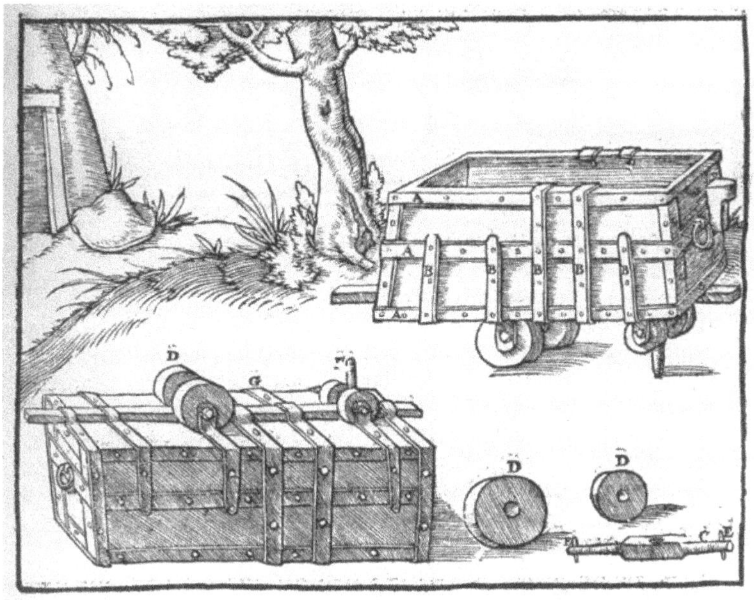

Fig. III.11. *Vagonetto da miniera: «Capsae quadranguli ferrei A. Ejus bacilla ferrea B. Axiculus ferreus C. Orbiculi lignei D. Parviclavi ferrei E. Magnus clavus ferreus obtusus F. Capsa eadem inversa G.» (Agricola 1621 Libro VI, p. 113).*

Fig. III.12. *«CAVA 1. POZZO 2. CARIOLA 3. CAVA di sotto 4. ARMATURA 5. SCALA 6. MOLINELLO 7. ARMATURA DELLA CAVA 8.» (Della Fratta 1678, p. 17-18).*

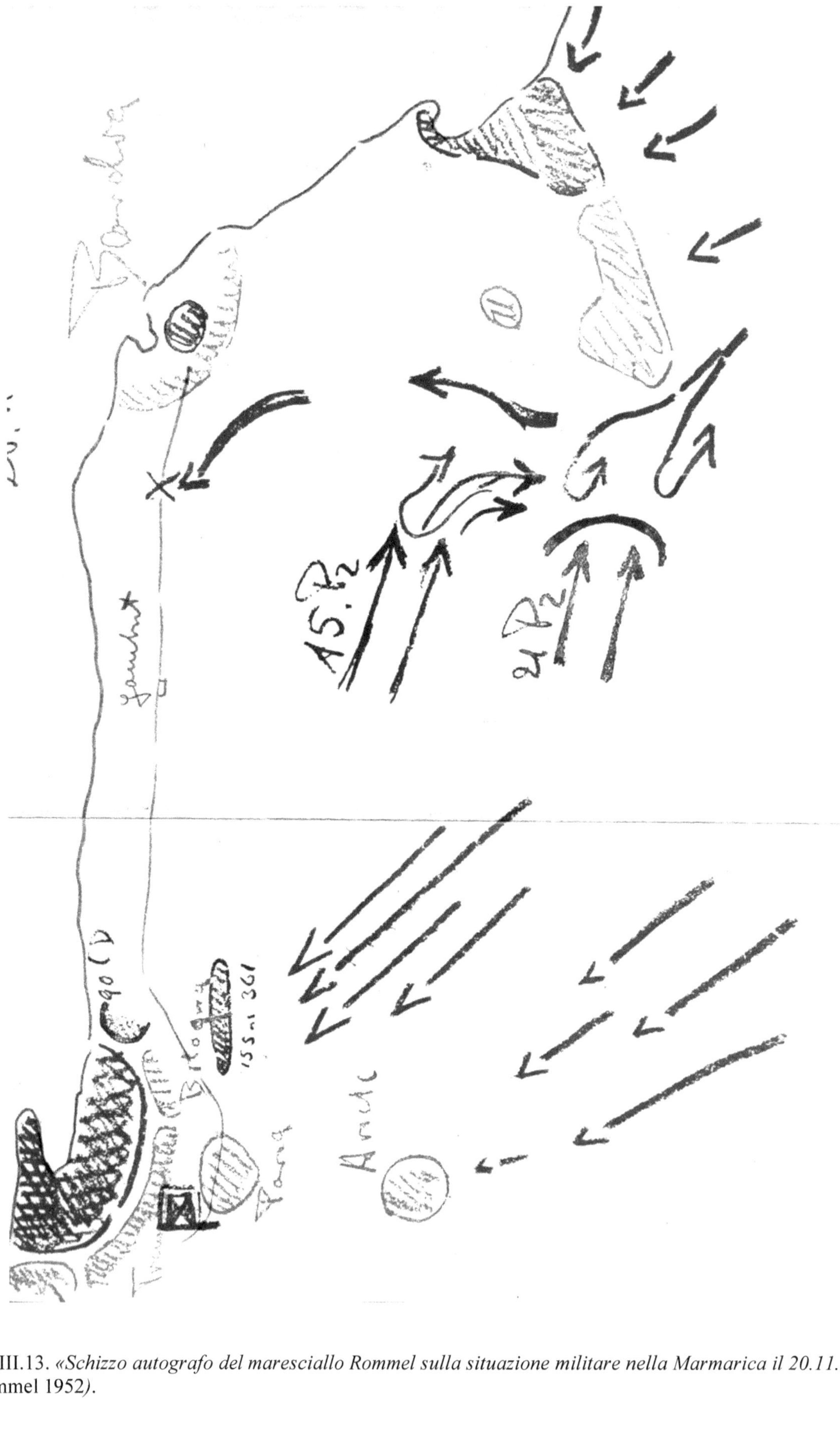

Fig. III.13. *«Schizzo autografo del maresciallo Rommel sulla situazione militare nella Marmarica il 20.11.1941» (*Rommel 1952*).*

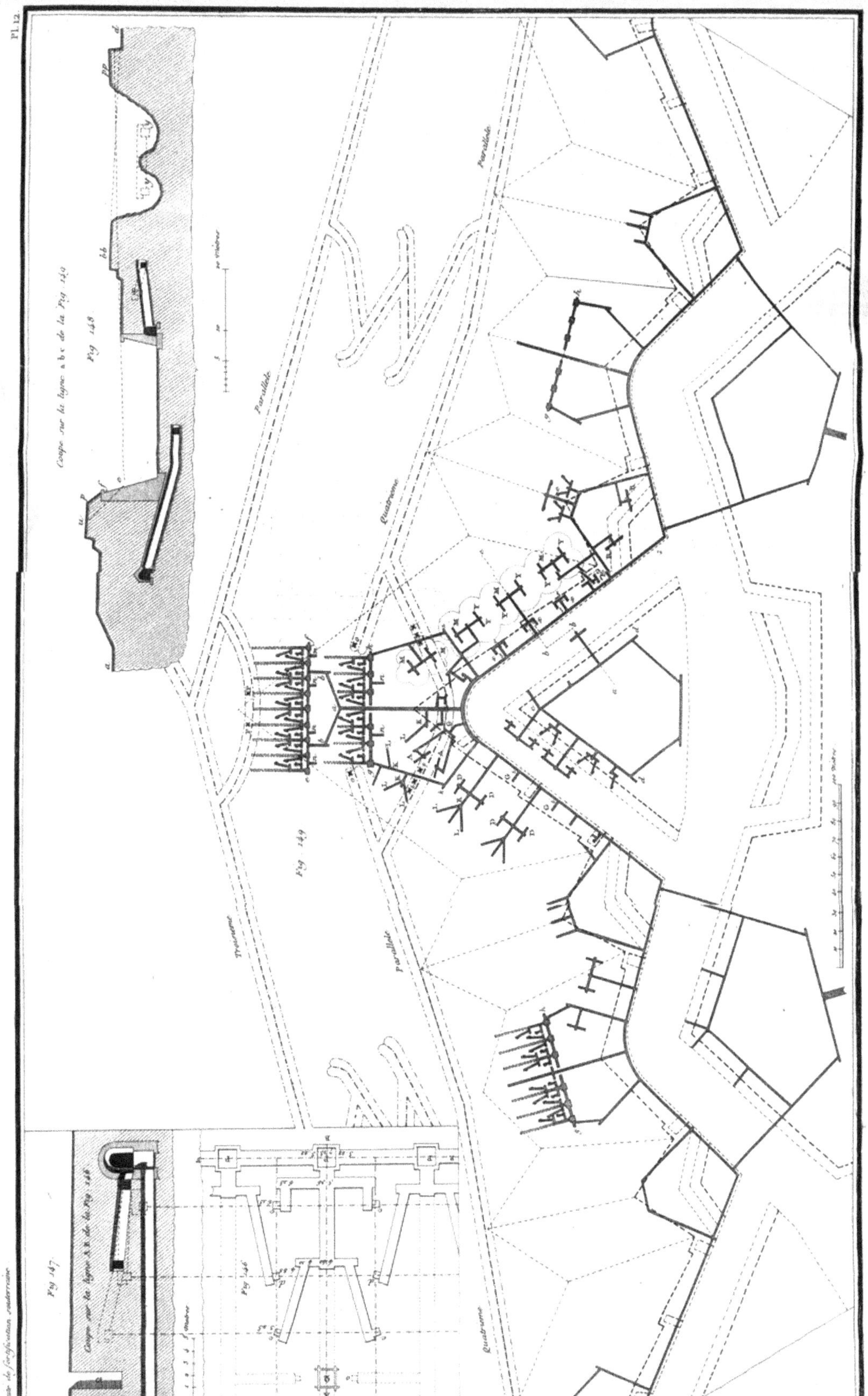

Fig. III.14. *Planimetria di un tratto di fortificazione bastionata, dotata d'impianti di contromina e di demolizione (Gillot 1805, pp. 218-224, pl. 12).*

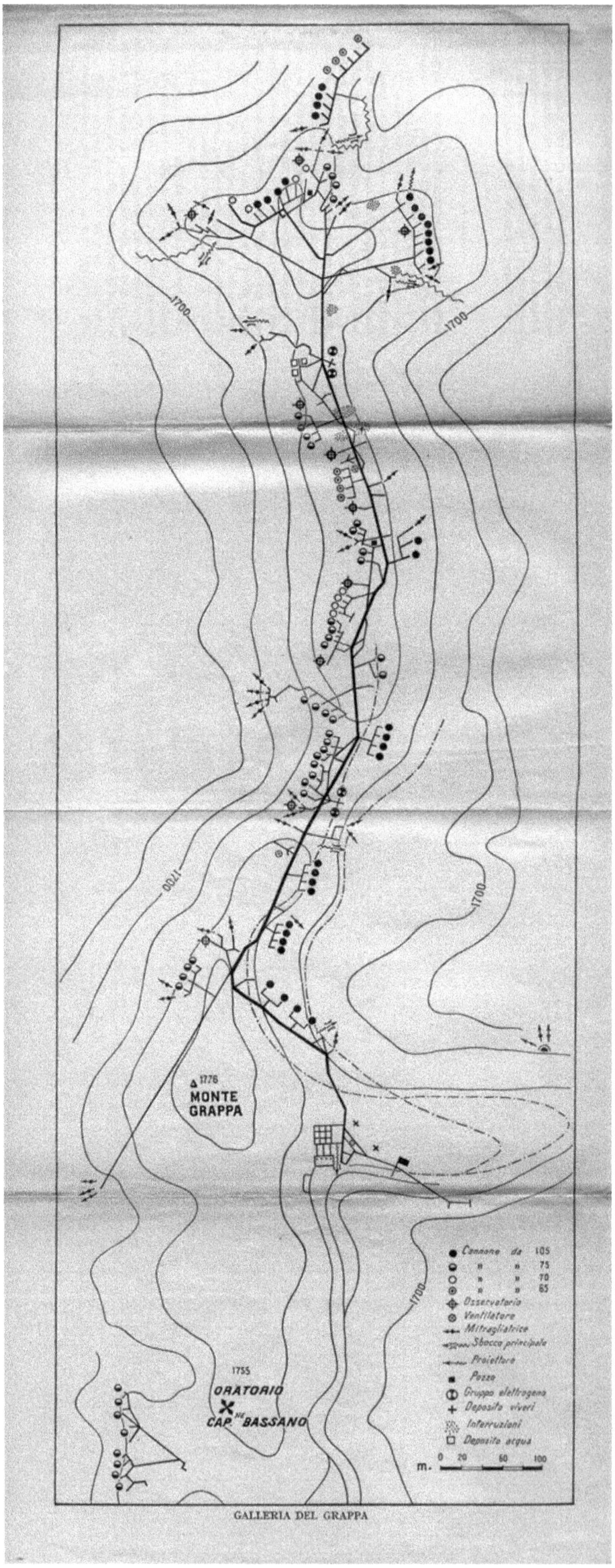

Fig. III.15. *Galleria del Grappa (Giardino 1929, p. 129).*

CAPITOLO IV

IL TERRITORIO E LE CAVITÁ ARTIFICIALI: LA COMPRENSIONE E LO STUDIO

Gianluca Padovan

IV.1 - *Trinomio di base*

Le cavità artificiali si possono incontrare ovunque: al di sotto di centri urbani, in isolate e quasi inaccessibili località montane e persino in zone lagunari. Nell'approccio allo studio di un sito occorre capire quali siano le possibilità esplorative dal punto di vista ipogeo. Per questo ci può aiutare il trinomio: 'terreno geologico - carattere della sede fisica - storia del luogo', criterio utile per analizzare eventuali presenze di architetture sotterranee. Il risultato delle analisi di ognuno dei punti del trinomio deve produrre una carta tematica che presenti i caratteri geologici della zona, le caratteristiche morfologiche, l'individuazione delle sorgenti e delle fonti, gli eventuali giacimenti minerari, la dinamica del popolamento con la localizzazione delle emergenze architettoniche e/o archeologiche e le tracce delle viabilità articolate cronologicamente.

IV.1.1 - *Terreno geologico*

Un sottosuolo composto da rocce resistenti, come i porfidi e i graniti, presenta una certa durezza e nessuna docilità allo scavo: eccettuando le aree minerarie, in linea di massima si riscontra una maggiore presenza di cavità artificiali laddove la roccia è più aggredibile dagli attrezzi, come nei tufi e nelle arenarie. In terreni sciolti, come in una pianura alluvionale, si può invece rilevare la presenza di opere ipogee anche molto estese orizzontalmente, grazie alla facilità di scavo nei depositi incoerenti, pur obbligando a costruire robuste armature e rivestimenti data la loro incapacità strutturale ad autosostenersi. Ma in tal caso saranno anche superficiali, dal momento che in queste condizioni la falda freatica si può incontrare a pochi metri di profondità, comportando comprensibili difficoltà di realizzazione.

La determinazione delle caratteristiche geologiche e idrogeologiche del sito andrebbe effettuata, se possibile, già nella fase di studio preliminare e contemporaneamente all'esplorazione delle eventuali cavità artificiali presenti. La conoscenza geologica del sottosuolo può aiutare a identificare le condizioni di stabilità degli ipogei, prevedendo il grado di sicurezza in cui si andrà a operare.

Le spinte esercitate dal terreno alle pareti di una cavità dipendono dalla granulometria, dalla proprietà coesiva, dal grado di costipamento e d'imbibizione del terreno stesso, dalle geometrie e dalle dimensioni della cavità e dalle discontinuità (fratture e faglie) (Bassi, Berto, Perletti 1996, pp. 20). Il confronto tra la composizione geologica di un contesto e l'analisi delle cavità può aiutare a comprendere le conoscenze delle maestranze e la strategia di scavo adottata.

IV.1.2 - *Carattere della sede fisica*

Le posizioni emergenti sul terreno circostante sono state sovente scelte per l'impianto d'insediamenti e di fortificazioni. Non solo si prestavano meglio alla funzione di controllo del territorio e della viabilità, e conseguentemente a prevenire eventuali azioni offensive grazie alla superiore visuale, ma se naturalmente dotate di fianchi scoscesi o dirupati facilitavano anche il compito difensivo.

Per quanto si possa desumere dalle fonti storiche e dagli scavi archeologici, fin dall'antichità l'uomo ha prediletto per i propri insediamenti i luoghi dove erano presenti le fonti d'acqua per soddisfare i propri fabbisogni. Ma non sempre si sono scelti luoghi contemporaneamente difendibili, o comunque eletti a dimora, e naturalmente provvisti d'acqua sorgente o con la presenza di un acquifero non troppo profondo a cui attingere. In tali casi gli insediamenti saranno stati inizialmente dotati almeno di cisterne per la raccolta dell'acqua meteorica, le quali possono essere andate ad aumentare in numero e in grandezza con l'espansione urbana, migliorando le tecniche d'immagazzinamento e di stoccaggio, senza per altro escludere l'eventualità di ottenere acqua potabile anche mediante un acquedotto.

IV.1.3 - *Storia del luogo*

Si prenda come ipotetico esempio una città edificata su di un rilievo, con le seguenti caratteristiche:
- A. substrato roccioso facilmente scavabile;
- B. scarsità o assenza di sorgenti d'acqua potabile;
- C. vita storica intensa, articolata e prolungata nel corso del tempo;
- D. superficie di alcuni ettari;
- E. sovrapposizione di architetture.

Da subito possiamo prevedere l'esistenza di cavità artificiali, con precise caratteristiche e destinazioni, che si potrebbero così riassumere:
- A. Le cavità artificiali sono frutto di uno scavo effettuato nella matrice rocciosa, tramite la perforazione dello strato di suolo incoerente, con la realizzazione di opere di contenimento più o meno profonde a seconda della potenza stessa dello strato non compatto incontrato.
- B. Possono esservi opere destinate allo sfruttamento di modeste sorgenti mediante scavi sotterranei, o alla raccolta e allo stoccaggio dell'acqua meteorica, oppure alla condotta di acqua potabile dal territorio circostante e opere destinate allo smaltimento.
- C. Diversi e diversificati impianti sono serviti a garantire la vita stessa dell'insediamento, anche ricavando nel sottosuolo opere civili, religiose e militari.
- D. Più la superficie dell'insediamento è vasta, maggiore è la possibilità d'incontrare opere ipogee articolate e diversificate.
- E. La stratificazione di un sito va generalmente a determinare la sovrapposizione di costruzioni, con la possibilità di un innalzamento dei piani di calpestìo esterni e la sopravvivenza di ambienti al di sotto di essi.

Lo sviluppo delle architetture militari può, ad esempio, dare luogo a impianti non solo sotterranei nel senso stretto del termine, ma con caratteristiche fisiche analoghe. Considerati i vari fattori e le loro componenti, si può prevedere la possibile diffusione del patrimonio ipogeo anche nelle aree extraurbane. Inversamente, la presenza di determinati impianti ipogei nel territorio, come ad esempio gli acquedotti, può portare a considerare l'esistenza di manufatti ad essi connessi anche nel sottosuolo degli insediamenti.

IV.2 - *Capire il contesto attraverso le tracce nel territorio*

Come presentato nel Capitolo III, l'uomo ha realizzato una vasta gamma di cavità artificiali. Proviamo ora a rifarne il percorso, per un inquadramento globale. Erigere mura, templi ed edifici è in vari casi subordinato anche alla disponibilità di materiale lapideo. Tali materiali possono essere reperiti in loco mediante cave a cielo aperto e in sotterranea, generalmente al di fuori dell'abitato, ma è possibile che l'estrazione avvenga al di sotto dell'area da edificare. Oppure tali cave possono oggi ritrovarsi al di sotto dell'abitato a causa della sua espansione. Le miniere sono funzionali a quanto viene poi prodotto o venduto presso i centri urbani e non di rado si sviluppano insediamenti nelle aree minerarie.

La conserva delle acque meteoriche, comunque condizionata dagli agenti atmosferici e climatici, comporta attenzione e costante manutenzione degli impianti di raccolta e di stoccaggio, a causa della facile corruzione dell'acqua. In caso di assedio è fondamentale poter disporre di ampie riserve idriche non solo per il fabbisogno quotidiano, ma anche per mantenere un certo grado d'igiene.

Un grave pericolo è dato, come già detto, dal diffondersi di epidemie, a cui concorrono penuria d'acqua e aggravio delle condizioni igienico-sanitarie. L'acqua è inoltre necessaria allo spegnimento degli incendi, anche in previsione dell'usuale impiego di dardi infuocati e altri materiali infiammabili o esplodenti lanciati o sparati oltre le mura. In altri contesti, pur mantenendo e perpetuando i sistemi di conserva, si provvede a un approvvigionamento diversificato.

Impiegando maestranze specializzate, tempo e denaro (concomitanza riscontrabile nei casi di presenza di forme di potere centralizzato ed economicamente forte), si scava un acquedotto che trasporta sotto l'abitato, o direttamente a giorno, l'acqua potabile captata da sorgenti distanti anche chilometri. Al di fuori delle mura urbane gli accessi agli acquedotti possono essere occultati, oppure obliterati, per evitare che in caso di assedio si avvelenino le acque, se ne arresti semplicemente il flusso, oppure si sfrutti il percorso sotterraneo per tentare azioni di sorpresa. La realizzazione di acquedotti su arcate comporta la possibilità della loro demolizione in caso di assedio. La presenza di falde acquifere poco profonde può dare luogo alla fruizione tramite lo scavo di pozzi come a Milano, a Bologna, oppure a Venezia.

Nello sviluppo degli agglomerati urbani vari servizi si spostano gradualmente al di sotto degli edifici, delle strade e delle piazze, magari coesistendo e intrecciandosi con preesistenti opere sotterranee; la costruzione degli impianti fognari spesso intercetta obliterando o sfruttando altre cavità. Nell'uso civile gli ambienti sotterranei si destinano a cantine, fosse frumentarie e silos, oppure a prigioni, colombai e butti; è possibile che alcune cavità siano state destinate a ciò solo in un secondo momento. Il culto dei morti è sentito in ogni epoca e gran parte delle civiltà, ognuna secondo le proprie credenze, ha prodotto anche opere sotterranee per l'inumazione. Legati alla vita spirituale e religiosa troviamo inoltre luoghi di culto sotterranei. Se la grotta ha sempre esercitato fascino, mistero e suscitato una sorta di 'sicurezza' per alcuni, e 'timorÈ in altri, essa è vista come ambiente per esercitarvi anche il culto.

Il binomio difesa-offesa ha fatto si che l'uomo si cimenti, purtroppo, in una vasta serie di costruzioni atte a sostenere tale binomio al meglio delle proprie possibilità finanziarie e tecnologiche. Con la realizzazione delle fortificazioni, e la conseguente applicazione della tecnica bellica, si elaborano sistemi atti a rendere inespugnabili le opere forti e, di contro, per poterle espugnare. Le si provvede inoltre di opere idrauliche, di magazzini e prigioni sotterranee, e vie di uscita o di collegamento, indispensabili a rendere dinamiche queste difese sostanzialmente statiche.

Vegezio tiene conto di particolari sistemi per l'assedio e per la difesa delle opere forti sottolineando, nel capitolo *Compiti del prefetto dei fabbri* (Vegezio, libro II, cap. XI), che nell'accampamento non deve mancare quanto necessario al buon funzionamento dell'esercito: "fino al punto di disporre di minatori che, ad imitazioni delle popolazioni Besse, scavata una galleria nel sottosuolo e forate le mura nelle fondamenta, improvvisamente fuoriuscivano per impossessarsi delle città nemiche. Il comandante di essi era il prefetto dei fabbri». In linea di massima, tutti i possibili impianti ipogei esistenti in aree urbane si possono ritrovare anche al di fuori di queste, ovvero nel territorio. Anche in tale contesto si osserva come nel corso del tempo vari manufatti rimangano al di sotto delle attuali quote di campagna a causa dell'innalzamento naturale del terreno, oppure perché volutamente relegate nel sottosuolo.

IV.3 - *Comprensione della funzione di una cavità artificiale*

Tornando alla funzione assolta da un manufatto, si può dire che non sempre sia di facile determinazione. Nel corso dei secoli la destinazione d'uso dell'ipogeo può essere stata modificata più volte, e la struttura può avere subito trasformazioni tali da nascondere o cancellare l'originaria. Se possiamo plausibilmente dedurre la funzione o le funzioni da oggettive considerazioni, può capitare che la comprensione di alcune sue parti rimanga all'oscuro. Almeno ad un primo esame. Seppure ben difficilmente si possano condurre delle indagini 'totali' per svariati contingenti fattori, occorre ricordare come talvolta possa essere determinante un'indagine di tipo stratigrafico condotta non solamente all'interno del manufatto, ma anche all'esterno dello stesso.

CAPITOLO V

ALCUNI SPUNTI PER LE INDAGINI: NOTE DI ARCHEOLOGIA MINERARIA

Gianluca Padovan

V.1 - *Paesaggio storico e cicli produttivi*

Lo studio dei cicli produttivi permette di affrontare le problematiche dell'attività umana in rapporto alle risorse naturali. La capacità di sfruttare le ricchezze del sottosuolo ha innescato nel corso dei secoli una serie di processi coinvolgenti la sfera sociale, politica, economica e tecnologica. In presenza di giacimenti minerari, le indagini riguardanti il paesaggio storico e la dinamica insediativa devono considerare le emergenze estrattive per comprenderne l'organizzazione del lavoro, i rapporti economici e sociali derivanti e l'evoluzione tecnologica risultante dallo sviluppo del sistema di coltivazione e dalla successiva trasformazione del minerale.

L'evoluzione può andare verosimilmente a promuovere, o ad agevolare, la nascita o lo sviluppo di una vasta gamma di opere ipogee a carattere cultuale, civile e militare. Nel compimento di tali opere a carattere non estrattivo possono trovare impiego le stesse maestranze minerarie. Maestranze che possono anche semplicemente operare la proficua diffusione delle conoscenze: scelta del posto dove praticare lo scavo, metodo di abbattimento della roccia, sistema di misurazione e di calcolo, trasporto del materiale, messa in opera di eventuali rivestimenti e contenimenti, ventilazione, eduzione e condotta delle acque, individuazione delle zone 'a rischio di crollo' e provvedimenti da adottare. Questi sono tutti elementi che possono interessare ogni tipo di scavo nel sottosuolo.

V.2 - *Tecnica mineraria*

Le operazioni che precedono l'impianto di una miniera prevedono lo studio geologico dell'area, in superficie e nel sottosuolo, nonché la comprensione dell'estensione del giacimento, la potenza e la giacitura degli strati di minerale e la convenienza economica del suo sfruttamento. Per lungo tempo si conducono scavi semplicemente "a seguire il filone". Successivamente si dà luogo a opere di ricerca, anche mediante trincee a giorno, e si eseguono i lavori di tracciamento delle gallerie raggiungendo il giacimento e seguendolo con gallerie di direzione, che lo dividono in livelli (zone orizzontali), aprendo le comunicazioni tra i livelli mediante pozzi o altre gallerie (discenderie, rimonte, etc.). I lavori preliminari sono importanti perché successivamente determinano un buon sfruttamento del giacimento, un agevole abbattimento del minerale e il suo trasporto, nonché la sicurezza dei minatori (vedere utilmente par. III.2).

Il materiale estratto è costituito da minerale utile in associazione a materiale non utile detto ganga o sterile. Lo sterile può essere stoccato nei vuoti che via via si vengono a creare e per approntare sostegni. La coltivazione avviene con diversi metodi determinati dalle condizioni geologiche, dal tipo di minerale, dal tipo di roccia incassante e dal tipo di "tetto". L'eduzione delle acque riveste un carattere importante per lo svolgimento delle operazioni. Le gallerie e i pozzi vengono solitamente armati in legno, in muratura, in conglomerato cementizio, e in tempi recenti anche mediante centine metalliche. I mezzi di abbattimento dipendono dalla durezza, dalla compattezza e dalla tenacità della roccia. Il trasporto del minerale e dello sterile avviene a seconda della struttura dell'impianto minerario e del livello tecnologico applicato.

Gli argomenti trattati nei seguenti paragrafi sono indirizzati principalmente allo studio delle miniere antiche e medievali, con accenni fino, indicativamente, alla rivoluzione industriale e pertinenti all'estrazione di materiali coerenti; ciò in considerazione del fatto che gli impianti minerari del XIX e soprattutto del XX secolo siano meglio documentati, grazie al materiale d'archivio esistente. Il raffronto con taluni impianti di coltivazione moderni consente d'interpretare con migliore chiarezza metodi precedenti, dal momento che taluni antichi sono impiegati fino al XX sec., seppure con metodi di abbattimento differenti.

Si ribadisce che ogni pensiero, teoria, supposizione sono subordinati a un imprescindibile dato di fatto: si è osservata nel tempo di una generale 'evoluzione' dell'arte mineraria, ma non una uniforme diffusione, ricezione e applicazione. Ad esempio, ancora sul finire del XX secolo, in alcune zone dell'Asia e del Sud America si coltivava utilizzando per l'abbattimento quasi esclusivamente strumenti manuali.

V.3 - *Difficoltà di lettura della coltivazione mineraria*

Lo studio delle coltivazioni minerarie presenta delle difficoltà intrinseche alla natura delle emergenze stesse. Tralasciando i rischi dovuti a vari fattori, prendere visione di un lavoro minerario vuol dire essere consci che una situazione non documentata rimane generalmente di non facile interpretazione. È abbastanza comune trovare miniere coltivate a più riprese e in momenti lontani tra loro. Trattandosi di 'escavazioni progressive' l'avanzare delle lavorazioni cancella, a volte totalmente, le tracce dei fronti di taglio precedenti e non permettendo la lettura delle successioni. Questo non avviene nelle altre opere ipogee, tranne nei casi in cui vi sia ampliamento, frazionamento o demolizione della struttura stessa.

La tecnica della 'ripiena' (il sistema di riempire i cantieri scavati ed esauriti di materiale sterile) ostacola l'accesso alle parti 'ripienate' e la stima del volume di minerale estratto. Frane, depositi di limo, allagamenti rendono l'indagine ancor più difficoltosa. Laddove le coltivazioni si sono sviluppate in senso verticale occorre avvalersi delle tecniche speleologiche di progressione e di documentazione. È quindi utile una riflessione riguardo la definizione degli aspetti metodologici del rilievo, cercando di ottimizzare i tempi e facilitare l'acquisizione dei dati. I tipi di coltivazione sono svariati e l'applicazione di un tipo piuttosto di un altro dipende da molteplici fattori. Come già detto (par. III.2), il metodo di coltivazione è determinato soprattutto dalla natura e dalla giacitura di ciò che si vuole estrarre, da dove è dislocato (se in pianura o in terreni impervi oppure a una certa quota altimetrica), dal sistema adottato per l'estrazione, da come vengono organizzati i cantieri anche in base alla perizia degli stessi minatori.

V.3.1 - *Definizione di 'unità mineraria'*

Si rende ora necessaria l'introduzione del concetto di unità mineraria: U.M. Ogni unità stratigrafica negativa e positiva, risultato di un'azione umana o naturale, all'interno di una coltivazione mineraria (galleria, pozzo, cunicolo, cantiere, nicchia, discenderia, piano di calpestio, ripiena, crollo, etc.), distinguibile per composizione, consistenza, aspetto e morfologia, è da considerarsi una U.M. (Casini, Cascone 2000, p. 95).

L'U.M. è la parte più piccola in cui dividere un'attività mineraria e l'insieme delle U.M. costituisce la miniera nella sua totalità. In fase di rilevamento, oltre a redigere la descrizione morfologica di ogni U.M., è necessario individuare la natura del giacimento in cui si trova, il metodo di coltivazione, il metodo di abbattimento, la sua disposizione spaziale all'interno della miniera ed eventuali presenze d'infrastrutture (tracce di strutture lignee, nicchie per lucerne, drenaggi, etc.). La descrizione e l'analisi di una U.M., e il rapporto stratigrafico con le altre, dovrebbe permettere l'interpretazione e l'individuazione della sua funzione in relazione alla miniera. Diviene quindi un aiuto alla comprensione dell'articolazione degli ambienti e alle loro fasi di sfruttamento. Per ricavare questi aspetti è necessario un puntuale rilevamento delle evidenze geologiche e archeominerarie da riportare sulla restituzione grafica quotata e in scala.

V.4 - *Topografia e prospezione di superficie*

La prospezione di superficie consente l'individuazione delle aree di coltivazione (accessi e discariche), di pesta, di scorie di trasformazione metallurgica, degli opifici produttivi, della viabilità e degli insediamenti. Talvolta è possibile individuare le aree dove è stato effettuato il taglio del bosco per il legname da adoperare in miniera o dove si otteneva il 'carbone di legna' per l'alimentazione dei forni dove il minerale subiva il processo di 'arrostimento', oppure in quelli di trasformazione. Per la comprensione del panorama, l'inserimento dei dati nel contesto territoriale e l'elaborazione della carta del territorio storico, occorrerà collocare topograficamente ogni elemento con l'apposita strumentazione.

In mancanza di riferimenti per la distribuzione cronologica dei lavori minerari, la relazione tra questi e gli insediamenti o le vicine emergenze aiuta alla formulazione d'ipotesi relativamente la datazione dei periodi di attività. Il rapporto tra insediamenti e aree minerarie è generalmente stretto e l'abitato può essere posto a presidio e a controllo sia delle zone di estrazione e di lavorazione metallurgica sia della viabilità d'accesso. Un preciso tracciamento delle strade può inoltre consentire l'individuazione degli accessi agli impianti estrattivi.

V.4.1 - *Strumenti di misura*

Stando alle fonti è dal XVI secolo che si evolvono i metodi di coltivazione e si utilizza con una certa sistematicità la strumentaria da miniera. Se ne hanno esempi nel "De re Metallica" (Agricola, V, pp. 90-106) e nel seicentesco "Pratica Minerale" (Della Fratta 1678, pp. 23-42). Tra le illustrazioni presenti nel "Schwazer Bergbuch" sono raffigurati due minatori che effettuano una misurazione in galleria. In generale l'uso della strumentaria serviva ad una organizzazione migliore dei sistemi di coltivazione, andando a conoscere l'orientamento e la pendenza dello scavo anche per la restituzione grafica in pianta e in sezione. Per misurare le profondità abbiamo teodoliti semplici, quadranti ordinari, tavolette pretoriane; per la misura delle distanze vi sono pedometri, regoli topografici, etc. In particolare, gli Statuti Minerari di Massa Marittima del XIII sec. «indicano la "calamita" come strumento ed il "sistema di calamitare" come metodo per la determinazione dei confini di escavazione dei terreni minerari» (Casi 1996, p. 18).

Si deve pensare che anche in antichità si potesse avere la necessità di conoscere l'estensione e l'andamento dei 'vuoti', anche solo per capire se fossero indirizzati o indirizzabili verso punti esterni ove facilmente aprire ingressi secondari o fare defluire le acque. Necessariamente si adoperavano degli strumenti di calcolo e misura. Utilmente si ricorda come Vitruvio dica che per la costruzione dei sistemi idraulici s'adoperano diottre, livelle e corobate (Vitruvio, VIII, 1), e oltre a questi si sono potuti verosimilmente utilizzare in miniera anche semplici fili a piombo, cordicelle annodate, eclimetri, goniometri, archipendoli e compassi.

Per l'impianto di norie e coclee occorreva almeno conoscere la lunghezza del percorso e il livello da superare e questo non poteva essere calcolato con approssimazione. Se, ad esempio, nell'area dove avvenne uno scontro campale nel X secolo non si sono mai rinvenute punte di lancia, questo non vuole dire che le lance non vennero sicuramente adoperate, ma semplicemente che con ampia possibilità non una si sia conservata nel terreno o che semplicemente non si sia cercato o con attenzione o nell'area giusta, o che i resti di almeno una punta siano stati scambiati per altro oggetto, a causa della ruggine.

V.5 - *Fattori di metodo dell'archeologia mineraria*

La natura del suolo, del sottosuolo e del giacimento minerario condizionano la morfologia della miniera e l'organizzazione del lavoro. Lo studio di una coltivazione mineraria è finalizzato all'acquisizione delle informazioni che permettono di comprendere:
- chi ha lavorato nella miniera;
- cosa è stato estratto;
- quando, come e perché tale miniera è stata scavata.

La scelta della strategia di uno scavo minerario può essere compresa conoscendo gli aspetti giacimentologici e il livello tecnologico raggiunto in un dato periodo e nella determinata area. Lo studio auspica quindi l'intervento interdisciplinare, in quanto può accadere che alcune morfologie, incomprensibili all'archeologo o allo speleologo, siano interpretabili dal geologo e dal perito minerario, e viceversa. Gli obiettivi dello studio dell'archeologia mineraria si possono riassumere nei seguenti punti (sviluppati dal lavoro di Casini, in Casini-Cascone 2000, pp. 93-122):

- 1. La natura del giacimento e le caratteristiche geomorfologiche del territorio.
- 2. Il metodo d'individuazione del giacimento.
- 3. Il metodo di ricerca.
- 4. Il metodo di coltivazione.
- 5. Il metodo di abbattimento.
- 6. Le strutture di sostegno e le infrastrutture per la progressione.
- 7. Il sistema di aerazione.
- 8. L'eduzione delle acque.
- 9. Il sistema d'illuminazione.
- 10. Il sistema di trasporto del minerale.

L'individuazione di ognuno di questi punti permette di comprendere le scelte strategiche effettuate dai minatori, le conoscenze tecniche, le divisioni funzionali della miniera e quindi l'organizzazione del lavoro, le eventuali diverse fasi di sfruttamento e, per quanto possibile, la cronologia delle attività di scavo (Bailly-Maitre 1990, pp. 99-120; Bailly-Maitre 1993, pp. 335-379; Bailly-Maitre 1995, pp. 231-245).

V.5.1 - *Natura del giacimento e caratteristiche geomorfologiche del territorio*

La concezione strutturale di un sistema d'estrazione mineraria è basata sulla natura del giacimento, sulla comprensione delle potenzialità del giacimento stesso e sulle conoscenze tecniche di coltivazione e d'abbattimento da parte dei minatori. La conoscenza delle caratteristiche naturali della mineralizzazione, confrontata con il tipo di scelte strategiche effettuate da chi ha scavato, consente di verificare la perizia tecnica, le difficoltà incontrate, i tentativi di superare gli ostacoli e il successo o il fallimento dell'iniziativa.

Il giacimento minerario è l'accumulo di minerali solidi e liquidi e di gas all'interno della crosta terrestre. Il giacimento è classificato come "metallifero" o "non metallifero", a seconda se da esso si estraggono metalli o non metalli. In linea generale abbiamo i seguenti giacimenti, suscettibili di ulteriori e più specifiche suddivisioni:

- Singenetici: originati contemporaneamente alle rocce incassanti e per il medesimo processo.
- Epigenetici: non originati contemporaneamente alle rocce incassanti e per differente processo.
- Primari: se si trovano nel posto e nelle medesime condizioni d'origine.
- Secondari: se non si trovano nel posto e non nelle medesime condizioni d'origine.
- Ignei o magmatici: quando prodotti dal consolidamento di una massa fusa di origine magmatica; a loro volta si distinguono in plutonici o intrusivi (formati in profondità), in vulcanici o estrusivi (formati in prossimità della superficie terrestre).
- Esogeni: formati per alterazione di rocce, per trasporto, sedimentazione, o aventi origine chimica, biochimica, organogena.
- Metamorfici: corpi di origine eruttiva o sedimentaria che hanno subito una trasformazione in materiali utilizzabili.

I giacimenti si possono genericamente indicare come disposti in filoni, in strati, in ammassi e per ognuno di essi vi sono vari metodi di ricerca e di coltivazione:

- Filone: tipo di giacitura di roccia eruttiva, risultante da magmi iniettati in spaccature della crosta terrestre; è delimitato da superfici ad andamento solitamente parallelo (salbande).
- Filone pneumatolitico: in cui i minerali hanno avuto origine da vapori ad alta temperatura.
- Strato (o filone strato): in cui la giacitura è concordante con le rocce in cui è incassato; la massa litoide è detta "tetto", mentre quella sottostante "letto".
- Ammasso (ammasso intrusivo): grande massa di roccia intrusiva, profonda e di forma irregolare.

Nell'area mineraria di Campiglia Marittima (Livorno) le coltivazioni antiche e medievali si sono adeguate all'irregolarità del giacimento, insistendo solo nelle parti superficiali e spingendosi a non più di 100-120 m di profondità, dove la mineralizzazione è alterata e di facile abbattimento; un esempio è dato dalla Buca del Biserno (Casini, Cascone 2000, p. 112). Si è inoltre sfruttata il più possibile la natura carsica del territorio per giungere al minerale utile senza dover operare onerosi sbancamenti.

V.5.2 - *Metodo d'individuazione del giacimento*

I filoni mineralizzati non sono generalmente isolati e individuatone uno le ricerche si estendono solitamente all'area circostante. Considerando che le parti ricche di minerale possono costituire zone di più facile erosione da parte degli agenti atmosferici, la presenza dei filoni può essere celata da riempimenti e coperture, dove la vegetazione si sviluppa maggiormente. Un filone incassato in roccia tenera rimarrà invece più facilmente allo scoperto, in quanto l'erosione lo lascerà tendenzialmente a nudo, asportando l'incassante.

I giacimenti stratificati, soprattutto se profondi, non lasciano in superficie alcun indizio e sono individuabili mediante la conoscenza della geologia della zona, l'impiego di apparecchiature scientifiche oppure effettuando carotaggi o pozzi di ricerca. Buoni segnali per l'eventuale presenza di giacimenti minerari sono i frammenti di minerale che si possono trovare nei fondovalle o lungo i corsi d'acqua. Già anticamente, infatti, questi segnali permettevano d'individuare i giacimenti e dare luogo allo sfruttamento (Gerbella 1947, I, pp. 29-32). Così insegna Biringuccio: «andrete cercando le ripe de le valli, l'apriture e stuchamenti de le pietre, e li dorsi, ouer l'altre istremita de le cime de monti, e similmente per i letti e corsi de fiumi, e guardando ne le loro arene, ouer fra le ruine de fossati fra lequali molte volte vi si demostrano marcassite, o pezzetti di miniere, o altre diuerse testure metalliche, per le quali cose facilmente si puo auer inditio essere in quei lochi al certo miniere» (Biringuccio 1540, I).

Un sistema diffuso è anche di trovare gli scavi precedenti, per riprenderli e ampliarli.

Per quanto riguarda la ricerca di coltivazioni antiche, la ricognizione di superficie consente la localizzazione delle attività di coltivazione e delle ricerche minerarie, ricordando che la manifestazione in superficie di un giacimento può recare tracce di scavo a cielo aperto e approfondimenti a seguire il filone. Le discariche sono un ottimo indizio e l'accumulo di materiale evacuato dal sottosuolo o prodotto dalle coltivazioni a cielo aperto può coprire a tal punto il suolo da rendere rada o assente la presenza di vegetazione d'alto fusto, talvolta permettendone l'identificazione anche tramite le foto aeree.

Lo stesso dicasi per le aree dove l'attacco alla massa mineralizzata ha determinato l'asportazione del suolo e creato morfologie chiaramente artificiali, come fianchi rocciosi 'a gradoni'. In assenza di visibili tracce di scavo un buon indizio può essere dato da scorie contenenti metalli, da ruderi di officine metallurgiche e di fonderie, rifornite «un tempo dai minerali provenienti da lavori completamente sepolti e cancellati dagli agenti atmosferici e non di rado anche dall'azione dell'uomo, che può avere coltivato o costruito, sui vecchi lavori minerari» (Gerbella 1947, I, p. 37). L'esplorazione di cavità naturali, siano esse semplici fratture o vere e proprie grotte, possono mettere in evidenza la coltivazione di masse mineralizzate. E gli stessi lavori possono conservare la traccia di fratture, o di cavità, seguite e sfruttate nel corso dell'attività estrattiva, o semplicemente utilizzate per scaricarvi il materiale non utile.

La toponomastica può indicare la collocazione di antiche aree minerarie, di cui è rimasto il semplice ricordo nel nome di un paese, di un fiume, di un poggio o di una grotta. La Grotta Ferrera (Lecco) è sempre stata considerata come una 'semplice' cavità naturale, contrariamente al toponimo. Solo recenti studi hanno constatato come pozzi e cunicoli in essa presenti siano frutto di un'attività mineraria cessata nel XV sec., ma di cui si è perso il ricordo (Buzio, Casini, Padovan 2000). Per capire invece quali segnali abbiano permesso d'individuare la mineralizzazione è necessario osservare la morfologia dell'imboccatura (o delle imboccature) della miniera, il contesto geologico ed eventuali affioramenti, la distribuzione della vegetazione, nonché altre attività minerarie poste nelle vicinanze.

Analoghi sistemi di ricerca sono applicabili anche per l'individuazione di altre cavità artificiali; eccone alcuni rapidi esempi: la presenza di un abitato etrusco presuppone l'esistenza di una necropoli; le piante di fico possono segnalare l'accesso a opere idrauliche sotterranee, oppure a ipogei di varia natura dove vi è un ristagno d'acqua; i ruderi di un mulino ad acqua in una zona arida e priva di canalizzazioni lascia comprendere l'esistenza di condotte sotterranee; fontane e lavatoi possono essere il punto d'arrivo di antichi acquedotti ancora in funzione; il toponimo "bottino" indica la presenza di conserve d'acqua, di pozzi o d'acquedotti. La toponomastica può essere inoltre d'aiuto per l'individuazione di varie cavità artificiali, o di grotte utilizzate come luoghi di sepoltura, di culto o di difesa.

V.5.3 - *Metodo di ricerca mineraria*

Individuata l'esistenza di un filone, tramite un affioramento o scavi mirati, s'intraprende il lavoro di ricerca mediante l'apertura di trincee, discenderie o gallerie per valutarne la potenza e la discontinuità. In presenza di "brucioni" (affioramenti di roccia con impregnazioni diffuse di ocra rossa o gialla, indizio superficiale di un giacimento di solfuri di ferro o di altri metalli.) o di piccole vene di minerale, le ricerche possono essere intraprese con pozzetti detti appunto "di ricerca". La ricerca mineraria antica e medievale è solitamente di limitata estensione: si tratta di piccoli saggi, di pozzi verticali o subverticali al massimo di 1 m di diametro, o di cunicoli di circa 0.5-1 m d'altezza, per pochi metri di sviluppo. Una volta identificata una massa mineralizzata coltivabile, la ricerca viene allargata e inserita nel sistema funzionale della miniera. Ecco uno dei motivi per il quale si può incontrare una certa alternanza nelle dimensioni delle parti che compongono una stessa miniera.

A partire indicativamente dal XVI secolo si utilizzano sistematicamente altri metodi, tra cui le gallerie scavate nella roccia (traverso-banco) con lo scopo di sondare il sottosuolo, per intercettare il giacimento e aprirvi i cantieri. Le attività minerarie di pochi metri di sviluppo (fino a 20 m circa) e poi abbandonate non a seguito di frane o allagamenti, sono da interpretarsi generalmente come ricerche minerarie che non hanno dato un buon esito. Possono essere presenti in superficie o all'interno delle coltivazioni. Non si esclude l'abbandono per fattori collaterali (ad esempio epidemie) o semplicemente per costi di estrazione troppo elevati rispetto alla resa.

V.5.4 - *Metodo di coltivazione*

Il sistema di attacco alla massa mineralizzata, unitamente al metodo di abbattimento, sono gli aspetti che meglio consentono la comprensione della strategia di scavo e del tipo di lavoro; talora anche della datazione della coltivazione. La coltivazione si conduce a giorno o in sotterraneo e la scelta è in primo luogo determinata da come si presenta il giacimento; in alcune coltivazioni entrambi i sistemi possono coesistere. Se il giacimento è affiorante lo si può coltivare a giorno fino a una certa profondità, poi occorrerà proseguire in sotterranea. Se il giacimento non è affiorante, si potrà utilizzare il medesimo sistema, previo un adeguato sbancamento del tetto.

Tale sistema si applica in tempi recenti, in primo luogo per la difficoltà d'individuazione del giacimento stesso, e grazie all'impiego di adeguati macchinari. Le coltivazioni a giorno hanno il vantaggio di eliminare i costi delle illuminazioni, delle armature, della disposizione delle ripiene, degli scavi per favorire la ventilazione e sovente anche dell'eduzione delle acque. Vi è una maggiore sicurezza in quanto l'aria è respirabile, si evitano scoppi di gas e di polveri, incendio delle armature e inondazioni improvvise. Abbattimento, cernita e trasporto sono inoltre più semplici e meno onerosi ed è possibile asportare la totalità del minerale utile. Gli svantaggi sono dati dai costi di demolizione del suolo e dalle intemperie, che in zone montane costituiscono un serio impedimento a tale tipo di coltivazione (Gerbella 1948, II, pp. 1-4).

Fino al XV secolo le miniere sono generalmente coltivate "a seguire il filone", cioè con gallerie e pozzi scavati all'interno della massa mineralizzata, lasciando intravedere negli antichi minatori una capacità 'intuitiva' nell'organizzazione dello scavo, ma non sempre la capacità di razionalizzazione dell'attività stessa. Non si esclude che anche in tempi più lontani si potessero realizzare gallerie di traverso-banco, seppure non con la sistematicità che vediamo applicata dal XVI sec. Un esempio di traverso-banco è stato riscontrato presso un'antica miniera situata nella Val Grigna (Brescia): «Il periodo di attività della miniera di rame di Campolungo è stato collocato nella prima Età del Ferro grazie a due datazioni al radiocarbonio che hanno indicato un arco cronologico compreso tra l'800 e il 400 a.C.» (Ancel, Cottet, Kammenthaler, Morin, Oppizzi, Tizzoni 1999, p. 29).

Una cattiva gestione delle gallerie e dei pozzi destinati alla fuoriuscita del minerale possono fare inutilmente spendere tempo ed energie. Verso la fine del medioevo a Brandes vengono 'rettificate' alcune gallerie nel filone con il fine di migliorare il trasporto: non si può parlare di traverso-banco, ma si è assai prossimi (Bailly-Maitre 1993, p. 440; Bailly-Maitre, Dupraz 1994, pp. 72-73). Dove la potenza del giacimento è da considerarsi conveniente si aprono dei cantieri, cioè dei 'vuoti' di dimensioni variabili. Se la loro stabilità può risultare precaria, in fase di avanzamento si lasciano dei 'risparmi' di minerale a formare delle colonne (Bailly-Maitre 1993, pp. 359-360, fig. 3).

Tra i tipi di coltivazioni antiche a seguire il filone (ma in taluni casi utilizzate anche in tempi recenti) e senza l'utilizzo delle armature lignee abbiamo le seguenti:

- Coltivazione a strozzi: ampiamente utilizzata soprattutto in antichità nei filoni e nelle colonne mineralizzate «partendo dagli affioramenti, internandosi in discenderia, specialmente nelle parti ricche, allargandosi, se del caso, e lasciando in posto dei pilastri, in corrispondenza delle zone meno ricche o sterili» (Gerbella, I, p. 82).
- Coltivazione a pilastri abbandonati: consistente nell'asportare una parte del materiale utile e lasciando il rimanente in posto in forma di pilastri, a sostegno della volta (Gerbella, I, p. 84); nelle coltivazioni antiche i pilastri sono disposti in modo irregolare, denotando il procedere dell'avanzamento senza tracciamento topografico.

Già nel primo millennio a. ad Hallstatt, in Austria, si estrae il salgemma (detto l'oro bianco) attraverso coltivazioni sotterranee. In particolare, in una miniera attestata all'VIII sec. a. C., partendo dalla superficie si scavano «profondi pozzi obliqui per raggiungere i depositi di salgemma sovrastati da uno spesso deposito di sali alcalini. Vennero quindi praticate dai livelli raggiunti gallerie orizzontali che seguivano l'andamento dei filoni di salgemma. A partire da queste si scavarono diramazioni laterali dirette verso l'alto, in modo che parecchi gruppi di operai potessero lavorarvi contemporaneamente. In poche parole, lo scavo non avveniva in profondità ma verso l'alto, con il risultato che venne a crearsi uno spazio vuoto a gradini» (Barth 1991, pp. 163-165) Si è così applicato il sistema di coltivazione detto "a gradini diritti".

Nelle miniere è inoltre necessario individuare la funzione delle gallerie o dei cunicoli incontrati, per comprendere l'organizzazione della miniera stessa. Innanzitutto servono al trasporto del materiale scavato, al trasporto del personale, alla ventilazione, all'eduzione delle acque, etc. Fermo restando che una sola opera può assolvere contemporaneamente più funzioni, le gallerie possono suddividersi in:
- galleria di carreggio, adeguata al trasporto del materiale abbattuto, anche e soprattutto utilizzando carriole, carri, vagonetti anche su rotaie;
- galleria di transito, per la circolazione del personale;
- galleria di ricerca, condotta dall'esterno verso l'interno per raggiungere il filone, o dall'interno per cercare un presupposto filone adiacente a quello già coltivato;
- galleria di scolo, per l'eduzione delle acque filtranti o di falda;
- galleria di ventilazione, per creare circolazione d'aria nei cantieri evitando lo scavo di pozzi, o proprio per potere ottenere l'effetto camino avendo cantieri serviti solo da pozzi.

Secondo la loro posizione rispetto ai giacimenti si distinguono in:
- galleria in traverso o traverso-banco;
- galleria di direzione o galleria di livello, scavata sia dall'interno che dall'esterno del giacimento;
- galleria in pendenza, distinta in discenderia (se scavata dall'alto verso il basso) o in rimonta (se scavata in senso opposto) e scavata sia all'interno che all'esterno del giacimento.

Il materiale abbattuto è sottoposto a una prima cernita, per eliminare la parte sicuramente sterile e trasportare all'esterno possibilmente il solo minerale utile. Lo stoccaggio del materiale sterile avviene progressivamente e, a seconda delle esigenze, in modo incoerente o innalzando muretti a secco. Si possono ripienare i cantieri abbandonati per l'esaurimento del filone, restituendo in parte una certa stabilità ai vuoti, oppure creare vere e proprie strutture di sostegno o di contenimento.

L'eventuale innalzamento del piano di calpestìo dovuto all'azione di ripiena permette l'attacco del fronte di taglio verso la parte sommitale, senza dover allestire impalcature lignee. Oltre ai cantieri 'a camere e pilastri' e 'a ripiena', dove l'apertura dei fronti di taglio può andare in ogni direzione e senza sistematicità, altre tipologie di corpi mineralizzati sia filoniani sia stratiformi subverticali possono essere coltivati con cantieri a gradini diritti o a gradini rovesci, oppure con pozzi.

La forza dell'acqua è stata messa anche a servizio dell'attività di scavo come, ad esempio, nelle miniere d'oro coltivate dai Salassi, in Italia, oppure a Las Medulas, in Spagna, dove è attestato il metodo della *ruina* o *arrugia montium* (Sanchez-Palencia 1989, p. 35). Nei giacimenti secondari, ovvero dove l'oro si trova disperso nei terreni alluvionali, l'acqua è raccolta in bacini situati nella parte sommitale del giacimento, all'interno del quale si scavano trincee oppure gallerie. L'acqua viene fatta poi fluire, lasciando così che eroda il terreno ricco d'oro trascinandolo a valle in un bacino di raccolta in cui il metallo è poi separato (Sanchez-Palencia 1989, pp. 35-53; Domergue 1993, p. 349 fig. 13).

È con il periodo rinascimentale che si ha la percepibile sistematica evoluzione delle tecniche estrattive. La diffusione di una letteratura scientifica (Biringuccio 1540; Agricola 1621), l'uso sempre più frequente della strumentaria topografica in miniera (Casi 1996), lo scavo di gallerie traverso-banco e successivamente l'utilizzo della polvere da sparo sono gli elementi principali che determinano un vero e proprio cambiamento del metodo di concepire la coltivazione mineraria (figg. V.1, V.2 e V.3). Le dimensioni delle gallerie e dei cantieri aumentano sensibilmente, il trasporto del minerale è più agevole, i sistemi di ventilazione e di eduzione delle acque migliorano e si diversificano.

Occorre comunque sottolineare come il tempo tenda non solo a disperdere o a cencellare i documenti d'archivio, ma anche qualsiasi strumento utilizzato. I 'vuoti' operati dall'uomo sono destinati ad assestarsi, a riempirsi o a franare totalmente: non è quindi detto che in età antica non si siano utilizzati particolari sistemi e manufatti, poi andati quasi totalmente perduti e ripresi, sviluppati o reinventati in momenti a noi più vicini e quindi, proprio grazie alla vicinanza temporale, a noi pervenuti.

V.5.5 - *Metodo di abbattimento*

L'interpretazione delle impronte di scavo, ovvero dei segni lasciati dagli attrezzi sulle pareti, possono essere distintivi sia della forma dell'attrezzo che del metodo di scavo adottato. Si hanno solcature marcate da punte piramidali, coniche, a scalpello, dentate, oppure segni di cunei e tracce di fuoco. I fronti di taglio presenti nelle cave e soprattutto nei diverticoli non ultimati, o comunque ciechi, degli impianti ipogei, lasciano generalmente comprendere con quale criterio si sia proceduto, aprendo talvolta lo spazio ad una possibile interpretazione cronologica (Bessac 1993, p. 175).

Secondo Bessac ci sono quattro aspetti, spesso tra loro connessi e che il ricercatore deve individuare, caratterizzanti il taglio e la lavorazione della roccia (Bessac 1993, p. 150):
- i caratteri litostratigrafici e tecnici della roccia;
- le tracce di estrazione;
- le tracce di taglio propriamente dette per i materiali da costruzione, distinte in due fasi: prima e dopo la posa;
- le modificazioni della pietra relativamente alle operazione di messa in opera.

Attraverso l'analisi delle tracce lasciate dagli utensili sulle pareti è quindi possibile comprendere il metodo utilizzato dai minatori per il distacco delle porzioni di roccia e minerale. Per quanto riguarda il rapporto tra attrezzo-forma e il periodo storico non bisogna poi scordare che il miglioramento tecnologico coinvolge più l'aspetto della durata e dell'efficacia dell'attrezzo che il mutamento della forma dello stesso (Casini 1993, p. 309).

Gli attrezzi rinvenuti durante le indagini di scavo e l'iconografia mineraria indicano che nelle miniere preindustriali l'attrezzatura era composta da punteruoli e scalpelli (anche immanicati), mazzette, cunei e picconi (figg. V.4 e V.5). Il punteruolo è un attrezzo costituito da una barra di metallo lunga dai 10 ai 25 cm, con una estremità appuntita (punta) e l'altra piatta (testa). La sezione poteva essere rettangolare, quadrata e circolare. In miniere spagnole di età romana sono attestati punteruoli in ferro di dimensioni variabili dai 14 ai 23 cm e con sezione rettangolare e quadrata (Domergue 1990, pl. XVI a). Durante l'indagine di scavo in una miniera di Campiglia Marittima (Livorno) è stato rinvenuto un punteruolo di ferro lungo 18 cm, a sezione quadrata e punta piramidale; secondo i dati di scavo stratigrafico è collocabile tra il XIII e il XIV sec. (Casini 1993, p. 310).

Nel sito medievale di Brandes (Grenoble - Francia) non sono stati trovati punteruoli, ma solamente scalpelli, non immanicati e quindi tenuti direttamente in mano durante la battitura (Bailly-Maitre, Dupraz 1994, p. 66 fig. 38). Vi sono inoltre vari esempi di punteruoli, sia diritti che curvi, dotati di foro passante per alloggiare il manico ligneo. Un'epigrafe del 1348, conservata in una chiesa di Massa Marittima (Grosseto) e contenente una dedica degli argentieri a Santa Lucia, riporta l'effigie di due punteruoli incrociati, immanicati con foro passante vicino alla testa.

Dalla miniera denominata VIII Sfera, situata nel massiccio meridionale delle Grigne (Lecco), provengono tre punte in ferro a sezione quadrata della lunghezza di 8-10 cm circa, databili al XIII secolo; sono prive di foro passante, ma recano tracce di legno mineralizzato subito accanto alla testa, segno che l'immanicatura era fasciante (Tizzoni 1993, p. 414, fig. 318). Il piccone è un attrezzo immanicato di dimensioni e peso variabili, generalmente costituito da due estremità: una appuntita (punta) e l'altra tagliente (penna). Sono stati però ritrovati attrezzi con entrambe le estremità a punta, oppure una estremità appuntita e l'altra battente come una mazza (Domergue 1990, p. XV b; Cima 1991, p.77, figg. 6-7; Domergue 1993, p. 337, fig. 2).

Nelle miniere di salgemma nella zona di Hallstatt (Austria) si sono usati picconi in bronzo con immanicatura ad alette, risalente alla tarda Età del Bronzo: «Il manico era ricavato dai pini alpini nani, tagliando il tronco con l'attacco di un ramo adatto allo scopo. Il breve manico è assottigliato nel tratto superiore, onde evitare che sferrando il colpo il piccone rimbalzasse. Come provano i danneggiamenti sulla testa a forma di mazza dell'immanicatura, trovava già impiego anche la tecnica del mazzapicchio. In altre parole, la punta dell'arnese veniva appoggiata alla parete senza esservi premuta e si sferravano colpi sulla base mediante appunto un mazzuolo» (Barth 1991, p. 165).

Oltre agli strumenti di base ne venivano utilizzati altri, come zappe, vanghe e leve di ogni genere (figg. V.6, V.7, V.8 e V.9). La mazzetta è un grosso martello utilizzato come battente per punteruoli e cunei. I cunei sono punte di ferro o di legno di dimensioni variabili, da inserire nelle fratture della roccia per facilitare la dilatazione e quindi il distacco di porzioni di materiale. In principio gli attrezzi sono di pietra, poi di bronzo e successivamente di ferro.

Durante il periodo preistorico, per lo scavo dei noduli di selce sono attestati degli strumenti di pietra fusiformi e a sezione quadrangolare, con una o due estremità appuntite e detti "picconi pesanti", per le azioni di percussione della roccia. Si sono inoltre ritrovati strumenti di selce, mazze e mazzuoli di pietra, di forma sia ovoidale sia subcilindrica e vari attrezzi di corno come cunei e leve. In particolare, alcune mazze hanno un peso di 2-5 kg, la scanalatura trasversale per l'immanicatura, e lasciano sulle pareti delle tracce caratteristiche e ben riconoscibili di forma concava e circolare, permettendo un facile riconoscimento del metodo d'abbattimento e dell'inquadramento cronologico dello scavo minerario (Di Lernia, Galiberti 1993, pp. 41-45).

In alcune miniere per minerali metallici si è rinvenuto uno strumentario di attrezzi in pietra, legno e osso. Soltanto nell'ultima fase dell'Età del Rame gli strumenti in pietra vengono sostituiti, anche se non totalmente, da quelli in bronzo. Con il diffondersi del ferro il metallo è adottato per la fabbricazione di tutto lo strumentario minerario. È inoltre attestato l'uso di arroventare le pareti con il fuoco, in quanto la roccia rimane più vulnerabile ai colpi di punteruolo (fig. V.10). Le gallerie e i fronti di taglio arrostite dal fuoco hanno un aspetto caratteristico, presentando forme curvilinee e pareti lisce, mentre ovunque vi è la presenza di carbone di legna (Agricola 162, p. 80; Domergue 1990, pl. XIII a; Bailly-Maitre 1993, p. 367 fig. 11; Bailly-Maitre, Dupraz 1994, pp. 62-65).

Stando alle fonti e agli studi condotti, è dalla seconda metà del XVI sec. che s'introduce l'uso dell'esplosivo per l'abbattimento della roccia (vedere utilmente paragrafo III.2): con un'asta metallica (fioretto) di forma cilindrica e punta (tagliente) solitamente a scalpello, si effettua un foro battendola con una mazzetta. Praticato il "foro da mina", lo si carica di materiale esplodente. Per questo le tracce dei fori sono un significativo *terminus post quem*. (Pierre 1993, p. 415). La distribuzione spaziale e la sapiente inclinazione dei fori permette di ottenere le forme volute e l'avanzamento in galleria e nei cantieri di coltivazione risulta più veloce (Gerbella 1947, I, pp. 385-455).

L'uso dell'esplosivo non sostituisce subito il punteruolo e la mazzetta e per almeno altri due secoli abbiamo l'evidenza di una tecnica mista. La successiva introduzione delle macchine perforatrici ad aria compressa, alla fine del XIX sec., sostituisce rapidamente ogni altro strumento per l'abbattimento, fino all'impiego dei moderni macchinari che determinano la meccanizzazione dei sistemi di coltivazione, di trasporto e di lavorazione. La distinzione tra fioretti battuti con la mazza e quelli utilizzati con le macchine ad aria compressa possono dare delle indicazioni attendibili e abbastanza precise sul periodo di coltivazione.

In fase di rilevamento dei dati è quindi necessario analizzare le tipologie dei fori cercando di stabilire il diametro dell'asta e riconoscere il tipo di tagliente utilizzato (a scalpello semplice piano, a scalpello semplice arcuato, a scalpello a zeta, a scalpello doppio, a scalpello a croce e a corona). Dai segni e dalla traccia lasciata su fondo del foro si potrà capire se il fioretto sia stato battuto a mano o con il martello perforatore (Gerbella 1947, I, p. 346). Al di fuori delle coltivazioni minerarie la medesima indagine potrà essere applicata alle pareti di qualsiasi altro sotterraneo in cui la roccia sia a vista.

V.5.6 - *Strutture di sostegno e infrastrutture per la progressione*

Le armature presenti in una miniera sono sempre in funzione di quattro fattori strettamente connessi (fig. V.11):
- applicazione della tecnologia in possesso;
- tipo di roccia incontrato;
- tipo di mineralizzazione da coltivare;
- metodo di coltivazione adottato.

Le strutture di sostegno e di contenimento per pozzi e gallerie sono solitamente di legno, ma non mancano esempi di centinature e armature in pietra e in tempi recenti anche in metallo. Il legno è un materiale deperibile e l'unico sistema per tentare di ricostruire i sistemi di armatura è l'osservazione delle tracce degli alloggi presenti nelle pareti. La tecnica di avanzamento denominata "marciavanti" si applica nella costruzione di gallerie in terreno incoerente o in frana e consiste nel portare avanti lo scavo armandolo man mano che si procede. Nella Buca del Biserno, a Campiglia Marittima (Livorno), il ritrovamento d'impronte lasciate da strutture lignee ricoperte di calcite hanno permesso di capire come la progressione in tratti assai inclinati, ma non verticali, venisse risolta anche con la realizzazione di scalinate (Cascone, Casini 1997, pp. 29-50).

Nella Grotta Ferrera (Lecco) si osservano rampe di scale i cui gradini sono in lastre di roccia calcarea, con le seguenti caratteristiche: piatti, dai bordi irregolari e larghi mediamente 50-60 cm, con pedata variabile dai 30 ai 40 cm, con altezza sostanzialmente uniforme e compresa tra i 15 e i 20 cm (Buzio, Casini, Padovan 2000, p. 154). Nelle miniere dove la presenza d'acqua è persistente si sono invece rinvenute perfettamente conservate, in quanto sommerse (e in taluni casi inglobate nel ghiaccio), le strutture lignee di quadri, di scale, di opere di contenimento e per l'armatura dei pozzi (Bailly-Maitre, Dupraz 1994, p. 71).

Alloggi o incavi attorno alla bocca dei pozzi possono indicare se fossero presenti attacchi per scale o corde, mentre lungo le pareti degli stessi possono lasciare intendere la presenza di armature. Anche in questo caso l'iconografia mineraria di Agricola, comparata con l'evidenza archeologica, fornisce indicazioni preziose. Nelle cave di calcare di Viggiù (Varese) si possono leggere successive fasi di coltivazione; alcuni cantieri mostrano evidenti segni di sgrassatura dei pilastri, successivamente rinforzati con strutture in pietra sia posata a secco sia legata con malta, nel tentativo di ridare alla volta e ai pilastri stessi una certa stabilità. Parte della viabilità sia esterna che interna avviene su massicciate in pietrame disposto in corsi irregolari.

V.5.7 - *Sistema d'aerazione*

La possibilità di proseguire il lavoro nelle miniere è determinato anche dalla sufficiente presenza d'aria (fig. V.12). Di conseguenza l'articolazione dei cantieri (soprattutto prima dell'introduzione delle macchine per la ventilazione

artificiale) è in linea di massima subordinata alla necessità di creare una ventilazione 'naturale'. Secondo Gerbella gli scopi della ventilazione sono i seguenti (Gerbella 1947, II, p. 294):
- fornire a uomini e ad animali che si trovano in miniera la quantità di ossigeno necessaria per la respirazione;
- diluire i gas nocivi che si possono trovare;
- diminuire la temperatura e il grado igrometrico dell'aria nei cantieri.

Volendo applicare ai circuiti dell'aria interni a una miniera le leggi della fisica, le quali regolano i movimenti dei gas nei condotti, s'incontrano varie difficoltà di calcolo (Gerbella 1947, II, pp. 294-338). Per il rilevamento ambientale dal XIX sec. s'adoperano anemometri da miniera, che rilevano il movimento d'aria e ne registrano l'intensità. Si può comunque ricordare che la meteorologia ipogea spiega come la circolazione dell'aria nelle grotte sia favorita principalmente da due differenti fattori:
- differenza di densità tra aria esterna e aria interna, dovuta principalmente alla temperatura;
- variazioni della pressione.

Entrambi i fattori sono comuni anche a qualsiasi tipo di cavità artificiale e ben noti a quanti lavorano nel sottosuolo; al proposito è utile riportare quanto scrive il Cigna, che ben s'adatta anche alla comprensione del fenomeno nelle miniere: «In generale si distinguono due tipi principali di circolazione d'aria: quella a 'sacco d'aria' e quella a 'tubo di vento'. Questa distinzione equivale a suddividere le cavità a seconda che abbiano una o più aperture a quote differenti. Nelle cavità del primo tipo, con un solo imbocco, si ha infatti circolazione a 'sacco d'aria' con l'aria che, d'estate, entra lambendo il soffitto, si raffredda ed esce lambendo il pavimento. D'inverno essendo la grotta a temperatura più elevata di quella esterna, il verso s'inverte e l'aria esce riscaldata. Ciò vale però per le cavità a sviluppo prevalentemente orizzontale; nel caso di pozzi si verifica il fenomeno della trappola ad aria fredda, per cui si conserva, talvolta a lungo, l'aria fredda che vi penetra nel periodo invernale, mentre in estate cessa ogni circolazione perché si verifica una stratificazione dell'aria con quella più fredda (e più pesante) al fondo e quella più calda (e più leggera) in superficie. Gli scambi termici sono dovuti allora soltanto alla conduzione attraverso l'aria che, essendo un buon isolante, li riduce a livelli molto bassi. Se si hanno cavità oblique con l'apertura in basso si verifica il fenomeno analogo della trappola di aria calda, dove si accumula appunto l'aria calda estiva mentre, d'inverno, cessa ogni circolazione. La circolazione 'a tubo di vento' si riscontra invece nelle cavità con due o più aperture; il meccanismo è altrettanto semplice: l'aria, per esempio, più calda all'interno durante l'inverno, essendo più leggera di quella esterna alla stessa quota, tende a salire uscendo dall'apertura superiore (bocca calda) richiamando nel contempo altra aria dall'esterno attraverso l'apertura inferiore (bocca fredda). Anche in questo caso si osserva l'inversione del ciclo nella stagione opposta, cioè d'estate» (Cigna 1978, pp. 363-364).

In sintesi, l'accesso superiore 'soffierà' aria d'inverno e 'aspirerà' d'estate; nell'inferiore avverrà il contrario. Nei paesi con clima caldo e arido, oltre alle inversioni stagionali si verificheranno anche inversioni giornaliere dovute agli sbalzi di temperatura tra il giorno e la notte (Gerbella 1947, II, pp. 323-324). La presenza di più aperture agevola quindi la circolazione d'aria e i minatori scavano spesso pozzi e gallerie con questa precisa funzione.

Quando le bocche dei pozzi di una miniera sono allo stesso livello non dovrebbero formarsi correnti d'aria interne; in casi particolari si monta un camino alla sommità di un pozzo, alla cui base si accendeva un fuoco per attivare la ventilazione. La caduta di acqua nei pozzi può avere anch'essa un effetto sulle correnti d'aria (Gerbella 1947, II, p. 324).

Talvolta si utilizzano dei mantici, dotati all'estremità di tubature in tela, legno o metallo, per insufflare aria nei cantieri (figg. V.13 e V.14) o per aspirarla creando ventilazione e quindi ricambio. Il sistema trova applicazione, ad esempio, anche nel corso della realizzazione di sistemi di contromina particolarmente estesi oppure privi di pozzetti o tubature per l'aerazione (Amoretti 1965, pp. 57-102). In caso di abbattimento della roccia con il fuoco, per alimentare la combustione ed eliminare il fumo occorre creare un adeguato sistema di ventilazione, tenendo conto dei parametri fisici appena esposti.

Nelle miniere del Campigliese la presenza di una roccia incassante fratturata e permeabile ha sempre garantito una buona circolazione d'aria, anche senza particolari accorgimenti. L'introduzione della strumentaria topografica in miniera permette di migliorare la precisione nel tracciamento delle gallerie e dei pozzi d'aerazione.

V.5.8 - *Eduzione delle acque*

Scavando nel sottosuolo è cosa abbastanza comune intercettare vene d'acqua o addirittura la falda acquifera. È abbastanza raro, in ambito minerario, non avere a che fare con i problemi determinati dalla presenza d'acqua. I sistemi di eduzione sono sostanzialmente di due tipi:
- eduzione tramite il sollevamento o il pompaggio (figg. V.15 e V.16);
- eduzione mediante lo scavo di gallerie in leggera pendenza.

Ad esempio, in varie miniere di età romana della penisola iberica, sono venute alla luce complesse strutture di sollevamento delle acque costituite da norie, coclee e pompe. Nella Miniera di Riotinto, in Spagna, otto coppie di norie a cassette del diametro di quasi quattro metri, situate in vani appositamente scavati, erano capaci di sollevare l'acqua di circa 30 m, da 309 m a 338, 6 m s.l.m.; ogni coppia di norie sollevava con le cassette una certa quantità d'acqua che andava a riempire il bacino della coppia situata a quota immediatamente superiore (Domergue 1993, p. 344 fig. 8; Cima 1991, p. 76 fig. 6.6; Haely 1993).

Le norie ritrovate nelle miniere spagnole trovano precisi confronti con quelle riportate da Agricola (Domergue 1989). Inoltre: «Al museo archeologico di Murcia sono conservati, provenienti dalle miniere della Sierra de Cartagena, un piccolo secchio in spago (diam. 21 cm), due secchi di spago di dimensioni maggiori (diam. 70 cm), un secchio in bronzo munito di quattro buchi sull'orlo, e un pezzo d'argano in legno» (Zoriontzu Xabier 2003, p. 182).

Un altro sistema è quello della coclea o "vite di Archimede": cilindro di legno con una filettatura ad elica che poteva lavorare disposto in batteria, come ritrovato nella Miniera di El Centenillo a Jaén (Domergue 1993, pp. 342-343 figg. 6-7; Haely 1993, p.110). Nel 1930 sono state rinvenute nella provincia di Ciudad Real, nel municipio di San Lorenzo di Calatrava in Spagna, due coclee nella miniera Diogenes (Zoriontzu Xabier 2003, p. 185). Sempre dalla Spagna si è rinvenuta una pompa per il drenaggio: «Dalla Sierra de Cartagena proviene una pompa a doppio corpo in piombo di tarda età repubblicana, ritrovata sotto una serie di detriti antichi nel Barranco del Hoyo del Agua Diogenes» (Zoriontzu Xabier 2003, p. 188). Tale pompa premente a doppio corpo ci viene descritta da Vitruvio, che la chiama «pompa aspirante di Ctesibio» (Vitruvio, X, 1-3).

Nella maggior parte dei casi, a partire generalmente dal XV sec., ma con precedenti esempi d'età romana almeno in Spagna (Domergue 1990), l'eduzione delle acque è risolta anche con lo scavo di gallerie in leggera pendenza verso l'esterno e sbucanti a giorno. Probabilmente tale esigenza ha indotto l'introduzione del sistema di scavo 'traverso-banco', ovvero di gallerie ricavate nella roccia. Nella zona alpina francese sono caratteristiche le cinquecentesche gallerie traverso-banco a sezione ogivale troncata (Bailly-Maitre 1993, p. 364 fig. 8; Pierre 1993, p. 415 figg. 1 e 2; Tasser, Scantamburlo 1991, p. 36).

L'acqua determina non pochi ostacoli anche durante le operazioni di studio. Nelle miniere abbandonate, dove i sistemi di eduzione non sono più attivi, le gallerie e i pozzi possono risultare sommersi. Lo stesso si verifica anche in altre cavità: sia conseguentemente alle mutate situazioni di superficie, sia dovute alle obliterazioni, le acque filtranti possono allagare o sommergere gli ambienti sotterranei.

V.5.9 - *Sistema d'illuminazione*

L'attività mineraria si svolge prevalentemente nel sottosuolo e per questo motivo il metodo d'illuminazione utilizzato è importante per la conduzione e la comprensione dello stesso lavoro di scavo. Si utilizzano lucerne alimentate a olio o a grasso e in alcuni casi anche fiaccole (fig. V.17). Un fascio di torce è stato rinvenuto nelle miniere di salgemma di Hallstatt e datato VII-V sec. a. C. (Barth 1991, p. 164). Per il periodo preistorico sono attestate lucerne litiche di forma semplice, costituite da un blocco di pietra sbozzata con al centro uno scodellino avente sul bordo una leggera scanalatura per contenere lo stoppino (Di Lernia, Galiberti 1993, pp. 38-40 e fig. 18).

A Campiglia, durante gli scavi delle strutture fusorie presso Madonna di Fucinaia (1934-1939), sono venute alla luce alcune lucerne da minatore in terracotta risalenti al periodo etrusco e probabilmente databili al VII sec. a. C. Si tratta di lucerne monolicni, con vaschetta a scodella che si restringe all'attacco tubolare del beccuccio; la testata, opposta al beccuccio, è di forma trapezoidale inclinata e con un foro nello spigolo superiore per la sospensione (Minto 1954, p. 304 fig. 9). Lucerne di forma ovale, ugualmente monolicni e probabilmente di metallo, sono rappresentate anche dall'Agricola (Agricola 1621, p. 171). Tali sistemi d'illuminazione sono utilizzati anche in qualsiasi altro ambiente sotterraneo, o comunque privo di luce.

In fase di restituzione grafica degli ambienti è utile individuare le nicchie e i punti dove le lucerne potevano venire collocate; la distanza tra questi può dare, con molta cautela, informazioni sui ritmi d'avanzamento del lavoro, in modo particolare nelle gallerie e nei cunicoli. Nicchie, incavi e mensole si riscontrano anche in altre opere, in particolare nelle gallerie degli acquedotti. Ad esempio, all'interno del cunicolo d'acquedotto realizzato ai primi del Cinquecento dal minatore chiomontese Colombano Romean, in Val di Susa (Piemonte), vi sono nicchie d'appoggio per le lucerne, una delle quali evidenziata con riquadratura e sormontata dal giglio di Francia; decorazione, questa, realizzata a risparmio nella roccia con una tecnica avvicinabile a quella del bassorilievo. Della seconda metà del XVIII secolo è una tavola raffigurante un cantiere di miniera in cui si sta adoperando il fuoco per l'abbattimento: nella parete di fondo è infissa una grande lucerna, presumibilmente in metallo (Diderot, d'Alembert, Minéralogie, 7me Collection, Fig. 2 AA).

Nel XIX sec. si ha l'introduzione delle lampade ad acetilene (con opportune varianti il sistema d'illuminazione per mezzo del gas acetilente è tutt'oggi utilizzato in campo speleologico), a fiamma libera e delle lampade elettriche, pur sopravvivendo anche lampade a petrolio. Esempi sono raffigurati e citati nell'opera del Simonin: «Dand les mines que n'infecte pas le grisou, les lampes sont de diverses formes. On peut adopter la classique lampe ronde en fer si usitée à Saint-Étienne, la petite lampe en fer blanc retenue par un gros clou au chapeau, comme à Anzin et en Belgique, ou celle en laiton du pays de Galles» (Simonin 1867, p. 188). Basate sulla scoperta fatta dall'inglese Davy nel 1815 compaiono le lampade di sicurezza a fiamma provviste di tele metalliche; successivamente s'adottano anche vari sistemi d'illuminazione elettrica (Simonin 1867, pp. 180-187; Gerbella 1947, II, pp. 339-348).

V.5.10 - *Sistema di trasporto del minerale*

Il trasporto del minerale è uno degli aspetti che delinea la capacità organizzativa di chi intraprende un lavoro minerario. Nelle miniere europee il minerale è trasportato nei modi più vari: sacchi di tela e di cuoio, ceste di fibra, catini oblunghi di legno, secchie, carriole e vagoncini (figg. V.18, V.19 e V.20). Per trainare i carichi si utilizzano anche animali da soma. Una tavoletta corinzia del VII sec. a. C., raffigurante una scena di lavoro in miniera, mostra un uomo che abbatte il minerale in parete, uno che riempie una cesta di fibra vegetale o di pelle e un terzo che passa una cesta già colma ad un compagno alla luce di una grande lucerna (Cima 1991, p.73, fig. 6.3).

Nelle miniere spagnole di età romana sono venute alla luce numerose ceste di fibra vegetale intrecciata (Domergue 1990, pl. XX a); in steli funerarie di minatori (anche bambini) il defunto è rappresentato con una cesta tenuta per il manico in una mano e un piccone o un punteruolo nell'altra. A Montieri, nel periodo medievale, sono attestati i "bolgiaioli", ovvero i portatori di sacche di pelle di bufalo dette "bolge" (Vatti 1983, p. 93).

L'iconografia mineraria illustra molteplici tipologie di mezzi da trasporto del minerale, tra cui i carretti ferrati, ovvero carretti lignei (vagonetti o vagoncini) con le giunture rinforzate da lamine di ferro, con una o due ruote anteriori. Sempre di legno con giunture di ferro sono rappresentate carriole con una ruota anteriore, carretti con quattro ruote: le anteriori di diametro inferiore rispetto alle posteriori (Della Fratta 1678, p. 18) (vedere utilmente figg. III.7 e III.8).

Le ceste e le sacche venivano trasportate a spalla o a mano dai minatori. La galleria di carreggio della Grotta del Pallone (Lecco), che nel suo sviluppo lascia ai lati numerosi cantieri, ha il fondo roccioso completamente levigato e visibilmente abbassato di alcuni centimetri dal continuo passaggio delle maestranze e dai carichi costituiti da sacche o, più probabilmente, da contenitori rigidi verosimilmente in legno (Buzio, Casini, Padovan 2000, p. 144).

La medievale "Gallerie du Porche" a Brandes (Francia) è una via di trasporto del minerale dove sono stati rinvenuti trentaquattro tondelli di legno incastrati nel piano di calpestio e disposti in maniera trasversale rispetto alla galleria. Sulla parte superiore di ogni tondello si notano due tracce parallele, distanti tra loro circa 30 cm, interpretabili come il segno del passaggio di slitte (Bailly-Maitre 1993, p. 442, fig.14; Bailly-Maitre, Dupraz 1994, p. 72, fig. 46).

In età moderna, nei Vosgi sono attestate delle vie di carreggio attrezzate con due o più travi, solitamente d'abete e più raramente di faggio, disposte parallelamente al suolo in senso longitudinale alla galleria, per favorire il passaggio di carretti o slitte; la lunghezza dei travi è varia e in funzione della sinuosità della galleria (Fluck, Benoit 1993, pp. 387-389). Il superamento dei dislivelli verticali avveniva attraverso il sollevamento dei contenitori per mezzo di argani.

La struttura di questi macchinari era di legno e solitamente le tracce della loro armatura sono visibili all'imboccatura dei pozzi. Si tratta di alloggi, di forma rettangolare o circolare, scavati nelle pareti per ospitare travi o tavole quali basi per sistemare l'argano. Anche in questo caso, per poter comprendere il sistema di trasporto del minerale in un complesso minerario, è necessario stenderne la planimetria e riportare le indicazioni rilevate: solo così si potrà avere un quadro interpretabile, il più vicino possibile al reale.

V.5.11 - *Collocazione cronologica di un sito minerario*

Ritornando alla metodologia d'indagine delle miniere d'età preindustriale è chiaro che gli aspetti legati alla datazione siano un elemento importante. Il tipo di tecnica estrattiva utilizzata permette di proporre un inquadramento cronologico solamente a grandi linee. Come già detto, nelle vecchie coltivazioni effettuate con il metodo dei pilastri abbandonati i pilastri sono generalmente disposti in modo irregolare. Secondo vari studiosi i minatori procedevano senza alcun tracciamento topografico preliminare, preoccupandosi di asportare le zone dove il minerale si presentava particolarmente ricco; in quelle recenti i pilastri sono disposti regolarmente a scacchiera. Ma ciò non è sempre valido e anche in coltivazioni abbastanza recenti i pilastri possono essere stati lasciati senza un preciso schema.

Troppo spesso si dimentica che chi scava è l'Uomo. Il minatore, prima dell'avvento delle moderne tecnologie, doveva necessariamente 'sentire' la miniera e i 'vuoti' che andava creando. La sensibilità di taluni permetteva non solo d'intuire lo sviluppo della vena, ma anche come coltivarla, dove lasciare i pilastri di sostegno e dove fosse possibile procedere alla creazione di vaste camere senza tema di cedimenti strutturali.

Con lo sviluppo dell'arte mineraria il margine lasciato alla perizia e alla sensibilità è quasi totalmente eliminato. Lo scavo mediante tagliatrici o 'talpe' ha senza dubbio accelerato i processi di abbattimento, togliendo la libera iniziativa e richiedendo un avanzamento preordinato. Solo poche decine d'anni fa gli operai che lavoravano alla costruzione di gallerie stradali e ferroviarie dicevano che sapevano che la volta, non ancora centinata, avrebbe ceduto in questo o nell'altro punto per via dei rumori, talvolta associabili a 'gemiti' o 'miagolii' della roccia. La "roccia che si lamenta" è una roccia destinata a collassare a breve.

La dinamica del popolamento, con l'individuazione della distribuzione areale delle strutture abitative e produttive, può fornire indicazioni riguardo l'inquadramento cronologico delle zone estrattive. Maggiori informazioni, non solo per la datazione o per l'individuazione delle fasi di sfruttamento, ma anche per la comprensione delle varie parti funzionali della miniera (come ad esempio le "aree di pesta"), vengono fornite da un'eventuale indagine di scavo archeologico, da effettuarsi sia all'interno, sia all'esterno, nei pressi dell'imboccatura o nelle aree di primo trattamento del minerale (figg. V.21 e V.22). È l'associazione di 'fossili guida', come frammenti di ceramica o d'altri elementi datanti a fornire indicazioni più precise. In mancanza di ritrovamenti di questo tipo un aiuto è dato dall'analisi del Carbonio 14 o dalla dendrocronologia effettuata su carboni o elementi di strutture lignee.

Tali scavi archeologici hanno come limite l'asportazione di grandi volumi di detrito e la difficoltà di reperire materiale datante, data la sua limitata dispersione nella stratificazione. Oltre alle indagini archeologiche nelle miniere è auspicabile lo scavo stratigrafico nelle aree insediative, dove è possibile capire il tipo di controllo e di potere esercitato sul territorio (Francovich 1991; Francovich, Wickham 1994). È quindi necessario coordinare le prospezioni di superficie e le indagini di scavo per porre in rapporto adeguato insediamenti, aree estrattive e aree di produzione metallurgica per comprendere i cambiamenti economici, le aree di sfruttamento prevalenti nei vari periodi storici e l'organizzazione del lavoro minerario nel territorio per procedere, infine, alle varie sintesi storiche.

Fig. V.1. *«Jugum A. Jugi pertica B. Puteus C. Primus Funiculus D. Primi funiculi Pondus E. Secundus funiculus F. Idem in terram infixus G. Caput primi funiculi H. Os cuniculi I. Tertius funiculus K. Tertii funiculi pondus L. Mensura prima M. Mensura secunda N. Mensura tertia O. Triangulus P.» (*Agricola 1621*, Libro V, p. 90).*

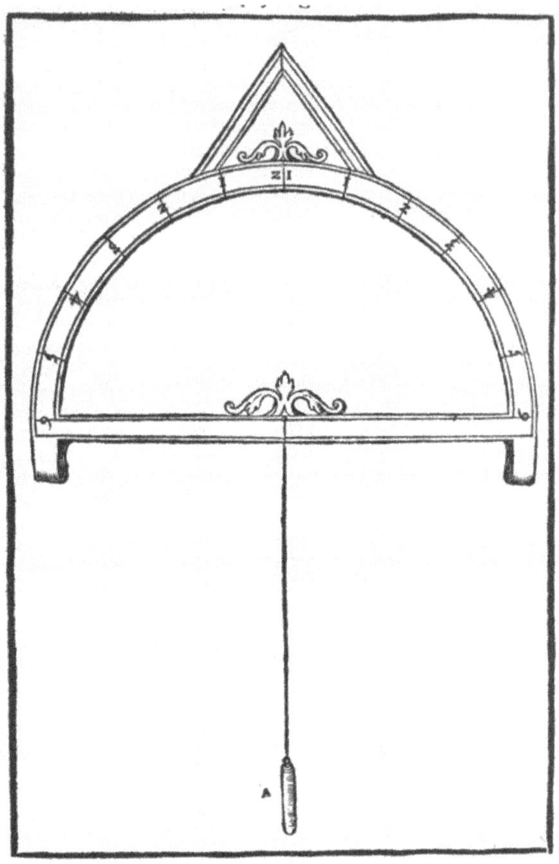

Fig. V.2. *«Librae pensilis ligula A.» (*Agricola 1621*, Libro V, p. 104).*

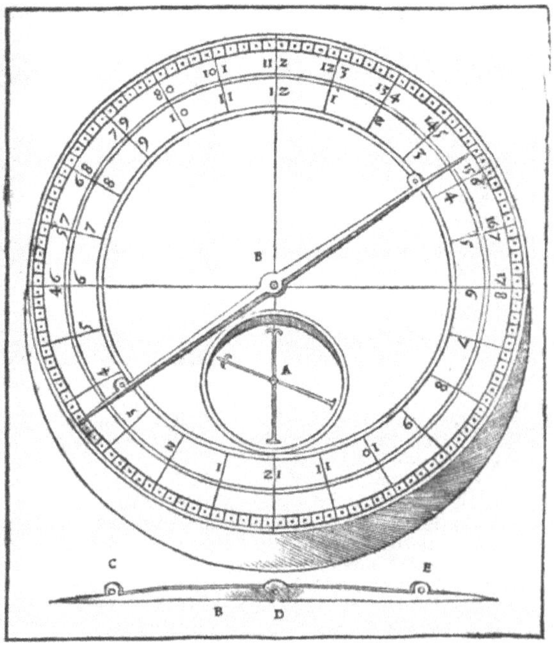

Fig. V.3. *«Instrumenti index A. Ejus ligula B. Ligulae foramina C D E.» (*Agricola 1621*, Libro V, p. 105).*

Fig. V.4. *Da notare l'attrezzo di scavo: «Rivus A. Fossa B. Ligo C.» (*Agricola 1621*, Libro VIII, p. 270).*

Fig. V.5. *Da notare l'attrezzo di scavo: «Ligo similis rostro anatis, quo fossor materia lapilloru experte excindit L.»* (Agricola 1621, *Libro VIII, p. 271)*.

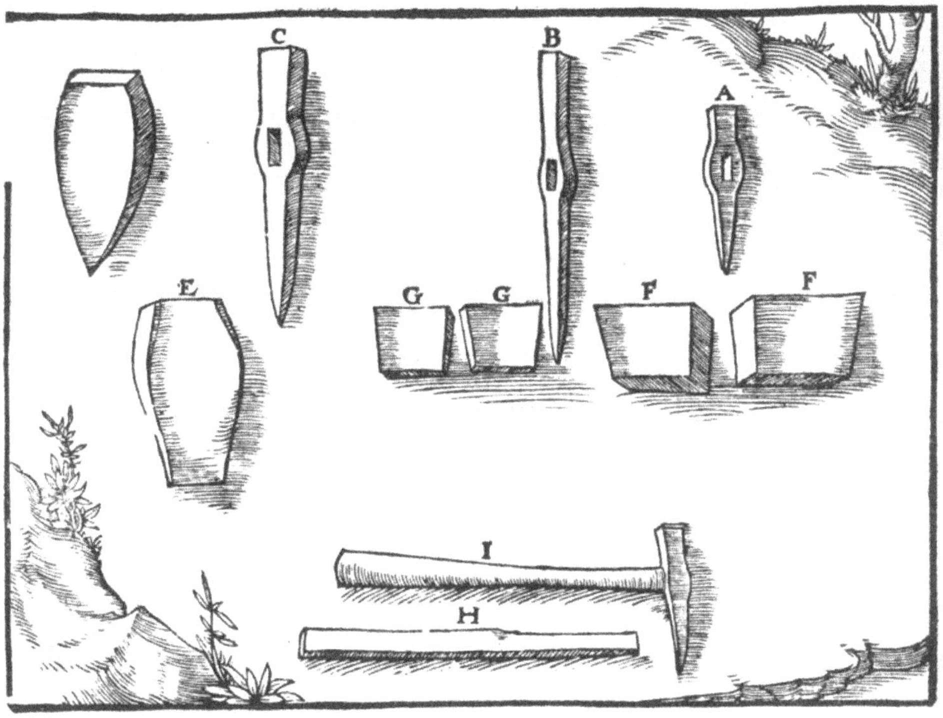

Fig. V.6: *«Ferramentum primum A. Secundum B. Tertium C. Quartum D. Cuneus E. Lamina F. Bractea G. Manubrium Ligneum H. Manubrium in primo ferramento inclusum I.» (*Agricola 1621*, Libro VI, p. 108).*

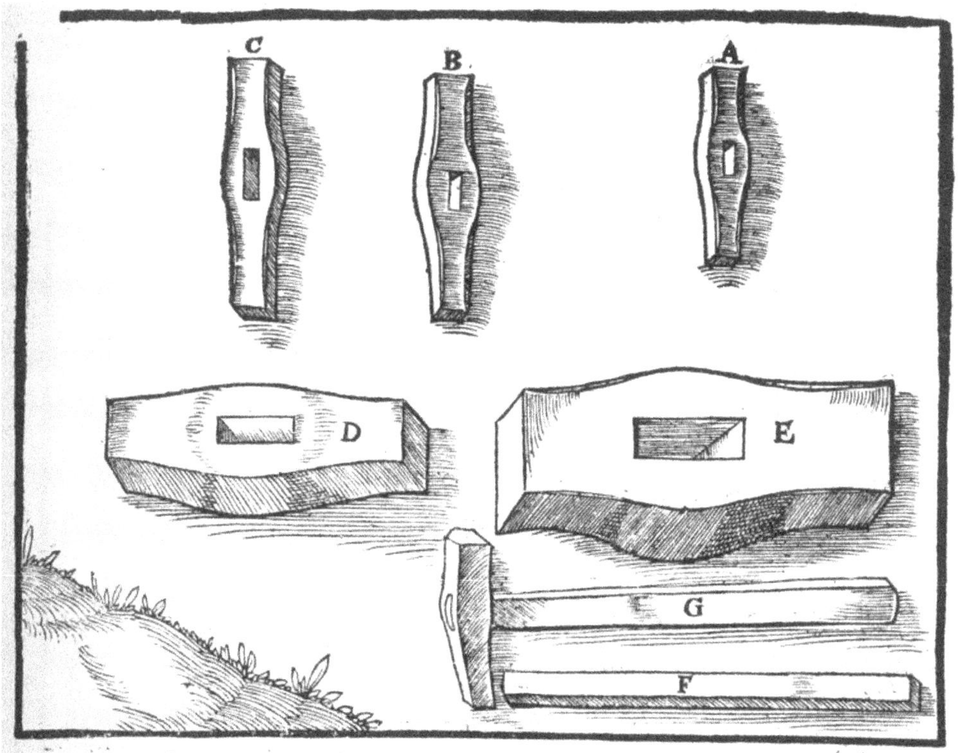

Fig. V.7:: *«Malleorum minorum Minimus A. Medius B. Maximus C. malleorum majorum Parvus D. Magnus E. Manubrium ligneum F. Manubrium in minimo malleo inclusum G.» (*Agricola 1621*, Libro VI, pp. 108-109).*

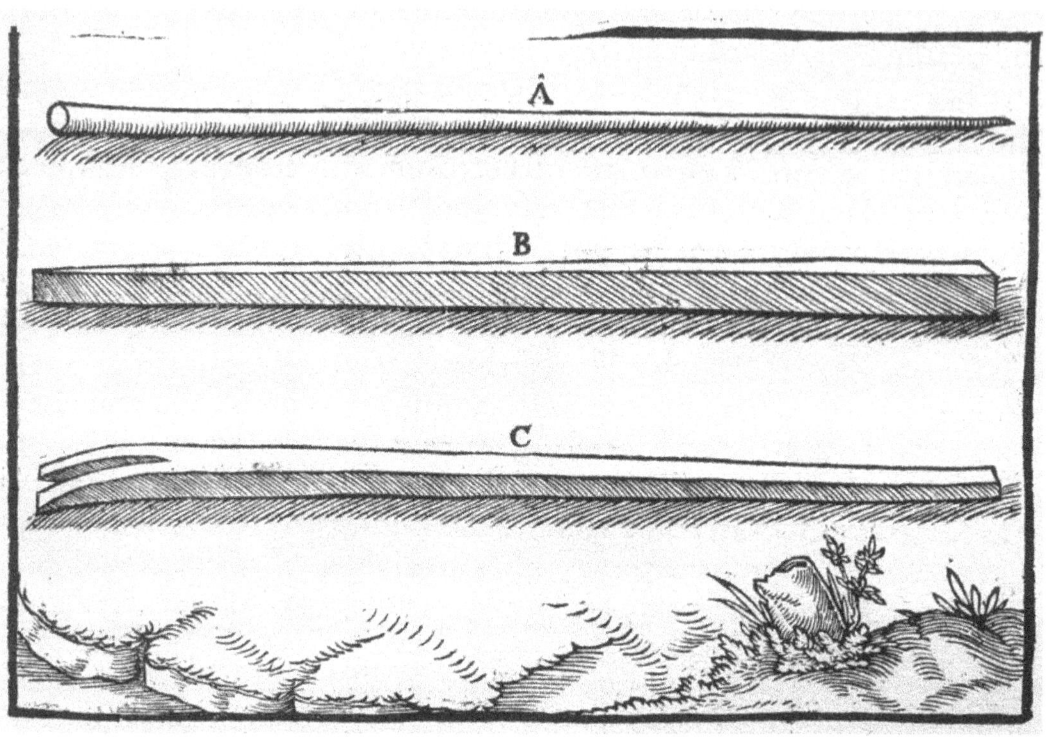

Fig. V.8. *«Bacillum teres A. Bacillum latum B. Contus C.»* (Agricola 1621, *Libro VI, p. 109)*.

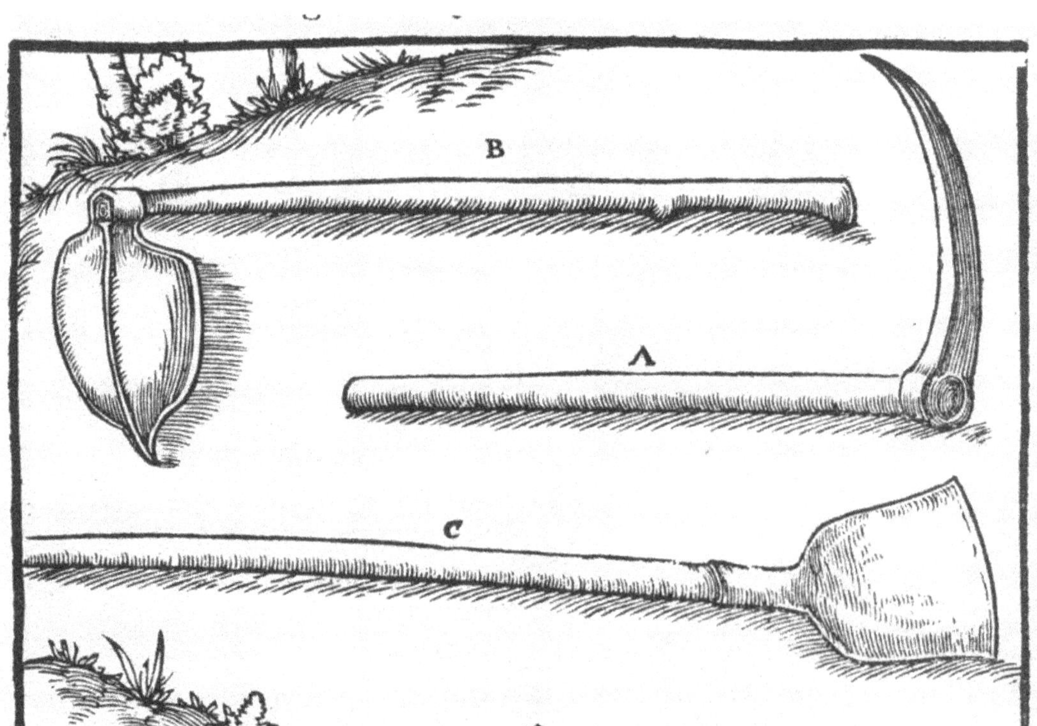

Fig. V.9. *«Ligo A. Rutrum B. Batillum C.»* (Agricola 1621, *Libro VI, p. 110)*.

Fig. V.10. *«Ligna accensa A. Ligna quibus utrinque sunt tenuissimae bracteae crispatae B. Cuniculus C.»* *(*Agricola 1621*, Libro V, p. 80)*.

Fig. V.11. *«Tres putei recti: quorum Primus nondum pertingit ad cuniculum A. Secundus pertinet ad cuniculum B. Ad tertium cuniculus nondum est actus C. Cuniculus D.»* (Agricola 1621, *Libro V, p. 72)*.

Fig. V.12: *«Cuniculus A. Linteum B.» (*Agricola 1621*, Libro VI, p. 170)*.

Fig. V.13. *«Cuniculus Fistulae B. Naris duplicati follis C.»* (Agricola 1621, *Libro VI, pp. 166-167).*

Fig. V.14. *«Putei pars minor A. Canalis quadrangulus B. Follis C. Putei pars major D.»* (Agricola 1621, *Libro VI, p. 166).*

Fig. V.15. *«Sucula A. Tympanum B. Catena ductaria C. Pilae D. Fibulae E.»* (Agricola 1621, *Libro VI, p. 153)*.

Fig. V.16. *«Tignum Statutum A. Axiculus B. Tignum quod circa axiculum versatur C. Pilum D. Vectis E. Annulus, quo duae fistulae conjungi solent F.» (*Agricola 1621*, Libro VI, p. 136).*

Fig. V.17. *«Descendes scalis in puteus A. Insidens in bacillo B. Insidens in corio C. Descendens gradibus in saxo inficis D.»* (Agricola 1621, *Libro VI, p. 171)*.

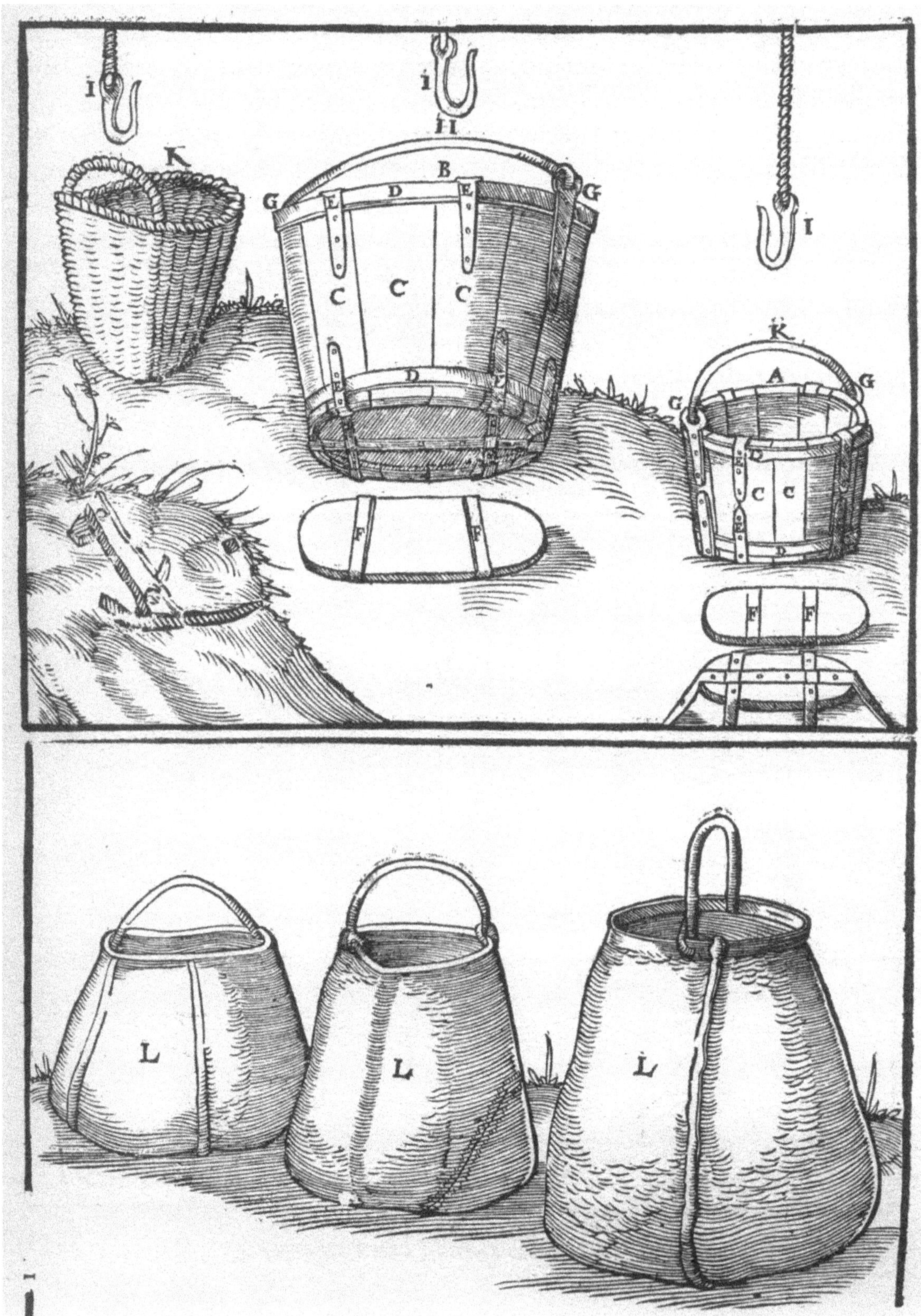

Fig. V.18. *«Vas minus A. Vas majus B. Asseres C. Circuli ferrei D. Bacilla ferea E. Bacilla ferrea fundi F. Ansae G. Semicirculus Ferreus H. Uncus funis deductarii I. Corbis K. Sacci L.»* (Agricola 1621, *Libro VI, p. 111*).

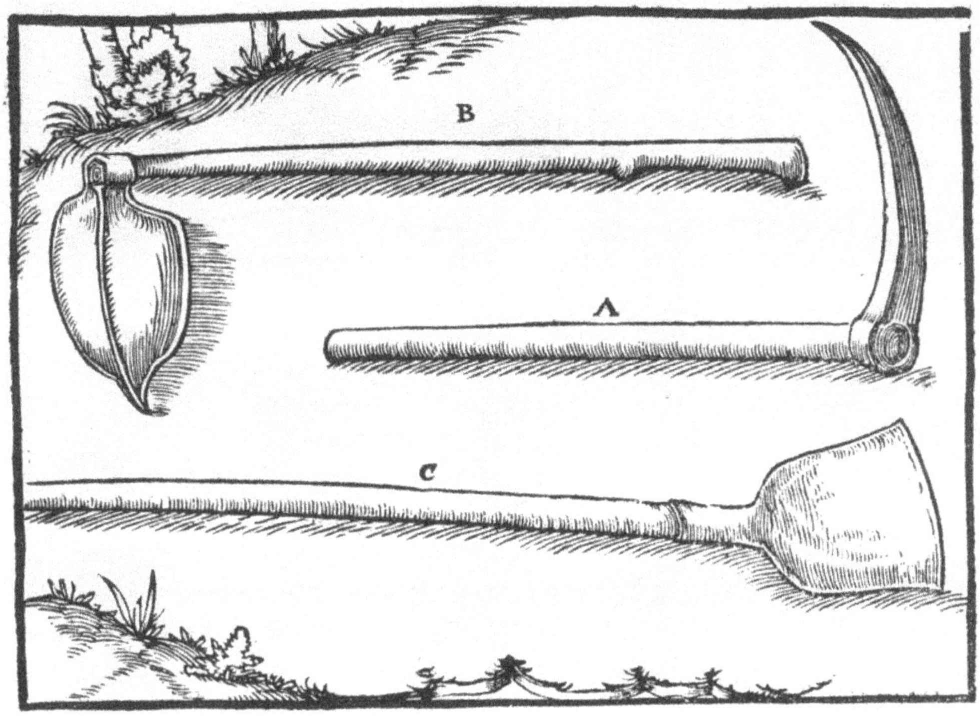

Fig. V.19. *«Cisium minus A. Afferes ejus longi B. Afferes versarii C. Rotula D. Cisium grandius E. Ejus prior tranversarius F.» (*Agricola 1621*, Libro VI, p. 112).*

Fig. V.20. *«Alveus minor A. Funiculus B. Alveus major C.» (*Agricola 1621*, Libro VI, p. 114).*

Fig. V.21. *«Pyritae A. Cortices B. Chirothecae C. Malleus D.» (*Agricola 1621*, Libro VIII, pp. 211-212).*

Fig. V.22. *«Area lapidibus strata A. Venarum fragmenta B. Area venarum fragmentis referta C. Ferramentum D. Ejus manubrium E. Scopae F. Area curta G. Rutrum ligneum H.» (*Agricola 1621*, Libro VIII, p. 213).*

CAPITOLO VI

NOTE SULLE OPERE CUNICOLARI

Gianluca Padovan

VI.1 - *Speleologia e opere idrauliche*

In questi ultimi anni la ricerca si è dimostrata in grado di produrre materiali e studi apprezzabili anche in relazione agli impianti ipogei distribuiti in aree urbane ed extraurbane andando, seppur parzialmente, a sanare una lacuna conoscitiva di cui appaiono sempre più chiari i contorni. In particolar modo si è saputo produrre lavori nel campo delle "perforazioni ad asse orizzontale del terreno", come cunicoli e gallerie, e nelle "perforazioni ad asse verticale del terreno", come le opere di presa e di conserva. Sia destinati a usi idraulici che prettamente militari, si potrebbe osservare come in questi ambienti, forse più che in altri, si è vista fino a oggi l'applicazione dell'attrezzatura speleologica e speleosubacquea, nonché lo sviluppo di una appropriata metodologia d'indagine.

Gli acquedotti scavati manualmente nel sottosuolo, come del resto i vecchi pozzi, sono manufatti vicini alla vita di tutti i giorni, all'uomo 'comune' che non si menziona nei libri di storia. In Italia hanno accompagnato la vita di molti almeno fino alla fine del XIX secolo e in alcuni casi ancora si utilizzano. In varie zone della Terra sono tutt'oggi l'unico sistema per l'approvvigionamento idrico. Sono opere architettoniche da preservare, recuperare e studiare, perché faticosamente realizzate affinché durassero nel tempo e dissetassero possibilmente fino alla fine dello stesso. Oggi le si documenta, ma domani potrebbe essere necessario rimetterle in funzione o scavarne di analoghe.

Elemento indispensabile alla vita, l'acqua ha in un certo senso condizionato o 'guidato' lo sviluppo dell'umanità attraverso le sue molteplici manifestazioni (Padovan, Riera 2000). E tutt'oggi, nonostante le acquisite tecnologie, l'elemento acqua è ancora ben presente nel nostro quotidiano, anche come 'fattore da risolvere' per coloro i quali non ne hanno un'ampia o immediata disponibilità.

Constatato il processo di desertificazione, la ripresa di antichi sistemi idraulici potrebbe risultare ancora efficace in varie aree della Terra. In generale, le opere cunicolari s'incontrano ovunque, ma poche hanno lasciato una traccia in archivi o pubblicazioni. Di gran parte mai s'è scritto e nel tempo se n'è perduta la memoria e il loro ritrovamento genera spesso svariati quesiti (fig. VI.1).

VI.2 - *Cunicoli e gallerie*

Quando si parla di cunicoli vengono alla mente i percorsi segreti sotto i castelli, dai quali il feudatario poteva scappare, se nel corso di un assedio le cose volgevano al peggio. Più spesso si favoleggia d'intricati labirinti che custodiscono tesori eccezionali, protetti da incantesimi o da micidiali trappole; oppure sotterranei nascosti in zone impervie e scavati dagli antichi per chissà quali motivi, dove in tempi a noi prossimi hanno trovato rifugio i 'briganti'. Se i cunicoli sono entrati a far parte dell'immaginario collettivo è perché alcune leggende ce li hanno tramandati 'arricchiti' e un uso nel tempo ne ha conservato le vestigia. Senza voler intraprendere un discorso sulle motivazioni del perché non si è portati a vedere le opere cunicolari per quello che sono, si desidera comporne un altro meno affascinante, ma utile alla comprensione di tanti manufatti che caratterizzano il territorio nazionale.

Dal latino *cuniculus*, coniglio, il cunicolo (letteralmente *cunìculo*) identifica una piccola e stretta galleria praticata generalmente nel suolo e nel sottosuolo. Il cunicolo d'avanzata è invece il primo scavo, generalmente di sezione ridotta, con cui si procede nella perforazione di una galleria. In senso generico, con il termine di galleria si va ad identificare un ambiente di rilevanti dimensioni e di forma allungata, destinato alla comunicazione tra ambienti contigui, oltre che a particolari altre funzioni come assicurare la continuità di un tracciato viario (fig. VI.2).

Per estensione, si potrà chiamare galleria qualsiasi cunicolo, senza indagare quale ne sia la funzione. Più legato a concetti 'moderni' abbiamo che «Il termine galleria si riferisce ad ogni corridoio sotterraneo indipendentemente dalle dimensioni della sezione trasversale e della lunghezza. In base alle funzioni a cui la galleria è destinata si possono distinguere:
- gallerie stradali;
- gallerie ferroviarie;
- gallerie per acque ;
- gallerie minerarie;
- gallerie per gasdotti ed oleodotti;
- gallerie per fognature;
- gallerie militari;
- gallerie o caverne per centrali elettriche o simili.

In base alle condizioni topografiche si usa distinguere:
- gallerie di montagna;
- gallerie di pianura;
- gallerie sottofluviali o sottolacustri;
- gallerie sottomarine»

(Rombini 1996, p. 9).

Per quanto riguarda la stabilità degli scavi in sotterraneo Rombini ci dice che «Il massiccio roccioso inalterato è soggetto ad uno stato di tensione dovuto principalmente al peso del terreno ed eventualmente a spinte di natura tettonica. Lo scavo di una galleria o di un pozzo comporta una ridistribuzione delle tensioni attorno allo scavo stesso. Questa ridistribuzione deve compensare le tensioni non più trasmesse a seguito dell'effettuazione dello scavo. Durante questo processo di ridistribuzione le rocce tendono verso una nuova condizione di equilibrio subendo delle deformazioni che comportano una riduzione della sezione dello scavo. Nel caso che le deformazioni delle rocce non superino, almeno per il tempo in cui non si è provveduto con armature, il limite elastico della roccia, lo scavo può rimanere a lungo senza sostegno. Se alla deformazione elastica si sovrappone quella plastica, si producono fessurazioni e ne risulta una disgregazione della roccia attorno allo scavo. La manifestazione esterna di questi stati di deformazione consiste in un abbassamento del tetto dell'opera e nella formazione di fessure dapprima invisibili e poi crescenti con il tempo» (Rombini 1996, pp. 14-15). Questo è riscontrabile soprattutto in opere di una certa dimensione e realizzate mediante l'impiego di esplosivi.

Il traforo (tunnel in inglese) è sinonimo di galleria, di scavo artificiale adoperato come passaggio: può definire un condotto idraulico passante sotto un rilievo, anche se in architettura indica più precisamente una sede stradale e ferroviaria sotterranea. Presso Cuma abbiamo la galleria (o tunnel) di Cocceio, la *Crypta Romana* e l'Antro della Sibilla (Bodon 1997, p. 5 e seg.). Quest'ultima era destinata a un traffico pedonale e dotata di vari sbocchi sulla falesia soprastante il porto. Le altre due si potevano utilizzare anche per il traffico carrabile.

Virgilio ci dice: «E come, qui tratto, al borgo di Cuma sarai sbarcato, ai laghi divini, all'Averno sussurrante di boschi, la folle indovina vedrai, che in profonda spelonca i destini predice, segni e parole affidando alle foglie» (Virgilio, III, 441). Altro tunnel o traforo è la Grotta di Posillipo, tra Napoli e Pozzuoli. Badin riporta che: «Due volte all'anno, nei mesi di febbraio e di ottobre, gli ultimi raggi del sole attraversano interamente la grotta per alcuni minuti» (Badin 1876, p. 121).

Con il termine cunicolo si possono talvolta indicare le opere di estrazione o di ricerca nelle coltivazioni minerarie, qualora siano di ridotte dimensioni. E la memoria non può non correre a questi luoghi disagevoli dove talvolta venivano impiegati i bambini. Cunicoli e gallerie servivano anche all'eduzione delle acque filtranti dai cantieri sotterranei. Ovvero per liberare i luoghi di lavoro, qualora possibile, scavando le opere con una minima ma costante pendenza: si consentiva così alle acque di defluire a giorno, senza dover impiegare pompe o norie.

Cunicoli e gallerie sono quelli che si spingono a captare una vena d'acqua, un acquifero o un bacino per l'approvvigionamento idrico e 'trasportarla', per caduta libera, ai luoghi di fruizione. E ancora, per risanare o mantenere asciutti terreni che s'intridono facilmente, per aumentare la portata di corsi d'acqua, o per l'allontanamento di acque reflue (figg. VI.3 e VI.4). Cunicoli sono anche le piccole gallerie rivestite in muratura che alloggiano tubazioni o conduttori elettrici e gli stretti passaggi scavati dagli animali come le marmotte, le talpe, o altri ancora.

Per la conquista di una fortificazione non era inusuale scavare un cunicolo che superasse le mura, e sbucando all'interno vi sorprendesse i difensori. Vegezio suggerisce un espediente a prevenire tale minaccia: «I fossati, poi, davanti alle città devono essere scavati larghissimi ed altissimi, affinché non possano essere spianati e riempiti facilmente dagli assedianti e, cominciando a ridondare di acqua, non consentano minimamente che l'avversario continui a preparare cunicoli. Infatti in due modi s'impedisce che si compia il lavoro sotterraneo: con l'altezza e l'inondazione dei fossati» (Vegezio, libro IV, cap. V). Parlando delle strategie utilizzate per vincere una battaglia, Frontino ci riferisce come Caio Giulio Cesare ridusse alla sete la città dei Carduci, la quale era protetta dall'ansa di un fiume e ricca di fonti: con gli arcieri impedì agli assediati di raggiungere il corso d'acqua e tramite lo scavo di cunicoli distolse l'acqua dalle loro fonti (Frontino, *Aqu.*, III, 7, 2).

Con l'invenzione e l'applicazione della polvere da sparo si scavano le mine per la demolizione di un'opera forte e le contromine per l'intercetto delle mine avversarie. La tecnica di realizzare invece un cunicolo o una galleria che consenta di penetrare all'interno della cinta difensiva, sorprendendo così l'assediato, rimane in uso fino al nostro secolo. Ad esempio, nel corso della guerra in Indocina, i Vietnamiti usano scavare cunicoli per giungere all'interno dei campi trincerati francesi, come nell'assedio di Dien Bien Phu. Anche in questo caso l'uomo, per attaccare un suo simile strategicamente attestato, si cela sotto terra per sfuggire agli apparati difensivi e conseguire il risultato col fattore sorpresa. L'impiego di aerei militari a reazione, almeno in questo caso, non impedisce, a terra, il perpetuarsi di una tecnica che le fonti storiche di più di due millenni fa descrivono.

Si sono così individuate delle opere che non hanno nulla di fiabesco, ma tutte indicanti un percorso ipogeo, ovvero sotterraneo. Quello che a noi interessa è innanzitutto capire a cosa in origine fossero destinati tali percorsi. E quali ne siano stati gli eventuali successivi utilizzi. A questo punto verrà assegnata l'esatta definizione. Dato che non sempre sono d'immediata comprensione, si ritiene che le opere cunicolari vadano suddivise 'per tipologia', dal momento che sono presenti o connesse ad ognuna delle tipologie con cui sono catalogate le opere ipogee e di cui si è proposto lo schema nel III capitolo. Occorrerà poi comprendere se, qualora siano unite a una determinata opera, rientrino o meno nella stessa tipologia.

VI.2.1 - *La struttura delle opere cunicolari*

Le opere cunicolari possono essere scavate nella roccia o in qualsiasi altro materiale. Si hanno particolari impianti scavati nei ghiacciai come opere militari risalenti alla Prima Guerra Mondiale, cunicoli di demolizione scalpellati nelle murature, scavi praticati in terreni incoerenti con la tecnica del "marciavanti" (figg. VI.5 e VI.6). Possono inoltre essere realizzate mediante scavi in trincea, sia dotandole semplicemente di volta di copertura sia costruite e poi ricoperte. Le dimensioni dei cunicoli sono mediamente comprese tra 0.5 m e 1 m di larghezza, e 0.5 m e 2.5 m d'altezza. Per comodità possiamo indicare come forma-base la sezione rettangolare con arco di volta a tutto sesto, con rivestimento assente, parziale o completo. Su tale forma-base s'impostano innumerevoli varianti, non sempre distintive di una funzione, di un dato periodo storico, di una certa area geografica, o di una particolare cultura.

Abbiamo volte ad arco policentrico, ribassato, ellittico, oppure acuto più o meno accentuato. Non mancano esempi di scavi aventi volte piatte, o cunicoli e fosse (incamiciate o meno) dotate di lastre di copertura poste orizzontalmente o ad angolo acuto. Le pareti potranno andare a rastremarsi progressivamente dal fondo all'imposta di volta, a convergere da questa verso il fondo, oppure assumere curvature in direzione esterna più o meno accentuate. Le ultime due soluzioni erano determinate (non solo nelle miniere) dalla possibilità di contenere lo scavo lasciando fondo e volta di ridotte dimensioni, ma allargandosi lateralmente per consentire un passaggio agevole anche con i carichi sulle spalle. Non mancano esempi ovoidali ed ellittici, od anche quadrangolari sia regolari che irregolari.

Una forma classica, che si perpetua per lungo tempo, è quella della sezione a forma di 'botte allungata'. Dai piedritti in muratura possono sporgere mensole in conci o mattoni, che servono a sorreggere le centine; oppure queste vengono appoggiate direttamente sull'imposta, andando a creare un arco di volta leggermente più ampio dello spazio compreso tra la sommità dei piedritti e conferendo alla sezione una forma 'a fungo'. Si possono anche notare fori per alloggiare sostegni lignei, lucerne, od altro ancora. In casi particolari avremo scanalature per lo scorrimento dell'acqua che procedono lungo una parete, oppure per la raccolta di quelle d'infiltrazione (figg. VI. 7, VI.8, VI.9 e VI.10).

Nel caso di opere di condotta il fondo e le pareti possono essere rinforzate o rivestite per contenere l'azione disgregatrice dell'acqua, oppure dotate di tubature. Generalmente in cotto, non mancano esempi lignei, in pietra o in metallo. Sempre sul fondo potremo avere la presenza di canalette (dette anche gorelli negli acquedotti e cunette nelle fognature), marciapiedi laterali, o incavi rettangolari per l'alloggiamento di traversine, come nelle miniere.

Si riscontrano anche scavi aventi il canale di scorrimento ben al di sotto del piano di calpestio, come nel tratto intermedio in galleria dell'acquedotto di Eupalino a Samo; oppure sempre un piano di scorrimento a lunghi e bassi gradini, con stretto e alto marciapiede laterale, analogamente a un cunicolo di adduzione della Fontana del Lantro a Bergamo (fig. VI.11).

È possibile che la sezione di una medesima opera cunicolare vari lungo il percorso e lo scavo in roccia alterni forme differenti, anche presentando tratti rivestiti sia all'incontro con rocce poco coese, che di 'tasche' di materiale incoerente, o con l'approssimarsi alla superficie (figg. VI.12 e VI.13).

Non si creda che l'alternanza di forme e di tipi di rivestimento dipenda solo dall'impiego di differenti addetti ai lavori, con cognizioni anche dissimili (seppure occorra dire che un cambio di maestranze poteva costituire un espediente per non consentire la conoscenza di un intero tracciato).

Ad esempio, se un tratto rivestito in mattoni prosegue in materiale lapideo, con buone probabilità è perché sono terminati i mattoni, non perché sia cambiata la squadra d'operai. Si possono inoltre riscontrare tratti rifatti, a seguito di cedimenti o di una mutata destinazione, che alterano l'aspetto originario (figg. VI.14 e VI.15). Comunque, come in campo minerario si riscontrano soluzioni a seconda del tipo di roccia incontrata e dal tipo di scavo che si è inteso operare, analogamente capita anche in altri manufatti.

Rombini così ci ricorda riguardo allo studio geologico di una galleria moderna: «In relazione alle caratteristiche geologiche dei terreni attraversati, le forme e le dimensioni delle sezioni variano anche all'interno di una stessa galleria. Da gallerie a sezione rettangolare, realizzate in terreni molto coesivi, si passa a gallerie a sezione ovale e a sezione circolare proprie di terreni spingenti e fluenti. Per ottimizzare la scelta della sezione della galleria è necessario uno studio geologico da svolgersi sia in fase di progetto sia in fase di esecuzione della galleria» (Rombini 1996, p. 9). E così doveva essere anche in passato, dal momento che la conformazione geologica della crosta terrestre non è mutata nell'arco di pochi millenni (fig. VI.16).

La stessa forma di un cunicolo o d'una galleria potrebbe subire mutazioni a seguito dell'innescarsi di fenomeni di "pseudo carsismo indotto" (Castellani 1973, pp. 121-126) con la conseguenza di avere spazi decisamente ampliati, oppure assai ridotta a seguito delle deposizioni calcaree e dell'interro formato dal trasporto di detriti unitamente alla mancanza di periodica manutenzione dei condotti (fig. VI.17). Sulla roccia si possono leggere le tracce lasciate dagli attrezzi di scavo e talvolta incisioni come lettere o simboli.

Questi ultimi, con particolare frequenza in parti restaurate, si osservano incisi sulle malte ancora fresche. I rivestimenti sono quanto mai vari: mattoni, ciottoli, conci, pietrame, li ritroviamo messi in opera sovente con cura e possono recare tracce del legante. In alcuni casi la copertura è realizzata in embrici o apposite forme in cotto.

Un interessante esempio è dato dalla copertura a tetto del cunicolo sottostante il pozzo di Monocalzati, in provincia di Avellino: le forme in cotto sono piatte, con un lato ripiegato ad angolo ottuso che poggia sull'imposta e l'altro provvisto di speciali incastri che vanno a saldarsi con l'opposto spiovente (Lapegna 1987, pp. 22-24); le lastre in cotto presentano impressa la seguente iscrizione: «*ARRES C F / POP PRI*».

Lo scavo può aver luogo a cielo aperto e raggiungere un punto prestabilito, sbucando o meno a giorno, collegare tra loro opere artificiali o naturali, oppure a seguire un filone o una vena d'acqua, o semplicemente alla loro ricerca.

La profondità a cui si possono sviluppare non è indicativa della destinazione, anche comprensibilmente considerando le variazioni di quota a cui può essere soggetta la morfologia di superficie. Stabilito il tracciato, ad intervalli generalmente compresi tra i venti e i cinquanta metri, verranno scavati dei pozzi fino a raggiungere la quota stabilita, a cui l'opera si deve sviluppare.

A questo proposito Vitruvio ci ricorda che: «Se tra la città e la fonte sorgono delle alture, occorrerà scavare gallerie sotterranee badando a mantenere la pendenza necessaria, come si è detto innanzi. Se il terreno è di natura tufacea o roccioso basterà semplicemente scavare un canale; se invece è terroso o sabbioso si crei un rivestimento in muratura sul fondo e ai lati, con relativa copertura di volta, dopodiché vi si potrà fare scorrere l'acqua. Si creino inoltre dei pozzi d'areazione a intervalli di centoventi piedi l'uno dall'altro» (Vitruvio, VIII, 5).

Comunque, parrebbe che l'intervallo fosse determinato anche dalla perizia delle maestranze nel calcolare tre dati fondamentali (fig. VI.18):
- profondità;
- direzione;
- pendenza.

Più le tratte si allungano, più la possibilità d'errore aumenta. Dalla base dei pozzi si scaverà poi nelle opposte direzioni fino a incontrare i vicini fronti di scavo. Completato il tracciato, potranno rimanere aperti, o comunque coperti od occultati. Se l'opera è destinata al trasporto delle acque, tali pozzi serviranno alle ispezioni periodiche e alle manutenzioni, oppure per il sollevamento del liquido, come tuttora avviene in Medio Oriente e in territori dell'Africa Settentrionale.

Non mancano esempi di discenderie e scalinate che raggiungono lo speco, cunicoli laterali, oppure, come già prospettato, di scavi a cielo aperto rivestiti e dotati di volta, in cui venivano lasciati sia pozzetti d'ispezione che altre soluzioni, per l'accesso.

È abbastanza consueto leggere gli errori d'incontro, che vanno a determinare rami ciechi e repentini salti di quota. In presenza di particolari situazioni idrogeologiche e gemorfologiche, l'opera idraulica poteva emungere direttamente la falda acquifera, attraverso uno o anche più rami; o captare una sorgente, l'acqua di fiume o di torrente, oppure prelevare l'acqua da un bacino artificiale o naturale.

Le opere destinate al trasporto delle acque hanno un'inclinazione minima, affinché l'acqua fluisca senza asportare il materiale di contatto (fenomeno per altro inevitabile nel corso del tempo). Comunque non mancano esempi di cunicoli con pendenze accentuate, ma generalmente con piano di scorrimento rivestito in pietra, come ad esempio in uno dei due cunicoli di adduzione della Fontana del Lantro a Bergamo; oppure con frequenti 'scalini' quando vi era la necessità di abbassare in breve spazio la quota del condotto. Pensando ad acquedotti ipogei e ad opere cunicolari destinate alla difesa, è chiaramente comprensibile, anche studiando le fonti storiche, come queste fossero tenute 'riservate', per ovvi motivi contingenti, e scavate da maestranze locali e d'indubbia affidabilità.

Sia nel Turfan Cinese, che tra la Persia e tutta l'Africa del nord, abbiamo migliaia di chilometri di acquedotti sotterranei, il cui tracciato è generalmente identificabile seguendone i pozzi di servizio. Molti sono ancora in uso e vengono chiamati con vari nomi a seconda della regione. Gli impianti sfruttano, a seconda dell'orografia e dell'andamento degli acquiferi, sia falde superficiali sia falde profonde. Sul tema si è variamente dissertato e in primo luogo sul cosiddetto qanat: «Il termine qanat indica in arabo le condotte sotterranee. Il termine persiano relativo è *ka-riz*, usato anche in Belucistan. Il lemma ka altro non è che esito del composto *kuh-riz*, che significa "acqua che scende dal monte". Strutture analoghe in occidente prendono di volta in volta il nome di *foggara* (Sahara algerino); *falaj* (Oman); *khettara* (Marocco); *viajes* (Spagna); etc.» (Petruccioli 1985, p. 133).

Per quanto riguarda le opere idrauliche presenti nel territorio iranico così afferma ancora Petruccioli: «Il qanat è una tecnica di origine mineraria molto antica, che consiste nello sfruttamento di falde profonde per mezzo di gallerie drenanti (...). Premesso che il qanat è legato al clima arido e la sua costruzione ha senso, dove le risorse in acqua superficiali siano assai precarie, possiamo dire che la sua esistenza è determinata dalla combinazione di quei fattori idrogeologici e topografici, la cui presenza può determinare un "vero paesaggio di qanat". Il qanat dunque è una tecnica univocamente legata al clima arido; ma questa aridità deve essere compensata dalla esistenza di falde profonde alimentate regolarmente e a sufficienza. Il luogo ideale per lo scavo del pozzo principale, l'unico acquifero, è davanti alle catene dei rilievi, ove le precipitazioni sono massime o lungo i coni di deiezione, alimentati non solo dal ruscellamento sui versanti dominanti, ma anche da bacini drenanti, che pescano all'interno della catena montuosa» (Petruccioli 1985, pp. 102-103).

In linea di massima il pozzo principale (o pozzo-madre) del qanat raggiunge una falda freatica o una falda artesiana; taluni limitano invece al termine qanat il solo acquedotto alimentato da un pozzo artesiano, o ancor più semplicemente l'acquedotto sotterraneo dotato di pozzi di servizio connessi alla superficie. A questo proposito, sempre Petruccioli, dice: «Il qanat fluviale non differisce nella struttura dal modello tradizionale; piuttosto raro, esso non utilizza le risorse idriche sotterranee, bensì quelle fluviali» (Petruccioli 1985, p. 107).

Per quanto riguarda, invece, le opere idrauliche sotterranee presenti nella penisola dell'Oman, così afferma Boucharlat: «L'insuffisance des informations disponibles sur les galeries de captage, à la fois trop rares et très imprécises, impose ne pas utiliser le terme *qanat*. En particulier, l'extrémité amont des galeries est inconnue ou non précisée, une lacune qui vaut aussi pour la plupart des galeries des autres régions; de même les caractéristiques des galeries elles mêmes, mode de construction, profondeur, longueur, sont rarement indiquées. Par ailleurs, les textes anciens concernant cette région et plus encore leur interprétation contemporaine ont créé une grande confusion, par un emploi mal utilisé des termes *qanat*, *qanat-falaj*, *falaj*, qui sont entendus précisément ou non comme *qanat* idéal, en référence à un modèle iranien qui lui- même demanderait à être décrit; de même *ghail-falaj* devrait être réservé au canal de dérivation, en général visible en surface» (Boucharlat 2001, pp. 162-163).

Considerando globalmente tutte queste opere idrauliche, distribuite in un'area geografica che interessa due continenti, è evidente che si tratti di acquedotti, ma allo stato attuale delle conoscenze rimane sovente in dubbio il tipo di captazione adoperato in ogni singola opera.

Non bisognerà dissertare sul nome adottato o da adottare per definire l'impianto, ma bensì comprendere il funzionamento dell'impianto stesso. È un dato di fatto che ben poche di queste opere siano state percorse e rilevate nella loro totalità, pertanto possiamo fruire solo di dati assolutamente parziali. In conclusione, ciò che in realtà interessa è capire il sistema di captazione utilizzato negli acquedotti sotterranei per evitare fuorvianti generalizzazioni legate a nomi e ad aree geografiche (vedere utilmente il paragrafo III.4.1), ancorché stabilire 'influssi', 'derivazioni' o, peggio, avanzare collocazioni cronologiche dandole per 'precise' in assenza di dati probanti.

VI.3 - *L'inquadramento cronologico di alcune opere cunicolari*

È problematico determinare il 'momento' di scavo di un pozzo o di un'opera cunicolare destinata al trasporto delle acque (siano esse reflue o potabili) in quanto periodicamente puliti e mantenuti in efficienza, nel corso della loro 'vita'. Come già accennato, sporadicamente si rinvengono incisioni sulla roccia a vista, oppure 'a fresco' sugli intonaci o sulla malta utilizzati per impermeabilizzare talune opere idrauliche (Donati 1985, p. 27). Rifacimenti e rivestimenti cancellano le tracce precedenti e, di contro, possono divenire a loro volta elementi datanti. Sempre le tracce lasciate sulle superfici permettono d'individuare il senso di avanzamento, a patto che l'opera non sia stata rifinita in senso contrario. Se in Italia lo scavo di perforazioni verticali del terreno per la captazione di acquiferi, identificabili con il termine "pozzi", è ovunque presente e non si pongono problemi di 'derivazione' o di 'diffusione', non così avviene per le opere cunicolari. Si è difatti riscontrata la tendenza a presupporre influenze extraterritoriali o extracontinentali per spiegare la presenza di tali opere in un dato territorio. Inoltre, in una certa misura, insorgono due quesiti: la 'destinazione' (strettamente connessa alla 'motivazione') e il 'momento di realizzazione'. Ovvero: 'a che cosa servivano - a cosa erano funzionali' e 'quando sono state scavate' (figg. VI.19, VI.20, VI.21 e VI.22).

VI.3.1 - *Punti sul "fenomeno cunicolare"*

Per trattare l'argomento, seppure a grandi linee, è utile considerare i seguenti punti:

- A. Varie fonti storiche antiche parlano di 'opere cunicolari' nella stessa misura con la quale, in cronache o racconti, attualmente si accenna a gallerie ferroviarie, a passanti autostradali, oppure alle fognature. Questo è indicativo del fatto che non si trattasse di opere non comuni o comunque così singolari da doverne parlare con dovizia di particolari.

- B. Non si può ignorare che le opere ipogee, e in particolar modo quelle cunicolari, siano esse a carattere estrattivo, idraulico, o difensivo, abbiano un'ampia diffusione nell'area centro-occidentale della penisola (e più precisamente in Etruria Meridionale) e non siano solo il frutto di lavori svolti a partire dal periodo dell'espansione di Roma.

- C. Tali impianti sono generalmente poco considerati, vuoi per una scarsa comprensione del loro significato, vuoi per una non sempre facile percorrenza.

- D. Le opere cunicolari, come ogni altro ambiente ipogeo, tendono a interrarsi, quindi a divenire impraticabili fino a 'scomparire'; tale fenomeno è accelerato dall'ingressione di materiale dai pozzi di servizio. A questo vanno ad aggiungersi, o a sostituirsi, altri fattori quali cedimenti strutturali soprattutto se sono presenti armature in materiale deperibile, fenomeni di pseudo carsismo, demolizioni naturali o artificiali. L'accesso può essere soggetto a seppellimento a causa di smottamenti del terreno o della roccia soprastanti. In linea di massima si poterebbe presupporre che più un'opera è antica, meno si abbia la possibilità di rintracciarla. Questo è vero solo parzialmente e per rendersene conto basterà pensare a una recente galleria di miniera rivestita con quadri in legno e una antica di percorrenza e scavata nella roccia viva: nell'arco di qualche secolo sarà più probabile poter percorrere ancora la seconda, pur se di precedente realizzazione.

- E. Si renderà utile analizzare *in primis* il fenomeno cunicolare, in quanto la tecnica di scavo dei cunicoli, e in particolare quelli ad uso idraulico, pare verosimilmente derivare dalle acquisizioni in campo minerario, pur considerando che siffatte opere ipogee sono il frutto di motivazioni e di pensieri dei quali non ci è giunta traccia scritta, ma di cui possiamo tentare l'interpretazione tramite i dati oggettivi.

VI.3.2 - *Uomo e opere idrauliche*

Aprendo una parentesi, si può constatare come la Storia dell'Uomo sia ricca di opere idrauliche. Esempi di condutture realizzate a cielo aperto e poi dotate di copertura si rinvengono fin dal III millennio nella città di Moenjo-Daro nella Valle dell'Indo e in Mesopotamia, nel palazzo accadico di Eshnunna, dove il collettore che raccoglieva le acque di scarico dei gabinetti era in mattoni cotti, legati e rivestiti con il bitume, e provvisto di accessi per l'ispezione in corrispondenza delle derivazioni principali (Lloyd 1993, pp. 463-501).

Per quanto non si tratti di opere ipogee propriamente dette, attestano una applicazione della legge di gravità a fini idraulici. Polibio, nelle sue Storie, così dice riguardo le opere idrauliche sotterranee presenti nel deserto compreso fra la Persia e la Partia: «In quelle regioni non esiste acqua alla superficie della terra, benchè vi siano molti canali sotterranei e pozzi scavati nel deserto, sconosciuti a chi non abbia pratica dei luoghi. Gli indigeni raccontano - ed è una notizia plausibile - che i Persiani, al tempo della loro egemonia sull'Asia, concedettero a chiunque avesse condotto acqua di fonte in località precedentemente non irrigate la facoltà di godere dei frutti del terreno per cinque generazioni» (Polibio, X, 28). Inoltre, parlando della guerra di Antioco contro Arsace (210 a. C.), Polibio ribadisce il concetto dicendo che nel deserto esistono molti pozzi e canali sotterranei, scavati probabilmente all'epoca della dominazione persiana: «Essendo il Tauro ricco di molte e copiose acque, gli abitanti si sottoposero a ogni spesa e sacrificio per costruire lunghi canali sotterranei, di modo che ai nostri giorni chi usa di queste acque non sa donde sgorghino e siano condotte. Arsace, quando vide che Antioco si accingeva alla marcia attraverso il deserto, ordinò di interrare e corrompere i pozzi» (Polibio, X, 28). L'affermazione potrebbe fare risalire parecchio indietro nel tempo la costruzione degli acquedotti ipogei, ma al proposito si hanno scarsi elementi e allo stato attuale delle conoscenze occorre ancora avere dati scientificamente certi, evitando così di basarsi su fonti scritte che non trattano nello specifico lo studio circostanziato di una o più opere idrauliche.

VI.3.3 - *Supposizioni*

Limitandoci a presupporre un possibile influsso esercitato dal mondo greco sulla civiltà italica, tema caro a molti ricercatori, pur considerando che nulla è 'a senso unico', vediamo che almeno un'opera sotterranea atta al trasporto delle acque è presente fin dal VI secolo a. C., ed è l'acquedotto di Samo. Probabilmente progettato da Eupalino di Megara, è considerato da Erodoto una delle più imponenti costruzioni degli antichi Greci assieme al Tempio dedicato a Era e al molo e al porto di Samo (Erodoto, III 60).

È composto dalla captazione di una sorgente che convoglia l'acqua in un canale, per passare poi in tracciati sotterranei, tra cui un lungo tunnel privo di pozzi di servizio: «on constate qu'entre la source et l'entrée du tunnel, le tracé se compose d'un canal à ciel ouvert, ainsi que d'une galerie de 180 m de long, qui traverse une colline et l'un des contreforts de l'acropole. Or, cette galerie est construite selon la technique des *qanats*: quatre puits on été pratiqués, dont la profondeur varie entre 11 et 19 m. Le même principe se retrouve à la sortie du tunnel, où l'eau est amenée jusqu'en ville grâce à une galerie entièrement souterraine d'une longueur de 620 m. Son parcours est marqué par la présence de vingt-quatre puits d'accès, restaurés et améliorés dès l'Antiquité mais dont plusieurs datent indéniablement de l'époque archaïque» (Chatelain 2001, pp. 97-99). Ancora una volta, allo stato attuale delle conoscenze non risulta che, successivamente, altre opere greche abbiano raggiunto questo livello ingegneristico, seppure non si esclude che mirate ricerche in tale senso potrebbero fornire interessanti riscontri.

VI.4 - *Opere cunicolari in Italia centrale*

La diretta e personale capacità di osservazione di Ashby, unita a una chiara comprensione della topografia del territorio, nella descrizione delle antiche vestigia ci ha lasciato notizie riguardo le opere sotterranee incontrate nei suoi itinerari nella Campagna Romana, come l'emissario del Lago di Albano e un cunicolo presso Veio. In particolare osserva che da Velletri alle Paludi Pontine vi sono numerosi cunicoli e gallerie di ridotte dimensioni. Costruite lungo i rilievi, a suo avviso dovevano servire a drenare le acque, imputando al loro abbandono lo sviluppo della malaria (Ashby 1982, p. 16). Del Pelo Pardi parla della consistente presenza di opere cunicolari che servono a drenare valli chiuse nel Lazio, a captare l'acqua nel tufo granulare, a trasportare acque sorgenti oppure a fungere da emissari (Del Pelo Pardi 1943, pp. 299-319). Judson e Kahane parlano di estesi sistemi cunicolari ritrovati in Etruria Meridionale e nel Lazio Settentrionale: più precisamente nelle aree di Veio, di *Caere*, e nei versanti occidentali e meridionali dei Colli Albani, da non mettere in relazione diretta con uno sviluppo urbano (Judson, Kahane 1963).

Questi dati devono essere assunti come soggettivi. Se talune opere sotterranee sono percorribili questo è in parte dovuto al fatto che sono state oggetto anche solo di sporadica manutenzione. Ed è più facile lo siano in zone rurali, piuttosto che presso insediamenti abbandonati. Nella maggior parte dei casi sono studiabili in minima parte a causa di interri e frane, venendo alla luce anche a seguito di sbancamenti o smottamenti del terreno. Già Judson e Kahne affermano che datare i cunicoli è difficile, perché servivano a diversi scopi, mancano indicativi manufatti databili ad essi connessi, sono geograficamente diffusi e la loro realizzazione si perpetua nell'arco di due millenni. Se le aree con maggiore concentrazione di opere cunicolari sono da mettere in relazione al tufo, questo è presumibilmente dovuto ai seguenti fattori:
- il tufo si scava facilmente e ben conserva le opere ipogee;
- la geologia e la morfologia del territorio presentavano particolari caratteristiche;
- la fruibilità del territorio poteva essere 'modificata' a tutto vantaggio degli insediamenti agricoli e urbani;
- chi vi abitava sapeva applicare, o era giunto a essere in grado di applicare, le tecniche di scavo meglio di chiunque altro abitasse in zone dalle analoghe caratteristiche.

I quattro punti interagiscono, dando come risultante un ampio sviluppo cunicolare (Padovan 1999, p. 58). Al 1965 Judson e Kahane avevano censito nel territorio veiense un totale di ventitrè chilometri di cunicoli, a cui se ne dovevano sommare altri tre di cunicoli crollati. E quarantacinque chilometri erano stati identificati nel Lazio settentrionale sulla base di foto aeree prese durante la Seconda Guerra Mondiale. Per la loro datazione riportano che già da una carta del 1547 risulta la deviazione delle acque a Ponte Sodo a Veio, nel Fosso degli Olmetti, tra Formello e Veio, e nel Fosso della Crescenza (Judson, Kahane 1963, pp. 75-93).

Questo induce a pensare che, se la struttura sociale immediatamente precedente alla data non fosse in grado di pianificare e realizzare estese opere di ingegneria, si debba arrivare per esclusione al periodo romano, oppure a una datazione precedente. In particolare, sostengono che i cunicoli siano stati realizzati nel periodo etrusco, in quanto erano a scopo agricolo e da mettere in relazione con una Veio fiorente e potente entità politica. A loro giudizio, i cunicoli dell'area di Veio rappresentano un progetto d'ingegneria realizzabile solo da una comunità forte e organizzata, così com'era la Veio etrusca, dato che con la resa ai Romani, avvenuta nel 393 a., cade in declino. Il che porrebbe la loro costruzione a prima dell'occupazione. Potter, parlando della perizia degli Etruschi nel costruire i loro cimiteri, sottolinea l'abilità ingegneristica nella costruzione di strade e nei sistemi di drenaggio concepiti in sotterranea e noti col nome di *cuniculi* (Potter 1985). Per la loro datazione li colloca cronologicamente alla fine del periodo etrusco. Di simile avviso sono Ravelli e Howart, che ritengono siano stati gli Etruschi nell'Etruria Meridionale e, su loro influenza, i Latini del Lazio, a scavarli tra l'VIII e il IV secolo a. C., pur considerando che ne vengono realizzati anche in epoca romana (Ravelli, Howart 1988). A questo proposito la Quilici Gigli propone per i cunicoli connessi alla via Appia la destinazione a bonifica agraria, datandoli al IV secolo a. C. (Quilici Gigli 1983, p. 119).

Non a scopo di dreno sono alcune opere rinvenute nel territorio tarquiniese: pur scavate nel calcare e non nel tufo, queste trasportano acqua, con variazioni stagionali minime, sia che piova, sia che non piova da uno o più mesi. Pur d'incerta collocazione cronologica, allo stato attuale degli studi, si tratta inequivocabilmente di opere di condotta (Padovan 2002 a, pp. 119-121; Padovan 2002 b, pp. 403-405).

Ravelli e Howart ritengono invece che i cunicoli etrusco-latini avessero il precipuo fine di accogliere l'acqua meteorica percolata attraverso gli strati tufacei che, svolgendo un'azione filtrante, la rendono potabile. Si tratterebbe pertanto di emunzione e non d'intercettazione d'acquiferi o di sorgenti, sottolineando il differente clima dell'epoca (analogamente ad altri studiosi), caratterizzato da precipitazioni stagionali più abbondanti e frequenti, tale da consentire un probabile più continuo passaggio di acqua nelle opere.

Del Pelo Pardi, riportando anche le osservazioni di Parona, De Angelis D'Ossat, Lanciani e Fraccaro, sostiene che il drenaggio, inteso come prosciugamento dei ristagni sotterranei di acqua, era affidato, oltre ai canali, anche a perforazioni simili a pozzi connesse ad opere cunicolari. Pertanto il "tufo litoide" impermeabile (tufo porfirico), non permettendo l'assorbimento dell'acqua verso gli strati inferiori, veniva in tal modo superato; afferma quindi che i cunicoli aventi la funzione drenante sono presenti solo in questo tipo di tufo e sono stati realizzati solo in un determinato momento storico. In via del tutto ipotetica questo non vieta, nonostante l'incuria e l'abbandono in momenti successivi, di un possibile perpetuarsi della tecnica.

Per quanto riguarda i cunicoli praticati nel "tufo granulare" permeabile (tufo peperino), essi assolvevano alla funzione di emungere, non già di drenare. Del Pelo Pardi li descrive come più grandi e ad andamento irregolare, fatti col precipuo scopo di seguire le vene d'acqua di maggiore erogazione. Sono scavati da valle a monte (contrariamente ai precedenti), possono avere il fondo (e non le pareti) intonacato; a volte l'acqua è raccolta in canalette o tubature fittili e possono essere provvisti di banchine. La tecnica si mantiene anche in periodi a noi recenti.

Si ribadisce che l'informazione va assunta per tale, non già come regola assoluta, in quanto i fattori di scavo devono tenere conto di molteplici varianti, persino quello di una errata impostazione. In territorio tarquiniese (Viterbo), almeno in un esempio si è potuto notare un sistema cunicolare di emunzione con andamento assai regolare, scavato nel tufo. È composto da una galleria priva di pozzi, a forma di C poco arcuata e quindi dotata di due imbocchi. Il liquido penetra copiosamente all'interno della galleria dal punto di contatto tra due tipi di tufo di differente granulometria, marcato da una fessura quasi orizzontale che corre lungo la parete interna dell'opera. Il liquido fuoriesce da un solo imbocco, per via della pendenza del fondo del condotto.

A nord di Roma la forra denominata "Fosso di Ponte Terra" è attraversata da uno sbarramento tufaceo naturale (Ponte Terra), su cui rimaneva una strada romana, la cui base è attraversata da due gallerie che impedivano alle acque del torrente di invadere la sede stradale. Queste gallerie, di cui una ancora attiva, tagliano e obliterano un sistema di cinque cunicoli. Da studi ed esplorazioni tuttora in corso per stabilirne il complessivo sviluppo, risulta che almeno tre erano destinati alla captazione delle acque torrentizie (Cappa, Castellani, Dragoni, Felici 1993, pp. 121-135). Si desume che i cunicoli fossero acquedotti scavati prima delle opere romane e destinati a centri abitati in epoca anteriore all'espansione di Roma nell'agro.

Nell'illustrare il quadro ambientale dell'Etruria, Casorìa mette sapientemente in relazione le capacità agricole degli Etruschi con la perizia nel rendere coltivabili vaste aree grazie anche all'azione di bonifica condotta con lo scavo di canali e opere cunicolari (Casorìa 1988, pp. 43-50), che si rileva anche sotto i centri urbani. Nel corso degli scavi e delle ricerche condotte all'insediamento di Falerii Veteres, sui pianori di Vignale e di Civita Castellana, sono stati rinvenuti pozzi, cisterne e cunicoli. Questi vengono connessi con la «floridezza di *Falerii Veteres* nei decenni iniziali del V secolo a. C.» (Moscati 1987, pp. 158-162), testimoniando una pianificazione dell'impianto urbano. Tenuto conto che la vita si fonda sulla disponibilità di acqua potabile, per quanto il margine sia assai labile è consequenzialmente logico vedere questo particolare tipo di cunicoli (al di fuori delle aree minerarie) *in primis* come veri e propri acquedotti per la captazione e il trasporto d'acqua potabile. Parallelamente detto sistema viene ad essere applicato anche a fini di smaltimento, di drenaggio, di deviazione di corsi d'acqua.

Parrebbe che le opere cunicolari subiscano un progressivo abbandono con l'occupazione romana, in concomitanza col fenomeno dello spopolamento innescato dalle incessanti guerre e il diffondersi della malaria. In particolare: "l'utilizzazione della mano d'opera schiavistica, caratterizzata dall'indifferenza degli schiavi nei confronti della produttività e della debolezza materiale degli stessi, resero impossibile un'agricoltura redditizia» (Casorìa 1988, pp. 43-50). Così scrive Torelli a proposito della situazione che offre l'Etruria nel II sec. a. C.: «gli Etruschi godono di una discreta prosperità nei pochi centri superstiti del sud o nelle campagne e nelle città del Nord» (Torelli 1998, p. 265).

In questo quadro s'include la manutenzione delle opere idrauliche, senza le quali i coltivi rimanevano privi d'acqua o il suo eccesso poteva causarne un rapido degrado. Questo ancor più deve fare riflettere sul delicato ecosistema venutosi a creare con gli Etruschi, in cui solo una cura assidua e costante poteva consentire il mantenimento dell'equilibrio. Se un cunicolo di drenaggio frana, oppure progressivamente s'interra, non assolve più alla sua funzione lasciando che il terreno s'intrida, o torni a intridersi, favorendo l'insorgere o la recrudescenza del fenomeno malarico. E condotti che perpetuano la loro funzione di trasporto delle acque impaludano il terreno laddove, sbucando a giorno, si riversano nei canali che progressivamente s'interrano, lasciando che queste si disperdano nelle circostanti piane.

Prendendo un cunicolo di condotta la cui portata sia - verosimilmente - anche solo di dieci litri d'acqua al secondo, in un anno di attività vedremo trasportati milioni di litri. Andando a fluire in un terreno pianeggiante oltre lo sbocco, laddove il canale a vista che regimentava il deflusso si è col tempo colmato, è comprensibile capire come l'area si tramuti in un acquitrino. Nei pressi della Rocca di Manerba (Brescia) un corso d'acqua entra in una valletta cieca, trovando deflusso nel punto più basso attraverso un'opera cunicolare lunga un centinaio di metri (la cui prima parte è rivestita con pietra grezza e la seconda è in roccia a vista), per tornare a giorno nella parete a picco sul sottostante lago di Garda. All'interno si sono venuti ad accumulare tronchi d'albero (1985), frasche e detriti, formando una sorta di diga, forse conseguentemente a un aumento di portata in occasione di copiose precipitazioni.

All'imbocco si è formato un ampio bacino di acqua semi stagnante profondo quasi due metri. Se l'opera fosse franata, l'apporto delle acque del canale, unite a quelle meteoriche, avrebbero formato un bacino lacustre, facendo salire il livello nel canale stesso, compromettendone la tenuta delle sponde e generando ulteriori impaludamenti. In località Ortaccio, sotto il fianco nord della rupe di Corneto, la lapide posta alla testa della fontana riporta: «Salvatore Cardarelli di Agapito / di Corneto Tarquinia / solerte industrioso / nell'agosto 1878 / per ridurre a miglior coltura / il terreno poc'anzi acquistato / fece murare questa fonte / raccogliendo quivi le acque salubri / che sotterra andavano disperse». Secondo le testimonianze di chi la restaurò in tempi recenti la fontana chiude lo sbocco di un cunicolo, attraverso cui l'acqua scorre. È comprensibile come quest'acqua abbia determinato impaludamenti laddove non veniva incanalata.

Già dal II secolo a. la fascia costiera tra la foci dei fiumi Marta e Mignone sono un'area depressa, tanto che a Gravisca, il principale porto di Tarquinia, i romani vi deducono una colonia rifondando l'abitato nel 181 a. (Cristofani 1983, pp. 36-37; Torelli 1998, p. 262). Certamente in origine un porto così importante e fiorente non poteva essere situato in una zona malsana. Presso la vicina località Le Saline è stato anche rinvenuto un insediamento della prima Età del Ferro (Gras 1989, pp. 141-152). Questo deve fare riflettere sull'ipotesi che un abbandono delle opere idrauliche del territorio tarquiniese possa aver causato (o aumentato) l'insalubrità. Secondo Heurgon il paludismo è sempre esistito allo stato endemico, almeno in certe aree litoranee: gli Etruschi hanno saputo limitare e condurre il fenomeno ad una regressione mediante le opere di bonifica (Heurgon 1992, p. 149).

Rimanendo sulle generali, Pallottino non si spiega come avrebbero potuto esistere gli insediamenti costieri nel basso Po e nella Maremma, se il paludismo fosse stato diffuso (Pallottino 1997, p. 396). Studi e teorie sull'insorgere e sullo sviluppo del fenomeno malarico sono molti, definendo vari aspetti sull'incidenza avuta rispetto all'espansione demografica e al regresso del popolo etrusco. Sia che il fenomeno fosse già presente, sia che venga a manifestarsi dipoi, rimane il fatto che gli Etruschi misero in atto una serie di opere di bonifica nei loro territori. Abbandonate, progressivamente cessarono di assolvere la funzione drenante. Parallelamente, i canali di deflusso dell'acqua trasportata dai cunicoli di drenaggio e di acquedotto si sono interrati andando ad aggravare il degrado.

Un'altra interessante applicazione dei manufatti cunicolari è costituita dagli emissari sotterranei artificiali dei laghi, in particolare quelli di origine vulcanica dei Colli Albani. Ashby li interpretò come una sorta di opere di drenaggio. In realtà i cunicoli e le gallerie potevano servire sia a limitare le oscillazioni dei bacini altrimenti privi di emissari sia ad assicurare un capo d'acqua alle campagne circostanti il cono vulcanico (vedere utilmente il par. III.4.5). Per la datazione dell'emissario del lago di Albano, generalmente attribuito ai romani in virtù delle interpretazioni date agli scritti di Tito Livio, e in minore misura per le menzioni di Dionisio di Alicarnasso e altri antichi autori (Dionisio di Alicarnasso, XII, 10, 1 e XI,I 11, 2; Livio, V 15-16 e 19), è più credibile esistesse già prima della presa di Veio e sia stato dai romani solo rimesso in funzione.

In una certa misura ce lo suggeriscono anche gli stessi che hanno dato luogo alla diatriba. Parlando di Alba Longa e del suo lago, Dionisio di Alicarnasso dice che la pianura poteva ricevere le acque del lago azionando delle chiuse (Dionisio di Alicarnasso, I, 66, 2). E l'esondazione provocata dall'innalzamento del livello del lago di Albano avviene nonostante l'assenza di precipitazioni sia piovose che nevose: fatto che farebbe propendere per l'ostruzione dell'esautore sotterraneo, forse dovuta ad un cedimento strutturale: «*Exsequebantur inde quae sollemnis deriuatio esset*» (Livio, V 15,12).

Inoltre non dimentichiamo che nel territorio abbiamo un grande sviluppo di opere cunicolari ancora individuabili, interessanti anche ogni bacino, e una floridezza appassita con la sottomissione a Roma, la quale lascia poco spazio alle ipotesi di un impegno per la regolazione dei livelli. Le acque ad uso potabile a Roma, nei primi secoli di sviluppo, paiono essenzialmente quelle del Tevere e delle sorgenti che sgorgavano ai piedi dei colli. Successivamente, tra il VI e il IV secolo, vengono scavati pozzi che captano acqua di falda raggiungendo gli strati tufacei. Ma solamente nel 312 a. si realizza il primo acquedotto, l'Acqua Appia. Con un condotto sotterraneo di circa sedici chilometri e mezzo conduceva le acque dalle fonti fino a Porta Capena, dove proseguiva su muri e arcate per un centinaio di metri (Frontino, 4-5).

Sia nella storiografia antica, che nei risultati conseguiti dagli attuali scavi archeologici, nella storia dell'Urbe non vi è riscontro di precedenti analoghi manufatti. Ipotizzando che non si possa quindi trattare di una 'evoluzione' (in ambito strettamente 'romano'), dal momento che questo acquedotto era un'opera di rilievo, ed essendovi diversi esempi nei territori che si affacciano al bacino del Mediterraneo, viene da pensare che per la sua realizzazione si sia fatto ricorso a maestranze specilizzate 'romanizzate'. E questo ricordando come si suppone, sulla base di numerosi dati, che alcune città latine, falische ed etrusche fossero già dotate di acquedotti sotterranei.

Predisponendo le basi per una comprensione delle evidenze sotterranee e operando una revisione critica dei dati acquisiti si potrà inoltre ricordare quanto detto da Pallottino: «Ma proprio in un giudizio inquinato dalla conoscenza a posteriori della storia rischiano di cadere, istintivamente e più o meno inconsciamente, coloro che, sulla scia di orientamenti del pensiero degli antichi, tendono a spiegare le vicende dell'Italia preromana come prologo, o addirittura come una premessa necessaria, della grandezza di Roma. In realtà almeno fino agli inizi del III secolo a. il destino di Roma quale protagonista del mondo italico è ancora *sub iudice*: essa è soltanto un attore, seppur importante, della scena sulla quale recitano con ruolo di protagonisti i Greci, gli Etruschi, gl'Italici di lingua osco-umbra» (Pallottino 1984, p. 32).

VI.4.1 - *Comparazione e realtà*

In determinati casi è metodologicamente inesatto ricercare ad ogni costo una comparazione tra manufatti presenti nell'antichità, soprattutto se distano tra loro secoli e centinaia o migliaia di chilometri. A maggior ragione se non se ne conosce l'articolazione interna. E così come non è possibile affermare chi per primo praticò una fossa nel terreno per raccoglierví e conservarvi l'acqua meteorica, è altrettanto difficoltoso stabilire definiti influssi tra le coltivazioni neolitiche in cavo cieco degli strati selciferi. Di Lernia e Galiberti rilevano che i problemi che caratterizzano l'archeologia mineraria sono la visione eurocentrica e la marcata caratterizzazione nordica, con pochi casi di studio condotti in ambito extraeuropeo.

Inoltre affermano che «Allo stato attuale delle conoscenze, il fenomeno minerario, che prende inizio con la neolitizzazione, sembra abbracciare in Europa un lasso di tempo di oltre 3000 anni, dal Neolitico antico all'Età del Bronzo; scarto destinato ad aumentare in considerazione del fatto che ampie aree geografiche, come la penisola balcanica e la Turchia, investite in epoca molto antica dal processo di neolitizzazione, sono tutt'ora inesplorate sotto il profilo minerario» (Di Lernia, Galiberti 1993, p. 50). Occorre prendere coscienza che fin dal Neolitico in Europa si conoscevano e si applicavano le tecniche di scavo, anche e soprattutto a fini estrattivi. Queste possono benissimo aver autonomamente condotto alla realizzazione del panorama ipogeo e in particolar modo di quello cunicolare.

Scavo, lavorazione e finitura delle "*domus de janas*" e lavoro di cave per l'estrazione di ossidiana e selce (successivamente nefrite, giadeina, olivina, etc.) indicano che in Sardegna, a partire dal Neolitico Medio, si è capaci di lavorare la roccia riconoscendone le peculiari caratteristiche (Lo Schiavo 1996, p. 190). In Età Nuragica si sfruttano i filoni contenenti calcopirite, lungo la valle del Riu Saraxinus, e i ritrovamenti di oggetti in ferro inducono a supporre la capacità di estrarlo dai locali giacimenti nonché di lavorarlo. Lilliu fa presente che: «Con l'ingresso nella piena epoca dei nuraghi (Bronzo recente e finale: 1200-900 a.) lo sfruttamento dei giacimenti minerari diventa intenso e costante e la produzione di manufatti metallici tocca la soglia della piccola industria, caratterizzando l'economia e concorrendo in primo piano allo sviluppo delle strutture politiche e sociali del periodo di passaggio dalla ruralità tribale al sistema delle aristocrazie pre-urbane» (Lilliu 1984, p. 7 e seg.).

Abbiamo quindi i contatti commerciali con le città dell'Etruria marittima, così come con altre evidenze del bacino Mediterraneo: «Più significativa, se mai, nell'Etruria marittima, all'Elba, a Tolfa, a Santa Marinella, è la presenza di bronzi di produzione nuragica, che individuano nella Sardegna un'area privilegiata per gli scambi» (Cristofani 1983, p. 11). Sul continente, oltre alla cava di Selce della Defensola databile alla fine del VI millennio, abbiamo quella a cielo aperto di Valle Legorara, in Liguria. E sempre in Liguria vi è lo sfruttamento preistorico del giacimento di Libiola (Campana, Maggi, Stos Gale, Houghton 1996, pp. 16-23). Nell'analizzare il fenomeno della metallurgia nell'Italia Protostorica, Carancini offre un quadro delle aree metallurgiche fra Eneolitico e Bronzo Finale, individuando due "aree forti" testimonianti lo sviluppo di tradizioni minerarie non dipendenti: area trentina e benacense, generalizzata all'ambiente "transpadano centrale e orientale", e area "medio tirrenica" comprendente i monti della Tolfa e le colline metallifere toscane (Carancini 1996, pp. 287-310).

Le Alpi Pennine sono ricche di diversi minerali, tra cui l'oro. Le popolazioni che vi abitavano lo estraevano compiendo interessanti lavori d'ingegneria idraulica per il trasporto delle acque, lo sbancamento dei depositi ed il flottaggio del materiale. Tale tecnica è denominata *ruina* o *arrugia montium*, e veniva applicata dai Salassi (Plinio, 33, 70-78), e successivamente dagli Ictimuli del vercellese, i quali lavoravano i luoghi della valle del fiume Dora Baltea e Dione Cassio conferma l'esistenza di canali impiegati nella citata tecnica (Dione Cassio, XXII, 74,2).

Inoltre, Strabone così si esprime: «Nel paese dei Salassi si trovano miniere d'oro che un tempo venivano sfruttate da quello stesso popolo, quando era anche padrone dei passi. Il fiume Dora dava in più grandi vantaggi alla ricerca del metallo, grazie alla possibilità di setacciare l'oro, tanto che dividendo l'acqua in più punti per portarla ai canali, finirono per svuotare il corso principale» (Strabone, IV, 6-7). Come riferimento cronologico *ante quem* per lo sfruttamento dei giacimenti alluvionali auriferi è la campagna militare di A. Claudius Pulcher e Q. Cecilius Metellus contro i Salassi, avvenuta nel 143 a. Successivamente i romani e le popolazioni stanziate nei territorio di Vercelli e della Bessa (Biella) proseguono nell'utilizzo di tale tecnica (Baio, Gianotti 1996, pp. 35-36; Pipino, 2003, pp. 5-54; Di Gangi 2001, pp. 86-87 e p. 109). Vari autori affermano che la tecnica della *ruina montium* era diffusa in tutte le miniere d'oro d'età romana del nord-ovest della Penisola Iberica (Domergue 1993, pp. 347-351; Fernandez-Posse, Sanchez-Palencia 1988, pp. 152-176; Sanchez-Palencia 1989, pp. 42-43).

Seppure Badii affermi che le miniere del Massetano siano state coltivate fin dall'epoca etrusca, i reperti che ne attestano una sicura coltivazione sono pochi, come lui stesso ammette (Badii 1931, pp. 455-473). Questo è imputabile a vari fattori, già riscontrati in altri contesti: interventi posteriori, antropizzazioni, lavori agricoli, difficoltà di condurre le ricerche in determinati ambienti. Le attuali indagini archeologiche e speleologiche nelle miniere antiche, svolte con ricerca di superficie e scavo archeologico, stanno invece fornendo interessanti risultati.

Nel Campigliese, ad esempio, con l'associazione di materiale ceramico di superficie rinvenuto nei pressi delle aree di lavorazione mineraria, nelle discariche e attraverso la presenza d'insediamenti nelle vicinanze, sono state individuate coltivazioni etrusche fin dal VII sec. a. C. (Cascone, Casini 1997, pp. 29-50).

Coltivazione e trasformazione metallurgica conducono probabilmente ad un fenomeno di 'catalizzazione' e sia i monti di Campiglia che la pianura sono popolati. Si è dell'opinione che mirate e accurate indagini possano nel tempo fornire dati riguardo lo sfruttamento anche nel periodo Villanoviano e non solamente in area toscana. Le attività minerarie 'sembrano' infine ridursi nel I sec. a. C., con il conseguente spopolamento, tanto che Strabone ci dice: «Vidi io stesso queste isole, giungendo a Populonia, e alcune miniere della zona che erano state abbandonate» (Strabone, V, 6).

Di contro, Coquand afferma: «Et cependant les mines du Campiglièse n'avaient pas toujours été dans l'état d'abbandon où les trouva Strabon. Les vastes travaux qui ont été pratiqués au Monte-Valerio et sous le Monte-Calvi, et que l'on peut considérer comme les monuments les plus gigantesques que nois aient laissés les anciens en fait d'excavations de mines, prouvent que les minerais de cette contrée furent l'objet d'un traitemente en grand pendant plusieurs siècles»; e conclude così il discorso, dopo aver parlato delle coltivazioni di Massa Marittima, dell'Accesa e di Montieri: «La qualité de ces divers minerais explique l'extension que les Étrusques ont donnée aux travaux qui avaient leur recherche pour but» (Coquand, 1994, p. 98).

Si deve considerare che nei territori di Campiglia Marittima e di San Vincenzo vi sono almeno un centinaio di miniere antiche (alcune intercettate da coltivazioni del XIX e XX sec.) solo in parte rilevate da speleologi e in massima parte non studiate dal punto di vista archeologico.

Nella miniera del Carnasciale, situata nei pressi della Rocca di San Silvestro, nel 2001 è stato trovato il fondo di una scodella inquadrabile attorno al XVI sec. alla base dell'attuale pozzo d'accesso, mentre nel 2003 all'interno di un cantiere sono stati trovati i resti di due lucerne fittili attestabili al I sec., i cui dati non sono ad oggi pubblicati (fig. VI.23). Il territorio si rianima con certezza nel X secolo mediante l'organizzazione di castelli legati allo sfruttamento dei giacimenti, spesso riprendendo gli scavi antichi (Francovich 1994, pp. 11-52).

Tralasciando i reperti litici e in corno rinvenuti in alcune miniere di cinabro in Etruria Meridionale (miniera del Cornacchino, versante sud orientale del Monte Amiata, etc.), per i dati relativi alle attività estrattive nella Tolfa si riprospettano le medesime problematiche incontrate nelle aree toscane.

Lo Zifferero fa notare come siano scarse le tracce che documentano le attività minerarie, soggiungendo che: «per ciò che riguarda strettamente il periodo etrusco, si dispone oggi di un quadro dettagliato delle presenze gravitanti intorno al bacino minerario tolfetano: la difficoltà di localizzare tracce d'estrazione o semplicemente d'insediamento a contatto con le aree mineralizzate è stata messa a fuoco con il progredire delle ricognizioni sistematiche» (Zifferero 1991, pp. 207-222). Se si è acquisita l'importanza di Tarquinia nell'articolare scambi commerciali ad ampio raggio, così si è anche supposto che il bacino minerario della Tolfa fosse, almeno per un certo periodo, appannaggio della stessa Tarquinia.

VI.4.2 - *Ipotesi sullo sviluppo delle opere cunicolari in Italia*

Limitandoci al panorama nazionale, si può vedere come gli studi siano stati vari, e tutti da considerare attentamente in quanto danno un contributo per la comprensione del 'fenomeno cunicolare'. Si ritiene altresì che le opere cunicolari siano state percorse e studiate, tanto nella struttura quanto nel contesto, solo in pochi e circoscritti esempi. Non è pertanto possibile stendere ora un quadro esaustivo.

È pertanto concettualmente fuorviante voler necessariamente vedere nello sviluppo della tecnica cunicolare nell'Italia centro-occidentale un deciso influsso sia mediorientale che romano. Grazie al commercio, alle migrazioni e alle conquiste, possono essere giunte conoscenze, idee e intuizioni che hanno comunque attecchito in un terreno fertile, già pronto a ricevere e ad applicare, o semplicemente a migliorare quanto già noto. Nulla vieta che, proprio grazie ai 'contatti', dall'Italia si sia per così dire 'esportata' una certa conoscenza.

Non è possibile limitare alle genti etrusco-latine il solo scavo di cunicoli drenanti, supponendo non fossero in grado o non arrivassero a comprendere che il medesimo sistema, altrimenti applicato, li poteva tranquillamente rifornire di acqua potabile. In via del tutto ipotetica è verosimilmente esatto il contrario: dovendo provvedere alla primaria necessità di disporre d'acqua potabile, si è giunti a comprendere che la medesima tecnica poteva essere applicata per migliorare od ottimizzare la fruizione del territorio drenando anche le acque dilavanti, d'infiltrazione o stagnanti (non solo con canali propriamente detti), per tornare così alla riapplicazione di tecniche minerarie che hanno plausibilmente determinato la genesi delle opere cunicolari stesse.

Anche per la comprensione delle opere cunicolari occorre pensare che nulla può essere assunto come 'assoluto' e ogni 'segno' sul territorio ha una sua spiegazione. Esse hanno un senso allorché le si relaziona agli elementi circostanti.

Forma, dimensione e profondità del manufatto dipendono dal contesto geologico (ovvero materiale) in cui sono scavate, e dalla funzione assolta (o che assolvevano). Questo va correlato con la dinamica insediativa, con il tipo di economia e con la viabilità. La comprensione della dinamica del popolamento conduce a capire chi e perché ha fatto vivere le opere sotterranee.

Dalla breve trattazione si evince come le opere a carattere idraulico appaiano in area etrusco-latina prima della conquista romana. E siano cronologicamente collocabili a partire almeno, se non assai prima, dal VI-VIII secolo a. Essendo attestata la diffusione delle coltivazioni agricole e minerarie soprattutto da parte degli Etruschi, per non risalire (limitatamente in questo contributo) ai Villanoviani, occorrerà tenerla in considerazione negli studi interpretativi degli ipogei.

Fig. VI.1. *Necropoli della Banditaccia (Cerveteri): accesso rivestito in conci di tufo di una galleria che collega due grandi tombe a camera (foto G. Padovan).*

Fig. VI.2. *Galleria Celestino (CA 00011 PI TO). Opera del XVII secolo, situata all'interno della Fortezza di Verrua (Torino). Si tratta di una galleria che consentiva il collegamento protetto tra la Porta del Soccorso e i bastioni che difendevano l'impianto lungo il lato sud, ovvero quello più esposto. E' stata parzialmente distrutta dai lavori della cava di calcare e ad oggi la Sovrintendenza non è ancora intervenuta per garantirne almeno la salvaguardia (foto G. Padovan).*

Fig. VI.3. *Cunicolo situato a lato dell'Anfiteatro romano di Cagliari. Parte dell'acqua meteorica raccolta nell'anfiteatro veniva condotta in una vicina cisterna ricavata in una cava sotterranea d'epoca punica (Cisterna Vittorio Emanuele II). Particolare della piccola piscina limaria (foto G. Padovan).*

Fig. VI.4. *Cunicolo dei Carboni (CA 01100 LA VT), situato presso il Pian di Civita (Tarquinia). Parzialmente interrata, l'opera è scavata nel calcare e probabilmente era destinata al trasporto delle acque meteoriche o comunque reflue (foto G. Padovan).*

Fig. VI.5. *Complesso Casa Nanni (CA 01118 LA VT): ramo sud dell'Acquedotto della Gabelletta (Tarquinia). Nell'ultimo tratto l'opera è rivestita in conci e pietrame; probabilmente è stata costruita in trincea e poi ricoperta (foto G. Padovan).*

Fig. VI.6. *Galleria del Castelletto, situata a lato della Tofana di Rozes (Belluno). "Galleria cannoniera" scavata dagli Austriaci nel Castelletto (Punta Bois), fu successivamente conquistata dalle truppe italiane nel corso della Grande Guerra. L'immagine ritrae un cannone da campagna italiano da 75 mm (foto G. Padovan).*

Fig. VI.7. *Acquedotto di Fontana Antica (CA 01114 LA VT). Opera idraulica che si sviluppa sotto l'odierna Tarquinia (Viterbo). Il fondo dello speco ha subito un approfondimento a seguito sia dell'azione erosiva dell'acqua, sia a seguito degli interventi manutentivi (foto G. Padovan).*

Fig. VI.8. *Cunicolo Senigalliesi (CA 01126 LA VT). Probabilmente realizzato in trincea, tra la fine del XVII sec. e i primissimi anni del secolo successivo, il condotto fa parte dell'Acquedotto delle Arcatelle che serviva la città di Corneto, odierna Tarquinia. L'opera presenta le pareti in muratura intonacata e la volta a doppio spiovente realizzata con lastre di calcare; è interessata da cedimenti strutturali (foto G. Padovan).*

Fig. VI.9. *Tratto dell'aqua Marcia (CA 02001 LA RO) attraversante la rupe di San Cosimato sul fiume Aniene. Presenta un intervento di manutenzione straordinaria, la quale lascia in evidenza la tecnica di centinatura con cui è stata rifatta la volta (foto G. Padovan).*

Fig. VI.10. *Galleria scavata nella roccia nella cui parete è stata ricavata una canaletta per il prelievo e il trasporto dell'acqua da una grande cisterna d'epoca punica, oggi situata all'interno dell'Orto Botanico di Cagliari (foto G. Padovan).*

Fig. VI.11. *Buso della Casara, situato nei Colli Euganei (Padova). Si tratta della parte sotterranea di un acquedotto dato per romano. L'immagine mostra un tratto scavato nelle trachiti (foto G. Padovan).*

Fig. VI.12. *Buso della Casara, situato nei Colli Euganei (Padova). Parte sotterranea dell'acquedotto, con le pareti in muratura e la volta a doppio spiovente in embrici (foto G. Padovan).*

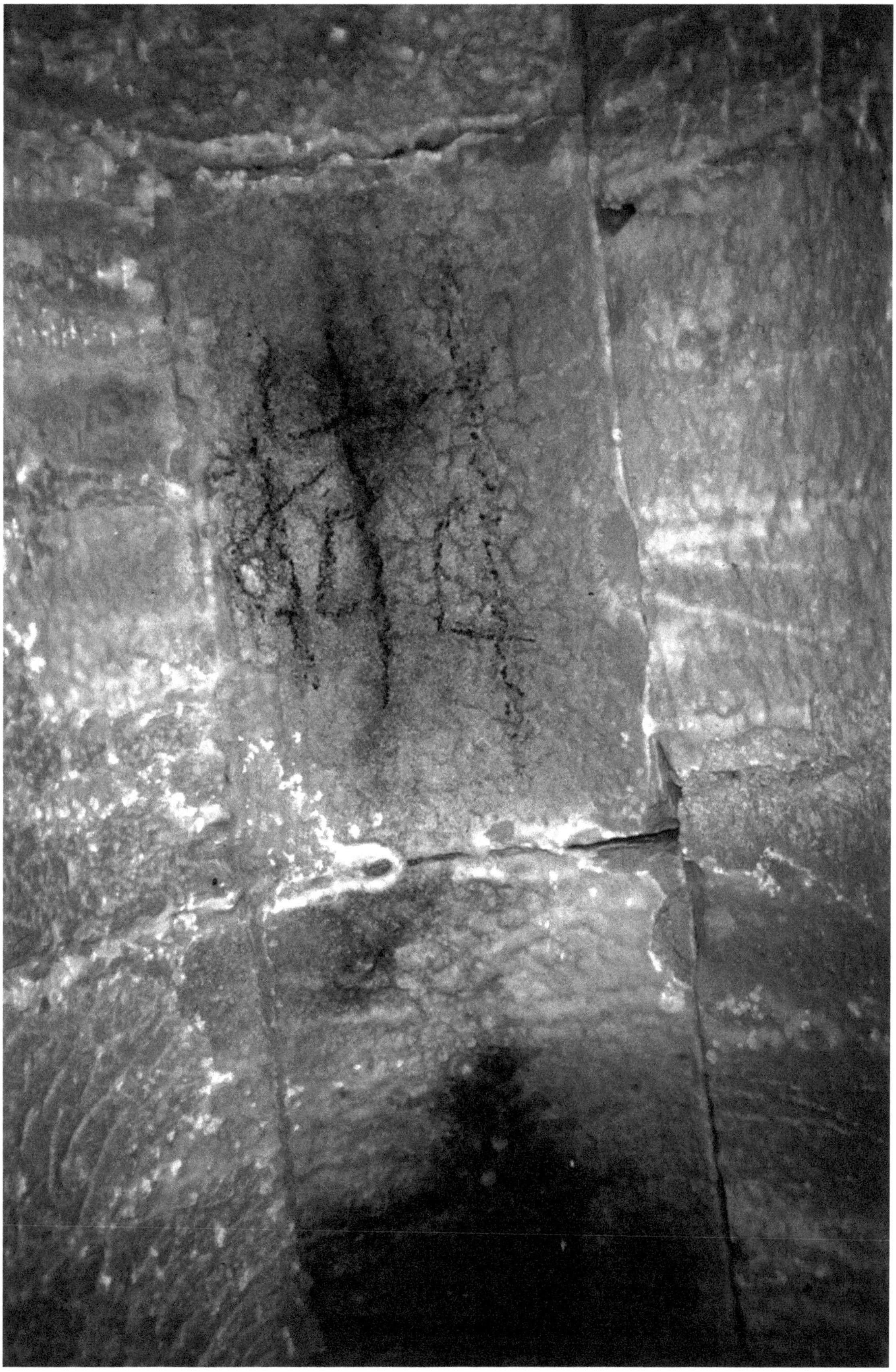

Fig. VI.13. *Acquedotto della Bot (Asolo). Un tratto del condotto d'epoca romana ha la volta a tutto sesto realizzata in conci appositamente sagomati (foto G. Padovan).*

Fig. VI.14. *Acquedotto romano di Cagliari. Un tratto dello speco ha sezione rettangolare ed è tagliato con precisione nella roccia calcarea (foto G. Padovan).*

Fig. VI.15. *Tratto dell'*Aqua Marcia *(CA 02001 LA RO) attraversante la rupe di San Cosimato sul fiume Aniene. Il condotto è scavato nella roccia e in questo tratto presenta le pareti impermeabilizzate con malta idraulica (coccio pesto e calcestruzzo), parzialmente ricoperte da deposizioni calcaree (foto R. Basilico).*

Fig. VI.16. *Acquedotto di Fontana Antica (CA 01114 LA VT). In alcuni tratti la sezione dello speco è ridotta dalle deposizioni calcaree e il livello dell'acqua è innalzato a causa dell'accumulo di detriti in corrispondenza dei pozzi (foto G. Padovan).*

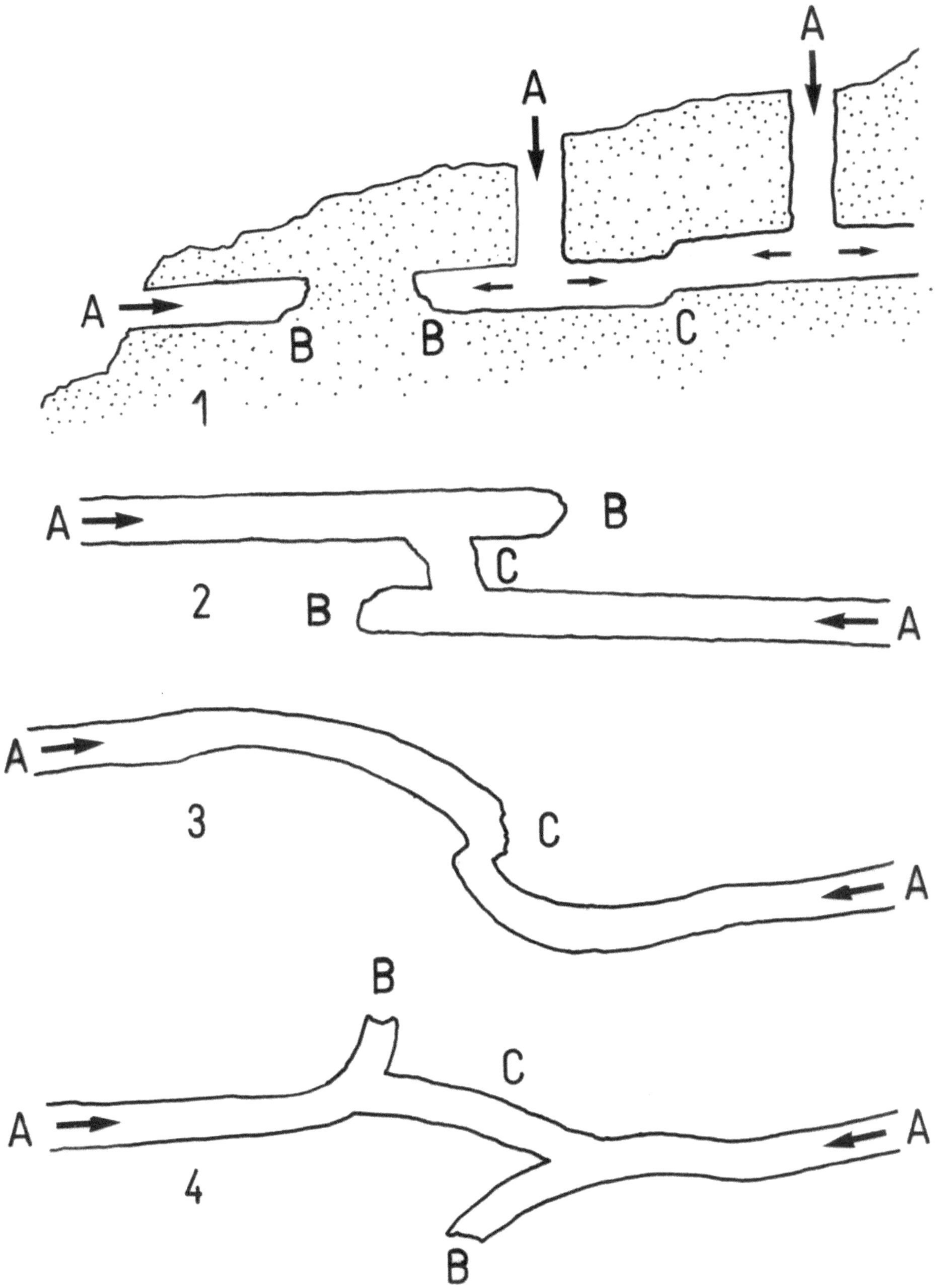

Fig. VI.17. *Esemplificazione dello scavo di un acquedotto ipogeo, o di un tunnel o di un semplice cunicolo, utilizzante i pozzi di evacuazione – ventilazione. A. Senso di avanzamento; B. Fronte di scavo; C. Giunzione tra i due tronconi. (disegno G. Padovan).1. sezione dell'ipotetico scavo; 2. esempio riscontrato a Poggio Moscini (Bolsena – Viterbo) nel "Condotto idraulico dei Baccanali"; 3. esempio riscontrato presso l'aqua Marcia a San Cosimato (Roma); 4. esempio riscontrato presso l'acquedotto di Fontana Antica a Tarquinia (Viterbo)(disegni G. Padovan).*

Fig. VI.18. *Leonardo da Vinci, Ms. B, fol. 39 recto.*

Fig. VI.19. *Leonardo da Vinci, Cod. Trivulziano, fol. 21 verso.*

Fig. VI.20. *Leonardo da Vinci, Ms. B, fol. 37 verso: vie d'acqua e portici.*

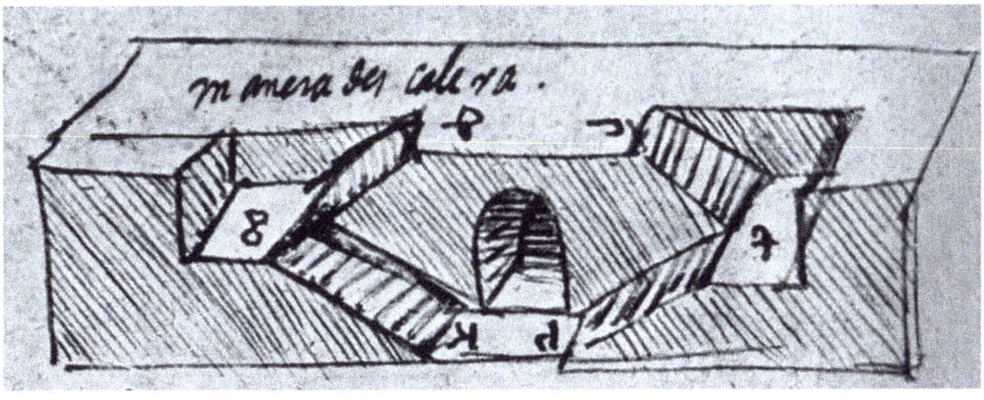

Fig. VI.21. *Leonardo da Vinci, Ms. B, fol. 15 verso: scale e galleria.*

Fig. VI.22. *Frammenti, riprodotti in scala 1:1, appartenenti a due lucerne fittili* (1, 2a-2b *rinvenute all'interno della miniera denominata dai minatori di lingua tedesca "Carnasciale" (Campiglia Marittinma), nel XVI sec. Sono databili tra il I a. C. e il I d. C. (foto C. Ninni).*

CAPITOLO VII

UN ANTICO ERRORE DI CALCOLO: L'EPIGRAFE DI *NONIUS DATUS* (CIL, VIII, 2728)

Stefano Del Lungo, Paola Carità

VII.1 - *L'epigrafe**

CIL, VIII, 2728 (152 d. C.), rinvenuta nel 1866 nei pressi del campo legionario di Lambaesis (*Numidia,* Algeria). Il testo si dispone su tre colonne, una per ciascun lato della pietra, scolpita a forma di prisma trapezoidale (base m 0,45; altezza m 1,75; altezza media delle lettere cm 1,5).

a) *PATIENTIA*

[Varius Clemens Valerio]Etrusco: "Et Salditan[a] ci|vitas splendidissima et | ego cum Salditanis rog|amus te, domine, uti Noni|um Datum, veteranum | leg(ionis) III Aug(ustae), libratorem,| horteris veniat Sal|das, ut quod relictum | est ex opere eius perfi|ciat". Profectus sum et in|ter vias lattrones(!) sum | passus; nudus saucius e|vasi cum meis; Saldas ve|ni; Clementem procura|torem conveni. Ad mon|tem me perduxit, ube(!) cunicu|lum dubii operis flebant, | quasi relinquendus ha|bebatur, ideo quot per|foratio operis cunicu|li longior erat effect(a) | quam montis spatium. | Apparuit fossuras a ri|gorem errasse, adeo ut | superior fossura

b) *VIRTUS*

dex]tram petit ad meridi|em versus, inferior | similiter dextram |suam petit ad septen|trionem; duae ergo par|tes relicto rigore er|rabant. Rigor autem | depalatus erat supra | montem ab orientem | in occidentem. Ne quis | tamen legenti error | fiat de fossuris, quot est | scriptum "superior" et | "inferior", sic intellega|mus: superior est pars, qua | cuniculus aquam recipit, | inferior, qua emittit. Cum | opus adsignar(em), ut scirent, | quis quem modum suum | perforationis haber(et), | certamen operis in|ter classicos mili|tes et Gaesates dedi | et sic ad compertusi[

c) *SPES*

onem] montis convene|runt. Ergo ego, qui pri|mus libram feceram, | ductum atsignaveram, | fieri institueram se|cundum formam, quam | Petronio Celeri pro(curatori) | dederam, opus (effeci). Effectum | aqua missa dedicavit | Varius Clemens pro(curator) | modios V. | Ut lucidius labor meus circa duc(tum) | hoc Saldense pareret, aliquas e|pistulas subieci. | Porci Vetustini ad Crispinum: | benignissime, domine, fecisti et | pro cetera humanitate ac benivo|lentia tua, quod misisti ad me Noni|um Datum evocatum, uti tractare(m)| cum eo de operibus, quae curanda | suscepit. Et ideo, quamquam tem|pore urguerer et Caesarem fes|tinarem, tamen Saldas excucur|ri et aquae ductum bene inchoa|tum, sed magni operis inspexi et | quod absolvi sine curam Noni Da|ti non potest, qui it simul diligen|ter et fideliter tractavit. Et ideo | rogaturus eram, concedere no|bis, uti mensibus aliquis rei agen|dae immoraretur, nisi incidis|set [in] infirmitatem contractam [ex laboribus...

a) TENACIA

[Vario Clemente a Valerio] Etrusco: "Sia la magnifica comunità Salditana sia me, in accordo con i cittadini di *Saldis* ti preghiamo, o signore, perché esorti Nonio Dato, veterano della III legione Augusta e livellatore, a venire a *Saldis*, affinché completi con il suo impegno ciò che è rimasto incompiuto". Mi misi in cammino e per via ho sofferto l'assalto dei banditi; nudo e ferito fuggii assieme ai miei (strumenti); giunsi a *Saldis* e incontrai il procuratore Clemente. Mi portò in prossimità del monte, dove lamentavano che il cunicolo era stato scavato in maniera errata; quasi si pensava di smettere di lavorare, dal momento che la perforazione del cunicolo scavato era divenuta più lunga dell'asse trasversale del monte, nel suo punto più largo. Apparve che il cunicolo si era allontanato dalla direzione in linea retta, cosicché il cavo superiore

b) VALORE

svolta a destra verso il Sud; allo stesso modo l'altro volge alla propria destra, verso il Nord; dunque, una volta abbandonato il tracciato originario, entrambe le parti andavano avanti in modo errato. Per gli scavi non può essere accusato nessuno di aver letto male: come è scritto "superiore" e "inferiore", così intendiamo. La parte superiore è quella con cui il condotto riceve l'acqua, l'inferiore è quella con cui la emette. Dal momento che assegnai il compito in modo tale che tutti fossero consapevoli del lavoro, possedendo ciascuno un proprio metodo di scavo, ne divisi l'esecuzione tra soldati comuni e Gesati, e così si diede il via alla perforazione della montagna.

c) SPERANZA

Dunque io, che per primo avevo utilizzato la livella segnando il tracciato; che avevo determinato la via da seguire; che mi ero attenuto ad agire secondo lo schema che avevo dato al procuratore Petronio Celere, mi diedi da fare. Il procuratore Vario Clemente dimostrò che l'opera era stata eseguita con l'invio di acqua per moggi V. Affinché il mio lavoro sull'acquedotto Saldense risultasse più chiaro, sottoposi altre lettere: "Di Porcio Vetustino a Crispino: Signore, grazie alla tua somma benevolenza, alla tua generosità, e alla tua disponibilità verso gli altri, hai agito bene, poiché mi mandasti Nonio Dato, che avevo richiamato per occuparmi, assieme a lui, dei lavori, che presi l'incarico di curare. E, allora, sebbene il tempo diminuisse a vista d'occhio, e facessi pressioni a Cesare, senza indugio venni in fretta a *Saldis*, e all'acquedotto bene avviato, ma mi accorsi della grandezza di tale opera e che non era possibile completarla senza l'intervento di Nonio Dato, il quale venne con ugual diligenza e lavorò con ogni garanzia. Ed ero quasi sul punto di chiedere che ci venisse concessa una proroga al termine di scadenza, affinché rimanessimo per alcuni mesi a portare avanti le operazioni, per evitare che da un buon ritmo di lavoro si precipitasse nel fermo completo di tutto il cantiere...

---

* Lo studio è stato compiuto congiuntamente dagli autori, partecipando entrambi, in pari misura, all'edizione del testo epigrafico e alla stesura del commento.

VII.2 - *Alcune note*

Nell'esame dello scavo di un cunicolo antico, realizzato muovendo dalle due estremità di un ostacolo (rupe, montagna, collina), capita di frequente di riscontrare il mancato incontro fra le due squadre di operai, nel punto indicato sul progetto originario. La correzione si nota nell'avvenuta modifica della direzione dei cantieri, per quel tanto che serve ad unire le due parti.

L'idea che questo errore non si possa essere ripetuto in modo quasi sistematico in antico, essendo state affinate le capacità progettuali e le tecniche di realizzazione di questo genere di opere, porta taluni ad ipotizzare o ad affermare che, in realtà, si tratti di un accorgimento intenzionale. Una delle finalità sarebbe, ad esempio, l'agevolare gli operai nel seguire all'incirca la direzione prevista, traguardando la luce del Sole che filtra all'interno del cunicolo.

Tuttavia, al di là delle diverse soluzioni proposte, si tende a non tenere conto delle oggettive difficoltà e degli imprevisti a cui potevano andare incontro gli ingegneri dell'epoca, non ultimo delle formazioni rocciose molto compatte e non facili da intaccare.

In questo senso, risulta significativo un brano del *De Bello Gothico* di Procopio di Cesarea, relativo all'assedio bizantino di Napoli del 536: «Uno degl'Isauri fu punto dalla vaghezza d'osservare la struttura dell'acquedotto e il modo in cui sopperiva al fabbisogno della città. V'entrò dentro in un punto fuori mano, dove Belisario l'aveva tagliato, e s'inoltrava senza difficoltà, perché, data l'interruzione, l'acqua mancava. Quando fu vicino alla cinta muraria, s'imbatté in un macigno non messo da mano d'uomo ma dalla natura stessa del luogo. Quelli che avevano costruito la conduttura avevano collegato l'opera muraria con quel macigno, praticandovi un cunicolo, non così ampio da farci passare un uomo, ma atto appena a farvi scorrere l'acqua. Perciò l'ampiezza della conduttura non era dovunque la stessa: in quel macigno c'era una strettoia impraticabile a un uomo, tanto più se armato di corazza o di scudo» (Proc. Caes., *Bell. Goth.*, I, 9, ed. F. M. Pontani, Roma 1981, p. 58).

In questo brano è evidente la difficoltà incontrata dagli operai romani impegnati nello scavo del cunicolo, essendosi trovati di fronte ad una formazione rocciosa di particolare durezza. L'ostacolo, non prevedibile in fase di progettazione, era stato poi aggirato, facendo compiere al condotto una deviazione e riducendone l'ampiezza, tanto da risultare impossibile da percorrere.

Tale genere di imprevisto, proprio di tutte le opere cunicolari, si associa spesso al cambiamento di direzione del tracciato o semplicemente si pone quale ulteriore causa che accentua eventuali errori di calcolo. La ricorrenza di questo genere di problemi appare evidente nell'iscrizione latina di *Nonius Datus,* di cui si è data l'edizione in apertura di capitolo. La pietra risulta eretta per commemorare i lavori eseguiti fra il 147 ed il 152 d. C. nello scavo dell'acquedotto di *Saldis* attraverso il massiccio del Djebel Tudscha (Algeria).

Il testo è incompleto, in quanto pertinente ad un cippo originariamente esagonale, ma in seguito segato longitudinalmente per essere reimpiegato in una struttura muraria. È diviso in tre parti, secondo le virtù ritenute indispensabili per la realizzazione di un cunicolo: la tenacia (*Patientia*) di portare a termine l'opera avviata, senza arrestarsi di fronte alle difficoltà; il valore (*Virtus*) dato dall'esperienza tecnica e professionale dell'ingegnere (*librator*); e la speranza (*Spes*) di realizzare un'opera veramente degna delle sue capacità e motivo di gloria, nei secoli, per sé e per la comunità che ne beneficia.

Nel testo viene prima di tutto definita la figura del dedicante dell'iscrizione nonché progettista, *Nonius Datus,* veterano e livellatore, il quale viene esortato dalla cittadinanza di *Saldis* a terminare il lavoro di perforazione di un cunicolo, da altri iniziato e successivamente interrotto, a causa di un probabile errore di progettazione. Dal testo si evince che questo errore rientra nella casistica più comune nello scavo dei cunicoli: le due squadre di operai non si sono incontrate e l'epigrafe è rimasta a testimoniarlo.

Il fatto che il progettista tenti in qualche maniera di discolparsi e di sottolineare le virtù necessarie ad assolvere il suo compito, indica che l'errore di base nella realizzazione dell'acquedotto risiedeva nella progettazione, eseguita da altri, non meglio specificati, e non nella correzione apportata da *Nonius Datus*, l'unica possibile per evitare di dover rifare completamente l'opera.

Dovendosi discolpare, *Nonius* scrive una breve relazione di lavoro, riportando anche parti di due lettere, la prima di incarico e la seconda di apprezzamento per la sua professionalità. In diversi passaggi vi si sottolinea, anzi, l'importanza del suo ruolo nella realizzazione dell'acquedotto: grazie, infatti, al suo pronto e capace intervento, i lavori erano stati portati avanti con diligenza e perizia. Il testo si interrompe e non ci è dato di sapere come si sia conclusa la vicenda né le ragioni che, evidentemente, avevano messo in stato d'accusa il veterano, obbligandolo ad un'autodifesa.

Per un'ironia della sorte, è andato perduto l'imbocco e l'uscita dell'antico acquedotto, impedendo al momento di verificare e sostenere, anche sul piano archeologico e topografico, le difese di *Nonius Datus*.

CAPITOLO VIII

LE GROTTE FORTIFICATE DI HONG LIN (GUIZHOU – CINA)

Alberto Buzio - Davide Mengoli - Roberto Zorzin

VIII.1 - *Spedizioni italiane in Cina*

A partire dal 1992, il Museo Civico di Storia Naturale di Verona ha organizzato, *in primis*, varie spedizioni speleologiche e scientifiche nella Cina meridionale. A tutt'oggi ne sono state realizzate ben nove, coinvolgendo studiosi e speleologi provenienti da Verona, Trento, Bologna, Varese, Milano e Genova. Nel corso di alcune di queste spedizioni sono state incontrare strutture ipogee che, per fattori contingenti, risultano d'incerto inquadramento cronologico e non sempre di facile lettura; non ultimo quello della difficoltà, o dell'impossibilità, di poter tradurre agevolmente testi e documenti.

Già nel 1997 nell'ambito della spedizione speleologica italo-cinese denominata "China Caves '97" una parte del programma di ricerca era stato finalizzato alle indagini archeologiche che hanno dato risultati di un certo rilievo in particolare nella grotta Yang Zai Dong n° 2 ubicata nella porzione meridionale della Contea di Ziyun (Provincia del Guizhou), dove si erano precedentemente svolte alcune ricerche (Mengoli, Ravasio, Zorzin 1998, pp. 3-14; Mengoli, Ravasio, Trotti, Zorzin 1999, pp. 65-73).

Tre anni dopo, il Museo Civico di Storia Naturale di Verona, in collaborazione con il Dipartimento di Geografia della Guizhou Normal University di Guiyang e il Dipartimento delle Scienze e della Tecnologia della Provincia del Guizhou, organizza un'altra spedizione scientifica nel sud della Cina, denominata "Guizhou 2000". Si tratta della quarta spedizione nell'ambito del progetto "China Caves", diventato nel giugno del 2000 un progetto ufficiale di collaborazione scientifico – tecnologica tra il nostro Paese e la Repubblica Popolare Cinese (fig. VIII.1).

Durante la spedizione vengono notate, nelle parti liminali di numerose grotte esplorate, i resti di strutture murarie presumibilmente antiche, oltre a una notevole quantità di frammenti di ceramiche sia d'uso quotidiano che di tipo decorativo (Abrescia, Latella, Rossi, Zorzin 2000, pp. 44-51). Nel 2001 si organizza una quinta spedizione ("Guizhou 2001"), coordinata dagli stessi Enti e condotta nella medesima area delle precedenti ricerche (villaggio di Honglin, nella Contea di Qianxi), a cui partecipano due archeologi con l'incarico di documentare le strutture notate l'anno precedente.

Nel 2003 le ricerche in territorio cinese vengono cofinanziate dal Ministero degli Esteri Italiano e dal Museo di Verona con un progetto denominato "Guizhou 2003 - Qualità dei principali acquiferi carsici e degli ambienti ipogei", al quale partecipano numerosi studiosi e speleologi italiani e cinesi. I risultati ottenuti fanno sì che il progetto venga rifinanziato anche per il 2004 (www.progettoguizhou.it). Nell'aprile dello stesso anno è stata visitata la nuova area carsica di Huajiang (Contea di Guanling) situata a circa 200 km a Sud di Guiyang. Anche in questa occasione, in una delle cavità ad andamento orizzontale esplorate, sono stati notati resti di strutture murarie che saranno documentate in occasione delle ricerche programmate per il mese di novembre 2004.

VIII.2 - *Honglin: l'area carsica*

L'area considerata dalla spedizione "Guizhou 2000" e da quelle successive costituisce parte di un vasto plateau carbonatico, facente parte della più vasta area carsica cinese e mondiale, avente un'estensione di circa 300.000 km², quasi quanto l'intera superficie d'Italia. Nella zona esaminata le quote dei rilievi raggiungono i 1.500 m s.l.m. Poco a Nord del villaggio di Honglin esistono condizioni geomorfologiche ideali per lo sviluppo di imponenti cavità. Si tratta di un'area di circa 10 km² il cui carso risulta delimitato dall'affioramento di formazioni impermeabili costituite da siltiti e argilliti, situate al tetto di calcari e dolomie permiane. Localmente, all'interno di queste litologie impermeabili, si trovano orizzonti con carbon fossile i cui giacimenti più significativi sono intensamente coltivati dalla popolazione locale.

L'area impermeabile rappresenta un importante bacino di ricarica allogenica per il carso; infatti, la rete idrografica è diretta verso gli affioramenti carbonatici in corrispondenza dei quali i corsi d'acqua vengono assorbiti da imponenti inghiottitoi al fondo di valli chiuse.

Le cavità attive sono localizzate presso il contatto stratigrafico e/o tettonico tra rocce impermeabili e permeabili. Sono inoltre presenti, a varie distanze ed elevazioni, anche grandi segmenti relitti, espressione di una copertura impermeabile più estesa. L'area considerata si espande a oriente uscendo dai confini amministrativi di Honglin, mentre a occidente è delimitata da un canyon attivo profondo circa 250 m. Questa valle di attraversamento, che rappresenta il livello di base locale, richiama consistenti manifestazioni sorgentizie che sono connesse con una parte degli inghiottitoi (AA.VV. 2004, p. 101).

Nell'area di Honglin prevalgono le forme fluviocarsiche, quali doline e valli secche, elementi caratteristici dei paesaggi carsici italiani, mentre le forme positive, tipiche dei carsi tropicali comunemente noti risultano di "secondaria" importanza su estese aree. Il territorio è modificato dalla presenza di vaste superfici coltivate e dalla deforestazione, fattore quest'ultimo che costituisce un grave problema in una regione montuosa densamente popolata (Abrescia, Latella, Rossi, Zorzin 2000, pp. 44-51).

VIII.3 - *Strutture murarie in cavità naturali*

L'esplorazione delle cavità carsiche nei dintorni di Honglin ha fornito al settore archeologico della spedizione una cospicua messe di dati: rilievi, fotografie e appunti sono in corso di studio per poter comporre un quadro scientifico delle evidenze archeologiche riscontrate. Tra le grotte visitate, Shui Xiang Dong (fig. VIII.2), situata proprio sotto il villaggio di Honglin, è la cavità orizzontale più vasta. Infatti, si presenta con un'ampia apertura alta circa 120 m, attraversata da un modesto corso d'acqua proveniente dall'esterno (area impermeabile). Poco dopo l'ingresso, la cavità è parzialmente chiusa da un imponente muro a secco realizzato con sfaldature di calcare locale di colore grigio, disposte in corsi non sempre regolari (fig. VIII.3). L'opera si presenta a carattere difensivo e lungo la parte sommitale del tratto meglio conservato si aprono delle feritoie di forma quadrata e rettangolare, le cui dimensioni sono comprese tra circa 30 e 50 cm di lato. Lo stato di conservazione è discreto, anche se manca gran parte dell'elevato, che non supera i 5-6 m di altezza; il bastione che sovrasta l'unico stretto ingresso è un'informe rovina.

Superata la porta d'accesso, la cavità si apre in un grande anfiteatro naturale la cui ampiezza è di 200 x 150 m circa. Appena al di sopra dell'alveo del corso d'acqua, fino a salire alla base delle pareti perimetrali dell'androne, vi sono piazzole e terrazzamenti, anche realizzati utilizzando massi di ogni dimensione, verosimilmente dovuti a distacchi della volta della cavità. Gli spazi così realizzati sono occupati da resti di costruzioni a pianta quadrangolare, poligonale e in alcuni casi circolare, in pietrame disposto in corsi generalmente irregolari e conservatisi per un'altezza media di 50-60 cm.

La tecnica costruttiva risulta più grossolana rispetto al muraglione difensivo. Fanno eccezione alcune costruzioni interpretate come "ridotte", in quanto presentano analogie costruttive con il muraglione. Sono situate in due punti in prossimità del fondo dell'androne e in posizione elevata; una non è stata raggiunta, essendo costruita alla sommità di una parete a picco sul torrente, a circa 30 m d'altezza. Tra i resti delle costruzioni e sui terrazzamenti si sono rinvenuti frammenti di ceramiche invetriate e di porcellane di vario genere. L'impossibilità di condurre sondaggi stratigrafici non ha permesso di porre in relazione i frammenti di vasellame con le strutture.

Se la grotta al di sotto del villaggio di Honglin ha stupito per l'imponenza e lo sviluppo delle strutture, le altre visitate e parzialmente rilevate non si sono rivelate meno ricche di sorprese dal punto di vista archeologico.

Tutte le più grandi cavità sono dotate di opere difensive costituite da muri di pietra a secco e in alcuni casi gli ingressi sono chiusi da una doppia cortina muraria, anche su differenti livelli. Non sempre si sono, invece, rinvenute strutture interne. In alcune grotte si sono riscontrate anche strutture a carattere sepolcrale, forse realizzate successivamente alle opere di fortificazione. In un caso, una tomba di forma circolare è addossata all'esterno del un muro difensivo.

Se nel corso delle indagini condotte nel 1997 si sono rinvenute e documentate grotte utilizzate dalla popolazione locale come aree sepolcrali a partire probabilmente dal XV sec., nelle ricerche effettuate in occasione di "Guizhou 2001", le strutture a carattere sepolcrale incontrate sono risultate decisamente inferiori di numero. Degne di nota, e particolarmente suggestive, sono due piattaforme edificate ai lati di una grande caverna ricca di concrezioni, caratterizzata dai resti di strutture ad uso presumibilmente abitativo alternate a resti di tombe, con muro difensivo a protezione dell'accesso. Le piatte sommità delle due costruzioni sono raggiungibili tramite scalette di pietra. Alla loro base sono stati ricavati gocciolatoi in pietra che convogliano l'acqua di stillicidio in vaschette di raccolta, che sembrano ancora utilizzate.

VIII.4 - *Interpretazione storico-archeologica*

Allo stato attuale risulta difficoltoso l'inquadramento cronologico e un'indicazione potrebbe essere inizialmente fornita dalle vicende storiche. Nel corso dei secoli, la Cina ha vissuto continue lotte interne, conquiste e migrazioni, che possono avere visto l'occupazione delle cavità naturali in differenti periodi e a più riprese. Almeno in un caso, la presenza di feritoie per armi da fuoco porrebbe le strutture in un arco cronologico che va dalla fine del XIII sec. alla fine del XVI sec., come paiono testimoniare alcune ceramiche rinvenute. Si tratta questo di un periodo storico che vede la fine della dinastia Yuan (Mongoli) e l'inizio della dinastia Ming.

Alla morte di Qubilay (1294) e soprattutto durante il regno dell'ultimo imperatore Yuan, Togham Temur (1333-1367), si aggravano le lotte interne tra le fazioni mongole che dominano la Cina, provocando lo sgretolamento del potere imperiale. A peggiorare la situazione contribuisce la condizione dei contadini, sempre più spesso obbligati ad abbandonare il lavoro dei campi per la costruzione di strade, palazzi e opere di canalizzazione delle acque.

L'impopolare imposizione di spianare le tombe a tumulo (alcune ancor'oggi visibili) per aumentare le superfici coltivabili determina, nel 1315, una serie di sommosse. Oltre a questo, cause naturali come la carestia del 1325 e l'inondazione del fiume Giallo e dello Huaihe del 1351, contribuiscono ad alimentare numerose sommosse, che vedono implicate anche le regioni sud-occidentali tra cui l'attuale Provincia del Guizhou.

Particolarmente violente e bene organizzate sono le rivolte scoppiate nella seconda metà del XIV sec., con il concorso di società segrete quali la setta del Loto Bianco o dei Turbanti Rossi, che forniscono anche motivazioni ideologiche e religiose ai rivoltosi che, riunitisi sotto la guida di Zhu Yuanzhang (poi divenuto il primo imperatore della dinastia Ming), scacciano i Mongoli ed entrano vittoriosi a Pechino nel 1368.

Un altro momento storico a cui si possono fare risalire le fortificazioni potrebbe essere quello relativo alle operazioni intraprese dall'imperatore Ming nel centro-sud della Cina, tra il 1368 ed il 1381, per eliminare sia le sacche di resistenza mongole che gli oppositori al nuovo regime. Contemporaneamente, si stabilisce un ferreo controllo sulle inquiete popolazioni indigene non cinesi, come ad esempio l'etnia Miao, defraudate delle terre a favore di coloni cinesi fatti affluire nella regione.

Verso la fine della dinastia Ming si colloca l'ultimo episodio che vede protagonista la Provincia del Guizhou e giustificherebbe, anche in questo caso, la costruzione di una serie di fortezze nelle grotte. Nel 1594 alcune popolazioni della provincia capeggiate da Yang Yinglong (presumibilmente di etnia Miao), si sollevano contro il governo centrale resistendo nella regione per circa sei anni. Per ulteriori informazioni, consultare utilmente il sito internet www.progettoguizhou.it.

Fig. VIII.1. *La Provincia del Guizhou con evidenziata l'area oggetto d'indagine.*

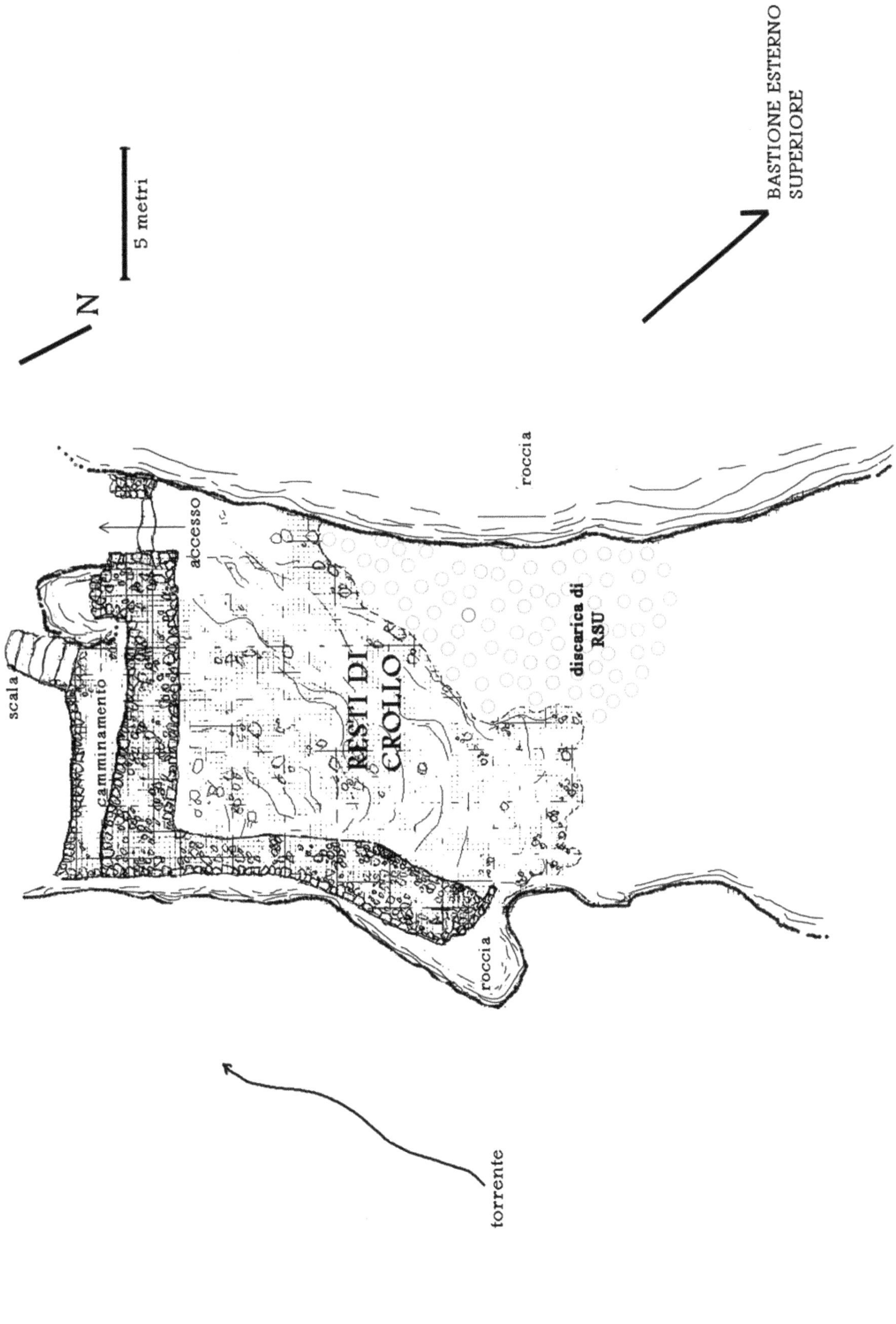

Fig. VIII.2. *"China Caves 2001". Planimetria delle rovine del bastione ubicato in prossimità dell'accesso alla grotta Shui Xiang Dong (disegno D. Mengoli).*

Fig. VIII.3. *Porzione occidentale del muraglione fortificato della grotta Shui Xiang Dong, visto verso Nord (foto D. Mengoli).*

CAPITOLO IX

STUDIO DEL TERRITORIO DAL PUNTO DI VISTA GEOLOGICO, GEOMORFOLOGICO E IDROGEOLOGICO PER INTERCORRELAZIONI CON LE OPERAZIONI DI SPELEOLOGIA IN CAVITÁ ARTIFICIALI

Chiara Aquino

IX.1 - *La comprensione del sito*

Nell'ambito della speleologia in cavità artificiali la conoscenza delle caratteristiche geologiche del sottosuolo pone le basi per una corretta scelta delle modalità di ricerca ed esplorazione del sito. Per uno studio preliminare i dati geologici, geomorfologici e idrogeologico-idraulici, risultano significativi al fine d'individuare le aree a maggiore probabilità d'occorrenza, dei siti d'interesse e delle loro vie di accesso, in relazione alla loro tipologia e finalità d'uso.

In una seconda fase di studio dei siti l'inquadramento geologico, geomorfologico ed idrogeologico-idraulico, può fornire importanti indicazioni per la datazione dei reperti, relativa o assoluta, e può consentire d'individuare le cause ambientali che ne hanno determinato la realizzazione, le modalità d'impiego e la dismissione.

L'analisi geologica preliminare di un territorio interessato dalla presenza di un sito archeologico può riguardare le diverse tematiche attinenti alle scienze geologiche (geologia, geomorfologia, idrogeologia, idraulica delle acque superficiali, geotecnica, geomeccanica, geologia regionale, sismologia, mineralogia, petrografia, etc.), approfondendo, caso per caso, i temi specifici di maggiore interesse, in relazione alla tipologia e alla storia presunta o nota del caso esaminato.

Ad esempio, nel caso di strutture minerarie risulterà di particolare interesse caratterizzare dal punto di vista giacimentologico l'area di studio al fine di comprendere esattamente l'oggetto o gli oggetti dell'estrazione, mentre nel caso di opere di approvvigionamento idrico o di regimazione idrica, potrà risultare determinante la comprensione delle caratteristiche idrogeologiche e idrografiche dell'area.

Più in generale, si può dire che il contributo della geologia allo studio delle problematiche in esame consiste nel rappresentare un utile supporto alla comprensione del rapporto tra l'uomo e le risorse naturali disponibili nell'area in cui questo ha vissuto e operato. La comprensione di tale rapporto, che da sempre condiziona le strategie di sopravvivenza e di "uso del suolo" dei popoli (disponibilità di risorse idriche e geominerarie; utilizzabilità del suolo; viabilità e accessibilità delle diverse aree in funzione dell'assetto geomorfologico), rende possibile una maggiore efficienza nella ricerca di siti di interesse e una maggiore efficacia nello studio delle caratteristiche e della storia degli stessi. Non va, d'altro canto, trascurato che una corretta analisi geotecnica, nonché la comprensione dei rischi specifici del sito d'indagine, può aumentare in modo considerevole le condizioni di sicurezza di chi vi opera.

Le attività di ricerca possono utilmente avvalersi d'indagini geognostiche *in situ* sia di tipo geofisico che geotecnico. Relativamente alle prospezioni geofisiche, possono essere impiegate la tomografia elettrica, l'elettromagnetometria, la prospezione radar e talvolta anche le prospezioni sismiche superficiali, finalizzate, a seconda dei casi, alla ricerca di 'vuoti' sotterranei oltre che di materiali metallici.

In casi di particolare rilevanza, ai fini dell'accertamento di 'strutture sotterranee', è possibile effettuare prove penetrometriche SCPT mediante penetrometro, o veri e propri sondaggi geognostici con sonda di perforazione, per i quali si rimanda, però, a testi specifici. Tali metodologie d'indagine vengono comunemente utilizzate nell'ingegneria civile al fine di caratterizzare dal punto di vista geotecnico i terreni di fondazione e talvolta anche per escludere la presenza di cavità di varia origine in aree di prevista urbanizzazione. Evidentemente, il passaggio da un livello d'indagine all'altro va soppesato in ragione delle finalità d'indagine, della rilevanza delle possibili scoperte derivanti dalle indagini in progetto, oltre che delle disponibilità economiche esistenti per il progetto medesimo (Scesi, Papini 1995).

Nel presente documento verranno descritte sinteticamente, a puro scopo informativo, le principali modalità d'indagine adottabili per la casistica in esame, riportando alcuni casi esemplificativi. Per ovvie ragioni di opportunità e spazio disponibile, si rimanda ai testi specifici l'approfondimento di ciascuna tematica affrontata.

IX.2 - *Analisi della cartografia*

Nel momento in cui si decide di affrontare lo studio di un'area archeologica o, nello specifico, caratterizzata da elementi di interesse speleologico in cavità artificiali, può essere utile la consultazione di una carta geologica della zona per avere una visione generale del contesto geologico entro la quale si dovrà agire e degli eventuali fattori che si dovranno affrontare durante la ricerca e l'esplorazione del sito. Assume importanza, pertanto, per l'individuazione dei siti di maggior interesse, lo studio geomorfologico dell'area in esame, con la consultazione di carte specifiche sia attuali che 'storiche' e di foto aeree che mostrino le forme dei rilievi, i processi geomorfici in atto e la loro probabile evoluzione.

IX.2.1 - *Andamenti fluviali*

L'analisi dei depositi sedimentari, e delle forme loro connesse, permette la ricostruzione paleogeografica dell'area in esame. Da qui consegue, ad esempio, la necessità di posizionare correttamente i paleoalvei dei corsi d'acqua, dato che è proprio all'interno delle valli fluviali che sono nati e poi si sono sviluppati gran parte degli agglomerati urbani, che potevano così contare su una fonte di approvvigionamento alimentare e idrico nelle immediate vicinanze.

Nel corso dei secoli le valli fluviali possono subire un'evoluzione piuttosto complessa, testimoniata da numerosi indicatori presenti nel territorio. I terrazzi alluvionali, ad esempio, costituiti da superfici sub-pianeggianti delimitate da scarpate, sono il risultato delle attività di erosione e di deposizione in fasi successive operate dai fiumi: segnano la posizione della piana fluviale formatasi in seguito a uno scorrimento del fiume a un livello più alto. Nella maggior parte dei casi, i terrazzi si sviluppano simmetricamente su entrambi i lati della valle fluviale e sono correlabili altimetricamente, considerando che i terrazzi topograficamente più elevati sono i più antichi e quelli più bassi sono i più recenti (fig. IX.1).

Nel caso in cui i terrazzi siano spaiati e non si corrispondano altimetricamente, le cause sono collegabili con le modalità di incisione del fiume e in questo caso diventa più difficile rintracciare i siti sui terrazzi che rappresentano cronologicamente il periodo storico interessato. Attraverso la stima evolutiva dei terrazzi in diacronia è possibile risalire all'andamento del corso d'acqua nel tempo all'interno della sua valle fluviale (Bassi, Perletti, Berto 1997, pp. 13-16).

Oltre alla configurazione dei terrazzi, un altro processo che influisce sulla storia evolutiva di una valle fluviale è il salto di meandro (figg. IX.2 e IX.3). Questo fenomeno ha origine da una curvatura del corso d'acqua che, in seguito a meccanismi di erosione spondale, sul suo lato concavo, e deposizionale, su quello convesso, tende ad accentuarsi. Gradualmente, le anse dei meandri si avvicinano sempre di più finché, specialmente durante le piene, si può raggiungere il taglio e l'isolamento del meandro dal resto del fiume, con la formazione di specchi d'acqua abbandonati chiamati "lanche", a forma di corna di bue, che si colmano velocemente con limi e si trasformano in paludi.

L'ambiente fluviale è in continua evoluzione soprattutto per quanto riguarda le portate che caratterizzano i corsi d'acqua stessi: attraverso lo studio e l'analisi dei depositi fluviali che presentano strutture di deposizione e variazioni granulometriche caratteristiche si riesce a definire il trend idrodinamico specifico del corso d'acqua in esame.

Nelle zone montane, dove un corso d'acqua che proviene da una valle ripida si immette in una più ampia e pianeggiante o in una pianura, la velocità della corrente diminuisce bruscamente e i detriti vengono abbandonati costruendo un accumulo a forma di ventaglio detto conoide alluvionale o di deiezione (figg. IX.4 e IX.5). Questi depositi sono spesso interessati da insediamenti umani e da colture, per via della disponibilità d'acqua sia superficiale, sia sotterranea. In tali situazioni è possibile incontrare pozzi, cisterne, opere di adduzione e di smaltimento sotterranee.

IX.3 - *Indagini geofisiche*

Il termine Geofisica viene impiegato per definire lo studio del sottosuolo mediante misure fisiche effettuate dalla superficie. Prendendo in esame esclusivamente le tecniche della Geofisica Applicata, utilizzabili per le finalità d'indagine di cui al presente contributo, si citano alcuni metodi d'indagine che prevedono l'energizzazione del terreno (applicazione di campi fisici artificiali) ed il monitoraggio e la registrazione delle risposte del sottosuolo con appositi sensori. La tipologia e le caratteristiche delle risposte del terreno, alle sollecitazioni applicate, consentono spesso l'individuazione di anomalie correlabili a strutture antropiche sepolte di varia natura. I principali metodi adottabili sono metodi sismici, elettrici ed elettromagnetici.

IX.3.1 - *Metodi sismici*

I metodi sismici consistono nell'applicazione al terreno di sollecitazioni meccaniche (mediante mazze battenti, piastre vibranti ed esplosivo), in grado di generare onde elastiche che si trasmettono attraverso il terreno con velocità diverse a seconda del tipo di onde e della natura del terreno. Quando le onde incontrano delle discontinuità si scompongono in onde riflesse (respinte dalla discontinuità) e in onde rifratte (attraversanti la discontinuità). In superficie, le onde riflesse e quelle rifratte a varia profondità, vengono intercettate da sensori denominati comunemente geofoni, appositamente predisposti lungo stendimenti.

A seconda del tempo di arrivo ai geofoni, nonché delle caratteristiche degli arrivi, vengono identificate delle curve denominate dromocrone, il cui andamento è funzione della velocità dei terreni attraversati e delle discontinuità incontrate dal fronte d'onda lungo il tragitto. Dall'analisi delle dromocrone è possibile riconoscere la presenza di anisotropie e disomogeneità del sottosuolo, anche correlabili con cavità artificiali o strutture sepolte. La presenza di cavità sotterranee comporta una sensibile riduzione delle velocità sismiche riconducibili alle porzioni di sottosuolo indagate, in particolare, quando queste non siano sature d'acqua

IX.3.2 - *Metodi geoelettrici*

I metodi geoelettrici si basano sull'immissione di corrente elettrica nel terreno, per mezzo di una coppia di elettrodi energizzanti (due picchetti metallici collegati ad un erogatore di corrente), denominati convenzionalmente A e B, e la successiva misura della differenza di potenziale elettrico che si instaura tra altri due elettrodi impolarizzabili, M e N, grazie ad una unità di acquisizione.

Il principio sul quale si basano il tradizionale sondaggio elettrico verticale di superficie (S.E.V.) e il profilo di resistività è che passando da una situazione di sottosuolo omogeneo (resistività elettrica costante con la profondità) ad una con presenza di strati o unità aventi caratteristiche elettriche differenti, si osserva una deformazione delle linee di corrente. La resistività apparente del mezzo complessivamente attraversato dalle linee di corrente è inversamente proporzionale all'intensità della corrente immessa nel terreno (elettrodi A e B), direttamente proporzionale alla differenza di potenziale registrata tra gli elettrodi di misura (M e N) e funzione di un fattore geometrico che dipende dalla posizione reciproca e dalle distanze fra gli elettrodi (Clerici 2001, pp. 104-125).

La profondità di penetrazione di un sondaggio elettrico è direttamente proporzionale alla distanza tra gli elettrodi ed è generalmente pari a 1/3 - 1/10 della lunghezza dello stendimento (pari a circa la distanza massima tra gli elettrodi), ma è variabile in funzione delle condizioni al contorno. Inoltre, è fondamentale che l'intensità di corrente applicata in A e B sia sufficiente per avere valori di differenza di potenziale in M e N sufficientemente alti da essere chiaramente leggibili.

Operativamente l'esecuzione di un S.E.V. o di un profilo di resistività prevede l'esecuzione di una serie di misure con allargamento progressivo delle distanze tra gli elettrodi e il conseguente incremento progressivo dell'intensità di corrente applicata, al fine di raggiungere le profondità richieste dalla finalità d'indagine.

Si sta sempre più diffondendo, inoltre, l'impiego di indagini elettriche bidimensionali come la Tomografia elettrica, in grado di ottenere delle "sezioni di resistività del terreno", le cui variazioni, lungo un piano passante per il profilo, sono riconducibili a variazioni della litologia, della struttura e del grado di saturazione del terreno dei mezzi esplorati. Tale tecnologia è un'evoluzione delle tecniche monodimensionali sopra indicate.

La strumentazione di misura è rappresentata da un sistema multielettrodo (non 4 ma un numero multiplo di 16 o 24 contemporaneamente) con spaziatura costante. Di fatto non si procedere allo spostamento degli elettrodi da una misura all'altra come per SEV e profili di resistività, ma l'apparecchiatura dotata di un selettore combina i quartetti di elettrodi da impiegare per la misura a partire dalla linea predisposta in partenza, con un notevole risparmio di fatica e di tempo, ovvero, consentendo, a parità di tempo, di acquisire un numero più elevato di misure. I risultati della tomografia elettrica vengono rappresentati per sezioni verticali o per mappe in 2D, sotto forma di sezioni piane e parallele (fig. IX.6).

IX.3.3 - *Metodi elettromagnetici*

I metodi elettromagnetici comprendono, tra gli altri, il metodo elettromagnetico GPR (georadar) e il metodo elettromagnetico EM RESISTIVITY, particolarmente utili, oltre che per la ricerca di strutture metalliche, anche per l'individuazione di 'vuoti' sotterranei.

Il metodo elettromagnetico GPR (georadar) si basa sulla trasmissione di un'onda elettromagnetica ad alta frequenza nel terreno. La presenza di anisotropie del sottosuolo (stratificazioni e strutture) che mettano in relazione materiali a diversa permeabilità elettrica (costante dielettrica), determina interferenze dovute a riflessioni e rifrazioni del campo applicato. Sulla base delle registrazioni che si effettuano in superficie è possibile calcolare la velocità di propagazione delle onde nel terreno e ricavare diagrammi (velocità/tempi) che mostrino la morfologia in sezione verticale delle strutture incontrate.

Tale metodologia, idonea anche per l'identificazione di cavità o strutture sepolte, fino a massimo 10 m di profondità, presenta delle limitazioni d'impiego legate alla presenza di terreni argillosi o di acqua, in particolare quando presente in superficie anche sotto forma di umidità o di condensa, poiché determinanti condizioni di maggiore conduzione elettrica. Risulta, d'altro canto, impiegabile anche in luoghi chiusi e su pavimentazioni armate. Le indagini vengono eseguite mediante mobilitazione della strumentazione lungo linee di misura equidistanti (grid). La misurazione lungo il tracciato può avvenire per punti o in continuo. L'antenna trasmittente può essere trascinata in aderenza o sospesa sul terreno.

Il metodo elettromagnetico EM RESISTIVITY si basa sulla trasmissione di un'onda elettromagnetica a bassa frequenza nel terreno. Corpi conduttivi presenti nel terreno inducono campi secondari che interferiscono generando cambiamenti in fase e in ampiezza del campo primario.

A seguito dell'elaborazione dei dati si ottengono cartografie che illustrano in pianta le isolinee di conducibilità elettrica e lo sfasamento dell'onda elettromagnetica. Tale metodologia è idonea anche per l'identificazione di cavità o strutture sepolte, fino a massimo 30 m di profondità. Presenta delle limitazioni d'impiego legate alla presenza recinzioni, tubazioni ed edifici entro i 5 m di distanza dalla postazione di misura ma risulta, d'altro canto, impiegabile anche su terreni accidentati con velocità di acquisizione elevate.

Il monitoraggio su terreni francamente argillosi riduce la capacità di penetrazione del segnale del 30-40%. Si può impiegare anche su pavimentazioni in asfalto o cemento, purché queste non siano armate con rete metallica elettrosaldata (Provincia di Milano 2003).

È doveroso evidenziare che tutte le metodologie sopra descritte, essendo metodi indiretti d'indagine, devono essere "tarati" mediante l'esecuzione di un test in un'area standard entro la quale è nota la struttura del sottosuolo (o comunque priva di strutture antropiche sepolte). Tali riscontri consentiranno di associare correttamente le unità geologiche a quelle geofisiche ricavate in corso d'indagine consentendo, tra l'altro, d'individuare correttamente le anomalie rispetto alla situazione standard, ovvero le aree a maggiore probabilità d'occorrenza di strutture sepolte.

Evidentemente l'esecuzione d'indagini quali quelle sopra descritte, ha un costo da soppesarsi rispetto alla rilevanza delle finalità d'indagine e alle disponibilità economiche specifiche per il progetto. In linea di massima i costi associati a tali metodologie d'indagine possono essere riepilogati come segue:
Geoelettrica (SEV, Profili di resistività) = 1,00 – 4,00 € per metro lineare di stendimento;
Tomografia elettrica = 5,00 – 10,00 € per metro lineare di sezione;
Georadar GPR = 1,00 – 3,00 € per metro lineare d'indagine;
Elettromagnetico EM = 0,20 – 0,35 € per metro quadrato di superficie.

IX.4 - *Analisi della cronologia mediante tecniche geologiche*

Una volta ritrovato il manufatto, l'indagine geologica fornisce un valido aiuto anche durante la fase di interpretazione e di datazione. Attraverso lo studio delle successioni sedimentarie (analisi stratigrafica), si possono effettuare datazioni assolute, che assegnano in alcuni casi con un buon grado di approssimazione un'età in anni agli eventi, o datazioni relative che invece cercano di ordinare cronologicamente due eventi nel tempo, stabilendo semplicemente che uno di essi è anteriore o posteriore ad un altro.

La datazione relativa delle rocce sedimentarie si basa sul "Principio di sovrapposizione di Stenone" che afferma che "in una successione sedimentaria di strati, ogni intervallo che sta al di sotto è più antico di uno che lo ricopre"(fig. IX.7). La validità di questa norma è chiaramente limitata alle successioni che non hanno subìto rovesciamento per cause tettoniche. La cronologia relativa mette così in evidenza la successione temporale dei singoli strati gli uni rispetto agli altri, mentre i metodi della cronologia assoluta determinano l'età in anni di ogni strato e, con le opportune cautele, dei reperti archeologici in esso contenuti (Casati 1996, I, pp. 215-227).

Per assegnare un'età precisa ad una roccia si ricorre a metodologie basate su applicazioni della radioattività naturale, che consiste nel decadimento radioattivo di particolari isòtopi contenuti nei reticoli dei minerali delle rocce cristalline.

Per valutare, invece, l'età dei depositi, degli elementi morfologici e degli eventi relativi al Quaternario (il periodo che comprende la comparsa e l'evoluzione dell'uomo) si utilizza il metodo del radiocarbonio, che misura la quantità di C^{14} ancora presente nella sostanza organica che si vuole datare e la si confronta con quella nota che avrebbe dovuto esservi. Il metodo consente di datare campioni di piccole dimensioni come semi o foraminiferi planctonici, ma anche torba, legno, ossa, conchiglie, paleosuoli, antiche acque sotterranee di origine marina, sedimenti lacustri o marini e anidride carbonica atmosferica intrappolata nel ghiaccio dei ghiacciai. Esso permette inoltre di assegnare un'età radiometrica a reperti archeologici e manufatti risalenti fino a circa 100.000 anni fa.

IX.4.1 - *Dendrocronologia*

Un metodo alternativo utilizzato è quello della dendrocronologia, ovvero lo studio degli anelli di accrescimento degli alberi, che può fornire una datazione minima del substrato (deposito glaciale, accumulo di frana, superficie deglacializzata) su cui gli alberi stanno crescendo. Il metodo è in grado di fissare l'età di un evento (ad esempio una frana) che ha disturbato la crescita della pianta senza comunque interromperla, dall'analisi dell'eccentricità che assumono gli anelli. La dendrocronologia ha consentito di costruire una curva di correzione delle età determinate con il radiocarbonio relative agli ultimi 7.000 anni circa (Casati 1996, II, pp. 415-425).

IX.4.2 - *Lichenometria*

La lichenometria si basa sullo studio del diametro dei talli dei licheni, che si sviluppano su substrati rocciosi di origine glaciale. La crescita del diametro risulta proporzionale all'età del substrato ed è influenzata dal tipo di substrato su cui i licheni si sono impiantati e dalle condizioni climatiche in cui si sviluppano. Il tallo che aderisce alla superficie della roccia si accresce in modo circolare anche per alcune migliaia di anni e permette la datazione relativa o assoluta dell'elemento morfologico, deposito glaciale o detritico, che i licheni hanno colonizzato. Questa tecnica permette datazioni fino a 4.000 anni fa.

IX.4.3 - *Metodo delle varve*

Altrettanto utile nel caso di datazione di manufatti relativi ad ambienti periglaciali è il metodo delle varve. Il metodo si basa sullo studio dei depositi argilloso-sabbiosi, detti varve, lasciati dalle acque di fusione dei ghiacciai: i depositi hanno un ciclo annuale; sono infatti formati dall'alternanza di straterelli chiari, sabbiosi, depositatisi in estate, e di straterelli più scuri e più sottili, argillosi, depositatisi in inverno. Si studiano le varve contandone il numero, misurandone lo spessore, la granulometria e le altre caratteristiche fisiche. I risultati vengono riportati su diagrammi che permettono di correlare le varve di diverse località e di mettere in relazione le loro caratteristiche con fenomeni geologici che possono essere così datati. Questa tecnica è precisa fino a circa 12.000 anni fa.

IX.4.4 - *Palinologia*

Un altro apporto alla ricerca è dato dalla palinologia, branca della botanica che studia i pollini e le spore (in particolare la loro forma, costituzione, distribuzione geografica), per individuare similitudini e affinità tra le piante, classificarle e stabilire la derivazione delle specie.

Lo studio di pollini e spore fossili fornisce dati importanti all'archeologia, permettendo di stimare, con un certo margine di approssimazione, l'epoca fino alla quale il manufatto è rimasto accessibile. Utile nel caso di opere ipogee colmate successivamente da materiali superficiali. La palinologia permette anche di ricostruire il tipo di vegetazione e i paleoclimi delle ere passate di un determinato territorio.

IX.4.5 - *Paleoclimatologia*

Può risultare d'interesse per l'archeologo l'applicazione della paleoclimatologia, ovvero lo studio delle variazioni climatiche succedutesi nel corso delle diverse ere geologiche. Alla fine dell'Archeano e del Proterozoico si ebbero due periodi freddi con una grande diffusione di fenomeni glaciali. Nell'intervallo compreso tra il Cambriano e il Permiano si ebbe invece predominanza di climi caldi e tutta l'era successiva fu caratterizzata da climi tropicali con lunga stagione secca. Nel primo periodo del Terziario (Paleogene) il clima fu tendenzialmente tropicale, con alternanze di climi secchi, tiepidi e umidi. Nel Pliocene si verificò invece un raffreddamento generale, preludio all'epoca glaciale che caratterizzò il Quaternario, con alternanze di periodi glaciali e periodi interglaciali.

I metodi per la determinazione dei vari paleoclimi si basano sullo studio delle associazioni faunistiche e floristiche, ricostruite grazie ai fossili, e sulle *facies* litologiche delle rocce sedimentarie. Ad esempio, gessi e depositi salini rivelano clima caldo, certe arenarie clima desertico, calcari di scogliera clima tropicale. Ancora non si conoscono le esatte cause delle variazioni climatiche: secondo una delle ipotesi sarebbero in relazione con le variazioni del biossido di carbonio contenuto nell'atmosfera che, assorbendo le radiazioni infrarosse irradiate dalla superficie terrestre, trattiene una parte considerevole del calore solare. Una manifestazione vulcanica molto importante, ad esempio, può accrescere la quantità di tale gas nell'atmosfera e determinare un riscaldamento climatico dell'atmosfera.

Un'ipotesi che spiega, in particolare, le oscillazioni climatiche del Quaternario, si basa sulla loro correlazione con variazioni della radiazione solare dovute a cause astronomiche. La successione di paleoclimi diversi su una stessa regione determina, comunque, dal punto di vista geomorfologico, l'azione successiva di differenti sistemi d'erosione. Ciascun periodo geologico eredita paesaggi modellati nel corso di periodi climatici precedenti e i sistemi d'erosione più attivi finiscono per influire su tutta l'evoluzione ulteriore della morfologia locale.

IX.4.6 - *Analisi mineralogiche e petrologiche*

Nelle indagini relative ai materiali, che costituiscono le opere stesse, le analisi mineralogiche e petrologiche forniscono un ulteriore apporto. Esse permettono di risalire alla provenienza dei blocchi utilizzati come pietre da costruzione e di ricostruire la storia pregressa del sito, con particolare attenzione alle scelte adottate nella progettazione e nella realizzazione dell'opera. La conoscenza del territorio e delle sue caratteristiche litologiche e strutturali definisce inoltre il potenziale rischio a cui le opere stesse sono soggette e gli eventuali interventi da effettuare anche preventivamente per la conservazione e il mantenimento dell'opera stessa. È necessario, in questa fase, considerare il ruolo degli elementi naturali che determinano e modificano le condizioni primarie del substrato.

IX.5 - *Indagini idrogeologiche e idrauliche*

Le indagine idrogeologiche e idrauliche, finalizzata alla definizione del regime idrico sotterraneo e superficiale, sia attuale che storico, e supportate da una adeguata base di dati, possono consentire l'individuazione di alcuni manufatti finalizzati a captazione, distribuzione e/o gestione delle acque, quali pozzi, acquedotti, fognature e canali irrigui, oltre a una loro corretta caratterizzazione sia strutturale che funzionale, rispetto alle esigenze e alle conoscenze tecniche dei rispettivi realizzatori.

L'acqua, oltre ad essere il principale agente naturale in grado di produrre cavità, è anche uno dei principali agenti responsabili delle modificazioni indotte nel tempo sulle opere in esame, poiché determina lo sviluppo di cavità a seguito della formazione di microcavità iniziali e dell'avvio di una circolazione più o meno diffusa (figg. IX.8a, IX.8.b, IX.8c e IX.8d). In particolare, nelle opere a carattere idraulico, i fenomeni di erosione e di deposizione generati dall'acqua determinano l'instaurarsi di forme di "pseudocarsismo indotto" che ne stravolgono l'aspetto (Castellani 1975, pp. 121-126). Conoscerli è senz'altro necessario nella fase interpretativa e di analisi.

L'azione meccanica di disgregazione dell'acqua sulla roccia che attraversa può avvenire attraverso i seguenti meccanismi, come per le cavità carsiche (Società Speleologica Italiana 1978, pp. 121-134):
- erosione, dovuta alla presenza di particelle detritiche di granulometria variabile in sospensione e al loro trascinamento sul fondo del condotto;
- cavitazione, quando il condotto viene posto in pressione da piene improvvise che producono un susseguirsi di onde d'urto, danneggianti l'opera stessa;
- scalzamento, con distacco di porzioni di quei materiali che offrono minore resistenza meccanica all'acqua, nonché in presenza di rocce non compatte, e asportazione del cemento che riempie spazi e fratture.

A questi si aggiungono i fenomeni di dissoluzione chimico-fisica di:
- dissoluzione semplice;
- corrosione, dove la dissoluzione può essere determinata, o aumentata, dalla presenza di anidride carbonica e dalla miscela delle acque.

L'azione meccanica e chimico-fisica dell'acqua tenderà pertanto ad aggredire inizialmente il fondo del condotto, soprattutto se privo di rivestimento. Se il cunicolo supera una certa pendenza, l'acqua comincerà a scorrere più velocemente erodendo il materiale di contatto, approfondendo lo scavo e innescando il cedimento delle pareti (figg. IX.9a e IX.9b). La sezione dello speco si allargherà e si approfondirà fino ad assumere la tipica forma carsica detta "a buco di chiave". Generalmente, in presenza di rocce calcaree la percolazione depositerà carbonato di calcio ($CaCO_3$), come avviene nelle cavità naturali, formando concrezioni il cui accrescimento tenderà a chiudere progressivamente lo speco (Collignon 1992, pp. 48-84 e 178-193).

La circolazione dell'acqua nei terreni sciolti avviene tra i vuoti intercomunicanti che separano i diversi granuli. I valori di permeabilità dei vari litotipi è:

ghiaie pulite	10^2-10	cm/s
sabbie pulite	1	cm/s
ghiaia e sabbia	10^{-1}-10^{-4}	cm/s
sabbie molto fini e limi sabbiosi	10^{-5}-10^{-6}	cm/s
argille compatte	10^{-7}-10^{-9}	cm/s

La permeabilità è direttamente proporzionale alla granulometria dei depositi e inversamente proporzionale alla loro eterogeneità.

Negli ammassi rocciosi la circolazione d'acqua avviene attraverso le fratture e le discontinuità presenti. In generale, la permeabilità dipende dalle caratteristiche delle discontinuità: apertura, spaziatura, cementazione, alterazione e riempimento.

$K = g\ e / 12\ V\ b$

K = permeabilità
g = accelerazione di gravità
e = apertura delle discontinuità
b = spaziatura delle discontinuità
V = coefficiente di viscosità dell'acqua

Si evidenzia che l'innesco di crolli è accelerato dalla

circolazione dell'acqua nelle cavità ipogee, soprattutto quando realizzate in litotipi ad elevata solubilità in acqua, come nei gessi o nei calcari. Tra gli interventi di mitigazione del rischio rientrano quindi le opere di drenaggio delle acque percolanti al fine di evitare crolli e allagamenti dei cunicoli e degli altri manufatti presenti nel sottosuolo. Infine, si evidenziano le problematiche connesse alla circolazione di acque chimicamente contaminate, in grado di determinare importanti modificazioni all'aspetto di opere interessate da tale tipo di circolazione. Evidentemente, la tipologia e l'intensità delle modificazioni indotte sulle opere in esame è funzione, oltre che della tipologia delle opere medesime e dei relativi materiali costituenti, anche della tipologia delle sostanze contaminanti presenti nelle acque di circolazione.

IX.6 - *Analisi geotecnica, geomeccanica e strutturale*

È utile evidenziare come i parametri litostratigrafici e geotecnici del sottosuolo influenzino sia la scelta dell'ubicazione di un'opera ipogea, sia le modalità di scavo e gli attrezzi da utilizzare per realizzarla. Su tale base assume un ruolo importante lo studio dei materiali che costituiscono la struttura portante di queste opere, sia che esse siano scavate nella roccia, e quindi in grado di autosostenersi autonomamente, sia che si sviluppino in litotipi cedevoli, che necessitano di rivestimenti o strutture interne di contenimento per evitarne il cedimento.

Un sottosuolo costituito da litotipi molto resistenti all'erosione e poco aggredibili con attrezzi da scavo sarà difficilmente sede di opere ipogee, ad eccezione delle aree minerarie; mentre, in terreni sciolti e rocce dotate di caratteristiche di particolare docilità allo scavo, potranno essere presenti numerose cavità artificiali.

Nella fase di esplorazione bisogna conoscere le caratteristiche geologiche dell'area in cui si opera, anche per accedere ai manufatti in condizioni di sicurezza. La stabilità dello scavo è infatti influenzata da diversi parametri quali il tipo di materiale in cui si realizza l'opera (all'interno di un ammasso roccioso o in litotipi incoerenti), l'angolo d'inclinazione con cui si esegue lo scavo e la presenza nel sottosuolo di falde acquifere che possono modificare le proprietà di coesione e di resistenza di alcuni litotipi, come argille e sabbie, minando la loro capacità di autosostenersi. Spesso, per determinare meglio il tipo di terreno in esame, possono essere utili anche delle prove di laboratorio sui campioni prelevati direttamente in sito.

Importanti elementi si possono trarre anche dalla stima dei cedimenti che interessano i terreni su cui sorgono fabbricati antichi, specie quando questi sono costruiti su terreni cedevoli quali argille poco consolidate, che assumono un comportamento plastico sotto il peso degli elementi soprastanti, oltre a rigonfiare in presenza d'acqua e ritirandosi in condizioni di drenaggio delle acque immagazzinate (a lungo termine).

Con gli strumenti di cui si avvalgono le scienze geologiche è possibile determinare le condizioni di un ammasso roccioso, a partire dalle sue caratteristiche litologiche e dalle proprietà fisico-meccaniche. Attraverso il rilievo strutturale si possono individuare le famiglie di fratture prevalenti nella roccia e definire così le qualità dell'ammasso, a loro volta strettamente connesse con la sua stabilità, in risposta alle sollecitazioni esterne. La previsione delle pressioni che vanno a gravare sulle pareti della cavità artificiale sotterranea è agevolata dalle classificazioni geotecniche che permettono di caratterizzare semi-qualitativamente l'ammasso roccioso in cui è scavata.

Una roccia compatta, poco alterata e con scarsa fratturazione, presenterà ragionevolmente buone caratteristiche di autosostentamento e stabilità. Al contrario, se l'ammasso è stratificato, alterato e con uno o più sistemi di discontinuità, difficilmente sarà in grado di autosostenersi, determinando un maggiore rischio specifico di crolli di eventuali cavità poste al suo interno. Nel campo della geologia applicata il metodo di classificazione degli ammassi rocciosi che viene maggiormente utilizzato è il *Rock Mass Rating* (RMR), proposto da Bieniawsky nel 1973.

Successivamente modificato dall'Autore fino al 1989, è utilizzato nello scavo di gallerie, nello studio delle fondazioni e della stabilità dei pendii, nello sfruttamento minerario in sotterraneo. Tale approccio può talvolta risultare utile anche in situazioni legate allo studio di cavità artificiali, ai fini della definizione delle condizioni di sicurezza in fase di esplorazione di cavità o in fase di ricerca in zone di versante (figg. IX.10, IX.11, IX.12, IX.13, IX.14, IX.15 e IX.16).

I parametri su cui si basa la RMR sono sei, tutti determinabili in sito e ottenibili anche da dati di sondaggio. Vengono distinte cinque classi di qualità dell'ammasso roccioso assegnando coefficienti numerici ad ognuno dei parametri considerati. I parametri presi in esame sono i seguenti:

- Resistenza alla compressione monoassiale ricavata in sito tramite il test di point load su campioni di roccia.
- RQD che esprime in percentuale il rapporto tra la lunghezza ottenuta dalla somma degli spezzoni lunghi più di 10 cm di materiale recuperato durante un carotaggio e la lunghezza complessiva del sondaggio.
- Spaziatura delle discontinuità.
- Condizioni delle discontinuità.
- Previsioni di venute d'acqua nelle discontinuità, in relazione alla permeabilità dell'ammasso roccioso e alla circolazione idrica sotterranea.

Per ciascuno di questi parametri si distinguono cinque intervalli di valori, il più alto dei quali indica le condizioni di maggiore stabilità. La somma dei coefficienti relativi ai cinque parametri, che varia da 8 a 100, fornisce, in termini generali, un valore di qualità dell'ammasso roccioso (RMR "di base").

Tale valore viene ulteriormente elaborato applicando coefficienti correttivi relativi alle giaciture delle discontinuità rispetto alla direzione di sviluppo dell'opera. Sulla base di tale classificazione è possibile ottenere informazioni sul tempo medio di autosostentamento, sulla coesione e sull'angolo d'attrito dell'ammasso roccioso (Bieniawski 1979).

Un'ulteriore classificazione utile è il Q-System (Barton, 1974). La qualità "Q" dell'ammasso roccioso è calcolata in funzione di sei parametri, ognuno dei quali viene misurato o valutato in sito:

- RQD (Recupero Percentuale Modificato, dato di sondaggio).
- Numero di famiglie di discontinuità J_n.
- Rugosità delle discontinuità J_r.
- Alterazione delle discontinuità J_a.
- Venute d'acqua previste J_w.
- Condizioni di sforzo naturale SRF (Stress Reduction Factor).

Questi parametri forniscono il valore della qualità dell'ammasso roccioso mediante la formula:
$Q = (RQD / J_n)*(J_r / J_a)*(J_w /SRF)$
Il valore del parametro Q può variare da 0,001 ("roccia etc. scadente") fino a 1000 ("roccia etc. buona").

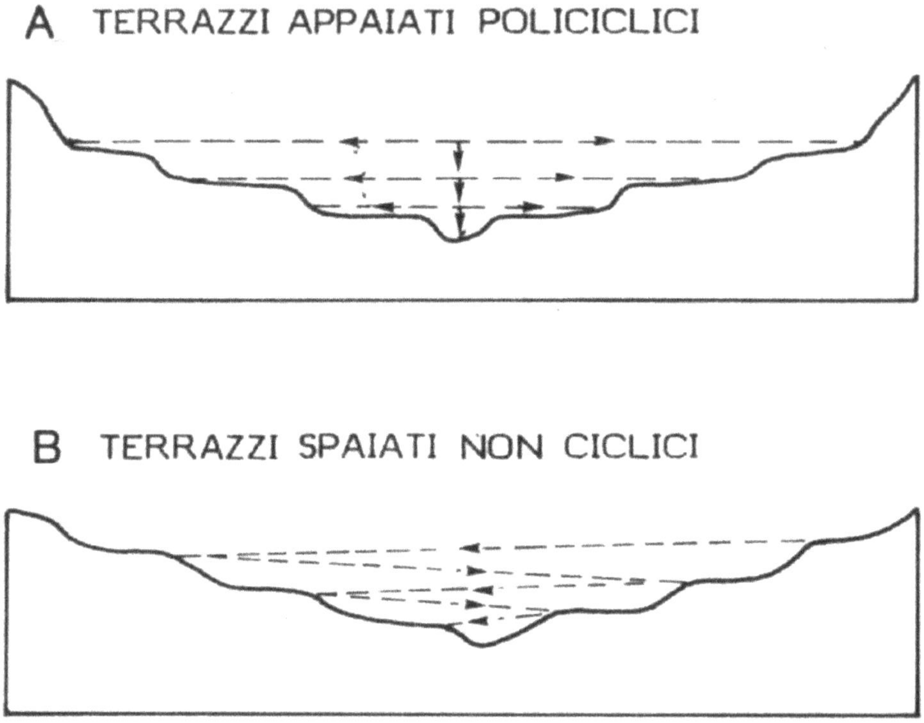

Fig. IX. 1. *Terrazzi alluvionali policiclici appaiati (A) e non ciclici spaiati (B). Nel primo caso fra i terrazzi sui due versanti della vallata vi sono corrispondenze altimetriche che mancano nel secondo, in cui lo sviluppo dei terrazzi è dovuto a migrazione laterale della corrente fluviale durante una lenta incisione.*

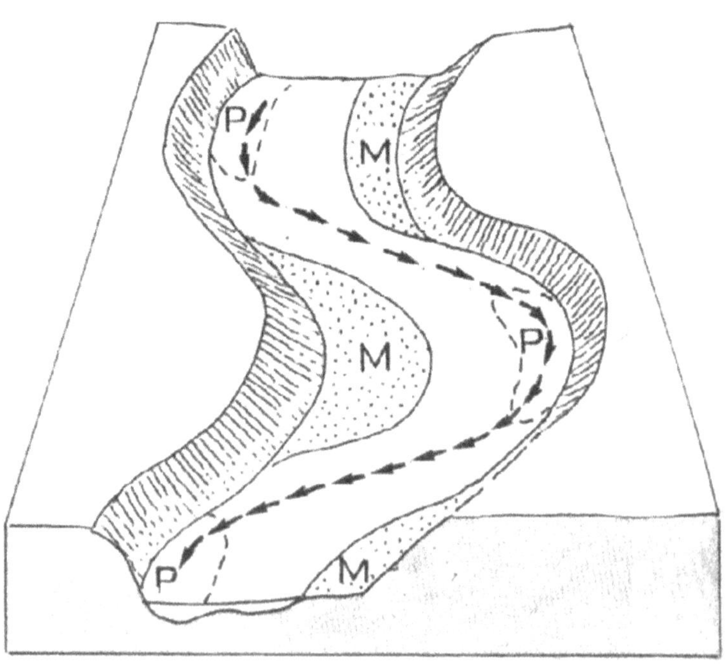

Fig. IX.2. *Morfologia di una barra di meandro. L'accentuazione della sinuosità di un corso d'acqua è in relazione alla divagazione del "filo della corrente", qui indicato dalle frecce. Sul lato concavo di una curva, la sponda è ripida e soggetta a erosione, sul lato convesso si ha sedimentazione (M: barre di meandro; P: pozze).*

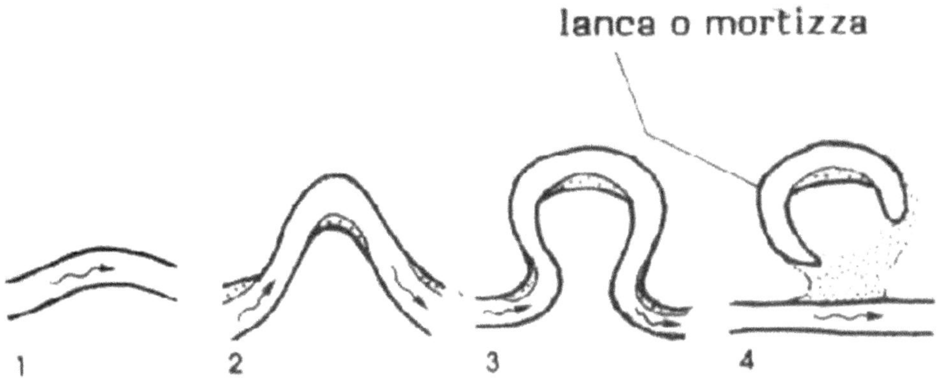

Fig. IX.3. *Salto del meandro. I fiumi a meandri sono soggetti a frequenti cambiamenti di percorso. Con il taglio di un meandro rimane completamente o parzialmente isolata la vecchia ansa, che dà origine a una lanca (o mortizza).*

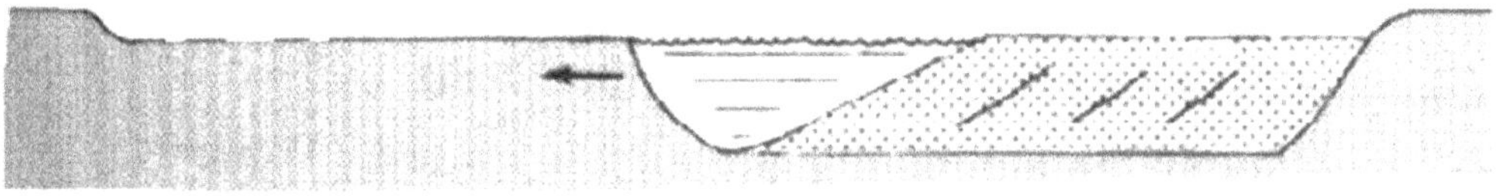

Fig. IX.4.: *Struttura interna di un conoide di deiezione.*

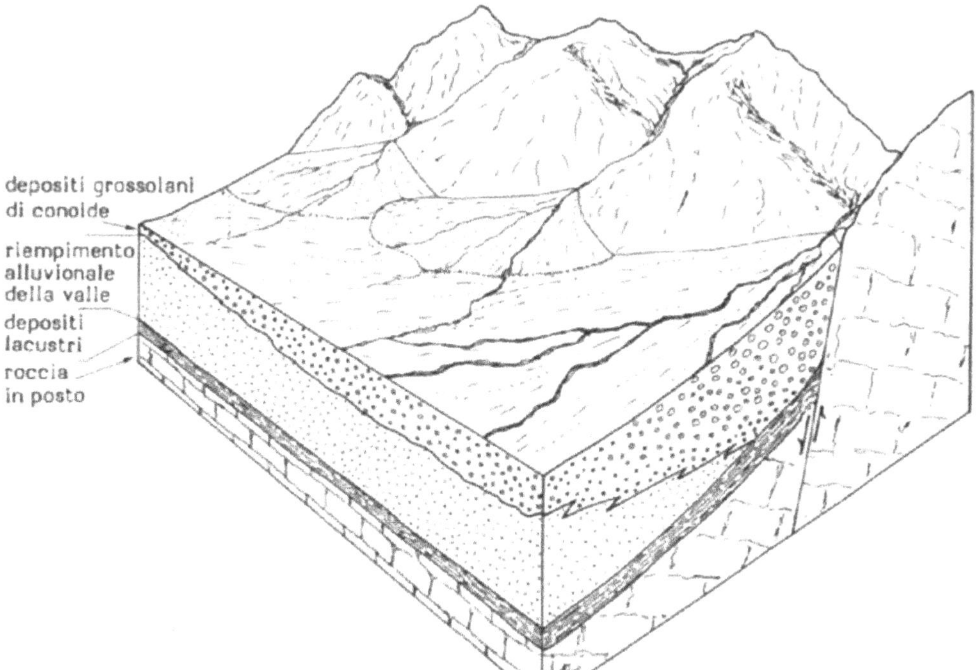

Fig. IX.5. *Genesi di una piana alluvionale. La migrazione laterale degli alvei per erosione sulla sponda concava delle sinuosità e deposizione sulla convessa, è uno dei modi di formazione della pianura alluvionale.*

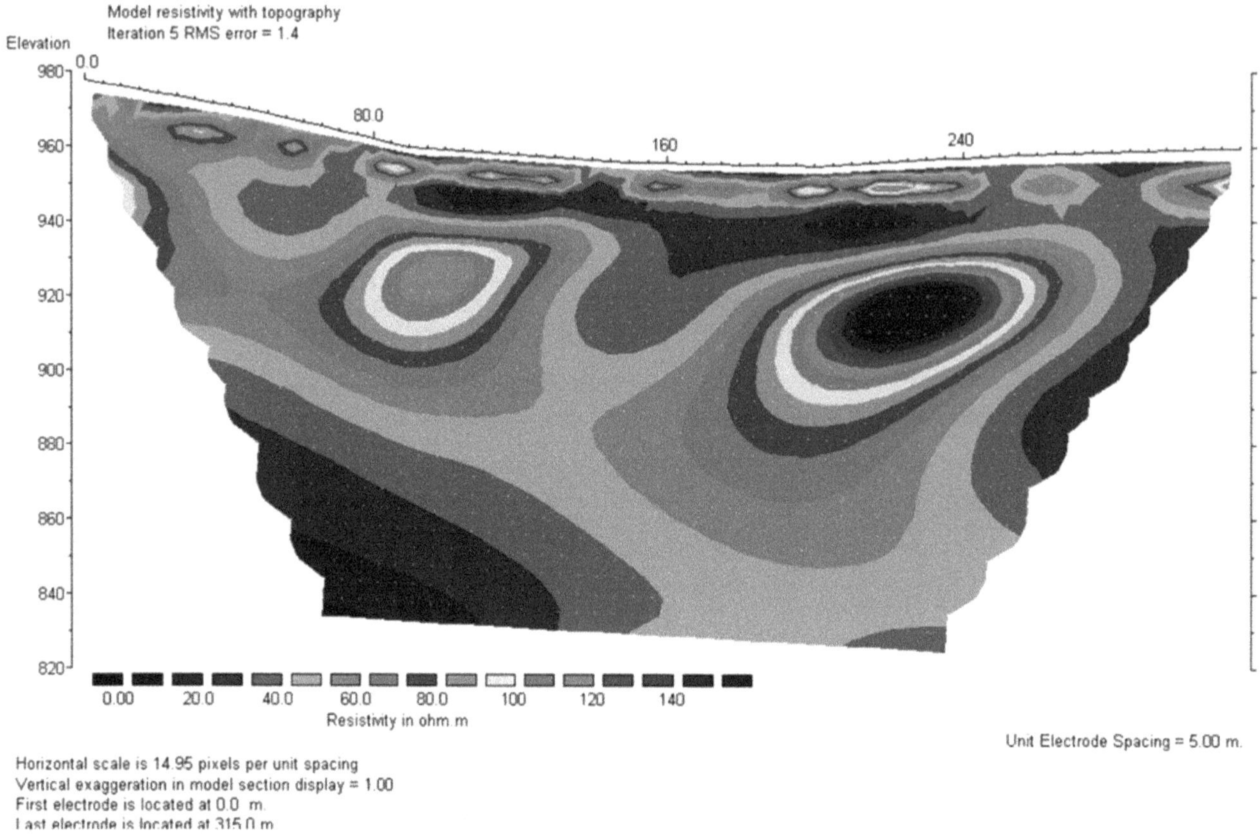

Fig. IX.6. *Esempio di restituzione in sezione verticale di una tomografia elettrica.*

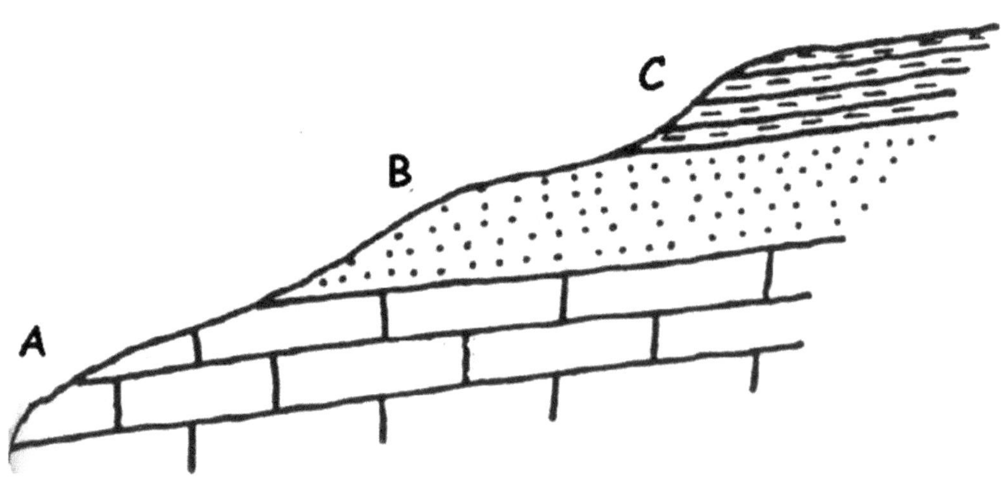

Fig. IX.7. *Principio di sovrapposizione di Stenone. Il litotipo B è più vecchio del litotipo C, ma più giovane del litotipo A.*

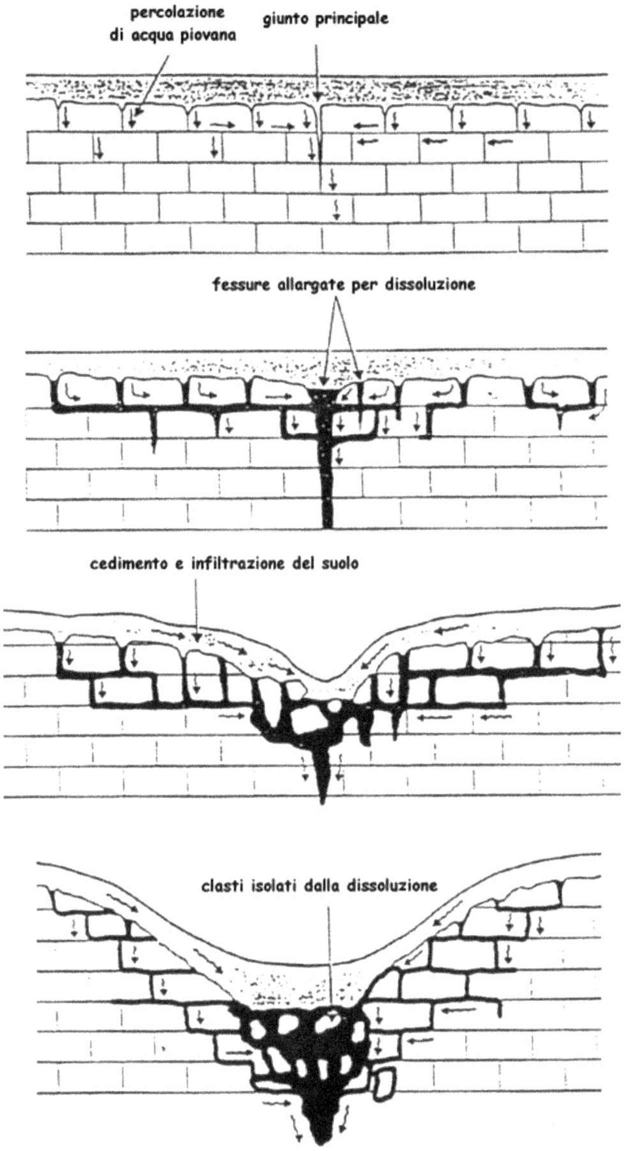

Fig. IX.8. *Processo di infiltrazione di acqua piovana nel sottosuolo e relative conseguenze. Il processo inizia per locale allargamento delle fessure da parte dell'acqua e successiva dissoluzione fino alla formazione di depressioni morfologiche.*

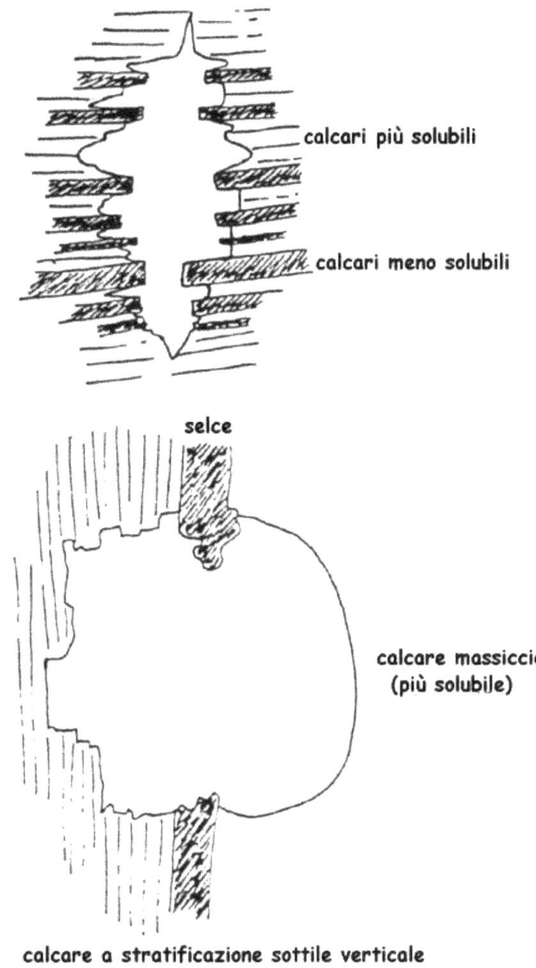

Figg. IX.9. *Azione di erosione differenziata su litologie più o meno permeabili.*

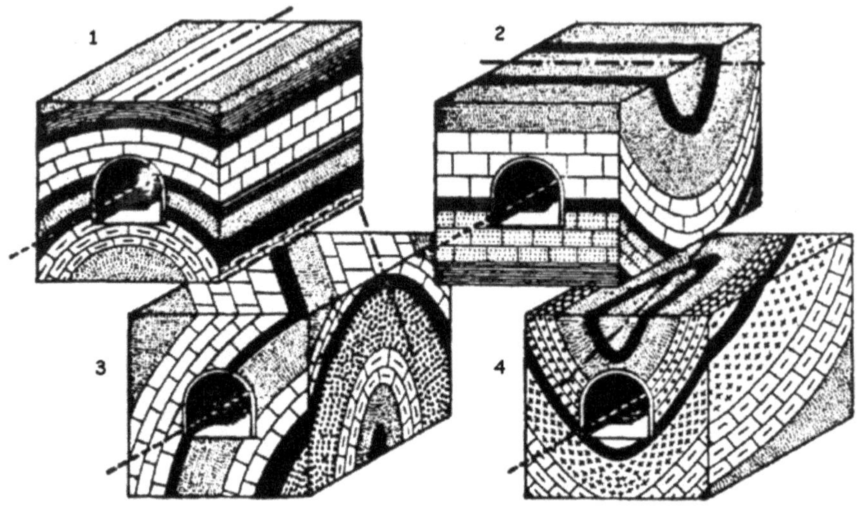

Fig. IX.10 *Relazioni tra asse delle gallerie e asse delle pieghe. 1. La galleria si mantiene sempre all'interno dello stesso terreno. 2. La galleria attraversa successioni di terreni ripetuti in senso inverso. 3. La galleria attraversa successioni come in 2 ma obliquamente, anziché perpendicolarmente. 4.La galleria attraversa terreni via via più antichi (*Bieniawsky 1973*).*

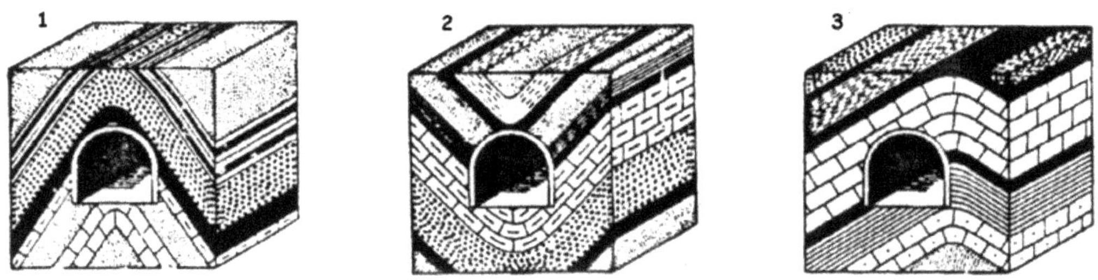

Fig. IX.11. *Relazioni tra gallerie e pieghe degli strati. 1. Galleria nel nucleo di un'anticlinale, minime pressioni. 2. Galleria nel nucleo di una sinclinale, massime pressioni. 3. Galleria in un fianco di una piega, pressioni disarmoniche (*Bieniawsky 1973*).*

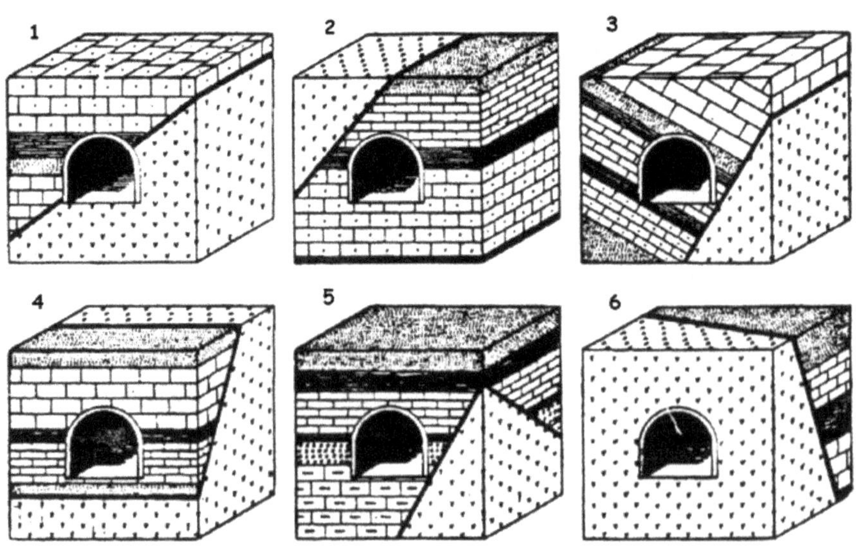

Fig. IX.12. *Relazioni tra gallerie e faglie. 1. La galleria interseca la faglia. 2. La galleria si mantiene sempre al di sotto della faglia. 3. La galleria si mantiene sempre a tetto della faglia. 3. La galleria interseca la faglia. 5. La galleria non interseca la faglia. 6. La galleria taglia diagonalmente la faglia (*Bieniawsky 1973*).*

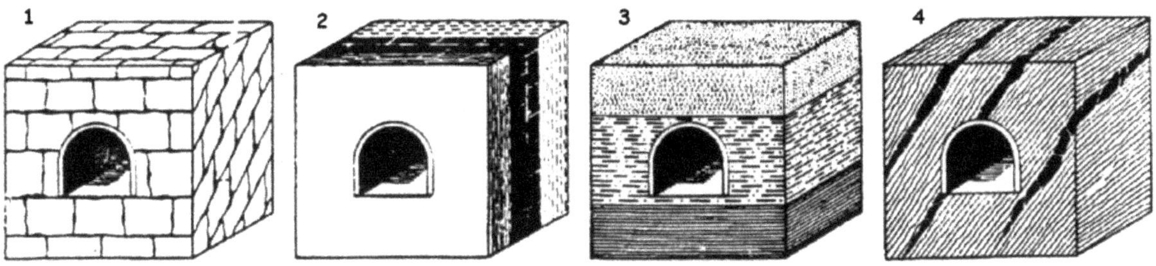

Fig. IX.13. *Condizioni idrogeologiche di gallerie. 1. Galleria in acquiferi permeabili per fratturazione: venute d'acqua diffuse in tutta lo scavo. 2. Galleria che attraversa un acquifero (in nero):venute d'acqua limitate alla zona d'attraversamento dell'orizzonte. 3. Galleria sviluppata in un orizzonte acquifero contenuto in terreni permeabili per porosità: venute d'acqua permanenti in tutte le direzioni. 4. Galleria in micascisti con vene di quarzo fratturati: venute d'acqua abbondanti in corrispondenza dei filoni (*Bieniawsky 1973*).*

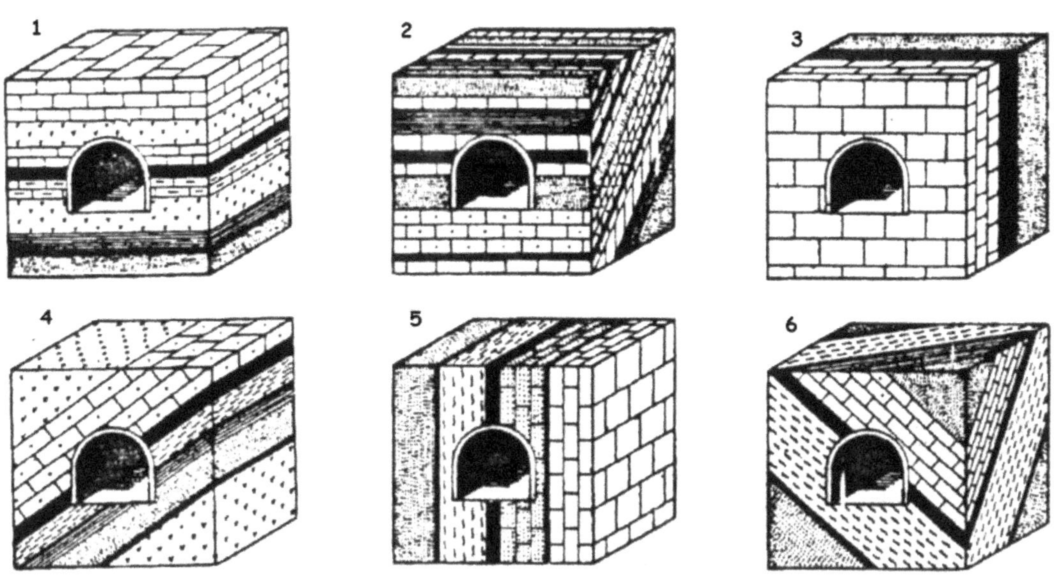

Fig. IX.14. *Relazioni tra gallerie e piani di stratificazione. 1. La galleria si mantiene sempre negli stessi strati. 2. La galleria attraversa obliquamente gli strati per spessori maggiori della potenza reale di questi. 3. La galleria si sviluppa perpendicolarmente alla stratificazione intersecando gli strati per spessori uguali alla loro potenza. 4. La galleria si mantiene sempre negli stessi strati; pressioni minime sul lato destro. 5. La galleria si mantiene sempre negli stessi strati; pressioni massime in calotta. 6. La galleria taglia obliquamente gli strati per spessori superiori alla loro potenza; massime pressioni sulla sinistra (*Bieniawsky 1973*).*

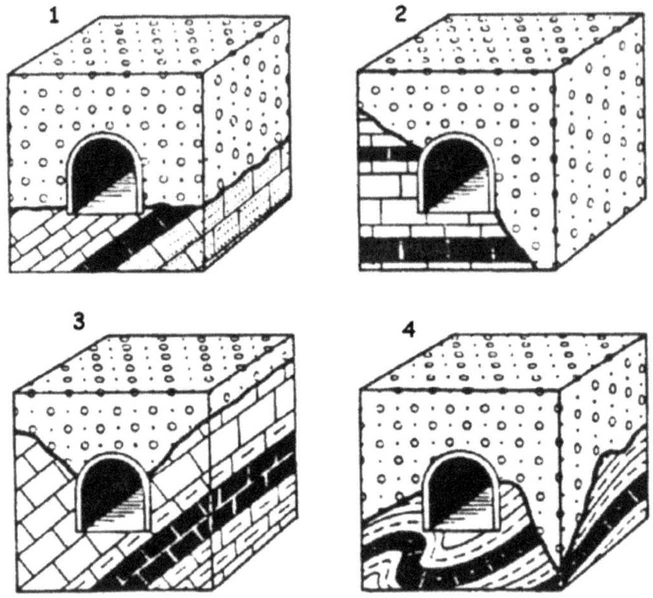

Fig. IX.15. *Esempi di gallerie al contatto tra rocce incoerenti acquifere (puntinato) e rocce coerenti. Nei casi 1 e 4, se il tracciato della galleria fosse stato più basso, si sarebbero evitate le rocce incoerenti acquifere; nel caso 2, sarebbe bastato spostare il tracciato verso sinistra per evitarle; nel caso 3, sia sulla sinistra che sulla destra (*Bieniawsky 1973*).*

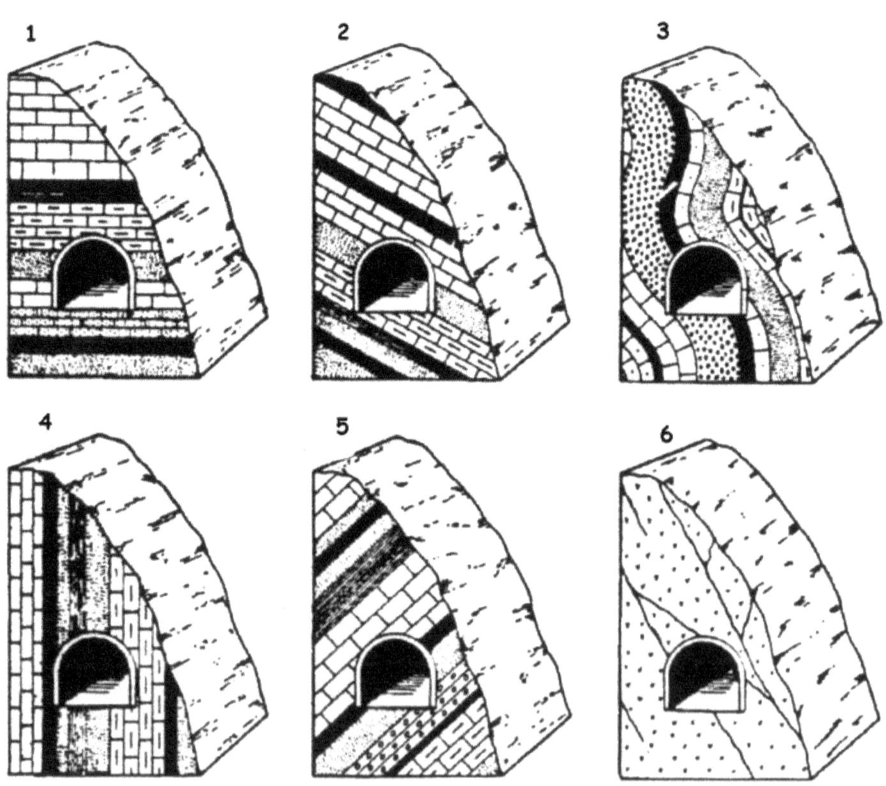

Fig. IX.16. *Condizioni di stabilità di gallerie parietali in relazione con la disposizione dei piani di stratificazione e fessurazione. 1, 4, 5 molto stabile; 3 abbastanza stabile; 2, 6 poco stabile (*Bieniawsky 1973*).*

CAPITOLO X

ALCUNE NOTE DI TOPOGRAFIA: ACQUISIZIONE E GESTIONE DELLE INFORMAZIONI SUL TERRITORIO

Fabrizio Frignani

X.1 - *La topografia applicata*

È utile applicare la moderna tecnologia alla realizzazione di un rilievo topografico, a sua volta utilizzabile nell'indagine speleologica e archeologica, per una migliore gestione dei dati a beneficio di uno sviluppo delle conoscenze. Si avranno restituzioni grafiche acquisite in modo veloce e attendibile, in scala e formato adattabili a qualsiasi situazione, ottimizzando i tempi di analisi e di sintesi.

Basti pensare alla possibilità di ottenere elaborati grafici in coordinate assolute, disegni in scale diverse con l'inserimento d'immagini fotografiche georeferenziate e in scala, misurazioni geometriche, in modo da potere analizzare eventuali stratigrafie. Ma è altresì auspicabile correlare un impianto ipogeo alla morfologia di superficie, soprattutto quando sono presenti elementi architettonici per il completamento delle informazioni acquisite nel sottosuolo.

La topografia, quale scienza, produce delle informazioni e dei dati che devono essere trasmessi mediante un linguaggio necessario alla comprensione e al confronto in differenti contesti. Tale linguaggio deve prevedere l'utilizzo d'identici parametri. Le coordinate di qualsiasi rilievo dovrebbero essere uniformi, ovvero riportate in coordinate geografiche oppure UTM (Universal Transverse Mercatore).

La precisione delle informazioni relative al posizionamento geografico dipende dal tipo di strumentazione utilizzata e dalla rete geodetica a cui si fa riferimento: le coordinate che si ottengono da un ricevitore GPS da passeggio (patfinder), rispetto a quelle ottenute mediante un ricevitore GPS topografico, differiscono tra loro di decine di metri. Questo perché il primo non ha riferimenti a terra, cioè non è legato a una rete locale, risultando poco preciso.

Il secondo ha precisioni centimetriche in quanto legato ad una rete geodetica. Per quanto concerne il rilievo con la stazione totale la precisione delle coordinate locali è millimetrica, ma se il rilievo non è collegato a una rete geodetica, o di sistema, non è possibile stabilire correttamente la collocazione di quel determinato insieme di punti sulla sfera terrestre.

Parlare di topografia potrebbe apparire complesso, perché i campi di azione della materia si sono ampliati nel tempo grazie all'evoluzione degli strumenti di lavoro sul campo e dei relativi software. Conseguentemente anche le applicazioni si sono sviluppate lambendo settori che solo fino a qualche anno fa non erano immaginabili.

Si desidera quindi approfondire la materia chiamandola con un nome più appropriato: "topografia applicata". La topografia applicata merita un proprio spazio, che non esula dalla topografia tradizionale, diventandone invece un vero e proprio *modus operandi*, dove la sinergia tra tecnologia, esperienza, sensibilità umana e conoscenza diventano i presupposti e le componenti necessarie alla buona riuscita del lavoro.

X.2 - *Topografia e informatica*

La topografia non è solo un mezzo per ottenere una rappresentazione del terreno e, più ampiamente, del territorio: grazie all'informatica diviene uno strumento per la gestione delle informazioni acquisite. Il rapido sviluppo della scienza informatica ha conseguentemente determinato anche la rapida evoluzione delle apparecchiature di misura, le quali si sono trasformate da strumenti topografici in "strumenti per il disegno".

Tramite la lettura delle cifre riportate su di una stadia e l'applicazione di formule trigonometriche, gli strumenti topografici si 'limitavano' a stabilire la posizione di un punto nell'ambito del nostro rilievo (a una distanza massima di circa 50 m). Oggi tali strumenti permettono al rilevatore di rendere il rilievo topografico più reale, avvicinandosi a una rappresentazione fotografica del terreno, unitamente agli elementi su di esso presenti, sia al di sopra sia al di sotto del piano di campagna.

L'evoluzione dei software e degli hardware ha incrementato le funzioni dirette e indirette degli strumenti di misura, permettendo alla topografia applicazioni dinamiche. Tale dinamicità diventa massima espressione quando gli operatori sono in grado di allontanarsi dai canoni classici, con applicazioni che possono essere considerate creative. Con i moderni strumenti si possono eseguire un rilievo topografico di tipo tradizionale e il rilievo di alzati. Analogo lavoro lo si ottiene applicando la fotogrammetria digitale, utilizzata sia a parte sia complementarmente, allo strumento topografico.

In fase di restituzione grafica i dati vengono variamente elaborati ottenendo planimetrie, prospetti, viste tridimensionali, per poi associare agli elementi grafici, tramite software specifici per la gestione dei sistemi informativi territoriali, le informazioni proprie di quell'elemento, costruendo il cosiddetto database. Il rilievo topografico può divenire la struttura portante di una qualsiasi ricerca in ambito geografico, archeologico, naturalistico, urbanistico, etc. Evoluzioni future sono oggi poco prevedibili proprio per il concetto di dinamicità precedentemente espresso. In un futuro prossimo ci si attende di vedere nuove applicazioni della topografia.

X.3 - *Distinzione tra topografia classica e topografia moderna*

La distinzione tra topografia classica, o tradizionale, e topografia moderna è legata principalmente al tipo di strumentazione utilizzata per l'esecuzione di un rilievo. Solo vent'anni fa la distinzione avveniva tra l'uso di teodoliti o tacheometri e stazioni totali elettroniche; oggi avviene tra stazioni totali elettroniche e rilievo mediante ricevitori satellitari. Il secondo passaggio è stato più rapido che il primo, ma soprattutto è diventato diverso il modo di concepire ed eseguire il rilievo. La differenza sostanziale è legata all'approccio metodologico, tecnico e concettuale delle stazioni totali, in cui il rilevatore è di fronte a un rilievo 'diretto', ovvero eseguito a terra, dove il dato geometrico è un elemento immediatamente visibile e consultabile. Con i ricevitori GPS si è di fronte all'utilizzo di un "sistema stellare", sul quale non si può né intervenire né interferire nel corso dell'acquisizione del dato durante la sessione di lavoro (Frignani 2000, pp. 69-73).

Con il tempo sono quindi cambiati gli orizzonti visivi del rilievo: l'utilizzo di tacheometri e di teodoliti poneva in rapporto diretto i componenti della squadra di rilevamento, i quali erano tra loro a portata visiva. Con le stazioni totali le distanze tra gli operatori si sono allungate fino al punto che la comunicazione tra i singoli avviene via radio o tramite telefono cellulare. I dati sono automaticamente acquisiti dallo strumento, il quale emette segnali che vengono riflessi da un prisma posto a una distanza variabile da pochi metri ad alcune migliaia.

Con i ricevitori satellitari l'orizzonte si è invece trasferito nello spazio. La squadra di rilevatori è generalmente formata da un solo operatore, in possesso di un ricevitore posto a terra, e da una o più costellazioni di satelliti in orbita nello spazio. La tecnologia ha portato a una maggiore precisione assoluta del dato rilevato, a un numero maggiore di informazioni che a questo si possono associare e alla riduzione dei tempi di lavoro. Ma, al contempo, ha condotto il rilevatore ad essere un elemento 'solitario'.

X.4 - *La percezione nel rilievo planoaltimetrico*

Il rilievo planoaltimetrico è finalizzato alla raccolta di una serie di informazioni matematiche quali angoli orizzontali, angoli verticali e distanze che permettono la rappresentazione geometrica di un'area mediante l'elaborazione grafica. La rappresentazione avviene tramite la lettura e la successiva interpretazione delle informazioni raccolte in modo razionale nello strumento, ma in modo soggettivo da parte del rilevatore e da chi esegue la restituzione grafica. Si vedrà quanto sia importante che entrambi i ruoli siano ricoperti dalla medesima persona. La soggettività del rilievo è legata al modo che ognuno di noi ha nel porsi di fronte alle cose e conseguentemente di vederle e d'interpretarle. Il rilievo deve diventare la rappresentazione del paesaggio o di alcune sue componenti; a seconda del livello di lettura che viene dato al lavoro si definisce un livello d'interpretazione soggettiva.

Un lavoro di rilievo rientra in un ambito paesaggistico complessivo; tutto ciò che viene rilevato è paesaggio, ogni elemento ne è una componente caratterizzante che può essere utilizzata, a posteriori, per una sua rappresentazione.

Chi esegue un rilievo in ambito archeologico, naturalistico o territoriale, e successivamente lo rappresenta, prima di iniziare deve necessariamente 'immergersi' in quel luogo, soffermarsi in esso senza far correre il pensiero al risultato finale (che a priori si tenderebbe a costruire): deve cercare di vederlo e di ascoltarlo. Entrati in tale ambito meglio si riescono a cogliere e ad interpretare, e conseguentemente a restituire, gli elementi che ad una veloce e superficiale indagine rischiano di sfuggire o di essere diversamente interpretati da ciò che in realtà essi sono.

X.5 - *La suddivisione del lavoro agli strumenti*

Successivamente al lavoro 'preparatorio' si può dare inizio al rilievo dell'area, utilizzando una stazione totale elettronica oppure uno o più ricevitori satellitari (GNSS). Prescindendo dalla strumentazione utilizzata, nell'eseguire un rilievo planoaltimetrico si ottiene la stesura di un elaborato in cui si potranno conoscere e riconoscere le coordinate geometriche, planimetriche (X,Y) e spaziali (Z) di ogni elemento (figg. X.1, X.2, X.3 e X.4).

Fino a quando si utilizzavano stazioni totali non elettroniche, o elettroniche che non avevano la registrazione automatica dei dati, il rilievo si suddivideva in planimetrico e altimetrico; era opportuno avere delle economie dirette in campagna, in quanto tutto doveva essere trascritto a mano su un supporto cartaceo. Oggi non è più il caso di 'economizzare'. Al contrario, vista la capienza dei registratori dati sia esterni sia interni agli strumenti, è opportuno archiviare più informazioni possibili relative al sito oggetto d'indagine, migliorando così il dettaglio nella fase interpretativa di restituzione.

Un tempo il lavoro di rilievo strumentale era svolto da un tecnico che stava allo strumento (teodolite o tacheometro) e forniva indicazioni su cosa si dovesse rilevare all'operatore, chiamato "canneggiatore" in gergo topografico, il quale reggeva la stadia graduata. Chi esegue oggi il rilievo non è il tecnico allo strumento, ma l'operatore che si muove sul terreno con il moderno prisma riflettente, che sostituisce la 'vecchia' stadia. In un certo senso i ruoli si sono invertiti. Operando invece con un ricevitore satellitare le problematiche sono differenti, come si vedrà in seguito.

X.6 - *Preparazione di un rilievo e sua restituzione*

Dopo avere esaminato l'area da rilevare si può procedere all'esecuzione del lavoro, da svolgersi seguendo uno schema generalmente mentale che permetta, in fase di restituzione grafica, di non commettere errori. Per tale motivo sarà necessario procedere con ordine. Per "ordine nel rilievo" si deve intendere in primo luogo l'andare a identificare gli elementi primari e secondari che caratterizzano l'area oggetto di indagine.

Se nell'area è presente un fabbricato, il lavoro inizierà dal suo rilievo. Dalla stazione se ne rileveranno tutti i punti visibili e solo successivamente si andrà a posizionare ogni parte costituente e caratterizzante l'area: ad esempio la morfologia, la viabilità, la vegetazione e qualsiasi altro elemento in essa presente. Questo modo di procedere è utile in quanto si è sicuri di limitare o evitare eventuali dimenticanze. Successivamente, passando alla restituzione, è più facile ricordare le sequenze operative.

Utilizzando l'esposta metodica anche l'operatore posto allo strumento procede con maggiore velocità nell'identificare e nell'acquisire i punti con codici e descrizioni simili. Dopo avere rilevato gli elementi antropici, o quelli riconducibili a elementi ben identificabili, si prosegue con il rilievo del terreno. Generalmente è indicato procedere per linee di discontinuità, ovvero come si lavora con i ricevitori satellitari. Ad esempio, si rileva prima la completa sommità di una scarpata, poi tutto il piede e così via.

Sul mercato sono disponibili dei software i quali, definendo a priori codici univoci per gli elementi e impostandoli durante l'archiviazione dei dati nel rilievo, nella fase di restituzione in automatico collegano (uniscono) con una linea tutti i punti che hanno quel determinato codice. La morfologia del terreno può anche essere rilevata utilizzando il metodo definito "per sezioni trasversali", cioè immaginando di eseguire una linea trasversale al terreno, che noi ripetiamo con un intervallo di spazio regolare.

Questo metodo operativo è indicato per il rilievo di opere idrauliche o stradali. Ma con l'odierna strumentazione è preferibile, se non in caso di specifiche richieste, eseguire il rilievo per linee di discontinuità, integrando con le sezioni solo dove richiesto, per migliorare il dettaglio nella fase di restituzione.

Successivamente all'esecuzione del rilievo planoaltimetrico si elaborano i dati con specifici software, ottenendo diversi file; eccone un esempio:
- semina dei punti, ovvero la vista planimetrica del rilievo;
- sezioni o profili;
- modelli tridimensionali del terreno.

A questo punto si trasferisce il file contenente i dati x, y, z (che sono le coordinate raccolte nel rilievo e successivamente elaborate) dal software topografico al software tecnico grafico. L'operazione è consigliata in quanto i software topografici sono generalmente realizzati su piattaforme informatiche semplificate, con algoritmi matematici poco potenti. Nel software topografico si decidono la scala della rappresentazione grafica e l'elevazione: questo dipende se si vuole successivamente gestire una semina di punti bidimensionale o tridimensionale.

X.6.1 - *La scala per una adeguata rappresentazione grafica*

Per rappresentare su di un foglio di carta una porzione di territorio si deve eseguirne la riduzione: per questo motivo si dovrà innanzitutto stabilire la scala. Per scala s'intende il rapporto tra la distanza reale sul terreno di un elemento e la sua distanza attribuita nel disegno. Ad esempio 1:1.000 significa che ogni unità reale è stata ridotta di 1.000 volte nel disegno. Più il denominatore è grande, maggiore è la superficie rappresentata; più il denominatore si avvicina alla scala 1:1, minore è la superficie rappresentata e ci si avvicina al dettaglio.

In ambiente geografico le carte si possono suddividere in base alla scala nelle seguenti categorie (Vallega 1994, p. 71):
- piante o mappe con scala compresa tra 1:1.000 e 1:10.000;
- carte topografiche con scala compresa tra 1:10.000 e 1:200.000;
- carte corografiche o carte regionali con scala compresa tra 1:200.000 e 1:1.000.000;
- carte generali con scala inferiore a 1:1.000.000;
- mappamondi con scala inferiore a 1:30.000.000.

Un'altra classificazione delle carte, secondo rapporti di scala simili ai precedenti, è definita da Mori con la variazione di alcuni termini che ne determinano alcune sostanziali differenze: «Poiché col variare della scala variano le caratteristiche e la precisione delle carte, queste si possono classificare appunto in base ad essa» (Mori 1986 p. 52).

Per quanto riguarda i rilievi topografici vengono normalmente utilizzate scale di rappresentazione che rientrano in rapporti variabili tra 1:10 e 1:2.000. La scelta della scala deve ricadere su frazioni intere come 1:1.000, 1:100, 1:10. Si suggerisce di evitare l'utilizzo di scale tipo 1:250, 1:2.500, 1:175, in quanto è più complicato eseguire mentalmente i calcoli matematici per determinare la distanza reale. Per quanto riguarda i rilievi geodetici, come per l'esecuzione della rete geodetica di una regione o di una nazione, essi implicano rappresentazioni di grandi parti di territorio e conseguentemente l'utilizzo di scale con il denominatore molto grande.

Una diversa scala del disegno, dovuta all'adattamento di stampe su formati obbligati, potrà essere attuata in fase di stampa o di archiviazione di un file definitivo. Ad esempio, dovendo ridurre un disegno la cui scala originale è 1:1000, per adattarlo a un formato di stampa che diventerà 1:2500, in fase di stampa s'imporrà al mio disegno una riduzione di 2,5 volte o unità.

Comunque, per evitare incomprensioni, durante le riduzioni o gli ingrandimenti di un elaborato originale è indispensabile inserire la scala grafica in ogni disegno.

X.6.2 - *Elaborazione bidimensionale o tridimensionale dei dati*

Ogni rilievo è caratterizzato, in fase di restituzione grafica, da una semina di punti che possono essere elaborati sia in modo bidimensionale sia in modo tridimensionale, a seconda del tipo di lavoro da ottenere:
- con il file bidimensionale si prepara direttamente una pianta o una planimetria sul quale si rappresentano e si riportano gli elementi rilevati;
- con il file tridimensionale si possono eseguire analisi su quella determinata area, che successivamente potrà essere rielaborata, con l'applicazione di render (retini o immagini), che l'avvicineranno alla realtà.

In ogni modo è consigliabile realizzare entrambi i file.

Per costruire il modello tridimensionale, dopo aver preparato le linee di discontinuità, collegando i punti che rappresentano lo stesso elemento (ciglio scarpata, fondo scarpata, limite strada, limite fabbricato etc.), si passa alla costruzione del modello triangolare, dove ogni punto rilevato diventa il vertice di un triangolo (figg. X.5 e X6). Tale triangolazione viene eseguita in automatico dal software. È opportuno controllare i dati, perché talvolta gli automatismi non sono perfetti e si possono avere triangoli intersecati o sovrapposti.

Una volta 'pulito' il modello, ed eseguite le opportune correzioni in prossimità delle linee di discontinuità, si passa alla costruzione delle curve di livello o isoipse. Le isoipse sono linee continue che congiungono tutti i punti posti a uguale quota. Una loro corretta lettura permette di capire con maggiore dettaglio eventuali variazioni morfologiche superficiali del terreno.

Le isoipse (fig. X.7) rappresentate con un tratto leggero continuo vengono comunemente definite "curve di livello", quelle più marcate, che spesso riportano una quota interna, si chiamano direttici. Le isoipse tratteggiate, definite ausiliarie, servono a rappresentare particolari situazioni. A seconda delle necessità si possono realizzare anche curve di livello con intervalli centimetrici. La scelta degli intervalli dipende sia dal tipo di analisi che si vuole realizzare sia dalla dimensione della superficie rilevata. Più è grande l'area, maggiore dovrà essere l'intervallo tra una curva di livello ed un'altra.

La "griglia a maglia quadrata", o "grid", (fig. X.8) può costituire l'ultima operazione. Viene fatta costruire al software per eseguire le analisi della morfologia del territorio:
- le clivometrie;
- le fasce altimetriche;
- le esposizioni dei versanti;
- i flussi delle acque.

Le dimensioni delle celle quadrate variano da pochi centimetri a diversi metri.
Il dimensionamento delle celle dipende principalmente dalla superficie del territorio analizzato e dalla potenza del computer. Per la rappresentazione del terreno si suggerisce di fare costruire al software celle di dimensioni comprese tra i 50 e i 100 cm. Con misure inferiori il file diventa 'pesante' da gestire, mentre con misure superiori ai 100 cm il modello assume un aspetto 'spigoloso'.

X.7 - *Gli strumenti per il rilievo topografico: dal teodolite/tacheometro alla stazione totale elettronica*

Nel corso della storia l'uomo ha cercato d'inventarsi gli strumenti di misura che lo portassero ad ottenere dati sempre più precisi acquisendoli in modo sempre più veloce. Tralasciando qualsivoglia trattazione inerente la strumentaria topografica antica, si può affermare che occorra affacciarsi al XIX secolo per vedere i primi strumenti topografici che permettono di effettuare misure geometriche di precisione.

Con un teodolite o un tacheometro si possono eseguire delle letture angolari precise: conosciuta la lunghezza di una determinata base, tramite formule di trigonometria, si ottengono i dati relativi a distanza e dislivello da un punto all'altro.

Così è stato possibile realizzare le diverse reti trigonometriche nazionali, costruite con una serie di triangoli ai cui vertici sono posti i punti di primo, secondo, terzo, quarto ordine. La rete trigonometrica italiana è stata realizzata dall'I.G.M. (oggi I.G.M.I.), tra il 1861 ed il 1900, utilizzando le seguenti otto basi geodetiche:
Lombardia, a Somma Lombardo, misurata nel 1878;
Friuli, a Udine, misurata nel 1872;
Toscana, a Piombino, misurata nel 1895
Puglia, a Foggia, misurata nel 1858;
Puglia, a Lecce, misurata nel 1872;
Sicilia, a Catania, misurata nel 1865;
Sardegna, a Ozieri, misurata nel 1879;
Calabria, a Crati, misurata nel 1871.
Queste basi geodetiche, le quali costituiscono l'impianto della rete di primo ordine, a cui sono stati collegati altri triangoli, hanno permesso la costruzione della rete di secondo e terzo ordine, fino a quella di quarto ordine che è la catastale.

-Triangolazione di primo ordine: è costituita da triangoli aventi i lati della lunghezza media compresa tra i 30 ed i 50 km. Sono stati eseguiti anche triangoli con lati di oltre 200 km, per collegare la Sardegna al continente.
- Triangolazione di secondo ordine: è costituita da triangoli che hanno i lati della lunghezza media compresa tra i 20 ed i 25 km. I vertici sono posti approssimativamente in posizione baricentrica rispetto i triangoli della rete di primo ordine.
- Triangolazione di terzo ordine: è costituita da triangoli che hanno il lati della lunghezza media di 10-15 km.
- Triangolazione di quarto ordine: è costituita da triangoli che hanno i lati della lunghezza media di circa 5 km.

Per costruire la Carta Topografica d'Italia sono stati rilevati mediante triangolazione 36.000 punti ed è stato stabilito che ogni foglio in scala 1:100.000 (usato per la rappresentazione) dovesse contenere almeno un punto della rete di primo ordine. Tra il 1990 ed il 1995 l'intero sistema di punti costituenti le reti principali è stato nuovamente rilevato con l'ausilio del sistema GPS. Si è così constatato che il lavoro eseguito tra la fine del XIX sec. e gli inizi del successivo era corretto (fig. X.9).

Gli strumenti che si usano nei rilievi topografici di dettaglio si dividono in due gruppi: tacheometri e teodoliti. I requisiti richiesti per entrambi sono i seguenti:
- peso e dimensioni ridotti;
- facilità di manovra;
- compattezza e protezione degli organi interni.

Gli strumenti più moderni possiedono inoltre i seguenti componenti:
- cannocchiale con lunghezza costante;
- oculare che si adatta alle diverse diottrie;
- microscopio di lettura dei cerchi graduati;
- piombino ottico;
- livella sferica e livella torica;
- livella zenitale a coincidenza;
- reticoli del cannocchiale;
- illuminazione interna.

La tecnologia in continua evoluzione ha permesso di migliorare le ottiche e il frazionamento del goniometro interno per la misurazione degli angoli, orizzontali e verticali; ma soprattutto si è giunti ad avere la vista dell'immagine, interna al cannocchiale, diritta. Negli strumenti precedenti l'immagine era rovesciata.

La precisione degli strumenti è legata alla precisione angolare, cioè al frazionamento minimo dei goniometri, che sugli strumenti topografici è centesimale. L'angolo giro è suddiviso in 400°; in alcuni strumenti topografici militari l'angolo giro è invece di 1.000°. I migliori strumenti potevano arrivare a 2 cc, cioè il frazionamento minimo del goniometro leggibile era 1 secondo, ma si poteva andare oltre. Ad esempio il Wild T3 (fine anni Ottanta del XX sec.) aveva il cerchio orizzontale che poteva essere letto a 1cc (0,2"). Negli strumenti moderni, essendo i goniometri legati a display digitali, è normale operare con strumenti ad un secondo di precisione. Negli anni Settanta del XX sec. si sono commercializzati degli oculari laser (accessori), da installarsi su tacheometri predisposti, dove il raggio laser serviva solo a definire una esatta linea di riferimento.

Nel decennio 1980-1990 si sono studiati e prodotti degli strumenti simili a un teodolite o a un tacheometro, integrati con molteplici componenti elettroniche le quali consentono prestazioni notevoli. In realtà, assieme alle prime stazioni totali (costosissime), sono stati messi sul mercato dei teodoliti elettronici a cui andava sovrapposto un distanziometro elettronico. Con questo tipo di attrezzatura un rilevatore aveva a sua disposizione un teodolite elettronico, che a differenza di un teodolite tradizionale presentava i seguenti vantaggi:

A. display digitale con:
- lettura immediata degli angoli orizzontali e verticali in angoli centesimali,
- lettura immediata della distanza (che può essere reale o inclinata),
- lettura immediata del dislivello o della quota assoluta rispetto allo strumento;

B. dispositivo interno a infrarossi e componentistica elettronica per:
- letture di distanze con l'uso del prisma riflettente fino a 1.600-2.200 metri (con precisioni dichiarate dai produttori di ± 2/3 mm + 2 parti per milione),
- raccolta dei dati su un registratore esterno.

Rispetto ai teodoliti e ai tacheometri tradizionali il mondo del rilievo, grazie a questi nuovi strumenti (risultante dell'evoluzione tecnologica dei precedenti), compie un passo avanti nella precisione, nel velocizzare la tempistica di esecuzione, nell'aumentare la quantità di dati che si possono raccogliere in campagna. Ma soprattutto permette di lavorare oltre i 50 metri, che era la distanza limite consentita all'occhio umano per leggere tramite il cannocchiale del teodolite le tacche rosse e bianche (e relativi numeri) poste sulla stadia di legno sorretta dal canneggiatore.

La precisione angolare di questi strumenti è rimasta fino ad oggi invariata. Alle stazioni totali hanno integrato programmi operativi che permettono diverse funzioni immediate in campagna, fino ad arrivare alla registrazione dati su memoria interna o su smart card, con possibilità di archiviare anche 8.000 punti di rilievo. Una ulteriore evoluzione delle stazioni totali avviene con l'inserimento nelle stesse di un motore che tramite un apparato radio posto sul prisma riflettente lo segue. Ciò consente a una sola persona di eseguire il rilievo, ma l'ambito operativo deve essere di contenute dimensioni e privo di qualsivoglia ostacolo, perché la portata delle onde radio è limitata e soprattutto deviata dall'impatto con oggetti estranei al prisma.

L'ultimo stadio evolutivo è rappresentato dalle stazioni totali che operano senza prisma, cioè riescono a rilevare punti (nelle tre coordinate geometriche) posti fino ad una distanza di 120/150 metri, mantenendo buoni parametri di precisione; oltre queste distanze i risultati sono nettamente inferiori. Con queste stazioni totali è avvenuta una vera rivoluzione nel modo di operare, in quanto senza l'uso del prisma oggi è possibile rilevare anche gli elementi verticali. In definitiva si possono eseguire anche i prospetti degli elementi monumentali. In ambito speleologico e archeologico l'applicazione immediata è quella del rilievo di opere in alzato e di ambienti vasti e con soffitti alti, che possono essere restituite graficamente con precisione centimetrica. L'unico 'difetto' è di essere strumenti delicati e costosi.

X.7.1 - *La stazione totale elettronica*

La parte più importante di una stazione totale elettronica moderna è la mappatura, su apposite schede, dei sistemi di controllo integrati unitamente alla gestione informatica interna dei dati e delle diverse funzioni. Questa serie di componenti, oggi necessarie per l'operatività dello strumento, non viene descritta in quanto ogni casa costruttrice possiede dei brevetti coperti da segreti di produzione. Alcune parti "strutturali" meccaniche sono invece comuni a ogni strumento. Una stazione totale è costituita meccanicamente da una serie di elementi caratteristici, illustrati nelle seguenti figure (figg. X.10 e X.11).

Dato il livello tecnologico raggiunto dalle case che costruiscono le strumentazioni di precisione è difficile stabilire se uno strumento sia o meno migliore di un altro in senso assoluto. È più corretto affermare che uno strumento è più adatto a eseguire un certo tipo di lavoro rispetto ad altri. In ogni caso la differenza tra gli strumenti è data principalmente dall'elettronica interna. Una stazione totale, come precedentemente detto, può registrare i dati raccolti su registrante esterna, o su registrante interna, o su smart card; la scelta tra i sistemi va operata a seconda della propria tipologia di lavoro.

X.7.2 - *Come si esegue un rilievo mediante la stazione totale*

Sia che si lavori in esterno, sia che si operi in ambienti interni o in ipogeo, occorre effettuare il sopralluogo in modo da capire come vada eseguito il rilievo. Bisognerà quindi decidere se lavorare con i seguenti sistemi:
- poligonale aperta: dove il primo e l'ultimo vertice non sono coincidenti (fig. X.12);
- poligonale chiusa: dove il primo e l'ultimo vertice coincidono;
- poligonale mista: dove il primo e l'ultimo vertice non sono coincidenti, i punti intermedi possono invece essere rilevati più volte tra loro da posizioni differenti.

È possibile eseguire la poligonale mista da quando l'evoluzione delle stazioni totali, e dei relativi software, ha permesso di leggere o "lanciare" (in gergo topografico) più stazioni da una stazione unica (fig. X.13).

La poligonale aperta è quella più influenzabile da errori angolari, ma con gli strumenti moderni l'errore strumentale è talmente basso che diventa ininfluente ai fini di un rilievo generico. Eventuali errori sono poi da imputare a problemi tecnici dello strumento (che va periodicamente revisionato); più probabili sono, invece, gli errori umani (figg. X.14 e X.15).

X.7.3 - *L'esecuzione del lavoro*

Per eseguire un rilievo tradizionale con una strumentazione elettronica sono necessarie almeno due persone, numero minimo consigliato nelle operazioni nel sottosuolo per motivi strettamente legati a fattori di sicurezza:
- una allo strumento che deve conoscere le procedure per una corretta gestione elettronica dei dati acquisibili con lo strumento stesso;
- una o più persone al prisma di cui una è il tecnico più esperto, colei che esegue e coordina il rilievo e in studio lo elabora, collegando con linee e poligoni gli elementi da evidenziare seguendo l'eidotipo.

Chi lavora con il prisma esegue anche l'eidotipo, ovvero il disegno schematico dell'area da rilevare, su cui si riportano le note caratteristiche raccolte. L'ottimale sarebbe poter 'studiare' in anticipo il sito, in modo da risparmiare tempo successivamente. In caso contrario occorrerà tornare sul 'campo' e con l'elaborato grafico alla mano segnare quanto è stato eventualmente tralasciato o dimenticato. Per operare la stazione totale deve essere fissata su di un treppiede, con le gambe regolabili (fig. X.16), alla cui sommità vi è la "testa" munita di "vitone" per il fissaggio dello strumento (fig. X.17).

La prima operazione da compiere è l'individuazione di un punto a terra dove fissare il "punto di centramento", generalmente costituito da un chiodo in acciaio con testa emisferica dotata di un incavo al centro. D'ora in avanti tale punto è chiamato "stazione". Ogni "punto di stazione" è anche un vertice della poligonale che si esegue.

Montato lo strumento sul treppiede si guarda attraverso il piombo ottico per fare coincidere il centro del reticolo del piombo ottico con il centro del chiodo messo a terra. La messa in bolla dello strumento si esegue centrando le sue due bolle: la sferica usando la parte regolabile dei piedi del cavalletto, la torica usando le viti calanti, presenti sulla tricuspide. L'operazione da svolgere è la seguente:
1. posizionare la livella torica parallela alla linea passante tra due viti calanti, agendo sulle stesse centrare la livella, azionando le due viti a contrasto tra loro simultaneamente;
2. ruotare lo strumento di 90 gradi, portando la livella in corrispondenza della terza vite calante, con la quale si centra la livella torica;
3. eseguire le operazioni come al punto 1 e 2 per verificare che la livella torica rimanga centrata in ogni posizione.
Dopo un controllo del centramento con il piombo ottico lo strumento è pronto a rilevare.

Nel rilievo si eseguono due tipologie di punti: quelli di dettaglio e quelli di stazionamento. Ma il primo punto è quello di azzeramento, cioè si esegue (si 'lancia') una lettura di un punto imponendo al goniometro dello strumento l'angolo orizzontale zero. C'è chi orienta il rilievo a nord utilizzando la bussola, ma non è indispensabile. Si può utilmente orientare il lavoro ponendolo successivamente su una qualsiasi base cartografica ufficiale georeferenziata, facendo coincidere alcuni elementi comuni della cartografia e del rilievo. In ambiente ipogeo, qualora non fosse possibile agganciare il lavoro a una rete esterna precedentemente battuta, si renderà necessario orientare il lavoro a nord mediante la bussola.

Dopo l'azzeramento si comincia a eseguire il rilievo prendendo una serie di punti di dettaglio che servono a definire, nelle tre coordinate geometriche x-y-z, gli elementi che noi vogliamo rilevare. Rilevati i punti necessari alla definizione altimetrica e planimetrica dell'area, nonché battuto ogni punto visibile e comunque compreso nel raggio di azione utile della stazione, occorre spostare lo strumento per proseguire il rilevamento (fig. X.18). Dalla stazione in cui si è operato (S1) ci si sposta in un punto prescelto, che si è segnato con un nuovo chiodo di centramento, precedentemente rilevato (S2).

In genere tutti i software topografici, per poter gestire con ordine e con rigorosa sequenza matematica i dati, necessitano che ogni punto rilevato abbia un codice tipologico. I codici tipologici sono identificabili mediante numeri. Le stazioni assumono il codice della stazione 'in avanti' o 'stazione indietro', gli altri punti si definiscono 'punti di dettaglio'. Spostato lo strumento sulla nuova stazione (S2), si rieseguono le operazioni svolte al primo stazionamento (S1); poi si riprende a rilevare.

Il primo punto di azzeramento non andrà eseguito su un punto qualsiasi orientato a nord, ma bisognerà imporlo leggendo la stazione (S1) da cui si sono lanciati e registrati i dati relativi alla stazione su cui si sta lavorando. Non basta solo orientare o azzerare su quel punto, ma bisogna leggere e archiviare il dato.

Queste operazioni vanno eseguite perché i software moderni richiedono i dati in tale modo. Se invece non si è in possesso di un software per la restituzione topografica si stamperà il cosiddetto libretto di campagna elaborato e con l'utilizzo di un goniometro e una riga si potrà eseguire la restituzione manuale. I punti rilevati da ogni singola stazione avranno tutti la stessa origine e lo stesso angolo zero di riferimento.

Identica cosa vale per le stazioni successive alla prima, dove la linea di azzeramento è la stessa linea che ha determinato la nuova stazione. I dati di lettura tra le stazioni hanno così una lettura in andata e una in ritorno. La loro differenza dovrebbe essere zero, se gli strumenti sono perfettamente immobili e in bolla. In caso contrario vuole dire che si sono commessi errori. La precisione e la corrispondenza delle letture in andata e ritorno dipendono esclusivamente dalla capacità dell'operatore che sta al prisma di riuscire tenere l'asta perfettamente in bolla.

X.8 - *Il rilievo in ambiente ipogeo*

Fino a questo punto si è trattato del rilievo di porzioni di territorio e di elementi monumentali, dando per scontato che siano lavori effettuati in superficie, o comunque in ambienti interni a elementi in alzato. Con le stazioni totali moderne, visto il grado di robustezza, d'impermeabilità e di affidabilità dell'elettronica, è possibile rilevare anche in ambiente ipogeo, ovvero posto al di sotto del classico "piano di campagna" o comunque all'interno di strutture anche solo semisotterranee, pur con vari limiti e sempre con le dovute precauzioni.

Il rilievo in ambiente ipogeo è caratterizzato dalla necessità di operare con uno strumento semplice, con pochi cavi e una tastiera facilmente digitabile. La registrazione esterna può sembrare una complicazione, in quanto si è in presenza del computer palmare aggiunto, con ulteriori cavi di collegamento. Si deve però tenere presente che la tastiera sullo strumento ha i tasti piccoli: se si lavora con guanti anche leggeri, si rischia di digitare in modo errato.

La registrazione con registrante esterna permette l'utilizzo di una tastiera più grande e soprattutto di non lavorare attorno allo strumento, se non al momento della collimazione. Il fattore non è da sottovalutare dovendo magari operare in spazi limitati, come in taluni acquedotti ipogei o in gallerie di carreggio a sezione ridotta. La lontananza dallo strumento impedisce pertanto di urtare inavvertitamente lo stesso, andando a modificarne lo stazionamento.

Le stazioni totali elettroniche di ultima generazione con registrazione dati interna consentono all'operatore un'ottima mobilità; sono dotate di telecomando alfanumerico per le seguenti funzioni:
- gestione dei dati;
- registrazione;
- lettura prisma.

Gli inconvenienti derivati dall'assenza di luce si ovviano applicando semplici sistemi di illuminazione al solo prisma. Lo strumento ha una propria illuminazione che permette una visione del prisma, seppure non sempre nitida. Non si dovrà poi dimenticare l'illuminazione, primaria e di scorta, strettamente personale.

Bisogna tenere presente che si può operare con la stazione totale fino a quando gli spazi dell'ipogeo lo consentono, in quanto al di sotto di una certa larghezza e altezza non si può montare lo strumento sul cavalletto. Sono presenti sul mercato dei cavalletti orizzontali telescopici da miniera, ma anche questi, al di sotto di certe dimensioni, non sono utilizzabili. Nell'eventuale presenza di acqua corrente o stagnante, che sommerga il piano pavimentale in misura superiore ai 10 cm, non sarà possibile effettuare il centramento a terra.

Se non vi è la necessità o la possibilità di eseguire una poligonale, il rilievo in relativo può essere sempre condotto fissando dei punti-caposaldo sulle pareti, che devono essere poi ribattuti, proseguendo con un altro lavoro condotto con tipi di strumentazione pensati per l'ambiente ipogeo. I lavori eseguiti in differenti fasi verranno poi collegati tra loro all'atto della restituzione grafica. Si dovrà avere l'accortezza di non dimenticarsi di rilevare, per ogni lavoro successivo al primo, almeno tre punti comuni eseguiti nel lavoro precedente. Così facendo si procederà all'esecuzione di una triangolazione che consentirà di mantenere corrette le geometrie e soprattutto gli orientamenti.

X.9 - *Collegamento del rilievo a un sistema cartografico*

Uno dei passaggi importanti durante l'esecuzione di un rilievo è l'inserimento territoriale cartografico del rilievo stesso. Con un rilievo topografico possiamo definire esattamente il lavoro nel sistema di coordinate cartografiche, siano esse Gauss Boaga (sistema di coordinate in proiezione cilindrica inversa, utilizzata per la cartografia del territorio italiano), UTM (Universal Transverse Mercatore, proiezione cilindrica inversa adottata a livello mondiale), o geografiche (si esprimono con i valori della longitudine e della latitudine).

Oggi è preferibile integrare il rilievo eseguito con la strumentazione 'classica' mediante il rilievo effettuato con il GPS topografico. Questo permette di portare il rilievo da un sistema in coordinate relative, in coordinate UTM o Geografiche. Successivamente si può collegare il nostro rilievo GPS a una rete locale o internazionale, aumentando la precisione. Per eseguire questo tipo di lavoro occorre rilevare almeno due punti con i ricevitori GPS, in metodologia statica (che verrà descritta nel paragrafo X.10), e successivamente ribatterli con la stazione totale. Si ottiene così il lavoro in coordinate UTM, o geografiche, orientato a nord e con una precisione centimetrica rispetto la sfera terrestre.

X.10 - *I ricevitori satellitari*

Si tratterà ora dell'acquisizione dei dati per il rilievo territoriale e di dettaglio tramite l'uso dei sistemi satellitari di posizionamento, ad oggi disponibili, quali il GPS (Global Positioning System) e i sistemi GNSS (Global Navigation Satelline System). Le tecniche di rilievo e di studio dell'impianto dello stesso si evolvono ramificandosi in una miriade di applicazioni che, senza dubbio, porteranno i rilevatori a specializzarsi ulteriormente in molteplici e differenziati settori.

Non casualmente si è parlato di 'tecnici rilevatori'. Con l'uso dei sistemi satellitari si abbandonano gli schemi e le figure professionali del rilievo classico, eseguito con le stazioni totali, e ci si avventura in un mondo ove si rende utile una professionalità specializzata nella gestione elettronica dei dati, sia per i singoli strumenti utilizzati che dei software applicativi ad essi dedicati.

Occorre tenere presente che oggi i ricevitori GPS sono abbastanza simili tra loro. Generalmente le differenze tecniche tra modelli di antenne e di ricevitori, pur basandosi su tecnologie sempre più spinte e vie diverse nei software integrati, non risultano determinanti per la corretta esecuzione del lavoro. Ciò che permette di ottenere buoni risultati è, in gran parte dei casi, la capacità di valutare il software utilizzato e il metodo di lavoro impostato in campagna. Pur essendo legati alla continua evoluzione della componentistica elettronica, i ricevitori sono soggetti a un invecchiamento più lento rispetto a quello di un computer. Ad esempio, un buon sistema geodetico di rilievo monofrequenza 'vecchio' di qualche anno, con l'aggiornamento dei software interni, può essere utilizzato (con buoni risultati) per eseguire rilievi statici e statici rapidi che restano, ancora oggi, il metodo più semplice e sicuro per entrare nel mondo delle 'stelle artificiali'. Il lavoro dev'essere 'una poesia'.

X.10.1 - *Cenni storici sui rilievi satellitari*

I primi satelliti per il rilievo terrestre sono stati lanciati nel 1957. Il loro punto debole rimaneva la mancanza della definizione esatta di un modello terrestre di riferimento: l'ellissoide. Con lo studio dettagliato del campo gravitazionale terrestre, che creava perturbazioni alle orbite dei satelliti, si è evidenziata la possibilità di utilizzare le costellazioni di satelliti per definire a terra dei punti. I satelliti che si trovavano ad alcune migliaia di chilometri dalla terra, e ad alcune migliaia di chilometri tra loro, permettevano di eseguire misure geodetiche tra un continente e l'altro. Si definì così un sistema di riferimento geodetico mondiale uguale per tutti, denominato WGS.

Negli anni Sessanta dello scorso secolo si organizzò la prima rete di triangolazione mondiale, studiata e realizzata dagli U.S.A. (Coast & Geodetic Survey), con lati di 5000 km e precisioni nell'ordine di qualche metro. Le prime misure da terra si eseguirono utilizzando il laser. Il raggio veniva emesso da strumentazioni poste a terra verso i satelliti dove erano installati dei prismi riflettori: tramite apposite equazioni si ottenevano le misure richieste. Tra i satelliti utilizzati si può ricordare il LAGEOS, che era posto su un'orbita molto alta, pertanto stabile.

Le prime misure venivano eseguite con la tecnica doppler, la quale nell'esecuzione dei calcoli considerava la variazione di frequenza del segnale (nell'attraversamento della ionosfera e della troposfera). Ciò era causa di interferenze nella propagazione delle onde emesse dal sistema in movimento nello spazio, rispetto a quelle ricevute a terra dal sistema fisso del NNSS (Naval Navigation Satellite System). L'ente utilizzava la costellazione TRANSIT, operativa dal 1964 e costituita da 6 satelliti in orbita polare, posti a una distanza dalla superficie terrestre di circa 1000 km. La precisione si aggirava intorno ai 100 metri e il sistema era utile in navigazione, soprattutto per i sommergibili che attraversavano il Polo Nord. Ma per i rilievi geodetici queste misure risultavano ancora insufficienti. Pertanto nel 1975 si abbandona il sistema NNSS, sostituendolo con il sistema oggi in uso: il GPS.

X.10.2 - *Le informazioni sui satelliti o veicoli dei sistemi GPS e Glonass*

I veicoli satellitari in orbita intorno alla terra sono oggi numerosi. Ognuno ha un suo preciso compito, ma è corretto ricordare che sono e rimangono macchine inventate dall'uomo, pertanto soggette a malfunzionamenti, invecchiamento, guasti irreparabili. Vanno quindi periodicamente sostituiti.

I satelliti o veicoli del sistema GPS si dividono in quattro blocchi: "blocco uno", "blocco due", "blocco due A" e "blocco due R".
- Blocco uno: sono i più vecchi e non più in uso. Lanciati tra il 1978 e il 1985, da Vandenberg (California) con vettori Atlas E/F, vennero progettati dalla Rockwell International per durare 5 anni, ma la maggior parte di essi è andata ben oltre le aspettative. Erano dotati di orologi atomici, uno al cesio e due al rubidio.
- Blocco due: lanciati tra il febbraio 1989 e l'ottobre 1990 sono stati sviluppati dalla Rockwell International e progettati per garantire 14 giorni di operatività senza l'intervento delle stazioni di controllo.
- Blocco due A: lanciati tra il novembre 1990 e il novembre 1997 sono stati anch'essi sviluppati dalla Rockwell International e progettati per garantire 180 giorni di operatività senza l'intervento delle stazioni di controllo.
- Blocco due R: il lancio dei satelliti di quest'ultima generazione è cominciato nel gennaio del 1997. Sono stati sviluppati dalla Lockheed Martin e possono operare per un periodo di 14/180 giorni senza l'intervento delle stazioni di controllo.

I satelliti o veicoli del sistema GLONASS si dividono in tre blocchi: "blocco uno", "blocco due", "blocco tre". Di questi veicoli si hanno poche informazioni in quanto i russi non hanno divulgato esaurienti informazioni tecniche. Il sistema è ufficialmente spento dal febbraio 2002. In ogni caso alcuni satelliti sono ancora operativi e i segnali si ricevono sui ricevitori predisposti, ma la loro affidabilità non è garantita. Indubbiamente vari interessi ruotano attorno a tale sistema e non si esclude che a breve possa essere riattivato, magari con un cambio del nome.

X.11 - *Il sistema di rilievo GPS*

Il NAVSTAR GPS, dicitura completa del sistema trattato, è l'abbreviazione di "Navigation Satellite Timing And Ranging Global Positioning System". È stato introdotto nel 1975 dal Dipartimento della Difesa Americano per rendere possibile il posizionamento di mezzi e persone con alta precisione e a scopi strettamente militari. L'uso civile è stato consentito principalmente per la navigazione, influenzando i segnali con un errore imposto, che col passare degli anni è stato in parte superato migliorando la tecnologia dei ricevitori a terra. La costellazione era inizialmente formata da 22 veicoli satellitari, a cui ne sono stati aggiunti tre che venivano utilizzati in caso di malfunzionamento di uno dei satelliti principali, o durante la fase di upload. Oggi è costituita da 32 veicoli. La costellazione NAVSTAR è stata progettata in modo da rendere contemporaneamente visibili almeno 4 satelliti in ogni punto del geoide per tutte le 24 ore.

Dal 1994 erano anche disponibili, per uso civile, i veicoli della costellazione Russa GLONASS, che in origine fornivano dati molto precisi in quanto il segnale non era alterato da errori imposti. Tra il 1999 e il 2000 sono state rese disponibili le costellazioni geostazionarie per posizionamento differenziale e per telecomunicazioni INMERSAT e soprattutto EGNOS, WASS e MSAS.

Oggi, proprio per la diversa disponibilità, è preferibile parlare di GNSS come nuovo sistema di posizionamento, più che trattare semplicemente i GPS. Per GNSS s'intende il GLOBAL NAVIGATION SATELLITE SYSTEM; l'acronimo definisce un nuovo sistema di posizionamento preciso che ormai è operativo in tutto il mondo. La nuova tecnologia utilizza tutte le risorse disponibili per la navigazione e non il solo sistema GPS. Potrà essere composto, oltre che dai sistemi precedentemente descritti, anche dai satelliti geostazionari della costellazione WASS

(Wide Area Augumentation System, North America), dai satelliti geostazionari della costellazione Europea EGNOS (European Geostationary Navigation Overlay System), dai satelliti geostazionari della costellazione MSAS (Multi transport Satellite based Augmentation System Japan) e soprattutto, in un breve futuro, dalla nuova costellazione di navigazione europea Galileo.

Quest'ultima sarà messa in orbita dagli stati che costituiscono la Comunità Europea e si renderà completamente disponibile entro il 2008. Sarà costituita da 28 veicoli posti su orbite diverse da quelle sfruttate dal tradizionale GPS, con tre frequenze non influenzabili da disturbo di banda. Si può affermare che sia cominciata un'era in cui l'uomo utilizza le costellazioni per orientarsi e definire la propria posizione sulla sfera terrestre, proprio come facevano i nostri antenati che navigavano utilizzando le stelle. La differenza è che le nostre stelle sono artificiali.

X.12 - *A cosa serve il GNSS*

Nel loro insieme i sistemi GPS o GNSS rendono possibile il calcolo del posizionamento di un punto sulla superficie terrestre, su di un sistema cartografico tridimensionale di riferimento. Tale posizionamento può avvenire in due modi differenti: Posizionamento Assoluto e Posizionamento Differenziale.

- Posizionamento assoluto: consente di determinare la posizione di un punto su di un sistema di riferimento assegnato, con uno scarto d'errore contenuto nell'ordine di alcune decine di metri. La tecnica viene utilizzata generalmente per la navigazione sia terrestre che marina e per il tracciamento di un percorso. Si utilizza un solo ricevitore, del tipo pathfinder o GIS, e i dati ottenuti non sono utilizzabili nel campo del rilievo topografico data la mancanza di una precisione assoluta.

- Posizionamento differenziale (o relativo): serve a elaborare la posizione di un punto rispetto a un altro definito 'stabile', (oppure fisso, o di riferimento, o anche master), andando a calcolare il vettore di posizione relativa Baseline (linea di base) tra due punti in tutte e tre le coordinate cartesiane.

La precisione ottenibile sulle tre coordinate relative è compresa tra 10E-9 e 10E-6 della distanza tra i due punti (ad esempio su una lunghezza misurata di 1.000 metri la precisione del dato ottenuto è compresa entro un valore che può oscillare tra un milionesimo ed un miliardesimo della distanza stessa). Pertanto è normalmente superiore a quella ottenibile con strumentazioni classiche di rilievo.

Prima di presentare la breve descrizione su come si opera mediante i ricevitori satellitari occorre sottolineare che ogni rilievo è un lavoro a sé stante e va pertanto considerato in base ai seguenti fattori tecnici:
- tipologia dei ricevitori satellitari (che possono essere: monofrequenza, multifrequenza, multisistema);
- tipologia del software presente nel ricevitore (il quale può essere predisposto a operare in: metodologia statica, metodologia cinematica, oppure entrambe).

Per operare con la tecnica differenziale sono comunque sempre indispensabili almeno due ricevitori satellitari che operino sulla stessa costellazione. Oggi è però possibile andare a reperire i dati od agire direttamente anche da stazioni permanenti, purché siano corrispondenti i tempi delle sessioni di lavoro e le frequenze. Comunque ci si deve porre nella condizione di avere sempre due ricevitori che si trovino sugli estremi della baseline ed operare contemporaneamente in lettura e registrazione per tutta la durata della sessione di misura.

Tale sessione, variabile da pochi minuti a qualche ora, va in diretta proporzione alla lunghezza della distanza tra i due vertici e alla precisione desiderata. Ovviamente con i sistemi GPS o GNSS non è necessario che i due estremi della base in fase di misurazione siano tra loro visibili.

La lunghezza della base può variare da pochi metri a centinaia di chilometri. Nel rilievo topografico si può affermare che la lunghezza della baseline non deve quasi mai a superare i 15/20 km. Per misure di tipo geodetico, vengono frequentemente utilizzate basi di lunghezze comprese tra le decine e le centinaia di chilometri. Per eseguire misurazioni e posizionamenti sono oggi disponibili due tipologie di ricevitori, comunque in corso di continua evoluzione, le cui metodologie operative sono differenti, ma i cui risultati in termini di precisione si equivalgono:
- ricevitore topografico (orientato per tecnica e per praticità d'uso entro un raggio di 15-20 km dalla stazione master);
- ricevitore geodetico (orientato per l'esecuzione di basi misurate superiori a 20 km fino ad alcune centinaia di chilometri).

X.13 - *Il principio di funzionamento del GPS*

Si vedrà ora il funzionamento del sistema GPS, composto da una costellazione di satelliti e un ricevitore, pur tralasciando le dimostrazioni matematiche non strettamente pertinenti in questo contesto. Il principio su cui si basa il posizionamento GPS risulta concettualmente semplice in quanto si tratta di definire delle triangolazioni geometriche, ma complesso quando viene applicato nella realtà.

Il metodo utilizzato risulta simile a una intersezione di un punto ignoto rispetto a una serie di punti noti (i satelliti), le cui distanze siano note. Altri elementi conosciuti sono le efemeridi orbitali di un satellite, che sono le coordinate spaziali cartesiane Xa(t), Ya(t), Za(t), dal centro del veicolo orbitante in funzione del tempo rispetto ad un sistema cartesiano geocentrico, che ha origine al centro della terra, con l'asse Z orientato secondo l'asse di rotazione terrestre e gli assi X e Y posti sul piano equatoriale.

Il tempo (t) viene misurato a terra da un orologio integrato nel ricevitore che è comunque differente da quello di riferimento misurato dagli orologi posti sui satelliti. É da tenere presente che tra i due orologi c'è anche lo sfasamento temporale tra l'attimo "t" rilevato sul punto su cui ci si trova posizionati e l'attimo "t" determinato dal satellite. Tra gli elementi incogniti a noi non noti c'è l'orbita dei satelliti che in realtà è talmente variabile nel tempo (t), che è impossibile affermare che è realmente quella in quel dato momento, ma soprattutto noi non possiamo conoscere perfettamente la velocità di propagazione delle onde elettromagnetiche nell'attraversamento della ionosfera e della troposfera.

Queste incognite rappresentano concretamente una serie di errori sistematici non trascurabili che influiscono sui valori ottenibili. In realtà per ottenere risultati di precisione adatti a impieghi topografici occorre tenere conto di molteplici fattori e modellarli opportunamente o utilizzare opportune tecniche atte ad eliminare il disturbo di questi elementi nel calcolo. La tecnica generalmente utilizzata è quella differenziale, che meglio si presta al posizionamento relativo, riducendo o eliminando l'influenza dei parametri di disturbo.

X.14 - *Il funzionamento del sistema Navstar*

La parte spaziale del sistema è costituita, come anticipato, dalla costellazione dei satelliti NAVSTAR che orbitano a una distanza dalla terra di 20.100 km circa, ove non risentono delle anomalie del campo gravitazionale. I satelliti sono posizionati su 6 piani orbitali, intervallati di circa 60°, e il periodo di rivoluzione attorno alla terra è di 12 ore siderali, corrispondenti a 11 ore e 56'. I satelliti si presentano sempre con un anticipo di 4 minuti rispetto al giorno precedente e trasmettono a terra dati contenenti un segnale di tempo in settimane e secondi, le proprie effemeridi orbitali (ovvero le proprie coordinate tridimensionali di orbita) e una serie di informazioni quali il proprio codice di identificazione, il proprio stato di salute, etc.

Le informazioni vengono racchiuse nel Data Message (segnale completo di 1500 bit trasmesso dal satellite GPS, contenente il rapporto completo della posizione, altezza, velocità del satellite e correzione temporale oltre alla correlazione con gli altri satelliti), che unito all'interpretazione di una serie di codici relativi alla banda dei segnali permette di ovviare all'errore artificiale posto a disturbo delle bande di frequenza L1 ed L2, e nei nuovi satelliti del blocco R II, L5.

Le bande di frequenza radio sono comprese tra 390 e 1550 MHz; le portanti GPS L1 e L2 hanno rispettivamente le frequenze 1227,6 MHz e 1575,42 MHz. Queste frequenze sono correlate a codici che consentono la sincronizzazione dei segnali di tracciamento. I codici C/A e P (Precise or Protected Code) consentono di raggiungere l'immediata precisione di calcolo delle coordinate geografiche di stazionamento del singolo ricevitore. Tutti i dati vengono trasmessi mediante un codice binario modulato su due frequenze portanti radio, i cui valori sono 1575 MHz e 1228 MHz, corrispondenti alle lunghezze d'onda 19 cm e 24 cm. I codici utilizzati durante la trasmissione sono 3; i primi due sono utilizzabili per usi civili mentre il terzo è strettamente riservato a usi militari:
- C/A (Coarse or Clear Acquisition);
- P (Precision or Protected mode);
- Y (Point Positioning Real Time).

Il codice C/A è il più utilizzato negli usi civili del sistema poiché risulta leggibile in ogni condizione; attraverso un posizionamento differenziale consente precisione e sicurezza delle sessioni di rilievo con misurazioni svolte con raggi di 15 km. Il codice P risulterebbe il più semplice per l'utilizzo di posizionamenti precisi in tempi brevi, ma nella realtà è praticamente inutilizzabile perché soggetto a tecniche di AS (Anti Spoof). Le trasmissioni GPS per uso civile possono essere soppresse senza preavviso dall'autorità militare americana; il topografo rilevatore può ritrovarsi pertanto bloccato senza sapere quando riprenderanno le trasmissioni. Le nuove norme militari AS (Anti Spoof), nate per garantire la riservatezza del codice P (il più importante per ottenere dati precisi in breve tempo), criptano le informazioni del codice per periodi di tempo indeterminati rendendolo illeggibile a tutti i ricevitori.

Sono considerati utili durante la misurazione i satelliti visibili con angoli di osservazione superiori a una certa soglia rispetto all'orizzonte (di solito 10/15 gradi). Con bassi valori di elevazione risulterebbe alto il segnale di disturbo a causa dell'eccessivo spessore di atmosfera attraversato. I ricevitori più moderni sono in grado di fornire immediatamente i dati relativi alla alta qualità della configurazione di satelliti visibili, che devono trovarsi disposti in modo uniforme, quantificandoli mediante il parametro PDOP (Position Diluition Of Precision, ovvero calo di posizione del posizionamento tridimensionale), HDOP (legato alla sola componente planimetrica) e VDOP (legato alla sola quota).

I valori devono essere sempre molto bassi. A terra i satelliti vengono controllati da cinque stazioni fisse di Tracking, situate in punti di posizione specifica nota e poste lungo la fascia equatoriale della Terra con intervalli uniformi di longitudine. Le stazioni di Tracking, dotate di sofisticate apparecchiature di controllo e ricezione, seguono continuamente i satelliti, rilevandone l'orbita e la clock. Queste stazioni note definiscono il sistema di riferimento del sistema cartesiano WGS84 (Word Geodetic System 1984), nel quale le orbite vengono calcolate.

Una stazione principale di controllo globale del sistema, situata a Colorado Spring negli U.S.A. (detta "Master"), riceve contemporaneamente tutti i dati delle altre stazioni. Essi vengono elaborati calcolando le effemeridi orbitali di previsione per i vari satelliti, valutando le correzioni da apportare periodicamente agli orologi dei satelliti stessi ed eventualmente anche alle orbite. La stazione Master è dotata di strumentazioni sofisticate e di un orologio atomico di riferimento all'idrogeno, più preciso di quelli al cesio o al rubidio presenti sui veicoli spaziali e sui migliori ricevitori GPS. Tre stazioni di Tracking ricevono i dati elaborati dalla stazione Master e li ritrasmettono ai satelliti effettuando un aggiornamento detto "UPLOAD".

X.15 - *I ricevitori satellitari e il loro utilizzo*

In commercio esistono i seguenti strumenti:
- Pathfinder o ricevitori per navigazione. Sono adatti per posizionamenti approssimativi (scarto d'errore di alcune decine di metri), oppure per la navigazione e le diverse attività nel tempo libero.

- Ricevitori GIS. Sono adatti al rilievo singolo o differenziale, per rilievi speditivi con precisioni che in post-elaborazione si approssimano al metro. Hanno il pregio di essere tascabili e con l'antenna integrata.

- Ricevitori topografici standard monofrequenza. Rappresentano il primo stadio dei ricevitori topografici; utilizzano strutture con antenna e sezione archiviazione integrata e orologi con clock al quarzo.

- Ricevitori monofrequenza con correlatore stretto differenziale. Sono ideali nel rilievo topografico relativo, con basi uguali o inferiori ai 15 Km di raggio. In grado di ricevere dati dal satellite più rapidamente dei normali ricevitori monofrequenza, confrontano in tempo reale, per mezzo di un processore integrato, la fase del messaggio proveniente dal satellite con un campione ricreato dal ricevitore stesso e compensando la deformazione accertata determinata dal passaggio ionosfera-troposfera.

- Ricevitori a doppia frequenza. Risultano ottimali per misure di basi superiori ai 15 Km. Generalmente trovano applicazioni nel rilievo di reti cartografiche e nelle applicazioni geofisiche. Oltre ai segnali della frequenza L1 vengono ricevuti anche i dati dalla frequenza L2; con i satelliti del blocco RII è disponibile anche una frequenza denominata L5.

- Ricevitori a doppia frequenza con accesso al codice P. Nati esclusivamente per uso geodetico, garantiscono risultati eccezionali nella misura di basi lunghe, quando non vengono crittografati i codici P con la tecnica AS (nel qual caso obbligano a lunghe sessioni).

- Ricevitori a singola e doppia frequenza GNSS con accesso ad altre costellazioni, quali GLONASS, EGNOS e in futuro GALILEO. La precisione del ricevitore viene determinata dalla precisione dell'orologio di clock, generalmente al quarzo per i modelli più economici e al rubidio o al litio per i modelli più costosi. Altri elementi necessari per ottenere precisioni elevate sono da individuare nella minima esistenza di fenomeni di disturbo della ricezione e dalla capacità di mantenere stabile la frequenza in ricezione escludendo i disturbi sia a livello di ricevitore che di antenna.

X.16 - *Le metodologie di rilievo*

Nell'impiego topografico possono essere impiegate diverse modalità operative; le più utilizzate sono essenzialmente quattro:
- rilievo Statico;
- rilievo Statico Rapido;
- rilievo Cinematico (Stop & Go);
- rilievo Cinematico e Cinematico OTF;
- RTK (Real Time Kinematic).

X.16.1 - *Il rilievo Statico*

La tecnica del rilievo statico era l'unica possibile agli albori del rilievo con i GPS, dato lo scarso numero di satelliti che si potevano rintracciare durante una sessione di lavoro. Viene oggi utilizzata in rilievi di grandi baseline per usi geodetici e geofisici o anche per monitorare movimenti geologici o di grandi infrastrutture (come ad esempio le dighe). La tecnica è operativamente costituita dallo stazionamento di 2 o più ricevitori le cui antenne, poste stabilmente sui punti da rilevare, devono rimanere in ricezione per periodi di tempo compresi tra i 45 minuti e svariate ore, in proporzione alla lunghezza della base rilevata e alla precisione richiesta.

Le campionature vengono generalmente tenute molto ampie (epoche da 10 a 30 secondi). Nella fase di post elaborazione sarà necessario fare uso delle efemeridi, corrette su basi che superano i 50 km.

X.16.2 - *Il rilievo Statico Rapido*

La tecnica del rilievo statico rapido è la più utilizzata nel rilievo topografico di precisione, dove si richiede uno scarto di errore inferiore a quanto si può ottenere con le tradizionali stazioni totali elettroniche. La tecnica risulta simile, come metodologia operativa, alla normale tecnica utilizzata con strumenti topografici tradizionali. Operativamente si pongono le antenne di 2 o più ricevitori sui punti da rilevare e si tengono in stazionamento per periodi che vanno dai 5 ai 30 minuti, in proporzione a una serie di parametri:
- lunghezza della base;
- ampiezza delle epoche;
- numero dei satelliti tracciati con elevazione superiore a 15° dall'orizzonte;
- valore del PDOP.

È sconsigliato affidarsi solo al software del controller (ove presente) per determinare la durata dello stazionamento. Solo l'esperienza acquisita può garantire dei buoni risultati. La teoria prevede che per definire la permanenza ideale su un punto il tempo di stazionamento è di 10 minuti. Altro fattore per la determinazione del tempo ideale del rilievo è il numero di satelliti tracciati durante la fase di rilievo e la loro elevazione. Se da un lato sarebbe importante anche osservare satelliti "sporchi" (con elevazione inferiore a 10°) come in tecniche di rilievo Stop & Go ed RTK cinematico, nella tecnica di rilievo statico rapido risulta opportuno registrare i dati di satelliti con elevazione superiore a 10° e tagliare i satelliti tracciati più in basso. Ciò avviene per due ragioni: per consentire un risparmio dello spazio di archiviazione sul ricevitore e per sapere quanti satelliti "buoni" si presentano durante il rilievo.

Il fattore geometrico dei satelliti tracciati PDOP/GDOP (Rapporto segnale/rumore) rimane comunque sempre l'indicatore più importante per determinare il tempo di stazionamento ideale. L'ottimale è avere valori di PDOP minori di 2; quando si supera il valore di 5 è meglio rinunciare al rilievo.

Nel considerare i tempi sarà inoltre necessario ricordare che, pur operando in condizioni ideali, sarà necessario registrare almeno 60 epoche al fine di fissare le ambiguità della fase in elaborazione risolvendo le equazioni alle doppie e triple differenze in modo classico statico. Anche nelle migliori condizioni operative possibili è sconsigliabile effettuare sessioni statiche rapide inferiori ai 5 minuti. Si ricorda che la NGS ha valutato in 2 minuti il tempo minimo in cui è possibile rilevare un punto celerimetrico con la stazione totale.

Il rilievo statico rapido risulta ideale per sviluppare poligonali classiche tra vertici anche non visibili, per operare rafittimento di reti cartografiche dal secondo al quarto ordine, per il rilievo di punti per irraggiamento dal sistema IGM95 e per il rilievo di punti ove la precisione richiesta risulti sub centimetrica.

X.16.3 - *Il rilievo Cinematico (Stop & Go)*

La tecnica nasce dall'intenzione di utilizzare il GPS con tempi di stazionamento rapidi così da rendere il sistema non solo più preciso, ma anche più veloce rispetto i sistemi topografici tradizionali. Operativamente si lascia un ricevitore in stazione (che definiamo "stazione master"), impostando i parametri di ricezione e registrazione come l'angolo sull'orizzonte, la frequenza (epoche) e l'altezza da terra.

Solitamente la stazione master va posizionata in un punto protetto, ma libero da ostacoli che possono schermare i segnali inviati dai satelliti (ricordando che l'intero sistema di satelliti è in movimento). Successivamente si procederà posizionandosi sugli altri punti da rilevare e stazionando con il secondo ricevitore, programmato con i medesimi parametri della master (ad esclusione dell'altezza che è l'unico elemento che può variare).

Il primo punto andrà eseguito in prossimità della stazione master per un periodo di circa 15-20 minuti (processo di inizializzazione); questo per poter eseguire verifiche immediate sulla qualità dei dati ed eventualmente attendere le condizioni ottimali. Successivamente ci si porta sugli altri punti segnalando il movimento (GO) a mezzo del controller e ponendosi in lettura statica sul punto desiderato, segnalando sul controller del ricevitore il proprio stato di posizione statica (STOP).

Nel trasferimento da un punto a un altro non bisogna perdere il segnale dei satelliti; se ciò accade è bene ritornare sull'ultimo punto rilevato e rifare una sessione di inizializzazione. Per quanto riguarda il tempo di stazionamento di inizializzazione vale quanto accennato per il rilievo statico rapido.

Il tempo degli stazionamenti sui singoli punti sarà anch'esso in funzione della lunghezza della base rispetto al ricevitore di riferimento, della frequenza delle epoche, del numero dei satelliti tracciati e del rapporto PDOP o GDOP. In generale, il tempo dovrebbe essere pari a un terzo del tempo di stazionamento valutabile in statico rapido, ma sarebbe preferibile non scendere mai sotto i 2 minuti.

Il punto critico di questa tecnica di rilievo è costituito dalla necessità di non perdere mai il segnale emesso dai satelliti e che questi non scendano mai sotto il numero di 4 (meglio che non scendano mai sotto il numero di 5). Qualora ciò si dovesse verificare si dovrà procedere alla reinizializzazione sull'ultimo punto rilevato con un tempo di STOP pari ad una volta e mezzo il valore di STOP precedente. Se i punti rilevati non fossero stati opportunamente materializzati si renderà necessario procedere a una nuova inizializzazione.

Con le tecniche di STOP & GO e di Cinematico OTF, descritta successivamente, è meglio eseguire diverse sessioni di lavoro corte piuttosto che poche sessioni lunghe, in quanto ogni lavoro (fun) contiene un numero di dati minore, il file è più leggero da gestire; al contempo eventuali perdite di segnale non avvertite pregiudicano solo una piccola parte di lavoro eseguito.

La frequenza di registrazione consigliata è di 1 o 2 secondi compatibilmente con la capacità dell'archivio e la dimensione del rilievo. Frequenze di 5 secondi sono comunque utilizzate spesso. Frequenze superiori ai 5 secondi sono anch'esse utilizzabili, ma risulterebbero in contrasto con le finalità di tale tecnica di rilievo.

Una certa importanza sarà assunta dal valore del rapporto PDOP o GDOP poiché, volendo mantenere il massimo numero di satelliti tracciati nell'area di una caduta del segnale, non potremo valutare quanti satelliti con elevazione ideale si dispone durante il rilievo. Si dovrà osservare con attenzione l'indice della bontà del segnale PDOP o GDOP durante la fase di STOP e cercare di valutare opportunamente i tempi di stazionamento statico sulla base di questo unico indice.

Sarà opportuno operare sempre con PDOP o GDOP inferiori a 4; in caso di cadute di bontà a livello di 5 o, peggio, 6, si dovrà raddoppiare il tempo previsto della statica su quel tale punto. Se durante la sessione si verifica un forte incremento ripetuto del valore di PDOP, il prima possibile si dovrà cominciare una nuova sessione.

X.16.4 - *Il rilievo Cinematico e Cinematico OTF*

Utilizzata in fotogrammetria, nel rilievo batimetrico e nel rilievo cartografico tematico GIS, questa tecnica è solitamente trascurata dal topografo, perché differente dall'impostazione topografica classica. Operativamente non differisce dalla tecnica Stop & Go, salvo che invece di identificare punti rilevati provvede ad associare i vettori tridimensionali all'epoca temporale, con possibilità di legare attributi e note all'epoca stessa.

La tecnica di OTF differisce dal rilievo Stop & Go e Cinematico per la possibilità di operare senza inizializzazione o meglio di inizializzarsi in movimento. Tale possibilità prevede che per le prime 200 epoche non si verifichino perdite del segnale; ad ogni eventuale perdita durante il movimento si dovrà procedere a una nuova fase, senza perdite di segnale per altri 200 epoche.

Simile alla tecnica dello Stop & Go, in questa le precisioni garantite dal sistema sono praticamente le stesse del rilievo statico rapido (5mm + 1 ppm), salvo gli errori soggettivi determinati da stazionamenti "ballerini".

Nel rilievo cinematico e cinematico OTF l'errore sistematico va a superare il centimetro (20mm + 5ppm). Il rilievo cinematico (in generale) e cinematico OTF (in particolare) risulta essere il futuro del rilievo cartografico tematico e celerimetrico, anche se allo stato attuale è il meno diffuso nell'ambito della topografia classica per la necessità di operare con mentalità e strumenti strettamente informatici.

X.16.5 - *RTK Real Time Kinematic*

Il modo di rilievo RTK permette di lavorare con due ricevitori che sono in comunicazione tramite radio, modem o telefono cellulare, eliminando così gran parte degli errori imposti e gli errori di ricezione. Si può, ad esempio, sapere in tempo reale se uno dei due ricevitori non sta operando regolarmente, se riceve segnali dai satelliti e così via. Si è così sicuri di ottenere un rilievo preciso e regolare.

Qualora si perda la comunicazione con i satelliti si può ritornare all'ultimo punto, certi di avere regolarmente rilevato e archiviato, e riprendere il lavoro se le condizioni della costellazione lo consentono.

Questa metodologia di lavoro è utile solo in poche applicazioni legate principalmente alla cantieristica, al tracciamento, per il ritrovamento di confini o di elementi precedentemente rilevati con il sistema GPS.

I limiti sono principalmente due: il costo dell'attrezzatura, perché oltre a ricevitori predisposti a lavorare bisogna mettere in conto i costi del radio modem, o del telefono cellulare (che sono uno per ogni ricevitore), i costi per le eventuali chiamate telefoniche (si lavora per ore); e il raggio d'azione che, rispetto ai 15 km raggiungibili con le altre metodologie, in questo caso è meglio che non superi i 2 km.

X.17 - *Dalla teoria alle applicazioni*

Come accennato nell'introduzione, con l'uso delle nuove tecnologie nasceranno ulteriori specializzazioni nel campo del rilievo e le nuove figure professionali identificheranno rilevatori, che in base alla strumentazione adottata si indirizzeranno su specifici tematismi di rilievo. Si possono così evidenziare tre principali orizzonti operativi del rilievo GNSS:
- rilievo territoriale,
- rilievo topografico,
- rilievo in cantieri.

X.17.1 - *Il rilievo territoriale*

Il rilievo territoriale si differenzia dal rilievo topografico classico, inteso nel senso tradizionale del concetto. Si utilizza uno strumento topografico per leggere e successivamente interpretare il territorio, anche su aree di grandi dimensioni, inserendo nel rilievo tutti i dati che sono legati all'evoluzione di quel paesaggio, 'fotografando' da terra la situazione. Il lavoro può essere svolto anche con le immagini satellitari, o mediante riprese fotografiche eseguite dall'aereo (dove sono però inevitabili gli appoggi a terra). La differenza é che il rilievo da terra è più diretto e non dev'essere interpretato.

Con l'evoluzione dei software interni ai ricevitori è possibile operare con il metodo cinematico che, come precedentemente esposto, permette di rilevare in movimento. Con il rilievo cinematico si 'disegna' il territorio e chi esegue il rilievo deve capire dove, come e fino a che punto può utilizzare tale metodo. Percorrendo un tratto di territorio con un ricevitore GPS o GNSS è come possedere una grande matita e un altrettanto grande foglio con cui rappresentare in scala reale ciò che si vede. Si rileva nelle tre coordinate, con una precisione maggiore rispetto a quella dei sistemi tradizionali e con un dettaglio che non necessita interpretazioni di alcun genere. Attorno all'antenna master si può lavorare in un raggio di 15 km e, integrando il lavoro cinematico con punti statici, il rilievo territoriale con GPS in metodologia cinematica non ha limiti di spazialità.

Con il rilievo statico o stop and go si possono definire su un territorio una grande quantità di punti di riferimento, sfruttando la peculiarità del sistema GPS, ovvero la non necessità dell'intervisibilità tra le stazioni. Anche con questa metodologia, (generalmente vengono utilizzate entrambe), è possibile definire con precisioni centimetriche dei capisaldi di riferimento sul territorio.

I punti geometricamente più precisi di quelli ottenibili da una restituzione aerofotogrammetria permettono la costruzione di modelli DTM. Tali modelli così costruiti sono facili da realizzare, in quanto la linea di punti che noi otteniamo dal rilievo (fun), una volta collegata ad una poligonale, diventa automaticamente una linea di discontinuità, che ha i vertici in coordinate assolute, quota compresa. Lo stesso vale per gli elementi puntuali che vengono rilevati.

Il rilievo per l'analisi territoriale può essere eseguito a diversi livelli di precisione; quello di base si può identificare con l'uso di ricevitori GPS tipo pathfinder e le precisioni sono dell'ordine di una decina di metri nelle coordinate piane, e non esatte a livello altimetrico. Con questi strumenti è comunque possibile eseguire rilievi puntuali, per indagini in un'area vasta. Dovendo riportare i dati rilevati su una cartografia in scala 1:5.000 l'errore dato dallo strumento diventa ininfluente ai fini della restituzione cartografica: la punta della matita o della penna dello spessore di 1 mm già corrisponde a 5 m sulla stessa carta.

Per un'analisi precisa e dettagliata bisogna utilizzare ricevitori GPS topografici o geodetici, rilevando in metodologia statica e/o in metodologia cinematica, eseguibili con antenne monofrequenza e/o con antenne a doppia frequenza. In questo modo il rilievo diventa inseribile in ogni tipo di cartografia, dopo l'esecuzione delle opportune trasformazioni dei dati rispetto al sistema di coordinate di riferimento utilizzato.

X.17.2 - *Il rilievo topografico in senso classico*

Desiderando eseguire un rilievo topografico nel senso classico del termine il ricevitore satellitare è utilizzato al pari di una stazione totale con prisma. Si può usare il metodo statico, il metodo cinematico, o il metodo stop and go. I tre metodi sono complementari l'uno all'altro e in base al tipo e alla quantità di superficie da rilevare si può impostare il rilievo a piacimento.

Nel caso si debba effettuare una poligonale composta da più vertici (con più stazioni) l'uso dei ricevitori satellitari diventa prezioso, dato che non è necessaria l'intervisibilità tra gli stessi. In questo modo si risparmia tempo rispetto un rilievo eseguito con la stazione totale.

Non è più necessaria la lettura in avanti e la lettura indietro sulle stazioni, si possono così "seminare" sull'area di rilievo tanti punti statici ("vertici della poligonale") a seconda delle necessità. Eseguita la poligonale si può effettuare il rilievo di dettaglio con il metodo cinematico o stop and go, oppure eseguire il lavoro con la stazione totale.

I tempi necessari per l'esecuzione di un punto statico dipendono da alcuni fattori quali, ad esempio, la distribuzione della costellazione, il numero dei satelliti (che influenzano il PDOP), la distanza dall'antenna master. Se le condizioni sono ottimali, 15 minuti e con una frequenza di 1 secondo sono sufficienti per definire un punto con elevata precisione centimetrica. Successivamente si può eseguire il rilievo di dettaglio utilizzando una stazione totale, riducendo eventuali errori dovuti alle caratteristiche meccaniche dello strumento e il numero di stazioni necessarie alla costruzione della poligonale, che possono essere influenzate da errori angolari.

Con questo metodo si procederà ad "incastrare" ogni singola semina di punti all'interno di una maglia precostituita, i cui capisaldi vengono ribattuti tutte le volte che bisogna eseguire il lavoro, o aggiungere dati allo stesso. Le differenze evidenziate tra il rilievo eseguito con la stazione totale e quello eseguito con i ricevitori satellitari utilizzati in metodologia statica, sono dell'ordine massimo di 5 cm nelle tre coordinate. La differenza sostanziale è che la poligonale GNSS di circa 15 punti si esegue in una mattina di lavoro, mentre la poligonale con la stazione totale, necessita mediamente di un paio di giorni, implicando per gli operatori più chilometri a piedi.

X.17.3 - *Il rilievo in cantiere*

Con il termine cantieristica si possono comprendere tutte le attività lavorative di rilievo legate alle nuove costruzioni o al restauro degli edifici, ma per le leggi italiane anche uno scavo archeologico è un cantiere a tutti gli effetti.

Nella cantieristica il GPS sta dando ottimi risultati, soprattutto per la velocità con qui si acquisiscono e si elaborano i dati riguardanti gli stati di avanzamento dei lavori. In questo caso è necessario utilizzare la tecnologia RTK, in quanto permette di eseguire tracciamenti, o trovare punti rilevati in campagne precedenti, in tempo reale. Il metodo non prevede la post elaborazione, quindi è possibile controllare i dati direttamente sul luogo del rilievo. L'inconveniente è dato dal limitato raggio di azione del rilievo, dovuto principalmente al metodo di trasmissione dati tra le due antenne, che può subire diverse interferenze.

In alternativa al metodo RTK vi è il nuovo sistema denominato Starfire, che può essere utilizzato per tutte le tipologie di lavori topografici con ricevitore satellitare. Il sistema Starfire prevede l'utilizzo di un solo ricevitore satellitare, che in tempo reale è collegato sia al sistema GPS che al sistema di satelliti geostazionari EGNOS. Con l'uso di un software messo a punto dalla NASA, la soluzione permette di avere una correzione immediata delle effemeridi fatta con le stazioni di radiocontrollo: la precisione a terra è di 20 cm sull'intero sistema UTM mondiale. È anche possibile eseguire tracciamenti, ritrovare punti precedentemente battuti ed eseguire i rilievi senza la post elaborazione, ma soprattutto senza dovere utilizzare radio, modem o telefoni.

X.17.4 - *Fattori negativi legati al rilievo con i ricevitori satellitari*

Fino a questo momento sono stati trattati i pregi del rilievo eseguito con il sistema satellitare, a seguito si evidenziano i fattori negativi verificabili in una sessione di lavoro. L'esecuzione di un rilievo è affidata a un solo operatore solo se in possesso di un sistema Starfire. In caso contrario il numero di persone necessario è almeno due. Se l'antenna lasciata a stazionare (master) non è posta in un luogo 'sicuro' occorre una persona che la sorvegli e questa seconda è inoltre utile per la tempestiva segnalazione di eventuali anomalie di funzionamento dello strumento.

Il principale difetto della tecnologia satellitare è di non lavorare con precisione né in ambito urbano né all'interno di un bosco: i segnali si possono comunque ricevere, ma le interferenze sono tali da impedire l'esatta esecuzione dei rilevamenti.

In ambito urbano si può lavorare con buone precisioni solo negli spazi aperti come le piazze i parchi, ma bisogna stare attenti alla interferenze causate dai muri dei fabbricati più alti di due di piani, dalla rete aerea dei filobus, dai ripetitori dei segnali telefonici, dai cassoni metallici dei camion. Strutture metalliche di grandi dimensioni (come ad esempio in un luna park) possono diventare delle gabbie faraday, interferendo il segnale. È complicato lavorare in prossimità degli aeroporti in quanto le stazioni radio delle torri di controllo possono compromettere le sessioni di lavoro.

All'interno di una macchia d'alberi, o di un bosco, le foglie impediscono la continuità del segnale e quindi l'esecuzione del lavoro. Si può effettuare il rilievo in macchie non fitte, sfruttando sentieri larghi e radure, o in boschi di piante a foglie caduche nel periodo invernale. Ma il risultato non è comunque garantito. Anche alla base di pareti rocciose il segnale è alterato, instaurandosi il fenomeno di multiphat, cioè di rimbalzo del segnale, che porta il ricevitore ad acquisire un dato disturbato e spesso inutilizzabile. In linea di massima ricevitori satellitari devono sempre lavorare senza che il segnale sia ostacolato.

Questi sono alcuni degli inconvenienti che si possono verificare, oltre a quelli legati all'alimentazione tramite batterie degli strumenti stessi. Le influenze, e quindi gli errori, non sono sempre osservabili sul campo e talvolta nemmeno in fase di elaborazione dei dati. Occorre controllare il lavoro con una stazione totale: effettuare le verifiche significa collaudare il lavoro. Logicamente non si eseguono verifiche con il sistema tradizionale di punti assai distanti tra loro, in quanto l'errore topografico che si ottiene con il rilievo satellitare è minore rispetto a un rilievo eseguito con stazione totale. Ma lavorando in metodo cinematico un controllo è sempre consigliato.

Non bisogna dimenticare che, quando si elaborano i dati GPS, questi vengono forniti in coordinate U.T.M, con ellissoide di riferimento WGS 84. La situazione porta ad avere l'altimetria dei dati a una quota differente rispetto a quella del mare. Nelle monografie dei punti IGM GPS 95 (per la rete geodetica italiana) vengono riportati i parametri di correzione per trasformare le coordinate UTM in Gauss Boaga, ma soprattutto per portare le quote ellissoidiche al livello del mare. Si riportano utilmente le tavole con i parametri di trasformazione degli ellissoidi locali rispetto al WGS 84. Si riporta inoltre una figura tratta dal manuale del GPS Novatel, dove sono rappresentati i tre riferimenti altimetrici attuali: l'andamento topografico (reale del terreno), l'andamento del geoide (livello medio del mare) e l'andamento dell'ellissoide di riferimento (fig. X.19).

X.18 - *Accenni alla fotogrammetria e alla fototopografia*

La fotogrammetria è l'insieme delle tecniche e dei metodi con cui si determinano, in base a misurazioni di prospettive fotografiche, le dimensioni dell'oggetto fotografato. È dovuta al francese Laussedat (1850) l'idea di utilizzare le fotografie per effettuare i rilevamenti topografici. Il principale scopo della fotogrammetria è di ottenere dall'immagine fotografica di una porzione di territorio (o di un manufatto) la fedele restituzione geometrica. Può essere suddivisa in aerea e terrestre: la differenza sta nell'oggetto da rappresentare. La fotogrammetria è utilizzata anche in archeologia. La fototopografia è un procedimento per effettuare i rilievi topografici di grandi superfici, le cui operazioni si possono riassumere in quattro fasi principali: ripresa aerea, preparazione al suolo (organizzazione topografica del terreno), restituzione (interpretazione topografica) e completamento (controllo e integrazione della mappa).

Le riprese fotografiche si distinguono in base a:
- orientamento, dato dall'asse ottico della camera al momento dello scatto;
- materiale, a seconda del tipo di materiale sensibile adoperato.

Le immagini possono essere così suddivise (Cosci 1988, pp. 14-15):
- foto nadirale (assetto verticale), è caratterizzata dalla verticalità dell'asse ottico della camera e dall'orizzontalità del fotogramma;
- foto obliqua (assetto obliquo panoramico e semipanoramico);
- foto in bianco e nero, registrano sotto forma di grigi i vari colori;
- foto a colori;
- foto all'infrarosso;
- foto all'infrarosso a colori (o a falsocolore);
- riprese all'infrarosso termico (pseudofotografia).

La più utilizzata in topografia è la foto nadirale. La visione tridimensionale delle fotografie nadirali si ottiene mediante l'utilizzo dello stereoscopio. Il metodo permette di ottenere modelli tridimensionali del terreno (DTM), che servono successivamente alla produzione di carte tematiche o di carte a curve di livello, eseguite con modellatori matematici. Oltre alle fotografie scattate da aeroplani o elicotteri, in questi ultimi anni si utilizzano le immagini riprese da satelliti. La visione stereoscopica o tridimensionale è applicata nella fotointerpretazione anche in campo archeologico.

La foto scattata da un aereo a 500 metri di altezza copre una superficie relativamente piccola, ma s'individuano gli elementi naturali e antropici che costituiscono la componente paesaggistica. Con la foto ripresa da un satellite a un'altezza di 50 km si ha una sostanziale differenza: gli elementi antropici e naturali diventano macchie con tonalità di colori diverse, ma essendo più ampia la superficie rappresentata si riescono ad acquisire altri dati necessari a differenti lavori.

Generalmente le immagini che provengono dai satelliti, essendo digitali, devono essere post elaborate. La loro elaborazione dipende dalla dimensione del pixel (picture elements) e dal loro numero, più sono i pixel più elevata è la definizione (questo vale anche per la fotografia digitale terrestre), tenendo presente che il fattore principale rimane la distanza che intercorre tra il punto di ripresa e l'oggetto da fotografare.

X.18.1 - *Accenni alla fotointerpretazione*

La fotointerpretrazione riguarda il riconoscimento, l'identificazione e quindi la lettura delle innumerevoli forme, colori, tonalità, della superficie terrestre. Tramite questa lettura è possibile individuare anche al di sotto del primo strato di terreno eventuali strutture rocciose, o resti murari archeologici. A seconda della tipologia d'indagine da adottare si utilizzano determinati tipi di pellicola. La diversa sensibilità delle pellicole consente d'indagare differenti porzioni dello spettro elettromagnetico. La possibilità di disporre di coperture aeree risalenti a periodi diversi, permette d'individuare, o di chiarire, particolari anomalìe, talvolta non apprezzabili o non visibili in una sola immagine. Mediante la fotointerpretazione è possibile individuare strutture sotterranee, o il loro accesso, come ad esempio taluni pozzi di servizio ad acquedotti o i dromos di alcune sepolture ipogee.

Per quanto riguarda la fotointerpretazione archeologica si sono proposte differenti chiavi d'interpretazione (Cosci 1988, pp. 29-30):
- crop-make, tracce dovute ad anomalie su di un terreno, dovute alla crescita di cereali, sotto cui esistono strutture murarie;
- grass (weed)-marks, tracce dovute a caratteristiche simili alle crop-make, dovute alla crescita di vegetali;
- shadow-marks, tracce lasciate da microrilievi del terreno;
- damp-marks, tracce determinate da anomalie di colorazione del suolo;
- soil-marks, tracce dovute ad anomalie determinate ral riporto in superficie di frammenti di strutture murarie o di materiale laterizio.

«Questa, in sintesi, è la giusta ottica con cui deve essere valutato il contributo della fotointerpretazione aerea: base preliminare e indispensabile per la conoscenza del terreno; guida per lo scavo anche quando i dati rilevabili dallo studio delle fotografie possono apparire di scarsa rilevanza; documentazione unica e irripetibile di uno stato del terreno che si è venuto a creare nel tempo per la presenza dei resti antichi nel sottosuolo e che viene irrimediabilmente modificato in seguito allo scavo» (Alvisi 1996, p. 66).

X.18.3 - *Gli scanner tridimensionali*

Questa tecnologia di recente applicazione vede ancora scarse applicazioni dato l'alto costo dell'intero sistema. L'applicazione consiste nel rilevare tramite scansionamento un oggetto posto davanti allo strumento, non più in fase bidimensionale, ma come immagine tridimensionale, cioè con coordinate x,y,z (registrando una serie di punti chiamata "nuvola"), che una volta elaborati permettono la costruzione dell'immagine.

In breve tempo si è passati da scanner di piccole dimensioni, per il solo rilievo di parti di una struttura monumentale, fino alla presentazione dello scanner tridimensionale che permette il rilievo anche di facciate di monumenti, o comunque di qualsiasi struttura che abbia anche dimensioni di rilievo.

X.19 - *La fotografia digitale nel rilievo*

La fotogrammetria digitale tramite l'utilizzo di computer non implica necessariamente l'acquisto di una macchina fotografica digitale: si possono eseguire le fotografie con macchine tradizionali scansionando poi le immagini ottenute. Il vantaggio della macchina digitale è principalmente legato alla possibilità di evitare i passaggi intermedi, obbligatori con la pellicola (sviluppo, stampa o intelaiatura per le diapositive e scannerizzazione) e di effettuare un elevato numero di scatti abbattendo i costi legati allo sviluppo.

Sul mercato, in rapido sviluppo, vi sono oggi discrete macchine fotografiche digitali a 'basso' costo, ma non tutte possono essere utilizzate per ottenere immagini che successivamente verranno raddrizzate e georeferenziate; abbiamo inoltre digitali semiprofessionali con 6 milioni di pixel, a costi accessibili, che permettono l'utilizzo di obiettivi intercambiabili, come in una reflex. Le caratteristiche richieste sono:
- acquisizione d'immagini da 2 milioni di pixel;
- obiettivo zoom che permette di lavorare con focali che non deformano eccessivamente le immagini (l'ideale è lavorare con focali comprese tra i 50 e i 65 mm, oppure con focali maggiori che appiattiscono l'immagine).

La normale applicazione dell'uso della fotografia in ambito archeologico è per l'acquisizione d'immagini utili alla costruzione di un archivio, documentando lo stato di avanzamento di uno scavo, il ritrovamento di reperti, etc.

L'applicazione interessante è di potere raddrizzare e georeferenziare le immagini (opportunamente trattate ed elaborate) in modo da ottenere delle basi geometriche per la restituzione grafica. In termini sintetici si passa dalla fotografia alla restituzione grafica senza eseguire un rilievo dettagliato; in particolare si può applicare il sistema alla restituzione grafica di monumenti oppure di oggetti come, ad esempio, i frammenti di ceramica.

In quest'ultima applicazione gli strumenti da disegno e i calibri per le misurazioni saranno sostituiti dalla macchina fotografica digitale, dal software per il raddrizzamento delle riprese e la loro georeferenzazione e da un software per la digitalizzazione dell'immagine.

X.19.1 - *Raddrizzamento e georeferenziazione dell'immagine*

A volte i software per il raddrizzamento e la georeferenzazione contengono funzioni anche automatiche per la restituzione grafica (vettorializzazione); è preferibile passare in ambiente autocad in quanto è un sotware potente, elastico nella gestione delle immagini, che permette una restituzione grafica simile a quella eseguibile a mano libera. La procedura operativa è la seguente:

1. Acquisizione delle immagini. È utile osservare attentamente l'oggetto da fotografare; se è molto grande si sconsiglia la mosaicizzazione delle immagini, intesa nell'esecuzione di immagini in sequenza poste una di fianco all'altra e successivamente poste una sopra o sotto l'altra. È necessario cominciare da un'immagine complessiva del soggetto (fig. X.20). Successivamente si eseguono le riprese dei particolari, come le porte, le finestre, le colonne, etc. Si deve avere l'accortezza di riprendere perpendicolarmente tutti i particolari dell'insieme.

2. Elaborazione immagini. Una volta 'scaricate' le immagini vanno trattate con un software specifico per il raddrizzamento e la georeferenziazione. Il raddrizzamento è un'operazione matematica che si effettua definendo le linee orizzontali e verticali caratterizzanti l'immagine; successivamente si georeferenzia definendo sull'immagine alcuni punti caratteristici, che possono essere delle 'mire', o semplicemente degli spigoli, di cui sono state rilevate le dimensioni. S'impone quindi all'immagine l'adattamento al rapporto x, y che abbiamo ottenuto: queste due misure sono le dimensioni della lunghezza e dell'altezza dell'oggetto che dobbiamo georefenziare, prese durante l'esecuzione delle fotografie. A questo punto la fotografia è raddrizzata ed è geometricamente compensata. Si sconsiglia l'utilizzo di software per il fotoritocco, in quanto si ottiene il raddrizzamento dell'immagine, ma non si mantengono le geometrie (fig. X.21).

3. Vettorializzazione. Per eseguire la vettorializzazione si possono utilizzare dei cad interni ai software di raddrizzamento, oppure si passa l'immagine in Autocad della release non inferiore alla 14.0. É importate scalare l'immagine in autocad secondo le dimensioni effettive su cui si desidera lavorare: se l'estensione dell'immagine lo consente si può lavorare anche in scala 1:1. Si comincia poi a disegnare ripercorrendo le linee principali della fotografia riproducendole con il comando linea, polilinea, oppure con il comando sketch. Si tenga presente che, a questo punto, la densità di particolari che si vogliono riprodurre dipende esclusivamente dal tempo che s'intende dedicare al lavoro (figg. X.22 e X.23).

Nell'elaborazione di elementi strutturali si può, ad esempio, giungere a definire ogni singolo concio con cui l'edificio è costruito; oppure evidenziare le fughe, le fratture, le lesioni. Soprattutto si può associare a ogni singolo elemento un layer, un colore e un tipolinea, come attributi o come informazione legata a una tabella Access o Excel; l'associazione delle informazioni può andare a costituire il database di quella costruzione.

X.19.2 - *Possibili applicazioni*

A questo punto si potrebbe affermare che le applicazioni non abbiano altro limite che la fantasia dell'operatore. Come già accennato, un'interessante applicazione potrebbe essere la riproduzione geometricamente corretta di una stratigrafia. Con un'apposita struttura che permette l'esecuzione di fotografie dall'alto (panoramico) è anche possibile trattare riprese orizzontali. I vantaggi sono: la velocità con la quale si eseguono le restituzioni grafiche in scale diverse e l'adattabilità a qualsiasi tipo di stampa. Questo permette di ottenere una documentazione vasta, ma gestibile.

Un'ulteriore applicazione è relativa alla gestione dei reperti. La metodologia utilizzata è uguale a quella appena descritta, solamente che in questo caso è necessario operare con un reticolo posto sotto e dietro al reperto per potere ricostruire le linee orizzontali e verticali, le quali consentono il corretto raddrizzamento dell'immagine. I risultati geometrici ottenuti sono interessanti e si possono ottenere anche restituzioni in scala 1:1 o leggermente inferiori o superiori (figg. X.24 e X.25).

Alcune discrepanze si sono evidenziate nella restituzione grafica di oggetti che presentano rotondità accentuate tipo brocche o ciotole, in quanto possono emergere leggeri errori geometrici. É quindi possibile archiviare con una certa rapidità le riproduzioni grafiche, unitamente alle foto degli oggetti (figg. X.26 e X.27).

X.20 - *La restituzione e la rappresentazione mediante supporti informatici*

Come esposto, grazie all'informatica la topografia può essere un utile strumento per la raccolta di due principali tipi di informazioni:
- quelle geometriche caratterizzate dalle coordinate x, y, z;
- quelle descrittive che permettono la costruzione di un data base relativo al punto o all'oggetto rilevato.

La topografia diviene, ad ogni effetto, uno strumento di gestione del territorio, grazie ad uno sviluppo continuo dei software, che si sono trasformati da semplici 'aiutanti' a validi collaboratori che elaborano e sviluppano una rilevante quantità di dati.

Intorno alla metà degli anni Ottanta dello scorso secolo, quando si usavano i tacheometri tradizionali, i software permettevano ai topografi capaci di programmare in Basic di risolvere in breve tempo la classica formula trigonometrica per il calcolo della distanza: K x S sen2φ; dove K era una costante di valore 100, S era la differenza tra la lettura L2 – L1 sulla stadia, cioè l'intervallo compreso tra i fili estremi del reticolo, e sen2φ era il seno dell'angolo zenitale. Con i software più evoluti oggi si eseguono modelli tridimensionali del terreno per realizzare analisi territoriali, o modelli tridimensionali di fabbricati o monumenti. Si è giunti a raccogliere i dati in campagna e scaricarli nell'elaboratore senza doverli trascrivere manualmente. Questo ha portato ad aumentare la precisione, in quanto i dati sono raccolti tutti con il medesimo standard, con lo stesso metodo, con gli stessi parametri matematici, con identici codici.

Occorre ad esempio sottolineare come nelle strumentazioni sofisticate i software già predisposti internamente permettano le operazioni di compensazione andando a 'bilanciare' o a 'correggere' i dati qualora si verifichino variazioni delle condizioni atmosferiche. Il mercato offre una vasta gamma di software, con caratteristiche e prezzi diversi. Anche in questo caso la loro scelta dipende dal tipo di lavoro che s'intende svolgere. Oltre all'elaborazione dei dati i software topografici consentono le seguenti realizzazioni:
- planimetrie in varia scala del piano quotato (semina dei punti);
- preparazione di sezioni e profili del terreno;
- modelli tridimensionali per il calcolo dei volumi.

I software topografici sono comunque da considerarsi software "base", in quanto per realizzare piante e planimetrie con una grafica più completa (cartografica) è bene utilizzare software più 'potenti'. Identico discorso è valido nella preparazione di modelli DTM, (Digital Terrain Model) del terreno, i quali servono all'effettuazione di analisi territoriali, a generare viste tridimensionali, profili longitudinali, calcolare lunghezze reali e preparare carte tematiche:
- carta della clivometria, dove si evidenziano le differenti pendenze del terreno tramite diversi colori;
- carta delle esposizioni dei versanti, dove si evidenziano tali esposizioni secondo i punti cardinali utilizzando diversi colori;
- carta a fasce altimetriche, dove si evidenzia e si quantifica il terreno di una determinata porzione di territorio che si trova entro certe classi altimetriche predefinite;
- carta dello scorrimento superficiale delle acque.

In ultimo, ma non per importanza, si possono passare i dati a sistemi GIS (Geographical Information System), o SIT (Sistemi Informativi Territoriali), che permettono di analizzare i diversi strati topologici e di tenere sotto controllo il territorio in tempo reale. Tutti i software topografici permettono di trasmettere i dati ai software definibili "superiori" tramite i file con estensione DXF (Drawing exchange file format), leggibile da tutti i software CAD (Computer Aided Design).

Si elencano, a conclusione, alcuni software per applicazioni particolari.
- Autocad. È utilizzato in alcuni casi come un motore, per potere svolgere il lavoro che nei capitoli precedenti è stato descritto. Dalla versione 14.0 è diventato un ottimo prodotto, perfettamente interfacciabile con le piattaforme Windows. Se Autocad base viene associato ad Autocad Mapp diventa un interessante strumento per produrre GIS. L'associazione di tabelle predisposte in Excell o Access, o immagini provenienti da altri software, è immediata. Con la versione 2004, è possibile costruire database interni ad Autocad stesso e farli leggere in automatico sia ad Excell sia ad Access, tramite l'inserimento nell'elemento grafico di attributi; le tabelle ottenute sono perfettamente visibili e stampabili dall'Autocad stesso, facendolo diventare uno strumento completo, perfettamente autonomo.

- Land cadd e Eagle Point. Il primo è un applicativo 'datato' (da un punto di vista informatico) di autocad, ma ancora valido per la costruzione di modelli tridimensionali geometrici del terreno; il secondo è potente e associa alla semplicità operativa di Land cadd piattaforme informatiche recenti.
- Pitagoras. Interessante software topografico di produzione europea di grande potenzialità, in quanto al suo interno include, nell'ultima versione, sia un CAD, che un GIS.
- Geowin. Software topografico di produzione italiana da utilizzare principalmente per la gestione dei dati dello strumento topografico e in alcuni casi dei GPS.
- Archis. Software di produzione italiana, sviluppato per il raddrizzamento delle riprese fotografiche e la georeferenzazione geometrica delle stesse.
- Access. Software di Microsoft, che permette la costruzione dei database compatibili per Autocad Mapp.
- Surfer 8. Tra i modellatori è sicuramente un prodotto potente in quanto il suo algoritmo permette l'elaborazione di milioni di punti in coordinate assolute.

Fig. X.1. *Stazione totale elettronica Pentax Rn 125 (XXI sec.). Con l'utilizzo del puntatore laser interno, è possibile eseguire letture e raccogliere dati senza l'uso del prisma riflettente (foto F. Frignani).*

Fig. X.2. *Telecomando a infrarossi in uso sulle stazioni totali elettroniche Pentax serie Rn (XXI sec.). Viene utilizzato per comandare lo strumento, senza avere la necessità, se non nel momento di eseguire il puntamento del prisma, di toccare e lavorare sull'esigua tastiera presente sul teodolite (foto F. Frignani).*

Fig. X.3. *Ricevitore GPS monofrequenza, tecnologia Javad, montato su cavalletto artigianale. Ha maggiore potenza nell'antenna (ricezione nella sola frequenza L1) (foto F. Frignani).*

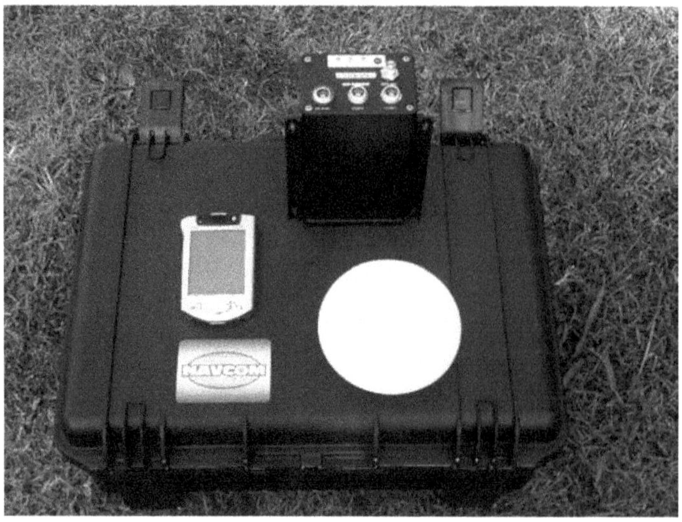

Fig. X.4. *Ricevitore satellitare GPS e EGNOS della Navcom. Possono operare 'colloquiando' con i satelliti e ricevere perciò i dati con una precisione centimentrica. Nella fotografia sono visibili appoggiati all'apposita valigetta, a sinistra, il controller; a destra, in basso, l'antenna (disco chiaro) e, in alto, il ricevitore (foto F. Frignani).*

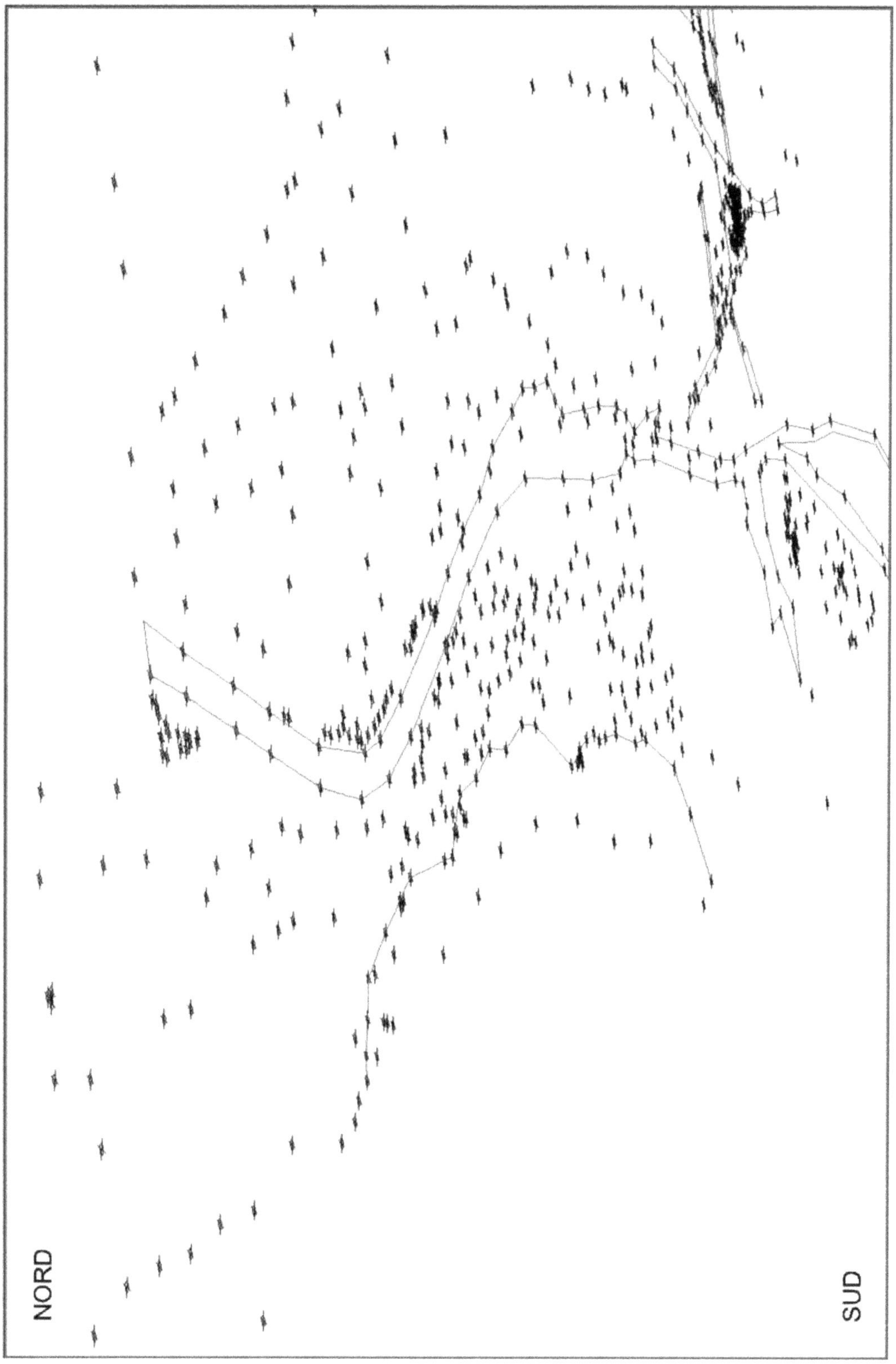

Fig. X.5. *Eseguita l'elaborazione dei dati di un rilievo, si ottiene un file o elaborato grafico dove sono rappresentati esclusivamente dei punti (semina dei punti), che possono riportare al loro fianco, il numero progressivo, la quota altimetrica, la descrizione (non presenti nella figura). Sono visibili alcuni punti collegati tra loro in quanto definiscono un'entità specifica (immagine F. Frignani).*

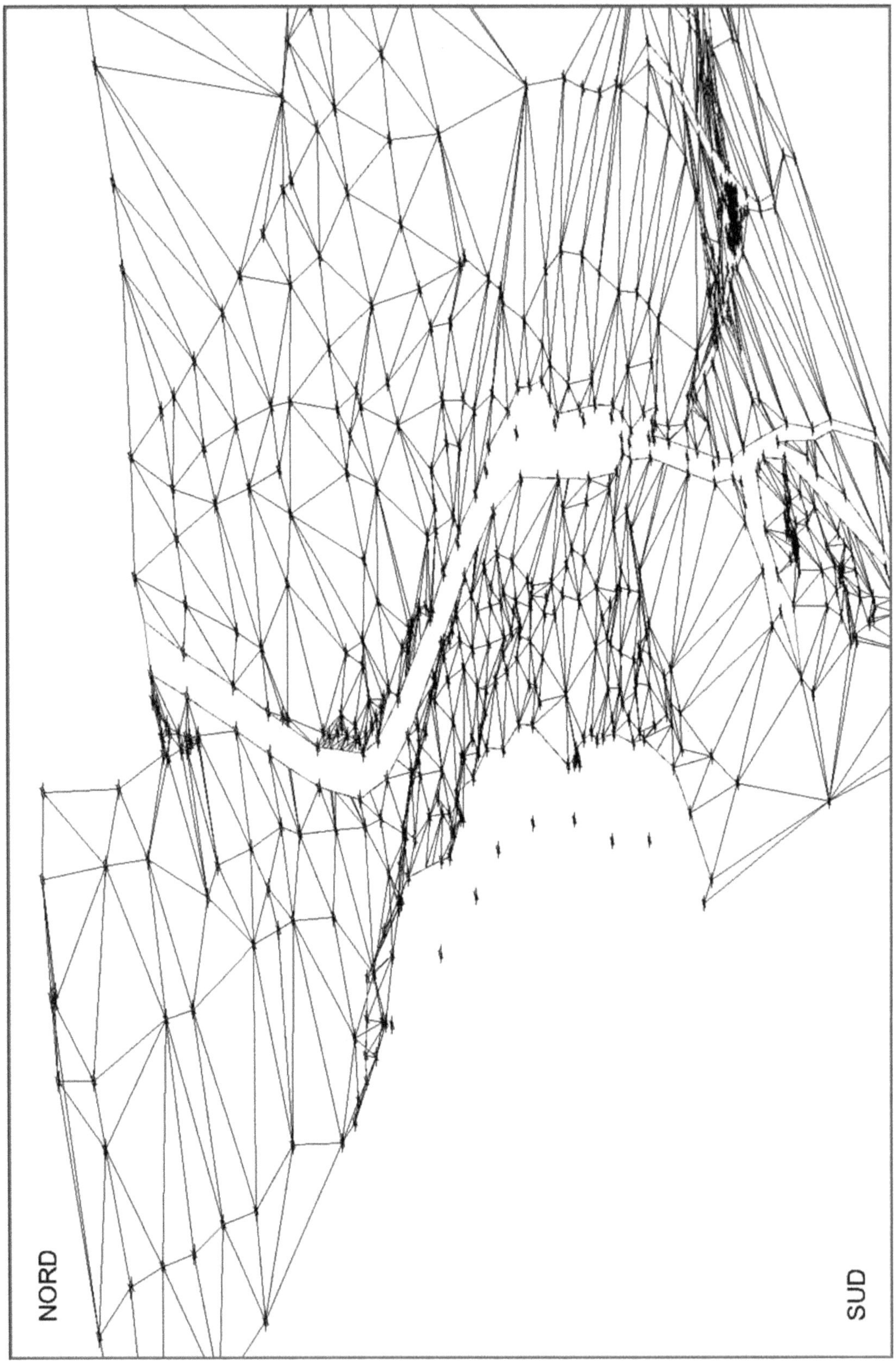

Fig. X.6. *Successivamente alla semina dei punti per la costruzione di un modello tridimensionale del terreno, si procede con la costruzione automatica del modello solido. Automaticamente il software, collega con un triangolo tre punti rilevati, ogni punto rilevato diventa vertice di più triangoli fino al completamento del modello. Nella figura è presente una zona centrale priva di triangoli, eliminati in quanto la strada è chiusa dentro delle linee di discontinuità (immagine F. Frignani).*

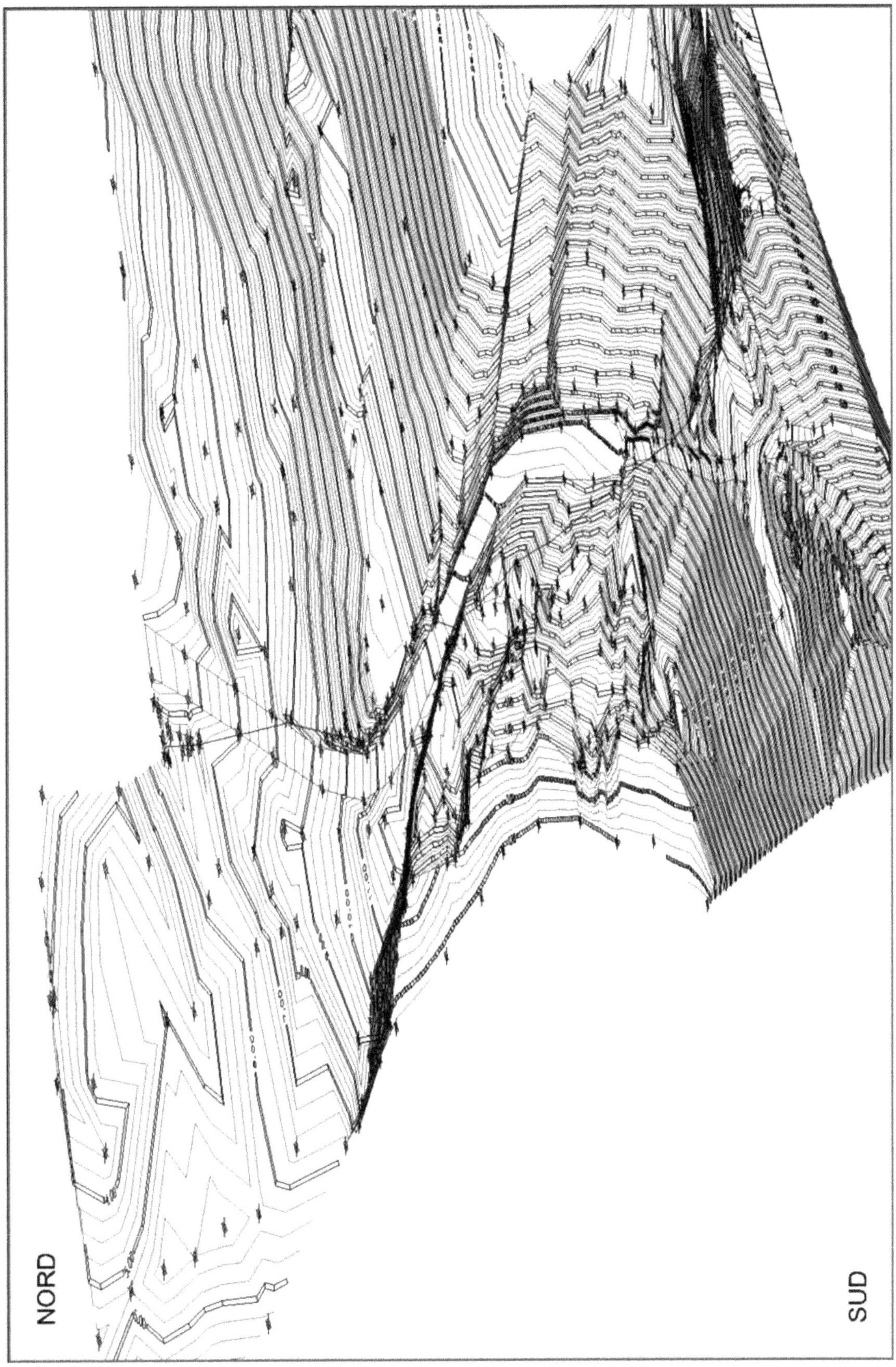

Fig. X.7. *Realizzato il modello solido si costruiscono automaticamente le curve di livello, con l'equidistanza desiderata tra le isoipse. Essendo il modello a base triangolare anche le curve sono rappresentate da linee spezzate. Grazie ad una funzione denominata smooting, le isoipse risultano tondeggianti (immagine F. Frignani).*

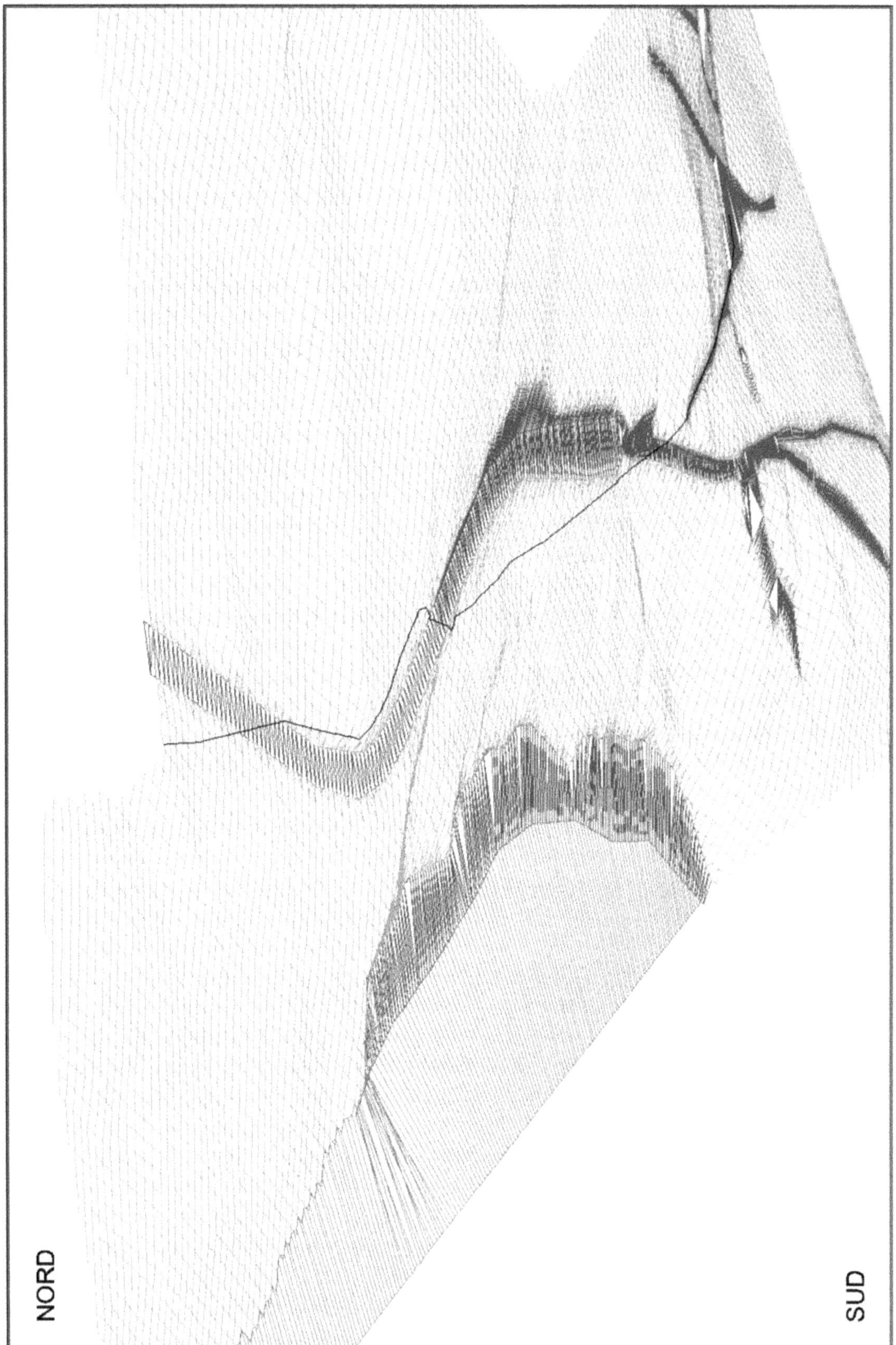

Fig. X.8. *L'ultima fase nella costruzione di un modello solido sarà quella di renderlo visivamente 'piacevole'. Dopo aver costruito tutte le linee di discontinuità si procede alla creazione di una griglia a maglia quadrata, più adatta, rispetto alla faccia triangolare, alla morfologia reale del terreno (immagine F. Frignani).*

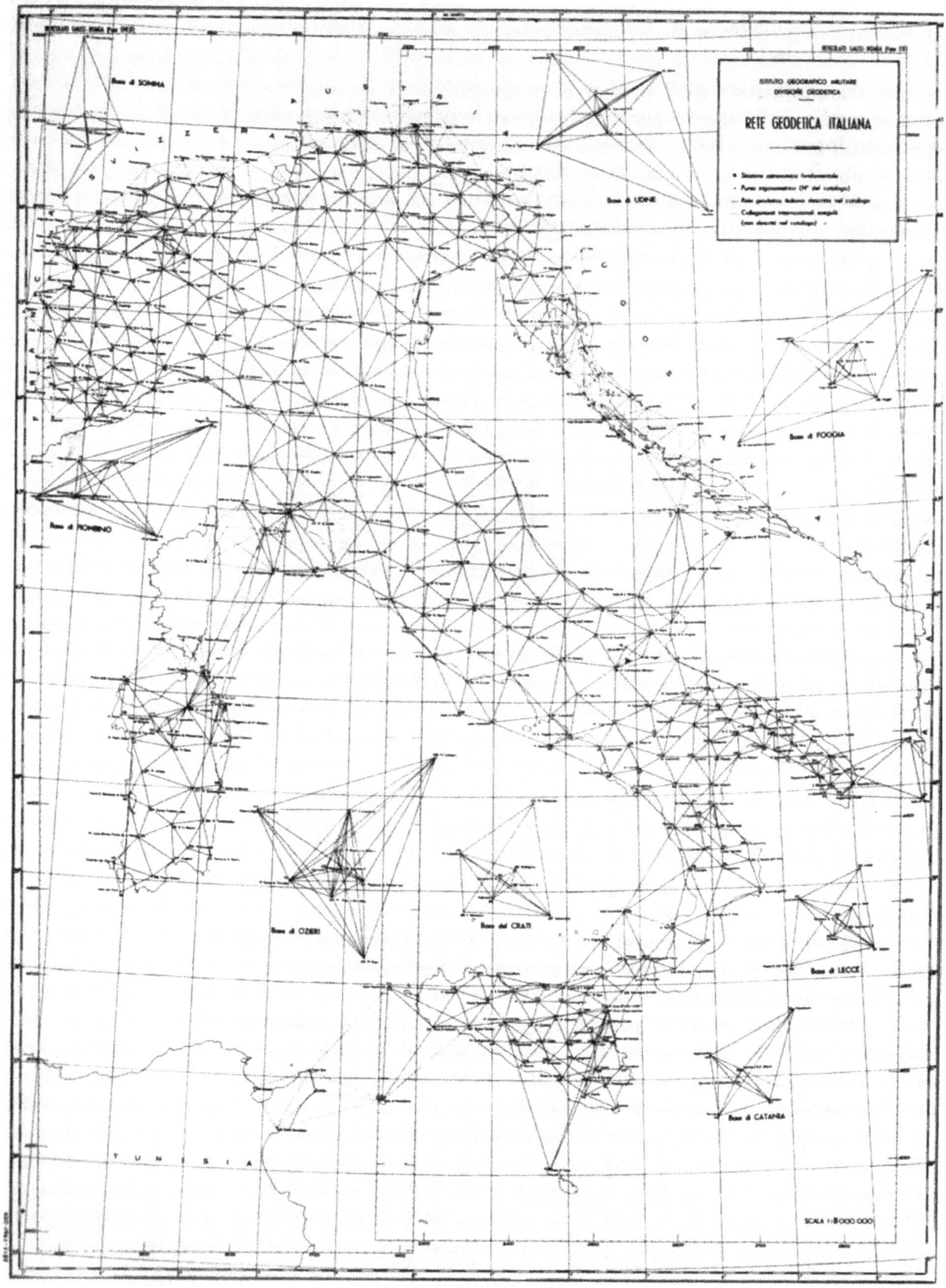

Fig. X.9. *Carta della rete geodetica italiana, sono rappresentati i triangoli della rete di primo ordine, ed i collegamenti con le basi misurate. I triangoli risultano piuttosto uniformi nelle dimensioni, ad esclusione di quelli che rappresentano i collegamenti delle isole con la terraferma, necessariamente più grandi. Agli inizi del XX secolo era stata compresa anche la costa della Dalmazia, allora italiana. Nella carta sono sparsi casualmente gli schemi delle basi misurate.*

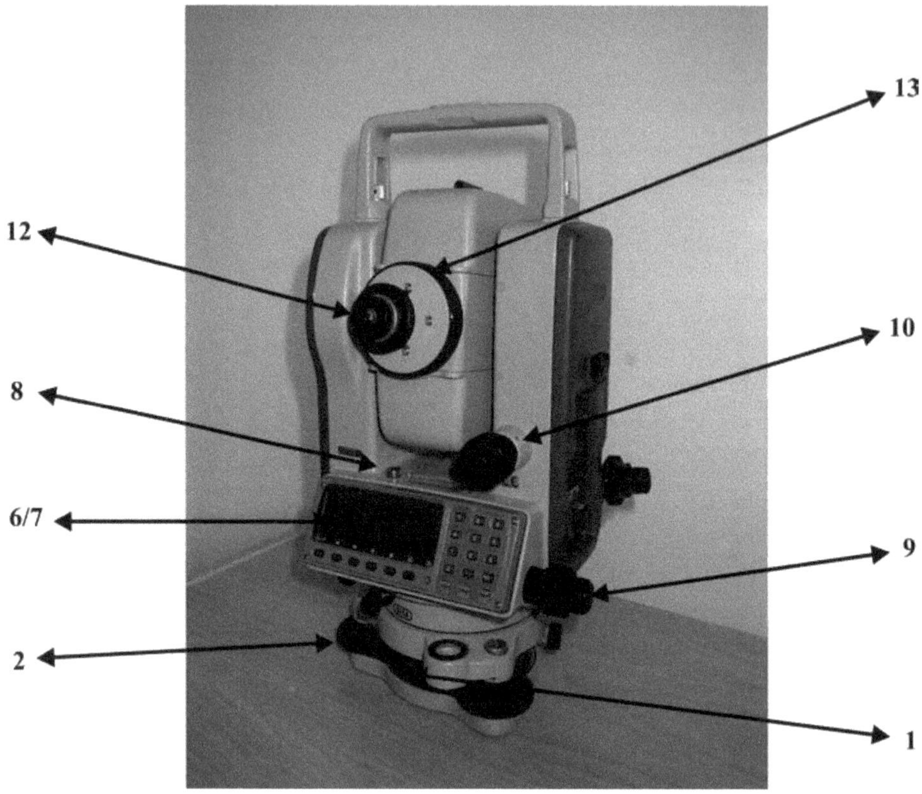

Fig. X.10. *Stazione Totale Pentax PCS515: 1. base di appoggio; 2. tricuspide; 6. display; 7. tastiera; 8. livella torica; 9. vite bloccaggio movimenti orizzontali e sua vite micrometrica; 10. vite bloccaggio movimenti verticali e sua vite micrometrica; 12. oculare; 13. ghiera di messa a fuoco dell'immagine ora può essere autofocus (foto F. Frignani).*

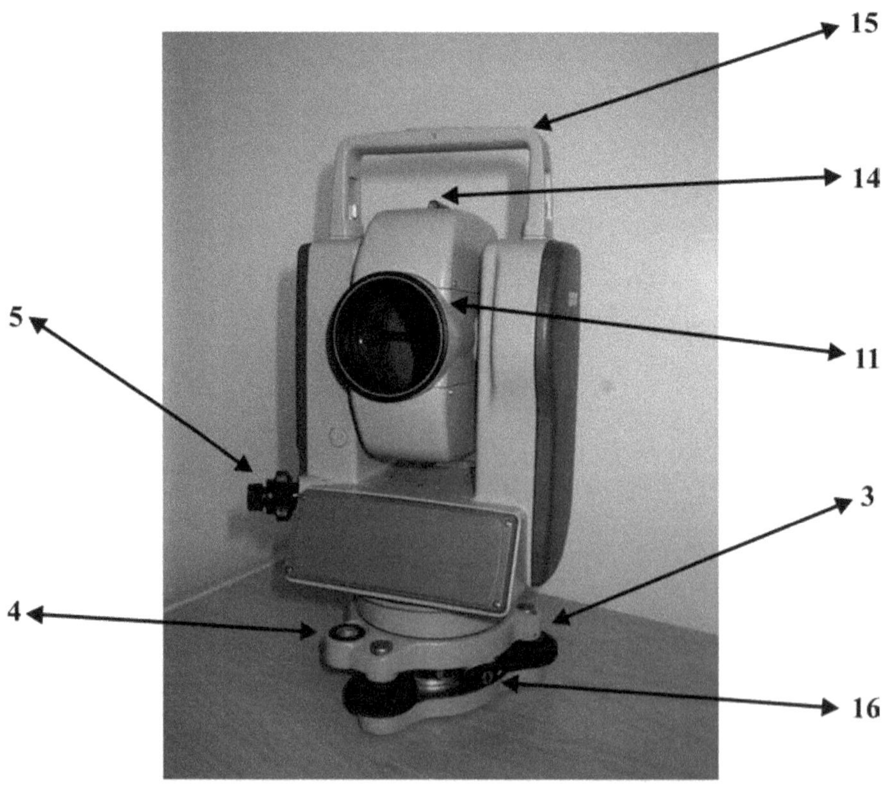

Fig. X.11. *Stazione Totale Pentax PCS515: 3. viti calanti; 4. livella sferica; 5. piombo ottico; 11. obiettivo; 14. collimatore ottico; 15. maniglia; 16. leva bloccaggio tricuspide (foto F. Frignani).*

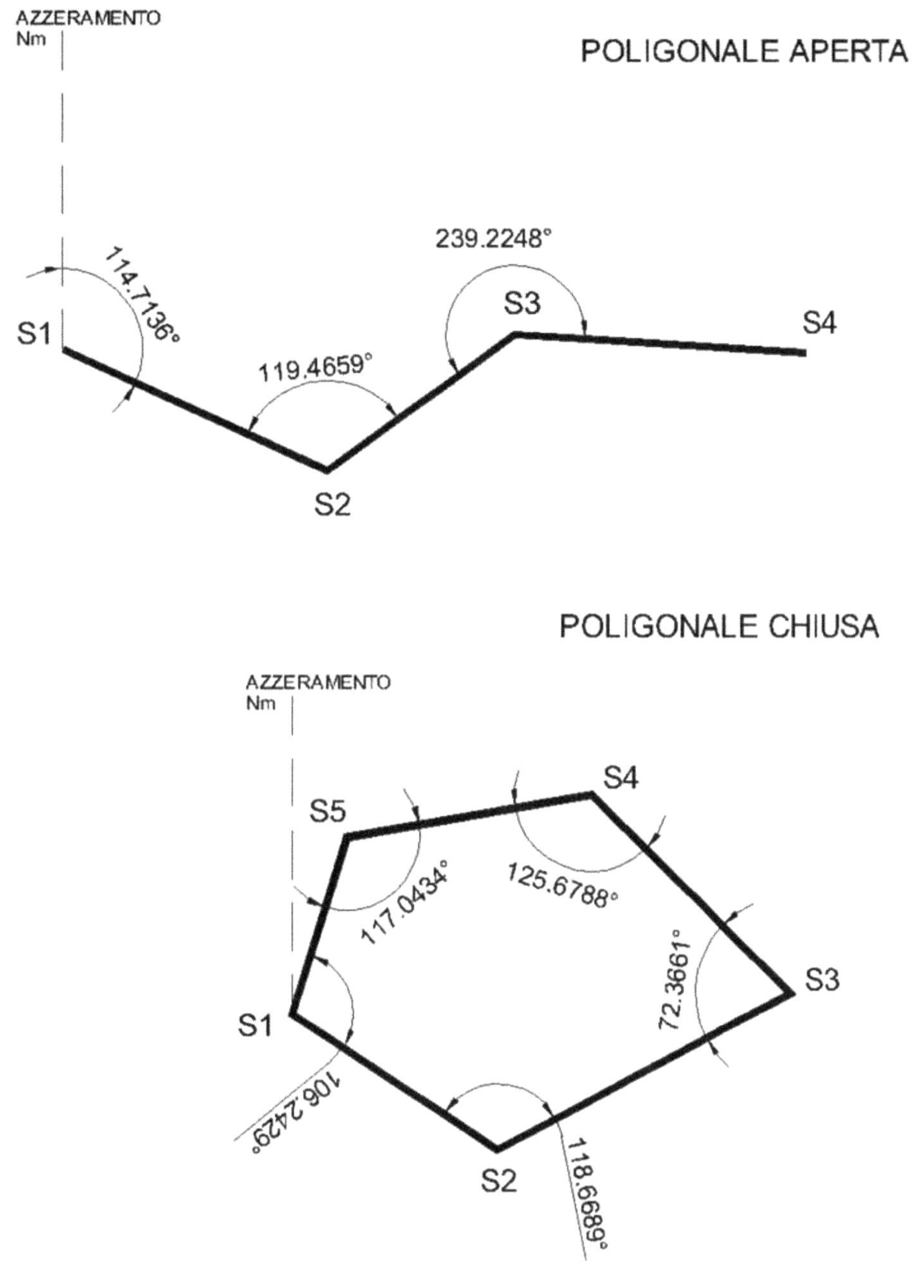

Fig. X.12. *Principali tipi di poligonali. Nella figura posta in alto è rappresentata una classica poligonale aperta, con un primo punto di azzeramento del goniometro dello strumento, per i vertici successivi, è stato evidenziato l'angolo compreso tra le linee che collegano i vertici. Nella figura in basso è rappresentata una poligonale chiusa, è evidente che il poligono viene chiuso sul punto d'origine del lavoro, pertanto un eventuale errore angolare viene immediatamente evidenziato (immagini F. Frignani).*

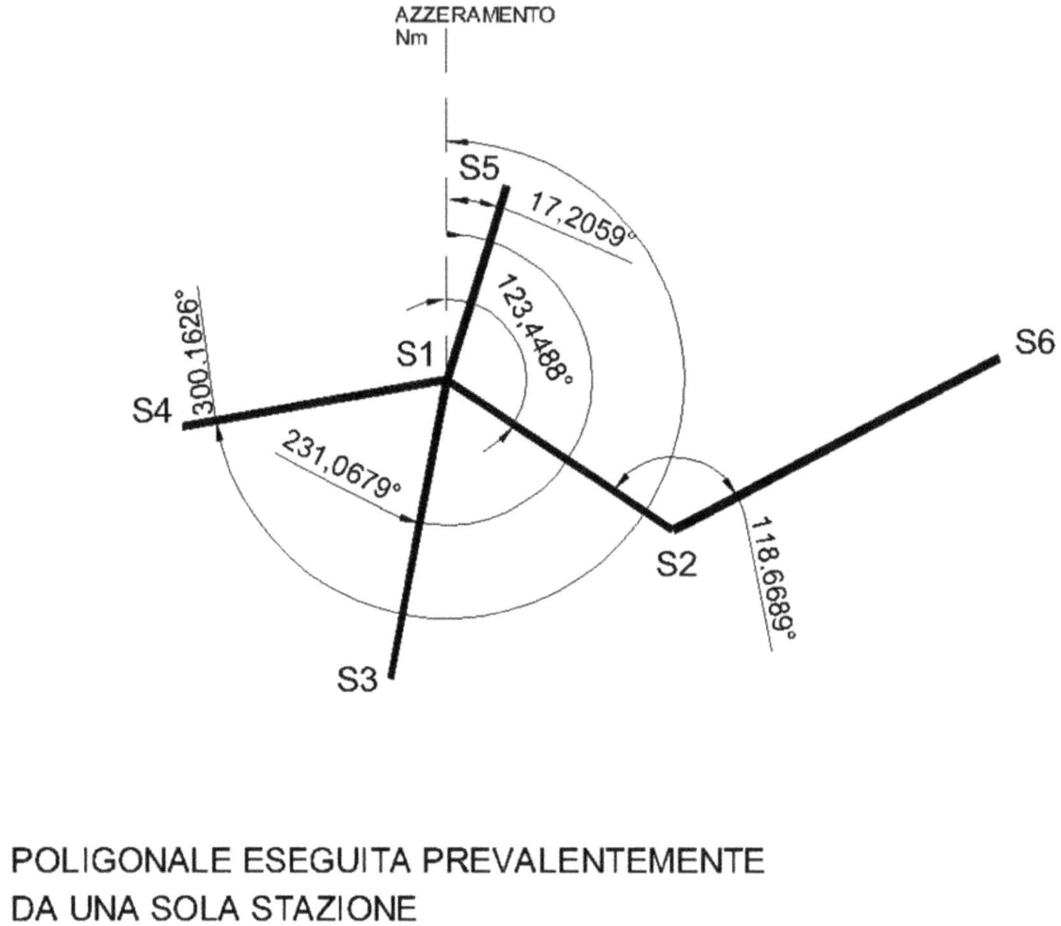

Fig. X.13. C*on determinati software e codici operativi è oggi possibile ottenere delle poligonali in cui i vertici vengono "lanciati" da una sola stazione, dai quali successivamente si possono costruire per necessità operative delle poligonali chiuse, o aperte come nel caso della figura, dove il vertice S6 viene lanciato dal vertice S2 (immagine F. Frignani).*

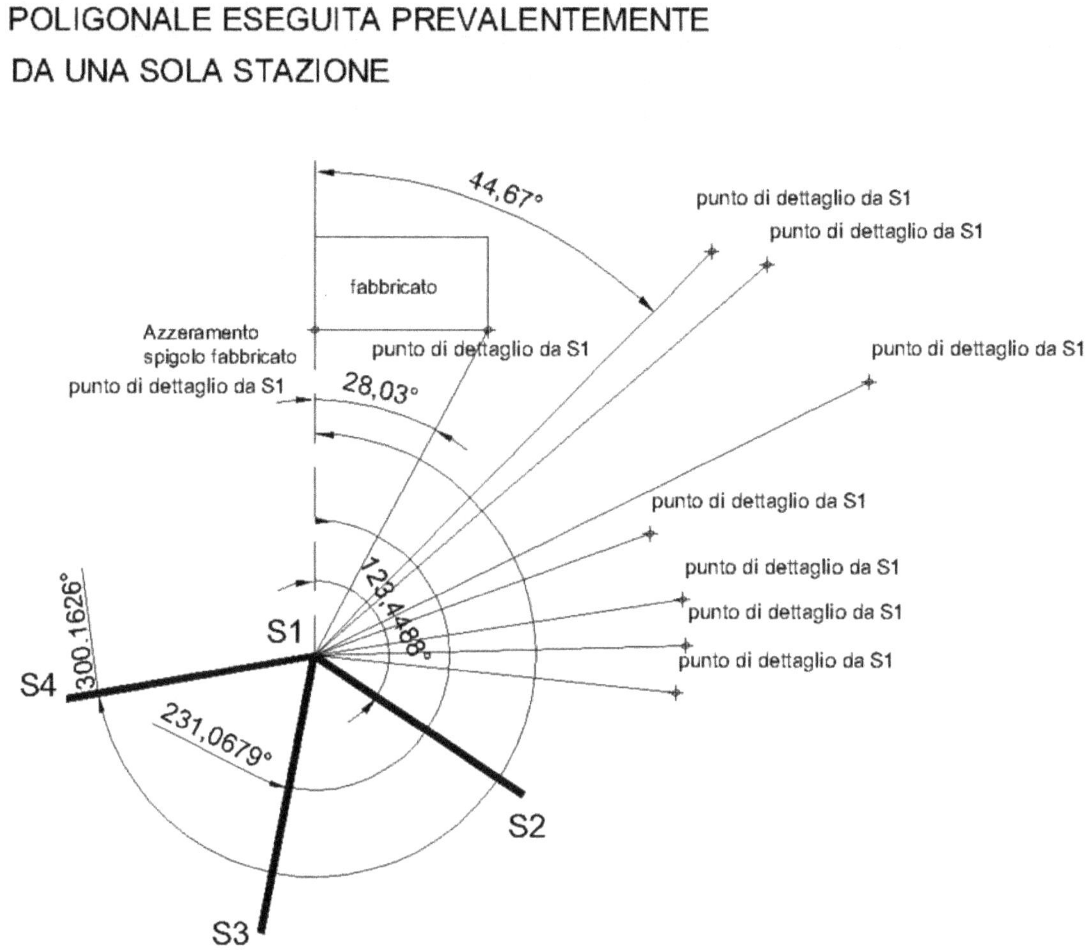

Fig. X.14. *Da una singola stazione o vertice è possibile rilevare punti di dettaglio e vertici o stazioni della poligonale. Nella figura sono stati evidenziati con la lettera maiuscola i punti che determinano nuovi vertici della poligonale, e in minuscolo i punti di dettaglio lanciati o letti dalla stessa stazione. Dalla prima stazione S1 l'azzeramento del goniometro avverrà su un punto stabile (spigolo fabbricato); per le successive stazioni l'azzeramento avverrà sulla S1 (immagine F. Frignani).*

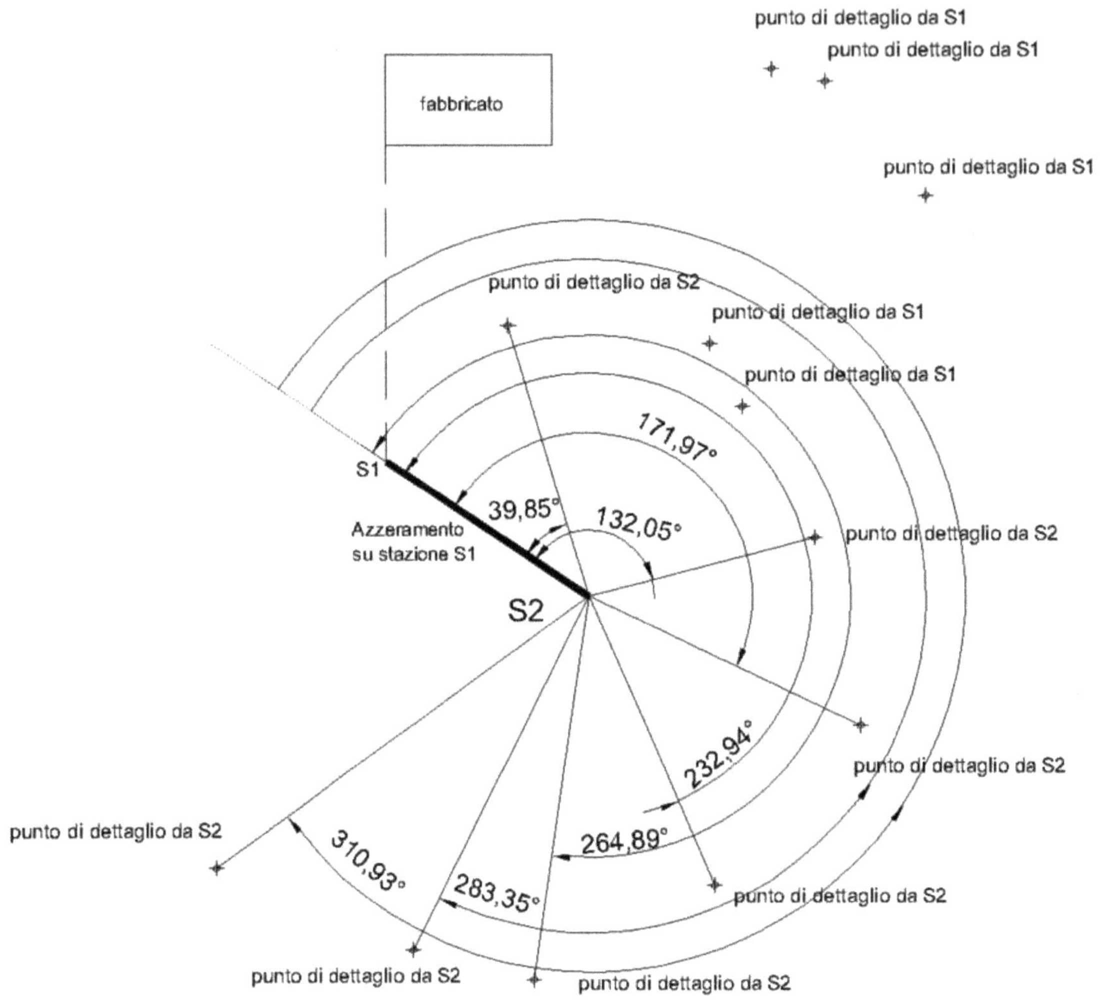

Fig. X.15. *Dal vertice S2, lanciato dal vertice S1, l'azzeramento del goniometro avverrà sulla S1, origine di tutto il lavoro. In fase di elaborazione il software, conformerà il lavoro all'origine S1 azzerata sulla spigolo del fabbricato (immagine F. Frignani).*

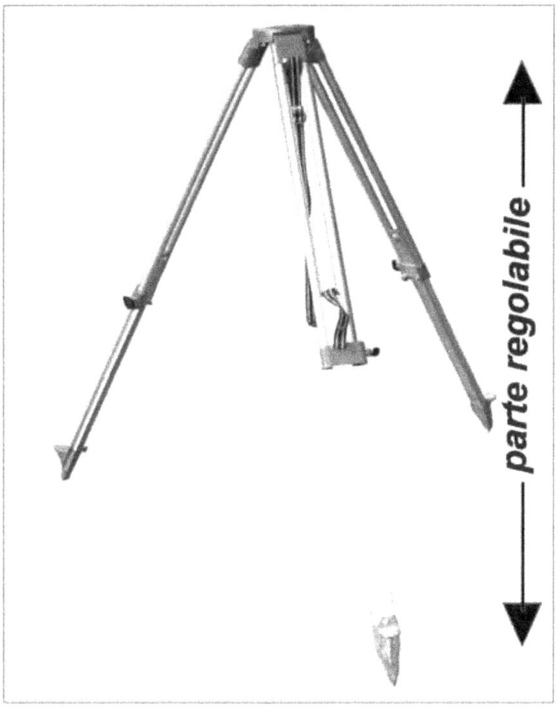

Fig. X.16. *Treppiede regolabile (foto F. Frignani).*

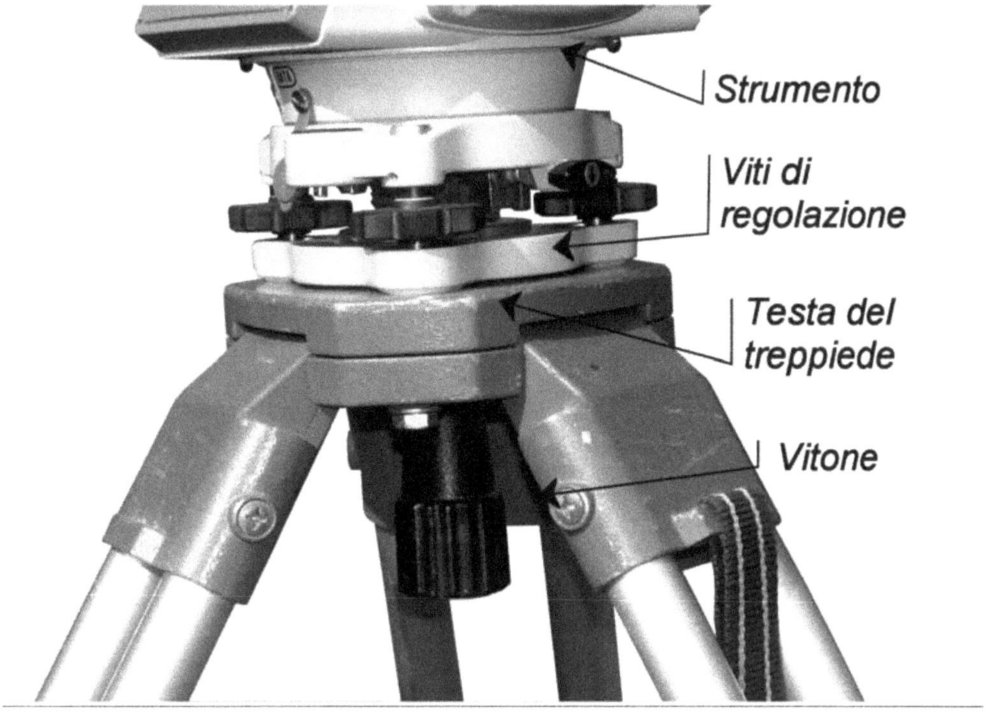

Fig. X.17. *Sistema di aggancio cavalletto-strumento, costruito in modo da permettere, tramite le viti di regolazione, la messa in bolla dello strumento (foto F. Frignani).*

Fig. X.18. *Fase di regolazione del treppiede per la messa in bolla dello strumento. In questo caso trattasi di un vertice della poligonale aperta utilizzata per il posizionamento e il rilievo planoaltimetrico degli eremi rupestri del Convento di San Cosimato (Roma). Dati gli spazi ristretti si è reso necessario eseguire più stazioni per poter rilevare i capisaldi posti all'interno degli ipogei (foto F. Frignani).*

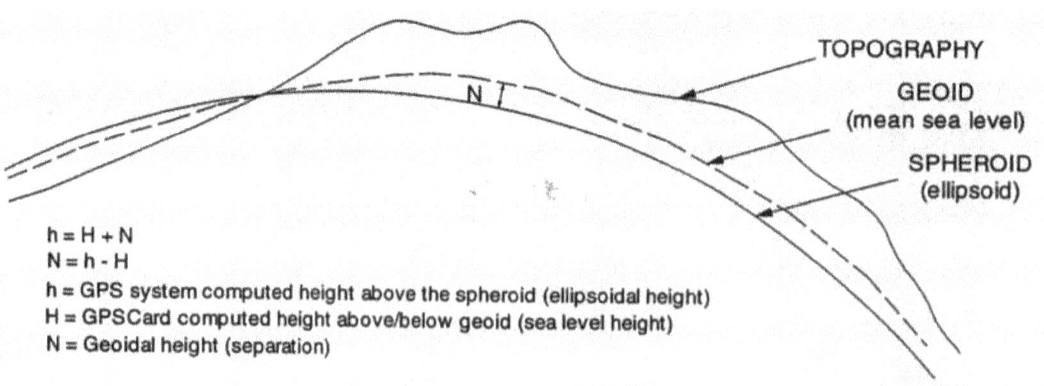

Fig. X.19. *Esemplificazione grafica dell'andamento delle linee dei tre principali riferimenti terrestri per il calcolo delle altimetrie. Topography è la rappresentazione reale della morfologia terrestre. Geoid è quella che si ha ipotizzando il livello medio del mare. Spheroid è la rappresentazione ellissoidica ottenuta con modello matematico (immagine GPS Novatel).*

Fig. X.20. C*hiesa dei SS. Cosma e Damiano (Roma). La facciata dell'edificio è stata fotografata diagonalmente per poterla riprendere in un unico fotogramma con una focale da 28 mm in digitale (foto F. Frignani).*

Fig. X.21. *L'immagine della facciata è parallela all'osservatore, in quanto le geometrie sono state "raddrizzate" ed evidenziate (foto F. Frignani).*

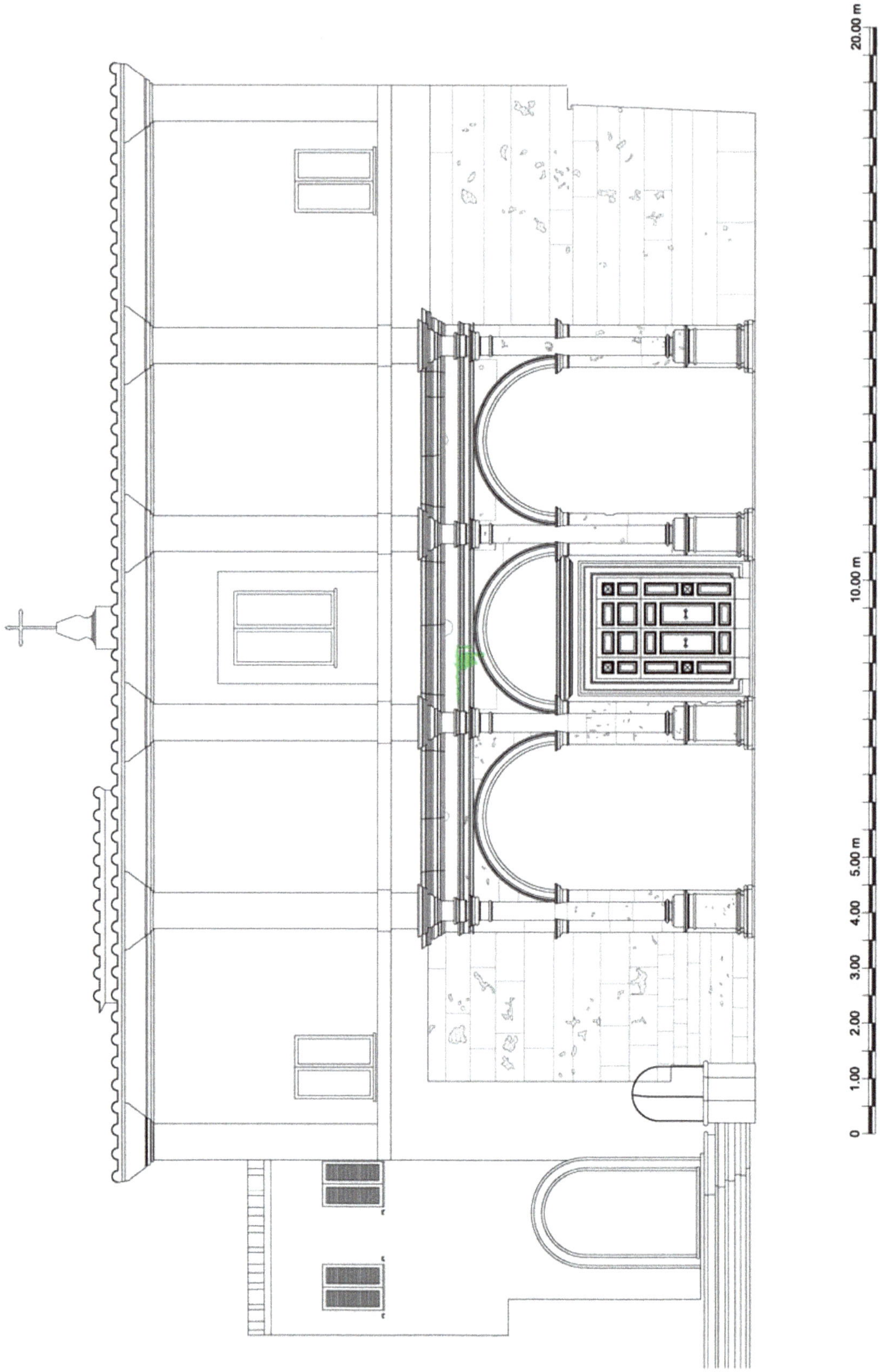

Fig. X.22. *Eseguita la fase di raddrizzamento si passa alla vettorializzazione, ovvero alla costruzione, mediante linee ed archi, del disegno 'tradizionale' (immagine F. Frignani).*

Fig. X.23. *I dettagli si eseguono mediante fotografie ravvicinate e perpendicolari. Si procede al raddrizzamento e alla vettorializzazione andando infine a collocare il particolare nel disegno generale (immagine F. Frignani).*

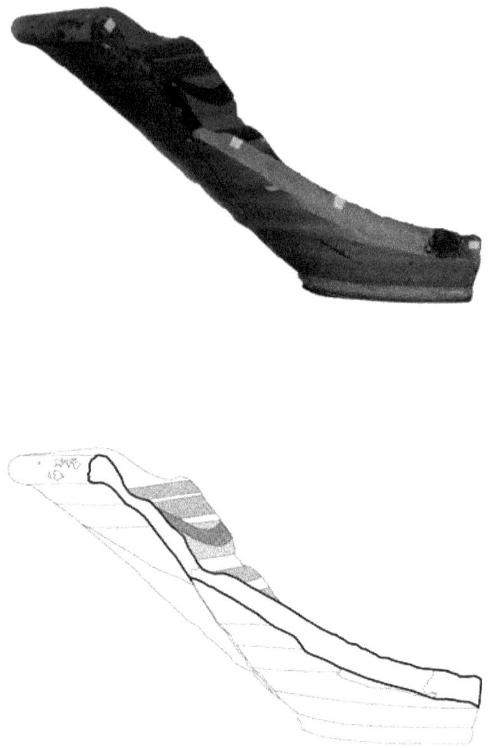

Fig. X.24. *Frammento di ceramica, raddrizzato e georeferenziato in modo da ottenere la sezione geometrica in scala 1:1. I quadrangoli bianchi sono stati applicati per essere utilizzati come "mire" (foto e disegno F. Frignani).*

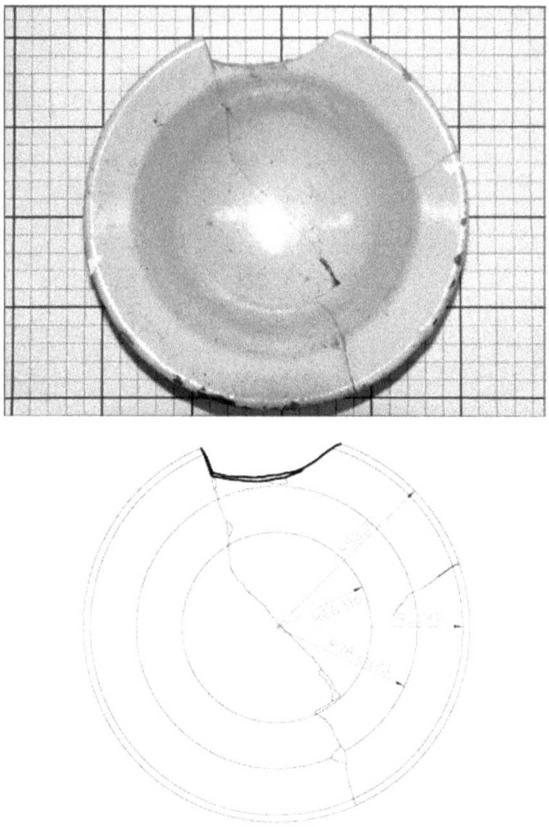

Fig. X.25. *Piatto di ceramica e sua restituzione grafica (foto e disegno F. Frignani).*

Fig. X.26. *Brocca in ceramica fotografata, raddrizzata e georeferenziata (foto F. Frignani).*

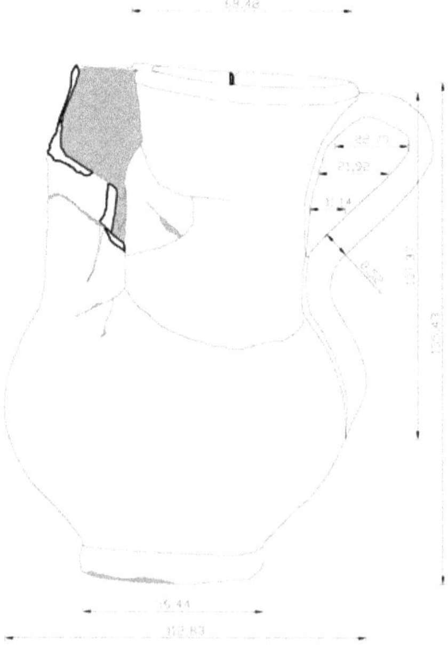

Fig. X.27. *Disegno vettoriale della brocca. Nella restituzione si sono evidenziate alcune misure geometriche (disegno F. Frignani).*

CAPITOLO XI

IL RILIEVO

Roberto Basilico

XI.1 - *Perché rilevare?*

Perché rilevare? Certamente per ottenere la corretta rappresentazione dell'ambiente oggetto di studio. La domanda in realtà non è così retorica: il rilievo non è la semplice riproduzione grafica di uno spazio, ma il mezzo per comprendere l'ipogeo e il sistema nel quale collochiamo le informazioni acquisite. Inoltre, si ha generalmente la tendenza a "guardare", ma non a "vedere", per quanto ciò possa apparire strano. In linea di massima il tipo di vita che si conduce non educa ad una visione analitica. Porsi nella condizione di rilevare direttamente significa dirigere la nostra attenzione sull'oggetto per cogliere particolari altrimenti non visibili.

Per questo motivo si noterà che nel presente contributo non verranno prese in analisi solamente le tecniche di geometria descrittiva, ma una serie di fattori apparentemente non collegati al rilievo. Parlare di morfologie, fotografia o materiali significa indirizzare lo studio e l'approccio metodologico al rilievo verso un più ampio campo d'indagine, che ha l'intento di perseguire una sinergia interdisciplinare. Non è azzardato affermare che nel rilievo di un ipogeo 'confluisce' gran parte delle tematiche trattate in questo manuale. Affrontare un rilievo significa far coesistere la comprensione dell'ambiente e la lettura delle morfologie.

XI.2 - *I fattori che condizionano l'indagine*

Il tempo a disposizione, la fruibilità del luogo, l'attrezzatura adottata, l'affiatamento e le capacità acquisite dai membri di una squadra di rilievo, il grado di rischio, la possibilità di tornare sul sito, sono solo una parte dei fattori da considerare e che possono concorrere all'esito più o meno positivo delle nostre ricerche. La *conditio sine qua non* per lo studio di un ipogeo è l'esame in prima persona dell'ipogeo stesso. Il punto su cui basare la precisione di un rilievo è consequenziale allo scopo prefisso e alla realtà contingente. L'approccio dovrà tenere in considerazione alcuni fattori:
- la caratteristica dell'ambiente da rilevare in relazione ai fattori di fruibilità;
- cosa intendiamo rilevare;
- come intendiamo rilevare;
- quale grado di precisione intendiamo o possiamo adottare;
- quale grado di precisione stiamo ottenendo nel corso del lavoro.

Per quanto concerne la precisione del rilievo, essa deriva dall'interazione tra il metodo di presa dei dati, dall'identificazione dei punti più importanti sui quali basarsi nelle successive fasi di studio e dalla risultante dei cinque seguenti fattori:
- agibilità dell'ambiente;
- sopportazione psicologica all'ambiente;
- allenamento;
- attrezzatura impiegata;
- competenza nella restituzione dei dati.

Ad esempio, un ambiente con evidenti cedimenti strutturali è rischioso e prolungare la permanenza al suo interno diventa una situazione in cui il fattore rischio ha alte probabilità di trasformarsi in pericolo. Il suo rilievo sarà effettuato il più velocemente possibile, con strumentazione di immediato e rapido impiego e con la sola acquisizione degli elementi essenziali.

Tuttavia, se ci trovassimo nella situazione opposta, l'incapacità di leggere l'ambiente creerebbe un linguaggio visivo ridondante di informazioni inutili. La comprensione dei particolari indicanti la funzione del luogo preso in analisi può incrementare l'attenzione all'identificazione e al rilievo di elementi utili a confermarne la natura. Infine, se potessimo avere dei dati precisi e accurati, senza però esaminare direttamente la cavità, non potremmo darne una valutazione compiuta.

XI.3 - *Influenza delle caratteristiche dell'ipogeo sul rilevamento*

Una cosa evidente da subito a chi intraprende un lavoro di rilevamento è l'impossibilità di adottare metodi infallibili o utilizzabili in ogni contesto; è bene che la natura del luogo e l'esperienza siano il motore primario per la scelta di una consona metodologia di studio.

È utile agire al di fuori di un sistema di analisi unitario e inflessibile, diretto a un approccio immutabile. Si dovrebbe perseguire un'ottica improntata verso un concetto ergonomico di usabilità, definibile come efficacia, efficienza e soddisfazione:
- efficacia: intesa come accuratezza e completezza con cui gli utenti raggiungono gli obiettivi globali fissati per il sistema;
- efficienza: intesa come accuratezza e completezza degli obiettivi raggiunti in relazione alle risorse spese;
- soddisfazione: intesa come confort e accettabilità nell'uso del sistema.

Si viene ad instaurare in questo modo una gerarchia piramidale per cui, dai tre parametri sopra citati, si definisce l'usabilità di un elemento. L'usabilità del sistema globale, ossia del contesto d'uso dell'elemento, deve considerare gli utenti, gli obiettivi, l'attrezzatura e l'ambiente (Basilico 1997, p. 287).

In seguito a queste considerazioni, si preferiscono adottare schemi di studio flessibili riconducibili a tre differenti 'gradi' di rilevamento:
- grado di analisi speditiva;
- grado di analisi dettagliata;
- grado di analisi approfondita.

Attenendoci alla realtà da affrontare noi avremo la possibilità di eseguire un lavoro che spazia dal rilievo speditivo a quello di tipo architettonico. Naturalmente, chi opera deve almeno conoscere i rudimenti della materia e lo studio di una cavità artificiale non può prescindere dalla capacità di ottenerne una restituzione grafico-descrittiva, secondo un lessico correlato all'idea che si vuole esprimere.

I tipi di approccio qui proposti illustrano le nozioni di base da utilizzarsi, fermo restando che nulla è più utile della diretta esperienza sul campo. Solo così ogni rilevatore sarà invogliato ad approfondire o perfezionare la materia. Perseguire un metodo di indagine chiuso e immutabile, non aperto alle sinergie con altre discipline o alle innovazioni che possono giungerci dai più diversi campi del sapere è un atteggiamento da evitare. La rappresentazione di una cavità artificiale prevede delle fasi consequenziali di rilevamento e restituzione dei dati raccolti, assimilabile a quella necessaria per la descrizione di un manufatto architettonico.

Nel rilievo di un edificio architettonico si è soliti seguire uno schema che prevede una prima fase di disegno e misurazione di planimetrie, sezioni, prospetti, nonché dei particolari reputati di maggior importanza, e una successiva di restituzione grafica. Per questo è possibile trovare situazioni in cui, tra la stesura di due capisaldi, è necessario eseguire planimetrie, sezioni, prospetti e particolari con un metodo di univocità analitico-temporale. Al contrario, si possono eseguire schemi pianificati secondo più fasi analitiche adottando una pluralità analitico-temporale, mediante un primo tracciamento di capisaldi utili per la definizione planimetrica a cui seguono le altre tipologie di analisi.

XI.4 - *Analisi speditiva*

Il rilievo di tipo speditivo è applicabile nei casi in cui non sia possibile operare in sicurezza, o non sussistano fattori tali da consentire una lunga permanenza all'interno dell'ipogeo. Similmente, nel caso in cui il grado d'interesse verso l'analisi affrontata sia modesto, o la strumentazione a disposizione sia di tipo essenziale, l'approccio che terremo rientrerà in questa tipologia. Spesso i fattori ambientali non permettono l'uso di attrezzature sofisticate: si spiegherà come sopperire a tali mancanze ottenendo comunque un risultato accettabile.

XI.4.1 - *Strumenti di misura metrica*

Alla categoria degli strumenti di misura metrica appartengono attrezzi che permettono di effettuare misure secondo ordini di grandezza centimetrica e millimetrica.

- Bindella: nastro poliammidico graduato avvolto su un perno rotante e racchiuso in un involucro cilindrico, al cui centro è fissata una manovella per il riavvolgimento del nastro. All'estremità esterna del nastro è collocato un anello metallico o plastico per impedirne il rientro totale nell'involucro e facilitarne presa e collocazione in supporti di fissaggio. Le bindelle superiori ai 20 m sono realizzate con nastri metallici custoditi in involucri o montate su strutture con maniglie di presa (fig. XI.1).

- Flessometro: nastro metallico graduato con riavvolgimento automatico e fermo, le cui lunghezze utili variano tra modelli da 2 m a 10 m. È uno strumento utile per la maggior parte delle misurazioni, in particolare per le misure degli elementi di minor lunghezza quali scassi, sporgenze, colonne o gradini (fig. XI.2).

- Doppio metro: è composto da stecche di legno o metallo graduate ripiegabili su sé stesse, tramite un sistema di perni a scatto, che consentono di ottenere un prisma compatto di circa 20 cm di lunghezza. Questi strumenti hanno il vantaggio di essere rigidi, ma lo svantaggio di dovere operare con misuratori che sono multipli di un'asta a lunghezza fissa (fig. XI.3).

- Asta metrica: è formata da più elementi telescopici che si allungano fino a una determinata altezza (le più comode fino a 5 m). Le versioni più sofisticate hanno un display che indica la misura effettuata e delle bolle per poter tenere a livello lo strumento (fig. XI.4).

- Telemetri: i telemetri elettronici si suddividono in strumenti funzionanti mediante onde radio, onde infrarosse o raggio laser. Solo i distanziometri laser effettuano misurazioni precise; i modelli più sofisticati consentono di scaricare i dati in programmi software. Il limite è dato dalla presenza di nebbia, vapori acquei e corpi riflettenti che falsano la lettura. Robustezza e resistenza all'umidità sono superiori a quanto ci si potrebbe aspettare da strumenti elettronici di alta precisione. Sono composti da un corpo monoblocco alle cui estremità sono collocati un sistema di lettura (lente e proiettore del raggio laser) e uno di appoggio (elementi plastici). Nella parte sottostante è presente una sede filettata che ne permette l'aggancio al cavalletto. A corredo dello strumento esistono accessori quali occhiali sensibili all'infrarosso, per aumentare la visibilità del punto di misurazione, livelle e mirini telescopici. Gli ultimi modelli incorporano al loro interno tali accessori (fig. XI.5).

XI.4.2 - *Strumenti di misura angolare*

A una seconda categoria appartengono gli strumenti per le misure angolari. La bussola permette di misurare gli angoli secondo una scala di gradi sessagesimali (0°-360°) o centesimali. Lo strumento si basa sul principio per il quale una barretta di metallo lasciata libera di ruotare, sul piano orizzontale, tende a disporsi lungo l'asse magnetico terrestre nord-sud. Poiché esiste uno scarto tra l'ago magnetico e l'asse dei meridiani terrestri (declinazione magnetica), è necessario specificare la data del rilievo. In questo modo riconsiderando dopo anni un rilievo, si effettueranno le necessarie correzioni sulla declinazione magnetica.

Le bussole utilizzate sono di tipo a traguardo e funzionano mediante l'allineamento che si viene a creare tra il punto di osservazione, identificato da una linea di riferimento verticale sovrapposta visivamente alla scala graduata della bussola, e il punto osservato (fig. XI.6). Lo strumento deve presentare entrambe le scale. Il rilevatore posiziona la bussola nel caposaldo d'osservazione e traguarda con un solo occhio l'interno del mirino, fino a fare collimare la linea di riferimento con il caposaldo successivo.

Utili sono le bussole da geologo che consentono di misurare le immersioni degli strati rocciosi, dato necessario nella contestualizzazione territoriale di molte cavità (fig. XI.7). Un metodo per identificare eventuali errori di taratura della strumentazione consiste nell'effettuare la stessa misura con strumenti differenti e capire se esistono difformità tra i risultati ottenuti. Si deve porre attenzione all'influsso dei campi magnetici dovuto a corpi metallici, a strumenti elettromagnetici e a fonti di illuminazione elettrica.

Il Clinometro è uno strumento formato da una scala graduata circolare, libera di ruotare attorno a un perno centrale, alla quale è fissato un grave che ne regola l'assetto secondo la forza gravitazionale. In questo modo si possono misurare le inclinazioni rispetto al piano verticale secondo una doppia scala: percentuale e graduata. In pratica serve a «misurare l'inclinazione di ogni segmento di una poligonale di rilievo» (Balbiano, Casale, Lana, Villa 2004, p. 59). Il sistema di lettura è simile a quello a traguardo utilizzato per le bussole, con una linea di riferimento orizzontale da far collimare al caposaldo. La principale differenza, a livello di lettura, è data dalla possibilità di utilizzare i due occhi in quanto non si verificano errori di parallasse sugli allineamenti orizzontali (fig. XI.8).

Il Goniometro è uno strumento che permette di misurare le angolazioni ed è composto da un corpo principale semicircolare graduato, dal quale fuoriescono delle aste da appoggiare sui piani di riferimento delle strutture analizzate (fig. XI.9).

XI.4.3 - *Eidotipo*

Come per l'uso della stazione totale, prima di effettuare un eidotipo è necessario il sopralluogo nell'ambiente da rilevare. L'operazione consente di calcolare le proporzioni del sito, di identificare i punti primari e secondari. L'eidotipo è l'elemento di sintesi del successivo lavoro di restituzione. L'esecuzione necessita dei seguenti oggetti:
- fogli per disegno bianchi o a quadretti;
- supporto rigido da usare come base (elemento dotato di un certo grado di rigidità e resistenza agli urti quale una tavoletta in materiale plastico alveolare);
- matita con mine di media durezza HB o B;
- bussola a traguardo;
- clinometro;
- bindelle o flessometri per le misure preliminari di riferimento.

La trousse di attrezzi necessaria per effettuare un rilievo speditivo è economicamente accessibile; le attrezzature più sofisticate possono essere sostituite da altre meno costose, ma non per questo imprecise. Chi è poco pratico dell'utilizzo di strumenti sofisticati otterrà dei risultati inferiori rispetto a chi adotta con perizia sistemi di rilievo elementari. In ambienti allagati utilizzeremo fogli impermeabili. I migliori in queste situazioni sono i quaderni da rilievo speleologico e speleosubacqueo o i singoli fogli autoadesivi da applicare a supporti rigidi e impermeabili.

Nell'eidotipo vanno marcati elementi quali nicchie, finestrature, vani, particolari tessiture materiche, cambiamenti di morfologia e quanto caratterizza l'ipogeo. L'impostazione grafica riunisce in sé un piano di sezione orizzontale (planimetria), uno verticale (sezione) e una rappresentazione dei prospetti.

Per effettuare un eidotipo bisogna disegnare in scala, la quale è una rappresentazione del reale secondo un criterio di proporzionalità. Disegnare in scala 1:100 significa rappresentare una misura reale di 1 un metro con un tratto sul foglio lungo 1 centimetro. L'accuratezza di un disegno prevede un utilizzo di scale adeguate alle dimensioni dell'ipogeo. Nelle restituzioni grafiche è necessario inserire una scala di riferimento (fig. XI.10).

XI.4.4 - *Piante e sezioni*

Esaminando una cavità artificiale si adotteranno dei metodi di rappresentazione riconoscibili e comprensibili. Poiché ogni ambiente analizzato è racchiuso materialmente alla vista di un osservatore esterno, si adottano accorgimenti concettuali finalizzati alla sua restituzione. A tal fine si utilizzano delle sezioni, ovvero delle rappresentazioni dell'ambiente ottenute mediante il passaggio al suo interno di piani virtuali disposti in modo perpendicolare, obliquo o segmentato. 'Taglieremo' visivamente in una o più parti il nostro luogo, ottenendo delle viste che ci restituiscano una rappresentazione dell'interno.

La pianta si differenzia da una sezione per il piano di taglio. Se orizzontale, e quindi parallelo ai piani di calpestio, parleremo di pianta; in caso opposto di sezione. Il metodo di raccolta dei dati è concettualmente assimilabile per piante e sezioni. Le sezioni verticali possono essere di due tipi:
- sezioni longitudinali, disposte parallelamente rispetto all'asse di sviluppo maggiore;
- sezioni trasversali, disposte perpendicolarmente rispetto all'asse di sviluppo maggiore.

Le sezioni definiscono ed evidenziano volumi, altezze, elementi strutturali, vani, andamenti morfologici. Il rilievo è direttamente collegato alla capacità di identificare i punti che possono meglio descrivere la complessità degli elementi sottoposti alla nostra attività analitica.

Graficamente si collegano piante e sezioni mediante un tratteggio o una linea che indica il senso del piano di taglio. La direzione della vista della sezione è data da due frecce orientate e da una coppia di lettere o numeri (fig. XI.11). Le dimensioni si riferiscono alle altezze e alle larghezze normali al piano di taglio utilizzato per la definizione della pianta.

XI.4.5 - *La poligonazione*

I metodi di rilievo utilizzati per la restituzione grafica delle cavità naturali sono compiutamente descritti in varie pubblicazioni. È invece utile trattare altri sistemi nel contesto delle cavità artificiali. Quando è necessario operare velocemente e in ambienti sviluppati longitudinalmente, o con spazi ampi, è possibile utilizzare il metodo della poligonazione, che consiste nella presa dei dati tramite il tracciamento di misure vettoriali.

Esistono accorgimenti da adottare a livello operativo che permettono di utilizzare questo processo di indagine secondo un metodo che garantisca una raccolta e una resa dei dati corrette. La strumentazione necessaria si suddivide in due gruppi:
1. bussola, clinometro, misuratore di distanza dei tipi precedentemente elencati;

2. treppiedi o cavalletto per la macchina fotografica, flessometro, filo a piombo, stadia, chiodi, marcatori.

Mentre l'utilizzo del primo gruppo di materiali è relativo all'acquisizione dei dati, il secondo serve alla collocazione dei capisaldi e dei piani di riferimento. In questo tipo di operazione si assemblano bussola e clinometro sul cavalletto per realizzare uno strumento di misurazione. Ciò permette di variare la direzione di presa dei dati sui tre assi cartesiani e di avere una stabile lettura dei dati rispetto al punto analizzato. È necessario allineare al caposaldo sia il centro della bussola sia il centro del cavalletto mediante un filo a piombo. Si monta una testa amagnetica sul cavalletto che può essere acquistata o autocostruita. Nel secondo caso si adotta una base in alluminio o un supporto plastico più pratico e leggero quale, ad esempio, la custodia in plastica per le diapositive.

Quest'ultimo supporto è facile da realizzare e facilmente smontabile qualora debbano attraversare spazi angusti. Al centro del fondo si pratica un foro adatto al passaggio della vite del cavalletto (a cui generalmente si fissa la macchina fotografica), che si blocca con un dado in alluminio. Si chiude la custodia e si sigilla con del nastro adesivo. La parte superiore del coperchio viene rivestita con nastro biadesivo, a cui si fissano bussola e clinometro (fig. XI.12).

Il concetto di poligonazione consiste nel creare una linea spezzata, detta appunto poligonale, composta da una serie di linee vettoriali, costituite da segmenti orientati nello spazio, indicanti:
- distanza;
- inclinazione sul piano verticale (angolo alfa);
- direzione sul piano orizzontale (angoli azimutali).

I punti fissi detti capisaldi si indicano con una numerazione progressiva. Utilizzando due stazioni, ossia due coppie di strumenti, e alternandole lungo i tiri, avremo un risultato migliore (fig. XI.13). Dalle poligonali si ottiene una struttura segmentata i cui vertici coincidono con i capisaldi adottati. Il posizionamento dei capisaldi non deve essere casuale, ma disposto affinché i segmenti che si formano tra essi, detti anche 'tiri' o 'battute', seguano lo sviluppo della cavità. Per questo è bene tenere i capisaldi al centro dell'ambiente, non procedere zigzagando tra una parete e l'altra e cercare di effettuare misurazioni non eccessivamente lunghe.

La spiegazione di questo *modus operandi* ha origine nel fatto che, in fase di restituzione su supporto cartaceo o informatico, seguendo un metodo speleologico 'classico', otterremo una sezione longitudinale non reale, ma sviluppata su un piano (fig. XI.14). Aumentando il numero dei tiri si aumenterà lo sviluppo della cavità con fattori di corrispondenza dimensionale. Per ovviare a ciò dovremo rappresentare le sezioni in modo reale

Operativamente si procede dall'ingresso verso il fondo (o in senso opposto); le misurazioni si effettuano ponendo i capisaldi nel punto centrale della propria stazione, in corrispondenza dei cambiamenti direzionali e morfologici di maggiore importanza. In questo modo possiamo ottenere planimetria e sezione longitudinale che indicano solo un tipo di vista dell'ambiente. Una restituzione completa si effettua tramite una serie di sezioni trasversali, almeno nei punti corrispondenti al posizionamento dei capisaldi. Se il luogo lo richiede dovremo effettuare più sezioni trasversali anche lungo una singola battuta. Prese le distanze attorno al caposaldo (alto, basso, sinistra, destra), si effettua un disegno che rispecchi la morfologia esistente; se necessario si effettuano misurazioni supplementari per le sezioni trasversali prendendo più dati.

Si scattano poi delle fotografie in corrispondenza di ogni sezione trasversale, di ausilio in fase di restituzione. Durante la stesura dell'eidotipo, in presenza di una battuta marcatamente inclinata, è bene disegnare prima la sezione e poi la planimetria; così facendo, avremo una misura proiettata sul piano orizzontale vicina a quella reale (fig. XI.15).

Trovandosi in ambienti ampi, quale ad esempio il cantiere di una miniera, si procede seguendo due metodi differenti di poligonazione.

- Il primo metodo è quello della poligonazione aperta. Si sceglie un punto centrale rispetto al tiro che passa da una parte all'altra del salone e, da lì, si effettua una serie di misurazioni per irraggiamento tramite una stazione fissa rotante, dalla quale prendere le necessarie misurazioni metriche e angolari sul perimetro. In questo modo definiremo la pianta dell'ambiente e potremo effettuare sezioni trasversali lungo i piani scelti (fig. XI.16).

- Il secondo metodo prevede una poligonale chiusa che parte da un punto, gira lungo il perimetro dell'ambiente e ritorna al caposaldo di partenza. Con tale sistema è facile compiere errori di misurazione ed è quindi necessario capire la dimensione dell'errore riscontrato; ciò si nota sulla collimazione del punto iniziale con quello finale che deve essere identico. Se l'errore è minimo è possibile suddividerlo su tutti i tiri effettuati, se elevato è necessario individuare dove si è sbagliato, provvedendo altrimenti (fig. XI.17).

L'acquisizione dei dati impone che essi siano chiari, ben ordinati, raccolti secondo uno schema fisso e ripetibile. Per questo si utilizzano i supporti precedentemente descritti sui quali si realizza uno schema a griglia di immediata lettura; quello mostrato è una base su cui realizzarne uno adatto alle proprie esigenze (fig. XI.18).

A completamento indicheremo una serie di dati quali:
- la data del rilievo;
- il luogo;
- i rilevatori e i rispettivi compiti;
- la sigla di identificazione degli attrezzi utilizzati;
- le particolarità del sito;
- le condizioni meteorologiche;
- le note.

È bene che i rilevatori siano gli stessi dall'inizio alla fine del rilievo e che utilizzino la medesima di strumentazione.

XI.4.6 - *Restituzione*

I dati raccolti si riportano in carta, al fine di ottenere un disegno su cui impostare gli studi. Il disegno non è solo una copia grafica di ciò che si è visto, ma deve fornire tutte le informazioni annotate. La scelta del metodo grafico utilizzabile verte su una restituzione manuale al tratto, eseguita tramite applicativi di disegno vettoriale (CAD - Computer Aided Design) o programmi per il rilievo di cavità naturali.

Si sceglie innanzitutto la scala di rappresentazione subordinata al tipo di precisione che si vuole ottenere:
- le scale 1:1000 e 1:500 si utilizzano per la rappresentazione planoaltimetrica di contesti ambientali;
- la scala 1:200 per la rappresentazione di comparti o di settori urbani e di complessi monumentali;
- la scala 1:100 per la delineazione architettonica di singoli edifici;
- la scala 1:50 si presta per la raffigurazione di ambienti architettonici;
- la scala 1:20 è funzionale alla rappresentazione particolareggiata di elementi architettonici;
- le scale 1:10, 1:5 e 1:1 si prestano per dettagli e particolari costruttivi (Docci, Maestri 1994, p. 275).

Nella restituzione della pianta si individua l'asse di orientamento dai dati raccolti, mediante l'andamento prevalente dell'elemento analizzato. In questo modo si vede lo spazio occupato dal disegno sul foglio il quale potrà essere di un formato Uni Iso (A4 e suoi multipli A3, A2, A1, A0) o personalizzato. In questo caso si utilizzerà come sottomultiplo il formato A4 (210x297 mm).

L'operazione successiva consiste nel riportare sul foglio i dati acquisiti. Disegnati i capisaldi e i segmenti principali collocheremo le restanti misure utili alla definizione del contorno. Nel caso della poligonazione si applicano operazioni trigonometriche o si effettua una restituzione diretta dei dati raccolti.

- Trigonometria: in un triangolo rettangolo, noti l'ipotenusa e un angolo ad esso adiacente, è possibile risalire ai cateti. Si ottengono così la proiezione sulle ascisse e le ordinate delle distanze che abbiamo misurato (fig. XI.19). I supporti informatici automatizzano i calcoli; si inseriscono i dati raccolti per ottenere una serie di coordinate cartesiane corrispondenti ai capisaldi e quindi utili per definire piante e sezioni.

- Restituzione diretta: consiste nel riportare in pianta i dati raccolti. Prima dell'avvento dei supporti informatici si utilizzavano i goniometri; con questo tipo di strumento, tuttavia, la sommatoria di una serie di piccoli errori crea un significativo errore finale. Con l'introduzione di applicativi software specifici per la progettazione si ottengono ottimi risultati.

XI.4.7 - *Rilievo fotografico come strumento per l'analisi materico-morfologica*

In un'analisi speditiva il contesto ambientale non ci permette di analizzare compiutamente gli aspetti materici. Tale processo necessita di un'attenzione particolare e di tempistiche dilatate. A completamento delle informazioni ci soccorre la fotografia che, oltre a fornire un'utile immagine delle morfologie, ci rende un'analisi visiva delle strutture e dei materiali. Non si tratterà, quindi, d'ottenere una foto 'bella' o 'artistica', ma semplicemente di avere un 'documento' consultabile.

Nel contesto dell'analisi speditiva occorre avere un'attrezzatura minima che consiste in :
- macchina fotografica;
- flash;
- fotocellule;
- pellicole invertibili;
- contenitori ermetici e imbottiti;
- batterie di riserva.

Le macchine indicate sono di due tipi: gli apparecchi reflex e le compatte subacquee. Una spiegazione sui tipi e sul funzionamento delle fotocamere è svolta nel "Capitolo XV", a cui rimandiamo anche i concetti relativi alle strutture ottiche e meccaniche degli apparecchi (fig. XI.20).

Nel caso di un'analisi veloce è utile disporre di una fotocamera robusta, piccola, leggera e impermeabile, quale la fotocamera compatta subacquea. Questo consente di fotografare senza impostare alcun valore. Esistono dei trucchi per pilotarne i tempi di scatto, l'apertura del diaframma, e la sensibilità di flash e pellicole. Le compatte montano un'ottica pari al 35 mm, focale adatta ad affrontare la maggior parte delle situazioni e con una profondità di campo piuttosto elevata.

Gli aspetti positivi delle fotocamere compatte sono:
- leggerezza e robustezza agli urti;
- elevata resistenza agli agenti ipogei (acqua, polveri, umidità);
- costo ridotto;
- parte elettronica completamente protetta (tenuta stagna);
- fruibilità della fotocamera in fase esplorativa;
- buoni obbiettivi (se paragonati alla produzione standard delle compatte).

Quelli negativi, invece, sono:
- focale fissa;
- inquadratura galileiana e non reflex;
- flash incorporato con basso numero guida e fascio diretto davanti alla fotocamera;
- esposizione programmata.

Si considerino, inoltre, taluni aspetti:
- L'obiettivo montato sulle compatte è un grandangolare medio, utile a risolvere la maggior parte delle casistiche in cui ci imbatteremo.
- La mancanza di una visione di tipo diretto è compensata dall'esistenza all'interno del mirino di ripresa di riquadri che mostrano l'area inquadrata.
- Possiamo schermare il nostro flash mediante un pezzo di pellicola sottoesposta e utilizzarne uno con un numero guida maggiore posto a lato della fotocamera. Esso viene collegato a una fotocellula e quindi scatta nel momento in cui i raggi infrarossi del flash pilota oltrepassano la pellicola. Se utilizziamo un flash più potente dobbiamo considerare che la fotocamera imposta i propri valori espositivi su quello incorporato. Dovremo chiudere di più il diaframma; se questo intervento non è possibile manualmente si agisce sull'impostazione della sensibilità della pellicola.

Aumentando la sensibilità della pellicola verranno impostati diaframmi più chiusi. L'apparecchio legge le informazioni direttamente sulla pellicola tramite un codice detto DX; esso è costituito da una serie di bande chiare e scure che indicano le proprietà della pellicola. Agendo con del nastro adesivo nero e con una lametta manipoleremo le informazioni che arrivano alla macchina. (fig. XI.21).

XI.5 - *Analisi dettagliata*

L'analisi dettagliata prevede un approccio indirizzato verso un superiore grado di rilievo. Avendo a disposizione più tempo ed essendo in un contesto di rischio contenuto, lo studio della cavità ipogea verrà effettuato in modo più puntuale, tenendo in considerazione ulteriori elementi.

XI.5.1 - *Strumenti complementari di misura*

In un'operazione di rilievo più dettagliata esistono una serie di strumenti necessari a effettuare le operazioni esecutive, che sono:
- filo a piombo;
- livella ad acqua;
- asta metrica;
- squadra da muratore;
- pinza;
- chiodi;
- martello;
- strumenti di marcatura.

Il filo a piombo è costituito da un grave generalmente cilindrico/conico appeso a un filo. È necessario per verificare la perpendicolarità degli elementi e creare lungo una retta verticale dei capisaldi di riferimento (fig. XI.22).

La livella ad acqua serve a identificare le quote su cui impostare i piani di riferimento per piante, sezioni e prospetti. Si basa sul principio dei vasi comunicanti secondo il quale un liquido posto in due contenitori, collegati da un elemento, assume la stessa quota. La livella è composta da:
- due bicchieri graduati cilindrici in materiale plastico trasparente;
- un sistema di chiusura a valvola;
- un tubo elastico trasparente di connessione.

Preso un punto di partenza posto a una quota y, si vanno a marcare vari capisaldi di riferimento, posti alla medesima quota, lungo tutto l'ambiente da rilevare (fig. XI.23).

Altri strumenti per definire quote e piani di riferimento sono stadie e bolle adesive o da sospendere a un filo. Chiodi, pinze a scatto, nastri adesivi servono a fissare ed evidenziare i riferimenti (fig. XI.24). I riferimenti per segnare i capisaldi non devono essere di tipo invasivo o distruttivo; si utilizzano marcatori non indelebili quali i gessi o piccoli chiodi.

XI.5.2 - *Organizzazione del sito*

La preparazione del sito al rilievo può risultare l'operazione più lunga. Le fasi da seguire non sono complesse, ma devono essere condotte con attenzione.

Un'analisi dettagliata prevede l'identificazione di linee di riferimento longitudinali e trasversali con i relativi capisaldi. Concettualmente si identificano linee in particolari punti di interesse quali, ad esempio, variazioni morfologiche, punti di unione tra più ambienti o capisaldi a cui agganciarsi in successive fasi di rilievo e di verifica.

Identificato il primo caposaldo e la relativa quota di riferimento si evidenzieranno i restanti punti mediante una livella ad acqua e un marcatore. Se la natura del sito lo consente si tende una corda graduata da cantiere nella muratura mediante chiodi, da togliere a fine lavori. Se ciò non fosse possibile si utilizzeranno dei supporti regolabili posti in corrispondenza del caposaldo. In ambienti allagati possiamo utilizzare quale quota di riferimento il livello dell'acqua.

Rispetto a un approccio speditivo si presterà maggiore attenzione nel rilevamento. Per eseguire questo tipo di preparazione è necessario utilizzare gli strumenti descritti precedentemente. Un rilievo dettagliato prevede la possibilità di tornare più volte sul sito e ritrovare i riferimenti. L'ultimo caposaldo utilizzato andrà identificato in modo chiaro mediante supporti quali chiodi o picchetti.

XI.5.3 - *Prospetti*

«La rappresentazione del prospetto consiste nel disegnarne gli elementi salienti, quali i contorni, i contorni delle porte e delle finestre (…). Si tratta di rendere discreto, attraverso alcune linee, il continuo espresso dalla muratura costituente un prospetto» (Docci, Maestri 1994, p. 105). Un eidotipo prospettico è la rappresentazione di un prospetto su un piano ad esso parallelo. Esistono due situazioni di prelievo dei dati.

- Analisi effettuata con l'utilizzo delle misure di piante e sezioni: da esse si definiscono quelle generali del prospetto; ci si serve delle misure raccolte per la definizione di tutti gli elementi primari e secondari già analizzati. A integrazione si rilevano le misure necessarie per la definizione dei restanti elementi morfologici o materici.

- Analisi dei dati diretta: effettuata senza l'ausilio di piante e sezioni. Si definiscono le linee perimetrali dell'elemento; da esse si creano una serie di linee ortogonali che identificano i contorni o gli assi degli altri elementi primari. Si ottiene così un disegno schematico del prospetto con le misure degli elementi primari.

Per i particolari adotteremo lo stesso metodo riferendolo a un'area di analisi ristretta correlata agli elementi primari di contorno. Le prime misurazioni da effettuare sono quelle orizzontali, complessive e parziali, a cui vanno correlate quelle verticali. La strumentazione da utilizzare è quella precedentemente descritta per piante e sezioni. Se non è possibile arrivare fisicamente a misurare tutti gli elementi si possono utilizzare tre metodi:
- uso di mezzi artificiali quali scale o corde;
- effettuazione di misurazioni indirette;
- utilizzo di fotografie georeferenziate nel caso si affronti un grado di analisi approfondito.

In qualsiasi grado di analisi è utile un supporto fotografico con l'inclusione di un elemento di riferimento.

XI.5.4 - *Trilaterazione e coordinate perpendicolari*

Il metodo della trilaterazione si utilizza nel momento in cui è necessario misurare degli ambienti con precisione, basandosi sull'assioma che una figura triangolare è indeformabile. Stabilita la distanza tra tre punti (*ABC*) è possibile descrivere esattamente la figura, scomponendola in sottounità triangolari. Per questo occorre stabilire una linea di base esatta (*AB*), orientata nello spazio, alla quale collegare le successive misurazioni.

Si misura la distanza da questi due punti a quello successivo (*C*) e si riportano sul quaderno i dati ottenuti. Tracciato l'elemento analizzato individueremo una retta orientata con lunghezza pari a *x*; dagli estremi della retta tracceremo due circonferenze con centro in *A* e *B* e con raggio pari alle rispettive distanze da *C*. In corrispondenza dell'incrocio delle due circonferenze ottenute avremo il punto *C*. L'unione dei vertici di questo triangolo restituirà graficamente il disegno dei dati rilevati. Con questa modalità si procede al rilevamento dello spazio restante.

Il numero di trilaterazioni effettuate è direttamente proporzionale al grado di precisione raggiungibile; è fondamentale creare un reticolo di linee di riferimento a cui collegare le misurazioni (fig. XI.25). La decodificazione di metodologie da adottare in situazioni estreme fornisce soluzioni ripetibili e utilizzabili in ogni contesto.

Giunti all'interno dell'ambiente si adotta quindi un sistema misto che utilizza trilaterazione e poligonazione. La trilaterazione si utilizza per collegare un ambiente esterno a uno interno:
- Si individua una linea di riferimento esatta tramite la collocazione di un filo posizionato nel senso del piano di sezione longitudinale, a cui poi ci si aggancia durante le sezioni trasversali.
- Si identificano le quote dei capisaldi utilizzando le livelle ad acqua.
- Dalla linea di riferimento si effettuano una serie di trilaterazioni correlate all'asse di unione interno-esterno.

Altro metodo adottabile è quello delle coordinate perpendicolari:
- Si impiegano misurazioni normali alla linea di riferimento.
- A intervalli regolari si effettuano misurazioni lungo l'asse orizzontale e verticale, ottenendo una descrizione morfologica dettagliata di pianta e sezione (fig. XI.26).

- Si fanno interagire le misure prese sul piano orizzontale (pianta) con quelle prese sul piano verticale (sezione).
- L'intervallo preso sulla linea di riferimento è variabile in funzione del tipo di rilievo adottato dell'ambiente da rappresentare. Le misurazioni variano da distanze di 5 cm, necessarie per sezioni accurate, a distanze di 2 m, nel caso di morfologie ripetitive.

Per le misurazioni angolari si può utilizzare un goniometro. Non avendone a disposizione, la misurazione degli angoli retti si determina geometricamente. Si fissano sui lati della muratura angolare due punti rispettivamente alla distanza di 30 cm e di 40 cm, e se ne misura la diagonale di unione. Se questa è pari a 50 l'angolo è di 90° (fig. XI.27).

XI.5.5 - *Restituzione*

La restituzione dei dati ottenuti mediante la trilaterazione prevede una procedura opposta a quella eseguita nella compilazione dell'eidotipo. Fissato un elemento iniziale dato da un segmento orientato e dimensionato correttamente, si individua un caposaldo da rappresentare rispetto ad esso. Dai due estremi si tracciano due archi di circonferenza con diametri pari alle misure date dalle distanze dal caposaldo: nel punto d'intersezione si ha il punto voluto. Si rappresentano così tutti i punti analizzati. È utile verificare che le direzioni prese per gli elementi primari (strutture o elementi architettonici) corrispondano con i disegni ottenuti dalla trilaterazione. In seguito si descrivono con la stessa metodologia le sezioni e i prospetti.

Con un tipo di restituzione dettagliata è inevitabile l'adozione di simbologie utili a identificare gli elementi che vanno a descrivere la sensazione analitica da noi avuta nel momento del rilievo. Non è possibile elencare tutto quello che si può trovare e spesso anche le simbologie unificate presentano carenze informative. «Quello delle convenzioni e della simbologia da adottare (...) è uno dei problemi più difficili da risolvere» (Docci, Maestri 1994, p. 275). È utile rifarsi a una simbologia internazionale, ma è possibile adottare simbologie personali.

Il layout deve rendere in modo sintetico ed esaustivo il lavoro effettuato. Impaginazione, scelta delle immagini, caratteri, orientamento geografico, scala di riferimento, note, simbologie, sono alcune delle informazioni utilizzabili. Si creeranno dei rilievi leggibili, adottando un linguaggio immediato e fruibile.

Come visto precedentemente, utilizzare supporti di sistemi di disegno vettoriali CAD permette di lavorare in scala 1:1, per poi riprodurre i rilievi nella scala voluta. Si ottiene un elevato grado di flessibilità dato dalla possibilità di inserire immagini, di variare i formati dei caratteri, di creare librerie personalizzate o condividere quelle esistenti e di interagire con altri tipi di applicativi, quali la videoscrittura o l'elaborazione grafica. Altro strumento informatizzato per restituire l'insieme della documentazione raccolta è dato dai programmi per la creazione di supporti multimediali.

XI.5.6 - *Identificazioni di morfologie costruttive e materiche*

Un elemento necessario alla comprensione del sito è la capacità di distinguerne la fase tipologica. Le tipologie di intervento architettonico sono suddivisibili in: costruzione, variante in corso d'opera, manutenzione ordinaria, manutenzione straordinaria, ristrutturazione e restauro.

- La fase costruttiva si identifica con la genesi di un luogo e si riconosce dall'assenza o dalla presenza di superfetazioni. Le addizioni sono chiaramente leggibili e le strutture che s'identificano sono relative all'impianto primario.

- La variante in corso d'opera è data da un cambiamento in fase costruttiva dovuto a fattori di carattere strutturale o da eventi non considerati o considerabili in fase di costruzione o progettazione. Si riconosce quando nell'impianto primario vi sono palesi alterazioni strutturali o morfologiche, soprattutto in corrispondenza di punti deboli, quali fratture o cedimenti.

- Le manutenzioni ordinarie e straordinarie sono relative alle operazioni periodiche e occasionali, che vengono effettuate su un fabbricato e, nel nostro caso, su un manufatto ipogeo per garantirne la corretta funzionalità. Rifare un intonaco, cambiare elementi degradati, sostituire una parte della copertura o delle pavimentazioni, rinforzare parti soggette a cedimenti, sono alcune di queste situazioni. È importante identificarle poiché indicatrici di un utilizzo del sito protratto nel tempo in modo continuo o incostante.

- La ristrutturazione si ha quando si operano cambiamenti sostanziali su un manufatto, anche a livello strutturale, che possono mantenerne o meno la funzione, ma che sono indice di una nuova fase utilizzativa. L'individuazione di interventi sovrapposti ad altri precedenti su ripartizioni, addizioni volumetriche e strutture, identifica questa fase.

- Il restauro è dato dalle operazioni, spesso radicali, attuate in un ambiente per ripristinarne il carattere originario.

La comprensione della funzione di un sito deriva dall'identificazione, nel contesto del rilievo, degli elementi che compongono e descrivono l'ambiente. Non avendo a disposizione altre fonti ci si basa sulle informazioni analitiche raccolte.

Le costruzioni sono divisibili in sistemi che utilizzano pareti verticali, senza aperture o con aperture trascurabili, e in sistemi che utilizzano travi, pilastri e colonne. L'esperienza unita allo studio relativo all'identificazione delle forze che agiscono sulla struttura ci danno la possibilità di comprendere particolari stati del sito individuandone i gradi di rischio. In linea di massima le costruzioni "antiche" agiscono a sforzi di compressione e bisogna conoscerne i cinematismi primari.

XI.5.6.1 - *Strutture murarie*

«Chiamiamo muratura i diversi modi di tagliare e di comporre i materiali utilizzati nella costruzione. Si tratta di ciottoli, pietre, mattoni o pietre da taglio assemblati con metodi diversi secondo le epoche e i luoghi» (Leriche-Andrieu 1984, p. 11). Le strutture murarie identificabili nelle cavità artificiali sono variamente realizzabili.

Staticamente le strutture murarie sopportano azioni di compressione, mentre non resistono ad azioni di trazione. La distribuzione dei carichi avviene in modo piuttosto uniforme sulle fondazioni che trasmettono i pesi al suolo. Le murature sono composte da un aggregato di elementi artificiali, in vari materiali, con forme più o meno regolari e sovrapposti gli uni agli altri secondo differenti modalità con o senza interposizione di una sostanza legante o cementante.

La muratura viene utilizzata per fini o prestazioni molto varie. Dobbiamo riconoscere la funzione prevalente della muratura, poiché da questa ricaveremo una serie di informazioni da collegare all'analisi operata in fase di rilievo. «Per distinguere diversi tipi di muratura i termini più frequentemente usati derivano dalla indicazione della prestazione dominante: avremo così murature di fondazione, murature portanti, murature di tamponamento e murature di suddivisione» (Tubi 1986, p. 10).

Generalmente le murature di fondazione penetrano all'interno del terreno e costituiscono la base di appoggio di un edificio. Le murature portanti o strutturali assolvono alla funzione di sostenere i carichi derivanti dagli elementi sovrastanti (murature, travi, solai). Per questa ragione un fattore indicativo utile alla loro identificazione è dato dalle dimensioni che, generalmente, sono maggiori rispetto agli altri tipi di muratura. Ulteriore distinzione possiamo farla tra muri strutturali interni e perimetrali; questi ultimi dovranno fornire una prestazione sia di resistenza ai carichi sia di protezione dai fattori ambientali esterni (isolamento termico, isolamento acustico). Spesso si utilizzano due tecniche costruttive all'interno di una stessa opera ipogea.

Le murature di tamponamento hanno la funzione di separare l'interno di un ambiente dall'esterno. Dimensionalmente sono minori rispetto alle murature portanti. Le murature di suddivisione vengono utilizzate per creare differenti ambienti all'interno di un sito. In base alla categoria di appartenenza possiedono spessori più o meno esigui. Riconoscere la funzione di una struttura muraria permette di conferire al rilievo una funzione descrittiva riferibile al funzionamento statico dell'elemento ipogeo analizzato, e quindi di capirne la genesi, identificarne l'impianto primario, riconoscerne le fasi costruttive e le superfetazioni.

XI.5.6.2 - *Pilastri e travi*

Nei manufatti analizzati all'interno di opere sotterranee, semisotterranee e rupestri, si nota l'utilizzo di elementi verticali in grado di realizzare luci libere tra gli elementi stessi. Gli elementi verticali strutturali, di varie forme e tipologie, vengono definiti colonne e pilastri.

Le colonne sono sostegni con morfologia generalmente cilindrica comprendente tre elementi: base (inferiore), fusto (mediano) e capitello (superiore). I pilastri hanno sezione quadrangolare, cruciforme o circolare e possono essere elementi unici o compositi, ossia formati da membrature o fasci uniti tra di loro. I materiali che li costituiscono sono vari e spaziano dalla pietra ai laterizi ai metalli; possiamo trovarli addossati alle murature con funzioni decorative. Possono essere ricavate a risparmio nel corso dello scavo dell'ambiente.

Il collegamento dei sostegni verticali sul piano orizzontale avviene per mezzo di travi. Le travi e gli architravi in scala ridotta sono elementi rettilinei orizzontali che poggiano all'estremità su murature o pilastri. Sono costituite da un corpo unitario e sovente integrate nella muratura su cui insistono. Sebbene questo sia uno dei primi elementi strutturali pensati dall'uomo, assimilabile concettualmente al sistema trilitico, è tuttora presente nel linguaggio costruttivo. Il sistema che si viene a creare è staticamente costituito da una trasmissione dei carichi che gravano sulla trave la quale, a sua volta, trasmette il peso ai pilastri che scaricano al piede.

Mentre la trave subisce un fenomeno di flessione localizzato al centro verso il basso, i pilastri subiscono uno schiacciamento che viene contrastato dalla resistenza del materiale utilizzato (fig. XI.28).

XI.5.6.3 - *Sistema triangolare*

Un sistema costruttivo ricorrente è quello triangolare. La maggiore applicazione è riferibile alla realizzazione di coperture, dette a capanna, costituite da due travi inclinate (puntoni) che trasmettono ai supporti inferiori una forza risultante inclinata secondo la falda. La spinta verso l'esterno che viene a crearsi è equilibrata dall'impiego di un elemento orizzontale di unione tra le basi delle falde. Questo elemento è definito catena e il sistema strutturale creato si definisce capriata. Altri elementi primari della capriata sono il monaco, asta di unione tra il colmo e la sua perpendicolare sulla catena, le saette, che uniscono i puntoni al monaco, e la terzera, trave di collegamento orizzontale (fig. XI.29).

XI.5.6.4 - *Archi*

La realizzazione di un'apertura all'interno di una muratura prevede la creazione di un elemento superiore al vano in grado di sopportare carichi permanenti e accidentali. Gli elementi strutturali atti a soddisfare questa funzione con la realizzazione di grandi luci sono riconducibili agli archi.

L'arco è costituito da due montanti laterali detti spalle, se facenti parte di una muratura, o piedritti se assimilabili a pilastri, e da un elemento di collegamento più o meno curvo. La curvatura varia da quella pressoché rettilinea propria della piattabanda a quella ogivale degli archi a sesto acuto. Le due famiglie tipologiche primarie corrispondono all'arco ad aggetto e all'arco a cunei.
- L'arco ad aggetto è una trasformazione dell'architrave dovuta all'incapacità di certi materiali di sopportare grosse luci. «Dal punto di vista statico, l'aggetto è costituito da un blocco avente una parte appoggiata e l'altra sporgente, la prima sufficientemente pesante per evitare sbilanciamenti» (Adam 1984, p.179).
- L'arco detto a cunei o a conci è formato da una serie di elementi disposti a raggiera; staticamente la chiave di volta, ossia l'elemento disposto nella parte sommitale, tende a cadere verticalmente per effetto del proprio peso. Esso contrasta con i due conci laterali (detti controchiavi) che lo sostengono, e quindi ripartisce il suo peso su questi due elementi con una forza risultante perpendicolare alla superficie di contatto.

Si crea un processo a catena tra i conci, con la creazione di una forza di compressione assorbita dal materiale utilizzato. Giunti in prossimità dell'imposta dell'arco si genera una forza detta di pressoflessione che comprime e spinge verso l'esterno la struttura. Tale forza orizzontale viene sovente contrastata dalle spalle o dai piedritti tramite il loro peso. Questa è la ragione per cui troviamo sostegni verticali di notevoli dimensioni e spessore (fig. XI.30).

XI.5.6.5 - *Volte e centine*

La forma primitiva lineare dell'arco ha originato, in seguito a una sua estrusione nello spazio, la tipologia delle volte. Le volte sono sistemi di copertura dei volumi date da una successione di archi che realizzano un volume sostenuto da murature. L'unione di due volte da luogo a due tipologie di incroci: a crociera e su due differenti livelli.
- La volta a crociera si realizza costruttivamente dall'unione di quattro archi con lo stesso punto di imposta e chiave. La volta scarica il proprio peso su pilastri generando uno spazio sottostante aperto sui quatto lati. Gli archi sull'incrocio hanno le stesse dimensioni e quindi sottendono uno spazio quadrato.
- La volta impostata su due livelli crea un incrocio tale per cui l'innesto di una volta si trova «a un livello superiore rispetto alla chiave dell'altra: in tal modo quella più bassa si apre in un muro verticale, mentre la volta a botte della più alta prosegue senza interruzioni» (Adam 1984, pp. 207-208).

Le volte si realizzano mediante l'impiego di centine. «La centina è composta da almeno due archi di cerchio, in legno, solidamente puntellati e collegati da una tavola semicilindrica detta sottostruttura che ha la forma della volta. La centina può essere appoggiata sia direttamente a terra, per mezzo di pali, sia nel punto d'innesto della volta» (Adam 1984, p. 189).

Tale metodo è identificato dalla presenza di una parte aggettante in corrispondenza dell'imposta della volta. Nella realizzazione delle centine si crea una struttura complessa in grado di sostenere il peso della volta nella fase della sua realizzazione. Questa struttura riprende la conformazione di una capriata.

Le cupole sono costituite da una volta emisferica ottenuta dalla rivoluzione di un arco sul punto di chiave e attorno all'asse verticale. La calotta poggia su una base circolare data da murature continue o su un tamburo che scarica il peso ai pilastri inferiori.

XI.5.6.6 - *Malte e intonaci*

Nello studio delle cavità artificiali l'analisi della tipologia di intonaco può servire a riconoscere la funzione originaria di un ambiente. «Dopo i tre strati stesi oltre la rinzaffatura, si passeranno altre mani di polvere di marmo» (Vitruvio, libro XX, cap. III, 6). L'applicazione degli intonaci, formati da malte miscelate con diversi tipi di conglomerati, prevede la stesura di almeno tre strati:
- un primo strato di aggrappaggio al supporto murario, detto rinzaffo;
- un secondo strato di livellatura detto arricciatura;
- un terzo strato di finitura detto stabilitura.

Le malte si ottengono da un impasto di inerte, di legante e di acqua in proporzioni variabili in funzione della prestazione o della finitura richiesta. Le malte si suddividono in aeree, idrauliche, cementizie e composte.
- Malte aeree: hanno avuto un ampio utilizzo grazie alla loro lavorabilità e al rendimento volumetrico della calce viva. Presentano difetti dovuti a una resistenza meccanica limitata, un lento indurimento e una debolezza verso gli agenti atmosferici aggressivi. Non induriscono nell'acqua, in luoghi umidi od anaerobici. L'indurimento avviene in modo endogeno, ossia dall'esterno all'interno del muro, con una prima fase di evaporazione dell'acqua e una successiva di

trasformazione dell'idrato di calcio in carbonato di calcio.
- Malte idrauliche: composte mediante l'utilizzo di calci idrauliche, si impiegano per intonaci esterni, interni e in ambienti umidi. Sono di facile manipolazione e hanno la proprietà di trattenere l'acqua; sono permeabili e poco resistenti al gelo.
- Malte cementizie: hanno caratteristiche meccaniche superiori e un alto grado di impermeabilità. Adatte agli ambienti umidi e aggressivi hanno il difetto di ritirarsi.
- Malte composte: dette anche 'bastarde', combinano due leganti o agglomeranti con lo scopo di unirne le prestazioni. Si ottengono dall'unione di calce e gesso o calce e cemento

Negli intonaci gli inerti hanno granulometrie differenti in base allo strato in cui sono situati; hanno dimensioni maggiori se posti nello strato a ridosso del supporto e minori se posti nello strato esterno. In opere di conserva l'intonaco utilizzato è nello strato più esterno, che spesso si rivela unico (*opus signinum*). In questo modo l'intonaco acquista caratteristiche di impermeabilità totale (fig. XI.31).

Gli attrezzi utilizzati per la stesura degli intonaci non hanno subito modifiche sostanziali e servono per posare e tirare gli intonaci secondo varie tipologie di finitura. Il grado di accuratezza della realizzazione indica l'importanza estetica o funzionale che esso riveste.

XI.5.6.7 - *Rilievo fotografico*

Le fotografie hanno una duplice funzione, come precedentemente accennato: fornire una documentazione dell'ambiente, e dei suoi elementi, e avere una base per la restituzione materica degli stessi. Una volta acquisita l'immagine è possibile trasformarla mediante software di foto editing o georeferenziazione, che correggono difetti di colori, di dimensione e di aberrazione ottica. In questo modo possiamo sovrapporla o integrarla ai disegni e utilizzarla come base su cui lavorare (vedere utilmente cap. X).

XI.6 - *Analisi approfondita*

Nell'analisi approfondita si adottano sistemi di studio specializzati. Possono rendersi necessari esami di laboratorio soprattutto per la datazione di particolari elementi.

XI.6.1 - *Fattori di interazione continua con il dato analizzato*

Con questo metodo si ha un maggior controllo nella fase di acquisizione dei dati per la loro ottimale definizione. Eventuali correzioni sono collegate dinamicamente ai dati raccolti, creando un percorso operativo percorribile in due sensi di analisi/verifica/correzione. La check list ottenuta permette di identificare e correggere gli errori. Il percorso si può riassumere nei seguenti punti:
- realizzazione di un eidotipo per distinguere le sottounità e preparare il rilievo particolareggiato;
- tracciamento delle quote di riferimento mediante apposita strumentazione;
- rilievo morfologico e topografico;
- fusione delle sottounità nell'unità primaria;
- restituzione grafica;
- verifica della topografia rilevata e integrazioni;
- identificazione delle fasi costruttive;
- analisi materica.

XI.6.2 - *Restituzione tridimensionale e renderizzata del sito*

La restituzione tridimensionale consente di fornire una visione globale comprensiva delle volumetrie e dei rapporti fra le parti; è la sola che dà una immediata rappresentazione del reale. Le tecniche sono varie e spaziano dalla restituzione manuale all'uso di softwares specifici. Si utilizzano assonometrie o prospettive:
- l'assonometria si disegna tracciando linee parallele a due rette primarie orientate tra loro da un certo angolo;
- la prospettiva si disegna mediante il tracciamento di rette che convergono verso due punti di fuga posti sulla linea dell'orizzonte. Questo metodo conferisce una visione più corretta dell'oggetto, simile a quella percepita dal nostro cervello.

Se adoperiamo il computer, i software vettoriali ci permettono di disegnare i volumi tridimensionali mediante mesh poligonali di superficie o l'utilizzo di oggetti solidi. Le mesh corrispondono all'involucro di un elemento, mentre i solidi possiedono le proprietà dei volumi. Restituito il manufatto ipogeo possiamo ruotare le viste e impostare una prospettiva o un'assonometria.

Si possono effettuare dei rendering, ossia applicare delle textures ai volumi. Le textures sono una rappresentazione fotografica dei materiali; per creare textures si possono utilizzare fotografie. I materiali sono personalizzabili mediante dei parametri variabili che ne definiscono le caratteristiche.

Nell'eseguire il rilievo effettueremo analisi mirate alla restituzione tridimensionale. Le sezioni si effettueranno in corrispondenza di ogni variazione morfologica e si dovranno documentare:
- cambi di quota assoluti e relativi tra gli ambienti;
- disposizioni reciproche degli elementi primari;
- quote di collegamento tra ambienti interni ed esterni;
- identificazione delle strutture primarie e secondarie;
- mappatura dettagliata dei materiali;
- analisi dei sistemi di collegamento.

XI.6.3 - *Morfologia: tecniche di descrizione e di rappresentazione dei particolari*

La misurazione di vani e sporgenze si effettua con la trilaterazione o mediante l'esecuzione di coordinate ortogonali. Utilizzando la trilaterazione si fissano due capisaldi lungo una linea di riferimento, dai quali si effettuano ulteriori trilaterazioni lungo il perimetro dell'elemento. In mancanza di una linea di riferimento esterna alla superficie muraria utilizzeremo come capisaldi gli angoli del vano (fig. XI.32). Mediante coordinate ortogonali misureremo sporgenze non lineari e spessori murari in corrispondenza di aperture. Gli spessori di murature cieche si otterranno in fase di restituzione grafica per differenza, collegando l'esterno all'interno (fig. XI.33).

XI.6.4 - *Analisi materiche*

Le analisi materiche fanno riferimento ad applicazioni che richiedono l'utilizzo di sistemi analitici specifici. Non è necessario sapere effettuare un'analisi di laboratorio o riconoscere un tipo di dissesto strutturale: è utile, in virtù della sinergia tra le varie discipline, conoscere i metodi che permettono di avere una visione completa del sito indagato.

In rapporto al tipo di analisi adottata esistono vari metodi di datazione:
- la stratigrafia permette di avere una comparazione temporale tra gli elementi individuati.
- Il metodo del radiocarbonio è di tipo assoluto e indica l'età specifica all'elemento analizzato (vedere utilmente cap. IX.4). Si applica a reperti di origine organica e si fonda su un fenomeno osservabile negli organismi viventi. Le forme organiche assorbono dall'atmosfera una quantità costante di un isotopo instabile del carbonio 12, il carbonio 14 o C14, prodotto dall'azione dei raggi cosmici.

Questo assorbimento cessa con la morte e la quantità di carbonio 14 inizia a decadere costantemente, con una velocità di dimezzamento del proprio peso atomico di 5.568 anni. La misura della quantità di C14 presente nei tessutici fornisce l'età dell'elemento (Castellano, Martini, Sibilia 2002, pp. 23-58).

- La termoluminescenza «è un metodo di datazione assoluto dei materiali fittili, basato su principi fisico-nucleari» (Musso 1995, p. 275). Portando ad una temperatura di 500° centigradi un elemento a struttura cristallina, liberiamo elettroni assorbiti dal materiale in seguito all'irraggiamento naturale; questo fenomeno crea emissione luminosa. La cottura della ceramica elimina ogni accumulo di termoluminescenza residua; da questo momento l'elemento inizia nuovamente ad assorbire radiazioni. Misurando la quantità di termoluminescenza prodotta si può quindi calcolare il tempo trascorso dal momento della cottura del manufatto.

XI.6.5 - *Definizione di quote e collegamento interno/esterno*

Un ambiente ipogeo ha un cordone ombelicale con l'esterno che può essere unico o plurimo, rappresentato da un collegamento orizzontale o verticale o da una serie di ambienti ad esso adesi. È utile creare un collegamento tra i rilievi ipogei ed i riferimenti altimetrici della superficie, unitamente a un inquadramento tridimensionale relativo al rapporto interno/esterno.

Questo permette di realizzare un'assieme dettagliato, relativo alle cavità studiate e al contesto col quale si rapportano. La collocazione dei riferimenti esterni si effettua tramite l'identificazione di capisaldi sui quali si trilaterano gli accessi di tutti gli elementi dell'ipogeo e si stabiliscono quote relative.

Se il lavoro da farsi necessita di un alto grado di precisione si utilizza, in sostituzione della livella ad acqua, una livella laser. Lo strumento è formato da una testa, posizionata su un treppiede regolabile, su cui è collocato un apparato rotante che proietta due raggi: uno rotante orizzontale e uno fisso verticale. Posizionato lo strumento, si utilizza un ricevitore col quale si collocano le quote secondarie.

Le livelle permettono di operare anche secondo piani inclinati, sono resistenti a polvere, umidità e urti, e consentono di collegare un punto interno con uno esterno. Si può altresì adoperare, come visto nel precedente capitolo, la stazione totale. Sempre se le condizioni e la morfologia dell'ipogeo lo consentano (fig. XI.34).

Una volta individuato un punto esterno sarà necessario trasferire il suo riferimento all'interno dell'ambiente. Se il sistema di collegamento è inclinato (rampa o scale) o verticale (pozzi), effettueremo una serie di misurazioni particolari:
- In presenza di inclinazioni si colloca un filo che collega i due capisaldi primari. Effettuate le misure relative alla direzione, collegheremo dei fili secondari disposti sugli assi verticali ed orizzontali. Otterremo così un reticolo di riferimento dato da linee verticali e orizzontali dal quale effettuare le misurazioni.
- Nel caso di un collegamento verticale caleremo un filo a piombo graduato di riferimento. Risalendo su una corda posta parallelamente ad esso acquisiremo i dati necessari per il rilievo.

XI.6.6 - *Fotografia e georeferenziazione*

La fotografia utilizzata in questo grado di analisi è uno strumento necessario. Nel caso della restituzione di prospetti possiamo adottare il sistema della georeferenziazione. L'argomento, unitamente all'adozione di strumenti sofisticati quali teodoliti o sistemi basati sulle tecnologie satellitari nelle analisi esterne, è trattato compiutamente nel Capitolo X.

FIG.XI 01

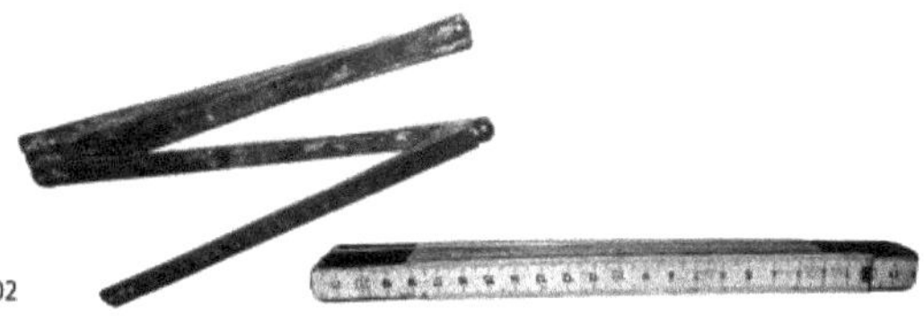

FIG.XI 02

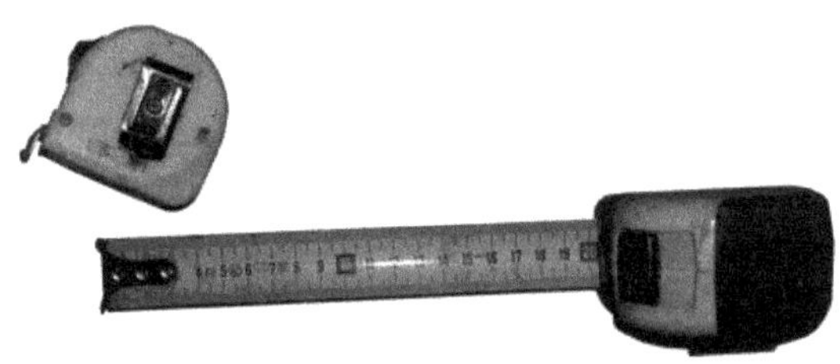

FIG.XI 03

Fig. XI.1. *Bindella poliammidica e metallica (foto R. Basilico).*
Fig. XI.2. *Flessometri (foto R. Basilico).*
Fig. XI.3. *Doppio metro in legno e metallo (foto R. Basilico).*

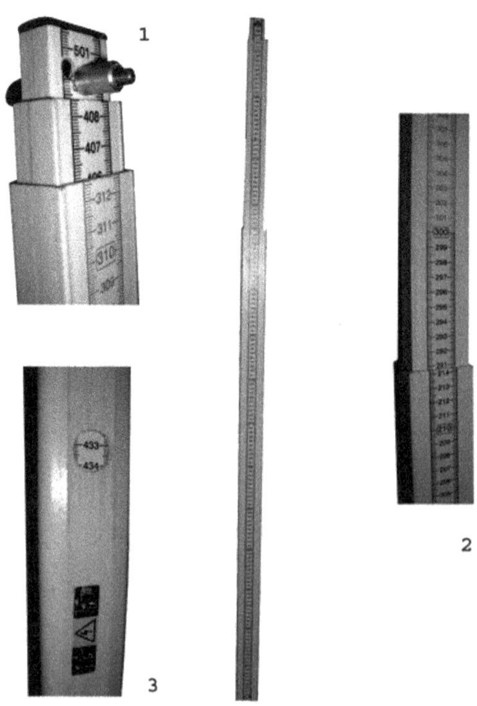

Fig. XI.4. *Asta Metrica telescopica. Particolari: 1: Parte terminale con predisposizione per aggancio di un ricevitore per livelle laser 1; 2: Giunto di scorrimento dei tubi; 3: Lettura diretta (foto R. Basilico).*

FIG.XI 05

FIG.XI 06

Fig. XI.5. *Telemetro laser marca Leica con bolla e mirino incorporati (foto R. Basilico).*
Fig. XI.6. *Bussola a traguardo marca Suunto (foto R. Basilico).*

FIG.XI 07

FIG.XI 08

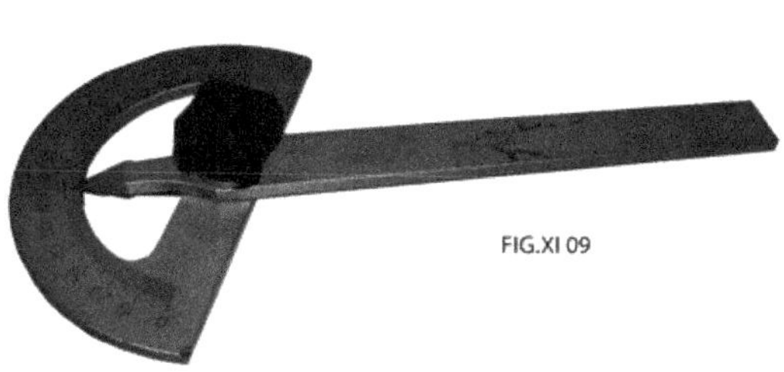

FIG.XI 09

Fig. XI.7. *Bussola da geologo (foto R. Basilico).*
Fig. XI.8. *Inclinometro a traguardo marca Suunto (foto R. Basilico).*
Fig. XI.9. *Goniometro metallico con scala 0°/180° (foto R. Basilico).*

Fig. XI.10. *Esempi di scale graduate (disegni R. Basilico).*

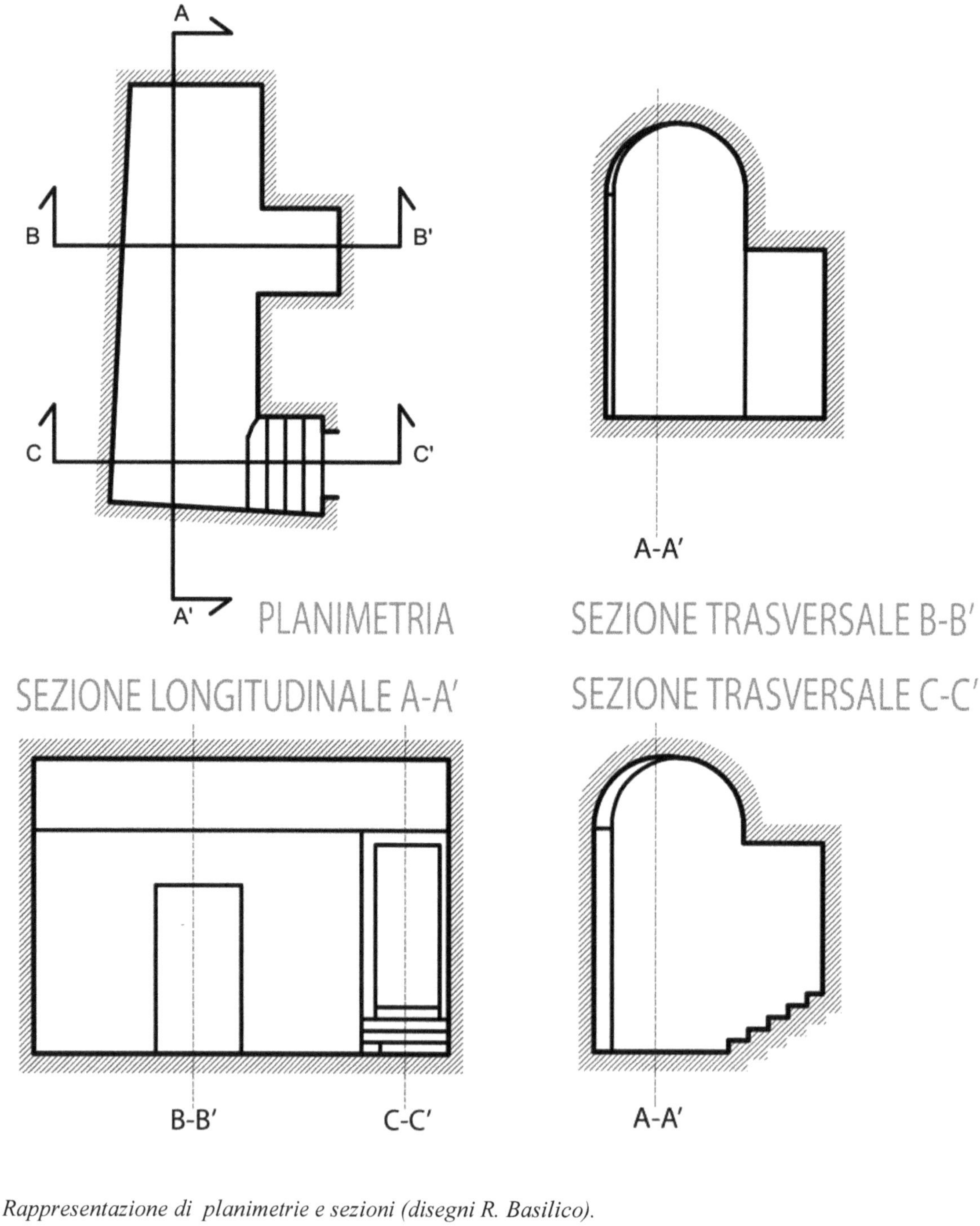

Fig. XI.11. *Rappresentazione di planimetrie e sezioni (disegni R. Basilico).*

Fig. XI.12. *Supporto per bussola e clinometro (foto R. Basilico).*

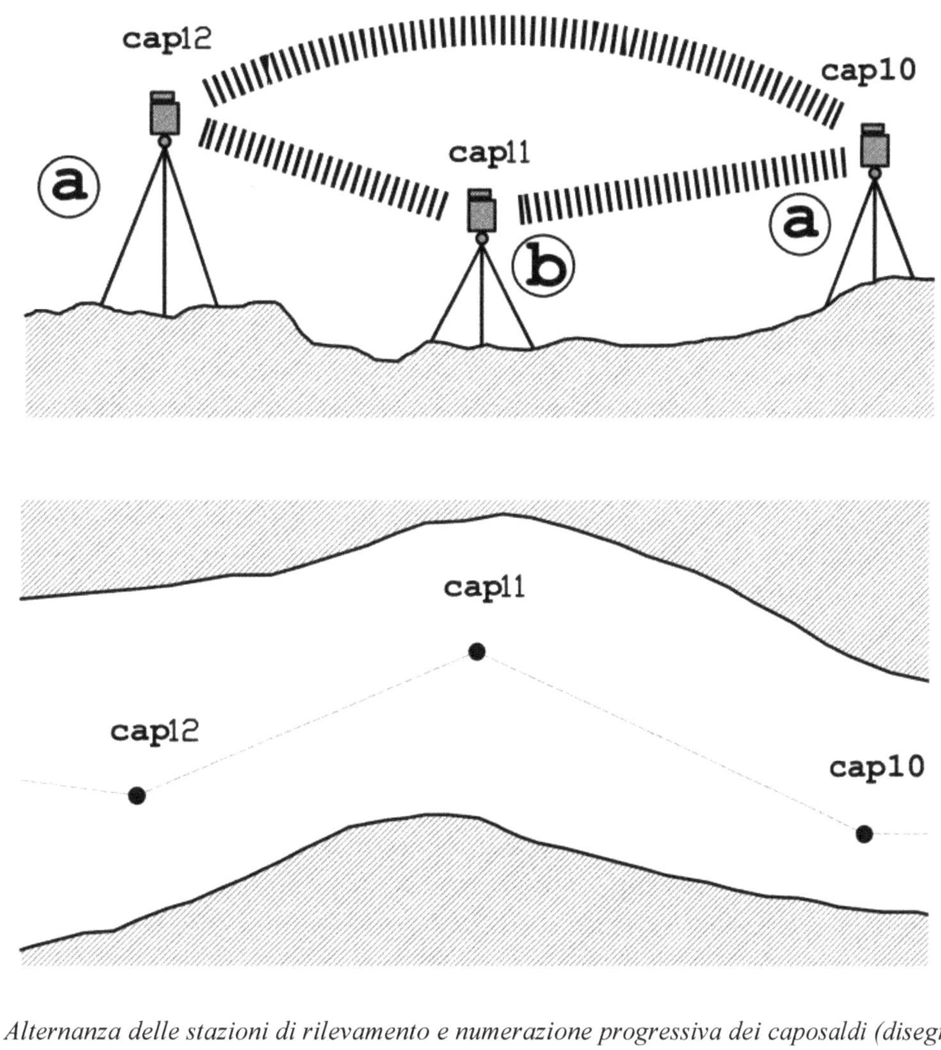

Fig. XI.13. *Alternanza delle stazioni di rilevamento e numerazione progressiva dei caposaldi (disegni R. Basilico).*

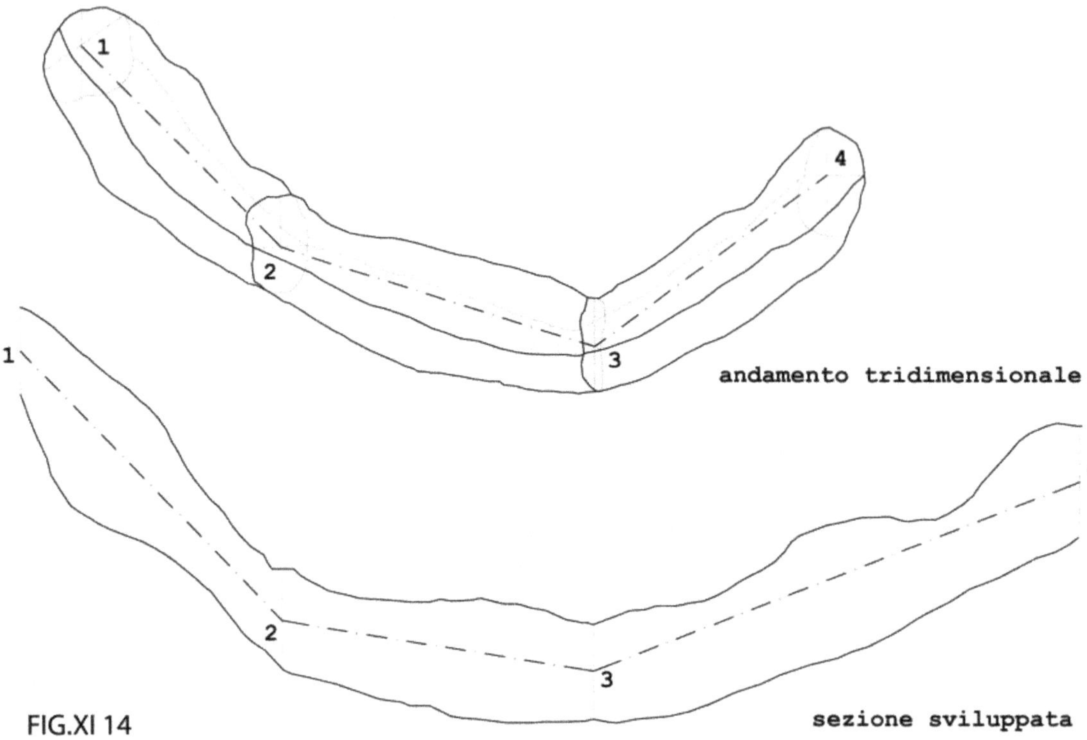

FIG.XI 14

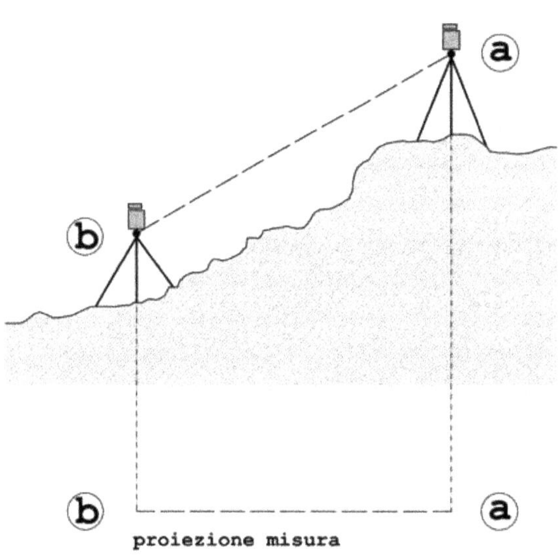

FIG.XI 15

Fig. XI.14. *Sezione "sviluppata su un piano" (disegno R. Basilico).*
Fig. XI.15. *Proiezione di un piano inclinato e sua rappresentazione planimetrica (disegno R. Basilico).*

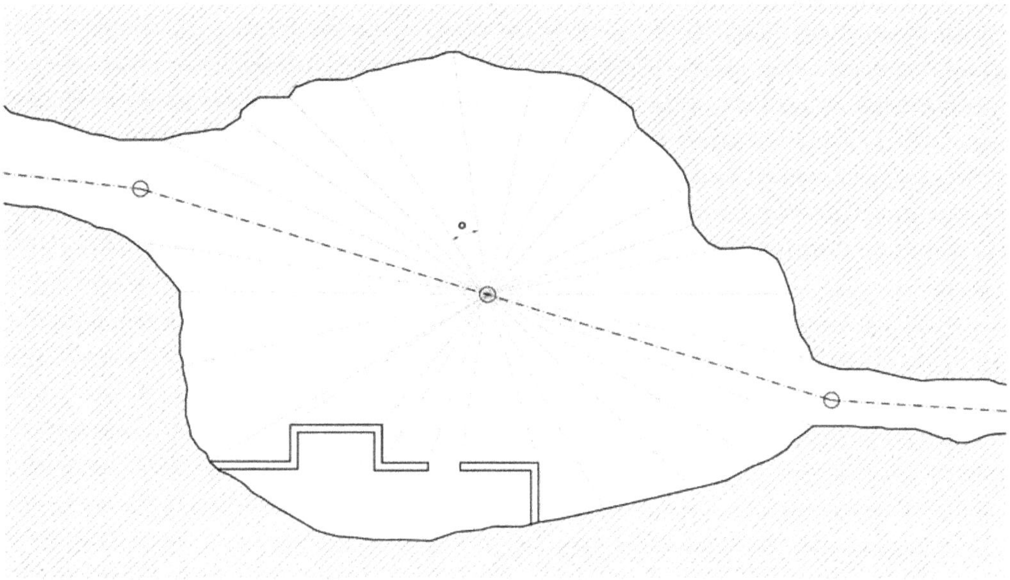

FIG.XI 16

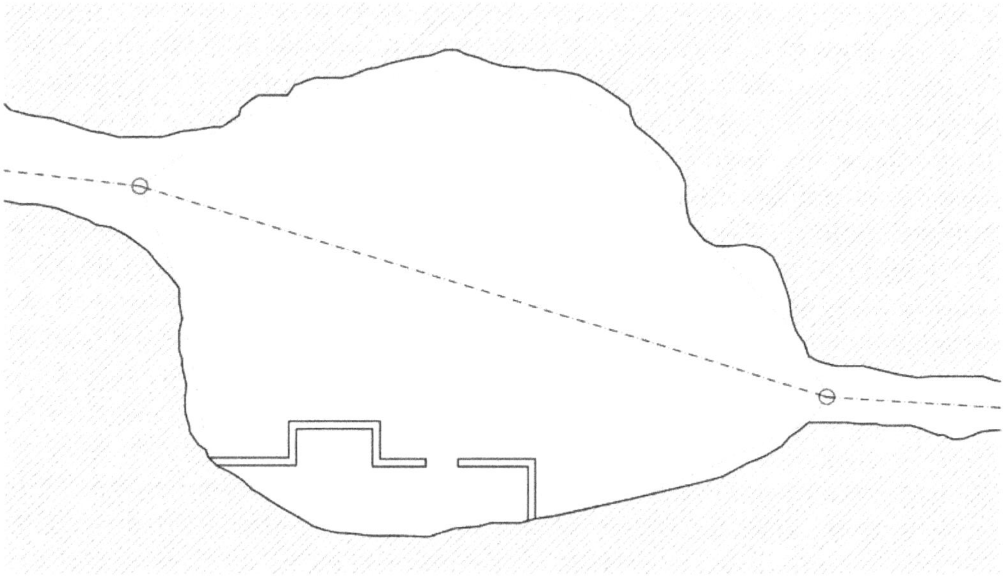

FIG.XI 17

Fig. XI.16. *Poligonazione aperta (disegno R. Basilico).*
Fig. XI.17. *Poligonazione chiusa (disegno R. Basilico).*

scheda tipo per la restituzione dei dati

caposaldi — coordinate cartesiane per la restituzione

	Nome cavità		data		Nome rilevatori							X Sezione	Y Sezione	X Pianta	Y Pianta
Caposaldi	**Distanza m**	**Pendenza P**	**Bussola B**	**CosP**	**SinP**	**CosB**	**SinB**	**m*CosP dp**	**m*SenP dz**	**dp*SinB dx**	**dp*CosB dy**	**Somma dp**	**Somma dz**	**Somma dx**	**Somma dy**
												-16,95	-15,61	8,5195	-3,709
10-700	4,15	-64	70	0,4384	-0,899	0,342	0,9397	1,8192	-3,73	1,7095	0,6222	-15,13	-19,34	10,229	-3,087
700-701	3,1	-51	14	0,6293	-0,777	0,9703	0,2419	1,9509	-2,409	0,472	1,8929	-13,18	-21,75	10,701	-1,194
701-702	3,9	-47	158	0,682	-0,731	-0,927	0,3746	2,6598	-2,852	0,9964	-2,4661	-10,52	-24,6	11,697	-3,66
702-703	6,4	-38	198	0,788	-0,616	-0,951	-0,309	5,0433	-3,94	-1,558	-4,7964	-5,477	-28,54	10,139	-8,456
703-704	2,9	-30	172	0,866	-0,5	-0,99	0,1392	2,5115	-1,45	0,3495	-2,487	-2,966	-29,99	10,488	-10,94
704-705	9,3	-75	150	0,2588	-0,966	-0,866	0,5	2,407	-8,983	1,2035	-2,0845	-0,559	-38,98	11,692	-13,03
705-706	5,3	-23	196	0,9205	-0,391	-0,961	-0,276	4,8787	-2,071	-1,345	-4,6897	4,3198	-41,05	10,347	-17,72
706-707	4,45	-32	185	0,848	-0,53	-0,996	-0,087	3,7738	-2,358	-0,329	-3,7595	8,0936	-43,41	10,018	-21,48
												-5,477	-28,54	10,139	-8,456
703-710	3,75	-31	71	0,8572	-0,515	0,3256	0,9455	3,2144	-1,931	3,0393	1,0465	-2,263	-30,48	13,178	-7,41
710-711	2,05	-10	56	0,9848	-0,174	0,5592	0,829	2,0189	-0,356	1,6737	1,1289	-0,244	-30,83	14,852	-6,281
711-712	17,6	14	115	0,9703	0,2419	-0,423	0,9063	17,077	4,2578	15,477	-7,2171	16,833	-26,57	30,329	-13,5

dati — operazioni trigonometriche

scheda tipo per l'acquisizione dei dati

informazioni generali

LUOGO		DATA		RILEVATORI				
TIRO	**LUNGHEZZA**	**BUSSOLA**	**INCLINAZIONE**	↑	↓	←	→	**NOTE**

dati specifici — note

FIG.XI 18

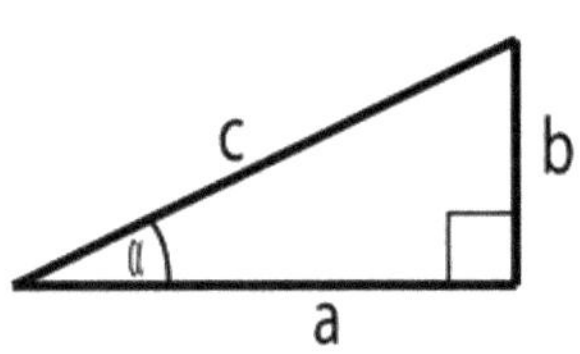

Relazioni trigonometriche fondamentali

$\sin\alpha = b/c$ $\cos\alpha = a/c$ $\tan\alpha = b/a$ $\cot\alpha = a/b$

FIG.XI 19

Fig. XI.18. *Schede tipo per la restituzionee l'acquisizione dei dati (disegno R. Basilico).*
Fig. XI.19. *Rapporti trigonometrici fondamentali nel triangolo rettangolo (disegno R. Basilico).*

FIG.XI 20

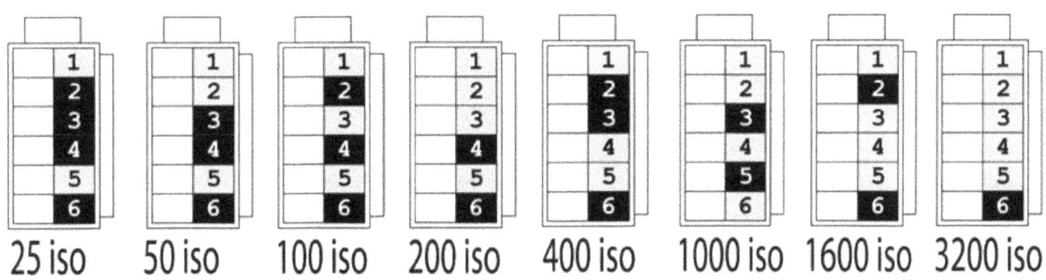

FIG.XI 21

FIG.XI 22

Fig. XI.20. *Macchina fotografica compatta subacquea: modello Canon (foto R. Basilico).*
Fig. XI.21. *Schemi codici DX (disegno R. Basilico).*
Fig. XI.22. *Filo a piombo (foto R. Basilico).*

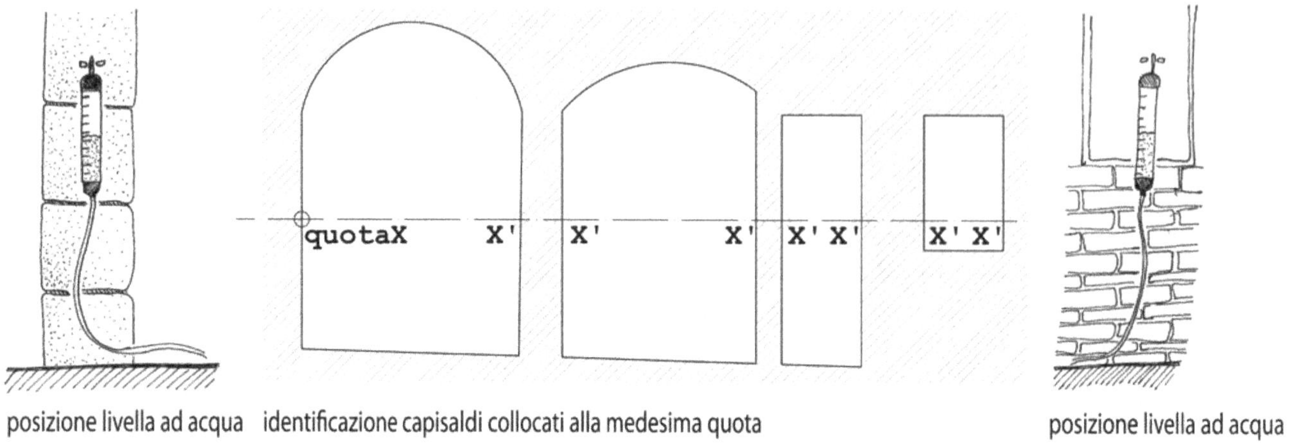

FIG.XI 23

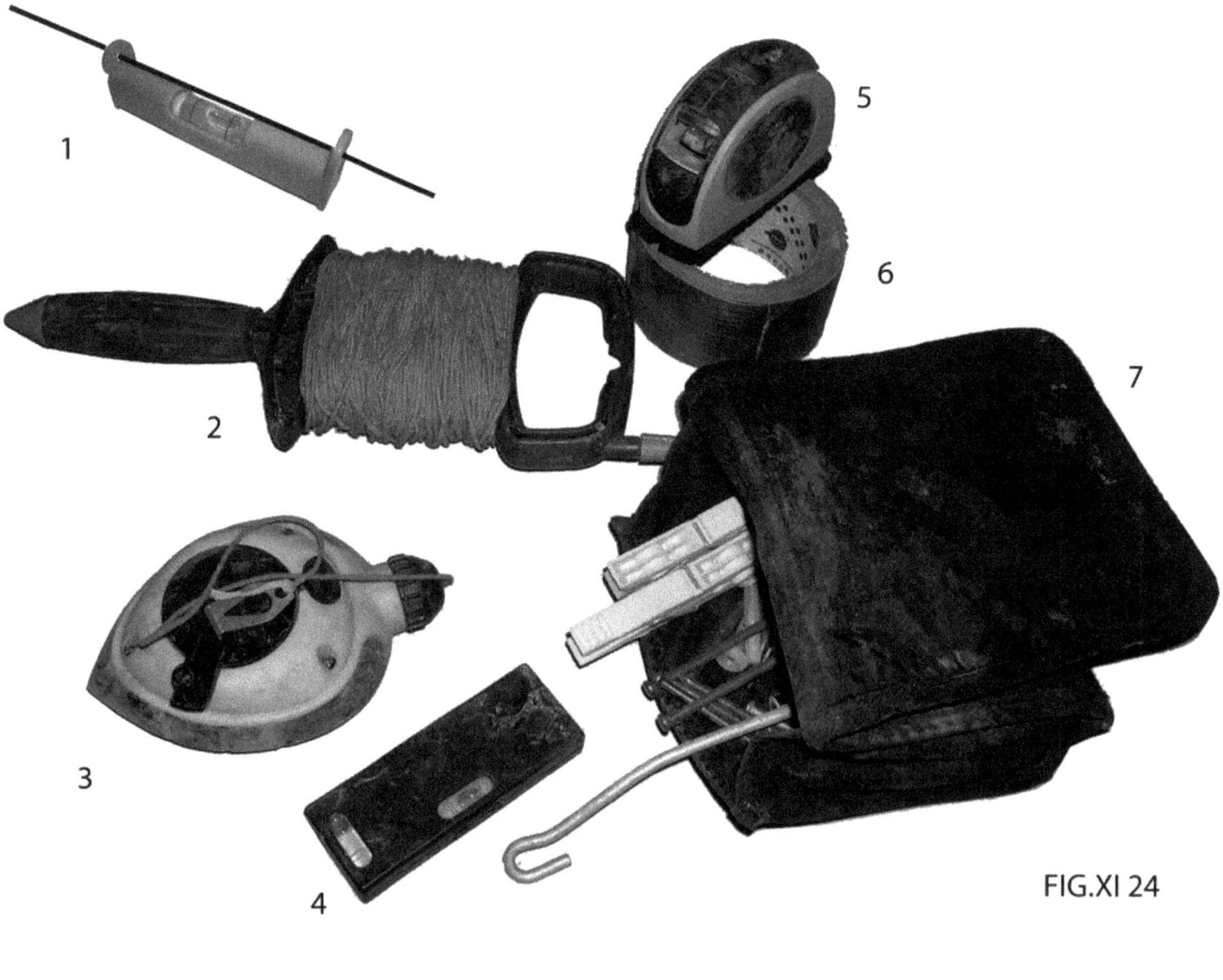

FIG.XI 24

Fig. XI.23. *Livelle ad acqua e caposaldi posti alla medesima quota (disegni R. Basilico).*
Fig. XI.24. *Strumenti complementari: 1. livella da appendere, 2. filo da cantiere, 3. battifilo, 4. livella, 5. livella laser, 6. nastro adesivo, 7. chiodi (foto R. Basilico).*

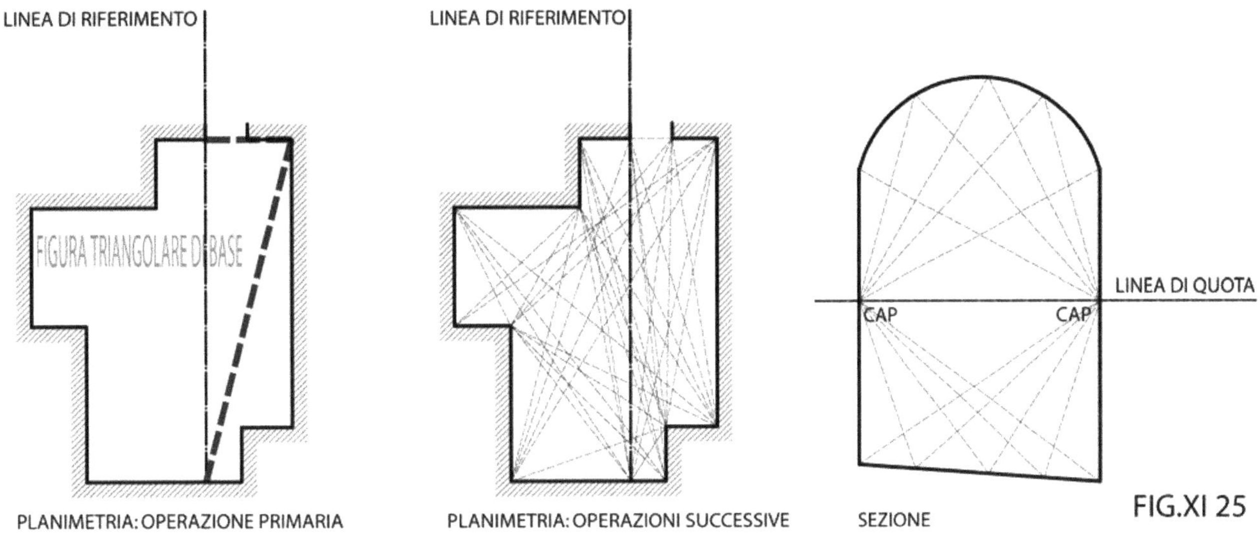

FIG.XI 25

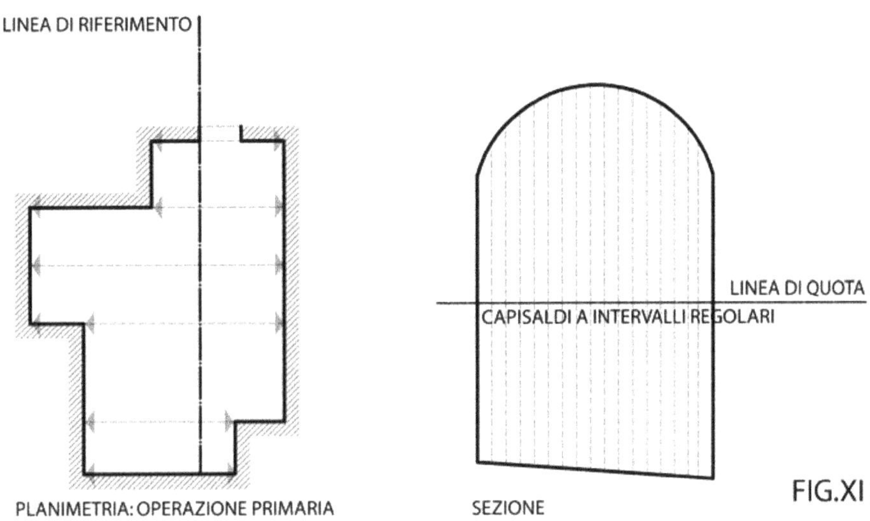

FIG.XI 26

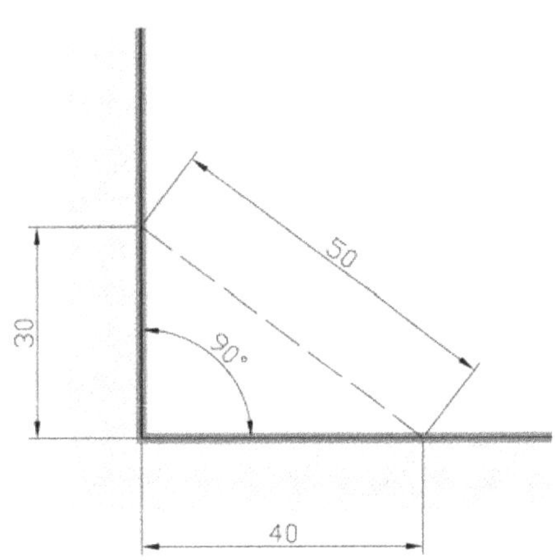

FIG.XI 27

Fig. XI.25. *Trilaterazioni (disegno R. Basilico).*
Fig. XI.26. *Metodo delle coordinate perpendicolari (disegno R. Basilico).*
Fig. XI.27. *Determinazione della perpendicolarità di un angolo (disegno R. Basilico).*

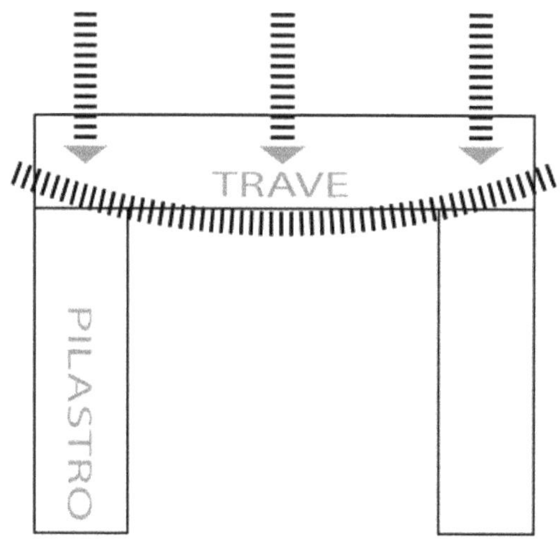

FIG.XI 28

Fig. XI.28. *Sistema pilastri- architravi: distribuzione delle forze (disegno R. Basilico).*

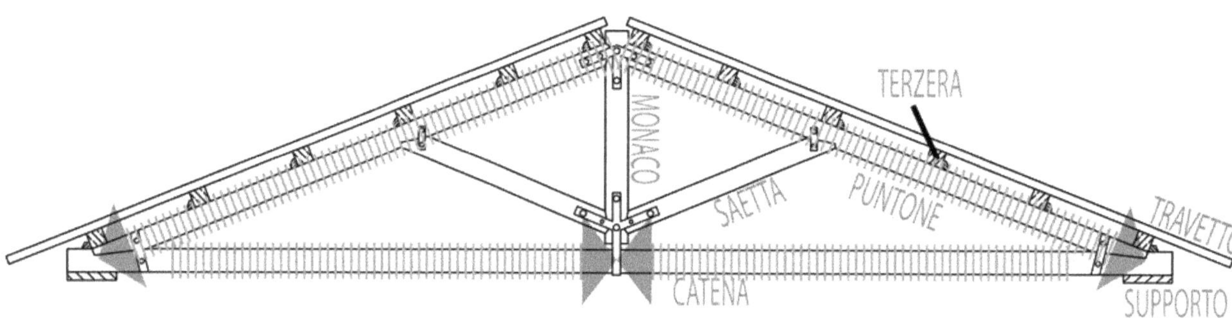

FIG.XI 29

Fig. XI.29.: *Sistema triangolare ed elementi della capriata (disegno R. Basilico).*

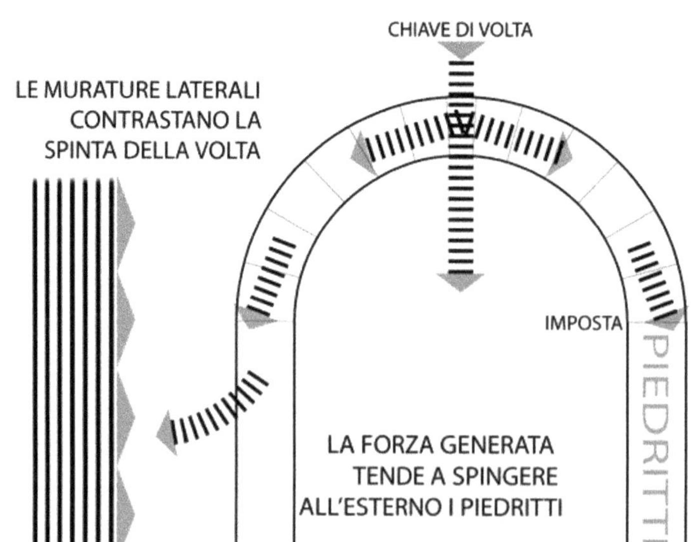

FIG.XI 30

Fig. XI.30. *Distribuzione delle forze nell'arco (disegno R. Basilico).*

Fig. XI.31. *Piscina limaria di Fontana Nova a Tarquinia (foto G. Padovan).*

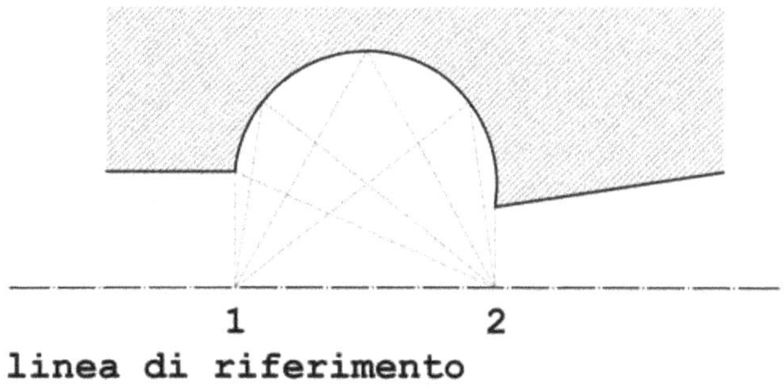

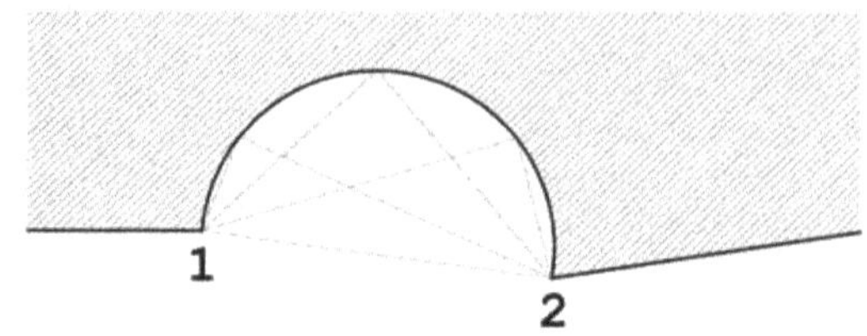

FIG.XI 32

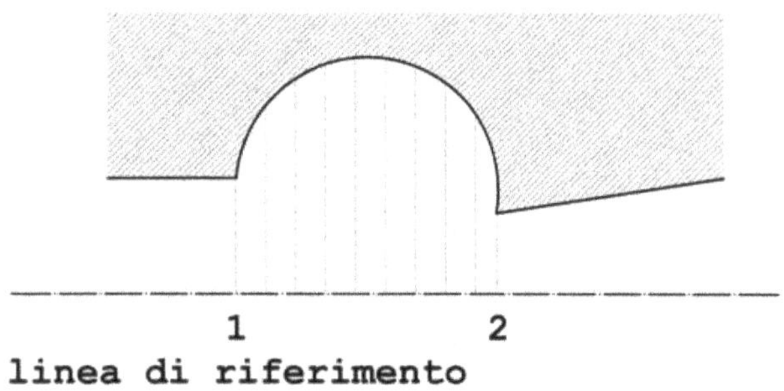

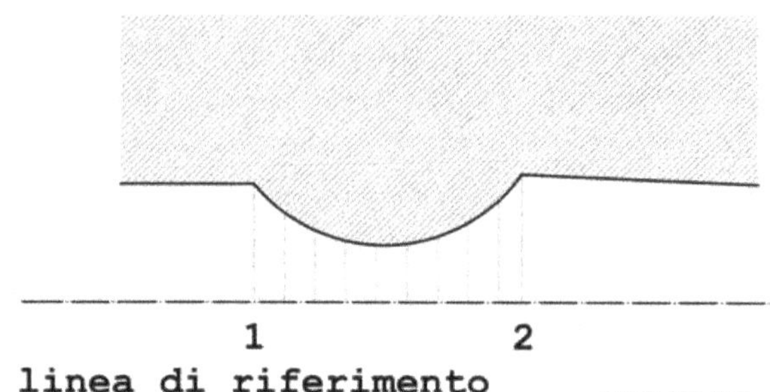

FIG.XI 33

FIG.XI 34

Fig. XI.32. *Misurazione di nicchie mediante trilaterazione (disegni R. Basilico).*
Fig. XI.33. *Misurazione di nicchie mediante coordinate perpendicolari (disegni R. Basilico).*
Fig. XI.34. *Utilizzo di una livella laser rotante nelle fasi di rilievo (foto R. Basilico).*

CAPITOLO XII

LA MISURA COME PROCESSO COGNITIVO: ALCUNE NOTE RIGUARDO GLI ASPETTI SOGGETTIVI DEL RILIEVO

Alessandro Pesaro

XII.1 - *Processo cognitivo*

I fattori del rilievo in cavità artificiali vengono in genere affrontati da una prospettiva tecnico-analitica, che mette al centro del problema gli errori di misura e le problematiche connesse alla loro gestione. Si tratta però solo degli aspetti più evidenti, anche perché facilmente descrivibili in termini matematici. Il rilievo non è però una semplice trascrizione meccanica di dati strumentali, ma costituisce un processo di tipo cognitivo, in cui gli aspetti soggettivi giocano un ruolo niente affatto trascurabile.

La misura non si identifica con il rilievo nella sua globalità, ma ne costituisce solo la fase finale e l'aspetto più evidente, come si può comprendere scomponendolo nelle sue fasi (fig. XII.1):
A. Percezione della realtà circostante mediante i sensi.

B. Elaborazione di un costrutto mentale. Grazie a meccanismi di astrazione e riconoscimento, la realtà viene 'compresa', cioè pensata in termini di proprietà fisiche (altezza, larghezza, pendenza ecc.) e di modelli codificati, quali ad esempio "volta a tutto sesto" o "copertura alla cappuccina" e cosi via. Si tratta di un processo che va oltre la sensazione: in esso confluiscono l'esperienza passata, l'abitudine mentale a pensare per categorie, e la spiccata propensione ad astrarre certe caratteristiche a discapito di altre.

C. Formalizzazione del modello in termini numerici, mediante l'uso degli strumenti. Ciò che viene rilevato non è l'oggetto nella sua complessità, ma piuttosto l'idea che il rilevatore se ne è fatto. Se un topografo descrive una volta con il solo diametro significa che egli la pensa come una struttura a tutto sesto, e che dunque pianifica le sue misure in base al modello della realtà elaborato di volta in volta.

XII.2 - *Percezione del rilievo*

Una serie di lavori sperimentali nel campo della psicologia della percezione hanno per altro evidenziato l'esistenza di meccanismi inconsapevoli di regolarizzazione. Questi inducono a percepire qualsiasi forma con il massimo grado di semplicità, equilibrio, regolarità e simmetria, o - in altre parole - con la forma più 'pregnante' e ricca di significato (Massironi 1998). Invitando dei soggetti a riprodurre delle forme solo leggermente asimmetriche, si è osserva una forte tendenza a trascurare il difetto, dimostrando così la spiccata tendenza a percepire regolarità anche dove essa non esiste affatto (Vernon 1963, p. 43).

Tutto ciò vale anche nel campo del rilievo: nulla garantisce che le forme percepite dal topografo come regolari siano tali anche nella realtà, poiché spesso questa caratteristica esiste solo nella mente di chi rileva. Il rischio più insidioso e quello di ritenere certe caratteristiche come rappresentative di un'intera classe di oggetti: i rilievi sono pieni di volte a tutto sesto, pavimenti orizzontali, pareti a piombo, pozzi perfettamente cilindrici mentre in realtà non lo sono affatto. Le idee sulla forma degli oggetti finiscono per sovrapporsi all'esperienza della realtà. Chi rileva cavità artificiali tende a vedere uniformità, regolarità e simmetria non tanto come condizioni da verificare di volta in volta, ma come presupposti di frequente dati per scontati, in quanto naturalmente incline a vedere l'opera come il prodotto di un'intelligenza ordinatrice. Il rilievo è sì corretto dal punto di vista meramente numerico, ma fortemente "stilizzato" se preso in esame nella sua globalità (Rocchi 1990).

Questi problemi non rappresentano sottili questioni teoriche, ma giocano un ruolo importante nella documentazione in senso lato. Mettere in luce analogie costruttive, affinità di struttura, o anche la vicinanza di datazione presuppone non tanto un confronto sulle caratteristiche dimensionali salienti (poiché si tratta di variabili contingenti ad ogni realizzazione), bensì sui metodi di costruzione, le caratteristiche dei rivestimenti, l'articolazione dei volumi interni, le sezioni trasversali, e cioè proprio quegli aspetti del rilievo dove il rischio di offrire una rappresentazione stilizzata ed inattendibile è più alto che mai.

La corrispondenza perfetta tra ogni segno del rilievo ed ogni particolare morfologico (evitando cioè il ricorso ad interpolazioni) è una situazione abbastanza rara, ed anche se il rilievo in cavità artificiali è destinato sul lungo periodo ad evolvere verso metodologie e modelli derivati dall'esperienza del rilievo architettonico o del cantiere di scavo, l'influenza di fattori soggettivi di valutazione resterà ancora per molto un problema con cui l'operatore è costretto suo malgrado a confrontarsi.

L'importanza di questi fattori non va tuttavia esagerata:
A. La semplice precisione delle misure non basta da sola a garantire una rappresentazione fedele dell'opera (almeno nell'accezione di questo contributo), ma rimane comunque una condizione imprescindibile, in mancanza della quale ogni altro fattore perde di significato.

B. La scala di riduzione agisce talvolta come un potente fattore di livellamento, tanto che aspetti ben visibili della morfologia ipogea diventano pressoché inavvertibili nell'elaborato finale, e questo ad onta di tutta la cura e la scrupolosità usata per rappresentarli.

C. Il rischio di vizi percettivi è forte in tutte quelle circostanze dove siano presenti strutture di tipo architettonico, assimilabili in maniera immediata a solidi geometrici semplici, ma ha un'incidenza proporzionalmente minore dove tali strutture manchino.

XII.3 - *Disposizione mentale del rilevatore*

La chiave per minimizzare l'influsso dei parametri soggettivi non va dunque cercata nel solo *modus operandi*, quanto in una particolare disposizione mentale che si traduce in un rigoroso distacco dell'operatore. C'è una differenza niente affatto secondaria tra l'eseguire un rilievo da una prospettiva meramente tecnica, valutando cioè solo i soli errori sui dati strumentali, e lavorare invece da un punto di vista fortemente critico, ben consapevoli di tutti i rischi e le insidie sin qui evidenziati (fig. XII.2).

Chiunque studi una cavità parte sempre da una condizione di 'pre-scienza', ed inconsapevolmente reca con sé una massa di convincimenti, modelli, schemi ed idee preconcette che vanno temporaneamente messe da parte per garantire una posizione obiettiva. Non ci si trova mai di fronte ad un'evidenza che possa dirsi fuori discussione. Fare esperienza della realtà (e questo vale senza dubbio per la pratica del rilievo), costituisce un problema: non c'è nessun oggetto, nessuna forma, nessuna struttura, che possa dirsi interamente nota e compresa, e nulla dovrebbe essere considerato talmente banale da essere autoevidente (Pesaro 2000, p. 91).

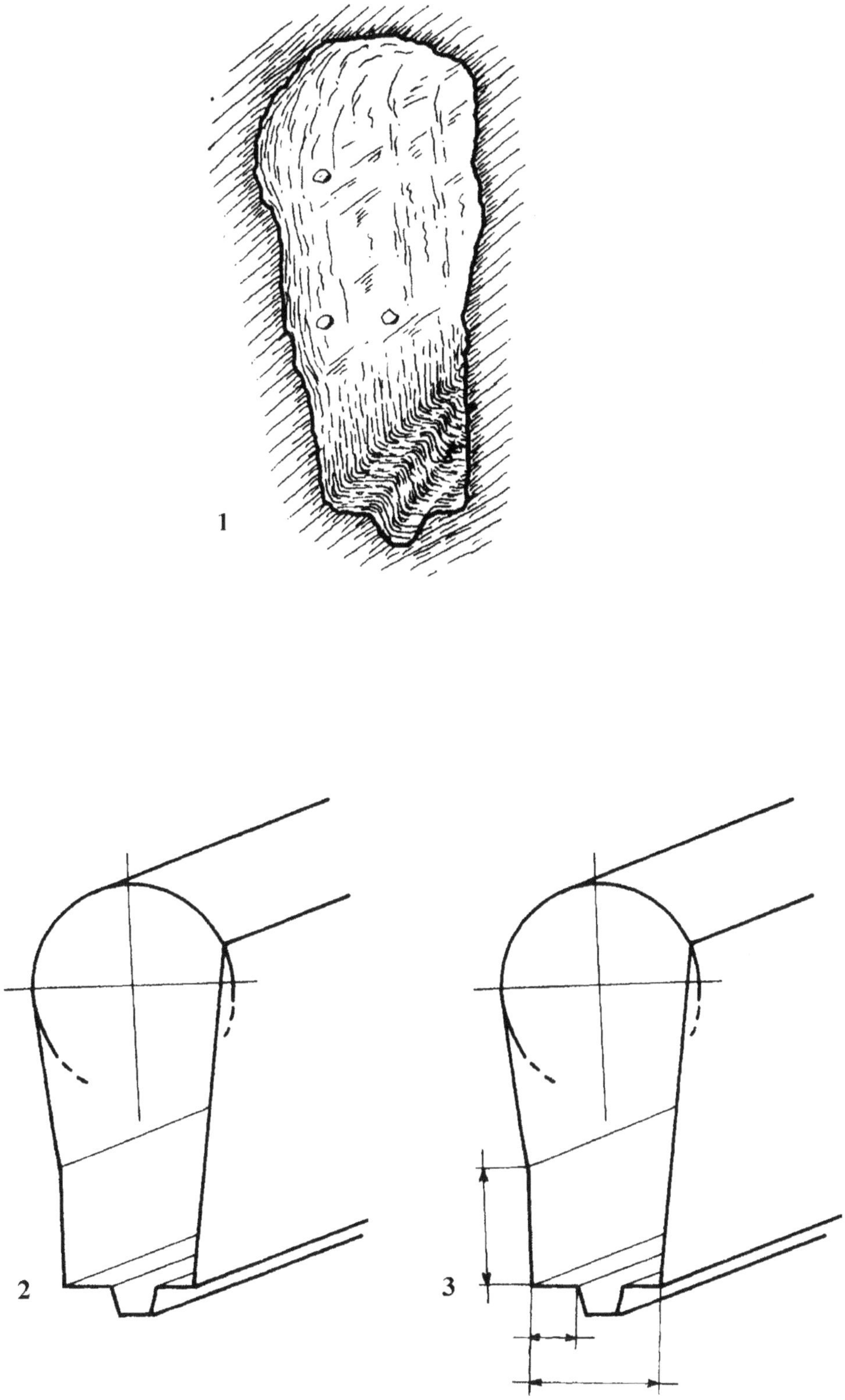

Fig. XII.1. *Il rilievo come processo in tre fasi (1. percezione della realtà; 2. elaborazione di un costrutto mentale; 3. formalizzazione del modello in termini numerici). Si noti come la descrizione in termini numerici sia solo l'ultima fase di un iter complesso, dove la soggettività ha un ruolo di primo piano. L'esempio è riferito ad una sezione di cunicolo, ma può agevolmente estendersi ad una qualsivoglia parte di un'opera (disegni A. Pesaro).*

Fig. XII.2. *Tratto dell'*Aqua Claudia *presso S. Cosimato sull'Aniene (CA02100LA RM). L'articolazione dell'opera idraulica è determinata da interventi successivi alla realizzazione; si riscontrano manutenzioni, restauri e riutilizzi con fini diversi dall'originaria destinazione. Tutto ciò andrà indicato nell'esatta restituzione planimetrica (foto R. Basilico).*

CAPITOLO XIII

INTRODUZIONE ALLA TOPONOMASTICA DELLE CAVITÁ ARTIFICIALI E NATURALI

Stefano Del Lungo

XIII.1 - *Cavità artificiali e naturali: la denominazione*

Le cavità, siano esse artificiali o naturali, possono rientrare, per definizione, tra i beni ambientali «che hanno cospicui caratteri di bellezza naturale o di singolarità geologica» (D.Lgs. 29 ottobre 1999, n° 490 - Testo unico delle disposizioni legislative in materia di beni culturali e ambientali, a norma dell'art. 1 della legge 8 ottobre 1997, n. 352, art. 139, comma b). La definizione è da ultimo stata puntualmente ripresa nel D.Lgs. 22 gennaio 2004, n. 42 (CODICE DEI BENI CULTURALI E DEL PAESAGGIO ai sensi dell'art. 10 della legge 6 luglio 2002, n° 137) art. 136, comma 1, paragrafo 'a'.

Il problema che per primo si pone, nel corso della scoperta di una nuova cavità, è la denominazione da darle. Naturalmente, nel pieno spirito delle esplorazioni dirette a terre sconosciute e mai calpestate dall'uomo, almeno negli ultimi 3000 anni di storia, nelle ricerche di specie animali, vegetali e minerali inedite, viene quasi spontaneo attribuire il nome proprio o di qualche persona. Questa solitamente appartiene al gruppo di indagine, è ritenuta anche semplicemente la mascotte o, in quanto particolarmente rappresentativa, le si vuole, per disparati motivi (unico elemento femminile dell'équipe, direttore delle operazioni, persona alla quale si è o si vorrebbe essere legati sentimentalmente, il pastore o il contadino che l'ha segnalata) rivolgere un omaggio.

L'abitudine, che ha un termine di raffronto meno felice nell'onomastica scelta per gli eventi atmosferici catastrofici (qualcuno ha persino ipotizzato che i nomi al femminile dati a cicloni e uragani siano nella realtà quelli delle suocere dei metereologi), ha un esempio nei lavori eseguiti nel 1993 per il consolidamento della volta di un'anonima e inedita cavità del promontorio del Circeo, presso la Grotta delle Capre. Con l'occasione il nuovo ambiente è stato chiamato Grotta Annalisa, dal nome dell'ispettrice Annalisa Zarattini, della Soprintendenza Archeologica del Lazio, partecipante ai lavori (Ruffo-Zarattini 1993, pp. 293-300).

Se poi il rinvenimento rientra in un programma organico di ricerca, avviato in un territorio o nell'ambito e su richiesta di un'entità amministrativa precisa (comune, consorzio montano, provincia, regione), alla denominazione appena introdotta si affiancherà una sigla in codice, che sintetizzi tali riferimenti topografici, e un numero di catalogo o d'inventario. Talvolta, il principale difetto di queste attribuzioni di nomi risiede nell'essere, in realtà, una 'ridenominazione' di elementi geografici del paesaggio, dotati di un proprio identificativo, documentati, nel peggiore dei casi, da almeno 50 anni e sovente costituiti dal cognome della famiglia proprietaria del terreno in cui si apre la cavità.

La formazione di un nuovo toponimo, affidato esclusivamente alla fantasia e svincolato da ogni legame con le tradizioni, la cultura e la sensibilità di chi vive sul posto e coabita con questi elementi, crea un pericoloso effetto di rottura, i cui esiti si percepiscono poi al momento dell'inserimento dei dati sulle diverse cavità entro piani territoriali paesistici, repertori regionali finalizzati alla tutela e pratiche di vincolo monumentale e ambientale. È infatti difficile assicurare la protezione di una grotta che, a seguito di interventi da parte di gruppi e associazioni speleologiche, è stata chiamata, ad esempio, 'del Topo morto', data la presenza dei resti di un ratto, notati all'atto del rilevamento, mentre localmente si conosce come 'Buca del Fico'. Un qualunque speculatore potrebbe tranquillamente aggirare l'ostacolo del vincolo, adducendo come scusa la non pertinenza della pratica all'oggetto su cui ha deciso di intervenire, e a livello legale sarebbe difficile sostenere il contrario, nonostante l'evidenza.

Spesso, la necessità di disporre di tanti nomi per una serie di aperture, concentrate in un'area ben definita e ristretta e dove la toponomastica disponibile non è in grado di soddisfare l'intera richiesta, sollecita il ricorso alla fantasia, ma in questi casi è da preferirsi l'uso sistematico della numerazione dei diversi accessi (per dire: Pantalica 1, Pantalica 2, Pantalica 3; oppure: Civita 54, Civita 55, Civita 56). Ciò non impedisce la libertà di adottare in parallelo un altro nome, suggerito dalle circostanze; il suo impiego sarà limitato all'interno del gruppo e servirà ad agevolare l'immediata individuazione del punto. L'introduzione ufficiale sarebbe, invece, sottesa alla presentazione di apposite liste, nelle quali la denominazione riconosciuta e adottata dagli organi di monitoraggio, sorveglianza e tutela del territorio, è affiancata dall'alternativa usata di recente.

Al riguardo bisogna tener conto della normativa vigente in materia di toponomastica nelle amministrazioni regionali. Valgano le esperienze avviate dal Piemonte, dal Trentino-Alto Adige e, di recente, dal Lazio, con una legge sulla «conoscenza, il recupero e la valorizzazione della toponomastica regionale» (L.R. del 26 luglio 2002, n. 25), impostata e redatta nella formulazione di base da chi scrive e dal Dott. Giovanni Giacomo Pani (funzionario archeologo della Regione Lazio); dall'Umbria, promotrice di una legge in materia (L.R. del 26 agosto 1993, n. 9, Norme a tutela della toponomastica locale), dalla Toscana, che ha revisionato nella cartografia a grande scala la toponomastica della Carta Tecnica Regionale, recuperando localmente il doppio dei toponimi censiti nella precedente cartografia, e dall'Emilia-Romagna, con la proposta dell'Istituto per i Beni Culturali di costituire l'Osservatorio Linguistico Emiliano-Romagnolo applicando la L.R. 45/1995 sulla Tutela e valorizzazione dei dialetti (Foresti 1996, pp. 51-52).

In mancanza di appositi provvedimenti valgono le disposizioni contenute nella legge del 23 giugno 1927, n. 1188, sulla Toponomastica stradale e monumenti a personaggi contemporanei (Gazz. Uff. del 18 luglio 1927, n. 164), che all'articolo 5 recita le seguenti parole: «In caso di rimozione di un nome recente, sarà di preferenza ripristinato quello precedente o quello, tra i precedenti, che si ritenga più importante rispetto alla topografia o alla storia» (Raccolta Ufficiale delle Leggi e dei Decreti del Regno d'Italia, VI, 1927, pp. 5946-5947 n° 1498). A questo si aggiunga come attente e scrupolose ricerche d'archivio su documenti medievali o dei secoli XVI-XIX potrebbero rivelare un'insospettata abbondanza di toponimi che, data la loro continuità d'uso nel tempo, garantiscano l'effettiva identità di una cavità.

XIII.2 - *Toponimi e ricerca*

In generale, in qualunque ricerca o esplorazione compiuta nel territorio, i toponimi, se attentamente valutati e interpretati nel senso non solo letterale, ma anche traslato delle parole che contengono, offrono un supporto indispensabile per poter individuare nello spazio quello che il tempo e l'antropizzazione hanno provveduto a modificare o cancellare, recuperando anche indizi sulla cultura che ne ha favorito il processo.

L'ampia varietà di cavità (grotte, cisterne, pozzi, silos, santuari, etc.) note nel territorio italiano e il corrispondente grande repertorio dei relativi toponimi, diretti e indiretti, non consente in questa sede un'esauriente trattazione del tema e obbliga a scegliere un soggetto a campione.

A dispetto di alcuni tentativi di sostituzione dei nomi originari, molte cavità carsiche della pianura Pontina hanno mantenuto il toponimo dialettale Oso, Ouso, Ovuso e Jovoso (talora corretto in Vaso), derivati dal vocabolo greco Catavasso, conosciuto anche nel derivato Catavio e Catauso; poi si hanno anche Pertuso, Pozzo e Scatrafossa per gli inghiottitoi; Cava per la presenza di ripari rocciosi; Voragine e Sprofondo per i punti in cui la superficie del terreno ha ceduto; Obaco o Obico ('luogo in ombra', 'oscuro', dal latino opacus) e Casa Affondata, pertinente a doline che, secondo una tradizione locale diffusa dai frati predicatori nei secoli passati, avrebbero inghiottito all'improvviso interi casali per punire gli abitanti della loro empietà (Del Lungo 2001, p. 46 e nn. 1-6).

XIII.3 - *Toponimi di derivazione araba legati alle fonti d'acqua*

L'acqua è uno fra gli elementi meglio rappresentato nello spazio sia sul piano fisico, sia sull'uso che di essa si è fatto nei secoli, e a più riprese emerge la particolare centralità ricoperta anche dai manufatti connessi al suo utilizzo. La particolare cura e abilità degli Arabi nello scavo di opere ipogee per la captazione e la conservazione dell'acqua in condizioni climatiche avverse, derivata dal possesso di un patrimonio millenario di tecniche, si traduce in Sicilia, nei secoli IX-XII, nell'attenzione, ad esempio, per i luoghi in cui affiorano sorgenti (sing. 'ayn, pl. 'uyun), inserendo nelle relative denominazioni le loro principali caratteristiche come la temperatura e la qualità dell'acqua, l'abbondanza o scarsità del flusso, elementi del paesaggio intorno, eventuali leggende. Alcuni di questi toponimi, influenzati forse anche dal genere femminile dei corrispondenti vocaboli latini aqua e fons, si sono evoluti in Donna, deformando o trasponendo nella lingua locale le parole correlate.

Ad esempio, la 'Ayn 'al 'Awqât, ossia 'fonte delle ore', indicante l'intermittenza del flusso idrico, causato dal quotidiano variare del livello della falda, diventa l'odierna Donna Lucata (Ragusa) ('Ibn 'Idrîs, Kitâb nuzhat 'al mustâq, 38, in Amari 1880-1881, I, p. 75: «Presso Scicli è ancora la fonte chiamata 'Ayn 'al 'Awqât perché, fenomeno singolare, l'acqua vi sgorga nelle ore delle preghiere e smette in tutte le altre»). La 'Ayn 'Azîzah, 'sorgente eccellente' oppure 'preziosa' muta nella contrada Donnasisa (Trapani); altrove il Pellegrini ha raccolto nella bibliografia forme quali 'a Donna, i Donni, Donna Ragusa, Donna Fridda, e così via, attestate a fianco di persistenze dialettali tipo Ainiddu e mantenutesi in coincidenza di sorgenti, di cui le fonti greche medievali testimoniano il calco semantico da precedenti nomi arabi (Pellegrini 1961, pp. 157-158).

Nelle regioni costiere e interne della penisola italiana, interessate da stanziamenti arabi o per le quali si può ipotizzare la frequentazione da parte di mercanti della medesima area o in contatto con le terre dell'Africa settentrionale, abbiamo toponimi legati all'acqua, come:
- Favaro (possibile derivato da fawwara, 'sorgente') (Pellegrini 1961, p. 154), prossimo alle Aquae Caeretane (5000 m a NE del km 52 della Via Aurelia; I.G.M., F° 143 III SO) e nella stessa area delle località Pian Sultano e Fosso del Moro (Del Lungo 2000, p. 39 n. 340);
- Caligine, accostabile al più celebre esempio pisano del Fosso Caligi (da halig, 'laguna', 'fiume', 'canale', 'affluente', 'laguna', 'abisso') (Pellegrini 1956, pp. 171-175) e situato 100 m a S del km 113,500 della Via Aurelia (I.G.M., F° 136 III SO), presso la costa toccata nel pieno Medioevo dalla rotta commerciale da Pisa a Corneto (Del Lungo 1999b, p. 39 n. 340);
- Fosso Ponte Musa, che scorre ai piedi della fortezza sannitica di Prima Croce, nel gruppo di Monte Mauro, dominante la valle del Biferno e la conca di Guardialfiera (Campobasso), che potrebbe accostarsi al siciliano Wadi Mûsâ o 'fiume di Mosé', ovvero il Simeto ('Ibn 'Idrîs, Kitâb nuzhat 'al mustâq, 35, in Amari 1880-1881, I, p. 71).

La denominazione viene introdotta ogniqualvolta in una certa zona, soggetta ad una penetrazione degli Arabi profonda e prolungata nel tempo, viene individuato un corso d'acqua, che per la sua portata e il regime costante appare essere il più importante tra quelli noti. Il particolare peso di questo nome e la suggestione suscitata dal richiamo ad uno dei personaggi chiave della Bibbia tende a permanere, trovandosi anche in contesti insospettabili, apparentemente al di fuori della portata delle invasioni (Del Lungo 2000, pp. 76-77 e n. 600). Si aggiunga al riguardo il caso del toponimo Wadi Saktah, letteralmente 'Fiume che fa Silenzio', registrato da 'Ibn 'Idrîs per il Fiume Sinni (Calabria) e rimasto nel toponimo Fiume del Silenzio nella parte alta del suo corso (Amari-Schiaparelli 1883, p. 74 e n. 2).

XIII.4 - *Toponimi legati alle fonti d'acqua disseccate*

Capita d'incontrare anche il toponimo Femmina Morta ('sorgente asciutta' o 'disseccatasi', ma anche cisterna o pozzo interratisi), dislocato lungo i percorsi viari indipendentemente dal loro grado di importanza o dal tipo di traffico che accolgono. Le storie intorno a fatti di sangue, che vedono coinvolte in prima persona le donne, in seguito a tradimenti o nel corso di azioni criminali, sono state create dalla gente del posto nei secoli successivi al Medioevo per giustificare il senso di una denominazione altrimenti oscura, il cui unico valore consisteva nel segnalare al viandante l'assenza di acqua lungo un tracciato in precedenza fornito di punti ove sostare e dissetarsi.

Nel corso del tempo possono nascere ulteriori toponimi, nei quali al corpo iniziale vengono aggiunti termini indicanti, ad esempio, il ripristino del flusso della sorgente. È il caso del Fontanile Femmina Morta, collocato 1100 m a E di Rocca Massima (I.G.M. F° 150 II SE). Il fontanile viene costruito nel secolo XVIII nello stesso punto in cui precedentemente c'era una risorgiva; la sua scomparsa, con conseguente introduzione del toponimo Femmina Morta, era stata determinata da un abbassamento della falda, nel corso di alcuni anni particolarmente siccitosi.

XIII.5 - *Toponimi legati alle fonti d'acqua corrente*

Si ha il caso in cui l'elemento femminile (solitamente espresso dal vocabolo Donna) diventa un appellativo, con forte richiamo per l'acqua corrente, come il Casco della Donna. La località Casco della Donna (Tarquinia, VT) si trova 250 m a NO del km 6 della Strada Statale n° 1 bis e nel suo significato di 'cascata d'acqua' allude al salto compiuto dal Fosso S. Savino nella parte alta del suo corso, in corrispondenza di una piccola rupe, nella quale si aprono due antichi cunicoli, di cui uno ancora attivo (Padovan 2002 a, pp. 119-121). La cascata si vede solamente dopo violenti o prolungati acquazzoni, in quanto nel punto si riversano i torrenti temporaneamente prodottisi sui pendii dei colli intorno (Del Lungo 1999a, p. 191).

Per acque convogliate tramite acquedotti possiamo avere La Vecchia: solitamente questo toponimo è quanto rimane del più completo Forma Vecchia, attribuito ad antichi acquedotti come quello di Civitavecchia. A livello locale è accompagnato dalla leggenda di un'anziana donna che avrebbe guidato a copiose sorgenti un gruppo di soldati o di ingegneri in cerca di nuove fonti per approvvigionare la vicina città assetata. Il modello è costituito dalla tradizione classica nota per l'Aqua Virgo di Roma (Del Lungo 1999 a, p. 16).

XIII.6 - *Toponimi e interventi idraulici*

Un insieme significativo del gran numero di varianti, note nella toponomastica per intendere l'acqua e gli interventi idraulici operati per migliorarne il controllo o lo sfruttamento, si ha nella Maremma laziale. Il sovrapporsi e l'integrarsi alla popolazione locale di etnìe diverse sin dall'Alto Medioevo appare evidente nella molteplicità di modi usati per far risaltare gli elementi del paesaggio meglio percepibili di altri, dai torrenti vorticosi alle paludi, alle lagune interne e alle sorgenti, con richiami ad essi diretti o traslati.

Alla componente locale si riconducono i numerosi Pantani e Pantano, il cui significato è condiviso, in ordine alfabetico, dai termini Asco, l'Asco o Lasco ('acquitrino contornato da vegetazione'), Foce ('sbocco di una laguna interna'), Gora ('invaso'), Guinza ('acqua accumulatasi ai piedi di un rilievo o in un avvallamento'), Inferno ('palude'), con ulteriori metafore applicate alle forze del Male, Piscina ('invaso' o 'acquitrino'), Paglieto ('estensione di erbe di palude'), Pozzo ('sorgente profonda') e dagli attributi Fragida ('bagnata', 'intrisa d'acqua'), relativo alla terra, Marzola (dal latino marcidu, 'marcio', 'stagnante') e Percossa, a cui aggiungere la parola Acqua per indicare punti in cui si formavano cascate o rapide. In particolare il Fosso della Marzola (I.G.M., F° 136 III NO-SO), all'altezza del km 121,200 della Via Aurelia. Nel secolo XVIII era compreso nel più ampio Quarto Marzola, una variante per intendere la vasta palude di Pescia (poi Pescia Romana) (Del Lungo 1999 b, p. 25, n° 66 e 67).

Agli Arabi, o ad intermediari pisani, va ricondotto il summenzionato toponimo Caligine, del quale però al momento non si hanno riscontri nella documentazione d'archivio, mentre sono longobarde le denominazioni Pescia (da bahiz o pehhia, 'ruscello', 'torrente'), rimasto all'abitato di Pescia Romana ed esteso al successivo insediamento di Pescia Fiorentina (Del Lungo 1999b, pp. 37-38, n° 138), e Pian dei Cangani, evolutosi da un precedente Lago di Gango, del secolo XVII (da ganga, 'latrina', 'pantano', 'strada') (Del Lungo 1999b, p. 38, n° 141). Il significato di 'strada' è bene associato in questa località al riferimento alla laguna, poiché nell'area si aveva il passaggio di uno dei tronconi della Via Aurelia, segnalata fra l'altro anche dal vicino Ponte Rotto o Ponte del Diavolo.

Meno immediati ma ugualmente significativi sono la denominazione Fontana Santa, propria delle sorgenti potabili inserite in contesti anomali, quali paludi, dove l'acqua non manca ma è imbevibile, o cospicue estensioni rocciose; e in genere i richiami a particolari culti di santi, legati all'acqua da vicende inserite nelle loro biografie ed estesi anche alle strutture che la trasportano, la raccolgono o la contengono. Per citare i principali (oltre alla devozione per la Vergine, troppo generica se non accompagnata da appellativi particolari del genere Condotto, Forma o Grotta, pertinenti a serbatoi, piscine limarie, acquedotti e cunicoli) si segnalano le figure di S. Giovanni Battista e S. Michele Arcangelo, chiamate in causa anche per esorcizzare identici culti pagani delle acque, oppure direttamente cisterne e pozzi antichi. Significativi sono gli esempi della grande Cisterna delle Cesine (1700 m a NE di Rocca Imperiale, CS), della prima età imperiale, alimentata da un acquedotto detto di S. Janni, dal nome della località in cui sgorgano le abbondanti sorgenti da cui parte la conduttura (Quilici 1967, pp. 113-117 n° 43); e del Fonte S. Angelo (1000 m a SO di Pratola Peligna, AQ), presso il quale è stata rinvenuta un'epigrafe in dialetto peligno, dove si testimonia l'avvenuta erezione di una cisterna, di una fontana o di un acquedotto per raccogliere le acque della vicina sorgente (von Wonterghem 1984, pp. 193-194, n° 85).

XIII.7 - *Acqua e santi*

S. Agostino è invece titolare delle polle di acqua dolce prossime al mare, essendo stato protagonista dell'incontro con un Angelo proprio sulla riva (Del Lungo 1999b, pp. 242-243).

S. Ninfa, mai esistita realmente, sebbene le si attribuiscano le reliquie conservate sin dal secolo XI in varie chiese di Roma, di Palestrina e di Palermo, nasce per corruzione del toponimo latino *ad Nymphas Catabassi* (XIII miglio della Via Cornelia), dato ad un complesso di cunicoli scavati nel tufo e ad una mostra monumentale realizzata al loro sbocco in piano, risulta già diffuso nel secolo IX (anni 847-855, *ecclesia beatae Nimphae martyris, que esse videtur in civitate Portuense* (*Lib. Pont*., tomo II, p. 113, l. 3); ora Fontanile di S. Ninfa), nonostante la località sia stata nel frattempo ridenominata Buccege (odierna Boccea), dall'abitato posto poco lontano. La "cristianizzazione" del toponimo deriva dal martirio subìto da quelle parti dai SS. Mario, Marta, Abacuc ed Audifax, più facilmente ricordati come 'i Santi ad Nymphas', da cui poi la altomedievale S. Ninfa (Baronius 1588, tomo I, *ad annum* 270, n. 14), diffusa in Sicilia. Un altro santo fasullo, derivato addirittura dal rumore prodotto dall'acqua sgorgante dal terreno, è S. Vuglione, associato a un fontanile alimentato da una conduttura antica, posto 600 m a N del paese di Nocara (CS) (Quilici 1967, pp. 31-33).

XIII.8 - *Toponimi e costruzioni idrauliche*

Nella grande varietà di denominazioni, offerte dal territorio e dalla documentazione sin dall'Alto Medioevo, e pertinenti a:
- cisterne (i Sette Bagni, la Bagnara, la Botte, la Camera, le Carceri, la Casaccia, la Casarina, la Cisterniola, la Dama, la Grotta, il Mortale, il Muro, la Piscina, il Pozzo);
- cunicoli (la Bocca, Torta o Piana, a seconda che il passaggio sia ostruito o meno; la Cava, il Canale, la Mezzaluna, dalla particolare forma che assumono le volte a botte; la Pietra Pertusa, il Ponte Sodo, Ponte Coperto e Ponte Terra);
- acquedotti antichi (l'Acqua, nelle versioni Acqua Raminga, Acqua Sotterra e Acquatraversa e con l'accostamento della Fontana Tagliamonte; l'Arco, la Condotta, la Forma e la Grotta); risaltano particolarmente, a causa della suggestione prodotta, le attestazioni connesse a tradizioni e leggende.

L'acquedotto cinquecentesco, che riforniva Corneto (l'attuale Tarquinia) sino agli inizi del secolo XX, è tuttora contrassegnato nel suo percorso da una significativa sequenza, costituita dai toponimi I Bottini e Poggio della Sorgente, corrispondenti ai principali serbatoi e ai punti di presa, dopo i quali vengono i Primi Archi, le Arcatelle e i Secondi Archi, ossia la serie di arcate che sostengono lo speco, in gran parte sotterraneo (Del Lungo 1996), nell'attraversamento di profonde gole e depressioni sulla collina dei Monterozzi (Del Lungo 1999a, p. 195). Accanto al Diavolo, artefice di ardite architetture e di stretti condotti scavati nella roccia (Riera 1994 a, p. 207, 285-286 n. 102), a Draghi e Serpenti, attratti dalla disponibilità nelle cisterne di una riserva d'acqua costante, si ripropongono alcune figure femminili, tratte dalla tradizione classica e medievale, quali la Sibilla, le Streghe e le Fate, aggiungendo pure i generici riferimenti agli Spiriti, abituali frequentatori e custodi di acquedotti e piscine ipogee. È quindi sufficiente ricordare:
- la celebre cisterna chiamata Grotta della Dragonara, 1500 m a SSE di Bacoli (NA); il richiamo al drago è stato talvolta connesso al verbo latino trahere, alludendo ai cunicoli di adduzione dell'acqua, ma senza fondamento specifico (Borriello-D'Ambrosio 1979, p. 153 n° 159);
- la Botte della Sibilla, uno dei serbatoi dell'antico acquedotto di *Centumcellae* nel cuore dei Monti della Tolfa (Del Lungo 1999a, p. 55; Del Lungo 1999b, p. 161 n. 26);
- la Buca della Fata, cioè la cisterna di una villa collocata 1600 m a SE dell'abitato di Monte Romano (VT) (Del Lungo 1999a, p. 162; Del Lungo 1999b, p. 169), a cui idealmente gli si contrappone il toponimo Buca della Strega (1200 m a OSO di Orte), coincidente con il tratto della valle del Rio Paranza compreso tra il versante occidentale del Colle di S. Bernardino e quello orientale dell'altura delle Grazie, o i Cappuccini; localmente si dice che quando qualche nube appare stazionare sul triangolo di cielo percepibile tra i due colli, poco dopo si scatenano sulla zona violenti temporali;
- a una cisterna, ad un cunicolo o ad una semplice cavità dovrebbe riferirsi anche il toponimo arabo di Sicilia *'Ayn al hurûq*, 'Fonte del Buco' (Pellegrini 1961, p. 157).

XIII.9 - *Toponimi e cavità considerate "misteriose"*

Il promontorio del Circeo offre diversi toponimi, legati all'effetto sonoro prodotto dalle ondate, al momento del loro ingresso nelle cavità al livello o subito sotto la superficie del mare, oppure dai cedimenti improvvisi di caverne poste all'interno del monte (Grotta del Bombardiere o del Rimbombo; Sprofondo del Diavolo o dell'Inferno). Il collegamento ideale stabilito tra vano ipogeo e mondo degli Inferi ha portato a vedere nelle concrezioni cristalline visibili all'interno dei fantocci (l'Arnale dei Pupazzi) o l'immagine di un impiccato (la Grotta dell'Impiso). Altrove si è giocato direttamente sul duplice significato del termine 'tartaro', intendendo sia le concrezioni calcaree sia le parti profonde dell'Inferno (la Grotta del Tartaro, alle pendici sud-occidentali del Monte Semprevisa, a N di Sezze) (Del Lungo 2001, p. 46 n. 6).

Merita un accenno in chiusura, per la sua unicità, il toponimo Poggio delle Sette Porte. La denominazione, attestata agli inizi del secolo XVII, era attribuita ad un piccolo poggio situato circa 2100 m a ovest di Canino (VT) e dominato dal poco distante monte omonimo. All'epoca si parlava di una "caverna" molto lunga, penetrante nelle viscere del colle e racchiudente un cospicuo tesoro, mai prelevato da alcuno essendo custodito da forze invisibili. Un tentativo di recupero, compiuto nei primi decenni del 1800, recando con sé persino un sacerdote con gli opportuni apparati per praticare l'esorcismo, si concluse con la fuga precipitosa del gruppo di avventurosi, furiosamente battuti da mano invisibili. L'evento consolidò ulteriormente la diceria della presenza di demoni in fondo al cunicolo, confermando anche l'uso di chiamare Piana del Diavolo l'intera pianura vulcente, dominata dai monti che comprendono anche il Poggio delle Sette Porte. Il numerale cardinale 'sette' è puramente convenzionale, suggerito dalla Cabala e dal bisogno di dare una quantità cospicua al numero di barriere incontrate nel corso di altre esplorazioni. Queste, equiparate a fantasiose prove di astuzia, forza e coraggio da affrontare prima di giungere alla camera del tesoro, corrispondono nella realtà ad alcuni purgatori o filtri, posti a distanze regolari all'interno di quella che la fantasia definisce "caverna" ma che nella realtà corrisponde ad un antico condotto (Del Lungo 1999b, p. 170).

CAPITOLO XIV

LA RICERCA SULLE FONTI D'ARCHIVIO NEL SETTORE DELLE CAVITÁ ARTIFICIALI: POTENZIALITÁ E LIMITI

Alessandro Pesaro

XIV.1 - *Premessa*

La ricerca d'archivio si pone su un piano diverso rispetto agli ordinari metodi di approfondimento storico praticati dagli studiosi di cavità artificiali. Se per "ricerca storica" si intende perlopiù qualche rapida esplorazione delle raccolte di una biblioteca locale, magari sulla scorta di bibliografie lacunose, o fidandosi di strumenti non sempre esaustivi ed attendibili (quali ad esempio il catalogo per soggetti) una fruttuosa ricerca d'archivio richiede non solo esperienza e pratica, ma anche un particolare bagaglio di conoscenze ed una complessa metodologia di lavoro che si acquisiscono perlopiù con uno specifico percorso di studi universitario.

Il metodo della ricerca d'archivio costituisce dunque un campo vasto e complesso, che non potrebbe mai essere condensato in poche righe. Gli obiettivi di questo contributo sono invece altri: presentare le caratteristiche di questo genere di fonti, indicarne possibilità e limiti nel particolare settore delle cavità artificiali d'interesse storico ed infine valutare i possibili utilizzi delle informazioni così reperite.

Queste pagine non vanno quindi intese come una guida pratica al lavoro d'archivio, tanto che gli stessi casi citati (pur riferendosi ad una serie di esempi familiari per lo studioso di cavità artificiali) hanno volutamente un taglio molto generale e teorico. A differenza di altre realtà che arrivano a modelli di stato accentrato con secoli di anticipo rispetto all'Italia, nel nostro paese non esiste una situazione uniforme a livello nazionale, tanto che l'eredità dei vari stati preunitari ha creato una galassia di modelli locali, spesso diversissimi tra loro. È dunque impossibile dare delle linee guida valide al di là della dimensione locale.

XIV.2 - *Fonti a stampa e fonti manoscritte: un problema di metodo*

La ricerca storica sulle opere sotterranee viene perlopiù condotta sulla scorta di testimonianze indirette: libri, testi di storia locale, raccolte di periodici e simili. Questo tipo di indagini consente in genere un buon grado di approfondimento, ma è sempre necessario valutare i limiti che sono propri di questo genere di fonti: un testo a stampa può essere viziato da errori, da omissioni volontarie o intenzionali, o ancora dal ricorso a testimonianze inattendibili; autori moderni possono riprendere in modo acritico testi anteriori, e spesso una serie di notizie false o inesatte passa da un testo all'altro senza nessuna forma di controllo.

Per contro, il documento garantisce l'informazione più vicina all'evento, in genere immune da quei fraintendimenti e quelle distorsioni che possono compromettere il valore delle altre fonti indirette. Le potenzialità del lavoro su fonti di prima mano non hanno bisogno di essere sottolineate: indagini archivistiche mirate hanno spesso completamente ribaltato l'interpretazione di un manufatto, o hanno contribuito a precisare esattamente la storia dell'opera. Fra i tanti esempi possibili si potrebbe ricordare una breve galleria nei dintorni di Trieste (a lungo creduta un'opera romana, ma in realtà scavata all'inizio dell'800) e l'acquedotto romano di Asolo (TV), dove l'indagine sulle fonti dirette ha consentito di distinguere esattamente le parti originali da quelle restaurate in epoca moderna, ormai a stento distinguibili (Cova 1976; Riera 1991).

Gli esempi potrebbero continuare a lungo, ma il punto cruciale è un altro. Chi si occupa di cavità artificiali in una prospettiva di approfondimento storico vede spesso la ricerca d'archivio sotto una luce ambigua.

Da un lato, egli è consapevole degli ostacoli che presenta questo genere di attività nonché del bagaglio di conoscenze che è necessario possedere per praticarle in modo proficuo, dall'altro, tende a vedere queste istituzioni culturali sotto una luce idealizzata, spesso immaginando che esse possano fornire tutte le risposte possibili su un'opera sotterranea. Questo "mito dell'archivio" deve essere ridimensionato. La praticabilità concreta di questo genere di ricerche è legata a molteplici fattori, connessi perlopiù alla particolare natura del documento manoscritto.

Il libro nasce dall'esigenza di fornire un'informazione in forma sistematica e ragionata, e presuppone un pubblico di fruitori. L'autore deve sforzarsi non solo di esprimere in forma comprensibile il suo pensiero, ma anche di mettere il lettore nella condizione di comprendere fatti e situazioni di cui non avrebbe altrimenti conoscenza diretta: perché lontani dalla sua esperienza concreta, o perché remoti nel tempo.

Per contro, il documento è legato ad una singola situazione contingente, si basa su codici, modelli e riferimenti propri, ed infine soddisfa i bisogni precisi di un numero molto ristretto di persone che condividono un bagaglio di informazioni comuni. Un trattato di ingegneria mineraria deve fornire tutte le informazioni necessarie a chi si accosta per la prima volta a questo genere di problemi (e deve quindi poter essere compreso da chiunque possieda una certa cultura tecnica) mentre un documento in cui si descrivano le spese necessarie per il riatto di un cunicolo nasce per essere utilizzato solo dai soggetti interessati alla vicenda, i quali non si sono certo preoccupati di spiegare un insieme di riferimenti per loro ovvi: dai nomi degli attrezzi alla toponomastica.

Questo esempio permette di introdurre la prima importante conclusione. I documenti d'archivio non sono stati redatti perché noi, a distanza di secoli, li potessimo consultare proficuamente. Tutte queste testimonianze sono funzionali alle esigenze dei soggetti che li hanno prodotti, e non certo alla trasmissione di una memoria storica organica. Se, come spesso accade, ciò avviene comunque, si tratta di un risultato del tutto secondario, ritenuto non essenziale o addirittura nemmeno previsto. Di conseguenza essi richiedono un duplice sforzo interpretativo: da un lato quello implicito nella distanza storica tra noi e l'evento documentato (unità di misura non più in uso, toponomastica scomparsa, assetti amministrativi mutati) dall'altro quello legato alle difficoltà proprie della ricerca storica su fonti dirette. Si pensi alla necessità di interpretare stili di scrittura non sempre comprensibili, al dover comprendere i meccanismi di produzione del documento servendosi perlopiù da indizi esterni (bolli, timbri, vidimazioni, sigilli), o al bisogno di possedere particolari conoscenze linguistiche, legate sia dall'uso generalizzato del latino nei documenti più antichi, sia dall'impiego di lingue straniere in quelle zone d'Italia soggette nel passato ad amministrazione straniere. Inoltre, questi documenti riflettono spesso la ricchezza e la complessità di quelle che si possono definire le "culture orali del lavoro": ciascun ambito professionale possiede un lessico altamente specifico collegato alle singole varianti regionali dell'italiano, con cui vengono designati gli utensili, le operazioni ed i tempi del lavoro. Un vocabolario ricchissimo e diversificato, di cui si trova spesso traccia nei documenti d'archivio.

XIV.3 - *La centralità degli aspetti patrimoniali*

Il limite più importante alla possibilità di reperire informazioni va cercato in fattori esterni al documento, che si possono riassumere in una semplice considerazione: il denaro lascia sempre traccia. È infatti possibile trovare documentazione d'archivio relativa ad un'opera sotterranea solo se questa ha richiesto delle spese (oneri di manutenzione, di riatto etc.) oppure è stata associata in un modo o nell'altro a questioni di caratteri patrimoniale: controversie, liti, dispute e così via.

Una delle esigenze di ogni amministrazione è quella di gestire, controllare, e documentare i flussi di denaro, tanto che se nei documenti compaiono riferimenti diretti ad opere nel sottosuolo essi hanno perlopiù valore accidentale: lo schizzo di un acquedotto sotterraneo serve a giustificare le spese per il suo riatto, elenchi di cave e miniere sono legati al controllo del gettito fiscale o comunque ad esigenze di tassazione diretta sulle attività produttive, mentre qualunque documento che descriva un'opera nel sottosuolo in rapporto alla topografia di superficie è spesso riconducibile a vertenze per l'uso del suolo o a controversie su diritti reali.

La conclusione è sorprendente: un'opera sotterranea di grande interesse storico può non aver lasciato alcuna traccia nei documenti, mentre strutture più recenti e modeste, magari utilizzate per un lungo arco di tempo, sottoposte ad ripetuti interventi di riatto e manutenzione (o che si sono trovate al centro di liti) possono aver prodotto una mole di documentazione assolutamente sproporzionata alla loro importanza.

Queste considerazioni contribuiscono inoltre a spiegare alcuni particolari aspetti del documento d'archivio, visto che la data in cui è stato prodotto il documento non è necessariamente legata all'orizzonte cronologico a cui appartengono le opere in esso descritte. Un rilievo dei primi decenni del XIX secolo può tranquillamente riguardare un cunicolo idraulico romano (se di esso si progetta il ripristino) mentre è senz'altro possibile trovare accurate descrizioni di una cisterna quattrocentesca in un memoriale di due secoli più tardo, se vi è stata l'esigenza di documentare qualche spesa di manutenzione o di riatto. In linea di massima, è molto difficile trovare documenti anteriori al basso medioevo, ed in particolare prima di quell'epoca (variabile da zona a zona), che segna la rinascita della vita cittadina e l'affermarsi della cultura comunale.

L'interesse verso l'opera sotterranea in quanto tale, a prescindere da ogni altro possibile risvolto, è invece un fatto relativamente recente, anche se la linea di demarcazione è abbastanza sfumata. Per gli aspetti più celebri dell'arte monumentale classica questa si colloca attorno al XVIII secolo (nel momento del trapasso fra la semplice cultura antiquaria ed un embrionale interesse scientifico - archeologico), mentre per opere più recenti o meno conosciute si può arrivare fino agli ultimi decenni del '900. In entrambe i casi la documentazione è entrata a far parte di carte private (che costituiscono però un campo di studi particolare) oppure è confluita negli archivi di istituzioni che hanno come funzione proprio la tutela e la conservazione del patrimonio storico artistico: si pensi ad esempio ai fondi di sovraintendenze o di musei.

XIV.4 - *Spazio cittadino e spazio rurale*

L'aspetto patrimoniale serve anche a giustificare un altro aspetto di rilevante importanza, e cioè lo squilibrio tra lo spazio cittadino ed il territorio circostante: in genere si trovano informazioni molto abbondanti e circostanziate per strutture riconducibili ad un contesto urbano di una certa importanza, ma ciò non è altrettanto vero per opere sotterranee poste in ambito rurale. La spiegazione è abbastanza complessa, e chiama in causa diversi fattori.

In primo luogo, lo spazio urbano è il luogo per eccellenza dei rapporti fra privati, tanto che le opere nel sottosuolo seguono in genere la sorte dell'edificato in superficie, cui sono strettamente legate. Pozzi, cisterne, sili granari, ma anche semplici diritti di derivazione dell'acqua da una condotta pubblica sono venduti, comprati, ipotecati, lasciati in dote, contesi tra più eredi etc. Una vasta casistica di situazioni giuridiche diverse, che devono essere puntualmente formalizzate mediante documenti.

La città è inoltre il luogo per eccellenza dove si esercitano funzioni amministrative di tipo moderno. La cisterna posta nella piazza davanti al municipio è stata scavata grazie alle finanze della collettività, l'uso della sua acqua è spesso regolato da norme e disposizioni ed infine la sua manutenzione è curata da maestranze stipendiate: tutte situazioni che richiedono una precisa codificazione in forma scritta.

La campagna, o comunque lo spazio extraurbano, è invece il luogo dove resistono a lungo modelli socio - economici statici ed arretrati (il patto di mezzadria, il latifondo etc.), mentre i rapporti tra i vari soggetti avvengono perlopiù secondo formule consuetudinarie o comunque non scritte, una situazione che è stata senz'altro favorita da un altissimo tasso di analfabetismo. Si pensi al caso di un pozzo che rifornisce uno sperduto agglomerato rurale: le circostanze della sua costruzione sono perlopiù affidate ad una confusa memoria collettiva tramandata su basi orali, il suo uso è regolato da norme consuetudinarie non scritte, e la stessa manutenzione si basa normalmente su prestazioni di lavoro non retribuito, il più delle volte collegate a diritti signorili.

XIV.5 - *Il regime di proprietà*

Al di là di queste considerazioni, la possibilità concreta di reperire informazione mediante documenti d'archivio è inoltre strettamente legata al regime di proprietà del bene. Se un'opera sotterranea si trova in un terreno comunale, è verosimile che i documenti ad essa correlati (ammesso che siano stati prodotti e conservati fino ai nostri giorni) siano negli archivi cittadini.

Un pozzo, una cripta, dei locali di sepoltura sotto edifici di culto avranno probabilmente lasciato traccia nelle carte delle istituzioni religiose che possedevano o amministravano quegli immobili, anche se le vicende di questi archivi sono state enormemente complicate dalle soppressioni in età napoleonica, che hanno disperso molti documenti.

Un discorso a parte meritano gli archivi aziendali, spesso ricchi di documentazione di grande interesse per lo studio di certe categorie di cavità artificiali: si pensi a quale importanza possa avere l'archivio storico di un'azienda mineraria, anche dal solo punto di vista esplorativo. Purtroppo, questo genere di fondi sono quelli maggiormente a rischio. Finché la produzione continua, l'azienda non ha in genere la sensibilità per comprendere il valore e l'importanza di questi documenti, mentre il termine dell'attività condanna quasi sempre l'archivio alla dispersione.

Spesso questo materiale viene conservato in maniera precaria, talvolta in locali ubicati negli stessi impianti di produzione, che diventano facile preda di vandali. Solo in un piccolo numero di casi una quota più o meno ampia dell'archivio aziendale è stata versata presso archivi pubblici, di fatto le uniche istituzioni capaci di garantire la conservazione, il riordino e la consultazione dei documenti.

XIV.6 - *Il documento grafico*

La documentazione di tipo iconografico è sempre minoritaria rispetto ad altre testimonianze. In altre parole, è molto più facile imbattersi in note, rendiconti, relazioni, che non in mappe, disegni o veri e propri rilievi. La spiegazione richiede alcune osservazioni:

1. Il tempo, il costo, l'impegno per allestire un documento iconografico sono molto superiori rispetto a quanto è necessario per creare un semplice documento scritto. Ciò vale sia in termini di costi materiali (carta, colori, strumenti speciali per il disegno tecnico o artistico etc.), sia in termini di risorse umane, poiché essi possono venire realizzati solo da personale specializzato.

2. Sono materiali particolarmente esposti ad danneggiamenti o furti, specie se di grande formato. Un nota può essere tenuta per secoli in un semplice faldone, ma un disegno va conservato con particolari precauzioni: i rotoli sono vulnerabili, mentre la conservazione senza piegature richiede arredi speciali non sempre disponibili. Molte delle mappe e dei piani più antichi possiedono inoltre un evidente valore estetico, che appare chiaro anche alla persona del tutto indifferente agli aspetti storici in senso stretto.

Agli occhi di un ladro, una mappa acquerellata con maestria è un oggetto molto più appetibile di una semplice minuta vergata in calligrafia incomprensibile. I documenti d'archivio sono pieni di espressioni del tipo "come si dimostra nell'allegato piano" ed altre espressioni simili che alludono all'esistenza di materiali grafici scomparsi.

3. Si tratta di materiali spesso associati ad un valore strumentale, non di documento. Un rapporto, un rendiconto spese, una nota sono in genere conservati in locali chiusi, mentre un piano, un progetto o un disegno vengono spesso portati all'esterno e consultati senza troppe precauzioni, magari in ambienti non idonei. Spesso negli archivi si trovano solo progetti non realizzati.

XIV.7 – *Alcune considerazioni*

Per utilizzare al meglio questo genere di fonti non bastano nozioni "tecniche" in senso stretto (norme di citazione per fonti non a stampa, criteri di edizione etc.) ma anche una serie conoscenze di base, che riguardano perlopiù la storia delle istituzioni nel periodo in questione.

A volte la ricerca in archivio è solo il momento culminante di un vasto lavoro preparatorio, il quale comprende la verifica critica delle fonti a stampa, l'approfondimento di particolari aspetti della storia locale (specie dal punto di vista politico-amministrativo), ed infine il reperimento concreto dei documenti.

Quest'ultimo aspetto è di particolare importanza. Nulla garantisce che vi sia una relazione diretta tra il luogo in cui in cui sono stati prodotti i documenti, o la zona a cui essi fanno riferimento, ed il sito in cui sono attualmente conservati. Documenti relativi ad opere sotterranee possono addirittura trovarsi all'estero, caso tutt'altro che raro per quelle zone del nostro paese passate all'Italia dopo il 1918. La ricerca in archivio è un campo ricco di prospettive e di potenzialità, ma i documenti rispondono soprattutto a chi li sa interrogare.

XIV.8 - *Approfondimenti*

Per eventuali approfondimenti si suggeriscono i seguenti testi:

- Badini, G. 1989, *Archivi e Chiesa. Lineamenti di archivistica ecclesiastica e religiosa*, Bologna.
- Carucci, P. 1984, *Gli archivi di impresa: alcune considerazioni introduttive*, in *Rassegna degli archivi di Stato*, XLIV (1984), 2-3, pp. 427-444.
- Carucci, P. 1989, *Le fonti archivistiche. Ordinamento e conservazione*, Roma.
- D' Angiolini, P., Pavone, C. (a cura di) 1981-1994, *Guida generale degli archivi di stato italiani*, Roma.
- De Palma, L. M. 1994, *Dall'archivio di Curia all'archivio diocesano*, in *Rassegna degli archivi di Stato*, LIV, 3, pp. 660-669.

- Lodolini, E. 1980, *Organizzazione e legislazione archivistica italiana dall'unità d'Italia alla costituzione del Ministero per i Beni Culturali*, Bologna.
- Lodolini, E. 1988, *Archivistica. Principi e problemi*, Milano.
- Romiti, A. 1996, *Temi di archivistica*, Lucca.
- Zanni Rosiello, I. 1996, *Andare in archivio*, Bologna.

Inoltre, si consulti il sito http://www.archivi.beniculturali.it// Descrizione del funzionamento del sistema archivistico nazionale e degli istituti periferici.

CAPITOLO XV

ALCUNE NOTE SULLA FOTOGRAFIA IN IPOGEO

Guglielmo Esposito

XV.1 - *Lo scatto e il risultato*

Ho chiesto a un fotografo professionista cosa fosse per lui la fotografia e mi ha risposto: "La cruda e sola ripresa della realtà". Sono rimasto perplesso, ma a pensarci bene non ha torto. Se prendi una macchina fotografica qualsiasi e scatti, errori di luce, sfocatura, esposizione (tempi e diaframmi) a parte, sulla pellicola all'interno della macchina verrà impressionata una parte dell'immagine di ciò che le sta davanti.

Per un lavoro di documentazione è quanto serve. Non posso negare che preferisco qualche cosa in più, anche per la sola documentazione di un manufatto, sia esso un cunicolo, una centina o la vera di un pozzo. Sorge spontanea una domanda: le foto 'belle' e 'creative', come riescono? Vari sono i fattori che concorrono, non ultimo quello psicologico.

Se devi necessariamente realizzare un servizio fotografico, per un qualsivoglia motivo, ma prescindendo dai tuoi interessi, o da un tuo specifico 'sentire', potrai ottenere foto tecnicamente valide, ma sovente ti sembreranno senza 'anima'. Ho fotografato vari ambienti, riprendo grandi sale di grotte, gallerie militari, particolari di stalattiti: alcune, belle e tecnicamente corrette, non hanno lo stesso 'sapore' di foto scattate ai medesimi soggetti in altri momenti e magari con minore attenzione.

Psicologia a parte, dal lato puramente tecnico ho visto buone foto, nel limite dato dalle macchine, eseguite con le "usa e getta", e ho fatto personalmente delle pessime foto con buone macchine reflex. La colpa non è dell'apparecchio, ma dalla somma degli errori commessi nel valutare l'inquadratura e il momento dello scatto. Per scattare una buona foto occorre saper attendere il momento giusto e la luce giusta.

Il momento giusto potrà giungere quando ti sei distratto, quando non hai più tempo e la luce non va più bene. Per la scelta del momento occorre attenzione e un poco di fortuna. Nonostante questo, portati ovunque la macchina fotografica: quando sarai 'a posto', scatta pure. Lo stesso vale per le foto in ipogeo, ma con modalità generalmente differenti.

Queste "quattro chiacchiere sulla fotografia" vogliono essere un racconto di esperienze acquisite sul campo, all'interno di cavità artificiali e naturali, non un trattato di fotografia. Parlerò quindi dei materiali in commercio, descrivendo poi la tecnica per fotografare in posti particolari e i trucchi che s'apprendono dagli errori commessi.

XV.2 - *Le macchine fotografiche*

Se entriamo in un negozio di materiale fotografico troveremo svariati modelli di macchine fotografiche, dal "grande formato" (24x30, 13x18, 9x12, 6x9; i valori sono espressi in centimetri) passiamo al "medio formato" (6x9, 6x6, 6x4,5), dal "piccolo formato" (24x36 mm) alle "APS panoramiche", dalle "mini camere" alle "macchine digitali". Tralasciamo il grande formato che utilizza lastre fotografiche: sono macchine ingombranti e costose, non adatte agli ambienti ipogei. Lasciamo le macchine di medio formato, anch'esse delicate e costose. Le APS vanno bene per i panorami, ma in ambienti ridotti deformano l'immagine; le mini si adoperano per le foto-ricordo.

Le digitali sono leggere, hanno la possibilità di vedere subito il risultato dello scatto e di cancellarlo se non va bene, ma quelle a basso costo hanno una resa proporzionale. Le digitali più costose e sofisticate richiedono poca luce per i primi piani, vanno bene in molti ambienti ipogei, ma non in tutti; in ogni caso sono delicate e risentono dell'umidità e della polvere.

Togli un formato, scarta un altro, restano solo le piccolo formato, di cui le migliori sono le "reflex". In questo XXI secolo, che vede le digitali soppiantare rapidamente gli altri apparecchi fotografici, un discorso sulle macchine meccaniche ed elettroniche potrebbe apparire anacronistico. E forse lo è. Ma per il lavoro che s'intende illustrare rimangono ancora le migliori.

XV.2.1 - *Le macchine di piccolo formato*

I normali apparecchi di piccolo formato montano un mirino galileiano come sistema di visione. L'immagine vista nel mirino, attraverso una serie di lenti e specchi, è la stessa vista dall'occhio, ma è diversa da quanto viene 'visto' dall'obiettivo perché questi ha un diverso angolo di visione (Langford 1987). La differenza tra immagine inquadrata e quella impressionata sulla pellicola si chiama errore di parallasse (fig. XV.1).

XV.2.2 - *Le macchine "reflex"*

Le macchine "reflex SRL" (Single Lens Reflex) utilizzano una pellicola (stampa in bianco-nero o a colori, diapositiva o diapo bianco-nero) da 35 mm e sono un efficace compromesso tra costo e qualità. Il mirino delle reflex è più sofisticato: attraverso un prisma raddrizzatore e uno specchio mobile l'immagine vista è uguale a quella che l'obiettivo inquadra (figg. XV.2 e XV.3). Presentano inoltre diversi automatismi. Le fotocamere manuali sono adatte in quasi ogni situazione sotterranea.

I valori sono impostati manualmente e la buona fotografia sarà il risultato dell'abilità e dell'esperienza del fotografo. Le migliori fotografie, quelle più creative, sono fatte con queste macchine. Le macchine automatiche consentono di fotografare senza impostare alcun valore: tempi di scatto, diaframmi, messa a fuoco, tutto è automatico; basta inquadrare e scattare.

Hanno il difetto di essere più costose, più delicate e di risentire maggiormente dell'umidità e delle polveri. Un altro vantaggio delle reflex è l'intercambiabilità degli obiettivi, ovvero la possibilità di sostituire l'obiettivo normale con un grandangolo o con un teleobiettivo (Saldi 1994).

XV.3 - *Gli obiettivi*

Le 24x36 normali sono fornite di ottica fissa e non è possibile sostituire l'obiettivo. La scelta degli obiettivi riguarda, come sopra detto, le reflex, in cui è possibile montare l'obiettivo a seconda dell'immagine che s'intende riprendere.

- Obiettivo normale o standard: ha la *lunghezza focale* che si avvicina alla misura della diagonale della pellicola con la quale lavora. In pratica, una pellicola 24x36 mm ha una diagonale di 43 mm, quindi l'obiettivo adatto è un 43 mm. Nel caso di pellicole 24x36 si considera 'standard' anche un obiettivo da 50 mm, perché è quello che si avvicina di più alla visione dell'occhio umano. È l'obiettivo più usato e meglio adattabile.

- Obiettivo grandangolare: la lunghezza focale è inferiore alla misura della diagonale della pellicola. Questo fa sì che il campo di visione si allarghi, rendendo possibile la ripresa di spazi più ampi anche a distanze ravvicinate.

- Teleobiettivo: la lunghezza focale è superiore alla diagonale della pellicola. L'angolo risulta più ristretto del normale, ovvero è possibile riprendere meno spazio rispetto all'obiettivo normale. In pratica succede che il soggetto ripreso si presenti più grande. Un'ottima soluzione è data da teleobiettivi 28/80 mm, con la possibilità d'inserire il macro, per le foto a distanza ravvicinatissima.

- Macro: consente di effettuare foto di particolari a minime distanze, non altrimenti possibili con normali obiettivi; si utilizza solo in casi del tutto particolari.

XV.4 - *Il cavalletto*

Se la scena da fotografare richiede un tempo lungo, e di solito nelle cavità artificiali e naturali la luce è assente, si deve utilizzare un cavalletto. Sceglietelo robusto: potrà sembrare un peso inutile, ma ho dovuto rinunciare a scattare foto non avendo il cavalletto, o perché quello portato non era sufficientemente stabile per sostenere efficacemente il peso della mia macchina fotografica. Occorre considerare che il pavimento può essere ineguale, con presenza di fango ed acqua. Gli ambienti possono essere ristretti e occorrerà adattarsi, magari divaricandone appena le gambe.

XV.5 - *Le pellicole*

La scelta della pellicola è subordinata alla condizione di luce disponibile nella situazione o nel luogo in cui si desidera fotografare, salvo diverse e particolari applicazioni. Le pellicole più sensibili sono meno contrastate, mentre in quelle meno sensibili aumenta il contrasto. Se si vuole fare un ingrandimento, da negativo o da diapositiva, bisogna considerare la grana della pellicola: più la pellicola è sensibile e maggiore sarà la visibilità della grana nell'ingrandimento. Personalmente, in esterno, uso una pellicola da 100 ASA, valida in quasi ogni situazione. In interni, se utilizzo le lampade alogene, prediligo la 64 ASA T (per lampade alogene), ma con la ghiera della sensibilità impostata a 50 ASA e quindi sovresponendo la pellicola. Se utilizzo i flash elettronici adopero sempre la 100 ASA.

XV.6 - *I lampeggiatori*

Quando la luce scarseggia occorre compensare con luce artificiale, altrimenti la scena ripresa risulta sottoesposta o semplicemente buia. In fotografia si utilizzano i cosiddetti "flash" (voce inglese "lampo") e sono di due tipi:
- A filamento combustibile: consistono in un filamento, o un sottile foglio in lega di alluminio e di magnesio, racchiuso in un bulbo di vetro infrangibile contenente anche ossigeno; attualmente è difficile trovarli ancora in commercio.
- Elettronici: composti da circuiti elettronici, o da un piccolo computer, che attivano una lampada; sono il tipo comunemente utilizzato.

L'illuminazione creata dai flash, soprattutto da quelli elettronici, dà forti contrasti e appiattisce l'immagine; i bulbi producono una bella luce, diffusa, che sovente è decisamente preferibile.

Le caratteristiche della luce fornita da un lampeggiatore elettronico sono: la potenza del lampo, la durata, la temperatura di colore della luce, il tempo di ricarica. La potenza del lampo è calcolata in base alla sensibilità della pellicola e si esprime con un numero guida. Sulla tabella, situata sul dorso del lampeggiatore, possiamo leggere i valori standard che dovranno essere impostati manualmente: apertura del diaframma e distanza del soggetto da ritrarre.

Per i lampeggiatori manuali il calcolo per impostare i valori di apertura del diaframma risulta semplice. Per esempio, abbiamo un lampeggiatore con numero guida 26 e soggetto da ritrarre a distanza 5 metri: il calcolo per impostare l'apertura del diaframma è: F = 26:5 = 5,2.

Poiché il diaframma F 5,2 non è standard si imposta F 5,6 che è il valore più vicino a quello calcolato. La durata del lampo è solitamente 1/1000 di secondo. In modelli di lampeggiatori automatici, controllati da computer, la durata del lampo può arrivare anche a 1/50000 di secondo.

La temperatura del colore di un lampeggiatore è di poco superiore alla temperatura di colore del sole a mezzogiorno, circa 5.500° K, quindi con i lampeggiatori si utilizza la pellicola per ripresa diurna.

XV.7 - *Le fotocellule*

Le fotocellule sono automatismi che permettono di sincronizzare più lampeggiatori tramite un lampo "pilota". In pratica si dispongono i lampeggiatori, collegati alle rispettive fotocellule, in modo da illuminare adeguatamente la scena o comunque a seconda di ciò che si desidera 'rendere'. Gli strumenti possono essere:
- tenuti in mano da persone, se la scena deve risultare 'animata';
- a terra (o su cavalletti o altri supporti) e 'mascherati', se si desiderano immagini prive di soggetti.

I lampeggiatori così dotati di fotocellula si attivano 'per simpatia' nel momento in cui il fotografo scatta la foto e con essa, in automatico o manualmente, il proprio lampeggiatore.

XV.8 - *La lunghezza focale*

La lunghezza focale di un obiettivo è la distanza tra il centro della lente e il piano della pellicola, quando il fuoco è all'infinito. Nel caso di obiettivi con più lenti in più gruppi, si tratta della distanza tra il piano della pellicola e il punto 'centrale' dell'obiettivo, che non si trova necessariamente a metà dell'obiettivo stesso, in quanto dipende dallo schema ottico (fig. XV.4).

A seconda dei formati (cioè della grandezza del negativo), definiamo lunghezza focale 'normale' quella che più si avvicina a una normale visione a occhio nudo; si tratta, come già detto, della lunghezza equivalente alla diagonale del negativo. Nel caso del formato 35 mm (24x36), l'obiettivo 'normale' è il 50 mm (per esattezza sarebbe il 43 mm). Nel caso del formato 6x6 (medio formato), l'obiettivo 'normale' è l'80 mm (84 mm). Questo vuol dire che se scattiamo una foto con un 80 mm, in medio formato 6x6, otteniamo lo stesso angolo di copertura che avremmo scattando con un 50mm, in formato 24x36. L'immagine sarà la stessa?

Non proprio: oltre al fatto di avere un negativo più grande (che consente ingrandimenti maggiori e di miglior qualità), l'80 mm ha una profondità di campo più ridotta, a parità d'apertura; questo consente di ottenere effetti creativi diversi. Ad esempio, è più semplice isolare un soggetto in primo piano, sfocando lo sfondo.

XV.9 - *L'esposizione e la profondità di campo*

Con "esposizione" s'intende la quantità totale di luce che viene rappresentata nella foto. Esagerando, ovvero impostando un tempo troppo lungo e/o un diaframma troppo aperto, si ha una sovraesposizione: colori meno saturi, contrasto diminuito, una prevalenza di toni chiari, fino ad arrivare a una foto completamente 'bruciata' (tutta bianca). L'opposto avviene con la sottoesposizione: colori più saturi, contrasto che aumenta, una prevalenza di toni scuri, fino ad arrivare a una foto completamente scura.

Esiste un'esposizione corretta? La risposta personale è: no, perché si tratta di una scelta soggettiva, legata al gusto personale e al tipo di messaggio fotografico che desideriamo rappresentare ed eventualmente trasmettere ad altri. S'immagini, ad esempio, un tramonto con nuvole rosse e cielo celeste: si provi a impostare un diaframma molto aperto o un tempo lungo e si otterrà un tramonto chiaro, per niente contrastato. S'imposti un diaframma chiuso o un tempo corto e si avrà un tramonto buio.

L'apertura dell'obiettivo della macchina fotografica permette due controlli sulla resa dell'immagine:
- variare la luminosità dell'immagine, modificandone l'esposizione;
- impostare la velocità di otturazione.
La riduzione dell'apertura aumenta inoltre la profondità di campo, ovvero la possibilità di avere a fuoco più particolari posti a distanze tra loro differenti. La maggior parte degli obiettivi hanno la scala della luminosità marcata sull'anello in "numeri F". Ogni spostamento verso il numero maggiore dimezza l'entrata della luce nella macchina.

XV.10 - *"Diaframmare l'obiettivo"*

Le cifre indicanti la luminosità indicano di quante volte sarà divisa la lunghezza focale dell'obiettivo. Ad esempio, per una apertura di F4, il diametro sarà un quarto della distanza focale. Gli obiettivi regolati alla stessa apertura trasmetteranno, generalmente, la stessa quantità di luce. La scala illustrata è universale, ma vari obiettivi possono avere un'apertura maggiore, ovvero fino a F 22 o più (fig. XV.5).

L'apertura determina la profondità di campo, cioè la distanza entro la quale le parti più vicine o lontane di un'immagine risulteranno nitide nella focalizzazione. Ad esempio, un obiettivo regolato a F 2.8, per un soggetto a 3 m di distanza, può fotografare nitidamente tutto ciò che si trova compreso tra i 3 m e i 3.5 m. Ma, cambiando a F16 l'obiettivo, la profondità di campo si estenderà da 2 a 5.5 m. Scegliendo l'apertura e curando la messa a fuoco potremo localizzare i particolari, mostrandoli a una distanza fissa, o ritrarre gli oggetti egualmente particolareggiati siano essi in primo piano o sullo sfondo. Ogni volta che si cambia l'apertura bisogna compensare l'eccessiva luminosità, o la mancanza di luce, scegliendo un tempo più lungo o più corto.

XV.11 - *Mettere a fuoco l'immagine e controllare l'esposizione*

Per realizzare un'immagine perfettamente nitida l'obiettivo della macchina deve trovarsi a una distanza corretta. Più vicino è il soggetto e maggiore dev'essere la distanza tra obiettivo e pellicola. Nelle macchine "mini" il fuoco è regolato in modo da avere un'immagine nitida dall'infinito a circa due metri dalla macchina fotografica. In questi modelli l'obiettivo ha un'apertura minima e con una distanza focale ridotta per rendere massima la profondità di campo. Pertanto, una messa a fuoco selettiva o differenziata può essere utile per far risaltare un soggetto rispetto ad un altro, e solo un obiettivo con la regolazione della messa a fuoco consente anche di mettere a fuoco elementi a distanza minore rispetto a quella di un obiettivo fisso.

Una macchina "reflex" permette di vedere le regolazioni di messa a fuoco sotto forma di dettagli sull'intero schermo focale. La parte centrale dello schermo focale può essere caratterizzata da un anello con microprismi che facilitano la messa a fuoco. Per quanto riguarda la corretta esposizione, questa può essere segnalata da lancette poste a lato dello schermo focale, o da led, o da altri sistemi indicatori (fig. XV.6).

XV.12 - *Tecniche di fotografia in cavità*

Con le moderne apparecchiature sia fotografiche sia d'illuminazione si possono realizzare servizi anche in situazioni-limite. Si tratta 'solamente' di organizzare adeguatamente le riprese e avere una sufficiente disponibilità di tempo e di attrezzatura, mettendo in conto che più le apparecchiature sono sofisticate e delicate più sono soggette a malfunzionamenti e a guasti.

In ogni caso, anche in una 'semplice' cavità fangosa, con stillicidi e ad andamento suborizzontale o verticale, effettuare un servizio fotografico può diventare decisamente impegnativo. Ciò non toglie che con pazienza e attenzione si possano comunque effettuare dei buoni servizi, anche prescindendo dal grado di difficoltà che l'ambiente presenta e dall'attrezzatura più o meno sofisticata adottata. Si prospettano ora alcuni efficaci sistemi per l'effettuazione delle foto in cavità.

1. Disposte le persone con i lampeggiatori (dotati o meno di fotocellule) nei punti che meglio faranno risaltare le immagini, si posiziona la macchina fotografica sul cavalletto (o, meno preferibilmente, appoggiata su di una struttura o tenuta ben ferma in mano). Impostato il tempo sulla "posa B" è utile fissare il cavetto di scatto al pulsante; questo consente di mantenere l'otturatore aperto per il tempo in cui teniamo premuto il pulsante di scatto o il pulsante sul cavetto (che, all'occorrenza, può essere tenuto bloccato tramite un piccolo congegno). Si regola poi il diaframma F calcolando il numero guida diviso la distanza dal primo punto-luce. Fatte spegnere tutte le luci, il fotografo, a voce alta, dice: "Pronti ?" e quando tutti hanno dato la conferma che i lampeggiatori sono carichi, scandisce: "Tre, Due, Uno". Al "Tre" il fotografo preme il pulsante o il cavetto di scatto e tiene aperto l'obiettivo, al "Due" le persone azionano manualmente i flash, all'"Uno" il fotografo rilascia il pulsante chiudendo l'obiettivo. Così tutta la luce emessa dai lampeggiatori (e solo quella) va ad impressionare la pellicola.

2. In situazioni generalmente più agevoli, e con più tempo a disposizione, si può adeguatamente utilizzare la macchina, dotata di lampeggiatore, montata sul cavalletto e posizionare gli altri flash, dotati di fotocellula (tenuti da persone, oppure montati su piccoli treppiedi, o appoggiati su sporgenze o semplicemente a terra), facendoli scattare per simpatia.

3. In particolari situazioni e se provvisti di un solo flash, lasciando l'otturatore aperto in posa B per tutto il tempo che ci necessita, si farà scattare manualmente il proprio lampeggiatore per il numero di volte che si considera bastante ad illuminare adeguatamente tutta la scena.

Oltre questi tre punti-base le varianti sono numerose. Si potranno utilizzare altre fonti di luce quali faretti, torce alogene, anche la stessa luce degli impianti d'illuminazione a carburo di cui sono dotati i caschi da speleologia, pur con opportuni accorgimenti e in combinazione con i lampeggiatori.

XV.12.1 - *Alcuni accorgimenti*

Se un lampo è fatto scattare troppo vicino ad una parte, si rischia di farla apparire come una macchia bianca o giallastra, 'bruciando' una parte dell'immagine. Un modo di evitare quest'errore consiste nell'azionare il lampeggiatore nella direzione contraria a tale parete, ma senza fare 'vedere' la fonte alla macchina fotografica. Oppure si posiziona davanti alla parabola del lampeggiatore una gelatina, oppure un apposito 'diffusore' di luce.

Un altro espediente consiste nel fare scattare il lampeggiatore al riparo della tuta. Se le pareti sono vicine, come ad esempio all'interno di un cunicolo, dando le spalle alla macchina fotografica si farà scattare il lampo contro la propria figura, generando un alone luminoso di sicuro effetto. Nel caso in cui il soffitto sia basso, il lampo dev'essere direzionato verso il pavimento: la luce riflessa risulterà sufficiente ad illuminare anche il soffitto. Contrariamente, se il soffitto è alto, il lampo dev'essere diretto. Il fotografo userà l'accortezza di aumentare uno o due punti di diaframma qualora l'ambiente abbia le pareti scure, o addirittura nere, come in talune miniere.

In varie situazioni, utilizzando più lampeggiatori, è utile che il primo, ovvero il più vicino alla camera, abbia il numero guida inferiore rispetto agli altri. Il diaframma andrà poi regolato non sul primo lampeggiatore, ma sul secondo. Il fuoco della macchina fotografica sarà fissato a circa metà della scena.

XV.13 - *Fotografia alla "Kleine Berlin"*

L'attuale "Kleine Berlin" è il rifugio antibombardamento di via Fabio Severo, costruito all'inizio della Seconda Guerra Mondiale dal Comune di Trieste, assieme ad altre 16 gallerie, 18 serbatoi e 20 vasche, per offrire riparo a decine di migliaia di persone in caso di attacchi aerei. «La zona di piazza Oberdan, del palazzo del tribunale, le ville Ara e Weiss, la sinagoga, la "Deutsche Haus" (Goethe Institut), l'ex hotel Regina (che venne trasformato in mensa) divennero il luogo di comando per l'intero Litorale Adriatico, e per questo la zona venne soprannominata "Kleine Berlin". Da qui la denominazione del sotterraneo che serviva da rifugio per i presenti in zona» (Calligaris 1996, p. 12).

Interamente in cemento, la Kleine Berlin è oggi adibita a museo; nelle stanze che si aprono ai lati del lungo corridoio vi sono cimeli storici, fotografie dei bombardamenti subiti dalla città di Trieste, manichini con vestiti dell'epoca, etc. (Club Alpinistico Triestino 2000).

XV.13.1 - *Schema della foto nella "Kleine Berlin"*

Essendo illuminata, la galleria principale della Kleine Berlin non presenta difficoltà ad essere fotografata. Ma, naturalmente, non ho utilizzato la luce delle lampade presenti. Adoperando la pellicola per luce artificiale dovevo impostare un secondo, con diaframma quasi tutto aperto; questo voleva dire poca profondità di campo, ma in un corridoio lungo quasi 70 metri la profondità di campo è necessaria. Ho quindi utilizzato bulbi PF1B azzurri della Philips, con numero guida 22, per avere luce diurna, e lampeggiatori con numero guida variabile tra 20 e 42, per un totale di sette punti-luce.

Il punto-luce n. 7 era dotato di lampeggiatore con numero guida 42, il punto 6 un lampeggiatore con un numero guida 38, il punto 1 aveva un lampeggiatore con numero guida 20 (fig. XV.7). Tutti gli altri erano bulbi PF1B. Ho disposto sette persone, ognuna delle quali con in mano un flash, nei diversi accessi alle stanze laterali, leggermente arretrate in modo che non comparissero in campo, e in modo che il lampo del lampeggiatore lasciasse nel corridoio qualche zona leggermente in ombra. La macchina fotografica, montata su cavalletto e dotata di cavetto di scatto, è stata posizionata all'inizio e al centro del lungo corridoio sul cavalletto, con impostato il diaframma a F 2.8.

Spenta ogni luce, si è proceduto con il classico "Pronti?" e alle risposte positive di ogni persona si è scandito: "Tre" (apertura dell'obiettivo), "Due" (scatto dei lampeggiatori e dei bulbi), "Uno" (chiusura dell'obiettivo) (fig. XV.8).

XV.14 - *Fotografia a Monte Fortin*

Le gallerie cannoniere del Monte Fortin si trovano presso Villanova di Farra (Gorizia) e rappresentano uno dei più interessanti esempi di cavità artificiali presenti nella provincia.

Il sistema fortificato sotterraneo di Monte Fortin, scavato interamente in roccia marnosa-arenacea (flysch) del medio eocene, fu realizzato nel 1915 dall'esercito italiano, per alloggiare le artiglierie che dovevano bombardare gli obiettivi austro-ungarici presenti nella piana di Gorizia e sul Carso (Meneghini 1997, p. 153-156).

Data la particolarità della roccia, incoerente e franosa, le gallerie sono quasi tutte rivestite in cemento armato, presentando la volta a botte e le pareti rinforzate. Le parti in cui la roccia è stata lasciata a vista si presentano fessurate e ingombre di massi di crollo.

Tra le due gallerie che conducono alle postazioni d'artiglieria in caverna vi è un tunnel di collegamento, privo di armatura e oggi ingombro di detriti e materiale di crollo. La sua sezione appare lenticolare, prestandosi ad effetti fotografici particolari. Il colore della roccia e la stratificazione del flysch permettono inoltre giochi di luci sia radenti sia frontali (Meneghini 2000).

XV.14.1 - *Schema della foto nella galleria*

Nella foto le persone non tengono in mano i flash, ma servono esclusivamente ad animare la scena e rendere al meglio la profondità di campo. In ogni avvallamento del fondo, ingombro di detriti, ho posto un lampeggiatore facendo schermare il lampo verso la parete di sinistra.

Il lampeggiatore n. 1, numero guida 28, illumina direttamente la ragazza in primo piano e di riflesso quella in secondo piano; i numeri 2 e 3, numero guida 32, illuminano le porzioni di galleria. L'ultimo lampeggiatore, numero guida 38, prossimo all'acqua stagnante, serve ad illuminare la parete in fondo (fig. XV.9).

Ho posizionato il diaframma della macchina a F 8, in quanto il flysch ha stratificazioni di colore rossastro tendente al bruno. Il primo lampeggiatore è molto vicino, ma è nascosto alla macchina e la luce arriva di riflesso. Stando al calcolo del numero guida diviso la distanza, il diaframma avrei dovuto impostarlo a F 16, ma la roccia scura ha consigliato di aprire di più il diaframma, ovvero di due punti (fig. XV.10).

XV.15 - *Fotografie al Forte di Osoppo*

L'origine geologica del Colle di Osoppo si basa su nucleo oligocenico sabbioso-argilloso risalente a circa 30 milioni di anni fa; è costituito da conglomerati diluviali e in misura minore da depositi oligocenici e detriti di falda (Calligaris 1994, pp. 12-14).

Nei pressi del castello Savorgnan sono state scoperte delle orme fossili risalenti a cinque milioni di anni fa e appartenenti a un piccolo rinoceronte, a un grande bovide e a tre *hipparion*, equini più piccoli di un cavallo (Biasoni 2002, p. 11).

Parlare del Forte di Osoppo vuol dire ripercorrere ben più di un migliaio di anni di storia non solo locale. Data la sua posizione dominante, lambita dal fiume Tagliamento, è stato abitato e continuamente fortificato. Paolo Diacono lo cita così, parlando dell'invasione dell'odierno Friuli ad opera degli Avari (Unni), avvenuta nel 611: «I Longobardi si erano trincerati anche nelle fortezze vicine, cioè Cormons, Nimis, Osoppo, Artegna, Rogogna» (Paolo Diacono IV, 37).

XV.15.1 - *Schema della foto nella stanza della Seconda Galleria Italiana*

Sulle pareti della stanza terminale facente parte della "Seconda Galleria Italiana sotto la Polveriera (O4)" vi sono firme, scritte e un volto di donna disegnato a carboncino (Club Alpinistico Triestino 1994, pp. 30-31). Per fare risaltare il disegno è stato posto a terra un lampeggiatore, numero guida 42. Il lampeggiatore non è stato schermato e la luce, alla massima potenza, colpisce la parete di fondo. Un secondo, numero guida 36, a sinistra della persona in primo piano, serve ad attenuare le ombre create dal primo (figg. XV.11, XV.12 e XV.13).

XV.15.2 - *Schema della foto nella Batteria Sud*

Ad una estremità del Colle è stata costruita nel 1906 una batteria corazzata denominata "Batteria Sud". Composta da quattro cannoni da 149 mm sotto corazza del tipo "Grillo", oggi è completamente priva dell'armamento e delle strutture metalliche. La foto ritrae il corridoio di servizio, alla cui destra si aprono le quattro rampe conducenti ai pozzetti che alloggiavano le cupole girevoli. Non sono stati usati flash in quanto la luce che entra dalle scale è più che sufficiente (figg. XV.14 e XV.15).

Ho impostato il diaframma secondo l'esposimetro della macchina, ma l'indicazione fornita prevedeva un tempo da regolare a 1/60 di secondo con F 4. La profondità di campo diventava però insufficiente a riprendere nitidamente tutto il corridoio; ho quindi regolato diversamente le ghiere dei tempi e dei diaframmi: 1 secondo con F 16, scatto effettuato con cavalletto e cavetto di scatto innestato per mantenere immobile l'apparecchio. Il fuoco l'ho regolato sulla persona al centro del corridoio.

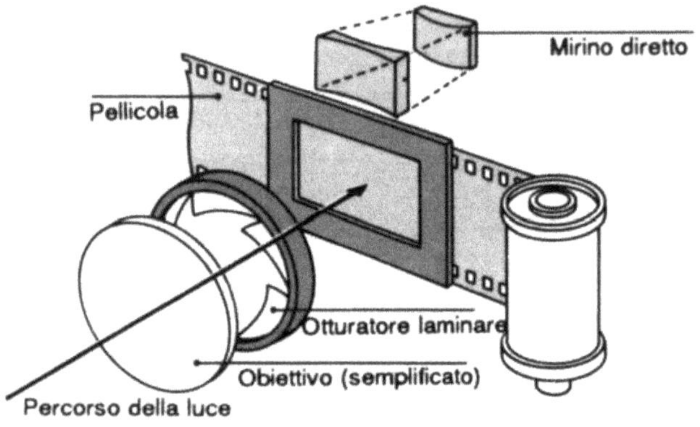

Fig. XV.1. *Visione galileiana.*

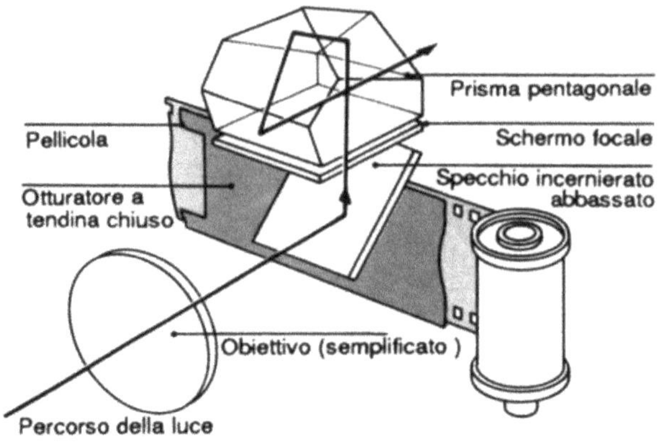

Fig. XV.2. *Macchina reflex in inquadratura*

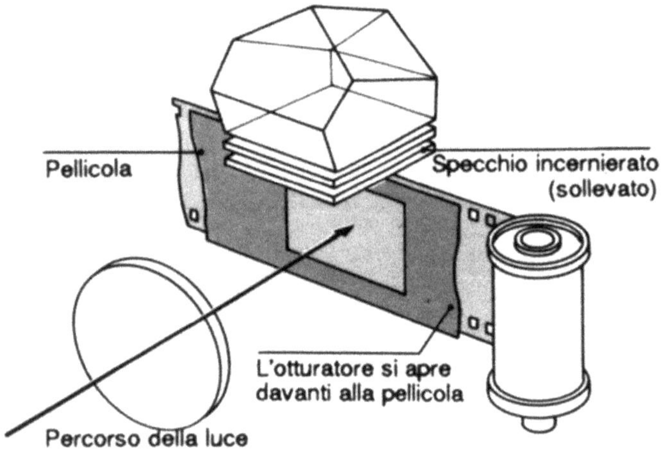

Fig. XV.3. *Reflex al momento dello scatto.*

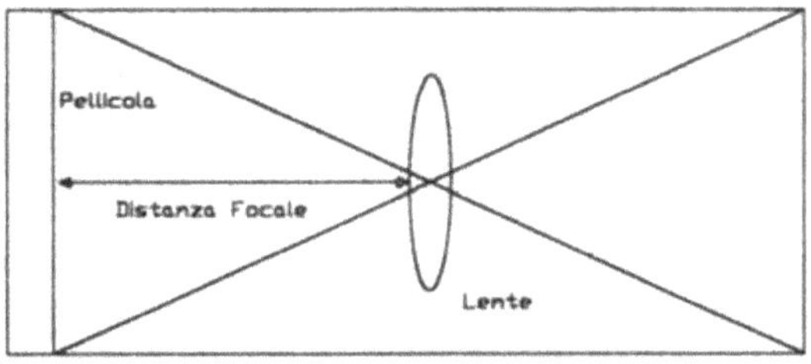

Fig. XV.4. *La distanza focale.*

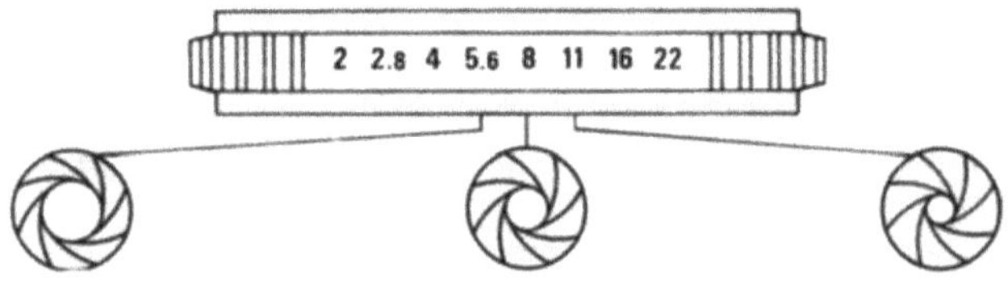

Fig. XV.5. *Regolazione del diaframma.*

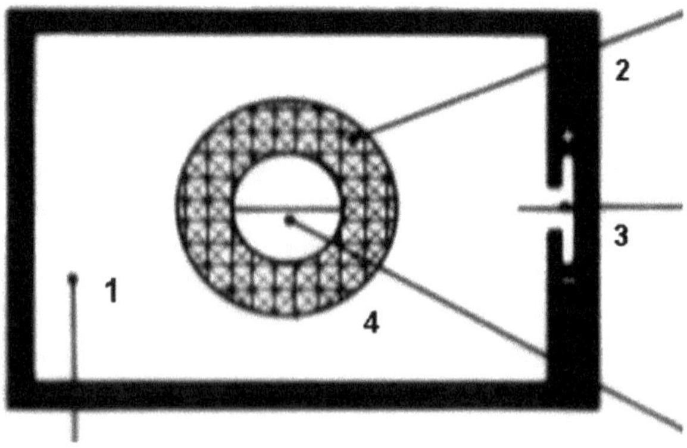

Fig. XV.6. *Rappresentazione dello schermo focale: 1. schermo focale; 2. anello con microprismi; 3. segnalazione dell'esposizione; 4 zona di scissione dell'immagine.*

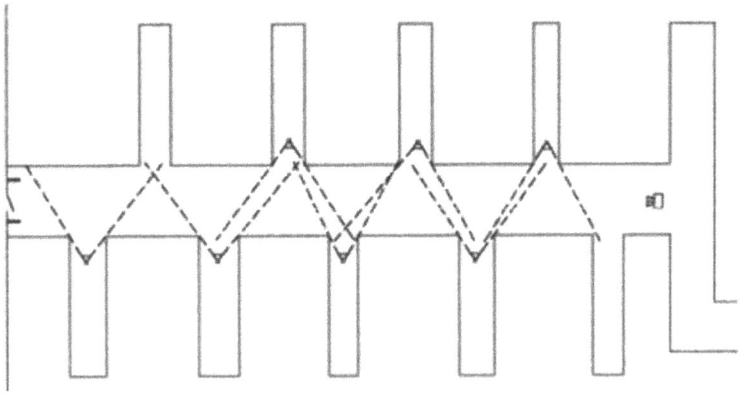

Fig. XV.7. *Schema della foto (disegno E. Esposito).*

Fig. XV.8. *Corridoio principale della cosiddetta "Kleine Berlin" (Trieste) (foto G. Esposito).*

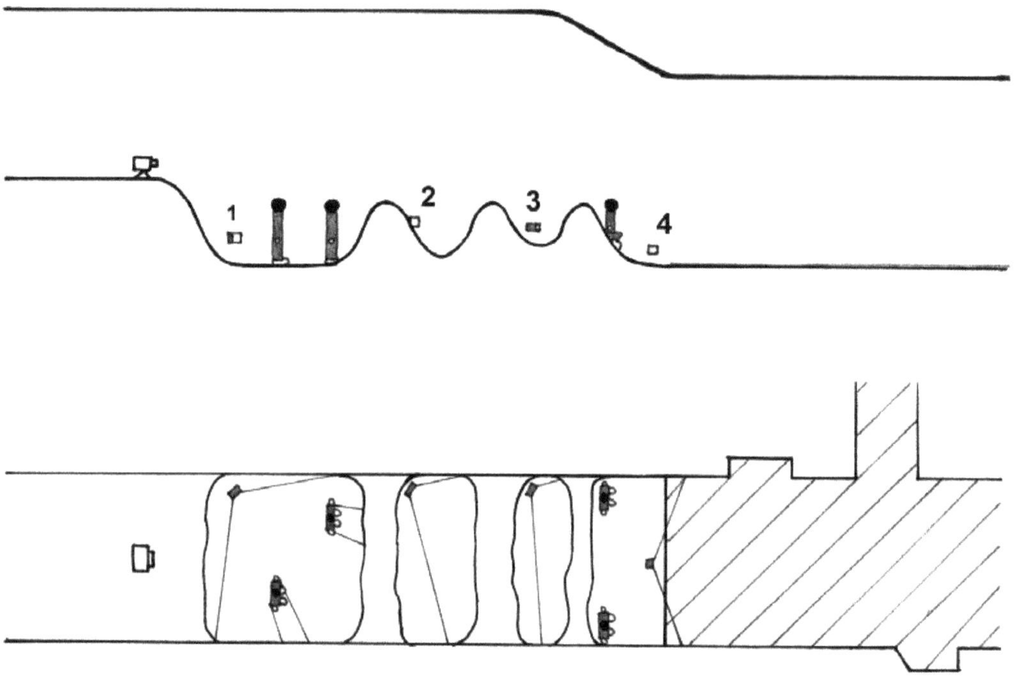

Fig. XV.9. *Schema della foto (disegno E. Esposito).*

Fig. XV.10. *Galleria di collegamento presso le cannoniere di Monte Fortin (Gorizia) (foto G. Esposito).*

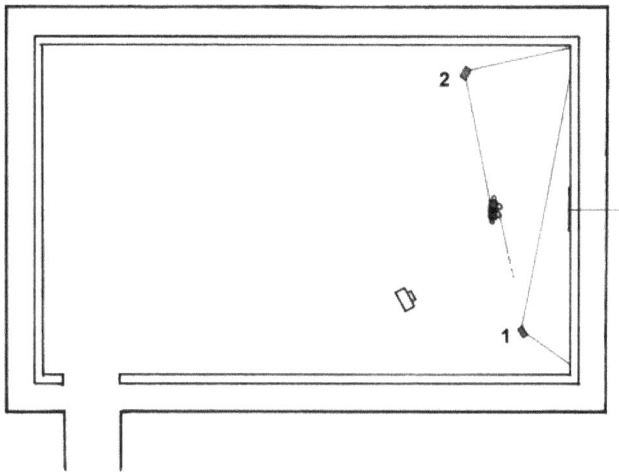

Fig. XV.11. *Schema della foto (disegno E. Esposito).*

Fig. XV.12.: *Interno della Seconda Polveriera nella Strada in Trincea, presso il Forte di Osoppo (Udine) (foto G. Esposito).*

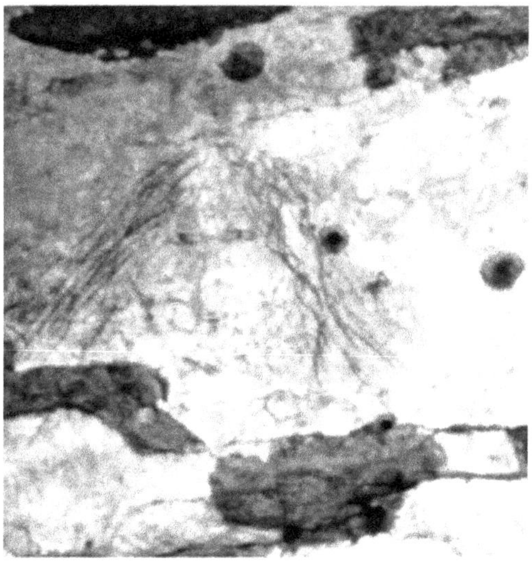

Fig. XV.13.: *Particolare del disegno eseguito a carboncino, con accanto segni lasciati da colpi d'arma da fuoco, osservabile nella Seconda Polveriera nella Strada in Trincea (foto G. Esposito).*

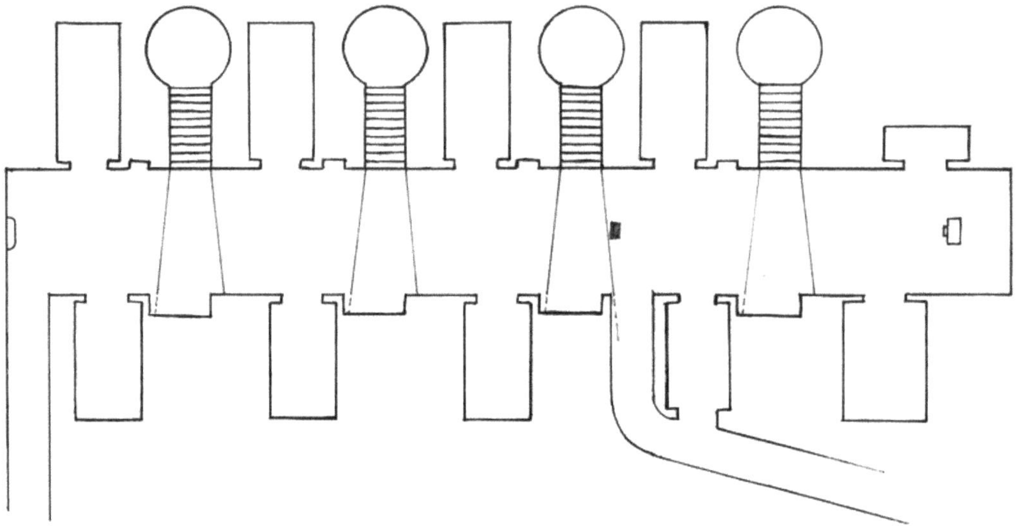

Fig. XV.14. *Schema della foto (disegno E. Esposito).*

Fig. XV.15. *Galleria di servizio interna alla Batteria Sud, presso il Forte di Osoppo (Udine) (foto G. Esposito).*

CAPITOLO XVI

VIDEO E SPELEO VADEMECUM

Klaus Peter Wilke

XVI.1 - *La macchina fotografica*

La fotografia in ambienti sotterranei, siano essi naturali o artificiali, è una pratica diffusa e un necessario strumento di lavoro. Molti fotografi esperti lasciano gli apparecchi ad alta tecnologia in superficie e scendono nelle cavità con vecchie macchine fotografiche come Olympus OM-1, Rollei 35 oppure Nikon FE, Pentax K 1000. La scelta, in modo quasi obbligatorio, cade su questi apparecchi per il semplice motivo che i 'pezzi da museo' sono robusti e sopportano meglio l'alto grado di umidità presente nelle le cavità (Bocca 1990, pp. 59-60).

L'umidità è il più grande predatore di circuiti elettronici, di microchip e display a cristalli liquidi e dimora - come taluni predatori del regno animale - appunto nel sottosuolo. Ma soltanto con il video si ha la possibilità, metaforicamente parlando, di portare la cavità direttamente nel proprio studio, producendo così un insostituibile sistema di documentazione e di divulgazione.

XVI.2 - *La videocamera*

La videocamera amatoriale non ha un antenato meccanico 'da battaglia' se non la cinepresa 8 mm, ma la pellicola nel campo delle riprese, pur essendo preferibile negli ambienti con poca luce, ha da tempo ceduto il passo al nastro magnetico che a sua volta lo sta cedendo alla memoria digitale. La videocamera, sia essa analogica, digitale o (la via di mezzo) Digital 8, è composta di circuiti elettronici, microchip e sensori: appunto per questo sensibilissima all'umidità. Più che indicare una marca o un modello, si consigliano una buona custodia stagna e alcuni sacchetti di silicio, che di solito si trovano negli imballaggi originali degli apparecchi elettronici.

Le palline di silicio hanno la stessa funzione del riso nella saliera: assorbire l'umidità circostante e conservare asciutto il 'sale elettronico' della nostra attrezzatura. È quindi buona pratica tenere nella custodia stagna un sacchetto di silicio perché, in condizioni di repentino cambiamento della temperatura, evita che l'umidità dell'aria si condensi sulle pareti interne della custodia e goccioli sui meccanismi della videocamera.

Quasi tutte le marche di videocamera prevedono tra gli optionals una custodia rigida, con i tasti di comando riportati all'esterno della carena, che proteggono il corpo-macchina dagli urti e dall'umidità esterna. Di solito tali custodie non sono adatte per l'immersione subacquea perché le guarnizioni non sopportano la pressione dell'acqua, ma sono abbastanza impermeabili da consentire un passaggio sotto cascata, una pioggia scrosciante o un guado in un acquedotto ipogeo.

Allo scopo di agevolare una dissoluzione spontanea della condensa, per la vecchia macchina fotografica bastava estrarla dalla protezione una decina di minuti prima dello scatto o, al massimo, farla oscillare per pochi secondi con la cinghietta di tracolla per accelerare l'evaporazione; la videocamera, invece, smette semplicemente di funzionare.

XVI.3 - *Le luci*

Il mondo sotterraneo è un mondo senza luce: bisogna illuminarlo. "Tanto buio? Ci vuole tanta luce!": è un'equazione che per le riprese speleologiche non funziona. Ottenere un effetto 'naturale' nelle riprese vuol dire riprodurre mediante fonti di luce l'atmosfera che lo speleologo crea, rischiarando l'ambiente con la sua fiamma all'acetilene o l'impianto elettrico posto sul casco. Si dovrà dunque evitare di illuminare a giorno il campo inquadrato e le zone di ombra dovranno essere equilibrate e proporzionali alle zone di luce.

Le ultime videocamere hanno la capacità di registrare un'immagine anche con la sola luce di una stella o di una sigaretta accesa. Sul corpo-macchina c'è scritto di solito "Nightshot" o "0-Lux". Responsabile di questo sorprendente risultato è un chip di nome CCD (Charge Coupled Device), la piastrina fotosensibile che sostituisce la pellicola nelle macchine elettroniche. Assorbe i raggi di luce (fotoni) in un cristallo di silicio dove vengono trasformati in cariche elettriche, creando una nuvola di elettroni che possono essere 'raccolti come un secchio raccoglie le gocce di acqua piovana'. I 'secchi di luce' vengono poi potenziati e versati sulla scena appena ripresa.

Certe videocamere sono dotate di una luce a infra-rossi IR che dà un risultato in tonalità di verde come l'immagine abituale dei visori notturni. Attraverso un filtro (guadagno) si può dosare l'effetto del chip CCD. In ogni caso il risultato di una ripresa a IR o 0 Lux è qualitativamente inaccettabile; è ammissibile solo in casi assai particolari, per documentare ambienti che non possono essere disturbati con alcuna fonte di luce.

La mancanza di qualsiasi luce fa della cavità l'ambiente perfetto per le riprese. Possiamo letteralmente dipingere con le nostre luci come vogliamo, non ci sono compromessi da ricercare con l'illuminazione esistente, non dobbiamo preoccuparci della temperatura colore di altre fonti luminose, misurabile in gradi Kelvin, né di filtri di conversione; abbiamo di fronte a noi il set cinematografico ideale.

Il comune "farettino" che si monta sopra la camera è sufficiente a schiarire le ombre di soggetti in primo piano, ma da solo produce un'immagine piatta e poco suggestiva; ne occorrono almeno due piccoli. Grazie al CCD si possono coprire quasi tutte le esigenze di luce con solo due fari di potenza diversa. Per le riprese fino al campo medio basta un faretto alogeno di 250 Watt, posto lateralmente, tra 35° e 45° rispetto alla macchina da presa, per ottenere un bilanciamento tra le zone chiare e quelle scure. Eventuali compensazioni di questa luce principale possono essere ottenute con un telo riflettente bianco posto sul lato opposto della macchina da presa.

Grandi ambienti hanno bisogno di più luce; è bene avere nella borsa attrezzi un'altro faro, più potente, un alogeno di 500 Watt e un altro telo riflettente, di maggiori dimensioni del precedente citato. Una ghiera portabandiera girevole permette di dosare la luce, scegliendo l'apertura "focale" del faro; ognuna delle quattro alette sulla ghiera ha un'escursione dal tutto chiuso al tutto aperto, indipendente dalle altre, che permette di tagliare i fasci di luce e di pennellare la luce sulla nostra scena.

Come luce principale abbiamo quindi i fari al quarzo, come luce laterale i teli bianchi. Manca un controluce da posizionare dietro al soggetto, di taglio o direttamente alle spalle, naturalmente a ragionevole distanza. Lo scopo è di produrre un alone di luce sul soggetto, in modo da staccarlo meglio dal fondo. Un buon controluce migliora notevolmente l'illuminazione generale della scena e può essere usato per creare giochi di luce sullo sfondo.

Una possibilità valida può essere l'utilizzo di torce a mano, oppure di faretti da applicare al casco speleologico, con parabola e lampadine al quarzo da 50 Watt (da sostituire agli impianti-luce normalmente in dotazione). Prima dell'uso è importante confrontare l'angolo d'illuminazione, l'intensità della luce e la pulizia della zona illuminata, che deve essere priva di aloni e zone d'ombra, dovute alla lampadina non perfettamente centrata rispetto alla parabola. Sono preferibili le torce con batterie ricaricabili. Per variare le luci in altezza sono necessari dei robusti e leggeri treppiedi telescopici in alluminio.

XVI.4 - *L'alimentazione*

La moderna tecnologia ha miniaturizzato tutto. La videocamera è grande un quarto dei modelli di alcuni anni fa, la sua alimentazione con l'introduzione della tecnologia Stamina è più piccola e dura più a lungo; i fari sono grandi meno della metà, ma con elevata potenza di luce. Il montaggio dei filmati si effettua tranquillamente a casa sul PC o sul Mac e non più in costosi studi di post-produzione. L'unica cosa rimasta pesante (seppure non come prima) è il battery-pack, la nostra fonte di energia per l'illuminazione.

Di solito nelle cavità artificiali non ci sono prese elettriche; solo in qualche caso è possibile allacciarsi con prolunghe a una rete elettrica. Portare in cavità un generatore a benzina o a gasolio, per silenzioso e piccolo che sia, è sconsigliabile per ovvi motivi d'inquinamento dell'aria; se la distanza tra l'aria aperta e il luogo della ripresa non è eccessiva lo si può invece utilizzare assieme alle prolunghe.

Ma si parla di eccezioni. La regola impone il battery-pack, il pacco di accumulatori. Si tratta di accumulatori ricaricabili al Nichel-Cadmio con voltaggio compreso tra 6 e 36 Volt, che possono essere collegati in serie o in parallelo a seconda della durata e del voltaggio desiderati.

Per la ricarica ci si avvale di caricabatterie, espressamente concepiti. Dispongono di circuiti elettronici di controllo, che stabilizzano la corrente e la adeguano alla curva di ricarica, interrompendola quando questa è stata completata. Esistono modelli con il dispositivo cambiatensione 110/220 V, per chi ha l'esigenza di dover lavorare spesso in paesi esteri con tensioni diverse. Tra gli accessori disponibili vi sono caricabatterie a 12 V che permettono la ricarica anche in automobile. Alcuni modelli hanno la capacità della ricarica rapida o di segnalare lo stato di carica degli accumulatori. Quest'ultimo è un dispositivo particolarmente utile, che consente di conoscere in ogni momento l'autonomia ancora disponibile, ma che purtroppo incide sul costo dell'oggetto.

XVI.5 - *Accessori vari*

Il primo compito di un cameraman è di tenere ben ferma la camera. Un valido aiuto può essere un cavalletto o treppiede. L'accessorio garantisce riprese stabili oltre che fluidità nei movimenti di macchina. Dev'essere robusto e abbastanza alto, con bolle di livellamento e colonna centrale regolabile. Potrà essere utile poter divaricare le tre gambe in un'angolazione superiore a 45°, per poter effettuare riprese da posizioni basse oppure a livello del terreno. Bisogna solo trovare il compromesso ideale tra il peso, le dimensioni, la robustezza e l'affidabilità. Importante è anche la forma dei piedini di supporto, che dev'essere abbastanza larga per non sprofondare nel fango e allo stesso tempo appuntita per trovare appiglio sulla roccia.

Nella borsa degli attrezzi non devono mancare morsetti a ganasce e pinze, per bloccare cavi e prolunghe o per fissare un faro a una sporgenza naturale (sostituendo un ulteriore cavalletto). Per movimenti di macchina dolci, senza strappi, è importante la testa, dove va agganciata la videocamera con la vite di fissaggio, la cui filettatura è a "passo inglese". Deve essere di tipo 'fluido', con una leva abbastanza lunga per poter muovere la camera dolcemente e in ogni direzione. Utilissimo accessorio è il paraluce. Serve non solo contro i riflessi e le luci parassite, ma è anche un'ottima protezione per la parte frontale dell'obiettivo, quando il copriobiettivo è tolto.

Serve inoltre il kit di pulizia: uno strofinaccio, una confezione di fazzoletti di carta e un pennello apposito per gli obiettivi. Lo sporco è in agguato ovunque e i mezzi di pulizia tradizionali, più semplici, sono sempre i più efficaci; sono da evitare le cartine al silicone per occhiali, che danneggiano irreparabilmente la lente dell'obiettivo. Un ulteriore mezzo di protezione per la lente sono i filtri.

L'obiettivo della videocamera, di solito, è provvisto di una filettatura interna per applicarli: bisogna solo fare attenzione al diametro giusto. Anche se in cavità i filtri sono di poca utilità, salvo magari il filtro polarizzatore, che può servire a togliere indesiderati riflessi su superficie specchianti, è buona abitudine coprire la lente sensibile della camera con un filtro neutro o anti-UV.

XVI.6 - *Trasporto dell'attrezzatura*

La realizzazione di un filmato in cavità presenta problematiche non solo dal punto di vista della tecnica, ma anche di fattori logistici di non immediata gestione. Ad esempio, non sempre l'ambiente ipogeo che vogliamo riprendere si troverà prossimo a dove si lascia il mezzo di trasporto. Occorrerà equilibrare l'esigenza dell'attrezzatura con quella di ridurre al minimo indispensabile peso e ingombro.

Il contenitore per trasportare l'attrezzatura speleologica è il classico sacco in PVC o altro materiale plastico. La sua forma stretta e lunga è adatta nei passaggi angusti, nei pozzi può essere calato agganciandolo all'apposito anello metallico e può essere indossato mediante gli spallacci.

Il difetto è di non proteggere il contenuto dagli urti, seppure possa essere imbottito internamente mediante un rivestimento. Inoltre, per quanto realizzato con materiale impermeabile, di fatto non lo è: l'acqua può penetrare dalle cuciture e dalla bocca, seppure a soffietto.

Una soluzione è chiudere l'attrezzatura delicata in sacche stagne da vela o da canottaggio e infilarle nella sacca speleo, opportunamente 'imbottita'. Per oggetti di ridotte dimensioni si possono utilizzare sezioni di camera d'aria d'auto o di camion, con le estremità ripiegate e fissate adeguatamente sia con elastici sia con fascette metalliche: si ottengono così contenitori stagni pratici e a bassissimo costo. Oggi esistono in commercio anche tubolari già imbottiti, certamente più adeguati al trasporto del materiale delicato, ma comunque non perfettamente impermeabili.

Si possono altresì utilizzare i bidoncini stagni per alimenti, per liquidi o per contenere i razzi da segnalazione. Negli spazi angusti rimangono scomodi in quanto rigidi e ingombranti. Altri contenitori utilizzabili sono le valigette portautensili. Vi sono modelli in materiale plastico antiurto, a tenuta d'acqua e con scomparti imbottiti all'interno per attutire i colpi. In varie situazioni sono ottimi, ma rimangono costosi, pesanti e incomprimibili.

I contenitori che possono fare esattamente al caso nostro si possono anche costruire da sé. Vi sono esempi di particolari involucri plastici opportunamente adattati e imbottiti. Per l'imbottitura il materiale più facile da sagomare è la gommapiuma, sconsigliabile in quanto trattiene l'umidità e attira la polvere. Il polistirolo o poliuretano espanso è ugualmente facile da sagomare, ha però il difetto che è rigido, non si adatta alle pieghe dei nostri contenitori, si rompe facilmente e i pallini di poliuretano vengono attratti staticamente dalle nostre apparecchiature.

Vanno meglio le schiume normalmente usate, ad esempio, per gli imballaggi. Si possono anche utilizzare le stuoie a cellule espanse, i classici materassini da campeggio o da spiaggia; tagliati a listelli vanno bene per formare scomparti tra le apparecchiature. Il materiale ideale che combina i pregi delle altre soluzioni, senza presentare i difetti, è il neoprene.

XVI.7 - *Le tecniche di ripresa*

Come in ogni altra forma di espressione creativa, anche le videoriprese in cavità necessitano attenzione, tempo, pazienza, perseveranza e una buona porzione di fortuna, per acquisire l'arte e per crescere con l'esperienza. Si suggerisce di principiare con poche aspettative e di apprendere dagli errori.

XVI.7.1 - *Verifica*

Il lavoro di ripresa non ha inizio sul campo. La ripresa comincia con la verifica dell'attrezzatura ed è riducibile ai seguenti punti:
- acquistare un numero sufficiente di cassette;
- sincerarsi di avere a disposizione sufficiente memoria digitale, per chi usa questo sistema;
- verificare il perfetto funzionamento della videocamera, compreso il sonoro;
- verificare lo stato delle batterie;
- verificare gli accessori, le luci, le prolunghe, le lampadine di ricambio ed eventuali cuffie per il controllo del sonoro.

Il giorno prima occorre eseguire un inventario completo e un controllo di tutta l'attrezzatura che può servire sul posto. Anche se la camera ha sempre funzionato, non bisogna fidarsi del suo continuo perfetto funzionamento. É utile il caricabatterie da 12 Volt, così da poter ricaricare le batterie in automobile, qualora ve ne fosse la necessità.

Si deve stabilire in anticipo il tipo di riprese da effettuare:
- documentario con possibilità di post-produzione;
- semplice ripresa amatoriale.

Nel primo caso si effettueranno numerose riprese, per poi avere l'agio di scegliere le migliori da montare. Nel secondo occorre prevedere un cosiddetto "montaggio in macchina", cioè concatenare le riprese in modo da dare un senso compiuto al filmato già in questa fase. É necessario un sopralluogo nella cavità da riprendere, foss'anche poco prima di girare. Si dovranno studiare le inquadrature, considerare lo spazio disponibile ai movimenti di macchina e dove posizionare le luci. Fate un piano di massima, uno story-board mentale, per effettuare le riprese, e cercate di seguirlo durante il lavoro.

XVI.7.2 - *Inquadrature*

Un cameraman dovrebbe conoscere sia i vari tipi di inquadratura, sia i principali movimenti di macchina. Le inquadrature sono sostanzialmente di due tipi: i "campi", riferiti a scene di paesaggio, e i "piani", riferiti alla figura umana, oppure ai particolari. Possono sembrare semplici termini tecnici, ma nella preparazione di una sceneggiatura hanno una valenza che tutti gli addetti comprendono.

C.L.L. CAMPO LUNGHISSIMO
Inquadratura da lontano di paesaggi o panorami. Utile per descrivere l'ambientazione generale esterna alla cavità da riprendere.

C.L. CAMPO LUNGO
Si distinguono un maggior numero di particolari; anche persone in lontananza. Poco usato in cavità sia per la scarsità di ambienti vasti, sia per la difficoltà d'illuminarli adeguatamente.

C.T. CAMPO TOTALE
Inquadratura di un gruppo di case, di un palazzo o di un monumento; le persone sono visibili distintamente. In cavità presenta l'insieme della scena visibile.

C.M. CAMPO MEDIO
Inquadratura di un ambiente; distintamente visibile la fisionomia di un gruppo di persone. In cavità mostra la parte di un ambiente, l'accesso a un pozzo o l'ingresso di un cunicolo, speleologi che si apprestano alla discesa.

F.I. FIGURA INTERA
Inquadratura di una persona, dalla testa ai piedi.

P.A. PIANO AMERICANO
Inquadratura della persona, tagliata poco sopra le ginocchia.

M.F. MEZZA FIGURA
Inquadratura della persona, tagliata all'altezza della vita.

M.B. MEZZO BUSTO
Inquadratura della persona, tagliata all'altezza del torace.

P.P. PRIMO PIANO
Inquadratura più ravvicinata con taglio all'altezza delle spalle.

P.P.P. PRIMISSIMO PIANO
Inquadratura del volto, tagliata a circa metà del collo.

DETTAGLIO o PARTICOLARE
Inquadratura stretta su oggetti o parti del viso, come ad esempio un moschettone, il segno di uno scalpello sulla roccia, una mano, l'occhio ombreggiato dal casco, etc.

XVI.8 - *Movimenti di macchina*

Tutti i movimenti di macchina, specialmente le panoramiche, devono svilupparsi con movimento dolce e progressivo, considerando le seguenti fasi:
- posizione iniziale da fermo;
- inizio del movimento, lento e progressivo;
- raggiungimento della velocità di movimento normale;
- rallentamento;
- raggiungimento della posizione finale, fino all'arresto.

XVI.8.1 - *La panoramica*

Nelle panoramiche l'operatore non si muove fisicamente dalla propria posizione, ma ruota la camera sul proprio asse, orizzontalmente o verticalmente. Quando si segue un soggetto in movimento si parla di "panoramica a seguire".

Una panoramica di 360° è un giro completo. La panoramica verticale è quella che si esegue dall'alto in basso o viceversa; un esempio è il campo stretto su di una stalattite o sul pilastro di una miniera. Non si deve eccedere con le panoramiche: per l'occhio umano risultano essere un movimento poco naturale e generalmente non si guarda un paesaggio girando la testa lentamente da destra a sinistra o viceversa. Quando l'occhio esplora una scena lo fa a scatti, soffermandosi di tanto in tanto sui particolari che attirano l'attenzione. L'occhio ha una visuale ampia, di circa 220° gradi, difficilmente riproducibile da un obiettivo ottico. É bene non girare due panoramiche consecutive e con movimento contrapposto; sono da evitare quelle oblique o trasversali. Si possono invece combinare una panoramica con una zoomata, andando a stringere su di un particolare nella fase finale della panoramica, oppure allargare dolcemente la visuale da un dettaglio stretto alla panoramica. Le panoramiche vanno eseguite con focali corte come i grandangolari; con i teleobiettivi risultano fastidiose, perché i soggetti fortemente ingranditi entrano improvvisamente nell'inquadratura.

XVI.8.2 - *La carrellata*

La carrellata è quella serie di movimenti in cui macchina e operatore si spostano fisicamente in una direzione. Anche la camminata a piedi è una sorta di carrellata e per eliminare gli inevitabili sobbalzi è stata inventata la steady-cam, un sofisticato apparecchio dotato di giroscopi e contrappesi. Sul set si realizzano invece carrelli su rotaie (dolly). I videoamatori utilizzano qualsiasi mezzo semovente: l'automobile, il carrello del supermercato, la bicicletta, la slitta o lo skateboard. In cavità risulta difficile portare carrelli o rotaie, perciò si usa la cosiddetta "carrellata ottica", cioè quella effettuata con lo zoom. La differenza dalle carrellate autentiche consiste nel fatto che l'allontanamento o l'avvicinamento del soggetto si realizza con l'artificio ottico e non con lo spostamento fisico dal luogo di ripresa. In sostanza, mentre si effettua la zoomata si altera la prospettiva al variare della focale dell'obiettivo. La vera carrellata evita i difetti tipici dello zoom e del grandangolo, ovvero lo schiacciamento e la deformazione dell'immagine, risultando decisamente più 'naturale'. I movimenti di macchina possono essere combinati tra loro, cioè si può effettuare una panoramica durante una carrellata per accompagnare meglio il soggetto in movimento.

XVI.9 - *Gli obiettivi*

Generalmente le moderne videocamere sono dotate di ottiche "zoom", ovvero a focale variabile. Alcune hanno anche uno zoom digitale che, raggiunto il massimo dello zoom ottico, comincia ad ingrandire i singoli pixel fino a 'sgranare'. Con quest'unico obiettivo si può effettuare ogni inquadratura: è come avere a disposizione una vasta serie di obiettivi, dal grandangolo al teleobiettivo. Con la semplice pressione di un pulsante l'ottica varia progressivamente la sua focale, consentendovi di scegliere l'inquadratura migliore.

XVI.9.1 - *Il grandangolo*

Il grandangolo consente inquadrature con un ampio angolo di campo. É adatto per riprendere in interni e ideale in luoghi angusti e sotterranei. Dà un maggiore respiro alle inquadrature, facendo sembrare più grandi i locali chiusi e maestosi i paesaggi. Uno dei vantaggi delle ottiche grandangolari è la loro profondità di campo, cioè l'estensione della zona nitida davanti e dietro il soggetto; in pratica, la messa a fuoco può anche non essere precisa, perché il soggetto sarà comunque a fuoco, anche se in movimento. I vantaggi del grandangolo si pagano con una certa deformazione dell'immagine.

XVI.9.2 - *Il teleobiettivo*

Il teleobiettivo è ideale per le riprese a distanza, per determinati primi piani e per le foto sportive. Consente di avvicinare il soggetto senza spostarsi dal luogo di ripresa. Di contro, il suo campo è ristretto e la prospettiva risulta schiacciata; essendo meno 'luminoso' del grandangolo richiede una maggiore luce durante le riprese. Altro fattore penalizzante è dato dal peso, che rende più difficoltoso il tenere ben ferma la macchina, rendendo necessario il treppiede. In cavità è sconsigliato per due motivi: difficilmente si hanno spazi così ampi da richiedere un avvicinamento con il teleobiettivo e il suo utilizzo implica ulteriore attrezzatura e quindi maggiore 'peso/ingombro' da portare.

XVI.9.3 - *Il macro*

Alcuni obiettivi hanno la possibilità di effettuare riprese macro, ovvero inquadrature ingrandite di piccoli oggetti, insetti, graffiti o piccoli incavi nella roccia lasciati da strumenti appuntiti. In genere questa funzione viene abilitata con una apposita selezione sulla videocamera, che fa adoperare l'obiettivo oltre la sua naturale corsa. La messa a fuoco è difficile e varia con i minimi spostamenti. Non bisogna dimenticarsi di spegnere la funzione macro dopo l'uso, per non sfuocare le successive riprese.

XVI.9.4 - *Il view-finder*

Il view-finder è il mirino con il quale si controlla l'inquadratura. Generalmente è orientabile; in alcuni modelli la parte esterna dell'oculare si può aprire per osservare il piccolo schermo anche senza accostarvi l'occhio: ciò è utile per riprese a livello del terreno o in situazioni comunque disagevoli.

Anche le videocamere digitali hanno, oltre il comodo schermo a colori a cristalli liquidi, un mirino in bianco e nero. È importante che il piccolo schermo del view-finder sia ben regolato per quanto riguarda contrasto e luminosità; su alcuni mirini è possibile anche la correzione diottrica per coloro che portano occhiali. Nel mirino non si può traguardare come nella macchina fotografica, anche se è di elevata leggibilità: evidenzia soltanto l'inquadratura e non quello che la circonda. La videoripresa è una sequenza di fotografie e l'operatore deve poter vedere cosa accade intorno al soggetto. Questo è anche il motivo per il quale i cameramen non chiudono l'occhio non impegnato al mirino, come fanno invece i fotografi.

XVI.10 - *Regolazioni e automatismi*

Il primo suggerimento, naturalmente, è quello di leggere il manuale di istruzione della videocamera. Di solito viene spiegato bene come deve essere regolata la camera in ogni situazione e quali sono i meccanismi automatici che ci sono di aiuto. In sostanza le regolazioni e gli automatismi riguardano la taratura del colore, l'esposizione e la messa a fuoco.

XVI.10.1 - *La taratura del colore*

La taratura si effettua manualmente inquadrando a tutto schermo un foglio bianco, perciò viene anche chiamata "bilanciamento del bianco". Va eseguita ogni volta che la situazione di luce sia differente dalla ripresa precedente, come ad esempio dal sole all'ombra e viceversa, da esterni a interni etc. In cavità è sufficiente fare "il bianco" all'inizio delle riprese, perché la situazione di luce nel sottosuolo non è soggetta a cambiamenti. In mancanza di queste regolazioni, o con impostazioni errate, si rischia di ottenere riprese con delle fastidiose dominanti di colore: tipicamente avremo colorazioni rossastre dell'immagine in interni e dominanti azzurre in esterni. I nuovi modelli di videocamera sono però dotati di regolazioni automatiche del bianco; in questo caso la camera imposterà da sé i valori ottimali per una ripresa soddisfacente.

XVI.10.2 - *L'automatismo dell'esposizione*

Questo automatismo regola l'apertura del diaframma interno all'obiettivo e quindi l'esposizione. È comodo per i principianti, che così devono stare attenti soltanto a non effettuare delle riprese con un'illuminazione troppo contrastata. Le ultime telecamere sono dotate anche di otturatore elettronico, il cosiddetto shutter, un dispositivo analogo a quello della regolazione dei tempi sulle macchine fotografiche. Consente una migliore ripresa dei movimenti rapidi, specie se poi vengono esaminati al rallentatore o in immagini fisse. In situazioni di ripresa normali può dare luogo a un aspetto poco fluido.

XVI.10.3 - *L'automatismo della messa a fuoco*

Anch'esso utile al principiante, quello della messa a fuoco non manuale è l'ultimo degli automatismi introdotti nelle videoriprese amatoriali. In certi apparecchi rimane ancora un po' lento e impreciso, soprattutto se utilizzato al buio, ovvero nel sottosuolo. L'operatore dovrebbe imparare a mettere a fuoco manualmente e questa è un'arte che risulterà sempre utile.

XVI.11 - *La ripresa*

Sul set è importante che le decisioni vengano prese solo da una persona, che nel nostro caso è il cameraman, ovvero il videoamatore, dal momento che non vi è il regista. Nel corso delle riprese sarà utile che il cameraman abbia un aiutante per il trasporto del materiale e il posizionamento delle luci. Fare delle riprese video non è come fotografare. Banalizzando il concetto si può dire che il fotografo scatti delle istantanee e basta che tutto sia a posto nelle poche frazioni di secondo dello scatto. Il cameraman deve invece dare un senso alle immagini in movimento, occorre quindi cogliere dei momenti più lunghi in cui non sono concesse distrazioni. L'inquadratura deve sempre essere equilibrata, i movimenti di macchina precisi, i soggetti sempre ben a fuoco e la luce buona durante tutta la ripresa. Generalmente non si girano sequenze più lunghe di 15 o 20 secondi; difficilmente un videoamatore riesce a tenere alta la concentrazione per più tempo. Si filma praticamente in apnea, soprattutto quando si ha la camera in mano o sulla spalla, senza treppiede. Questo per evitare che i polmoni, inspirando aria, sollevino la cassa toracica e provochino quel leggero ondeggiamento che spesso non viene percepito da chi fa le riprese, ma che si nota poi quando si guarda il filmato. In sostanza, prima di effettuare la ripresa si inspira profondamente, poi si espira quasi tutta l'aria fino a raggiungere la rilassatezza della muscolatura: a questo punto si trattiene il respiro fino a che la ripresa non è conclusa.

L'avvento delle videocamere ha portato con sé un difetto difficile da rimuovere: il videoamatore filma tutto quello che gli capita sott'occhio. Non bisognerebbe schiacciare il bottone dello start se prima non si sono decisi il tipo di inquadratura, la durata, gli eventuali movimenti di macchina e la conclusione. Ogni inquadratura andrebbe poi concatenata con la precedente seguendo un minimo filo logico. Questa abilità, questo modo di 'pensare' le riprese, la si acquisirà poco alla volta e con l'esperienza, anche osservando attentamente i lavori dei professionisti.

XVI.11.1 - *Posizionare la camera*

L'errore comune ai neofiti è 'creare movimento': il movimento va registrato, non creato. Il 'creare movimento' è riferito ai movimenti di macchina non legati al soggetto, ad esempio le zoomate eccessive o le panoramiche in avanti e indietro nella stessa inquadratura. É invece utile filmare senza mantenere la medesima posizione. Curare la posizione di ripresa e variarla, cercando nuove angolazioni, è importante per migliorare l'inquadratura, la quale dovrebbe aggiungere qualcosa in più al vostro filmato, suscitare interesse o curiosità, documentare con dovizia di particolari un determinato ambiente.

Se un'inquadratura non convince la si abbandoni: non convincerà nemmeno lo spettatore. Ci si sforzi quindi a variare i punti di ripresa senza, ovviamente, esagerare. Lo spettatore deve sempre poter collegare mentalmente le varie inquadrature, rendersi conto cioè dei vari punti di vista senza restare disorientato da inquadrature troppo ricercate. Inquadrature, montaggio e regia dovrebbero risultare 'neutre' all'osservatore, la cui attenzione deve rimanere focalizzata sul contenuto del filmato, non da invadenza e da virtuosismi tecnici dell'operatore o del regista. I cosiddetti 'effetti speciali' vanno tralasciati.

XVI.12 - *Inquadratura e composizione*

Una condizione per ottenere delle buone riprese è saper fare delle buone inquadrature. Abilità, questa, che viene con la pratica. Un piccolo espediente può essere d'aiuto: si suddivida mentalmente l'inquadratura in terzi, con due linee verticali e due linee orizzontali; come risultato si avranno nove settori uguali. I punti di intersezione delle linee sono quelli che attraggono maggiormente l'occhio e la suddivisione si chiama "sezione aurea". Nella prima immagine la composizione si sviluppa diagonalmente (fig. XVI.1), equilibrandosi tra la testa dello speleologo e le corde sul bordo della vera del pozzo.

Il punto di maggior interesse, lo speleologo, si trova vicino all'intersezione delle linee della sezione aurea. La composizione della seconda immagine (fig. XVI.2) si sviluppa centralmente. Le intersezioni delle linee inquadrano perfettamente la vera, esattamente dove si desidera dirigere l'attenzione dell'osservatore. Lo sguardo viene letteralmente 'risucchiato' nel centro della vera, aiutato anche dal fatto che la parte più tonda è sottolineata dalla postura tonda della persona a destra e la parte diritta dell'interno della vera presenta le stesse linee dello speleologo a sinistra.

Una buona inquadratura è, fondamentalmente, una equilibrata composizione degli elementi che la compongono; oltre alla loro disposizione, andrà curata anche l'illuminazione, la prospettiva e il soggetto: dovrà esserci una certa piacevolezza d'insieme, senza evidenti sbilanciamenti. Guardando il quadro di un pittore l'attenzione non si posa a caso su qualcosa, ma viene catturata da ciò che il maestro ha desiderato. Questo si ottiene con una sapiente disposizione degli elementi e delle loro masse, mediante l'uso del colore e della luce. Il fatto che gli speleologi indossino, di solito, tute chiare o colorate, aiuta nella composizione dell'immagine in ambienti dai toni cupi e scuri; dirigendo lo speleologo attraverso l'inquadratura dirottiamo l'attenzione dello spettatore là dove noi vogliamo.

XVI.13 - *Piani e Campi*

Altro errore comune è dato dalle riprese troppo 'larghe'. La panoramica d'ambientazione va bene, ma poi occorre entrare nella scena, chiudere sui dettagli. Va escluso quanto ha poco o nessun significato per ciò che s'intende documentare. Inoltre, più le riprese sono 'strette', più alta è la risoluzione delle immagini. Occorrerà prestare attenzione che eventuali oggetti di fondo non disturbino i primi piani, o che non entrino in campo parti dell'attrezzatura come i cavi, le gambe del cavalletto oppure le punte dei piedi dell'assistente. Tenendo presente che si sta lavorando in ambienti sotterranei, e pertanto bui, non vi sono controindicazione nel lasciare sfumare a nero un cunicolo che prosegue dietro al soggetto; se non altro, aggiungete un po' di mistero alle vostre riprese e suscitate nello spettatore domande del tipo "dove porterà questo passaggio?". È anche questo che attrae la gente alla speleologia.

XVI.14 - *Ciak, si gira!*

Capita che i videoamatori accendano la camera in ritardo, tagliando così l'inizio della scena. I registi professionali, prima di dare l'azione, si assicurano che luci, sonoro e macchina da presa siano in funzione. Dopo aver sentito "Azione!" attori e figuranti restano calati nel loro ruolo fino allo "Stop!" del regista. Tecnici e spettatori rimangono immobili e in assoluto silenzio all' "Azione!" e nel corso di questa gli attori non cercheranno la macchina da ripresa con gli occhi, evitando persino di guardare nella sua direzione. Prima di dare lo "Stop!" il professionista si assicura che l'azione degli attori sia finita, i movimenti di macchina terminati e che ci sia abbastanza materiale girato per eventuali dissolvenze o effetti in post-produzione.

La durata tra "Azione" e "Stop" dovrebbe essere più corta possibile. Il videoamatore dovrà fare invece tutto da solo. É meglio fare più inquadrature corte che una lunga e singola. C'è chi ha filmato un'intera uscita speleologica, dall'inizio alla fine e con pochi stacchi, nella speranza che almeno qualche scena riuscisse bene: ha dovuto cestinare tutto il materiale, perché in montaggio non riusciva a sintetizzare e concatenare i vari momenti della giornata.

La durata delle inquadrature si contano mentalmente col solito "milleuno, milledue, milletre etc."; una scena ricca di particolari richiederà un tempo superiore a quella di un semplice dettaglio. L'inquadratura di un gruppo di persone impegnato a procedere in un ipogeo dovrà essere più lunga di un primo piano.

É difficile fissare dei parametri per la durata; si deve considerare che una ripresa di 20 o 30 secondi può risultare interminabile se nella scena non accade nulla di particolare. Girare un documentario non è come girare un film d'azione, ma non per questo lo si deve rendere eccessivamente lento o noioso. Una buona regola generale è interrompere la ripresa non appena avremo mentalmente "esplorato" tutta l'inquadratura. Allo stesso modo, una scena non andrà interrotta prima che si sia distinto ogni elemento di rilievo dell'inquadratura stessa. S'inizi la ripresa solo quando si sarà deciso come concluderla.

Dovendo girare la scena una seconda o una terza volta perché, ad esempio, inavvertitamente qualcuno é entrato nel campo dell'inquadratura, ponete la mano davanti all'obiettivo prima d'interrompere la ripresa. In questo modo, quando controllerete il materiale girato, avrete la precisa indicazione che la scena è inutilizzabile e viene ripetuta di seguito.

Specialmente nelle scene veloci, o nelle situazioni in cui è difficile prevedere i movimenti del soggetto, è utile filmare tenendo aperti entrambi gli occhi. L'abitudine a questa tecnica consente di vedere quel che accade attorno, evitando così anche eventuali ostacoli se state riprendendo in movimento. Naturalmente la vista a destra sarà preclusa dalla videocamera stessa, ma con la pratica si riuscirà ugualmente a percepire allontanando leggermente il capo dall'oculare pur mantenendo la macchina bene in posizione.

XVI.15 - *Il sonoro*

Una buona ripresa sonora dal vivo contribuisce a rendere più interessante qualsiasi filmato. Il microfono incorporato nelle videocamere non è solitamente di grande qualità. Nelle macchine più sofisticate esistono degli ingressi microfonici con i quali si possono utilizzare uno o più microfoni esterni.

Si distinguono generalmente due tipi di microfoni:
- microfono omnidirezionale o panoramico: capta i segnali sonori ad ampio raggio provenienti da qualsiasi direzione ed è indicato per la registrazione dei suoni ambientali o di sottofondo; è controindicato per la registrazione dei dialoghi perché potendo registrare anche altre fonti sonore vicine dà nel complesso un risultato poco nitido;
- microfono direzionale o cardioide: capta prevalentemente i suoni frontali e leggermente laterali ed è indicato per registrare voci, dialoghi, suoni provenienti da un preciso campo.

É possibile utilizzare il microfono esterno in combinazione col microfono incorporato della camera e miscelare le due fonti sonore in montaggio. Al ingresso "mic" della videocamera è possibile collegare anche un radiomicrofono senza filo. Su alcune camere è consentita la regolazione manuale del livello d'ingresso della fonte sonora, o la miscelazione di più fonti. É utile controllare la qualità del sonoro mediante una cuffia.

XVI.16 - *Il montaggio*

Il videoamatore deve abituarsi a "montare in macchina", ovvero effettuare le riprese secondo un ordine, come se seguisse una sorta di sceneggiatura. La post-produzione cinematografica è in genere preclusa al videoamatore a causa dei costi elevati; dotarsi di una centralina di montaggio completa di videoregistratori, titolatrice, effetti, etc., implica un investimento oneroso. Con le moderne tecnologie informatiche è tuttavia possibile effettuare un montaggio digitale e con buoni risultati. Non si dovrà scordare che dal corretto montaggio dipende la riuscita del lavoro.

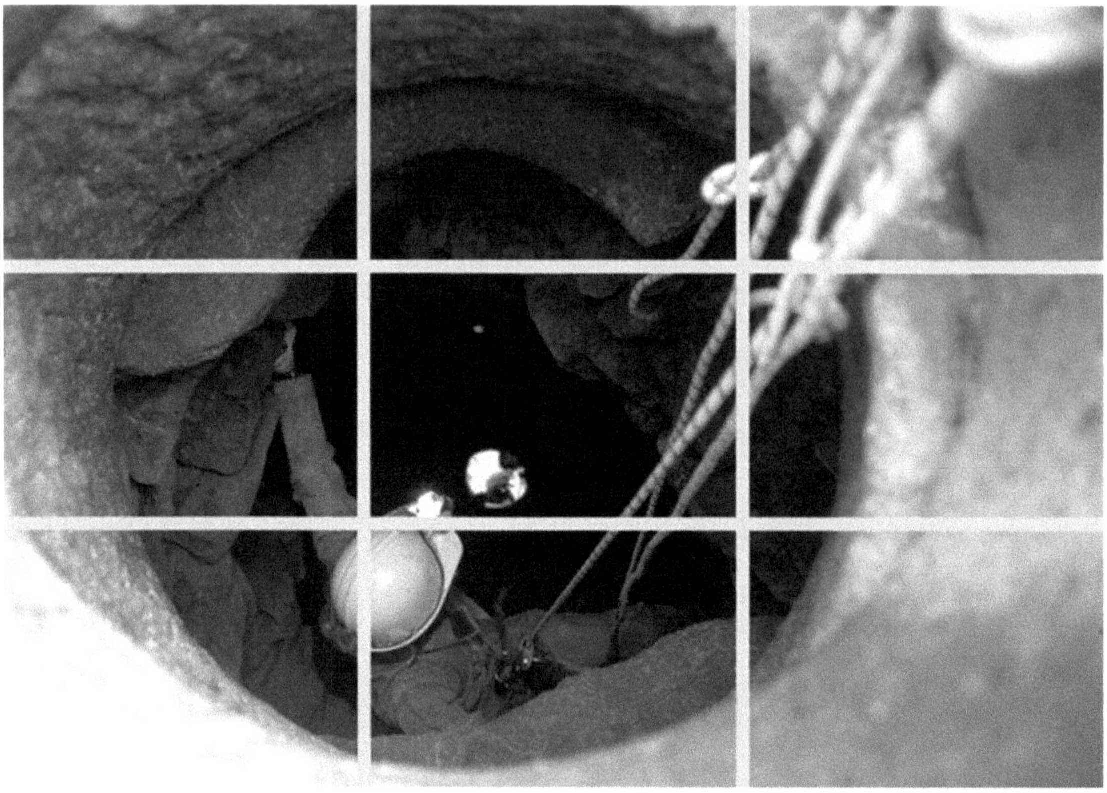

Fig. XVI.1. *La composizione si sviluppa diagonalmente (foto G. Padovan).*

Fig. XVI.2. *La composizione si sviluppa centralmente (foto L. Ceruti).*

CAPITOLO XVII

L'EQUIPAGGIAMENTO

Stefano Masserini

XVII.1 - *Breve storia dei materiali speleologici*

Le attrezzature utilizzate in speleologia hanno sempre attinto dalla tecnologia del momento storico. Le esplorazioni, a loro volta, hanno rispecchiato l'efficacia delle attrezzature. Si è quindi notato che l'evoluzione delle esplorazioni è sempre stata legata a quella delle attrezzature e conseguentemente delle tecniche.

Le più importanti evoluzioni si sono avute con l'avvento delle fibre sintetiche per confezionare corde e vestiario, delle leghe leggere per la realizzazione di scalette e moschettoni, delle lampade elettriche a batteria. La tendenza era quella di abbassare il peso da trasportare e avere al tempo stesso una maggiore affidabilità dei materiali utilizzati. All'inizio degli anni '70, vi è stata la più importante innovazione tecnica che ha cambiato il modo di percorrere le grotte verticali: la "progressione su sola corda", fu una rivoluzione.

Non doversi portare le scalette, ma solo le corde, riduceva del 70% il peso e il numero dei sacchi da trasportare, inoltre questa tecnica non richiedeva più di avere un uomo fermo sopra ogni verticale importante per fare sicurezza ai compagni. Di conseguenza le squadre sono divenute meno numerose, snelle e i risultati sono stati straordinari.

L'ultima innovazione importante, forse poco riconosciuta, avviene all'inizio degli anni Novanta del XX sec., con l'avvento del trapano a batteria. Questo attrezzo permette di predisporre armi e frazionamenti con grande velocità, sicurezza e poca fatica. Più tardi viene utilizzato per le arrampicate in artificiale permettendo di esplorare le grotte in tutta la loro tridimensionalità.

Parallelamente a questo è utilizzato per lavori di disostruzione, divenendo così, a tutti gli effetti, un attrezzo indispensabile per gli esploratori.

XVII.2 - *Attrezzatura personale*

Le attrezzature che andiamo a conoscere sono state studiate e realizzate per la speleologia in cavità naturali. Naturalmente le stesse sono utilizzate nella speleologia in cavità artificiali, essendo simile l'ambiente operativo; nel successivo capitolo si tratterà in specifico tale attrezzatura.

XVII.2.1 - *L'abbigliamento*

Il vestiario che indosseremo dovrà proteggerci dal freddo, dal fango, dallo stillicidio e dagli sfregamenti contro le asperità del percorso. Utilizzeremo quindi un sottotuta in pile aderente e in pezzo unico, la cui pesantezza dipende dall'ambiente che prevediamo di trovare e dalla nostra tendenza a sudare. Indosseremo una tuta in nylon, anch'essa in pezzo unico, che sia comoda e ci lasci una buona libertà di movimento (figg. XVII.1, XVII.2 e XVII.3). Ci sono sul mercato tute per speleologia in tessuto impermeabile che però vanno usate solo in ambienti molto bagnati e fangosi: l'impermeabilità si paga con una traspirazione ridotta al minimo.

Ai piedi calzeremo preferibilmente i calzettoni e degli scarponcini o, nei luoghi molto bagnati, stivali di gomma con suola scolpita. Per proteggere le mani useremo dei guanti da lavoro in gomma, non troppo spessi.

XVII.2.2 - *Casco e illuminazione*

Il casco non è solo il supporto dell'impianto di illuminazione. Va posta molta attenzione nella scelta del casco, vanno dimenticati i caschetti da cantiere ed utilizzati solamente caschi da alpinismo provvisti di Certificazione. Le eventuali modifiche da apportare per l'applicazione dell'impianto di illuminazione devono essere ridotte al minimo per non interferire con l'integrità della calotta. L'impianto di illuminazione deve sempre essere doppio: elettrico/elettrico o acetilene/elettrico. Ci sono in commercio lampade frontali elettriche con doppia fonte di luce ma non possono essere considerate come un doppio impianto in quanto funzionano con la stessa batteria. Il sistema più diffuso resta quello acetilene/elettrico.

L'acetilene è un gas infiammabile che, quando brucia, dà una luce intensa e diffusa. Esso viene prodotto in una bomboletta che va portata in cintura o a tracolla nella quale metteremo del carburo di calcio e, nell'apposito serbatoio, dell'acqua. Un rubinetto regola la quantità di acqua che dovrà cadere sui pezzetti di carburo sviluppando quindi una reazione chimica che produce l'acetilene. Il gas viene portato sul casco tramite un tubetto e bruciato in un ugello (beccuccio). Quest'ultimo è solitamente corredato di fotoforo e accensione piezoelettrica. Dovremo sempre curare con attenzione i nostri impianti di illuminazione poiché da essi dipende la nostra sicurezza, restare senza luce mentre si fa una manovra su pozzo o in arrampicata è pericolosissimo (figg. XVII.4 e XVII.5).

XVII.2.3 - *Imbragatura*

Questo accessorio permette di sospendere il nostro corpo in maniera abbastanza confortevole e inoltre permette di disporre gli attrezzi di cui necessitiamo per la progressione. Sul mercato ce ne sono molti modelli e la scelta di solito viene fatta indossandoli o, meglio ancora, appendendosi per verificare se dopo qualche minuto si avvertono dolori o problemi di circolazione sanguigna. I modelli più versatili sono quelli completamente regolabili.

XVII.2.4 - *Connettori*

I connettori si dividono principalmente in due grandi famiglie: i moschettoni e i Maillon Rapide. I primi si aprono agendo su una leva che ruota verso l'interno del moschettone e che si richiude automaticamente appena la si rilascia. I Maillon non hanno la leva ma una robusta ghiera che svitata o avvitata permette di aprire e chiudere il connettore; quando i Maillon sono chiusi garantiscono una grande sicurezza. Il connettore principale è quello che chiude il nostro imbrago. Ad esso collegheremo anche tutti gli attrezzi di progressione e i cordini di autosicura . Si utilizza un Maillon Rapide di forma ovoidale da 10mm in acciaio. Per collegare il discensore è indicato un moschettone parallelo con ghiera di sicurezza al fianco del quale inseriremo un moschettone in acciaio senza ghiera che avrà il compito di migliorare la frenata durante la discesa.

Nel connettore principale inseriremo anche i cordini di autosicura (che più avanti chiameremo "longes") alla cui estremità inseriremo moschettoni senza ghiera, comodi quelli a leva curva. Dovremo poi collegare il pedale (o staffa) alla maniglia bloccante e al cordino di sicurezza della maniglia con un moschettone parallelo con ghiera. Terremo poi a portata di mano, appesi all'imbrago o alla tracolla, alcuni di questi moschettoni utili per ogni evenienza.

XVII.2.5 - *Discensore e bloccanti*

Tra una vastità di modelli presenti sul mercato sceglieremo quello a due carrucole fisse. Ha il difetto di funzionare solo su corda singola, ma la sua semplicità e maneggevolezza lo fa preferire; inoltre, in speleologia, le discese in corda doppia sono decisamente rare (fig. XVII.6).

Il bloccante ventrale si inserisce direttamente nel connettore principale e verrà mantenuto in posizione verticale da una apposita bretella che di solito fa parte dell'imbrago. La maniglia, come abbiamo già visto, è collegata all'imbragatura con un cordino di sicurezza e monta sotto di sé il pedale. La caratteristica dei bloccanti è quella di poter scorrere sulle corde solo in un senso (nel nostro caso verso l'alto), se caricati invece si bloccano. É con l'uso alternato di questi attrezzi che si può risalire lungo le corde. Nei disegni vediamo il montaggio del bloccante ventrale e della maniglia.

XVII.2.6 - *Longes e pedale*

Nel connettore principale inseriremo la longe che va alla maniglia e le longes che ci serviranno nelle manovre. È consigliabile averne due di diversa lunghezza. Le longes possono essere di fettuccia cucita o autocostruite con corda per alpinismo annodata.

Il pedale è in fettuccia regolabile e nella sua parte inferiore deve essere provvisto di una gassa che possa ospitare tutti e due i piedi. Può anche essere autocostruito utilizzando un cordino annodato. La lunghezza del pedale va definita solo dopo diverse prove pratiche.

XVII.3 - *Attrezzatura di gruppo*

Anche in questo caso le attrezzature illustrate sono state studiate e realizzate per la speleologia in cavità naturali, ma si adoperano tranquillamente anche in quelle artificiali.

XVII.3.1 - *Corde*

Le corde utilizzate in speleologia sono di tipo statico, hanno cioè poca elasticità. Questa è un'ottima cosa per lo speleologo che risale lungo una corda poiché riduce moltissimo le oscillazioni in senso verticale, ma attenzione invece al loro utilizzo nella trattenuta di una caduta. In alpinismo si usano corde "dinamiche", cioè molto elastiche, che riescono ad assorbire grandi quantità di energia attutendo quindi il colpo che riceve il corpo di chi cade.

Va fatta molta attenzione a questa forza residua che si scarica sul corpo perché con le corde statiche non avremo l'assorbimento delle corde dinamiche. Tuttavia, in speleologia, se saremo capaci di attrezzare una verticale seguendo poche regole basilari, non ci troveremo mai a rischio di cadute importanti. La corda più usata dagli speleologi ha un diametro di 10 mm, ma ne troveremo in vendita con diametri da 8 a 11 millimetri (fig. XVII.7).

XVII.3.2 - *Cordini e fettucce*

Comodi da usare in moltissime situazioni fanno parte del corredo degli attrezzisti insieme a chiodi, piastrine e moschettoni. Si usano per realizzare attacchi su ancoraggi naturali, per costruire deviatori e per risolvere tutte quelle piccole emergenze o mancanze nell'attrezzatura personale. Ne esistono di tutti i diametri e altezze, i cordini più sottili (5 o 6 mm) sono i più versatili a patto di non usarli per gli ancoraggi, per quelli utilizzeremo diametri di almeno 9 mm!

XVII.3.3 - *Materiale per ancoraggi*

Ormai di uso generalizzato il "fix da 8 mm" è il chiodo che dà il miglior compromesso di sicurezza e comodità di installazione. L'avvento del trapano a batteria ha fatto invecchiare di colpo gli "spit", tasselli autoperforanti faticosi e lunghi da mettere, che tanto hanno dato alla speleologia moderna, ma che ora si godono una meritata pensione. Il fix viene preparato già in coppia con una placchetta che ci servirà per attaccare moschettone e corda.

Dopo aver praticato un foro con il trapano a batteria, inseriamo nello stesso il fix preparato con leggeri colpi di martello. A questo punto non resta che avvitare con una certa forza il dado all'estremità del fix per completare l'installazione.

Le placchette sono linguette di metallo con due fori. Il foro più piccolo ospita il gambo filettato del fix e l'altro, più grande, il moschettone da armo. In sostituzione alle delle placchette in alcuni casi è opportuno usare degli appositi anelli che permettono di applicare il carico in ogni direzione.

XVII.3.4 - *Trapano a batteria*

Esistono trapani a batteria da 12, 24, 36 volt. Quelli a 24 volt sono i più diffusi. Il punto debole di tutti questi trapani sono le batterie. Poca autonomia e costi altissimi. È ormai prassi comune fare una piccola modifica ai trapani per poter utilizzare due economiche batterie al piombo da 12 volt collegate in serie.

XVII.3.5 - *Sacchi*

Il sacco ideale è di forma tubolare, alto circa 60 cm con un diametro di 22 cm. Deve essere corredato di due spallacci e maniglie sul fondo, sul fianco e in testa. Si chiude con un cordino annodato che in certi casi può avere un prolungamento per agganciarlo al connettore principale dell'imbragatura quando si percorrono i pozzi. È realizzato con tessuto gommato molto robusto. Ci sono poi sul mercato sacchi di ogni dimensione, anche imbottiti per il trasporto di trapani o materiali delicati.

XVII.3.6 - *Materiale da armo*

Dovremo sempre portarci un martello e una chiave inglese da 13 mm. Il martello serve per saggiare la roccia prima di forarla con il trapano e poi per battere i fix dentro al foro. La chiave serve per serrare e aprire il dado dei fix. Tutti i martelli speleo hanno in fondo al manico una comoda chiave tubolare da 13mm ma con questa non si possono serrare gli anelli, è quindi necessario averne un'altra non tubolare.

È buona abitudine portare anche qualche vecchio spit insieme al suo percussore perché un guasto al trapano o il prematuro esaurimento delle batterie potrebbe creare problemi. Tutti questi attrezzi vengono raccolti in una sacchetta che gli addetti all'armo porteranno in cintura o, meglio, a tracolla (figg. XVII.8 e XVII.9).

XVII.3.7 - *Sicurezza dei materiali*

Dal 1995 è diventata obbligatoria la Certificazione Europea per i cosiddetti "Dispositivi di Protezione Individuale". Le normative che definiscono l'idoneità di questi materiali si riferiscono tanto ai carichi di rottura quanto all'insieme dell'attrezzo che deve essere compatibile con altri DPI. La Certificazione Europea prevede anche che ogni attrezzo venduto sia corredato da istruzioni dettagliate su uso e conservazione.

Troveremo quindi in vendita solo moschettoni e longes con Carico di Rottura uguale o superiore a 22 kN, Imbragature con CR di 15 kN, bloccanti con CR di 5 kN, corde con CR di 22-25 kN. É singolare che proprio all'inizio di questa catena di sicurezza vi siano le placchette ed i chiodi che non sono sottoposti a nessuna certificazione obbligatoria. Da sperimentazioni eseguite in laboratori privati risulta comunque la loro assoluta affidabilità. La sicurezza dei materiali dipende anche dalla cura con cui vengono utilizzati e conservati: le corde, le imbracature e tutti gli attrezzi tessili devono essere lavati con acqua fredda e riposti lontano da fonti di calore e dalla luce solare diretta, gli attrezzi metallici vanno lavati ed oliati nelle loro parti mobili.

Fig. XVII.1. *Sottotuta in pile, modello Alp Design (foto R. Basilico).*

Fig. XVII.2.: *Tuta in nylon antistrappo, modello Alp Design (foto R. Basilico).*

Fig. XVII.3. *Attrezzatura per la progressione in grotta (foto R. Basilico).*

Fig. XVII.4. *Caschi dotati d'impianto d'illuminazione acetilene-elettrico (foto A. Verdiani).*

Fig. XVII.5. *Casco da speleologia con tre tipi di bombole (foto A. Verdiani).*

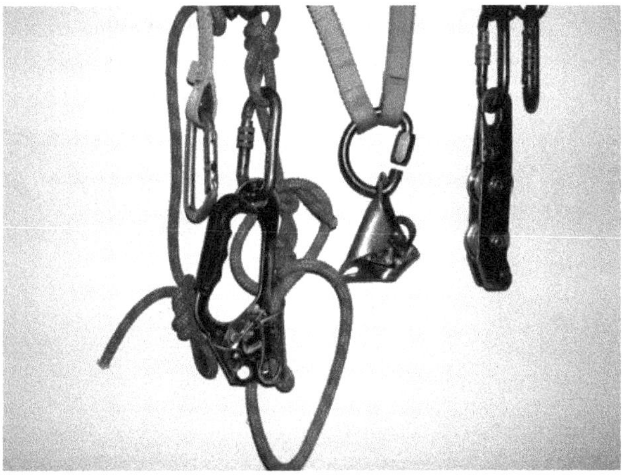

Fig. XVII.6. *Attrezzatura per la progressione su corda singola. Da sinistra a destra: longe, maniglia con pedale, bloccante ventrale e discensore (foto A. Verdiani).*

Fig. XVII.7. *Corde statiche, cordini e fettucce (foto A. Verdiani).*

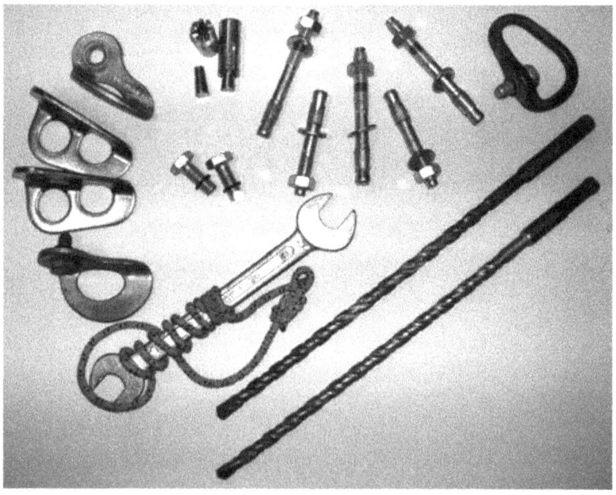

Fig. XVII.8. *Attrezzatura da armo (da sinistra in senso orario): chiave, piastrine, spit, fix, bulloni ,anello e punte per trapano (foto R. Basilico).*

Fig. XVII.9. *Sacchetta d'armo con porta-spit, martello e piantaspit (foto A. Verdiani).*

CAPITOLO XVIII

COME ACCEDERE NELLE CAVITA' ARTIFICIALI: ATTREZZATURA E METODOLOGIA SPELEOLOGICA

Gianluca Padovan

XVIII.1 - *Metodologie di progressione*

Le cavità, siano esse artificiali che naturali, hanno alcune caratteristiche in comune:
- poca luce, qualora di modesto sviluppo e/o direttamente connesse all'esterno;
- assenza di luce, con l'aumentare dello sviluppo;
- umidità;
- eventuale presenza d'acqua, sia stagnante che corrente.

Tranne casi particolari, un qualsiasi ambiente di modeste dimensioni non presenta difficoltà di progressione e può essere indagato senza possedere specifiche competenze. La differenza diviene sostanziale, e l'applicazione della metodologia speleologica indispensabile, nel momento in cui vi è il concorso di tre principali fattori:
- considerevole sviluppo spaziale;
- dimensione ridotta degli ambienti;
- presenza di verticali.

I tempi di esplorazione e di documentazione si dilatano in ambienti articolati, e ancor più in quelli 'stretti', prevedendo poi l'allestimento di una serie di ancoraggi per la prosecuzione lungo le verticali, generalmente da discendere, ma anche da risalire.

Dal punto di vista prettamente speleologico si è portati a considerare la grotta un ambiente 'impegnativo' per eccellenza. E nel momento in cui assume le caratteristiche proprie dell'abisso, oppure, pur sviluppandosi con andamento orizzontale o sub-orizzontale, è particolarmente estesa, angusta, e con presenza d'acqua, viene a richiedere allenamento, resistenza fisica e psicologica, nonché perizia.

In linea di massima una cavità artificiale non comporterà il medesimo impegno fisico e sarebbe quanto mai futile scandagliare l'argomento per ricercarvi confronti al solo fine di stabilire dei parametri di misura. Soprattutto in considerazione della loro differente genesi.

Si è invece riscontrato come le operazioni in ambienti artificiali possano comportare una fatica psicologica maggiore, imputabile non solo al lavoro da svolgervi, ma soprattutto alle condizioni statiche e igieniche, difficilmente ottimali. Si può quindi affermare che attitudine, preparazione e attrezzatura siano d'indubbio ausilio in ogni circostanza.

Occorre pertanto ricordare che lo speleologo è psicologicamente preparato a muoversi nel buio totale, ad affrontare i rischi che l'attività comporta e a raccogliere i dati anche in condizioni estreme. È padrone di tecniche di progressione e di attrezzature che gli consentono la discesa per centinaia di metri nel sottosuolo, rimanendovi un consistente numero di ore a compiere sia le operazioni di esplorazione, che le competenze proprie della speleologia, ovvero il lavoro di documentazione (per approfondire l'argomento vedere utilmente: Badino 1992; Antonini, Badino 1997).

XVIII.2 - *Attrezzatura speleologica*

In questo ambito si vogliono solo fornire alcune indicazioni rispetto all'attrezzatura, rimandando a corsi specializzati e alla lettura di specifici manuali il corretto apprendimento della metodologia di progressione speleologica. Si ribadisce che discendere ed esplorare opere con andamento verticale è necessario l'impiego degli strumenti utilizzati per la speleologia praticata nelle grotte; è chiaramente indispensabile seguire l'apposito corso prima di affidare agli attrezzi la propria incolumità. Purtroppo vari incidenti anche mortali sono occorsi a persone che hanno preferito improvvisarsi speleologi, con nozioni scarse e attrezzatura inadeguata.

Due sono le regole di base:
- per addentrarsi nel sottosuolo occorre essere muniti di almeno due impianti di illuminazione indipendenti, perché se uno si guasta non si rimane al buio, e rimanere al buio vuol dire incorrere facilmente in un incidente;
- per affrontare progressioni verticali, anche se di pochi metri, si deve sempre utilizzare l'attrezzatura speleologica.

In generale, se la cavità artificiale non presenterà caratteristiche equiparabili a quelle di una grotta, non vuol dire che la si debba affrontare con leggerezza.

XVIII.2.1 - *Vestiario di base*

Si deve disporre di un vestiario consono al luogo da indagare, soprattutto in merito al mantenimento di un certo grado di igiene, nonché di praticità, senza sottovalutare le conseguenze derivanti dall'ipotermia.

1. Sottotuta termico: penalizzante in estate, è necessario con basse temperature e comunque in previsione di prolungate permanenze negli ipogei, soprattutto se in presenza di acqua.
2. Tuta in cordura e/o nylon: semi-impermeabile, antistrappo, consente un certo agio nei movimenti.
2a. Tuta in PVC: ha il vantaggio di essere impermeabile e la si consiglia per i luoghi fangosi, con forte stillicidio, oppure poco o affatto igienici come le opere di smaltimento.
2b. Tuta in nylon con rivestimento interno in materiale impermeabile; più comoda del PVC e generalmente preferibile.
3. Scarponi da trekking, utilizzati in speleologia in qualsiasi ambiente.
3a. Stivali di gomma con suola scolpita (privi di lacci in quanto s'impigliano facilmente): utili in presenza d'acqua, soprattutto se di smaltimento.
3b. Stivali alti, da pescatore o a salopette: utilizzati esclusivamente in ambienti allagati, soprattutto in presenza di liquami, o comunque affatto igienici; sono pericolosi in acqua alta corrente. In determinate situazioni è preferibile indossare idrocostumi o - meglio - mute stagne.
4. Guanti in gomma corrugata: proteggono, limitano la dispersione di calore e consentono una discreta presa.

4a. Guanti in lattice (da chirurgo): hanno il solo vantaggio di proteggere dal punto di vista igienico, ma si rompono con una certa facilità.
5. Foulard, bandana o berretto di lana: proteggono la testa dall'umidità e/o dal freddo, assorbono il sudore.
6. Mascherina di gomma: è bene averne sempre una propria, dotata di filtri per polveri e per vapori organici.

XVIII.2.2 - *Protezione della testa e illuminazione*

È indispensabile proteggere la testa. Non si deve solo considerare l'eventualità di distacchi di materiale dalle volte, ma si evitano anche le banali contusioni urtando il capo in ambienti angusti o contro inaspettati ribassi.

1. Casco da speleologia: è l'adeguata protezione all'ambiente in cui si opera. È dotato di una leggera imbottitura interna e di sottogola per averlo sempre assicurato, anche in caso di caduta. Offre il vantaggio di montare due impianti di illuminazione, uno elettrico e l'altro a gas, consentendo così di avere le mani libere. L'impianto elettrico ha una custodia per batteria/e e un frontalino con lampadina generalmente alogena, il cui fascio può essere fisso o regolabile; ultimamente sono in commercio svariati impianti d'illuminazione, anche a led. L'impianto a gas, posizionato sopra quello elettrico, è composto da un beccuccio con ugello munito di accensione piezoelettrica; è raccordato tramite un tubo di gomma a una piccola bombola generalmente appesa in cintura (oppure al pettorale o all'imbragatura) tramite un moschettone. La bombola contiene acqua e carburo di calcio, la cui combinazione genera per reazione il gas acetilene che, salendo attraverso il tubo in gomma all'ugello, viene acceso generando una luce bianca e diffusa. Se in grotta l'impianto elettrico è di riserva, nelle cavità artificiali è il contrario, in quanto la circolazione d'aria è generalmente scarsa e il nerofumo generato dalla combustione sporca le pareti degli ambienti. Inoltre, in alcuni ambienti è bene non operare con fiamme libere, come si potrà vedere nella parte dedicata ai rischi e ai gas.
2. Casco da roccia: anch'esso idoneo in quanto provvisto d'imbottitura interna e di sottogola, può essere dotato degli impianti d'illuminazione speleologica.
3. Casco da cantiere: leggero, privo di sottogola, non è impiegabile se non per cavità di facile percorrenza e di modestissimo sviluppo. Occorre dire che un tempo era comunque utilizzato in speleologia con alcune modifiche, ma non era affidabile e in caso di caduta non offriva accettabili garanzie di protezione. In ogni caso se ne sconsiglia l'uso.
4. Per l'illuminazione di emergenza o supplementare, basteranno normali torce elettriche a batteria. In taluni casi faretti alogeni, proiettori o potenti torce potranno essere utilmente impiegati in ambienti profondi e/o di vaste dimensioni: ottenere una visione completa e nitida è senza dubbio necessario nell'organizzazione dei lavori e alla comprensione stessa dell'ambiente.

XVIII.2.3 - *Attrezzatura per la progressione verticale*

Per discendere in cavità ad andamento verticale occorre, come già detto, l'attrezzatura speleologica. Discesa e risalita si effettuano adoperando corde singole e, in casi particolari, scalette in cavetto d'acciaio con scalini in duralluminio e corda di sicura (oramai quasi totalmente inutilizzati nella speleologia in ambienti naturali). Il concetto è semplice: ancorare la corda (o la scaletta) ad almeno due punti fissi, agganciarsi alla corda con gli appositi strumenti assicurati all'imbragatura, discendere. La pratica non è così immediata e si sono giustamente scritti fiumi di parole sull'argomento. Si potrebbe obiettare che le cavità artificiali non siano mai così impegnative come le naturali, e non necessiti pertanto una preparazione altrettanto accurata. Tale supposizione è vera solamente in parte.

Non tutte le grotte sono degli abissi profondi centinaia di metri; non tutte le grotte ad andamento orizzontale sono di semplice e poco rischiosa percorrenza. Così, varie cavità artificiali come pozzi artesiani e miniere, richiedono una certa perizia nella progressione verticale e un cunicolo d'acquedotto lungo alcuni chilometri non è mai di semplice percorrenza. Ad esempio, le antiche miniere del Campigliese vengono affrontate dagli speleologi come se si trattasse di una cavità carsica, avendo spesso un andamento verticale, con profondità che possono raggiungere i cento-centoventi metri e pozzi anche assai stretti, con un diametro massimo di 50 centimetri. Cerchiamo ora, brevemente, di rendere comprensibili almeno i concetti di base, per i non speleologi.

XVIII.2.4 - *Attrezzatura individuale*

L'attrezzatura individuale è personale ed è buona regola non prestarla. Dal momento che vi appendiamo la nostra incolumità è bene sapere come la si sta utilizzando.

1. Per impiegare le corde è necessario indossare l'imbragatura da speleologia (e non da alpinismo). Chiusa con un moschettone (connettore) ventrale a ghiera detto 'maillon rapide', serve ad assicurarvi gli attrezzi da discesa e risalita, nonché sacche ed altro materiale.
2. Il discensore è composto da due flange apribili e due carrucole fisse, attraverso cui viene fatta passare la corda e va usato in coppia con un moschettone parallelo in ferro che serve da rinvio, per regolare la velocità di discesa. Vi è un modello dotato di autobloccaggio (denominato "stop") anche in versione 'da lavoro' (più complessa, ma senza dubbio assai sicura): generalmente poco o affatto utilizzato in speleologia, può risultare pratico qualora si debbano effettuare numerose soste nel corso della discesa, per prendere appunti e misure, nonché stendere il rilievo.
3. Maniglia e ventrale detto "croll" sono i bloccanti impiegati per la risalita. La maniglia, collegata all'imbrago da una corda (preferibilmente dinamica, più raramente si utilizza una fettuccia tubolare), è dotata di pedale. Il ventrale è agganciato direttamente all'imbrago.
4. Due longes (appositamente costruite o costituite da corde dinamiche da 10-11 mm) unite al moschettone ventrale portano all'estremità un moschettone senza ghiera: sono la nostra sicura. Nell'avvicinarsi al bordo della cavità, per far passare la corda nel discensore e nel moschettone di rinvio, è buona regola agganciarsi prima con la/le longes.
5. I moschettoni potranno essere in acciaio o in alluminio. Per gli ancoraggi si utilizzeranno i moschettoni dotati di ghiera di chiusura, per evitare che possano accidentalmente aprirsi. Tendenzialmente i moschettoni senza ghiera vanno bene per assicurare i sacchi all'imbragatura.

6. In casi del tutto particolari, come ad esempio nel corso del rilevamento di una verticale e in previsione di numerose e prolungate soste, è utile una sorta di 'seggiolino' da agganciare alla maniglia. Tale seggiolino consente di non rimanere appesi direttamente all'imbragatura, evitando così lo spiacevole e pericoloso inconveniente di rallentare l'afflusso di sangue, avvertibile con l'intorpidimento della parte del corpo che 'pesa' direttamente sui cosciali dell'imbragatura.

XVIII.2.5 - *Attrezzatura di gruppo*

Nel contesto, il concetto di chiara derivazione speleologica individua quei materiali che fanno parte del magazzino dell'unità operante o che comunque, nel corso delle operazioni, tutti utilizzano. Pertanto è buona regola verificarne sempre lo stato di usura. Abbiamo quindi le corde, i moschettoni, i chiodi, le sacche e quanto può accompagnare un'operazione speleologica.

1. Le corde speleologiche sono statiche (quelle da alpinismo sono dinamiche) e composte da una guaina esterna detta calza che racchiude i trefoli; il diametro comunemente impiegato è di 10.5 o 10 millimetri. Per la progressione in cavità artificiali è bene non adoperare diametri inferiori. La corda va assicurata, ovvero fissata: non deve mai toccare la roccia (o altro che possa lesionarla) e non ci si aggancia mai ad un solo ancoraggio non rinviato a monte.
2. Le scalette speleo, per quanto 'obsolete', possono tuttavia risultare utili nella discesa in cavità profonde pochi metri, evitando - qualora l'imboccatura lo consenta - ancoraggi laboriosi che consentano alla corda di non frizionare su spigoli vivi. Unitamente alla scaletta si dovrà sempre impiegare la corda di sicura.
3. I sacchi utilizzati sono quelli speleo, in PVC. Robusti e impermeabili, garantiscono una buona affidabilità e servono a trasportare le corde, i viveri (contenuti a loro volta in contenitori stagni), il materiale di pronto soccorso e quant'altro può servire.
4. Moschettoni, piastrine, chiodi e perforatori a batteria possono anch'essi far parte dell'attrezzatura comune e sono necessari per gli ancoraggi con cui 'armare' la cavità.

XVIII.2.6 - *Squadra d'appoggio*

La squadra d'appoggio esterna è indispensabile, soprattutto se si conducono lavori in pozzi e cisterne, o in qualsiasi altra opera al cui accesso si possa avvicinare chiunque. In primo luogo occorrerà transennare lo spazio attorno all'accesso della cavità, in quanto persone non strettamente addette ai lavori, o i semplici curiosi, possono essere motivo d'intralcio nelle operazioni, o creare reali inconvenienti:
- basti pensare alle operazioni da compiersi in un semplice pozzo senza puteale, ubicato in un centro storico: i curiosi non mancheranno;
- si pensi al classico ragazzino che vuole a tutti i costi vedere quello che si è calato dentro, rischiando di finirci a sua volta (fig. XVIII.1);
- oppure, chi si avvicina, può inavvertitamente urtare un oggetto, lasciato accidentalmente a terra e prossimo alla bocca dell'opera, facendolo cadere all'interno.

Sostanzialmente, ecco a cosa serve la squadra d'appoggio:
1. Fungere da vero e proprio "servizio d'ordine"; nessuno si deve poter avvicinare all'opera che si sta indagando.
2. Assiste chi si trova all'interno, intervenendo prontamente nel caso di necessità.
3. È l'indispensabile supporto logistico nello svolgimento dell'operazione sotterranea, soprattutto se subacquea.
4. Nell'ambito della documentazione, si occupa del rilevamento degli elementi architettonici esterni.

XVIII.2.7 - *Ancoraggi e armi*

Gli ancoraggi si suddividono in naturali e artificiali. Nel nostro caso l'armo naturale potrà essere il fusto di un albero, o un pilone della luce, oppure le balestre dell'automobile, dal momento che ben difficilmente potrà capitare di avere a disposizione una comoda e robusta stalagmite, oppure uno sperone roccioso accanto a un puteale in marmo. Gli ancoraggi artificiali sono costituiti da boccole ad espansione di due tipi: 'Spit Roc MF8' chiamati 'spit' e 'Spit Fix 8' (o gli equivalenti 'Hilti HSA M8') più semplicemente indicati col nome di 'fix'.

Le modalità di fissaggio sono differenti, ma ad entrambi viene applicata una placchetta o un anello, a seconda di dove si effettua l'armo, se in parete o 'a soffitto'. A questa viene agganciato un moschettone a ghiera, che a sua volta assicurerà la corda. I chiodi a fessura non vengono quasi mai impiegati: in speleologia vige il detto: «chiodo a fessura, chiodo a sepoltura».

Nella cavità artificiali i chiodi si utilizzano di rado, in primo luogo per le differenti caratteristiche morfologiche, in secondo luogo per non rovinare opere d'interesse architettonico. Per l'esplorazione di pozzi poco profondi e privi di puteale si preferisce effettuare l'armo su di un lungo tubo d'acciaio (di quelli normalmente impiegati nei ponteggi), posto orizzontalmente sulla bocca, rinviando la corda ad un secondo ancoraggio.

Questo consente di distribuire il carico sul terreno circostante e scendere al centro dell'opera senza toccare le pareti. Per sicurezza si assicura una seconda corda (di 'servizio') a un 'armo naturale', oppure a boccole ad espansione piantate nel suolo roccioso; che con opportuni rinvii vengono tenute al centro dell'accesso.

In pozzi provvisti di puteale è il caso di montare sopra di essi una struttura in tubi metallici, analoga a quella di un ponteggio, soprattutto se si devono effettuare operazioni speleosubacquee. In ogni caso si potrà fissare la corda a un qualsiasi doppio ancoraggio e calarla nel pozzo, facendo attenzione a legare una sacca o altro nel punto dove la corda friziona; ottimo sarebbe creare un rinvio con una seconda corda. In manufatti che presentino l'imboccatura composta da materiali oramai privi di coesione, o lo stesso impianto con cedimenti strutturali, occorrerà installare al di sopra dell'accesso un'incastellatura in tubi metallici a cui assicurare le corde. Si potrà così scendere senza esercitare pressioni, sia sulla bocca che sui rivestimenti.

Fig. XVIII.1. *Antro delle Gallerie (Val Ganna); CA00001LO VA. Esplorazione del complesso ipogeo scavato nelle arenarie quarzose del Servino (foto G. Padovan).*

CAPITOLO XIX

LA SPELEOLOGIA SUBACQUEA IN CAVITA' ARTIFICIALI

Matteo Bertulessi, Gianluca Padovan

XIX.1 - *Avvertenze di base*

La Speleologia Subacquea coniuga metodologie e attrezzature proprie delle due specializzazioni, speleologica e subacquea, con opportuni accorgimenti. Fermo restando che si dovrà già essere provetti sommozzatori, si rimarca l'importanza di seguire sia un corso di speleologia sia, successivamente, un corso di speleologia subacquea, prima di potersi cimentare in cavità sommerse.

Occorrerà avere al proprio attivo un discreto numero d'immersioni in differenti situazioni: in acqua salata, in acqua dolce, in acque calde e fredde, su relitti. Bisognerà altresì possedere un ottimo equilibrio psicofisico. Nelle discipline speleologiche (e non solo in queste) rischiare vuol dire mettere inutilmente a repentaglio la vita propria e di quanti dovranno giungere in soccorso, o che - purtroppo - si faranno carico di recuperare il cadavere.

XIX.1.1 - *Il compagno d'immersione*

La Speleologia Subacquea si può svolgere anche a considerevoli profondità, in spazi ristretti e sovente caratterizzati da depositi limosi, che gli inevitabili movimenti portano in sospensione, riducendo o annullando la visibilità tanto da non poter leggere gli strumenti personali. Tale attività si svolge generalmente in solitaria. In questi casi la scelta di non avere un compagno d'immersione è motivata appunto dal fatto che in ambienti profondi e/o angusti, e magari con visibilità ridotta, la presenza del compagno non solo non è d'aiuto in caso di un 'inconveniente', ma spesso è 'controproducente'. Nell'analisi degli incidenti mortali occorsi a speleosub, si osserva che nell'80% dei casi chi soccorre il compagno muore a sua volta. Ma qui si parla di "esplorazioni estreme" e del tutto particolari.

Nelle cavità artificiali non viene generalmente osservata la "regola d'oro" dell'immersione in solitaria qualora si debba eseguire il rilevamento di cisterne a camera, o in ampi spazi solitamente entro cui i rischi sono assai limitati. Ma seppure la complessità delle operazioni e il grado di rischio che comportano le immersioni in grotte profonde non sia equiparabile a quelle condotte in ambienti artificiali, queste non devono in nessun caso essere affrontate con superficialità.

XIX.2 - *Note riguardo l'attrezzatura speleosubacquea*

Attrezzature e tecniche sono argomenti ben più impegnativi di quelli affrontabili per la speleologia in ambiente aereo, pertanto anch'essi non rientranti nello scopo del manuale. Tuttavia, si ritiene il caso di rimarcare l'importanza d'impiegare determinate attrezzature, fornendo alcune indicazioni di base. La scelta dell'equipaggiamento è innanzitutto subordinata all'ambiente e al tipo di operazione da condurre. Contrariamente a quanto avviene nelle immersioni sportive al mare, al lago, o comunque in acque libere, in speleologia subacquea non si userà mai il solo monobombola, ma sempre un minimo di due bombole e sempre con le rubinetterie separate. In caso di malfunzionamento a un rubinetto al primo stadio dell'erogatore, vi sarà una perdita d'aria: se le bombole saranno collegate tra loro potrà verificarsi l'esaurimento totale dell'aria in entrambe le bombole.

Se avremo invece le bombole tra loro separate, solo una si svuoterà, offrendo la possibilità di rientrare. La rubinetteria dev'essere sprovvista di "riserva", poiché questa rende l'apparecchiatura più fragile. L'attacco dove alloggeremo il primo stadio dell'erogatore deve essere sempre e rigorosamente di tipo DIN, in sostituzione all'attacco INTERNAZIONALE. Questo evita problemi con gli o-ring e dà la possibilità di caricare le bombole ad elevate pressioni di esercizio (figg. XIX.1 e XIX.2).

XIX.2.1 - *Erogatori e manometri*

Gli erogatori da utilizzare in un'immersione speleosubacquea devono essere assolutamente affidabili. Al giorno d'oggi ve sono in commercio di ottimi e le case costruttrici mettono sul mercato modelli nuovi quasi ogni anno. I più usati nella speleosubacquea - e perciò anche i più collaudati in tale settore - sono gli erogatori Poseidon, in particolare i due modelli seguenti:
- il Jetstream, indicato soprattutto per immersioni profonde;
- il Cyclon, indicato per immersioni meno profonde o da utilizzare in acque limose.

Ad ogni primo stadio degli erogatori andrà montato un manometro, visto che - come anzidetto - le bombole saranno tra loro separate. Si provvederà altresì a marcare con un nastro adesivo colorato tanto i manometri, quanto gli erogatori: erogatore e manometro della medesima bombola con lo stesso colore, ad esempio il gruppo erogatore di destra bianco e quello di sinistra rosso.

Con tale accorgimento si avrà sempre il controllo della situazione dei gas, fattore assai importante anche per equilibrare correttamente la pressione in ciascuna bombola. Sarebbe sciocco consumare quasi completamente l'aria di una bombola, lasciando l'altra praticamente piena: se questa seconda diviene improvvisamente inutilizzabile?

XIX.2.2 - *Osservazioni riguardo il corredo*

Sempre nell'ottica di svolgere un lavoro di documentazione in totale sicurezza, occorreranno ottime fonti di luce e strumenti di rilevamento affidabili e d'immediato impiego. L'illuminazione posizionata sul casco non deve creare intralci o 'pesare' sulla maschera. Sarà costituita da almeno tre fonti indipendenti, ognuna con batterie a lunga durata, per non rimanerne privi nell'eventualità di un malfunzionamento e poter comunque sfruttare luci di varia potenza a seconda del bisogno. Occorrerà inoltre provvedersi di due maschere subacquee, una delle quali da tenere di riserva, e di un giubbotto ad assetto variabile di ridotte dimensioni, per non essere d'ingombro. Si dovrà avere sempre con sé i normali strumenti di precisione come orologio e profondimetro, nonché una bussola affidabile.

Le pinne dovranno essere dotate di cinghiolo, da indossare su apposite calzature, ed essere assicurate alle caviglie tramite un cordino con elastico: nel caso la pinna si sfili o il cinghialo si rompa non si perderanno. Il corredo di base prevede anche un tronchesino, o tagliacavi, che risulta uno strumento di gran lunga più pratico e maneggevole del coltello. Uno strumento indispensabile è la sagola, o 'filo di Arianna', impiegata sia per indicare la via del ritorno che per effettuare i rilievi planimetrici: una volta metrata si può sostituire alla rotella metrica.

Occorre svolgerla e ancorarla con cautela, per evitare che s'ingarbugli all'attrezzatura: per essere impiegata con praticità e senza pregiudicare la sicurezza del subacqueo, andrà avvolta su appositi "svolgisagola". Per tale sagola si utilizzano generalmente due fili di nylon, da 3 mm e da 2.5 mm. Ad in ogni immersione occorre averne con sé almeno due: quello di maggiori dimensioni servirà nel corso della progressione, mentre l'altro è di 'soccorso', ad esempio in caso di smarrimento della sagola principale. Per la protezione del corpo vi sono due principali tipi di mute: stagna e semistagna. Per evitare abrasioni o - peggio - strappi, occorrerà indossare al di sopra della muta una tuta in cordura, del tipo comunemente impiegato in speleologia.

XIX.3 - *Acqua inquinata e aria non respirabile*

Un fattore da non sottovalutare è l'acqua inquinata ed è bene fare analizzare il liquido prima d'immergersi. Seppure ciò non sia sempre possibile, a causa di fattori contingenti, nel dubbio è meglio astenersi dall'immersione. Per un efficace isolamento consiglia l'utilizzo di una muta stagna, di cui ne esistono in commercio due tipi. Uno è in neoprene, caldo ma ingombrante, che può creare qualche inconveniente nell'assetto.

L'altro è in PVC ed è leggero, snello, ma freddo. Le uniche parti a contatto con l'acqua rimangono le guance e la bocca. Le mani si può cercare di proteggerle con dei guanti, mentre per il viso è possibile adottare delle maschere chiamate 'granfacciali', che ricoprono in modo stagno tutto il viso: purtroppo presentano l'inconveniente di montare un solo erogatore. Penalizzante nell'impiego speleosubacqueo.

Occorre comunque sottolineare che in caso di operazioni in cisterne, o ambienti non sommersi, ma semplicemente allagati e con acqua non profonda, i principali rischi della speleosubacquea si riducono, consentendo anche l'utilizzo di un solo erogatore. Ma questo, lo si ribadisce, solo in casi assolutamente particolari. Un'altra regola d'oro è mettere in bocca l'erogatore prima d'introdursi nella cavità e toglierlo solo quando si è usciti: non si può sapere se in prossimità dell'acqua, oppure al di là di un tratto sifonante, l'aria sia respirabile. In ogni caso sarebbe bene avere sempre con sé un rilevatore d'aria a fiale (ma questo non autorizza a disattendere la regola appena enunciata!).

XIX.4 - *Ancoraggi e armi*

È chiaro che l'attrezzatura impiegata è tanta, ingombrante e pesante. Una persona di media corporatura (75 kg) attrezzata per l'immersione può giungere a pesare intorno ai 110 chilogrammi: questo se impiega bombole piccole, da 5/7 litri. E con bombole più capaci il peso aumenta. Di conseguenza l'armo dev'essere assolutamente affidabile. Cadere anche da pochi metri con le bombole in spalla è decisamente pericoloso. Operando in strutture artificiali, quindi solitamente ricavate in rocce tenere o in terreni poco compatti o incoerenti, e magari incamiciate o rivestite con materiali di vario tipo, gli ancoraggi con chiodi a espansione (del tipo spit e fix) sono sconsigliati. Inoltre danneggiano e deturpano le strutture stesse, come i rivestimenti dei pozzi.

In casi del tutto particolari, come pozzi molto profondi, scavati nella viva roccia e privi di rivestimento, o in miniere ad andamento verticale, si possono impiegare i fix lunghi (9 cm). È possibile che gli accessi versino in precarie condizioni statiche, pertanto prima di calarsi è bene valutarne la solidità. Ancoraggi affidabili si otterranno realizzando sovrastrutture con tubi metallici, evitando lo sfregamento delle corde sui bordi dell'accesso.

Oppure si potranno assicurare le corde a elementi esterni di certa tenuta, come precedentemente detto. La discesa su corda, con l'attrezzatura indossata, può venire resa problematica dallo sbilanciamento delle bombole che gravando sulla schiena innalzano le gambe: non sempre è possibile, o consigliabile, indossarle in acqua. L'inconveniente si può ovviare sfruttando la tecnica all'inglese: le bombole si posizionano sui fianchi. La risalita va invece affrontata solo dopo essersi liberati dell'attrezzatura subacquea: la si aggancia a una corda di servizio, con l'ausilio di un compagno rimasto ad attendere nella zona aerea. In alcuni casi è bene utilizzare un battellino d'appoggio (figg. XIX.3, XIX.4 e XIX.5).

XIX. 5 - *Considerazioni*

Immergersi in un ambiente vuol dire riportare in superficie il suo rilievo planimetrico e i dati che ne consentano lo studio, non stabilire dei "primati" (figg. XIX.6 e XIX.7). Non è indispensabile operare in ogni circostanza, ovvero 'ad ogni costo', se si vuole continuare - sani - nell'attività. Luigi Casati, del Gruppo Speleologico Lecchese C.A.I., non si stanca di ripetere ai suoi allievi: «Lo speleosub bravo è quello vivo!».

XIX. 6 - "*Rebreather*"*: apparati a recupero di gas*

Attorno alla metà degli anni Novanta del XX sec. le esplorazioni speleosubacquee sportive hanno un'evoluzione. Le esigenze d'immersioni con tempi sempre più lunghi e a profondità maggiori, nonché il continuo aumento dei costi dei gas per la preparazione delle miscele, hanno indotto alcuni speleosubacquei a cercare le attrezzature che potessero sia diminuire i costi sia migliorare le prestazioni in esplorazione. Esistono in commercio, e in alcuni casi costruiti da artigiani, sistemi a recupero di gas che permettono al sub di respirare autonomamente detti "Rebreather", inizialmente di competenza solo militare. Per comprendere che cosa siano e per quale motivo stiano, a piccoli passi, entrando (o più correttamente 'rientrando') nel mondo della subacquea non professionale, bisogna innanzitutto capire come funziona un autorespiratore tradizionale A.R.A. (Auto Respiratore ad Aria) chiamato in gergo "Circuito Aperto", a differenza dell'A.R.O. (Auto Respiratore a Ossigeno) chiamato "Circuito Chiuso".

XIX. 6.1 - *Breve premessa storica*

L'uomo ha cercato, nel tempo, di poter scendere sott'acqua ed esplorare il mondo sottomarino: «Dalla "Bottisfera" di Alessandro il Grande ai cappucci di cuoio, le invenzioni rimaste a tavolino non si contano. Il primo studio che non ignora del tutto le leggi di fisica e la fisiologia umana è però databile al 1679. In quell'anno, Alfonso Borelli disegna un subacqueo che respira in un sacco polmone di cuoio e cammina sul fondo con sandali dotati di artigli. Nel 1865, poi, i francesi Rouquayrol e Denayrouze (ingegnere uno e ufficiale di marina l'altro) realizzano un apparato per la respirazione di aria, che può funzionare sia in collegamento con la superficie che autonomo» (Marcante 1988, pp. 257-258).

Nel 1937 Max Gene Nohl scende a 128 metri di profondità con una miscela di ossigeno ed elio (rispettivamente 20% e 80%), superando così i limiti imposti dall'azoto (gas componente dell'aria). Si ricorda che l'utilizzo delle bombole caricate ad aria (A.R.A.) è sconsigliato al di sotto dei 70 metri di profondità, per innumerevoli fattori che il subacqueo è tenuto a conoscere perfettamente. Per quanto concerne l'utilizzo degli autorespiratori ad ossigeno (A.R.O.) il loro limite d'impiego erano i 12 m di profondità, portati poi a soli 8 m, dati i numerosi incidenti (il solo ossigeno risulta tossico al di sotto di una certa soglia).

XIX. 6.2 - *A.R.A. (Auto Respiratore ad Aria)*

«Nel 1943 viene raggiunta una tappa importantissima nella evoluzione delle apparecchiature per merito di due francesi: il comandante Cousteau e l'ingegner Gagnan. Nasce così l'autorespiratore automatico ad aria, a circuito aperto» (Marcante 1988, p. 297).

Il sistema richiede un contenitore per la scorta di aria in pressione (bombola) e un erogatore a domanda suddiviso in Primo e Secondo Stadio, attivato dal sub in modo automatico durante l'inspirazione. Il sistema aperto è cosi chiamato perché il gas espirato dal subacqueo è ventilato nell'ambiente circostante sotto forma di bolle, dato che il consumo metabolico non utilizza che una minima frazione di ossigeno durante l'atto respiratorio. Ne consegue un consumo notevole di gas, il quale aumenta con l'aumentare della profondità d'immersione.

«L'autonomia dell'A.R.A. non dipende, come nell'A.R.O., dalle variazioni delle funzioni metaboliche che sottraggono all'aria respirata, qualunque sia il volume di ventilazione, il solo ossigeno necessario ad assicurare le combustioni alle cellule. L'autonomia dell'A.R.A. dipende invece dall'entità del volume di ventilazione, che viene completamente espulso all'esterno dall'ispirazione e da altri fattori. Ecco perché l'A.R.O., che impiega solo una irrilevante percentuale del volume ventilato, concede un'autonomia notevolissima con bombole di piccolo volume e l'A.R.A., invece, autonomie inferiori con bombole di volume almeno decuplicato» (Marcante 1988, p. 298).

XIX. 7 - *Tre tipi di Rebreather*

I Rebreather non sono altro che apparati a recupero di gas. Il vantaggio nell'utilizzo di tali apparecchi è perciò evidente e intuitivo. Ne esistono sostanzialmente tre tipi:

1. Rebreather ad ossigeno (A.R.O.);
2. Rebreather a circuito semichiuso;
3. Rebreather a circuito chiuso.

Ognuno di questi serve al sub per respirare sott'acqua, perciò hanno in comune alcuni componenti. Il circuito respiratorio è provvisto di boccaglio, attraverso il quale il sub respira da una sacca chiamata "contro polmone" (o sacco-polmone). Se si continuasse a respirare la sola aria contenuta nella sacca ben presto, nel circuito, si avrebbe un accumulo di anidride carbonica (CO_2), fino ad arrivare a livelli pericolosi. Per risolvere l'inconveniente si deve inserire una cartuccia contenente una sostanza assorbente che trattenga l'anidride carbonica.

Tale sostanza, usata sino a poco tempo fa, era la calce sodata, la quale poteva però causare alcuni inconvenienti, talora anche gravi. Oggi sono in commercio altri prodotti, con minori controindicazioni, come ad esempio "Sofmolime" e "Hp Sodasorb". Naturalmente queste sostanze che trattengono la CO_2 espirata non sono da sole sufficienti a consentire un uso prolungato: l'ossigeno è consumato progressivamente per via metabolica e, di conseguenza, nel circuito va immesso altro ossigeno.

Indicativamente si può aggiungere che il Rebreather permette ai gas di circolare in un'unica direzione. Per ottenere questo vengono utilizzate delle valvole dette di non ritorno, che inserite a valle e a monte del boccaglio servono in fase di inspirazione e di espirazione. Nel boccaglio trova posto una sorta di rubinetto che deve essere chiuso ogni qualvolta il boccaglio sott'acqua venga rimosso, in modo tale che il circuito respiratorio sia preservato da un sicuro ingresso d'acqua, con conseguente allagamento e disattivamento del processo chimico d'assorbimento della CO_2.

XIX. 7.1 - *Rebreather a ossigeno (A.R.O.)*

Il Rebreather a ossigeno è costituito dai componenti-base sopra descritti; è inoltre l'antesignano di tutti i Rebreather in commercio. Tra il 1876 e il 1878 Henry Fleuss costruisce un autorespiratore ad ossigeno: l'apparecchio a circuito chiuso ha una piccola bombola in rame contenente ossigeno a circa 10 atmosfere che alimenta un sacco-polmone posto sulla schiena, a sua volta collegato a una maschera "granfacciale". L'aria espirata viene rimandata al sacco-polmone attraverso un filtro contenente soda caustica; una volta filtrata, l'aria torna in circolo. La soluzione allora adottata è semplice e geniale, tanto che il progetto di base è arrivato ai giorni nostri con poche sostanziali modifiche.

Così scrive Duilio Marcante negli anni Ottanta: «Questo tipo di respiratore è considerato con diffidenza negli ambienti sportivi internazionali che lo giudicano particolarmente pericoloso. Al Congresso di Londra della C.M.A.S. (Confédération Mondiale des Activités Subaquatiques; N.d.A.) nel 1964 soltanto chiedendo una riunione supplementare il professor Ferraro è riuscito ad evitare che venisse ufficialmente proibito. È un atteggiamento però, che a nostro giudizio non è giustificato in quanto l'attività subacquea oltre certi limiti prudenziali, senza la necessaria preparazione teorico-pratica e senza un opportuno allenamento, è sempre pericolosa. Non solo con l'A.R.O. ma pure con l'A.R.A. o in apnea» (Marcante 1988, p. 260).

XIX. 7.2 - *Rebreather a circuito semichiuso*

Il Rebreather a circuito semichiuso rappresenta uno dei tipi detti "a miscela gassosa", in quanto utilizza miscele in sostituzione all'ossigeno puro. L'apparecchio si divide sostanzialmente in due differenti categorie: a "Immissione Attiva" e "Immissione Passiva".

Per immissione attiva s'intendono apparati che immettono gas nel circuito in modo massiccio e costante. A prescindere dalla profondità viene immesso nel circuito una quantità di molecole di gas per unità di tempo, nel senso che la portata di ossigeno immesso deve uguagliare o superare il consumo metabolico del subacqueo.

Un'alternativa al sistema attivo è il semichiuso a immissione passiva, che si basa sull'aggiustamento della portata di gas immesso nel circuito, in modo tale da soddisfare più puntualmente il fabbisogno metabolico del sub. Per fare questo bisogna rapportare il gas immesso in tempo reale con la frequenza respiratoria del subacqueo detta VRM (Volume Respiratorio Minuto), che risulta direttamente proporzionale al tasso di consumo metabolico di ossigeno del sub. Di conseguenza, durante i periodi di maggior VRM, verrà immesso più gas, mentre nei periodi di basso VRM ne verrà immesso di meno. Anche con questo apparecchio permane la necessità di espellere periodicamente l'eccesso di gas, che altrimenti andrebbe a scapito dell'efficienza di utilizzo dei gas stessi.

XIX. 7.3 - *Rebreather a circuito chiuso*

Come i Rebreather a circuito semichiuso, quelli a circuito completamente chiuso sono sistemi a miscela gassosa che consentono immersioni a profondità maggiori rispetto ai Rebreather a ossigeno, dato che respirare ossigeno a elevate pressioni per un determinato tempo porta alla morte per iperossia. Fondamentalmente la differenza tra circuiti semichiusi e sistemi chiusi riguarda la modalità d'immissione dell'ossigeno nel circuito respiratorio, nonché le apparecchiature ad esse connesse.

Il circuito semichiuso immette ossigeno assieme ad altri gas, mentre nel sistema chiuso vi sono almeno due immissioni indipendenti di gas: una di ossigeno puro e una di "diluente". Tale diluente può essere composto da differenti tipi di gas, a seconda del tipo di immersione che s'intende effettuare. Il diluente, di solito, contiene ossigeno a sufficienza per essere respirato dalla relativa bombola alla prevista profondità pianificata, tramite un sistema a circuito aperto. In alcuni Rebreather serve appunto come gas di salvataggio, utilizzabile attraverso il circuito d'emergenza nel malaugurato caso che si verifichi un'avaria al Rebreather. Nei più sofisticati Rebreather a circuito completamente chiuso vi sono delle centraline elettroniche di controllo.

XIX. 8 - *Motivazioni per l'utilizzo dei Rebreather*

Attualmente si ritiene che queste macchine aprano nuovi orizzonti alle esplorazioni speleosubacquee. I Rebreather danno la possibilità di effettuare permanenze superiori rispetto alle immersioni effettuate con il sistema tradizionale ad aria (A.R.A.). Basti pensare che con un sistema di circuito semichiuso, alla risorgenza dell'Elefante Bianco, lo speleosub Luigi Casati è sceso a una profondità di -186 m.

Altro vantaggio nell'utilizzo dei Rebreather è la quasi totale assenza d'emissione di bolle: in ambienti con presenza di abbondanti depositi limosi si evita il più possibile l'intorbidimento dell'acqua. Nel corso d'immersioni in ambienti rischiosi, quali possono essere, ad esempio, gli impianti minerari sommersi, si evita che consistenti emissioni d'aria possano andare a 'premere' su strutture instabili.

Naturalmente i Rebreather non portano solo vantaggi, ma anche svantaggi. Le specifiche caratteristiche di costruzione e la complessità d'uso comportano rischi di non poco conto. Ne consegue una ponderata riflessione prima e durante il loro utilizzo.

È necessario essere già provetti subacquei, nonché speleosub, se s'intende utilizzare i Rebreather in cavità. Occorre, soprattutto, seguire specifici corsi tenuti dagli stessi costruttori o da istruttori competenti per la specifica macchina, con centinaia di immersioni al proprio attivo, e non da semplici rappresentanti di marca. Ogni Rebreather deve essere studiato e conosciuto fin nei minimi particolari.

Purtroppo l'utilizzo di un Rebreather in modo maldestro, scorretto e soprattutto superficiale, può portare in un'unica direzione: alla morte certa. Morte imputabile, nel 95% dei casi, all'errore umano, all'inesperienza e all'inadeguata o scarsa preparazione specifica.

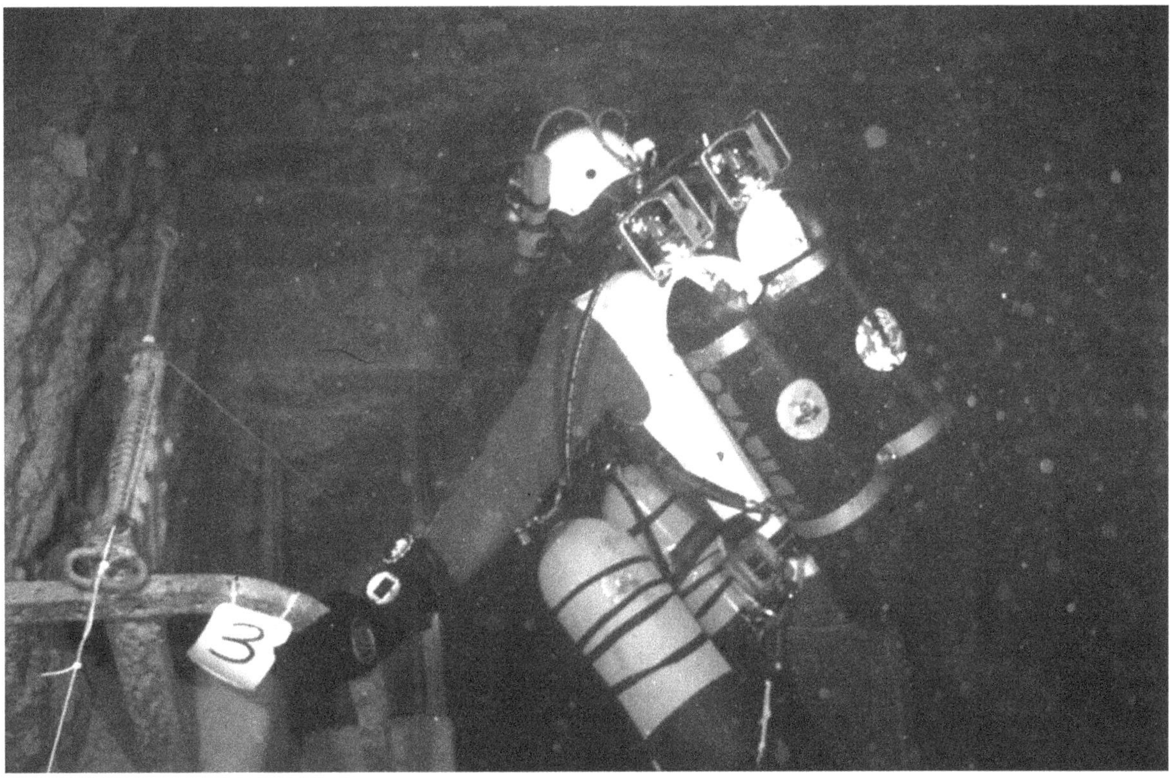

Fig. XIX.1. *Cava Pilucchi (Olgiate Folgora, Lecco). Pozzo principale da dove salivano e scendevano i carrelli con il materiale cavato (foto M. Chichellero).*

Fig. XIX.2.: *Cava Pilucchi (Olgiate Folgora, Lecco). Speleosub al quarto livello sotterraneo (- 44 m) con bibombola da 12 litri e due mono da 15 l (foto M. Chichellero).*

Fig. XIX.3. *Cava Pilucchi (Olgiate Molgora, Lecco). Possibile collegamento con la vicina Cava Valicelli; armature e quadri in legno, oramai marci, costituiscono uno dei pericoli maggiori (foto M. Chichellero).*

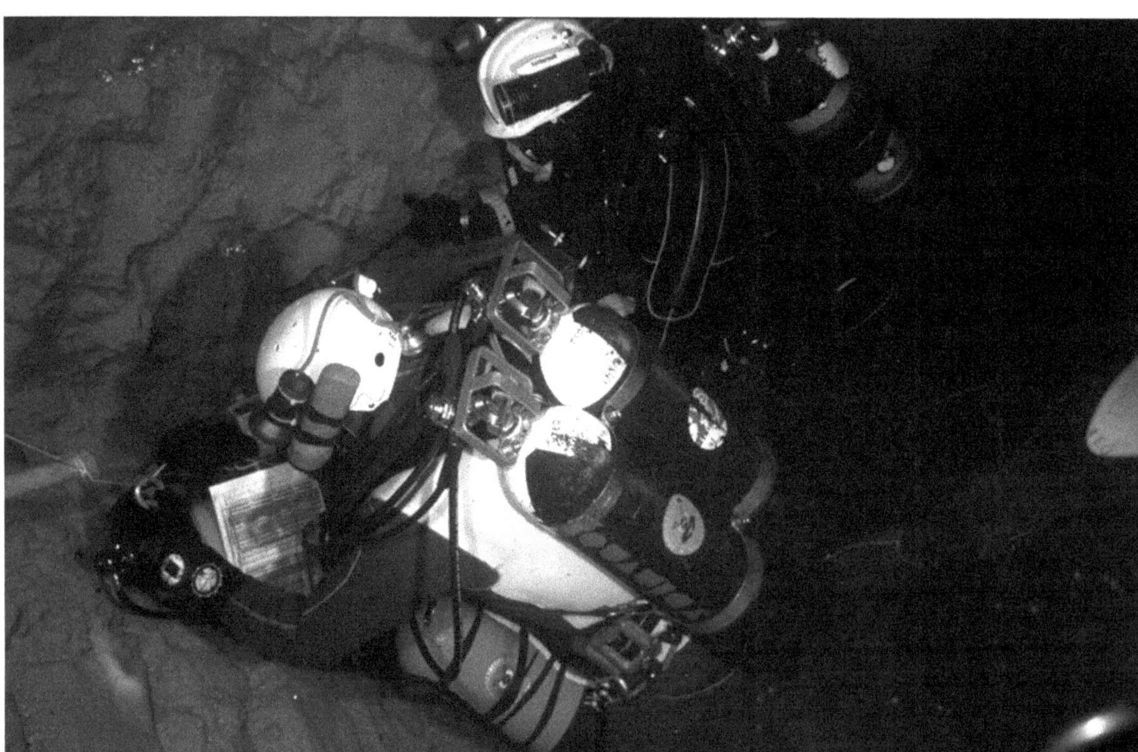

Fig. XIX.4. *Cava Pilucchi (Olgiate Molgora, Lecco). Al rientro dall'immersione "di punta" lo speleosub viene aiutato al cambio di bombola per la decompressione da un 'sub d'assistenza', come d'uso (foto M. Chichellero).*

Fig. XIX.5. *Cava Pilucchi (Olgiate Molgora, Lecco). Sosta per la tappa di decompressione a -6 m, in ossigeno puro. L'esplorazione della cava oggi quasi completamente sommersa ha portato alla stesura di una poligonale superiore ai 2 chilometri, giungendo a una profondità, in acqua, di -65 m. Materiale utilizzato: muta stagna in neoprene con gav incorporato, sistema a circuito aperto, erogatori Poseidon Jet Stream, bombole con aria per la progressione e miscele iperossigenate e ossigeno puro per le tappe di deco. I caschi erano provvisti di quattro fonti luminose indipendenti. Si sono utilizzati svolgisagola con filo di nylon da 3 mm, metrato e per il rilievo bussole, clinometri, profondimetri, computer subacquei (foto M. Chichellero).*

Fig. XIX.6. *Esplorazione e rilievo della Cisterna di Piazza Mercato delle Scarpe a Bergamo (CA 00003 LO BG), da parte degli speleosub dell'Associazione S.C.A.M. (foto A. Gambini).*

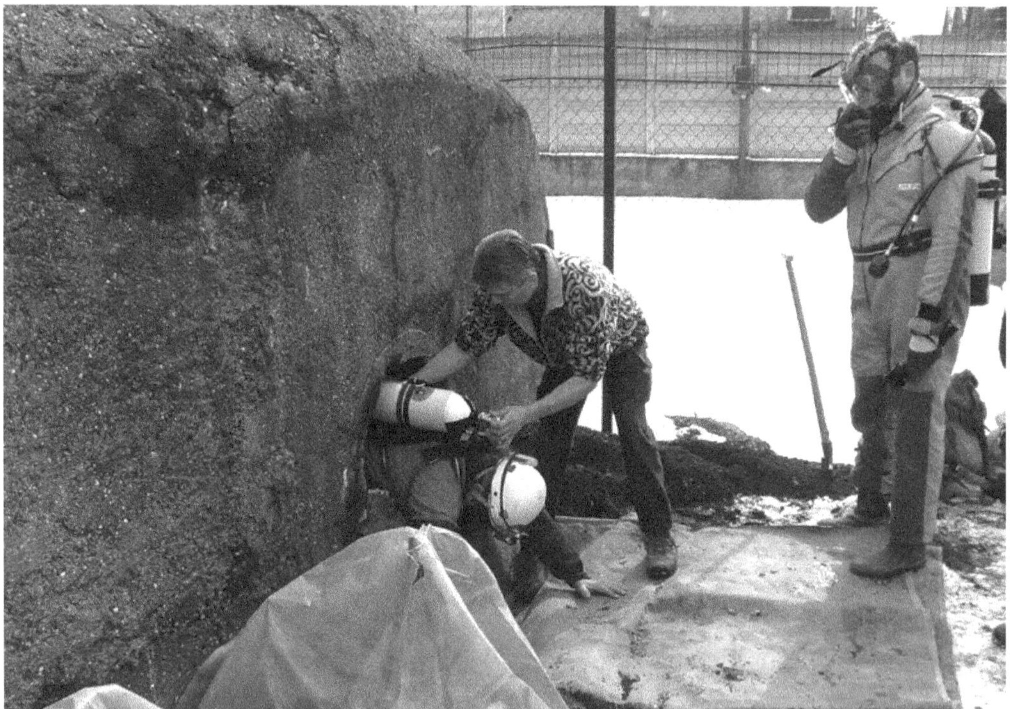

Fig. XIX.7. *Apertura e ispezione del rifugio antiaereo di via Mecenate 74 a Milano, da parte dell'Associazione S.C.A.M. Gli speleosub entrano per l'ispezione attrezzati con maschere granfacciali subacquee e bombole; il rilievo planimetrico verrà eseguito a distanza di una settimana, dopo aver riaperto anche le bocchette di ventilazione e aver lasciato adeguatamente aerare gli ambienti (foto A. Thum).*

CAPITOLO XX

L'ILLUMINAZIONE : TECNOLOGIE INNOVATIVE PER APPLICAZIONI SPECIALI

Umberto Gibertini

XX.1 - *Concetti introduttivi*

Gli ambienti ipogei sono stati interpretati, dall'immaginario collettivo, come la negazione assoluta della luce. L'esplorazione del profondo si è portata al seguito un bagaglio di esperienze illuminotecniche e ottiche di alto profilo, consentendo di sviluppare per ogni esigenza un sistema ottimizzato in termini di resa luminosa rispetto al dispendio energetico. La possibilità di attingere alle esperienze maturate in altri settori, quali il medicale, la subacquea, la fotografia, è sicuramente uno sprone per ottenere di volta in volta il risultato maggiormente confacente alle esigenze del momento.

L'esigenza di portare la luce in grotta, o in qualsiasi cavità, non sempre si manifesta come necessità di una illuminazione totale, per la quale è spesso sufficiente quella usuale degli illuminatori ad acetilene o di appositi faretti alogeni, generalmente impiegati nella speleosubacquea. Nelle cavità artificiali si possono presentare necessità diverse a seconda degli ambienti e del tipo di lavoro che si svolge.

Ad esempio, per rendere evidenti dei graffiti parietali, sarà necessaria una illuminazione radente; se invece si rileva un ipogeo affrescato potrebbe rendersi utile una luce bianca (6500°K) e fredda; se poi si opera in ambienti sommersi, o con atmosfere pericolose, le luci dovranno avere requisiti rigorosi. Ci si propone quindi di far conoscere alcune possibilità tecniche che potranno aiutare archeologi e speleologi a risolvere i fattori di illuminazione che le cavità artificiali richiedono.

XX.2 - *Illuminazione fluorescente*

L'illuminazione fluorescente è nota da tempo e fa parte del nostro quotidiano mediante i classici tubi di diverse dimensioni e potenze. Caratteristiche principali di questa luce sono l'emissione di luce più fredda rispetto alle tradizionali sorgenti a incandescenza o alogene, una minor richiesta energetica e una diffusione tipica della luce prodotta. Purtroppo l'ingombro di tale tipo di illuminazione ha precluso certe applicazioni fino a che, nel 1998, è stata presentata una lampada fluorescente piatta, con superficie emittente rettangolare dalle dimensioni variabili tra 5 e 21 pollici (si prevede di arrivare fino a 40 pollici) con uno spessore di soli 10 mm.

Il funzionamento si basa sulla transizione di stato dello xenon contenuto tra le due lastre di vetro ed attivato tramite scariche elettriche; il passaggio di stato produce radiazioni U.V. le quali, colpendo i fosfori depositati sul vetro emittente della lampada, emettono luce visibile.

Caratteristiche principali di questa lampada, denominata "Planon", sono l'insensibilità dell'emissione luminosa alle variazioni di temperatura (da –30° a +85° C), un'accensione istantanea al massimo livello di emissione luminosa (5 ms) che avviene su tutta la superficie in modo uniforme. L'efficienza luminosa è un po' più bassa delle tradizionali fluorescenti (infatti è dell'ordine di 20-25 lm/W), ma con una durata indicativa di 100.000 ore di utilizzo non influenzate da frequenti accensioni. La temperatura di colore è di 6500 K e le coordinate cromatiche rimangono costanti per tutta la vita della lampada.

Una delle applicazioni tipiche della Planon è la retroilluminazione dei monitor LCD. L'elevata resistenza alle vibrazioni e agli urti e l'ampiezza degli angoli di visibilità la rendono adatta all'utilizzo su mezzi di trasporto, nei processi produttivi, nei televisori ultrapiatti. Chiaramente una tale lampada può essere considerata come un singolo pixel di un megadisplay per ottenere illuminazioni uniformi di aree molto grandi (sono state realizzate superfici di oltre 3000 m^2).

In campo fotografico la Planon fornisce una illuminazione diffusa con ingombro ridotto e i sistemi flessibili possono ridurre le ombre o rendere più evidenti alcuni particolari. Questo modo 'bidimensionale' di pensare i corpi illuminanti rende sicuramente interessante l'utilizzo di tale fonte, facilmente imballabile e trasportabile, per i lavori e le esplorazioni che prevedono cantieri in zone anguste.

XX.3 - *Illuminazione LED*

Un concetto già dibattuto, e peraltro in molti campi ampiamente testato, è la possibilità di sostituzione delle sorgenti luminose tradizionali con illuminatori LED (oggi è possibile installare 3 led LUXEON bianchi in luogo di un'alogena tipo MR 16 da 30 W). Va detto inoltre che sono tante le applicazioni nuove, quelle cioè che non sarebbero state realizzabili con sorgenti tradizionali. Le motivazioni che possono spiegare la rapida evoluzione, nei più disparati settori, verso l'utilizzo di LED, si possono riassumere nelle caratteristiche di lunga durata, emissione zero di calore, leggerezza, dimensione ridotta, robustezza, luce monocromatica ed efficienza luminosa (Narendran, Deng, Pysar, Yu 2003).

Alcuni esempi tratti dal settore medicale possono darci un'idea per sviluppare applicazioni adatte alle nostre casistiche. Le lampade per la polimerizzazione delle paste dentali nella versione tradizionale utilizzano la fibra ottica per portare, in un minimo ingombro, la luce generata da un illuminatore ad alogeni, ingombrante e generatore di calore. Con un led specifico si elimina la fibra ottica, si riduce il peso, il fastidio dovuto all'emissione di calore e si riducono anche i tempi di polimerizzazione. Questo grazie alla luce monocromatica con un picco di lunghezza d'onda adeguata, che permette di eliminare anche i filtri. Un altro esempio è quello della lampada per sala operatoria, dove con solo 5 led "Luxeon V" bianchi si raggiunge un flusso luminoso di 50.000 lux ad un metro di distanza, con una potenza impiegata di soli 25W (circa 1/3 delle analoghe alogene), e una durata superiore (Grant, Coombs, Moss, McGraw-Hill 1996, pp. 16.14-16.17).

Presi questi come esempi per il molto piccolo e il molto grande ci sono poi numerose variazioni, sia per il controllo della lunghezza d'onda emessa, e quindi del colore, sia per l'utilizzo, dove il risparmio di potenza impegnata può segnare la differenza (Tobias, Trindade 1995, pp. 63-70).

Il campo della ricerca del benessere, negli ambienti di lavoro illuminati artificialmente, ha dato un notevole impulso allo studio dei led con reattori digitali, i quali riescono a riprodurre la luce del giorno in ogni sua variante: si pensi a cosa può significare questo per la restituzione di fedeltà cromatica nelle riprese. Uno studio condotto sui frigoriferi da esposizione, presenti nei supermercati, ha portato alla consapevolezza delle potenzialità di risparmio insite in questa tecnologia, di cui si allega una tabella prospettica in fondo a questa pagina.

Già sperimentata, l'illuminazione led per le telecamere di controllo dei processi industriali ha degli innegabili vantaggi, rispetto a una sorgente tradizionale (fluorescente, alogena, a ioduri, a xenon). Il "Luxeon", uno dei led presi a riferimento tra i vari in commercio, ha una luce monocromatica che non crea aberrazioni (effetto arcobaleno) sulle lenti della telecamera, consentendo inoltre riprese accurate di particolari (spesso viene usato il led rosso; certe telecamere hanno la massima sensibilità a 580 mm e una bassa sensibilità sulla frequenza del blu) quali incisioni o disegni.

Nel processo vengono tradotti gli output elettrici della telecamera in messaggi digitali gestiti dal computer; una buona telecamera ha la sensibilità minima di 1 lux, ma possono essere richiesti anche più di 1000 lux per alta definizione e le distanze di lavoro possono oscillare da 25 mm a 15 m. Nella pratica speleologica un fattore di primaria importanza, sia per la sicurezza che per la praticità, è l'utilizzo della bassa tensione per questo tipo di illuminazione.

Molte sono le tipologie di illuminazione ancora citabili: tubi al neon flessibili, diffrazione laser, infrarosso, ultravioletto, etc. Esse possono rispondere a differenti esigenze e consentire di 'sondare' luoghi e campi d'indagine, ma la trattazione diverrebbe ampia e specialistica, togliendo, se vogliamo, molto del fascino 'oscuro' all'indagine e alla scoperta.

SISTEMA ILLUMINANTE	FLUSSO LUMINOSO LUMEN a 7°C	LUMEN / WATT	CONSUMO kWh	RISPAMIO ENERGETICO
FLUORESCENTE DA 32 W	2200	69	0,76	
LED nel 2002	900	30	0,72	5%
LED nel 2005	900	50	0,43	43%
LED nel 2010	900	100	0,22	71%

(fonte: Philips Lighting)

CAPITOLO XXI

I RISCHI

Gianluca Padovan

XXI.1 - *Gli incidenti*

Non è semplice delineare un quadro dei rischi che l'attività nelle cavità artificiali può comportare. Fortunatamente gli incidenti occorsi a speleologi sono stati talmente pochi da non consentire la stesura di una 'casistica'. Si dovrebbero analizzare quelli verificatisi in altri ambiti, soprattutto tra chi materialmente realizza cavità: si trarrebbero interessanti spunti per ampliare l'argomento. Numerosi sono invece gli incidenti capitati a 'esploratori occasionali'.

Come già detto, le cavità artificiali possono presentare caratteristiche tali da richiedere la specifica preparazione speleologica (per approfondire l'argomento vedere utilmente: Guidi, Pavanello 2002). Occorrerà usare una buona dose di cautela, dal momento che si potrebbero prospettare vari 'inconvenienti', da ipotizzare e valutare prima dell'eventuale intervento conoscitivo. Oltre agli incidenti 'prettamente' speleologici, ovvero legati all'utilizzo e talvolta al non utilizzo dell'attrezzatura, in linea generale possiamo avere:
- modesti distacchi di materiale dalle strutture;
- crolli, ovvero cedimenti strutturali;
- presenza di sostanze venefiche o inquinanti o deflagranti;
- animali.

Si cercherà quindi di comporre, nello specifico, un quadro dei possibili rischi, con particolare attenzione per quelli derivati dalla presenza di gas e dall'eventuale contrazione di malattie e infezioni, per i quali si sono riservati dei capitoli a parte.

XXI.2 - *Attrezzatura*

Il maggiore rischio che deriva dall'utilizzo dell'attrezzatura è principalmente legato a due fattori:
- utilizzo della stessa senza l'acquisizione della necessaria padronanza;
- utilizzo di attrezzature generiche in modo improprio.

Non si possono ad esempio costruire scalette a imitazione di quelle speleologiche con manici di scopa e filo per stendere i panni: l'esempio è reale e purtroppo qualcuno è morto. Così come non si devono utilizzare corde nautiche o da cantiere, o altro materiale non adeguato. La modesta profondità di talune opere può indurre al non impiego dell'attrezzatura, mettendo a repentaglio la propria e l'altrui incolumità nel momento in cui si verifichino degli 'imprevisti'.

XXI.3 - *Usura*

Tutti i materiali sono soggetti ad usura. L'essere portati erroneamente a supporre che l'attrezzatura speleo utilizzata in cavità artificiali si usuri meno, e quindi "duri di più", non la rende senz'altro "eterna". Idrocarburi, fanghi di cava o - peggio - di miniera, acque acide, e via dicendo, possono intaccare l'attrezzatura (soprattutto moschettoni, corde e longe) assai più velocemente di quanto non avvenga in ambienti carsici. Per quanto ci si sforzi ad ottenere degli ancoraggi adeguati e ad approntare degli armi corretti, troppo spesso nella realtà dei fatti i risultati sono lungi dall'essere accettabili e troppo spesso le corde vengono sollecitate contro spigoli vivi. Ciò comporta un rapidissimo deterioramento, nonché rotture interne dei trefoli e lacerazioni della calza.

Moschettoni e piastrine in acciaio durano più a lungo di quelli in alluminio e sono quindi da preferirsi anche per l'uso prettamente speleologico. Questo vuol dire che le corde, gli imbraghi, le longe, i moschettoni e quant'altro, vanno sostituiti con maggiore frequenza e comunque lavati e sempre controllati prima dell'utilizzo.

XXI.4 - *Precauzioni indispensabili*

Le precauzioni da prendere sono molteplici. Si ricordano solo quelle essenziali, per quanti siano già pratici della tecnica speleologica.

- Non utilizzare corde speleo con diametro inferiore ai 10 mm.
- Mai utilizzare una corda prima di averla personalmente controllata, verificando non abbia lesioni interne e della calza.
- Controllare ulteriormente la corda appena prima di utilizzarla, verificando di aver fatto il classico nodo un metro prima dell'estremità: è risaputo che per distrazione c'è chi ha utilizzato il 'sacco già pronto' sbagliato, e terminando la corda prima di essere giunto sul fondo del pozzo, oppure di aver dimenticato di fare il nodo in fondo, con l'uguale tragico risultato.
- È preferibile marcare le proprie corde con 'nottolini' metallici (lunghi 4/6 cm) saldamente fissati alle due estremità e punzonati con data e metratura. Il nottolino è inamovibile, è di pronta lettura se marcato correttamente e s'incastrerà nel discensore, qualora si siano ignorate le precedenti fondamentali precauzioni.
- Dovendo effettuare discese su corda, è preferibile filare la corda nel sacco e appenderselo all'imbragatura. Mai 'gettare' la corda all'interno della cavità; piuttosto è preferibile filarla pian piano. Talvolta la corda può non giungere al fondo (e non accorgersene), oppure essere troppo lunga e ingombrare il fondo stesso, o sporcarsi con acqua anche putrida.
- Mai utilizzare una corda o una scaletta che non siano assicurati ad almeno due ancoraggi indipendenti.
- Mai utilizzare la scaletta speleo senza la corda di sicura.
- Controllare sempre con attenzione che i bordi del manufatto entro cui vi calate siano ben solidi e non vi sia alcunché d'instabile, che possa staccarsi quando voi siete già all'interno.
- Non tenere materiali sul bordo dell'opera, che non siano assicurati a un ancoraggio. Nel caso di rilievo in pozzi profondi, è meglio utilizzare un tappo di sughero o una spugna bagnata in vece del piombo: è già capitato che chi dalla superficie cali il 'filo a piombo' se lo lasci sfuggire dalle mani. Se del materiale vi precipita in un pozzo del diametro di uno o due metri, è quasi certo che non possiate evitarlo.
- Se non è possibile montare sovrastrutture e la corda tocca il bordo d'accesso dell'opera in cui ci si deve calare,

proteggerla con l'apposita guaina scorrevole, oppure - anche in aggiunta - sistemare una o due sacche speleo (sovrapposte) sul bordo, chiaramente assicurandole di modo che non scivolino internamente (lo stesso dicasi per la scaletta). In ogni caso, si monti un deviatore.
- Prestare la massima attenzione ai contenitori del carburo: se inadeguati e non perfettamente stagni possono essere motivo d'incidenti. E la casistica, da questo punto di vista, è ben nota.

XXI.5 - *Gli stupidi*

È un dato di fatto: gli stupidi sono ovunque. Un unico esempio può bastare. In occasione dell'esplorazione di un pozzo artesiano (profondo una cinquantina di metri per 1.8 m di diametro) situato nel cortile di una villa, il proprietario aveva invitato alcune persone ad assistere. Intanto che lo speleologo era giunto quasi al fondo e stava scattando delle foto, un ospite, soprappensiero e forse un poco annoiato, raccolse un sasso da terra e fece per lanciarlo dentro il pozzo. Gli speleologi rimasti all'esterno (la "squadra d'appoggio") si accorsero del gesto e lo bloccarono in tempo. Un sasso grande come una pallina da ping pong, che precipiti da venti o più metri d'altezza, può essere fatale.

XXI.6 - *Cedimenti strutturali*

In linea di massima ogni ambiente sotterraneo è destinato nel tempo ad assestarsi 'naturalmente' o a seguito di fattori collaterali. Soprattutto cave e miniere abbandonate presentano zone interessate da cedimenti. Meno frequenti nelle coltivazioni antiche, in cui sono stati utilizzati per l'estrazione solo strumenti manuali (quindi senza l'impiego di esplosivi), divengono più frequenti in quelle successive, dove abbiamo un mutamento del metodo di abbattimento e di coltivazione.

Cunicoli e gallerie centinati con i tipici 'quadri' in legno possono avere tali strutture marce, se non crollate. Anche eventuali spazi 'ripienati' risulterebbero instabili. In tratti allagati vi possono essere pozzi sommersi, quindi difficilmente individuabili, e 'sabbie mobili'.

Le cisterne e i pozzi oramai in disuso hanno talvolta il puteale, o la stessa canna, in condizioni statiche precarie. Per discendervi occorrerà innanzitutto montare una sorta d'incastellatura soprastante a cui assicurare la corda, evitando così di andare a sollecitare la struttura.

XXI.7 - *Materiali esplosivi e residuati bellici*

Per l'impianto d'illuminazione a gas occorrerà utilizzare le bombole da speleologia, con chiusura filettata, e non quelle da miniera, la cui chiusura è generalmente a baionetta e tende ad aprirsi, con l'improprio uso speleologico. In ogni caso, si sono segnalati vari incidenti a causa dell'esplosione della bombola. Se la bombola è composta da parti in rame si consiglia di pulirla tenendola in acqua, quindi non 'a secco', e senza utilizzare strumenti metallici: l'improvvida formazione di acetiluro di rame (composto esplosivo e instabile) può dare luogo a spiacevoli inconvenienti. Inoltre il carburo di calcio va tenuto in contenitori stagni, per evitare, lo si ripete, che accidentalmente prenda umidità o si bagni, dando luogo alla formazione del gas acetilene con i rischi che ne conseguono.

Principalmente presso cave e miniere è possibile rinvenire esplosivi abbandonati, che non vanno in alcun caso nemmeno toccati. Il tempo e l'umidità possono averli resi instabili, quindi altamente pericolosi. Si ricordi inoltre che nei resti di fornelli da mina possono rimanere cariche inesplose. Benché in Italia siano state effettuate a più riprese efficaci campagne di bonifica lungo i fronti delle due guerre mondiali, ciò non toglie che si possano ancora rinvenire ordigni inesplosi, sia all'interno che all'esterno delle opere forti dotate di ambienti sotterranei.

Trovato un ordigno, non si pensi: "Ma dopo tanti anni non sarà certo pericoloso?!". Oltre al munizionamento ordinario o alle 'normali' granate, troppo spesso si dimentica che nel corso della Grande Guerra vennero impiegati gli aggressivi chimici, come cloro, fosgene, acido cianidrico, palite, iprite, etc. Con il relativo munizionamento, gli aggressivi chimici vennero prodotti e impiegati anche successivamente; solo nell'ultimo conflitto non se ne fece alcun uso (sarebbe interessante sapere se oltre che in mare tale materiale bellico sia stato 'stoccato' anche altrove, magari in cavità o coltivazioni abbandonate).

Occorre tenere presente che l'involucro delle granate chimiche è generalmente più sottile di quelle ordinarie: a causa del suo deterioramento può cedere e rilasciare l'aggressivo anche senza deflagrare. Pertanto, mai e in alcun caso rimuovere i residuati bellici, ma segnalarne tempestivamente la presenza ai Carabinieri.

XXI.8 - *Operazioni speleosubacquee*

In linea di massima, le operazioni speleosubacquee in cavità artificiali sono meno complesse e rischiose di quelle effettuabili nelle grotte: infatti non avremo grandi profondità né sviluppi chilometrici. Fanno eccezione alcune coltivazioni sotterranee, poste magari su più livelli, rimaste sommerse a seguito della cessata attività estrattiva. Tali ambienti sono così pericolosi da sconsigliarne in modo categorico la percorrenza.

Come già accennato, si dovrà tenere conto che le acque possono essere inquinate. Inutile ripetere che occorrerebbe farle analizzare preventivamente. Più di una volta si è rinunciato alle operazioni perché sull'acqua galleggiavano carogne di piccoli animali, tra cui topi e ratti. In ogni caso, si suggerisce sempre l'utilizzo di mute stagne. Ma è bene rammentare che la regola d'oro è di non togliersi mai l'erogatore di bocca, a maggior ragione negli ambienti posti al di là di un sifone.

XXI.9 - *Rifiuti e aria inquinata*

Si è sempre pensato che i gas di scarico delle automobili potessero incidere negativamente sulla respirabilità dell'aria negli ipogei, ma a tale proposito non è stata, almeno da noi speleologi, condotta alcuna indagine. Soprattutto nelle coltivazioni minerarie non è esclusa la presenza di sacche di gas naturali, costituiti da idrocarburi gassosi esistenti negli strati del sottosuolo, da dove emanano spontaneamente. Il più noto è il grisou o grisù, detto "gas delle miniere". È un gas combustibile costituito da una miscela di metano o di altri idrocarburi, e anidride carbonica, ossigeno e azoto, che si può sviluppare nelle miniere di carbone e in quelle con la presenza di minerali di origine sedimentaria. Inodoro, insaporo e non tossico, miscelandosi con l'aria diviene infiammabile ed esplosivo.

Nel corso di alcune operazioni condotte nel sottosuolo di Lodi, in certi ambienti sotterranei il cui pavimento era in terra battuta, si accusavano forti cefalee dopo nemmeno un paio d'ore di permanenza. Presso l'Ufficio Tecnico del Comune spiegarono che in certe zone vi era un insignificante rilascio naturale di gas metano dal terreno, che poteva essere la causa dei disturbi. Non si è comunque condotta alcuna indagine al riguardo: si sono semplicemente sospese le operazioni speleologiche.

Nell'articolo di Samorè "Analisi d'incidenti mortali a speleosub e loro prevenzioni" (SAMORÈ 1979, pp. 63-64) si riporta: «Blocco di fango imprigiona due sub. Due respirano esalazioni di anidride solforosa dovuta a depositi di lignite in una grotta-miniera abbandonata, appena passato il sifone; il terzo si accorge del fatto e rimette l'erogatore agli altri ed esce a cercare soccorsi; inutilmente».

In generale, occorrerà ricordare che le opere ipogee possono essere state riutilizzate come pozzi neri, vasche di dispersione, fogne anche abusive, discariche di rifiuti anche tossici (generalmente in talune cave o miniere abbandonate), liquami e solventi. E varie sostanze possono determinare la formazione di gas o ridurre la presenza di ossigeno nell'aria. Anni addietro, nel Grossetano, nel corso della ristrutturazione di una casa abbandonata da tempo, trovato l'accesso alla cantina ben chiuso due addetti vi sono scesi per ispezionarla. L'ambiente era ingombro di assi e di ripiani in legno oramai marci e non vi è stata la possibilità di trarre in salvo le due persone. Nel 1991 a Corsico (Milano), nella roggia Corio (sotterranea) sono stati abusivamente scaricati solventi chimici aromatici. Due tossicodipendenti accovacciati sopra un tombino hanno cercato di scaldare la droga da iniettarsi: la fiamma dell'accendino, a contatto con i vapori, ha provocato uno scoppio che ha gravemente ustionato la coppia e scoperchiato alcuni tombini fino a mezzo chilometro di distanza. A Milano, nei pressi dell'Arena Civica (costruita nel XIX secolo per le naumachie), alcuni condotti sono stati utilizzati per posarvi le tubature del metano, determinando, anche in questo caso, la sospensione delle ricerche nell'intera rete cunicolare.

In generale, suggerisco di utilizzare come fonti di luce le sole lampade antideflagranti, oppure lampade stagne, come quelle subacquee. In ogni caso, è consigliabile non adoperare l'acetilene e servirsi degli impianti elettrici (così si evita anche di sporcare determinate opere lasciando sulle volte le tracce di nerofumo). La cosa migliore sarebbe poter avere sempre a portata di mano una apposita apparecchiatura per l'analisi dell'aria.

Nei successivi capitoli verrà trattata la problematica legata a gas tossici od asfissianti eventualmente presenti nei condotti sotterranei, segnalando solo che, per quanto riguarda i fumi di combustione dell'acetilene, è stato escluso con uno studio recente, la possibilità di intossicazione da parte del monossido di carbonio ipoteticamente liberato durante la combustione dell'acetilene, da parte delle comuni lampade speleologiche (vedere utilmente: Bregani, Camerini, Ceraldi, Cambisano 2000, pp. 72-73).

XXI.10 - *Alcune considerazioni*

Riepilogando, possiamo così riassumere quanto detto: preparazione fisica e psicologica, attrezzatura adeguata e prudenza sono fattori indispensabili al conseguimento di un risultato positivo sotto ogni aspetto. Fermo restando quanto anzidetto, è l'attenzione, ovvero l'essere sempre perfettamente 'presenti', che limita i rischi quasi al solo 'imponderabile' (fig. XXI.1).

Come ulteriore appunto (non si sorrida) si possono incontrare anche ambienti complessi e con sviluppi chilometrici: l'eventualità di perdersi non è così remota. Concludendo, si può affermare che talune cavità artificiali possono tranquillamente fare a meno delle nostre esplorazioni, se si desidera proseguire nell'attività.

Fig. XXI.1. *Sotterraneo dei Vetri Rotti nei pressi di Porta Dipinta a Bergamo (CA 00006 LO BG). Scivolare e cadere su di un tappeto di cocci di vetro e stoviglie rotte può risultare pericoloso (foto G. Padovan).*

CAPITOLO XXII

GAS IN IPOGEO: TIPOLOGIE, VALUTAZIONI, RISCHI E PREVENZIONE

Umberto Gibertini

XXII.1 - *Respirare in sicurezza*

La cosa più importante è la sicurezza. Consci del fatto che l'interesse che accompagna il percorrere le opere del passato può - talvolta - fare dimenticare di trovarsi in ambienti anche pericolosi, si è ritenuto importante affrontare le problematiche legate alla presenza nell'aria di sostanze nocive.

L'aria, che accompagna la nostra vita dal momento della nascita, non è altro che un miscuglio di gas in proporzioni tali da permettere lo sviluppo della vita che conosciamo.

Quando le proporzioni dei vari gas componenti la miscela per diverse ragioni mutano, subentrano nei processi biologici delle modificazioni che portano in tempi brevi a patologie respiratorie e in tempi lunghi (tempi evolutivi) allo sviluppo di forme di vita diverse e maggiormente adatte alle atmosfere modificate.

Essendo di nostro interesse solamente ciò che avviene in un breve o brevissimo periodo, quando i parametri composizionali dell'atmosfera si alterano, possiamo analizzare cosa ci si deve aspettare negli ambienti ipogei, dove la circolazione d'aria può essere limitata e possono esservi gas in percentuali diverse da quelle normalmente presenti nell'atmosfera.

Quante volte ci si è sentiti rivolgere la classica domanda: "Ma come fate a respirare nelle grotte?". Chiaramente ogni speleologo sa che di aria nelle grotte ne trova in abbondanza, e i problemi per la respirazione non si pongono minimamente, se non in casi del tutto particolari.

Non è sempre così quando si affronta la progressione in cavità artificiali; in questo caso la particolare morfologia, o la natura geologica del terreno in cui si apre l'ipogeo, possono causare la mancanza di aria o, peggio, facilitare il ristagno e lo sviluppo di gas nocivi.

Chiunque abbia avuto a che fare con cavità artificiali si è potuto rendere conto delle diverse possibilità di incontrarvi gas; basti pensare alle miniere abbandonate, dove il nemico invisibile può aver mietuto vittime anche tra i minatori che vi lavorarono ed essere in attesa del nostro arrivo.

Si ricordi che non solo il tanto temuto grisù può danneggiarci, ma anche una serie di altri gas che si sviluppano dalla putrefazione di animali morti, talvolta presenti in ambienti sotterranei. Oltre a questo, possono essere presenti quei gas che, naturalmente contenuti nel particolare terreno circostante, trovano nella via di drenaggio non naturale un più facile cammino, formando sacche dove può essere rischioso avventurarsi senza le dovute cautele.

XXII.2 - *Tipologie di rischio*

Le tipologie di rischio riscontrabili negli ipogei dipendono innanzitutto da quale utilizzo è stato fatto nel tempo della cavità stessa, come si è potuto vedere in alcuni esempi riportati nel precedente capitolo. Possiamo infatti pensare a una cisterna costruita per raccogliere acqua (quindi un ambiente con basse potenzialità di rischio) che nel corso del tempo, seguendo le nuove necessità urbanistiche, può ritrovarsi a far parte della rete fognaria (ambiente ad alto rischio). Tutto ciò ci obbliga a valutare sempre con molta attenzione, anche storica, i luoghi che andiamo a esplorare e documentare.

Si prendono quindi in analisi le eventuali presenze gassose descrivendo i limiti di tollerabilità per l'uomo, i sintomi che possono segnalare una intossicazione da gas, i metodi per prevenire le esposizioni a rischio ed alcuni degli strumenti che possono permetterci di affrontare le cavità artificiali con un certo margine di sicurezza, almeno per quanto riguarda ciò che respiriamo. I principali casi di presenza gassosa nelle opere ipogee sono imputabili ai cinque seguenti fattori (Ness 1991):

- 1. Permeazione da terreni interessati da attività termale, vulcanica, pseudovulcanica o di particolare natura giacimentologica. A questo caso si può ascrivere la presenza di composti solforati e azotati (contenenti cioè zolfo e azoto generalmente indicati come SO_2 e NO_2) per ciò che concerne l'attività termale o vulcanica. È invece possibile il rinvenimento di miscele composte da idrocarburi leggeri (sostanze derivanti dall'alterazione di strati organici sedimentati nelle profondità del terreno quali, ad esempio, il petrolio, ma con un minor peso molecolare e quindi gassose, come ad esempio metano, etano, propano, butano, etc.) nelle zone di importanza giacimentologica (miniere di carbone, siti petroliferi, etc.); oppure dove le rocce e i terreni circostanti l'ipogeo sono di natura reattiva, dove cioè i minerali presenti nel terreno tendono a reagire facilmente con sostanze che permeano all'interno, come ad esempio i minerali di zolfo (Perris s.d.).

- 2. Ristagno di gas sviluppati da attività biologica (attività putrefattiva). Nel caso di gas derivanti da attività biologica di tipo putrefattivo è necessario pensare al consumo di ossigeno legato ai processi metabolici di molti microrganismi, quindi all'inevitabile instaurarsi di condizioni anaerobiche (assenza d'aria), con conseguente sviluppo di gas nella forma ridotta (nella composizione chimica della molecola di gas non è presente l'ossigeno, in quanto il gas si è formato in una situazione dove di ossigeno ce ne era molto poco o affatto). Ricordando alcuni gas che si presentano nella forma ridotta, possiamo citare il metano, l'ammoniaca, oltre a uno svariato numero di gas odoriferi raggruppabili, per la quasi totalità, nella famiglia delle ammine (composti organici caratterizzati da un gruppo funzionale $-NH_2$) e la fosfina (PH_3), un derivato del fosforo prodotto dalla putrefazione di sostanze organiche quali il legno, in ambiente anaerobico. A tale proposito sono noti diversi casi di incidenti, anche mortali, ascrivibili alla presenza di tavolati, o sistemi di rinforzo delle volte, in legno oramai marcescente.

- 3. Inquinamento da attività esterne con rilascio di sostanze tossiche. Il caso più frequente e più rischioso, quando si opera in aree antropizzate, é quello d'imbattersi in scarichi civili o industriali, a volte non segnalati ed abusivi. Questo tipo di inquinamento, a causa dell'elevato numero di varianti che comprende, è difficilmente classificabile, eccezione fatta per gli scarichi civili, che presentano caratteristiche costanti di scarsità di ossigeno, possibile presenza di gas ridotti (ammoniaca, metano, etc.), oltre alla presenza di notevoli cariche batteriche. Per ciò che riguarda gli scarichi industriali le tipologie sono talmente varie che è consigliabile effettuare accurate analisi sia delle acque sia dell'atmosfera, dove vi sia il sospetto di un tale inquinamento, prima d'intraprendere l'esplorazione.

- 4. Infiltrazione derivante da perdite in tubazioni vicinali o invasive. Oltre al precedente caso, è possibile trovarsi di fronte all'utilizzo, o all'intercettazione, più o meno consapevole, di vecchi condotti fognari dismessi, o di qualsiasi altro ipogeo, da parte di recenti opere fognarie o di tubature del gas. A volte è sufficiente la posa di tali opere in zona adiacente, o comunque vicina alla cavità, per far sì che in caso di dispersione di liquami, o di fuga di gas, la cavità stessa funga da drenaggio raccogliendo il disperso, con le conseguenti modificazioni di atmosfera.

- 5. Presenza di gas portati intenzionalmente per l'illuminazione. Considerato che è sempre buona norma controllare l'eventuale presenza di miscele gassose esplosive, l'illuminazione elettrica (meglio se costituita da lampade antideflagranti) durante una esplorazione in cavità artificiale dovrebbe sostituire il sistema ad acetilene. Questo non vieta di utilizzare in seconda battuta l'illuminazione ad acetilene, sempre considerando gli effetti di questo gas, e dei prodotti della sua combustione, sull'organismo umano (Gibertini U., Gibertini E. 1998, pp. 71-77).

Quanto premesso è utile al chiarimento del concetto riguardante i limiti di esplosività, ovvero in quali circostanze vengono a instaurarsi le condizioni che possono determinare delle deflagrazioni.

XXII.3 - *Limiti di esplosività*

La combustione è una reazione chimica in cui l'ossigeno (comburente) si combina in modo rapido con un'altra sostanza (combustibile) sviluppando energia. Questa energia si manifesta sotto forma di calore e talvolta di fiamme. Il fenomeno dell'esplosione è una combustione che avviene in modo istantaneo e quindi violento. Limitandoci alla sola combustione di gas o vapori, possiamo affermare che esiste soltanto un determinato intervallo di concentrazioni gas/aria o combustibile/ossigeno che produce una miscela infiammabile (Sax, Lewis 1989). Questo intervallo è specifico per ogni gas o vapore ed è compreso tra un livello superiore, noto come Limite Superiore d'Esplosività (U.E.L.) e un livello inferiore, chiamato Limite Inferiore d'Esplosività (L.E.L.). A livelli sotto il L.E.L. il gas è insufficiente per provocare un'esplosione, mentre al di sopra dell'U.E.L., la miscela di gas ha ossigeno insufficiente. Il campo di infiammabilità ricade quindi tra l'U.E.L. e il L.E.L. per ciascun gas o miscela di questi; oltre tali limiti il gas non può bruciare (fig. XXII.1).

Utilmente si indicano i valori limite per alcuni tra i più conosciuti gas e composti combustibili. Un aumento di pressione, temperatura o contenuto di ossigeno, può allargare l'intervallo d'infiammabilità. Generalmente la strumentazione per il rilievo del grado di esplosività delle atmosfere è strutturata per rilevare livelli da 0% di gas fino al L.E.L., mantenendo gli allarmi al 50% di questo ultimo in modo da concedere un adeguato margine di sicurezza (Perris 1994, pp. 6-7) (fig. XXII.2).

Si deve sempre ricordare che in ambienti chiusi, o poco aerati, talvolta può instaurarsi una concentrazione superiore all'U.E.L. Al momento dell'esplorazione si presti quindi la massima attenzione: quando si aprono porte, portelli, o si rimuovono diaframmi, l'ingresso di aria dall'esterno può diluire rapidamente i possibili gas fino ad ottenere una miscela infiammabile o esplodente, con possibilità di detonazioni improvvise innescate da scintille o da fiamme libere (Cullis, Firth 1995).

A questo proposito si ricorda nuovamente che l'illuminazione ad acetilene è da evitare, unitamente ai sistemi elettrici che non siano stagni, per evitare che accensioni o spegnimenti possano provocare scintille, le quali in contatto con l'atmosfera innescherebbero un'esplosione. Sono utilmente impiegabili, ad esempio, le lampade utilizzate nella subacquea e nella speleosubacquea.

Un'altra accortezza da tenere presente è relativa agli strumenti di rilevazione del gas (esplosimetri); alcuni di questi hanno delle "celle di misura", dette 'a combustione catalitica', che bruciano parte dell'atmosfera campionata per analizzarla. É facilmente intuibile come questi strumenti possano essere potenzialmente pericolosi quando ci si trova in atmosfere sature o che ricevono un apporto di aria nel momento stesso in cui noi entriamo assieme allo strumento. Tale inconveniente è ovviabile praticando, con molta accortezza, un foro nel diaframma che ci separa dall'ipogeo ed inserendo una sonda collegata a una pompa aspirante che campiona, a debita distanza, l'atmosfera presente nell'interno (Gibertini U., Gibertini E. 1998, pp. 71-77).

XXII.4 - *I gas tossici*

Gas tossici e cancerogeni sono da considerare attentamente almeno quanto gli infiammabili; la ragione per cui se ne richiede una trattazione a sé stante è il diverso modo di azione di tali gas sull'uomo. Con i gas tossici è indispensabile non raggiungere i livelli di esposizione dannosi, anche in presenza di basse concentrazioni e in considerazione del fatto che alcune sostanze agiscono sia per inalazione che attraverso l'assorbimento cutaneo.

Poiché si possono avere effetti negativi dovuti a prolungati contatti con la sostanza tossica, anche a bassa concentrazione, è immediatamente intuibile come il dato di esposizione sia in funzione della concentrazione stessa del gas (o vapore) e del tempo durante cui si rimane esposti all'azione della sostanza.

XXII.5 - *I limiti di esposizione*

La maggior parte dei paesi industrializzati ha normative per la sicurezza, emanate per proteggere le persone esposte professionalmente ai rischi; queste fissano i limiti di esposizione consentiti a sostanze riconosciute tossiche o cancerogene.

Ad esempio, le normative del COSHH (Control of Substances Hazardous to Healt) o delle agenzie di controllo americane OSHA e NIOSH, sono riconosciute internazionalmente. Nel caso specifico dei gas tossici sono adottati due tipi di limiti di esposizione, sebbene si debba notare che la terminologia, e i valori riportati, differiscono leggermente nei diversi paesi.

Negli U.S.A., nonché nella maggior parte degli altri stati, i limiti di esposizione a lungo termine (che solitamente sono chiamati T.L.V. o Valori Limite di Soglia) fanno riferimento alla concentrazione totale in ambiente di gas per un lungo periodo di tempo: sono intesi a proteggere dagli effetti cumulativi di un'esposizione a lungo termine a livelli di gas di fondo. Nel nostro caso specifico l'evenienza può verificarsi durante le operazioni di rilievo.

I limiti di esposizione a breve termine (S.T.E.L.) hanno lo scopo principale di evitare effetti estremi, come un improvviso scoppio di gas, o di ridurne il rischio. Le esposizioni a breve e a lungo termine sono espresse come concentrazione media pesata nel tempo (TWA); ciò significa che le concentrazioni di gas sono mediate in uno specifico periodo di tempo, solitamente individuato in 8 ore per il lungo termine e 10-15 minuti per il breve termine, a seconda dei criteri locali. Le concentrazioni di gas in aria sono espresse in 'parti per milione' (ppm), che è una misura di concentrazione di gas in volume.

Un'unità alternativa è il milligrammo per metro cubo (mg/m^3), che è una misura in massa; una conversione approssimata e conveniente la si può ottenere utilizzando il peso molecolare del gas a 25 °C e alla pressione di 1 bar. In alcune parti d'Europa, e soprattutto in Germania, si utilizza un sistema di unità conosciuto come "Maximale Arbeitsplatz Konzentration" (M.A.K.). I valori sono basati sugli effetti sperimentali di sostanze tossiche e cancerogene osservati su persone e animali (fig. XXII.3).

Il valore di M.A.K. è definito come la massima concentrazione tollerabile di un composto chimico presente nell'aria entro un'area di lavoro che, secondo le conoscenze attuali, non danneggia la salute del personale né causa malori. In queste condizioni l'esposizione, per un periodo giornaliero di 8 ore, e una media lavorativa di 40 ore settimanali, può essere ripetuta e vi può essere una lunga durata senza riscontrare effetti dannosi nelle persone esposte. Sebbene la definizione sia simile a quella dei T.L.V. americani, i valori di M.A.K. pubblicati differiscono in molti casi dai T.L.V. Nel Regno Unito vi sono due differenti definizioni per l'esposizione sul posto di lavoro, usate dal COSHH. Queste sono il M.E.L., Massimo Limite di Esposizione, e l'O.E.L., Limite di Esposizione Standard. La differenza tra i due è che O.E.L. è fissato a un livello al quale non c'è immediato pericolo per la salute, mentre nel M.E.L. può sussistere un rischio residuo.

La nomenclatura, precedentemente esposta, trae evidentemente origine dalle normative di sicurezza industriale, ma è anche quanto lo speleologo potrà trovare in letteratura come valori di riferimento, comprendendo lo standard su cui si basano gli strumenti atti alla rilevazione di gas, indispensabile ausilio per un approccio sicuro alle indagini nelle cavità artificiali.

Si è così prospettato come gas e vapori possano danneggiarci con le loro caratteristiche di esplosività o di tossicità. Non si dimentichi che la presenza di un gas inerte, anche privo delle specifiche indicazioni di pericolosità, può causare problemi per il semplice fatto di diminuire la percentuale di ossigeno nell'atmosfera respirata, andando a determinare il pericolo di asfissia.

XXII.6 - *L'asfissia*

L'asfissia è un fenomeno per il quale, a causa della carenza di ossigeno, i normali processi metabolici del nostro corpo non possono essere svolti, portando quindi alla morte. L'ossigeno può diminuire fino al 75% del normale contenuto in aria, senza che si sviluppino sintomi apprezzabili; ciò significa che è sufficiente la presenza di un gas asfissiante al 33% della miscela di aria e gas per evidenziare i primi sintomi. Quando la concentrazione del gas asfissiante dovesse salire al 50% i sintomi sono decisamente evidenti, fino ad arrivare alla dose del 75%, letale in pochi minuti.

I primi sintomi di asfissia sono l'incremento del ritmo respiratorio e la sensazione di 'fame d'aria'; diminuisce lo stato di vigilanza e compaiono difficoltà del coordinamento motorio. I sintomi sono difficilmente rilevabili durante un'esplorazione, in quanto generalmente imputati alla 'stanchezza' o alla difficoltà di progressione in particolari condizioni. Successivamente tutte le sensazioni sono depresse e spesso accompagnate da instabilità emozionale e stancabilità accentuata. Permanendo le cause di asfissia, compaiono nausea e vomito, a cui seguono perdita di conoscenza, convulsioni, coma e infine la morte (fig. XXII.4). É opportuno considerare quali possano essere i sintomi d'intossicazione da gas e cosa questi possano provocare.

- Anidride carbonica (CO_2). Derivante dalla combustione, dalla respirazione, oltre che da possibili fenomeni geologici, è un gas incolore e inodore classificabile come asfissiante in quanto, seppure relativamente atossico, può sostituire l'aria. Provoca emicranie e capogiri; aumenta la pressione sanguigna e il battito cardiaco; può indurre uno stato di coma.

- Monossido di carbonio (CO). Derivante dalla combustione in scarsità di ossigeno e da diversi processi di alterazione di sostanze organiche, oltre che da fenomeni geologici, è un gas incolore ed inodore, infiammabile (L.E.L. 12.5%), mediamente tossico per inalazione. Può causare asfissia per reazione di antagonismo, sostituendosi all'ossigeno nell'emoglobina. Una volta rimosso l'infortunato dall'esposizione a CO, il tempo di semivita per eliminare la carbossiemoglobina dal sangue è di 5-6 ore in aria ambiente, 1,30 ore in ossigeno puro, 20' (minuti) in camera iperbarica (Bregani, Camerini, Ceraldi, Cambisano 2000, pp. 72-73). Sono stati rilevati disturbi all'udito e al campo visivo dovuti a ripetute esposizioni a basse concentrazioni di CO. Per concentrazioni fino a 100 ppm in aria e ripetute esposizioni, non sono segnalabili avvelenamenti o danni permanenti; diventa letale per concentrazioni superiori a 4000 ppm.

- Ossigeno (O_2). Costituente circa il 20.9% in volume dell'aria, è un gas incolore e inodore; la presenza di altri gas ne può provocare la sostituzione o la diluizione generando condizioni di rischio. Abbassandosi a concentrazioni inferiori al 15% dà luogo disturbi respiratori, al di sotto dell'8% gli effetti sono letali. Un livello superiore al 23% aumenta il rischio di combustione e incendio.

- Metano (CH_4). Presente nei terreni sedimentari, può permeare gli strati superiori a giacimenti quali, ad esempio, petrolio e carbone, anche solo come tale o in miscela con altri idrocarburi leggeri. É un gas incolore, inodore e rientra nella famiglia degli asfissianti. Il pericolo è da attribuirsi alle caratteristiche di infiammabilità ed esplosività. Il metano deriva anche da processi putrefattivi di sostanze organiche (immondizia, carogne di animali) che avvengono in carenza di ossigeno.

- Grisù o grisou. Il grisù, conosciuto anche come 'gas delle miniere', è un composto di gas in proporzioni variabili. Il componente principale della miscela è il metano, assieme ad azoto, ossigeno, acido carbonico, etano e idrogeno. Mescolato con l'aria, in determinate proporzioni (5-15%), il grisù diventa una miscela esplosiva e basta una fiamma o una scintilla per causarne l'esplosione. Quando tale miscela brucia si ha un aumento di temperatura fino a 2000 °C, la pressione aumenta e la massa gassosa tende a dilatare il proprio volume fino a 7 volte. Considerato questo tipo di incidente in una galleria di miniera (ad esempio di carbone o lignite, dove è più frequente) è facile immaginare come si formi una corrente di aria caldissima che si sposta a grande velocità (fino a 200 m/sec) comunicando l'accensione di sacche di grisù che eventualmente si trovano in altri 'vuoti', anche lontani rispetto al punto di origine della combustione (vedere utilmente: www.sciagura.ribolla).

- Mercaptani o titoli. Famiglia di composti contenenti nella molecola un gruppo -SH. Dall'odore nauseabondo, i mercaptani causano rapidamente mal di testa; alte concentrazioni possono portare alla perdita di conoscenza con cianosi, estremità fredde e pulsazioni rapide. Possono reagire con acqua, vapore o acidi anche deboli (ad esempio: acque inquinate) per produrre vapori tossici e infiammabili. Questi composti sono attualmente utilizzati per la marcatura olfattiva del metano di rete.

- Aldeidi. Possono trovarsi in natura sotto forma gassosa come prodotti della combustione incompleta di legno e carbone, nei gas di scarico dei motori Diesel e in alcuni rifiuti industriali. Tutte le aldeidi possiedono proprietà anestetiche e sono particolarmente irritanti nei confronti degli occhi e delle mucose del tratto respiratorio. Le aldeidi di basso peso molecolare sono altamente solubili in acqua e agiscono principalmente sugli occhi e sulle mucose delle prime vie aeree; le aldeidi ad alto peso molecolare sono difficilmente solubili in acqua e tendono a penetrare profondamente nel sistema respiratorio fino ad aggredire direttamente i polmoni.

- Ammoniaca (NH_3). Gas incolore dall'odore pungente ed estremamente solubile in acqua, viene considerato un veleno per inalazione, ingestione e altre possibili vie di contatto. É irritante per occhi, le mucose e generalmente per l'apparato respiratorio. Si rischiano esplosioni se viene posto a diretto contatto con una fiamma in presenza di aria.

- Acetilene (C_2H_2). Prodotto dalla reazione del carburo di calcio (Ca_2C) con l'acqua, è un gas incolore, dall'odore penetrante, infiammabile, discretamente solubile in acqua, molto solubile in alcool. Viene adoperato per lavori di saldatura e un tempo per l'illuminazione in cave sotterranee e in miniere. È attualmente utilizzato nell'attività speleologica per l'illuminazione in grotta e in cavità artificiali in generale, in quanto maggiormente durevole rispetto all'illuminazione elettrica con batterie. È considerato mediamente tossico per inalazione e può esseere causa di mal di testa e dispnea. È un narcotico e ad alta concentrazione è inserito nella categoria dei gas asfissianti, ma il pericolo deriva dalla sua infiammabilità. La presenza di acetilene può portare:
- al 10% leggera intossicazione;
- al 20% andatura barcollante e vertigini;
- al 30% difficoltà alla coordinazione motoria;
- al 33% perdita di conoscenza in 7 minuti;
- oltre all'80% dà anestesia e l'aumento della pressione del sangue.

- Acido solfidrico (H_2S). Gas incolore dal caratteristico odore di uova marce, è infiammabile (L.E.L. 4.3%). Considerato velenoso per inalazione, è fortemente irritante per occhi e le mucose. Gli effetti sistemici per inalazione si riassumono in: coma, edema polmonare cronico. Esposizioni a concentrazioni di 20-150 ppm causano irritazione agli occhi e al tratto respiratorio superiore; con concentrazioni maggiori diventa predominante l'effetto che il gas ha sul sistema nervoso. Esposizioni di 30 min. a concentrazioni di 500 ppm portano cefalea, andatura barcollante, vertigini, diarrea e disuria seguite a volte da bronchiti. Esposizioni a 800-1000 ppm possono essere letali in 30 minuti e concentrazioni maggiori possono uccidere istantaneamente. A ripetute esposizioni l'azione dell'H_2S si manifesta con fotofobia, congiuntiviti, bolle e lacerazioni della cornea, vista dolorosa e annebbiata; a più alte concentrazioni compaiono anche riniti e bronchiti. L'H_2S è un veleno insidioso in quanto l'odore non è sufficiente ad avvisare della presenza, in quanto l'organismo tende ad abituarsi agli odori e agli effetti irritanti.

- Radon (Rn). Elemento gassoso, è inerte ed elettricamente neutro, per cui non reagisce con altre sostanze; di conseguenza, così come viene inspirato viene anche espirato. Tuttavia è anche radioattivo, ossia si trasforma in altri elementi chiamati prodotti di decadimento o discendenti, che sono elettricamente carichi e si attaccano sul particolato sempre presente in aria. Il paticolato, costituito sia da prodotti di decadimento allo stato solido (Polonio 218 o Polonio 214) sia da polvere non visibile, che rimane sospesa in aria, può essere inalato e fissarsi sulle superfici dei tessuti polmonari. I prodotti di decadimento cosi depositati sono ancora radioattivi ed emettono radiazioni alfa che possono danneggiare il DNA delle cellule. I danni che vengono prodotti sono principalmente la morte delle cellule colpite dalle radiazioni alfa, ma vi sono probabilità che il danno cellulare sia di tipo degenerativo e che la cellula mantenga la sua capacità di riproduzione entrando a far parte di un possibile processo tumorale. Il percorso che le radiazioni alfa riescono a compiere è breve, per cui non vi è praticamente possibilità che altri organi possano essere danneggiati, lasciando come unico rischio potenziale il tumore polmonare. La grandezza che viene presa come riferimento per rendersi conto dell'entità del fattore è la concentrazione di radon gas (o radon 222) espressa in Bq/mc (Becquerel per metro cubo), ossia il numero di disintegrazioni nucleari per ogni secondo in ogni metro cubo d'aria (ad esempio: 400 Bq/mc significa che in ogni metro cubo d'aria vengono emesse 400 radiazioni al secondo). Per la determinazione dell'esposizione al radon il metodo più economico e diffuso sono i dosimetri, che rivelano le tracce impresse dalle radiazioni alfa su di un materiale sensibile. Nelle 'Linee guida per le misure di concentrazione di radon in aria nei luoghi di lavoro sotterranei' (*Atti della Conferenza dei Presidenti delle Regioni e delle Province Autonome* 2003, p. 7) una frazione di tempo di permanenza significativa, al di sopra della quale occorre prendere delle precauzioni, è fissata in 10 ore al mese; il limite di concentrazione per considerare un ambiente a rischio è fissato in 500 Bq/mc. Il radon è soggetto a diffondersi e quindi ad aumentare la concentrazione ambientale in funzione di cicli luni-solari (maree del radon), principalmente all'alba e al tramonto, calcolati con un calendario lunare; ciò detto è immaginabile come possa trarre in inganno una misurazione condotta in ambiente a rischio se effettuata in un periodo di minima concentrazione. É consigliabile effettuare un'operazione di monitoraggio con strumenti integranti fissi a misurazione continua, soprattutto se si prevede di operare per diverse ore in ambienti dove la natura delle rocce possa far prevedere a un rischio-radon (tufo, rocce vulcaniche, etc.).

- Polveri. Quando ci si trova in ambienti a basso tenore di umidità è possibile che si instaurino le condizioni per cui, anche il semplice transito all'interno dell'ipogeo, fa aumentare sensibilmente la polverosità ambientale. Già istintivamente si può immaginare che la polvere possa nuocere al sistema respiratorio e infatti in letteratura viene definita per le polveri aereodisperse la "Frazione Respirabile" come quella parte di polvere in grado di penetrare le vie respiratorie. Quelle definite PM10 e PM2.5 sono tra le più note e hanno è un diametro aerodinamico di 10-2.5 micron. Il diametro aerodinamico è un artificio matematico secondo il quale si simula una particella sferica di densità uguale a 1 gr/cc che si comporta in aria nello stesso modo delle particelle campionate.

Dalle sole polveri ci si può difendere efficacemente con maschere filtranti, mentre più difficile è il contatto bioareosol, cioè quella sospensione aeriforme di batteri, muffe e altre sostanze organiche che possono causare attacchi diretti all'organismo, come infezioni o allergie.

XXII.7 - *La strumentazione*

Con un simile quadro, può sorgere spontaneo il pensiero di non occuparsi delle cavità artificiali, soprattutto quelle al di sotto dei centri urbani. Ma, a questo punto, la tecnologia può essere d'aiuto. Sono attualmente disponibili sul mercato degli apparecchi portatili in grado di effettuare una completa analisi dell'atmosfera che dobbiamo affrontare, rilevando l'eventuale presenza di gas e la loro concentrazione (fig. XXII.5).

I moderni rivelatori di gas sono precisi, affidabili, ripetibili e impiegano sistemi chimico-elettronici; generalmente compatti, poco pesanti e affidabili, hanno differenti sensori o la possibilità di scambiarli rapidamente con altri alternativi. Nei modelli più recenti è possibile, tramite software dedicato, memorizzare le analisi effettuate in luoghi e tempi differenti. La maggior parte dei portatili sono certificati come 'intrinsecamente sicuri' e si possono utilizzare in zone pericolose (definite zone 0) quali le miniere. Per l'utilizzo in ambiente ipogeo i requisiti richiesti a un rilevatore di gas portatile sono i seguenti:

- Protezione delle custodie. Classificazioni codificate sono ampiamente usate per indicare il grado di protezione dato alle custodie contro l'ingresso di liquidi e materiali solidi. Questa classificazione riguarda anche la protezione degli utilizzatori contro le parti sotto tensione o in movimento all'interno della custodia. La designazione usata per indicare il grado di protezione è data da due lettere (IP) seguite da due "Numeri Caratteristici": il primo numero indica il grado di protezione per l'utilizzatore contro contatti con parti sotto tensione o in movimento all'interno e la tenuta alla polvere o a corpi estranei; il secondo numero rappresenta la protezione della custodia contro l'ingresso di acqua. Il grado IP65 può ritenersi adatto alla tipologia di rivelatori utilizzabili in cavità artificiali, facendo esclusione dei casi in cui sia richiesta l'immersione.

- Sicurezza elettrica. Per indicare il grado si sicurezza in atmosfera infiammabile si sono adottati diversi standard, imposti dal costruttore. Per la strumentazione di rivelazione di gas le due classi di sicurezza elettrica maggiormente adottate sono le seguenti: "A prova d'esplosione", simbolo Ex d; "Intrinsecamente sicuro", simbolo Ex i.

- Classe di temperatura. Simboli da T1(450 °C) a T6 (85°C). Il grado di Classe di Temperatura per la sicurezza di uno strumento è altrettanto importante nella scelta di un apparecchio per rilevare un particolare gas o miscela di gas (in caso di miscele è opportuno utilizzare il 'caso più sfavorevole' dei componenti la miscela). La classificazione della temperatura è da correlarsi con la massima temperatura della superficie che può essere ammessa per un componente dell'apparecchio; questo perché non superi la temperatura di accensione dei gas o dei vapori con cui viene a contatto.

- Versatilità delle determinazioni effettuabili. In alcuni strumenti portatili è possibile impostare la risposta alla presenza di gas come determinazione della concentrazione o come semplice allarme visivo e sonoro al raggiungimento di concentrazioni pericolose per la salute. È inoltre possibile sostituire i sensori per la rilevazione di determinati gas con altri più specifici per una differente applicazione, permettendo così l'utilizzo sia per scopi di sicurezza che per eventuali studi delle atmosfere ipogee.

A queste caratteristiche si possono aggiungere alcune funzioni opzionali, brevemente elencabili:
- campionamento a distanza (pompa elettrica o manuale);
- raccolta dati scaricabili su PC attraverso software dedicato;
- possibilità per un operatore esterno di vedere ciò che viene rilevato dall'apparecchio; portato all'interno della cavità (possibilità di intervento mirato in caso di problemi);
- monitoraggio su lungo periodo di zone ritenute interessanti, con recupero dati su PC.

XXII.8 - *Affidabilità in condizioni ambientali difficili*

Alcune apparecchiature elettroniche hanno la possibilità di effettuare degli autocontrolli sullo stato di efficienza dei sensori di misura. È necessario ricordare che tra le cause più frequenti di guasto ai sensori catalitici vi è l'occlusione del diaframma sinterizzato da parte di polvere, di sali (nebbia salina), di acqua. Gli strumenti hanno generalmente un range di funzionamento da 0 a 99% U.R. (umidità relativa) non condensante; per l'impiego in atmosfere con vapore acqueo o polveri in sospensione è possibile montare sull'aspirazione appositi filtri. È necessario che qualsiasi sistema di monitoraggio gas non debba essere tarato solo al momento dell'impiego (o dell'installazione), ma va controllato regolarmente e se necessario ritarato. I controlli vanno eseguiti usando le apposite miscele standard di gas. Le operazioni di taratura sono necessarie e onerose in termini economici: è quindi opportuno valutare l'impiego di un sistema elettronico anche dal punto di vista dei costi di gestione e della possibilità di ammortamento.

In commercio esistono anche sistemi di rilevazione di gas che utilizzano, anziché sensori elettrochimici, delle fiale contenenti materiali reattivi specifici per ogni tipo di gas; tali fiale sono sigillate e tarate con una scala che, attraverso il cambiamento di colore, indica la concentrazione del gas. Il sistema è costituito da fiale di rilevazione (fig. XXII.6) e da una pompa manuale (fig. XXII.7) a soffietto, dotata di contatore di aspirazioni nella quale le fiale, vengono inserite dopo essere state aperte. La pompa è costruita in modo che, ad ogni pressione e rilascio, un determinato volume dell'atmosfera da campionare attraversi la fiala. Sulle fiale è indicato il numero di aspirazioni da compiere per effettuare la misura, il senso del flusso aspirato, la tipologia di gas da identificare e la sua eventuale concentrazione leggibile sulla scala di lettura.

Ogni fiala è pertanto specifica per un solo tipo di gas. Per controllare atmosfere complesse o con possibilità di rischio differenziate, sarà necessario possedere un adeguato set di fiale per effettuare le diverse e necessarie misure. Le rilevazioni effettuate con questo sistema sono misure puntuali, riferendosi solamente al momento in cui viene effettuato il campionamento. Se le condizioni dell'atmosfera dovessero modificarsi durante la permanenza in ipogeo non vi è modo di accorgersene se non effettuando una nuova rilevazione. Con questo sistema non si può ottenere un continuo monitoraggio dell'ambiente, che risulta importante in strutture di tipo minerario. Il sistema a fiale può essere automatizzato sia per campionamenti istantanei che per campionamenti di lunga durata (esposizione ad un riconosciuto tipo di gas durante la permanenza in ipogeo).

Una particolare applicazione del sistema a fiale è la sonda che permette di eseguire analisi dell'aria interstiziale nel terreno (fig. XXII.8). Lo strumento è composto da due parti principali (fig. XXII.9) e permette di valutare terreni sospetti per quanto riguarda la presenza di gas prima ancora di accedere all'ipogeo che si apre in tali terreni. Oltre a queste applicazioni si potrà impiegarne altre, consone alle specifiche esigenze, trovando i limiti soltanto nella propria voglia di ricerca o nella meno nobile, ma sempre attuale, disponibilità finanziaria. L'importante è ricordare sempre che determinati ambienti, già di per sé stessi potenzialmente rischiosi, vanno evitati se non si è in possesso delle giuste attrezzature e della necessaria competenza per adoperarle.

Per la preziosa consulenza fornita si ringraziano le Società:
- DRAEGER ITALIANA (Milano);
- ZELLWEGER ANALYTICS (Milano).

	100%	GAS
	0%	ARIA
MISCELA		
TROPPO		
RICCA		
	U.E.L.	
CAMPO DI		
INFIAMMABILITA'		
	L.E.L.	
MISCELA		
TROPPO		
POVERA		
	0%	GAS
	100%	ARIA

Fig XXII.1. *Esposizione all'ossido di carbonio: limiti di infiammabilità.*

Composto chimico	LIMITI DI ESPLOSIVITA'			
	L.E.L. % V/V	U.E.L. % V/V	L.E.L. mg/l	U.E.L. mg/l
Acido cianidrico	5,6	40	--	--
Acido solfidrico	4,3	45,5	60	650
Acetilene	1,5	100	--	--
Ammoniaca	15	28	105	200
Etanolo	3,3	19	67	290
Idrogeno	4	75,6	3,3	64
Kerosene	0,7	5	--	--
Metano	5	15	--	--
Nafta	0,9	6	--	--
Ossido di carbonio	12,5	74,2	145	870
Propano	2	9,5	39	180

Fig XXII.2. *Limiti di esplosività*

Composto chimico	ESPOSIZIONI STANDARD OCCUPAZIONALI			
	Limite di esposizione per lunghi periodi (media su 8 ore)		Limite di esposizione per brevi periodi (media su 10 min)	
	ppm	mg/mc	ppm	mg/mc
Acido solfidrico	10	14	15	21
Ammoniaca	25	17	35	24
Anidride carbonica	5000	9000	15000	27000
Anidride solforosa	2	5	5	13
Biossido d'azoto	3	5	5	9
GPL	1000	1800	1250	2250
Ossido di carbonio	50	55	300	330
Ossido di azoto	25	30	35	45

Fig XXII.3. *Esposizioni standard occupazionali.*

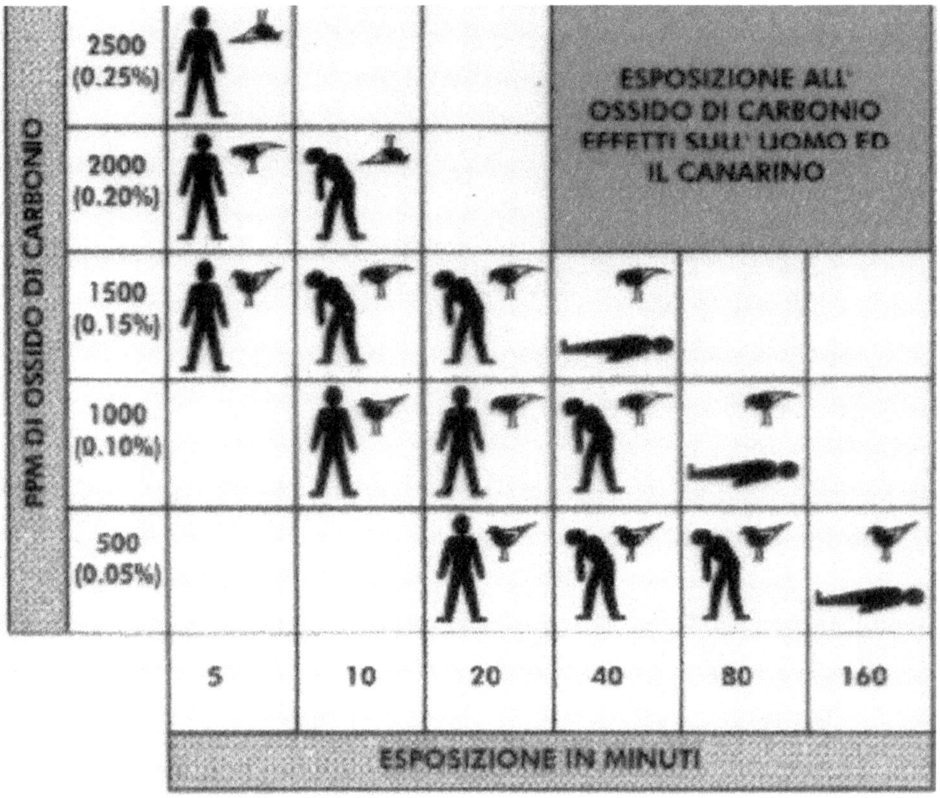

Fig XXII.4. *Esposizione all'ossido di carbonio (effetti uomo e canarino).*

Fig XXII.5. *Strumento portatile per la rilevazione dei gas.*

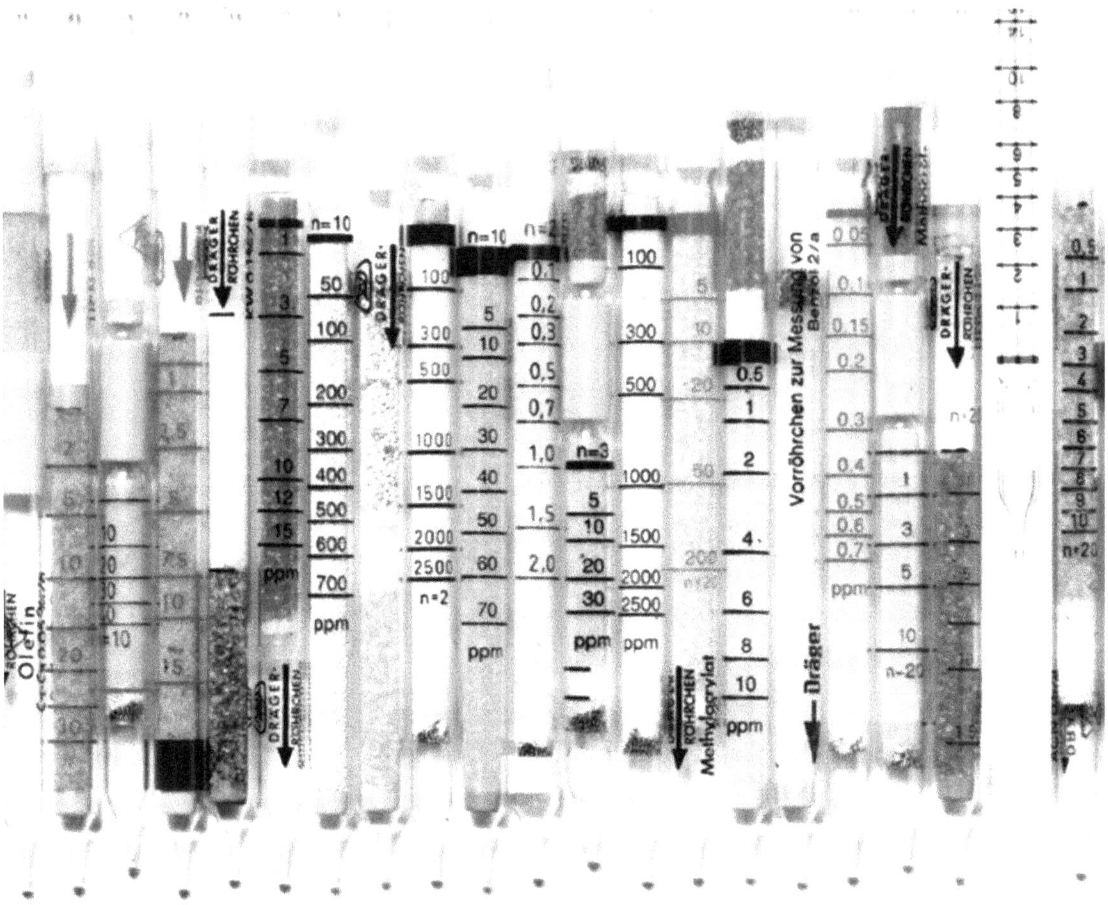

Fig XXII.6. *Fiale di rilevazione, differenti per i vari tipi di gas.*

Fig XXII.7. *Pompetta Draeger.*

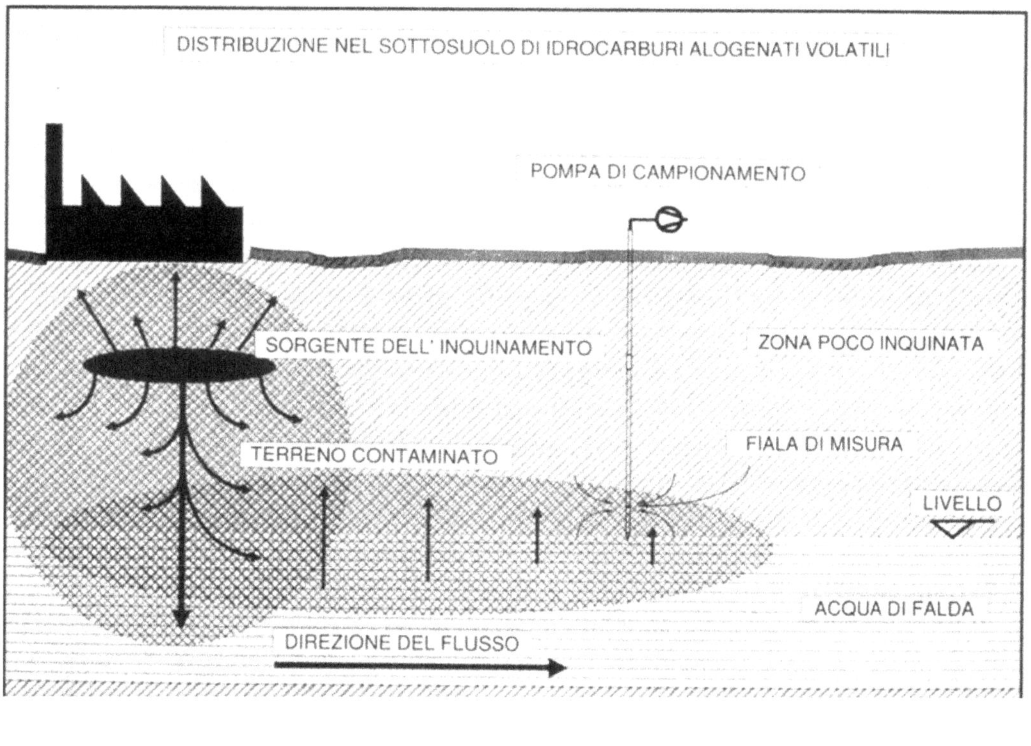

Fig. XXII.8. *Sistema per la misurazione della concentrazione di gas e sostanze volatili presenti nell'aria interstiziale del terreno mediante le fiale a lettura diretta per breve durata e di campionamento della Dräger (fino a 6 m di profondità).*

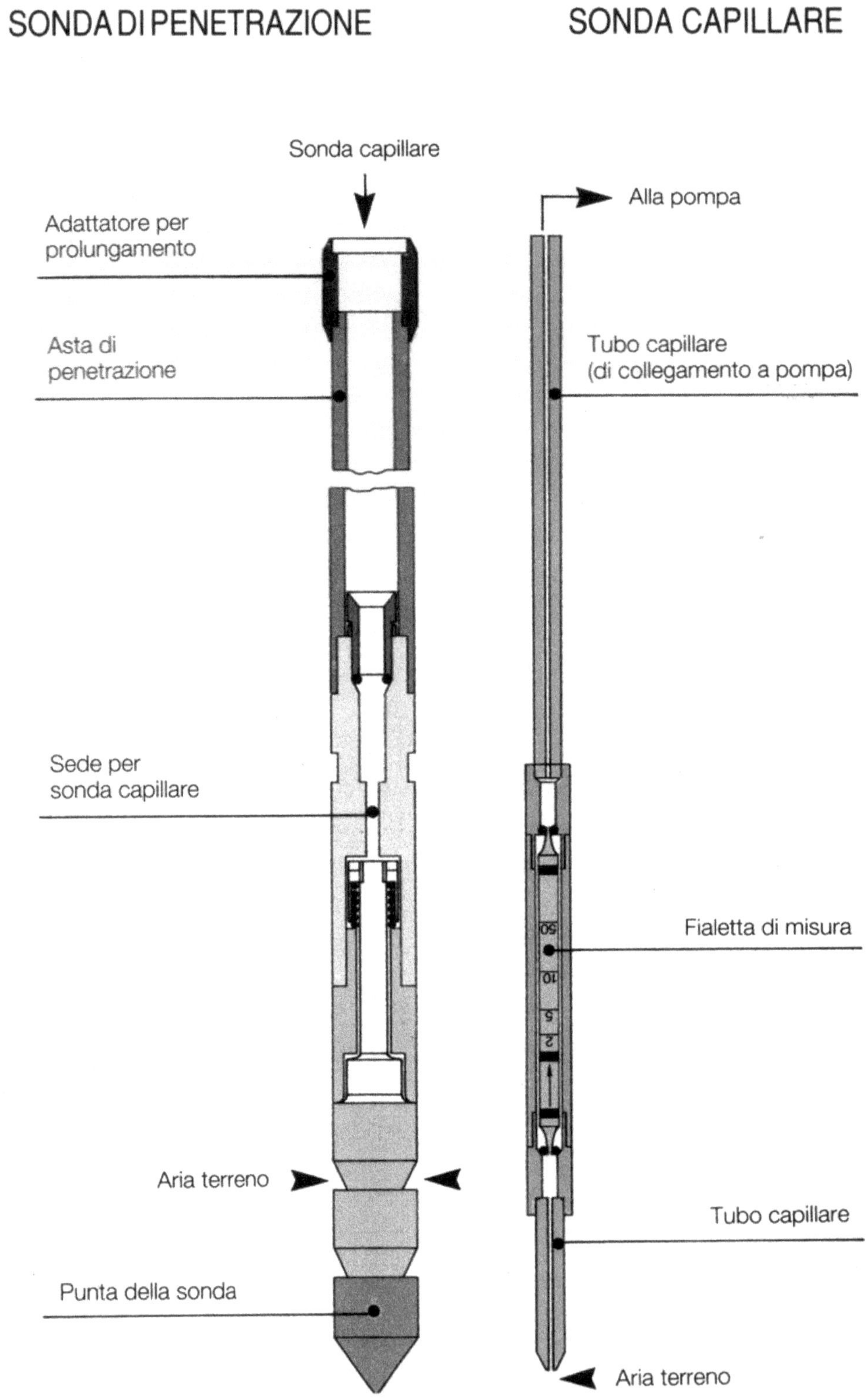

Fig XXII.9. *L'apparecchiatura è costituita da due sonde coassiali e cave, infilata una nell'altra. La prima serve da penetrazione e sulla punta si trovano le vie di accesso, per l'aria del sottosuolo, verso la fiala di misura che è contenuta nell'altra sonda, detta capillare. La sonda di penetrazione può essere infissa nel suolo tanto manualmente quanto per mezzo di un martello pneumatico o elettrico.*

CAPITOLO XXIII

MALATTIE E PREVENZIONE

Rino Bregani

XXIII.1 - *Rischi d'infezione nella frequentazione degli ipogei*

Tralasciando i comuni fattori di traumatologia legati genericamente all'attività fisica in ambienti 'particolari', si tratteranno alcuni problemi medici inerenti l'ambiente ipogeo. Per comuni distorsioni, fratture, contusioni e ferite, si rimanda ai numerosi manuali già esistenti, concentrando l'attenzione su fattori particolari, specifici dell'ambiente che si andrà a frequentare, spesso ignorati o trascurati nella loro reale importanza. Si concentrerà il discorso sui rischi di tipo infettivo o tossico, dovuti al contatto diretto di germi o di animali portatori di infezioni o vettori di altri germi.

Per l'evidenza del rischio si tralasceranno gli argomenti inerenti i morsi di animali quali serpenti, cani randagi, volpi, oppure altri rettili come si possono trovare in zone tropicali; oppure ragni, scorpioni, insetti o altro, considerando tutte queste spiacevoli evenienze come facenti parte del rischio generico legato alla frequentazione di zone inusuali, spesso in ambienti "selvatici". Non si trascurino, comunque, le precauzioni contro la rabbia e il morso delle comuni vipere. Gli spazi sotterranei ai centri abitati sono considerati - a ragione - i più 'malsani'.

Oltre a quanto si è potuto evincere, il principale inconveniente è determinato dall'eventuale presenza di ratti. In Europa ne sono diffuse due specie: il ratto nero (*Rattus rattus*) e il ratto delle chiaviche o surmolotto (*Rattus norvegicus*) e possono essere portatori di numerose malattie.

La cosa migliore, anche in presenza di muffe, funghi o polveri, sarebbe quella d'indossare l'apposita mascherina di gomma provvista di filtri, sostituibili e specifici per i vari tipi d'impiego. Occorre ricordare che dopo le operazioni occorrerà sempre lavarsi con cura, disinfettare bene le ferite medicandole, pulire e disinfettare indumenti e attrezzature.

XXIII.2 - *Contagio diretto e contagio attraverso vettori*

Il rischio principale è quello legato al contatto con microrganismi patogeni, parleremo quindi di rischi infettivi legati all'attività in cavità artificiali. Il rischio di intossicazioni da parte di tossine prodotte da germi, può essere trattato genericamente insieme al rischio infettivo. Il rischio infettivo può essere suddiviso in due categorie, a seconda della modalità di contagio, e cioè:
- il contagio dovuto al contatto, all'ingestione o all'inalazione di acqua, aria o suolo contaminato, che chiameremo "contagio diretto";
- il contagio dovuto a morso di animali (per lo più artropodi) portatori (o meglio "vettori") di agenti infettivi, che chiameremo "contagio attraverso vettori".

Per la prima categoria di rischio è nota in ambito speleologico l'istoplasmosi, trasmessa dalle spore di un fungo che può nebulizzarsi e contaminare l'aria e l'acqua, ritrovandosi frequentemente nel suolo delle grotte e delle cavità artificiali, specialmente quando popolate da chirotteri o uccelli (Bregani 2000, pp. 96-100; Bregani, Tien, Ceraldi, Delfitto, Figini 2000, pp. 396-401). Molto frequente, almeno per quanto concerne l'esplorazione delle cavità artificiali, è il rischio di infiltrazioni dalla rete fognaria, o da pozzi neri nelle località sprovviste di tale rete di smaltimento, oppure da allevamenti di animali. Da non sottovalutare, inoltre, è la leptospirosi, malattia grave e di difficile diagnosi, trasmessa da suoli e acque contaminate da urine infette di ratto.

Per la seconda categoria, l'attenzione si sposta a pulci, pidocchi, zecche, mosche e zanzare, ricordando che, specialmente nei paesi tropicali, il numero di infezioni trasmesse da artropodi è considerevole, come si può vedere nella seguente tabella:
- Pidocchio del corpo: tifo esantematico, febbre ricorrente.
- Cimice: tripanosomiasi americana.
- Moscerino: filariosi, arbovirosi.
- Pappataccio: febbre da flebotomi, bartonellosi, leishmaniosi.
- Mosca nera: oncocercosi.
- Zanzara *anopheles*: malaria, filariosi, arbovirosi.
- Zanzara *culex* e *aedes*: febbre gialla, dengue, arbovirosi, filariosi, miasi, tularemia, framboesia.
- Tafano: loaiasi, carbonchio, tularemia.
- Mosca: trasmissione meccanica di numerosi agenti patogeni.
- Mosca tse-tse: tripanosomiasi africana.
- Moscerino degli occhi: trasmissione meccanica di congiuntiviti virali e batteriche, framboesia, infezioni cutanee.
- Pulce del ratto: peste, tifo murino.
- Pulce dello scoiattolo: peste.
- Scarafaggio: trasmissione meccanica di numerosi agenti patogeni.
- Zecca molle: febbre ricorrente.
- Zecca dura: arbovirosi, malattia di Lyme, babesiosi, ehrlichiosi, febbre bottonosa, tifo da zecche.
- Zecca del ratto: rickettsiosi varicelliforme.
- Acaro rosso: tifo delle boscaglie (estremo oriente; profilassi con doxiciclina 200 mg una volta alla settimana, da proseguire 6 settimane dopo il rientro).

Per quanto riguarda l'attività all'estero, particolarmente fuori Europa, è utile informarsi se nel paese in cui ci si sta recando, è in corso qualche epidemia.

Utile, in questo senso, è il sito internet: http://www.port.venice.it/sanimav/epi.htm.

XXIII.3 - *Norme generali di prevenzione*

Si ritiene consigliabile a chiunque pratichi l'attività speleologica una vaccinazione antitetanica; ad esempio, le spore del tetano sono numerose negli escrementi di cavallo che frequentemente contaminano i terreni e, di conseguenza, le eventuali cavità sottostanti. Auspicabile anche una vaccinazione antitifica, impiegando il vaccino che contiene germi attenuati, tipo Neotyf ®. Meno importante, ma comunque facilmente reperibile e praticabile, è la vaccinazione antiepatite A.

È buona norma evitare le acque stagnanti o contaminate e quelle popolate da ratti e topi, nonché le zone infestate da insetti. Evitate di bere acque trovate sul posto, anche in caso di sete 'insopportabile'. Pulci, zecche, ragni e scorpioni possono essere frequentatori almeno delle parti liminali di talune cavità; in quelle utilizzate come ricovero per gli ovini, o frequentate da animali selvatici, è facile trovarvi zecche e pulci. In paesi tropicali occorrerà affrontare il problema della malaria e di numerosi altri pericoli infettivi.

XXIII.4 - *Rischi infettivi da contagio diretto: l'istoplasmosi*

L'istoplasmosi è una infezione provocata dal fungo *Histoplasma capsulatum.* Questo microrganismo predilige ambienti umidi, con circolazione d'aria minima o nulla, temperatura ambientale tra 20° e 30°, in oscurità, con terriccio rossastro, fine, polveroso e secco, con arricchimenti organici come escrementi di animali, guano di uccelli o pipistrelli, ma poco frequentato dall'uomo e dagli animali. Il contesto corrisponde quasi perfettamente a quello di molte grotte e cavità artificiali, e questo spiega la diffusione del fungo in tali ambienti ed i casi di istoplasmosi contratta da speleologi. La contaminazione avviene per inalazione di spore e forse l'ingestione di acqua o alimenti contaminati.

L'istoplasmosi è una malattia segnalata in oltre 50 stati, in zone temperate e tropicali. Scoperto solo recentemente, l'*Histoplasma capsulatum* si è dimostrato responsabile di un gran numero di infezioni, particolarmente in America. Alcune epidemie sono state segnalate dopo lavori di pulizia o ristrutturazioni di pollai o dopo esplorazioni in grotte ricche di guano di pipistrelli. Le zone ove l'*Histoplasma capsulatum* è stato trovato in concentrazione maggiore sono le regioni meridionali degli Stati Uniti, il Messico, i Caraibi e l'America Centrale. Ultimamente, nel sud dell'Europa, sono stati segnalati casi in Italia, Francia, Romania e Russia.

Fortunatamente il 60% delle infezioni decorre in modo asintomatico ed il soggetto non si accorge nemmeno di essere stato infettato. Il 25-35% manifesta invece una sindrome simil-influenzale che si risolve autonomamente. La maggior parte dei casi di istoplasmosi si verificano in soggetti esposti a grandi quantità di spore, durante lavori in pollai o in grotte particolarmente ricche di chirotteri. Tra il 1947 ed il 1984 sono state riportate 42 epidemie di istoplasmosi correlate alle grotte con 472 casi descritti, principalmente nelle regioni meridionali del Nord America.

In Italia sono stati eseguiti studi epidemiologici che hanno dimostrato la presenza di reazioni all'istoplasmina in popolazioni sane mai recatesi all'estero; già in precedenza studi analoghi, condotti negli anni Sessanta, avevano fornito i medesimi risultati.

La maggior parte delle infezioni produce un piccolo focolaio periferico calcificato nel polmone e una sensibilità all'istoplasmina. L'inalazione di una dose maggiore di spore provoca una polmonite generalmente benigna. I sintomi si sviluppano in un periodo variabile da 9 a 17 giorni dopo il contatto, per i soggetti mai esposti al contagio; un po' prima in caso di un secondo contatto. Le infezioni primarie possono progredire fino a una malattia cronica con formazione di cavità, o possono subire riattivazioni anche a distanza di molto tempo, in caso di immunodeficienza. Una malattia progressiva disseminata, si verifica più frequentemente in pazienti affetti da tumori, sottoposti a trattamenti immunosoppressivi o affetti da AIDS.

I microorganismi si diffondono inizialmente a livello polmonare, poi ai linfonodi regionali e successivamente al sangue, alla milza, al fegato e ad altri organi. Gli istoplasmi sono in grado di sopravvivere per lungo tempo nell'organismo, anche in assenza di infezione clinica.

Le manifestazioni cliniche variano da un'infezione polmonare asintomatica ad una malattia generalizzata mortale. Si possono distinguere tre stadi evolutivi:
- Infezione primaria, con febbre, debolezza, cefalea, dolori muscolari, tosse e mancanza di fiato, dolore toracico, a volte emissione di sangue nell'escreato, con durata di 3 o 4 settimane. Sotto adeguato trattamento, l'evoluzione di queste forme è la guarigione.
- Forma secondaria disseminata, acuta o cronica, più rara e con evoluzione grave, generalmente nei soggetti immunodepressi, particolarmente coloro con tumori o AIDS. È caratterizzata da interessamento di diversi organi ed evoluzione spesso fatale.
- Forma terziaria o polmonare cronica, con formazione di fibrosi e grossi granulomi polmonari. Il trattamento è sintomatico nei casi meno gravi; a base di antimicotici, l'amfotericina B nelle forme gravi, l'itraconazolo e, in misura minore, il fluconazolo in caso di malattia moderatamente grave o lieve o successivamente all'impiego di amfotericina B.

XXIII.4.1 - *Profilassi*

Ogni permanenza in grotte e cavità artificiali ricche di chirotteri o depositi di guano espone al rischio di contaminazione da parte di istoplasmi. La prevenzione può essere effettuata essenzialmente con: profilassi comportamentale, maschere bucco-nasali, chemioprofilassi.

XXIII.4.2 - *Profilassi comportamentale*

Non rimuovere inutilmente i sedimenti, evitare di alzare la polvere, non dormire a contatto con i suoli color rosso-mattone, fare attenzione nei passaggi bassi, muoversi in piccoli gruppi, evitare di passare attraverso i voli di chirotteri, cambiare velocemente i vestiti infangati, lavarsi accuratamente all'uscita dalla grotta, evitare di soggiornare a lungo all'interno di grotte a rischio; queste precauzioni permettono di diminuire la quantità delle spore fungine inalate.

XXIII.4.3 - *Maschera bucconasale*

La pratica ha dimostrato che esistono pochi mezzi di protezione veramente efficaci e che, anche impiegando la maschera speciale, può verificarsi un'infezione nei soggetti immunodepressi. È tuttavia evidente che l'uso di una protezione per la bocca, dotata di una trama estremamente fine (in grado di bloccare particelle di 2 μ di diametro), può ridurre l'entrata delle spore nelle vie respiratorie per un certo tempo, anche se risulta molto scomoda nelle abituali condizioni di umidità e temperatura delle cavità tropicali.

XXIII.4.4 - *Chemioprofilassi*

Data l'importanza del rischio di contaminazione in certe cavità tropicali (come nel Messico), può essere consigliata una profilassi farmacologica con ketoconazolo (da 100 a 200 mg/die) durante tutto il periodo di esposizione al rischio infettivo. Non esiste ancora una vaccinazione contro l'istoplasmosi. Al momento attuale i mezzi profilattici proposti restano incompleti e non privi di inconvenienti.

XXIII.5 - *La diarrea*

Numerosi sono gli agenti patogeni che possono provocare la diarrea, per infiammazione della mucosa intestinale o attraverso la produzione di tossine. Questi sono acquisiti per ingestione di acqua contaminata, o portando accidentalmente alla bocca le mani che abbiano toccato acque infette.

Anche in Italia, normalmente nelle acque fognarie, possono trovarsi salmonelle (che provocano le note salmonellosi) e numerosi altri batteri che causano un quadro di malattia simile (come l'*Escherichia coli* e la *Shigella*, a volte anche il vibrione del colera). Possiamo inoltre trovarvi microorganismi virali come il virus dell'epatite A (malattia ancora molto diffusa in Italia), virus responsabili di frequenti casi di diarrea, come i Rotavirus, protozoi, come le amebe e la *Giardia intestinalis* ed anche uova di vermi che si localizzano nell'intestino, come lo *Strongyloides stercoralis*.

Allontanandosi dall'Italia, verso i paesi a clima tropicale, il colera, il tifo, numerosi protozoi e uova di vermi intestinali sono frequentemente riscontrabili, con il concreto rischio di contrarre una fastidiosissima diarrea.

Nel caso delle diarree virali non esiste terapia, mentre per quelle batteriche si può intraprendere una terapia antibiotica. Il rischio è comunque quello della grave disidratazione, oltre ai dolori intestinali e il disturbo di doversi frequentemente "assentare". Nei paesi meno dotati di buone condizioni igieniche, i rischi di colera, tifo o di un'infezione grave da ameba, sono maggiori, potendo, queste malattie, essere mortali o aggravarsi con pericolose complicazioni.

Mentre per l'epatite A ed il tifo è disponibile un vaccino, per le altre forme infettive in genere non vi è altra valida protezione che quella di un'accurata attenzione a non immergersi in acque contaminate, di lavarsi bene le mani, il corpo ed i vestiti, di fare molta attenzione quando si abbia il sospetto di un'infiltrazione dalla rete fognaria, e di un precoce riconoscimento della malattia, ai primi sintomi. Il vaccino anticolera attualmente disponibile in Italia è poco attivo, ma presto dovrebbe essere disponibile un nuovo vaccino con una migliore risposta.

Di fronte a una diarrea, occorre distinguere la *dissenteria*, caratterizzata da feci con sangue o muco, dalla diarrea semplice. In caso di dissenteria, in presenza di febbre o di dolori addominali di tipo continuo, non legati cioè al solo momento della defecazione, si può sospettare un germe cosiddetto enteroinvasivo, che invade cioè le mucose intestinali, provocando un quadro infettivo ed infiammatorio più grave e potenzialmente soggetto a complicazioni.

In questi casi è bene intraprendere una terapia antiinfettiva, con antibiotici a largo spettro d'azione, come per esempio il cotrimoxazolo (Bactrim ®), i fluorochinolonici (per esempio la ciprofloxacina Ciproxin ®), o l'ampicillina/amoxicillina (Amplital ®, o Velamox ®). In caso di sospetto di ameba i farmaci indicati sono il metronidazolo (Flagyl ®) o il più recente tinidazolo (Fasigin ®). In presenza invece di diarrea semplice si può attendere e osservare l'evoluzione della malattia. In molti casi la diarrea si risolve da sola e l'unico trattamento è a base di reintegratori salini, fermenti lattici e introduzione di una adeguata quantità di liquidi, riservando i fermaci che bloccano la diarrea (come il Dissenten ®) al minimo, per non bloccare - insieme alla diarrea - il germe responsabile dentro il proprio intestino.

Una diarrea non associata a febbre né dissenteria è quella dovuta al colera, che in poche ore provoca la perdita di numerosi litri con un conseguente rapido stato di shock e gravi alterazioni elettrolitiche. In genere si riconosce per la frequente associazione al vomito e il rapido aggravarsi della situazione. In questo caso è indicato il ricovero in ospedale, nonché una terapia infusiva e antibiotica con tetracicline.

Le infezioni da amebe e da Giardia, a volte, invece della diarrea, provocano stitichezza, distensione gassosa intestinale e con dolori di tipo crampiforme. In genere non si manifesta febbre. La terapia è comunque quella già descritta.

XXIII.6 - *La leptospirosi*

La leptospirosi è un'infezione batterica presente in tutto il mondo. I principali portatori dell'infezione sono ratti, roditori selvatici, ma anche animali domestici. Il germe responsabile, la *Leptospira,* è eliminato con le urine in quantità cospicue con un inquinamento ambientale particolarmente pronunciato. Ove la temperatura (intorno a 25°), l'acidità (pH 7) e la quantità di ossigeno lo consentano, le leptospire possono sopravvivere per lunghi periodi nelle acque e nel terreno, come nel fango delle miniere e nelle pozze di acqua stagnante di qualsiasi cavità.

L'infezione nell'uomo è trasmessa attraverso la pelle, la mucosa orale e probabilmente anche la congiuntiva, per contatto diretto con gli animali infetti o, più frequentemente, con acque e suolo contaminati da urine, attraverso l'immersione di parti del corpo. È una malattia particolarmente frequente tra gli addetti alla manutenzione delle fogne, nonché tra quanti si bagnino in acque stagnanti.

Dopo un'incubazione da 4-5 giorni, fino a 1-2 e talvolta anche 3 settimane, la malattia si manifesta con una prima fase ad esordio brusco caratterizzata da febbre elevata, cefalea, dolori muscolari, particolarmente a livello lombare, nausea, inappetenza e spesso vomito. In certi casi la sintomatologia può essere molto sfumata, mentre in altri casi si può avere interessamento polmonare con tosse ed escreato con sangue, riduzione dei valori pressori, emorragie sottocutanee, soprattutto a livello congiuntivale, comparsa di eruzioni cutanee e congiuntivite.

Nei casi con evoluzione maligna si può già andare incontro a morte per collasso cardiocircolatorio o insufficienza renale. Nelle forme meno severe, la febbre scompare dopo circa 7 giorni, potendo ricomparire con gli altri sintomi, in misura più sfumata, dopo 2 o 3 giorni. In certi casi, a questa prima fase ne segue una seconda, a distanza di circa 2 settimane dall'esordio con segni di compromissione del fegato o dei reni.

I sintomi principali sono l'ingrossamento del fegato e l'ittero (il colorito giallo degli occhi e della pelle), in gravità differente da caso a caso. Anche il cuore ed il pancreas possono essere interessati e possono comparire ancora lesioni emorragiche. Nei casi favorevoli, i sintomi regrediscono alla terza settimana, mentre nei casi più gravi si può andare incontro a morte per insufficienza epatica o renale.

Un tipo particolare di leptospirosi, legato ai maiali, provoca invece nella seconda fase della malattia una meningite, che generalmente è benigna, con buona guarigione. La terapia è a base di antibiotici delle famiglie delle penicilline o delle tetracicline, ma in caso di sospetto è comunque meglio un controllo medico ed eseguire esami di laboratorio, segnalando la possibile esposizione alla malattia.

Per uso speleologico è invece interessante la possibilità di eseguire una prevenzione (profilassi) con doxiciclina 200 mg, per bocca, in dose unica, una volta alla settimana, finché dura il rischio di esposizione.

Altre infezioni possibili sono la brucellosi e la tubercolosi bovina, attraverso l'ingestione di acque contaminate da animali d'allevamento infetti. A queste si aggiungono diverse intossicazioni da parte di numerosi germi, che però, frequentemente si risolvono attraverso abbondante vomito e a volte diarrea, ma a carattere autolimitante.

XXIII.7 - *Rischi infettivi da contagio attraverso vettori*

Numerosi sono gli artropodi, soprattutto insetti, che popolano le cavità artificiali, specialmente se le temperature sono elevate e in presenza di acque stagnanti. Molti di questi sono in grado di trasmettere infezioni, a volte anche gravi.

L'Italia non è esclusa dalle potenziali zone a rischio di tali infezioni, spesso di difficile diagnosi e caratterizzate da differenti gradi di gravità, accentuati dalla frequente difficoltà diagnostica. Spostandosi in ambienti tropicali, i rischi aumentano, rendendo l'esplorazione di cavità sia naturali che artificiali veramente problematiche, in caso di massiccia colonizzazione dell'ambiente da parte di questi insetti. La conoscenza dei rischi permette comunque di valutare l'opportunità di proseguire una visita o un'esplorazione, di prevenirne il più possibile le complicazioni o di facilitare la diagnosi da parte del personale medico, nel malaugurato caso di un'infezione.

XXIII.8 - *Malattie trasmesse dal morso di zecche*

Le zecche sono i vettori di numerosi microrganismi differenti, responsabili di varie malattie, riscontrate anche in Italia, quali le rickettsiosi, le Borreliosi, la tularemia, l'ehrlichiosi, la babesiosi e numerose malattie virali, tra cui una pericolosa encefalite.

È sempre opportuno, soprattutto dopo l'attraversamento di boschi o zone con erba alta o arbusti, verificare sulla propria pelle la possibile presenza di zecche, per evitare o facilitare la diagnosi di eventuali malattie.

XXIII.8.1 - *Malattia di Lyme*

È un'infezione dovuta ad un batterio (*Borrelia burgdorferi*), trasmessa dalle punture di zecche, caratterizzata da lesioni cutanee, articolari e neurologiche, manifestandosi in tre stadi:

- il primo stadio, da 1 a 3 settimane dopo la puntura, si manifesta con sintomi simil-influenzali (febbre, mal di testa, dolori ossei e muscolari, mal di gola, nausea e vomito, fiacchezza) che durano da 2 a 10 giorni, con un *eritema cutaneo* nel luogo del morso non sempre presente;
- al secondo stadio, nel 20% dei soggetti colpiti, può comparire una *meningoencefalite* accompagnata da paralisi che si risolvono da 1 a 9 mesi dopo, ed interessamento al cuore, che si risolve in 3-6 settimane;
- nel terzo stadio, in circa il 20% dei soggetti colpiti, si possono avere *artriti*, soprattutto alle ginocchia, che compaiono da poche settimane fino a 2 anni di distanza.

Se riconosciuta e trattata precocemente con antibiotici come la doxiciclina o le penicilline, questa malattia ha una buona prognosi. La migliore profilassi consiste nella accurata disinfezione della puntura della zecca.

XXIII.8.2 - *Febbri ricorrenti*

Sono malattie dovute all'infezione da parte di batteri del genere *Borrelia*. Sono trasmesse da pidocchi e zecche. Sono caratterizzate da febbre elevata (fino a 41°) ad esordio improvviso, dolori ossei e muscolari, mal di testa, fiacchezza, in genere anche un'eruzione cutanea di breve durata, emorragie cutanee.

La febbre resta elevata per circa una settimana e poi si riduce rapidamente con profusa sudorazione. Dopo una settimana di benessere la febbre si ripresenta, un po' meno forte e con durata più breve, per poi scomparire e ricomparire con lo stesso meccanismo diverse altre volte.

Complicanze frequenti sono l'epatite, l'interessamento cardiaco, meningeo e della coagulazione, con una mortalità nei casi non trattati, del 5-10%. Nei casi trasmessi da zecche, l'interessamento neurologico è più elevato, come pure la mortalità, intorno al 10-30%.

La diagnosi non è facile, poiché i sintomi sono molto aspecifici. La terapia è a base di antibiotici delle famiglie delle tetracicline, dei macrolidi o il cloramfenicolo.

XXIII.8.3 - *Encefalite da morso di zecca*

Le zecche possono provocare una malattia neurologica caratterizzata da paralisi flaccida attraverso una tossina presente nella loro saliva. In genere la malattia regredisce rimuovendo la zecca. In altri casi le zecche possono trasmettere dei virus che provocano un'encefalite. Questo tipo di malattie è stato descritto anche in Italia. In genere i sintomi ricordano quelli della poliomielite, con paralisi flaccide e febbre.

XXIII.8.4 - *Febbre bottonosa*

Malattia infettiva generalmente benigna causata da *Rickettsia conorii* e trasmessa all'uomo soprattutto dalla zecca del cane. Ha diffusione nel bacino del Mediterraneo (focolai epidemici recenti sono stati descritti in Sicilia e Lombardia). Dopo un'incubazione da 5 a 7 giorni si manifesta febbre elevata, cefalea, astenia, dolori muscolari ed articolari, congiuntivite e talora ottundimento del sensorio.

Spesso si evidenzia una crosta cutanea nel luogo del morso della zecca che in seguito evolve in ulcera. Dopo 3-4 giorni compare un'eruzione cutanea a volte con componente emorragica, dapprima alle gambe, poi a tutto il corpo. Dopo due settimane la febbre scompare e l'eruzione cutanea guarisce. Raramente si manifestano complicazioni cerebrali o polmonari. I normali esami di laboratorio non sono in grado di evidenziare dati di rilievo.

La diagnosi è facilitata dal ritrovamento della lesione cutanea iniziale. L'esame che può aiutare è la reazione di Weil-Felix. La prognosi è buona; la terapia più efficace è a base di tetracicline o doxiciclina, ma anche il cloramfenicolo è assai efficace.

XXIII.9 - *La leishmaniosi*

Malattia provocata da protozoi del genere *Leishmania,* trasmessa dal pappataccio, presente in Italia nelle zone di media collina, specialmente in prossimità del mare, come possono trovarsi in Toscana, Emilia Romagna e nel sud Italia.

La malattia è caratterizzata da una progressiva anemia con ingrossamento linfonodale, del fegato e della milza. Non è molto frequente, ma quando si manifesta, la diagnosi è difficile, appunto per la scarsa frequenza.

XXIII.10 - *La zanzara Tigre*

Dall'inizio degli anno '90 è presente in Italia questa simpatica zanzara di origine asiatica, importata dagli USA, che risponde al nome e cognome di *Aedes albopictus,* che sta colonizzando rapidamente il nostro territorio, particolarmente nella porzione di nord-est della pianura padana e nell'area urbana di Roma e Genova. È stata rinvenuta anche in alcune gallerie del complesso sotterraneo del Castello di Porta Giovia a Milano.

È facilmente riconoscibile in quanto è nera con striature bianche, ben visibili almeno a livello delle zampe. È potenzialmente portatrice di numerosi virus e di filarie, anche se questo rischio, al momento, è solo teorico. Predilige gli ambienti umidi o caratterizzati da raccolte di acque stagnanti, ove può riprodursi rapidamente anche in volumi di acqua molto piccoli. Sono caratteristici gli attacchi molto intensi, in genere di giorno ed in aree scoperte, quindi potenzialmente potrebbe essere reperibile nei tratti iniziali di cavità artificiali umide o con raccolte di acqua stagnante. Le punture sono dolorose e talvolta manifestano fenomeni emorragici locali. L'elevato numero di punture contemporanee può provocare importanti fenomeni irritativi e allergici.

XXIII.11 - *Gli scarafaggi*

Sono responsabili di malattie respiratorie, attraverso un meccanismo allergico, dovuto a varie sostanze prodotte da loro, a cui l'uomo, se sensibile, può rispondere con attacchi di asma. Sono inoltre portatori di molte malattie, attraverso il contatto con sostanze infette.

XXIII.12 - *Spedizioni in paesi tropicali*

Gradualmente l'attenzione comincia a spostarsi verso l'esplorazione di cavità artificiali in paesi tropicali, con interessanti potenzialità in tutti i continenti. I rischi di malattie in ambiente tropicale sono nettamente più elevati e una spedizione deve prevedere una buona farmacia da campo e conoscere bene i rischi legati a serpenti (capaci di morsi spesso rapidamente fatali, come nel caso di alcune specie di cobra), altri rettili, mammiferi portatori di rabbia e numerosi altri insetti vettori di malattie micidiali, tra cui alcune difficilmente curabili e a costo di grave tossicità farmacologia, come per esempio la malattia del sonno trasmessa dalla mosca Tse-tse.

Un'attenta analisi dell'epidemiologia di tali malattie è doverosa per non compromettere l'intera spedizione e mettere a rischio la propria vita. Spesso si tende a sottovalutare il rischio delle malattie tropicali e questo provoca ancora numerose morti tra turisti di ritorno da vacanze in paesi tropicali. Basti pensare alla malaria, senza dimenticare la tubercolosi e l'AIDS, diffusissimo nei paesi più poveri.

XXIII.12.1 - *La schistosomiasi ed altre infezioni*

Per quanto concerne il rischio infettivo più specificamente legato all'esplorazione di cavità artificiali, si segnala la schistosomiasi, una malattia che colpisce la vescica urinaria, con emissione di sangue nelle urine; oppure l'intestino, con diarrea, dolori addominali e, a distanza, una grave compromissione del fegato. Questa malattia, chiamata anche bilharziosi, è trasmessa dalle uova di alcuni tipi di vermi che poi si riproducono nel corpo umano a livello delle vene intestinali o perivescicali; si contrae molto facilmente immergendosi in acque infette. È molto diffusa nel Nilo e in molte regioni dell'Africa, e in alcune regioni limitate dell'Asia.

Si consiglia d'informarsi bene sulla presenza, nella zona che si vuole visitare, di una particolare filaria, l'*Onchocerca volvulus*, che provoca cecità, e che generalmente si trova sulla riva dei fiumi o in zone ricche d'acqua; è trasmessa da una specie di mosca nera. Numerosi infestazioni da vermi addominali si contraggono con il semplice contatto con acqua o terreni infetti (attenzione - oltre alle immersioni - a camminare a piedi nudi). Molto frequenti sono le infezioni da protozoi intestinali come le amebe, le giardie ed i trichomonas, soprattutto nelle zone urbane, spesso sprovviste di adeguato smaltimento fognario.

Veramente impressionante è il numero di malattie trasmesse da zanzare e altri insetti e non è raro il riscontro di infezioni in speleologi di ritorno da paesi tropicali. Molte volte il rischio è legato semplicemente alla vita, alla permanenza e ai bivacchi all'aria aperta, a contatto con suoli e vegetazione (come per la tripanosmiasi americana o malattia di Chagas); non necessariamente quindi, alla vera e propria frequentazione di cavità ipogee.

Una precauzione da non trascurare è quella di fare un esame parassitologico delle feci al momento del ritorno ed un mese dopo il rientro, un esteso esame del sangue e delle urine, e di segnalare prontamente al medico ogni sintomo un po' strano e ogni malattia che non guarisce come dovrebbe, ricordandosi di comunicare il soggiorno in paesi tropicali, l'attività svolta e i luoghi frequentati.

CAPITOLO XXIV

BIOSPELEOLOGIA IN CAVITÀ ARTIFICIALI

Domenico Zanon

XXIV.1 - *Cavità artificiali e Biospeleologia*

Gli entomologi, e più specificatamente i biospeleologi, negli ultimi decenni hanno scoperto numerose specie di animali viventi nelle cavità naturali e recentemente le ricerche si sono allargate anche alle cavità artificiali, prima considerate solo marginalmente. In ogni ecosistema, piccolo o grande che sia, l'integrazione tra la sua biocenosi e il proprio biotipo è influenzata e in stretta relazione con fattori abiotici e biotici che caratterizzano l'ambiente stesso. I primi dati che un biospeleologo si appresta a considerare sono appunto quelli inerenti i fattori ambientali, sia dal punto di vista qualitativo che quantitativo (Zanon 1996 a, p. 148).

Il presente contributo desidera essere semplice, privo di teorie complesse, che lascia spazio ai disegni nell'intento di offrire una veloce acquisizione dei concetti essenziali e la possibilità di un altrettanto veloce riconoscimento (seppure indicativo) della fauna incontrata.

Questo soprattutto in considerazione del fatto che ogni elemento aiuta alla comprensione dell'ambiente che s'intende indagare, consentendo una più completa acquisizione di dati che, in apparenza, o ad un primo esame, possono apparire superflui. Ci si è quindi proposti di rimanere in un ambito utile al ricercatore che si occupa di cavità artificiali e limitando argomenti come il prelievo, la conservazione dei campioni, lo studio comparato, la biogeografia, etc.

I testi sono stati tratti da dispense redatte per il Club Alpino Italiano, con la collaborazione delle biologhe Anna Maria Faccio e Barbara Bertoncello (Gruppo Speleologico Geo CAI di Bassano del Grappa), da riviste di settore (Zanon 1990, pp. 55-57; Zanon 1991, pp. 41-43) e dal "Manuale di Speleologia" del Club Alpino Italiano (Zanon 2003, pp. 49-90). Le tavole sono eseguite a china (Domenico Zanon) e i disegni di Guido Cotti (Cotti 1957) sono stati spesso ridisegnati e utilizzati come base.

XXIV.1.1 - *Breve storia della Biospeleologia*

"Biospeleologia" è un termine coniato dal naturalista francese Viré all'inizio del secolo scorso (bio = vita, speleo = caverna) ed è quindi una scienza recente. Ma la prima citazione faunistica risale al 1550, ad opera di Gian Giorgio Trissino, il quale, parlando dei Covoli di Costozza, disse che in tale grotta vivevano pipistrelli e "gambarelli". Si tratta del crostaceo *Niphargus stygius costozzae* (fig. XXIV.1), descritto poi da Schellemberg nel 1925.

Altre sporadiche notizie scritte, riguardanti entità faunistiche, sono apparse negli anni avvenire: 1689, Valvasor, scoperta del *Proteus anguinus* (anfibio caudato); 1768, Laurenti, descrizione del proteo; 1799, De Humbolt, descrizione del *Steatornis caripensis* (uccello noto agli indios venezuelani come "guacharo"); 1819, Configlianchi e Russino, primi studi biospeleologici. Solamente nel 1831, da parte del naturalista austriaco Hohenwart, è scoperto nelle grotte di Postumia il primo insetto di grotta; un coleotterino della famiglia Catopidae "*Leptodirus hohenwarti*" (fig. XXIV.2). Nel 1842 De Kay scopre in una grotta del Kentucky (U.S.A.) un pesce cieco: *Amblyopsis spelaea*. Negli anni seguenti numerose scoperte di artropodi "grotticoli" incrementano gradatamente la conoscenza sulla fauna ipogea.

Nel 1907 Racovitza, scienziato naturalista rumeno, considerato il padre della biospeleologia, con un grande lavoro imposta in chiave moderna gli studi inerenti a questa giovane scienza: "Essai sur les problèmes biospéologiques". In quegli anni il Viré appronta il primo laboratorio di biospeleologia, ma una piena della Senna glielo distrugge nel 1910. Nasce inoltre la prima rivista specializzata in tematiche biospeleologiche. Dall'inizio del XX sec., gli studiosi che si occupano di biospeleologia divengono numerosi: Packard, Absolon, Fage, Jeannel, Leruth, Chappuis e gli italiani Gestro, Doria, Müller, Dodero e, più recentemente, Allegretti, Boldori, Ghidini, Patrizi.

Attorno agli anni Cinquanta del XX sec., alcuni ricercatori, fra i quali anche i nostri italiani Bucciarelli, Meggiolaro, Tamanini, Agazzi ed altri, per intuizione allargano le ricerche biospeleologiche al di fuori delle grotte. Costoro arrivano alla conclusione che molte specie, ritenute esclusivamente cavernicole, vivano nei terreni carsici, specialmente al di sotto di massi interrati, nei ghiaioni misti a terriccio, nelle doline, lungo le ripe dell'alveo di ruscelli montani e in altri posti ancora, purché freschi, umidi e al riparo dalla luce solare diretta. Negli ultimi anni esiti positivi sono stati ottenuti mediante indagini effettuate anche in riva al mare, in terreni alluvionali, in falde acquifere di pianura.

Oggi si deve abbinare al vocabolo "biospeleologia" una definizione più moderna: la biospeleologia è l'insieme degli studi inerenti le biocenosi ipogee, siano esse cavernicole o endogene ed ai relativi ecosistemi. Nell'ambito delle cavità artificiali, quindi, parlare di biospeleologia non è una forzatura, tanto più se la cavità si trova in un complesso calcareo.

XXIV.2 - *Concetti di ecologia*

La biosfera costituisce l'insieme di tutti gli ecosistemi terrestri. L'ecosistema è formato da un biotopo, che rappresenta un'area, o un luogo, e da una biocenosi, ossia dalla comunità di organismi che vivono in quell'area, in quel luogo. Ad esempio nell'ipotetica caverna "Fungarola" si coltivano funghi; la caverna, con la propria morfologia, struttura rocciosa, fango, acqua, etc., rappresenta il biotopo, mentre per la biocenosi elencheremo le specie di funghi coltivate, qualche insetto lucifugo, sporadici millepiedi e qualche altro artropode, forse nascosto nella sostanza organica importata dal coltivatore.

L'ecologia (*oixos* = casa, *logos* = discorso) s'interessa degli ecosistemi. In sostanza è lo studio degli ambienti abitati e, principalmente, dei fattori che in un dato ambiente ne permettono l'abitabilità e che sono influenti sulla vita degli organismi che vi vivono (fig. XXIV.3).

Il vocabolo "ambiente" non sta ad indicare un vano, una stanza, una miniera, un pozzo, etc., bensì l'insieme delle caratteristiche e delle qualità proprie di un dato luogo. Correttamente, infatti, sentiamo parlare di ambiente marino, montano, palustre, etc. L'ambiente ipogeo (ipo = sotto), che si contrappone all'ambiente epigeo (epi = sopra), è rappresentato dalle caratteristiche (substrato, buio, umidità, temperatura, etc.) degli spazi interni della crosta terrestre. Tali caratteristiche condizionano la vita degli organismi (vegetali e animali) presenti in tali spazi. Nella caverna Fungarola abbiamo un'umidità attorno al 90%, 1/500 di luce, circa 12° C di temperatura, tenue circolazione d'aria; in pratica un habitat con caratteristiche ambientali ottime per i funghi.

L'habitat è un luogo (o i luoghi) con le caratteristiche ambientali che offrono condizioni favorevoli alla vita (sopravvivenza) di un certo organismo; alcune entità faunistiche trascorrono il proprio biociclo in due o più habitat. La nicchia ecologica è il ruolo (la mansione naturale, la posizione) che ha un organismo nell'ambito della comunità alla quale appartiene.

A volte un organismo, durante il proprio biociclo, può avere nicchie ecologiche diverse. Per esempio la rana, durante lo stadio giovanile (girino), occupa una nicchia con ruolo fitofago (erbivoro), mentre nello stadio adulto una nicchia con ruolo di predatore (insettivoro); notiamo tuttavia che il suo habitat è sempre palustre.

La Biospeleologia s'interessa degli ecosistemi ipogei, vale a dire degli organismi (vegetali e animali) che dimorano nell'ambiente ipogeo, e dell'ecologia di tali ambienti, ovvero delle relazioni che intercorrono tra biotopo e biocenosi.

XXIV.3 - *Ambienti ipogei ed evoluzione della fauna*

Confrontando un coleotterino che vive in ambiente cavernicolo, con uno che vive tra l'erba di un giardino, possiamo notare un insieme di caratteristiche che differenzia i due insetti: gli occhi, la colorazione, le ali, la lunghezza degli arti e delle antenne, la presenza di peli setigeri sulle elitre, etc. Abbiamo chiari esempi di evoluzione. La teoria di Darwin sull'evoluzione si fonda su tre fattori principali: mutazione genetica individuale del tutto fortuita, selezione ambientale rispetto alle caratteristiche più adatte, possibilità di trasmettere i vantaggi conseguiti ai discendenti (fig. XXIV.4).

XXIV.3.1 - *Mutazione genetica*

Ogni essere vivente possiede nelle proprie cellule un codice genetico, che determina tutte le sue caratteristiche: il DNA. Nello "sdoppiamento" della cellula, i due filamenti di DNA provvedono a ricostruire una coppia di filamenti complementare, ma nel corso di questo processo possono avvenire degli 'errori', delle mutazioni, che si traducono in variazioni delle caratteristiche (processo di mutazione).

Nell'ambito della medesima popolazione, inoltre, per la continua e complessa combinazione dei geni (DNA dei partner) nella riproduzione sessuale, nascono individui che presentano caratteristiche leggermente diverse (ricombinazione). Tali caratteristiche possono agevolare l'individuo a superare fattori di selezione, ma possono anche svantaggiarlo.

Nell'ambiente ipogeo tutto è rivolto al risparmio. L'organo visivo, ad esempio, occupa una buona parte del sistema nervoso; l'eliminazione di quest'organo, che in grotta non serve, rappresenta quindi un risparmio a livello sensoriale non indifferente. Nell'evoluzione questo risparmio è stato usufruito (sostituito) con "agevolazioni" (altri organi sensoriali) idonee alla vita ipogea. Questi cambiamenti (agevolazioni) sono molteplici. Per quanto riguarda la morfologia notiamo: l'allungamento delle zampe e delle antenne, la riduzione delle ali membranose talvolta sino alla totale scomparsa (atterismo), crescita di peli setigeri e setole disseminati in punti ben precisi dell'esoscheletro, presenza di strutture specifiche (sensilli) atte a individuare biochimicamente la vicinanza di cibo, comparsa d'organi di senso (igrorecettori) che percepiscono le variazioni di umidità atmosferica, modifiche dell'apparato boccale, modifiche di ordine fisiologico, etc.

La fauna cavernicola ha subito delle modifiche anche nell'ambito del metabolismo. Per esempio, il consumo di ossigeno è minore rispetto alla fauna epigea; la vita in grotta, infatti, è meno movimentata, ci sono meno predatori e meno rischi ambientali. Per quanto riguarda la fisiologia, gli adattamenti più importanti sono: diminuzione della fecondità, aumento correlato del volume delle uova, diminuzione del numero delle uova e allungamento del ciclo biologico.

XXIV.3.2 - *Selezione ambientale e ambiente ipogeo*

Un fattore importante nella teoria di Darwin sull'evoluzione, oltre alla mutazione genetica, è la selezione ambientale. È opportuno soffermarsi a considerare le permutazioni attraverso le quali l'ambiente ipogeo influisce sulla fauna, la suddivisione di questo ambiente e le rispettive caratteristiche. A volte la separazione tra ambiente ipogeo ed epigeo non risulta netta, non tanto sotto il profilo morfologico, bensì da un punto di vista ambientale. Per esempio, nel fondo di un cañon, o di una vallecola incassata, o di una dolina profonda, oppure di un bunker, c'è poca luce, temperatura stabile e probabilmente umidità: sono ambienti di transizione, che si avvicinano alle zone liminari delle grotte.

L'ambiente "sotterraneo" si può suddividere o distinguere in differenti "ambienti" (fig. XXIV.5).
- L'ambiente endogeo corrisponde alla porzione di suolo compresa tra il detrito vegetale e il limite inferiore delle radici delle piante. È ricco di sostanze organiche e in condizioni favorevoli vi sosta la maggioranza della fauna che interessa la biospeleologia.
- L'ambiente interstiziale corrisponde al complesso labirintico di fessure. Opera da setaccio naturale nel filtraggio dell'apporto esogeno e, riducendo notevolmente le correnti d'aria, offre riparo alla fauna più delicata.

- M.S.S. (Milieu Souterrain Superficiel). Al di sotto dell'endogeo si può trovare uno strato definito dagli studiosi francesi "MSS", di origine alluvionale e costituito da ghiaie e massi, tra cui si formano microcavità e 'percorsi' che offrono dimora a numerosi artropodi e ad altri invertebrati, considerati esclusivamente cavernicoli fino a pochi anni fa (Juberthie, Delay, Bouillon 1980, pp. 19-52).
- L'ambiente cavernicolo è rappresentato dalle cavità accessibili all'uomo. In questo ambiente sosta anche la fauna che necessita di spazio, come le cavallette, i tricotteri, i pipistrelli, etc.
- L'ambiente antropoietico (antro(pos) = uomo, (po)ieo = fare) ipogeo è caratteristico delle cavità artificiali. Spesso, inoltrandosi nel suolo, è completamente buio, con temperatura stabile e umidità che non risente esclusivamente della situazione meteorologica esterna.
- L'ambiente freatico rappresenta la zona di fessure al di sopra della falda freatica, interessata dalle oscillazioni della stessa. Vivono specie che necessitano di una particolare umidità ambientale; talvolta queste entità raggiungono il livello cavernicolo, trascinate da piene improvvise, rimanendo in pozze e sifoni.

XXIV.4 - *Fattori dell'ambiente ipogeo*

I fattori sono delle caratteristiche proprie di un dato biotopo; sorgono, variano e decadono sempre in armonia con la mutazione del luogo. Nell'ambito ipogeo riscontriamo fattori di primissima importanza, che incidono notevolmente sulla fauna: mediante la loro conoscenza si possono chiarire i quesiti inerenti l'*habitus* di molte specie di artropodi ipogei. I fattori sono generalmente divisi in due gruppi: gli abiotici ed i biotici.

XXIV.4.1 - *Fattori abiotici*

Nelle cavità artificiali il buio può non essere assoluto. La presenza di accessi, finestrature, feritoie, pozzi di ventilazione, etc., rendono gli ambienti in penombra. La luce ridotta agisce da 'setaccio ambientale' per tutte le forme vitali che in esse vorrebbero insediarsi.

La prima conseguenza dell'oscurità, poichè non può avvenire la fotosintesi clorofilliana, è la scomparsa della vegetazione; graduale nella zona liminare e totale poi con il buio assoluto. Vengono così a mancare le piante verdi e con loro la fauna fitofaga (erbivora) con i propri parassiti e predatori. I principali effetti dati dalla mancanza di luce sono tre.

- Anoftalmia: perdita dell'organo visivo, che al buio non serve. La maggioranza della fauna è priva di occhi e, nel caso di specie recentemente accostate all'ambiente ipogeo, si può constatare una iniziale riduzione dell'organo della vista.

- Depigmentazione: scomparsa dei colori, che al buio non si notano. La fauna può presentare colorazioni bianco-latte, oppure tonalità di colore tenui, come il nocciola chiaro (colore della chitina).

- Sclerificazione: assottigliamento dell'esoscheletro. Una componente essenziale del'esoscheletro è la chitina, sostanza (ammino-polisaccaride) che rende coriaceo l'esoscheletro e alla cui formazione concorre la luce solare. Per un artropodo vivente nell'epigeo l'esoscheletro molto chitinoso è sovente un vantaggio, in quanto lo difende dai parassiti, dai predatori, dagli agenti fisici esterni. In ambiente cavernicolo, mancando la luce solare, viene a diminuire la formazione della chitina e per la fauna ne consegue un esoscheletro debole, ma ciò è 'concesso' in quanto l'ambiente ipogeo, come già detto, è più tranquillo dell'epigeo. Ma l'esoscheletro assottigliato espone gli animali alla disidratazione, i quali sono perciò costretti a vivere costantemente in ambienti molto umidi.

Mancando la luce, svaniscono anche i ritmi nictemerali (susseguirsi della notte e del giorno) e stagionali. Inoltre il ritmo biologico subisce un rallentamento, dovuto anche alla temperatura, e il regime alimentare è minore che nell'ambiente esterno.

In talune cavità artificiali si riscontra un tasso di umidità pari a quello presente nelle cavità naturali. Si pensi ad un acquedotto ipogeo ancora attivo, ad una fognatura, ai cantieri profondi di una miniera abbandonata. Altre cavità artificiali non presentano tale caratteristica e spesso sono così asciutte da essere azoiche (prive di fauna), o con presenza faunistica ridotta a poche specie non esigenti.

Nell'ambiente endogeo, a contatto con l'epigeo, e quindi più soggetto alla situazione metereologica esterna, l'umidità ha un andamento stagionale. Diverse specie di artropodi, che sostano in tale ambiente, nei periodi asciutti sono costrette a migrazioni verso l'interstiziale e l'MSS per avere un'umidità favorevole alle loro necessità.

Molte entità cavernicole vivono in condizioni di saturazione e sono così stenoigre (tollerano una limitata variazione di umidità atmosferica): possono soccombere per repentine variazioni d'umidità o verrebbero a trovarsi in condizioni di forte disagio qualora lasciassero il loro ambiente.

Conseguentemente a ciò si sarebbe evoluta la "pseudo-fisiogastria" di alcuni coleotteri colevidi, come nel *Leptodirus hohenwarti*, le cui elitre, saldate tra loro, non servono per coprire un addome molto sviluppato, bensì per trattenere una bolla d'aria molto umida, da utilizzare durante un momentaneo allontanamento dalla zona umida.

Parlando della temperatura si deve prestare attenzione al grado termico e alla stabilità. Il primo (media dell'escursione termica) dipende dalla latitudine, dall'altitudine, dalla profondità nel suolo, etc. Il secondo (ampiezza dell'escursione termica) dipende dalle dimensioni dell'imboccatura, della morfologia della cavità, dalle correnti d'aria, da eventuali fenomeni di termalismo, etc. Nelle opere scavate dall'uomo e che interessano l'endogeo e sono prossime al suolo, la temperatura è spesso variabile. In altre cavità artificiali, come ad esempio le miniere con una certa estensione nel sottosuolo, risulta stabile.

Nell'ambiente grotticolo la temperatura è stabile, specialmente nell'interstiziale e soprattutto nell'MSS perché privo di correnti d'aria. Varie specie di animali cavernicoli sopportano a malapena sbalzi termici di pochi gradi (stenotermi); gli esperimenti, tuttavia, hanno dimostrato che diversi cavernicoli tollerano sbalzi superiori ai 10°C. La temperatura ha comunque un ruolo importante nel metabolismo di varie specie.

XXIV.4.2 - *Fattori biotici*

Ogni autore propone una suddivisione personalizzata dei fattori biotici, ma in tutte è presente la "catena alimentare", la quale rappresenta la voce più importante. Ampliando il discorso, si possono toccare vari punti come la flora batterica, il rapporto tra preda e predatore, i cicli ecologici intermedi, l'apporto esogeno, etc.

Una delle prime esigenze richieste per la sopravvivenza è l'alimentazione. Anche nell'ambiente ipogeo questa funziona da limitatore a diverse forme vitali e talvolta assume un ruolo selettivo determinante. Nell'ambiente epigeo abbiamo le piante che, grazie all'energia solare, trasformano la materia inorganica in organica; nell'ipogeo ciò viene svolto dai batteri autotrofi, ma in quantità ridottissima; quindi le risorse alimentari di una qualsivoglia cavità sono quasi esclusivamente di origine esogena, vale a dire provenienti dall'esterno.

L'apporto esogeno è pertanto necessario e il suo potenziale energetico dipende spesso dalla morfologia della cavità (se verticale con ampia apertura a dolina, oppure orizzontale con piccolo imbocco), dall'altitudine (con determinate precipitazioni e vegetazione esterna), dalla latitudine (con variabili temperature), dalla natura geologica (substrato, stratigrafia, acidità), etc.

Ovviamente le cavità ricche di materiale esogeno, sia di natura vegetale e/o animale, offrono habitat favorevoli a diversi animali (varie nicchie ecologiche): detritivori (diplopodi, crostacei e vari insetti), guanobi, coprofagi, saprofagi, parassiti, predatori.

In un complesso cavernicolo oligotrofico (con poca sostanza organica) la base dell'alimentazione è rappresentata da flore batteriche autotrofe. I batteri autotrofi sono tipici dei suoli e riescono a sintetizzare sostanza organica dal substrato minerale. I piú importanti sono: i nitrobatteri, i ferrobatteri e i solfatobatteri, ma ne esistono molti altri. I batteri eterotrofi, invece, utilizzano sostanze organiche (già elaborate).

Nella piramide alimentare (fig. XXIV.6) ai batteri segue una microfauna batteriofaga che vive nelle argille e nei fanghi, la quale rappresenta un sostentamento per la fauna limivora. I limivori (lombrichi, vari crostacei e diverse larve d'insetti), a loro volta, rappresentano l'alimentazione per i propri predatori (chilopodi, opilioni, pseudoscorpioni, ragni e vari coleotteri).

La selezione ambientale è importante: si deve considerare che in ogni ecosistema, piccolo o grande esso sia, l'integrazione tra biocenosi e biotopo è in stretta relazione ed è influenzata da fattori che caratterizzano l'ambiente stesso (selezione ambientale). Per questo motivo la fauna del sottosuolo non è casuale, ma rappresenta il divenire (evoluzione) di una serie di fenomeni naturali, di leggi fisico-chimiche e ancor più di eventi geologici e climatici che si perdono nel tempo trascorso.

La selezione operata dall'ambiente è complessa, a volte di difficile comprensione. I principali fattori di selezione ambientale sono:
- modificazioni ambientali temporanee: temperature minime invernali o massime estive, inondazioni, siccità, composizione chimica delle acque, glaciazioni, etc.;
- azione di predatori, parassiti, agenti patogeni;
- concorrenza nell'alimentazione, competizione nella scelta dell'insediamento;
- concorrenza nella scelta del partner per l'accoppiamento (selezione sessuale).

Questi fattori possono agire in misura diversa e in combinazioni varie. Nella storia evolutiva di ogni specie cavernicola c'è stato un 'accostamento', un 'preadattamento', per a giungere, con il passare dei millenni, all'attuale fase evolutiva. Ogni entità faunistica, nella propria evoluzione, ha "affinato" l'organismo, nella morfologia e nel metabolismo, adattandosi nel modo migliore all'ambiente ove attualmente vive. Indubbiamente i fattori (caratteristiche) ambientali incidono notevolmente sulla selezione degli individui e quindi nell'evoluzione di ogni singola specie.

XXIV.5 - *Fauna ipogea: panoramica sistematica*

In molti testi gli animali che si rinvengono in grotta sono suddivisi in tre gruppi: troglosseni, troglofili e troglobi.
- Troglosseni: appartengono a questo gruppo tutte quelle specie che normalmente vivono nell'ambiente epigeo e che si trovano in grotta per varie casualità.
- Troglofili: a questa categoria appartengono le entità faunistiche che usufruiscono dell'ambiente ipogeo per un dato periodo della loro vita.
- Troglobi: sono animali che per tutta la durata della loro vita hanno bisogno dell'ambiente ipogeo; nel susseguirsi di migliaia di generazioni hanno raggiunto un grado di specializzazione e, soprattutto, modifiche fisiologiche tali, da poter vivere esclusivamente in ambiente ipogeo.

Oggi la conoscenza delle specie rinvenute in grotta, unitamente all'etologia, l'anatomia, la fisiologia, la morfologia, e vari altri studi comparati effettuati su molti reperti, offrono una maggiore chiarezza sull'attinenza di un'entità faunistica all'ambiente ipogeo.

Attualmente, nell'ambito scientifico, i tre gruppi hanno valore aggettivale e, a questa suddivisione improntata dallo Schiner (1854) e rivista da Racovitza, sta subentrando una nuova classificazione piú complessa, dove i valori sono rappresentati dalle caratteristiche adattative riscontrabili nella morfologia, nella fisiologia e nell'etologia d'ogni singola specie.

La sistematica del regno animale è una grande suddivisione (piano d'organizzazione) di tutte le specie animali. È un sistema di ordinarle e di raggrupparle mediante livelli graduali di affinità. Fonte della sistematica moderna è stata la grande opera di Linneo, nella quale gli esseri viventi erano classificati in base alla loro morfologia. Circa un secolo dopo Darwin, con il concetto di evoluzione, fornì una nuova chiave interpretativa, con la quale codificare la storia evolutiva degli esseri viventi, classificandoli in conformità a relazioni filogenetiche (di parentela) che accomunano le diverse specie, ammettendone la derivazione da lontani antenati comuni.

Il sistema di classificazione si avvale di un insieme di categorie ordinate secondo un criterio gerarchico, le quali vengono specificate con la seguente grafica: *TIPO* (*phylum*), CLASSE, Ordine, Famiglia (latino), *Genere* (*latino*), *specie* (*latino*). Nel regno animale i tipi (*phyla*) sono diversi, ma in questo contributo sono trattati quelli che interessano la biospeleologia e piú attentamente il territorio italiano.

XXIV.5.1 - *phylum PLATELMINTI*

Sono vermi piatti. Nella classe dei Turbellari troviamo qualche rappresentante cavernicolo: i Dendrocelidi e le Planarie. Raramente piú lunghi di 1 cm, sono biancastri, con corpo oblungo e piatto, facilmente deformabile; stanno solitamente sotto i sassi dei piccoli corsi d'acqua e delle pozze. Annoverano poche specie e per il prelievo si richiede un'attrezzatura specializzata. Le ricerche vanno effettuate in miniera o in cavità con costante presenza d'acqua (fig. XXIV.7).

XXIV.5.2 - *phylum NEMATOMORFI*

I piú rappresentativi sono i Gordii. Il loro corpo, di colore nocciola o biancastro, non è segmentato come nei lombrichi; è lungo (a volte sino ad un metro) e vermiforme. Si trovano nelle zone molto bagnate e fangose, come pure nelle pozze; saltuariamente le loro larve si rinvengono nell'addome (parassiti) di coleotteri e ragni endogei. Sommariamente, non sono considerati dei veri cavernicoli. Ricerca da effettuarsi in talune miniere, in opere idrauliche o comunque in cavità con suolo fangoso (fig. XXIV.8).

XXIV.5.3 - *phylum ANELLIDI*

Sono vermi a metameria evidente, segmentati, formati da tanti anelli.

classe POLICHETI. Sono muniti di molte setole, a volte anche di un tubicolo fissato al terreno; sono sessuati. I piú interessanti appartengono agli Archiannelida e ai Sedentaria; alcuni anni fa sono stati rinvenuti anche in Italia, nel Carso triestino. Difficilmente rintracciabili in cavità artificiali (fig. XXIV.9).

classe OLIGOCHETI (lombrichi). Sono ermafroditi (a sessi non separati), con il caratteristico 'salsicciotto' detto clitello, con funzione riproduttiva. Ogni loro segmento è provvisto di setole (solitamente quattro paia), o ciuffetti di setole non visibili a occhio nudo. In grotta abbondano nel guano dei pipistrelli e nei coni detritici, raramente in profondità. Piú che cavernicoli sono da considerarsi endogei. Per individuarli in cavità artificiali, effettuare le ricerche ovunque ci sia fango, guano, o crolli misti a terriccio (fig. XXIV.10).

classe IRUDINEI (sanguisughe). Sono ermafroditi e dotati di ventosa boccale. Si tratta di pochissime specie che, fra l'altro, non prediligono l'ambiente ipogeo, ma talvolta si rinvengono negli stessi ambienti degli OLIGOCHETI, dei quali si cibano. Indagare, quindi, le zone dove si suppone vivano i lombrichi, ma anche lungo i bordi delle pozze, dove rimangono in agguato per catturare i pesci (fig. XXIV.11).

XXIV.5.4 - *phylum TARDIGRADI*

Vanno menzionati piú per curiosità che per altro: la loro lunghezza varia attorno a 0.2 mm (non visibili a occhio nudo). Il loro biotopo è rappresentato da muschi e licheni. Hanno la facoltà di trasformarsi in un caratteristico "stadio secco", sopravvivendo in condizioni avverse per alcuni anni, e per mesi con temperature inferiori a -15°. Poche le specie conosciute. In cavità artificiali prestare attenzione ai muschi.

XXIV.5.5 - *phylum ARTROPODI*

Sono animali con esoscheletro chitinoso e zampe articolate.

classe ARACNIDI. Hanno otto zampe, sono sprovvisti d'antenne e presentano due paia d'appendici orali: i pedipalpi e i cheliceri. Gli ordini che interessano la fauna italiana ipogea non sono molti.

Ordine Scorpioni. Inconfondibili nell'aspetto, questi animali pur lucifughi non prediligono l'ambiente cavernicolo, mentre s'incontrano spesso nei sotterranei e in numerose cavità artificiali. Contrariamente a quanto si crede, usufruiscono del loro veleno solo in rari casi di necessità. In Italia appartengono a pochissime specie (fig. XXIV.12).

Ordine Palpigradi. Questi aracnidi sono molto piccoli, raramente superano i 3 mm, sono ciechi e di colore biancastro. Amano i luoghi molto umidi; alcune specie vivono anche in grotte italiane, ma sono poco conosciute. Data la loro agilità e dimensione è difficile individuarli.

Ordine Ragni. Possiedono opistosoma peduncolato (il loro corpo assomiglia ad un otto). In grotta occupano le pareti della zona liminare, ma certe specie si spingono anche molto all'interno e in profondità. Non tutti i ragni ipogei fanno le ragnatele, molti costruiscono telette, specialmente in piccoli anfratti e fra il pietrame (Zanon 1998, pp. 131-145). In cavità artificiali si possono scorgere facilmente (figg. XXIV.13, XXIV.14 e XXIV.15).

Ordine Opilioni. Solitamente sono confusi con i ragni, dai quali si differenziano per avere il corpo non suddiviso in due parti. Questi aracnidi, sebbene predatori, sono forniti di cheliceri non veleniferi. Stanno spesso in parete e fra i detriti grossolani; gli appartenenti al genere *Ischyropsalis* possono raggiungere forti profondità. La loro morfologia è molto varia. Si possono facilmente incontrare in varie tipologie di cavità artificiali (figg. XXIV.16, XXIV.17 e XXIV.18).

Ordine Pseudoscorpioni. Misurano pochi millimetri; sembrano piccoli scorpioncini privi della parte caudale e hanno pedipalpi veleniferi. Sono predatori e si trovano solitamente nei coni detritici dove abbonda la microfauna. Per scorgerli in cavità artificiali occorre indagare fra il terriccio misto a laterizi o pietrame (fig. XXIV.19).

Ordine Acari. Nel regno animale sono il gruppo faunistico di maggior successo adattativo. In ambiente ipogeo sono presenti con diverse famiglie. Misurano da meno di 1 mm sino ad 1 cm (zecche). Si trovano un ovunque, spesso su altre specie che parassitano (fig. XXIV.20).

classe CROSTACEI. Sono dotati di due paia d'antenne (quelle del secondo paio sono dette antennule) e sono presenti nel sottosuolo con diverse specie. La sistematica di questo gruppo è complessa; fra le classiche suddivisioni esistono molte altre ripartizioni come: sottoclassi, superordini, sottordini, sezioni, gruppi e tribù. Le specie nostrane più importanti appartengono a due sottoclassi. Negli ultimi anni le ricerche effettuate nei pozzi filtranti e freatici hanno dato risultati eclatanti.

sottoclasse COPEPODI. Senza carapace e con antennule piú lunghe delle antenne.

Ordine Podoplei. Sono acquatici, di pochi millimetri e provvisti di una furca (fig. XXIV.21).

sottoclasse MALACOSTRACI. Spesso forniti di corazza calcificata.

Ordine Decapodi. Hanno cinque paia di zampe dei quali il primo è spesso fornito di grandi chele (fig. XXIV.22).

Ordine Termosbenacei. Comprende poche specie conosciute, delle quali una vive in acque con temperatura superiore a 50° C (fig. XXIV.23).

Ordine Anfipodi. Sono privi di carapace e con corpo depresso lateralmente; vivono nelle pozze e nei rivoli calmi, anche in profondità. Comunissimo il genere *Niphargus*, visibile in talune cavità artificiali come pozzi e opere idrauliche di trasporto.

Ordine Isopodi. Hanno antennule ridotte, sono acquatici e terrestri; in grotta si trovano ovunque ci sia qualche detrito, sino alle maggiori profondità. Tipiche sono le "porcelline bianche" (*Androniscus*) di 6-7 mm e i "porcellini di terra" (Porcellionidae). Comuni in miniere e in altri manufatti ipogei, specialmente sotto tavole di legno o tronchi marcescenti (figg. XXIV.24, XXIV.25, XXIV.26 e XXIV.27).

classe DIPLOPODI. Comunemente chiamati "millepiedi", hanno una lunghezza che varia da pochi millimetri a diversi centimetri. Il loro corpo è suddiviso in vari segmenti, ognuno dei quali è munito di due paia di zampette. Il numero di queste è vario e dipende dalla specie e dall'esemplare esaminato: il minimo è 24, il massimo è imprecisabile; ad ogni modo, su alcuni esemplari, ne sono state contate circa 700. Si nutrono di sostanze in decomposizione e perciò in ambiente cavernicolo e nelle cavità artificiali si trovano spesso fra l'apporto esogeno. Alcune specie, molto specializzate, raggiungono pure i 700/800 metri di profondità e hanno un regime alimentare straordinario (Zanon 2000, pp. 180-183). La classe dei diplopodi, che annovera piú di 8.000 specie sparse in tutto il mondo, si suddivide in alcuni ordini; quelli che interessano la nostra fauna possono essere individuati esaminando la sezione trasversale del loro corpo (fig. XXIV.28).

sottoclasse PSELAFOGNATI. Sono molto corti, con poche paia di zampe (da 13 a 17) e hanno l'esoscheletro esile e ricoperto di innumerevoli ciuffi. Rinvenibili occasionalmente anche in cavità artificiali (fig. XXIV.29).

sottoclasse CHILOGNATI. Si distinguono da varie caratteristiche, specialmente per un numero maggiore di segmenti del corpo.

Ordine Oniscomorfi. Hanno la capacità di avvolgersi nella parte ventrale a guisa di sfera e possono essere confusi con certi isopodi (Isopodi Armadillidae, che hanno sette paia di zampe). Sono corti, larghi, con poche paia di zampe (da 17 a 23). A volte si rinvengono in grotta o in cavità artificiali, ma più che altro in ambiente endogeno (fig. XXIV.30).

Ordine Polidesmoidei. La caratteristica maggiore, che li contraddistingue dagli altri diplopodi, è il numero contenuto di segmenti (da 19 a 22). Alcune specie (gen. *Serradium*) riescono a sopravvivere a profondità considerevoli e per nutrirsi "lambiscono" continuamente le pareti umide e, grazie al loro apparato boccale "filtratore", riescono a trattenere microrganismi ed altro. Per scorgerli in cavità artificiali bisogna indagare nel terriccio ricco di sostanza organica, specialmente se con frammenti di legno (fig. XXIV.31).

Ordine Nematofori. Assomigliano vagamente ai polidesmidi, ma da essi si distinguono per un numero maggiore di segmenti (da 22 a 60).

Ordine Iuliformi. Hanno il corpo cilindrico dotato di almeno 40 segmenti, a volte più di 100. Gli esemplari delle specie italiane più lunghe possono avere più di 500 zampette. Raramente raggiungono notevoli profondità. Sono facilmente scorti anche in cavità artificiali, su tavole di legno umide, tronchi marcescenti, spesso in compagnia delle "porcelline bianche" (*Androniscus* Isopodi Trichoniscidae) (fig. XXIV.32).

Ordine Colobognati. La differenza più indicativa, che li contraddistingue dagli altri diplopodi, è il piccolo capo spesso allungato in un pronunciato rostro. Più che altro sono endogei. Rari in cavità artificiali (fig. XXIV.33).

classe SINFILI. Questi delicati artropodi raggiungono in lunghezza quasi 1 cm, sono dotati di 12 paia di zampe, sono ciechi, privi di pigmento e di colore biancastro. Più che al cavernicolo, sono legati all'ambiente endogeo. È difficile trovarli cavità artificiali, a meno che non si tratti di ipogei a diretto contatto con l'ambiente endogeo; bisogna quindi indagare laddove vi sia substrato terroso umido (fig. XXIV.34).

classe CHILOPODI. Comunemente chiamati "centopiedi", sono artropodi longilinei; la lunghezza, per le specie italiane, varia da pochi millimetri a 20 cm circa. Il loro corpo, che ricorda un nastro più o meno appiattito, è costituito da vari segmenti, ognuno dei quali è fornito di un paio di zampette. Il numero di queste è vario e negli adulti va da un minimo di 30 sino a circa 350: dipende dalla specie e dall'esemplare preso in esame. I chilopodi sono predatori e il loro habitat ideale sono i coni detritici, ove pullula la microfauna che rappresenta l'alimentazione. Sono veloci negli spostamenti e il loro apparato boccale è dotato di una grossa pinza (piedi mascellari corrispondenti al primo paio di zampe), le cui punte sono dotate di glandola velenifera atta a paralizzare la preda o a difendersi. Alcune specie evolute raggiungono anche 300 m di profondità (Zanon 2000, pp. 184-188). La classe dei chilopodi, che comprende circa 3.000 specie sparse in tutto il mondo, è suddivisa in quattro ordini. In cavità artificiali è facile scorgerli sui muri diroccati, oppure dove vi siano macerie (fig. XXIV.35).

Ordine Litobiomorfi. Specialmente quelli di maggiori dimensioni sono erroneamente chiamati "scolopendre", invece si differenziano da quest'ordine per avere solo 30 zampe oltre ad altre caratteristiche. Si rinvengono facilmente anche in cavità crtificiali (figg. XXIV.36 e XXIV.37).

Ordine Scolopendre. A parte qualche rara eccezione, hanno sempre 21 paia di zampe. Le ultime due zampe, che servono poco alla locomozione, sono trasformate in organo di presa (predatori), specialmente nel genere *Cryptops*, e sono adoperate a guisa di tenaglia a pinza per strangolare la preda. Hanno uno spiccato senso materno; le femmine, infatti, proteggono le uova e i neonati per settimane, avvolgendoli con il loro corpo posizionato a spirale e per tutto questo periodo stanno senza assumere cibo. Più che cavernicole sono endogee; tuttavia, in cavità artificiali si notano facilmente, specie fra il terriccio misto a laterizi (fig. XXIV.38).

Ordine Scutigeromorfi. Sono dotati di 30 zampe molto lunghe, specialmente le posteriori; il corpo è tozzo e il capo, fornito di lunghe antenne e di due grandi occhi complessi, non è schiacciato come negli altri chilopodi, ma rotondeggiante. La scutigera è una grande predatrice di mosche, che cattura e paralizza mordendole con le mascelle velenifere; a tal proposito va ricordato che il morso di una scutigera maschio provoca forti dolori, che perdurano per più di un giorno. Talvolta si può scorgere la *S. coleoptrata* sulle pareti di casa (sinantropa); a volte anche in grotta nella zona liminare, ma più sovente in manufatti ipogei (fig. XXIV.39).

superclasse ESAPODI. La caratteristica principale di questi artropodi è d'avere tre paia di zampe. Le prime due classi, Collemboli e Dipluri, hanno pezzi boccali nascosti e sono per questo detti Entognati.

classe COLLEMBOLI. Sono senza ali, piccoli e muniti di una furca che permette loro di saltare; varie specie sono anoftalme. Si rinvengono ovunque anche a profondità notevoli, purché ci sia materiale organico. Per tale motivo è scorretto definire semplicemente troglobie varie specie che, con facilità, si possono incontrare sia nel sottobosco, sia a meno 1.000 m di profondità. Rappresentano un anello importante nella catena alimentare ipogea. La presenza di questi vispi animaletti in cavità artificiali può dipendere dalla vegetazione circostante la cavità stessa; alcune specie si rinvengono tra le muffe (figg. XXIV.40, XXIV.41, XXIV.42, e XXIV.43).

classe DIPLURI. Sono bianchi, senza ali, raramente superano il centimetro di lunghezza e hanno nella zona distale dell'addome due filamenti (cerci), o una pinzetta. Si possono facilmente incontrare in ambiente endogeo e nel sottobosco. Le specie appartenenti alla famiglia Japigidae si cibano catturando piccole prede, che trattengono con la pinzetta e portano alla bocca ripiegando l'addome sopra il capo. Le Campodee, che sono onnivore, sostano anche in grotta, ma raramente oltre i 300 m di profondità; comuni in cavità artificiali con suolo coperto di terriccio (figg. XXIV.44 e XXIV.45).

classe INSETTI. Sono esapodi (sei zampe) con pezzi boccali evidenti e sono detti Ectognati.

Ordine Tisanuri. Sono privi d'ali e hanno all'apice dell'addome tre filamenti (cerci). S'incontrano comunemente fra i sassi misti al terriccio, pure se asciutto. In cavità artificiali si possono scorgere facilmente fra il tavolame abbandonato, raramente in ambienti totalmente privi di luce (fig. XXIV.46).

Ordine Ortotteri. Pochi sono i generi che interessano la biospeleologia. Le specie grotticole sono senza ali (o ridotte) e hanno antenne lunghe e filiformi. Sono onnivori, stanno solitamente nei ripari parietali e si possono incontrare anche a profondità attorno ai 300 m. Le cavallette grotticole più comuni appartengono ai generi *Troglophilus* e *Dolicopoda,* a volte abbondantissime nelle cavità artificiali. Negli scantinati e in varie altre tipologie di manufatti ipogei spesso dimora la *Gryllomorpha* (figg. XXIV.47 e XXIV.48).

Ordine Tricotteri. Sono simili ad alcune farfalle notturne, ma da queste si distinguono per la presenza di una fine peluria sulle ali membranose, che sono sprovviste di squame. Solo poche specie sono cavernicole e in grotta si notano sulle volte e sulle pareti subito dopo la zona liminare. Comuni anche in cavità artificiali, specialmente se adiacenti a riscelli e aree boschive (fig. XXIV.49).

Ordine Lepidotteri. Hanno le ali coperte di squame, non si riproducono in grotta, ma alcune specie vi si rifugiano regolarmente. Occupano le pareti in penombra, raramente al buio assoluto. Molte specie usufruiscono delle cavità artificiali per rifugiarsi e per svernare (fig. XXIV.50).

Ordine Ditteri. Si riconoscono dagli altri insetti volatili per avere le ali posteriori ridotte a due piccoli bilancieri; alcune specie, tuttavia, nella loro evoluzione, sono diventate attere (senza ali). Raramente esiste una grotta priva di ditteri, in modo particolare sulle pareti della zona liminare. Le specie veramente cavernicole sono per lo piú guanobie o parassite dei pipistrelli. Ugualmente, le cavità artificiali sono anch'esse frequentate per portare a termine l'ovulazione, per svernare o per evitare la calura estiva o in situazioni meteorologiche avverse (figg. XXIV.51, XXIV.52 e XXIV.53).

Ordine Coleotteri. Il primo paio d'ali di questi insetti funge da astuccio (elitre) e protegge l'addome; fra tutti gli ordini è quello che annovera piú specie con vari stadi di specializzazione alla vita cavernicola. I coleotteri ipogei sono per lo più predatori, ma pure saprofagi o detritivori; si trovano un po' ovunque, raramente oltre i 600 m di profondità. I coleotteri ipogei rappresentano una valida base per la moderna biospeleologia e biogeografia (Zanon 1996 b, pp. 371-382; Magrini, Vanni, Zanon 1997, pp. 107-117). Per quanto riguarda le cavità artificiali, le principali famiglie sono: Carabidi, Catopidi, Stafilinidi, Pselafidi, Tenebrionidi e Curculionidi. Recenti ricerche effettuate in miniera hanno dato nuove e stupende specie (figg. XXIV.54, XXIV.55, XXIV.56 e XXIV.57).

In cavità artificiali saltuariamente si rinvengono altri insetti appartenenti anche ad altri ordini, come: proturi, blattoidei (blatta), dermatteri (forbicina), psocotteri, emitteri (cimice), mecotteri (mosca scorpione), afanitteri (pulce) e imenotteri (formica).

XXIV.5.6 - *phylum MOLLUSCHI*

Sono animali con corpo molle e privo di scheletro.

classe GASTEROPODI. Sono animali con corpo asimmetrico, dotati di conchiglia (nicchio) di carbonato di calcio a forma spiralata (chiocciola), a volte ridotta a un fragile corpuscolo piatto e ovale nascosto sotto il mantello, o assente (lumaca), e di organo locomotore detto "piede". Si vedono un po' ovunque nelle zone prossime alla superficie. Sono comuni nelle cavità artificiali, specialmente nelle opere idrauliche se in funzione e quindi con pareti umide.

sottoclasse PULMONATI. Hanno conchiglia sottile o mancante; la funzione respiratoria, causa la riduzione delle branchie, è assunta dalla parete della cavità del mantello. Comuni nelle cavità artificiali, con un certo grado d'umidità (figg. XXIV.58 e XXIV.59).

XXIV.5.7 - *subphylum VERTEBRATI*

Animali dotati di colonna vertebrale.

classe ANFIBI. Presentano respirazione in parte cutanea e riproduzione acquatica.

Ordine Urodeli (caudati). Il rappresentante per eccellenza è il proteo; altri generi sono i geotritoni (*Spelaeomantes*), le salamandre e i tritoni. A volte succede d'incontrare in grotta, specialmente se il primo pozzo è a cielo aperto, rane (ordine Anuri "saltatori"): si tratta di troglosseni, almeno per quanto riguarda la fauna italiana. In cavità artificiali, preferibilmente se ubicate vicino a zone boschive, si possono notare i tritoni e le salamandre (figg. XXIV.60 e XXIV.61).

classe MAMMIFERI. Animali che allattano la prole. Dell'ambiente grotticolo e delle cavità artificiali usufruiscono i pipistrelli (per l'Italia: Rinolofi e Vespertilli). Altri mammiferi che si rinvengono in cavità artificiali sono: topi, ricci, volpi, ghiri, tassi, istrici, etc. (figg. XXIV.62 e XXIV.63).

XXIV.6 - *Flora ipogea*

I due principali elementi di un ecosistema sono il biotopo (luogo) e la biocenosi (esseri viventi). Gli esseri viventi non sono solamente gli animali (zoocenosi), ma anche i vegetali e altre particolari forme di vita, come ad esempio i batteri. Come gli animali, anche i vegetali sono 'sottoposti' a fattori ambientali caratteristici di un dato biotopo, specialmente gli abiotici. Questo paragrafo si propone di evidenziare i 'confini vitali' dei vegetali in ambiente ipogeo.

XXIV.6.1 - *Incidenza dei fattori abiotici*

Luce. La presenza della luce è una condizione indispensabile per la sopravvivenza delle piante. A causa dell'assenza di luce si nota una riduzione graduale e una scomparsa totale della vegetazione. I vegetali (piante terrestri e alghe) hanno la capacità di svolgere un complesso di reazioni chimiche detto fotosintesi clorofilliana (dal greco *fotos* = luce e *sinthesis* = composizione, unione): le parti verdi delle piante contengono un pigmento, la clorofilla, grazie al quale riescono a trasformare l'energia solare in energia chimica. Questa energia chimica viene utilizzata dai vegetali per trasformare anidride carbonica ed acqua in molecole nutrienti (glucosio), indispensabili alla loro sopravvivenza. La fotosintesi libera anche ossigeno, che però dev'essere considerato un prodotto di scarto della reazione e quindi secondario per importanza alle sostanze organiche prodotte (fig. XXIV.64).

Talvolta, anche a una certa profondità, nell'oscurità assoluta notiamo la presenza di qualche fungo, spesso con tallo (gambo) allungato. Va ricordato che i funghi sono privi di clorofilla e perciò incapaci di trasformare la sostanza inorganica in organica. Non sono organismi autotrofi (che traggono sostenimento per la loro vita da sostanze inorganiche), come invece le piante, bensì organismi eterotrofi, ovvero decompositori (saprofiti o parassiti). Dal substrato secernono o decompongono materiale organico, da cui poi assorbono nutrimento.

Prestando attenzione, infatti, si nota che eventuali funghi o muffe si sviluppano in prossimità o sopra tavole marcescenti, rami, cortecce, deiezioni, sporcizia, animali morti, o altre sostanze organiche. La mico-flora (funghi e batteri) è uno dei principali fattori di degradazione delle sostanze organiche, che libera anidride carbonica nell'atmosfera e restituisce al suolo composti azotati e altre sostanze le quali saranno a loro volta utilizzate da altri organismi. Vanno menzionati, ad esempio, i *Laboulbeniales,* che sono piccolissimi (max 2 mm) funghi parassiti, che sovente si riscontrano sull'esoscheletro di coleotteri cavernicoli.

Temperatura e umidità. Una dolina, una cava a forma d'imbuto, una miniera o una ghiacciaia sono ambienti caratterizzati da condizioni microclimatiche e da fattori ecologici peculiari. Dalla sommità, procedendo verso il basso, oltre a una diminuzione della luce e della temperatura, si registra un progressivo aumento dell'umidità, fino a raggiungere valori costanti nelle zone più profonde. Si ha dunque un'inversione termica e una ridotta escursione, sia rispetto al terreno circostante, sia rispetto a normali pareti rocciose perennemente in ombra. Naturalmente questi fattori non variano esclusivamente a seconda della morfologia della cavità, ma, come precedentemente detto, sono influenzati dalla posizione in cui tale cavità è collocata (latitudine, quota, etc.). La particolare situazione ambientale (microclimatica) condiziona, pertanto, la colonizzazione vegetale.

Parallelamente alla graduale scomparsa di ogni raggruppamento vegetale, si assiste anche alla rarefazione del numero degli individui di ogni singola specie. Oltre all'aspetto quantitativo va considerato anche l'aspetto qualitativo: i 'sopravvissuti' non solo diminuiscono, ma sono sempre più deboli e degradati. Proprio in rapporto alle condizioni ambientali in cui vivono e alla loro capacità di adattamento, i vegetali che 'tentano di resistere' recano spesso alterazioni anatomiche più o meno evidenti.

Gli apparati di riproduzione sono le prime strutture ad essere menomate. In molti casi può cessare completamente la produzione di fiori e di semi, oppure di spore. Inoltre, quando un vegetale non versa in buone condizioni, è facilmente attaccato dai fitofagi (animali che si nutrono di piante), da varie larve d'insetti, dalle muffe.

XXIV.6.2 - *Zone di colonizzazione*

Per ogni cavità è possibile individuare le differenti aree di colonizzazione. In linea di massima si considerano quattro fascie principali (fig. XXIV.65).

- Fascia liminare: corrisponde alla zona liminare della cavità (in prossimità dell'imboccatura), con luminosità che si riduce fino a 1/200 rispetto all'esterno. In genere i popolamenti sono influenzati da significative partecipazioni provenienti dall'ambiente circostante. Molto spesso, per la mancanza delle condizioni ambientali ideali alla riproduzione, le piante restano sterili (senza fiori) e si può facilmente osservare come i germogli e buona parte della struttura siano inclinati verso la zona più illuminata, alla ricerca della luce indispensabile alla fotosintesi. Crescono sino ad un certo stadio, rimangono giovani, con rami e foglie esili, sembra quasi che per la mancanza d'illuminazione il potenziale vitale si blocchi. Prevalgono fanerogame sciafile (amanti dell'ombra) con ampio sviluppo fogliare. Si possono osservare, ad esempio, essenze tipiche dell'esterno: Arabetta Alpina, Parietaria, alcune specie di Geranio, etc.

- Fascia delle felci: con luminosità che scende sino a 1/700 rispetto all'esterno. Prevalgono le piante crittogame (*cruptos* = nascosto). Le felci non sono tuttavia piante che prediligono gli spazi ipogei: esse rimangono sterili a circa 1/300 di luce; oltre tale limite crescono esili, deboli, e sovente arrestano la loro crescita dopo essere germogliate. Quasi sempre è presente l'Asplenio tricomane (*Asplenium trichomanes*); molto spesso anche la Lingua cervina (*Phyllitis scolopendrium*) con i suoi nastri verdi, la comune felce maschio (*Dryopteris filix-mas*), l'inconfondibile Ruta muraria (*Asplenium ruta-m.*) e altre specie appartenenti al genere *Polypodium* e *Adianthum* (figg. XXIV.66 e XXIV.67).

- Fascia dei muschi: il limite inferiore è dato da una luminosità media pari a 1/1000 di quella esterna. Molte specie di muschi si accontentano di poca luce, ma anch'essi, sotto a un certo limite, diventano esili, filiformi e, perdendo addirittura la morfologia strutturale, danno segno della loro impossibilità a resistere. Nell'emisfero australe esiste però un genere di muschio che riesce a 'produrre' una sorta di tenue luce, guadagnando la possibilità d'inoltrarsi a maggiori profondità, analogamente a un particolare fungo e a poche specie d'insetti. I generi che più interessano le nostre cavità sono: *Isopterygium*, *Leskeella*, *Tamnium* e *Eurhynchium*, etc. (fig. XXIV.68).

- Fascia delle alghe verdi e azzurre: con luminosità che scende sino a 1/2000, limite che per in nostro organo visivo corrisponde quasi al buio assoluto. Le alghe sono i vegetali forniti di cellulosa che più si addentrano in ambiente ipogeo, ma anch'esse, al buio assoluto, svaniscono. Alcune sono microscopiche. Una verde (*Protococcus viridis*) è comune, ma non mancano le alghe azzurre, che colorano con patine di varie tonalità le rocce umide. Sovente, in cavità molto frequentate (turistiche), si nota che grazie all'illuminazione delle lampade fisse varie specie di alghe unicellulari riescono a sopravvivere e a riprodursi. Per quanto concerne i licheni va ricordato che costituiscono un singolare caso di simbiosi. Sono l'associazione tra un'alga unicellulare verde o azzurra e un fungo ascomiceto. Non vivono con bassa illuminazione, ma, a volte, 'strutturati' in strane forme polverose, si addentrano in zone semibuie colorando le rocce di giallognolo.

XXIV.6.3 - *Particolarità evolutive*

Dal fondo della grotta verso l'imboccatura, poiché l'umidità diminuisce, i vari gruppi sistematici sviluppano via via una maggiore efficienza nel contenere la perdita di acqua per traspirazione. Si può immaginare perciò di ripercorrere le tappe principali dell'evoluzione delle piante, che hanno gradatamente conquistato l'ambiente subaereo, emergendo dall'acqua.

Dopo il passaggio alle terre emerse si sono evoluti nuovi adattamenti, come la comparsa di pori per facilitare gli scambi gassosi necessari alla fotosintesi, o di una cuticola protettiva, che copre la superficie delle parti aeree delle piante per ridurre la perdita di acqua, o ancora adattamenti degli organi riproduttivi, oltre a un graduale aumento della complessità d'organizzazione dei tessuti. L'evoluzione delle piante vede così il passaggio dalle tallofite acquatiche (alghe), il cui ciclo completo avviene solo in presenza di acqua, alle tallofite terrestri (briofite, in altre parole muschi ed epatiche), che richiedono acqua più che altro per la riproduzione. Seguono poi le tracheofite crittogame (piante con spore senza fiori, come le felci), che necessitano di molta umidità per la riproduzione. Abbiamo infine le fanerogame con semi (gimnosperme e angiosperme) che si sono completamente affrancate dall'ambiente acquatico.

XXIV.7 - *Considerazioni ecologiche sulle cavità artificiali*

L'insieme delle cavità artificiali, data la loro eterogeneità morfologica e l'ampio areale di distribuzione, comprende un ambito ecologico vasto. Per meglio esaminare le varie caratteristiche ambientali, e conseguentemente le biocenosi, è opportuno fare riferimento alla suddivisione tipologica.

XXIV.7.1 - *Opere di estrazione.*

Escludendo cave e miniere a cielo aperto, le opere di estrazione sotterranee rappresentano per le cavità artificiali la tipologia che abbraccia quasi completamente la biospeleologia classica. Spesso si trovano in complessi calcarei o ad essi adiacenti e la loro morfologia, di solito, comprende lunghe gallerie, pozzi, discenderie, etc. A volte le coltivazioni intersecano meandri, freatici e pozzi verticali naturali. I fattori abiotici principali (buio, umidità e temperatura) raggiungono valori pari a quelli dei complessi carsici. In questi ambienti si può riscontrare una buona parte delle specie conosciute nell'ambito della biospeleologia (fig. XXIV.69).

L'aspetto oligotrofico, dato lo scarso apporto esogeno (materiale proveniente dall'esterno), è frequentemente ripianato da vecchie tavole e travi di sostegno abbandonati. In miniere molto estese, saltuariamente, un soddisfacente apporto trofico è presente alla base di pozzi naturali, di pozzi artificiali e di fornelli. Le biocenosi riscontrabili sono molteplici e in stretta relazione con i fattori ambientali propri della cavità esaminata. Ad esempio, la fauna di una galleria varia notevolmente a seconda della sua collocazione e delle caratteristiche strutturali:
- se questa interferisce col reticolato interstiziale di un substrato carsico;
- se è percorsa costantemente da una corrente d'aria;
- se presenta naturali ruscellamenti, acque stagnanti, zone fangose;
- se è angusta o ampia;
- se è prossima al suolo;
- se comunica con l'esterno.

XXIV.7.2 - *Opere idrauliche*

Nella complessa tipologia delle opere idrauliche quelle destinate al trasporto delle acque (acquedotti, canali sotterranei, etc.) destano importanza, specialmente se in disuso: lo scorrimento o l'oscillazione di consistenti masse d'acqua dilava le pareti, togliendo alla fauna la possibilità di sostare. Non bisogna scordare che, seppure in disuso o inattive, possono mantenere all'interno degli specchi d'acqua perfettamente fermi e pareti assai umide, ottimi ambienti per la piccola fauna. Le opere di presa sono senz'altro importanti, non tanto sotto il profilo ambientale, quanto per la possibilità che offrono d'indagare gli acquiferi, specialmente nelle zone geologicamente prive di grotte naturali. Le opere di conserva e di smaltimento presentano sovente una tenue illuminazione, elevata umidità e temperatura non rigidamente stabile. Questi fattori sono caratteristici di "biotopi di rifugio" per vari gruppi faunistici. La fauna acquatica occupa in questa tipologia ampio spazio, in modo particolare i crostacei, con forme anche molto specializzate. Numerosi anche i ditteri e conseguentemente anche i ragni. Vanno menzionati anche gli anfibi per i luoghi con acque calme o stagnanti e i ratti per le fogne (fig. XXIV.70).

XXIV.7.3 – *Spazi ad uso di culto e spazi ad uso funerario*

Ogni singola cavità artificiale, appartenente alle opere ad uso di culto o a quelle ad uso funerario, rappresenta un biotopo con caratteristiche ambientali derivanti dal contesto in cui esistono e da vari fattori collaterali. Un eremo ricavato in una cavità naturale differisce alquanto da una cripta ubicata nei sotterranei di una chiesa cittadina.

Una chiesa rupestre, edificata adattando l'atrio di una grotta montana, ecologicamente si discosta da una catacomba scavata nel tufo in una pianura. La morfologia dell'opera, e quindi l'illuminazione ridotta o assente, influenzano ulteriormente le possibilità abitative. A questi fattori concorrono tutti gli altri precedentemente menzionati: profondità, presenza d'acqua, di materia organica, etc. Con substrato carsico è possibile la presenza di entità faunistiche troglobie; nel complesso la fauna è però composta da specie che abitualmente trovano in questi luoghi un semplice rifugio.

XXIV.7.4 - *Opere di uso civile*

Dal punto di vista ecologico le opere più promettenti, appartenenti a all'ampia tipologia delle opere di uso civile, sono quelle ricavate adattando vani di grotte e che presentano quindi caratteristiche ambientali riscontrabili nelle zone liminari delle cavità naturali: poca illuminazione, temperatura e umidità abbastanza stabili. Per locali quali magazzini, cantine o fungaie è importante conoscere l'alimento trattato (vino, latte, burro, formaggio, cereali, funghi, etc.) per stabilire la potenzialità e la diversificazione dei fattori biotici e quindi della zoocenosi. Se i manufatti sono umidi e freschi si possono notare un gran numero di ditteri e, ovviamente, i loro predatori come ragni e scutigere. Non rari i lepidotteri e saltuariamente anche i pipistrelli.

Le gallerie in disuso e i sotterranei in generale rappresentano, a volte, ambienti ecologici interessanti. Non sempre offrono una soddisfacente umidità, ma saltuariamente si prestano ad ottimi "biotopi di rifugio" per vari gruppi faunistici. Le cavità riutilizzate come discariche di rifiuti, come talune grotte, sono una realtà che solo da pochi anni ha incontrato il divieto. Per l'abbondante apporto esogeno parzialmente trofico, la catena alimentare subisce varianti non indifferenti, che si ripercuotono sulla biocenosi, specialmente sotto il profilo quantitativo. In generale abbiamo biocenosi varie, prive tuttavia di forme specializzate, ma con una una cospicua presenza di subtroglofili (animali che prediligono luoghi ipogei per svernare o per rifugiarsi), anche se non mancano le sorprese.

XXIV.7.5 - *Opere di uso militare*

Tra le opere di uso militare più interessanti abbiamo quelle utilizzanti le cavità naturali o quelle scavate all'interno di rocce calcaree. Sotto il profilo ambientale i fattori abiotici sono a volte evidenti e raggiungono valori simili a quelli riscontrabili nelle grotte. Le biocenosi di questi biotopi dipendono molto dal substrato, dalla morfologia e dal modo attraverso il quale è stato ottenuto l'isolamento (per l'umidità) dei locali. Spesso, infatti, tra il locale e la parete in roccia, è stata eretta una parete per creare un'intercapedine, che impedisce un diretto contatto con l'ambiente interstiziale. Lo stato d'abbandono in cui versano tali opere e l'apporto trofico.

esogeno incidono alquanto sull'aspetto qualitativo e quantitativo della fauna.

A volte comprendono anche specie troglobie e varie forme troglofile. L'interesse maggiore è però offerto dalle trincee, che 'serpeggiando' in ambiente endogeo ci offrono la possibilità d'indagare l'ambiente endogeo senza dover scavare. Spesso nei coni detritici, o negli ammassi di fogliame che riempiono le trincee, sostano entità faunistiche sorprendenti. In queste occasioni, micro e mesofauna danno sovente dei buoni risultati.

Interessanti risultati si possono ottenere anche nei sotterranei di opere militari pedemontane o addirittura di pianura. L'ubicazione e la discontinuità ambientale offerta dai sotterrani del Castello di Porta Giovia, a Milano, hanno permesso lo sviluppo di diverse entità anoftalme, alcune delle quali legate non esclusivamente all'ambiente endogeo, ma a quello cavernicolo. È stata individuata, ad esempio, una colonia di *Mesoniscus alpicola*, che mai era stata osservata in pianura, ed esemplari di *Paraleptoneta spinimana* (Zanon 1996 a, pp. 150-164), mai rinvenuti a nord della Toscana (figg. XXIV.71, XXIV.72 e XXIV.73).

XXIV.8 - *Cenni di studio: gli obiettivi*

Essere appassionati di biospeleologia può essere indirettamente utile all'ambiente, con lo sviluppo delle indagini intese ad una sua ulteriore conoscenza, e quindi alla società. Può essere senz'altro utile a completare le conoscenze relative a determinate opere ipogee. Ma essere esclusivamente collezionisti di fauna fa senz'altro male all'ecologia e direttamente a noi tutti.

Si suggerisce caldamente ai neofiti di seguire sin dai 'primi passi' un'impronta, o meglio una bozza d'argomento, da sviluppare nelle ricerche al fine d'ottenere un giorno un risultato finale. Non andare semplicemente 'a caccia d'insetti'. Effettuare uno studio significa raggiungere nel modo più semplice, e meno dispendioso possibile, il responso a un quesito preposto o proposto. Tra le grandi stimolatrici della natura umana riscontriamo sia la curiosità, sia la soddisfazione del "fare", quindi del risultato conseguito. Nell'ambito della biospeleologia i quesiti ancora senza risposta sono migliaia.

Interessarsi di biospeleologia significa addentrarsi in un mondo che in buona parte è doppiamente poco illuminato. In senso figurativo c'è difatti ancora molto buio attorno a tante costatazioni ecologiche riscontrabili negli ambienti ipogei, di per sé già bui. Bisogna proporsi delle direttive per riuscire a raggiungere un 'traguardo' e accendere così in un angolo ipogeo una torcia che, per quanto piccola possa essere, sarà pur sempre un bagliore a beneficio di noi stessi e di coloro che ci seguiranno.

XXIV.8.1 - *Il programma*

La scelta di un programma di studio dev'essere personalizzata e si deve innanzitutto tener conto di fattori quali: l'idoneità fisica, la resistenza psicologica, il tempo libero, la disponibilità finanziaria. Le preferenze per un interesse iniziale spesso rientrano nella sistematica, ma sovente riguardano l'ecologia. Entrambe, tuttavia, devono essere delimitate a livello territoriale. È improponibile anche il solo pensare di cominciare con lo studio di tutta la fauna ipogea esistente in una regione. È plausibile, invece, che un neo-appassionato scelga d'interessarsi di tutta la fauna che staziona nella miniera ubicata nel proprio paese o, disponendo di molto tempo libero, di indagare tutte le cavità artificiali presenti nel rilievo montano o collinare a lui più vicino. La scelta di restringere il campo nell'ambito sistematico non solo offre la possibilità d'allargare l'areale nel quale effettuare la ricerca, ma induce a diventare specialisti in un dato gruppo faunistico.

Si suggeriscono alcuni "esempi di programmi":

1. Ricerca integrale in una data cavità. A prima vista sembra un lavoro poco impegnativo, invece, proprio per il fatto che l'interesse abbraccia l'intera fascia della sistematica, è richiesta una minima conoscenza su tutti i gruppi faunistici. In queste occasioni si può intuire, seguire e comprendere bene l'ecologia della cavità nell'intero ciclo annuale. Ottimo programma per una relazione finale.

2. La scelta d'interessarsi a fondo di un determinato gruppo faunistico può condurre ad una elevata specializzazione in campo sistematico. Si suggerisce di iniziare con un piccolo areale e allargarsi dopo avere appreso le nozioni di base del gruppo che si desidera studiare.

3. Interessarsi di un gruppo faunistico consistente significa "lavorare con impegno". Scegliere di studiare una famiglia può essere più impegnativo che studiare un'intera classe. È opportuno possedere una conoscenza di base del gruppo che c'interessa. Interessarsi di poche specie rimane un divertimento, studiarne trenta una soddisfazione, cento un impegno costante e protratto nel tempo. Ovviamente avere un territorio esteso da indagare significa poter disporre di molto tempo libro, impegnando un cospicuo capitale.

5. Si può avere interesse allo studio specifico di un gruppo faunistico (ad esempio i ragni). Non ci si lasci prendere da grandi ambizioni: è meglio il "poco ma ben fatto", piuttosto che il "tanto portato a termine lacunosamente". È opportuno restringere il territorio nel quale effettuare le ricerche, oppure limitare l'interesse in campo sistematico a una parte del gruppo dal quale siamo interessati. Quasi sempre l'interesse per ricerche troppo ambiziose (non avendo tempi e mezzi a disposizione), anziché condurre al conseguimento di validi risultati, riduce a diventare esclusivamente dei collezionisti di animali.

XXIV.8.2 - *Alcuni suggerimenti pratici*

All'inizio si comincia con l'effettuare indagini in piccoli areali, badando a varie specie appartenenti a diversi generi o famiglie. Gradatamente, allargando l'areale, l'indagine si fa specializzata, abbandonando vari gruppi faunistici a beneficio di una maggiore conoscenza su di un gruppo, che con in passare degli anni può diventare una specializzazione. Si reputa importante che una scelta sia ponderata e sicura. L'eventuale studio che ci prestiamo ad effettuare dev'essere stimolante, deve scaturire da qualcosa che ci attira, affinché la ricerca diventi anche divertimento e soddisfazione. Dopo aver effettuato le prime indagini, ed aver appurato che proviamo interesse nei confronti di un gruppo faunistico, può essere utile interessarsi e costatare come tale gruppo si suddivida nell'ambito sistematico, conoscere l'areale che occupa l'intero gruppo e scendere a livello di famiglie o generi, decidendo infine l'estensione territoriale nella quale continuare la ricerca.

Non va dimenticato che pure l'idea d'impostare il proprio interesse nell'ambito ecologico è senza dubbio meritevole di molte soddisfazioni. Comprendere, ad esempio, le motivazioni per le quali una data entità faunistica sia presente in una zona e non in un'altra, conoscere le preferenze alimentari di un diplopode, l'evoluzione di un coleottero, l'habitat ideale di un crostaceo, e così via, sono quesiti interessanti, le cui risoluzioni sono sicuramente un contributo alla scienza. In campo ecologico le tematiche sono molteplici e spesso quelle bizzarre e fantasiose, se impostate con serietà d'intenti, alla fine offrono buoni e curiosi risultati.

Immergendosi nel buio, come si suol dire, non si sa mai quello che si può incontrare. Nella biospeleologia è proprio così. Le nuove scoperte sovente non sono il divenire di grandi indagini o di studi impegnativi. Varie entità faunistiche di una certa importanza sono state individuate da speleologi che di biologia non s'interessavano e che casualmente hanno trovato l'insettino "x" per fare un favore all'amico entomologo o biospeleologo. Spesso reperti interessanti a livello sistematico ed ecologico sono dietro l'angolo o nascosti sotto il sasso sopra al quale siamo seduti per divorare un panino infangato.

Non è neppure pensabile che solo le indagini condotte in ambiente naturale offrano rilevanti scoperte. In tal senso le cavità artificiali, nell'ambito biospeleologico, sono poco considerate. La cavità artificiale, che fra l'altro si può prestare ad una facile indagine, offre la possibilità di risolvere quesiti specialmente inerenti all'ecologia della fauna troglofila.

Più volte infatti, svolgendo indagini in cavità artificiali, è capitato d'imbattersi in nuove costatazioni ecologiche o in rari esemplari di entità faunistiche poco conosciute se non addirittura nuove. Anche nell'ambito ecologico non mancano le 'novità' e si potrebbero citare numerosi esempi che riguardano la fisiologia, l'alimentazione, la competitività, l'areale, il metabolismo e varie altre tematiche ecologiche riguardanti la fauna ipogea. D'altra parte una cavità rappresenta una pagina del diario di "Madre Natura"; un diario che non siamo riusciti e forse non riusciremo mai a leggere completamente e correttamente.

XXIV.8.3 - *Testi suggeriti per l'approfondimento*

Nell'ambito della biospeleologia la bibliografia ci offre migliaia di lavori. Come sovente accade nelle varie branche delle Scienze Naturali, ci sono monografie estesissime, o molto specializzate, anche in lingua straniera, a cui si sommano innumerevoli piccoli lavori divulgativi di vari appassionati. Spesso nei bollettini dei singoli gruppi speleologici compaiono lavori inerenti studi e ricerche effettuati nelle grotte, validissimi. Ecco alcuni titoli, per cominciare ad ampliare le conoscenze generali sulla biospeleologia:

- Bertolini, S. 1996, *L'ecosistema grotta,* Centro Villa Ghigi, A. Emilia (BO).
- Casale, A., Sbordoni, V. 1983, *La vita nelle grotte* (con 54 diapositive didattiche), Società Speleologica Italiana e Club Alpino Italiano.
- Cotti, G. 1957, *Guida alla ricerca della flora e fauna delle caverne,* Guide didattiche, vol. I, Rassegna Speleologica Italiana e Società Speleologica Italiana, Como.
- Dondini, G., Papalini, O., Vergari, S. (a cura di) 1999, *Atti I Convegno Italiano sui Chirotteri (Castell'Azzara – Grosseto, 28-29 marzo 1998)*, Grotte di Castro.
- Lana, E. 2001, *Biospeleologia del Piemonte. Atlante fotografico sistematico*, Associazione Gruppi Speleologici Piemontesi, Regione Piemonte, Torino.
- Pascutto, T. 1998, *Indagini biospeleologiche in cavità del Piemonte Settentrionale. Provincia di Biella, Vercelli, Novara e Torino (dal 1992 al 1997)*, Club Alpino Italiano Sez. Biella, Borgosesia.
- Rivalta, G. 1985, *Introduzione alla biospeleologia,* Gruppo Speleologico Ferrarese, Comune di Ferrara, Ferrara.
- Siffre, M. 1979, *Les animaux des Gouffre et des Cavernes*, Paris.

Non vi sono, invece, testi specializzati in biospeleologia nelle cavità artificiali. Le monografie italiane, relative a ricerche biospeleologiche condotte in cavità artificiali, sono poche; si riporta l'elenco dei i titoli più significativi.

- Capolongo, D. 1966, *Contributo alla conoscenza dell'entomofauna del Napoletano. Indagine ecologica e geonemica su* Dolichopoda geniculata *(Costa) Orthoptera, Rhaphidophodidae)*, in *Bollettino della Società Entomologica Italiana*, n. 96, Genova, pp. 73-94.
- Capolongo, D. 1967, *L'acquedotto medioevale di Roccaraiola. Biotipo di fauna troglofila del Napoletano*, in *Bollettino della Società Entomologica Italiana*, n. 97, Genova, pp. 56-61.
- Capolongo, D. 1969, *Studio ecologico delle cantine del Napoletano (Primo contributo)*, in *Bollettino della Società Entomologica Italiana*, n. 99-101, Genova, pp. 193-205.
- Capolongo, D. 1972, *Ricerche sui quanat dell'Italia meridionale*, in *Bollettino della Società Entomologica Italiana*, n. 104, Genova, pp. 59-62.
- Karaman, G.S., Ruffo, S. 1977, *Ricerche faunistiche ed ecologiche sulle grotte di Sicilia. IV. On some interesting* Echinogammarus *species from the mediterranean basin with description of a new species,* E. catacumbae *(Amphipoda, Gammaridae)*, in *Animalia*, n. 4, pp. 163-182.
- Morisi, A. 1973, *Sui biotopi sotterranei artificiali e la fauna parietale*, in *Mondo Ipogeo*, Rivista del Gruppo Speleologico "Alpi Marittime" C.A.I. Cuneo, n. 8, pp. 63-65.

- Nissi, M. 1976, *Nota preliminare di speleofauna in una cavità artificiale*, in *Quaderni del Museo di Speleologia "V. Rivera"*, n. 3, pp. 63-66.
- Nissi, B., Console, C., Romano, B. 1978, *Sorgente nel convento di S. Giugliano (L'Aquila). Note di speleofauna. Stima della popolazione di* Dolichopoda geniculata *(Costa) in esso presente col metodo del marcaggio e ricattura*, in *Quaderni del Museo di Speleologia "V. Rivera"*, n. 4, pp. 11-16.
- Parenzan, P. 1953, *Fauna del sottosuolo di Napoli (Primo contributo)*, in *Bollettino della Società Naturalistica*, 62, pp. 89-93.
- Parenzan, P. 1956, *Istituzione della stazione biologica sperimentale sotterranea di Napoli.* in *Atti del VI Congresso Nazionale di Speleologia (Trieste 30 agosto – 2 settembre 1954)*, Trieste, pp. 298-300.
- Parenzan, P. 1956, *Equivalenza di cavità naturali ed artificiali in speleobiologia*, in *Atti del VII° Congresso Nazionale di Speleologia (3-8 ottobre 1955)*, in *Memoria III (1955)* della R.S.I e S.S.I., Como, pp. 63-66.
- Parenzan, P. 1965, *Esplorazione degli Ipogei dei Girolamini, città di Napoli*, in *Bollettino di informazioni*, Rivista del Centro Speleologico Meridionale, n. 9, pp. 2-12.
- Stefanelli, A. 1947, *I Niphargus di Roma*, Mon. Zool. Ital., n. 56, pp. 6-10.
- Vigna Taglianti, A. 1967, *Un nuovo* Niphargus *(Amphipoda Gammaridae) dalle acque sotterranee di Roma e considerazioni sulla sistematica e biogeografia dei* Niphargus *italiani*, in *Archivio Zoologico Italiano*, 52, pp. 331-343.
- Zanon, D. 1996, *Le ricerche biospeleologiche nei sotterranei,* in *La Fortezza Celata*, a cura di Padovan G., Vigevano, pp. 147-174.
- Zanon, D. 2002, *Ricerche biospeleologiche nei sotterranei del Castello Sforzesco di Milano*, in *Atti V Convegno Nazionale sulle Cavità Artificiali (28 aprile – 1 maggio 2001, Osoppo, Udine)*, Club Alpinistico Triestino Sezione Ricerche e Studi su Cavità Artificiali, Trieste, pp. 479-499.
- Zanon, D. 2002, *Nota preliminare sulla zoocenosi dei sotterranei del Forte di Osoppo*, in *Atti V Convegno Nazionale sulle Cavità Artificiali (28 aprile – 1 maggio 2001, Osoppo, Udine)*, Club Alpinistico Triestino Sezione Ricerche e Studi su Cavità Artificiali, Trieste, pp. 501-502.
- Zapparoli, M. 1980, *Note sulla fauna delle Cavità Artificiali di Roma*, in *Notiziario*, Rivista del Circolo Speleologico Romano, n. 1-2, pp. 27-57.

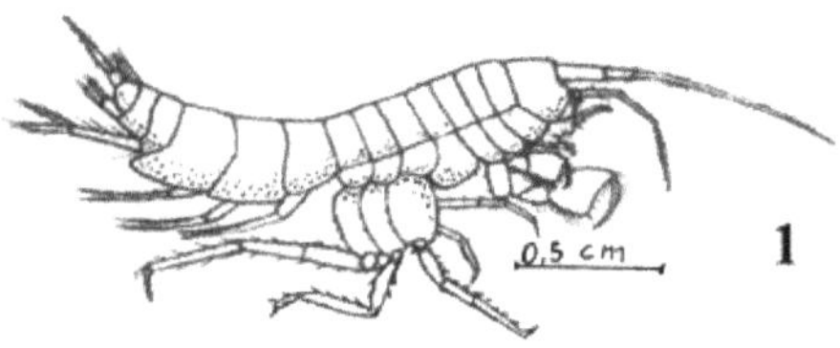

1

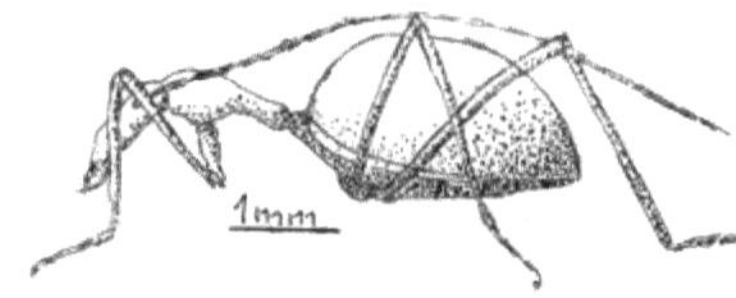

2

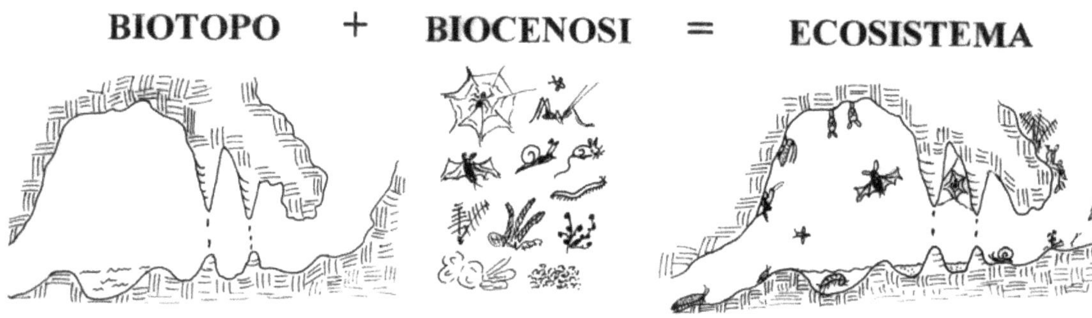

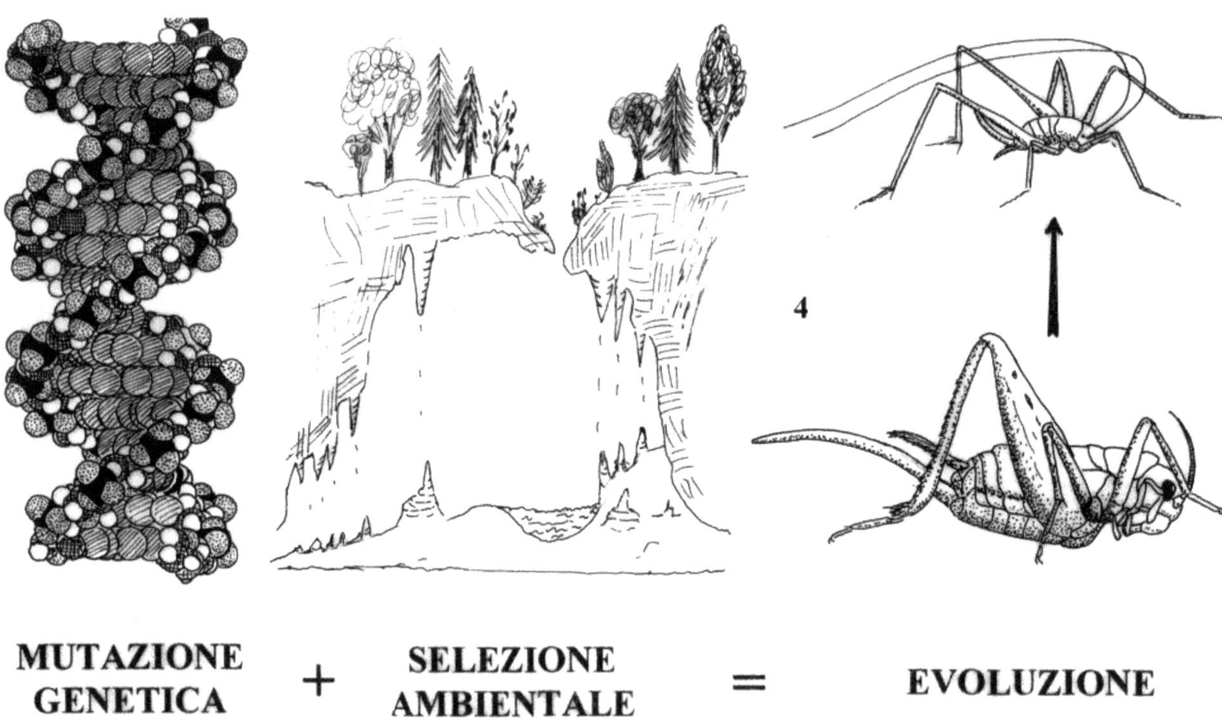

Fig. XXIV.1. *Niphargus* sp. *(disegno D. Zanon).*
Fig. XXIV.2. *Leptodirus hohenwarti (disegno D. Zanon).*
Fig. XXIV.3. *Ecosistema ipogeo (disegno D. Zanon).*
Fig. XXIV.4. *Sua evoluzione (disegno D. Zanon).*

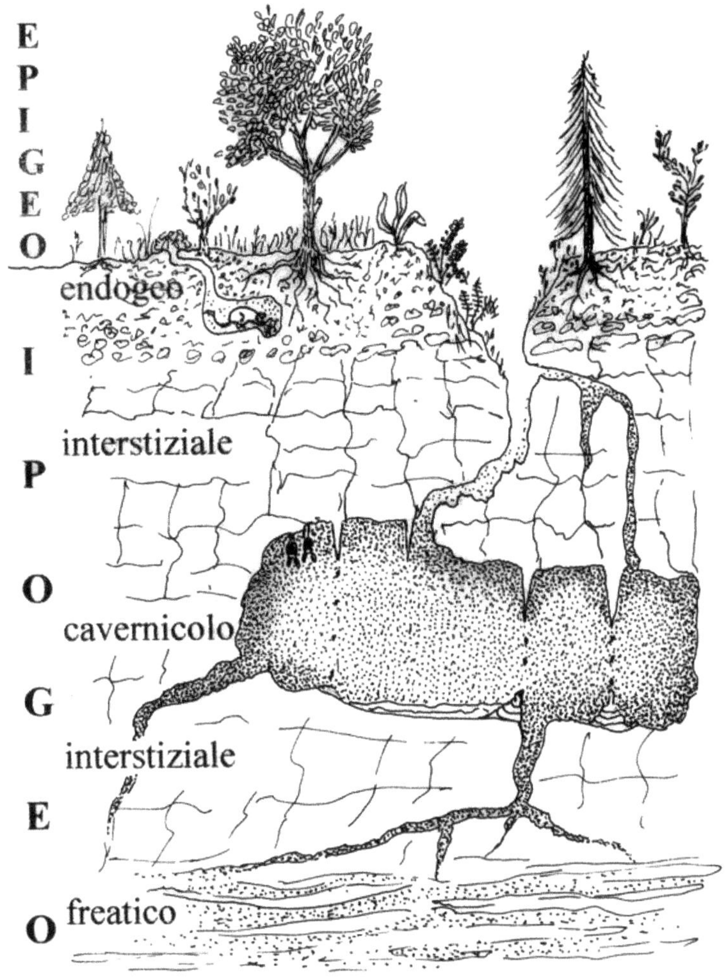

Fig. XXIV.5. *Ambiente ipogeo (disegno D. Zanon).*

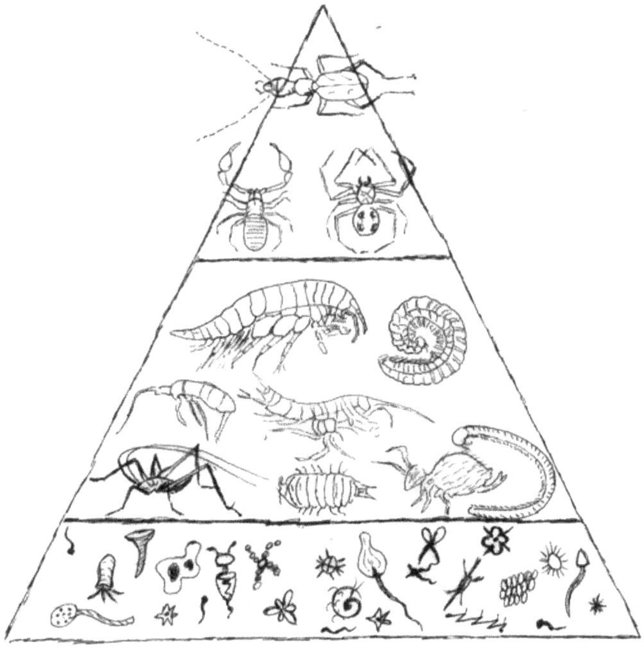

Fig. XXIV.6. *Piramide alimentare (disegno D. Zanon).*

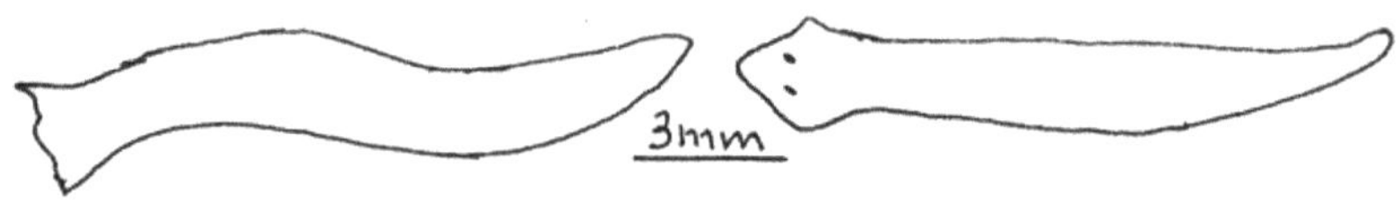

7

8

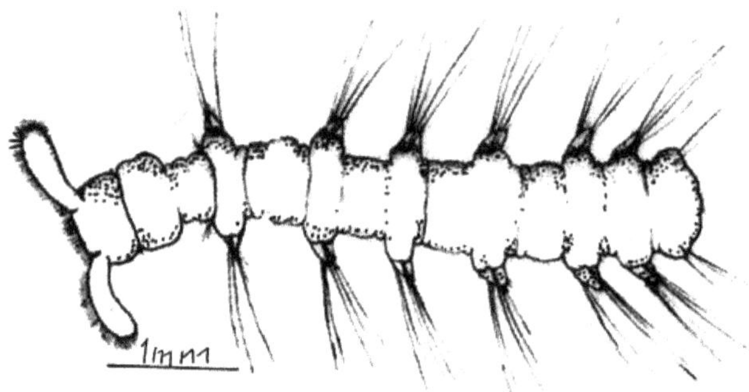

9

10

Fig. XXIV.7. *Planarie (disegno D. Zanon).*
Fig. XXIV.8. *Gordio adulto e larva (disegni D. Zanon).*
Fig. XXIV.9. Archiannelida: *Troglochaetus* sp. *(disegno D. Zanon).*
Fig. XXIV.10. *Lombrichi (disegni D. Zanon).*

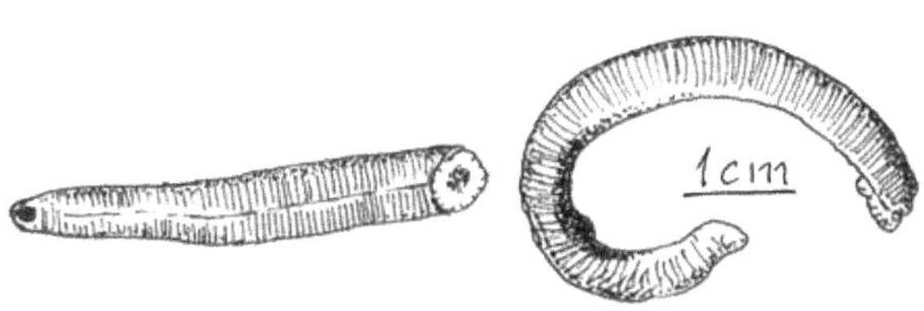

11

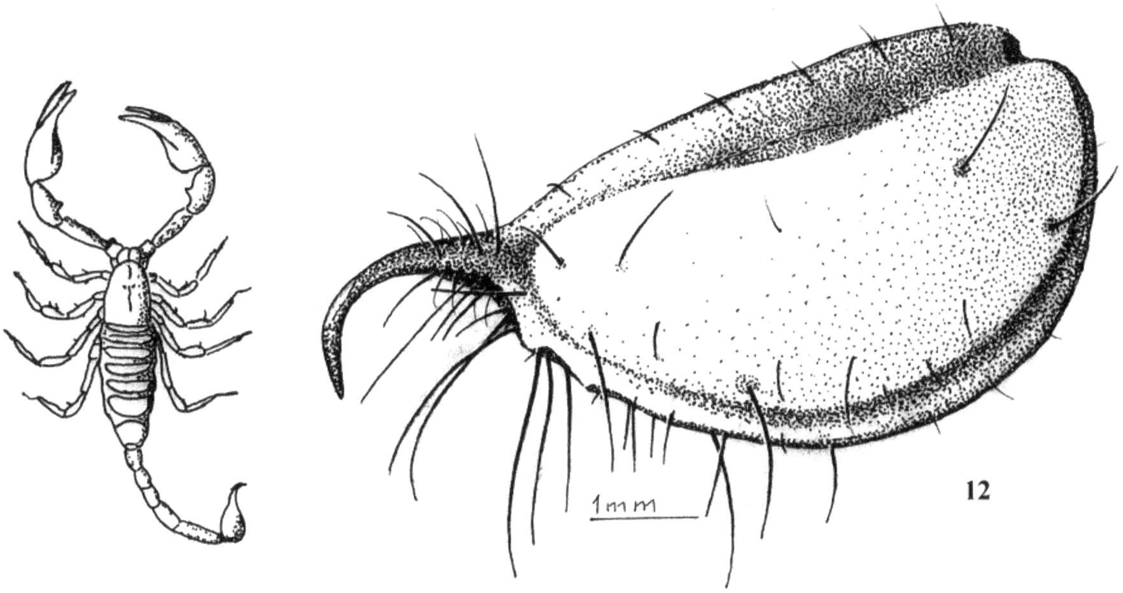

12

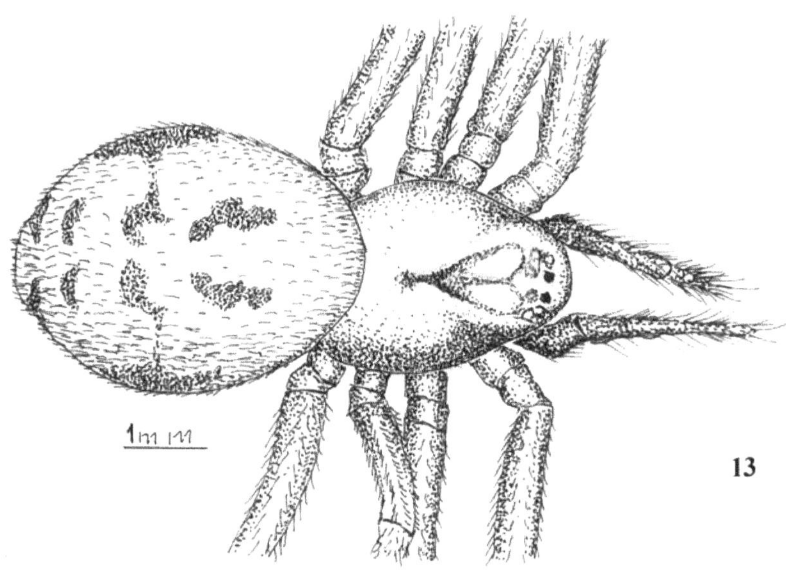

13

Fig. XXIV.11. *Sanguisughe (disegni D. Zanon).*
Fig. XXIV.12. *Scorpione (disegni D. Zanon).*
Fig. XXIV.13. *Nesticidae*: *Nesticus* sp. *(disegno D. Zanon).*

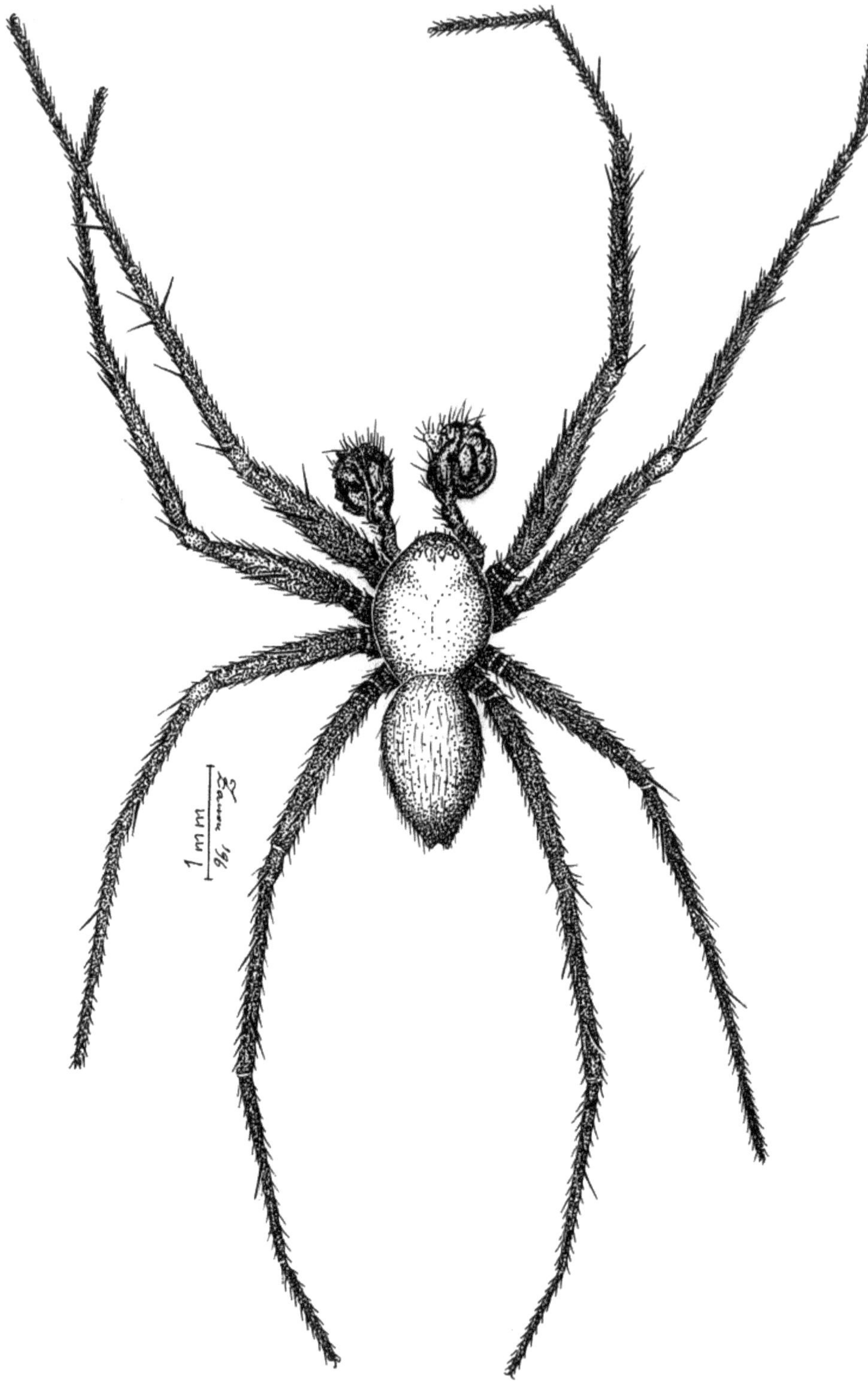

Fig. XXIV.14. Linyphiidae: *Troglohyphantes fatalis (disegno D. Zanon).*

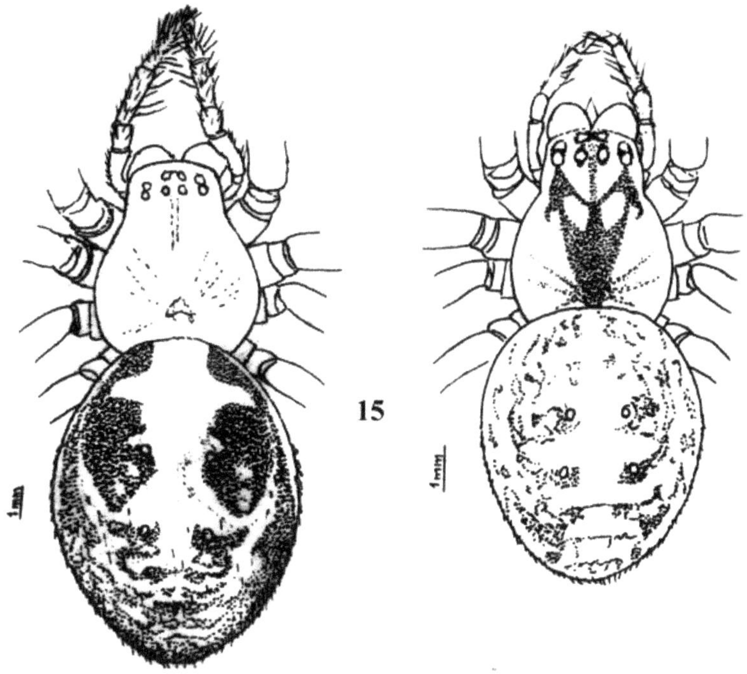

15

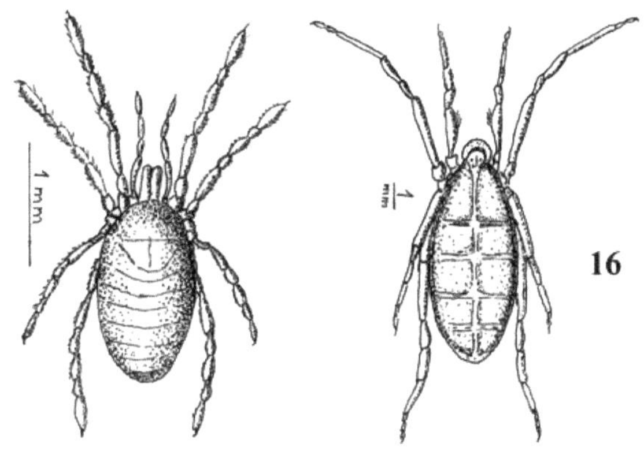

16

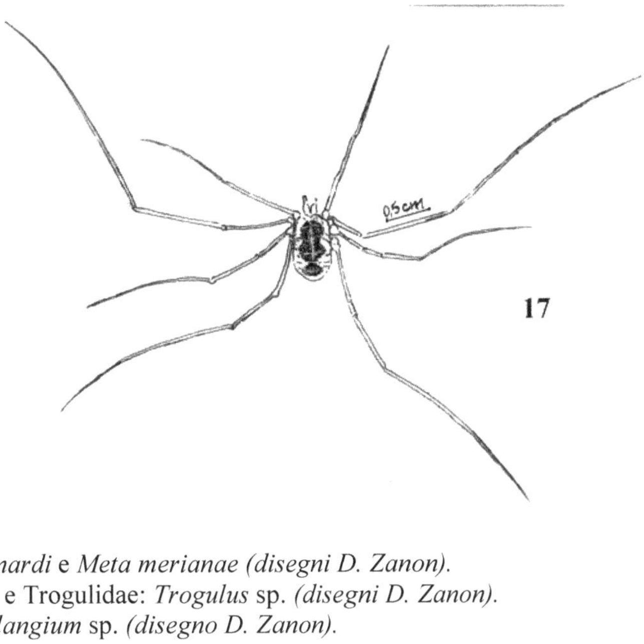

17

Fig. XXIV.15. Metidae: *Meta menardi* e *Meta merianae (disegni D. Zanon).*
Fig. XXIV.16. Sironidae: *Siro* sp. e Trogulidae: *Trogulus* sp. *(disegni D. Zanon).*
Fig. XXIV.17. Phalangiidae: *Phalangium* sp. *(disegno D. Zanon).*

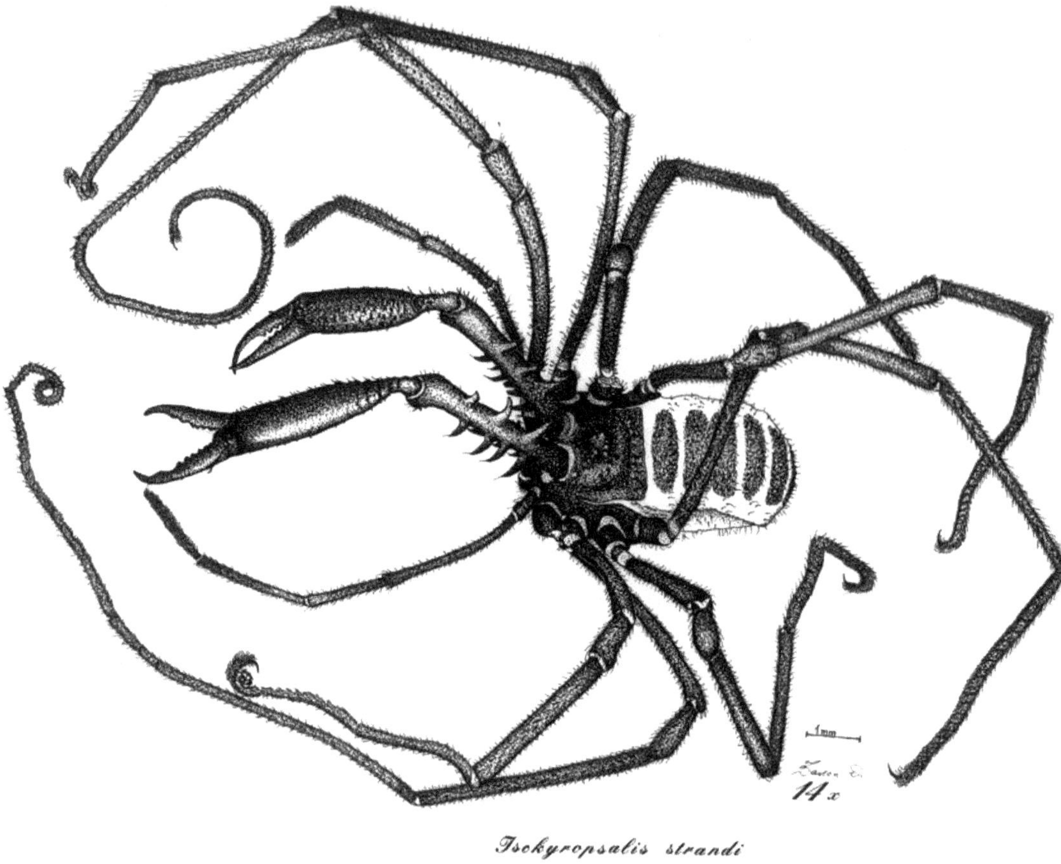

Fig. XXIV.18. Ischyropsalididae: *Ischyropsalis* (7 mm) *(disegno D. Zanon).*

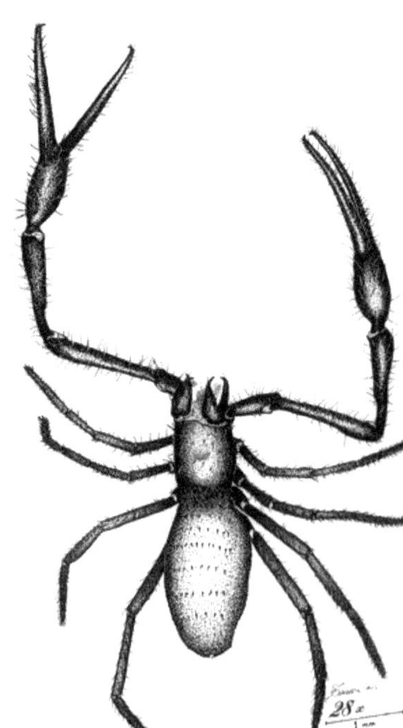

Fig. XXIV.19. Pseudoscorpione: *Balkanoroncus boldorii (disegno D. Zanon).*

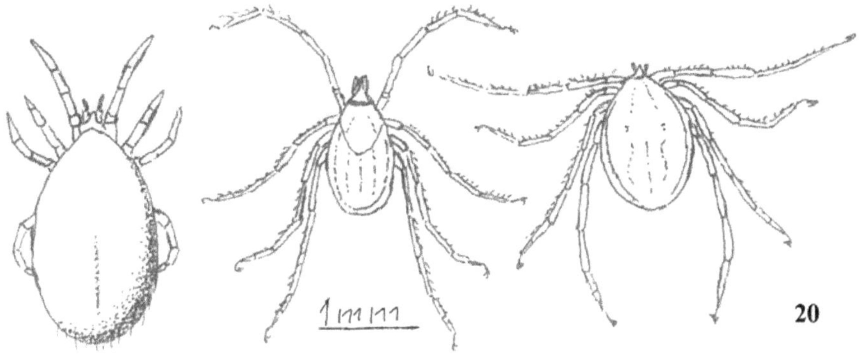

20

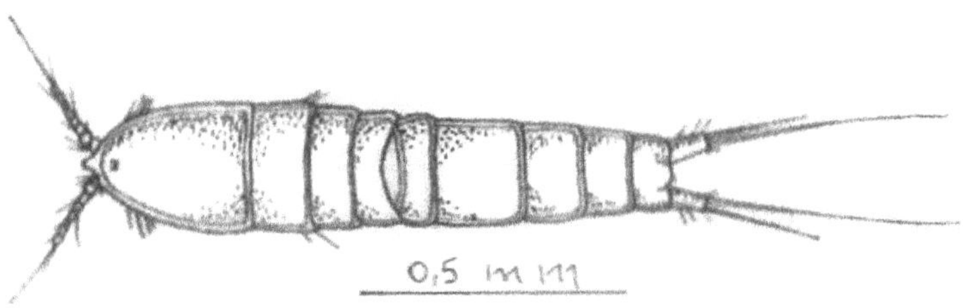

21

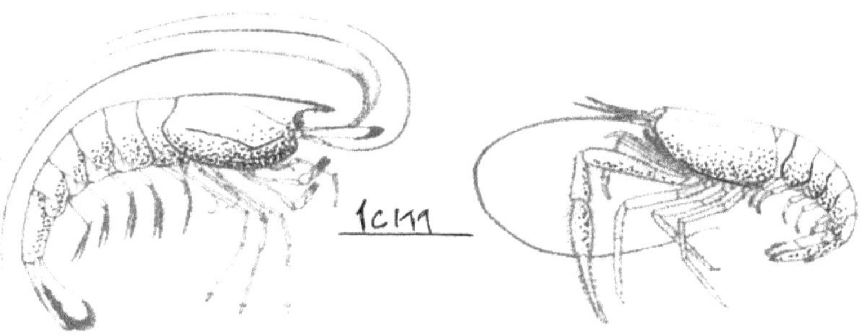

22

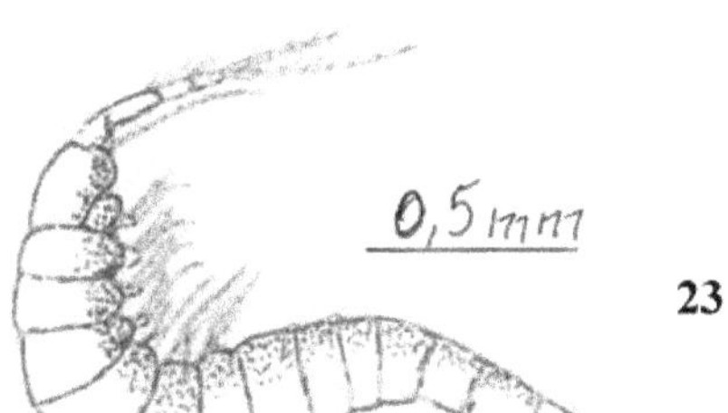

23

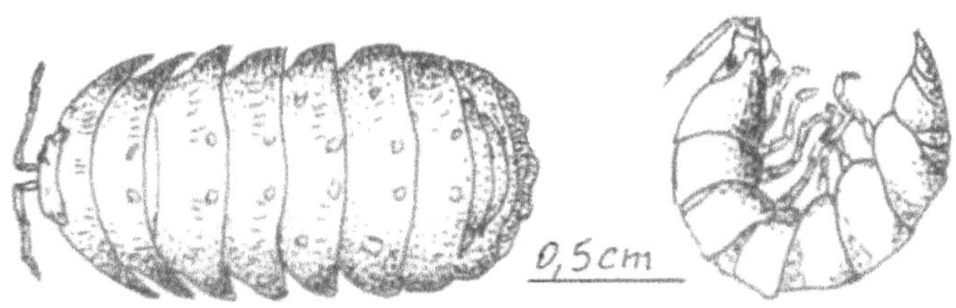

24

Fig. XXIV.20. *Acari (disegni D. Zanon).*
Fig. XXIV.21. Canthocamptidae: *Moraria* sp. *(disegno D. Zanon).*
Fig. XXIV.22. Atyidae: *Troglocaris* sp. *(disegno D. Zanon).*
Fig. XXIV.23. *Monodella* sp. *(disegno D. Zanon).*
Fig. XXIV.24. Armadillidae: *Armadillidium* sp. *(disegni D. Zanon).*

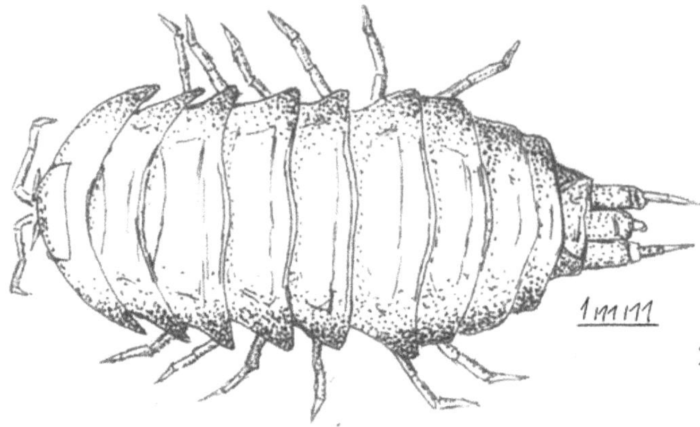

25

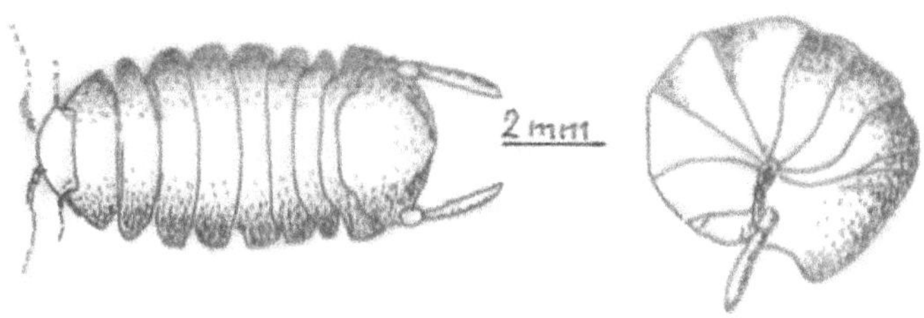

26

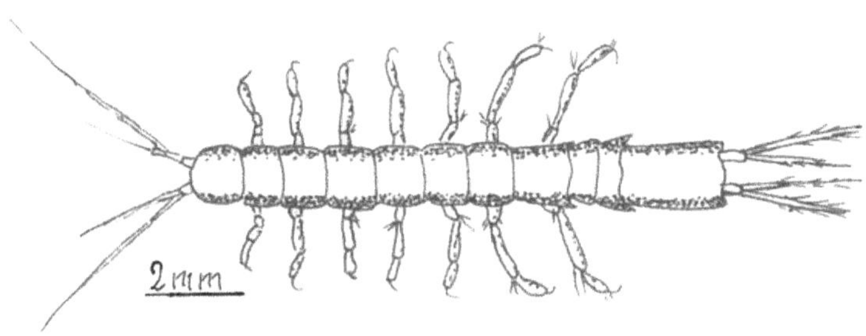

27

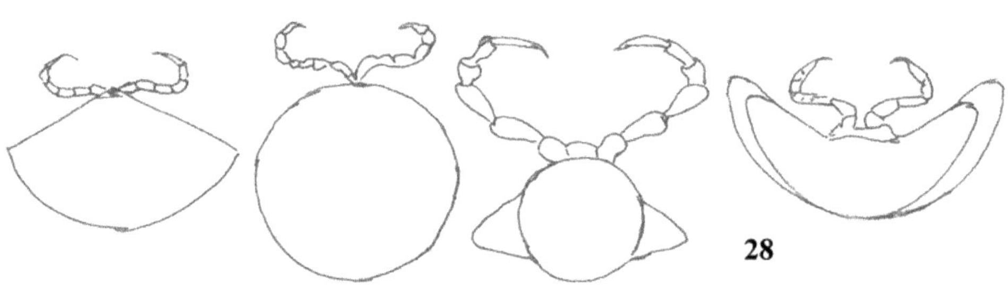

28

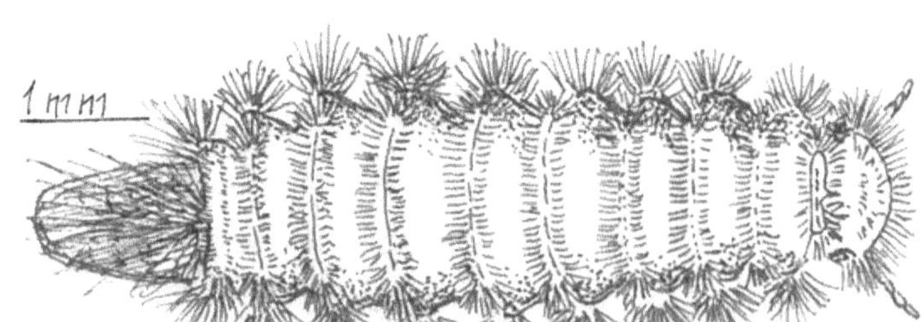

29

Fig. XXIV.25. Trichoniscidae: *Androniscus* sp. *(disegno D. Zanon).*
Fig. XXIV.26. Spheromidae: *Monolistra* sp. *(disegni D. Zanon).*
Fig. XXIV.27. Asellidae: *Stenasellus* sp. *(disegno D. Zanon).*
Fig. XXIV.28. Oniscomorfi, Polidesmoidei, Iuliformi e Colobognati *(disegni D. Zanon).*
Fig. XXIV.29. *Polyxenus* sp. *(disegno D. Zanon).*

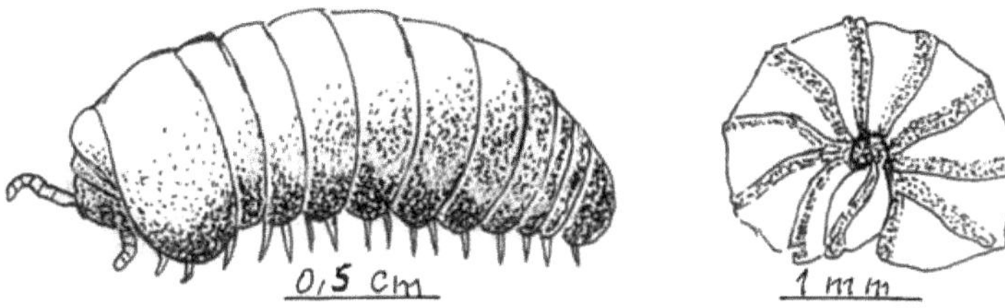

30

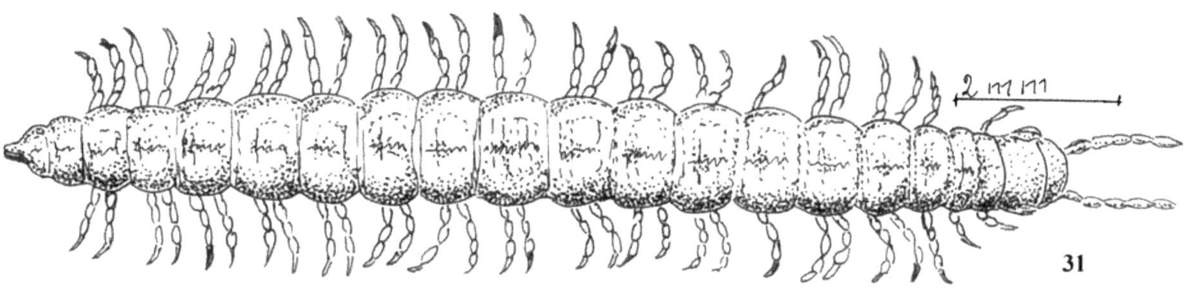

31

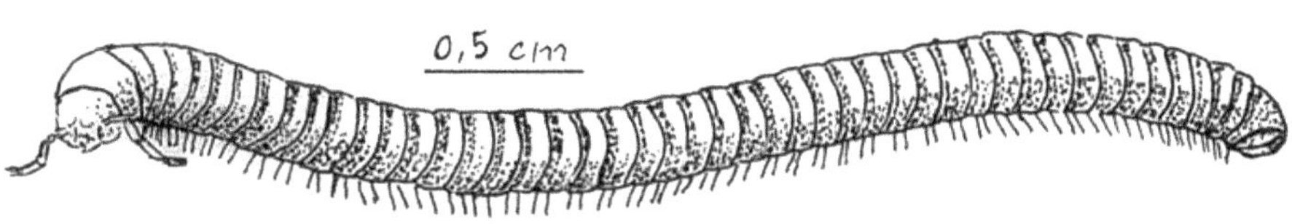

32

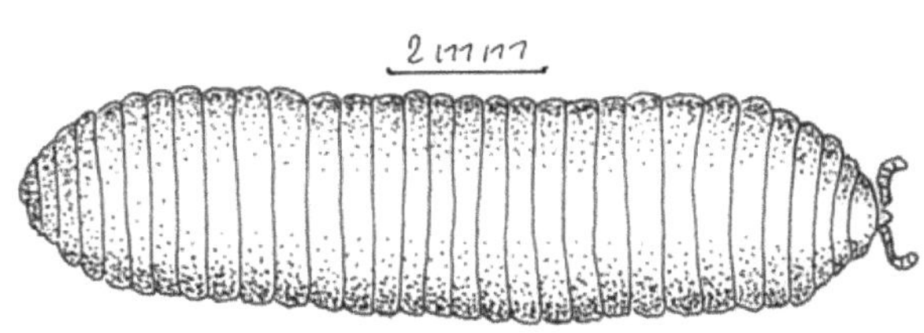

33

Fig. XXIV.30. *Glomeris* sp. e *Trachysphaera* sp. *(disegni D. Zanon).*
Fig. XXIV.31. Polidesmidae: *Polidesmus* sp. *(disegno D. Zanon).*
Fig. XXIV.32. Julidae sp. *(disegno D. Zanon).*
Fig. XXIV.33. Polyzoniidae: *Polyzonium* sp. *(disegno D. Zanon).*

34

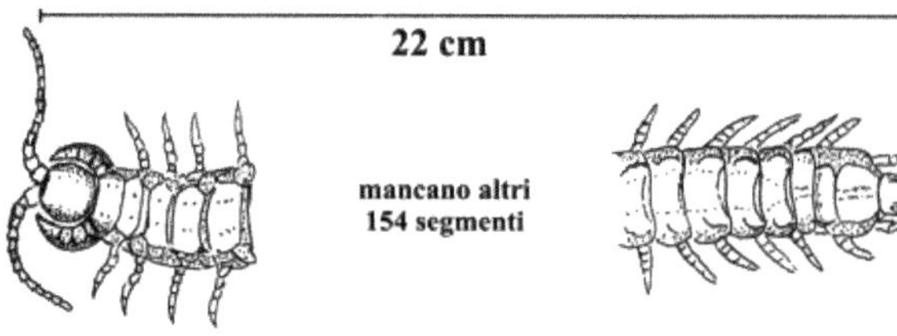

35

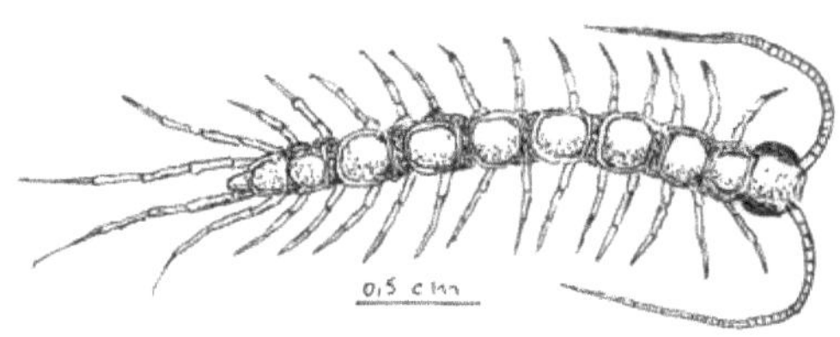

36

Fig. XXIV.34. *Scutigerella* sp. *(disegno D. Zanon).*
Fig. XXIV.35. Himantariidae: *Himantarium gabrielis (disegni D. Zanon).*
Fig. XXIV.36. Lithobiidae: *Lithobius* sp. *(disegno D. Zanon).*

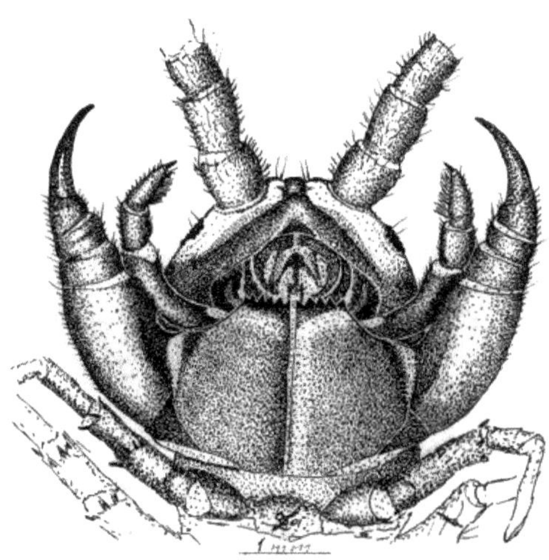

37

38

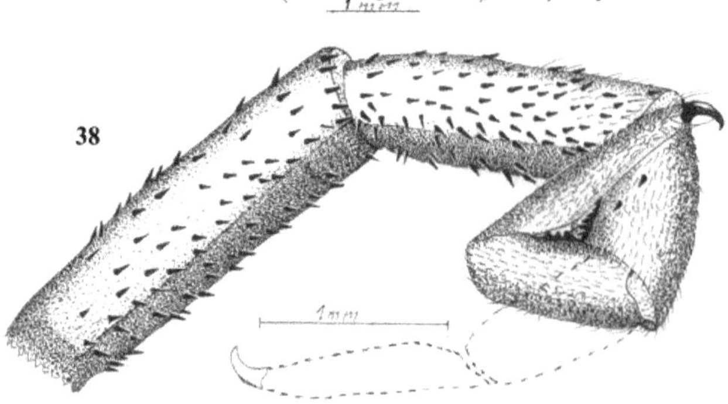

Fig. XXIV.37. Lithobiidae: *Lithobius* sp., apparato boccale *(disegno D. Zanon).*
Fig. XXIV.38. Cryptopidae: *Cryptops* sp.: zampa terminale *(disegno D. Zanon).*

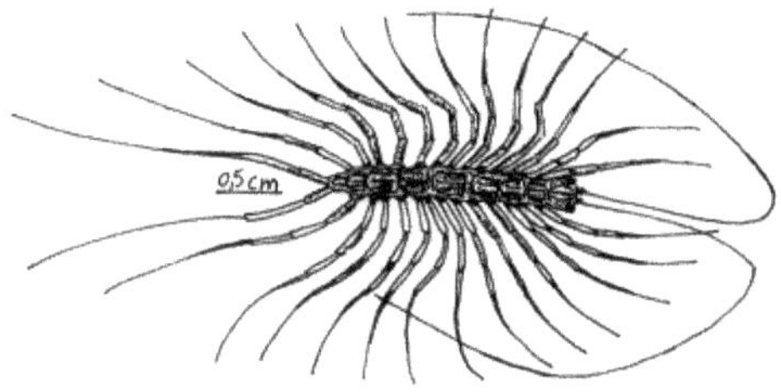

39

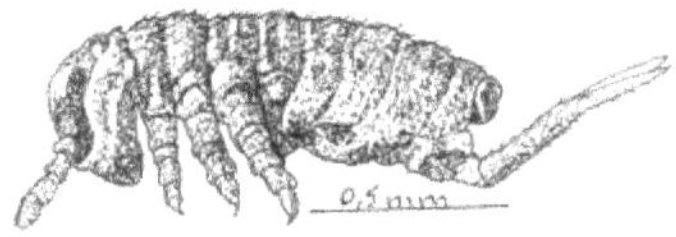

40

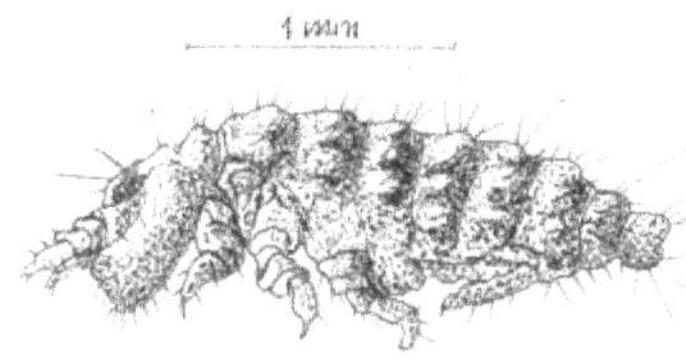

41

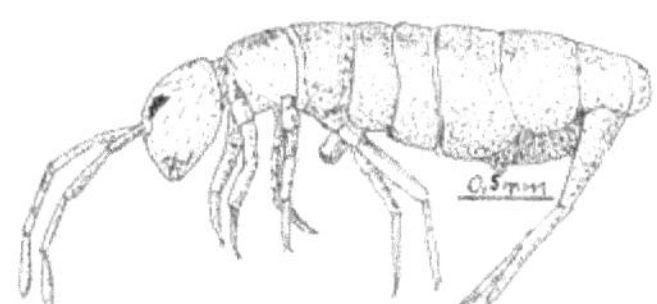

42

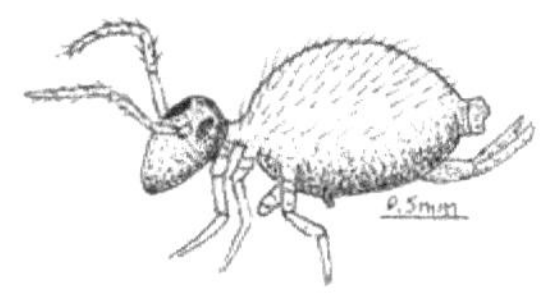

43

Fig. XXIV.39. Scutigeridae: *Scutigera coleoptrata. (disegno D. Zanon).*
Fig. XXIV.40. Poduridae: *Podura* sp. *(disegno D. Zanon).*
Fig. XXIV.41. Hypogastruridae: *Hypogastrura* sp. *(disegno D. Zanon).*
Fig. XXIV.42. Isotomidae: *Isotomurus* sp. *(disegno D. Zanon).*
Fig. XXIV.43. Sminthuridae: *Sminturus* sp. *(disegno D. Zanon).*

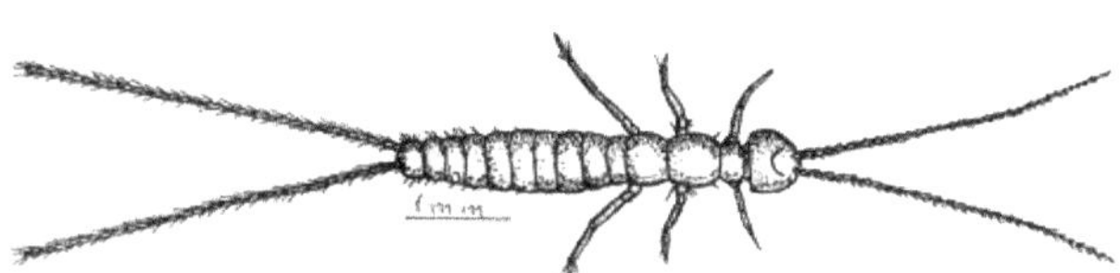

44

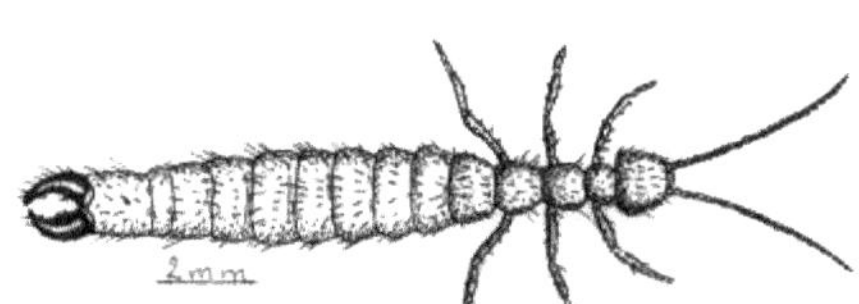

45

46

Fig. XXIV.44. Campodeidae: *Campodea* sp. *(disegno D. Zanon).*
Fig. XXIV.45. Japygidae: *Japix* sp. *(disegno D. Zanon).*
Fig. XXIV.46. Machilidae: *Machilis* sp. *(disegno D. Zanon).*

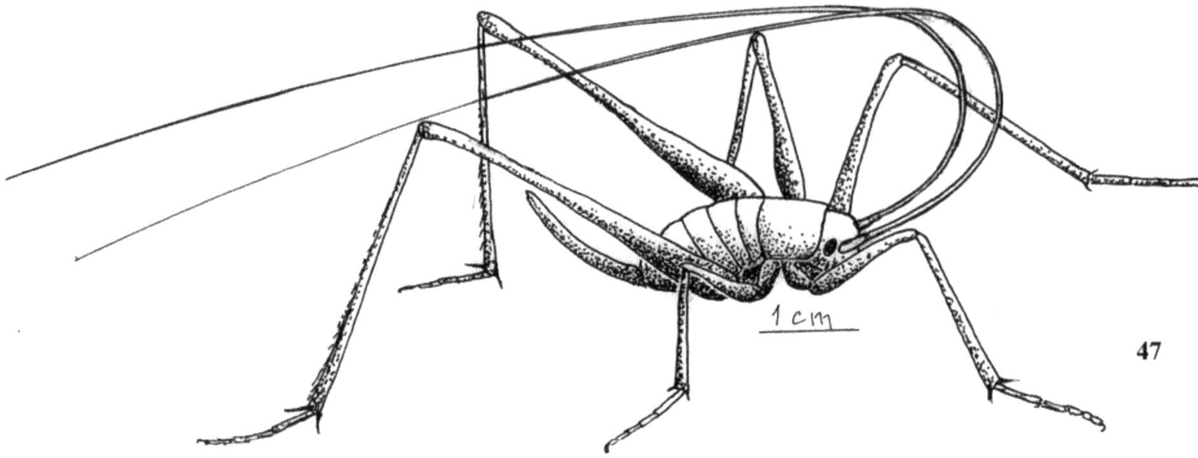

47

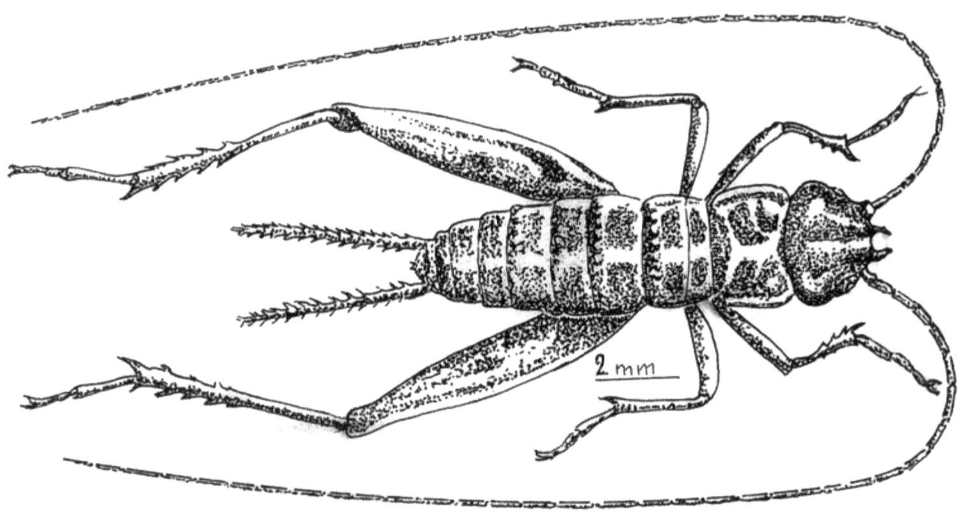

48

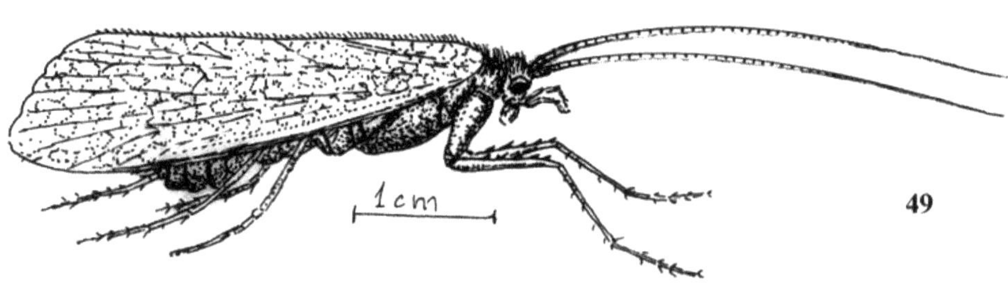

49

Fig. XXIV.47. Rhaphidophoridae: *Dolicopoda* sp. *(disegno D. Zanon).*
Fig. XXIV.48. Gryllidae: *Gryllomorpha* sp. *(disegno D. Zanon).*
Fig. XXIV.49. *Tricottero (disegno D. Zanon).*

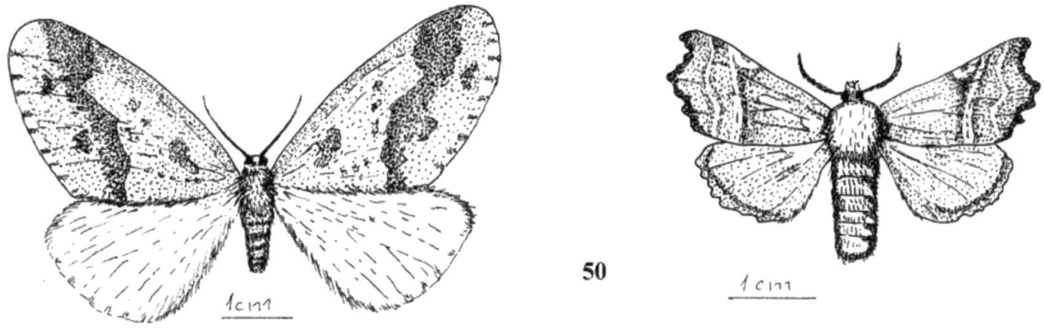

50

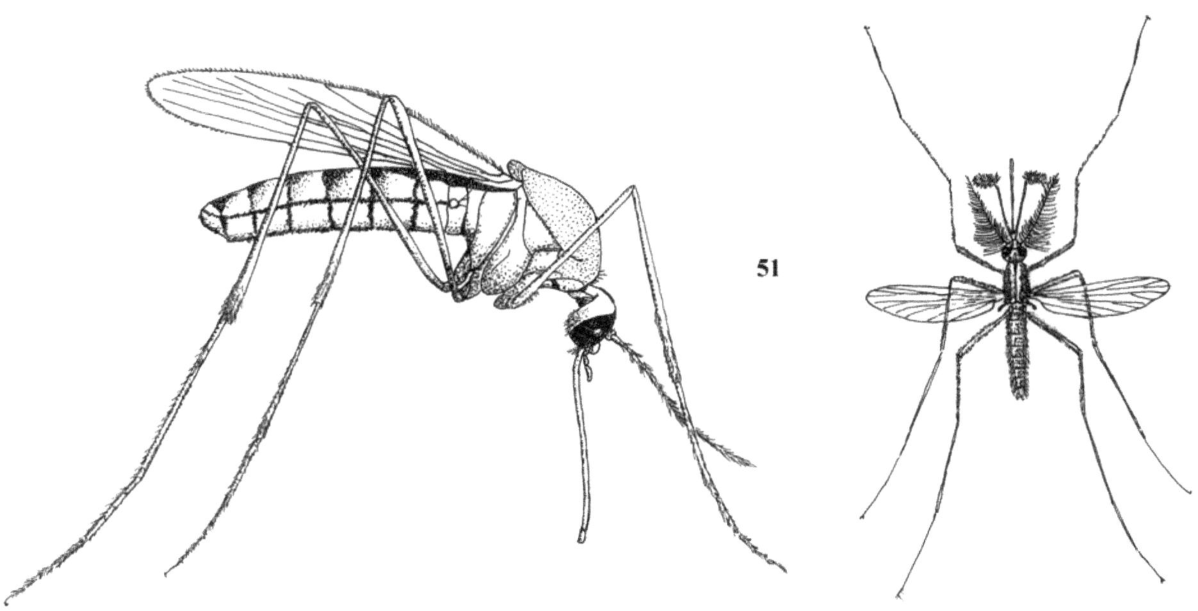

51

52

Fig. XXIV.50. Geometridae sp. e Noctuidae sp. *(disegni D. Zanon).*
Fig. XXIV.51. Phoridae sp. e Culicidae: *Culex pipiens (disegni D. Zanon).*
Fig. XXIV.52. Nycteribiidae sp. *(disegno D. Zanon).*

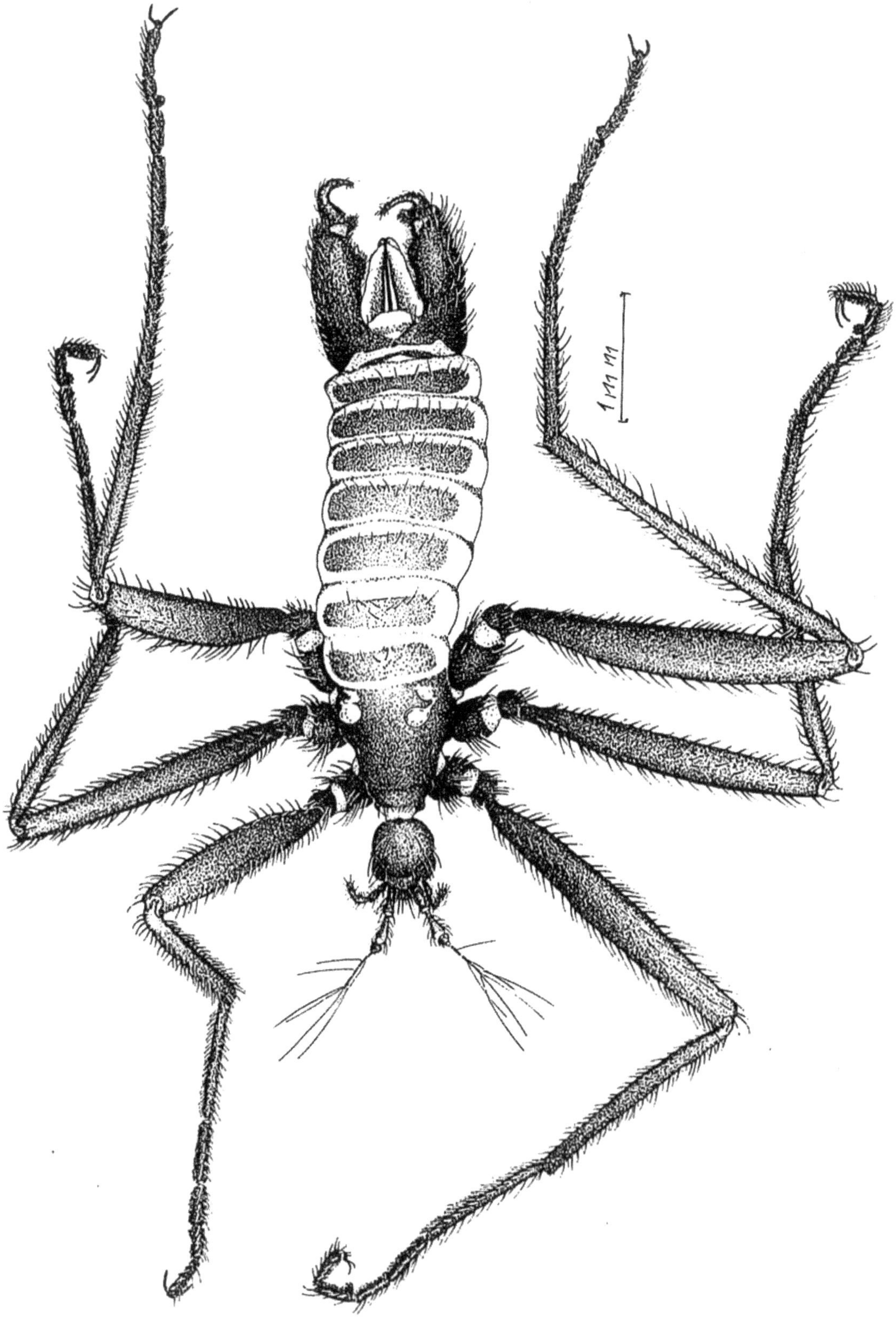

Fig. XXIV.53. Limoniidae: Chionea alpina (disegno D. Zanon).

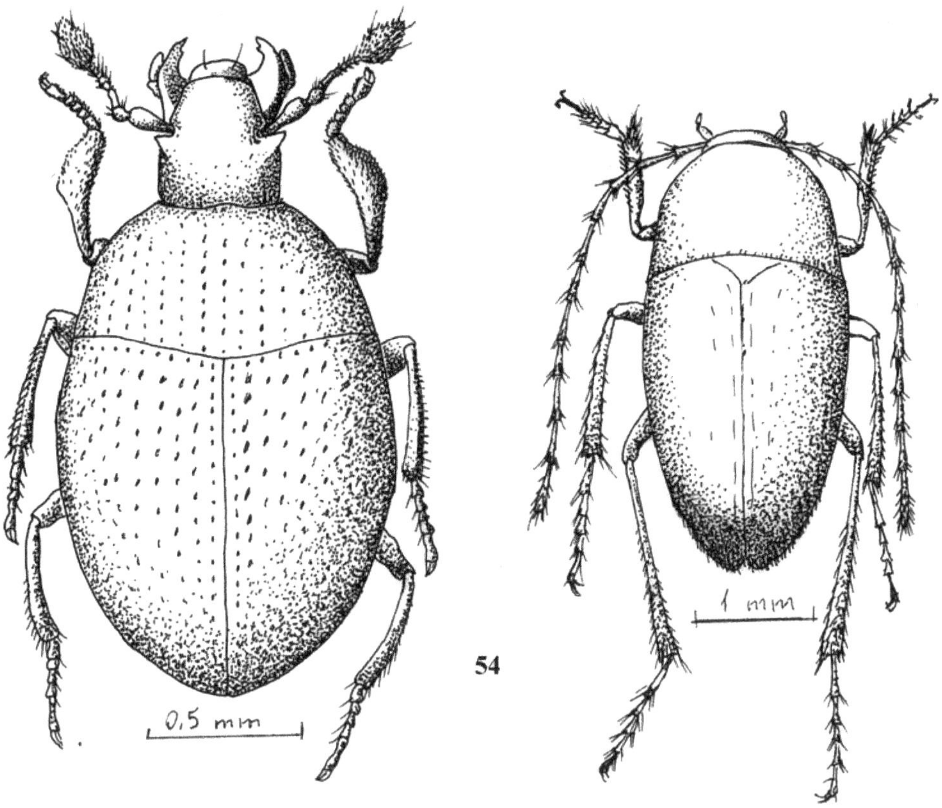

54

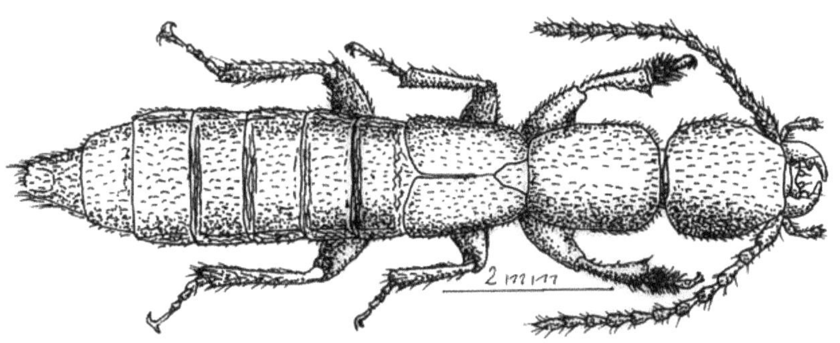

55

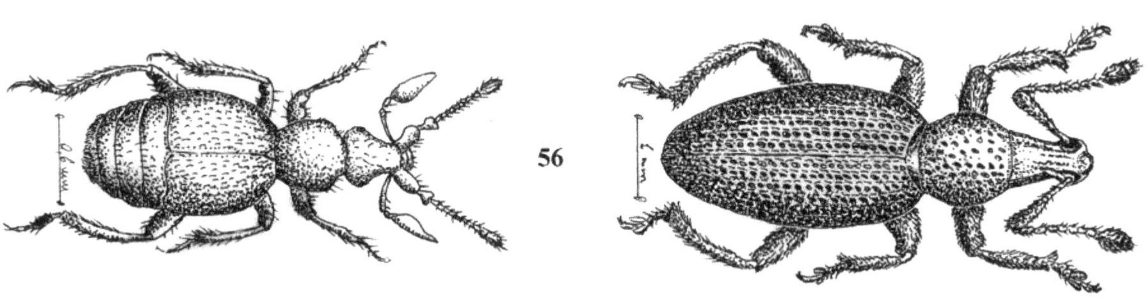

56

Fig. XXIV.54. Histeridae sp. e Catopidae sp. *(disegni D. Zanon).*
Fig. XXIV.55. Staphylinidae sp. *(disegno D. Zanon).*
Fig. XXIV.56. Pselaphidae sp. e Curcurlionidae sp. *(disegni D. Zanon).*

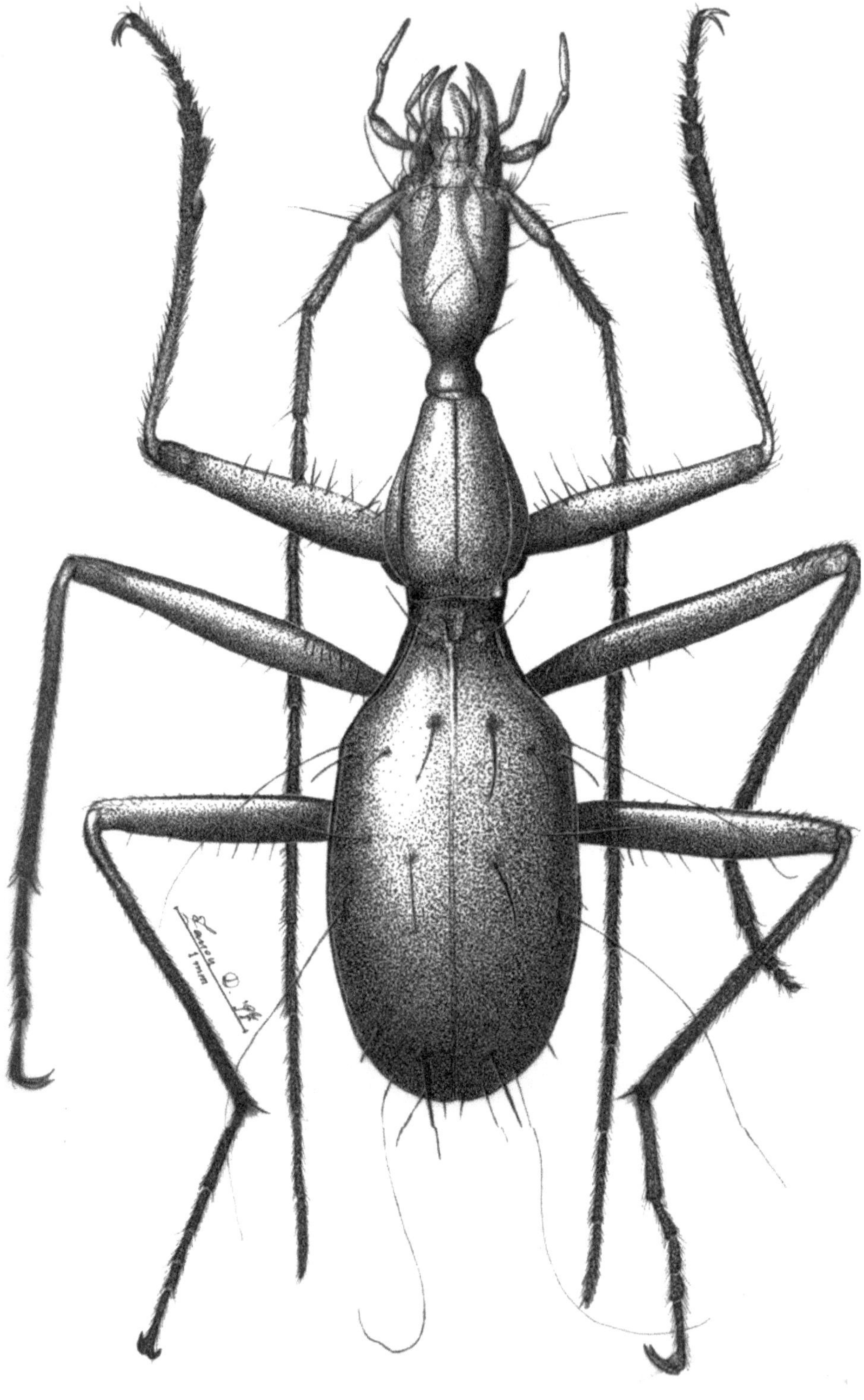

Fig. XXIV.57. Carabidae: *Thaumastaphaenops pulcherrimus* (dalla Cina) *(disegno D. Zanon).*

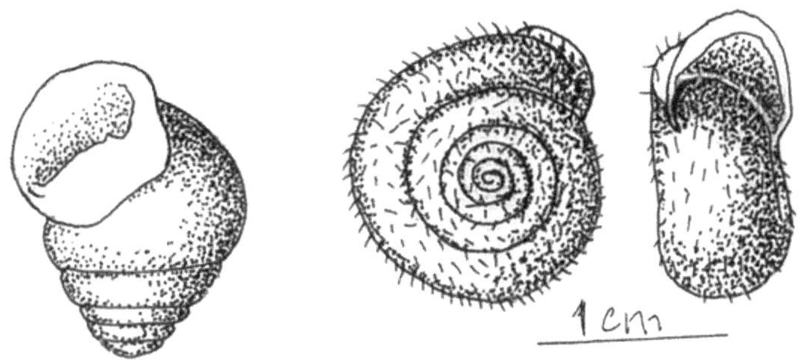

58

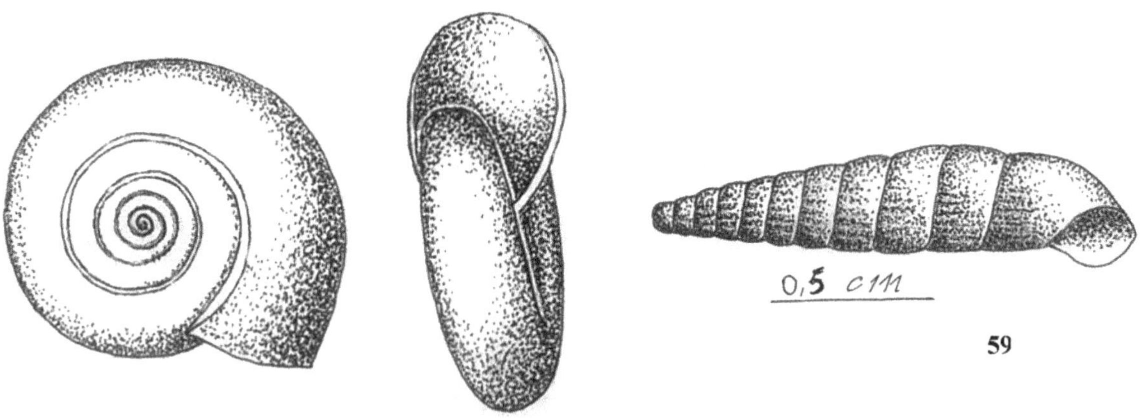

59

60

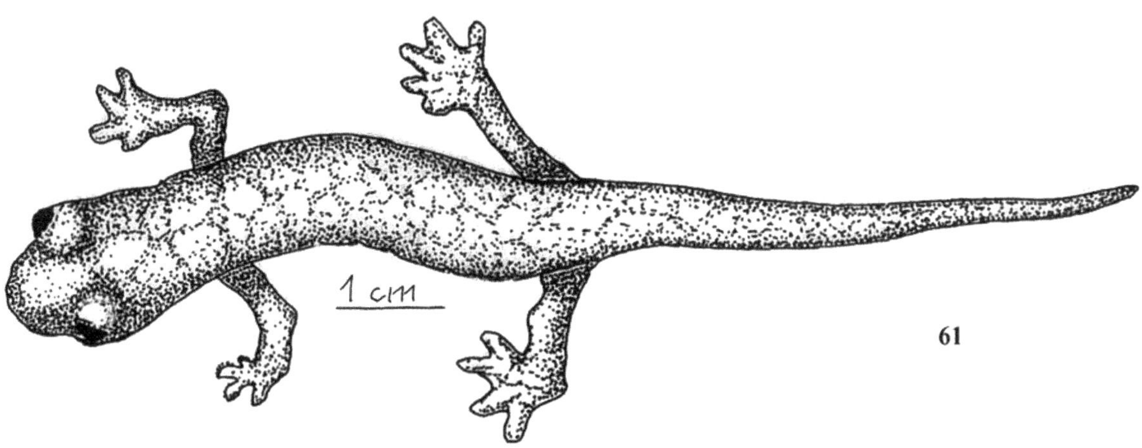

61

Fig. XXIV.58. Pupillidae sp. e (2) Helicidae sp. *(disegni D. Zanon)*
Fig. XXIV.59. (2) Zonitidae sp. e Clausiliidae sp. *(disegni D. Zanon).*
Fig. XXIV.60. *Proteo (disegno D. Zanon).*
Fig. XXIV.61. Geotritone sp. *(disegno D. Zanon).*

62

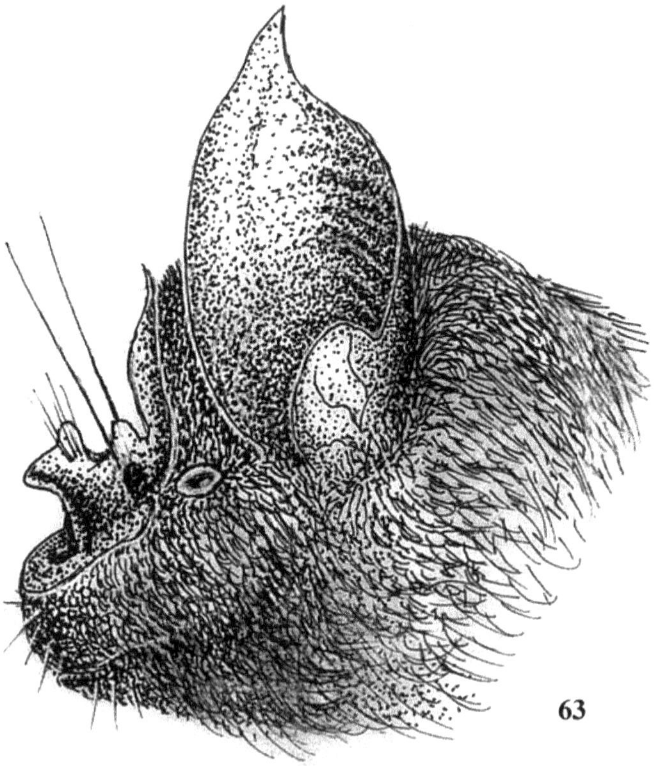

63

Fig. XXIV.62. Vespertilionidae sp. *(disegno D. Zanon.).*
Fig. XXIV.63. Rhinolophidae sp. *(disegno D. Zanon.).*

64

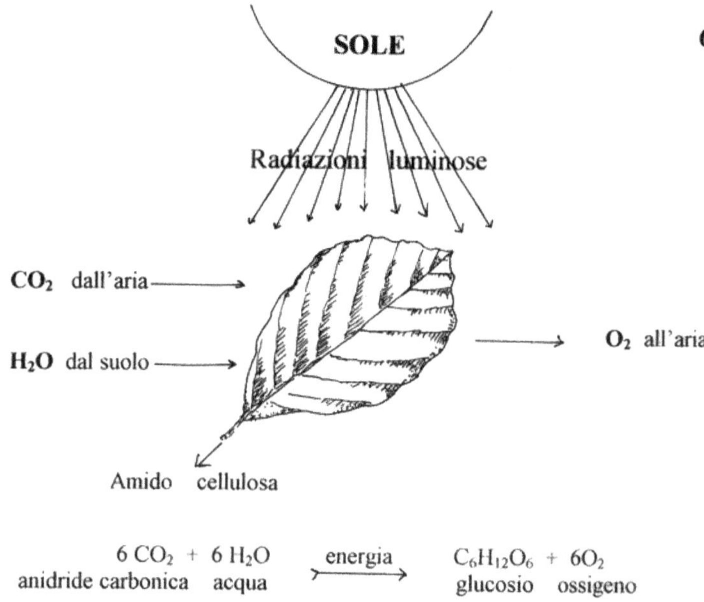

65

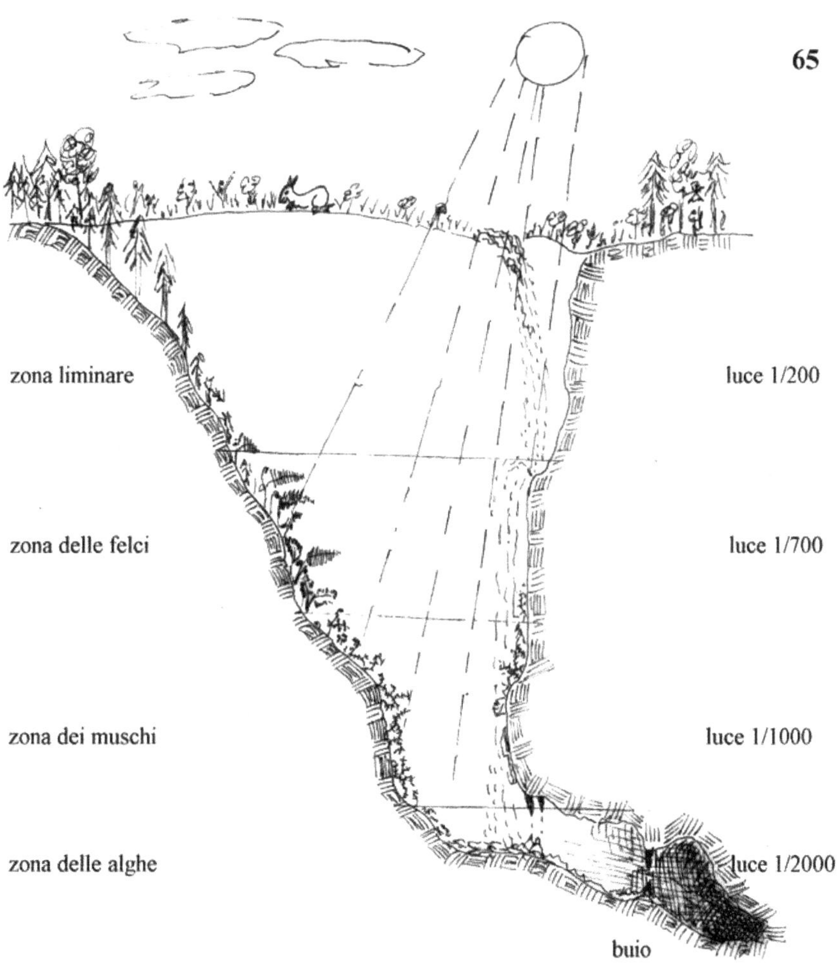

Fig. XXIV.64. Schema semplificato di fotosintesi clorofilliana *(disegno D. Zanon).*
Fig. XXIV.65. Schema di colonizzazione vegetale in un'ipotetica dolina *(disegno D. Zanon).*

66

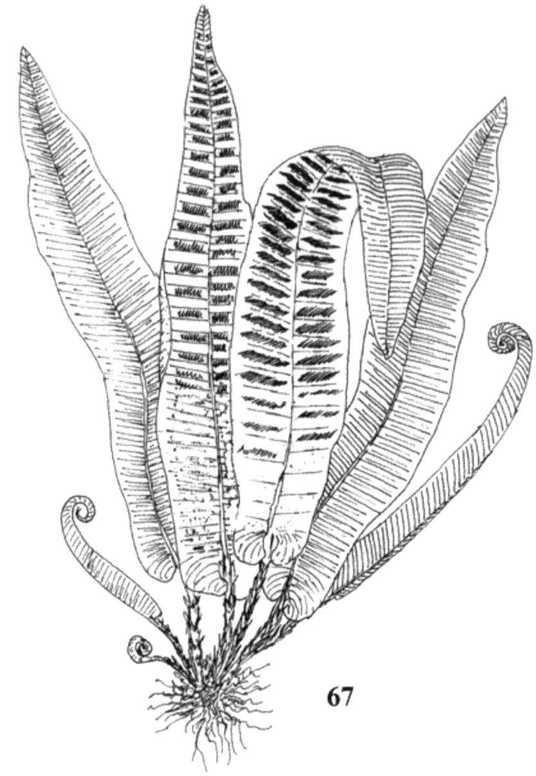

67

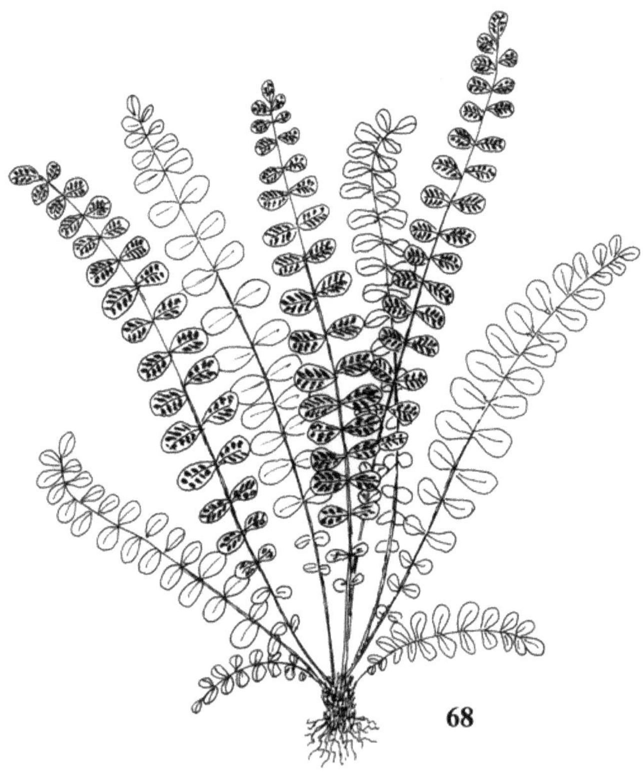

68

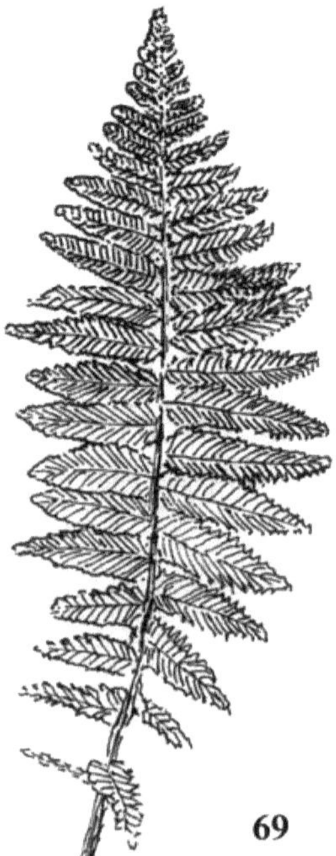

69

Fig. XXIV.66. Felce dolce (*Polydium vulgare*) *(disegno D. Zanon).*
Fig. XXIV.67. Lingua cervina (*Phyllitis scolopendrium*) *(disegno D. Zanon).*
Fig. XXIV.68. Erba rugginina (*Asplenium trichomanes*) *(disegno D. Zanon).*
Fig. XXIV.69. fronda di felce maschio *(disegno D. Zanon).*

70

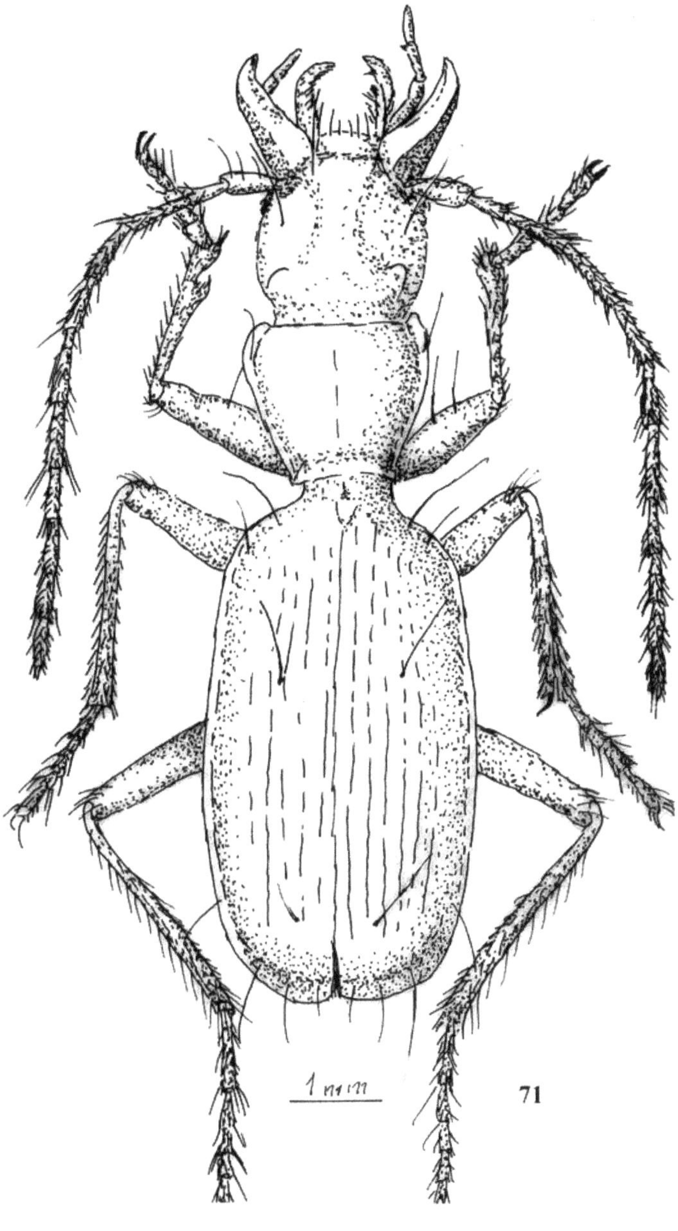

71

Fig. XXIV.70. Muschio: sporofiti *(disegno D. Zanon).*
Fig. XXIV.71. *Allegrettia* sp. (miniere di Dossena, BG) *(disegno D. Zanon).*

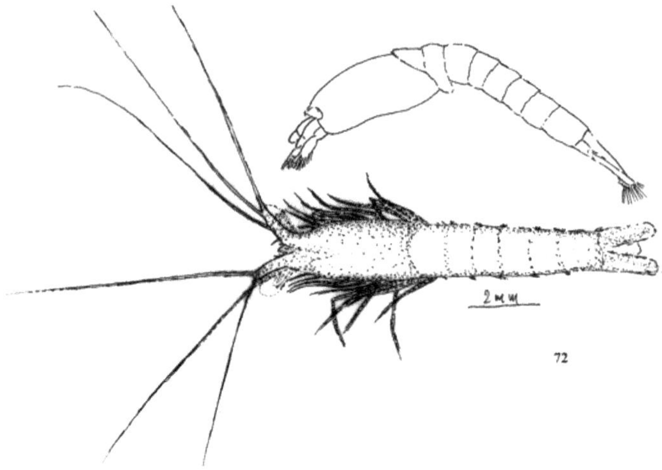

72

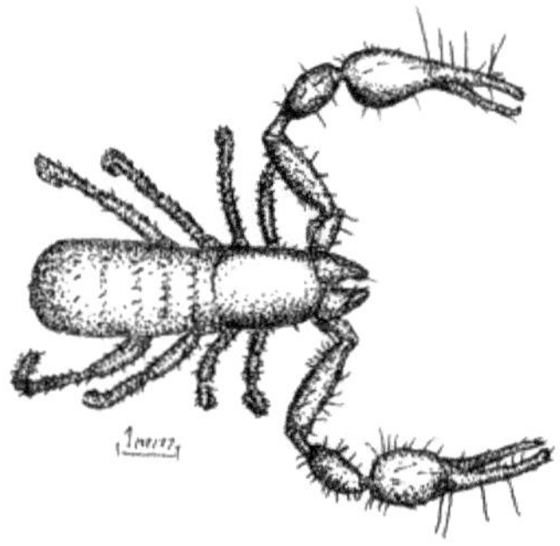

73

Fig. XXIV.72. *Spelaeomysis bottazzii* (trozze di Nardò, LE) *(disegni D. Zanon).*
Fig. XXIV.73. *Parablothrus* sp. (sotterranei del Castello di Porta Giovia a Milano) *(disegno D. Zanon).*

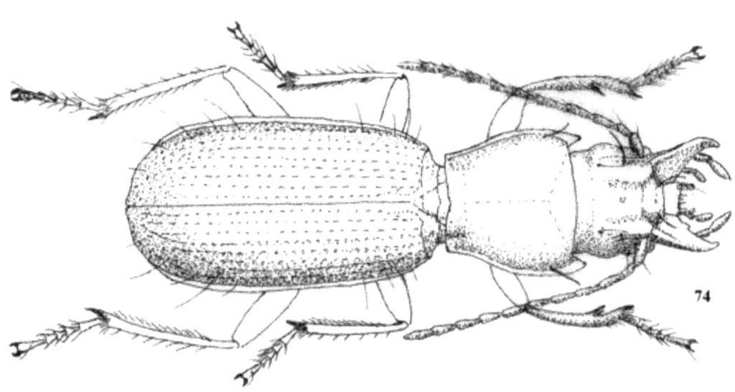

74

75

Fig. XXIV.74. *Speluncarius stephani* (trincee sull'altipiano di Asiago) *(disegno D. Zanon).*
Fig. XXIV.75. *Paraleptoneta spinimana* (sotterranei del Castello di Porta Giovia a Milano) *(disegno D. Zanon).*

CAPITOLO XXV

LA LEGISLAZIONE

Chiara Nesti

XXV.1 - *Proprietà del sottosuolo: la nozione di sottosuolo*

Il concetto di sottosuolo, così come quello di suolo, è assolutamente metagiuridico. Per sottosuolo è da intendersi quella parte di terreno sottostante al suolo superficiale e composta dallo strato più basso del terreno che opera da riserva ed appoggia sulla roccia (substrato), senza conoscere distinzione da questa. Il suolo, diversamente, indica il terreno superficiale, che è a diretto contatto con l'esterno e sul quale insistono opere agricole ed edilizie.

Sotto il profilo giuridico la nozione di suolo è esclusivamente descrittiva. La legislazione non conosce una definizione di sottosuolo differente da quella di suolo: in senso giuridico suolo e sottosuolo costituiscono un unico bene. Analogamente sarebbe difficile pensare ad un diritto (ad esempio di proprietà) che avesse ad oggetto il suolo e non il sottosuolo. Anche se, come vedremo in seguito, alcune *utilitates* ricavabili dal sottosuolo - come, tra le altre, minerali, risorse idriche o energetiche - possono essere oggetto di interessi, che presentano una differente connotazione da quello di utilizzazione del suolo, e quindi possono costituire altrettanti beni in senso giuridico, oggetto a loro volta di separati diritti, distinti dalla proprietà del suolo.

XXV.1.1 - *Il sottosuolo come oggetto della proprietà fondiaria*

È il codice civile, nel Libro terzo ("Della proprietà"), Titolo II ("Della proprietà"), Capo II ("Della proprietà fondiaria"), all'art. 840, rubricato "Sottosuolo e spazio sovrastante al suolo", a stabilire, al comma 1, che «la proprietà del suolo si estende al sottosuolo con tutto ciò che vi si contiene, e il proprietario può fare qualsiasi escavazione od opera che non rechi danno al vicino. Questa disposizione non si applica a quanto forma oggetto delle leggi sulle miniere, cave e torbiere. Sono del pari salve le limitazioni derivanti dalle leggi sulle antichità e belle arti, sulle acque, sulle opere idrauliche e da altre leggi speciali».

Tale enunciazione, per la sua considerevole enfasi, difficilmente aderisce ai concetti giuridici, che di per sé richiedono una precisa terminologia. È convinzione generalmente indiscussa che il sottosuolo e quanto in esso rinvenuto e contenuto appartenga al proprietario del suolo, salve le limitazioni espressamente richiamate dalla norma sopra vista. Questa interpretazione si fonda sul presupposto, precedentemente indicato, secondo cui il sottosuolo, composto di elementi materiali necessari al pieno godimento del fondo, costituisca un bene naturalmente unito al suolo, e di conseguenza nella medesima condizione giuridica di quest'ultimo.

L'idea che l'oggetto del diritto di proprietà si estenda fino al suolo ed allo spazio aereo sovrastante si fa risalire da parte di una certa dottrina e giurisprudenza al diritto romano, che avrebbe sintetizzato *cuius est solum eius est usque ad sidera usque ad inferos* (colui che è proprietario): è il famoso brocardo, ritenuto erroneamente risalente al diritto romano, secondo cui colui che è proprietario del suolo lo è anche della sua proiezione in verticale sino alle stelle, in alto, e sino agli inferi, in basso.

XXV.1.2 - *La teoria dell'estensione illimitata e quella dell'estensione limitata*

Il modello appena delineato fa coincidere estensione giuridica ed estensione fisica della proprietà e risponde alla necessità di individuare i confini verticali del suolo. Il diritto romano, quello medievale e le legislazioni dell'età moderna, hanno cercato di individuare tali limiti (dal solco scavato dall'aratro al centro della terra), senza peraltro riuscire a fissare un criterio sicuro.

Dall'Ottocento in poi la dottrina ha conosciuto due differenti teorie, entrambe fondate sulla medesima premessa dogmatica, che studia il sottosuolo in termini di appartenenza. L'una afferma come la proprietà fondiaria si spinga senza restrizioni sino alle profondità della terra; l'altra, maggioritaria e attualmente dominante, sostiene come l'oggetto del diritto riguarda quella porzione di sottosuolo sulla quale insiste l'interesse del proprietario.

La prima teoria si scontra con il dettato dell'art. 840, comma 2 del c.c., secondo il quale «il proprietario del suolo non può opporsi ad attività di terzi che si svolgano a tale profondità nel sottosuolo (...) che egli non abbia interesse ad escludere».

Altro problema sorge con riguardo alla proprietà di quanto è stato rinvenuto da un terzo nel sottosuolo. Se si sostenesse che a questo spetti la proprietà della cosa ritrovata ammetteremmo come sul sottosuolo gravino due differenti proprietà: quella che ha ad oggetto il contenitore, e quella che insiste sul contenuto.

Si potrebbe, allora, dire che il terzo, purché libero di compiere nel sottosuolo quelle attività, che il proprietario non abbia interesse ad impedire, non vanti alcun diritto sulle opere realizzate. Se ciò non contrasta con l'art. 840, comma 1 («la proprietà del suolo si estende al sottosuolo, con tutto ciò che vi si contiene»), né con l'art. 934 («qualunque costruzione od opera esistente (...) sotto il suolo appartiene al proprietario di questo») vanifica di fatto il contenuto dell'art. 840, secondo il quale i terzi possono svolgere qualsiasi attività, che per la distanza dalla superficie, non pregiudichi gli interessi del *dominus soli*.

La seconda, analogamente, non concilia il dettato del comma 1 e 2 dell'art. 840. Non si può immaginare come dall'attività del terzo *ex* comma 2 derivi al proprietario la perdita di parte della sua proprietà, in contrasto con il comma 1. Inoltre non avrebbe alcun senso parlare della possibilità per il proprietario di opporsi o meno all'attività di terzi, che concretizzandosi in una sostanziale diminuzione della proprietà verrebbero sempre impedite. Se, in caso contrario, il proprietario non si opponesse gli andrebbe riconosciuto il diritto all'indennizzo, non previsto però da alcuna norma.

Nella prima metà dell'Ottocento, sulla scia dei Pandettisti tedeschi, e dati i forti limiti della precedente è stata elaborata un'ulteriore teoria, secondo la quale la proprietà del sottosuolo è limitata entro determinati confini, fissati sulla base dell'interesse concreto del proprietario. In questo senso trovano coordinamento i due commi dell'art. 840 c.c.: il sottosuolo appartiene al *dominus soli* fino al punto in cui questo ha interesse ad escludere l'attività di terzi.

Sostiene Galgano (Galgano 1996, p. 126) che «la proprietà si estende fin dove il proprietario del suolo può dimostrare di avere un interesse ad esercitare il suo diritto esclusivo». Tale interesse deve essere valutato in riferimento alla destinazione attuale e alle possibili utilizzazioni future, se ricomprese nelle normali destinazioni del suolo, V.; in questo ultimo senso vedere utilmente anche Trimarchi (Trimarchi 1996, pag. 547. Cass., 7-1-1974, n. 33. Cass. 25-2-1970, n. 449).

Oltre ai problemi sopra visti, generati dal prendere il *ius opponendi* del proprietario quale parametro, vi è l'incertezza dei limiti fisici della proprietà. In quest'ottica l'acquisto o la perdita della proprietà del sottosuolo è dato dal tipo di gestione del fondo stesso. Tale teoria non risolve i dubbi dei terzi sul fatto che, a meno che non agiscano a centinaia di metri di profondità, non sanno se alle costruzioni che edificheranno debba essere applicato o no l'art. 934 e se debba essere perciò essere richiesta al proprietario del suolo la concessione del diritto di superficie.

Un altro problema è quello della natura giuridica della porzione di sottosuolo esterna all'interesse attuale o potenziale del *dominus soli*. La sua qualificazione come *res communis omnium*, apparentemente la più adatta, di fatto è inammissibile: è impossibile un uso generalizzato dello stesso, così come è indifferente il godimento di una sua parte, perché l'utilizzazione da parte di un soggetto impedisce il contemporaneo sfruttamento di altri.

Difficilmente può essere definita *res nullius*: il sottosuolo è difatti un bene immobile e la disposizione dell'art. 827 esclude l'ammissibilità di beni immobili vacanti. È altrettanto improponibile l'opinione che sostiene tale porzione appartenere *ab origine* allo Stato: il *dominus soli*, che voglia esercitare un'attività al di sotto dei limiti verticali della sua proprietà, non avrebbe certezza circa i confini, e, d'altra parte, il terzo, pur potendo svolgere un'attività che non precluda gli interessi del proprietario del suolo, si troverebbe ad operare in spazi comunque appartenenti allo Stato. Concludendo, nessuna delle due teorie su esposte pare offrire soluzioni certe e adeguate.

XXV.1.3 - *Gli atti di disposizione del sottosuolo*

Una volta sancita la proprietà del sottosuolo, si dovrebbe ammettere come il proprietario ne possa disporre con atti di autonomia privata. Ma, anche in tal caso, abbiamo due differenti teorie. Coloro che sostengono l'unicità di suolo e sottosuolo escludono che parti di uno stesso bene siano suscettibili di essere oggetti di autonomi diritti di proprietà. Solamente le entità che hanno una propria individualità economica e giuridica - quali costruzioni, cavità artificiali, reperti archeologici *et cetera* - possono essere oggetto di proprietà distinte da quelle del suolo. Vale a dire beni contenuti nel sottosuolo e non porzioni di questo possono appartenere a soggetti differenti dal *dominus soli*, che può disporre del suo diritto a favore di terzi costituendo diritti reali di godimento, come il diritto di superficie.

Altri sostengono come il proprietario del suolo possa separare l'una proprietà dall'altra, purché tale porzione sia giuridicamente divisibile (cfr., in tal senso, per la dottrina, Salvi 1982, pp. 371-372 e Messineo 1965, pag. 330; per la giurisprudenza, Cass. 7-1-1980, n. 100; Cass. 1-12-1977, n. 5230 e Cass. 8-1-1972, n. 56].

In realtà, se tale parte è un autonomo bene giuridico, la fattispecie rientra in quanto sopra visto, senza che vi sia trasferimento della proprietà del sottosuolo; se, diversamente, si tratta della vendita di una porzione, da utilizzarsi per uno scopo, il contratto non può che essere viziato da nullità per indeterminatezza dell'oggetto, che non è concretamente individuabile.

Un altro problema riguarda la costituzione del diritto di superficie, ammesso dall'art. 955, che prevede la possibilità per il proprietario di costituire a favore di altri il diritto di fare e mantenere costruzioni al di sotto del suolo. Tale regola, che deroga al principio dell'accessione, applica l'art. 840, comma 1, confermando l'estensione in profondità del diritto dominicale. Se il proprietario vanta un diritto sul suolo, che si estende al sottosuolo, e il superficiario, realizzando una costruzione sotterranea, ne occupa una porzione, è vero che sullo stesso spazio gravano due diversi diritti di proprietà.

Al fine di eludere tale contraddizione si è sostenuto che la concessione del diritto di superficie implichi il trasferimento anticipato della parte di sottosuolo, che sarà necessaria per edificare: il concessionario ha dapprima il diritto di proprietà sul sottosuolo, e poi il diritto sulla costruzione elevata. È opportuno ribattere come tale trasferimento sia un mero atto di alienazione, ancora una volta nullo per indeterminatezza dell'oggetto. Sarebbe, inoltre, impossibile inquadrare giuridicamente la sovrapposizione tra proprietà del sottosuolo e proprietà della costruzione in esso realizzata. Sarebbe altrettanto irrazionale sostenere la permanenza della proprietà del sottosuolo in capo al *dominus soli* e il trasferimento della proprietà dell'edificio sul concessionario costruttore.

Di fatto, nonostante la previsione dell'art 955 c.c., la costituzione di un diritto di superficie al di sotto del suolo è impossibile, così come lo è l'alienazione del sottosuolo o di sue porzioni.

XXV.1.4 - *Il sottosuolo nel diritto romano, medievale e moderno*

I giuristi romani parlarono di uso e sfruttamento del sottosuolo e delle cose in esso contenute non tanto in termini di appartenenza, ma limitatamente al contenuto dei poteri del *dominus soli* ed ai limiti segnati dai rapporti con i terzi. Ritennero la proprietà fondiaria priva, da un punto di vista giuridico, di dimensioni verticali e considerarono l'oggetto del diritto secondo la sola prospettiva piana, delineata esclusivamente dai confini orizzontali. In tal modo il sottosuolo non veniva ritenuto un bene, bensì un mero spazio, all'interno del quale il *dominus soli* o un terzo, che ne avesse titolo, potevano svolgere determinate attività, o nel quale potevano essere ritrovate cose suscettibili di appropriazione.

Il diritto comune fece propria l'impostazione data dai giuristi romani. E benché si faccia solitamente risalire al Medio Evo il brocardo *cuis est solum eius est usque ad sidera usque ad inferos*, nessun glossatore o commentatore l'ha scritto in questi precisi termini.

La massima, elaborata secoli più tardi, nasce dalla commistione di due differenti formule riguardanti non tanto l'oggetto della proprietà, e di conseguenza la sua estensione illimitata, ma l'esercizio dei poteri dominicali. Nella Glossa (ad l.21 pr. D. de serv. 8.1 *quia caelum*) si legge *cuius est solum eius debet esse usque ad caelum* (colui che proprietario del suolo è proprietario sino al cielo). Tale espressione è il commento ad un passo del giurista romano Paolo, dove si afferma che è precluso l'esercizio di alcune servitù, se i fondi sono separati da una via pubblica, poiché attraverso le immissioni, le protezioni, le emissioni e via dicendo si verrebbe ad invadere lo spazio aereo sovrastante il suolo, laddove il cielo, o per meglio dire la proiezione verticale del suolo, deve essere libero, per consentire al proprietario del suolo di esercitare i propri diritti dominicali.

Tale commento riguarda un passo di Paolo (D. 8.2.1 pr.) dove si afferma che è precluso l'esercizio di alcune servitù, se i fondi sono separati da una via pubblica, poiché con l'*immittere*, il *protegere*, il *proicere et cetera* si verrebbe ad invadere lo spazio aereo sovrastante il suolo, laddove *caelum, quod supra id solum intercedit, liberum esse debet*.

La norma, che originariamente trattava di immissioni e delle loro limitazioni, è poi passata nell'età moderna - con la sostituzione di *usque ad caelum* in *usque ad sidera* - ad indicare la libertà edificatoria del *dominus soli* in verticale, senza che questo prevedessero le disposizioni romane e medievali. Anche l'espressione *usque ad profundum* - da cui deriva la più conosciuta *usque ad inferos* - fu coniata nel Medioevo per consentire al *dominus soli* di sfruttare le vene minerarie contenute nel proprio terreno.

L'esercizio dell'attività mineraria, per commistione tra principi della compilazione giustinianea e regole del diritto feudale e statutario, era soggetto alle regalie ed al rilascio di una concessione da parte dell'autorità, dietro pagamento di un canone al fisco. Chiunque, purché legittimato, poteva impiantare industrie estrattive nei terreni altrui, mentre al *dominus soli* non era riconosciuto alcun titolo preferenziale.

Per affievolire i contrasti tra terzi e proprietari la dottrina elaborò allora la regola secondo la quale come lo spazio sopra il suolo deve essere libero sino al cielo, così quello al di sotto deve essere libero *usque ad profundum*. Da ciò derivò l'ulteriore principio per cui ogni cosa trovata nel sottosuolo spetti al *dominus soli*, quale prerogativa del *ius fodiendi*. Le locuzioni *usque ad caelum* e *usque ad profundum* servirono per risolvere specifici problemi, riguardanti l'esercizio di singole facoltà collegate alla concreta appartenenza dei suoli, senza perciò assumere un significato riferibile alla proprietà in quanto tale. Ciò era conforme, d'altra parte all'idea medievale di dominio, concepito come una serie di poteri autonomi e immediati sulla cosa, ciascuno dei quali aveva un contenuto giuridico a sé stante e la cui somma solo per un caso poteva trovarsi riunita in un unico individuo.

Furono per primi i giusnaturalisti a concepire la proprietà quale insieme unitario ed astratto di poteri assoluti, esclusivi ed illimitati. Il ricorso alle espressioni iperboliche dei confini segnati dalle stelle e dal centro della terra, da essi introdotto, aveva la sola finalità di delineare in senso geometrico l'ambito dei poteri proprietari, che ogni uomo porta in sé per volontà di Dio e per legge naturale, e che, in quanto espressione di un diritto dal contenuto illimitato, non dovevano avere limiti né al di sopra né al di sotto del suolo.

Quando si trattò di redigere la normativa, furono assunti quegli aspetti del sistema proprietario, che ne riassumevamo meglio i tratti. Basti pensare alle parole del *Code Napoleon* del 1804, che all'art. 552, comma 1 affermava: «*La propriété du sol emporte la propriété du dessus et du dessous*» (la proprietà del suolo si estende al sottosuolo ed al sopra suolo). Tale articolo mirava ad affermare l'attribuzione al proprietario fondiario del potere di esercitare in via esclusiva, sopra e sotto il suo fondo, le facoltà proprie del suo diritto.

Il *Code Napoleon*, inoltre, ai commi 2 e 3 del medesimo articolo, riprendeva l'aspetto dinamico, già configurato dall'art. 187 delle antiche *Coutumes de Paris*, che descriveva i singoli poteri proprietari esercitati sopra e sotto il suolo: da una parte, il diritto di coltivare e di edificare sopra il suolo, limitabile dalla sola presenza di servitù; dall'altra, il diritto di costruire e di fare scavi nel sottosuolo, traendone i prodotti, ad eccezione di quelli minerali normati da leggi e regolamenti *ad hoc*.

L'imputabilità di aver spezzato una tradizione ininterrotta sin dal diritto romano e la diffusione della convinzione che la proprietà del suolo comporti anche quella del sottosuolo e dello spazio aereo sovrastante è da attribuirsi ai giuristi della Scuola dell'Esegesi, per i quali il testo legislativo rappresentava il dato primario ed imprescindibile per la comprensione della norma. L'art. 552, comma 1 del *Code Napoleon* venne interpretato alla lettera, e così spazio aereo e sottosuolo divennero realtà giuridiche, elementi costitutivi della proprietà fondiaria.

Questa idea era in linea con quella della mentalità proprietaria, inaugurata formalmente proprio dal codice francese, secondo cui non poteva esserci un potere di esercizio ed un correlativo *ius excludendi alios*, senza che vi fosse proprietà. A conferma di ciò alcuni giuristi andarono a riprendere il *cuius est solum eius est usque ad caelum* divenuto poi *ad sidera*, forse in omaggio ai giusnaturalisti - a cui aggiunsero l'espressione *usque ad inferum* - sostituendola alla precedente *usque ad profundum*, e divulgando una lettura inesatta delle fonti. La diffusione del *Code Napoleon* e delle opere della Scuola francese nell'Europa continentale determinarono il radicamento di tale interpretazione.

Anche in Italia, dapprima nei codici preunitari, in seguito nel codice del 1865, senza alcuna discussione durante i lavori preparatori, a conferma della pacificità dell'assunto, venne ripresa la teoria esegetica. L'art. 440 del c.c. stabilì che «chi ha la proprietà del suolo ha pur quella dello spazio sovrastante e di tutto quello che si trova sopra e sotto la superficie», laddove suolo, sottosuolo e soprassuolo erano considerati un unico bene.

Furono i Pandettisti tedeschi e la Scuola Storica, che imponeva di ristudiare le antiche fonti del diritto romano a confutare che lo spazio aereo fosse un bene giuridico oggetto di dominio, o che la proprietà si estendesse allo spazio aereo ed al sottosuolo senza la previsione di un limite rappresentato dall'interesse del *dominus soli*. Con l'affermarsi di un sistema di tipo capitalista e borghese, si rese necessario contemperare il diritto assoluto agli interessi economici della proprietà terriera e industriale, in virtù dei progressi scientifici, che profilavano uno sfruttamento del sotto e del sopra suolo non immaginabile nel passato.

Fu Jhering a sostenere come la proprietà fondiaria dovesse estendersi sino al punto in cui arrivava l'interesse pratico del proprietario. In questo modo, se da una parte, era garantito al *dominus soli* l'esercizio pieno ed esclusivo del proprio diritto; dall'altra veniva favorito l'impiego economico da parte di terzi degli spazi superiori ed inferiori al suolo.

All'inizio del Novecento, sembrando maggiormente rispondente alle esigenze della società, prevalse l'idea che la proprietà fondiaria fosse limitata. Continuarono a sostenerne l'illimitatezza solamente alcuni studiosi di diritto minerario, al fine di affermare un principio di libertà mineraria. La stessa giurisprudenza abbandonò la regola dell'*usque ad inferos*, in base alla quale aveva in precedenza tutelato gli interessi dei proprietari fondiari contro l'industria ferroviaria, non concedendo ai privati il risarcimento dei danni derivanti dallo scavo di gallerie ferroviarie al di sotto dei loro fondi. L'art. 440 c.c. venne considerato come un momento di leggerezza del legislatore, che aveva perpetuato un malinteso formatosi nella tradizione romanistica. L'art. 667 del c. c. svizzero e il § 905 del BGB, il codice tedesco, accolsero *tout court* il principio dell'interesse di Jhering.

Con riferimento allo spazio aereo buona parte della dottrina italiana cominciò a dubitare che potesse configurasi come un oggetto di proprietà, in conseguenza alla circolazione sopra i fondi di aerei o al passaggio di fili telefonici o elettrici. Lo spazio aereo, privo di caratteristiche fisiche o materiali e insuscettibile di appropriazione individuale, dapprima venne considerato *res communis omnium*, in seguito concetto di relazione o luogo, delineato da perpendicolari, che in astratto si dipartivano dai limiti orizzontali del fondo, entro il quale il proprietario poteva esercitare le facoltà insite nel suo diritto, fino al punto in cui avesse interesse ad opporsi all'attività di terzi. Si spiegò che il codice di tipo popolare, rivolto a tutti e non soltanto ai giuristi, non doveva essere preso alla lettera, quando parlava di proprietà dello spazio aereo.

Il sottosuolo diversamente, come già sosteneva Jhering, ha una sua materialità, e come tale, entro certi limiti, è di proprietà del *dominus soli*. La ricerca del criterio più idoneo ad individuare tali confini rimase il problema principale della dottrina.

In questo clima fu redatto l'art. 840 del nostro c. c., che se, per un verso, al comma 1, abbandona ogni esplicito riferimento allo spazio aereo come oggetto di dominio, per un altro, al comma 2, stabilisce il limite entro il quale il proprietario può esercitare il proprio diritto di esclusione sopra e sotto il suolo. Nonostante il legislatore non parli esplicitamente di estensione della proprietà del suolo al sottosuolo, facendo propria l'espressione «si estende», già richiamata dal BGB e nonostante il criterio dell'interesse concerna più che i confini verticali i limiti del contenuto del diritto relativamente agli interessi dei terzi degni di tutela, l'impostazione di fondo, evidente anche da una lettura dei lavori preparatori, è quella dei primi dell'Ottocento, per cui proprietario del sottosuolo è colui a cui appartiene il suolo.

È chiaro a questo punto come il principio che la proprietà si estende al di sopra e al di sotto del suolo fu formulato al fine di garantire i diritti del proprietario fondiario, perciò in riferimento ai poteri dominicali. È opportuno, allora, pur continuando a leggere in senso statico il comma 1 dell'art. 840 c.c., correlarlo con il comma 2, riguardante l'esercizio del diritto e i suoi limiti. Posto che l'art. 840 c.c., lungi dall'individuare i limiti verticali del fondo, disciplina il contenuto del diritto dominicale, si comprende come fissi che il proprietario del suolo, *ex* comma 1, può estendere i suoi poteri anche nel sottosuolo, purché non rechi danno al vicino, ed appropriarsi di tutto ciò che vi si contiene, quando non regolato da leggi speciali, e che non può, *ex* comma 2, impedire quelle attività di terzi, che non ha alcun interesse ad escludere.

In conclusione, il sottosuolo non è bene oggetto di proprietà, ma mero spazio, luogo ove si trovano cose (minerali, grotte, reperti archeologici *et cetera*) o si esplicano attività (coltivazione di giacimenti, scavi *et cetera*). Giuridicamente l'oggetto della proprietà fondiaria non ha dimensioni né in altezza, né in profondità, ma si esaurisce nella sua dimensione orizzontale, i cui confini possono essere delimitati fisicamente da cippi, muri o elementi naturali, vengono accertati giudizialmente e sono graficamente segnati nelle mappe catastali. Non si tratta più di stabilire fino a che punto in linea verticale si estende il bene oggetto della proprietà, bensì entro quali limiti il proprietario possa, in rispetto agli interessi dei terzi, esercitare il proprio diritto.

XXV.2 - *Le attività riguardanti beni contenuti nel sottosuolo.*

Utilitates particolari tratte dal sottosuolo possono essere oggetto di separati diritti, costituiti dal proprietario o altro avente titolo (ad esempio, un usufruttuario) attraverso negozi di diritto comune. Il contenuto di tali diritti è ovviamente quello fissato nel titolo, ossia nella normativa che regola le diverse figure negoziali.

È importante sottolineare come la gran parte delle *utilitates* del sottosuolo, quelle, per intendersi, economicamente rilevanti, sono riservate dal nostro ordinamento alla Pubblica Amministrazione e sottoposte a regime amministrativo: possono sfruttarle solo coloro che abbiano ottenuto apposito titolo dall'autorità amministrativa, nei limiti e con le modalità fissate da questa, mediante i procedimenti previsti dalla legge.

Tali *utilitates* consistono nello sfruttamento economico di beni situati nel sottosuolo, distinti in senso giuridico dal sottosuolo stesso, e riservati all'appartenenza pubblica. Parallelamente la legge riserva all'amministrazione l'attività di ricerca di tali beni entro certi limiti od in particolari aree. Analizziamo brevemente i settori in cui opera tale riserva pubblica di attività.

XXV.2.1 - *L'esercizio delle attività estrattive*

Le leggi sulle miniere, cui rinvia l'art. 840 c.c., disciplinano la materia in un'ottica industrialistica, attribuendo notevole ed esclusivo rilievo alle attività estrattive. È il regio decreto n. 1447, del 29 luglio 1927 a riservare le attività di ricerca e coltivazione allo Stato, che può svolgerle in proprio o diversamente darle in concessione a chiunque, avendo i requisiti richiesti, ne faccia domanda. Tale sfruttamento non inerisce al contenuto dominicale, ma è un potere separato dalla proprietà del suolo (il *dominus soli* non solo non può liberamente compiere scavi, ma deve altresì consentire l'ingresso nel proprio fondo di terzi concessionari) e sottoposto a severi controlli amministrativi.

Un altro articolo del c.c. fa riferimento alle miniere, stabilendo che «fanno parte del patrimonio indisponibile dello Stato» (art. 826). La lettera di tale articolo parrebbe alludere ad un rapporto di natura proprietaria, e ad una configurazione del tutto differente da quella adottata dalle leggi minerarie. A ben vedere la norma del codice è il frutto di una cultura giuridica di impostazione prettamente proprietaria: parlare, quindi, di rapporto di appartenenza voleva dire giustificare i forti poteri dello Stato in materia, conferendogli un titolo, che lo legittimasse a regolare la distribuzione delle attività estrattive tra imprenditori, attraverso le concessioni, e l'imposizione di limiti e doveri.

Anche la disciplina legislativa in materia di cave e torbiere prescinde da una visione naturalistica dei giacimenti, e di conseguenza da un'impostazione in termini di appartenenza. La materia è regolata, oltreché dal r.d. n. 1447, da numerose reggi regionali, che disciplinano gli strumenti di pianificazione delle attività estrattive, al fine di equilibrare la tutela dell'ambiente, gli interessi proprietari, le esigenze della produzione. Mentre per l'art. 45 del r.d. il *dominus soli* poteva liberamente aprire e sfruttare le cave e le torbiere all'interno del suo fondo, adesso questa trasformazione gli è consentita esclusivamente, se prevista dal piano regionale delle attività estrattive.

Laddove il proprietario non faccia domanda di autorizzazione, e non ottemperi all'invito della P.A. di chiederla, oppure coltivando il giacimento non gli dia congruo sviluppo, le leggi regionali dispongono, come già l'art. 45, che la P.A gli sottragga l'esercizio delle attività estrattive attribuendolo ad un terzo. Sembra divergere da tale impostazione normativa, contrassegnata da una concezione industrialistica dei giacimenti, la regola, che talune leggi regionali contemplano, per cui in caso di revoca dell'autorizzazione, o di decadenza dalla facoltà di rinnovarla nei confronti del proprietario del suolo la cava passi al patrimonio indisponibile della Regione (v. l'art. 11 della L. 6 maggio 1970, n. 281, il quale prevede il trasferimento alle Regioni di quelle cave e torbiere la cui disponibilità è stata sottratta al *dominus soli*).

Tali norme se correlate al disposto dell'art. 45 del regio decreto («Le cave e le torbiere sono lasciate in disponibilità del patrimonio del suolo») sembrerebbero confermare la tesi dominante, tanto in dottrina quanto in giurisprudenza, secondo cui cave e torbiere rientrerebbero *ab origine* nel patrimonio del *dominus soli*, poiché contenute nel suo fondo. Ciò spiegherebbe la preferenza accordatagli nel rilascio dell'autorizzazione agli scavi. Trattandosi di beni privati di interesse pubblico il proprietario-concessionario sarebbe tenuto ad intraprendere la coltivazione, dandole sufficiente sviluppo. In caso contrario perderebbe la proprietà ed i giacimenti, entrati a far parte del patrimonio pubblico indisponibile, potrebbero, come avviene per le miniere, essere dati in concessione a terzi.

Tale interpretazione, che ancora risente del preconcetto che vede il sottosuolo ricompreso nella proprietà del suolo, è a ben veder giuridicamente insostenibile. Da una parte non è giustificabile, come l'esercizio di un diritto, che costituisce una facoltà per il *dominus soli*, debba trasformarsi in un obbligo giuridico la cui inosservanza porti alla perdita della proprietà. D'altra parte non si spiega come possa essere sottratta una proprietà in assenza di un procedimento espropriativo e della corresponsione di un indennizzo. Se si accetta l'opinione per cui una cava può dirsi esistente solo se individuata e coltivata, la circostanza che il proprietario sia rimasto inerte, non richiedendo alcuna autorizzazione, dovrebbe implicare che non ci possa essere alcuna cava da trasferire in mano pubblica.

Come già visto per le miniere la questione della titolarità è un falso problema. L'appartenenza ancora una volta deve essere intesa come titolarità dell'esercizio industriale. In tal senso domandarsi se la cava è un bene suscettibile di proprietà è questione meramente dogmatica, in quanto ciò che rileva, sia nella legge del 1927 che nelle normative regionali, va ritrovato nella decisione di destinare o meno un terreno ad attività estrattive, l'individuazione del soggetto legittimato a farlo, la determinazione dei limiti di tale attività.

XXV.2.2 - *Lo sfruttamento delle acque sotterranee*

La normativa che regola lo sfruttamento delle acque sotterranee, persegue la stessa finalità delle leggi minerarie, accogliendo un'interpretazione dinamica, che prescinde dal configurare un regime di appartenenza pubblica o privata, stabilisce i criteri idonei a risolvere il conflitto tra interesse pubblico ed esigenze private e tra contrapposti interessi privati riguardanti lo sfruttamento delle risorse idriche racchiuse nel sottosuolo.

Sono numerose le leggi speciali, fra tutte vale la pena ricordare il Testo Unico del 11 dicembre 1933, n. 1775 (artt. 92-106), che dispongono sulla ricerca, l'estrazione e l'utilizzazione delle acque sotterranee (cfr. la L. 18 maggio 1989, n. 183; la Direttiva CEE 17 dicembre 1979, n. 80/68;

l'art. 22 della L. 15 marzo 1997, n. 59; la L. 12 marzo 1996, n. 171; la L. 5 gennaio 1994, n. 36).

Per quanto riguarda la ricerca occorre distinguere a seconda che si svolga in comprensori individuati dalla P.A. e sottoposti a controllo, come accade nella maggior parte del territorio nazionale, oppure al di fuori di tali zone, in tal caso, difatti la ricerca è libera. Per ricercare acque nel proprio o nell'altrui fondo è necessaria un'autorizzazione del genio civile. Il proprietario, anche nel caso in cui la zona sia sottoposta a tutela ha la facoltà di ricercare liberamente ed estrarre acqua per scopi domestici (art. 93 del T.U. 1776/1933).

Se vengono scoperte acque sotterranee, le autorità preposte ne accertano qualità ed entità: laddove sia riscontrato che l'acqua abbia, come recita l'art. 1 del T.U., «attitudine ad usi di pubblico generale interesse», viene qualificata "pubblica", in altri termini esclusivamente la P.A. può regolarne uso e distribuzione. In tal caso, il diritto del proprietario o terzo ad estrarre ed utilizzare l'acqua ricavata dal sottosuolo si costituisce attraverso una concessione, con la quale la P.A. distribuisce equamente per quantità e fini il godimento delle risorse idriche pubbliche. Se diversamente l'acqua ritrovata non presenta i caratteri idonei all'iscrizione negli elenchi delle acque pubbliche «l'uso di essa spetterà» ai sensi dell'art. 104 del T. U. 1776/1933, «al proprietario del suolo», quale facoltà inerente al contenuto del diritto dominicale sul fondo, come risulta anche dagli artt. 909 e seguenti del c.c. in materia di sfruttamento delle acque private. Se, infine, un'acqua sotterranea è utile a più fondi, il suo approvvigionamento sarà regolato dalla disciplina sui rapporti di vicinato.

XXV.2.3 - *L'utilizzo delle grotte*

La disciplina giuridica delle cavità sotterranee varia al mutare delle caratteristiche morfologiche, e di conseguenza del loro valore scientifico, naturalistico, storico e pubblico. Questi spazi, anticamente dedicati agli dei, possono avere modeste dimensioni o vantarne di grandiose. Il patrimonio speleologico nazionale è sottratto alla disponibilità dei privati e completamente regolato da un regime giuridico pubblicistico, che ne fissa, per lo più con finalità conservative, modi di utilizzo e mezzi di tutela.

Disciplinano la materia: leggi speciali (tra le quali possono essere ricordate, ad esempio, il R. D. 21 ottobre 1926, n. 1921 e 2239 sulla natura demaniale della grotta Azzurra di Capri; il D. L. 12 giugno 1927, n. 947 riguardante le grotte termali di Santa Cesarea in provincia di Lecce; la L. 1 aprile 1935, n. 540, circa le grotte di Postumia. Cfr., altresì, la Legge quadro sulle aree protette 6 dicembre 1991, n. 394, che menziona le grotte di Zinzulusa e Romanelli nella penisola Salentina), e norme limitative delle attività private, che più o meno direttamente riguardano l'uso del sottosuolo, quali la normativa che tutela le bellezze naturali ed il paesaggio (v. L. 29 luglio 1939, n. 1497 e L. 8 agosto 1985, n. 431, cosiddetta Legge Galasso, sostituite dal Testo Unico 29 ottobre 1999, n. 490, a cui è subentrato con D. Lgs. 22 gennaio 2004, n. 42 il cosiddetto Codice dei Beni Culturali e del Paesaggio), le disposizioni sullo sfruttamento minerario ed idrico (cfr. R. D. 27 luglio 1927, n. 1443 e leggi seguenti in tema di estrazione di minerali; e R. D. 11 dicembre 1933, n. 1775 - artt. 92-106 - e leggi successive in materia di sfruttamento di acque sotterranee), la legislazione sulle zone confinarie carsiche e un insieme di regole di pubblica sicurezza e di carattere militare (cfr., ad esempio, D. L. 23 maggio 1924, n. 1123 e L. 24 dicembre 1976, n. 868).

Esclusivamente quando non rivestono alcun interesse pubblico, le grotte possono essere destinate agli usi più svariati, ed anche trasformate dall'attività edificatoria. Non sorge riguardo ad esse alcuna questione di appartenenza: le cavità sotterranee non sono di per sé beni in senso economico-giuridico da attribuire ad un privato, sia questo il proprietario del suolo sovrastante o il primo occupante. Se si ritiene il sottosuolo uno spazio dove si trovano cose o si esplicano attività, si deve ammettere che le grotte sono una porzione di quello spazio, identificabile sotto l'aspetto naturalistico in quanto vuota, priva cioè di quegli elementi, che compongono la litosfera. Dal momento che le grotte rappresentano una parte di spazio è un falso problema chiedersi a chi appartengano.

Ciò non vuol dire che l'ordinamento non attribuisca rilievo ad una cavità, che presenti determinate caratteristiche: la connotazione assunta dal termine in diritto pubblico non è la stessa di quella del diritto privato (cfr. l'art. 810 c. c., che definisce beni «le cose che possono formare oggetto di diritti»). Il problema, perciò, non è stabilire chi sia il proprietario della grotta trovata nel sottosuolo, bensì a chi spetti trasformarla in una cosa suscettibile di essere oggetto di rapporti giuridici.

Il *dominus soli* solitamente è colui che riesce a sfruttare gli spazi ritrovati al di sotto della sua proprietà e destinarli a qualche uso, rendendo in tal modo tale cavità un bene in senso economico-giuridico, di cui lui stesso diviene proprietario. Anche un terzo può divenire proprietario di una grotta ritrovata al di sotto di un fondo altrui, quando la utilizza, trasformandola in un bene suscettibile di appartenenza, sempre che non si abbia accessione o il *dominus soli*, avendone concreto interesse, non si avvalga del *ius opponendi*.

Nel caso in cui, infine, proprietà sotterranea e proprietà del suolo coesistano i rapporti tra proprietari confinanti saranno regolati dalle norme in materia di vicinato: nessuno potrà svolgere attività od eseguire opere che pregiudichino l'altro.

XXV.2.4 - *L'esercizio dell'attività edificatoria*

Per quanto concerne il *ius aedificandi* la normativa di riferimento è ancora una volta quella pubblicistica, che a fini conservativi si oppone a qualsiasi modificazione dell'assetto territoriale (v. il Codice dei Beni Culturali e del Paesaggio 22 gennaio 2004, n. 42; la Legge Quadro sulle aree protette 6 dicembre 1991, n. 394 e successive modificazioni e integrazioni). Ciò non vuol dire che nelle zone sottoposte a vincolo paesaggistico, ambientale, idrogeologico *et cetera* o riguardo agli immobili vincolati dal Ministero per i beni e le attività culturali, non si possa ottenere il permesso di eseguire scavi o di edificare.

L'art. 7 della L. 25 marzo 1982, n. 94 permette, ad esempio, di costruire «opere costituenti pertinenze o impianti tecnologici al servizio di edifici già esistenti, nel rispetto dei vincoli conservativi ed in corrispondenza con la programmazione territoriale». Ed ancora l'art. 9 della L. 24 marzo 1989, n. 122 fissa che «i proprietari di immobili possono realizzare nel sottosuolo (...) parcheggi da destinare a pertinenza delle singole unità immobiliari».

Regolano, inoltre, l'attività edificatoria i vincoli in ragione della difesa militare e quelli derivanti dalla presenza delle zone di rispetto (cfr. l'art. 16 della L. 24 dicembre 1976, n. 868 sulle zone di interesse militare; ed il Codice dei Beni Culturali e del Paesaggio). Il proprietario del suolo deve rispettare i progetti urbanistici pubblici e i limiti delle destinazioni di zona previsti nei piani regolatori generali. Non è di conseguenza possibile modificare il suolo senza autorizzazione o concessione edilizia da parte della P.A.

XXV.3 - *Il ritrovamento di beni d'interesse storico artistico*

La concezione secondo cui il sottosuolo si configura come mero spazio, luogo di conflitti di interesse tra *dominus soli* e terzi, è evidente anche leggendo la normativa in materia di tutela dei beni di importanza artistica e storica contenuti nel sottosuolo e di ritrovamento del tesoro, anch'essa di natura dinamica.

Sarebbe ancora una volta errato confondere contenitore e contenuto, ritenendo che le leggi speciali abbiano sottratto quest'ultimo alla disponibilità del proprietario del fondo per assegnarlo allo Stato. Sarebbe altresì inesatto ritenere che il diritto dello Stato su tale genere di beni non costituisca soltanto un limite all'attività del *dominus soli*, ma addirittura rappresenti un diritto parziale che lo Stato esercita su una proprietà privata.

Come previsto per lo sfruttamento delle miniere, delle cave e delle acque sotterranee, il proprietario del suolo non può ricercare e far propri i beni di rilevanza culturale trovati al di sotto del suo fondo. Come vedremo nei successivi paragrafi, il privato interesse all'esercizio delle facoltà, riconosciute dall'art. 840, comma 1 c. c., trova un altro limite nella necessità di conservare quelle testimonianze della storia e della civiltà, che affondano le loro radici nel passato.

Si discosta, invece, dalla disciplina del Codice dei Beni Culturali e del Paesaggio quella prevista dall'art 932 c.c. in caso di ritrovamento del tesoro, qualora questo non consista in oggetti di interesse storico, archeologico, paletnologico, paleontologico e artistico. In tal caso, infatti, si osserva la disciplina prevista dal Codice dei Beni Culturali.

Il tesoro è, ai sensi del comma 1 dell'art. 932 c.c., «qualunque cosa mobile di pregio, nascosta o sotterrata, di cui nessuno può provare di essere proprietario». I presupposti affinché si applichi tale norma sono quattro. Il bene ritrovato deve essere mobile ai sensi dell'art. 812 del c. c., non si può parlare di tesoro in caso di rinvenimento di opere architettoniche quali pozzi, cisterne od altro bene immobile.

La cosa ritrovata deve essere commerciabile, se non lo fosse in quanto di interesse storico artistico rientreremmo nella fattispecie prevista dal Codice dei Beni Culturali.

Deve essere nascosto o sotterrato, anche, ad esempio, un tesoro, il cui ritrovamento sia avvenuto senza effettuare sfondamenti dell'apparecchiatura muraria o movimenti di terra; questo integra il disposto dell'art. 932. L'ultimo requisito richiesto, affinché si possa parlare di tesoro in senso giuridico, è che il proprietario non sia semplicemente irreperibile, bensì inesistente.

Il tesoro, così definito, una volta rinvenuto appartiene al proprietario del fondo in cui si trova e, se è ricuperato fortuitamente nel fondo altrui, o ne è stato comunicato il ritrovamento, spetta per metà al *dominus soli* e per metà allo scopritore. Il ritrovatore, ai sensi dell'art. 2756 del c.c., gode di un privilegio speciale rispetto alla quota spettante al proprietario del fondo al fine di ottenere il rimborso delle spese sostenute per la conservazione del tesoro.

Le medesime regole si applicano nel caso in cui il tesoro sia rinvenuto in un fondo su cui gravi una proprietà pubblica. L'art. 647, n. 2 del codice penale, stabilisce che è punibile a querela della parte offesa, chiunque, avendo rinvenuto un tesoro, si appropri, del tutto o parzialmente, della quota spettante al proprietario del fondo. Tale ipotesi riguarda la scoperta casuale del tesoro (quella di cui all'art. 932 del c.c.), e non quella che è conseguenza di apposite ricerche finalizzate al ritrovamento di un tesoro, del quale si conosce l'esistenza o addirittura l'ubicazione.

In tal caso oltre ai reati di danneggiamento per gli scavi effettuati o di ingresso abusivo nel fondo altrui, si prospetta anche il reato di furto. È elemento materiale del reato l'appropriazione da parte del ritrovatore della quota spettante al proprietario del fondo, laddove costituisce elemento psicologico del reato il dolo generico, che consiste nella consapevolezza di far propria anche la parte riservata *ex lege* al proprietario del fondo.

XXV.4 - *La nuova disciplina dei Beni Culturali e Ambientali: il Codice dei Beni Culturali e del Paesaggio (D. Lgs. 22 gennaio 2004, n. 42). Cosa sono i beni culturali?*

A introdurre per prima il termine "beni culturali" fu la Convenzione dell'Aja per la protezione dei beni culturali in caso di conflitto armato del 14 maggio 1954. In Italia si parlò per la prima volta di beni culturali nel 1966, quando si conclusero i lavori della Commissione Franceschini, chiamata così dal nome del suo presidente, ed incaricata di analizzare la situazione del patrimonio culturale italiano.

Nella prima delle 34 dichiarazioni, in cui la Commissione sintetizzò la propria attività, erano proclamati «beni appartenenti al patrimonio della nazione quelli aventi riferimento alla storia della civiltà; sottocategoria di essi sarebbero i beni culturali in senso proprio costituenti testimonianza materiale avente valore di civiltà».

Giannini afferma che la nozione sarebbe giuridicamente «valida restando però certo che è nozione liminale, ossia nozione a cui la normativa giuridica non dà un proprio contenuto, bensì opera mediante rinvio a discipline non giuridiche» (Giannini 1976, p. 8).

Tale concezione non ha un valore esclusivamente nominalistico, ma rappresenta il superamento rispetto alla L. 1 giugno 1939, n. 1089, in riferimento alla quale la materia veniva disciplinata come «cose di interesse storico ed artistico»: esprime infatti non un giudizio di valore estetico, che era alla base della ideologia ispiratrice della suddetta legge, ma una concezione patrimoniale del bene come testimonianza di civiltà, in rapporto alla storia dell'uomo, ed inoltre esprime una concezione unitaria della materia.

Dall'inerenza ai valori di civiltà e, di conseguenza al riconoscimento di culturali agli interessi a questi sottesi, risulta il carattere giuridico dei beni culturali, quali beni immateriali di pertinenza pubblica, poiché consacrati alla fruizione collettiva a prescindere dalla proprietà pubblica o privata delle cose che li concretizzano.

La definizione di bene culturale data dalla Commissione Franceschini era stata quasi completamente ripetuta dall'art. 148, del D. Lgs. 31 marzo 1998, n. 112, il quale alla lett. a) definiva beni culturali «quelli che compongono il patrimonio storico, artistico, monumentale, demoetnoantropologico, archeologico, archivistico e librario e gli altri che costituiscono testimonianza avente valore di civiltà così individuati in base alla legge».

A sua volta l'art. 2 del Codice dei Beni Culturali definisce beni culturali «le cose immobili e mobili che, ai sensi degli artt. 10 e 11, presentano interesse artistico, storico, archeologico, etnoantropologico, archivistico e bibliografico e le altre cose individuate dalla legge o in base alla legge quali testimonianze aventi valore di civiltà».

Mentre la definizione della Commissione Franceschini, quella dell'art. 148, lett. a) del D. Lgs. 112/1998 e l'attuale introdotta dall'art. 2 del Codice sono unitarie, contrariamente gli artt. 10 e 11 del Codice dei Beni Culturali (come già prima gli artt. 2 e 3 del Testo Unico 29 ottobre 1999, n. 490, che a sua volta aveva abrogato la vecchia L. 1089/1939), fanno riferimento alle singole specie di beni culturali riconosciute dalla legislazione vigente. Come si legge nel parere del Consiglio di Stato dell'11 marzo 1999 «il bene nella sua materialità deve costituire l'elemento centrale della fattispecie regolata dalla norma; ed il suo valore culturale o ambientale deve improntare la *ratio* del contenuto dispositivo».

Di differente avviso la Camera dei Deputati, nel cui parere del 26 maggio 1999, espresso dalla VII Commissione si può leggere come fosse: «preferibile la definizione introdotta dal D. Lgs. 112/1998, che indirizza verso un concetto giuridico nuovo di bene culturale e quindi offre la possibilità di un intervento unitario sul patrimonio culturale e ambientale».

In realtà sono differenti gli ambiti di applicazione. L'art. 2 non stabilisce pedissequamente ciò che è bene culturale, rinviando agli artt. 10 e 11, i quali, d'altra parte, riguardando la tutela dei beni culturali, coinvolgono direttamente gli interessi dei soggetti privati proprietari dei beni, che di conseguenza debbono essere chiaramente individuati e classificati.

Concludendo i beni culturali sono individuati da due disposizioni normative. L'art. 2 del Codice dei Beni Culturali chiama generalmente beni culturali quelli «che costituiscono testimonianza avente valore di civiltà», tali beni soni poi, a loro volta, individuati con precisione dagli artt. 10 e 11 dello stesso Codice.

XXV.4.1 - *Quali sono i beni culturali*

Sono, come già detto, gli artt. 10 e 11 del Codice dei Beni Culturali ad elencare ciò che prende il nome di bene culturale. L'art 10 rubricato "Beni culturali" così recita:

«1. Sono beni culturali le cose immobili e mobili appartenenti allo Stato, alle regioni, agli altri enti pubblici territoriali, nonché ad ogni altro ente ed istituto pubblico e a persone giuridiche private senza fine di lucro, che presentano interesse artistico, storico, archeologico o etnoantropologico.

2. Sono inoltre beni culturali: a) le raccolte di musei, pinacoteche, gallerie e altri luoghi espositivi dello Stato, delle regioni, degli altri enti pubblici territoriali, nonché di ogni altro ente ed istituto pubblico; b) gli archivi e i singoli documenti dello Stato, delle regioni, degli altri enti pubblici territoriali, nonché di ogni altro ente ed istituto pubblico; c) le raccolte librarie delle biblioteche dello Stato, delle regioni, degli altri enti pubblici territoriali, nonché di ogni altro ente e istituto pubblico.

3. Sono altresì beni culturali, quando sia intervenuta la dichiarazione prevista dall'articolo 13: a) le cose immobili e mobili che presentano interesse artistico, storico, archeologico o etnoantropologico particolarmente importante, appartenenti a soggetti diversi da quelli indicati al comma 1; b) gli archivi e i singoli documenti, appartenenti a privati, che rivestono interesse storico particolarmente importante; c) le raccolte librarie, appartenenti a privati, di eccezionale interesse culturale; d) le cose immobili e mobili, a chiunque appartenenti, che rivestono un interesse particolarmente importante a causa del loro riferimento con la storia politica, militare, della letteratura, dell'arte e della cultura in genere, ovvero quali testimonianze dell'identità e della storia delle istituzioni pubbliche, collettive o religiose; e) le collezioni o serie di oggetti, a chiunque appartenenti, che, per tradizione, fama e particolari caratteristiche ambientali, rivestono come complesso un eccezionale interesse artistico o storico.

4. Sono comprese tra le cose indicate al comma 1 e al comma 3, lettera a): a) le cose che interessano la paleontologia, la preistoria e le primitive civiltà; b) le cose di interesse numismatico; c) i manoscritti, gli autografi, i carteggi, gli incunaboli, nonché i libri, le stampe e le incisioni, con relative matrici, aventi carattere di rarità e di pregio;d) le carte geografiche e gli spartiti musicali aventi carattere di rarità e di pregio; e) le fotografie, con relativi negativi e matrici, le pellicole cinematografiche ed i supporti audiovisivi in genere, aventi carattere di rarità e di pregio; f) le ville, i parchi e i giardini che abbiano interesse artistico o storico; g) le pubbliche piazze, vie, strade e altri spazi aperti

urbani di interesse artistico o storico; h) i siti minerari di interesse storico od etnoantropologico; i) le navi e i galleggianti aventi interesse artistico, storico od etnoantropologico; l) le tipologie di architettura rurale aventi interesse storico od etnoantropologico quali testimonianze dell'economia rurale tradizionale.

5. Salvo quanto disposto dagli articoli 64 e 178, non sono soggette alla disciplina del presente Titolo le cose indicate al comma 1 e al comma 3, lettere a) ed e), che siano opera di autore vivente o la cui esecuzione non risalga ad oltre cinquanta anni.».

L'art. 11, rubricato "Beni oggetto di specifiche disposizioni di tutela" così dispone: «1. Fatta salva l'applicazione dell'articolo 10, qualora ne ricorrano presupposti e condizioni, sono beni culturali, in quanto oggetto di specifiche disposizioni del presente Titolo: a) gli affreschi, gli stemmi, i graffiti, le lapidi, le iscrizioni, i tabernacoli e gli altri ornamenti di edifici, esposti o non alla pubblica vista, di cui all'articolo 50, comma 1; b) gli studi d'artista, di cui all'articolo 51; c) le aree pubbliche di cui all'articolo 52; d) le opere di pittura, di scultura, di grafica e qualsiasi oggetto d'arte di autore vivente o la cui esecuzione non risalga ad oltre cinquanta anni, di cui agli articoli 64 e 65; e) le opere dell'architettura contemporanea di particolare valore artistico, di cui all'articolo 37; f) le fotografie, con relativi negativi e matrici, gli esemplari di opere cinematografiche, audiovisive o di sequenze di immagini in movimento, le documentazioni di manifestazioni, sonore o verbali, comunque realizzate, la cui produzione risalga ad oltre venticinque anni, di cui all'articolo 65; g) i mezzi di trasporto aventi più di settantacinque anni, di cui agli articoli 65 e 67, comma 2; h) i beni e gli strumenti di interesse per la storia della scienza e della tecnica aventi più di cinquanta anni, di cui all'articolo 65; i) le vestigia individuate dalla vigente normativa in materia di tutela del patrimonio storico della Prima guerra mondiale, di cui all'articolo 50, comma 2».

XXV.4.2 - *La ricerca di beni culturali*

È l'intero Capo VI (artt. 88-94) del Codice dei Beni Culturali a regolare la materia dei ritrovamenti e delle scoperte, andandosi a sostituire agli artt. 85-90 del T.U., che aveva a sua volta abrogato agli artt. 43-50 della L. 1089/1939. Questa legge aveva sostituito la L. 20 giugno 1909, n. 364, che aveva abrogato l'originaria disciplina prevista dalla L. 12 giugno 1902, n. 185

Innanzitutto è doveroso ricordare ancora una volta come il ricercatore, che voglia, anche soltanto a fini di studio, entrare nel fondo altrui, sia privato che pubblico, debba munirsi di un'autorizzazione, che glielo consenta.

Il limite della vecchia legislazione era stato concepire le attività di ricerca come un rapporto tra due autorità quella pubblica, con i suoi poteri autoritativi, e quella privata, con i poteri del proprietario. Laddove avrebbe dovuto concentrare l'attenzione sull'attività finalizzata al reperimento dei beni culturali e sulle sue molteplici caratteristiche organizzative, facendo intendere che le cose ritrovate sono non tanto dello Stato, ma a sua disposizione.

L'art. 88 del Codice dei Beni Culturali dispone, al comma 1, che il potere di eseguire ricerche archeologiche (la ricerca archeologica può essere anche l'attività di ricerca scientifica, vale a dire quell'attività per «finalità di studio e di indagine sistematica finalizzata allo sviluppo delle conoscenze scientifiche in uno specifico settore» come previsto dall'art. 1, comma 2, lett. b) del D. Lgs. 30 luglio 1999, n. 281 sul trattamento dei dati personali per scopi storici, statistici e di ricerca scientifica) o più generalmente opere per il ritrovamento di beni di cui all'art. 10 dello stesso testo di legge è riservato al Ministero. E ciò in conformità tanto con l'art. 149, comma 3, lett. d) del D. Lgs. 112/1998, che riserva allo Stato le occupazioni d'urgenza, le concessioni e le autorizzazioni per le ricerche archeologiche, quanto con il successivo art. 89, che indica come unico titolo legittimante la ricerca di terzi la concessione statale.

La riserva trova spiegazione nell'appartenenza pubblica dei beni ritrovati (art. 91): ancora una volta, perciò, in una logica proprietaria. Il nuovo testo di legge non sottolinea abbastanza che la ricerca del bene culturale corrisponde di per sé ad un autonomo interesse pubblico facente capo non soltanto al Ministero, ma anche alle Università ed ai ricercatori.

Di fatto il parere espresso, nel 1999, dal Consiglio Nazionale per i beni culturali e ambientali richiedeva la riserva oltre che per lo Stato, per le soprintendenze archeologiche e per le istituzioni con specifica competenza scientifica, quali le università. Inoltre lo stesso art. 9 della nostra Costituzione stabilisce che sia la Repubblica - intesa in tutte le sue articolazioni - a promuovere lo sviluppo della cultura e la ricerca scientifica e tecnica.

Se i beni oggetto delle ricerche archeologiche o delle opere di ritrovamento sono quelli di cui all'art. 10 del Codice dei Beni Culturali, il loro contenitore non deve necessariamente essere il sottosuolo. Di fatto tanto l'art. 88 quanto l'art. 91 non parlano esplicitamente di sottosuolo, che diviene perciò espressione in senso lato, ricomprendente altresì le costruzioni sopra il suolo (cfr., in tal senso, vedere utilmente: Alibrandi, Ferri 1995, p. 544).

Posto che l'attività diretta al ritrovamento di beni può consistere sia in una mera attività di studio sia in un'attività che comporti una manomissione fisica del contenitore materiale, che si presume racchiuda il bene oggetto della ricerca, è evidente che la riserva prevista dall'art. 88 gravi sul secondo genere di attività., laddove nel primo caso non vi è neppure contatto materiale con il contenitore.

I successivi commi 2 e 3 regolano i rapporti con il proprietario. Il Ministero può utilizzare il decreto di occupazione per consentire lo svolgimento dell'attività di ricerca, che può giungere, come prevede l'art. 97, sino all'espropriazione. L'occupazione deve essere adeguatamente motivata dalla tutela di questo interesse pubblico (cfr., in tal senso, le seguenti sentenze: Consiglio di Stato (VI), 7 novembre 1996, n. 1520 e Consiglio di Stato (VI), 6 febbraio 1981, n. 33).

Il comma 3 dell'art. 88 T.U. prevede un indennità per l'occupazione, determinata secondo le modalità stabilite dalle disposizioni generali in materia di espropriazione per pubblica utilità.. L'indennità, differente dal premio di cui all'art. 92, e rientrante quindi nell'ambito della giurisdizione ordinaria, può, come già prevedeva la L. 1089/1939, consistere, qualora il proprietario interessato ne avanzi richiesta, nei beni ritrovati o in parte di questi "quando non interessino le raccolte dello Stato".

Tali beni, che possono essere lasciati al privato, sono comunque meritevoli di tutela, differentemente non opererebbe l'effetto dell'acquisizione allo Stato. L'atto con cui l'amministrazione decide in merito alla richiesta del proprietario privato su beni di proprietà pubblica è espressione di discrezionalità amministrativa, ed il privato stesso, in quanto legittimato a chiedere, è portatore di una situazione giuridica soggettiva tutelabile in giudizio nei limiti della legittimità.

La ricerca, quindi, non soltanto è libera, ma è addirittura promossa dalla nostra Repubblica, nel rispetto dei limiti posti dalla normativa e dei diritti, che gravano sui beni, all'interno dei quali si svolge la ricerca, diritti che, ad esempio, non consentono di effettuare arbitrariamente movimenti di terra o scavi, senza incorrere nelle sanzioni previste.

Infine è da aggiungere come colui che nell'espletare un'attività di ricerca rinviene dei beni culturali mobili o immobili, quali miniere antiche, pozzi od altro, è tenuto, come vedremo più ampiamente nel paragrafo IV.4.4, a provvedere alla loro conservazione temporanea.

XXV.4.3 - *La concessione di ricerca*

L'art. 89 del Codice dei Beni Culturali offre ad enti o privati la possibilità di svolgere, previa concessione del Ministero, attività di ricerca, vale a dire ogni attività umana, compresa la prospezione di superficie, volta ad individuare gli accessi alle cavità artificiali, governata da rigorose norme tecniche, distinte da scienza a scienza, diretta al conseguimento di una scoperta.

La nuova normativa, diversamente dagli artt. 45 e 47 della L. 1089/1939, è costruita in modo unitario, a prescindere dalla circostanza che il richiedente sia o meno proprietario dell'immobile su cui si effettuano le ricerche. Gli artt. 45 e 47, parlavano rispettivamente di concessione per il terzo richiedente e di autorizzazione per il proprietario interessato. Anche l'art. 149, comma 3, lett. d) del D. Lgs. 112/1998, continua a parlare di concessioni ed autorizzazioni, laddove il Codice dei Beni Culturali, come già in precedenza il T.U., menziona le sole concessioni. In realtà la questione non è di particolare rilievo: quella del D. Lgs. 112/98 parrebbe una ripetizione tautologica, mentre lo stesso art. 47 della L. 1089/39, al di là della terminologia utilizzata, non offriva una posizione istituzionale di preferenza al proprietario).

Questo potere di concessione appare discrezionale sull'*an* e sul *quid*. È il comma 2 a prevedere che l'amministrazione possa stabilire tutto quello che ritiene opportuno sia al momento della concessione, che durante il rapporto (cfr., in tal senso, il R. D. 30 gennaio 1913, n. 363). Così come è prevista la concessione di ricerca è altrettanto regolato il potere di revoca.

L'art. 89 contempla rispettivamente ai commi 2 e 3 due differenti fattispecie di revoca. La prima è la revoca sanzionatoria e presuppone atti o comportamenti del concessionario contrastanti con le disposizioni impartite dal Ministero.

La seconda si ha nel caso in cui lo Stato «intenda sostituirsi» al concessionario «nell'esecuzione o prosecuzione delle opere». È anche previsto che la revoca comporti il rimborso delle spese sostenute sino a quel momento. Tale previsione sembra però non soddisfare quelli che sono gli interessi non meramente patrimoniali, come ad esempio quelli morali animati dalla ricerca scientifica, che dovranno essere ugualmente tutelati.

L'importo del rimborso è stabilito, *ex* comma 4, con determinazione ministeriale, o altrimenti, in caso di contestazione da un perito tecnico nominato dal presidente del tribunale; le spese sono anticipate dal concessionario (diversamente il comma 5 dell'art. 45 della L. 1089/1939 prevedeva - come l'art. 44 della stessa legge per la determinazione del premio - l'intervento di una commissione di tre membri: uno nominato dal Ministro, uno dal Concessionario, uno dal Presidente del Tribunale).

Il comma 6 dell'art. 89 del Codice amplia il disposto dell'art. 86 del T.U. prevedendo che il Ministero su domanda dell'interessato consenta i beni rinvenuti rimangano nella disponibilità, totale o parziale, della Regione o di altro ente pubblico territoriale, che ne garantisca una sede idonea a fini espositivi oltreché la conservazione e la custodia. L'art. 175 sanziona penalmente con l'arresto fino ad un anno ed un'ammenda da 310 a 3099 euro chi svolge ricerche archeologiche abusive, essendo queste riservate *ex* art. 88, comma 1 Codice dei Beni Culturali allo Stato, che le può eventualmente dare in concessione ad enti o privati, come abbiamo visto prevede l'art. 89 in esame. La condotta vietata consiste nel compiere ricerche archeologiche, o, più generalmente, opere per il ritrovamento di beni culturali. La norma in esame sanziona l'attività di scavo e l'ingresso nel fondo altrui finalizzato alla ricerca archeologica e di scavo.

La normativa distingue tra ricerche archeologiche ed opere per il ritrovamento dei beni culturali: non soltanto le prime sono maggiormente frequenti e tipiche, ma possono anche non essere finalizzate al rinvenimento di cose che abbiano l'interesse richiesto dall'art. 10, oltre ad essere finalizzate prevalentemente allo studio di vestigia di antiche civiltà, rappresentando gli strati per l'archeologo irrinunciabili pagine di lettura. Acquista in tale ambito rilievo il cosiddetto contesto archeologico, secondo il quale un frammento minimo e di per sé insignificante, ha un interesse di riferimento per il contesto; distrutto tale contesto le cose dovranno essere valutate di per sé (è questo, ad esempio, il caso dell'illecito impossessamento, che interrompe il rapporto con il sito di provenienza).

Generalmente le ricerche archeologiche vengono eseguite

attraverso scavi e sondaggi o mediante strumenti tecnici, che consentono la prospezione del contenuto del sottosuolo, come ad esempio il *metal-detector*. È altrettanto vietato, ed i trasgressori incorrono nella medesima sanzione penale, compiere opere per il ritrovamento di cose di cui all'art. 10 del Codice dei Beni Culturali.

Il reato è di pericolo presunto, perché è diretto ad impedire che siano svolte ricerche archeologiche in modo non controllato e che le cose di cui all'art. 2 siano ricercate con opere inadeguate. È di conseguenza irrilevante che le ricerche archeologiche siano state condotte secondo corretti criteri scientifici o che le cose siano state rinvenute attraverso opere tecnicamente adeguate.

Il reato è di mera condotta, non c'è difatti un evento materiale distinto dalla condotta stessa, ed eventualmente permanente, non avendo natura contravvenzionale, ed esclusivamente doloso, non essendo il dolo insito di per sé né nella ricerca né nel rinvenimento.

Le ricerche e le opere sono vietate in qualunque parte del territorio dello Stato (v. Cass. (III), 23 ottobre 1972, n. 1448) e nel mare territoriale, ed integrano la fattispecie di reato anche se svolte in zone non ancora classificate d'importanza archeologica (v. Cass. (III), 15 gennaio 1973, n. 2671) o in aree dove non sono presenti cose d'interesse storico artistico (v. Cass. (V), 17 luglio 1973, n. 8839) purché siano dirette alla ricerca archeologica o al rinvenimento di cose di cui all'art. 10 (v. Cass. (III), 18 aprile 1966, n. 1226).

La ricerca archeologica o le opere per il ritrovamento dei beni di cui all'art. 10 costituiscono reato quando sono svolte senza concessione, o, presente la concessione, non vengano adempiute le prescrizioni date dall'amministrazione. L'art. 161 del Codice dei Beni Culturali prevede l'applicazione delle stesse misure, regolate dall'art. 160 del Codice - ordine da parte del Ministero di eseguire a spese del responsabile le opere necessarie per reintegrare la situazione precedente al danno - nel caso in cui in seguito a violazione degli obblighi sulle concessioni di ricerca sia stato cagionato un danno ai beni culturali ritrovati.

Ciò premesso sono possibili tre conseguenze: il responsabile, obbedendo all'ordine dell'amministrazione, effettua le opere necessarie alla reintegrazione; il responsabile non ottempera all'ordine, allora il Ministero provvede d'ufficio a spese dell'obbligato (a norma del R.D. 14 aprile 1910, n. 639 - Testo Unico delle disposizioni di legge relative alla riscossione delle entrate patrimoniali dello Stato - il procedimento di coazione inizia con l'ingiunzione, consistente nell'ordine, emesso dall'ufficio dell'ente creditore, di pagare la somma dovuta entro 30 giorni, a pena degli atti esecutivi. L'art. 229 del D. Lgs. 19 febbraio 1998, n. 51 ha eliminato la vidimazione del pretore per rendere esecutoria l'ingiunzione.

Questa è notificata, nelle forme previste per le citazioni, dall'ufficiale giudiziario. Entro 30 giorni dalla notificazione il debitore può fare opposizione di fronte al tribunale del luogo in cui ha sede l'ufficio emittente. Il giudice adito ha il potere di sospendere il procedimento coattivo. Gli artt. 5 e ss. prevedono specifiche norme per l'esecuzione sui beni immobili e mobili del debitore); la reintegrazione non è più possibile, in tal caso il responsabile deve pagare allo Stato una somma, determinata in via amministrativa, uguale al valore della cosa perduta o alla diminuzione di valore da essa subita.

In questo caso se l'obbligato non accetta la determinazione fatta dal Ministero, viene nominata una commissione di tre membri (uno scelto dal Ministero, uno dall'obbligato, uno dal Presidente del Tribunale), che provvede a determinare nuovamente la somma. Nonostante il silenzio della norma è da ammettersi il ricorso in caso di errore o manifesta iniquità della determinazione, si avrebbe altrimenti violazione del diritto di difesa (art. 24 Cost.) e disparità di trattamento rispetto a quanto previsto dall'art. 163 del Codice, in caso di perdita di beni culturali (art. 3 Cost.). È l'obbligato ad anticipare le spese per il funzionamento della commissione.

Il Codice dei Beni Culturali qualifica gli artt. 160 e 161 come sanzioni amministrative, ma in realtà si tratta di misure ripristinatorie ed alternative (misura pecuniaria alternativa è quella prevista dall'art. 160, comma 4, laddove non essendo possibile la reintegrazione, si applica una misura pecuniaria alternativa, quale il pagamento di una somma pari al valore della cosa perduta o della diminuzione di valore subita dalla cosa), destinate non tanto a punire l'autore di una violazione, bensì a ripristinare lo *statu quo ante* (cfr. la giurisprudenza formatasi sull'art. 59 L. 1089/1939: Cass. (sez. un.), 28 aprile 1989, n. 2003). La lettera stessa dell'articolo parla di «opere necessarie alla reintegrazione» e di «misure» piuttosto che di sanzioni.

L'art. 733 c. p. sanziona «chiunque distrugge, deteriora o comunque danneggia un monumento o un'altra cosa propria di cui gli sia noto il rilevante pregio (...) se dal fatto deriva nocumento al patrimonio archeologico, storico o artistico nazionale». Tale sanzione come le altre norme penali previste contenute nel Codice dei Beni Culturali hanno una funzione di prevenzione generale e speciale, laddove le misure di cui agli artt. 160 e 161 non hanno carattere sanzionatorio e non si sovrappongono alla funzione punitiva propria delle sanzioni penali, garantiscono il ripristino dell'ordine violato e prescindono, perciò, dalla sussistenza e dalla punibilità di un comportamento penalmente rilevante.

È, difatti, competente a disporle non il giudice penale, ma l'amministrazione, che proprio quell'ordine e gli interessi ad esso connessi deve garantire. Sanzioni penali e misure ripristinatorie, anche se applicabili con riferimento ad una stessa condotta, sono autonome, sotto l'aspetto funzionale e procedimentale.

Il T.U., all'art. 160, comma 4, prevede che quando la reintegrazione non è possibile, il responsabile debba pagare una somma a titolo di sanzione pecuniaria alternativa allo Stato. La ragione della posizione creditoria dello Stato, quand'anche questi non sia proprietario del bene danneggiato o perduto, è da ritrovarsi nel suo ruolo di custode e tutore dei valori della collettività nazionale espressi dal nostro patrimonio culturale. Tale disposizione, in quanto prevede una misura alternativa al ripristino, non è finalizzata a risarcire il titolare del diritto dominicale sul bene - che potrebbe essere proprio il responsabile del danno o della perdita - bensì a conferire all'ente competente alla tutela dei beni una somma che permetta di ripristinare la lesione subita dal patrimonio culturale.

XXV.4.4 - *La scoperta fortuita di beni*

La scoperta rileva *ipso facto* come circostanza generatrice di obblighi e diritti. Mentre l'art. 90 disciplina i doveri, gli artt. 92 e 93 trattano del premio per i ritrovamenti e della sua determinazione. I beni oggetto della scoperta, che rientrano nella fattispecie disciplinata dalla legge sono quelli previsti dall'art. 10 del Codice dei Beni Culturali (v. *supra* IV.4.1).

Cavità naturali, quali ad esempio grotte, e cavità artificiali qualora presentino un interesse artistico, storico, archeologico, o demo-etno-antropologico oppure che, a causa del loro riferimento con la storia politica, militare, della letteratura, dell'arte e della cultura in genere, rivestano un interesse particolarmente importante rientrano, *ex* art. 10, comma 1, e comma 3 lett. d), rientrano in tale previsione.

Rappresentano una scoperta anche quei ritrovamenti effettuati in occasione di ricerche non aventi finalità archeologiche. Gli obblighi consistono nella denuncia e nella custodia provvisoria. Mentre l'art. 48 della L. 1089/1939 prevedeva l' «immediata denuncia», il comma 1 dell'art. 90, come precedentemente il l'art. 87 del T.U., prevede il termine più lungo, ma certo di ventiquattro ore e stabilisce l'autorità - soprintendente, sindaco o autorità di pubblica sicurezza - alla quale presentare denuncia. L'esigenza di conservazione e di sicurezza del bene possono renderne necessario lo spostamento e, ove occorra, la richiesta di ausilio della forza pubblica.

Il detentore ha gli stessi obblighi di conservazione e custodia, previsti dai commi 1 e 2 per lo scopritore. Scopritore e detentore sono talora qualificati come esercenti una pubblica funzione. Le eventuali spese di custodia e rimozione sono a carico del Ministero, che quindi risulta obbligata *ex lege* nei confronti dello scopritore o detentore che vanta un diritto soggettivo.

L'art. 175, lett. b) del Codice dei Beni Culturali punisce con l'arresto sino ad un anno e l'ammenda da 310 a 3099 euro «chiunque, essendovi tenuto, non denuncia nel termine prescritto dall'art. 90, comma 1 i beni indicati all'art. 10 rinvenuti fortuitamente o non provvede alla loro conservazione temporanea».

La prima ipotesi - omessa denuncia del rinvenimento fortuito - è configurabile a carico esclusivamente dello scopritore fortuito. È perciò un reato proprio, in quanto richiede una precisa posizione di fatto dell'agente, e si realizza quando questo omette di effettuare la denuncia alle autorità a ciò preposte entro le ventiquattro ore dalla scoperta. Della seconda fattispecie - omessa custodia temporanea del bene fortuitamente scoperto - possono rispondere, tanto lo scopritore, che pur avendo regolarmente provveduto alla denuncia, non custodisca il bene, quanto ogni altro detentore.

Il reato di omessa denuncia della scoperta fortuita si incentra sulla condizione della cosa, che deve essere oggetto di una scoperta fortuita, e non conseguenza di un'opera a ciò direttamente rivolta. Tale situazione può verificarsi sia per cause naturali (quali, ad esempio, smottamenti di terreno) sia in seguito all'esecuzione di opere, che presentano altre finalità (come lavori agricoli o edilizi). Il bene deve rientrare nelle categorie indicate nell'art. 10, e deve altresì presentare un interesse culturale, che è *condictio sine qua non* dell'obbligo di denuncia.

Il reato è di pericolo presunto, la sua finalità consiste, difatti, nell'impedire che dal non tempestivo intervento dell'autorità possa derivare danno ai beni scoperti. Tale interesse tutelato è confermato dalla previsione che, in attesa dell'intervento dell'autorità, lo scopritore o il detentore possono rimuovere il bene, per salvaguardarne la conservazione e sicurezza, e ulteriormente avvalorato dall'essere l'omessa custodia temporanea autonomo titolo di reato. Anche il reato di omessa custodia temporanea è di pericolo presunto, di conseguenza la fattispecie di reato è integrata anche in mancanza di concreto pregiudizio per la cosa.

Ambedue i reati sono omissivi ed, avendo carattere contravvenzionale, punibili anche a titolo di colpa, la quale deve riguardare non soltanto la condotta, ma anche la qualità della cosa, almeno per l'aspetto della sua conoscibilità. Quindi un largo margine deve essere riconosciuto all'errore incolpevole soprattutto per le scoperte fortuite di beni, la cui comprensione del valore storico artistico richieda precise conoscenze specialistiche.

Anche in caso di scoperta fortuita è prevista l'applicazione dell'art. 161 del Codice dei Beni Culturali, laddove sia stato cagionato un danno ai beni culturali ritrovati. La previsione di legge è identica a quella già vista al paragrafo precedente, al quale si rimanda in caso di danneggiamento dei beni culturali ritrovati per effetto della trasgressione degli obblighi sulle concessioni di ricerca.

XXV.4.5 - *A chi spettano i beni ritrovati?*

È l'art. 91 a disporre in maniera sistematica che le cose di cui all'art. 10, «da chiunque e in qualunque modo ritrovate nel sottosuolo o sui fondali marini appartengono allo Stato». E rientrano se immobili, come le cavità artificiali d'interesse artistico, storico, archeologico, o demo-etno-antropologico o d'interesse particolarmente importante, a causa del loro riferimento con la storia politica, militare, della letteratura, dell'arte e della cultura in genere, nel demanio dello Stato, se mobili nel patrimonio indisponibile *ex* artt. 822 e 826 c.c. Il Codice dei Beni Culturali sostituisce ai "beni" del T.U. l'espressione "cose" e fa opera di razionalizzazione rispetto alla L. 1089/1939, riunendo in unico articolo le diverse fattispecie di ritrovamento a seguito di ricerche eseguite dallo Stato (art. 44, comma 1), concesse a terzi (art. 46, comma 1), autorizzate (art. 47, comma 3), e scoperte fortuite (art. 49, comma 1).

Per cose «da chiunque e in qualunque modo» ritrovate si devono intendere non soltanto beni emersi a seguito di ricerche *ad hoc* (fattispecie disciplinata dagli artt. 88 e 89), ma anche i beni emersi in conseguenza di un accadimento fortuito (quale è la scoperta, disciplinata dall'art. 90). L'art. 91 del Codice riprende in maniera più pedissequa rispetto al T.U., che faceva riferimento ad un ritrovamento generico, l'art. 826, comma 2 del c. c. parlando di cose «da chiunque e in qualunque modo ritrovate nel sottosuolo».

Aggiunge il comma 2 dell'art. 91 che i beni aventi interesse artistico, storico, archeologico o etnoantrolopologico di cui all'art. 10, comma 3, lett. a) ritrovati durante la demolizione di un immobile per conto dello Stato, delle regioni, di altri enti pubblici territoriali o di altro ente o istituto pubblico non fanno parte dei materiali di risulta riservati per contratto all'impresa di demolizione. La legge vieta altresì ogni patto contrario.

L'art. 176 sanziona penalmente l'impossessamento illecito di beni culturali appartenenti allo Stato, già previsto dall'art. 67 L. 1089/1939 come furto archeologico, prevedendo un'ipotesi base e la sua circostanza aggravante. La prima, regolata al comma 1, stabilisce che chiunque s'impossessi di beni culturali indicati nell'art. 10 ed appartenenti allo Stato ai sensi dell'art. 91 è punito con la reclusione sino a tre anni e con una multa da 31 a 516,50 euro. L'aggravante, con la reclusione da uno a sei anni e la multa da 103 a 1033 euro è, invece, prevista se il fatto è stato commesso da chi ha ottenuto la concessione di ricerca di cui all'art. 89 del Codice dei Beni Culturali.

La condotta consiste nell'impossessamento di beni culturali «indicati nell'art. 10 appartenenti allo Stato a norma dell'art. 91». L'elemento materiale del reato è costituito dall'impossessamento di beni culturali ritrovati, che appartengono allo Stato sin dal momento del loro ritrovamento. Presupposto della condotta è l'avvenuto ritrovamento del bene, solamente dopo il rinvenimento è possibile impossessarsi del bene, e di conseguenza sempre in seguito a tale presupposto è possibile che si verifichi il tentativo di impossessamento. Ciò spiega come l'interesse protetto sia che nessuno s'impossessi di beni culturali, che, in quanto ritrovati appartengono allo Stato, ma di cui lo Stato non è possessore. È essenziale affinché possa configurarsi il delitto che vi sia accertamento della culturalità del bene. Tale riscontro non è ad appannaggio di un giudice o di un suo perito, ma della competente autorità amministrativa.

Dal momento che la condotta di impossessamento presuppone l'avvenuto rinvenimento, è da escludersi che la legge configuri un reato proprio. Il reato può essere commesso anche su cose rinvenute da altri, ed anche nel caso in cui il ritrovamento sia opera dell'agente, ciò costituisce sempre presupposto della condotta rispetto al delitto in esame, non impedendo che il presupposto derivi da una precedente attività. Colui che fortuitamente o a seguito di ricerche abusive rinvenga beni culturali, di cui si impossessi risponderà del delitto di illecito impossessamento in concorso con la contravvenzione integrata dalla sua precedente condotta, posta la diversità degli interessi tutelati dalle rispettive norme, e data l'inesistenza di un'esplicita disposizione, che preveda l'assorbimento delle fattispecie minori in quella più grave (cfr., in tal senso, Cass. (III), 30 settembre 1985, n. 49).

Differentemente la *ratio* dell'aggravante va trovata nella violazione di doveri particolari derivanti dal rapporto esistente con la p.a. e nell'abuso di circostanze, che facilitano la commissione del reato. Laddove non ricorrono gli estremi per applicare l'art. 176, in mancanza di una dichiarazione di culturalità del bene, la giurisprudenza fa comunque ricorso alla fattispecie del furto comune ai danni del proprietario del fondo, in quanto trattandosi di cose mobili di pregio, applicandosi le regole del tesoro in materia di appartenenza (art. 932 c.c.), spettano al proprietario del fondo, purché sia provata la loro provenienza da scavi abusivi (cfr., in tal senso, Cass. (III), 4 febbraio 1993, n. 6417).

Un'ulteriore questione riguarda la prova della legittimità del possesso di cose di interesse archeologico, che, secondo un orientamento tanto della Cassazione penale (cfr., in tal senso, Cass. pen. (III), 5 ottobre 1984, n. 1292; Cass. pen. (II), 29 ottobre 1973, n. 1693; Cass. pen. (II), 27 giugno 1995, n. 12087) quanto di quella civile (v., in tal senso, Cass. civ. (I), 2 ottobre 1995, n. 10355), deve essere fornita da chi ne viene trovato in possesso. Costui deve provare la scoperta in data anteriore alla L. 20 giugno 1909, n. 364, a partire dalla quale le cose d'interesse archeologico rinvenute nel sottosuolo appartengono allo Stato. Secondo tale giurisprudenza il possesso del privato rappresenta un'eccezione e, quindi, ne deve essere provata la legittimità con un titolo derivativo da parte della p.a. o dimostrando l'anteriorità della scoperta rispetto alla L. 364/1909.

In realtà, a ben guardare, la presenza sul nostro territorio di antiche civiltà, i cui reperti sono ovviamente anteriori alla disciplina normativa, di lecita appartenenza privata e spesso confluenti in mano pubblica; oppure la circolazione di tali cose, i cui titoli di provenienza raramente sono atti di assegnazione della p.a., ma più frequentemente documentazioni di acquisti all'asta o dichiarazioni dei privati che li vendono; o ancora la provenienza degli oggetti da scavi frequenti in età umanistica sino alla fine dell'Ottocento e di conseguenza ben prima della L. 364/1909 cambiano lo scenario al punto che la proprietà privata di reperti archeologici costituisca la regola piuttosto che l'eccezione (cfr. analogamente Lemme 2002, n.1).

Su tale linea si pone il contrario indirizzo giurisprudenziale della Cassazione (v., in tal senso, Cass. (III), 4 maggio 1999, n. 7131) il quale, rammentando che la responsabilità penale non consente presunzioni di colpevolezza, ha ricondotto il discorso in campo probatorio, nel senso che del reato debbono sussistere le prove e che di queste il giudice deve fare buon governo, senza ricercare le scorciatoie delle presunzioni e delle inversioni di prova. L'illegittima provenienza dei beni archeologici può risultare, oltreché dalle indagini condotte nei modi ordinari, da indizi specifici, quali, ad esempio, la tipologia dei beni, la loro correlazione con il rinvenimento, il loro accumulo, il loro occultamento, la loro condizione che ne denunci il recente rinvenimento.

Diversamente la *probatio diabolica* della legittimità del

possesso condurrebbe al dolus in re ipsa, e verrebbe, di fatto, criminalizzato il possesso in quanto tale, laddove invece un ordinamento civile dovrebbe tralasciare ogni presunzione ed inversione dell'onere della prova, rimettendo al giudice la valutazione del comportamento in base ad ulteriori e più certi elementi di prova (cfr., a tal proposito, Corte Cost., 31 marzo 1987, n. 88).

In conclusione se prevalesse il primo orientamento veduto, il sistema violerebbe l'art. 42 della Cost., poiché ablativo dei beni mobili di proprietà privata, per la cui legittimazione richiederebbe una prova impossibile (v., con riferimento alla L. 1089/1939, Corte Cost., 4 luglio 1974, n. 202 e Corte Cost. 20 dicembre 1976, n. 245), e l'art. 24 Cost., perché quando il possesso costituisce un addebito, come nell'ipotesi di ricettazione, la gravità dell'onere probatorio imposto renderebbe impossibile il diritto di difesa (cfr., analogamente, Corte Cost., 15 febbraio 1984, n. 26]. Deve essere, in definitiva, l'accusa a fornire la prova dell'illegittimità del possesso di beni archeologici vantato dal cittadino [v. la già citata Cass. (III), 4 maggio 1999, n. 7131).

È da ricordare, in conclusione, come gli inquirenti debbano svolgere indagini rispettose dei diritti dei cittadini, attente alla tutela del nostro patrimonio, preferendo a facili presunzioni di colpevolezza l'impiego di sicuri elementi di prova.

XXV.4.6 - *Il premio per i ritrovamenti*

Il premio è correlato ad un bene ritrovato, e, come per l'appartenenza, previsto tanto per il ritrovamento programmato quanto per quello fortuito. Rientrano in tale fattispecie le strutture sotterranee che presentano un interesse artistico, storico, archeologico, o etnoantropologico oppure che, a causa del loro riferimento con la storia politica, militare, della letteratura, dell'arte e della cultura in genere, rivestono un interesse particolarmente importante oltre alle cose ritrovate all'interno di cavità naturali od artificiali che interessano la paleontologia, la preistoria e le primitive civiltà.

L'art. 92, comma 1, stabilisce che hanno diritto al premio il proprietario dell'immobile, il concessionario, lo scopritore. Questo ultimo, come precisa a lett. c), comma 1 dello stesso articolo ne ha diritto solo se abbia ottemperato gli obblighi previsti dall'art. 90. Può darsi il caso che, come prevede il comma 2, il proprietario riunisca in sé anche la qualifica di concessionario o di scopritore, con la conseguenza di un aumento del premio, comunque «non superiore alla metà del valore delle cose ritrovate».

Il premio disciplina anche i rapporti fra terzi prevedendo, *ex* comma 3, che non spetti alcunché allo scopritore, che si sia introdotto nel fondo senza il consenso del proprietario o del possessore [ugualmente prevedeva l'art. 50 della L. 1089/1939]. Come già prevedeva il comma 4 dell'art. 89 T.U. il premio può essere corrisposto in denaro oppure in natura (art. 90, comma 4 del Codice dei Beni Culturali). Aggiunge il Codice che in luogo del premio l'interessato, che ne faccia richiesta, può ottenere un credito d'imposta di pari ammontare, secondo le modalità e con i limiti stabiliti ai sensi del decreto adottato dal Ministero dell'economia e delle finanze di concerto con il Ministro dei Beni e delle Attività Culturali, *ex* art. 17, comma 3, della L. 23 agosto 1988, n. 400.

È la Pubblica Amministrazione, con proprio atto, a determinare il premio, «previa stima delle cose ritrovate» (art. 93, comma 1). Ai sensi del comma 2, in corso di stima, a ciascuno degli aventi titolo è corrisposto un acconto del premio non superiore ad un quinto del valore dei beni ritrovato, fissato provvisoriamente. L'accettazione dell'acconto non comporta acquiescenza alla stima definitiva. Laddove gli interessati non intendano accettare la stima, hanno facoltà, *ex* comma 3, di chiedere l'intervento di un terzo designato concordemente dalle parti. Se queste non si accordano per la nomina del terzo o per la sua sostituzione, qualora il terzo non intenda o non possa accettare l'incarico, la nomina è eseguita, su richiesta di una delle parti dal presidente del tribunale del luogo dove le cose sono state ritrovate. Il Codice modifica la previsione del comma 1, art. 90 del T.U. che qualora non vi sono accordo sulla stima definitiva del Ministero stabiliva la nomina di una commissione composta di tre membri, di cui due nominati da ciascuna delle parti in conflitto ed uno dal presidente del tribunale, che decidesse sul valore dei beni ritrovati. Le spese della perizia sono anticipate dagli aventi titolo al premio. È espressamente previsto dal successivo comma 4 che la decisione della commissione sia impugnabile «in caso di errore o di manifesta iniquità».

L'attuale normativa si differenzia molto dalla L. 1089/1939: l'art. 44, comma 3, ed i seguenti artt. 46, 47 e 49, parlavano di determinazione insindacabile ed irrevocabile (già la dottrina e la giurisprudenza avevano ricondotto tale normativa nell'alveo costituzionale, consentendo l'impugnabilità per motivi di manifesta iniquità o errore); nella nomina della commissione veniva attribuita una posizione di preferenza al proprietario (cfr. artt. 44, comma 3; 46, comma 4; 49, commi 4 e 5). Infine, mentre il Codice dei Beni Culturali, e già prima il T. U., chiama l'atto della commissione «perizia», l'art. 44, comma 3 della L. 1089/1939 al riguardo taceva.

In conclusione se, da un lato, è vincolata la spettanza del premio, alla cui attribuzione l'interessato presenta un interesse legittimo, dall'altro non lo sono né la sua entità né la sua composizione, che sono rimesse ad una decisione dell'amministrazione.

XXV.5 - *La tutela della proprietà intellettuale: l'oggetto del diritto d'autore*

Viste le controversie occorse nell'ambito della pubblicazione di dati anche catastali nonché di elaborati inerenti non solo le cavità artificiali, ma anche le naturali, si ritiene utile trattare anche tale argomento.

È l'art. 2575 del c.c. la norma di apertura della disciplina di proprietà intellettuale, che ha ad oggetto le opere dell'ingegno: «formano oggetto del diritto d'autore le opere dell'ingegno di carattere creativo che appartengono alle scienze, alla letteratura, alla musica, alle arti figurative, all'architettura, al teatro e alla cinematografia, qualunque ne sia il modo o la forma di espressione». Il testo legislativo sul quale si fonda l'inquadramento sistematico del diritto d'autore è la legge 22 aprile 1941, n. 633 in tema di "Protezione del diritto d'autore e di altri diritti connessi al suo esercizio", aggiornata dalla L. 18 agosto 2000, n. 248 recante "Nuove norme di tutela del diritto d'autore", e recentemente dalla L. dalla L. 22 maggio 2004 n. 128, di conversione del D.L. 22 marzo 2004, n. 72, recante interventi per contrastare la diffusione telematica abusiva di materiale audiovisivo, nonché a sostegno delle attività cinematografiche e dello spettacolo".

L'art. 2 della legge sul diritto d'autore annovera tra le opere oggetto di tutela anche le opere scientifiche e didattiche, tra le quali rientrano le ricerche condotte sotto terra. Sono, inoltre, tutelate, dall'art. 3, le opere collettive «costituite dalla riunione di opere o di parti di opere, che hanno carattere di creazione autonoma, come risultato della scelta e del coordinamento ad un determinato fine letterario, scientifico, didattico, religioso, politico od artistico, quali le enciclopedie, i dizionari, le antologie, le riviste e i giornali sono protette come opere originali, indipendentemente e senza pregiudizio dei diritti di autore sulle opere o sulle parti di opere di cui sono composte» e dall'art. 4 della L. 633/41 le elaborazioni di carattere creativo dell'opera: «Senza pregiudizio dei diritti esistenti sull'opera originaria, sono altresì protette le elaborazioni di carattere creativo dell'opera stessa, quali le traduzioni in altra lingua, le trasformazioni da una in altra forma letteraria od artistica, le modificazioni ed aggiunte che costituiscono un rifacimento sostanziale dell'opera originaria, gli adattamenti, le riduzioni, i compendi, le variazioni non costituenti opera originale».

Il diritto d'autore è acquisito dall'autore, *ex* art. 6 della L.633/41 al momento della creazione dell'opera. Si parla perciò di acquisto a titolo originario, dal momento che non viene trasferito in capo all'autore da altri soggetti. Secondo il dettato dell'art. 7 è autore di un'opera collettiva «chi organizza e dirige la creazione dell'opera stessa», ed autore delle elaborazioni «l'elaboratore, nei limiti del suo lavoro». È considerato autore dell'opera, ai sensi dell'art. 8, e salvo prova contraria, «chi è in essa indicato come tale, nelle forme d'uso». Sono considerati come nome lo pseudonimo, il nome d'arte, la sigla o il segno convenzionale notoriamente conosciuti come equivalenti al nome vero.

L'art. 10 stabilisce che: «Se l'opera è stata creata con il contributo indistinguibile ed inscindibile di più persone, il diritto di autore appartiene in comune a tutti i coautori. Le parti indivise si presumono di valore uguale, salvo la prova per iscritto di diverso accordo». Ciascun coautore può esercitare individualmente la difesa del diritto morale: «L'opera non può essere pubblicata, se inedita, né può essere modificata o utilizzata in forma diversa da quella della prima pubblicazione, senza l'accordo di tutti i coautori. Tuttavia, in caso di ingiustificato rifiuto di uno o più coautori, la pubblicazione, la modificazione o la nuova utilizzazione dell'opera può essere autorizzata dall'autorità giudiziaria, alle condizioni e con le modalità da essa stabilite». L'autore può anche tutelare e rivendicare la paternità di un'opera non ancora pubblicata registrandola alla prefettura della città in cui risiede, o nella cui provincia ha la residenza. Dovrà presentare una dichiarazione scritta, affermando di depositare, in qualità di autore, presso la prefettura stessa quattro copie della pubblicazione, della quale dovrà essere indicato il titolo. Ugualmente dovrà comportarsi, qualora intenda diffondere il proprio elaborato tramite fotocopie, floppydisk o CD.

Non sarà necessario ricorrere alla dichiarazione presso la prefettura, nel caso in cui l'autore abbia pubblicato o intenda pubblicare il proprio elaborato su riviste a carattere locale, non registrate in Tribunale. Farà fede in tal caso la data di pubblicazione della rivista stessa.

XXV.5.1 - *I diritti patrimoniali*

La legge sul diritto d'autore alla Sezione I (Protezione della utilizzazione economica dell'opera) del Capo III (Contenuto e durata del diritto di autore) fissa una serie di diritti patrimoniali, i quali, diversamente da quelli morali, che saranno oggetto di trattazione nel paragrafo successivo, si estinguono 70 anni dopo la morte dell'autore dell'opera, anche nel caso di opere pubblicate postume. In riferimento alle opere collettive l'art. 26 della L. 633/41 stabilisce che nelle opere indicate nell'art. 10 la durata dei diritti di utilizzazione economica spettanti a ciascuno dei coadiutori o dei collaboratori si determina sulla vita del coautore morto per ultimo; laddove «nelle opere collettive la durata dei diritti di utilizzazione economica spettante ad ogni collaboratore si determina sulla vita di ciascuno».

La durata dei diritti di utilizzazione economica dell'opera come un tutto è di settant'anni dalla prima pubblicazione, qualunque sia la forma nella quale la pubblicazione è stata effettuata, salve le disposizioni per le riviste, i giornali e le altre opere periodiche, per i quali la durata dei diritti è calcolata, *ex* art. 30, a partire dalla fine di ogni anno dalla pubblicazione dei singoli fascicoli o numeri.

I diritti patrimoniali sono esclusivi, riconosciuti a titolo originario in capo all'autore e da questo trasferibili. Sono tra loro indipendenti, sostiene l'art. 19 della L. 663/41 che «l'esercizio di uno di essi non esclude l'esercizio esclusivo di ciascuno degli altri diritti».

È impossibile trasferire il diritto d'autore globalmente, in quanto l'autore, una volta trasferiti i diritti patrimoniali, può sempre ritirare, *ex* art. 142, comma 1, l'opera dal commercio «qualora concorrano gravi ragioni morali», e salvo l'obbligo di indennizzare coloro che hanno acquistato i diritti di riprodurre, diffondere, eseguire, rappresentare o spacciare l'opera medesima. Attraverso il contratto di edizione l'autore consente, ai sensi dell'art. 118 della L. 633/41, ad un editore di pubblicare un'opera. Il contratto può essere per edizione o a termine. Il primo permette all'editore di stampare una o più edizioni nell'arco di vent'anni dalla consegna del manoscritto integrale. Il secondo prevede diversamente l'indicazione del numero delle edizioni e del numero delle copie per ogni edizione.

Sono sette i diritti patrimoniali riconosciuti dalla legge sul diritto d'autore. Il diritto di riproduzione, può essere esercitato esclusivamente dall'autore ai sensi dell'art. 13 ha ad oggetto «la moltiplicazione dell'opera con qualsiasi mezzo». Il diritto di trascrizione, riguarda le opere orali e consente all'autore, *ex* art. 14 di trascrivere la propria opera. Il diritto di esecuzione, rappresentazione o recitazione in pubblico, contemplato dall'art. 15, riguarda le opere musicali, drammatiche, cinematografiche e orali. Il diritto di diffusione a distanza, è stabilito dall'art. 16, e riguarda la diffusione dell'opera ad un pubblico distante attraverso mezzi quali televisione, satellite, trasmissione via cavo *et cetera*.

Il diritto di distribuzione consente all'autore, secondo il dettato dell'art. 17, di mettere in commercio l'opera a scopo di lucro. Integra tale fattispecie la messa in vendita dell'opera, ma anche ogni forma di circolazione commerciale dell'elaborato, purché a scopo di lucro. Il diritto di traduzione e di elaborazione, sono diritti esclusivi dell'autore previsti dall'art. 18, insieme al diritto esclusivo di pubblicare le opere in raccolta.

Il diritto di noleggio e di dare in prestito, riguardano rispettivamente «la cessione in uso degli originali, di copie o di supporti di opere, tutelate dal diritto d'autore, fatta per un periodo limitato di tempo ed ai fini del conseguimento di un beneficio economico o commerciale diretto o indiretto» e la cessione in uso degli originali, di copie o di supporti di opere, tutelate dal diritto d'autore, fatta da istituzioni aperte al pubblico, per un periodo di tempo limitato, a fini diversi da quelli economici e commerciali.

XXV.5.2 - *I diritti morali*

Sono la Sezione II (Protezione dei diritti sull'opera a difesa della personalità dell'autore. Diritto morale dell'autore) del Capo III della L. 633/41 ed il Codice Civile ad occuparsi dei diritti morali dell'autore.

Sono cinque i diritti morali riconosciuti dalla legislazione vigente.
Il diritto alla paternità dell'opera, è l'art. 20, comma 1 della L. 633/41 a fissare che «indipendentemente dai diritti esclusivi di utilizzazione economica della opera», e pure «dopo la cessione dei diritti stessi, l'autore conserva il diritto di rivendicare la paternità dell'opera e di opporsi a qualsiasi deformazione, mutilazione od altra modificazione, ed a ogni atto a danno dell'opera stessa, che possano essere di pregiudizio al suo onore o alla sua reputazione». I diritti morali, come già anticipato, non sono sottoposti ad alcun termine di durata.

Merita sottolineare, come anche in seguito alla cessione dei diritti patrimoniali, l'autore conservi il diritto di paternità, il quale si compone di una facoltà di identificazione e di una di rivendicazione. La prima permette all'autore di scegliere se identificarsi con il proprio nome, conservare l'anonimato o avvalersi di uno pseudonimo; la seconda consente all'autore di rivendicare la paternità dell'opera nei confronti di chiunque se ne qualifichi autore. Tali diritti possono essere fatti valere anche dopo la morte dell'autore, senza limiti di tempo dagli aventi diritto (coniugi, figli, genitori, ascendenti diretti o indiretti, fratelli, sorelle e loro discendenti). Il diritto a rivendicare la paternità dell'opera è altresì fissato dall'art. 2577, comma 2 del codice civile.

Il diritto di rivelazione, l'art. 21 della legge sul diritto d'autore recita che «l'autore di un'opera anonima o pseudonima ha sempre il diritto di rivelarsi e di far riconoscere in giudizio la sua qualità di autore». L'autore ha perciò facoltà di rimanere anonimo od utilizzare uno pseudonimo, senza perdere il diritto di rivelarsi. Una volta che l'autore si è rivelato gli aventi causa sono tenuti, *ex* comma 2, ad indicarne il nome in pubblicazioni, riproduzioni, trascrizioni e quant'altro. È così possibile parlare di un vero e proprio diritto inalienabile.

Il diritto di pubblicazione delle opere inedite, è attribuito dall'art. 2577, comma 1 del codice civile all'autore, oppure, ai sensi dell'art. 24 della L. 633/41, ai suoi eredi o legatari, salva la contraria volontà del defunto.

Il diritto all'integrità dell'opera, è il diritto, sancito dal comma 2 dell'art. 2577 c.c., di opporsi a qualsiasi deformazione, mutilazione o altra modificazione dell'opera, che possa pregiudicare l'onore o la reputazione dell'autore. Tale diritto spetta esclusivamente all'autore e non si trasferisce al committente, anche nel caso in cui abbia realizzato un'opera di ingegno, eseguendo un contratto d'opera. Si pensi, ad esempio, al caso di uno studioso che esegue una ricerca per conto dell'Università: conserva, pure dopo l'eventuale cessione dei diritti patrimoniali, il diritto di rivendicare la paternità dell'opera e di opporsi alle modificazioni della stessa.

Il diritto di ritiro dell'opera, personale ed intrasmissibile, fissato dall'art. 2582 c.c. consente all'autore di ritirare l'opera dal commercio, allorquando ricorrano gravi ragioni morali, che giustifichino in costui l'esercizio del diritto al pentimento. Rimane in capo all'autore l'obbligo di indennizzare l'acquirente dei diritti di riproduzione, diffusione e messa in commercio dell'opera.

Tutti i diritti morali sono, a norma dell'art. 22, comma 1, della L. 633/41, inalienabili. Aggiunge il comma 2: «Tuttavia l'autore che abbia conosciute ed accettate le modificazioni della propria opera non è più ammesso ad agire per impedirne l'esecuzione o chiederne la soppressione».

XXV.6 - *Glossario*

Ab origine. Si parla di un ente o di un privato che è *ab origine* proprietario, allorquando questi ha acquistato il bene su cui insiste il diritto di proprietà a titolo originario, senza cioè che vi sia stata trasmissione da un soggetto ad un altro.

Autorizzazione. È un provvedimento della pubblica amministrazione, avente per contenuto una manifestazione di volontà ampiamente discrezionale e destinato ad incidere in maniera autoritativa e costitutiva con effetti favorevoli sulla posizione giuridica del destinatario. Con l'autorizzazione si rimuove un limite, che impedisce l'esercizio di una facoltà giuridica da parte di un privato o di una potestà da parte di un organo. L'ordinamento giuridico, pur riconoscendo a determinati soggetti il diritto soggettivo di svolgere un'attività o a determinati organi di esercitare un determinato potere, si premunisce tuttavia dal pregiudizio, che potrebbe derivare dall'esercizio indiscriminato di tali diritti e potestà, subordinando, caso per caso, l'esercizio dei medesimi ad un atto di assenso preventivo, che è appunto l'autorizzazione. È, quindi, caratterizzata dalla rimozione di un limite legale all'esercizio di un diritto o potere preesistente.

Brocardo. È l'espressione con cui dal XIV secolo in poi vengono indicate le massime che riassumono in brevi e concettose parole il frutto di lunghe osservazioni di carattere giuridico.

Caelum, quod supra id solum intercedit, liberum esse debet. Affinché non venissero lesi i diritto del proprietario del fondo, il diritto romano prescriveva che fossero vietate, quelle servitù, il cui esercizio poteva determinare l'occupazione della porzione di cielo al di sopra del suolo, porzione che doveva essere lasciata libera.

Concessione. È un provvedimento della pubblica amministrazione, avente per contenuto una manifestazione di volontà ampiamente discrezionale e destinato ad incidere in maniera autoritativa e costitutiva con effetti favorevoli sulla posizione giuridica del destinatario. Con la concessione viene creato un diritto o un potere nuovo a favore del destinatario.

Diritto di superficie. La superficie consiste o nella proprietà della costruzione separata dalla proprietà del suolo o nel diritto, che il proprietario del suolo, derogando al principio di accessione, concede ad altri, di fare o mantenere al di sopra del suolo una costruzione. V. principio di accessione.

Diritto dominicale. Si parla di diritto dominicale, volendo indicare un situazione giuridica di vantaggio nei confronti di colui che vanta il diritto di proprietà (dal latino *dominus*, proprietario).

Dolus in re ipsa. È il principio secondo cui nella commissione del fatto viene presunto il dolo salvo la prova contraria. Tale principio, finalizzato alla semplificazione della prova, deve essere disatteso, difatti, secondo il nostro ordinamento, il dolo deve costituire oggetto di reale accertamento. Ad esempio, in tema di reato di falso, la volontà di falsificare non può essere presunta, bensì deve essere provata: il soggetto potrebbe infatti aver falsificato un documento per leggerezza o superficialità, oppure per fare uno scherzo.

Dominus soli. Tale espressione latina sta ad indicare il proprietario del suolo, titolare dei poteri dominicali, previsti dalla legge.

Immittere. Le immissioni materiali di cose o persone e immateriali, quali fumo, calore, esalazioni, odori, rumori e simili, secondo il giurista Paolo, potevano essere la conseguenza dell'esercizio di alcune servitù, che erano perciò vietate. Così trova spiegazione l'espressione cuius est solum eius debet esse usque ad caelum.

Ius aedificandi. È il diritto, sottoposto a limitazioni previste dall'ordinamento, riconosciuto al proprietario del fondo, di costruire sopra o sotto il suolo.

Ius fodiendi. È letteralmente il diritto di scavare riconosciuto al proprietario del fondo, che veniva, in tal modo, ad acquistare la proprietà anche sui beni ritrovati.

Ius opponendi. Nel caso in esame è il diritto del proprietario del suolo di opporsi all'ingresso, o allo sfruttamento da parte di un terzo della sua proprietà. Più generalmente la facoltà del proprietario del suolo di impedire attività di terzi non compatibili con l'esercizio del proprio diritto.

La propriété du sol emporte la propriété du dessus et du dessous. Il codice napoleonico del 1804, all'art. 552, comma 1, sosteneva che la proprietà del suolo si estende anche al di sopra e al di sotto del suolo. Si voleva così affermare che il proprietario fondiario poteva esercitare in via esclusiva, sopra e sotto il suo fondo, le facoltà proprie del suo diritto: coltivare e edificare, da un lato, costruire e fare scavi dall'altro, nel rispetto della normativa allora vigente.

Metagiuridico. Un concetto è metagiuridico, quando per definirlo, è necessario fare riferimento non soltanto a discipline giuridiche, ma anche a materie del tutto differenti.

Principio di accessione. Costituisce un modo di acquisto della proprietà, secondo cui una proprietà preesistente, ad esempio il suolo, attira nella sua orbita altre cose che prima ne erano estranee, come un albero piantato o una costruzione (attrazione reale), astraendo dalla volontà del soggetto, che diviene proprietario delle nuove cose anche senza saperlo o volerlo. L'acquisto si verifica a favore del proprietario della cosa principale, secondo il principio accessorium cedit principali.

Probatio diabolica. È nel linguaggio curialistico la designazione della prova della proprietà immobiliare, allorquando, non esistendo un sistema di accertamento catastale e fondiario, tale proprietà poteva essere sempre contestata da chi provasse esserne il titolare. Da ciò deriva il termine usuale di prova diabolica.

Proicere. L'esercizio di certe servitù poteva comportare l'esposizione o l'abbandono di qualcosa, ad esempio rifiuti o cose non utilizzate, che ledevano il diritto di proprietà, e venivano perciò, secondo Paolo, vietate. A tale proibizione si fa risalire l'espressione cuius est solum eius debet esse usque ad caelum.

Protegere. La costruzione di protezioni, come tettoie o ripari, poteva essere la conseguenza dell'esercizio di talune servitù, che erano quindi interdette, secondo il giurista Paolo. Ciò spiegava perché cuius est solum eius debet esse usque ad caelum.

Res communis omnium. Sono quelle cose, differenti dai beni, non sono difatti oggetto di rapporto giuridico, diffuse e a disposizione di tutti, quali il sole, la luna, le stelle, l'aria, le acque oceaniche, la luce ed il calore. Cessano di essere a disposizione di tutti quelle captate con mezzi idonei al loro impiego pratico, distribuite ed infine scambiate (ad esempio l'aria compressa nelle bombole).

Res nullius. Si parla di res nullius in materia di acquisto della proprietà. Si ha acquisto a titolo originario, quando il diritto soggettivo sorge a favore di una persona, senza esserle trasmesso da alcuno: ad esempio, il pescatore che fa propri i pesci caduti nella rete fa un acquisto a titolo originario infatti prima che lui se ne appropriasse il pesce era cosa di nessuno (res nullius). Tale tipo di acquisto - la presa di possesso di cose mobili che non sono di alcuno - si chiama occupazione.

Torbiere. La torbiera è un'escavazione di torba, vale a dire della prima forma di fossilizzazione dei combustibili solidi. È una cava, ed è distinta giuridicamente dalla vera e propria miniera di combustibili, nonostante non ne differisca essenzialmente dal punto di vista geognostico.

Usque ad caelum. L'estensione della proiezione del suolo in alto è cambiata rispetto al diritto romano, che la prevedeva sino alle stelle, espandendosi sino al cielo.

Usque ad inferos. La locuzione sino agli inferi deriva dal suo precedente medievale *usque ad profundum* e trova la sua ratio nel permettere al proprietario del fondo di utilizzare le vene minerarie trovate nel proprio terreno.

Usque ad profundum. L'espressione secondo cui la proprietà del suolo si estende sino in profondità fu coniata nel Medioevo per consentire al titolare del fondo di sfruttare le vene minerarie contenute nel proprio terreno.

Usque ad sidera. È l'espressione originaria con cui veniva previsto che il di sopra del suolo dovesse essere lasciato libero, per consentire al proprietario del fondo di esercitare i suoi diritti dominicali, sino alle stelle.

Utilitates. Si parla comunemente di *utilitas*, quando si vuol indicare qualsiasi vantaggio, anche non economico, che migliori l'utilizzazione di un fondo.

CAPITOLO XXVI

ANALISI E SINTESI: RACCOLTA E CATALOGAZIONE DEI DATI ACQUISITI

Gianluca Padovan

XXVI.1 - *Catasto e scheda catastale*

Lo studio di una cavità artificiale consente di acquisire una serie di informazioni, che vanno a individuare e descrivere i suoi vari aspetti. Tale raccolta d'informazioni può essere utilizzata per l'istituzione di un catasto. Con il termine "catasto" oggi si indica propriamente l'inventario dei beni immobili, contenente le indicazioni riguardo sia l'entità e la rendita censuaria dei beni stessi, che coloro i quali (privati o enti) ne abbiano la proprietà e il possesso. In ambito speleologico per catasto s'intende il censimento delle cavità artificiali e naturali individuate ed esplorate, unito ai dati raccolti. Tali dati sono utilizzati per la compilazione di apposite 'schede catastali'. L'utilità consiste nel poter conoscere la distribuzione e l'ubicazione delle cavità in un territorio, i lavori condotti e mediante il rilievo capirne l'andamento e lo stato delle esplorazioni, anche in funzione della possibilità di proseguire ricerche rimaste parziali; utile è capire che alcuni ipogei presentano tra loro forti analogie, che differenti tratti di opere idrauliche sono parte di un unico sistema, che determinati riutilizzi presentano insospettati elementi comuni.

Si è quindi pensata una scheda semplice ed essenziale, che riporti le voci necessarie all'identificazione del manufatto, alla sua comprensione e le informazioni a carattere generale. Alla scheda si uniranno il rilievo planimetrico, il servizio fotografico, eventuali studi specifici a carattere archeologico, architettonico, storico, biospeleologico, etc.

XXVI.2 - *La compilazione della scheda catastale*

La scheda catastale serve a identificare e a classificare l'ipogeo oggetto d'indagine. Si riportano commentate le voci che compongono la scheda catastale (figg. XXVI.1a, XXVI.1b, XXVI.1c, XXVI.1d e XXVI.1e). Tale scheda potrà essere utilmente trasferita su supporto informatico.

XXVI.2.1 - *Dati identificativi*

- *Intestazione*: nome del Gruppo o dell'Associazione, proprietario dei dati riportati nella scheda catastale.
- *Numero catastale*: numero, eventuale sottonumero (da assegnare ad ambiente 'secondario' o comunque da differenziare dal principale, attraverso cui generalmente si accede), sigle della Regione e della Provincia.
- *Denominazione*: nome con cui l'ipogeo è noto o, in caso contrario, quello assegnato.

XXVI.2.2 - *Collocazione nel territorio*

- *Regione-stato*: barrare la casella corrispondente.
- *Provincia*: nome della Provincia.
- *Comune*: nome del Comune.
- *Località*: nome della località, se ne ha.
- *Ubicazione*: brevi note per raggiungere l'accesso dell'ipogeo.
- *Proprietà*: indicare il proprietario del terreno o dell'edificio presso cui si apre l'ipogeo.
- *Cartografia*: cartografia utilizzata per l'identificazione dell'area e successivamente del punto individuato dall'incrocio delle coordinate di latitudine e di longitudine.
- *Unità geologica*: terreno geologico del territorio e specificamente dell'area in cui l'ipogeo si sviluppa.

XXVI.2.3 - *Posizionamento*

- *Quota*: quota a cui è collocato l'accesso (indicare l'attendibilità del dato).
- *Posizione*: coordinate dell'accesso; indicare l'attendibilità del dato nelle caselle accanto e nello spazio sottostante lo strumento utilizzato. Per motivi contingenti tali coordinate possono non essere riportate.

XXVI.2.4 - *Dati d'inquadramento*

- *Contesto*: insieme dei fattori ambientali (caratteristiche fisiche, geologiche, geomorfologiche e climatiche) e dei fattori umani (realizzazione di opere materiali, di strutture, infrastrutture e distribuzione della maglia insediativa) nel quale è inserita l'opera ipogea.

- *Operazioni condotte*: quali lavori si sono svolti (ad esempio esplorazione, rilievo, servizio fotografico, etc.).
- *Lavoro svolto da*: riportare i nomi di chi ha svolto le varie operazioni.
- *Avvertenze*: segnalare se vi sono, o si possono manifestare, eventuali pericoli.

XXVI.2.5 - *Classificazione*

- *Tipologia*: barrare la tipologia d'appartenenza originaria e il tipo d'ipogeo. Nel qualcaso il tipo non fosse indicato, aggiungerlo a lato dell'apposita casella priva d'indicazione, collocata per ultima in ogni singolo elenco (eccezione fatta per la Tipologia n. 7).

XXVI.2.6 - *Commento*

- *Descrizione*: descrizione dell'ambiente, annotando ogni sua caratteristica, nonché le informazioni a carattere generale inerenti il contesto (inteso come area circostante).
- *Interpretazione*: definizione in sintesi della funzione, dell'eventuale riutilizzo, nonché della possibile variazione d'uso nel corso del tempo (indicando, in successione, le funzioni a cui è stato destinato e riportando scritte le corrispondenti tipologie d'appartenenza seguite dallo specifico tipo).
- *Datazione*: indicazione cronologica in riferimento alle fasi di uso, a partire dal momento di realizzazione (qualora ciò sia possibile).
- *Note*: spazio dedicato all'indicazione di ulteriori dati acquisiti (visibilità, stato della vegetazione, memoria orale, etc.).

- *Bibliografia*: indicare eventuali pubblicazioni che trattino sia marginalmente sia nello specifico l'ipogeo indagato.
- *Proprietà dei dati*: nome o nomi di coloro i quali sono proprietari dei dati contenuti nella scheda catastale.
- *Compilatore*: nome di chi ha materialmente compilato la scheda catastale.

XXVI.3 - *Note riguardo l'assegnazione del numero catastale e la collocazione tipologica*

In primo luogo un ipogeo potrà avere uno o più accessi, essere composto da uno o più ambienti, e definibile come 'complesso' qualora sia la risultante dell'unione di più parti non necessariamente realizzate in fase tra loro e che non necessariamente assolvessero o assolvano un'identica funzione. Quello che inizialmente occorre è che alla cavità artificiale si assegni un numero principale di catasto e una denominazione. Successivamente, e generalmente dopo avere preso visione dell'opera e possibilmente averne steso il rilievo, si potrà assegnare un sottonumero di catasto ai suoi vari ambienti. Per necessità di gestione dei dati, oppure per una più circostanziata definizione, si potrà assegnare detto sottonumero anche ad ogni elemento presente nella medesima cavità come, ad esempio, a condotti d'adduzione secondari, cavità naturali intercettate dallo scavo, modesti vani laterali, etc.

Per l'identificazione tipologica (seconda pagina) si dovrà considerare l'originaria destinazione dell'ipogeo. Si terrà conto di eventuali ridestinazioni indicando, qualora possibile, le successive funzioni alla voce *Descrizione* (terza pagina). Nel momento in cui la destinazione dell'ipogeo non sia determinabile, questa verrà ascritta alla Tipologia n. 7: "opera non identificata". Può accadere che appaia evidente solo una destinazione successiva e non l'originaria: per esigenze contingenti la cavità potrà essere catalogata nella *Tipologia*, pur dandone specifica nella *Descrizione*. Da una base comune si potranno confrontare i dati più agevolmente e dialogare per l'auspicabile sviluppo della Disciplina.

XXVI.4 - *Esempio di schede catastali*

Si riportano due esempi di schede catastali riguardanti un unico 'complesso' costituito da un tratto di acquedotto sotterraneo e del suo attuale accesso. Il Buco del Diavolo si apre all'interno del Fosso Boranico, in corrispondenza del confine amministrativo fra le municipalità di Ancona e di Camerano e costituisce l'attuale accesso all'Acquedotto dei Piceni, un tratto di galleria di portata interrotto alle due estremità da accumuli di detriti (Casini, Padovan, Recanatini, Riera 2002, p. 192) (figg. XXVI.2, XXVI.3, XXVI.4, XXVI.5 e XXVI.6).

XXVI.4.1 - *Scheda catastale relativa all'Acquedotto dei Piceni*

- *Intestazione*: Associazione Speleologia Cavità Artificiali Milano (S.C.A.M.)
- *Numero catastale*: CA 00001 MA AN
- *Denominazione*: Acquedotto dei Piceni
- *Regione*: Marche
- *Provincia*: Ancona
- *Comune*: Camerano (Ancona)
- *Località*: Fosso Boranico
- *Ubicazione*: L'accesso si apre alla testa del Fosso Boranico
- *Proprietà*: Comunale
- *Cartografia*: I.G.M. 1:25.000
- *Unità geologica*: Marne
- *Quota*: 100 m s.l.m.
- *Posizione*: //
- *Contesto*: Nessuno; si trova in aperta campagna.
- *Operazioni condotte*: Esplorazione, rilievo, servizio fotografico.
- *Lavoro svolto da*: Marco Campagnoli, Alessandra Casini, Gianni Cieri, Mariano Galliani, Gianluca Padovan, Alberto Recanatini, Italo Riera, Stefano Sieni.
- *Avvertenze*: Non sostare sotto i pozzi: materiale detritico sospeso.
- *Tipologia*: 2a; acquedotto.
- *Descrizione*: L'impianto ipogeo è percorribile per soli 124.5 m; alle estremità è occluso da pietrame e accumuli d'argilla, probabilmente in corrispondenza di *putei*. Sostanzialmente si può suddividere in tre tronconi. Il primo, impostato in direzione 82°, dall'ostruzione giunge fino al primo pozzo e quindi al raccordo con il cunicolo d'accesso (Buco del Diavolo). È rettilineo, in leggera pendenza e misura 22 m. Le direttrici di scavo si evidenziano discretamente, così come il punto di giunzione dei due tronconi, abbastanza prossimo al pozzo. Il secondo, impostato in direzione 26°, dal pozzo giunge fino al deciso cambio di direzione, che va a determinare un angolo quasi retto. Misura 88 m ed è in costante discesa. Il suo primo tratto (17 m c.a) è abbastanza rettilineo e caratterizzato da un repentino cambio di quota a m 7 dal punto di raccordo: si tratta, con tutta probabilità, del punto di giunzione tra due opposti tronconi di scavo. Alla base del secondo scalino l'acqua ha originato un fenomeno di pseudocarsismo, approfondendo ed allargando la base dello *specus*. Poco oltre ha inizio lo strato di rivestimento su cui si leggono ancora, in negativo, le tracce delle centine e le fasi d'avanzamento. Un angolo di poco superiore ai 90° imprime un repentino cambio di direzione che si mantiene poi sostanzialmente inalterata fino all'attuale ostruzione. In tale angolo non è stato applicato alcun rinforzo di malta idraulica, come invece si può notare in alcuni punti dell'*Aqua Marcia*, all'interno della rupe di San Cosimato sull'Aniene (Roma). In questo ultimo tratto si notano erosioni e cedimenti delle pareti, in alcuni punti assai vistosi e con ampi distacchi di roccia. Un pozzo a sezione circolare è occluso da materiale incoerente. Oltre questo, in costante pendenza e in direzione 323°, l'impianto va a chiudersi, come già detto, su pietrame e argilla. Tracce di calcite flottante, rimaste delicatamente fissate alle pareti all'atto del suo lento svuotamento, consentono di notare come, tra lo scalino e il pozzo, il condotto sia rimasto parzialmente allagato, quantomeno in tempi recenti. Lo stato di conservazione dell'opera è abbastanza buono e l'unico eventuale pericolo è costituito da un possibile cedimento del 'tappo' che occlude il secondo pozzo. Una modesta percolazione interna la interessa quasi ovunque e abbondanti deposizioni di argilla ne ricoprono il fondo.
- *Interpretazione*: Tratto sotterraneo di acquedotto.
- *Datazione*: Non collocato in un orizzonte cronologico. C'è chi presume che lo scavo sia di 'epoca romana', pur così definendo un arco di tempo assai ampio. Non si esclude

invece a priori la possibilità del riutilizzo - presumibilmente in 'età romana' - di un condotto realizzato in epoca precedente, a servizio di un'area ancora da stabilire con dati certi.
- *Note*: Il cunicolo d'accesso all'acquedotto, scavato in un secondo momento, è chiamato Buco del Diavolo; si è usato sovente estendere tale denominazione anche all'intero *specus*. Nonostante l'accesso sia noto, l'acquedotto non è stato oggetto di uno studio sistematico e l'intero percorso sotterraneo è sconosciuto.
- *Bibliografia*: Nini, R. 2000, *Il rispetto dei canoni imposti da Vitruvio e da Plinio nello scavo dei condotti idraulici sotterranei: gli esempi dell'acquedotto Formina di Narni e del Buco del Diavolo di Camerano*, in *La memoria del sottosuolo. Atti, Convegno di Studi, Camerano 17-18 luglio 1999*, a cura di Campagnoli, M., Recanatini, A., Jesi, pp. 131-142.
Riera, I. 2000, *Il Buco del Diavolo di Camerano: appunti per una rilettura dei manufatti idraulici antichi di area mesoadriatica*, in *La memoria del sottosuolo. Atti, Convegno di Studi, Camerano 17-18 luglio 1999*, a cura di Campagnoli, M., Recanatini, A., Jesi, pp. 143-156.
Casini, A., Padovan, G., Recanatini, A., Riera, I. 2002, *Il Buco del Diavolo di Camerano (Ancona)*, in *Atti del V Convegno Nazionale sulle Cavità Artificiali. Osoppo 28 aprile-1 maggio 2001*, Club Alpinistico Triestino - Gruppo Grotte Sezione Ricerche e Studi su cavità artificiali, Trieste, pp. 185-200.
- *Proprietà dei dati*: Ass. S.C.A.M.; Recanatini A.
- *Compilatore*: Padovan G., Ass. S.C.A.M.

XXVI.4.2 - *Scheda catastale relativa al Buco del Diavolo*

- *Intestazione*: Associazione Speleologia Cavità Artificiali Milano (S.C.A.M.)
- *Numero catastale*: CA 00001/01 MA AN
- *Denominazione*: Buco del Diavolo
- *Regione*: Marche
- *Provincia*: Ancona
- *Comune*: Camerano (Ancona)
- *Località*: Fosso Boranico
- *Ubicazione*: L'accesso si apre alla testa del Fosso Boranico
- *Proprietà*: Comunale
- *Cartografia*: I.G.M. 1:25.000
- *Unità geologica*: Marne
- *Quota*: 100 m s.l.m.
- *Posizione*: //
- *Contesto*: Nessuno; si trova in aperta campagna.
- *Operazioni condotte*: Esplorazione, rilievo, servizio fotografico.
- *Lavoro svolto da*: Marco Campagnoli, Alessandra Casini, Gianni Cieri, Mariano Galliani, Gianluca Padovan, Alberto Recanatini, Italo Riera, Stefano Sieni.
- *Avvertenze*: nessuna.
- *Tipologia*: 2a, accesso laterale ad acquedotto ipogeo, scavato per alimentare il fosso.
- *Descrizione*: Il cunicolo d'accesso all'acquedotto misura m 14.5 ed è scavato nella roccia e non rivestito; è impostato in direzione 115°. Si presenta in leggera salita, accentuata verso il punto d'incrocio/raccordo con la galleria di portata dall'accumulo di pietrame che ne innalza decisamente il fondo. Vi s'individuano molto bene le opposte direttrici di scavo, nonché il punto di giunzione marcato da un gradino. Nel punto di raccordo, sulla volta, è presente la traccia circolare di un *puteus* ostruito da materiale cementato da deposizioni calcaree, che scendono lungo la parete formando anche una pronunciata colonna.
- *Interpretazione*: Si tratta del cunicolo d'accesso all'Acquedotto dei Piceni, scavato successivamente alla realizzazione dello *specus* e con ogni probabilità a seguito del disuso dello stesso. La sua funzione è evidentemente quella di alimentare in modo costante e non stagionale il Fosso Boranico.
- *Datazione*: Non collocabile in un orizzonte cronologico, ma posteriore alla costruzione dell'acquedotto.
- *Note*: Sovente, per estensione, anche l'acquedotto viene chiamato Buco del Diavolo.
- *Bibliografia*: Nini R. 2000, *Il rispetto dei canoni imposti da Vitruvio e da Plinio nello scavo dei condotti idraulici sotterranei: gli esempi dell'acquedotto Formina di Narni e del Buco del Diavolo di Camerano*, in *La memoria del sottosuolo. Atti, Convegno di Studi, Camerano 17-18 luglio 1999*, a cura di Campagnoli M., Recanatini A., Jesi, pp. 131-142.
Riera I. 2000, *Il Buco del Diavolo di Camerano: appunti per una rilettura dei manufatti idraulici antichi di area mesoadriatica*, in *La memoria del sottosuolo. Atti, Convegno di Studi, Camerano 17-18 luglio 1999*, a cura di Campagnoli M., Recanatini A., Jesi, pp. 143-156.
Casini A., Padovan G., Recanatini A., Riera I. 2002, *Il Buco del Diavolo di Camerano (Ancona)*, in *Atti del V Convegno Nazionale sulle Cavità Artificiali. Osoppo 28 aprile-1 maggio 2001*, Club Alpinistico Triestino - Gruppo Grotte Sezione Ricerche e Studi su cavità artificiali, Trieste, pp. 185-200.
- *Proprietà dei dati*: Associazione S.C.A.M.; Recanatini Alberto.
- *Compilatore*: Gianluca Padovan, Ass. S.C.A.M.

XXVI.5 - *Bibliografia e scheda bibliografica*

La fase successiva al lavoro di rilevamento di un'opera ipogea è relativa alla sua interpretazione, all'analisi del contesto territoriale in cui tale manufatto è collocato, allo studio di eventuali analogie o discordanze. Questo permette di fare ulteriore chiarezza, ad esempio, sulla funzionalità, sulla cronologia, sui contatti e relazioni tra varie culture e in particolare sulla circolazione delle idee. Gli studi non possono prescindere da una ricerca bibliografica, anche e soprattutto per la conoscenza e lo sviluppo delle tematiche connesse all'indagine. Si ripropone la scheda bibliografica relativa alle cavità artificiali, dove le voci bibliografiche sono anch'esse suddivise in base alla tipologia di appartenenza (figg. XXVI.7).

XXVI.5.1 - *Norme bibliografiche*

Di seguito si riportano le indicazioni per la compilazione della scheda bibliografica, trasferibili anche su supporto informatico. Può essere utilizzata per la schedatura sia di lavori riguardanti le cavità artificiali situate in territorio italiano, sia quelle presenti in altri territori.
- AUTORE: cognome e nome.
- ANNO: anno di pubblicazione.

- TITOLO: titolo del libro o dell'articolo.
- RIVISTA: nome della rivista o del quotidiano; se si tratta invece di un libro barrare a lato.
- EDITORE: nome dell'editore o della casa editrice del libro o del periodico.
- LUOGO DI EDIZIONE: per ogni opera, articolo di rivista o di quotidiano, segnare il luogo di edizione.
- VOLUME: se l'opera è composta da più volumi segnare quello/i in oggetto, altrimenti scrivere 'unico'; se si tratta di una rivista riportare il numero e il mese; se si tratta di un quotidiano riportare il giorno e il mese.
- PAGINA/E: segnare da quante pagine è composta la pubblicazione se per intero tratta di cavità artificiali; altrimenti segnare da che pagina a che pagina l'argomento viene trattato.
- SUNTO (S.): breve riassunto dell'argomento, o degli argomenti, trattati.
- TIPOLOGIA PRINCIPALE: segnare la sola tipologia originaria dell'ipogeo; qualora siano considerati più ipogei appartenenti a differenti tipologie, segnare la tipologia maggiormente trattata (consultare l'elenco delle tipologie).
- TIPOLOGIA SECONDARIA (T.S.): qualora un ipogeo nel corso del tempo sia stato destinato a differenti funzioni, segnarle tutte tranne quella originaria; se vengono menzionati più ipogei, segnare ugualmente ogni tipologia trattata, tranne ovviamente quella principale (consultare l'elenco delle tipologie).
- MATERIE TRATTATE (M.T.): segnare tutte le materie trattate nel testo (consultare l'elenco relativo successivamente riportato).
- REGIONE (R.): dopo aver consultato l'elenco, segnare il numero che corrisponde alla Regione (o allo Stato) nella quale l'ipogeo, o gli ipogei, sono ubicati. Se il testo tratta una o più tipologie di cavità artificiali situate in diverse Regioni, siglarle tutte, oppure la sola casella n. 21. Se si tratta di cavità extranazionali siglare la casella n. 23 e indicare il paese o i paesi di appartenenza. Qualora nel testo siano indicati ipogei sia italiani sia esteri, segnare tutto come sopra riportato.
- TITOLO DELL'OPERA TRATTO DA BIBLIOGRAFIA: se gli estremi del testo sono stati tratti dalla bibliografia di un libro o di un articolo, per quanto possano non essere esaurienti ai fini della compilazione della Scheda Bibliografica, riportarli comunque e indicare il tutto alla lettera S (sunto).
- NOME E INDIRIZZO DEL COMPILATORE: scrivere cognome, nome, indirizzo completo di c.a.p., numero telefonico, fax, e-mail.

XXVI.5.2 - *Materie trattate*

Si riporta l'elenco delle MATERIE TRATTATE (M.T.).

A. GEOLOGIA E SPELEOLOGIA
- *Morfologia*: studio delle forme del suolo, nella loro genesi ed evoluzione.
- *Idrologia e Idrogeologia*: studio delle acque dal punto di vista chimico e fisico, sia superficiali che sotterranee. Penetrazione delle acque in profondità e loro circolazione sotterranea.
- *Geologia applicata*: rapporti tra la realtà geologica e le attività pratiche dell'uomo che con essa interferiscono.
- Pedologia (studio del suolo e più precisamente del terreno agrario).
- *Climatologia e Climatologia sotterranea*: studio delle relazioni reciproche dei fenomeni metereologici, le loro modificazioni in rapporto alle condizioni geografiche della superficie terrestre e i loro riflessi sui fenomeni fisici e biologici.
- *Depositi e riempimenti sotterranei*: chimica e mineralogia, morfologia del concrezionamento.
- *Cronologia dei riempimenti sotterranei*: stratigrafia, palinologia e datazione.
- *Varie*.

B. SPELEOLOGIA APPLICATA
- *Igiene*: acque potabili, inquinamento delle acque, depurazione, inquinamento ambientale.
- *Diritto e Protezione*: legislazione, conservazione, vandalismo, regolamentazione degli accessi.
- *Turismo e Geosistema*: biogeografia, pianificazione, agricoltura, demografia, parchi, cavità artificiali turistiche.
- *Speleoterapia*: terapie in ambienti artificiali sotterranei.
- *Varie*; filatelia, cartoline postali, distintivi, etc.

C. SPELEOLOGIA TECNICA
- *Tecniche e materiali d'esplorazione*: equipaggiamento personale e di gruppo, tecniche di progressione, speleosubacquea, tecniche e materiali di disostruzione, logistica, etc.
- *Prospezioni*: metodi geofisici, chimici, matematici, fotogrammetria, colorazione delle acque con traccianti, etc.
- *Incidenti e soccorso*: tecniche e materiali, analisi degli incidenti, esercizi di soccorso.
- *Medicina*: fisiologia, psicologia, sociologia, addestramento, didattica.
- *Istruzione*: scuole di speleologia, addestramento, didattica.
- *Attività*: convegni e congressi provinciali, regionali, nazionali, internazionali, mostre ed esposizioni, attività di singoli e di gruppi.
- *Varie*.

D. SPELEOLOGIA DOCUMENTARIA
- *Topografia e catasto*: metodi e materiali per topografie sotterranee e geomorfologiche.
- *Toponomastica*: studi e ricerche.
- *Bibliografia*: documentazione bibliografica, indici, biblioteche, pubblicazioni speleologiche e/o inerenti le cavità artificiali.
- *Varie*.

E. FOTOGRAFIA E FILMATI
- *Metodi e materiali fotografici*: stampe in b/n e a colori, diapositive, fotografia in digitale, attrezzatura e tecnica.
- *Metodi e materiali filmici*: su pellicola, supporto magnetico, in digitale, attrezzatura, tecnica.
- *Computer grafica e CAD*: utilizzo tecnica programmi.
- *Varie*.

F. BIOSPELEOLOGIA
- *Crostacei*.
- *Esapodi*.
- *Aracnidi, Miriapodi, etc.*
- *Molluschi e altri invertebrati.*
- *Vertebrati*.
- *Microbiologia*.

- *Flora ipogea, Funghi, Alghe.*
- *Biospeleologia generale.*
- *Varie.*

G. ANTROPOSPELEOLOGIA, ARCHEOLOGIA
- *Storia della Speleologia in Cavità Artificiali.*
- *Antropologia*: folclore, religioni, tradizioni, etc.
- *Archeologia Protostorica.*
- *Archeologia Classica.*
- *Archeologia Cristiana.*
- *Archeologia Medievale.*
- *Archeologia Postmedievale.*
- *Archeologia Industriale.*
- *Archeometria.*
- *Varie.*

H. INGEGNERIA, ARCHITETTURA
- *Architettura.*
- *Ingegneria.*
- *Ingegneria mineraria.*
- *Tattica militare*: guerra sotterranea, demolizioni, attacco dei sistemi, impiego delle mine, storia e cronaca.
- *Varie.*

I. STORIA
- *Storia della cavità artificiale*: in oggetto o in generale.
- *Storia del sito e dell'ambiente*: sito e/o ambiente nel quale la cavità artificiale è collocata; se strettamente connessa oppure se necessaria all'inserimento in un quadro storico-politico-sociale-religioso.
- *Varie.*

L. TUTELA DEL PATRIMONIO
- *Ecologia.*
- *Conservazione.*
- *Restauro.*
- *Riutilizzo.*
- *Varie.*

M. VARIE
- *Argomenti complementari*: ciò che interessa o coinvolge le cavità artificiali, non rientrando nei precedenti argomenti.

XXVI.5.3 - *Elenco delle Regioni*

Si riporta l'elenco delle REGIONI, compresi i due Stati facenti parte del territorio italiano e Nazione Estera, e comprensivo del numero che le identifica.

1. Val d'Aosta
2. Piemonte
3. Liguria
4. Lombardia
5. Trentino Alto Adige
6. Veneto
7. Friuli Venezia Giulia
8. Emilia Romagna
9. Toscana
10. Marche
11. Umbria
12. Abruzzo
13. Molise
14. Lazio
15. Sardegna
16. Campania
17. Basilicata
18. Puglia
19. Calabria
20. Sicilia
21. Più regioni
22. Città del Vaticano
23. Repubblica di San Marino
24. Nazione estera

XXVI.6 - *Note per la compilazione della scheda bibliografica*

Ai fini della compilazione della scheda bibliografica, si segnerà come tipologia principale quella originaria. Ad esempio, nel corso del tempo un'opera può essere stata utilizzata per fini diversi da quello iniziale, come nel caso di una cava diventata successivamente una polveriera, poi ossario e - in ultimo - luogo di culto a seguito dell'edificazione di una cappella: la tipologia principale sarà la n. 1 (opere di estrazione), mentre le altre andranno segnate nella tipologia secondaria.

Se una pubblicazione riguarda più cavità artificiali e appartenenti a differenti tipologie, segnare nella tipologia principale la cavità maggiormente trattata e le rimanenti nella tipologia secondaria. La pubblicazione contenente più lavori o articoli, come ad esempio gli atti di un convegno, andranno catalogati come riportato nel seguente esempio:
- il Terzo Volume degli Atti del XV Congresso di Speleologia Lombarda "Speleologia in Cavità Artificiali" è una raccolta di 14 lavori;
- si compileranno 15 schede, la cui prima sarà riferita all'intero volume e le restanti 14 riporteranno i singoli lavori presentati.

Gli estremi di un lavoro tratti da una bibliografia saranno ovviamente incompleti, non avendo la possibilità di consultare tale lavoro: si riporterà la sola tipologia principale. Ad esempio, negli "Atti dell'VIII Convegno Regionale di Speleologia del Friuli-Venezia Giulia", nel contributo di Franco Gherlizza e Lino Monaco "Grotte e Leggende", in bibliografia è presente: «Caprin G., *Le miniere di mercurio di Idria*, Alpi Giulie, Trieste, 173». Dal titolo si comprende che il lavoro riguarda cavità artificiali e la tipologia trattata può essere la n. 1 (opere di estrazione). Sarà poi grazie alla collaborazione tra quanti si occupano dello studio delle opere ipogee poter successivamente integrare la scheda, rilevarne e correggere eventuali errori.

XXVI.7 - *Archiviare i dati*

Censire gli ambienti sotterranei vuol dire recuperare una documentazione accettabile sulla loro esistenza, esaminarne internamente la struttura e raccoglierne i relativi dati, organizzare un catasto e una schedatura bibliografica. Questo è la base per costituire un archivio, auspicabilmente informatizzabile.

Federazione Nazionale Cavità Artificiali

Catasto delle Cavità Artificiali Italiane

NUMERO CATASTALE **CA** ☐☐☐☐☐ / ☐☐ ☐☐ ☐☐

n° di catasto — sotto n° — regione — provincia

DENOMINAZIONE

REGIONE - STATO

Valle d'Aosta	Piemonte	Liguria	Lombardia	Trentino Alto Adige	Veneto	Friuli Venezia Giulia	Emilia Romagna	Toscana	Marche	Umbria

Abruzzo	Molise	Lazio	Sardegna	Campania	Basilicata	Puglia	Calabria	Sicilia	Città del Vaticano	Repubblica di San Marino

PROVINCIA

COMUNE

LOCALITA'

UBICAZIONE

PROPRIETA'

CARTOGRAFIA

UNITA' GEOLOGICA

Fig. XXVI.1a. *Scheda catastale, pag. 1 (Federazione Nazionale Cavità Artificiali).*

QUOTA	______________	☐	INDICATA SULLA CARTA	☐
POSIZIONE	______________	☐	DATO SICURO	☐
	______________	☐	DATO APPROSSIMATIVO	☐

CONTESTO ______________________________

OPERAZIONI CONDOTTE ______________________________

LAVORO SVOLTO DA ______________________________

AVVERTENZE ______________________________

Fig. XXVI.1b. *Scheda catastale, pag. 2. (Federazione Nazionale Cavità Artificiali).*

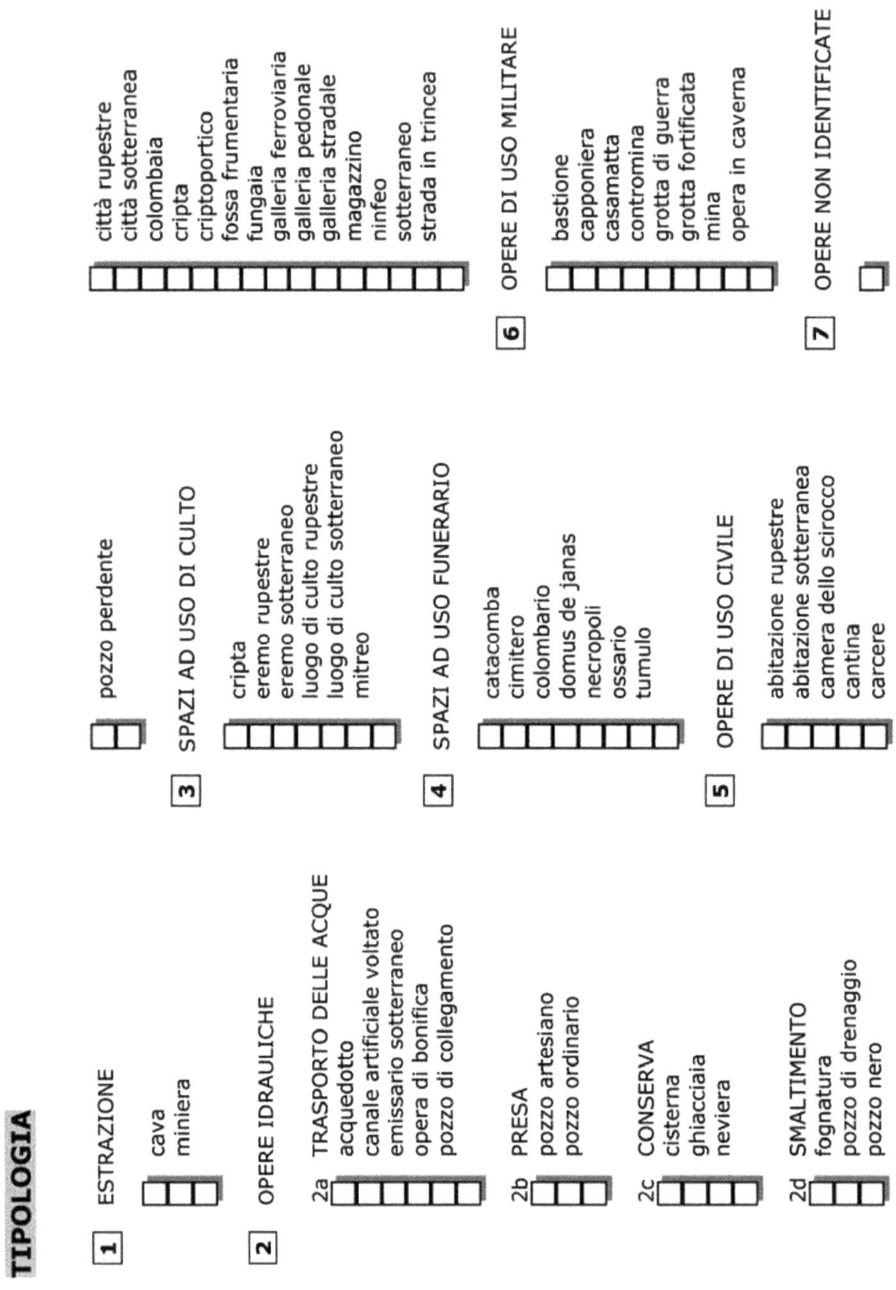

TIPOLOGIA

1 ESTRAZIONE
- cava
- miniera

2 OPERE IDRAULICHE

2a TRASPORTO DELLE ACQUE
- acquedotto
- canale artificiale voltato
- emissario sotterraneo
- opera di bonifica
- pozzo di collegamento

2b PRESA
- pozzo artesiano
- pozzo ordinario

2c CONSERVA
- cisterna
- ghiacciaia
- neviera

2d SMALTIMENTO
- fognatura
- pozzo di drenaggio
- pozzo nero
- pozzo perdente

3 SPAZI AD USO DI CULTO
- cripta
- eremo rupestre
- eremo sotterraneo
- luogo di culto rupestre
- luogo di culto sotterraneo
- mitreo

4 SPAZI AD USO FUNERARIO
- catacomba
- cimitero
- colombario
- domus de janas
- necropoli
- ossario
- tumulo

5 OPERE DI USO CIVILE
- abitazione rupestre
- abitazione sotterranea
- camera dello scirocco
- cantina
- carcere
- città rupestre
- città sotterranea
- colombaia
- cripta
- criptoportico
- fossa frumentaria
- fungaia
- galleria ferroviaria
- galleria pedonale
- galleria stradale
- magazzino
- ninfeo
- sotterraneo
- strada in trincea

6 OPERE DI USO MILITARE
- bastione
- capponiera
- casamatta
- contromina
- grotta di guerra
- grotta fortificata
- mina
- opera in caverna

7 OPERE NON IDENTIFICATE

Fig. XXVI.1c. *Scheda catastale, pag. 3 (Federazione Nazionale Cavità Artificiali).*

DESCRIZIONE

INTERPRETAZIONE

Fig. XXVI.1d. *Scheda catastale, pag. 4 (Federazione Nazionale Cavità Artificiali).*

DATAZIONE

NOTE

BIBLIOGRAFIA

COMPILATORE

Fig. XXVI.1e. *Scheda catastale, pag. 5 (Federazione Nazionale Cavità Artificiali).*

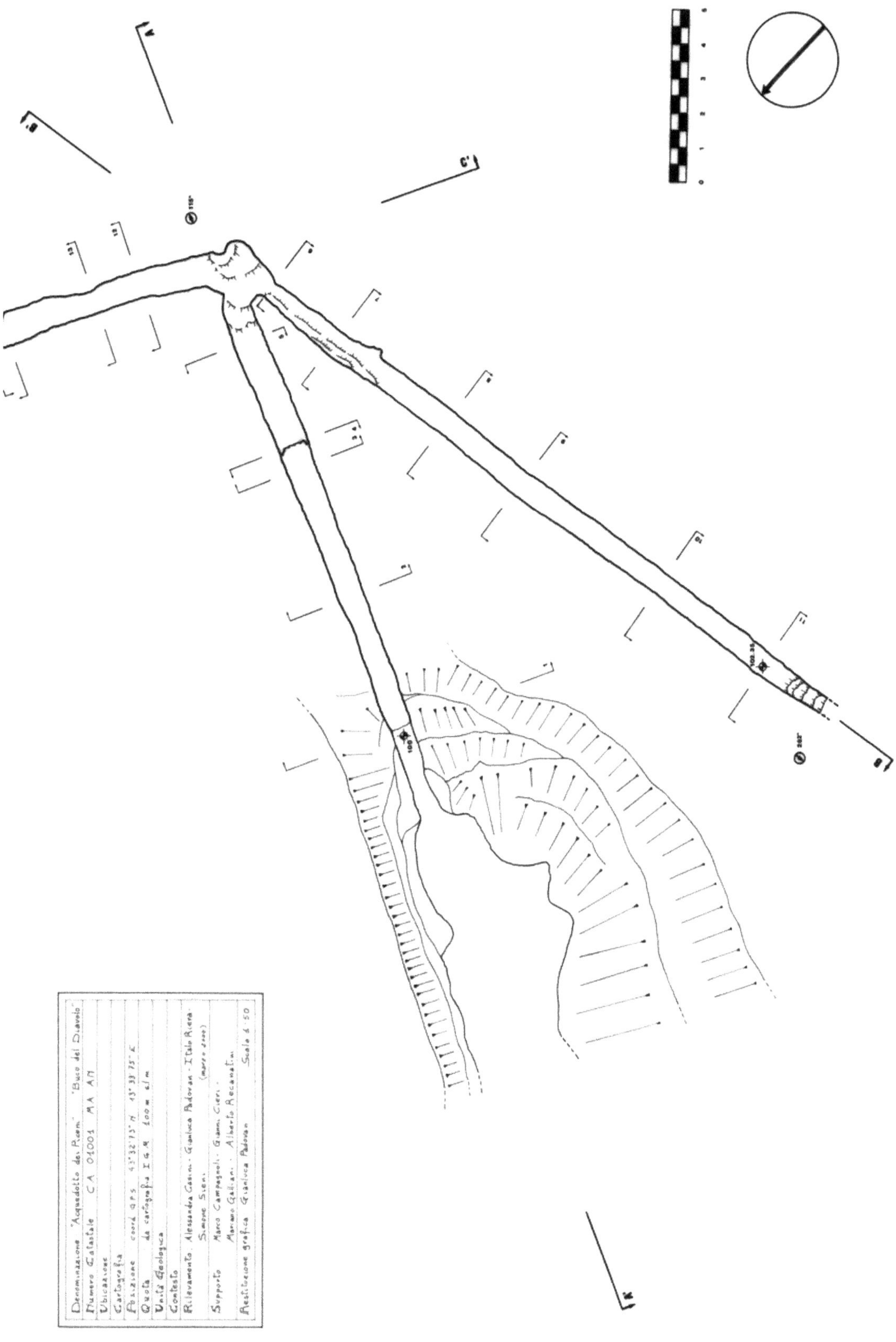

Fig. XXVI.2. *Dal fosso (quota 100 m) si entra nel tratto rettilineo del cunicolo denominato Buco del Diavolo, il quale dà accesso all'Acquedotto dei Piceni. La pianta del ramo nord prosegue nella tavola successiva (rilievo Associazione S.C.A.M.).*

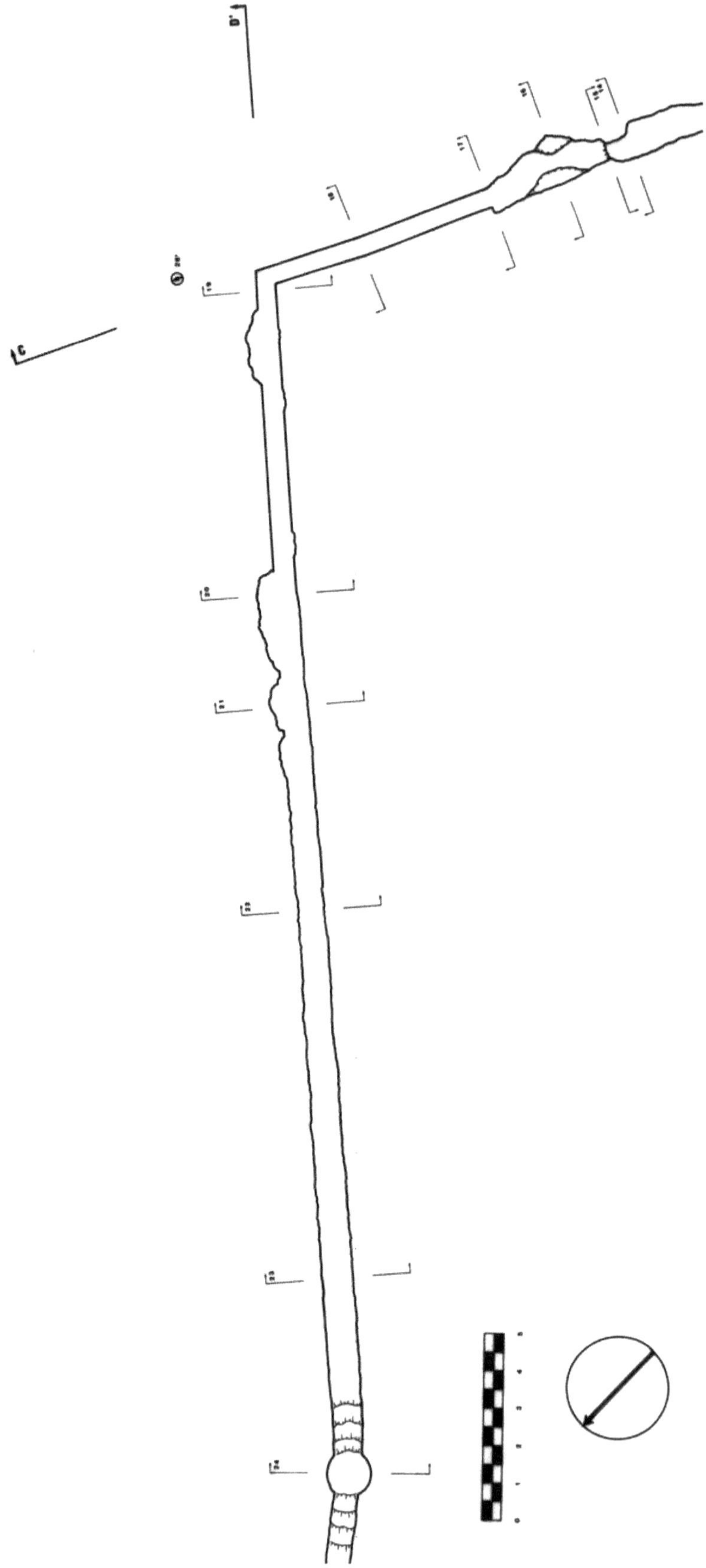

Fig. XXVI.3. *Ramo nord dell'acquedotto ipogeo, che poi piega ad angolo leggermente ottuso (rilievo Associazione S.C.A.M.).*

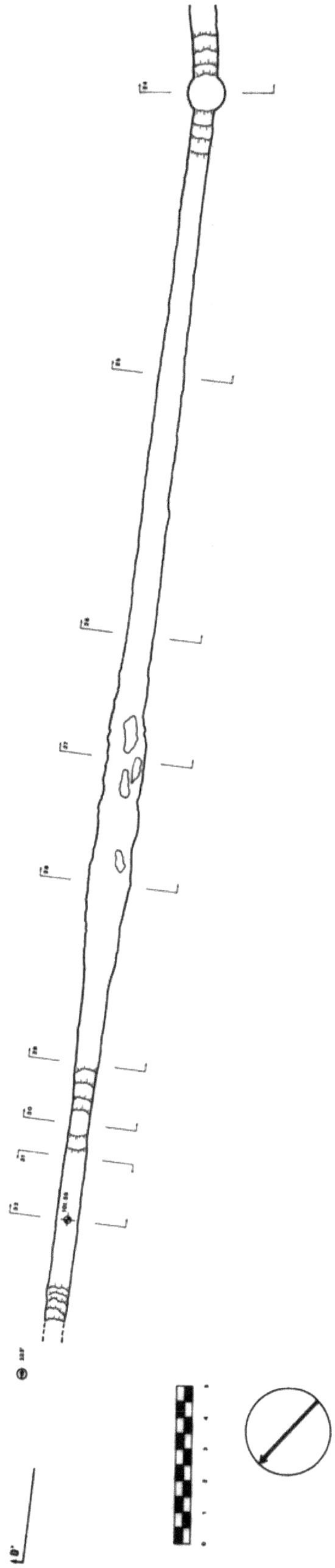

Fig. XXVI.4. *Buco del Diavolo. Prosecuzione del Ramo nord dell'acquedotto ipogeo, in direzione nord-ovest (rilievo Associazione S.C.A.M.).*

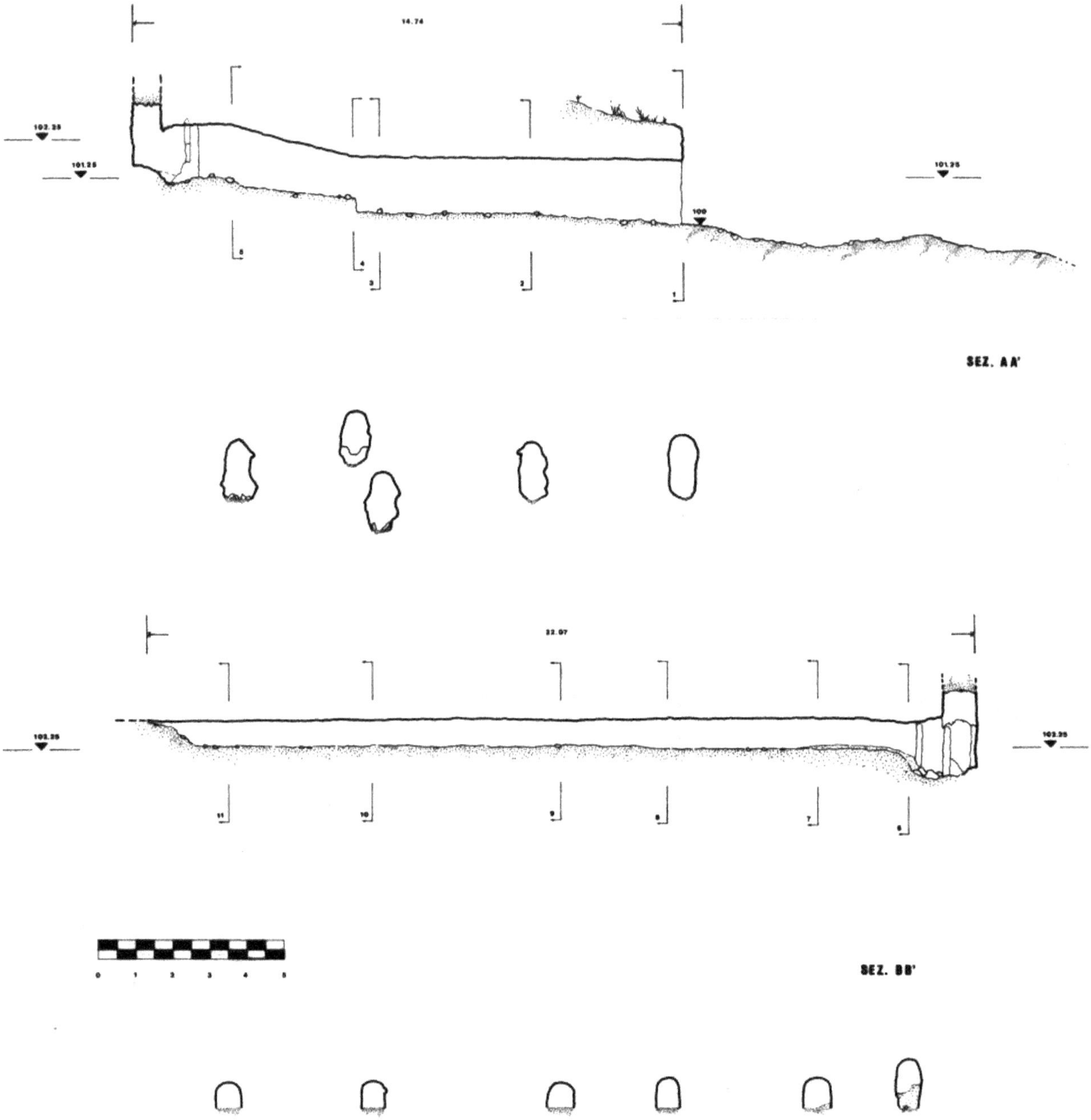

Fig. XXVI.5. *Buco del Diavolo. Sezione del tratto rettilineo del cunicolo denominato, in alto. Sotto vi è il ramo di destra dell'Acquedotto dei Piceni, da dove giungeva l'acqua, e il primo tratto del ramo di sinistra, con il salto di quota e l'inizio della parte rivestita in malta (rilievo Associazione S.C.A.M.).*

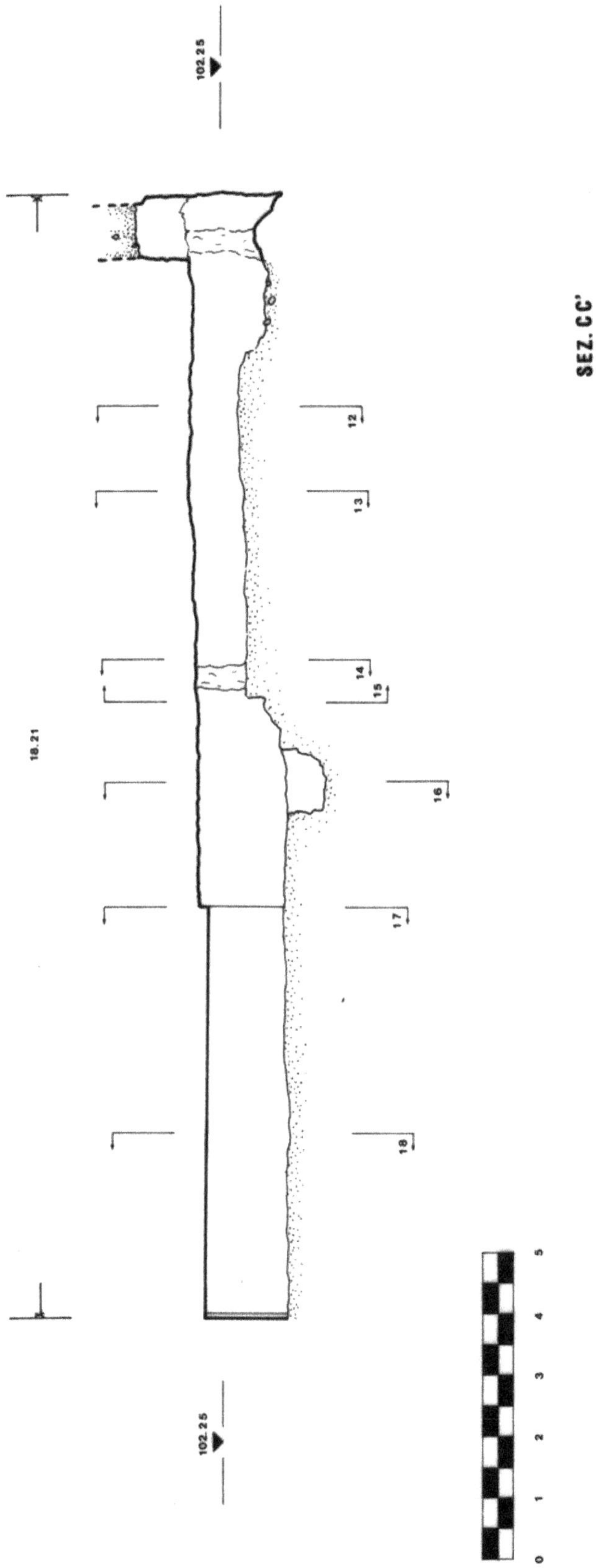

Fig. XXVI.6. *Secondo tratto dell'Acquedotto dei Piceni, con la parte rivestita in malta e il pozzo circolare ascendente (rilievo Associazione S.C.A.M.).*

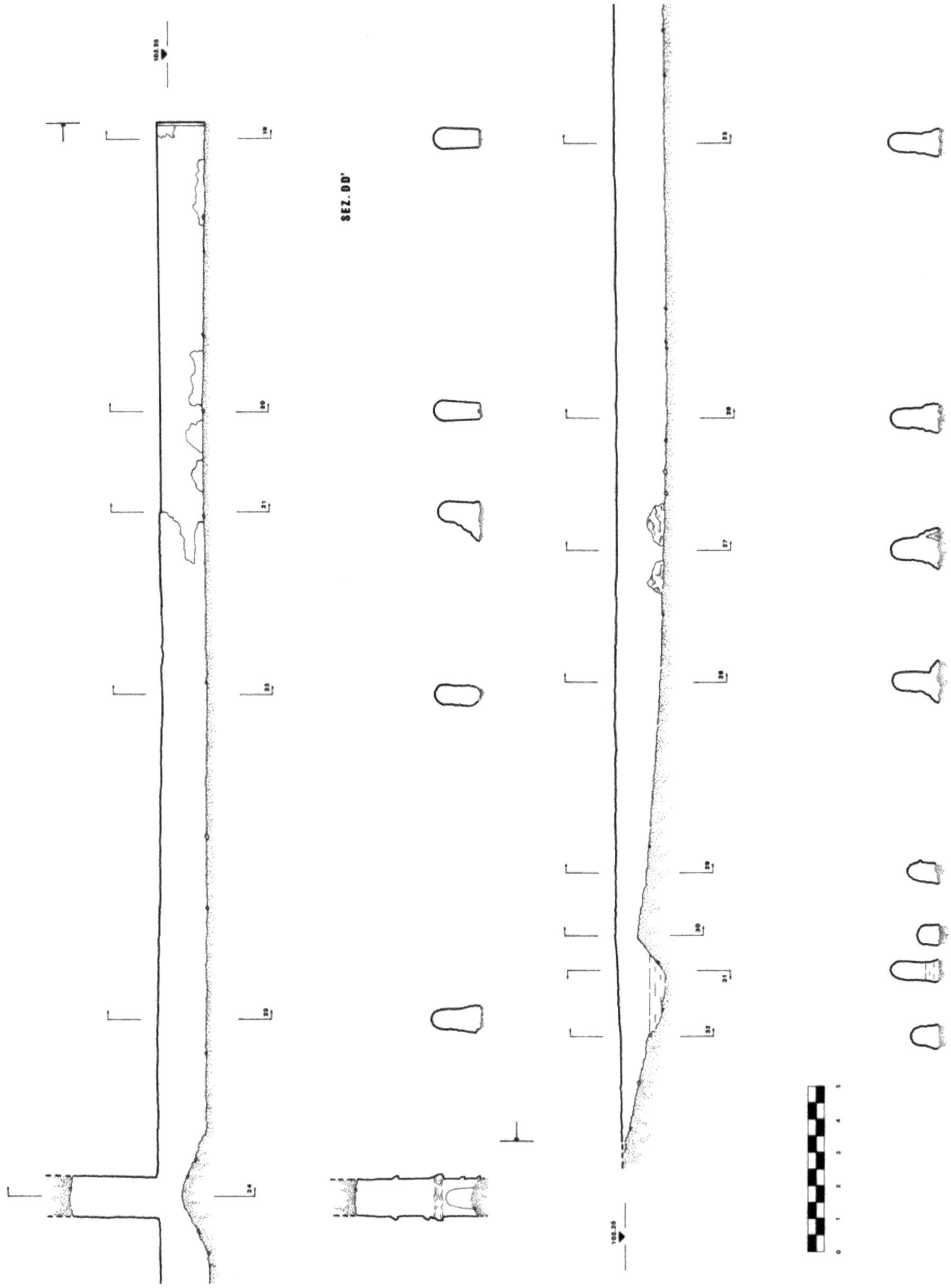

Fig. XXVI.7. *Terzo tratto dell'Acquedotto dei Piceni, con il pozzo di servizio a sezione circolare; attualmente si chiude a causa di un accumulo di detrito fine, probabilmente in corrispondenza di un altro pozzo (rilievo Associazione S.C.A.M.).*

Federazione Nazionale Cavità Artificiali

Bibliografia delle Cavità Artificiali Italiane ed Estere

AUTORE ______ **ANNO** ______

TITOLO ______

RIVISTA ______

EDITORE ______ **LUOGO/EDIZIONE** ______

VOLUME ______ **PAGINA / E** ______

SUNTO ______

TIPOLOGIA PRINCIPALE

1	2	2a	2b	2c	2d	3
Estrazione	Opere Idrauliche	Trasporto Acque	Presa	Conserva	Smaltimento	Culto

4	5	6	7	8	9	10
Uso Funerario	Opere Civili	Opere Militari	Non identificate	Tratti da bibliografia	Divulgativi Tecnico Specialistici	Cavità estere

TIPOLOGIA SECONDARIA ______

MATERIE TRATTATE

A	B	C	D	E	F	G	H	I	L	M
Geologia Speleologia	Speleologia applicata	Speleologia Tecnica	Speleologia Document.	Fotografia Filmati	Bio-speleologia	Antropologia Archeologia	Ingegnieria	Storia	Tutela patrimonio	Varie

REGIONE - STATO

1	2	3	4	5	6	7	8	9	10	11	12
Valle d'Aosta	Piemonte	Liguria	Lombardia	Trentino Alto Adige	Veneto	Friuli Venezia Giulia	Emilia Romagna	Toscana	Marche	Umbria	Abruzzo

13	14	15	16	17	18	19	20	21	22	23	24
Molise	Lazio	Sardegna	Campania	Basilicata	Puglia	Calabria	Sicilia	Più Regioni	Città del Vaticano	Repubblica di San Marino	Nazione Estera

TITOLO TRATTO DA BIBLIOGRAFIA ______ **SI** ☐ **NO** ☐

NOME E INDIRIZZO DEL COMPILATORI ______

Fig. XXVI.8. *Scheda bibliografica (Federazione Nazionale Cavità Artificiali).*

Fig. XXVI.9. *Servizio fotografico all'interno della Cisterna S.C.A.M. (Civita di Tarquinia) CA 01013 LA VT (foto G. Padovan).*

CAPITOLO XXVII

CATASTI PASSATI E CATASTI FUTURI: L'INTRODUZIONE DELL'INFORMATICA

Luigi Bavagnoli

XXVII.1 - *Tecnologia e informatica*

La tecnologia e l'uso dell'informatica possono rivelarsi un indispensabile strumento, fino ad oggi abbastanza sottovalutato, in campo speleologico. Il lavoro dello speleologo, incominciato con la ricerca e l'esplorazione di un ipogeo, non deve più terminare con la restituzione del rilievo e l'inserimento dello stesso in un tradizionale archivio catastale cartaceo. La diffusione dei computer e la semplicità di utilizzo dei moderni programmi consentono ad una parte sempre maggiore di utenti di realizzare ottime soluzioni informatiche. È quindi possibile organizzare i dati raccolti durante la fase di studio e di analisi in un unico contenitore digitale che viene chiamato database.

XXVII.2 - *Pregi e vantaggi dell'utilizzo di un database*

Prima di addentrarci, seppur in modo superficiale, alla soluzione proposta, occorre valutare le motivazioni e i vantaggi di cui si può usufruire. Il poter disporre di un catasto elettronico consente di memorizzare una quantità realmente enorme di informazioni in un piccolo CD-ROM, facendo scomparire ingombranti e polverosi archivi cartacei, mantenendo sempre la possibilità di stampare su carta le schede richieste. Risulta inoltre semplificata anche l'intera duplicazione dell'archivio, che richiede solo pochi minuti ed un costo irrisorio, e che ci consente di inviarne velocemente copia a colleghi studiosi e di conservarne copie di sicurezza.

Ma anche i vantaggi di utilizzo sono altrettanto apprezzabili. Si pensi solamente alle ricerche ed alla comparazione dei dati, impostati i criteri di ricerca, il risultato appare immediatamente sul video del nostro computer. Recuperare e stampare le schede di una determinata provincia, piuttosto che di una specifica località è un'altra operazione che richiede solo pochi secondi. L'informatica ci consente oltre a ciò di abbinare ad ogni singola scheda anche materiale multimediale, altrimenti non possibile.

XXVII.3 - *Abbinamento tra materiali non omogenei*

Una scheda catastale compilata, oltre alle voci (dette campi) discusse in precedenza, può essere abbinata ad un rilievo che, informaticamente, è da considerarsi come un'immagine. Questo è quanto si può trovare in un tradizionale catasto cartaceo. Ma capita sempre più sovente, a completamento del lavoro, di realizzare dei servizi fotografici, di avvalersi di mappe e cartine, di girare video-documentari e riprese aeree. Un tempo questi materiali, a causa delle diversità fisiche dei loro supporti (cartoncini per le fotografie, videocassette per i filmati, quadratini plastici per le diapositive o rotoloni di carta per le cartine) non venivano collegate facilmente con un catasto elettronico.

La digitalizzazione consente di adoperare gli stessi supporti ottici o magnetici per ogni documento rappresentabile da un computer. Questi materiali potranno quindi risiedere su di un computer, su di un cd-rom o viaggiare addirittura sulle pagine di Internet. Anche in questo caso sarà possibile accedere istantaneamente a tutto il materiale presente nel nostro database, potendo contenere nel medesimo archivio, documenti, testi, estratti, foto, commenti, citazioni, schede, immagini, spezzoni di video, mappe, cartine, libri, relazioni etc.

XXVII.4 - *Velocità di ricerca e di recupero dei dati*

Anche il confronto tra i dati memorizzati, utili durante le indagini comparative di ipogei differenti ma uniti anche da un solo elemento, come ad esempio per l'epoca di realizzazione o per la tipologia di utilizzo, è un lavoro in cui lo speleologo potrà risparmiare una notevole quantità di tempo. Trovandosi tutta la documentazione in un unico contenitore, organizzato nel migliore dei modi, l'unico limite risiede nella fantasia dell'utilizzatore.

Potremo richiedere all'elaboratore di mostrarci tutte le schede catastali relative a cavità localizzate in una determinata provincia o regione, oppure chiedere di elencarci tutte cavità di una determinata tipologia presenti in elenco. Ma anche formulare ricerche complesse come richiedere l'elenco di tutti gli ipogei di una determinata provincia, adoperate per uno o più ben precisi scopi, in cui almeno parte del nome comprende la parola "labirinto".

Questa ricerca è utile quando, ad esempio, non ricordiamo il nome completo di una cavità ma solo una parte di esso. In questi casi appena elencati, così come in una ricerca estesa a tutte le regioni inserite, in cui si domanda l'elenco di tutte le cavità realizzate in un ben determinato intervallo di tempo (IX - X secolo d. C., ad esempio), la risposta è immediata, necessitando solo di pochi secondi se performata da un moderno elaboratore.

XXVII.5 - *Dalla teoria alla pratica: la realizzazione*

Ma come realizzare tutto questo? Esistono numerosi programmi idonei, detti database, prodotti da vari fornitori. La scelta può avvenire in base a preferenze personali, al costo della licenza di utilizzo (alcuni di questi sono addirittura gratuiti), al livello di competenze acquisito e richiesto per operare in modo opportuno. Molto diffuso è Microsoft Access, software utilizzato in molti uffici e quindi più facilmente conosciuto dagli utenti. In caso di archivi molto complessi è necessario invece affidarsi a database professionali come DB2 di IBM oppure a quello prodotto da Oracle.

Una volta installata correttamente l'applicazione occorre iniziare a creare una struttura capace di contenere i nostri dati. Maggiore sarà la bontà dell'architettura impiegata, maggiori saranno le prestazioni del database e la facilità di manutenzione successiva. Occorrerà seguire alcuni accorgimenti che l'esperienza e numerosi manuali gratuiti presenti su Internet possono suggerire. Un database è organizzato internamente in tabelle. Ogni tabella è caratterizzata da un nome capace di identificarla univocamente e quindi di distinguerla dalle altre presenti all'interno dello stesso archivio.

Tutti i nostri dati saranno contenuti in tabelle. La prima che dobbiamo creare si potrebbe chiamare "catasto". Personalmente ritengo che l'utilizzo di nomi sempre minuscoli, di breve estensione e privi di caratteri particolari, sia un metodo che paga molto nel tempo, evitandoci problematiche legate alla compatibilità tra i vari sistemi. In questo caso la struttura della tabella "catasto" deve ricalcare la struttura della scheda cartacea e quindi avere un'area dedicata al nome dell'ipogeo, un'area riservata per il codice univoco che la identifica, un'area che contenga la descrizione, una per la tipologia, una per la regione, e così via.

Queste singole caratteristiche prendono i nomi di "campi" ed insieme definiscono la "struttura" di una tabella. A questo punto è possibile inserire i dati della prima scheda. L'inserimento può avvenire in svariati modi, i più diffusi sono attraverso delle maschere di immissione dati che guidano l'utente evitandogli parecchi errori e sovente sono addirittura generate in automatico dal nostro applicativo. Compilati tutti i campi e confermandoli, avremo inserito il primo "record", ovvero la prima scheda catastale. Infatti una tabella può contenere un numero virtualmente infinito di record. Tutte le schede catastali si troveranno al suo interno.

Internamente il database avrà bisogno di adoperare un "campo" particolare che svolga la funzione di contenere un contatore progressivo ed univoco per ogni "record". La sua gestione è per noi totalmente trasparente, tale numero verrà incrementato automaticamente ogni qualvolta inseriremo un nuovo record. Infatti, sebbene la nostra tabella presenti un campo denominato "codice" e che può contenere valori univoci (per l'uomo) tipo "CA 00003/00 PI AL", il sistema deve potersi appoggiare ad un contatore interno ed esclusivamente numerico solitamente chiamato "chiave primaria" (dall'inglese Primary Key). È opportuno verificare che ogni tabella creata disponga di questo campo prima di iniziare il popolamento dei dati.

Ci si rende conto che la semplice architettura esposta presenta una notevole ridondanza di dati. Ad esempio, ogni record relativo ad un ipogeo della stessa tipologia, avrà riportato nel "campo" relativo la medesima denominazione. Ai fini dell'occupazione di spazio questo fattore è decisamente trascurabile. Ma genera rallentamenti con conseguente crollo delle prestazioni quando il numero dei record tende a salire. Si può quindi creare una seconda tabella, denominata "tipologie" e composta da soli tre campi: l'immancabile chiave primaria, il nome della tipologia e la legenda abbinata. Essa potrà avere una forma analoga alla tabella riportata (fig. XXVII.1):

Si noti come il campo chiave primaria vada da solo, incrementandosi in modo strettamente crescente ed univoco. Questa tabella conterrà solamente 10 record e rivestirà un ruolo di appoggio alla tabella "catasto" precedentemente creata. La cancellazione, ad esempio, del record numero 8, farà perdere per sempre il riferimento 8, formando quindi un "buco". L'inserimento di un record successivo porterà a generare il numero 11, saltando quindi i numeri già adoperati. Questo processo, gestito in modo autonomo dallo stesso database è indispensabile per evitare confusioni. Si evince facilmente che il valore contenuto nel campo PK può non corrispondere al numero di record inseriti.

A questo punto sarà quindi sufficiente popolare il campo "tipologia" della tabella "catasto" inserendo solamente il numero corrispondente alla PK (chiave primaria) della tabella "tipologie": ovvero, ad esempio, "7" al posto di "SPAZI AD USO FUNERARIO". La tabella risultante sarà decisamente più leggera e performante in quanto la gestione dei testi si avvale di risorse di computazione di molto superiori alla gestione numerica, nativa nei computer. Tramite questo aggancio esisterà sempre l'abbinamento, biunivoco, capace di legare la nostra scheda non solo al nome della tipologia ma anche alla legenda memorizzata, presente nell'ultima colonna. Creata la struttura esposta, la manutenzione intesa come aggiornamento dei dati nella tabella, l'inserimento e la cancellazione di singoli campi o di interi record, può avvenire in modo trasparente all'utente finale. Ovvero sarà possibile far creare delle maschere di amministrazione che si ricordino questo legame ed eventuali altre relazioni che andremo a creare.

XXVII.6 - *Ottimizzare la struttura, ridurre gli spazi e migliorare i tempi di risposta*

A livello pratico, ogni qualvolta sia possibile raggruppare una serie di dati ripetuti all'interno di un record in una tabella esterna, opportunamente creata e collegata alle altre, si potrà beneficiare di più immediate risposte in termini di tempo e della possibilità di rendere le ricerche dei dati all'interno del database più semplici e chiare. Un altro esempio di ottimizzazione è quello relativo ai campi della scheda "catasto" dedicati alla provincia ed alla regione. Si tratta infatti di valori finiti e conosciuti (sappiamo già in partenza quante e quali sono le regioni e le province) che possiamo ospitare in relative tabelle.

Eviteremo quindi di ripetere, ad esempio, "Piemonte" per ogni cavità presente nella nostra regione, oppure "TO – Torino" per ogni record relativo a ipogei presenti in provincia di Torino. Sarà sufficiente riservare uno spazio numerico (e non testuale) per contenere le relative PK di queste tabelle. Sarà poi l'esperienza a suggerire in quali occasioni adoperare questo metodo al fine di creare database sempre più performanti ed ottimizzati.

XXVII.7 - *Multimedialità a livello pratico*

È invece necessario far risiedere file multimediali, quali fotografie, filmati, immagini, rilievi, mappe, etc., all'esterno del nostro database, conservati in opportune cartelle. Sebbene sia possibile inserire in un database dei file, anche molto grandi, questa prassi è da evitare in quanto riduce di molto le prestazioni del database stesso. Il vantaggio che andiamo a perdere è quello di avere veramente tutto all'interno di un unico file. Ma guadagneremo in termini di prestazioni, risposta alle interrogazioni ed avremmo la possibilità di aggiornare i nostri documenti senza dover intervenire sul database, il quale conterrà solamente il nome e l'indirizzo dove cercare il file in oggetto, oltre alla relativa ed opportuna descrizione che ne consentirà l'identificazione.

I legami tra scheda catastale e documento esterno sono sempre possibili grazie ad alcuni stratagemmi. Affrontiamo uno dei metodi più semplici. Le nostre schede catastali sono univocamente distinte dal loro codice (ad esempio "CA 00003/00 PI AL"). Noi possiamo rinominare i file ad essa relativi adoperando come nome proprio lo stesso codice, seguito dalla tipologia di contenuto:
ca00003_00pi_rilievo.dwg, oppure ca00003_00pi_foto1.jpg, ca00003_00pi_video4.avi, e così via.

In questo modo manteniamo il legame tra scheda e dati esterni e non siamo obbligati ad inserire i file multimediali all'interno del nostro database. Ci possiamo così appoggiare a documenti di vario genere. Tra i pochi suggerimenti che posso fornire in questo spazio c'è quello di adoperare per i testi, anche se comprensivi di foto e di immagini, il formato PDF (Portable Document Format) sicuramente compatibile tra le varie piattaforme. È infatti stato progettato per essere letto, attraverso appositi programmi, sia da macchine Linux che da macchine Windows e Macintosh.

Mentre per la gestione dei video mi affiderei alla codifica DivX, standard di compressione di cui il relativo codec e player sono scaricabili gratuitamente ed installabili in pochi secondi. Questa tecnologia ci permette di mantenere i file di modeste dimensioni potendo aumentare la durata o la qualità dei video rispetto ai metodi tradizionali. Ricordiamoci solo che un database non è un'applicazione, ma solo un contenitore intorno al quale è necessario costruire un'applicazione come potrebbe anche essere un sito internet dai contenuti dinamici.

XXVII.8 - *Proposte e futuro*

A questo punto possiamo gestire a nostro piacimento ogni aspetto del catasto. Possiamo affidare a terzi l'aggiornamento e la manutenzione dello stesso, possiamo inviare a tutti i soci del nostro gruppo un cd con gli aggiornamenti, possiamo inviarne degli estratti in posta elettronica a chiunque nel mondo, o predisporre un elaboratore nella sede della nostra associazione per libera consultazione. Ciò che è da evitare è che i risultati delle nostre fatiche scompaiano in un cassetto, come, purtroppo, sovente accade (fig. XXVII.2).

Ad esempio, la Federazione Nazionale Cavità Artificiali, ha realizzato un catasto multimediale informatizzato con gestione delle schede e delle bibliografie; attualmente sta mettendo a disposizione degli utenti di internet i dati raccolti, consultabili all'indirizzo www.fnca.teses.net.

PK (Chiave Primaria)	Nome Tipologia	Legenda Tipologia
1	OPERE DI ESTRAZIONE	1
2	OPERE IDRAULICHE - TRASP. ACQUE	2a
3	OPERE IDRAULICHE - PRESA	2b
4	OPERE IDRAULICHE - CONSERVA	2c
5	OPERE IDRAULICHE - SMALTIMENTO	2d
6	SPAZI AD USO DI CULTO	3
7	SPAZI AD USO FUNERARIO	4
8	OPERE DI USO CIVILE	5
9	OPERE DI USO MILITARE	6
10	OPERE NON IDENTIFICATE	7

Fig XXVII.1. *Tabella per database.*

Fig. XXVII.2. *Acquedotto Colombano Romean (Val di Susa); CA 00047 PI TO. Operazioni di rilievo del Gruppo Grotte Saronno C.A.I. (foto M. Cappelli).*

CAPITOLO XXVIII

SPELEOLOGIA E CAVITÀ ARTIFICIALI: LA SITUAZIONE

Gianluca Padovan

XXVIII. 1 - *Speleologia e Cavità Artificiali in Italia*

Gli studi riguardanti il mondo ipogeo, sia in cavità naturali che in cavità artificiali, hanno avuto inizio da diversi secoli, ma solo nel XIX sec. le esplorazioni speleologiche muovono i primi e decisi passi. Senza qui addentrarsi nell'argomento si suggerisce la lettura del libro: "SEZIONE SPELEOLOGICA CAI-SSI CITTÀ DI CASTELLO, *Protostoria della Speleologia*, Simposio Internazionale sulla Protostoria della Speleologia, Città di Castello 13-14-15 settembre 1991, Città di Castello (PG) 1993".

Si può tranquillamente affermare che dal momento in cui la disciplina speleologica ha preso piede, anche le ricerche nelle cavità artificiali hanno beneficiato di tale impulso, andando via via ad applicare le tecniche di discesa e di risalita anche nelle esplorazioni delle opere ipogee più complesse o comunque di non immediato accesso. È stata indubbiamente più lenta e difficoltosa, invece, la creazione di una propria metodologia d'indagine. Le motivazioni potrebbero essere varie, ma in ogni caso un dato è certo: la maturazione aveva bisogno del suo tempo, di persone svincolate dagli schemi e dagli schematismi che in questi ultimi decenni hanno pesantemente afflitto la Speleologia Nazionale, nonché delle motivazioni adeguate per assumere il proprio ruolo.

XXVIII. 2 - *Speleologia, congressi & convegni*

Nel XX sec. la Speleologia Italiana ritiene di presentare le proprie esperienze in un incontro scientifico di respiro nazionale: nel 1933 il Club Alpino Italiano organizza a Trieste il Primo Congresso Nazionale di Speleologia, con la pubblicazione degli atti. Da allora si sono tenuti 19 congressi. Nel campo delle cavità artificiali si sono invece organizzati, ad oggi, solo convegni e il primo è del 1981. In ogni caso vari lavori di su tale argomento sono stati presentati ai periodici congressi nazionali di speleologia e in convegni e incontri speleologici sia nazionali che regionali.

Fa eccezione il "19° Congresso Nazionale di Speleologia", tenuto a Bologna nel 2003 dalla Società Speleologica Italiana, in cui viene esclusa la Speleologia in Cavità Artificiali: sostanzialmente si è trattato di un 'congresso tematico'. Con il presente contributo si desidera ripercorrere le tappe che hanno visto lo sviluppo della Speleologia in Cavità Artificiali, proprio da quel primo convegno tenutosi nel 1981, a Narni.

XXVIII. 2.1 - *1981: Il sottosuolo dei centri storici umbri, esperienze speleologiche*

A Narni (Terni) dall'1 al 3 maggio 1981 si tiene il convegno: "Il sottosuolo dei centri storici umbri. Esperienze speleologiche". Nasce come convegno sul sottosuolo dei centri storici umbri, ma è di fatto il primo convegno italiano di Speleologia in Cavità Artificiali. Partecipano infatti anche Gruppi speleologici di altre regioni: Campania, Liguria e Toscana. Tra i lavori presentati alcuni parlano di metodologia e di catasto. Si può affermare che vengano finalmente gettate le basi per la nascita di una nuova disciplina: la Speleologia in Cavità Artificiali.

L'anno successivo escono gli atti: "UFFICIO STAMPA AMMINISTRAZIONE PROVINCIALE, *Atti del convegno nazionale. Il sottosuolo dei centri storici umbri. Esperienze speleologiche*, Terni Provincia n. 17, anno IV, n. 1, febbraio, Terni 1982, pp. 84".

I lavori pubblicati sono i seguenti:
- Castellani Vittorio: *Speleologia e cavità artificiali, primi elementi di una disciplina tutta da approfondire.*
- Bussetti Francesco: *Il sottosuolo, la città, il territorio.*
- Caloi Vittoria, Castellani Vittorio: *Il catasto delle cavità artificiali strumento per la conoscenza dell'evoluzione storica e ambientale del territorio.*
- Marone Bruno: *Ricerca storica e speleologica. Utilità delle speleologia come scienza sussidiaria della storia. Una indagine interdisciplinare sull'acquedotto "dei Nerva" a Narni.*
- Gruppo Speleologico UTEC Narni: *La Formina.*
- Gruppo Speleologico UTEC Narni: *Il sottosuolo del centro storico di Narni.*
- Liverani Mariella: *Il Pozzo di Piazza Grande. Ricerche storiche e archeologiche in pozzi e cisterne medioevali della città di Perugia.*
- Bovani Bruno, Fusini Oliviero: *Tecniche di rilievo e catasto dei pozzi e cisterne.*
- Maccabei Francesco: *Risorse idriche medioevali a Cesi.*
- Monacchi Daniela: *Due ponti romani inglobati nell'acquedotto della Formina di Narni: il Ponte Cadorna e il Ponte Vecchio.*
- Rosati Enrico: *L'esplorazione dell'antico esautore del lago Trasimeno costruito da Braccio Fortebraccio da Montone tra il 1420 e il 1422.*
- Speleo Club Orvietano: *L'esplorazione del sottosuolo orvietano.*
- Zoccoli Carlo: *I cunicoli di Todi.*
- Todini Maurizio: *Il recupero della rete drenante sotterranea di Todi.*
- Ascani Angelo: *Città di Castello: il sottosuolo è tutto da esplorare.*
- Menichetti Marco: *Gubbio sotterranea.*
- Lapegna Ulisse, Paone Rosario, Piciocchi Carlo: *Il sottosuolo del centro storico di Napoli.*
- Tempra Giovanni: *Napoli: esplorati e rilevati 420.000 mq di cavità.*
- Centro di Speleologia Archeologica di Arezzo: *La ricerca ipogea nel centro storico aretino.*
- Massucco Rinaldo: *La ricerca ipogea quale metodologia complementare per il corretto intervento sul Priamar di Savona.*
- Gruppo Speleologico Stroncone: *L'attività del Gruppo documenta le caratteristiche di una galleria e di un rifugio presso l'abitato.*
- Gruppo Grotte Pipistrelli CAI Terni: *Esplorazioni nel sottosuolo di Amelia.*

XXVIII. 2.2 - *1982: Convegno Nazionale di Speleologia Urbana*

A Todi (Perugia) dall'1 al 3 ottobre 1982 si svolge il "Convegno Nazionale di Speleologia Urbana". Di fatto è il secondo convegno italiano di Speleologia in Cavità Artificiali. Gli atti non saranno mai pubblicati.

Si fornisce un elenco dei Gruppi partecipanti:
Associazione Speleologica Senese
Associazione Subacquea "Orsa Minore" Perugia
Circolo Speleologico Idrologico Friulano
Circolo Speleologico Romano
Esplorazioni Speleologiche Napoli
Gruppo Speleo "L.V. Bertarelli" CAI Gorizia
Gruppo Grotte Pipistrelli CAI Terni
Gruppo Speleologico ARCI Todi
Gruppo Speleologico CAI Napoli
Gruppo Speleologico Faentino
Gruppo Speleologico Sassarese
Gruppo Speleologico "Terre Arnolfe" Cesi
Gruppo Speleologico UTEC Narni
Sezione Speleologica Città di Castello
Speleo Club Gubbio
Speleo Club Orvieto

XXVIII. 2.3 - *1985: Secondo Convegno Nazionale di Speleologia Urbana*

A Napoli dall'1 al 3 marzo 1985 si svolge il "2° Convegno Nazionale di Speleologia Urbana", organizzato dalla Sezione di Napoli del Club Alpino Italiano. Di fatto è il terzo convegno italiano di Speleologia in Cavità Artificiali. Due anni dopo escono gli atti: "CLUB ALPINO ITALIANO, *2° Convegno Nazionale di Speleologia Urbana. Le cavità artificiali, aspetti storico-morfologici e loro utilizzo*, Castel dell'Ovo 1-2-3 marzo 1985, Club Alpino Italiano Sezione di Napoli, Napoli 1987, pp. 216".

I lavori pubblicati sono i seguenti:
- Lapegna U.: *Note illustrative del sottosuolo di Napoli.*
- Fabbri M., Forti P., Moretti E., Wezel C.: *Esplorazione e rilevamento dei cunicoli drenanti e di alcuni vani sotterranei del Palazzo Ducale di Urbino.*
- Castellani V., Caloi V.: *Origine e sviluppo dell'opera cunicolare nel mondo antico.*
- Cocco E., Piciocchi P., Padula P., Tarallo F.: *Cavità artificiali nei territori comunali di Villaricca e Qualiano (Napoli).*
- Nini R., Pendola V.: *Catasto delle cavità artificiali della regione Umbria: una prima esperienza.*
- Lanza P., Piciocchi L.: *L'acquedotto sotterraneo del Carmignano.*
- Spinella G.: *L'acquedotto Teresiano di S. Giovanni in Guardiella a Trieste. Note preliminari.*
- Guglia P., Pichl E.: *Studi e ricerche sullo stato attuale dei sotterranei del centro storico della città di Trieste.*
- Arena R.: *Roma sotterranea.*
- Manghisi V.: *Nota introduttiva alla conoscenza del Canalone (Castellana-Grotte, Bari).*
- Signorelli B., Dell'Olio L.: *La rocca di Bergamo (i sotterranei).*
- Padula P., Piciocchi C.: *Proposta di sfruttamento di cavità urbane per trasporto pedonale.*
- Floris A., Tiralongo S.: *Complesso idrico punico-romano, cappuccini, Anfiteatro romano e Orto Botanico di Cagliari: aspetti morfologici e problemi inerenti l'utilizzazione ai fini della fruizione pubblica e turistica.*
- Agostini S.: *Acquedotti romani sotterranei in area mesoadriatica: tema in una ricerca archeologica integrata.*
- Piciocchi A., Beneli M., de Nardellis M.: *Viaggio nella Napoli sotterranea per l'incontro rituale nel mondo dei morti.*
- Monacchi D., Nini R.: *La Fonte Feronia e l'acquedotto Formina a Narni, l'acqua come oggetto di culto e come servizio pubblico in età romana.*
- Greco A., Di Benedetto D., Rizzi I., Del Vecchio F.: *Il territorio metropolitano della città di Bari: aspetti speleocarsici ed insediamenti ipogei.*
- Abignente F., Crescenzi E.: *Ricognizioni nella "Grotta di Seiano".*
- Paganelli L.: *Note preliminari sul sottosuolo delle città di Lucera e Foggia.*
- Burri E.: *Le esplorazioni e gli studi storici sulle cisterne, fontane e sull'acquedotto dell'antica Taete.*

XXVIII. 2.4 - *1991: Terzo Symposium Internazionale sulle Cavità Sotterranee*

A Napoli dal 10 al 14 luglio 1991 si svolge il "3RD International Symposium on Underground Quarries", organizzato dalla Sezione di Napoli del Club Alpino Italiano. Si tratta del terzo simposio internazionale riguardante le opere sotterranee, il quale s'inserisce nel ciclo di convegni che si tengono periodicamente in Europa.

In questo vengono discusse tre tematiche:
1. recupero delle cavità a livello dei Beni Culturali;
2. riutilizzo di cavità in aree da destinare ad attività per il tempo libero;
3. conservazione delle cavità integrata nei piani di salvaguardia per le città storiche.

Tre anni dopo escono gli atti: "CLUB ALPINO ITALIANO, *3RD International Symposium on Underground Quarries*, Napoli Castel dell'Ovo 10-14 Juily 1991, Club Alpino Italiano Sezione di Napoli, Napoli 1994, pp. 310".

I lavori pubblicati sono i seguenti:
- de' Gennaro M., Morra V.: *Attività vulcanica e minerogenesi nei Campi Flegrei: i tufi gialli.*
- Di Sandro E.: *Cavità antiche per una nuova città: un'ipotesi fruibile per Napoli.*
- Piciocchi C., Vuolo A.: *Esempio di sfruttamento di cavità come parcheggio.*
- Tarzia M.: *La Grotta di Seiano: una passeggiata archeologica sulla collina di Posillipo.*
- D'Andrea G., Del Vecchio U., Tufano C., Iovino F.: *I bunkers di Cuma.*
- Cherubini C., Germinario S., Greco A., Del Vecchio F., Ramunni F.P., Rizzi I.: *Stabilità degli ipogei in rocce calcarenitiche.*
- Del Vecchio F., Rizzi I., Greco A.: *Canosa underground: ipogei, catacombe, insediamenti in grotta, gallerie e grandi*

sistemi sotterranei presenti nel sottosuolo di Canosa di Puglia.
- Polegri M.: *Studio sistematico delle cavità artificiali per la conservazione ed il recupero nei centri storici.*
- Miele A., Piciocchi C.: *Studio delle cavità artificiali nel territorio di Cicciano – Napoli.*
- Cìlek V.: *Re-utilization of underground quarries in Czechoslovakia.*
- Cìlek V., Sutta V., Wàgner J.: *Under-sea tunnels in the vicinity of Castel dell'Ovo in Naples.*
- Tomat A., Dupont J.P.: *L'homme et les cavites naturelles et artificielles de Haute-Normandie.*
- Piciocchi C.: *Primo contributo sul censimento degli acquedotti ipogei in Italia.*
- Orbons J.: *Use of the walls in the limestone quarries of the Netherlands and Belgium.*
- Caloi V., Castellani V.: *Note on ancient emissary of lake Nemi.*
- Nini R.: *Il riuso delle cisterne per risolvere le crisi idriche.*
- Bosàk P.: *Kolowrat gallery: an unique underground limestone mine near Loreta, West Bohemia.*
- Todaro P.: *Le "muchate" di Palermo.*
- Petrov I., Docevska S., Kostov D.: *Utilizzazione di alcune caverne dalla religione Cristiana.*
- Asparuhov M.: *Medieval pictures of animals-graphites in the caves of northwest Bulgaria and the relation of some of them with the religious-mythological system of the bulgarians.*
- Chabert J.: *De quelques cavités artificielles figurées sur les timbres-poste.*
- Felici A., Cappa G.: *L'utilizzazione di ipogei etruschi per catacombe e chiese rupestri nella Tuscia (Lazio, Italia): problemi di recupero e conservazione.*
- Lapegna U. (a cura di): *Guida all'escursione nel sottosuolo di Napoli.*

XXVIII. 2.5 - *1997: Quarto Convegno Nazionale sulle Cavità Artificiali*

A Osoppo (Udine) il 30-31 maggio e 1 giugno 1997 si svolge il IV Convegno Nazionale sulle Cavità Artificiali, organizzato dal Gruppo Grotte – Sezione di Ricerche e Studi su Cavità Artificiali del Club Alpinistico Triestino. Dopo ben dodici anni si tiene, quindi, il quarto convegno italiano di Speleologia in Cavità Artificiali. È un momento importante, assolutamente decisivo per la Speleologia Italiana che si occupa dei manufatti ipogei: si riuniscono e si confrontano varie realtà che hanno sviluppato autonomamente la metodologia d'indagine senza coordinamenti a livello nazionale. Da questo momento in poi la Disciplina si delinea e gli studi assumono un carattere decisamente più 'maturo'. L'anno stesso escono gli atti: "CLUB ALPINISTICO TRIESTINO, *Atti del IV Convegno Nazionale sulle Cavità Artificiali*, Osoppo (Udine) 30/31 Maggio - 1 Giugno 1997, Club Alpinistico Triestino, Gruppo Grotte – Sezione di Ricerche e Studi su Cavità Artificiali, Trieste 1997, pp. 280".

I lavori pubblicati sono i seguenti:
- Biasoni Mino: *Note geologiche e storiche su Osoppo e la sua fortezza.*
- Basezzi Nevio, Dell'Olio Luca, Signorelli Bruno: *La Fontana del Lantro.*
- Cascone Giovanna, Casini Alessandra: *Le miniere antiche dei monti di Campiglia (Campiglia Marittima - LI).*
- Cherubini Claudio, Sgobba Domenico: *Le cave sotterranee di tufo pugliesi: descrizione degli ipogei e valutazione di stabilità.*
- Crevatin Gabriele, Guglia Paolo: *Il complesso delle sorgenti di Aurisina.*
- Floris Antonello, Padovan Davide, Padovan Gianluca: *"Mediterraneus".*
- Grassi Lorenzo: *Le rete Internet per la diffusione delle conoscenze sulle cavità artificiali.*
- Grassi Lorenzo: *L'esplorazione delle antiche cave di pozzolana in via di Villa Albani a Roma.*
- Guglia Paolo: *Le cavità artificiali della Venezia Giulia.*
- Guglia Paolo, Pesaro Alessandro: *Il "progetto Theresia". Risultati delle ricerche e prospettive future.*
- Meneghini Marco: *Le gallerie cannoniere di Monte Fortin.*
- Nini Roberto: *Sistemi di scavo in sotterraneo di acquedotti in età romana.*
- Padovan Davide, Padovan Gianluca, Bordignon Lodovico, Ottino Massimo: *La Fortezza di Verrua Savoia.*
- Pastorelli Alessandro: *Sintesi su alcune cavità artificiali nella Provincia di Imperia.*
- Pesaro Alessandro: *La Galleria "Stena" superiore a Trieste. Un problema metodologico di rilievo.*
- Speleo Club Orvieto: *Opere idrauliche dell'Orvietano dagli Etruschi al Medioevo.*
- Tavagnutti Maurizio: *Proposta per una classificazione delle grotte di guerra esistenti sul Carso goriziano finalizzata al loro inserimento nel catasto delle grotte artificiali.*
- Vitali Valerio, Gianluca Padovan: *Speleologia subacquea in cavità artificiali.*
- Codiglia Marino, Gherlizza Franco, Radacich Maurizio: *Note preliminari sugli ipogei artificiali di Punta Bratina (Timavo - Trieste).*

XXVIII. 2.6 - *1997: Convegno Regionale di Speleologia in Cavità Artificiali in Emilia Romagna*

A Casola Valsenio (Ravenna) l'1 novembre 1997 si svolge l'"11° Convegno Speleologico Regionale della Emilia-Romagna", indetto dalla Federazione Speleologica Regionale dell'Emilia Romagna e organizzato nell'ambito dell'incontro annuale di speleologia. Il tema del convegno è: "Cavità Artificiali in Emilia Romagna: stato della ricerca".

L'anno successivo si pubblicano gli atti: "GRUPPO SPELEOLOGICO BOLOGNESE, UNIONE SPELEOLOGICA BOLOGNESE, Atti dell'11° Convegno Speleologico Regionale della Emilia-Romagna su *Cavità Artificiali in Emilia Romagna: stato della ricerca*, in *Speleologia Emiliana*, Rivista della Federazione Speleologica Regionale dell'Emilia Romagna, n. 9, Anno XXIV, IV serie, Bologna 1998, pp. 79".

I lavori pubblicati sono i seguenti:
- Bertolani Mario: *La ferrovia incompiuta Modena-Pavullo: le gallerie - l'ambiente.*
- Stuppini Maurizio: *Le miniere di Corchia, nel Parmense.*
- Sturloni Stefano: *La città sottopelle: Fossaccia Farnesiana e Condotta Tarascona.*
- Demaria Danilo: *Le cavità artificiali del Parco Storico di Monte Sole, in provincia di Bologna.*

- Zambrini Antonio: *Prime ricerche sulle antiche cave di Varignana, in provincia di Bologna.*
- De Mattia Fabio: *Le miniere di zolfo del Cesenate.*
- Bassi Sandro: *I 'rifugi di guerra' nella fascia pedecollinare faentina.*
- De Mattia Fabio: *Fortificazioni rupestri nello Spungone tra il torrente Marzeno ed il Samoggia, in provincia di Ravenna.*
- Gibertini Umberto: *Nell'aria c'è.*

XXVIII. 2.7 - *1999: Convegno di studi "La memoria del sottosuolo"*

A Camerano (Ancona) il 17 e 18 luglio 1999 si tiene il convegno di studi: "La memoria del sottosuolo. Cavità artificiali e sistemi ipogei sotto i centri storici alle falde del Conero ed in area mesoadriatica".

L'evento nasce dall'impegno dello speleologo Alberto Recanatini di Ancona, autore di varie pubblicazioni a carattere storico e speleologico, ed è organizzato dal comune di Camerano.

L'anno successivo escono gli atti: "CAMPAGNOLI MARCO, RECANATINI ALBERTO, *La memoria del sottosuolo. Cavità artificiali e sistemi ipogei sotto i centri storici alle falde del Conero ed in area mesoadriatica. Atti del Convegno di Studi. Camerano 17/18 luglio 1999*, Comune di Camerano, Jesi 2000, pp. 205".

I lavori pubblicati sono i seguenti:
- Campagnoli Marco: *La regione rovesciata, le cavità artificiali nelle Marche.*
- Mainiero Maurizio: *Problematiche connesse alla presenza di cavità artificiali nei centri storici.*
- Mosca Roberto: *I segni di una antica alimentazione idrica nelle grotte osimane.*
- Mariano Fabio: *Il progetto di restauro e valorizzazione delle grotte ipogee di Camerano.*
- Antinori Andrea: *Gli eremi rupestri dell'Appennino Umbro Marchigiano.*
- Bixio Roberto, Castellani Vittorio: *Insediamenti sotterranei e pianificazione idrogeologica nella antica e nella attuale Cappadocia.*
- Volpe Gianni: *Le ricerche del Club Sotterraneo.*
- Gambelli Giuseppe, Mancini Michela, Minardi Massimo: *L'acquedotto di San Gaudenzio nelle ricerche del G.S.S. CAI Senigalliese.*
- Nini Roberto: *Il rispetto dei canoni imposti da Vitruvio e da Plinio nello scavo dei condotti idraulici sotterranei: gli esempi dell'acquedotto Formina di Narni e del Buco del Diavolo di Camerano.*
- Riera Italo: *Il Buco del Diavolo di Camerano. Appunti per una rilettura dei manufatti idraulici antichi in area mesoadriatica.*
- Antonini Giuseppe: *Alimentazione idrica delle città di Ancona e di pesaro in età romana e preromana.*
- Castellani Vittorio: *Cavità Artificiali e regolamentazione idrica sotterranea.*
- Recanatini Alberto: *La città segreta, correlazioni tra sviluppo urbano di superficie e rete ipogea nei centri storici alle falde del Conero. I casi di Camerano e Osimo.*

XXVIII. 2.8 - *1999: Congresso Regionale di Speleologia in Cavità Artificiali in Lombardia*

A Sant'Omobono Imagna (Bergamo) il 2 e 3 ottobre 1999 si svolge il "XV Congresso di Speleologia Lombarda", il cui promotore è Alberto Buzio (Gruppo Grotte Milano SEM-CAI), ed è organizzato da: Gruppo Speleologico Valle Imagna CAI, Associazione Speleologia Cavità Artificiali Milano, Alberto Buzio, Evon Malixi e Massimo Pozzo. Sostanzialmente si tengono in contemporanea due distinti congressi: uno sulle Cavità Naturali e uno sulle Cavità Artificiali.
L'anno successivo si pubblicano gli atti in tre volumi: Volume 1 - Lombardia, Volume 2 - Valle Imagna, Volume 3 - Speleologia in Cavità Artificiali. L'ultimo volume è il seguente: "PADOVAN GIANLUCA, RIERA ITALO (A CURA DI), *Atti XV Congresso di Speleologia Lombarda*, (Sant'Omobono Imagna Terme: 2-3 ottobre 1999), vol. III, *Speleologia in cavità Artificiali*, Milano 2000, pp. 231". I lavori pubblicati sono i seguenti:
- Padovan Gianluca: *La Speleologia in Cavità Artificiali.*
- Padovan Gianluca: *Per una nuova lettura del paesaggio: quadro delle evidenze sotterranee lombarde.*
- Frignani Fabrizio: *Evoluzione del rilievo topografico: dalle stelle naturali alle stelle artificiali.*
- Pesaro Alessandro: *Intorno ai problemi percettivi nel rilievo di cavità artificiali.*
- Casini Alessandra, Cascone Giovanna: *Un contributo alla definizione della metodologia di studio e di rilevamento delle attività minerarie d'età preindustriale.*
- Ravagnan Maurizio: *Le miniere presso Berzo Demo, in Val Camonica (Brescia).*
- Ravagnan Maurizio: *La miniera abbandonata "Ferromin" presso Malonno (Brescia), detta "della Petassa".*
- Buzio Alberto, Casini Alessandra, Padovan Gianluca: *Attività estrattive nelle Grigne. Alcune note riguardo la Grotta del Pallone e la Grotta Ferrera.*
- Riera Italo: *Risorsa idrica e fenomeno insediativo: qualche appunto.*
- Gallina Dario: *L'acquedotto di Mompiano (Brescia). Auspici di uno studio speleologico.*
- Gambini Amedeo, Padovan Gianluca: *Studi di comparazione architettonica presso il Comune di Bergamo, in Città Alta, nel 1997.*
- Cella Gian Domenico, Guanella Bruno, Vajna de Pava Eugenio: *Un'interessante opera militare della Linea Cadorna a Verceia (SO).*
- Basezzi Nevio, Dall'Olio Luca: *Il castello di San Vigilio e i suoi sotterranei (BG).*
- Padovan Davide, Padovan Gianluca: *Milano: la documentazione dei sotterranei del Castello di Porta Giovia.*

XXVIII. 2.9 - *2001: Quinto Convegno Nazionale sulle Cavità Artificiali*

A Osoppo (Udine) dal 28 aprile all'1 maggio 2001 si svolge il V Convegno Nazionale sulle Cavità Artificiali, organizzato dal Gruppo Grotte – Sezione di Ricerche e Studi su Cavità Artificiali del Club Alpinistico Triestino. Dopo quattro anni si tiene, quindi, il quinto convegno italiano di Speleologia in Cavità Artificiali.

Si rinnova il successo del precedente incontro nella bella cornice del Colle di Osoppo e cogliendo un risultato notevole, dato dalla professionalità e dal numero dei lavori presentati: ben trentatrè.

La Speleologia Italiana ha fondato a pieno titolo una nuova Disciplina, ovvero la "Speleologia in Cavità Artificiali". Il successo è di rilievo perché occorre considerare come nel corso degli anni i presunti coordinamenti regionali e nazionale non abbiano dato, di fatto, la prova di esistere. Si tratta quindi di un successo conseguito da tanti speleologi semplicemente 'legati' da un medesimo ideale, conseguito con lo studio e il lavoro sul campo. L'anno successivo escono gli atti: "CLUB ALPINISTICO TRIESTINO, *V Convegno Nazionale sulle Cavità Artificiali. Atti*, Osoppo (Udine) 28 aprile – 1 giugno 2001, Club Alpinistico Triestino, Gruppo Grotte – Sezione di Ricerche e Studi su Cavità Artificiali, Trieste 2002, pp. 504".

I lavori pubblicati sono i seguenti:
- Biasoni Mino: *Cenni geologici e storici sul Forte di Osoppo.*
- Alba Antonio, Bonfrate Michele, Di Natale Francesco, Giangreco Antonio, Pepe Roberto, Selleri Gianluca, Selleri Vincenzo: *Le sorgenti di Carlo Magno nella Valle dell'Idrio, Otranto (Lecce).*
- Archetti Angelo, Benatti Mariacristina, Bonardi Francesco, Donati Cristina: *I sotterranei della fortezza sul Colle Cidneo (Brescia).*
- Basilico Roberto, Casini Alessandra, Padovan Gianluca: *La storia dell'acqua in un castello della Maremma toscana: Campiglia Marittima (Livorno).*
- Basilico Roberto, Lampugnani Marco: *Il complesso conventuale eremitico di San Cosimato: un approccio critico.*
- Borsari Marcello, Gibertini Umberto: *Le antiche miniere di talco dell'Alpe Brunetta nelle valli di Lanzo Torinese.*
- Campagnoli Marco: *Le grotte di Montelupone (Macerata), ricerca sulle cavità artificiali di un centro storico nelle Marche centrali.*
- Morgoni Luigi: *Gallerie drenanti come sistema di consolidamento. Cunicoli antichi e recenti nel centro storico di Montelupone (Marche).*
- Casini Alessandra, Cascone Giovanna: *La miniera di stagno di Monte Valerio (Campiglia Marittima – Livorno).*
- Casini Alessandra, Padovan Gianluca: *Speleologia in Cavità Artificiali: metodologia e strategie d'indagine.*
- Casini Alessandra, Padovan Gianluca, Recanatini Alberto, Riera Italo: *Il Buco del Diavolo di Camerano.*
- Casini Alessandra, Padovan Gianluca, Saragosa Claudio: *Speleologia in Cavità Artificiali e archeologia industriale presso l'area ex-ILVA di Follonica (Grosseto).*
- Cerino Badone Giovanni: *La guerra di mina e di contromina nel XVIII secolo. Spunti e nuove proposte di studio.*
- Cremonesini Giovanni, De Natale Francesco, Selleri Gianluca: *Gli ipogei dell'anfiteatro romano di Lecce.*
- Dell'Olio Luca, Basezzi Nevio: *Ipogeo dell'ex complesso monastico di S. Agostino (Bergamo).*
- Del Prete Sossio, Mele Rita, Allocca Francesco, Bocchino Berardino: *Nota preliminare sulle miniere di bauxite di Cusano Mutri (Benevento), Monti del Matese.*
- Demaria Danilo: *Le cavità artificiali del Parco storico di Monte Sole (Provincia di Bologna).*
- Frignani Federico, Sassi Giuseppina, Frignani Fabrizio, Casini Alessandra, Padovan Gianluca: *Il rilevamento delle cave di gesso a Vezzano sul Crostolo (Reggio Emilia).*
- Gherlizza Franco, Radacich Maurizio, Russian Pierpaolo, Schmid Abramo: *Il Valloncello dell'Imperiale e Regio Reggimento Fanteria. Visintini - Devatachi (Vallone di Gorizia). Note preliminari.*
- Gleria Enrico: *I Covoli dei castelli di Giulietta e Romeo a Montecchio Maggiore (Vicenza).*
- Guglia Paolo: *La galleria del Bosco Marchesetti (Trieste). Descrizione di un'opera idraulica minore.*
- Meneghini Marco: *Cenni di Speleologia in Cavità Artificiali nella valle dello Judrio ("Progetto Judrio 2000").*
- Nini Roberto: *L'approvvigionamento idrico di Narni in età repubblicana.*
- Padovan Gianluca: *Impronte umane: nelle riservette munizioni qualcuno dipinse ricordi, espresse i propri sentimenti….*
- Padovan Gianluca: *Indagini di Speleologia in cavità Artificiali nel territorio di Tarquinia.*
- Padovan Gianluca: *Milano sotterranea.*
- Pastorelli Alessandro: *Ipogei idrici nella provincia di Imperia (Liguria Occidentale).*
- Pesaro Alessandro: *Il folklore minerario europeo. Note introduttive.*
- Selleri Gianluca: *Il rischio ambientale connesso alla presenza di cavità antropiche in provincia di Lecce.*
- Tavagnutti Maurizio: *Progetto Tschebull. Documenti inediti per una ricostruzione delle vicende storiche legate alla ricerca dell'acqua potabile a Gorizia.*
- Zanon Domenico: *Ricerche biospeleologiche nei sotterranei del castello Sforzesco di Milano.*
- Zanon Domenico: *Nota preliminare sulla zoocenosi dei sotterranei del Forte di Osoppo.*

XXVIII. 2.10 - *La Federazione Nazionale Cavità Artificiali*

Dal 1997 al 2001 si sono poste le basi per questo manuale e parte degli autori che hanno contribuito alla sua costruzione si sono conosciuti negli ultimi convegni e congressi speleologici. Dal lavoro sul campo, e in particolare da quello svolto presso la Fortezza di Verrua, in Piemonte, le Associazioni TESES e SCAM hanno dato vita alla Federazione Nazionale Cavità Artificiali, nel 2004. Per il 2005 si è programmato il I Congresso sulle Cavità Artificiali sul tema: *Archeologia del sottosuolo: metodologie a confronto.*

XXVIII.3 - *Alcune riflessioni*

Dire come e quando sia nata nell'Uomo l'idea, o fors'anche l'esigenza, o la semplice curiosità, di indagare i manufatti sotterranei, non è possibile, almeno all'attuale stato delle conoscenze. Svariati motivi hanno condotto l'uomo a recarsi ad esplorare quanto i predecessori avevano scavato o costruito. Ad esempio, le miniere abbandonate hanno richiamato, nel corso dei secoli, l'attenzione di nuovi minatori praticamente fino al XX sec.; oggi, alcune di queste, sono oggetto d'indagine da parte di speleologi e archeologi.

Giovanni Battista Piranesi nelle sue incisioni intese all'esaltazione dei monumenti di Roma e dell'architettura romana dedica ampio spazio alle costruzioni idrauliche: «delle sue circa 1000 tavole ne ha incise 79 il cui soggetto si riferisce o direttamente o indirettamente alle acque, agli acquedotti ed alle terme» (Panimolle 1984, II vol., p. 79). Oltre ad aver studiato il testo di Frontino, si è dedicato alla ricerca delle antiche vestigia intraprendendo, come nel caso della documentazione dell'emissario artificiale del lago di Albano, anche una parziale esplorazione.

Tra le tavole del suo lavoro intitolato: "Descrizione e disegno dell'emissario del Lago Albano", una riporta nel cartiglio: «PIANTA della Spelonca ornata dagli antichi in riva al Lago Albano ed accennata nella Tavola I de' disegni dell'Emissario alla fig. I lett. D» (Ficacci 2000, p. 441). Altre tavole raffigurano piante, sezioni e vedute di monumenti funebri come, ad esempio, lo spaccato del Sepolcro di Alessandro Severo, oppure criptoportici, conserve per l'acqua, piscine, etc. Infine, nella rappresentazione delle «Rovine delle antiche fortificazioni del monte e della città di Cora nel Lazio», il cartiglio della "Fig. III" ci dice: «Sezione del medesimo monte. A Cunicoli per li quali gli assediati accorrevano alle preccinzioni».

La natura umana ha una forte componente di curiosità ed è innegabile che nel momento in cui si trova innanzi al classico 'accesso che dà sul buio' i sentimenti, spesso contrastanti, sono generalmente due: timore e curiosità. Rimane, al proposito, esemplificativo un passo di Leonardo da Vinci (Padovan 2000, p. 81), che si può ritenere sia una delle più accorte e suggestive descrizioni di quanto possa muovere l'animale umano alla scoperta del sottosuolo e di quel che nell'animo dell'uomo si muova al cospetto dell'ignoto: «E tirato dalla mia bramosa voglia, vago di vedere la gran copia delle varie e strane forme fatte dalla artifiziosa natura, raggiratomi alquanto infra gli ombrosi scogli, pervenni all'entrata d'una gran caverna; dinanzi alla quale, restato alquanto stupefatto e ignorante di tal cosa, piegato le mie reni in arco, e ferma la stanca mano sopra il ginocchio, e colla destra mi feci ten[ebre] alle abbassate e chiuse ciglia; e spesso piegandomi in qua e in là per [ve]dere se dentro vi discernessi alcuna cosa; e questo vietatomi [per] la grande oscuri[t]à che là entro era. E stato alquanto, subito sa[l]se in me due cose, paura e desiderio: paura per la minac[cian]te e scura spilonca, desiderio per vedere se là entro fusse alcu[na] miracolosa cosa» (da Vinci, Codice Arundel, 155*r*).

Ma, più che le grotte, sono le cavità artificiali ad attirare, in quanto nell'immaginario collettivo in esse si identificano il "passaggio segreto" e il luogo dove è nascosto il tesoro. La realtà è ben diversa, seppure spesso i tesori vi siano: sono le architetture sotterranee, i monumenti nel buio che i nostri predecessori ci hanno lasciato. E che il buio ha conservato.

BIBLIOGRAFIA

AA.VV. 2004, *Guizhou 2003: Qualità dei principali acquiferi carsici e degli ambienti ipogei*, Relazione inedita realizzata per il Ministero degli Esteri Italiano, p. 101.

Abrescia, F., Latella, L., Rossi, G., Zorzin, R., 2000, *Guizhou 2000 - Spedizione italiana in Cina.* in *Speleologia*, Società Speleologica Italiana, n. 43, Città di Castello, pp. 44-51.

Acquaro, E., Francisi, M.T., Mezzolani, A. 2002, *Approvvigionamento idrico a* Tharros*: analisi e funzionalità conservative*, in *In binos actus lumina.* Atti del Convegno Internazionale di Studi su *Metodologie per lo studio della scienza idraulica antica* (Ravenna, 13-15 maggio 1999), a cura di Giorgetti, D. e Riera, I., La Spezia, pp. 57-69.

Adam, J.-P. 1988, *L'arte di costruire presso i romani*, Milano.

Agricola, G. 1621, *De re metallica*, ristampa da originale del 1550, Venetiis (anastatica, Milano 1977).

Alibrandi, T., Ferri, P., 1995, *I beni culturali e ambientali*, Milano.

Alvisi, G. 1996, *Riflessioni sulla fotointerpretazione aerea per l'archeologia*, in *Archeologia e tecnologia*, a cura di Bianchi, S., Campolongo, M., Sutera, S., Firenze, pp. 65-66.

Amari, M. 1880-1881, *Biblioteca arabo-sicula*, 2 voll., Torino-Roma.

Amari, M., Schiaparelli C., (a cura di) 1883, *L'Italia descritta nel "Libro del Re Ruggero" compilato da Edrisi*, Roma.

Amoretti, G. 1965, *Le gallerie di contromina della "Mezzaluna della Porta di Soccorso" della Cittadella di Torino*, in *Armi Antiche*, Torino, pp. 57-102.

Amoretti, G. 1996, *La verità storica su Pietro Micca*, Torino.

Amoretti, G., Menietti, P. 2000, *Riscoperta e valorizzazione del forte torinese detto "Pastiss"*, in *La scala di Pietro Micca 1958-1998, Atti del Congresso Internazionale di Archeologia, Storia e Architettura Militare, a 40 anni dalla scoperta della Scala di Pietro Micca 1958-1998. Torino 11-13 novembre 1998*, a cura di Amoretti, G. e Petitti, P., Torino, pp. 31-55.

Amoretti, G., Gallo-Orsi, G. 1973, *Il Buco di Viso: primo traforo alpino*, in *Di qua e di là dai monti*, a cura dell'Associazione "Amici del Museo Pietro Micca e dell'Assedio di Torino del 1706" e del "Centre Culturel Franco-Italien" di Torino, Savigliano, pp. 277-260.

Ancel, B., Cottet, M., Kammenthaler, E., Morin, D., Oppizzi, P. Tizzoni, M. 1999, *La miniera di rame di Campolungo: una coltivazione "rivoluzionaria" della prima Età del Ferro*, in *La miniera perduta*, a cura di Cucini Tizzoni, C. e Tizzoni, M., Breno (BS).

Antonini, G., Badino, G. 1997, *Grotte e forre. Tecniche speciali e di autosoccorso*, Genova.

Ardito, F. 2003, *Italia sotterranea*, Torino.

Ashby, T. 1982, *La campagna romana nell'età classica*, Albairate (Milano).

Ashby, T. 1991, *Gli acquedotti dell'antica Roma*, Roma.

Associazione Subacquea "Orsa Minore", 1981, *Pozzi e cisterne medievali della città di Perugia. Ricerche subacquee e documentazione*, Quaderni Regione dell'Umbria, Regione Umbria.

Atti della Conferenza dei Presidenti delle Regioni e delle Province Autonome (Roma, 6 Febbraio 2003), Roma 2003.

Atzeni, E. 1985, *Aspetti e sviluppi culturali del neolitico e della prima età dei metalli in Sardegna*, in *Ichnussa*, Roma, pp. 33-41.

Badii, G. 1931, *Le antiche miniere del Massetano*, in *Studi Etruschi*, V, 1931, pp. 455-473.

Badin, A.D. 1876, *Grottes et cavernes*, Paris.

Badino, G. 1992, *Tecniche di grotta*, Genova.

Bailly-Maitre, M.C. 1990, *Les techniques extractives au Moyen-Age et au début des temps modernes,* in *La vida medieval a les dues vessantes del Pirineu,* Actes *del 1r i 2r curs d'Arqueologia d'Andorra, Andorra 1988 e 1989*, Andorra, pp. 99-120.

Bailly Maitre, M.C. 1993, *Les mines médiévales et modernes. Aspect techniques*, in *Archeologia delle attività estrattive e metallurgiche, V ciclo di lezioni sulla Ricerca Applicata in Archeologia*, a cura di Francovich R., Firenze, pp. 335-379.

Bailly-Maitre, M.C. 1995, *Archeologie miniere: méthodes et résultats à partir de l'exemple du district minier de Saint-Laurent-le-Minier (Gard) (XIIè-XVè s.)*, in *La vida medieval als dos vessantes del Pirineu,* Actes *del 3r curs d'arqueologia d'Andorra, Andorra 1991*, Andorra, pp. 231-245.

Bailly-Maitre, M.C., Dupraz, B. 1994, *Brandes en Oisan. La mine d'argent des Dauphins (XII-XIV s.), Isère*, Lyon.

Baio, M., Gianotti, F. 1996, *Studio geologico e giacimentologico dell'area della "Bessa" (Biella-Italia)*, in *Geologia Insubrica*, 1-2, pp. 29-45.

Balbiano d'Aramengo, C., Casale, A., Lana, E., Villa, G. 2004, *Dizionario Italiano di Speleologia*, Torino.

Balestracci, D. 1987, *I bottini medievali di Siena*, Siena.

Barbini, P.M. (a cura di) 1997, *Catalogo ragionato di ipogei e catacombe romane (entro il IV miglio)*, in *Le catacombe romane*, Pergola P., Roma, pp. 102-243.

Barker, P. 1977, *Tecniche dello scavo archeologico*, Milano.

Baronius, C.1588, *Annales Ecclesiastici*, Roma.

Barth, F.E. 1991, *Hallstatt e le miniere di salgemma*, in *I Celti*, catalogo della mostra, Milano, pp. 163-166.

Bartoli, M., Fornaro, M., Rotasso, G. 1993, *La città di ghiaccio*, Trento.

Baton, N. R., Lien, R., Lunde, J. 1974, *Engineering classification of rock masses for the design of tunnel support*, Int. J. RocK Mech Min. Sci. Geomech.

Basilico, R., Casini, A., Padovan, G. 2002, *La storia dell'acqua in un castello della Maremma Toscana: Campiglia Marittima (Livorno)*, in *Atti del V Convegno Nazionale sulle Cavità Artificiali*, Club Alpinistico Triestino - Gruppo Grotte Sezione ricerche e studi su cavità artificiali, Trieste, pp. 41-68.

Basilico, R., Lampugnani, M. 2002, *Il complesso conventuale eremitico di San Cosimato: un approccio critico*, in *Atti del V Convegno Nazionale sulle Cavità Artificiali*, Club Alpinistico Triestino - Gruppo Grotte Sezione ricerche e studi su cavità artificiali, Trieste, pp. 69-90.

Basilico, R., Lampugnani, M. Padovan, G. c.s., *Tornando con Ashby a San Cosimato*, in *In binos actus lumina*,

II, Atti del Convegno Internazionale su *Archeologia e società. L'idraulica degli antichi fra passato e futuro*, (Narni, 18-20 ottobre 2001), a cura di Giorgetti, D. e Riera, I., c.s.

Bassi, P., Berto, R., Perletti, F. 1996, *Inquadramento geologico regionale del territorio di Milano*, in *La fortezza celata*, a cura di Padovan, G., Vigevano (Pavia), pp. 20-33.

Bassi, P., Perletti, F., Berto, R. 1997, *Importanza delle caratteristiche geologiche per lo studio delle cavità artificiali*, in *Specus News*, n. 1, Cagliari, pp. 13-16.

Bebi, P., Delucca, O. 1997, *Le grotte di Cattolica nei documenti d'archivio*, in *Gallerie sotterranee a Cattolica*, catalogo della mostra, Comune di Cattolica - Assessorato alla Cultura, Quaderni dell'Antiquarium IV, Cattolica, pp. 27-39.

Belmonte, B. 2001, *Al parco dei millenni*, Matera.

Bertarelli, L.V., Boegan, E. (a cura di) 1926, *Duemila Grotte. Quarant'anni di esplorazioni nella Venezia Giulia*, Milano.

Bertolani, M. 1998, *La ferrovia incompiuta Modena-Pavullo*, in Atti dell'11° Convegno Speleologico Regionale della Emilia Romagna su *Cavità Artificiali in Emilia Romagna: stato della ricerca*, (Casola Valsenio, 1 novembre 1997), in *Speleologia Emiliana*, Rivista della Federazione Speleologica Regionale dell'Emilia Romagna n. 9, anno XXIV, IV serie, Bologna, pp. 5-12.

Bessac, J.-C. 1993, *Traces d'outils sur la pierre: problématique, méthodes d'études et interprétation*, in *Archeologia delle Attività Estrattive e Metallurgiche*, a cura di Francovich, R., Firenze, p. 143-176.

Bianchi, S., Basilico, R., Ninni, C., Padovan, G. 2003, *Il pozzo del castello di Pavarolo*, in *Montello 2002.* Atti del 21° Incontro Internazionale di Speleologia (Nervesa della Battaglia, 1-3 novembre 2002), Villorba (Treviso), pp. 277-292.

Biasoni, M. 2002, *Cenni geologici e storici sul Forte di Osoppo*, in *Atti del V Convegno Nazionale sulle Cavità Artificiali*, Club Alpinistico Triestino - Gruppo Grotte Sezione ricerche e studi su cavità artificiali, Trieste, pp. 11-16.

Bieniawski, Z. T. 1979, *Geomechanics classifications of rock masses and its application in tunneling*, Proc. 3rd Congr. On Rock Mech., Denver.

Biringuccio, V. 1540, *De la Pirotechnia Libri X,* Venezia, Ristampa Anastatica 1977, Milano.

Bischi, D., Cucchiarini, E. 1996, *Le mura di Gradara*, Fano.

Bishop, M.C., Coulston, J.C.N. 1993, *Roman Military Equipment*, London.

Bixio, R. 1995, *La cultura rupestre nel'area mediterranea e in Cappadocia*, in *Le città sotterranee della Cappadocia*, a cura di Bertucci G., Bixio R., Traverso M., Società Speleologica Italiana, pp. 18-30.

Bixio, R. 2002, *Apicoltura rupestre a Malta*, in *Opera Ipogea*, Società Speleologica Italiana, n. 3, Genova, pp. 19-26.

Bixio, R., Saj, S. 1991, *La peste ed il bastione dell'Acquasola*, in *Speleologia*, Società Speleologica Italiana, n. 24, Milano, pp. 5-7.

Bizzarri, C. 1988, *Orvieto underground*, Viterbo.

Bocca, U. 1990, *Speleofoto. Materiali, procedure e tecniche della fotografia speleologica con lampeggiatori elettronici*, Vigevano.

Bodini, G. 2002, *Antichi sistemi di irrigazione nell'arco alpino*, Ivrea.

Bodon, G. 1994, *I manufatti idraulici di età romana nella storia e nella cultura antiquaria*, in Utilitas necessaria. *Sistemi idraulici nel'Italia Romana*, a cura di Riera I., Milano, pp. 1-71.

Bonetto, J. 1997, *La Guerra Sotterranea: i passaggi ipogei nella poliorcetica greca e romana: fonti e archeologia,* in *Via per Montes Excisa,* a cura di Busana M.S., Roma, pp. 337-398.

Bonvesin da la Riva, *De magnalibus Mediolani.*

Botturi, G., Pareccini, R. 1991, *Antichi acquedotti del territorio bresciano*, Milano.

Boucharlat, R. 2001, *Les galeries de captage dans la péninsule d'Oman au premier millénaire avant J.-C.: questions sur leurs relations avec les galeries du plateau iranien*, in *Irrigation et drainage dans l'Antiquité, qanats et canalisation souterraines en Iran, en Egypte et en Grèce*, a cura di Briant P., Paris, pp. 157-183.

Bourbon, F. 1999, *Petra*, Vercelli.

Bovini, G. 1952, *Rassegna degli studi sulle catacombe e sui cimiteri* "sub divo", Città del Vaticano.

Breda, A. 1986, *Sul colle Cidneo i primi documenti dell'antica "Brixia". Esiti e programmi della ricerca archeologica in Castello*, in *Il Castello di Brescia*, Brescia.

Bregani E.R. 1999, *Istoplasmosi*, in *Speleologia*, Rivista della Società Speleologica Italiana, n. 40, Città di Castello, pp. 96-100.

Bregani, E.R., Camerini, C., Ceraldi, T., Cambisano, M. 2000, *Acetilene e rischio di intossicazione da monossido di carbonio*, in *Speleologia*, Società Speleologica Italiana, n. 42, Città di Castello, pp. 72-73.

Bregani E.R., Tien T.V., Ceraldi T., Delfitto C., Figini G. 2000, *Istoplasmosi: una malattia non solo tropicale. Recenti Progressi*, in *Medicina 2000*; 91 (7-8), pp. 396-401.

Brogiolo, G.P. 1996, *Il progetto "Insediamenti rupestri dei Berici*, in *La chiesa rupestre di S. Cassiano (Lumignano di Longare - Vicenza), Archeologia Medievale*, XXIII, Firenze, p. 243.

Burdy, J. 1996, *L'aqueduc romain du Gier*, Oullins (Francia).

Burri, E. 1987, *L'emissario Claudio Torlonia*, in *Speleologia*, Società Speleologica Italiana, 16, Milano, pp. 33-34.

Busana, M. S., Basso, P. 1997, *Le strade in galleria nell'Italia romana*, in Via per montes excisa. *Strade in galleria e passaggi sotterranei nel'Italia romana*, a cura di Busana M.S., Roma, pp. 81-250.

Buzio, A., Casini, A., Padovan G. 2000, *Attività estrattive nelle Grigne. Alcune note riguardo la Grotta del Pallone e la Grotta Ferrera,* in *Atti del XV Congresso di Speleologia Lombarda*, (Sant'Omobono Imagna Terme 2-3 ottobre 1999), vol. III, *Speleologia in Cavità Artificiali*, a cura di Padovan, G. e Riera, I., Milano, pp. 141-162.

Calderini, A. 1960, *Il fonte di santa Barnaba*, in *Diocesi di*

Milano, I, Milano, pp. 42-47.
Calligaris, R. 1994, *Geologia*, in *Gli ipogei naturali e artificiali del Campo di Osoppo*, Club Alpinistico Triestino - Gruppo Grotte Sezione di ricerche e studi su cavità artificiali, Trieste, pp. 11-14.
Caligaris, R. 1996, *"Kleine Berlin". Un bene sociale che pochi conoscono*, in *Tuttocat*, Notiziario del Club Alpinistico Triestino, numero unico dicembre 1996, Trieste, pp. 12-13.
Campana, N., Maggi, R., Stos Gale, Z., Houghton, J. 1996, *Miniere e metallurgia in Liguria fra IV millennio e IV secolo B.C.*, in *La miniera, l'uomo, l'ambiente*, a cura di Piola Castelli, F., e Piana Agostinetti, P., Firenze, pp. 15-52.
Capacci, C. 1918, *Acquedotti ed acque potabili*, Milano.
Cappa, G., Castellani, V., Dragoni, W., Felici, A. 1993, *Ponte Terra: evidenze per un sistema arcaico di acquedotti sotterranei*, in Atti del XVI Congresso Nazionale di Speleologia. 1990, Udine, pp. 121-135.
Cappellano, F. 2003, *Fronte ad est*, in *Storia Militare*, n. 114, anno XI, Zingonia-Verdellino (BG), pp. 4-15.
Carancini, G. L.1996, *Metallurgia e società nell'Italia protostorica*, in *La miniera, l'uomo, l'ambiente*, a cura di Piola Castelli F. e Piana Agostinetti P., Firenze, pp. 287-310.
Caramella, L. (a cura di) 1999, *Ghiacciaie*, Sesto Calende (Varese).
Carandini, A 1996, *Storie della terra. Manuale di scavo archeologico*, Torino.
Cardinale, M., Castellani, V., Vignati, A. 1978, *L'emissario sotterraneo del lago di Albano, duemila anni dopo*, in *Quaderni del Museo di Speleologia "V. Rivera" L'Aquila*, L'Aquila, anno IV, n. 7-8, pp. 17-30.
Carletti, C., Fiocchi Nicolai, V. 1989, *La catacomba di S. Cristina a Bolsena*, Pontificia Commissione di Archeologia Sacra, Città del Vaticano.
Casati, P. 1996, *Scienze della Terra*, I e II, Milano.
Cascone, G., Casini, A. 1997, *Le miniere antiche dei Monti di Campiglia*, in *Atti del IV Convegno Nazionale sulle Cavità Artificiali* (Osoppo, 30/31 maggio - 1 giugno 1997), Club Alpinistico Triestino - Gruppo Grotte Sezione ricerche e studi su Cavità Artificiali, Trieste,
pp. 29-50.
Casella, L., Cotturi, E. (a cura di) 1986, *Niccolò Stenone. Opere scientifiche. Traduzione integrale dai testi originali*, vol. II, Milano.
Casi, F. (a cura di) 1996, *Antica strumentaria in Miniera. I rilievi topografici nel sottosuolo*, Pesaro.
Casini, A. 1993, *Archeologia di un territorio minerario: i Monti di Campiglia*, in *La scienza della terra nell'area della Provincia di Livorno a sud del fiume Cecina, Supplemento n. 2 ai Quaderni del Museo di Storia Naturale di Livorno, 13*, a cura di Mazzanti R., Livorno, pp. 303-314.
Casini, A., Cascone G. 2000, *Un contributo alla definizione della metodologia di studio e di rilevamento delle attività minerarie d'età preindustriale*, in *Atti del XV Congresso di Speleologia Lombarda*, (Sant'Omobono Imagna Terme, 2-3 ottobre 1999), vol. III, *Speleologia in Cavità Artificiali*, a cura di Padovan, G., e Riera, I., Milano, pp. 93-122.
Casini, A., Padovan, G., Recanatini, A., Riera, I. 2002, *Il Buco del Diavolo di Camerano (Ancona)*, in *Atti del V Convegno Nazionale sulle Cavità Artificiali*, Club Alpinistico Triestino - Gruppo Grotte Sezione ricerche e studi su cavità artificiali, Trieste, pp. 185-200.
Casini, A., Padovan, G., Saragosa, C. 2002, *Speleologia in Cavità Artificiali e Archeologia Industriale presso l'Area Ex-Ilva di Follonica (Grosseto)*, in *Atti del V Convegno Nazionale sulle Cavità Artificiali*, Club Alpinistico Triestino - Gruppo Grotte Sezione ricerche e studi su cavità artificiali, Trieste, pp. 201-121.
Casoria, G. 1988, *La flora e le risorse agricole*, in *Etruria Meridionale: conoscenza, fruizione, conservazione.* Atti del Convegno (Viterbo, 29-30 dicembre 1985), Roma, pp. 43-50.
Castellani, V. 1973, *Su alcune forme di pseudo carsismo indotto*, in *Quaderni del Museo di Speleologia "V. Rivera" L'Aquila*, L'Aquila, n. 2, pp. 121-126.
Castellani, V., Dragoni, W. 1981, *L'emissario medioevale del lago Trasimeno*, in *Speleologia*, Società Speleologica Italiana, n. 6, Milano, pp. 38-40.
Castellani, V., Dragoni, W. 1991, *Opere arcaiche per il controllo del territorio: gli emissari sotterranei artificiali dei laghi albani*, in *Gli Etruschi maestri d'idraulica*, a cura di Bergamini M., Perugia, pp. 43-60.
Castelvetro, M. 1997, *Schede delle gallerie esistenti o rinvenute*, in *Gallerie sotterranee a Cattolica*, catalogo della mostra, Comune di Cattolica - Assessorato alla Cultura, Quaderni dell'Antiquarium IV, Cattolica, pp. 52-58.
Castoldi, M. 1996, *Pozzi romani a Milano: dall'uso al disuso*, in *Acque interne: uso e gestione di una risorsa*, a cura di Antico Gallina M., Milano, pp. 113-122.
Chandler, D. 1997, *The art of warface in the age of Marlbourgh*, Staplehurst (Inghilterra).
Chatelain, T. 2001, *Assèchement et bonification des terres dans l'Antiquité grecque. L'exemple du lac de Ptéchai à Éretrie: aspects terminologiques et techniques*, in *Irrigation et drainage dans l'Antiquité, qanats et canalisation souterraines en Iran, en Egypte et en Grèce*, a cura di Briant P., Paris, pp. 81-108.
Cherubini, C., Geminaro, S. 1991, *Stabilità degli ipogei in rocce calcarenitiche*, in *3° International Symposium on underground quarries* (Napoli, 10-14 luglio 1991), a cura di Paone, R., e Piciocchi, C., Napoli, pp. 100-115.
Cherubini, C., Sgobba, D. 1997, *Le cave sotterranee di tufo pugliesi: descrizione degli ipogei e valutazione di stabilità*, in *Atti del IV Convegno Nazionale sulle Cavità Artificiali* (Osoppo, 30/31 maggio - 1 giugno 1997), Club Alpinistico Triestino - Gruppo Grotte Sezione ricerche e studi su Cavità Artificiali, Trieste, pp. 51-68.
Chiesi, M. 2001, *Il Traversante di Trebbia*, in *Opera Ipogea*, anno III, n. 1, Genova, pp. 15-28.
Chimenti, M., Consolini F 1958, *Relazione tecnica sull'esplorazione dell'emissario del lago di Albano*, in *Notiziario Circolo Speleologico Romano*, Roma, anno

VIII, n. 1, p. 20.
Cigna, A. 1978, *Meteorologia ipogea*, in *Manuale di Speleologia*, Milano, pp. 341-367.
Cima, M. 1991, *Archeologia del Ferro*, Torino.
Cioli, L., De Sio, F., Micheli, L., Ottanelli, A., Tognetti, A. 1999, *La galleria di Pian del Lago. Il canale del Granduca*, in *Talp*, Rivista della Federazione Speleologica Toscana, n. 19, Ponsacco (PI), pp. 50-56.
Clerici, A. 2001, *Fondamenti di Rilevamento geologico-tecnico,* Bergamo.
Club Alpinistico Triestino, 1994, *Gli ipogei naturali e artificiali del Campo di Osoppo*, Trieste.
Club Alpinistico Triestino, 2000, *Le gallerie antiaeree e il rifugio denominati "Kleine Berlin"*, Trieste.
Collignon, B. 1992, *Il manuale di Speleologia*, Bologna.
Colombo, G. 1933, *Manuale dell'ingegnere*, 60[a]-65[a] edizione, Milano.
Contino, T. 1993, *La piazzaforte di Fenestrelle*, Torino.
Contu, E. 1985, L'architettura nuragica, in Ichnussa, Milano, pp. 115-129.
Coppa, A. 1999, *Galeazzo Alessi. Trattato di fortificazione*, Politecnico di Milano - Facoltà di Architettura, Quaderni del Dipartimento di Conservazione e Storia dell'Architettura, Milano.
Coralini, A. 1997, Conplanatis montibus et caesis rupibus… *Vie in galleria, in tagliata e in trincea nel mondo romano al di fuori dell'Italia peninsulare*, in Via per montes excisa. *Strade in galleria e passaggi sotterranei nel'Italia romana*, a cura di Busana M.S., Roma, pp. 279-335.
Corretti, A. 1999, Ne aque eleventur. *Una nuova iscrizione tardoantica a Pistoia*, in *Archeologia Medievale*, XXVI, Firenze, pp. 377-386.
Cotti, G. 1957, *Guida alla ricerca della flora e fauna delle caverne*, Guide didattiche, vol. I, R.S.I. e S.S.I., Como.
Coquand, M.H. 1994, *Sur l'exploitation des mines du Campigliese par les anciens Étrusques*, in *Le ragioni di un parco alle radici dell'archeologia mineraria*, a cura di Francovich R., Venezia, pp. 97-105.
Cosci, M. 1988, *Fotointerpretazione archeologica*, Firenze.
Cova, U. 1976, *Ricerche idriche nella zona della Rosandra in epoca napoleonica e prime osservazioni del-l'acquedotto romano di Bagnoli*, in *Alpi Giulie*, LXX/II, pp. 1-11 (dell'estratto).
Cristofani, M. 1983, *Gli Etruschi e il mare*, Milano.
Cristofani, M. 1991, *Cerveteri. Tre itinerari archeologici*, Roma.
Cullis, C.F., Firth, J.G. 1995, *Detection and measurement of hazardous gases*.
D'Alessio, V. 1993, *Il culto di San Michele Arcangelo, santuari tra Salerno e Avellino*, Solofra.
da Vinci, L., *Manuscrit B de l'Institut de France*, in *Leonardo da Vinci. Scritti*, a cura di Recupero J., Ariccia (Roma) 2002.
da Vinci, L., *Codice Leicester*, in *Codice di Leonardo da Vinci della Biblioteca di Lord Leicester in Holkam hall*, Regio Istituto Lombardo di Scienze e Lettere, Milano 1909.
da Vinci, L. *Codice Atlantico*, in *Leonardo da Vinci. Scritti*, a cura di Recupero J., Ariccia (Roma) 2002.
da Vinci, L., *Codice Arundel*, in *I manoscritti di Leonardo da Vinci*, Calvi C. e Marinoni A., Busto Arsizio 1982.
David, M. 1998, *Il fonte di San Barnaba e le origini leggendarie del cristianesimo milanese*, in *I chiostri di Sant'Eustorgio in Milano*, a cura di Biscottini P., Cinisello Balsamo, pp. 72-77.
Della Fratta e Montalbano, M. A. 1678, *Pratica Minerale. Trattato*, a cura di Cima M., Firenze 1985.
Della Portella, I. 1999, *Roma sotterranea*, Verona.
Del Lungo, S. (a cura di) 1996, *La toponomastica archeologica della Provincia di Roma*, Roma, 2 voll.
Del Lungo, S. 1999 a, *La toponomastica della bassa valle del Mignone, TardoAntico e MedioEvo - studi e strumenti di archeologia*, 1, III, Roma.
Del Lungo, S. 1999 b, *La toponomastica archeologica della Provincia di Viterbo,* con un contributo dell'Autore su *Origine e storia dei nomi di luogo delle terre del Consorzio di Bonifica della Maremma Etrusca*, Tarquinia.
Del Lungo, S. 2000, *Bahr 'as Shâm. La presenza musulmana nel Tirreno centrale e settentrionale nell'Alto Medioevo*, Notebooks on Medieval Topography, 1 - BAR S898, Oxford.
Del Lungo, S. 2001, *Toponimi in archeologia: la Provincia di Latina, Italia*, Notebooks on Medieval Topography, 2 - BAR S911, Oxford.
Del Lungo, S, Casocavallo, B. 1999, *La chiesa rupestre detta di S. Savino: i risultati della campagna di scavo 1999*, in *La Civita di Tarquinia. Testimonianze di una città medievale rivale di Corneto*, a cura di Del Lungo S., Tarquinia, pp. 7-19.
Del Pelo Pardi, G. 1943, *Bonifiche antichissime. La Malaria e i Cunicoli del Lazio*, in *Atti della Reale Accademia dei Georgofili*, 1943, pp. 283-323.
De Michele, V., Ostroman, A. 1987, *Minerali e sviluppo. L'attività estrattiva della Montecatini dal 1888 al 1938*, Museo Civico di Storia Naturale di Milano, Milano.
Diderot, D., d'Alembert, J. 1751-1772, *Enciclopédie. Art des mines*, ristampa, Tours 2002.
Di Gangi, G. 2001, *L'attività mineraria e metallurgica nelle Alpi Occidentali italiane nel medioevo. Piemonte e Valle d'Aosta: fonti scritte e materiali*, B.A.R. International Series 951, Oxford (England).
Di Lernia, S., Galiberti, A. 1993, *Archeologia mineraria della selce nella preistoria*, Siena.
Dione Cassio, *Storia romana*, a cura di Norcio, G., Milano, 1999.
Dioniso di Alicarnasso, *Storia di Roma Arcaica*, a cura di Cantarelli F., Milano 1984.
Docci, M., Maestri, D. 1984, *Manuale di rilevamento architettonico e urbano*, Bari.
Dolci, M. 1958, *Esplorazioni dell'emissario del lago di Albano in comune di Castelgandolfo*, in *Notiziario Circolo Speleologico Romano*, Roma, anno VIII, n. 1, pp. 17-19.
Domergue, C. 1990, *Les mines de la Péninsule Ibérique dans l'antiquité romaine,* Roma.
Domergue, C. 1993, *Regard sur les techniques minières à l'époque romaine*, in *Archeologia delle attività estrattive e metallurgiche*, a cura di Francovich R.,

Firenze, pp. 329-353.
Donati, A. 1985, *Epigrafia del lavoro: nel buio del condotto romano*, in *Acquedotto 2000. Bologna, l'acqua del Duemila ha duemila anni*, vol. I, Bologna, pp. 109-117.
Drower, M.S. 1993, *Fornitura di acqua, irrigazione e agricoltura*, in *La preistoria e gli antichi imperi*, Storia della Tecnologia 1, tomo II, Torino, pp. 528-566.
Duffy, C. 1996, *Fire Fire & Stone*, London, pp. 82-83.
E.I. (Enciclopedia Italiana), Roma, 1970.
Eogan, G. 1986, *Knowth and the passage-tombs of Ireland*, London (Inghilterra), pp. 11-29.
Enciclopedia dell'Arte Antica, 1971-1994, secondo supplemento, vol. II, Roma, 1991.
Fabrizi, F. 1987, *Chiusi: il labirinto di Porsenna*, Cortona.
Fara, A. 1988, *Bernardo Buontalenti. l'architettura, la guerra e l'elemento geometrico*, Genova.
Fara, A. 1989, *Il Sistema e la Città. Architettura fortificata dell'Europa moderna dai trattati alle realizzazioni 1464-1794*, Genova.
Fernandez-Posse, M.D., Sanchez-Palencia, F.J. 1988, *La Corona y el Castro de Corporales II*, 1988, pp. 152-176.
Feruglio, A.E. 1991, *Approvvigionamento idrico nell'antica Perugia: la cisterna di Via Cesare Caporali*, in *Gli Etruschi maestri d'idraulica*, a cura di Bergamini M., Perugia.
Ficacci, L. 2000, *Piranesi. The Complete Etchings*, Roma.
Fiocchi Nicolai, V., Bisconti, F., Mazzoleni, D. 1998, *Le catacombe cristiane di Roma. Origini, sviluppo, apparati decorativi, documentazione epigrafica*, Regensburg (Germania).
Flocchini A. 1994, *I forti della Grande Guerra*, in *Storia Militare*, n.13, Parma, pp. 43-52.
Floris, A. 1988, *Cagliari sotterranea*, Cagliari.
Floris, A. 1995, *Guida alle grotte turistiche della Sardegna*, Cagliari.
Floris, A., Padovan, G. 1997, *Bibliografia delle Cavità Artificiali Italiane (primo contributo)*, in *Atti XVII Congresso Nazionale di Speleologia* (Castelnuovo Garfagnana settembre 1994), a cura di Pensabene G., Firenze, vol. II, pp. 79-174.
Fluck, P., Benoit, P. 1993, *Les techniques minières à l'epoque moderne (De la Renaissance au XVIIIé siecle). Approche par l'archéologie,* in *Archeologia delle attività estrattive e metallurgiche.* V ciclo di lezioni sulla Ricerca Applicata in Archeologia, a cura di Francovich R., Firenze, pp. 381-411.
Forbes, R.J. 1993, *Ingegneria idraulica e impianti sanitari*; in *Storia della Tecnologia, 2, Le civiltà mediterranee e il medioevo*, tomo secondo, Torino, pp. 674-706.
Forest de Belidor, B. 1729, *La Science de l'Ingègneur*, Paris (Francia).
Foresti, F. 1996, *Le proposte dell'IBC*, in *IBC (Istituto Beni Culturali)*, IV, settembre n° 4, pp. 51-54.
Francovich, R. 1991, *Rocca San Silvestro,* Roma 1991.
Francovich, R. 1994, *Introduzione*, in *Le ragioni di un parco alle radici dell'archeologia mineraria*, a cura di Francovich R., Venezia, pp. 11-52.
Francovich, R., Wickham, C. 1994, *Uno scavo archeologico ed il problema dello sviluppo della signoria territoriale: Rocca San Silvestro e i rapporti di produzione minerari*, in *Archeologia Medievale*, XXI, pp. 7-30.
Franzosini, M. 1949, *Utilizzazione delle cavità naturali ai fini militari*, ristampa estratto da *L'Universo*, Rivista dell'Istituto Geografico Militare, anno XXIX - n. 6, 1949.
Frare, G.P. 1996, *Cave. Tecniche di coltivazione e recupero ambientale*, Treviso.
Frega, G. 1984, *Lezioni di acquedotti e fognature*, Napoli.
Frignani, F. 2000, *Evoluzione del rilievo topografico: dalle stelle naturali alle stelle artificiali,* in *Atti del XV Congresso di Speleologia Lombarda* (Sant'Omobono Imagna Terme 2-3 ottobre 1999), vol. III, *Speleologia in Cavità Artificiali*, a cura di Padovan, G. e Riera, I., Milano, pp. 69-80.
Frignani, F., Sassi, G., Frignani, F., Casini, A., Padovan, G. 2002, *Il rilevamento delle cave di gesso a Vezzano sul Crostolo (Reggio Emilia)*, in *Atti del V Convegno Nazionale sulle Cavità Artificiali*, (Osoppo, 28 aprile - 1 maggio 2001), Club Alpinistico Triestino - Sezione Ricerche e Studi su Cavità Artificiali, Trieste, pp. 267-289.
Frontino, *De aquaeductu urbis Romae*, a cura di Galli, F., Alezio (Lecce), 1997.
Frontino, *Strategemata*, a cura di Galli, F., Alezio (lecce) 1999.
Galgano, F. 1996, *Diritto privato*, Padova.
Gambini, A. 2001, *La Cisterna di Piazza Mercato delle Scarpe*, in *Atti del XVIII Congresso Nazionale di Speleologia* (Chiusa di Pesio 1998), Momdovì, pp. 103-107.
Gambini, A., Padovan, G. 2000, *Studi di comparazione architettonica presso il Comune di Bergamo, in Città Alta, nel 1997*, in *Atti del XV Congresso di Speleologia Lombarda*, (Sant'Omobono Imagna Terme, 2-3 ottobre 1999), vol. III, *Speleologia in Cavità Artificiali*, a cura di Padovan, G. e Riera, I., Milano, pp. 190-196.
Gariboldi, I. 1926, *Le grotte di guerra, in Duemila Grotte. Quarant'anni di esplorazioni nella Venezia Giulia*, a cura di Bertarelli, L.V. e Boegan, E., Milano, pp. 129-152.
Gariglio, D. 1997, *Le Sentinelle di Pietra*, Cuneo.
Gariglio, D., Minola, M. 1994, *Le fortezze delle Alpi Occidentali. Dal Piccolo San Bernardo al Monginevro*, vol. I, Cuneo.
Gattera, C. 1999, *Il Pasubio e la Strada delle 52 Gallerie*, Valdagno.
Gaviano, A 1998, *L'esplorazione del Pozzo di San Pancrazio - ottobre 1995*, in *Il pozzo di San Pancrazio a Cagliari*, a cura del Gruppo Speleologico C.S.I. *Specus*, Cagliari.
Gentile, A., Brown, M., Spadoni, G. 1990, *Viaggio nel sottosuolo di Milano tra acque e canali segreti*, Comune di Milano, Ufficio Editoriale, Milano.
Gerbella, L. 1947, Arte Mineraria, I-II, Milano.
Giannini, M.S. 1976, *I beni culturali*, in *Rivista Trimestrale di Diritto Pubblico*, 1976, p. 8.
Giardino, C. 1998, *I metalli nel mondo antico. Introduzione all'archeometallurgia*, Roma-Bari.

Giardino, G. 1929, *Rievocazioni e riflessioni di guerra. II. L'armata del Grappa. La battaglia difensiva del 1918*, Milano.

Gibertini, U., Gibertini, E. 1998, *Nell'aria c'è...*, in Atti dell'11° Convegno Speleologico Regionale della Emilia Romagna su *Cavità Artificiali in Emilia Romagna: stato della ricerca*, (Casola Valsenio, 1 novembre 1997), in *Speleologia Emiliana*, Rivista della Federazione Speleologica Regionale dell'Emilia Romagna, n. 9, anno XXIV, IV serie, Bologna, n. 9, anno XXIV, IV serie, Bologna, pp. 71-77.

Gillot, C.L. 1805, *Traitè de Fortification Soutterraine*, Paris.

Ginetti, A. (a cura di) 1999, *Rifacimenti urbani e distruzioni moderne. Dove si parla dell'incompatibilità di ritrovamenti archeologici con i "valori moderni"*, in *Talp*, Rivista della Federazione Speleologica Toscana,
n. 19, Ponsacco (PI), pp. 38-41.

Girotto, L. 2002, *1866-1918. Soldati e fortezze tra Asiago ed il Grappa. Storia ed immagini dello "Sbarramento Brenta-Cismon" dal risorgimento alla prima guerra mondiale*, Novale (VI).

Giorgetti, D. 1985, *L'acquedotto romano di Bologna: l'antico cunicolo ed i sistemi di avanzamento in cavo cieco*, in *Acquedotto 2000. Bologna, l'acqua del Duemila ha duemila anni*, vol. I, Casalecchio di Reno, pp. 37-107.

Gorfer, A. 1985, *I castelli del Trentino*, vol. 1, Trento.

Gorfer, A. 1987, *I castelli del Trentino*, vol. 2, Trento.

Grant, I., Coombs, C. Jr., Moss, R., McGraw-Hill 1996, *Handbook of reliability engineering and management. (2nd edition)*, London, pp. 16.14-16.17.

Gras, M. 1989, *Tarquinia e il mare in età arcaica*, in *Tarquinia: ricerche, scavi e prospettive*, a cura di Bonghi Jovino, M. e Chiaramonte Trerè, C., Milano, pp. 141-152.

Guidi, P., Pavanello, A. 2002, *50 anni di infortunistica speleologica in Italia*, C.A.I., Corpo Nazionale Soccorso Alpino e Speleologico, Bologna.

Healy, J.F. 1993, *Miniere e metallurgia nel mondo greco e romano*, (trad. italiana di Healy J.F. 1978, *Mining and Metallurgy in the Greek and Roman World*, London), Roma.

Hogg, I. 1982, *Storia delle fortificazioni*, Novara.

Huergon, J. 1992, *Vita quotidiana degli Etruschi*, Milano.

Kant, I. 1977, *Critica della ragion pura*, traduzione di Gentile, G., e Lombardo-Radice, G., Roma-Bari.

Istituto della Enciclopedia Italiana, 1986-1994, *Vocabolario della lingua italiana*, Italia.

Juberthie, C., Delay, B., Bouillon, M. 1980, *Extention du milieu souterrain en zone non-calcaire: description d'un nouveau milieu et de son peuplement par les Coléoptères Troglobies*, in *Mém. Biospéol.*, VII, pp. 19-52.

Judson S., Kahane, A. 1963, *Underground drainageways in southern Etruria and northern Latium*, Pap. British Sch. Rome, pp. 75-93.

Langes, G. 1981, *Guerra tra rocce e ghiacci*, Bolzano.

Langford, M. 1987, *Il libro della 35 mm*, La Spezia.

Lapegna, U. 1987, *Relazione tecnica e ricerca biologica del pozzo romano di Monocalzati in provincia di Avellino*, Club Alpino Italiano Sezione di Napoli, Notiziario Sezionale, n. 2, Napoli, pp. 22-24.

Laureano, P. 1993, *Giardini di pietra. I Sassi di Matera e la civiltà mediterranea*, Torino.

Laureano, P. 1995, *La piramide rovesciata. Il modello dell'oasi per il pianeta Terra*, Torino.

Laureano, P. 2001, *Atlante d'acqua. Conoscenze tradizionali per la lotta alla desertificazione*, Torino.

Lemme, F. 2002, *Riflessioni sul nuovo Testo Unico dei beni culturali*, in *Il Giornale dell'Arte*, gennaio, n.1.

Le Prestre, S. marchese di Vauban 1829, *Traité des sièges et de l'attaque des places*, ristampa, Parigi.

Lib. Pont., *Le Liber Pontificalis*, a cura di L. Duchesne, tomo II, Paris 1892.

Lilliu, G. 1980, *L'oltretomba e gli dei*, in *Nur*, a cura di Sanna, D., Cinisello Balsamo (MI), pp. 105-139.

Lilliu, G.1984, *Le miniere dalla preistoria all'età tardo romana*, in *Le miniere e i minatori della Sardegna*, Cagliari 1984, p. 7.

Livio, T., *Ad Urbe condita*, a cura di Scandola M., Milano 1996.

Lloyd, S. 1993, *Costruzioni in mattoni e in pietra*, in *La preistoria e gli antichi imperi*, Torino, pp. 463-501.

Lombardi, L., Polcari, M. 1984, *Cave e materiali da costruzione*, in *Roma sotterranea*, catalogo della mostra, a cura di Luciani R., Roma, pp. 26-27.

Lombardini, E. 1872, *Dell'origine e del progresso della scienza idraulica nel milanese ed in altre parti d'Italia*, Milano.

Lo Schiavo, F. 1996, *Miniere e metallurgia in Sardegna: la ricerca archeologica dal presente al passato*, in *La miniera, l'uomo, l'ambiente*, a cura di Piola Caselli, F. e Piana Agostinetti, P., Firenze, pp. 187-206.

Luciani, R. 1984, *Il criptoportico del Palatino*, in *Roma sotterranea*, catalogo della mostra, a cura di Luciani R., Roma, pp. 148-155.

Lombardi, L., Polcari, M. 1984, *Cave e materiali da costruzione*, in *Roma sotterranea*, catalogo della mostra, a cura di Luciani R., Roma, pp. 26-27.

Lucrezi Berti, C. 1973, *Il culto di S. Michele nelle grotte d'Abruzzo e del Molise*, in *Quaderni del Museo di Speleologia "V. Rivera" L'Aquila*, n.2, L'Aquila, pp. 185-194.

Maggi, S. 2003, *Le ferrovie*, Capannori (Lu).

Machiavelli, N., *Il Principe*, a cura di Firpo L., Torino 1974.

Magrini, P., Vanni, S., Zanon, D. 1997, *Description of a new aphaenopsoid cave trechine from south-eastern China (Coleoptera Carabidae Trechinae)*, in *Redia*, LXXX, Firenze, pp. 107-117.

Mandel, G. 1976, *Il regno di Saba ultimo paradiso archeologico*, Milano.

Marcante, D. 1988, *Manuale federale d'immersione*, Roma.

Marcolin, M. 1985, *La riattivazione dell'acquedotto romano ad opera di Antonio Zannoni: il dibattito cittadino ed il ruolo dell'Amministrazione Comunale (1860-1890)*, in *Acquedotto 2000. Bologna, l'acqua del Duemila ha duemila anni*, Bologna, vol. II, Casalecchio di Reno, pp. 137-156.

Massironi, A. 1998, *Fenomenolgia della percezione visiva*, Bologna.

Meneghini, M. 1997, *Le gallerie cannoniere di Monte Fortin*, in *Atti del IV Convegno Nazionale sulle Cavità Artificiali*, (Osoppo, 30/31 maggio-1 giugno 1997), Club Alpinistico Triestino - Gruppo Grotte, Sez. ricerche e studi su Cavità Artificiali, Trieste, pp. 153-170.

Meneghini, M. 2000, *Le gallerie cannoniere di Monte Fortin*, Trieste.

Mengoli, D., Ravasio, T., Zorzin, R. 1998, *China Caves '97*. in *International Caver*, n. 23, pp. 3-14.

Mengoli, D., Ravasio, T., Trotti, F., Zorzin, R. 1999, *"China Caves '97" Spedizione speleologica italo-cinese nel Guizhou (Cina)*, in *Speleologia*, Società Speleologica Italiana, n. 40, Città di Castello, pp. 65-73.

Merazzi, A. 1993, *Del Buco del Piombo e di altre storie...*, in *Speleologia*, Società Speleologica Italiana, n. 28, Milano, pp. 58-62.

Merazzi, A., Bomman, M., Zagaglia, M. 1997, *Alla scoperta del Buco del Piombo. Aspetti noti e meno noti della più storica caverna lombarda*, tratto da *Quaderni Erbesi vol. XVII*, in *Il Buco del Piombo. Dalle origini ai giorni nostri*, edizione a cura della Banca di Credito Cooperativo dell'Alta Brianza, Alzate Brianza, Giussano 1998, pp. 155-168.

Messineo, F. 1965, *Manuale di diritto civile e commerciale*, II, Milano.

Milarepa, *Vita di Milarepa*, a cura di Bacot J., Torino 1991.

Ministero della Difesa, (a cura di) 1977, *Sacrari militari della Prima Guerra Mondiale 1915 1918. Pocol, Pian di Salesei, Timau*, Roma.

Minto, A. 1943, *Populonia*, Firenze.

Minto, A. 1954, *L'antica industria mineraria in Etruria ed il porto di Populonia,* in Studi Etruschi, XXIII, Firenze, pp. 291-319.

Moccheggiani Carpano, C. 1985, *Le cloache dell'antica Roma*, in *Roma sotterranea*, catalogo della mostra, a cura di Luciani R., Roma, pp. 164-178.

Moretti, M. 1974, *Pittura Etrusca in Tarquinia*, Cinisello Balsamo.

Mori, A. 1986, *Le carte geografiche*, Bologna.

Moscati, P. 1987, *Nuove ricerche su Falerii Veteres*, in *La civiltà dei Falisci*, Firenze, pp. 158-162.

Motta, V. 1981, *L'acquedotto di Milano*, Milano.

Mottana, A., Crespi, R., Liborio, G. 1993, *Minerali e rocce*, Milano.

Moravetti, A., Tozzi, C. (a cura di) 1995, *Sardegna. Guide Archeologiche. Preistoria e protostoria in Italia*, Ministero per i Beni Culturali e Ambientali, Forlì.

Narendran, N., Deng, L., Pysar, R.M., Yu, H. 2003, *Performance Characteristic of high-flux light-emitting diodes, spie*, San Diego.

Negroni Cotacchio, N. 1981, *Caratteri geografici e strutturali*, in *Sorgenti della Nova. Una comunità protostorica e il suo territorio nel'Etruria Meridionale*, catalogo della mostra, a cura di Negroni Cotacchio N., Roma, pp. 158-166.

Ness, S. 1991, *Air Monitoring for toxic exposures*, London.

Nicoletti, M. 1980, *L'architettura delle caverne*, Bari.

Nicoletti, M. 1985, *Architettura e paesaggio nello Yemen del Nord*, Bari.

Nini, R. 1997, *I sotterranei della chiesa di San Domenico a Narni*, in *Atti del XVII Congresso Nazionale di Speleologia* (Castelnuovo Garfagnana 8-11 settembre1994) , Firenze, vol. I, pp. 343-348.

Orlando, F., Tempesta, C. 1991, *Le Trozze*, in *Itinerari Speleologici*, Federazione Speleologica Pugliese, Martina Franca (Taranto).

Pace, P. 1986, *Tecniche di conduzione e distribuzione dell'acqua in epoca romana*, in *Il trionfo dell'acqua. Acque e acquedotti a Roma. IV sec. a. C. - XX sec.*, catalogo della Mostra organizzata in occasione del 16° Congresso ed Esposizione Internazionale degli Acquedotti, Roma, pp. 138-151.

Padovan, D., Padovan, G. 2002, Castrum Portae Jovis Mediolani: *opere idrauliche e speleologia*, in In binos actus lumina. *Atti del Convegno Internazionale di Studi su Metodologie per lo studio della scienza idraulica antica (Ravenna, 13-15 maggio 1999)*, a cura di Giorgetti D. e Riera I., La Spezia, pp. 275-291.

Padovan, D., Padovan, G., Bordignon, L., Ottino, M. 1997, *La fortezza di Verrua Savoia*, in *Atti del IV Convegno Nazionale sulle Cavità Artificiali*, (Osoppo, 30/31 maggio - 1 giugno 1997), Club Alpinistico Triestino - Gruppo Grotte Sezione ricerche e studi su Cavità Artificiali, Trieste, pp. 187-208.

Padovan, G. (a cura di) 1996, *La fortezza celata. I sotterranei del Castello Sforzesco di Milano*, Vigevano.

Padovan, G. 1997, *Speleologia in Cavità Artificiali al Forte di Fuentes*, in *Atti del XVII Congresso Nazionale di Speleologia* (Castelnuovo Garfagnana 8-11 settembre1994), a cura di Pensabene G., vol. I, Firenze, pp. 293-298.

Padovan, G. 1999, *Speleologia in Cavità Artificiali*, in *Bollettino della Società Tarquiniense d'Arte e Storia*, XXVII, Tarquinia, pp. 37-74.

Padovan, G. 2000, *Le acque del passato*, in *Bollettino della Società Tarquiniense d'Arte e Storia*, XXIX, Tarquinia, pp. 43-87.

Padovan, G. 2002 a, *La Civita di Tarquinia: indagini speleologiche. Catalogazione e studio delle cavità artificiali rinvenute presso il Pian di Civita e il Pian della Regina*, (Notebooks on Medieval Topography, 3 - BAR S1039), Oxford.

Padovan, G. 2002 b, *Indagini di Speleologia in Cavità Artificiali nel territorio di Tarquinia*, in *Atti del V Convegno Nazionale sulle Cavità Artificiali*, (Osoppo, 28 aprile - 1 maggio 2001), Club Alpinistico Triestino - Gruppo Grotte Sezione ricerche e studi su Cavità Artificiali, Trieste, pp. 365-406.

Padovan, G. 2002 c, *Milano sotterranea*, in *Atti del V Convegno Nazionale sulle Cavità Artificiali*, (Osoppo, 28 aprile - 1 maggio 2001), Club Alpinistico Triestino - Gruppo Grotte Sezione ricerche e studi su Cavità Artificiali, Trieste, pp. 407-434.

Padovan, G. 2002 d, *Note per la catalogazione e la comprensione delle opere idrauliche sotterranee*, in In binos actus lumina. *Atti del Convegno Internazionale di Studi su Metodologie per lo studio della scienza idraulica antica (Ravenna, 13-15 maggio 1999)*, a cura di Giorgetti D. e Riera I., La Spezia, pp. 327-352.

Padovan, G. 2003 a, *Due noci dure da rompere. I Forti di Demonte e di Tortona alla fine del XVIII secolo: l'organizzazione della difesa, la rete di contromina e l'approvvigionamento idrico*, in *Montello 2002.* Atti del 21° Incontro Internazionale di Speleologia (Nervesa della Battaglia, 1-3 novembre 2002), Villorba (Treviso), pp. 293-365.

Padovan, G. 2003 b, *I sotterranei delle guerre nell'Italia del Nord*, in *Italia sotterranea*, di Ardito F., Torino, pp. 57-61.

Padovan, G. 2005, *Verrua: resti di un assedio*, Milano.

Pallottino, M. 1984, *Storia della prima Italia*, Milano.

Pallottino, M. 1997, *Etruscologia*, Milano.

Palmisano, P., Fanizzi, A. 1992, *I Laghi di Conversano. Il fenomeno degli stagni stagionali dei territori carsici pugliesi, in Itinerari speleologici*, Federazione Speleologica Pugliese, Serie II, n. 3, pp. 35-53.

Panimolle, G. 1986, *Gli acquedotti di Roma antica*, Roma.

Paolo Diacono, *Storia dei Longobardi*, a cura di Albarani, T., Milano 1997.

Pavia, C. 1999, *Guida di Roma sotterranea*, Roma.

Peirone, F. (traduzione e commento) 1980, *Il Corano*, Milano.

Pellegri, M. 2002, *Prevenzione e sicurezza in ambito di c\ava*, in *Atti del I Convegno sulla sostenibilità dell'attività estrattiva. Compatibilità ambientale delle Cave di Pietra Ornamentale (Firenze, 22 giugno 2001)*, Firenze, pp. 79-81).

Pellegrini, G.B. 1956, *Il Fosso Caligi e gli arabismi pisani*, in *Rendiconti dell'Accademia Nazionale dei Lincei*, XI, pp. 142-176.

Pellegrini, G. B. 1961, *Terminologia geografica araba in Sicilia*, in *Annali dell'Istituto Universitario Orientale di Napoli (Sezione Linguistica)*, III, pp. 109-181.

Pergola, P. 1997, *Le catacombe romane. Storia e topografia*, Roma.

Perogalli, C. 1996, *L'acqua quale elemento difensivo*, in *Acque interne: uso e gestione di una risorsa*, a cura di Antico Gallina M., Milano, pp. 197-206.

Perris, M. (a cura di), *Il libro dei gas*, Pubblicazione aziendale, Zellweger Analytics.

Pesaro, A., *Intorno ai problemi percettivi nel rilievo di cavità artificiali*, in *Atti del XV Congresso di Speleologia Lombarda,* (Sant'Omobono Imagna terme 2-3 ottobre 1999), vol. III, *Speleologia in Cavità Artificiali*, a cura di Padovan, G. e Riera, I., Milano, pp. 81-92.

Petruccioli, A. 1985, *Dar al Islam. Architetture del territorio nei paesi islamici*, Roma.

Pieropan, G. 1978, *La Strada delle Gallerie*, Cortina d'Ampezzo.

Pierre, F. 1993, *Etude de l'apparition de la poudre noire dans l'évolution des techniques minières de percement*, in *Archeologia delle Attività Estrattive e Metallurgiche*, a cura di Francovich R., Firenze, pp. 413-423.

Pisani Sartorio, G. 1986, *Gli antichi acquedotti di Roma (IV sec. a. C. - VI sec. d. C.): dai pozzi ai condotti*, in *Il trionfo dell'acqua. Acque e acquedotti a Roma. IV sec. a. C. - XX sec.*, Catalogo della Mostra per il 16° Congresso ed Esposizione Internazionale degli Acquedotti, Roma, pp. 27-30.

Pipino, G. 2003, *Oro, miniere, storia*, Museo Storico dell'Oro Italiano, Ovada.

Plinio, *Naturalis Historia*, a cura di AA.VV., Milano 1980.

Polibio, *Storie*, a cura di Schick C., Milano 1992.

Potter, T. W. 1985, *Storia del paesaggio nell'Etruria Meridionale*, Roma.

Prayon, F. 2000, *L'architettura funeraria*, in *Gli Etruschi*, a cura di Torelli M., Cinisello Balsamo, pp. 334-343.

Provincia di Milano 2003, *Linee guida n.3 – La prospezione geofisica in campo ambientale*, Milano.

Quilici, L. 1967, *Siris-Heraclea*, in *Forma Italiae*, regio III, vol. I, Roma.

Quilici Gigli S. 1983, *Sistemi di cunicoli nel territorio tra Velletri e Cisterna*, in *Archeologia Laziale V*, p. 119.

Radacich, M. 1993, *Le grotte murate*, in *Alpi Giulie*. Rassegna di attività della Società Alpina delle Giulie - Sezione di Trieste del C.A.I., n. 87/1, Trieste, pp. 11-36.

Ravelli, F., Howart, P.J. 1988, *I cunicoli etrusco-latini: tunnel per la captazione di acqua pura*, in *Atti del XII Congresso Internazionale del ICID*, 1984.

Recanatini, A. 1997, *Le grotte del Conero*, Jesi.

Reacanatini, A. 2000, *La città segreta, correlazioni tra lo sviluppo urbano di superficie e rete ipogea nei centri storici alle falde del Conero. I casi di Camerano e Osimo*, in *La memoria del sottosuolo*, Atti del Convegno di studi (Camerano, 17-18 luglio 1999), a cura di Campagnoli, M. e Recanatini, A., Jesi, pp. 169-188.

Recanatini, A., Forlani, A. 1998, *La città segreta. Ricerche di speleologia urbana nel sottosuolo di Osimo*, Ancona.

Ricciardi, M. 1996, *La civiltà dell'acqua in Ostia antica*, I-II, Roma.

Riera, I. 1991, *L'acquedotto romano di Asolo (Treviso)*, in *Quaderni di Archeologia Veneta*, VII, pp. 181-197.

Riera, I. 1993, *Acquedotti e cisterne*, in *Il sottosuolo nel mondo antico*, a cura di Ghedini, F., e Rosada, G., Dosson (Treviso), pp. 15-31.

Riera, I. 1994 a, *Le testimonianze archeologiche*, in *Utilitas necessaria. Sistemi idraulici nell'Italia Romana*, a cura di Riera, I., Milano, pp. 163-466.

Riera, I. 1994 b, *Le cisterne*, in *Utilitas necessaria. Sistemi idraulici nell'Italia Romana*, a cura di Riera, I., Milano, pp. 298-386.

Rizzo, M.A. 1988, *La riserva archeologico-naturalistica*, in *Caere - 1. Il parco archeologico*, di Cristofani, C., e Nardi, G., Roma, pp. 107-110.

Rizzoli Larousse, 2003, *Enciclopedia*, Pioltello.

Rocchi, G. 1990, *Introduzione*, in *Il rilievo per il restauro. Ricognizioni - Misurazioni - Accertamenti – Restituzioni - Elaborazioni*, a cura di Marino L., Mila-
no, pp. 1-10.

Rognoni, R. 1983, *Cascina e Monastero. Storia di monaci, contadini e operai in S. Maria di Baggio*, Comune di Milano, Consiglio di Zona 18, Milano.

Romanelli, P. 1948, *Tarquinia. Scavi e ricerche nell'area della città*, in *Notizie degli scavi*, Anno, fascicoli 7-12, pp. 193-271.

Rombini, F. 1996, *Gli scavi in sotterraneo. Analisi dei rischi e normativa in materia di sicurezza*, Dossier 28, Regione Emilia-Romagna / CDS, Aziende USL Città di Bologna e di Ravenna, Ravenna.

Rommel, E. 1952, *Guerra senza odio*, a cura di Rommel, L.-M. e Bayerlein, F., Milano.

Rossi-Osmida, G. 1974, *Le caverne e l'uomo*, Milano.

Rovina, D. 1997, *Interventi di archeologia postmedievale nella Sardegna centro-settentrionale*, in *Archeologia postmedievale: l'esperienza europea e l'Italia*, Archeologia Postmedievale, I, Firenze, pp. 251-266.

Ruffo, M., Zarattini, A. 1993, *La Grotta delle Capre e la Grotta della Maga Circe. Nuove indagini sul promontorio del Circeo*, in *Archeologia Laziale XI. Quaderni di Archeologia Etrusco-Italica*, 20, Roma, pp. 293-300.

Saldi, F. 1994, *Corso pratico di fotografia*, Bologna.

Salvi, C. 1982, *La proprietà fondiaria*, in *Tratt. Rescigno*, 7, Proprietà, I, Torino, pp. 371-372.

Samorè, T. 1979, *Analisi di incidenti mortali a speleosub e loro prevenzioni*, in *Atti del IX Convegno di Speleologia Lombarda (Lecco, 8-9 dicembre 1979)*, Lecco, pp. 63-64.

Sanchez-Palencia, F.J. 1989, *La esplotacion del oro en la Hispania romana: sus inicios y precedente*; in: *Mineria y metalurgia en las antiguas civilizaciones mediterraneas y europeas*, Madrid, pp. 30-47.

Sax, N.I., Lewis, R.J. Sr. 1989, *Dangerous properties of industrial materials*, 7th ed.

Scesi, L., Papini, M. 1995, *Il rilevamento geologico-tecnico*, Milano.

Schemfil, V. 1987, *1915-1917: Col di Lana*, Milano

Senofonte, *Anabasi*, a cura di Manfredi, V., Milano 1984.

Sergeant, F. 1914, *Asia. Capitolo VI*, in *Le meraviglie del mondo*, a cura di Johnston J, Burgoyne A., Landon P., Thomson J., vol. I, Milano, pp. 221-282.

Setti, M. 2004, *La conquista di Eben Emael*, Milano.

Simonin, L. 1867, *La vie souterraine. Les mines et les mineurs*, ristampa, Mâcon 1982.

Società Geologica Italiana, 1993, *Guide Geologiche Regionali. Lazio*, Roma.

Società Speleologica Italiana, 1978, *Manuale di Speleologia*, Milano.

Stocker, U. 1999, *Caverne militari a Nord di San Michele del Carso. Con nota storica a cura di Enrico Cernigoi*, in *Atti dell'VIII Convegno Regionale di Speleologia del Friuli-Venezia Giulia*, Federazione Speleologica Regionale del Friuli-Venezia Giulia, Trieste, pp. 249-256.

Stopponi, S. 1991, *Nuove osservazioni sul pozzo Sorbello e sul suo inserimento nel tessuto urbano di Perugia antica*, in *Gli Etruschi maestri d'idraulica*, a cura di Bergamini M., Perugia, pp. 235-246.

Strabone, *Geografia*, a cura di Biraschi A., Milano 1988.

Striffler, R. 1994, *Guerra di mine nelle Dolomiti. Lagazuoi-Castelletto 1915-1917*, Trento.

Tasser, R. 1993, *Museo Provinciale delle Miniere*, Vipiteno.

Tasser, R., Scantamburlo, N. 1991, *Das Kupferbergwerk von Prettau*, Bolzano.

Thériault, Y: 1994, *Agaguk l'ombra del lupo*, Firenze.

Tizzoni, M. 1993, *Le attività minerarie*, in *Milano e la Lombardia in età comunale, secoli XI-XIII*, catalogo della mostra, Cinisello B. (Milano), pp. 229-242.

Tobias, P.,Trindade, D. 1995, *Applied Reliability. 2nd edition*, Kluver Academic Publishers, pp. 63-70.

Tomasini Pietramellara, C., Giuccioli Menghi, G. 1994, *La rilevazione delle grotte, la forma e la tipologia*, in *Le Grotte di Santarcangelo*. Atti della giornata di studi (Santarcangelo, 15 maggio 1988), Cesena, pp. 39-58.

Torelli, M. 1998, *Storia degli Etruschi*, Bari.

Todaro, P. 1988, *Il sottosuolo di Palermo*, Palermo.

Tölle-Kastenbein, R. 1990, *Archeologia dell'acqua. La cultura idraulica nel mondo classico*, Milano.

Trimarchi, P. 1996, *Istituzioni di diritto privato*, Milano.

Tubi, N. 1981, *La realizzazione di murature in laterizio*, Roma.

Tucidide, *La guerra del Peloponneso*, a cura di Moggi M., Milano 1984.

Valbusa, U. 1907, *Il Buco di Viso*, estratto dalla *Gazzetta del Popolo della Domenica*, 25 agosto, Torino.

Vallega, A. 1994, *Geopolitica e sviluppo sostenibile. Il sistema mondo nel secolo XXI*, Azzate (Varese).

Vandelli, D. 1763, *Saggio d'istoria naturale del Lago di Como*, in *Il Buco del Piombo. Dalle origini ai giorni nostri*, edizione a cura della Banca di Credito Cooperativo dell'Alta Brianza Alzate Brianza, Giussano 1998, pp. 15-21.

Vatti, G. 1983, *Montieri. Notizie Storiche*, Firenze.

Vegezio, *De re militari*, a cura di Angelini A., Roma 1984.

Verducci, R. 1991, *La chiesa ipogea di Sotterra di Paola*, Reggio Calabria.

Vergani, R c.s., *Gli usi civili della polvere da sparo (secoli XV-XVIII)*, in *Economia ed energia. Secc. XIII-XVIII.* Atti della XXXIV Settimana di studi dell'Istituto internazionale di Storia economica "F. Datini", a cura di Cavaciocchi, S., in c. s.

Vernon, M.D. 1963, *La psicologia della percezione*, Roma.

Verrini, A. 2002, *Le ghiacciaie coperte della Valbormida*, in *Opera Ipogea*, Società Speleologica Italiana, n. 3, Genova, pp. 37-51.

Virgilio, *Eneide*, a cura di Calzecchi Onesti R., Milano 1986.

Vitruvio, *De Architectura*, a cura di Migotto L., Padova 1997.

von Wonterghem, F. 1984, *Superaequum, Corfinio, Sulmo*, in *Forma Italiae*, regio IV, vol. I, Firenze.

Zanon, D. 1990, *Un invito alla caccia...*, in *Speleologia*, Società Speleologica Italiana, n. 23, Milano, pp. 55-57.

Zanon, D. 1991, *Un invito alla caccia...*, in *Speleologia*, Società Speleologica Italiana, n. 25, Milano, pp. 41-43.

Zanon, D. 1996 a, *Le ricerche biospeleologiche nei sotterranei*, in *La fortezza celata. I sotterranei del Castello Sforzesco di Milano*, a cura di Padovan, G., Vigevano (PV), pp. 148-169.

Zanon, D. 1996 b, *Nota su* Orotrechus winkleri Megg (Coleoptera, Carabidae), in *Atti di "Alpine Caves": Alpine Karst systems and their environmental context*, (Asiago, 11-14 giugno 1992), a cura di Zorzin, R. e Verico, P., Federazione Speleologica Veneta, Verona, pp. 371-382.

Zanon, D. 1998, *Note di biospeleologia montelliana. Ragni*, in *Speleologia Veneta*, Federazione Speleologica Veneta, Vicenza, pp. 131-145.

Zanon, D. 2000, *Note di biospeleologia montelliana. Miriapodi*, in *Speleologia Veneta*, Federazione Speleologica Veneta, Arcugnano (VI), pp. 180-188.

Zanon, D. 2003, *Biospeleologia*, in *Manuale di Speleologia*,

Club Alpino Italiano – Scuola Nazionale di Speleologia, Bergamo.

Zanovello, P. 1997, Aqua atestina, aqua patavina: *sorgenti e acquedotti romani nel territorio dei Colli Euganei*, Padova.

Zifferero, A. 1991, *Miniere e metallurgia estrattiva in Etruria Meridionale: per una lettura critica di alcuni dati archeologici e minerari*, in *Studi Etruschi*, LVII, pp. 207-222.

INDICE ANALITICO

NOTEBOOKS ON MEDIEVAL TOPOGRAPHY
(*Documentary and field research*)
Edited by Stefano Del Lungo
e-mail: sdellungo@yahoo.com

No 1, Del Lungo, Stefano 2000, *Bahr 'as Sham. La presenza musulmana nel Tirreno centrale e settentrionale nell'Alto Medioevo* (British Archaeological Reports, International Series, S898).

No 2, Del Lungo, Stefano 2001, *Toponimi in Archeologia: La Provincia di Latina, Italia* (British Archaeological Reports, International Series, S911).

No 3, Padovan Gianluca 2002, *Civita di Tarquinia: indagini speleologiche. Catalogazione e studio delle cavità artificiali rinvenute presso il Pian di Civita e il Pian della Regina* (British Archaeological Reports, International Series, S1039).

No 4, Carità Paola 2004, *Problemi di urbanistica giustinianea: Le città della Siria e della Mesopotamia* (British Archaelogical Reports, International Series S1255).

www.ingramcontent.com/pod-product-compliance
Lightning Source LLC
LaVergne TN
LVHW072247300926
849160LV00018B/1611
9781841717166